:: 터널공학시리즈 3

터널기계화시공 설계편

발 간 사

마크 브루넬이 1818년에 터널 굴착용 쉴드(shield)를 최초로 고안하여 특허를 받은 이후로 거의 200년이 흘렀습니다. 알프레드 노벨이 다이너마이트를 발명한 것이 1866년이므로 우리가 생각하는 것보다 터널 기계화시공의 역사는 매우 오래되었다고 할 수 있습니다. 현재 직경 15m급 이상의 TBM이 상용화되었으며 다양한 지반조건에서도 월 500m 이상의 고속굴진이 가능한 고성능의 TBM이 개발되는 등 터널 기계화시공 기술은 매우 눈부시게 발전하고 있습니다. 더욱이 장대터널과 도심지터널에서 TBM의 활용성이 매우 높아지고 있습니다. 이로 인해 전세계적으로 터널공법을 발파에 의한 발파굴착공법(conventional tunnelling)과 기계화시공법(mechanized tunnelling)으로 구분하는 개념이 확립되고 있습니다. 국제터널협회(ITA)에서도 터널 기계화시공의 중요성을 인식하여 Working Group 14인 "Mechanized Tunnelling"을 설치하여 활발한 연구활동을 수행하고 있습니다.

우리나라에서는 1985년 구덕 수로터널에 TBM이 처음 적용된 이래로, 터널 기계화시공 실적은 현재까지 약 250km에 달하고 있습니다. 그러나 국내에 적용된 TBM의 최대 직경은 8.1m에 불과하여 대단면 기계화시공 경험이 전무한 상황이며, TBM터널의 조사 · 설계 기술이 미흡하여 많은 시공 트러블들이 발생하고 고속굴진과 같은 TBM의 장점을 잘 활용하지 못하고 있습니다. 더욱이 TBM의 제작과 설계를 외국 기술에 크게 의존하고 있는 실정입니다. 또한 과거의 암반용 Open TBM과 연약지반용 쉴드 TBM의 구분이 없어졌음에도 불구하고 여전히 TBM의 용어와 분류에 있어서도 혼동이 있습니다. 반면, 세계 최대의 터널 시장으로 급부상한 중국에서는 도심지뿐만 아니라 산악 장대터널에서도 TBM을 적극 도입하고 있으며, 일례로 2004년 기준으로 전체 지하철 구간의 70% 이상이 TBM으로 시공되었습니다. 중국은 독자적인 TBM을 제작하는 등 기계화시공 기술 확보에도 총력을 다하고 있습니다. 이로 인해 2006년에 수행된 한국 공학한림원의 기술수준 분석결과에 따르면 TBM의 적용성이 높은 장대터널의 설계·시공 능력이 이미 중국보다 뒤쳐진 것으로 평가되었습니다. 따라서 현재 우리의 기술수준으로는 외국 터널시장에 진출하는데 있어 많은 어려움이 예상되고 있습니다.

이러한 상황에서 우리 학회에서는 지난 2008년 2월에 '터널기계화시공-설계편'의 주제로 제3회 기술강좌를 개최하였습니다. 특히 우리나라에 터널 기계화시공과 관련된 전문강좌와 전문서적이 미비했던 상황에서 매우 의미 있는 계기를 마련했다고 생각됩니다.

이상의 제3회 기술강좌에서 사용되었던 강좌 교재를 수정·보완하여 본 책자를 발간하게 되었으며, 학회에서 발간한 터널 기계화시공 관련 전문서적이라는 의의와 더불어, TBM터널의 개념, 이론 및 설계에 관한 내용들을 상세히 다루고 있어 터널기술자들에게 좋은 참고서로 활용될 수 있을 것입니다. 바쁜 시간을 할애하여 우리나라 터널공학의 발전을 위해 강좌에 참여해 주시고 교재를 집필해 주신 강사 여러분께 감사드리며, 본 강좌의 기획과 진행 및 교재 발간을 맡아 수고해 주신 정경환 전임 위원장과 지왕률 위원장을 비롯한 기계화시공기술위원회 위원들의 노고에 깊은 감사의 말씀을 드립니다.

2008년 11월

사단법인 한국터널공학회

회장 **배 규 진**

권 두 언

어느덧 28년 전의 일입니다. 1980년 공과대학을 졸업한 후부터 운명처럼 접해 왔던 터널 분야에서 설계, 시공, 감리, 강의 및 연구 등 분야별 업무를 다양하게 수행하여 오면서, 가장 어려웠던 점은 이 터널공학 분야가 학문적으로는 매우 일천하면서도, 실무적으로는 많은 기술적인 문제들을 안고 있다는 점이었습니다. 또한 이론적인 분야라기보다는 주로 경험에 의존하는 현장 막장의 굴진면에서의 기술능력에 따라 공기와 공사비의 절감을 이룰 수 있는 기술로서, 풍부한 자료와 데이터를 이용한 설계 기술에, 현장 지반여건을 신속하게 판단하여 설계 기술을 현장의 시공 기술에 접목시키는 응용력이 필요한 기술이라는 점이었습니다. 이러한 이유로 해서 현장의 기술력은 후대로 물려주거나 제대로 발전하지 못하고 학계나 산업계에서 기존 기술에 대한 정리나 연구가 제대로 이뤄지지 않아, 계속적으로, 터널기술의 발전은 답보적인 상태에 있지 않았나 생각됩니다. 세계적으로 유명한 터널기술자의 대부분은 공통적으로 교재부족 및 실무 멘토의 지도부족으로 체계적으로 터널기술 습득을 하기가 어려워, 독학으로 기술을 정립해 개방적이고 체계적인 터널시공 기술의 발전을 저해해 온 것도 사실입니다.

국내외 터널을 연구하면서, 특히 기계화 시공을 공부하면서, 일천한 터널의 기계화 시공 자료에 늘 목말랐었고, 미국 Parsons Brinkershoff에서 제작한 Tunnel Engineering hand book과 호주 UNSW 대학의 Roxborough 교수님의 Rock cutting technology lecture note를 신주 단지처럼 보고 또 보고, 미국 Colorado School of Mines 공대(CSM)에서도 주요 강의자료로 삼았던 기억이 새롭습니다. 이에 터널공학회 기계화 시공 분과에서 2008년 기계화 시공을 위한 설계 교재를 제작하여 터널기술자 여러분께 배포하게 되어 미력하나마, 터널 기계화 기술의 국내 저변화를 위한 기반역할이 가능케 되어 매우 기쁘게 생각합니다.

터널 굴착 기술에 있어서 전통적인 발파공법인 Drill & Blast와 기계화 시공법 중 대표적인

TBM공법이 오늘날 터널시공 시 가장 중요한 주력 공법의 하나로 자리잡아 유럽은 이미 TBM을 이용한 기계화 시공이 주를 이루고 있으며, 지난 20년간 미국도 기계화공법으로 변환되어, 굴착 기술의 자동화, 설계기술에서 굴진율 예측기술, 첨단장비를 이용한 감리 기술의 발달로 새로운 인위적인 세대교체가 이루어져 왔고, 이웃 중국은 장대 터널의 TBM기술에서 우리보다 10년 정도 앞서 가고 있습니다. 또한 자국 내 TBM 장비 생산도 시작하였습니다. 반면에, 국내의 터널시장은 비교적 고임금에도 불구하고, 터널 숙련 기능공들의 심한 이직현상으로 인력난을 겪고 있으며, 시민의식의 선진화로 인한 빈번한 민원 문제를 구조적으로 안고 있고, 터널시공 시 재료비 가격 상승 등으로 큰 어려움을 겪고 있으며, 굴진속도가 느리고 비환경적인 발파식 굴착 방식을 주 공법으로 사용하여 공기 및 공사비 면에서 열악한 환경에 처해 있는 실정입니다.

이미 독일 등 선진국에서는 고속의 환경 친화적인 High-Power TBM의 개발로 공기를 줄이고, 공사비를 줄이며, 조기에 프로젝트를 완공하는 급속 시공이 일반화되고 있습니다. 본 교재에는 TBM의 굴착이론에서부터 국내의 현존 case study 등을 망라한 내용이 수록되어 있어, 터널 기계화 시공의 일반교재로서 터널 기술자들의 갈증을 조금이나마 해갈해 줄 것으로 생각하며, 차후 국내 터널기술 향상에 일조할 것으로 기대하고 있습니다.

끝으로, 이번 기술강좌 교재 발간을 적극 후원해 주신 배규진 회장님, 바쁘신 와중에도 귀중한 시간을 할애하시어 터널 기계화 시공 설계편 강좌 및 교재 집필에 전력을 다해 주신 장수호 박사를 비롯한 터널기계화시공분과위원회 저자 여러분께 심심한 감사의 말씀을 전합니다.

한국터널공학회

기계화시공기술위원회

위 원 장 **지 왕 률**

CONTENTS

제1장 TBM의 현황과 미래 전망

제2장 터널 기계화 시공법의 설계 및 유의 사항

CONTENTS

제4장 TBM 터널 굴진면 안정성 및 주변 영향 평가

제5장 TBM 터널의 지반조사

CONTENTS

제8장 Open TBM 지보 설계

제9장 세그먼트라이닝 설계

CONTENTS

제10장 설계기준해설

제11장 설계 및 시공사례

CONTENTS

제 1장
TBM의 현황과 미래 전망

1.1 서 언

1.2 국내외 TBM 적용 현황

1.3 TBM의 분류와 종류

1.4 TBM의 굴진성능 향상 방안

1.5 TBM의 미래 전망

1.6 결 언

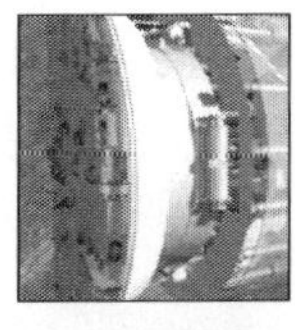

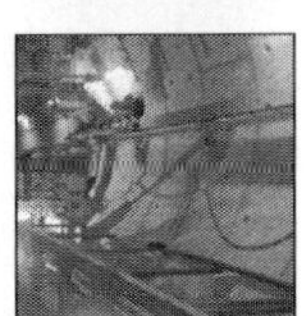

제 1 장

TBM의 현황과 미래 전망

배규진 (한국건설기술연구원)

1.1 서 언

인류 최초의 인공 터널은 약 4,000년 전에 고대 바빌로니아인들이 바빌론을 관통하는 유프라테스 강의 양쪽을 연결하기 위해 건설한 하저 터널이다. 또한 고대 이집트의 피라미드 내부에는 통로용 터널이 구축되어 있으며, 고대 로마인들도 높이 3.3m, 폭 2m, 연장 5km의 터널을 11년에 걸쳐 건설한 바 있다. 이와 같이 인류는 오래전부터 지하에 터널을 건설해 주거용, 교통용 또는 수로용 등으로 다양하게 활용하여 왔으며 터널 굴착 도구도 초기의 석기에서부터 점차 청동, 철 등으로 진보해 왔다. 그러나 선사시대부터 17세기까지는 지하 굴착 기술이 정체되었던 시기라고 할 수 있다.

17세기에 영국에서 시작된 산업혁명을 통해 효율적인 물류 운송이 중요시되면서 지하 공간, 즉 터널의 필요성이 증대되었고 새로운 동력원으로 증기가 활용되기 시작했다. 또한 이 시기에 화약이 발명되어 굴착이 가능한 지반 조건이 확대되면서, 과거 인력에 의존했던 터널 굴착 기술은 산업혁명의 성과물들을 통해 점차 진보하게 되었다.

1818년에 Brunel은 기계식 굴착장비인 쉴드를 최초로 고안하여 쉴드굴착방법(shield method)의 특허를 등록하였다. 이는 오늘날의 개방형 쉴드 TBM(Tunnel Boring Machine)의 원형이라고 할 수 있다. 브루넬의 발명 이후에, 기계화 시공 기술은 계속 발전해 19세기 말부터 20세기 초반에는 철도, 도로 등의 많은 터널 공사에 쉴드 공법이 계속 적용되었고, 기술 향상으로 인해 블라인드 쉴드 등도 개발되기에 이르렀다. 20세기에는 기계공학 분야의 눈부신 발전으로 인해 터널 기계화 시공 기술이 더욱 발전해, 현재에는 도로, 철도, 지하철, 전력구, 통신구, 상하수도 터널 등 다양한 터널에 널리 적용되고 있다.

최근 들어 선진국에서는 터널굴착방법을 발파 굴착에 의한 재래식 터널방법(conventional tunnelling method)과 기계식 터널방법(mechanized tunnelling method)으로 양분하고 있다는 점은 주지할 만한 일이다. 더욱이 소음·진동 등의 환경 피해를 최소화하고 노동력을 절감할 수 있으며, 장대터널에서 급속 시공을 하면 경제적인 터널 시공이 가능하다는 점에서, 터널 기계화 시공의 비중이 더욱 증대되고 있다. 이상과 같은 TBM과 NATM 공법의 장단점을 비교하면 표 1-1과 같다(일본터널기술협회, 2000).

[표 1-1] 터널 기계화 굴착법(TBM)과 NATM 공법의 비교

구 분	NATM	Open TBM	쉴드 TBM
공법개요	• 일반적인 굴착공법 • 주변 지반의 지지력 활용 • 발파에 의한 굴착 후, 록볼트, 숏크리트를 지보재로 사용 • 계측에 의한 피드백 작업 • 광범위한 지질 조건에 사용 가능 • 암반 자체의 강도를 지보 개념으로 활용 • 계측으로 계속적인 터널의 안정성 파악	• 전단면 기계 굴착공법(암반 전용) • 굴진과 버력 처리 자동화 • TBM기계굴착으로 주변 암반 자체를 지보재로 활용 • 적용지보재: NATM과 동일(록볼트, 숏크리트 등) • 장대터널이나 도심지 구간에서 채택 시 유리	• 전단면 기계 굴착공법(토사 및 암반 병용) • 굴착 시 쉴드 TBM 자체로 지반의 붕괴와 지하수의 유입을 방지하며 막장의 안정성을 도모 • 쉴드 굴진기를 지중에 밀어 넣어 주변 지반의 붕괴를 방지하고 그 내부에서 세그먼트로 지지하면서 추진하는 공법 • 전면부 커터헤드(cutter head)와 중앙부 유압 잭, 후미부 테일 실(tail seal)로 구분되며, 외부는 스킨플레이트(skin plate)로 구성 • 후미부에서 세그먼트라이닝을 설치해 이를 지지함으로써 유압 잭을 사용해 추진 • Open TBM과 유사하게 그리퍼(gripper)를 추가 장착한 더블 쉴드(double-shield)의 적용도 가능(세그먼트라이닝 없이 그리퍼를 이용한 전진 가능)
굴착공정	• 천공 및 발파 • 버력 처리 • 숏크리트 타설 • 강지보재 설치 • 록볼트 설치	• 굴착 및 버력 처리 • 숏크리트 타설 • 록볼트 설치 • 강지보재 설치	• 굴착 및 버력 처리 • 세그먼트 조립 • 뒤채움재 주입
시공성	• 비정밀 • 공종이 비교적 단순 • 인버트 콘크리트가 있는 경우 버력 운반 등 차량 통행이 용이 • 암질이 불량한 구간에서 소단면으로 분할 굴착이 가능 • 2차 콘크리트라이닝을 최종적으로 시공하므로 마무리가 용이 • 시공 장비가 상대적으로 경량	• 정밀 • 전단면 기계굴착으로 굴진 속도가 빠름 • 굴착과 버력 처리의 자동화가 가능 • 암질의 변화가 심한 곳에서는 시공성 저하 • 암질 불량 구간에서 타 공법 병행이 불가능	• 정밀 • 근접 구조물 통과 시 유리함 • 작업이 일정한 패턴으로 시행되므로 숙련도가 높음 • 장비에 따라 선형에 제한 받음 • 암질 변화가 심한 곳에서는 시공성이 저하 • 분할 시공이 불가능

[표 1-1] 터널 기계화 시공법(TBM)과 NATM 공법의 비교(계속)

구 분		NATM	Open TBM	쉴드 TBM
안 정 성		• 화약 발파로 낙반사고 빈번 • 굴착 즉시 원지반에 보강재를 사용하므로 시공 중 안정성이 높음 • 계측에 의해 터널의 안정성을 예측하므로 사전 대책을 강구할 수 있음 • 암질 불량 구간에 대한 보강 방안이 조기에 강구됨	• 비발파로 낙반 사고 최소 • 기계굴착으로 원지반의 이완을 최소화할 수 있으므로 안정성 확보에 유리 • 원형 단면이므로 구조적으로 안전 • 암질 불량 구간의 사전 예측이 어렵고 조기 보강공법의 적용이 어려움	• 쉴드 TBM 자체의 지지 효과로 낙반사고가 없음 • 쉴드 굴진기에 의해 원지반의 이완을 최대한 억제 • 지층 변화 상태의 사전 예측과 사전 대책 적용이 어려움 • 지반 침하 및 지하수 유출에 대비한 보조공법이 필요할 수 있음
경 제 성		• 비교적 저렴 • 지반 자체를 주지보재로 이용하므로 적은 양의 지보재로 효과를 볼 수 있음 • 초기 안정 후 라이닝 콘크리트를 타설하므로 두께를 얇게 할 수 있음 • 대형 굴착장비의 사용이 용이하므로 경제적	• 비교적 고가 • 지반 자체를 주지보재로 이용하므로 적은 양의 지보재로 효과를 볼 수 있음 • 원형 단면이므로 라이닝 두께가 얇음 • 계획 단면에 적합한 장비를 선정해야 함 • 여굴량을 최소화할 수 있음 • 보강량이 NATM에 비해 적음 • 부대시설이 복잡하고 갱외 작업장 부지가 확보되어야 함	• 비교적 고가 • 여굴량을 최소화할 수 있음 • 토사, 풍화암층에서는 굴진 속도가 빠름 • 장대터널인 경우 경제적 • 암질 변화가 심한 곳은 상위의 암질에 적합한 장비의 선택으로 초기 투자비 증대 요인이 발생
보강공법		• 지반 자체가 주요 지보재로 간주되며 암반의 등급에 따른 보강공법 적용 • 록볼트 • 숏크리트 • 강지보재 • 그라우팅	• NATM과 동일 • 소형 장비에서는 숏크리트 등의 보강장비 부착이 허용되지 않음	• 콘크리트 세그먼트 • 세그먼트와 굴착면에 뒤채움 그라우팅(backfill grouting) 시행
단면형상		• 마제형이 유리함	• 원형에 한함	• 원형이 일반적임
환경성	작업 환경	• 천공, 숏크리트 분진 및 발파 가스로 불량	• 굴착분진 극소로 양호	• 굴착분진 극소로 양호
	부대 환경	• 발파진동으로 인한 주변의 피해 발생 및 자연 훼손 우려	• 무진동, 무발파 공법으로 주변의 피해가 없으나, 지반조건이 불량하면 함몰 가능성이 있음	• 무진동, 무발파 공법으로 주변의 피해가 없음
주변현황		• 도심지구 간 시공 시 진동에 의한 인근 구조물의 영향을 고려해야 함	• 기계굴착으로 인한 구조물에 대한 영향이 거의 없으므로 도심지 공사에 적합(암반 안정성이 확보될 수 있는 경우)	• 인근 구조물에 영향이 거의 없으므로 도심지 공사에 적합

[**표 1-1**] 터널 기계화 시공법(TBM)과 NATM 공법의 비교(계속)

구 분		NATM	Open TBM	쉴드 TBM
적용지질		• 전 토층에 적용 가능 • 지질 변화가 많은 지역에서는 타 공법보다 유리함 • 단면 변화가 많은 구간에 유리함	• 풍화암, 연암, 경암, 중균질 암질에 적용 • 파쇄구간 및 암질 불량구간에서 불리함 • 암질이 대체로 균질하고 연장이 긴 곳에 적합	• 토사/풍화암층에 적합 • 지질 변화가 많은 지역에서는 불리함 • 지반굴착과 동시에 안정성 확보가 필요한 곳에 유리 • 복합지층 적용 가능 (최대일축압축강도 270 MPa) • 소음/진동에 의한 민원 발생이 예상되는 곳에 유리함
시공조건	선형	• 천공 및 버력 처리장비에 의해서 결정됨	• 기계사양에 따라 R=300m 이상	• 기계사양에 따라 다르나 곡선 반경이 큰 것이 유리
	구배	• 굴착 발생토량의 운반 및 막장 배수를 고려해야 함	• 급구배 구간에서는 시공성이 극히 저하	• 굴착토 운반 및 배수를 고려해 상향구배가 유리함
주요검토 사 항		• 발파 진동, 소음에 대한 검토 • 근접 구조물의 안정대책 • 천공 및 버력 처리장비의 적합성	• 계획노선의 정확한 지질상태 파악 • 기계사양에 따른 시공 가능노선 선정(R=300m 이상) • 장비 반입 및 반출조건	• 지형, 지질, 지장물의 정확한 조사 • 기계사양에 따른 시공 가능노선 선정 • 지반 안정공법 선정
여굴량		• 여굴이 타 공법에 비해 큼	• 최소	• 없음

하지만 우리나라에는 1985년에야 처음으로 기계화 시공법이 도입되었으며, 관련 기술 및 기술자 부족으로 인해 선진국과 비교할 때 터널 기계화 시공 비율이 매우 낮다. 특히 선진국에서는 터널 기계화 시공 기술의 발전과 함께 과거 암반용 Open TBM과 토사용 쉴드 TBM의 구분이 모호해지고 각각의 장점을 결합한 새로운 TBM들이 개발·적용되고 있는데도 우리나라에서는 TBM에 대한 정의와 분류조차 명확하게 제시되지 않고 있다. 무엇보다도 가장 큰 문제는 TBM 관련 핵심기술을 거의 선진국에 의존하고 있다는 점이다.

환경에 대한 중요성이 증대되고 터널이 더욱 초장대화되면서, 전 세계적으로 터널 기계화 시공법의 적용은 선택이 아닌 필수가 되고 있다. 이 같은 상황에서는 현재의 TBM 최신 기술 현황과 미래 전망을 정확히 파악하는 것이 낙후된 국내 기술을 뒤돌아보고 진일보시키기 위한 가장 기본적인 첫 단계라고 할 수 있겠다.

1.2 국내외 TBM 적용 현황

1985년 구덕 수로터널에 처음으로 TBM이 적용된 이래로, 시공 또는 설계가 완료된 TBM 시공현장은 Open TBM 36건 그리고 쉴드 TBM 35건으로 총 71건의 TBM이 적용 또는 계획되었다. 시공연장은 2005년 기준으로 Open TBM 180km 및 쉴드 TBM 67km로서 총 247km에 해당한다(그림 1-1).

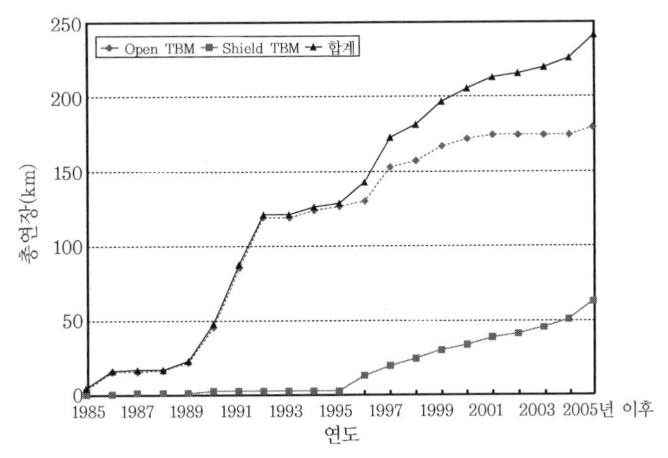

[그림 1-1] 국내 Open TBM 및 쉴드 TBM 시공현황(완공연도 기준, 해외현장 제외)

Open TBM의 도입 초기에는 연장이 긴 수로터널을 중심으로 적용 실적이 많았으나, 그 이후에는 도로터널과 지하철에서 TBM + NATM 병용공법으로 채택된 사례가 증가했다. 현재까지 Open TBM은 수로터널과 도로터널에의 적용 비중이 각각 53%와 25%로서 대부분을 차지하며(그림 1-2), 국내에 적용된 Open TBM의 직경은 주로 3.5 ~ 6.5m로서 소구경에 머무르고 있다.

쉴드 TBM은 1987년에 연장이 약 1km인 부산 광복동 전력구 터널 공사에서 처음 적용된 후, 1995년부터 도심지 터널구간에서의 적용사례가 급증해 현재까지 총 35건이 국내에서 완공되었거나 시공 중이다. 쉴드 TBM은 전력구에 가장 많이 적용되었으며(12건), 그 다음으로 통신구 9건, 지하철 및 철도 7건, 하수관로 5건, 가스관로 2건 순이다(그림 1-3). 이상과 같이 과거에는 전력구와 통신구를 중심으로 한 소단면 터널에 주로 쉴드 TBM이 적용되었으나, 최근에는 서울시 지하철 909공구(연장 3.6km), 분당선 왕십리 ~ 청담 간 복선전철 3공구(연장 1.7km), 서울시 지하철 7호선 703공구 및 704공구(연장 약 4.5km), 인천국제공항철도(연장 1.9km) 등과 같이 직경 8m급의 쉴드 TBM 시공이 이루어지고 있다. 쉴드 TBM의 형식은 현재까지 토압식이 28건, 이수식은 7건으로서 토압식이 대부분을 이루고 있다. 현재까지 국내에 적용된 쉴드 TBM의 외경은 2 ~ 8m 범위다.

이상과 같이 국내에 현재까지 적용된 TBM의 크기는 최대 8m 이내로서(2007년 말 현재, 국내 최대 쉴드 TBM 사례는 분당선 3공구의 직경 8.1m 쉴드 TBM), 세계 기록과는 상당한 차이를 보이고 있다(표 1-2).

TBM 시공 시의 고려사항 및 달성도에 대한 조사 결과(이두화 외, 2001)에 따르면, 터널공사에서 TBM을 적용하는 이유로는 공기 단축과 경제성 향상 목적이 가장 큰 비중을 차지하는 것으로 나타났다(그림 1-4). 이와 같이 TBM 적용성과를 극대화하기 위해서는 TBM의 굴진성능을 향상시켜 고속굴진을 유도하고 시공 지체시간을 저감시키는 것이 중요 선결과정임을 알 수 있다.

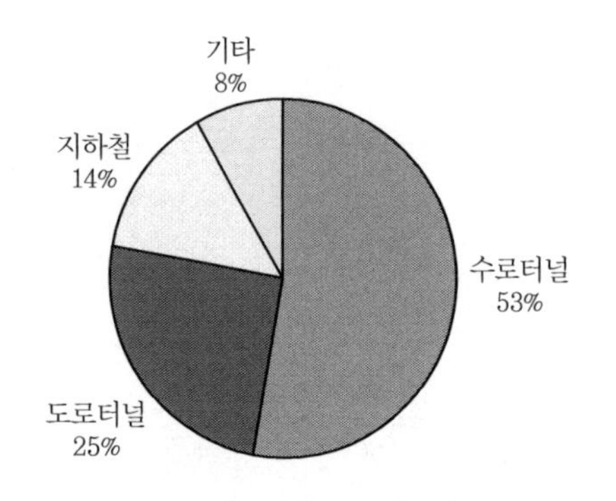

[그림 1-2] Open TBM의 적용현황

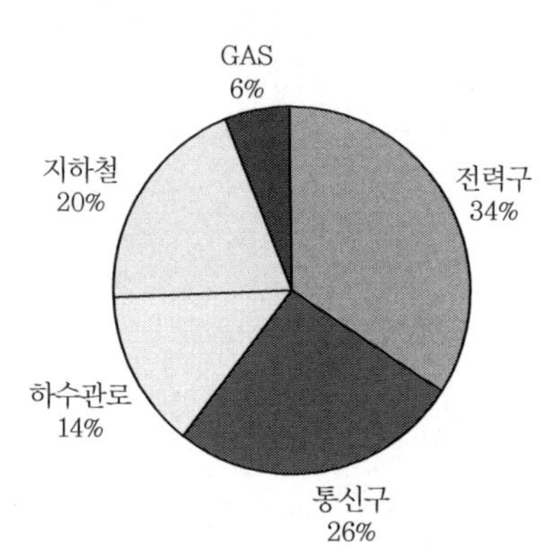

[그림 1-3] 쉴드 TBM 적용현황

[표 1-2] 세계 최대의 TBM 크기 현황(2006년 현재)

TBM 종류	외경(m)	적용 위치	터널 용도
토압식 쉴드 TBM	15.2	스페인 마드리드	도로
이수식 쉴드 TBM	14.2 14.14	독일 함부르크/ 러시아 모스크바 일본 동경만	도로(독일)/ 도로·철도(러시아) 도로
경암 TBM	10.7 ~ 12.2	미국 시카고 (TARP 플랜)	하수·홍수 조절용

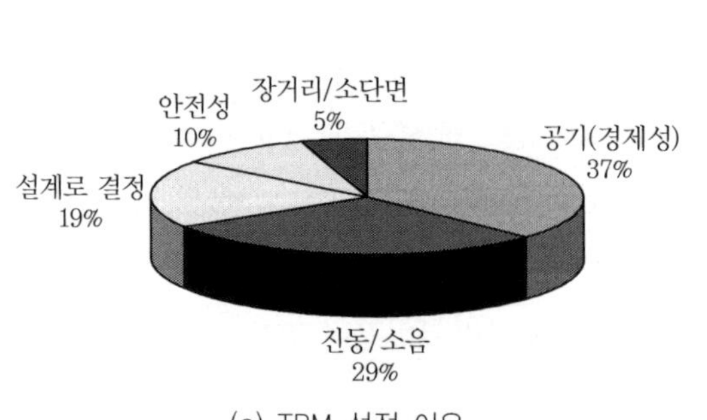

(a) TBM 선정 이유

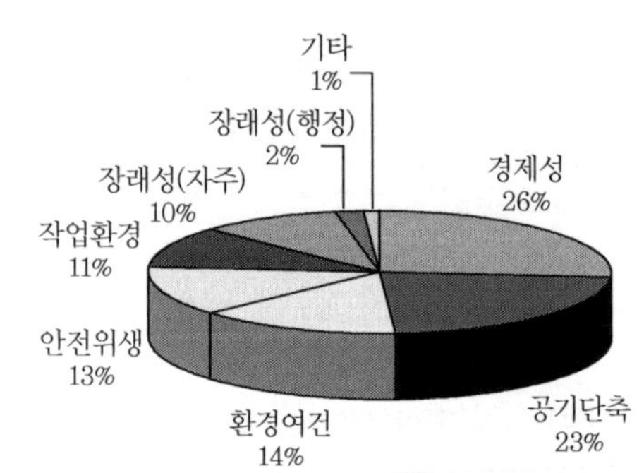

(b) TBM 선정 시 고려항목과 중요도

[그림 1-4] TBM 공법의 선정 이유와 중요 고려사항

하지만 현재까지 국내 TBM 시공 시의 평균 월굴진장 기록은 Open TBM에서 최대 481m, 그리고 쉴드 TBM에서는 최대 263m로서(표 1-3), 국외의 최대 고속굴진 기록과 비교할 때 큰 차이를 보이는 것으로 나타났다(표 1-4).

[표 1-3] 국내 대표적인 TBM 시공 시 굴진속도 기록

항목	죽령터널	북악터널 배수지	부산지하철 230공구	광주 도시철도 1호선	서울지하철 909공구
장비종류	Open TBM	Open TBM	이수식 쉴드 TBM	토압식 쉴드 TBM	이수식 쉴드 TBM
TBM 외경(m)	4.5	5.0	7.3	7.4	7.8
순굴착속도(m/day)	48 ~ 55.2	48.0	14.4 ~ 19.0	10.1 ~ 25.9	28.1 ~ 32.9
평균 일굴진장(m/day)	16.6 ~ 17.2	10.0	1.4 ~ 5.2	0.6 ~ 9.4	5.6 ~ 6.7
가동률(%)	31.2 ~ 34.6	20.8	9.7 ~ 27.4	5.9 ~ 36.3	19.9 ~ 20.4

[표 1-4] 국외의 TBM 고속굴진 기록

항목	프로젝트명				
	리버마운틴 터널	블루마운틴 터널	79번가 터널	카디스 급수로	도버해협 터널
위치	미국, 네바다 라스베이거스	호주, 뉴사우스웨일스	미국, 일리노이 시카고	스페인, 안달루시아	영불 도버해협
용도	상수도	하수도	상수도	수로	철도
터널연장(m)	6,000	13,437	5,770	12,200	18,857
공사기간	1995.5 ~ 1997.5	1994.3 ~ 1995.1	1995.9 ~ 1998.7	1996.10 ~ 1997.3	1989.3 ~ 1991.6
TBM 형식	Open TBM	Open TBM	Open TBM	더블 쉴드	토압식 쉴드 TBM
TBM 외경(m)	4.3	3.4	5.6	4.9	8.8
평균 일굴진장(m/day)	68.0	45.8	48.0	28.8	22.8
최대 일굴진장(m/day)	83.2	172.0	98.5	93.6	54.5

유럽, 미국과 일본의 시공실적을 비교해 보면, 유럽과 미국에서의 평균 월굴진장은 516m로서 일본의 평균 월굴진장 222m와 비교해 2배 이상의 차이를 보이고 있다(표 1-5). 무엇보다도 가장 큰 차이는 일본에서는 쉴드 TBM이 기계화 시공 실적의 75%를 차지하는 반면, 유럽과 미국에서는 Open TBM이 60%를 차지한다는 점이다. 이는 각국별로 상이한 지반조건과 TBM 적용에 대한 인식차이 등에서 기인한 것으로 파악된다. 실제로 유럽과 미국에서는 Open TBM의 적용 비중이 과반을 넘는 반면, 일본에서는 쉴드 TBM의 적용 비중이 75%나 되는 것을 확인할 수 있다(표 1-5 참조).

[표 1-5] 국외의 TBM 시공실적 비교(일본터널기술협회, 2000)

항목	유럽 및 미국(1990년 이후)	일본(1986년 이후)
시공연장	• 평균 6,000m	• 평균 2,500m
TBM 직경	• 중구경 ~ 대구경 • 중구경이 54%, 대구경이 29%	• 소구경 ~ 중구경 • 최근 들어 대구경화가 이루어지는 경향
용도	• 수로, 철도, 도로에의 적용사례가 많음	• 수로, 상하수도에 적용이 다수 • 도로터널(본선, 피난갱, 선진도갱)에 적용 증가
TBM 종류	• Open TBM이 60% • 특히 미국에서 Open TBM을 많이 적용	• 쉴드 TBM이 75%
평균 굴진속도	• 평균 월굴진장 516m/month (49건 평균)	• 평균 월굴진장 222m/month (L ≥ 2km, 32건 평균)
1개월당 작업일수	• 평균 작업일: 24.8일 • 48%는 22일 작업, 25%는 30일 작업	• 평균 작업일: 24.4일 • 90% 이상이 23일 이상 작업

TBM 고속굴진을 저해하는 주요 시공 트러블(trouble) 요인으로는 크게 지질적 트러블 요인과 기계적 트러블 요인으로 구분할 수 있다. 그림 1-5는 일본 TBM 현장근무자들의 경험을 토대로 한 설문 내용을 분석한 것이다(일본전력건설업협회, 2001). 분석결과, TBM 시공 시의 트러블 사례 가운데 약 86%가 지질적 요인에 근거해 발생하며, 나머지 14%는 기계적 요인에 의해 발생하는 것으로 나타났다. 또한 트러블이 발생되는 주요 지질조건은 매우 불리한 균열성 지반 또는 연약지반임이 확인되었다. 이와 같은 불량 또는 연약지반에서 트러블 요인은 쉴드 세그먼트 조립부분 또는 기타 접합부에서 발생되는 경우가 많으나, 밀폐형 쉴드 TBM을 적용할 경우에는 주요 시공관리 요소인 막장압 관리가 매우 중요한 시공관리 항목임을 간과해서는 안 된다(김광진 외, 2005).

TBM 시공 시의 지질적 트러블 요인에 따른 트러블 발생현상과 주요 지질조건을 정리하면 각각 표 1-6, 1-7과 같다.

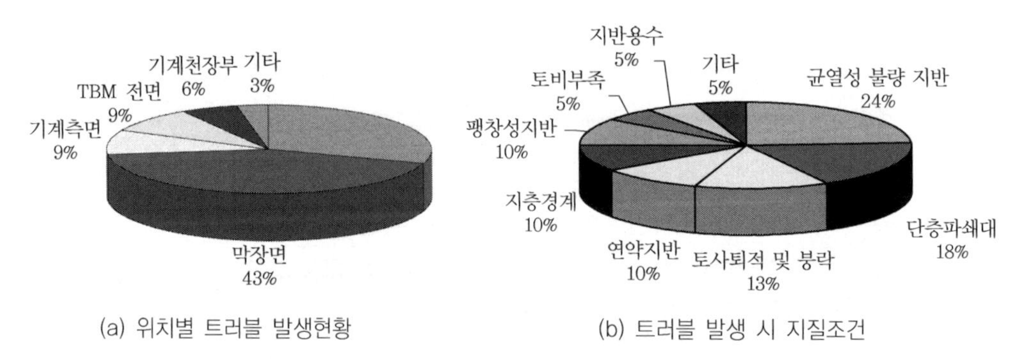

(a) 위치별 트러블 발생현황 (b) 트러블 발생 시 지질조건

[그림 1-5] TBM 시공 시의 각종 지질적 트러블 발생현황

[표 1-6] 지질적 요인에 따른 TBM 시공현상

TBM에 대한 현상 / 지질요인			굴착 작업 불가	절삭량 저하	커터		회전력		장비 구속	방향 제어 불가	그리퍼		배토		연직갱 컨베이어 트러블
					과다한 마모	편마모	회전 부족	토크 변동			반력 부족	교체 불능	배토 과다	배토 불가	
암종		화강암, 화강섬록암, 석영반암, 혼펠스, 중생대/고생대 사암		○	○			○							△
암종		안산암, 현무암, 유문암, 석영안산암		△				○							△
암종		사문암, 응회암, 응회각력암, 제3기층사암, 역암				△			○					△	
암종		점판암, 중생대/고생대 층혈암								△					
암종		흑색편암, 녹색편암, 제3기층이암				△			○	○				△	
암석·암반의 성상	강도	경암 ~ 극경암		◎	◎			◎							
암석·암반의 성상	강도	저고결 ~ 미고결	○			○	○			◎	○	○	◎		○
암석·암반의 성상		석영함유 다량			◎										
암석·암반의 성상		균열성 지반						○							
암석·암반의 성상	단층파쇄대	굴착직경 이상	○				△		○	○	◎	◎	○		
암석·암반의 성상	단층파쇄대	굴착직경 이하	△				△			△	○	○	△		
암석·암반의 성상		풍화도, 열수변질, 온천변질	△			○	△		○	◎	○	○		○	○
지질적 현상		다량용출수	○												○
지질적 현상		붕락	△	○			○			○	○	○	◎		
지질적 현상		팽창·압축				○			◎	○		◎			○

주) ◎: 최대한 주의가 필요, ○: 주의, △: 가능성 있음

[표 1-7] 트러블 발생과 지반현상의 관계

지반현상	트러블 현상	지질적 요인
붕괴·붕락	• 굴착작업 불가능 • 커터헤드 회전 불능 • 그리퍼 반력 부족	• 단층대/파쇄대 • 토사 또는 사력점토 • 균열성 지반
지반의 압출	• 커터헤드 회전 불능 • 장비 손상 • 그리퍼 반력 부족 • 배토 불능	• 점토화 • 팽창성 지반
용수	• 굴착작업 불가 • 배토 불능 • 전기계통 고장	• 투수성이 높은 지반 • 지하수위가 높은 지반
지반 지지력 부족	• 장비 침하	• 단층대/파쇄대 • 점토화 • 팽창성 지반

지질적 요인 이외에 TBM 고속굴진을 저해하는 주요 시공 리스크로는 커터 또는 비트의 마모, 특히 편마모를 들 수 있다(그림 1-6). TBM 굴진 시 실제 지반을 굴삭하는 기능을 하는 커터헤드는 크게 세 부분으로 나눌 수 있다. 커터헤드는 중앙에 가까운 센터부(center), 커터헤드에서 가장 외곽부에 위치한 게이지부(gauge), 그리고 센터부와 게이지부 사이에 위치한 페이스부(face)로 구성되어 있다. 일반적으로 전단면 암반을 굴삭하는 TBM은 원칙적으로 커터헤드에 균등한 힘이 작용하도록 제작되지만, 커터헤드 상의 위치에 따라 디스크커터(disc cutter 또는 roller cutter)에 가해지는 하중은 페이스부가 게이지부나 센터부보다 28% 이상 크게 나타난다고 보고되고 있다 (Deering et al., 1991). 또한 정상마모인 경우, 원주거리가 상대적으로 큰 외곽의 게이지커터 (gauge cutter)가 중간에 위치한 페이스커터나 센터커터보다 마모율이 높게 나타난다.

그림 1-7의 가운데 그림과 같이 편마모는 한 쪽 디스크커터가 베어링의 고장으로 정지되면 그

[그림 1-6] 편마모가 발생한 디스크커터

상태에서 굴착단면에 닿은 채 끌리며 마모가 진행된다. 이 커터는 다른 커터와 함께 원주를 돌면서 그림 1-7의 연이은 과정을 거쳐 최대 커터헤드 면까지 마모가 진행된다. 한편 편마모의 횟수가 늘어나면 이에 비례해 순굴진속도와 굴진율은 급격히 저하되고 이로 인해 회전 토크도 증가하게 된다(김훈 외, 2001). 따라서 TBM 시공 시, 특히 복합지반 조건에서는 이와 같은 편마모 현상에 대한 예측과 사전 대책이 향후 기술적인 주요 과제로 인식되고 있다.

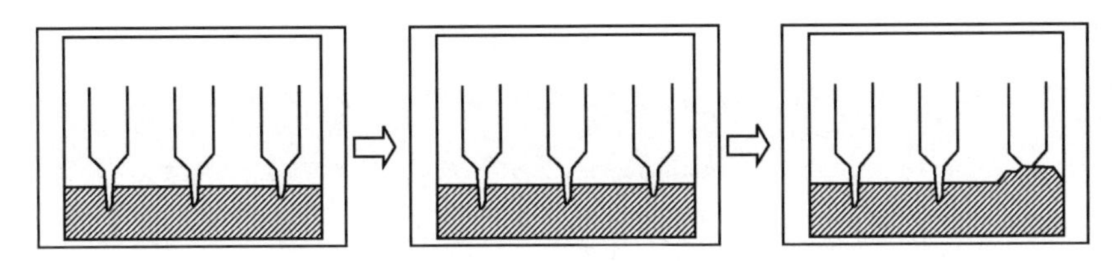

[그림 1-7] 편마모 진행과정(김훈 외, 2001)

1.3 TBM의 분류와 종류

1.3.1 국내외 TBM 분류기준

ITA Working Group No.14(Mechanized Tunneling)에서는 연약지반과 암반에서 TBM을 포함한 기계화 시공 장비의 선정과 평가를 위한 지침으로 'Recommendations and Guidelines for Tunnel Boring Machines'를 제안하고 세계 각국의 기계화 시공법 분류 방법을 소개한 바 있다. 이 지침은 기계화 시공 분야에서 기술선진국이라 할 수 있는 일본, 노르웨이, 독일, 스위스, 오스트리아, 이탈리아, 프랑스 등 7개국의 터널협회가 제출한 자료, 분류 기준 및 선정방법을 아래의 4가지 항목으로 구분하여 ITA WG-14가 재작성한 것이다(ITA WG-14, 2000).

위 지침은 다음과 같이 구성되어 있다.

I. Guidelines for selecting TBMs for soft ground(Japan and Norway)

II. Recommendations of selecting and evaluating tunnel boring machines(Germany, Switzerland and Austria)

III. Guidelines for the selection of TBMs(Italy)

IV. New recommendations on choosing mechanized tunnelling techniques(France)

현재 대부분의 기계화 시공 장비들이 주문 제작으로 생산된다는 점과 국외의 장비 제작 기술력 수준을 고려하면, 매우 다양한 형태와 기능을 갖는 장비 제작이 가능하기 때문에 특정한 분류 기준에 의해서 기계화 시공방법 또는 장비를 분류한다는 것은 쉽지 않다. 더구나 장비의 분류 기준을 마련하는 것이 오히려 자유로운 형상과 기능 창출에 걸림돌이 될 수 있다는 우려도 있다.

ITA WG-14에서 제시한 각국의 시공법 분류항목은 표 1-8과 같이 정리할 수 있다. 표 1-8과 같이 각국에서 제안한 기계화 시공 장비의 분류 기준에 대한 공통항목은 크게 쉴드의 유무, 지보방법, 반력을 얻는 방법, 개방형·밀폐형, 전단면·부분단면 굴착 등으로 구분할 수 있으며 각각에 대한 상호관계나 관련 사항을 정리하면 다음과 같다.

[표 1-8] 국가별 기계화 시공 장비 분류기준

국가 \ 구분단계		1단계	2단계	3단계	4단계	5단계
일본, 노르웨이	전체	전단면, 부분단면 굴착	커터헤드 (회전, 비회전)	반력	개방형, 밀폐형	세부 명칭 및 대상지반
	연약 지반				개방형, 밀폐형	막장 안정 및 굴착방법
독일, 스위스, 오스트리아		반력 및 쉴드 유무	전단면, 부분단면 굴착	막장 안정 방법		
이탈리아		지보방법 (위치, 쉴드, 굴진면 안정법)	굴착방법 및 도구(전단면, 부분단면, 굴착 도구)	반력	암반, 연약지반	장비 형태
프랑스		지보방법	붐형(boom-type), 메인빔 (main-beam), TBE, 개방 및 밀폐형 쉴드	반력 및 막장 안정법	전단면, 부분단면 굴착	

가. 쉴드의 유무

기계화 시공법의 대표적인 분류항목이다. 현재는 사각형의 쉴드도 제작되고 있으나 통상적으로는 원통형의 쉴드가 주로 사용된다. 쉴드가 없는 경우는 Open TBM과 메인빔 TBM으로 구분하고, 쉴드가 있는 경우는 쉴드 TBM으로 분류한다. 쉴드가 있는 경우는 대부분 세그먼트를 조립하므로 반력을 얻는 방법과 밀접하게 연관되어 있다. 또한 쉴드가 있는 경우는 쉴드에 의해 터널 주면지보가 기본적으로 성립되며 각각의 설비에 따라 막장면 지보방법이 달라진다.

나. 지보방법

터널 굴착 중 터널의 주면 및 굴진면을 대상으로 하는 지보방법을 말한다. 터널 주면에 대한 지보방법은 무지보 또는 쉴드에 의한 지보로 구분하며, 굴진면에 대한 지보는 굴진면의 안정방법과 같은 의미이며 쉴드가 있는 경우에는 압축공기식, 토압식, 이수식 등으로 구분할 수 있다.

다. 반력을 얻는 방법

터널 기계화 굴착장비를 추진하기 위한 반력을 어떻게 얻는가에 대한 사항에 해당한다. 로드헤더 등의 부분단면 굴착기는 대부분 자중에 의한 반력을 이용하며, 쉴드가 없는 TBM에서는 일반적으로 그리퍼로 터널 굴착벽면을 지지해 굴진을 위한 반력을 얻는다. 쉴드 TBM의 경우는 대부분 세그먼트를 미는 유압 잭(hydraulic jack)에 의해서 반력을 얻는다. 반면, 더블 쉴드(double shield) TBM에서는 그리퍼와 세그먼트 모두에서 반력을 얻을 수 있다. 이 분류항목은 장비의 구성, 세그먼트의 유무 등과 밀접하게 연관되어 있다.

라. 굴진면 안정화 방법(개방형과 밀폐형)

밀폐형 TBM은 커터헤드부에 격벽이 있어서 굴진면과 차단되는 형태를 말한다. 쉴드가 없는 TBM은 모두 개방형(open-type)이며, 쉴드가 있는 TBM은 개방형과 밀폐형(closed-type) 두 가지 형태가 모두 존재한다. 일반적으로 터널 굴진면의 안정을 적극적으로 도모하기 위해 적용되는 압축공기식, 토압식(Earth Pressure Balanced, EPB) 및 이수식(slurry) 쉴드 TBM의 경우는 모두 밀폐형으로 설계된다.

마. 전단면 굴착과 부분단면 굴착

로드헤더(road header), 유압식 해머(hydraulic hammer) 등의 붐형 굴착장비는 터널 굴진면을 부분적으로 분할해 굴착하므로 부분단면 굴착기(partial face excavator)에 속하며, 대부분의 TBM은 전단면 굴착기(full face tunnelling machine)로 분류할 수 있다. 다만 TBM의 경우에도 커터헤드가 없으면 부분단면 굴착기로 분류할 수 있다. 이 경우 TBM 전면의 개폐 여부 및 커터헤드 유무가 주요한 분류기준이 된다.

본 절에서는 이상의 여러 분류기준 또는 지침들 가운데, 비교적 상세하며 정량적인 분류가 가능한 프랑스터널협회(AFTES, 2005)에서 제시한 분류방법을 중점적으로 소개하고자 한다.

표 1-9는 2005년에 프랑스터널협회가 지반조건별로 적용 가능한 굴착기계의 종류를 제시한 표이다. 이 표는 지반을 일축압축강도에 따라 6등급으로 분류한 후 R1부터 R6b까지 10등급으로 세분했으며, 각 등급별로 적용 가능한 굴착기계의 종류를 제시하고 있다. 표 1-9에서 기호 A ~ I는 굴착기계의 종류를 나타내며 이들 기계의 세부특성은 다음과 같다.

A. 붐형 굴착기계 : 높은 점착력을 갖는 토사나 연약 암반에 적합하다. R3 ~ R5 범주 내의 지반에 적용이 가능하나, 압축강도가 30 ~ 40MPa(300 ~ 400kgf/cm^2) 이상인 지반에 적용하는

것이 바람직하다. 함수지반에 사용할 경우에는 유입수 문제 해결을 위해 지반 개량이 선행되어야 한다.

B. Open TBM : R1 ~ R4의 지반에서 굴착이 용이하며, R3a ~ R4 정도의 지반에서는 그리퍼가 암반면을 뚫고 들어가는 것을 방지하기 위한 지지력 개선 작업이 필요하다.

C. 터널확장기(TBE, Tunnel Boring Enlarging machine) : R1 ~ R3(때로는 R4 ~ R5)의 암반에서 직경 8m 이상의 대단면 터널 굴착 시 적합하다.

D. 그리퍼 쉴드 TBM : R1 ~ R3의 지반에 적합하다. 지반이 그리퍼의 저항을 충분히 견딜 수 있는지를 함께 검토해야 한다.

E. 세그멘털(segmental) 쉴드 TBM : 연약 암반 또는 R4 ~ R5 지반에 적용이 가능하나 막장은 자립할 수 있는 지반이어야 한다.

F. 더블 쉴드 TBM : 위의 두 가지 개방형 쉴드 TBM의 장단점을 복합적으로 보완해 해당 지반에 사용할 수 있다.

G. 기계식 지지(mechanical support) 쉴드 TBM : 연약 암반이나 수압의 영향이 없거나 약간 존재하는 압밀지반에 사용할 수 있다.

H. 이수식 쉴드 TBM : 충적층 지반과 이방성의 연약지반에 적합하며 부분적으로 경암반이 포함된 지반에도 사용이 가능하다. 지반에 점토가 포함되어 있을 경우에는 커터헤드로부터의 배토가 어렵거나 클로깅(clogging)이 발생할 수 있다. 투수계수가 10^{-2}m/sec 이상인 지반에서도 사용이 가능하나, 높은 수압이 작용할 경우에는 굴착면에 방수층을 형성할 수 있는 특수한 이수식의 적용이 필요하다. 오염된 지반 또는 높은 침투수압이 존재하는 지반에서는 시공 트러블이 발생할 가능성이 있으므로 이수식 배합에 유의해야 한다. 또한 이수식 쉴드 TBM은 메탄(methane)이 존재하는 지반에도 적용할 수 있으나 터널 굴진방향을 따라 이방성 지반이 존재할 경우에는 배토 작업이 어려워질 수 있다.

I. 토압식 쉴드 TBM : 점토질 지반, 실트, 세립의 점토질 모래, 연약 초크(chalk), 이회토, 점토질 편암(schist), 경암반이 포함된 지반조건 등에서 커터헤드 내에 충만된 굴착 토사 또는 버력에 의해 굴진면에 대한 지지력의 전달이 용이하고, 버력 반출용 스크루컨베이어에서 마개 형성이 일정하게 유지될 수 있는 지반에 적합하다. 토압식 쉴드 TBM은 10^{-3} ~ 10^{-4}m/sec의 높은 투수성을 지닌 지반에서도 굴착이 가능하며 국부적 안정이 필요한 불연속 암반에서도 사용이 가능하다. 단단하고 마모성의 지반조건에서는 첨가제를 사용하거나 커터헤드 또는 스크루컨베이어 표면을 강하게 하는 등의 특별한 처리가 필요하다.

표 1-10은 프랑스터널협회가 제시한 기계화 시공법을 선정하는 데 영향을 미치는 요소들을 정리

한 것이다. 표 1-10에서는 각각의 요소들이 최적의 기계화 시공법을 선정하는 데 어느 정도 영향을 미치는지를 각각 2(결정적인 영향을 줌), 1(영향이 있음), 0(영향 없음) 및 NA(적용 안 함)의 순으로 분류하고 있다.

일반적으로 터널 기계화 시공법의 선정에는 기술력, 현장조건, 경제성 등 다양한 요소 등이 영향

[표 1-9] 지반의 강도별 대응 굴착기계류(AFTES, 2005)

분류 기호	지반 분류	예시	일축 압축강도 (MPa)	A	B	C	D	E	F	G	H	I
R1	Very strong rock	Strong quartzite and basalt	> 200									
R2a	Strong rock	Very strong granite, porphyry, very strong sandstone and limestone	200 ~ 120									
R2b		Granite, very resistant or slightly dolomitized sandstone and limestone, marble, dolomite, compact conglomerate	120 ~ 60									
R3a	Moderately strong rock	Ordinary sandstone, siliceous schist or Schistose sandstone, gneiss	60 ~ 40									
R3b		Clayey schist, moderately strong sandstone and limestone, compact marl, poorly cemented conglomerate	40 ~ 20									
R4	Low strength rock	Schist or soft or highly cracked limestone, gypsum, highly cracked or marly sandstone, puddingstone, chalk	20 ~ 6									
R5a	Very low strength rock and consolidated cohesive soils	Sandy or clayey marls, marly sand, gypsum or weathered chalk	6 ~ 0.5									
R5b		Gravelly alluvium, normally consolidated clayed sand	< 0.5									
R6a	Plastic or slightly consolidated soils	Weathered marl, plain clay, clayed sand, fine loam	-									
R6b		Peat, silt and little consolidated mud, fine non-cohesive sand										

[표 1-10] 기계화 시공기술 선정에 영향을 미치는 요소(AFTES, 2005)

기계화 시공기술 / 영향 요소	무지보		주면지보			굴진면 및 주면지보		
	붐형	Open TBM & TBE	그리퍼 쉴드 TBM	세그멘털 쉴드 TBM 전단면 굴착	세그멘털 쉴드 TBM 부분 굴착	기계식 지지 쉴드 TBM	이수식 쉴드 TBM	토압식 쉴드 TBM
1. 자연적 제약	0	2	2	2	2	2	1	1
2. 물리적 변수								
2.1 지반 성분 규명	2	2	2	2	2	2	2	2
2.2 지반의 질적 특성	1	1	1	0	0	1	1	1
2.3 연약지반/경암반의 불연속성	1/2	1/2	NA/2	1/2	1/2	1/2	2/2	1/2
2.4 지반의 변이성	1	1	1	1	1	1	1	1
2.5 지하수 성분	0	0	0	0	0	0	1	1
3. 역학적 변수								
3.1 강도								
연약지반	2	2	NA	2	2	2	1	1
경암반	2	1	1	NA	2	1	1	1
3.2 응력변형	0	1	1	1	1	1	1	1
3.3 액상화 가능성	0	0	0	0	0	0	0	0
4. 수리지질학적 변수	2	2	2	2	2	2	2	2
5. 기타								
5.1 연경도(마모도-경도)	2	1	1	1	1	1	1	1 or 2
5.2 스티킹-클로깅(sticking-clogging)	1	1	0	1	1	1	1	1
5.3 지반과 기계 사이의 마찰	0	1	1	1	1	1	0	1
5.4 지반 내 가스의 존재	0	0	0	0	0	0	0	1
6. 작업특성								
6.1 규모, 형상	0	2	2	2	2	2	1	1
6.2 종단 선형	1	1	1	1	1	1	0	0
6.3 평면 선형	0	1	1	1	1	1	0	0
6.4 환경								
6.4.1 침하에 대한 민감도	2	2	2	2	2	2	1	1
6.4.2 작업 제약에 대한 민감도	1	1	1	1	1	1	1 & 2	1
6.5 지반의 특이성								
6.5.1 지반의 불균일성	1	1	1	1	1	1	1	1 & 2
6.5.2 자연적/인공적 장애물	0	1	1	1	1	1	1	1 & 2
6.5.3 공동	1	1	1	1	1	1	1	1

주) 2: 선정에 결정적 영향을 줌, 1: 영향 있음, 0: 영향 없음, NA: 적용 안 함

을 미치므로 정량적인 선정기준을 설정하기가 매우 어려우며 외국의 기준을 그대로 도입·활용하는 것도 용이하지 않다. 특히, 국내에서는 아직까지 장비를 지칭하는 문제에서도 혼돈이 있으며, 중·대단면 터널에 TBM 적용이 매우 미흡한 단계이므로 기본적인 사항에 대한 분류기준과 선정기준의 제시가 필요하다고 하겠다. 따라서 본 절에서는 세계 각국의 분류기준을 토대로 하여 한국터널공학회에서 제시한 국내 기계화 시공법 분류기준(안)을 소개하고자 한다.

한국터널공학회에서는 장비의 대표성을 반영하면서도 다른 분류기준과 크게 겹치지 않는 몇 가지의 사항을 이용해 그림 1-8과 같은 형태의 분류방법을 국내 기계화 시공법 분류기준(안)으로 제안한 바 있다.

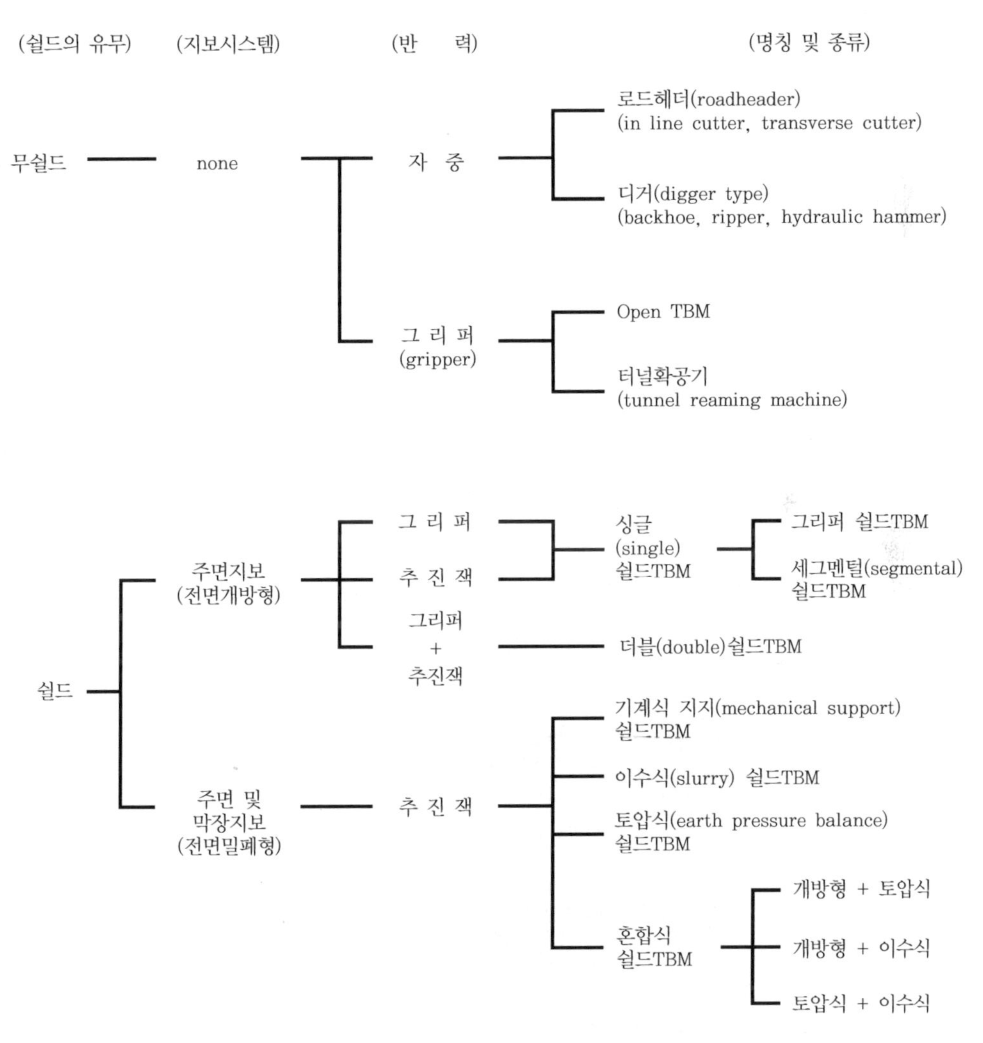

[그림 1-8] 터널 기계화 시공법의 분류기준안(한국터널공학회, 2001)

한국터널공학회에서 제안한 기준은 너무 복잡하지 않으면서 대표성을 잘 나타낸 프랑스터널협회의 기준(안)을 모태로 해서 작성되었다. 특히 국내에서는 적용된 적이 없는 압축공기식(compressed air) 쉴드 TBM은 분류에 넣지 않았으며, 일본과 노르웨이의 분류에서 볼 수 있는 비회전식 굴착기인 블라인드식, 반기계식, 수동 굴착식 등은 국내 지반조건에 부적합하고 적용사례가 거의 없으므로 제외되었다.

한국터널공학회의 분류(안)에서 쉴드 TBM은 커터헤드부에 밀실을 유지할 수 있는 격벽의 유무에 따라 개방형이나 밀폐형으로 구분할 수 있다. 또한 커터헤드를 붐형의 굴착 도구로 변경해 부분굴착에 사용할 수 있는 유형도 있으나, 이와 같은 형태는 국내 적용사례가 없으며 세계적으로도 사용사례가 줄어들고 있는 추세다.

이 분류(안)은 구분이 비교적 명확하고, 기계화 시공 장비의 기능에서 중요하다고 판단되는 순서, 즉, 쉴드의 유무, 지보시스템, 반력을 얻는 방법, 굴진면 안정방법의 순으로 작성되었다. 여기에는 연직갱 굴착장비인 RBM(Raise Boring Machine), 마이크로터널링용 굴착기(micro-tunnelling machine 또는 micro-tunneller)는 포함되지 않았다.

다음 절에서는 다양한 터널 기계화 시공 장비 가운데 전 세계에서 가장 널리 사용되고 있는 Open TBM과 쉴드 TBM에 대해서 자세히 소개하고자 한다.

1.3.2 Open(gripper) TBM

Open TBM은 국내에서 암반 굴착용 TBM으로 알려졌으며 적용 사례도 가장 많지만, 최근 들어서는 기술 발달과 함께 경암반에서도 쉴드 TBM이 적용되고 있다. 따라서 앞선 분류에서 살펴보았듯이, Open TBM은 터널 주면을 지지하고 내부 작업공간을 보호하기 위한 쉴드가 없으며, 굴착 벽면에 대한 그리퍼의 지지력으로 추진력을 얻고, 굴착 후 터널 안정성을 확보하기 위해 쉴드 TBM에 적용되는 세그먼트라이닝이 아닌 일반적인 터널 지보재가 활용되는 장비로 정의하는 것이 타당할 것이다(그림 1-9). 이상과 같은 Open TBM의 제반 특징을 정리하면 표 1-11과 같다.

[그림 1-9] 전형적인 Open TBM(Robbins사)

[표 1-11] Open TBM의 특징과 적용성

구분		내용	평가
TBM 구조			
특 징		• 주로 양호지반을 대상으로 하는 TBM • 메인 그리퍼에 의해 굴착반력을 잡아 TBM 추진 • 불량 지반 대책으로서 굴진면에 가장 가까운 곳에 지보시공/보조공법 시공 • 굴진면의 자립이 불량해 지보시공/보조공법의 적용에 많은 시간이 요구되거나, 그리퍼 반력을 기대할 수 없는 지반에서의 시공에는 적합하지 않음	
기계적 특성	추진 방법	• 그리퍼에 의해 반력을 잡아 추진	
	방향 제어	• 메인빔 제어식	
	시공 가능한 1차 지보	• 숏크리트, 록볼트, 강지보, 인버트 라이닝(커터헤드 후방)	
지보설치 작업성		• 커터헤드 후방에서 지보 시공을 할 수 있는 작업공간을 할당할 수 있고, 착암기 및 제반 전기설비를 탑재할 수 있음. 숏크리트 타설 후 리바운드 처리방안을 고려해야 함 • 커터헤드 후방에서 굴착 지반의 자립이 필요	
지질대응성·급속시공성	경암 고속 시공성	• 고속 시공 가능	◎
	붕락성 지반 (막장·천단의 붕락)	• 소규모 붕락에 대해서는 커터헤드 후방에서의 지보로 대처 • 붕락 정도가 많은 경우는 보조 공법에 의해 지반을 자립시켜 대응 • 자립화가 낮은 지반에서는 재래식 터널공법과 유사해 위험 작업이 동반됨	△
	단층 파쇄대	• 굴진면 전방 예측에 의해 위치와 규모를 확인한 후, 수발공, 훠폴링(forepoling), 약액주입 등에 의해 지반보강을 하고, 소규모 단층에서는 그대로 굴진 • 그리퍼 반력을 얻을 수 없는 정도의 지반강도 혹은 대규모(연장이 긴) 단층 파쇄대에서는 재래식 터널공법으로 해당구간을 굴진한 후 TBM 굴진을 재개	△
	고압의 다량용수	• 배수 설비와 누전 대책이 필요 • 수발공에 의한 수위/수압 저하대책이 필요 • 지반유실이 발생하는 경우에는 약액 주입 등에 의한 지반 개량 필요	△
	튜브성 변형·소성지압의 발생	• 지반 변형을 억제할 수 있는 1차 지보가 시공되면 일반적으로 대응도는 다른 경우에 비해 높음	○
	초경암지반	• 대형 커터의 적용에 의한 추력의 증가와 적정한 커터 배치(간격), 토크 및 회전수의 조정에 의해 효율적인 절삭 가능	◎
	불량지반에서의 촉진속도	• 불량지반에서는 보조공법/지보시공에 시간이 소요되어 굴진속도 저하 • 그리퍼 반력을 얻을 수 없는 지반에서는 굴착 곤란	▲
경제성	전용성	• 커터헤드의 개조 등 굴착 직경의 변경에 대응 가능. 전용성 우수	
	수송, 조립, 해체	• 분할, 반입, 조립이 용이하고 공기가 비교적 짧음 • 굴착한 단면 내를 후퇴해 반출 가능	
	지보시스템	• 양질지반에서는 지보의 경감이 가능 • 불량지반에서는 보조공법/지보시공에 시간이 소요되어 굴진속도가 크게 저하	△
적용 지질 범위		• 연암 ~ 연경암 ~ 경암 ~ 초경암, 다만 안정한 지반이 차지하는 비율이 높을수록 유리함 • 굴진면은 대부분 자립 또는 자립 시간이 길어야 함 • 일부 불량 구간은 포함될 수 있지만 연장은 비교적 짧아야 함(몇 미터 ~ 몇십 미터 정도) • 균열성 지반이 부분적으로 존재하는 경우, 또는 일부 낙석이 발생하고 소규모 붕락이 발생하는 정도	

Open TBM에서는 암반 절삭용 디스크커터가 장착된 커터헤드에 의해서 전단면 굴착이 이루어지며, 크게 메인빔 TBM과 켈리형(kelly-type) TBM의 2가지 형식으로 구분된다.

메인빔 TBM은 Robbins사에서 제작한 장비들을 대표적인 예로 들 수 있으며, 추진장치가 커터헤드의 후면 가까이에 있고 양쪽에 한 조의 그리퍼가 부착되어 있는 형식이다.

반면, 켈리형 TBM은 Atlas Copco사와 Wirth사에서 제작한 종류가 대표적이며, 커터헤드와 추진장치가 구동 샤프트(drive shaft)로 연결되어 있으며 두 조의 그리퍼가 장착돼 있는 형식이다. 켈리형은 메인빔 TBM에 비해 커터헤드와 추진장치로의 접근이 상대적으로 용이하다는 장점이 있다.

Open TBM의 굴착방법은 텅스텐강 또는 탄소강(鋼강) 탄소 비트로 된 디스크커터(또는 롤러비트)가 장착된 회전식 커터헤드가 굴진면을 가압할 때 발생하는 커터 하부의 V자형 노치 효과(notch effect)에 의해 암반을 절삭한다. 디스크커터에 의한 암반의 절삭 메커니즘과 상세한 정보는 다음의 3장과 6장에서 자세히 설명할 것이다.

Open TBM에서는 터널 굴착 벽면의 암반을 방사상으로 지지하는 그리퍼 또는 베어링 패드(bearing pad)에 의한 반력을 통해 TBM 굴진을 위한 추진력을 얻는다. 그리퍼가 포함된 Open TBM의 일반적인 구조는 그림 1-10과 같다.

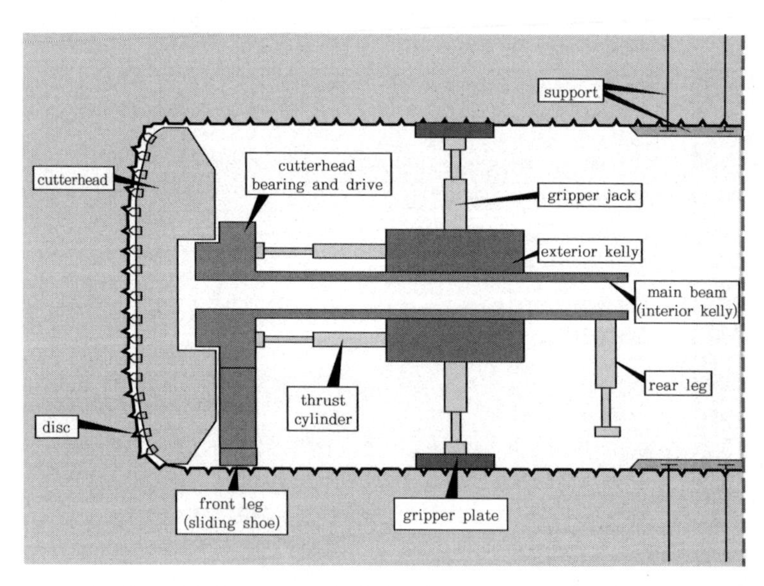

[그림 1-10] Open TBM의 전형적인 구조(싱글 그리퍼의 경우)

그리퍼의 형식은 싱글 그리퍼(single gripper) 타입과 더블 그리퍼(double gripper) 타입으로 크게 구분할 수 있다.

싱글 그리퍼 타입은 수평 방향으로 좌우 1쌍의 그리퍼 1조로 구성되며, 구동 유니트는 커터헤드의 바로 뒷면에 위치한다. 방향 제어는 굴착 전과 굴착 후에 모두 가능하지만 기계 앞부분에 중심이 있기 때문에 상하 방향의 제어 정도가 지질조건의 영향을 받기 쉬운 경향이 있다(그림 1-11).

[그림 1-11] 싱글 그리퍼 TBM의 예(Robbins사)

더블 그리퍼 타입은 X형 혹은 T형으로 배치된 2조의 그리퍼로 구성되며 구동 유니트는 뒷부분 그리퍼에 위치하고, 메인빔 내의 구동 샤프트에 의해 커터헤드가 구동한다. 더블 그리퍼 TBM은 2조의 그리퍼에 의해 TBM이 터널 벽면에 견고하게 고정될 수 있다는 장점을 가지고 있다. 싱글 그리퍼 TBM에 비해 방향 제어성, 특히 상하 방향의 제어가 좋지만 굴진 도중의 제어는 불가능하다는 한계를 가지고 있다(그림 1-12).

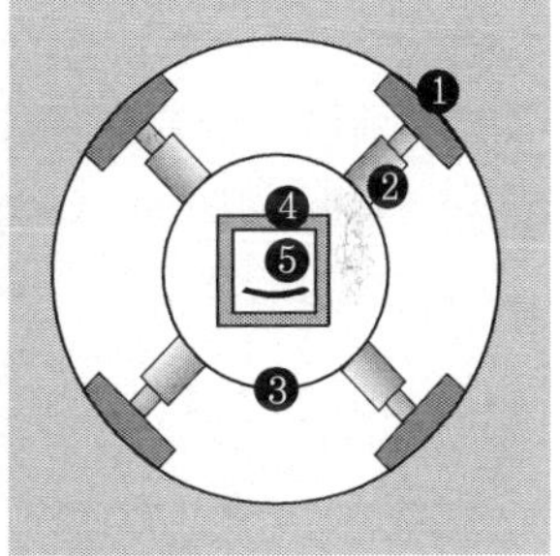

① 그리퍼 패드 ② 그리퍼 실린더 ③ 외부 켈리 ④ 내부 켈리 ⑤ 버력반출용 컨베이어

[그림 1-12] 더블 그리퍼 방식 Open TBM의 예(Wirth사)

싱글 그리퍼 TBM의 경우를 예로 들어 그리퍼에 의한 TBM의 굴진 과정을 설명하면 그림 1-13과 같다. 첫 번째로 그리퍼 유니트와 커터헤드 사이에 있는 추력용 유압 실린더에 의해 굴진면에 대해 회전 커터헤드를 가압한다(그림 1-13a). 굴진과정 동안 터널 측면에 반력을 가하는 1조 또는 2조의 그리퍼는 TBM 추력과 커터헤드 토크를 지지하는 역할을 하게 되며, 이때 후방 버팀대(leg)를

들어 올려서 자유롭게 한다(그림 1-13a). 계획된 굴진장만큼 굴진이 완료되면 후방 버팀대를 펼쳐서 바닥에 고정하고, 그리퍼를 굴착 벽면에서 떼어낸다(그림 1-13b).

다른 종류의 TBM에서도 마찬가지이지만, 특히 Open TBM의 적용성은 커팅장비들의 높은 소모비용에 영향을 받을 수 있다. 또한 쉴드가 없으므로 지보가 필요 없을 정도로 암질이 좋은 상태가 아니라면 시스템 지보를 실시해야 한다. 시스템 지보는 보통 굴진면 후방 10~15m에서 수행하며, 안정성이 낮은 암반에서는 강지보, 록볼트 등을 설치한다. 경우에 따라서는 숏크리트를 커터헤드 바로 후면에 타설한다.

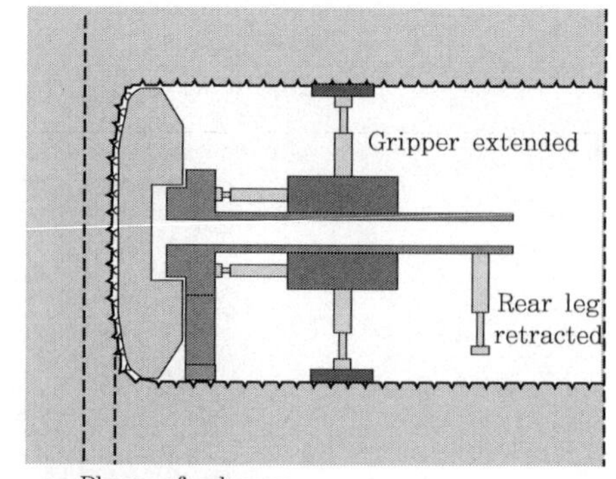

a. Phase of advance

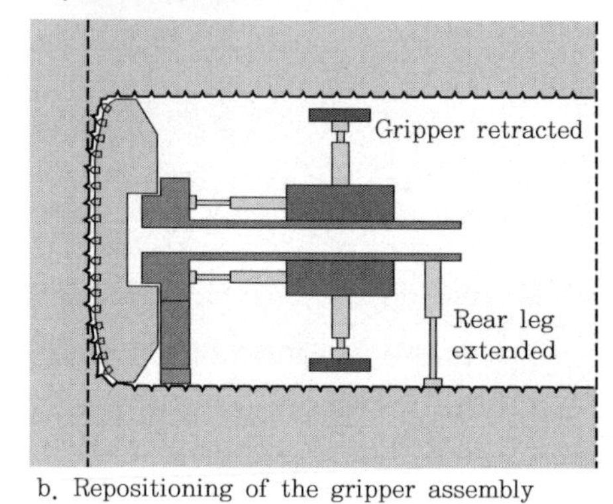

b. Repositioning of the gripper assembly

[그림 1-13] 그리퍼에 의한 TBM의 굴진과정

굴착된 버력은 커터헤드에 있는 버킷(bucket)에 모아서 컨베이어 등의 배출시스템에 의해 외부로 이동 배출한다. 굴착 중 암분이 포함된 암편이 발생되므로 다음과 같이 분진의 발생을 억제하거나 분진을 제거할 수 있는 장치가 필요하다.

- 커터헤드에서 물을 분사하는 장치
- 커터헤드 후면의 분진 쉴드
- 분진 배출 시스템

또한 과거 그리퍼 시스템은 Open TBM의 전유물로 여겨왔으나, 최근에 들어서는 부분적으로 쉴드가 포함된 그리퍼 TBM이 개발 및 활용되고 있다. 현대식 그리퍼 TBM(modern gripper TBM)으로 불리는 TBM은 그림 1-14와 같이 커터헤드 후방의 작업공간과 터널 주면을 일시적으로 보호하기 위한 쉴드를 부분적으로 가지고 있으며, Open TBM과 마찬가지로 굴진을 위한 TBM의 추진력을 그리퍼에 의해서 얻는 방식이다. 이와 같이 기계 기술의 발달과 함께 과거의 Open TBM과 쉴드 TBM의 구분이 모호해지고 무의미해지고 있는 상황이다. 그림 1-14의 현대식 그리퍼 TBM은 현재 스위스 Gotthard Base Tunnel의 시공에 적용되고 있다. 또한 그림 1-15와 같이 숏크리트, 록볼트 및 철망의 시공이 로보틱스 기술에 의해 전부 자동화되어 있다는 점은 주지할 만하다.

① 커터헤드 ② 그리퍼 쉴드 ③ 핑거(finger) 쉴드 ④ 링(ring) 이렉터
⑤ 앵커 드릴 ⑥ 안전 루프가 장착된 작업대 ⑦ 철망 이렉터 ⑧ 그리퍼

[그림 1-14] 현대식 그리퍼 TBM(Herrenknecht사)

(a) 볼트 시공장치

(b) 숏크리트 타설 로봇

(c) 철망 이렉터(erector)

[그림 1-15] 현대식 그리퍼 TBM에 장착된 지보재 자동 시공장치(Herrenknecht사)

1.3.3 싱글 쉴드 TBM

싱글 쉴드 TBM(single shield TBM)은 굴진면에 대한 지지 시스템이 없는 전면개방형의 단일 쉴드 TBM을 일컫는다. 여기에는 추진 반력을 얻는 방법에 따라 앞서 1.3.2절에서 소개한 그리퍼 쉴드 TBM과 세그멘털(segmental) 쉴드 TBM으로 구분된다.

그리퍼 쉴드 TBM은 전단면 굴착만 가능한 반면, 세그멘털 쉴드 TBM은 전단면 커터헤드에 의한 전단면 굴착뿐만 아니라 붐형의 기구와 결합해 부분단면 굴착기 형태로도 사용될 수 있다.

앞서 설명한 바와 같이 그리퍼 쉴드 TBM은 그리퍼와 결합된 실린더 쉴드가 장착되어 있는 것을 제외하고는 Open TBM과 거의 동일하다고 볼 수 있다(그림 1-14 참조). 또한 신축이음부가 있는 경우가 있어 추진 시에도 터널 주면을 지지할 수 있으며 후방에 세그먼트를 설치할 수 있는 이렉터가 있는 것이 특징이다. 따라서 비교적 불량한 암반에서도 적용이 가능하다는 장점이 있으나, 굴진면의 안정성을 확보하기 위한 별도의 장치가 없기 때문에 연약지반에는 사용이 불가능하며 최소한 굴진면의 자립이 가능한 지반조건에 적용이 가능하다.

세그멘털 쉴드 TBM은 그림 1-16과 같이 그리퍼가 없기 때문에 커터헤드 추진과 세그먼트라이닝 설치가 동시에 이루어질 수 없다. 따라서 굴진속도가 매우 낮기 때문에 이를 보완하기 위해 더블(double) 쉴드 TBM이 개발되었으나 지반조건이 불량한 경우에는 세그멘털 쉴드 TBM과 거의 차이가 없다.

세그멘털 쉴드 TBM의 굴진과정은 크게 굴진단계와 세그먼트라이닝의 설치단계로 구분할 수 있

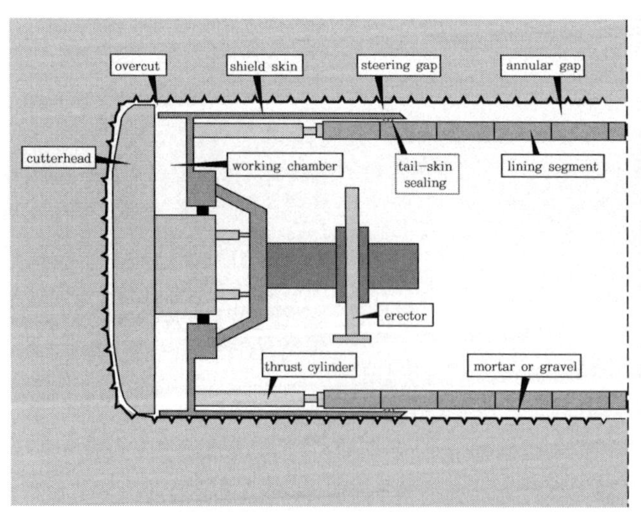

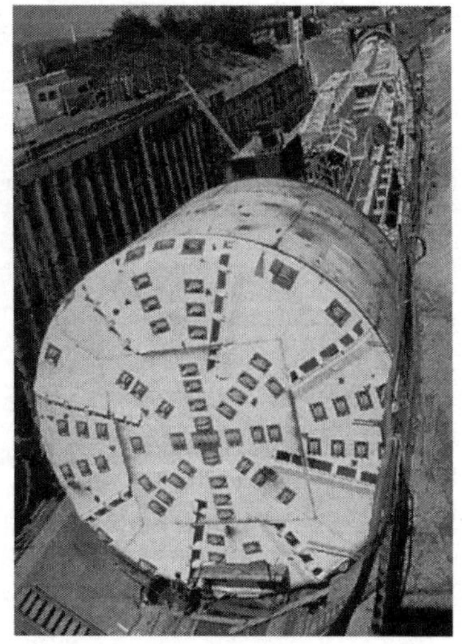

[그림 1-16] 세그멘털 쉴드 TBM의 전형적인 구조와 예(스위스 Adler 터널)

다(그림 1-17). 굴진단계에서는 추력 실린더를 이미 시공된 세그먼트라이닝에 지지해 반력을 얻음으로 인해 쉴드를 전진하게 된다(그림 1-17a). 굴진이 완료되면 이렉터에 의해 세그먼트를 시공하고(그림 1-17b), 마지막 키 세그먼트(key segment)가 조립된 후에 굴진을 재개하게 된다. 즉, 이상과 같이 세그멘털 쉴드 TBM은 굴진면에 대한 지지 기구가 없다는 점을 제외하고 일반적인 쉴드 TBM(토압식 및 이수식)과 거의 동일하다고 할 수 있다.

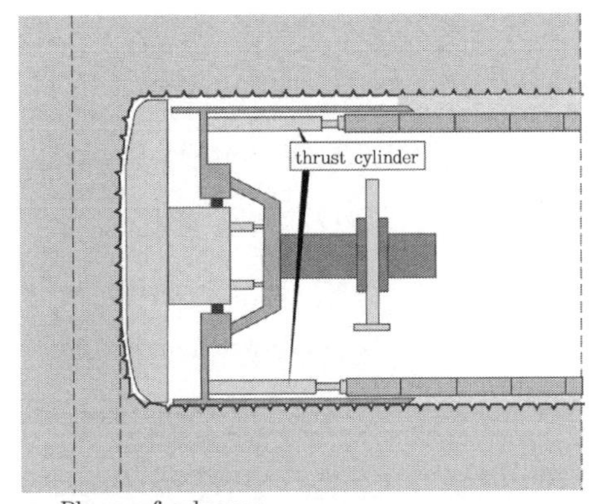

a. Phase of advance

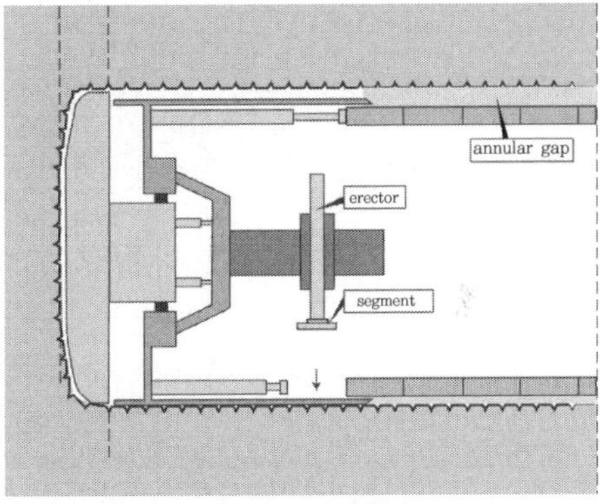

b. Installation of segmental lining

[그림 1-17] 세그멘털 쉴드 TBM의 굴진과정

세그멘털 쉴드 TBM은 블록성 또는 파쇄가 심한 암반에서 굴진면 주변의 붕락이 우려되거나 무지보 자립시간이 짧아 지보재의 조기 타설에 의해서도 지반을 안정시키기 어려운 지반에 적용된다. 즉, 세그멘털 쉴드 TBM은 불량한 암반에서 추력을 전달하는 데 필요한 그리퍼 반력을 기대할 수 없는 경우에 활용된다. 이 장비는 파쇄대, 연약지반 등이 존재하는 구간에도 적용할 수 있어 최근 유럽의 장대 철도터널에 많이 적용되고 있다. 또한 커터헤드를 통해 탐측이나 프리그라우팅(pre-grouting) 등을 수행할 수 있기 때문에 굴진면 전방의 지반 조사와 사전 보강이 가능하다.

1.3.4 토압식 쉴드 TBM

토압식 쉴드 TBM과 이수식 쉴드 TBM은 굴진면에 대해 능동적인 지보방법을 제공한다는 점에서 1.3.3절의 세그멘털 쉴드 TBM과 크게 차이가 난다. 1.3.5절에서 설명할 이수식과 달리 토압식(EPB, Earth Pressure Balanced) 쉴드 TBM에서는 커터헤드 후면의 챔버(chamber)를 굴착 토사 또는 버력으로 가득 채워서 굴진면을 지지하면서 굴진하게 된다(그림 1-18, 1-19). 일반적으로 스크루컨베이어(screw conveyor)의 회전력에 의해 굴진면에 주동 토압이 발생하지 않도록 해야 하기 때문에, 굴진면 토압이 확실하게 스크루컨베이어에 전달되지 않으면 안 되므로 소성유동화한 굴착토를 커터헤드 챔버 내에 가득 채우는 것이 매우 중요하다. 따라서 최근에는 첨가제 주입기구 및 첨가제와 굴착토를 확실하게 교반하는 기구를 장착하는 경우도 있다. 첨가제로는 벤토나이트, 점토, 기포재 C.M.C(수용성고분자) 등이 사용된다. 또한 굴진면 지지압력 P_s(그림 1-19 참조)는 TBM 굴진속도와 스크루컨베이어의 회전수에 의해 제어된다. 예를 들어 굴진속도가 감소하고 스크루컨베이어의 회전수가 증가할수록 지지압력은 감소한다. 반대의 경우에는 굴진면 지지압력이 증가한다.

챔버 내의 굴착토는 쉴드의 추진력에 의해 가압되고, 토압이 굴진면 전체에 작용해 굴착면의 안정을 확보한다. 또한 굴착토가 소성유동화되어 있기 때문에 스크루컨베이어 등에 의해 천천히 배토가 가능하다. 토압식 쉴드 TBM 공법은 굴진면 토압을 제어하면서 토사의 유입과 추진을 병행해서 할 수 있기 때문에 굴진면을 유지하기 쉽고 지반변형 발생을 최소화할 수 있다. 적용이 가능한

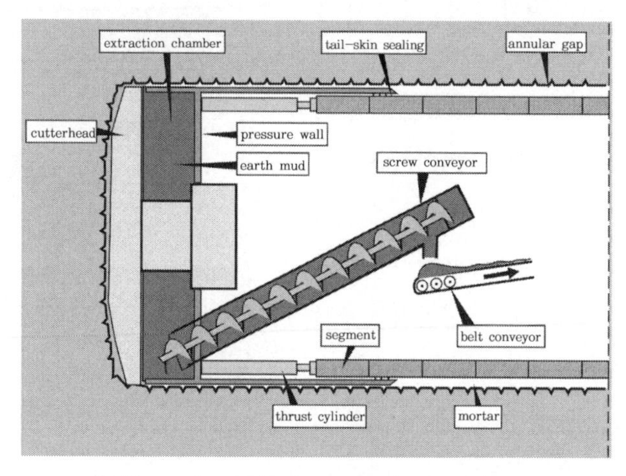

[그림 1-18] 토압식 쉴드 TBM의 전형적인 구조

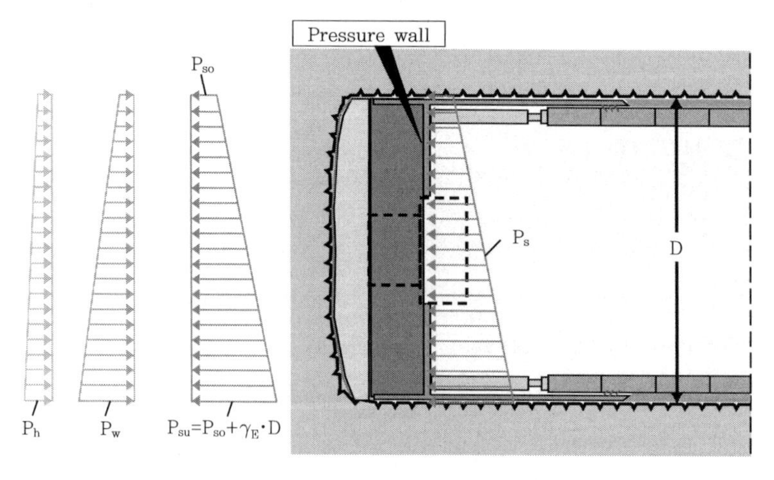

P_h : horizontal rock mass pressure
P_w : water pressure
P_s : supporting pressure at the face
γ_E : unit weight of the earth mud

[그림 1-19] 토압식 쉴드 TBM의 굴진면 지지 원리

토질이 광범위하고 보조공법이 별도로 필요 없으며 지상의 플랜트 설치공간이 이수식과 비교해 상대적으로 작기 때문에 최근에 많이 활용되고 있다. 이와 같은 토압식 쉴드 TBM의 장점과 단점을 정리하면 표 1-12와 같다.

토압식 쉴드 TBM에 특수장비를 장착할 경우, 압축공기 쉴드 TBM과 같이 open 모드나 압축공기에 의한 굴진면 지지가 가능하기 때문에 전단면 혹은 부분단면의 굴착형태도 가능하다.

적절한 첨가제를 사용할 경우, 토사지반에서 토압식 쉴드 TBM의 적용 가능범위는 그림 1-20과 같다.

[표 1-12] 토압식 쉴드 TBM의 장단점

장 점	단 점
• 굴착토의 배토상태에 따라 지반의 상황을 판단하기가 쉽다. • 이수 또는 작니설비가 없어 작업구 부지가 작아도 된다. • 굴착토의 처리가 비교적 용이하다.	• 소성유동성이 낮은 토질에서는 소성유동화 개량재의 첨가가 필요하다. • 고결점토 및 고결실트층에서 N치가 높은 경우, 굴착효율이 극단적으로 저하된다. • 지반침하 및 융기에 대해 주의가 필요하다.

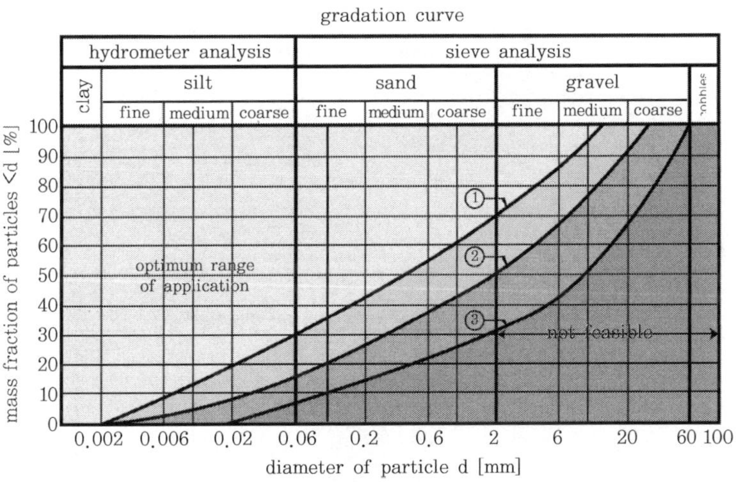

range	requirements	conditioning agent
①	I_c = 0.4 ~ 0.75	water
	I_c > 0.75	clay, polymer suspensions tenside foams
②	k < 10^{-5} m/s water pressure < 2 bars	clay, polymer suspensions tenside foams
③	k < 10^{-4} m/s no water pressure	high density slurrys high molecular polymer suspensions foams with polymer additives

[그림 1-20] 토사지반에서 토압식 쉴드 TBM의 적용 범위(Maidl, 1995)

1.3.5 이수식 쉴드 TBM

이수식 쉴드(slurry shield) TBM은 챔버 내에 토압식에서의 굴착토사 대신 이수를 가압 순환시켜 굴진면을 안정시키며, 버력과 굴착토 처리 역시 이수의 유동에 의해 수행된다. 일반적으로 이수는 점토분말이나 벤토나이트 등이 포함된 현탁액이다.

즉, 수압과 토압에 대응해서 챔버 내에 소정의 압력을 가한 이수를 충만·가압해 굴진면의 안정을 유지하는 동시에 이수를 순환시켜 굴착토를 유체 수송해 배토하는 공법이다(그림 1-21, 1-22). 특히, 이수의 자중으로 인해 굴진면에 대한 지지력이 심도에 따라 선형적으로 증가한다는 점이 토압

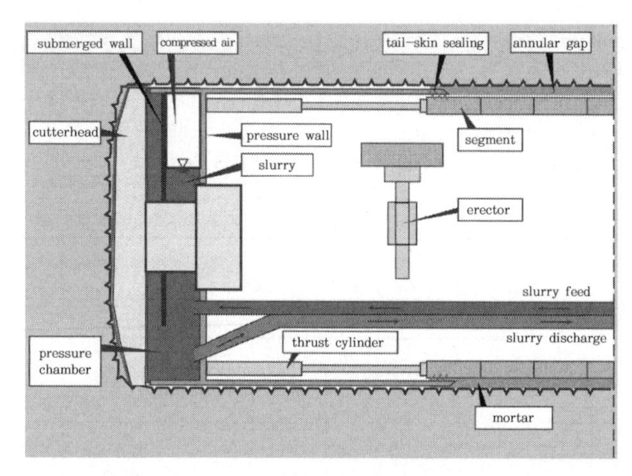

[그림 1-21] 이수식 쉴드 TBM의 전형적인 구조

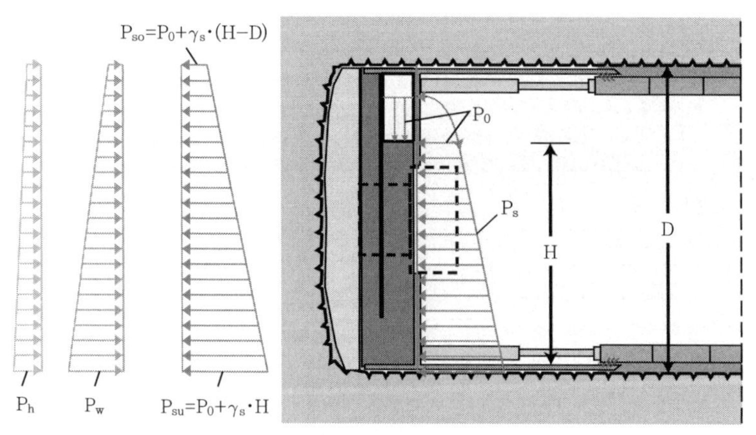

[그림 1-22] 이수식 쉴드 TBM의 굴진면 지지 원리

식과 비교할 때의 또 다른 차이점이다(그림 1-22 참조).

이상과 같이 이수식 쉴드 TBM에서는 굴진면에 작용하는 수압 및 토압보다 다소 높은 이수압을 가해 굴진면의 안정을 확보한다. 또한 비중이 크고 점성이 높은 이수를 사용해 굴진면의 안정도를 증가시킬 수 있기 때문에 연약지반뿐만 아니라 해저 및 하저 등의 수압이 큰 지반에서도 많이 활용되고 있다. 또한 펌프를 사용해서 지상에서 굴진면까지 파이프로 송·배니(送·排泥)하고 굴진면을 완전하게 밀폐시키므로 안정성이 높고 시공환경이 양호하다. 하지만 이수 처리를 위한 지상 설비의 설치에 상당한 부지가 필요하다는 점 등이 큰 단점이다. 이상과 같은 이수식 쉴드 TBM의 장단점을 정리하면 다음의 표 1-13과 같다.

토사지반에서 이수식 쉴드 TBM의 적용 가능범위는 그림 1-23과 같다. 이수식 쉴드 TBM에서는 입자 크기가 중간에서 큰 실트량이 30%를 넘는 경우에는 적용이 불가능하며, 점착성이 높은 지반에서는 커터헤드나 챔버가 고착될 위험이 높다. 더욱이 점착성 지반에서는 벤토나이트와 토사를

[표 1-13] 이수식 쉴드 TBM의 장단점

장 점	단 점
• 연약지반, 특히 지하수압이 높고 함수비가 큰 대수층에 대응해 안전하고 효율적인 시공이 가능하다. • 토사반출이 연속적으로 유체 수송되기 때문에 배토가 용이하다.	• 이수 처리설비의 설치를 위해 광범위한 부지 점용이 필요하다. • 이수의 처리비용이 비교적 고가이다. • N치가 15 이하, 균등계수가 5 이하인 사질층에서는 국부적인 붕괴를 일으키기 쉬우므로 사전에 주의를 요한다.

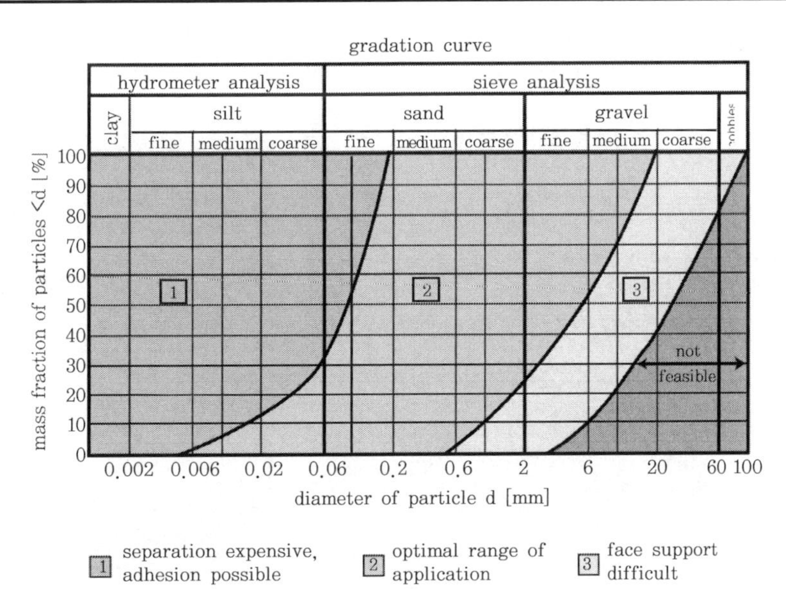

[그림 1-23] 토사지반에서 이수식 쉴드 TBM의 적용 범위(Krause, 1987)

분리하기 위한 노력이 증대된다.

1.3.6 컨버터블 쉴드 TBM

컨버터블 쉴드(convertible shield) TBM은 터널 주면 및 굴진면에 대해서 능동적인 지보시스템을 갖추고 있으며 전단면을 굴착하는 쉴드 TBM이다. 특징은 밀폐형 및 개방형 모드로 작동할 수 있으며 다양한 형태의 굴진면 지지방법을 적용할 수 있다는 것이다. 한 작업 모드에서 다른 작업 모드로 전환하기 위해서는 기계의 형상을 바꾸기 위한 기계적인 조작이 필요하며, 버력의 배출도 각 작업 모드별로 다양하게 사용된다.

컨버터블 쉴드 TBM은 다음과 같은 3가지 범주로 분류할 수 있다.

첫째, 개방형에서는 버력을 처리하는 연직갱 컨베이어와 함께 사용하고, 밀폐형으로 모드를 바꾼 후에는 스크루컨베이어에 의해 토압식 쉴드 TBM과 마찬가지로 지반압과 균형을 이루어 굴진면을 지지하는 형식,

둘째, 개방형에서는 버력을 처리하는 연직갱 컨베이어를 사용하고, 밀폐형으로 모드를 바꾼 다음에는 이수식 쉴드 TBM과 마찬가지로 이수의 압력순환에 의해 버력을 배출하고 굴진면을 지지하는 형식,

셋째, 이수식과 토압식을 모두 사용할 수 있는 형식이다.

이와 같은 형태의 쉴드 TBM은 각각의 굴진면 지지 시스템에 따라 갖추어야 하는 특수장비의 교체 공간이 필요하기 때문에, 일반적으로 대구경 굴착에 제한적으로 사용된다. 또한 굴진면 자립에 한계가 있고 지하수위하에 있는 암반이나 토사층에 적용이 가능하다.

그림 1-24는 프랑스 파리에 위치한 A86 도로의 Socatop 프로젝트에 사용된 컨버터블 쉴드 TBM

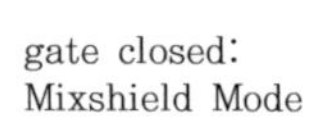

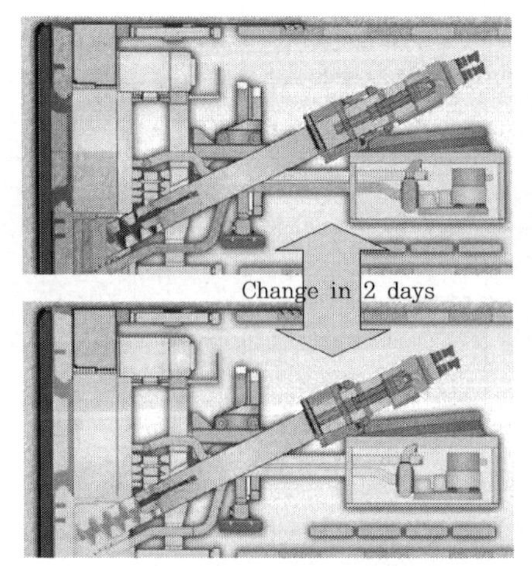

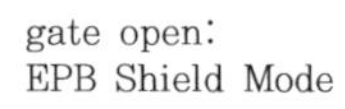

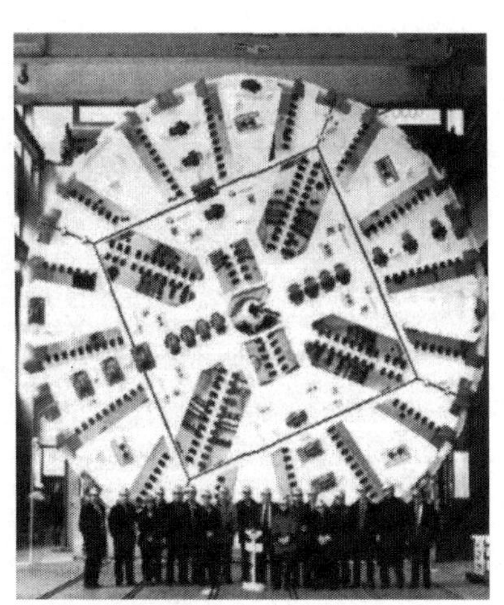

[그림 1-24] 컨버터블 쉴드 TBM의 예(프랑스 파리 Socatop 프로젝트에 적용)

으로서, 개방형에서 토압식 또는 이수식 모드로의 전환이 가능하다. 이 쉴드 TBM에는 스크루컨베이어, 서스펜션 펌프(suspension pump) 및 암석 분쇄기(crusher)가 장착되어 있다. 토압식 모드에서 이수식 모드로의 변환은 단지 1 ~ 2일 내에 가능한 것으로 보고되었다.

1.3.7 더블 쉴드 TBM

더블 쉴드 TBM은 그림 1-25와 같이 2개 또는 그 이상의 쉴드를 가지고 있으며 중간에 신축(telescopic) 쉴드가 설치되어 있어 세그먼트라이닝의 시공과 동시에 굴진이 가능해 고속 시공을 도모할 수 있다. 이로 인해 더블 쉴드 TBM은 텔레스코픽 쉴드 TBM으로도 불리며, 그리퍼 TBM과 쉴드 TBM을 결합한 개념이다.

[그림 1-25] 레소토(Lesotho) 프로젝트에 사용된 더블 쉴드 TBM(Herrenknecht사)

더블 쉴드 TBM은 커터헤드, 메인 베어링 및 구동부가 장착된 전방 쉴드(front shield)와 그리퍼, 그리퍼 잭, 커터헤드 잭 및 쉴드 잭이 포함된 후방 쉴드(tail shield)로 구성된다.

그림 1-26에는 더블 쉴드 TBM의 굴진 과정이 개략적으로 정리되어 있다. 굴진 동안에 후방 쉴드는 전방 쉴드의 지지대 역할을 한다. 이때 후방 쉴드는 그리퍼에 의해 지지되기 때문에 고정된 상태다. 후방 쉴드가 고정된 상태에서 전방 쉴드와 후방 쉴드 사이의 커터헤드 유압 잭에 의해 커터헤드를 전진시킴과 동시에 세그먼트라이닝을 시공한다. 굴진과 세그먼트 링 조립이 완료되면, 그리퍼를 벽면에서 분리하고 쉴드 잭에 의해 마지막 설치된 세그먼트 링에 대해 반력을 작용해 후방 쉴드를 전진시킨다. 이상의 과정이 완료되면 다시 굴진과정을 반복하게 된다.

그러니 신축 연결부에서 누수가 발생할 위험이 있기 때문에 반드시 방수 처리를 해야 한다. 또한 싱글 쉴드 TBM에 비해 장비의 연장이 길기 때문에 압착성(squeezing) 지반에서는 굴착이 중단될 위험이 더 높으며, 신축 쉴드의 연결부가 장애물에 걸릴 위험도 있어 압축성 지반 등에서는 지반과 쉴드 사이의 마찰력을 줄이기 위해 벤토나이트 용액 등을 윤활제로 사용하기도 한다. 그리고 후방 쉴드에서는 커터 교체 등의 목적으로 전방 쉴드가 후퇴될 수 있는 공간이 확보되어야 한다.

더블 쉴드 TBM은 아주 양호한 암반부터 불량한 암반까지 적용이 가능하나, 전단면 굴착 TBM 가운데 가장 고가의 장비이며 유지관리가 매우 복잡하기 때문에 제작 시에는 시공구간의 지질조건과 기타 여건을 면밀하게 검토해야 한다.

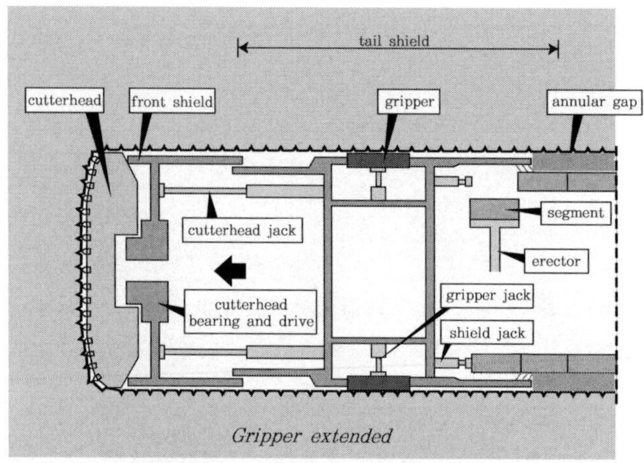

a. Stroke and installation of segmental lining

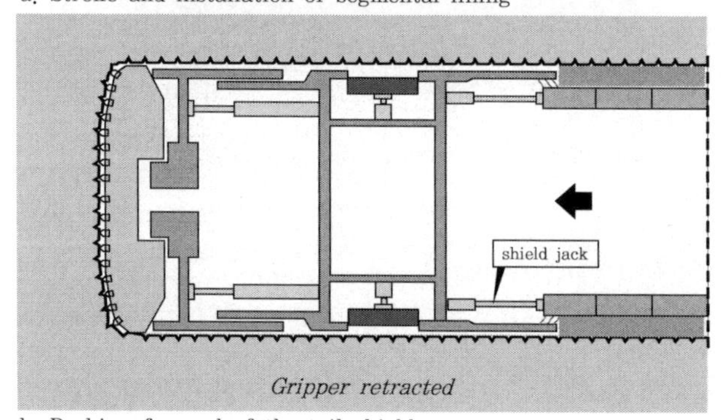

b. Pushing forward of the tail shield

[그림 1-26] 더블 쉴드 TBM의 굴진과정

1.4 TBM의 굴진성능 향상 방안

기존의 발파 굴착 및 개착식 공법과 비교할 때 TBM이 가지고 있는 장점은 소음·진동 및 관련 민원 발생을 최소화할 수 있는 친환경적인 법이라는 점과 장대터널에서 고속 시공을 도모할 수 있어 경제적인 터널 시공이 가능하다는 점 등을 들 수 있다. 따라서 굴착대상 지반조건에 따라 최적의 TBM을 선정함과 동시에, 선정된 TBM의 성능을 극대화할 수 있는 방안을 적극적으로 강구하는 것이 성공적인 기계화 시공을 위한 가장 핵심적인 사항이라 하겠다.

따라서 본 절에서는 성공적인 기계화 시공을 위해 TBM의 굴진성능을 향상시킬 수 있는 적극적인 기술적 방안과 그에 따른 현재의 기술동향을 간략히 소개하고자 한다. 본 절의 내용은 일본 지오프런트연구회(1999)에서 검토한 TBM 고속 시공 방안에 대한 보고서 자료에 주로 근거하고 있다.

1.4.1 최대 월굴진속도 향상을 위한 검토 항목

가. 커터 크기

암반 굴착의 경우, 디스크커터의 직경을 크게 하면 용량이 큰 베어링을 내장할 수 있기 때문에 커터가 받는 최대 허용 하중이 늘어나고 특히 경암부에서 커터 관입력, 즉 순굴진속도(net penetration rate)를 향상시키는 것이 가능하다. 또한 커터의 직경이 크면 마모 영역이 커지고, 1회전당 디스크커터의 절삭 길이도 길어지기 때문에 커터의 전주거리 수명도 향상된다. 이로써 커터의 교체 횟수가 줄어들어 굴진속도 향상을 기대할 수 있다. 따라서 TBM 크기와 용량이 허용하는 범위에서 디스크커터가 클수록 굴진속도가 향상된다고 할 수 있다.

나. 커터 형상과 커터 간격

암반 절삭용 디스크커터의 형상은 평형커터와 쐐기형 커터가 있다. 평형커터는 일반적으로 폭이 10 ~ 20mm 정도로 끝단이 거의 180도에 가까운 형상이며, 마모로 인한 커터 교체 시까지 일정한 관입폭을 유지하는 것이 가능하다. 반면 쐐기형 커터는 커터 끝단이 예각을 이루어 뾰족하므로 마모가 발생하기 전에는 절삭성능이 우수하지만, 마모 진행이 빠르며 마모에 비례해서 끝단 폭이 증가된다. 이 때문에 한계마모량 부근에서는 절삭성능이 극단적으로 나빠져서 디스크커터의 교체주기가 빨라진다. 즉, 경암에 대한 대책으로서 평형커터의 끝단 폭을 좁게 하는 것도 효과적인 방법이겠지만 내마모성이 저하되기 때문에 마모성이 높은 지반의 경우에는 주의가 필요하다.

TBM에서는 동심원으로 배치된 디스크커터를 암반에 관입시켜 인접파쇄에 의해 암반을 굴착하기 때문에 커터 간격의 설정은 매우 중요하다. 커터 간격이 너무 좁으면 커터 개수가 증가해 TBM의 가격이 높아지고 시공비용이 증가된다. 반면 커터 간격이 너무 넓으면 인접파쇄가 발생하기 어렵게 되어 굴진효율이 매우 나빠진다. 따라서 굴착 대상 지반의 특성에 따른 최적의 커터 간격을 결정하는 것이 굴진효율의 증대를 위한 필수 과정이라고 할 수 있다. 또한 쉴드 TBM에서는 동일

궤적상에 복수의 커터를 배치하는 것이 일반적이지만, Open TBM에서는 마모와 함께 커터를 교체해가면서 굴착하기 때문에 1패스 복수 커터는 커터소비량의 증대로 연결된다. 따라서 ϕ5.0m급 이상의 TBM에서는 적용되는 경우가 없다.

다. 커터헤드의 구동동력

커터헤드의 동력을 크게 하는 것은 지반의 일축압축강도가 100MPa 이하인 영역에서 효과적이라고 보고되고 있다. 반대로 100MPa 이상의 경암반에서 디스크커터의 관입량은 커터의 최대 허용하중에 따라 결정되며, 커터헤드의 동력 증가에 따른 커터 관입량의 증대효과는 작다고 보고되었다(지오프런트연구회, 1999). 그러나 커터헤드의 가용 동력이 크면 남은 동력을 커터헤드 회전속도를 높이는 데 활용할 수 있기 때문에 순굴진속도를 향상시키는 것이 가능하다.

한편 커터의 관입량은 지반 강도가 약한 조건에서는 이론상 극단적으로 매우 큰 값을 얻을 수 있으나, 실제로는 굴착 벽면의 안정성이나 배토 능력의 한계 등에 의해 일반적으로 커터 관입량을 1.5cm/rev 정도로 억제하기 때문에 순굴진속도는 제한된다. 그러나 이와 같은 연약 지반에서는 굴착 벽면의 자립성이 낮고 붕괴토가 발생할 가능성이 있기 때문에 커터헤드에서 회전저항 토크의 증가가 예상된다. 따라서 이에 따른 커터헤드 소요 동력의 증가를 고려해 커터헤드의 가용 동력을 충분히 확보하는 것이 필요하다.

라. 커터 및 비트의 소모량과 교체작업

월굴진 500m 이상의 고속굴진을 목표로 하는 경우에는, 전체 시공 사이클에서 커터와 비트 교체작업의 비율이 큰 비중을 차지한다. 예를 들어 커터 교체빈도를 15.5인치 커터에서는 200m에 1회, 17인치 커터에서는 300m에 1회라고 가정하면, 15.5인치 커터 사용 시에는 약 4회/월, 17인치 커터에서는 2.7회/월 커터를 교체하게 되고, 전체 작업시간에서 커터 교체작업의 비율은 20 ~ 30%를 차지하게 된다. 따라서 커터 및 비트의 교체작업 시간을 줄이기 위해서는 커터와 비트의 내구성을 향상시키든가 교체작업을 효율화할 필요가 있다.

앞서 설명한 바와 같이 커터 직경이 크면 마모 영역이 커지고, 1회전당 디스크 커터의 절삭 길이도 길어지기 때문에 커터 전주거리 수명도 향상된다. 하지만 커터 소비량은 직접적인 굴착비용에 영향을 미치는 것이 아니고, 교체 횟수의 증가에 따른 공정의 지연 등을 초래하므로 신중히 산출할 필요가 있다.

최근 들어 우수한 냉각효과로 인해 커터 베어링의 내구성을 증가시키고 커터의 온도를 낮춤으로 인해 커터 마모율을 감소시키기 위한 화학적인 폼(foam)의 사용이 시도되고 있다(그림 1-27). 이외에도 폼 사용은 또한 분진을 억제해 작업 환경을 쾌적하게 하고 버력과 배토에 소성특성을 향상시켜 원활한 배출에도 효과적인 것으로 보고되고 있다. 일례로 총연장 56km의 스페인 Guadarrama 고속철도 터널에 폼을 적용한 결과, 마모성이 높은 지반조건(Cerchar abrasivity index = 5.66, extremely abrasive)에서도 커터 마모율을 15% 감소시키는 효과를 얻은 바 있다.

커터와 비트의 교체작업은 실제 공사에서 굴착 과정에 직접적으로 영향을 주기 때문에, 대상 지반조건에 따른 마모경향을 파악해 교체시기를 정확히 계획하고 예비 커터를 미리 준비하는 것이 중요하다. 이와 동시에 커터와 비트의 교체작업 자체를 효율화해 단시간에 교체할 수 있는 대책을 강구하는 것도 필요하다. 커터와 비트의 교체시기를 예측할 때는 과거의 실적 및 해당 현장에서의 교체실적을 참고로 하는 것은 물론, 정기적으로 마모량을 측정하거나 지질 조건이 변화되는 지점에서 마모량을 측정하는 노력도 반드시 필요하다. 또한 최근에는 TBM의 운전상황을 실시간으로 수집·해석하는 시스템이 도입되고 있어서 이들 시스템을 이용해 커터 토크, 커터 압입압력, 순굴진속도, 지반조건 등에 따라 마모량이 어느 정도인지 추정할 수 있다. 또한 그리퍼의 부착량, 혹은 지보설치량에 의해 굴착 내경을 측정하고 커터 마모량을 간접적으로 측정하는 것도 가능하다.

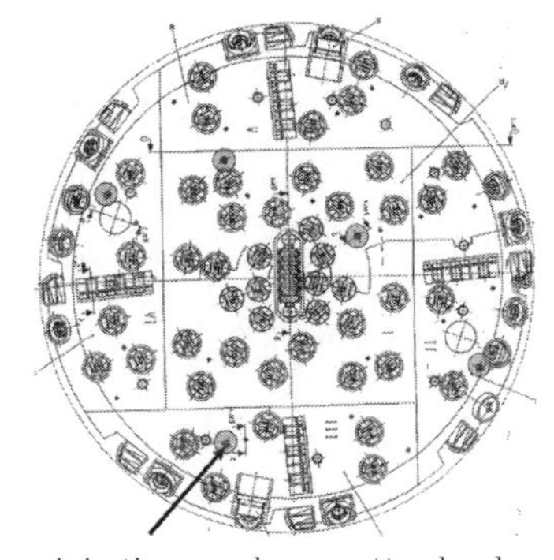

(a) 커터헤드 상의 폼 주입노즐

(b) 폼 적용에 의한 청결한 커터상태

[그림 1-27] 화학적 폼을 적용해 TBM 굴진성능 및 작업환경 개선(예)

몇 년 전까지는 커터의 크기가 작았기 때문에 커터와 비트를 거의 인력으로 운반, 제거 및 설치했지만, 요즘에는 대형화되어서 인력으로는 취급이 불가능해졌다. 따라서 각 TBM 제작회사에서는 커터와 비트의 반입·반출 장치의 개량, 취급방법의 검토, 제거 및 부착공구 등을 개발하고 있어서 커터와 비트의 교체작업이 과거보다 상당히 기계화·효율화되고 있다(그림 1-28). 최종적으로는 Open TBM에서도 쉴드 TBM의 세그먼트 자동 조립장치와 같은 자동 장치의 개발이 요구된다.

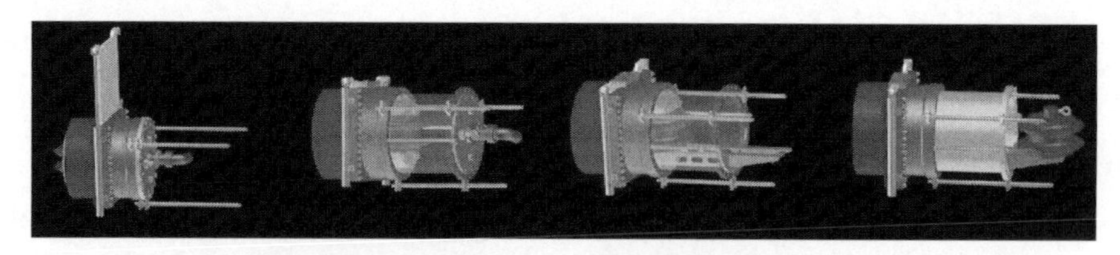

(a) 디스크커터의 자동 교체장치(Herrenknecht사)

(b) 커터비트의 자동 교체장치(Kawasaki사)

[그림 1-28] 최근의 TBM 커터 및 비트의 자동 교체장치 현황

마. 기타 대책방안

이상의 기술적인 항목 이외에 최대 월굴진속도를 향상시키기 위한 대책방안은 다음과 같이 정리할 수 있다.

1) **TBM의 1회 굴진길이 향상** : 1.5 ~ 2.0m/stroke(현행 1.5m/stroke)
2) **그리퍼 재설치 시간의 단축**
   - 굴진과 지보 시공의 병행
   - 방향 설정의 단축
   - 더블 그리퍼의 적용
3) **배토의 효율적인 관계** : TBM에 의한 고속굴진 시 굴착 배토량이 많아지기 때문에 다음 사항에 대해 검토를 수행
   - 배토능력에 따른 커터헤드 회전수의 한계
   - 배토량과 버킷(bucket) 및 컨베이어 용량과의 관계
4) **극경암 및 복합지반 대책**
5) **지보 설치시간의 단축** : 벌집모양(honeycomb) 세그먼트, 원패스(one-pass) 라이닝의 적용 등

1.4.2 최소 월굴진속도 향상을 위한 검토 항목

평균 월굴진속도를 향상시키기 위해서는 최소 월굴진속도를 증대시키는 것이 필수적이라고 할

수 있겠다. 월굴진속도가 높아지지 못하는 요인으로는 각종 트러블에 의한 굴진 정지 이외에 초기 굴진이나 기계의 관리(정기점검 등), 다른 작업과의 시공 사이클 관계 등을 들 수 있다. 이러한 사항들은 설계단계부터 공정을 예상할 수 있는 것이 일반적이지만 지질적 트러블을 정확하게 예측하기란 어렵다. 특히 TBM은 굴진이 시작된 후부터는 기계의 개조 등이 어렵기 때문에 설계단계에서 지질상황과 TBM의 사양 및 장비와의 적합성을 충분히 검토하고 지질적인 트러블을 피하는 것이 고속굴진의 필수조건이다.

입지조건이나 지질조건에 차이는 있으나 일본 지오프런트연구회(1999)에서는 평균 월굴진속도가 유럽에 비해 낮은 원인으로 사전조사의 정밀도가 낮고, TBM의 사양이나 장비 선정 시에 예측한 지질상황과는 다른 불리한 실제조건으로 인한 굴진정지 또는 굴진속도의 저하가 발생하는 지질적인 문제를 지적하고 있다.

NATM에서는 지질적인 트러블에 대해서 보조공법을 적용하는 것이 일반적이지만, TBM에서는 보조공법을 설계단계에서 검토해야 하는 항목이 많다. TBM 구조상 굴착 벽면에 대한 주입 등 지반개량을 목적으로 하는 보조공법은 적용하기 어렵다. 주입식 훠폴링 등의 보조공법을 굴진과 병행하는 경우에도 특별한 장치를 사전에 설치하지 않는다면, TBM 내부로부터 보조공법의 적용은 거의 불가능하다.

어떠한 보조공법을 적용해도 TBM의 굴진을 지연시키기 때문에 TBM 도입을 검토하는 경우에는, 계획단계에서 지질상황과 TBM의 사양 및 장비와의 적합성을 충분히 검토하고 터널 전체 구간 가운데 보조공법이 필요한 불량지반의 비율을 고려해 TBM의 효율을 극대화할 수 있어야 한다.

가. TBM 시공 시의 대표적인 지질적 트러블 사례

일본 지오프런트연구회(1999)의 조사결과에 따르면 TBM의 지질적 트러블의 발생장소와 주요 트러블 수준을 각각 표 1-14, 1-15와 같이 정리할 수 있다.

[표 1-14] TBM의 지질직 트러블 사례(발생장소)

발생장소	대규모 붕락		용수		압출·끼임		지반 지지력 부족	
	쉴드형	오픈형	쉴드형	오픈형	쉴드형	오픈형	쉴드형	오픈형
굴착전방	4	8	7	2	0	0	0	0
커터헤드부	0	0	2	2	7	3	1	2
본체부	1	0	1	1	5	1	5	3
후속대차	1	1	1	1	0	0	0	0
후방구간	0	0	2	2	0	0	0	0
합계	6	9	13	8	12	4	6	5

[표 1-15] TBM의 지질적 트러블 사례(트러블 수준)

트러블 수준	대규모 붕락		용수		압출·끼임		지반 지지력 부족	
	쉴드형	오픈형	쉴드형	오픈형	쉴드형	오픈형	쉴드형	오픈형
통상굴진	0	0	1	1	0	0	0	0
굴진가능	2	1	1	2	0	0	0	0
굴진불능	3	8	6	4	9	4	6	3
기타	0	0	1	0	0	0	0	0
합계	5	9	9	7	9	4	6	3

[표 1-16] TBM의 지질적 트러블 사례(대책기간)

대책기간 (일)	대규모 붕락		용수		압출·끼임		지반 지지력 부족	
	쉴드형	오픈형	쉴드형	오픈형	쉴드형	오픈형	쉴드형	오픈형
최소기간	15	8	0	0	13	0	0	0
최대기간	100	104	0	0	120	104	240	0

표 1-14에 따르면, 대규모 붕락이 TBM의 주된 트러블로 발생하는 장소는 굴착면 전방이 압도적으로 많으며, 이 같은 붕락이 커터헤드를 포함한 굴착장비의 주된 고장 요인이다. 또한 대규모 붕괴 시 트러블 수준은 굴진불능으로 되는 경우가 50% 이상이고, 특히 Open TBM에서는 90% 이상이 된다(표 1-15). 이로 인한 대책기간은 최소 8일에서 최대 104일로 나타났다(표 1-16).

용수가 TBM의 트러블 요인일 경우에, 발생장소는 쉴드형에서는 굴착면 전방, 그리고 오픈형에서는 굴착면 전방, 커터헤드, 후방구간 등에 다양하게 발생한다(표 1-14). 트러블 수준은 쉴드형의 경우 굴진불능이 되는 경우가 많으나 오픈형에서는 40% 정도 굴진이 가능하다(표 1-15).

압출·끼임이 트러블 요인일 경우, 발생장소는 커터헤드와 본체부이고 굴착기계와 추진계통에 트러블이 발생하며 100% 굴진불능으로 이어지게 된다(표 1-14, 1-15).

마지막으로 지반 지지력이 부족할 경우에, 주된 트러블 발생위치는 TBM의 본체부이고 그 영향은 쉴드형에서 크게 발생하고 추진계통에서의 트러블로 나타난다. 또한 지반 지지력 부족으로 인한 트러블 수준은 100% 굴진불능인 것으로 조사되었다(표 1-14, 1-15).

이상과 같은 지질적 트러블이 발생한 경우, 며칠에서 몇 개월의 대책기간이 필요하고 이로 인해 TBM의 굴진이 정지되어 평균 월굴진속도가 급격히 저하될 수 있다(표 1-16).

나. 굴진면 전방 탐사에 의한 지질적 트러블의 예측

TBM 굴진 시 굴진면 전방을 탐사하기 위한 현행의 관련 기술들을 표 1-17과 같이 정리할 수 있다.

[표 1-17] 굴진면 전방 탐사기술의 현황

분류	물리탐사				선진보링		터널굴진면 반사법	굴진면 화상해석
	TSP 탐사법	터널 HSP 탐사법	전자파법	표면파 탐사법	보링	천공탐사		
측정 개요	○:발진점 ●:수진점 (수진기) C:TSP 본체	○:발진점 ●:수진점 (수진기) C:HSP 본체	A:안테나 C:레이더 본체	E:기진기 R:검출기 C:계측장치	B:보링장비	B:천공기, 보링장비	T:발진점 (소발파) R:수진기 (공내) C:지진계	C:화상 취득장치
적용 공법	제약 없음	제약 없음	TBM 후진 필요	TBM 후진 필요	천공위치 검토 필요	천공위치 검토 필요	적용사례 없음	적용사례 없음
적용 지반	중경암 이상	중경암 이상		균열성 암반 불가	제약 없음	제약 없음	제약 없음	제약 없음
탐사 가능 거리	~ 100m	~ 100m	~ 10m	~ 20m	50 ~ 100m 이상	30 ~ 50m	~ 150m	막장 근접부
측정 정도/ 분해능 (m)	± 5m/1m	± 5m/1m	± 1m/0.1m	± 1m/0.5m	± 0.1 ~ 0.5m	± 0.1 ~ 0.5m	± 2 ~ 3m	± 1m
경제성	○	△	△	△	△ ~ ×	△ ~ ○	△ ~ ○	△ ~ ○
조사 속도 (시공성)	○ 준비/해석: 1일	△ 준비/해석: 2 ~ 3일	◎ 즉시 확인 가능	△ 준비/해석: 1 ~ 2일	△ ~ ×	○ 수시간 내 가능	○ 수십분 내 가능	△ ~ ○ 방법에 따라 다름
적용성 단층	○	○	△	△	○	○ ~ △	-	△
적용성 지하수	×	×	△	×	○	○	×	△
적용성 종합	장거리 탐사 용이, 지하수 정보 수집 불가	TSP와 동일	연구단계로 서 현장 적용을 위한 선행문제가 많음	탐사거리 등이 제약되므로 특수조건에 서의 적용으로 국한	정보량의 과다	주된 정보를 얻을 수 있으며, TSP와의 병행 사용이 전망됨	적용 사례가 없어 불분명한 점이 많음	막장 근접부에 대한 예측만이 가능

이외에도 최근에 개발된 굴진면 전방 지반조사 방법으로는 TRT(Tunnel Reflection Tomography)를 들 수 있다. 이 조사법은 일종의 자기저항시스템(magnetic restrictive system)으로서 에너지 소스로 폭약, 대형 해머 등을 사용할 수 있다. 조사에는 일반적으로 4 ~ 5시간이 소요되며 시공조건에 상관없이 50 ~ 150m 정도를 탐사할 수 있다. TRT로부터는 반사계수(reflection coefficient)에 대한 2차원 및 3차원 토모그래피가 결과로 얻어진다(그림 1-29).

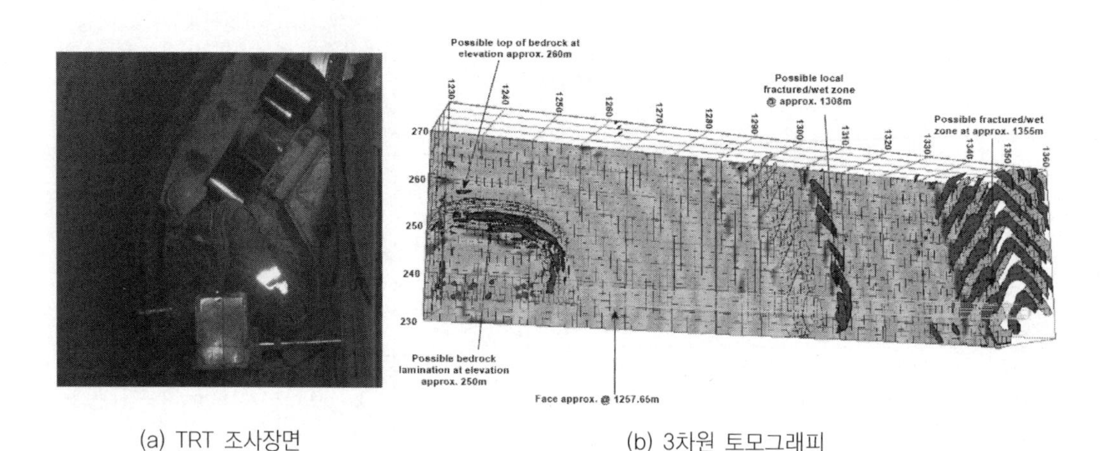

(a) TRT 조사장면　　　　(b) 3차원 토모그래피

[그림 1-29] TRT에 의한 막장 전방조사

또한 최근 들어 Zhang et al.(2003)은 디스크커터에 변형률게이지 및 수신안테나를 설치하고, 커터 작용력을 실시간으로 측정해 굴진면 전방의 지반상태를 추정하기 위한 실험 연구를 수행한 바 있다(그림 1-30). 하지만 이 방법은 아직까지 실용화되지는 않고 있다.

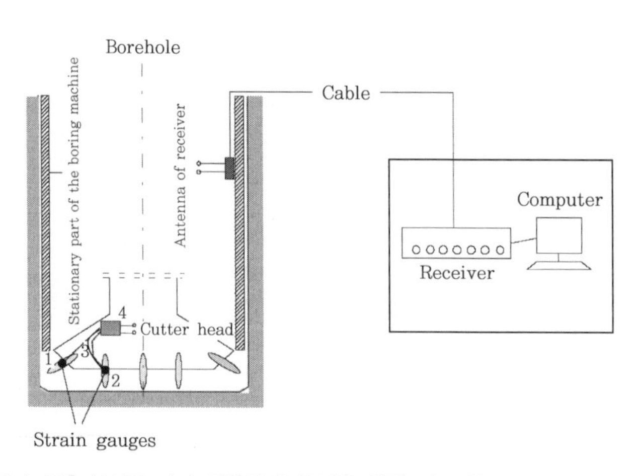

[그림 1-30] 실시간 커터 작용력의 측정을 위한 시스템(Zhang et al., 2003)

다. 보조공법의 적용

최소 월굴진속도를 향상시키기 위해 적용되는 보조공법은 지질적 트러블의 요인과 TBM의 형식에 따라 일반적으로 다음의 표 1-18과 같이 분류된다.

[표 1-18] 보조공법의 종류

지질적 트러블 요인	Open TBM에서의 보조공법	쉴드 TBM에서의 보조공법
붕락	섬유보강 모르터 뿜어붙이기 널말뚝 시공 지보 설치간격의 변경 물빼기 보링 굴진면 전방보강 (훠폴링, 훠파일링) 약액주입	섬유보강 모르터 뿜어붙이기 널말뚝 시공 지보 설치간격의 변경 물빼기 보링 약액주입
그리핑 부족	반력 지보재 설치 숏크리트 등에 의한 반력벽 설치	반력 지보재 설치(추진 잭 추진)
기계 조임	반력 지보재 설치 오버커팅(overcutting) 확폭 굴착	쉴드잭 추진 쉴드 배면 골재 주입 확폭 굴착 반력 지보재 설치 오버커팅
용수	물빼기 보링 용수 처리공	물빼기 보링 용수 처리공
기체 침하	지반개량 치환 콘크리트	지반개량 인버트라이너 설치에 의한 기계의 상향조작 가능 세그먼트의 적용

TBM 시공 중에 보조공법이 필요한 경우에는 터널의 안전성, 주변 환경 등의 영향을 고려하고, 보조공법의 효과 및 경제성에 대해서도 검토를 하여 적절한 공법을 선택할 필요가 있다. 보조공법을 선정하는 데서 유의해야 할 사항은 다음과 같다.

1) 굴착이 불가능하게 된 중대한 트러블 원인의 파악
2) 보조공법의 시공 위치(TBM 전방, 후방, 본체부 등)
3) TBM 형식(오픈형, 개량 오픈형, 쉴드형 등)

1.4.3 평균 월굴진속도 향상 방안 검토

평균 월굴진속도, 즉 가동률(utilization)을 높이기 위한 항목으로는 TBM의 제작·조립 및 근무체세, TBM 진문 인력의 육성 등을 들 수 있으나, 본 절에서는 능동적인 기술적 대안으로서 일본

지오프런트연구회(1999)에서 검토한 원패스 라이닝(one-pass lining)의 적용에 대해서 소개하고자 한다.

원패스 라이닝은 불리한 지반조건이 비교적 많은 쉴드 터널이나 개량 Open TBM이 적용되는 경우에, 전 구간을 간이 세그먼트나 기타 라이너(liner) 등으로 라이닝을 설치하는 것으로, 지반 상황에 좌우되지 않고 안정한 일정 굴진이 가능하다는 이점이 있다. 따라서 이와 같은 경우에는 지보시공 또는 세그먼트 시공의 단축화에 의해 평균 월굴진속도가 향상될 수 있을 것이다. 또한 2차 라이닝을 생략하고 전체 공기를 줄일 수 있는 경우에는 공사비용 절감을 도모할 수 있는 등 경제적인 효과도 얻을 수 있다.

원패스 라이너의 대표적인 사례는 다음의 표 1-19와 같이 정리할 수 있다.

Open TBM의 라이너는 쉴드 세그먼트보다 가벼워서 유리하지만, 라이너는 느슨한 하중조건에 적용이 되며 세그먼트는 큰 지반하중 조건에도 적용이 가능한 것으로 볼 수 있다. 특히 라이너의 적용 가능 지반조건은 암반, 그리고 세그먼트는 연약지반이라는 점이 다르다. 하지만 추진 반력을 확보하는 차원에서는 동일한 개념으로 볼 수 있다. 단, 추진 반력의 절대적인 크기는 다르다. 또한 Open TBM의 라이너는 투수성을 가지기 때문에 배수형 개념이며 쉴드 세그먼트는 방수 개념이다. 무엇보다도 Open TBM의 라이너는 임시적으로 설계가 가능한 지보구조인 반면, 쉴드 세그먼트는 영구적인 구조체로 설계된다는 점이 크게 다르다.

이상과 같은 원패스 라이닝의 적용 효과로는, 전 구간에 걸쳐 라이너가 설치되므로 불리한 지반조건에 의한 시공 리스크를 미연에 방지하고, 평균 월굴진속도의 향상에 기여하는 것 이외에도 2차 라이닝을 생략함으로 인한 전체 공기의 단축효과 등을 들 수 있다. 또한 2차 라이닝이 설치되지 않기 때문에 굴착단면이 축소, 전체 공기가 단축되어 공사비용의 절감효과, 완성단면의 평활화에 의한 품질 향상효과 등의 부수적인 장점을 들 수 있다.

또한 쉴드 터널의 세그먼트 분야에서도 2차 라이닝을 생략하기 위한 연구개발이 이루어지고 있다. 다음이 그 대표적인 사례이다.

1) **HD 라이닝 공법** : 세그먼트를 고내구성 수지로 피복해 2차 라이닝 생략
2) **MIDT 시트공법** : 세그먼트의 외주를 방수시트로 덮어 내구성과 지수성 향상
3) **TL 라이닝 공법** : 쉴드 굴진과 병행해 RC세그먼트의 외주에 직접 콘크리트를 타설해 터널 형성
4) **AS세그먼트** : 쐐기식의 세그먼트 연결(AS조인트), 앵커식의 링 연결(자동앵커 조인트)을 미리 붙여 연결
5) **기 타**

[표 1-19] 평균 월굴진속도의 향상을 위한 대표적인 원패스 라이너

종류	허니콤(honeycomb) 라이너	하이브리드 라이너	꼭지부착 라이너	고강도 얇은 라이너	SFRC 라이너
특징	• 링에 대해 좌우 대칭 동일 피스 • 육각형 라이너 • 두께 150mm • 4, 6, 8 분할 • 재질: RC • 전 피스 동일 형상 • 임의의 위치부터 조립 가능 • 연결 볼트수 적음	• 공장제작 스틸에 현장 타설한 콘크리트로 구성된 합성 라이너 • 두께 150mm • 5분할 • 재질: RC • 충분한 추진력 확보 가능 • 볼트가 없기 때문에 신속한 조립·해체 가능	• 전 피스 동일 형상의 RC라이너 • 두께 150mm • 4분할 • 피스수가 적고, 조립시간 단축 가능	• 가압 콘크리트 널말뚝 제조기술을 이용해 고강도·박육화(薄肉化) RC라이너 • 두께 150mm • 6분할 • 경량화에 의해 운반능력의 향상 및 조립설비의 단순화 도모	• 강섬유 강 콘크리트인 무볼트 라이너 • 두께 100mm • 4분할 • 재질: SFRC • 경량화에 의해 운반능력의 향상 및 조립설비의 단순화 가능
구조 및 운반	• 동일 형상이기 때문에 생산·운반능력 향상	• 현장타설에 의해 시공조건에 적합한 제도 가능	• 동일 형상이기 때문에 생산·운반 능력이 향상	• 조기탈형에 의해 생산성이 우수 • 얇고 경량이기 때문에 조립설비의 단순화 가능	• 조기탈형에 의해 생산성 우수 • 얇고 경량이기 때문에 조립설비의 단순화 가능
시공성	• 너트가 불필요한 볼트 연결 방식이기 때문에 조립능력 향상 • 임의의 위치부터 조립 가능하고 조립순서에 제약이 없음	• 볼트가 없기 때문에 신속한 조립 가능	• 피스수가 적고 조립시간 단축 가능	• 경량화에 의해 조립능력 향상 • 경량화에 의해 조립설비의 단순화 가능	• 경량화에 의해 조립능력 향상 • 경량화에 의해 조립설비의 단순화 가능
경제성	• 연결물이 필요 없고 볼트수가 적어 비용 절감 가능	• 콘크리트의 현장타설과 볼트를 사용하지 않아서 비용 절감	• 라이너의 현장제작이 가능한 경우 경제적임	• 라이너 및 제작용 형틀의 전용성 우수	• 연결부 금속물질 불필요 • 형틀이나 볼트수가 적고 비용 절감 가능

예를 들어 직경 10m의 쉴드 터널에서 기존 RC세그먼트 대신에 고성능의 내화 합성 세그먼트(그림 1-31)를 적용한 경우, 라이닝 두께가 기존의 80cm에서 25cm로 줄어들어 굴착량이 19m^3/m까지 줄어드는 것으로 보고된 바 있다(Yasuda et al., 2004). 하지만 전력구, 상·하수도 터널, 통신구 등과는 달리 도로 및 철도터널에서 원패스 라이너나 고성능 세그먼트를 적용해 2차 라이닝을 생략할 경우에는 화재로 인한 대형 사고를 사전에 방지할 수 있는 대책을 마련하는 것이 필수적이라고 할 수 있겠다.

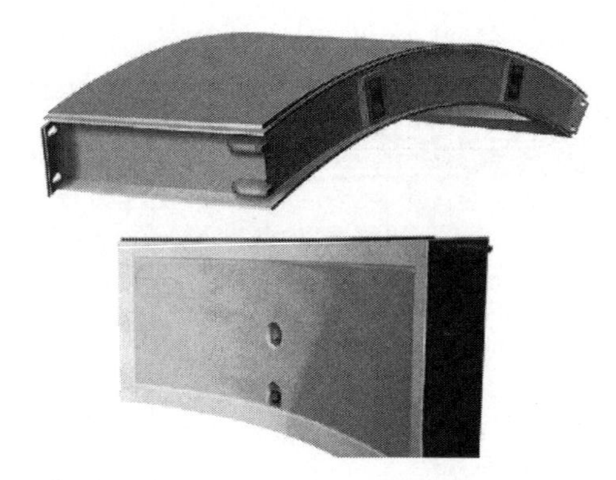

[그림 1-31] 내화성능을 가진 합성 세그먼트(Yasuda et al., 2004)

1.5 TBM의 미래 전망

기계 및 IT 분야의 급속한 기술 발전으로 인해 TBM의 성능과 규모가 급격히 향상되고 있으며, 이로 인해 선진국에서는 최근 들어 터널공법이 과거 NATM로 대표되던 재래식 터널공법과 기계화 시공법으로 양분되고 있다.

본 절에서는 터널 기계화 시공 분야의 미래 화두인 고속 시공(rapid excavation), 장거리화, 대심도화, 대단면화 및 단면다양화 등의 전망을 소개하고 이를 달성하기 위해 필요한 선행 기술 개발 항목들을 정리했다. 이상의 내용은 일본 쉴드터널신기술연구회(2001)에서 제시한 전망을 기반으로 하고 있다.

1.5.1 TBM의 미래 수요 전망

도심지의 과밀화, 지가 상승, 환경 보호 등의 측면에서 연직갱 용지의 확보가 매우 어려운 상황이며, 또한 천층 지하구조물의 폭주에 따른 터널의 대심도 경향은 연직갱 비용을 증가시켜 도심지 TBM 공사비용을 상승시키게 된다. 이와 같은 배경에서 연장이 긴 TBM 터널이 전 세계적으로 증가하고 있다. 용도별로 살펴보면 에너지 파이프라인, 도시 간 고속 지하철도, 지하 도수로 등이 있으며, 입지적으로는 해·하저 터널과 같이 중간에 연직갱을 설치할 수 없는 경우나 연직갱의 개수가 제한되는 경우에는 2대의 장거리 TBM을 지중 접합해야 할 필요성이 대두되고 있다.

도심지뿐만 아니라 산악지역에서도 장대 또는 초장대터널을 경제적이고 안전하게 시공하기 위해 TBM의 적용 사례가 증가하고 있다. 일례로 알프스철도 건설 계획(AlpsTransit)으로 시공 중인 스위스의 Gottard Base Tunnel에서는 총연장 57.07km를 직경 10m인 4대의 TBM으로 굴착이 진행 중이다(그림 1-32). 유리한 암반조건에서 1일 최대 굴진장은 25 ~ 30m에 달하며, 전체 시공연장의 79%인 약 45km를 TBM으로 시공할 예정이다. 또한 굴착 버력의 양은 이집트 피라미드의 5배에 달하는 엄청난 규모이다. 특히 초장대터널에서 TBM에 의한 고속굴진을 도모해 2007년 8월 한 달에만 굴착된 연장이 295m에 이른다.

[그림 1-32] 스위스 Gottard Base Tunnel의 시공 장면(연장 57.07km)

Gottard Base Tunnel을 포함해 현재 시공 중이거나 운영 중인 전 세계 10대 초장대터널을 정리하면 표 1-20과 같다(장수호, 2007). 표 1-20에서 확인할 수 있는 바와 같이, 전 세계 10대 초장대터널 가운데 50%인 5개 터널이 TBM으로 시공 또는 완공되었음을 확인할 수 있다. 특히 1960년대 중반에 착공된 일본의 Seikan 터널과 지질조건이 매우 불량해서 NATM을 적용한 일본의 Hakoda 터널, Iwate-Ichinoe 터널 및 Iiyama 터널을 제외하면, 최근의 세계적인 초장대 프로젝트에서 TBM이 차지하는 비중이 절대적임을 확인할 수 있다.

세계 최대의 터널 시장으로 부상한 중국에서는 2007년 기준으로 향후 5년간 2,500km 이상의 철도터널이 시공될 예정이며, 특히 이 가운데 1/3 이상인 760km 구간이 초장대터널로 계획되어 있어, 경제적인 고속 시공을 위해 TBM의 적용이 필수적인 것으로 지적하고 있다(Huawu, 2006). 또한 향후 10,000km의 신규 도로구간의 터널 건설에 약 100대 이상의 TBM이 발주될 것으로 예상되고 있다. 무엇보다도 주지할 만한 중국의 근미래 TBM 프로젝트로는 '서부지역 남·북 수로건설 프로젝트(west line of the south to north water division project)'를 들 수 있다. 이 프로젝트는 중국 북서지역의 가뭄 해소를 위해 양쯔강 상류의 물을 황하 상류로 돌리기 위한 프로젝트로서 약 36조 원이 투입되어 세계 최대 규모로 알려진 싼샤댐보다 12조 원 이상 규모가 큰 수로건설 프로젝트가 될 예정이다. 이 프로젝트의 1단계는 5개의 댐, 7개의 터널 및 1개의 수로로 구성되어 있으며, 터널 총연장은 244km이며 터널 직경은 9.5 ~ 10.2m이다. 특히 7개의 터널 가운데 3개 터널의 연장이 50km가 넘으며, 가장 긴 터널의 연장은 73km에 달하고 있다. 가장 짧은 터널도 연장이

6.9km로서 모든 터널에 대해 TBM의 적용이 필수적이며, 1단계에만 소요될 TBM이 수십 대에 이를 것으로 추정되고 있다. 이 프로젝트는 현재 타당성 평가 단계이며 약 2010년에 추진될 예정이다.

[표 1-20] 시공 중 또는 운영 중인 세계 10대 초장대터널

터널명	연장(km)	국가	용도	터널공법
고타르트 베이스 터널 (Gottard Base Tunnel, 시공 중)	57.07	스위스	철도	4대의 경암반 TBM
세이칸 터널 (Seikan Tunnel)	53.85	일본	철도	재래식 공법
영불 해저터널 (Channel Tunnel)	50.45	영국-프랑스	철도	11대의 쉴드 TBM
뢰치베르크 베이스 터널 (Lötschberg Base Tunnel)	34.58	스위스	철도	경암반 TBM
구아다라마 터널 (Guadarrama Tunnel)	28.38	스페인	철도	4대의 하이 파워 쉴드 TBM
하코다 터널 (Hakoda Tunnel)	26.46	일본	철도	NATM
이와테-이치노에 터널 (Iwate-Ichinoe Tunnel)	25.81	일본	철도	NATM
파야레스 베이스 터널 (Pajares Base Tunnel, 시공 중)	24.67	스페인	철도	10대의 더블 쉴드 및 싱글 쉴드 TBM
라에달 터널 (Laerdal Tunnel)	24.51	노르웨이	도로	NMT(Norwegian Method of Tunnelling)
이야마 터널 (Iiyama Tunnel, 시공 중)	22.23	일본	철도	NATM

또한 21세기의 메가 프로젝트가 될 다양한 해저터널의 건설에도 TBM의 적용이 필수적인 것으로 고려되고 있다. 스페인과 모로코를 연결하는 지브롤터 해협 터널(Gibraltar Strait Tunnel, 연장 38.7km), 러시아 본토와 사할린 섬을 연결하는 타타르 해협 터널(Tatar Strait Tunnel, 연장 11.6km), 러시아와 미국 알래스카를 연결하는 베링해협 터널(Bering Strait Tunnel, 연장 85km), 이탈리아 시칠리아 섬과 튀니지를 연결하는 시칠리 해협 터널(Sicily Channel Tunnel, 연장 136km) 등이 구체적으로 논의되고 있으며 TBM, 특히 쉴드 TBM의 적용이 필수적인 것으로 검토되고 있다. 이외에도 조심스럽게 논의되고 있는 중국 본토와 대만을 연결하는 연장 125~130km의 대만해협 터널, 연장 120km 이상의 한일 해저터널 및 한중 해저터널 등의 시공에도 TBM의 적용이 필수적일 것으로 판단되고 있다.

이상과 같이 도심지에서 친환경적인 터널 건설과 지역 간 또는 국가 간 교통 네트워크로서 장대터널의 경제적 건설을 위해 TBM의 적용사례와 중요성이 더욱 증대되었음을 확인할 수 있다.

1.5.2 장대화와 고속 시공에 대한 전망

앞선 1.5.1에서 소개한 바와 같이 TBM 터널은 과거보다 더욱 장대화되고 있으며, 이로 인해 공사기간을 단축하고 공사비용을 절감할 수 있는 경제적인 TBM 시공에 대한 기술적인 요구가 더욱 증가하고 있다.

장대터널에서 성공적인 TBM 굴진을 위해 필요한 핵심적인 기술항목으로는 TBM의 내구성(제반 부재의 교체 최소화 포함), 다양한 지반조건에 대한 굴진면의 안정성 확보, TBM 적용범위의 확대, 기자재 반송 및 굴착토사 반출 등 수송의 효율화, 측량 기술 및 방향 제어기술 등 시공 정도의 향상, 공사기간 단축을 위한 고속 시공 및 자동화 기술 등을 들 수 있다. 이 가운데 TBM의 내구성과 고속 시공 기술이 가장 중요하다고 할 수 있다.

가. TBM의 내구성

TBM의 각 부분 중에서 특히 커터/비트, 커터 구동부의 토사 실(seal) 및 테일 실의 내구성 확보가 가장 중요하다.

1) 커터/비트

커터와 비트는 마모도, 결손, 박리, 탈락 등에 의해 결정된다. 결손이나 박리현상을 정량적으로 분석·파악하는 것은 어렵기 때문에, 일반적으로 커터와 비트의 수명은 허용 마모량, 지반조건에 따른 마모계수, TBM 직경, 커터 회전수, 굴진속도 등을 고려해 추정하고 있다. 하지만 근본적으로 장거리 굴진에서는 커터와 비트 교체 횟수를 최소화할 수 있는 내구성의 향상기술과 자동 점검 및 교체가 가능한 새로운 공법의 개발이 필요하다고 할 수 있다.

2) 토사 실

토사 실은 굴진 중에 TBM 내부에서 교체가 불가능하므로 내마모성의 재료, 최적 형상 및 단수 등의 검토가 중요하다. 또한 가동 중의 온도 관리가 중요하며 비정상적인 온도 상승에 대한 대응책으로써 냉각 설비의 설치도 검토가 필요하다.

3) 테일 실

쉴드 TBM 테일 부의 장기 내구성은 실 본체의 마모나 열화보다는 쉴드 TBM 테일과 세그먼트의 마찰, 그리스 충전 관리, 쉴드 TBM의 추진 등 시공관리와 관계가 깊다. 충전재의 관리기술, 고수압에서 교체방법 등 장거리 굴진 시 내압성과 내구성을 확보할 수 있는 테일 실 관련 기술 개발이 요구된다.

나. 고속 시공

장대터널에서는 필연적으로 공사기간의 단축이 요구된다. 2차 라이닝을 생략해 공사기간을 단축할 수도 있으나, 근본적인 방법은 고속 시공에 의해 공사기간을 단축하는 것이다.

고속 시공의 개념을 직경 4m급 이수식 쉴드 TBM을 기준으로 검토해 보면, 표 1-21과 같이 고속 시공은 현재 시공속도와 비교해 2배 정도 굴진속도가 향상된 경우에 해당한다(일본 쉴드터널신기술연구회, 2001).

[표 1-21] 고속 시공에 대한 개념(직경 4m급 밀폐형 쉴드, 연장 약 3km)

구 분	일반 시공	고속 시공
평균 일굴진속도	8 ~ 10m/일	15.6 ~ 20.4m/일
월가동일수	20일/월	20일/월
평균 월굴진속도	160 ~ 200m/월	312 ~ 408m/월
교대 횟수	2교대	2교대
세그먼트 폭	1.0m	1.2m

하지만 국내의 평균 굴진속도는 일본의 일반시공 시의 굴진속도와 비교해도 약 50% 이하 수준에 머무르고 있다(표 1-22). 따라서 앞선 1.4절에서 설명한 굴진성능 향상 방안들을 적극적으로 도입해 굴진속도를 적극적으로 향상시킬 필요가 있다.

[표 1-22] 우리나라와 일본의 평균 굴진속도의 비교(배규진·장수호, 2006)

구 분	한 국	일 본
평균 굴진량	3 ~ 6m/일	8 ~ 10m/일
월가동일수	25일/월(사질토층) 20일/월(복합지반)	20일/월

장대 TBM 터널에서 고속 시공을 도모하기 위해 일본의 쉴드터널신기술연구회(2001)에서 제시한 기술개발 전망을 정리하면 표 1-23과 같다.

1.5.3 대단면화에 대한 전망

2008년 현재 국내의 최대 단면 TBM 터널은 분당선 제3공구의 하저터널에 사용된 직경 8.1m의 토압식 쉴드 TBM이나, 세계 최대 단면 TBM은 스페인에 적용된 외경 15.2m의 토압식 쉴드 TBM이다(표 1-24).

TBM의 단면 크기를 정의하는 명확한 기준은 없지만, 3차선 도로에서는 지름 19 ~ 20m급을 필요한 한계 직경으로 볼 수 있으며, 지름 20m 이상의 TBM은 홍수대책용 우수저류관의 건설과 같은 용도에 적합할 것이다.

그림 1-33과 같이 지름 19 ~ 20m급 TBM의 단면적은 지름 14m급 TBM의 약 2배나 된다. 이와 같은 단면 증대에 따른 TBM 사양증가를 추정하면 표 1-25와 같이 추진용 유압 잭이나 토크 용량

[표 1-23] TBM의 고속굴진을 위한 기술적 과제

대상	요소기술	기술과제	대응도
TBM	커터/비트	내마모성, 최적형상, 마모검지	B, C
	커터헤드	내마모성, 최적형상, 회전수, 토크	B, C
	커터축	구조, 수명, 윤활방식	B, C
	토사 실	내마모성, 형상, 단수, 발열대책	B, C
	유압 잭	고추력 잭, 로드(rod) 수명	C
	테일 실	내마모성, 단수, 주입관리	B, C
라이닝	1차 라이닝	세그먼트 폭, 분할수, 구조, 길이	B
	조립	고속조립, 동시시공	B
운송	자재 반입	자동배출 시스템	A, B
	버력 반출	펌프 운송, 송배니 라인 강화	B
기타	막장 안정	막장 안정 관리	B
	환기	환기 시스템	A, B
	자동굴진	진단 시스템	B

주) A: 기존 기술로 대응가능, B: 검토 필요, C: 개발 및 연구 필요

[표 1-24] 세계 최대 단면의 TBM(2008년 현재)

TBM 종류	외경(m)	국가	터널 용도
토압식 쉴드 TBM	15.2	스페인 마드리드	도로
이수식 쉴드 TBM	14.2	독일 함부르크/ 러시아 모스크바	도로(독일)/ 도로·철도(러시아)
Open TBM	10.7 ~ 12.2	미국 시카고(TARP Plan)	하수·홍수조절용

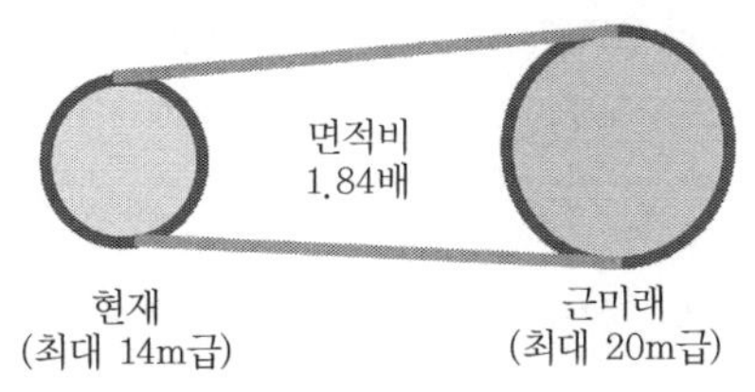

[그림 1-33] 현재 수준과 직경 20m급 대단면 TBM의 단면적 비교

[표 1-25] 현재 최대 수준과 직경 19m급 TBM의 주요 사양 비교

주요 사양	지름 19m급(추정사양)	지름 14m급
외경	19.00m	14.00m
길이	19.10m	11.83m
유압 잭의 총 용량	36,000ton (600ton/개 × 60개)	19,200ton (400ton/개 × 48개)
단위면적당 추력	127ton/m^2	126ton/m^2
커터 토크	6,820ton·m	2,727ton·m
회전부 외경	약 12m	8m
추정본체 중량	7,000ton 이상	2,800ton 이상

이 상당히 증가되어야 함을 알 수 있다. 이와 같이 TBM의 대단면화에 따른 제작상의 문제점들을 정리하면 다음과 같다.

1) 외주부와 내주부에서 커터헤드 속도 차이의 증가

- 버력 및 굴착토사의 유동성 확보와 내주부의 막힘 대책 수립 필요

2) 현장 조립의 문제

- 육상 운송의 한계와 다분할로 정확도/정밀도 확보 어려움
- 분할이 늘어남으로써 이음부 보강작업과 중량이 증가

3) 구조상의 문제

- 유압 잭의 개수와 배치(고압용 잭이 필요)
- 커터헤드 구동모터 등 고압 유압기기의 적용 필요

이상과 같은 TBM 터널의 대단면화에 필요한 기술적 과제들을 정리하면 표 1-26과 같다.

1.5.4 대심도화에 대한 전망

도심지 천층 하부 지하에는 상하수도, 전력, 통신, 가스, 철도 등 다양한 목적의 터널이 이미 운영 중이기 때문에 새로운 터널은 도심지 심부 지하에 건설될 수밖에 없다. 또한 법제도적으로 도심지 심부 지하에 대해서는 소유권이 완화되기 때문에 경제적인 측면에서도 대심도화는 이루어질 수밖에 없는 현실이다.

산악지역에서도 스위스의 Gottard Base Tunnel(심도 1,000m 이상)과 같이 대심도에 위치한 TBM 터널 사례가 증가하고 있으며, 근미래의 각종 해저터널 프로젝트와 같이 대심도·고수압에서 TBM 터널 역시 수요가 증가할 것으로 예상된다.

이상과 같은 대심도 TBM에서 가장 중요한 사항은 고지압과 고수압에 대한 대책을 수립하는 것이다. 대심도 TBM에서 가장 적극적인 대책 방안은 라이닝의 개선이라고 할 수 있다. 예를 들어 지금까지 세그먼트는 반경방향 삽입형의 K형 세그먼트가 일반적이었지만, 대심도의 고지압·고수압에서 키 세그먼트의 전단 강도에 한계가 있을 수 있으므로 축방향 삽입형 키 세그먼트로 대체하는 것이 좋은 대책이 될 수 있다.

[표 1-26] TBM의 대단면화를 위한 기술적 과제

대상	항목	문제점	대응 정도
굴진면	초대단면 굴진면 안정	막장지지압, 압력 관리법	B, C
TBM	TBM 외부구조	다분할구조: 응력/변형 검토	B
		테일부의 스킨 플레이트 강도	B
	TBM 장비	부하용량	B
		커터 다양화 검토	B
		고추력 유압 잭의 개발	C
		커터/비트의 배열 최적화	B, C
	TBM 제작	제작 정밀도 확보	A, B
		다분할에 따른 정밀도 확보	B
	TBM 운반/조립	운반제약, 분할 구조	B
		운반중량, 크기 제한 완화	-
		현지조립 정밀도, 초대형 크레인	B
라이닝	1차 라이닝	세그먼트 중량, 크기, 분할구조	B, C
		자동 조립	C
		지반하중의 규명	B
기타	발진/도달 시공법	보조공법	B
	굴착공법	운송장비, 배토방식	B, C
	환경보전	공사 구역 주변 영향 조사	B

주) A: 기존 기술로 대응가능, B: 검토 필요, C: 개발 및 연구 필요

그러나 TBM의 기본 단면 형상인 원형단면은 휨모멘트의 영향이 적고, 거의 축력에 의한 압축 영역에서 지지할 수 있는 구조로서 안정성 측면에서 유리하다. 따라서 원형 단면을 위주로 한 TBM의 대심도화 경향은 사회적·경제적 요구에 따라 더욱 증대될 것이다.

이상과 같은 TBM 터널의 대심도화에 필요한 기술적 과제들을 정리하면 표 1-27과 같다.

1.5.5 단면 다양화에 대한 전망

TBM 터널에서는 구경이 증가될수록 무효 단면 역시 증대한다. 환기 시설이나 비상시의 피난 시

[표 1-27] TBM의 대심도화를 위한 기술적 과제

항목	기술적 과제	기술 개발의 장래 전망
지질 조사법	• 천층부에 비해 보다 정확하고 3차원적인 지질 구조, 지반 정수 및 지하수 정보의 파악 • 표준관입시험의 정밀도 저하 방지	• 지질구조에 대해서는 전기검층, 속도검층, 방사능 검층 및 캘리퍼 검층이 유망하며, 지반정수의 평가에 대해서는 공내 재하시험이 유망 • 심도에 따른 시추공 편향 등에 따른 정밀도 저하 해결
TBM	• 커터헤드 구동부 토사 실의 지수성 확보 • 테일 실의 지수성 확보	• 실의 단수 증가 및 온도 상승 방지용 클리닝 장치 필요 • 내마모성 재료의 개발, 단수 증가, 충전재의 주입 관리 및 교체 방법의 개량
라이닝	• 라이닝 작용하중의 평가 • 세그먼트 실 재료의 지수성 확보 • 세그먼트 및 이음부 구조 • RC세그먼트의 지수성 확보	• 실측, 실험 등에 의한 라이닝 작용하중의 규명 • 수팽창 실의 사용이 주류가 될 것임. 따라서 실의 두께, 폭, 체적 등 명확한 설계 항목 및 내구성 평가법의 확립 필요 • 그라우트 주입공 및 이음부가 없는 구조의 개발
기타	• 발진 및 도달 공법 • 버력/굴착토 반출 장치의 지수성 확보 • 재료 수송의 효율성	• 보조공법의 검토 • 제어방법의 개발 • 가설비 및 반송방법의 개발

(a) Double-circular face

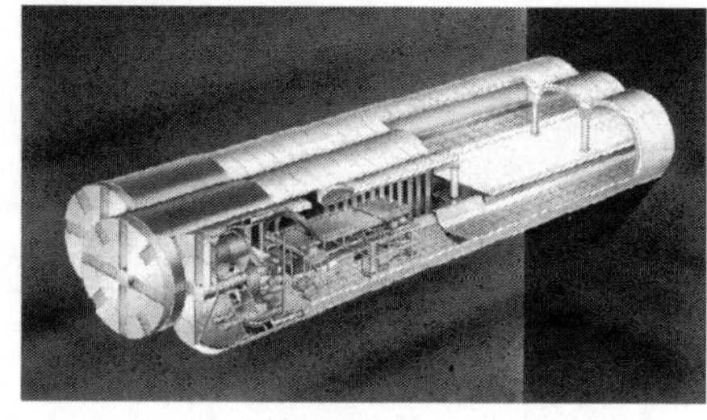
(b) Triple-circular face

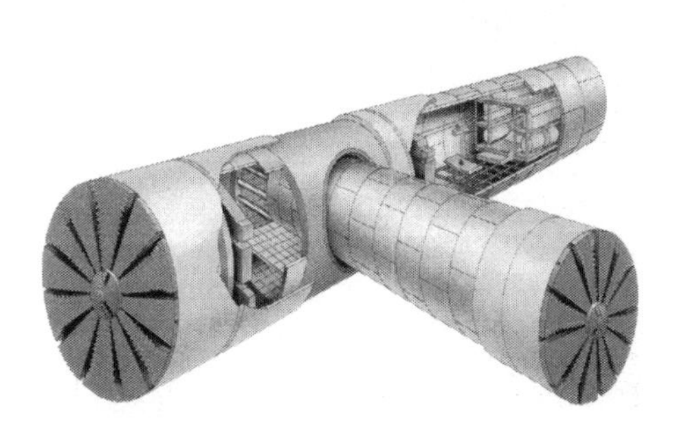
(c) 분기형 쉴드

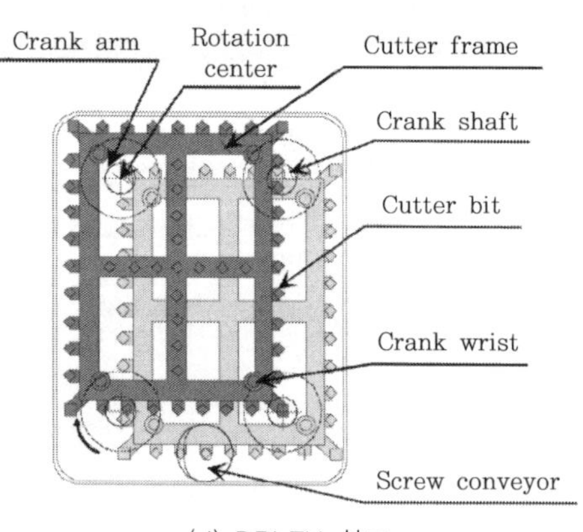

(d) DPLEX 쉴드

[그림 1-34] TBM 단면의 다양화 사례(Koyama, 2003)

설 등을 터널 단면 내에 수용했어도 무효 단면의 증대는 피할 수 없다.

이러한 문제를 해결하고자 무효 단면을 줄이기 위한 TBM 형상이 요구되었다. 즉, 단면 형상의 다양화이다(그림 1-34). 직사각형, 마제형, 타원형, 다심원형, 복원형, 복타원형 등의 다양한 단

면 형상이 검토되고 이미 일부 실용화되고 있다. 이와 더불어, 소구경의 TBM을 여러 대 가동하여 초대단면 터널을 구축하는 구상 등도 제시되고 있다. 그러나 큰 지반하중이 작용하는 터널에서는 원형 단면 또는 원형에 가까운 형상의 단면이 역학적으로 유리하기 때문에, 원형 이외의 단면을 가지는 터널의 경우에는 최적 라이닝 두께에 대한 검토가 필요하다. 왜냐하면 라이닝이 두꺼워지면 공사비용이 높아지는 것뿐만 아니라 굴착 단면도 증가하고 시공성도 저하되기 때문이다.

이상과 같은 TBM 단면 형상의 다양화 사례를 정리하면 그림 1-34와 같으며, 주로 일본에서 원형 단면 이외의 단면 다양화에 대해 가장 적극적으로 개발·운영하고 있다.

1.6 결 언

친환경적이고 경제적인 터널 시공을 위해서 터널 기계화 시공법의 적용은 필수적이라고 할 수 있다. 더욱이 초장대 해저터널을 위시해 터널 기계화 시공과 관련된 메가 프로젝트들이 구상되고 있으며, 세계 최대의 터널 시장으로 급부상한 중국에서도 TBM의 수요가 급증하고 있다.

이에 비해 우리나라는 터널 기계화 시공 관련 기술력과 전문 기술력이 매우 뒤떨어져 있는 상황이다. 특히 2006년에 수행된 한국공학한림원의 기술수준분석 결과에 따르면 TBM의 적용성이 높은 장대터널의 설계·시공 능력이 이미 중국보다 뒤진 것으로 평가되었다.

따라서 전 세계 터널 시장에 진출하고 터널 기술의 선진화를 도모하기 위해서는 국내 터널 기계화 시공 기술의 자립과 발전이 매우 시급하다고 할 수 있다. 이제는 터널 기계화 시공법의 도입에 의해 터널 기술자의 역할이 줄어드는 것이 아닌가 하는 기우는 떨쳐버리고, 기계화 시공법을 적극적으로 도입하고 발전시키기 위한 터널 기술자의 노력과 학습이 필요한 때이다.

참 고 문 헌

1. 김광진 외. 2005. 「쉴드터널 공사 중 사고/트러블 사례 분석 및 수치 해석에 의한 원인 고찰 – 막장 안정을 위한 지보압 중심으로」. 제5차 터널기계화 시공기술 심포지엄 논문집, pp. 71~88.
2. 김훈 외. 2001. 「대구경 쉴드 TBM 터널 시공 중 디스크커터 손상 원인분석 및 대책에 관한 연구」. 제2차 터널기계화 시공기술 심포지엄 논문집, pp. 71~92.
3. 배규진 · 장수호. 2006. 「시공 리스크를 고려한 TBM의 굴진성능 향상 및 평가기술」. 제7차 터널기계화 시공기술 심포지엄 논문집, pp. 11~45.
4. 이두화 · 이성기 · 추석연. 2001. 「일본의 터널 기계화 시공 발전 현황 및 사례분석」. 제2차 터널기계화 시공기술

심포지엄 논문집, pp. 11~32.
5. 장수호. 2007.『터널기술의 변천사-세계의 초장대터널』. SILKROAD. (주)실크로드시앤티, pp. 10~13.
6. 한국터널공학회. 2001.『쉴드 TBM 지침서』.
7. シールドトンネルの新技術研究會. 2001.『シールドトンネルの新技術. 土木工學社』.
8. 日本電力建設業協會. 2001.『TBM工法による施工事例調査』. 電力工事技術委員會.
9. 日本トンネル技術協會. 2000.『TBMハンドブック』. 社團法人 日本トンネル技術協會.
10. ジェオフロンテ研究會. 1999.『TBM急速施工に關する檢討報告書(平均月進500mを達成するためには)』. 掘削工法分科會.
11. AFTES. 2005. "AFTES Recommendations on TBMs." Shields and Segmental Lining (in French).
12. Koyama, Yukinori. 2003. "Present status and technology of shield tunnelling method in Japan." Tunnelling and Underground Space Technology, Vol.18, pp. 145~159.
13. Krause, T. 1987. "Schildvortrieb mit flüssigkeits- und erdgestützter Ortsbrust." Mitteilung des Instituts für Grundbau und Bodenmechanik der TU Braunschweig, Heft 24 (in German).
14. Huawu, He. 2006. "Development of Railway Tunneling Technology in China." 2006 China International Symposium on High Speed Railway Tunnels, 20~21 November, Beijing, China.
15. ITA WG-14. 2000. "Recommendations and Guidelines for Tunnel Boring Machine." http://www.ita-aites.org/cms/169.html.
16. Maidl, U. 1995. "Erweiterung des Einsatzbereichs von Erddruckschilden durch Konditionierung mit Schaum." Technisch-Wissenschaftliche-Mitteilungen des Instituts für konstruktiven Ingenieurbau, Ruhr-Universität Bochum, Nr. 95-4 (in German).
17. Yasuda, F., Ono, K. and Otsuka, T. 2004. "Fire Protection for TBM Shield Tunnel Lining." Proc. of ITA-AITES 2004, Paper No. B09.
18. Zhang, Z.X. et al. 2003. "In-situ Measurement of Cutter Forces on Boring Machines at Aspo Hard Rock Laboratory - Part I. Laboratory Calibration and In-situ Measurements." Rock Mechanics and Rock Engineering, Vol.36, No.1, pp. 39~61.

제2장 터널 기계화 시공법의 설계 및 유의 사항

2.1 굴착공법별(TBM 및 발파 굴착) 적용성 평가

2.2 설계계획

2.3 설계 시 유의사항

2.4 결언

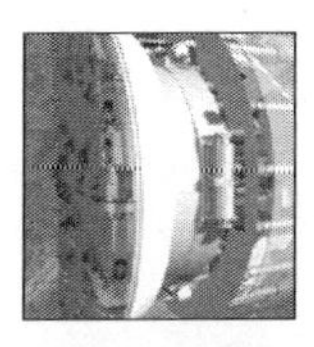

제 2 장 터널 기계화 시공법의 설계 및 유의 사항

추석연 (단우기술단) / 김동현 (삼보기술단)

2.1 굴착공법별(TBM 및 발파 굴착) 적용성 평가

2.1.1 터널공법의 분류 및 특성

도로 및 철도터널 등의 교통터널을 예로, 국내에서 적용되어 온 주요한 터널공법으로는 크게 '발파 굴착 방식에 의한 NATM 공법' 및 '비트와 디스크 등에 의해 기계적으로 굴착을 수행하는 TBM(Tunnel Boring Machine) 공법'을 들 수 있다.

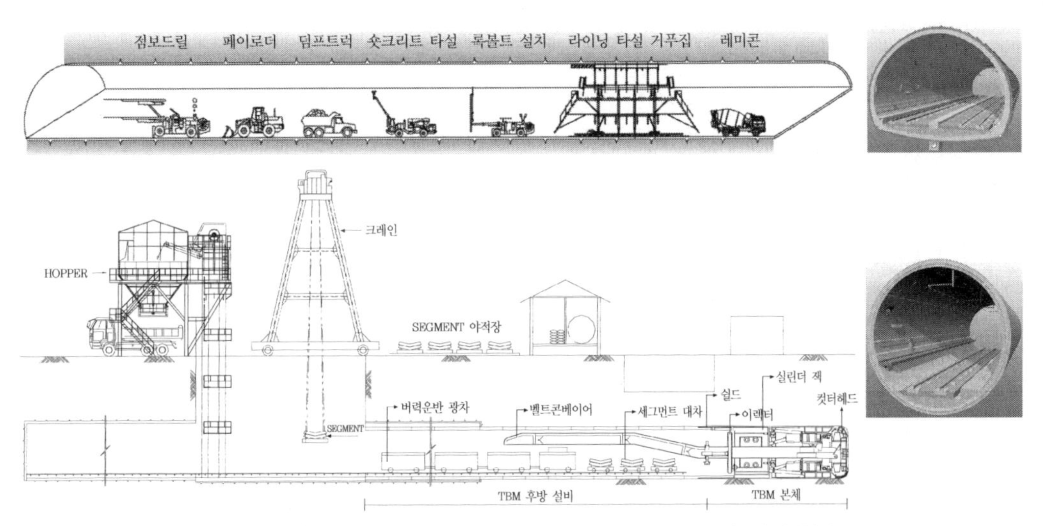

[그림 2-1] NATM 및 쉴드 TBM(토압식) 공법 개요도 및 단면 형태

이 중 TBM 공법은 지보 형식, 쉴드의 유무, 추진 반력을 얻는 방법, 굴진면 안정성 확보 방법 등에 따라 세부적으로 구분되며, 지보 형식에 따라 무지보, 터널의 벽면을 지지하는 주면지보[스킨 플레이트(skin plate)]의 유무에 따라 그리고 막장과 주면을 동시에 지지하는 전면지보의 형식에 따라 ITA 워킹 그룹(Working Group) 회의에서는 표 2-1과 같이 기계화 시공법을 분류했다.

[표 2-1] 지보 형식에 따른 기계화 시공법의 분류(ITA Working Group 회의, 2000)

즉각 지보 형태	그 룹	범 주
무 지 보	붐형 터널굴착기	로드헤더, 디거
	Open TBM	암반형 전단면 터널굴착기(TBM)
	터널확장기	TBE
주면지보	전면개방형 쉴드 TBM	그리퍼 쉴드 TBM, 더블 쉴드 TBM, 세그멘털 쉴드 TBM
전면지보 (막장 + 주면)	전면밀폐형 쉴드 TBM	기계식 지지 쉴드 TBM, 압축공기 쉴드 TBM, 이수식 쉴드 TBM, 토압식 쉴드 TBM, 혼합단면형 쉴드 TBM

장비별 자세한 특성은 1장 TBM의 현황과 미래전망을 참고하기 바라며, 본 절에서는 TBM 공법 중, 국내 적용 사례가 많은 Open TBM, 이수식 및 토압식 쉴드 TBM에 대한 개략적인 공법 특성에 대해 설명한다.

가. Open TBM 공법

1) 굴착방법

Open TBM 공법은 굴착 중 무지보 상태로 굴착을 수행하며 세그먼트 없이 암반에 고정되는 그리퍼에 의한 반력으로 추진하는 TBM 공법으로, 굴착과 지보 설치가 간섭 없이 이루어진다. 따라서 NATM 공법 및 쉴드 TBM 공법에 비해 굴진속도가 탁월하며, 다음의 공정을 반복하면서 굴착을 진행한다.

① 그리퍼를 암반에 밀착 설치해 TBM 본체를 고정
② 유압에 의해 커터헤드를 추진해 굴착을 수행
③ 굴착과 동시에 TBM 장비 후방에서 지보재(숏크리트, 록볼트, 강지보재) 설치

2) 주요 장비 구성

TBM 장비는 크게 TBM 본체 및 TBM 후속 트레일러로 구분되며, TBM 본체에는 절삭디스크가 부착된 커터헤드, 그리퍼 반력에 의한 각종 추진 장치 등이 있으며, TBM 후속 트레일러에는 버력 처리를 위한 버력 운반 컨베이어, 시공 중 환기를 위한 집진기 등으로 구성되어 있다.

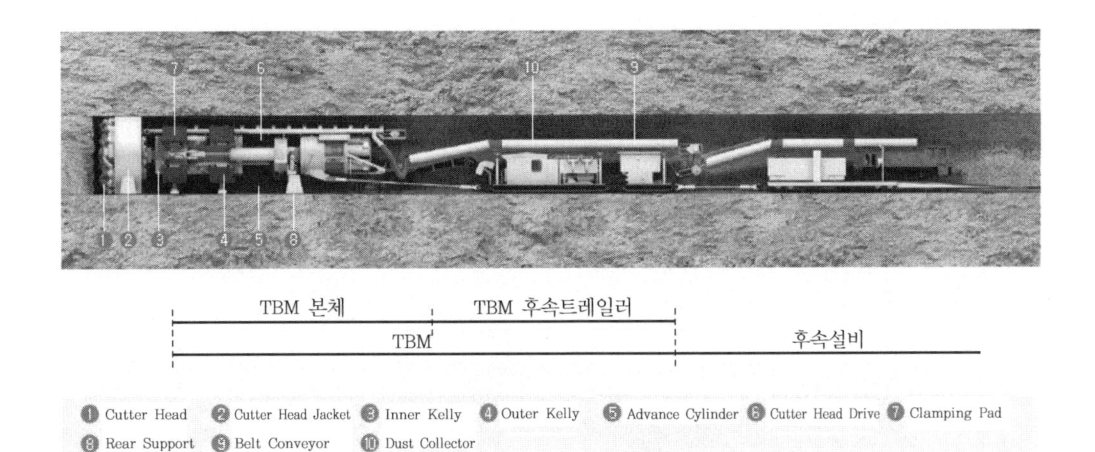

[그림 2-2] Typical Open TBM Scheme

3) 시공 시 주요 고려 사항

① 그리퍼 반력이 불충분한 연약대가 존재하고 있지 않는가?(보통암 내지 연암 이상)

② 다량의 지하수 유입이 예상되는 구간이 존재하고 있는가?

③ 막장면 주변 초기 지보가 이루어질 수 있는 양호한 암반조건인가? 등

나. 쉴드 TBM 공법

1) 굴착방법

쉴드 TBM 공법은 쉴드 공법과 전단면 터널 굴착기인 TBM을 접목해 커터헤드 후면에 쉴드가 장착되어 있으며, 헤드의 추진은 후방에 설치된 세그먼트를 지지대로 하여 이루어진다. 쉴드 TBM 공법은 파쇄가 심한 암반과 같이 막장 주변 붕락이 우려되거나 무지보 자립 시간이 짧아 조기 지보재 타설이 어려운 지반 및 다량의 용수 유입이 우려되는 지반에서 막장부 및 주면을 지지해 지반의 붕괴와 용수 유입을 방지하므로 안전한 굴착과 복공 작업을 수행하기 위해 주로 적용된다.

쉴드 TBM 공법은 다음의 공정을 반복하며 굴착을 진행한다.

① 잭으로 세그먼트를 밀어 쉴드를 앞으로 추진하며, 세그먼트 1링분의 굴착을 수행

② 굴착 후 쉴드 후방부에서 세그먼트 조립(거치 및 볼트 조임)

③ 조립된 세그먼트를 잭으로 추진해 세그먼트 링 압착

④ 세그먼트 외경과 쉴드 외경 사이의 테일 보이드에 뒤채움 수행

2) 장비 특성

쉴드 TBM 공법은 막장면 지지의 유무에 따라 전면 개방형 쉴드 TBM과 전면 밀폐형 쉴드 TBM으로 구분되며, 세그먼트 조립 시 굴착 가능 여부에 따라 싱글 쉴드 TBM과 더블 쉴드 TBM으로 구분할 수 있다. 크게 이수식 쉴드 TBM 및 토압식 쉴드 TBM으로 구분되는 전면 밀폐형 쉴드 TBM의 종류별 주요 특성은 다음 표 2-2와 같다.

[표 2-2] 전면 밀폐형 쉴드 TBM별 주요 특성(이수식 및 토압식)

구 분	이수식 쉴드 TBM	토압식 쉴드 TBM
개요도		
막장압 지지방법	• 챔버 내 가압된 이수의 압력에 의해 막장의 토압·수압을 지지	• 커터에 의해 굴착된 토사를 소성 유동화하면서 챔버 내에 충만·압축해 막장면을 지지
버력 처리	• 파이프에 의한 유체 수송으로 반출	• 벨트컨베이어 및 버력대차로 지상 반출
작업부지	• 지상설비 복잡(이수플랜트, 세그먼트 야적장 및 뒤채움 플랜트 등)	• 지상설비 간단 (세그먼트 야적장, 뒤채움 플랜트 등)
환경성	• 이수 적용으로 산업폐기물 발생	• 버력 처리에 의한 환경 문제 없음
경제성	△	○

2.1.2 터널공법 선정 시 고려사항

대상 터널 노선에 NATM 공법을 적용할 것인가, 또는 TBM 공법을 적용할 것인가에 대한 검토는 건설공사비, 시공성 확보, 시공 중 민원 발생 요인 최소화 등을 결정짓는 매우 중요한 과정이며, 이는 노선 주변현황, 지층상태 및 계획노선 연장에 따른 공기, 공사비 등을 종합적으로 검토해 결정해야 한다.

가. NATM 및 TBM의 공법 비교

이제까지의 적용 사례를 살펴보면 NATM 터널의 경우 산악터널, 도심지 천층터널 등에 적용되어 왔으며, Open TBM의 경우 암반 상태가 양호한 장대 산악터널, 쉴드 TBM의 경우 도심지 천층터널, 토사터널 또는 하저터널 등에 적용되어 왔다. 이러한 적용 사례의 근본적 원인은 각 공법별 시공성, 안정성 및 경제성 확보 가능 여부가 공법마다 차이를 보이는 것과 연관될 수 있으며, 공법별 특징은 표 2-3과 같다.

[표 2-3] 터널 주요 굴착공법의 비교

구 분	NATM	Open TBM	쉴드 TBM
개요도			
국 내 적 용 조 건	• 산악 및 도심지 터널 • 한강하저 통과구간 등	• 암질상태가 양호한 장대 산악 터널	• 도심지 천층터널 • 하저터널 등
시공성	• 암질 불량구간에서 소단면 분할 굴착 가능 • 단면 변화 및 암질 변화 구간에 유연하게 대처 가능	• 굴진속도가 빠름 • 굴착, 버력 처리 자동화 • 암질 변화가 심할 경우 시공성 저하	• 근접구조물 통과 유리 • 사행 조정 등의 시공능력 요구 • 암질 변화가 심할 경우 시공성 저하
안정성	• 발파 - 낙반사고 발생 • 계측에 의해 터널안정성 사전 예측 • 암질 불량구간에 대한 보강방안이 조기 강구됨	• 비발파 - 낙반사고 최소화 • 원지반 이완을 최소 • 원형단면으로 구조적 안정 • 굴진면 확인을 위한 공간 확보 불리	• 쉴드 자체의 지지 효과로 낙반 사고 없음 • 원지반 이완 최소화 • 원형단면으로 구조적 안정 • 안정성 확보에 가장 유리
경제성	• 토사지반 적용 시 고가 • 원지반을 주 지보로 활용해 최소 지보 보강	• 초기비용 과다로 장대 터널에 경제적 • 원지반을 주 지보로 활용해 최소 지보 보강	• 토사 및 풍화암지반 굴진속도 빠름 • 초기비용 과다로 장대 터널에 경제적

나. 공법별 적용성 평가

터널 굴착공법 선정을 위한 기초적인 고려항목을 굴착심도, 노선상부 주요 구조물(또는 지장물), 지층상태, 노선연장, 선형, 단면형상 등의 총 7개 요소로 구분한 공법선정 흐름도는 그림 2-3과 같다. 각 고려 항목을 터널공법에 적용하는 경우 장·단점이 있으며 이들을 종합적으로 평가해 최적의 터널공법을 선정하는 것이 설계단계에서 매우 중요한 계획이라 할 수 있다.

국내에서의 쉴드 TBM 공법 적용은 도심지 지하철, 하저(한강, 부산 수영만 등)터널 등에 적용되어 왔으며, 해외의 경우도 적용조건이 유사한 경우가 많다. 이에 따라 기존의 설계·시공 시의 공법 선정 사례를 살펴보면 다음과 같다.

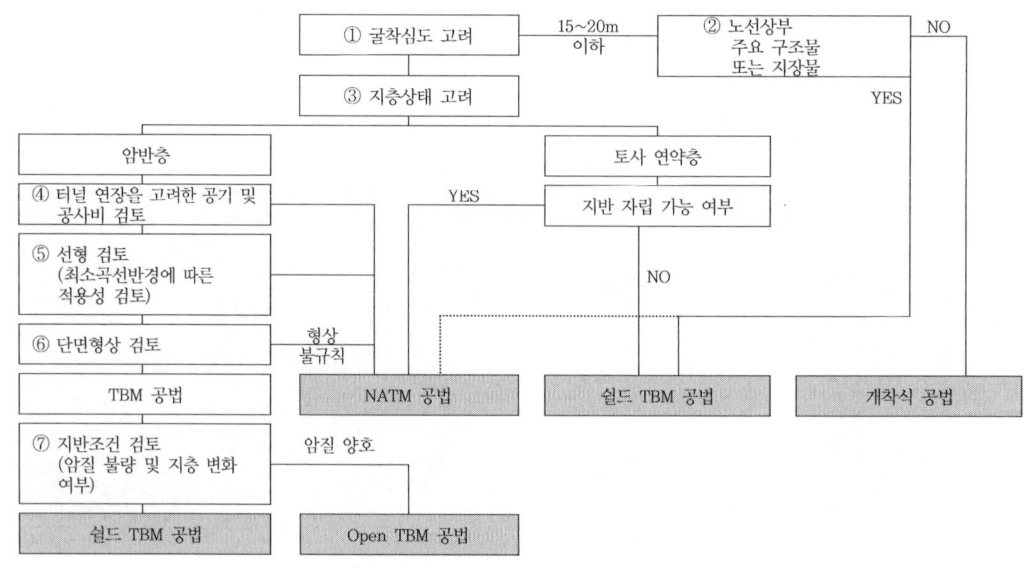

[그림 2-3] 터널 굴착 방법 선정 흐름도

1) 기존 쉴드 TBM 선정 사례

- 공사명 : 분당선 왕십리 ~ 선릉 간 복선전철 제3공구
- 노선 주요현황

[표 2-4] 노선 주요현황

구 분	주 요 현 황
평면 및 종단	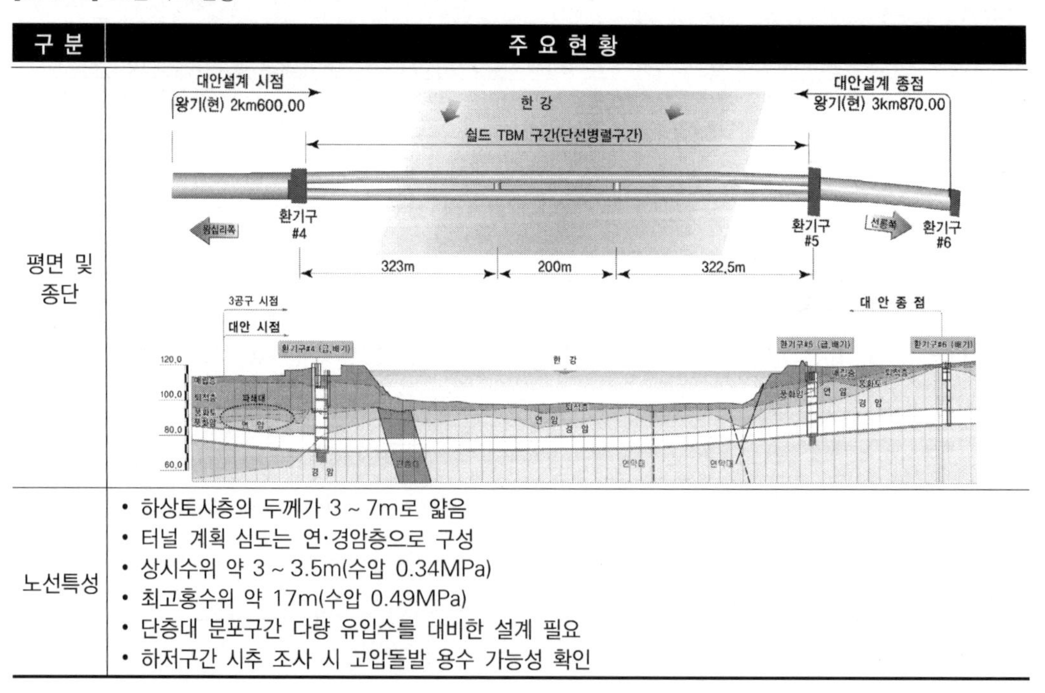
노선특성	• 하상토사층의 두께가 3 ~ 7m로 얇음 • 터널 계획 심도는 연·경암층으로 구성 • 상시수위 약 3 ~ 3.5m(수압 0.34MPa) • 최고홍수위 약 17m(수압 0.49MPa) • 단층대 분포구간 다량 유입수를 대비한 설계 필요 • 하저구간 시추 조사 시 고압돌발 용수 가능성 확인

• 공법 선정

[표 2-5] 터널 굴착공법 적용성 분석

구 분	쉴드 TBM		NATM	
굴 착	• 스킨플레이트(skin plate)로 천단 침하를 방지하면서 기계 굴착 • 근접터널에 대한 정밀시공성 우수		• 단선터널의 경우 터널 간 순간격이 6m 정도로 가까워 발파 굴착 곤란	
고압용수 발생 대응	• 막장면 밀폐형 구조로 대응성 우수 • 원형의 세그먼트 시공으로 고수압 대응성 우수		• 지하수 유입에 대비한 지속적인 보조공법 적용 필요 • 현장타설 라이닝 고수압 대응성 낮음	
VE/LCC	경제성, 시공성, 공기, 환경성, 민원가능성, 안전성	가치점수: 70.1	경제성, 시공성, 공기, 환경성, 민원가능성, 안전성	가치점수: 65.2
적 용	• 하저구간 고수압 및 돌발용수 대응성이 우수해 시공 중 안정성 확보가 확실한 쉴드 TBM 공법 선정			

• TBM 장비 선정

– 1차 기종 선정 : 개방형 기계식 쉴드 TBM 및 밀폐형(이수식 또는 토압식) 쉴드 TBM을 선정 대상으로 했으며, 지하수 대응성을 고려해 밀폐형 쉴드 TBM 선정

– 2차 기종 선정 : 기존 하저구간 통과공법 사례 조사 결과, 토압식 쉴드 TBM의 적용 사례가 많으며, 지상 설비가 간단해 시공성 및 환경 위해 요소가 적은 토압식 쉴드 TBM 적용

[표 2-6] 하저 또는 해저 통과구간 적용 장비 사례 조사(일본)

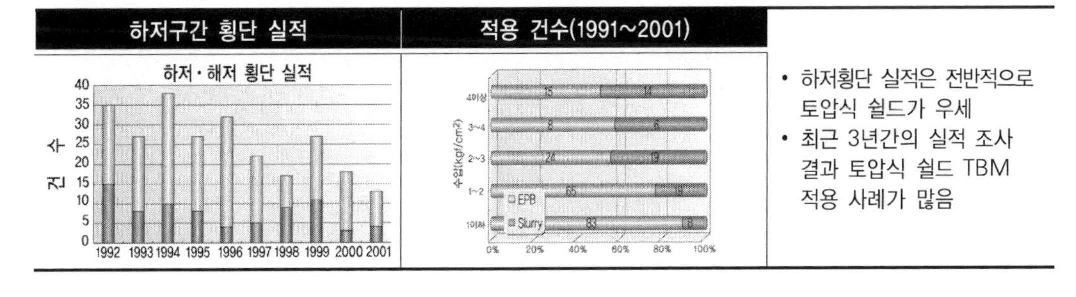

하저구간 횡단 실적	적용 건수(1991~2001)	
(그래프)	(그래프)	• 하저횡단 실적은 전반적으로 토압식 쉴드가 우세 • 최근 3년간의 실적 조사 결과 토압식 쉴드 TBM 적용 사례가 많음

2) 공사기간 및 공사비 평가

TBM 공법의 경우 장비 공급을 위한 초기투자비의 과다로 인해 일정 이상의 연장이 확보되지 않

을 경우 경제성을 확보하기 힘든 공법이다. 그러나 NATM에 비해 월굴진속도가 현저히 빠르기 때문에 연장 대비 공기 및 공사비는 충분히 검토되어야 할 내용이다.

본 절에서는 국내 TBM 적용상의 분석내용과 함께 일본의 (사)일본전력건설업협회(2001)에서 터널 시공사 및 발주처를 대상으로 실시한 설문조사 내용을 토대로 공기 및 공사비 평가내용을 서술하고자 한다.

① 공사기간

TBM 공법은 NATM 터널에 비해 높은 굴진속도를 보인다. 그러나 이러한 높은 굴진속도는 설계단계에서 지층상태에 부합하는 적정 장비 선정, 시공단계에서의 높은 시공기술력과 부합해야 최대의 성과를 기대할 수 있다.

TBM에서의 주요 공정은 그림 2-4와 같이 장비 제작 및 운반, 가설공사(발진 및 도달구), 조립 및 시운전, 초기굴진, 본굴진, 장비 해체 및 반출 등의 공종으로 구분되며, 주요 공정별 소요시간은 다음과 같다. 이는 설계단계에서의 공정계획 수립 시 요구되는 데이터들이다.

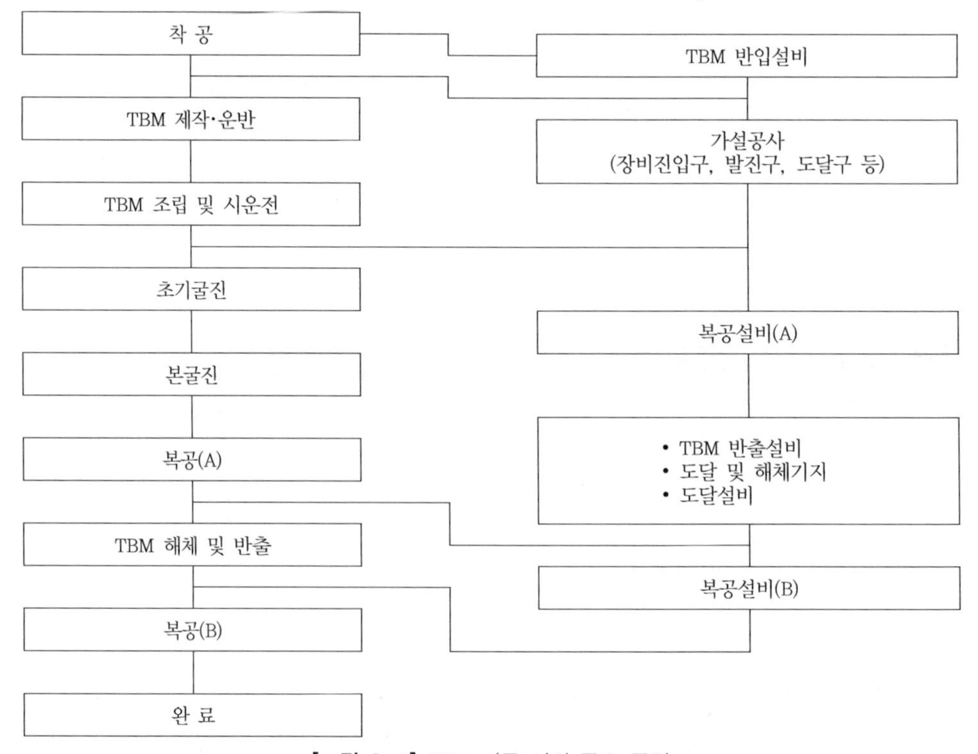

[그림 2-4] TBM 시공 시의 주요 공정

• 장비 제작 및 운반시간 : 설계기간을 포함한 장비 제작 및 운반시간(즉 반입시간)을 신품장비 및 중고장비(정비기간)로 구분하면 표 2-7, 2-8과 같다. 여기서 제시된 소요시간은 신품장비 구입국가, 운반시간 등을 충분히 고려해 적용해야 한다.

[표 2-7] 신품장비 제작 및 운반시간

구 경	소요시간
소구경(∅ ≦ 3.5m)	10개월 이내
중구경(3.5m < ∅ ≦ 7.0m)	10 ~ 12개월
대구경(∅ > 7.0m)	12개월 이상

[표 2-8] 중고장비 정비기간

구 경	소요시간
소구경(∅ ≦ 3.5m)	5개월 이내
중구경(3.5m < ∅ ≦ 7.0m)	5 ~ 6개월
대구경(∅ > 7.0m)	6개월 이상

• 조립 및 시운전 : 장비 조립 및 시운전과 관련한 시간은 조립장소 위치, 확보면적, 조립방법, 굴착직경 등에 따라 크게 달라지며, 개략적인 소요시간은 표 2-9와 같다.

[표 2-9] 장비 조립 및 시운전 소요시간

구 경	조립(일)			시운전(일)
	터널 외	터널 내	발진구 내	
소구경(∅ ≦ 3.5m)	10 ~ 20	15 ~ 30	15 ~ 30	3 ~ 5
중구경(3.5m < ∅ ≦ 7.0m)	25 ~ 50	30 ~ 60	30 ~ 60	5 ~ 7
대구경(∅ > 7.0m)	45 ~	60 ~	50 ~	10 ~ 14

• 초기굴진 : 초기굴진이란 굴착 시작으로부터 후속설비가 완비되고, 본선굴착이 안전하게 진행될 때까지의 굴진과정을 의미하며, TBM 장비의 작동 숙달 기간까지를 포함하는 경우도 있다. 일반적으로 초기굴진에 소요되는 시간은 약 1개월로 계획되나, 이는 장비조립장의 넓이, 발진공에서 본선터널로 접근하는 방법과 엔트란스(entrance) 보강 형태에 따라 달라지며 소

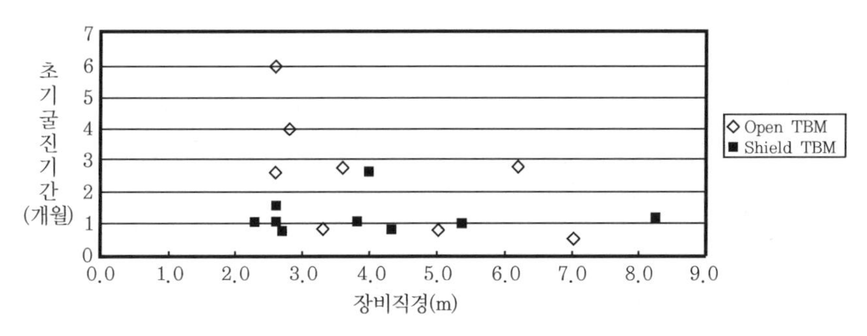

[그림 2-5] 장비 형식별 초기굴진 소요시간 사례(일본)

요기간이 4 ~ 6개월 정도 요구되는 경우도 있다.

- 본굴진 : 본굴진은 TBM 전체 공기에 가장 큰 영향을 미치는 요소로 장비별 다운타임(down time)을 고려한 월굴진속도와 밀접한 관련이 있는 공정이다. 양호한 지반상태에서는 실드 TBM보다 적용성이 우수한 Open TBM의 굴진속도가 매우 빠르며, 그림 2-6은 Open TBM의 직경별 굴진속도를 보이고 있다. 5.0m 이하 직경에서 최대 월 300m(12m/day)의 굴진속도를 보이는 것으로 제시되어 있으나, 이는 매우 빠른 굴진속도에 해당되며 지반상태에 따른 장애 발생요인에 따라 급격히 저감될 수 있으므로 설계 시 지반특성 결과 분석에 세심한 주의가 필요하다.

국내에서 시공된 쉴드 TBM 굴진속도를 검토한 결과(그림 2-7), 평균 일굴진속도가 1.42 ~ 6.66 m/day로 넓은 범위에 있으며, 이는 일본의 굴진속도와 대비해서 비교적 저조한 굴진속도를 보이고 있는 실정이다.

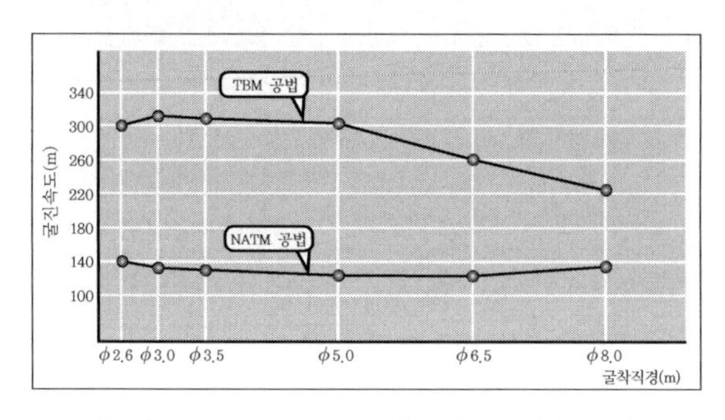

[그림 2-6] Open TBM 월굴진속도 사례 조사

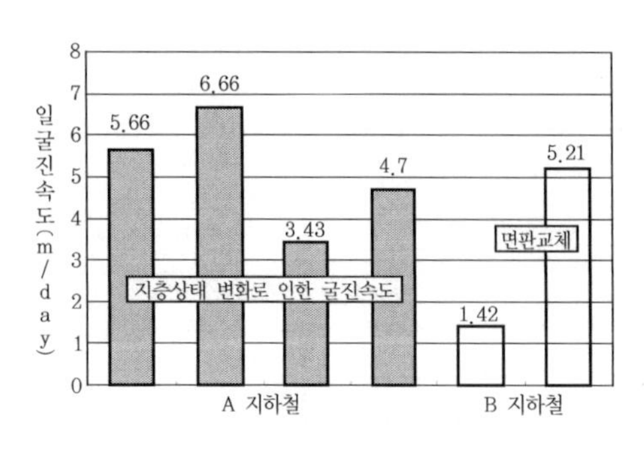

[그림 2-7] 국내 쉴드 TBM 굴진속도 사례

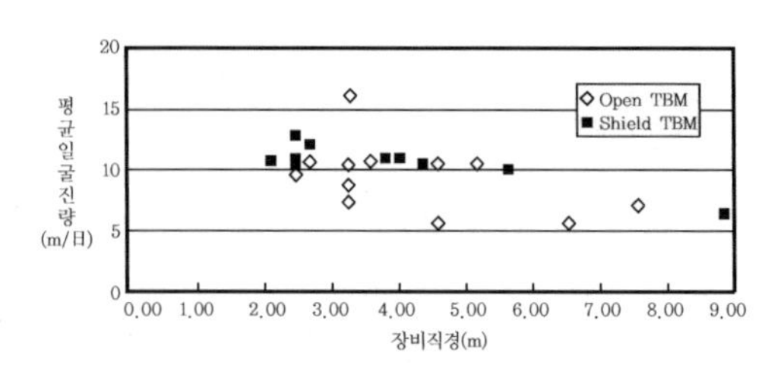

[그림 2-8] 평균 일굴진량 설문조사 결과(일본)

- 장비 해체 및 반출 : 장비 해체 및 반출시간도 장비 조립 및 시운전 항목과 마찬가지로 해체장소, 확보면적, 해체방법, 굴착직경 등에 따라 크게 달라지며, 개략적인 소요시간은 표 2-10과 같다.

[표 2-10] 장비 해체 소요시간

구 경	해체(일)		
	터널 외	터널 내	도달구 내
소구경(∅ ≦ 3.5m)	8 ~ 15	15 ~ 30	12 ~ 25
중구경(3.5m < ∅ ≦ 7.0m)	20 ~ 40	30 ~ 60	25 ~ 50
대구경(∅ > 7.0m)	30 ~	60 ~	40 ~

이상의 결과를 총괄한 쉴드 TBM 공정계획 예는 아래와 같다.

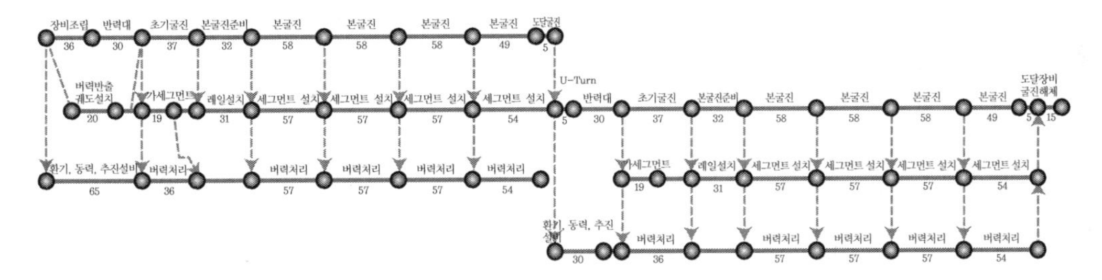

[그림 2-9] 쉴드 TBM 공정계획 예(분당선 왕십리 ~ 선릉 간 복선전철 3공구)

② 공사비

- NATM 공법 대비 공사비 저감률 : TBM 공법 적용 시의 공사비 저감률[(NATM 공사비−TBM 공사비)/NATM 공사비]은 평균적으로 10% 정도이다. 주된 공사비 저감원인은 지보공(보조공법 포함) 또는 복공 비용이며, 조사된 사례는 그림 2-10과 같다.

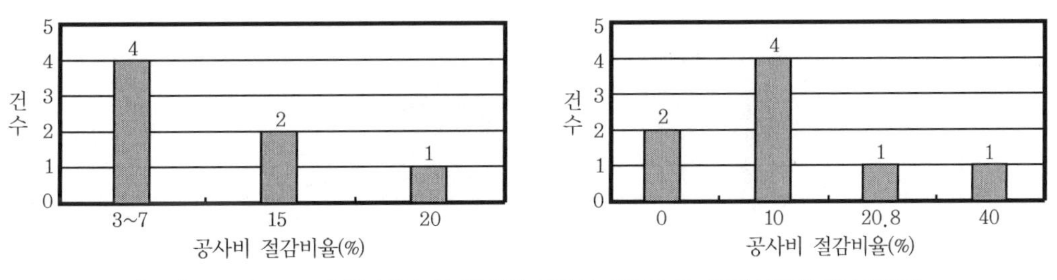

[그림 2-10] TBM 공법 적용 시 공사비 저감률 설문조사 결과(시공사 및 발주처)

터널연장별 NATM 대비 공사비를 살펴보면 국내의 경우 그림 2-11과 같이 연장 4km 이상인 경우 TBM 공법 적용 시 경제성이 확보되는 것으로 조사되고 있으나, 일본의 설문조사 결과에 의하면 연장 1.5km 이상에서 경제성이 확보될 수 있다는 응답자가 가장 많았다.

이처럼 한국과 일본의 조사 결과가 다른 것은 일본에서 NATM 공법 적용 시 불량한 지층상태로 인해 인버트(invert) 설치 및 과다보강이 적용되는 사례가 빈번하다는 것으로 생각할 수 있다.

공사비(천 원/m)
17,000
16,000
15,000
14,000
13,000
12,000
11,000
10,000
NATM단선 철도터널
TBM(8.0m)단선 철도터널
2.0
3.0
4.0
5.0
6.0
7.0
8.0
굴착거리(km)

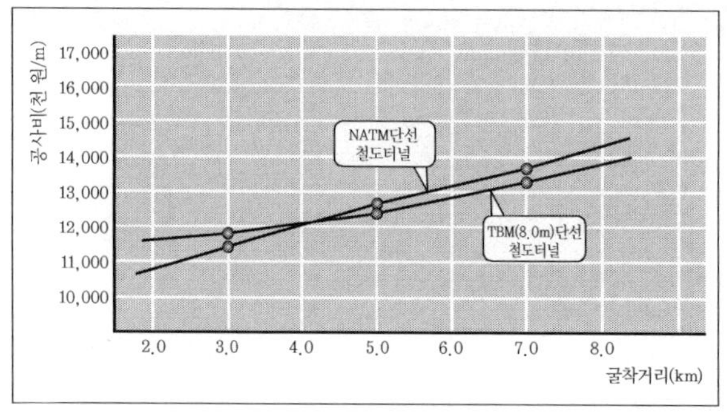

[그림 2-11] 연장별 NATM 및 TBM 공사비 분석(국내)

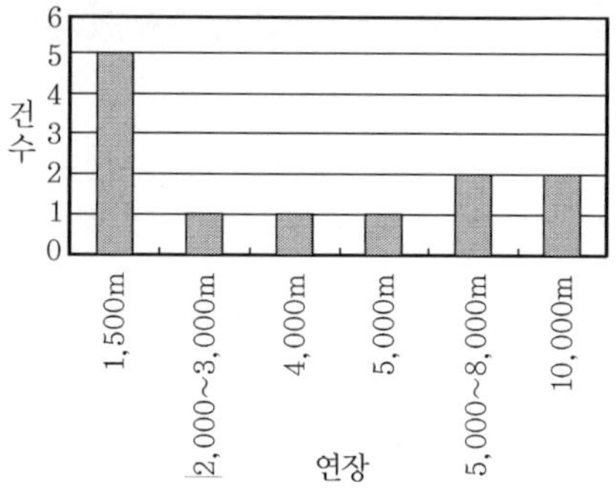

건수
6
5
4
3
2
1
0
1,500m
2,000~3,000m
4,000m
5,000m
5,000~8,000m
10,000m
연장

[그림 2-12] TBM 공법의 연장별 경제성 확보 조사 결과(일본)

쉴드 TBM 적용 시 공정별 공사비 비율은 그림 2-13과 같다. 공사비 비율 분석에 반영된 TBM 공법은 국내의 경우 토압식 쉴드 TBM, 일본의 경우 이수식 쉴드 TBM이다.

쉴드 TBM에서 차지하는 공사비 비율 중 많은 부분이 장비 구입 및 제작, 굴착, 세그먼트 공정이며, 일본의 경우는 굴착공정이 차지하는 비율이 국내보다 낮다. 이 중 장비 구입 및 제작비용은 프로젝트마다 매우 큰 차이를 보이고 있으며, 특히 최근 들어 쉴드 TBM 원가 절감방안의 일환으로 터널단면 표준화 및 쉴드 장비 재활용 방안 등에 대한 관심이 높아지고 있으므로 이를 충분히 고려한 쉴드 TBM 계획이 필요하다.

국내
공사비 비율(%)
50
40
30
20
10
0
28
2.8
30
32
8
장비
갱구공 (발진공+도달공)
굴착
세그먼트
부대공
일본
누적 공사비 비율(%)
100
80
60
40
20
세그 먼트
쉴드 머신
이수운송 /처리
굴진공
잔토 처리
배면 주입
갱구 (발진+도달공)

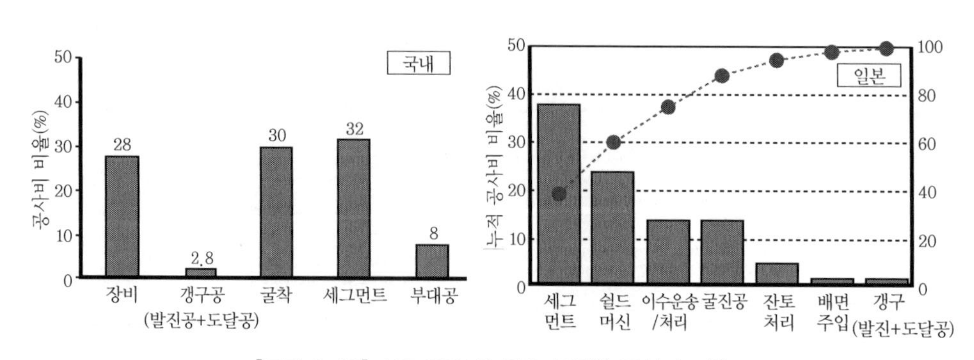

[그림 2-13] 쉴드 TBM의 주요 공정별 공사비 비율

이상과 같이 TBM 굴진에 따른 공기 및 공사비 내용을 국내외 설계 사례를 통해 서술했다. 주지해야 할 것은 TBM 공기 및 공사비는 노선현황(지층상태, 주변현황 등)에 따라 매우 크게 차이가 날 수 있다는 점이며, 설계단계에서 공기 및 공사비 산정 시 세심한 주의 및 충분한 검토가 필요하다.

다. TBM 장비 및 지층조건에 따른 적용조건

1) 장비특성별 적용 지층조건

최근의 기계화 시공은 토질상태가 매우 불량한 점성토부터 일축압축강도 200MPa 이상의 극경암까지 적용 대상 지반조건이 매우 넓어지고 있다(표 2-11 참조).

[표 2-11] 지반강도에 따른 TBM 장비별 적용성

지반 분류	일축 압축 강도 (MPa)	Open TBM	쉴드 TBM					
			주면지보			전면지보		
			그리퍼 쉴드 TBM	세그멘털 쉴드 TBM	기계식 지지 쉴드 TBM	압축공기 쉴드 TBM	이수식 쉴드 TBM	토압식 쉴드 TBM
극경암	> 200	○	○					
경암	200 ~ 120	○	○				△	△
	120 ~ 60	○	○				△	△
보통암	60 ~ 40	○	○				△	△
	40 ~ 20	○	△				△	△
연암	20 ~ 6	△		△	○		○	○
풍화 지반	6 ~ 0.5			○		○	○	○
	< 0.5			○		○	○	○
점성토	-					○	○	○

Open TBM의 경우 암반상태에서 적용성이 우수하다. 쉴드 TBM 적용성이 우수한 도심지 천층터널의 경우 지층상태가 불량하거나 불규칙함에 따라 이에 대한 지반조사가 충분히 검토되어야 한다. 또한 면판설계를 위한 대상 지층을 어떻게 결정하느냐에 따라 TBM 장비 제작비용도 달라지므로 표 2-11과 같은 TBM 장비별 적용 가능 지반강도와 구간별 지층 변화 상태를 충분히 고려해서 적정 장비를 선정해야 한다는 것을 염두에 두어야 한다.

그림 2-14는 서울 지하철 7호선 연장구간의 풍화토 및 풍화암이 교호하는 복잡한 지질특성을 보이는 쉴드 TBM 적용 노선으로서, 풍화토를 면판설계의 대상지층으로 했으며, 면판외곽에 고강도 비트를 배치함으로써 풍화암 교호 구간을 대처하도록 계획한 사례이다.

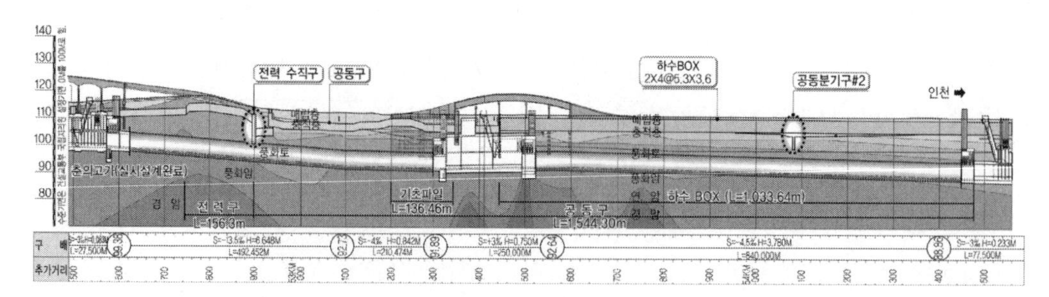

[그림 2-14] 서울지하철 7호선 연장 704공구 지층상태

2) 토압식 및 이수식 쉴드 TBM 적용 지층조건

점성토에서부터 경암 수준까지의 넓은 적용범위를 가지는 밀폐형 쉴드 TBM인 토압식 및 이수식 쉴드 TBM의 경우 막장압 지지방식이 서로 달라서 적용 가능한 토질상태도 다르며 적정한 보조장

[표 2-12] 토질 성상과 쉴드 TBM 장비별 적용성 및 체크리스트(ITA 워킹 그룹, 2000)

Soil Condition \ Type of Machine		N Value	Earth Pressure Type		Slurry Type	
			Suitability	Check Point	Suitability	Check Point
Alluvial Clay	Mold	0	x	-	s	Settlement
	Silt, Clay	0 ~ 2	1	-	1	-
	Sandy Silt	0 ~ 5	1	-	1	-
	Sandy Clay	5 ~ 10	1	-	1	-
Diluvial Clay	Loam, Clay	10 ~ 20	s	Jamming by excavated soil	1	-
	Sandy Loam	15 ~ 20	s	"	1	-
	Sandy Clay	25 ~	s	"	1	-
Solid Clay	Muddy Pan	50 ~	s	"	s	Wear of bit
Sand	Sand with Silty Clay	10 ~ 15	1	-	1	-
	Loose Sand	10 ~ 30	s	Content of clayey soil	1	-
	Compact Sand	30 ~	s	"	1	-
Gravel Cobble Stone	Loose Gravel	10 ~ 40	s	"	1	-
	Compact Gravel	40 ~	s	High water pressure	1	-
	Cobble Stone	-	s	Jamming of Screw Conveyor	s	Wear of bit
	Large Gravel	-	s	Wear of bit	s	Crushing device

1: Normally Applicability, s: Applicable with supplementary means, x: Not suitable

치가 수반되어야 한다. 표 2-12는 ITA 워킹 그룹에서 제안한 토질 성상과 쉴드 TBM 장비별 적용성 및 체크 포인트로 토압식 쉴드 TBM의 경우 비교적 점토성분이 많은 토질조건에서 적용성이 우수하며, 이수식 쉴드 TBM의 경우 점토 ~ 사질토까지 적용범위가 다소 넓은 것을 알 수 있다.

① 토압식 쉴드 TBM의 적용 지반조건

굴착된 토사가 챔버 내에서 지지매체로 작용하기 위해서는 우수한 소성변형성과 작은 내부 마찰각, 낮은 투수성을 가지는 것이 유리하다. 즉, 굴착토는 스크루컨베이어에 의해 압력이 높은 굴착챔버로부터 대기압의 터널로 옮겨질 때 원활한 수송을 위해서 낮은 투수성 지반이 유리하며, 이러한 성질을 부가하기 위해 물, 벤토나이트, 점토, 고분자 서스펜션, 머드 등의 첨가제로 유동성을 향상시킨다. 그림 2-15는 토압식 쉴드 TBM에서의 적용 토질조건 범위를 보이고 있다.

- 경계선 1번 부근 : 지반의 입자크기 분포와 관련해서 실질적인 적용 제한의 범위가 없음
- 경계선 2번 부근 : 적용성은 지하수압과 투수계수에 의해 결정
  투수계수는 최대 2bar의 압력에서 10^{-5}m/sec를 넘지 않아야 함
  지반의 유동화를 위해 점성의 점토질 서스펜션 또는 고분자 포말이 적당
- 경계선 3번 아래 : 투수성이 매우 높아, 각종 첨가제 적용 시에도 막장의 지지압력을 높이는 것은 불가능

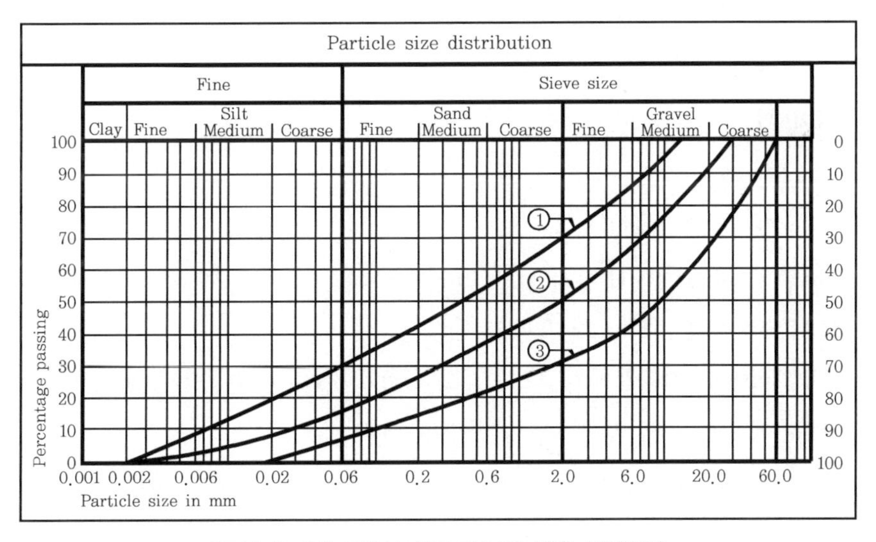

[그림 2-15] 토압식 쉴드 TBM의 적용 지반조건

② 이수식 쉴드 TBM의 적용 지반조건

이수식 쉴드 TBM은 챔버 내에 공급된 이수에 의해 굴착면에 작용하는 수압 및 토압에 대응하

게 된다. 따라서 이수에 의한 막장면 이막 형성이 용이한 모래 및 실트질 지반조건에서 적용성이 우수하며, 입자 간 전기적 결합력이 우수한 점토지반도 적절한 적용 지반조건이다. 또한 입도분포가 불량하고 세립분 함유율이 적어 막장 안정이 불리한 자갈층 중에서 굵은 입자의 자갈층이 분포하는 지반의 경우, 자갈파쇄장치나, 자갈제어장치 등의 특수장치를 이용할 경우 적용이 가능하다.

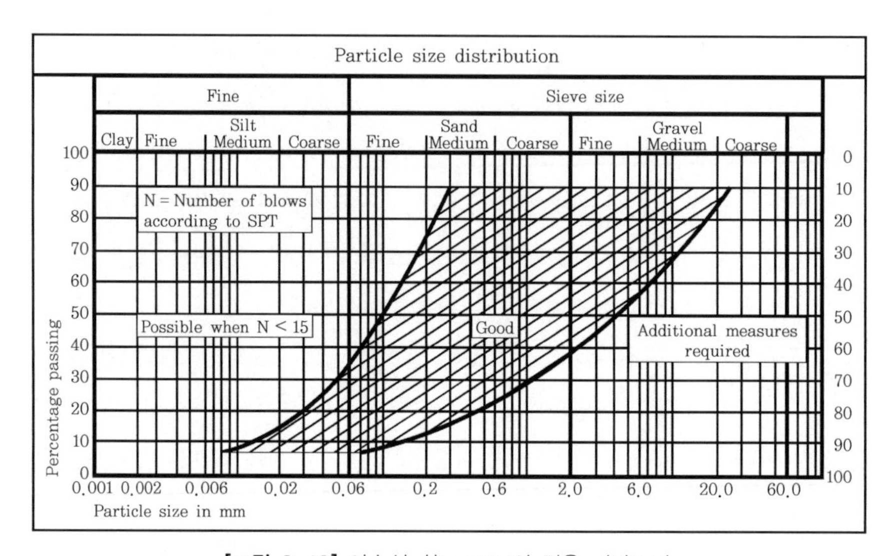

[그림 2-16] 이수식 쉴드 TBM의 적용 지반조건

2.2 설계계획

설계계획이라 함은 계획을 위한 조사 성과에 기초해 지반조건, 입지조건 등을 검토한 후 터널의 기능 및 공사의 안전을 확보함과 동시에 건설비뿐만 아니라 장래의 유지관리비도 포함한 경제성 있는 구조물 계획을 목표로 하는 것이다.

이와 동일한 맥락에서 TBM 설계는 굴착 터널의 건설 목적과 주변현황 및 TBM 공법(Open TBM 또는 쉴드 TBM)에 따라 조사 및 계획을 달리해야 한다.

그림 2-17은 쉴드 TBM 설계 시의 주요한 단계별 조사 및 계획항목을 나타내고 있다.

본 절에서는 그림 2-17의 조사 및 계획항목 중, 설계계획과 밀접한 관련이 있는 기본적인 노선현황 조사 및 선형, 단면계획의 주요 내용을 위주로 단계별 계획 수립의 상세내용을 서술하였다.

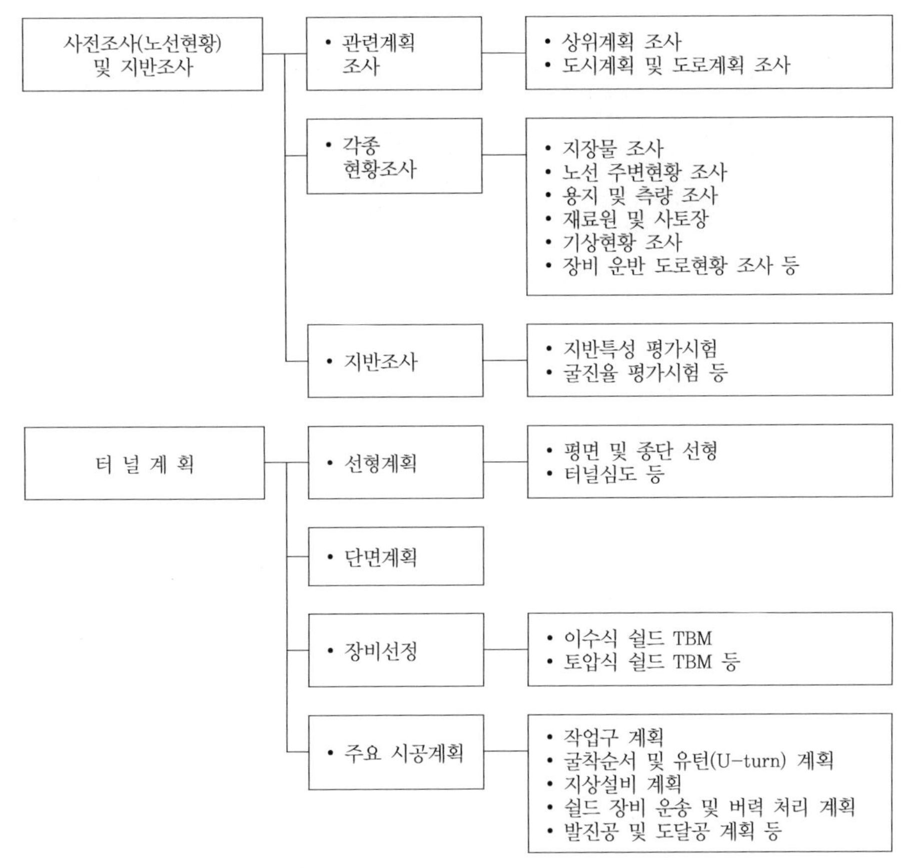

[그림 2-17] 단계별 주요 조사 및 계획항목

2.2.1 설계 최적화를 위한 사전조사

쉴드 공법은 지반조건에 대응되는 적정 쉴드 장비 선정에 초점을 맞추어 이수식, 토압식 등의 밀폐형 쉴드부터 개방형 쉴드까지 많은 기술적 발전을 해왔다. 이로 인해 연약한 점성토, 느슨한 모래지반에서부터 자갈, 연경암에 이르기까지 대부분의 지반에 쉴드 공법의 적용이 가능하게 되었으나, 지반조사 이상의 노력으로 노선주변현황도 충분히 조사되어야 한다.

국내 지하철 쉴드터널의 경우 도심지를 통과하는 천층터널 또는 한강, 부산 수영강 등의 하저터널 굴착공법으로 채택됨에 따라 쉴드터널 굴착 시의 주변 구조물에 대한 적정 방호대책 수립이 시공성 확보 차원에서 매우 주요한 사안이다. 그러나 쉴드터널 주변 구조물 기초 또는 대형 구조물 시공을 위한 가시설 앵커체가 쉴드터널 계획노선과 간섭되어 시공 시 많은 어려움을 겪은 사례가 보고되고 있는 실정이므로 기본조사, 기본계획, 기본 및 실시설계의 설계단계별 면밀한 조사계획 수립이 요구된다.

[표 2-13] TBM 적용을 위한 단계별 조사항목

조사항목 \ 검토항목		계획			설계							시공				유지관리
					기본설계			실시설계								
		노선 선정	작업부 선정	쉴드 공법 적용성 판정	단면형상 설계	평면·종단 선형설계	쉴드 기종 선정	쉴드기 설계	복공 설계	작업구 설계	보조공법 설계	설비계획	작업부 구축	쉴드 시공	환경 보전	
I. 입지 조건 조사	토지이용 및 권익관계	◎	◎			○				○		○	○		◎	
	장래계획	◎	◎			◎			○	○					◎	◎
	도로종별과 노면 교통상황	◎	◎	○		◎			○	○	○	◎	◎		◎	
	공사 용지 확보의 난이도	◎	◎	○			○			○	○	◎	◎		○	
	하천, 호수, 바다의 상황	◎	○	◎		○	◎	○	○	○	◎	○	○		◎	
	공사용 전력 및 급배수 시설	○	◎	○						○		◎	○			○
II. 지장물 (연도변) 조사	지상, 지하구조물	◎	◎	○	○	◎	○	○	○	○	◎	○	○	◎	◎	○
	매설물	○	○	○		◎	○	○		○	◎	○	◎	◎	◎	○
	우물 및 옛 우물					○	◎				◎			◎	○	
	노선주변 구조물, 가설공사	◎	◎	◎		◎	○	○			○		○	◎	◎	
	기타(정밀기기가 있는 구조물)	◎	◎								○		○	◎	◎	
III. 주변 환경 조사	소음·진동		◎	○			◎	○		○	○	◎	◎		◎	
	지반 변형			○	○	◎	◎	○		○	◎		◎	◎	◎	◎
	약액 주입에 의한 영향						○		○	◎	◎	○	○		◎	○
	건설폐기물		○	○			◎	○			○	◎	○	◎	◎	
	기타(문화재)	◎	◎	◎		◎	○		○		◎	○	○		◎	◎
IV. 시공 실적 조사	굴진관리			○		○	◎	◎				○		◎	○	
	공정관리						○	○				○	◎	◎	○	
	안전위생관리						○				◎	◎	○		○	
	환경관리	◎	◎	○			○				◎	○	○		◎	◎
	기타(사고사례)	○	○	○		○	◎	◎	○	◎	◎	○	◎	◎	◎	○
V. 지형 및 토질 조사	지형	◎	◎	○		◎	○					○	○			
	지층구성			○		◎	◎	◎	◎	◎	◎	○	◎	◎		
	토질			◎		◎	◎	◎	◎	◎	◎	◎	◎	◎		
	지하수			◎		◎	◎	◎	◎	◎	◎	◎	◎	◎	◎	○
	산소 결핍, 유해가스의 유무	◎		◎		◎	◎	◎	◎	◎	◎	◎	◎	◎	◎	◎
	광역지반 침하					○									○	◎

표 2-13은 TBM 적용성 검토 시 단계별 조사항목으로, 본 표에서 제시된 각 항목별 주요 조사내용을 위주로 서술했다.

가. 입지조건 조사

계획노선 주변의 토지 이용현황, 교통현황 및 공사용 전력 및 급배수 시설의 확보 용이성 파악을

위한 내용이 포함된다.

이는 노선 선정을 위한 사전 기초조사 내용과도 부합하는 것이며, 노선 선정 후에도 쉴드 TBM 지상설비 설치공간(그림 2-18), 작업구 및 장비투입구 위치, 공사 중 교통 처리계획과 터널 버력 처리 동선 확보계획 등의 시공계획 수립의 기초적인 조사내용이 된다.

[그림 2-18] 이수식 쉴드 TBM에서의 지상설비 설치 예

나. 지장물(연도변) 조사

1) 지장물 조사

과업노선 주변에 이미 설치된 지상, 지하구조물 및 각종 관로(가스, 상·하수도, 통신 등) 등에 대한 조사를 포함한다. 조사결과에 따라 노선주변 건축물 등의 말뚝기초, 건축물 시공을 위한 가시설 앵커체 등의 저촉이 예상되는 경우 계획 노선 변경 또는 시공 중 절단(또는 제거) 대책을 수립해야 한다. 아울러 각종 관로의 저촉이 예상되는 경우 관계기관과 협의를 거쳐 지장물 이설 가능 여부 타진 및 불가 시 보호대책을 수립해야 한다.

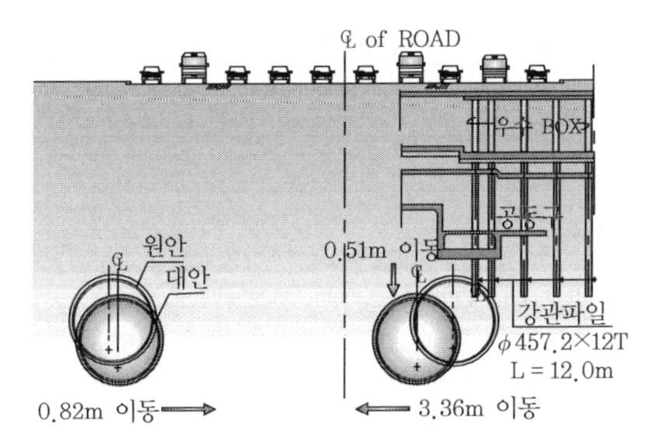

[그림 2-19] 기존 노선 구조물을 고려한 터널계획 사례

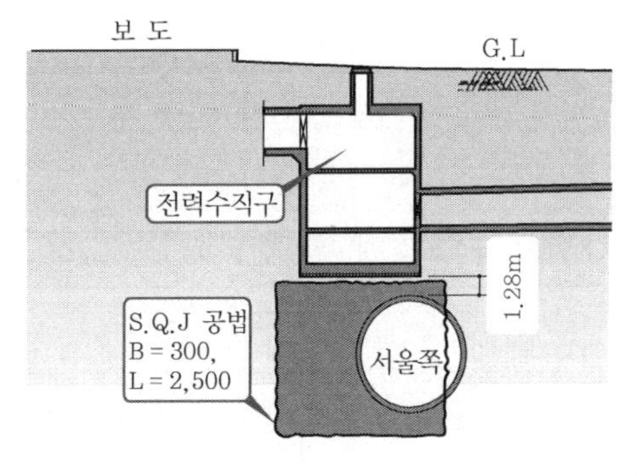

[그림 2-20] 기존 구조물 침하방지를 위한 지반보강 사례

2) 연도변 조사

연도변 조사란 노선 주변 주택, 상가, 공장 등에 대한 건축물 조사로, 지층특성 및 굴착조건을 고려한 공사 중 연도변 건물의 피해규모 예측, 보호대책, 유지관리 대책방안 수립 및 완공 후 사후 평가 시 기초자료로 활용하게 된다.

쉴드터널은 타 공법에 비해 주변환경에 아주 적은 영향을 미친다는 장점이 있으나, 쉴드 공법 특성상 발생되는 필연적 지반 변위가 있다(그림 2-21 참조). 쉴드터널은 도심지 천층심도에서 적용되는 경우가 빈번하기 때문에 적은 지반 변위라도 주변 구조물에 영향을 미칠 수 있어 상세한 연도변 조사는 설계단계에서의 대책방안 수립 및 사후 평가 시 매우 중요한 자료로 활용된다.

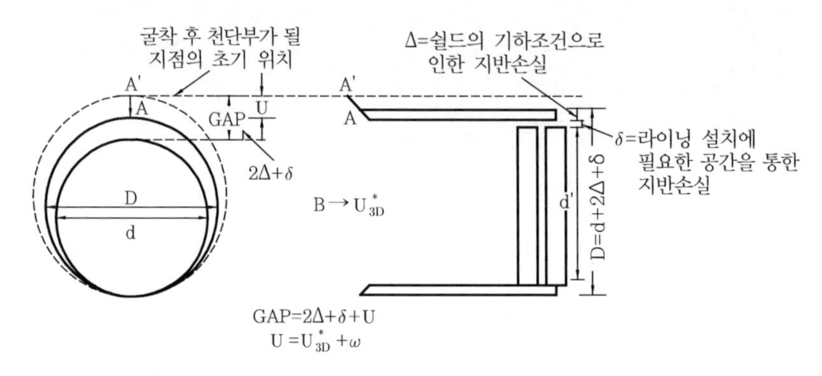

[그림 2-21] Gap 파라미터 개념도(Lee & Rowe, 1991)

다. 주변환경 조사

공사에 의한 자연환경, 생활환경상의 문제 발생 여부 및 대책 수립을 위한 조사내용이다. 공사 중 소음·진동, 지반 변형, 지반 보강을 위한 약액 주입 시 지하수 오염, 건설폐기물 처리 문제 등의 환경영향 요인은 필연적으로 발생하게 되며, 이에 대한 기상, 지형·지질, 동·식물상, 수리·수문 등의 자연환경 및 대기질, 수질, 토양, 폐기물, 소음·진동, 위락, 경관 등의 생활환경에 대한 사전 및 사후 환경현황 조사를 실시한다.

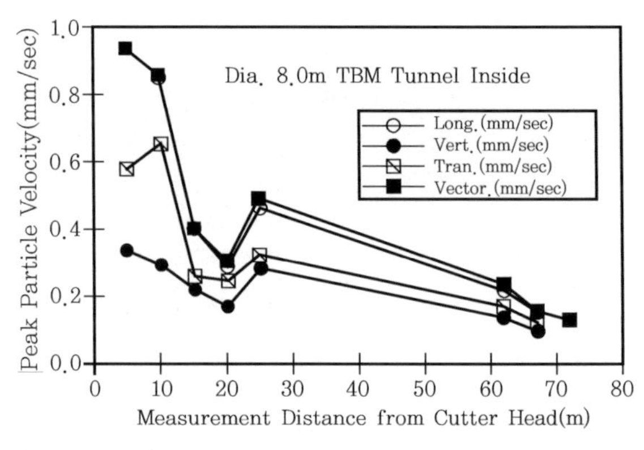

[그림 2-22] TBM 굴착면으로부터 거리 변화에 따른 지반 진동

TBM 굴착의 경우 무진동·무소음 공법으로 알려져 있으나, 기존의 연구사

례(그림 2-22)에 의하면 굴착면으로부터의 이격거리 10 ~ 30m 인근에서 약 0.4mm/sec의 진동이 측정되고 있으며, 도심지 발파진동 규제치보다 작은 값을 보이고 있으나, 발파진동과는 달리 연속적인 진동 발생으로 인해 인체에 피해를 유발할 수 있다.

또한 이수식 쉴드 TBM의 경우 일본의 시공경험 및 문헌을 살펴보면 지상의 이수 처리 플랜트 설치 및 이수의 3차에 걸친 처리공정으로 약 20Hz 이하의 저주파가 100 ~ 150m까지 전달되어 민가의 창문이 흔들리는 민원이 발생된 사례가 있다.

라. 시공실적 조사

유사 지역에서의 기존 쉴드터널 시공실적 조사는 적정 쉴드 기종 선정, 쉴드 시공계획 수립 등을 위한 매우 주요한 조사내용이다. 즉, 쉴드 TBM 굴착 시의 시공상 트러블(또는 특이사항) 발생 여부, 성공적인 굴착 여부, 민원 발생 원인 등의 조사내용은 쉴드 장비 및 보조공법의 설계, 환경 보전대책을 수립하기 위한 주요한 참고자료가 된다. 그림 2-23은 1990년 이후 국내 쉴드 TBM 시공사례를 조사한 내용이다.

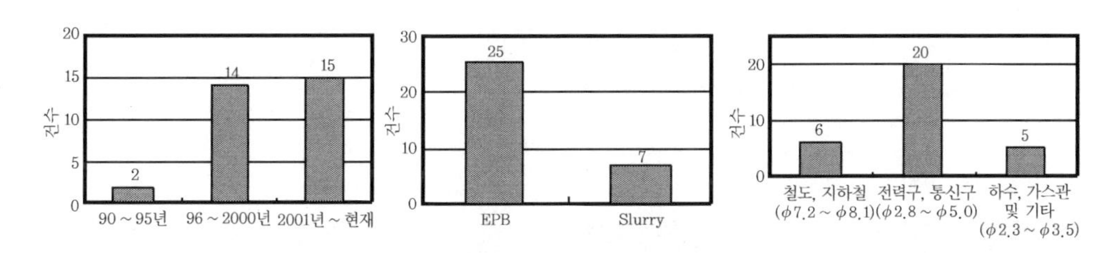

[그림 2-23] 국내 쉴드 TBM 적용 사례

또한 쉴드 TBM을 포함한 기계화 터널 시공은 고가의 장비 투입으로 인해 초기투자비 규모가 다른 공법에 비해 과다하기 때문에(고가의 장비투입) 이러한 시공실적 조사를 통해

1) 공사 규모, 토질조건에 따른 경제적 쉴드 장비의 선정, 운용
2) 쉴드터널 계획, 설계, 시공 단계에서의 원가절감 방안
3) 터널단면 표준화에 따른 쉴드 장비 재활용 방안 등의 계획 수립으로 경제성을 확보하는 것이 필요하다.

마. 지반조사

기계화 시공은 고속의 안전한 터널 굴착을 유도하는 많은 장점을 가지고 있으나, 반면에 사전 및 시공 중의 지질 평가에 대해서는 발파굴착 방식에 비해 보다 세밀한 지반조사를 수행하는 것이 필요하다. 그 이유로는 막장 전방(또는 면판 전면)의 지질상태를 파악하기 힘들고, 지반특성에 부합하는 설계단계에서의 장비 선정으로, NATM과 같이 지반 변화에 유연하게 대처하는 데 많은 제약이 따름에 따라 시공 중 트러블을 확대시키는 원인이 된다는 점이다.

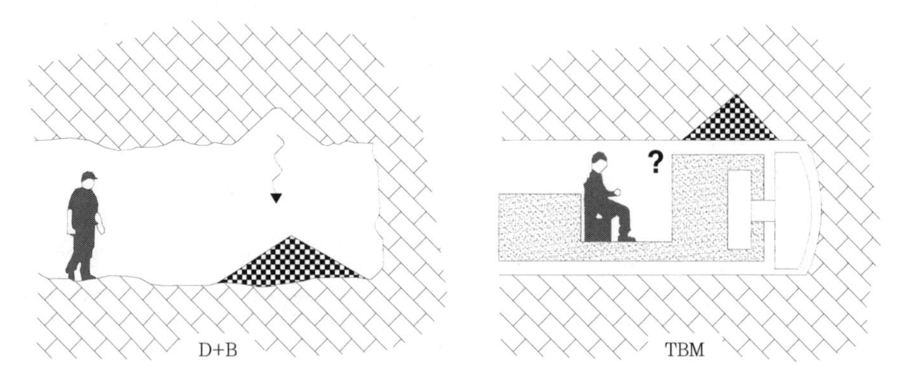

[그림 2-24] NATM 및 TBM 굴착 시 막장 지반상태 평가 상황 개념도(Nick Barton, 2000)

ITA 워킹 그룹(2000)에서 제시한 TBM 장비 선정 시 고려해야 할 지반조건요소는 지반의 불연속성, 지하수 성분, 연약지반 강도 등의 총 6가지를 제시하고 있으며, 장비형식별 주요 지반조건 요소의 중요도를 표 2-14와 같이 제시하고 있다.

[표 2-14] TBM 장비 선정 시 고려할 지반조건요소(ITA 워킹 그룹 회의, 2000)

구 분	Open TBM (무지보)	쉴드 TBM					
		주면 지보		전면 지보			
		그리퍼 쉴드	세그먼트 쉴드	기계식 지지 쉴드	압축공기 쉴드	이수식 쉴드	토압식 쉴드
지반 불연속성	○	○	○	○	○	○	○
지하수 성분	×	×	×	×	△	△	△
연약지반 강도	○	○	×	○	○	△	△
암반지반 강도	○	△	△	△	△	△	△
침하 민감도	○	○	○	○	○	△	△
지반 불균일성	△	△	△	△	○	△	△

주) ○: 중요하게 고려함, △: 고려함, ×: 고려하지 않음

위의 6가지 항목 중, 지반의 불연속성, 연약지반/암반 강도 및 지반 불균일성 등은 TBM의 굴진성능과 밀접한 관계가 있는 항목으로써, 지반조사 계획 수립 시 주요하게 고려해야 할 항목이라 할 수 있다. 이를 평가하기 위한 주요 지반조사 항목은 표 2-15와 같다.

[표 2-15] TBM 설계를 위한 지반조사 항목

TBM 설계항목 / 주요 지질조사항목	TBM 형식 선정			(순)굴진 속도	커터 소비량	지보시공 장비 계획	배수 설비
	기본 형식	그리퍼 압력	커터 설계				
지형·지질조사	○		○	○			
각종 물리탐사	○						
토질시험(강도 및 입도분포 등)	○	○	○	○		○	
일축압축강도(지반&Core)	○	○		○	○		
압열인장강도(Core)				○			
RQD(Core 채취율)	○					○	
탄성파속도(암반 및 코어)	○	○		◎		○	
절리의 간격과 방향	○	○	○	◎	○		
석영함유율				◎			
굴진성능 평가시험 (펀치 투과시험, 취성도 시험, 세르샤 마모시험, Siever's J-Value Test, 선형절삭시험, NTNU 마모시험 등)			◎	◎	○		
암맥 및 단층파쇄대의 상황	◎	○	◎	○		○	
용수량·지하수위(수압)	○					◎	◎
수질	○					○	◎

2.2.2 단면계획

TBM 터널에서의 단면형상은 원형, 반원형, 구형, 마제형 등의 다양한 형상이 적용되어왔으며, 특히 최근의 기계분야 기술발달로 대칭 또는 비대칭 중복원형(그림 2-25 ~ 26) 형태의 2-아치(arch) 또는 3-아치 형상 및 박스(box) 형상 등의 다양한 형상의 단면 적용이 가능하게 되었다. 그러나 중복원형 형태의 단면 적용 시 쉴드 장비 제작의 어려움, 세그먼트 구조 및 시공 상의 여러

[그림 2-25] 대칭형 중복원형

[그림 2-26] 비대칭형 중복원형

어려움이 있어 앞으로도 많은 연구 및 상세한 검토가 수행되어야 한다. 따라서 쉴드터널의 가장 일반적이고 표준화된 단면형태는 원형단면이라 할 수 있다.

원형단면이 표준형상으로 된 주된 이유로는

1) 외압에 대한 저항력이 우수하고,

2) 시공상 쉴드의 추진이나 세그먼트 제작·조립이 편리하며,

3) 쉴드 본체가 시공 중 롤링되어도 단면 이용에 지장이 적기 때문이다.

터널 단면은 사용목적에 따라 (1) 건축한계에 저촉이 되지 않고, (2) 터널 내부의 각종 부속 설비 설치 여유 공간 등이 확보되고, (3) 지보 및 세그먼트 설치 공간이 확보될 수 있는 필요 내공 확보 및 (4) 시공상의 사행오차를 고려해 선정되어야 한다. 이 중 (1) 및 (2)번 항목은 내공직경과 관련되어 있으며, (3) 및 (4)번 항목은 외경과 관련되어 있는 항목으로, TBM 장비 계획 시 이러한 모든 항목을 포함하는 장비직경이 선정되어야 한다(그림 2-27 참조).

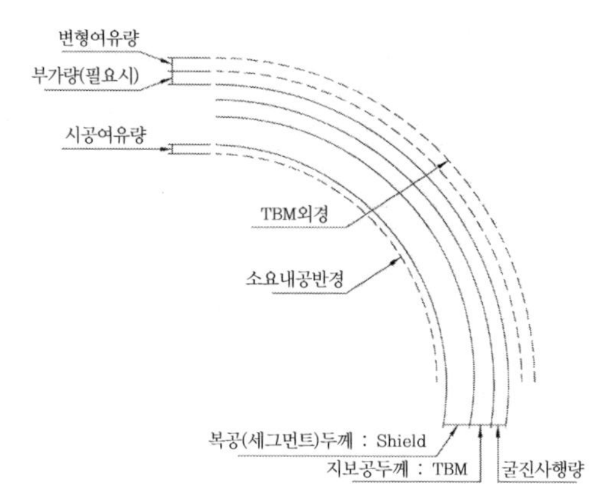

[그림 2-27] TBM 직경 선정의 기본 구성요소

본 장에서는 전단면 TBM 터널을 대상으로, 장비 직경 선정 내용과 밀접한 관련이 있는 단면결정 요소에 대해 철도·도로, 상·하수도, 전력·통신구 등의 터널로 구분해 기술한다.

가. 시공여유에 대한 검토

시공여유는 설계여유와 보수여유로 나눌 수 있다. 이 중 설계여유는 뱀처럼 구불구불한 형태로 굴착될 경우에 대비한 사행여유 및 세그먼트 변형을 고려한 여유량을 의미하며, 보수여유는 운영 중 보수·보강을 고려한 공간의 여유량을 의미한다(그림 2-28 참조).

시공여유 중, 사행여유는 시공기술력에 따라 발생량이 달라지며, 세그먼트 변형량의 경우 설계 단계에서의 세그먼트 구조계산으로 산정할 수 있다.

일반적으로 시공여유는 50 ~ 200mm 정도를 적용하고 있으나, 이는 굴진대상 지반상태, 평면 및 종단선형, 시공기술자의 숙련도 등에 따라 달라지며, (1) 지반상태가 열악할수록, (2) 종단경사가 급할수록, (3) 평면선형이 작은 급곡선부일수록 사행오차 발생량은 커진다(그림 2-29 참조).

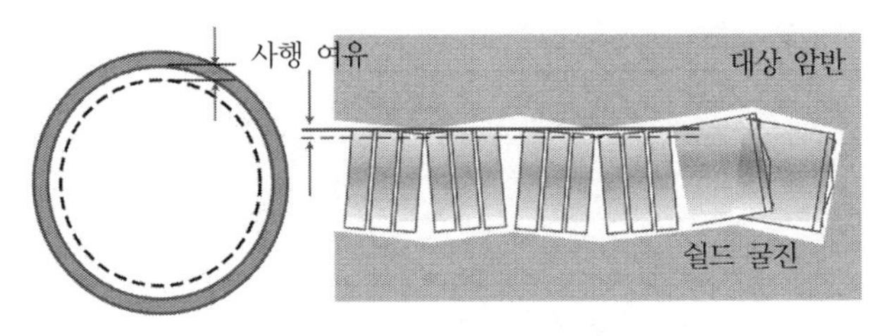

[그림 2-28] 사행여유 개념도

연도별 사행오차에 대한 변화추이를 살펴보면(그림 2-30 참조), 1970년대 이전까지는 사행오차 200mm 이상의 비율이 40% 이상을 차지하고 있으나, 장비기술, 굴착기술 등의 발달로 1996년 이후에는 50mm의 사행오차 비율이 거의 100% 수준에 이르고 있다.

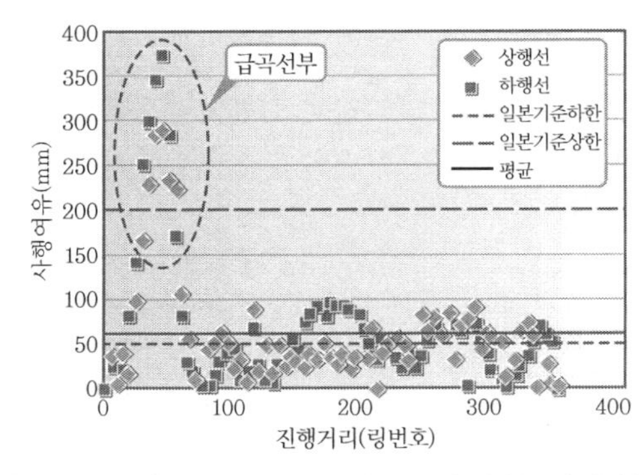

[그림 2-29] 평면선형별 사행오차 발생량(부산지하철 230공구 사례)

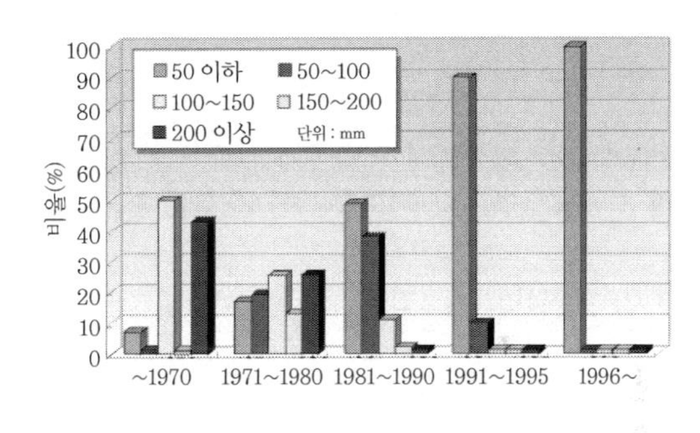

[그림 2-30] 연도별 사행오차 변화추이

이외에도 약 50mm의 보수여유를 고려해 국내 쉴드터널의 경우 시공여유를 150mm 수준으로 선정, 적용한 사례가 많다. 국내보다 지층상태가 열악한 일본의 경우 약 200mm 이상의 시공여유를 제시한 사례도 있다. 그러나 사행여유 50mm, 세그먼트 변형량 50mm 및 보수여유 50mm를 고려해 총 150mm의 시공여유를 고려함이 일반적이며, 지층조건 및 시공자 숙련도 등에 따라 달라지므로 충분한 검토가 요구된다(그림 2-31 참조).

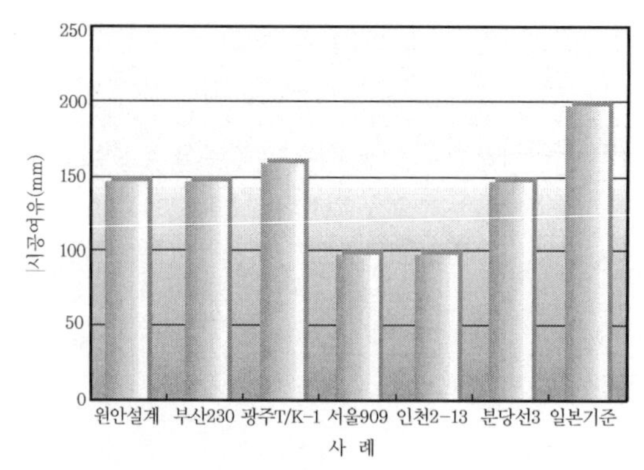

[그림 2-31] 국내·외 시공여유 사례

나. 철도·도로 터널

터널단면은 터널목적 및 기능에 따른 소요 시설 한계와 철도의 경우 선형조건에 따른 확폭량, 도로의 경우 편경사 및 터널 내 제반설비(전기, 소화, 기계, 방재시스템 등)를 고려한 단면을 선정한다. 또한 도로 및 철도터널 모두 그 종별이나 등급에 따른 별도의 시설 한계가 정해져 있으므로 이를 충분히 고려한 단면계획을 수립해야 한다.

쉴드터널 단면의 경우 원형이므로 일반적인 NATM 굴착방식의 난형(또는 마제형) 단면에 비해 여유공간이 많은 점과, 비교적 장대터널에서의 적용이 많다는 점을 고려할 때, 효과적인 환기/방재 시스템 구축 방안을 충분히 검토해 선정해야 한다.

1) 철도터널 단면계획

① 지하철 터널

내공직경 선정을 위한 설계내공치수 및 편기량 기준은 서울, 부산, 광주, 대구지하철 등에서 운용 중인 지하철 규모 등을 고려해 정해져 있으며, 여기에 복공두께, 굴진사행, 변형여유, 지보두께 및 TBM 형식에 의한 부가량 등을 고려해 전체 굴착직경을 결정한다. 현재 시공 중인 서울 지하철

[표 2-16] 서울지하철 7호선 단면설계 기준

구 분	적용 설계 기준
차량한계	3,200 × 4,250mm
건축한계	3,600 × 4,650mm
시공여유	상부: 200mm 이상 측벽/하부: 300mm 이상
궤 간	1,435mm
F.L ~ R.L	550mm

7호선 연장구간의 내공치수 기준은 표 2-16과 같다.

이외에도 방재안정성 향상 구조물(비상대피통로, 비상표지등, 안전손잡이 등), 궤도, 전기, 전차선 설비 등의 부대시설 설치계획에 따른 단면계획 수립이 요구되며, 국내 지하철 쉴드 TBM 단면 적용 설계사례는 그림 2-33과 같다.

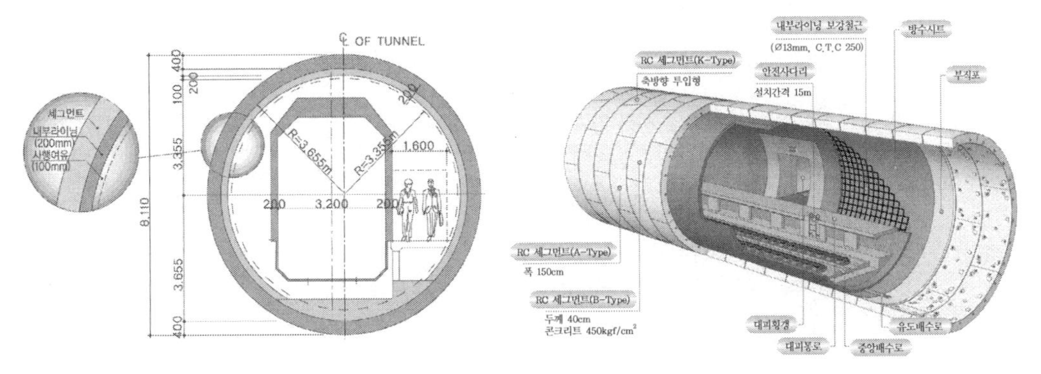

[그림 2-32] 지하철 단면구성 **[그림 2-33]** 지하철 구조물 배치계획(예)

② 철도터널

철도터널 내공단면 산정 시 선로등급별 구축한계 및 선로 중심간격 외에 궤도구조, 보수대피용 통로, 전차선 및 장력조절장치, 배수로, 신호, 통신 등의 제반설비에 필요한 공간을 고려해야 한다. 지하철 터널과 마찬가지로 여기에 복공두께, 굴진사행, 변형여유, 지보두께 및 TBM 형식에 의한 부가량 등을 고려해 전체 굴착직경을 결정한다.

일본의 철도터널을 대상으로 한 단선 및 복선터널 단면구성은 그림 2-34와 같다.

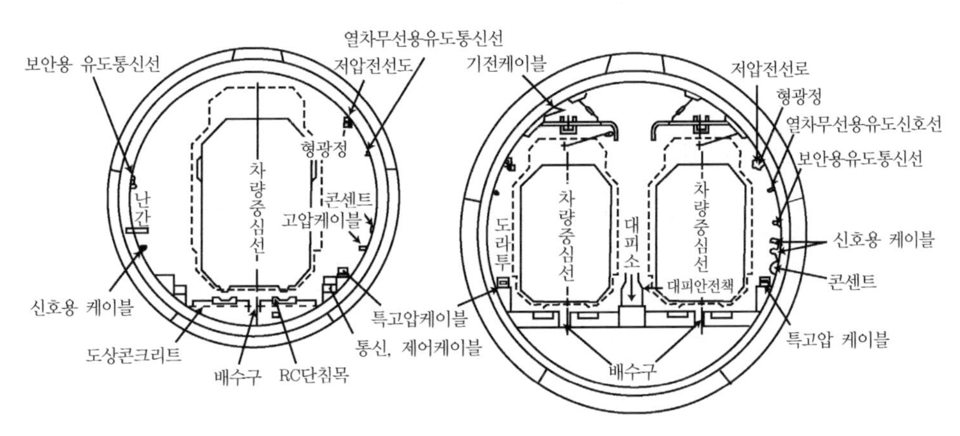

[그림 2-34] 단선 및 복선터널 쉴드 TBM 단면구성 예

2) 도로터널 단면계획

도로터널의 단면은 '도로의 구조·시설기준에 관한 규칙'을 기준으로 도로등급 및 편경사에 부합하는 건축 및 시설한계를 반영해 계획해야 한다. 국내의 경우 도로터널을 대상으로 한 전단면 TBM 적용 사례는 없으며, 일본에서 적용되었던 2차로 도로터널 내공단면 구성 및 쉴드 TBM 직경선정 사례는 다음과 같다(그림 2-35 참조).

굴착반경 = 소요 내공반경(시공여유 50mm를 포함) : 5,600mm
+ 복공두께 : 250mm(통상적으로 250 ~ 450mm)
+ 굴진사행량 : 100mm
+ 세그먼트 변형 여유량 : 50mm
+ 세그먼트 두께 : 250mm
+ 테일 클리어런스량 : 40mm(통상적으로 0 ~ 80mm)
+ TBM 형식에 의해 부가된 양 : 130mm　　　TOTAL : 6,420mm

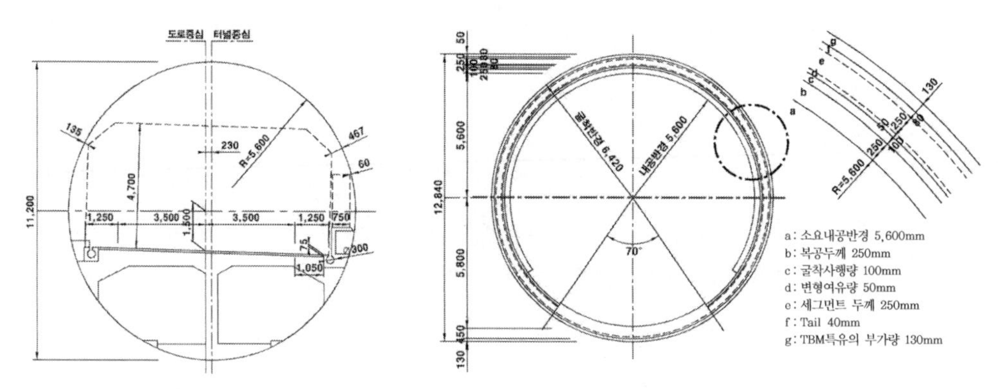

[그림 2-35] 2차로 도로터널 내공단면 구성 및 직경 선정 예(일본)

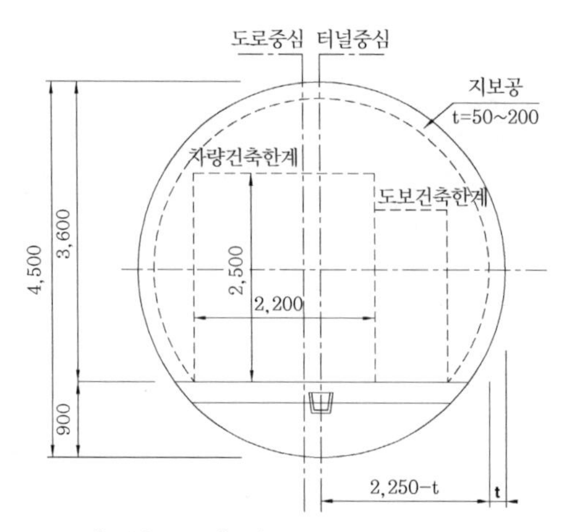

[그림 2-36] 피난 대피통로 단면 예

한편 장대도로터널에서 피난 대피통로의 내공 및 외공 단면 사례는 그림 2-36과 같다.

TBM 굴착을 위한 단면은 원형임에 따라 마제형, 난형 등의 NATM 단면에 비해 여유공간이 많아지므로 방재를 위한 피난통로, 각종 공동관로, 기타 부대설비 등을 도로 바닥면 하부에 설치할 수 있으며, 일본 동경만 아쿠아 터널 단면 및 방재시설물 적용 예는 그림 2-37과 같다.

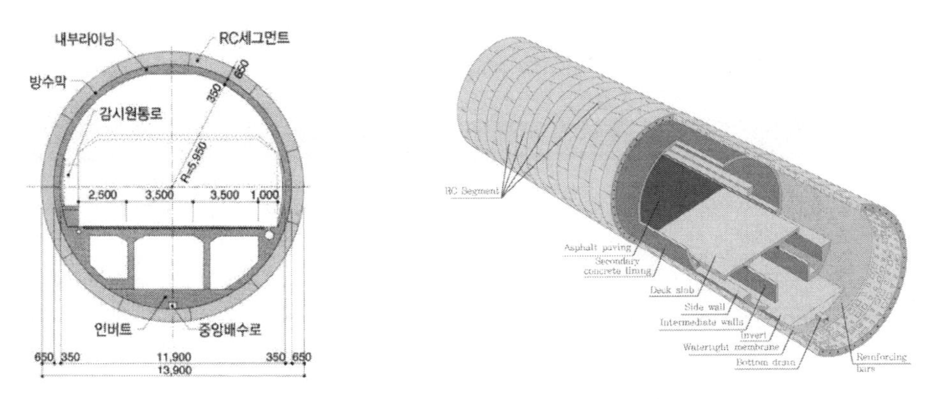

[그림 2-37] 동경 아쿠아 터널 단면구성도

다. 소구경(전력·통신구) 터널 기준

한국전력공사 지중송전 설계기준 1610(지중전력 토목설비)에 의한 전력·통신구 단면기준에 따라 선정한다. 터널 단면 형식상에서 단면 선정의 주요 내용으로는

① 최소높이 : 통로 바닥에서 천장까지의 최소높이는 2.1m 이상으로 한다.

② 유효높이 : 구형의 경우 통로 바닥에서 천장까지의 높이
터널형의 경우 통로 바닥에서 가상구형 단면과 아치 교차 지점에서 150mm를 더한 높이를 의미함

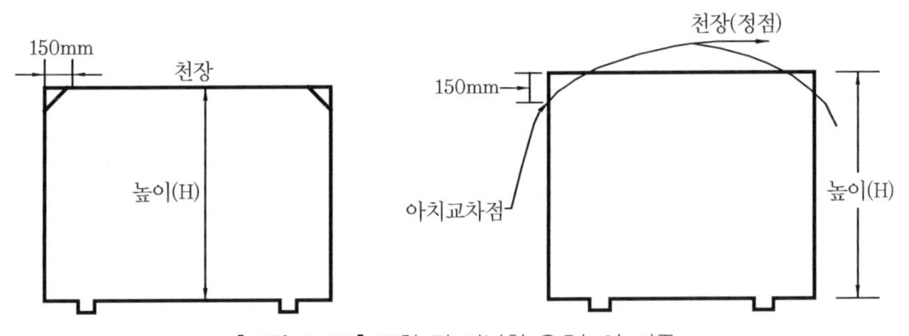

[그림 2-38] 구형 및 터널형 유효높이 기준

③ 최대유효 높이 : 3m 이하(3m 초과 시 전력구를 2련 또는 이층구조로 한다.)

④ 전압별 케이블 상하 간격은 표 2-17 기준에 의한다.

⑤ 폭 : 154kv 선로 수용구간 2.2m

345kv 선로 수용구간 2.3m

⑥ 작업용 통로는 800mm로 하며, 굴곡부, 경사부, 기타 특수 부분은 개별 검토한다.

[표 2-17] 전압별 케이블 상하 간격

구 분	행어 상하 간격(mm)	최하단 행어와 바닥 간 간격
345kv	550	400
154kv	400	300
66kv	300	
기 타	250	

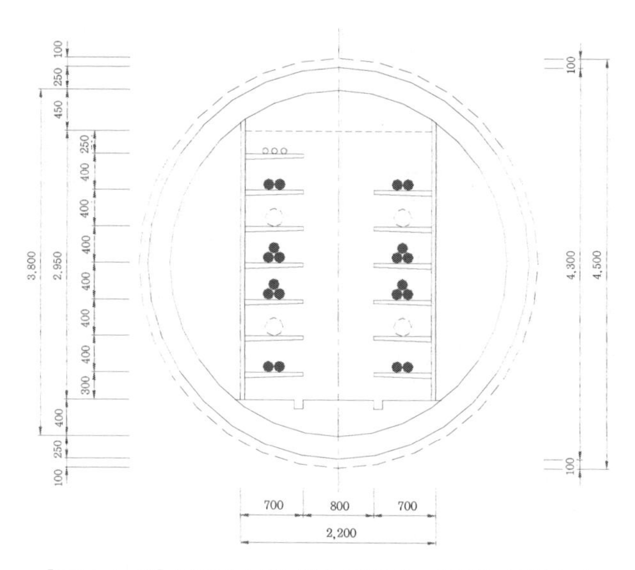

[그림 2-39] 전력구 단면 선정 예(154kv 8회선, 통신 1조)

라. 수로터널

수로터널에는 상하수도용 터널, 발전용 수로터널 및 용수로·도수로 터널 등이 있으며, 용도에 따라 압력관로 또는 개수로 관로로 계획하게 된다.

수로터널의 TBM 단면 직경은 수로터널별 필요 통수단면적 선정과 쉴드 TBM에서의 세그먼트 또는 Open TBM에서의 지보두께 및 TBM 형식에 따른 부가량(시공오차량, 복공변형량 등) 등을 고려해 선정해야 하기 때문에 구조물 상황에 맞추어 단면을 선정해야 한다.

이외에도 공사 중 설비, 즉 갱내 급·배수 설비, 환기설비 및 버력 처리공간 확보를 검토해야 하며, ϕ3.0m 이하의 소규경 TBM 적용 시 통수능에 필요한 소요 단면적보다 공사 중 설비에 대한 소요 단면적이 큰 경우가 발생될 수 있으므로 종합적인 검토가 요구된다.

국내에서 기계화 시공에 의한 수로터널 건설은 울산 공업용수로 터널, 용담댐 도수터널(도수길이 21.9km)(그림 2-40 참조) 등의 용수로·도수로 터널이 있으며, 대부분 Open TBM으로 시공되었고, 쉴드 TBM을 이용한 수로터널 시공 사례는 보고된 바가 없다.

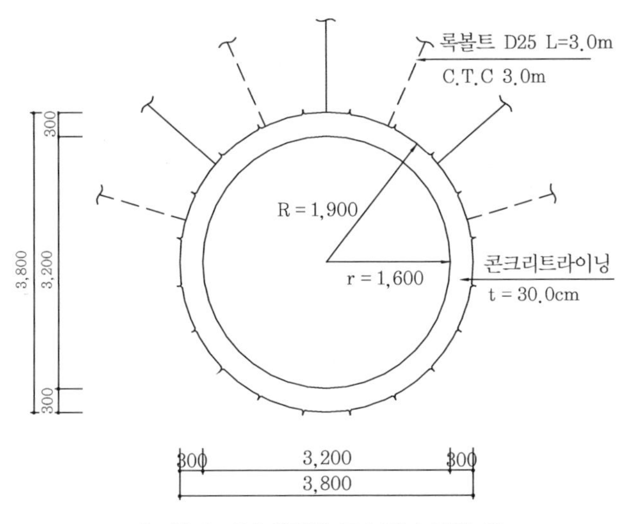

[그림 2-40] 용담댐 도수터널 단면 예

상하수도 터널의 경우도 계획유량을 원활히 배수시키기 위한 통수 단면적이 확보되도록 계획함을 기본 원칙으로 한다. 이외에도 개수관로로 계획되는 하수도 터널의 경우 원활한 배수를 위한 배수 구배 확보가 추가적으로 요구되며, 대부분의 경우 압력관로로 계획되는 상수도 터널의 경우 내압에 충분한 내하력을 가질 수 있는 지보시스템을 확보하기 위한 단면계획이 요구된다. 그림 2-41은 일본의 상수도 터널의 내압 극복을 위한 적용 사례를 나타낸 것이다. 한편 해외에서는 하

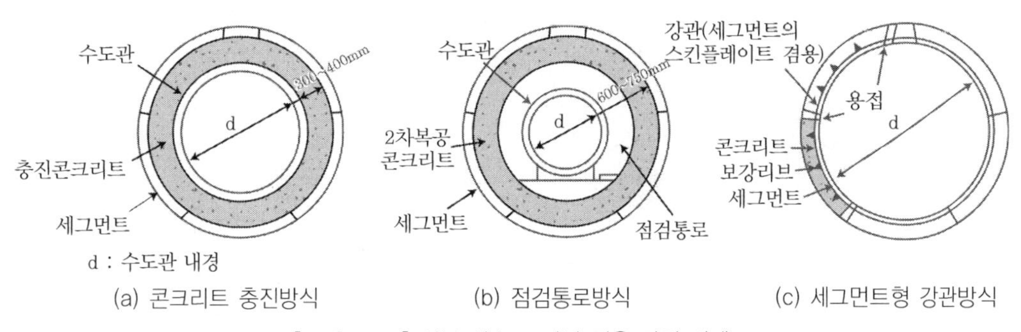

(a) 콘크리트 충진방식 (b) 점검통로방식 (c) 세그먼트형 강관방식

[그림 2-41] 일본 상수도 터널 적용 단면 사례

수도, 전력케이블, 통신케이블 등이 동일 터널 내에 병행 계획되는 사례가 있으며, 그림 2-42는 하수도 내지 상수도 터널과 통신관로를 병행 사용하는 경우에 대한 단면사례를 나타낸 것이다.

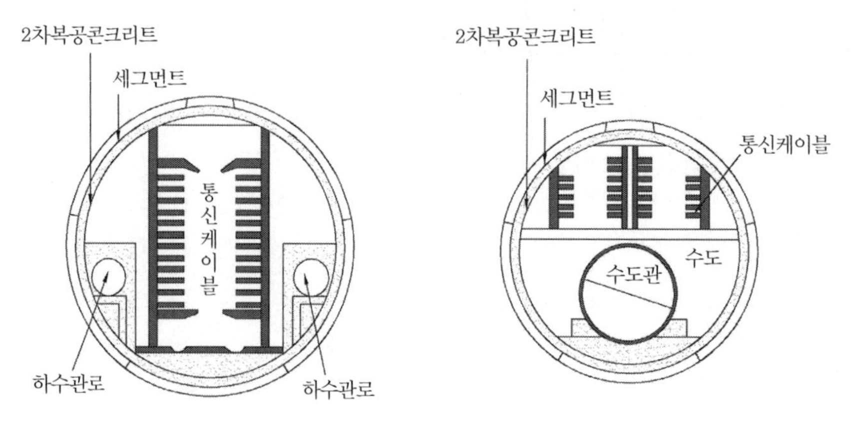

[그림 2-42] 일본 하수도(또는 상수도) 및 통신관로 병행 사용 예

2.2.3 선형계획

가. 평면선형 계획

쉴드 공법은 도심지에서 빈번하게 적용되므로 선형 선정 시 입지조건, 지장물, 지반조건 및 용지조건 등의 제약을 받게 되나, 쉴드 굴진 관점에서는 될 수 있는 한 직선 또는 곡선반경이 큰 선형을 설정하는 것이 바람직하다. 그러나 도심지 지하공간의 공간적 제약조건과 높은 토지보상비 등의 이유로 작은 곡선반경의 선형을 선정해야 하는 경우가 발생할 수 있다. 일반적인 시공가능 최소 곡선반경으로는 도로, 철도 등의 대구경(10m 이상 터널)일 경우 R = 250m 이상, 상하수도, 전력구 등의 소·중구경(9m 이내 터널)일 경우에는 R = 80 ~ 120m 이상 정도로 제시되어 있으나, 이러한 급곡선부 시공 시에는 세그먼트 테이퍼량 조절에 의한 극복 가능 여부, 건축한계 침범 여부 및 터널 안정성

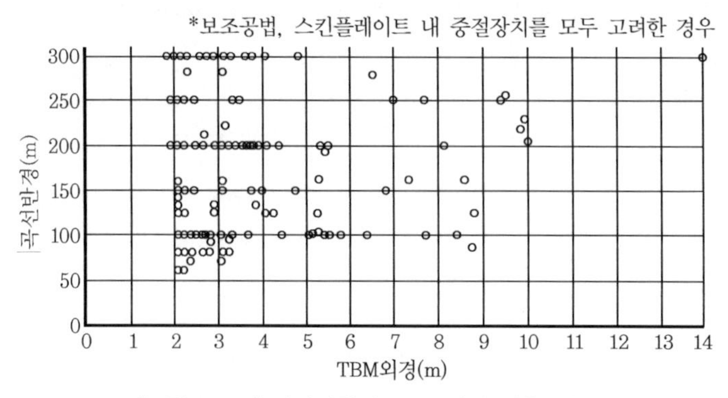

[그림 2-43] 평면선형별 TBM 직경 적용 사례

등을 충분히 고려해 선정해야 하며, 일본의 평면선형별 TBM 직경 적용 사례는 그림 2-43과 같다.

곡선부 굴착 과정에서 시공성을 좌우하는 주요 요소로는

1) 쉴드 통과구간 지반의 분포 및 공학적 특성
2) 기계굴착 장비 형식(개방형, 밀폐형, 굴진속도, 추진관리 등)
3) 쉴드의 형상 및 구조(쉴드 직경, 길이, 기타 부속설비의 유무 등)
4) 곡선부 굴착 시 평면선형 반경에 따른 세그먼트 테이퍼량(표 2-18 참조)
5) 보조공법의 적용(가이드 반력벽 등의 방호공, 기타) 등이 있으며, 이러한 요소들에 따라 굴진 가능 곡선 반경이 달라진다.

[표 2-18] 테이퍼량 산정 예(서울지하철 704공구)

테이퍼량 및 비율		테이퍼형 세그먼트 적용 개념도 (편테이퍼 세그먼트)
테이퍼량 $= \dfrac{D_o b_s (n_t + n_S)}{n_t R + D_o n_t}$ D_0 : 세그먼트 외경 b_s : 세그먼트 폭 n_t : 테이퍼링 수 n_s : 표준형 링수	테이퍼 비율(n_s/n_t) $\dfrac{n_s}{n_t} = \dfrac{\Delta R + D_o \Delta/2 - D_o b_s}{D_o b_s}$	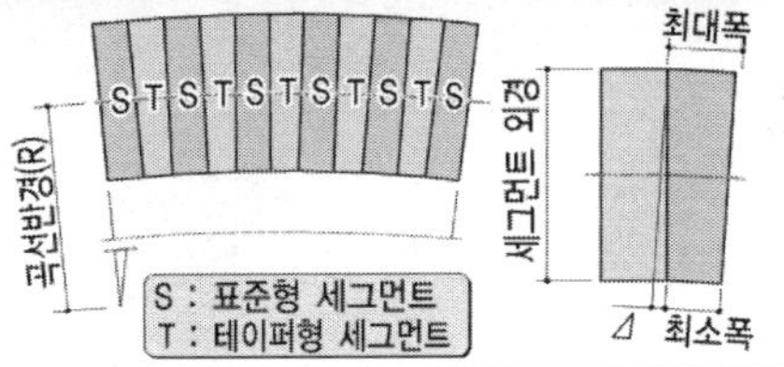 S T S T S T S T S T S 곡선반경(R) S : 표준형 세그먼트 T : 테이퍼형 세그먼트 최대폭 세그먼트 외경 Δ 최소폭

나. 종단선형 계획

1) 토 피

터널상부 토피고는 시공 시의 작업효율, 버력 처리의 용이성, 유지관리 운영상의 편리함 등을 고려할 때, 얕은 쪽이 바람직하나, 상부구조물 영향 최소화를 위한 함몰, 융기 등의 영향이 없도록 소요 토피고를 확보함이 바람직하다. 필요한 최소토피는 일반적으로 1.0D ~ 1.5D(D : 굴착외경)라고 알려져 있으나, 사고 사례 조사 결과에 의하면 다양한 터널심도에서 함몰, 융기 등의 현상이 발생되고 있으므로 적정 터널심도는 지층조건에 따라 신중하게 선정되어야 한다.

토피고에 따른 주요 고려사항으로는 천층터널의 경우 적절한 굴진관리 외에 필요에 따른 지반개량 등의 보조공법 및 연도변 구조물 기초와의 저촉 여부 등을 검토해야 하며, 대심도의 경우 높은 수압 및 토압에 대응되는 설계내용이 고려되어야 한다.

2) 종단구배

TBM 굴착 노선의 종단구배는 용도나 시공성을 고려해 선정해야 한다. 도로, 철도 터널의 경우

노선 또는 도로 등급별 선형 선정기준에 의거해 종단구배가 선정되는 경우가 많으며, 이렇게 선정된 종단선형이 TBM 굴진에 영향을 미치는 경우는 거의 없다. 다만 급구배 종단선형 계획이 예상되는 경사갱이나 연직갱 등을 TBM으로 굴착하는 경우에는 계획 종단구배로의 굴착을 위한 시공계획이 수립되어야 한다.

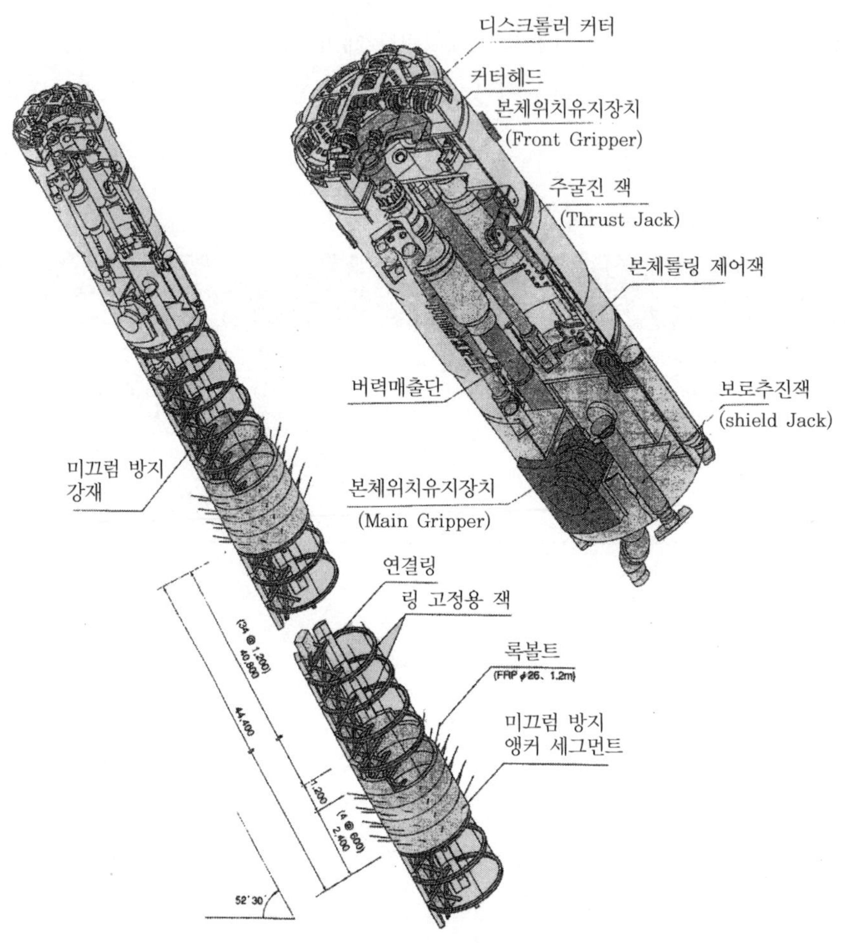

[그림 2-44] 경사갱 TBM 예(종단경사 52°30')

수로터널의 경우 목적에 따른 통수량, 통수단면적, 유속 등의 상호관계를 고려해 결정한다. 즉, 다양한 구배에 대해서 각각 대응하는 단면적을 비교·검토해 구배를 결정해야 하며, 일반적으로 도로, 철도터널보다 작은 단면으로 계획됨에 따라 시공 중 버력 처리 및 자재 반입 등의 소요 공간 확보 여부를 검토해야 한다. 레일 방식의 버력 처리 시스템을 적용하는 경우 50/1,000 이상의 종단구배 시 윈치(winch) 등의 부대시설 설치 여부에 대해서도 검토해야 한다.

2.3 설계 시 유의사항

2.3.1 시공 중 트러블 특성을 고려한 설계 시 유의사항 분석

가. 주요 트러블 발생현황

Open TBM 및 쉴드 TBM 등을 포함하는 기계화 시공의 기본 목적은 기존의 발파 굴착방식에 의한 굴착 공법인 ASSM, NATM 등의 적용이 불가한 지반조건에 터널을 굴착하기 위해 고안된 공법이다. 아울러 Open TBM의 경우 지반조건이 비교적 양호한 산악터널의 급속시공을 위한 목적으로 적용되는 경우도 빈번하다.

TBM에 의한 터널 굴착은 지반조건에 대응되는 적정 장비 사전 선정 및 투입으로 지반변화에 유연하게 대처하기 힘들고, 굴착 중 막장전반(또는 면판 전면)의 지반상태를 파악하기 힘들다는 시공조건 등으로 시공 중 트러블이 빈번하게 발생한다. 또한 타 공법에 비해 주변환경에 아주 적은 영향을 미치는 쉴드 TBM이라 할지라도 장비 특성상 터널 시공에 따른 지반 변위를 완벽하게 방지할 수는 없다. 이러한 지반 변위가 붕괴 수준까지 도달한다면 설계단계에서 수립된 시공계획에 많은 영향을 미치며, 그림 2-45는 쉴드 TBM 터널 굴진 시 발생될 지반 변위 상황을 개념적으로 나타낸 그림이다.

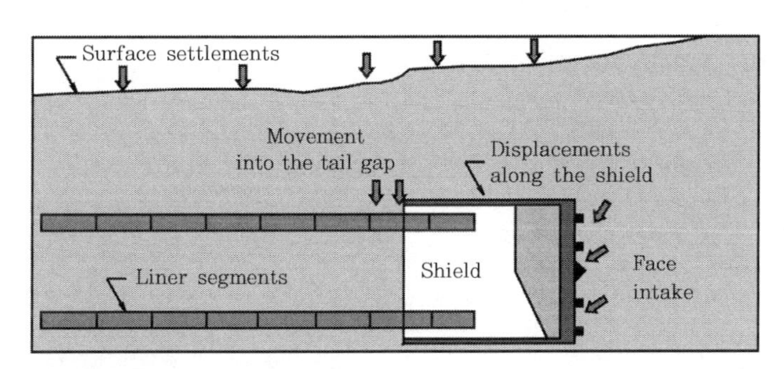

[그림 2-45] 쉴드터널 굴진 시 지반 변위 발생 개념도

트러블 현상은 크게 지질적 요인과 기계적 요인으로 구분된다. 일본에서 시행된 TBM 현장 근무자들의 경험을 토대로 한 설문 조사내용[(사)일본전력건설업협회, 2001]을 살펴보면(그림 2-46 ~ 48), TBM 적용 시 주요 트러블은 86% 정도가 지질적인 요인에 의해 발생되며, 약 43%가 막장면에서 발생되는 것으로 조사되었다. 트러블 발생에 따른 공사 중지 기간에 대해서는 약 60% 이상이 14일 이상 소요됨에 따라 지질적 트러블 요인을 최소화하기 위한 설계 시 대책 수립의 중요성을 알 수 있다.

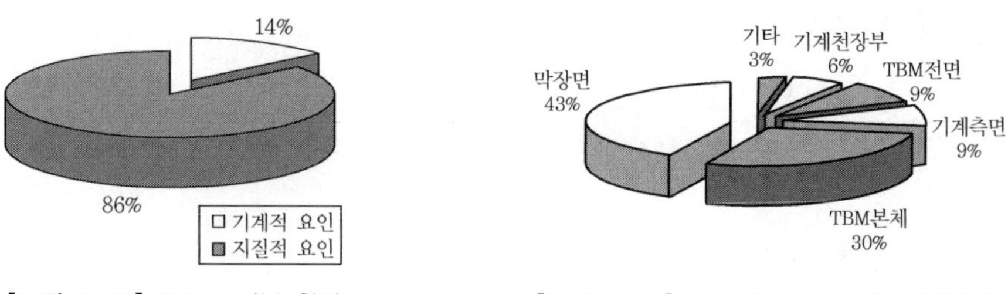

[그림 2-46] 주요 트러블 원인

[그림 2-47] 장비 위치별 트러블 발생비율

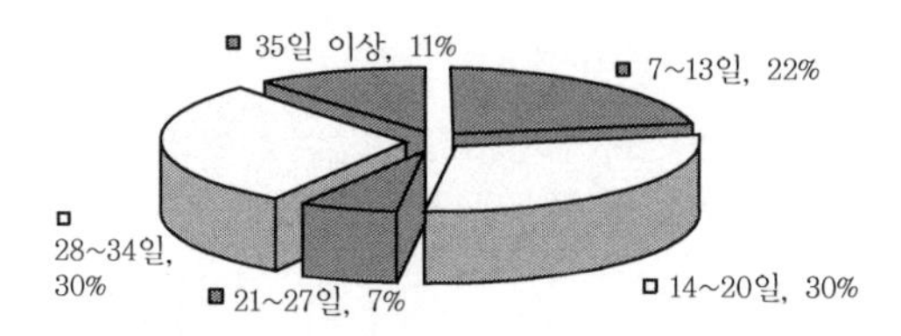

[그림 2-48] 트러블 발생 시 공사 중지 기간

나. 인명사고 유발 트러블 사례

1) 트러블 사례 I - 지질적 요인

그림 2-49는 도요고속철도(東葉高速鐵道) 건설현장에서 발생된 터널상부 붕락사고내용이다. 터널굴착 완료 후, 쉴드 장비 해체작업 중 약 7.0m의 천층에서 지하수 유입에 따른 토사유실로 발생된 사고로서, 부상자나 가옥의 피해는 없었으나, 주차되어 있던 승용차 1대가 함몰된 사고이다.

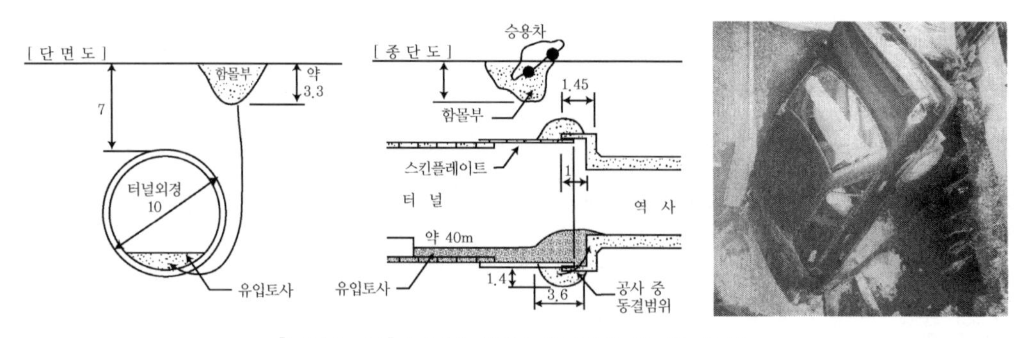

[그림 2-49] 트러블 사례 I 사고현황 및 사고전경도

2) 트러블 사례 II - 지질적 요인

쉴드 굴진 중 막장 내 유출수 저감을 위해 LW 그라우팅을 적용했으나 부실 그라우팅 공사(설계수량의 약 50%만 주입)로 막장면 유입수가 계속적으로 증가했다. 이를 제어하기 위해 막장압을 상

시 0.1N/mm^{2}에서 사고 시 0.115N/mm^{2}으로 상승시켰으나, 막장전면에서 약 14m의 토피층이 붕괴된 사고이다. 이로 인해 지표에서 깊이 5m 정도의 지표함몰이 발생했으며, 통행 중인 차량 4대 함몰 및 13명의 부상자가 발생된 사고이다(그림 2-50 참조).

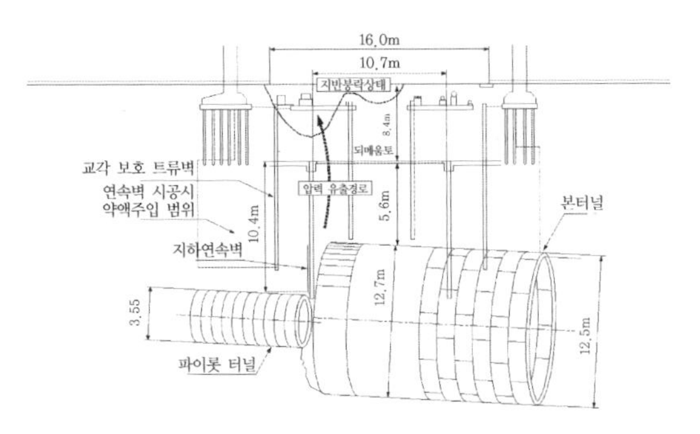

[그림 2-50] 트러블 사례 II 사고현황 및 사고전경도

3) 트러블 사례 III - 지질적 요인

터널 내 지중에 있던 메탄가스가 폭발해 갱에서 작업하던 5명이 사망하고, 1명이 중경상을 입은 사고 사례이다(그림 2-51). 총연장 1,428.5m 중, 미굴착 구간 100m 정도만 남겨둔 상황에서 지중에 있던 메탄가스가 터널 내로 유입되어, 갑작스러운 폭발이 일어났다. 폭발 당시 막장 안에서는 당일의 최종 세그먼트 볼트 조임작업을 진행하고 있었다.

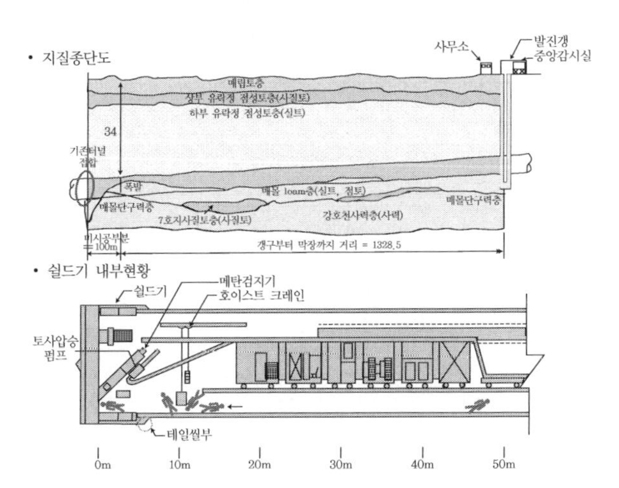

[그림 2-51] 트러블 사례 III 사고현황 및 사고 당시 구조모습

이상의 사고 사례 조사결과를 종합하면, 기계적 요인에 의한 사고는 공사 중지 및 그에 따른 소요비용 증가와 연관될 수 있으나, 지질적 요인에 의한 사고는 터널 내 작업자뿐만 아니라 노선 상부에 분포하는 민가, 차량 등에 영향을 미쳐 사회적으로 물의를 일으킬 수 있는 대형사고로 이어질

가능성이 매우 크다.

불행히도 쉴드 TBM 공사 중 트러블의 86%가 지질적 요인에 의해 발생되고 있으며, 시공 중 트러블 발생 제어 방안이 즉각적이고 효과적으로 적용되어야 함은 물론이려니와 설계단계에서도 구간별 지층상태 평가에 의한 효율적인 지질적 및 기계적 트러블 최소화 방안 수립이 요구된다.

다. 지반조건에 따른 트러블 발생경향

트러블이란 당초 예측하지 못했던 시공 중 문제가 발생하고, 그것이 TBM 굴진을 저해하는 요인으로 작용하는 것을 의미하며, 이러한 트러블이 발생될 수 있는 지반조건은 예상보다 불량한 지반상태에서 발생하게 된다. 국내 및 해외 시공 및 트러블 발생사례를 분석한 결과, 지반상태 및 주요한 발생 트러블 현상은 표 2-19와 같으며, TBM 형식별(쉴드 TBM 및 Open TBM) 트러블 발생건수는 그림 2-52와 같다.

지반조건별 트러블 발생위치 및 트러블 발생 시 지반상태는 그림 2-53 ~ 54와 같다. Open TBM 및 쉴드 TBM 모두 면판 전면의 막장, 기계천단, 측벽부 및 하부 등의 위치에서 균열성 암반의 낙반, 붕락에 의한 트러블 발생 사례가 압도적으로 많은 것으로 조사되고 있으므로, 이에 대해 설계

[표 2-19] 트러블이 발생하기 쉬운 지반조건 및 주요 트러블 현상

지반상태	주요 트러블 현상	지질요인
낙반, 붕락	• 굴착작업 불가 • 커터헤드 회전 불능 • 그리퍼(gripper) 반력 부족(Open TBM)	• 단층 또는 연약대 • 균열성 암반 • 고풍화로 인한 토사화
지반 팽창 (또는 압출)	• 커터헤드 회전 불능 • 기계 구속 • 그리퍼 반력 부족(Open TBM) • 버력 배토 효율 저하	• 점토 Gouge • 팽창성 지반
지하수 용수	• 굴착작업 불가 • 버력 배토 효율 저하 • 전기설비 고장	• 고지하수위 지반 • 고투수성 지반
지지력 부족	• 기계 침하	• 단층 또는 연약대 • 점토화로 인한 팽창성 지반

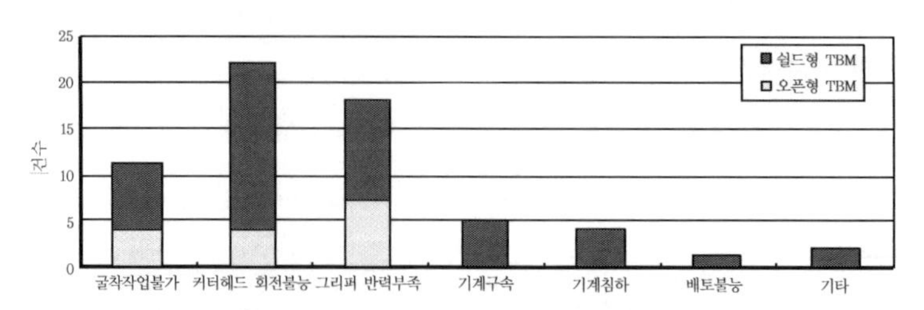

[그림 2-52] TBM 형식별 트러블 발생 건수(일본터널기술협회, 2000)

단계에서의 면밀한 지반조사 및 보조공법 적용성 여부, 시공 중 보완조사 등의 사전대책 수립이 요구되고 있다.

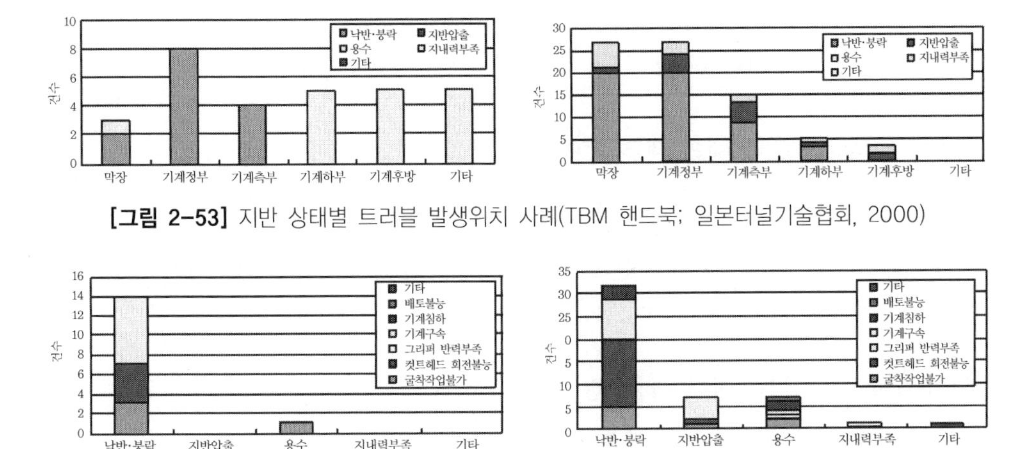

[그림 2-53] 지반 상태별 트러블 발생위치 사례(TBM 핸드북; 일본터널기술협회, 2000)

[그림 2-54] 트러블 발생 지반현황(TBM 핸드북; 일본터널기술협회, 2000)(컬러 도판 p. 657 참조)

TBM 굴진 시 트러블이 발생했을 경우 막장은 TBM 본체가, TBM 본체 후방은 매우 복잡한 기계설비(세그먼트 운반, 버력 반출 시스템 등)가 점유하고 있어서 트러블 극복 장비 반입에 어려움이 따르고, 이로 인해 트러블 해소에 많은 시간이 걸리게 된다. 그림 2-55는 트러블 발생 시 처리 소요일수를 나타낸 것으로 대부분의 경우 20 ~ 30일 이하의 소요일수를 나타내는 반면, 트러블 발생 규모에 따라 50일 수준의 소요일수를 보이는 경우도 조사되었다. 트러블 요인 중, 30일 이상의 처리 소요일수를 보이는 요인은 지내력 부족에 따른 장비 침하, 용수 등에 관한 트러블로, 설계단계에서 이러한 트러블 발생 가능 위치의 선정 및 대책방안 수립에 상세한 검토가 이루어져야 할 것이다.

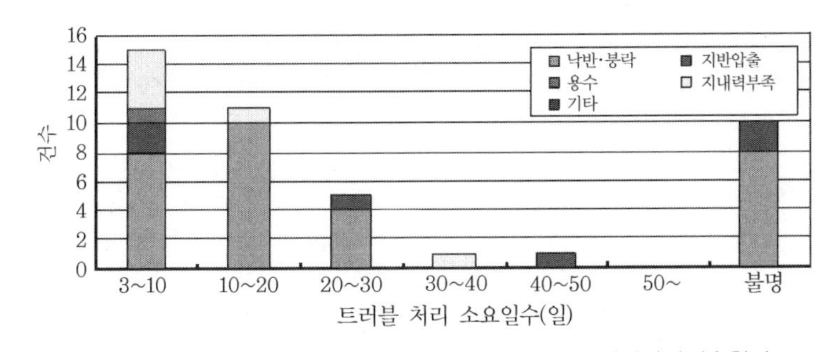

[그림 2-55] 트러블 발생 시 처리 소요일수(TBM 핸드북; 일본터널기술협회, 2000)

2.3.2 트러블 최소화를 위한 설계 시 유의사항

트러블 발생 형태에 따른 대책방안은 설계와 시공 단계로 구분해 선정할 수 있다. 트러블 발생원인 빈도가 지질적 요인에 의해 발생되는 경우가 대부분이나, 이는 설계단계에서의 상세한 지반조사, 지반 특성을 충분히 감안한 장비 제작 등의 노력으로 많은 부분이 해결될 수 있을 것이다.

가. 지질적 트러블 요인에 대한 대책방안 수립

대표적인 지질적 트러블 요인으로는 (1) 균열성 암반에서의 낙반·붕락, (2) 고수압에 의한 갑작스러운 용수 발생, (3) 연약대 통과에 따른 지반 압출 및 지내력 부족 등으로 나눌 수 있으며, 이러한 각 트러블 요인에 대한 주요 대책방안은 표 2-20, 21, 22와 같다.

1) 균열성 암반에서의 낙반·붕락 예상구간

[표 2-20] 주요 대책방안(낙반·붕락 예상구간)

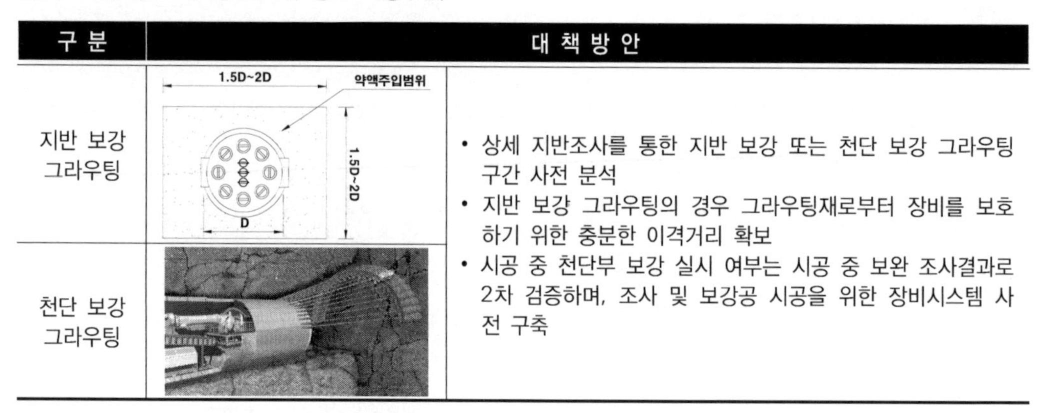

구 분	대 책 방 안	
지반 보강 그라우팅		• 상세 지반조사를 통한 지반 보강 또는 천단 보강 그라우팅 구간 사전 분석 • 지반 보강 그라우팅의 경우 그라우팅재로부터 장비를 보호하기 위한 충분한 이격거리 확보 • 시공 중 천단부 보강 실시 여부는 시공 중 보완 조사결과로 2차 검증하며, 조사 및 보강공 시공을 위한 장비시스템 사전 구축
천단 보강 그라우팅		

2) 고수압에 의한 갑작스러운 용수 발생 예상구간

[표 2-21] 주요 대책방안(용수 발생 예상구간)

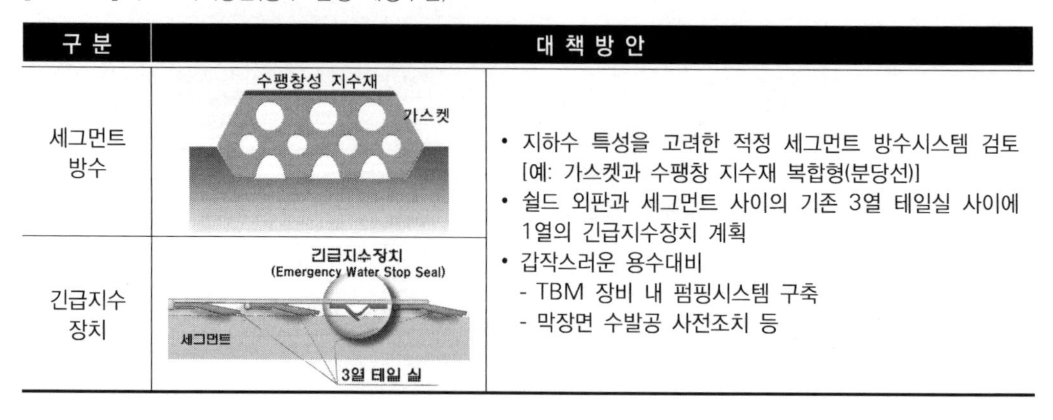

구 분	대 책 방 안	
세그먼트 방수		• 지하수 특성을 고려한 적정 세그먼트 방수시스템 검토 [예: 가스켓과 수팽창 지수재 복합형(분당선)] • 쉴드 외판과 세그먼트 사이의 기존 3열 테일실 사이에 1열의 긴급지수장치 계획 • 갑작스러운 용수대비 - TBM 장비 내 펌핑시스템 구축 - 막장면 수발공 사전조치 등
긴급지수 장치		

3) 연약대 통과에 따른 지반압출[장비 끼임(jamming)] 및 지내력 부족 예상구간

[표 2-22] 주요 대책방안(지반압출 및 지내력 부족 예상구간)

<table>
<tr><th>구 분</th><th colspan="2">대 책 방 안</th></tr>
<tr><td>지반붕괴
검지장치</td><td>Collapse detector
Jack Shoke Sensor</td><td rowspan="3">• 붕괴 사전감지 시스템
- TBM 전방부 지반붕괴 검지장치 설치
• 지반 압출에 따른 장비 끼임
- 장비 끼임 시 지반과의 마찰최소화를 위한 골재투입구 사전설치
- 면판 최외곽부에 최대확폭용 오버커터 장착으로 설계단면보다 큰 단면으로 굴착
• 지내력 부족으로 인한 장비 침하
- 사전 지반 보강 그라우팅(설계 시 방안)
- 장비침하 양상을 고려한 상하 추진 잭별 스트로크(stroke) 조절(시공 시 방안)</td></tr>
<tr><td>골재주입</td><td>골재주입
주입펌프</td></tr>
<tr><td>오버커트</td><td>오버커터</td></tr>
</table>

나. 기계적 트러블 요인

이제까지 국내 TBM 설계 시에는 장비 제작의 많은 기술적인 부분을 장비 제작사에 의존하고 있는 것이 사실이며, 이는 국내 기계화 시공 발전에 커다란 장애요인임을 인지해야 한다.

[표 2-23] TBM 본체 설계 시의 주요 체크리스트 및 유의사항

장 치	체크리스트
커 터	• 하중조건을 충분히 고려한 구조인가? • 신뢰성 및 내구성이 높은 베어링, 실(seal)을 채용했는가? • 커터 교체 작업성을 고려한 구조인가?
커터헤드	• 커터헤드 면판은 버력이 빠지기 쉬운 구조인가? • 버력에 의해 폐색 발생 우려는 없는가? • 버킷부는 버력이 남김없이 호퍼에 원활하게 흘러가도록 형상, 용량, 장비 수 등에 대해 검토했는가? • 버킷부 면판 슬릿폭은 버력의 크기를 충분히 고려해 개구폭이나 칸막이 간격을 설정했는가?
호퍼 (hopper)	• 버킷으로부터 투입되는 버력이 원활히 벨트컨베이어로 흘러가는 구조인가? • 호퍼 개구는 커터헤드의 고속회전을 충분히 고려한 넓이로 확보되어 있는가?
커터헤드 구 동 부	• 하중 부하조건(고하중, 고속회전, 충격하중, 진동)을 충분히 고려했는가? • 메인 베어링이나 감속전동기에 대해서는 물론 실(seal)부에 대해서도 신뢰성과 내구성을 충분히 검토했는가? • 구동설비에 대한 방수대책을 검토했는가?
배토장치	• 벨트컨베이어의 경우, 벨트의 조각이나 벨트로부터 버력의 용량 초과에 대해 충분한 대책을 세웠는가? - 특히 테일부(커터헤드 호퍼부)에 인접한 벨트컨베이어에 대해서는 가혹한 사용조건이 되기 때문에 호퍼로부터의 투입된 버력에 의한 충격에 버틸 수 있는 구조로 되어 있는가? • 유체운송의 경우에는 암버력에 의한 관로의 막힘이나 마모에 대해 충분히 고려했는가?
그리퍼부 (Open TBM)	• 그리퍼 슈의 스트로크 및 가동(경사)범위가 충분한 여유가 있는가? • Open TBM의 경우 지보와의 위치관계에 대해서 간섭하지 않는가? • 그리퍼 지반 반력이 충분치 못한 구간에 대한 대책방안이 있는가?
텔레스코픽부 (쉴드형 TBM)	• 텔레스코픽부 외곽면(특히 하부)에 대해서 버력에 의한 후동부 회수 불량이 발생하지 않게 버력 흐름이 양호한 구조·형상으로 되어 있는가?
후속대차	• 탈선이나 차륜의 파손이 발생하지 않도록 주행레일의 사이즈나 부석 정밀도, 탑재기기의 중량밸런스 등을 검토했는가? • 굴착직진성이 좋은 구조·형상으로 되어 있는가?

TBM 본체 설계 시 터널 설계자 입장에서의 주요 체크리스트 및 유의 사항을 정리하면 표 2-23과 같다.

2.3.3 근접시공 시 구조물 방호계획 및 작업부지 확보

TBM 공법은 굴착 시 소음 진동이 적고 굴착단면이 원형이기 때문에 안전성 측면에서 유리하다. 특히 쉴드 TBM 공법의 경우 전면지보굴착을 수행하고 TBM 내에서 세그먼트를 조립해 무지보로 유지되는 시간이 없어 지반침하방지 및 주변지반 안정성 확보에 유리함에 따라 지반조건이 불량한 경우뿐 아니라 인접구조물의 영향이 우려되는 도심지 굴착에 적용성이 높으며 최근 지하철, 전력구 등에 그 적용 범위를 넓혀가고 있다.

따라서 본 절에서는 쉴드 TBM 근접 굴착 시 인접 구조물에 대한 영향과 방호대책을 외국 사례를 바탕으로 검토하고 도심지 시공 시 문제가 될 수 있는 작업부지 확보 계획을 검토하고자 한다.

가. 근접 구조물 방호계획

근래 도심지 내 쉴드 TBM 공법의 적용이 증가하고 터널 단면의 대형화 및 지하공간 개발이 진행됨에 따라 쉴드터널 시공 시 기존 구조물과의 근접 시공이 증가하고 그 인접거리가 점차 축소되고 있는 실정이다. 따라서 기존 구조물과 근접해 쉴드 TBM 공법이 적용되는 경우 충분한 조사와 검토를 수행하고 이를 바탕으로 쉴드 TBM에 의한 영향을 정확히 파악해 적정한 구조물 방호대책을 수립하고 시공 중 구조물과 주변지반에 대한 거동을 분석해 안전 시공이 이루어지도록 해야 한다.

1) 근접 시공 시 유의사항 및 시공순서

쉴드 TBM 굴착 중 근접 시공이 발생할 경우 굴착에 의한 주변지반의 거동을 파악하고 기존 구조물과의 이격거리뿐만 아니라 구조, 형상, 노후 정도 등의 특징을 사전에 조사해야 한다. 근접 시공의 단계별 유의해야 할 사항은 다음과 같다.

① 조사단계

지반과 구조물에 대해 지반의 토층구성, 지반 물성치, 기존 구조물의 규격, 지지조건, 설계도서 등에서의 설계방법과 허용치 및 현재의 응력에 대해 조사하고 가능하면 시공 시 자료(준공서류)도 수집하도록 한다.

② 근접 시공 여부의 판단 및 영향검토 단계

쉴드터널의 계획조건과 조사내용 및 과거의 시공실적을 토대로 구조물 관리자와의 협의를 통해 근접 시공 여부를 판단한다. 근접 시공 여부 판단 후 굴착으로 인해 기존 구조물에 유해한 영향이 미칠 것으로 판단되는 경우 주변지반 및 기존 구조물의 거동을 예측하기 위한 적정 수치해석적 검토를 통하여 근접시공에 따른 영향 발생여부를 파악하여야 한다.

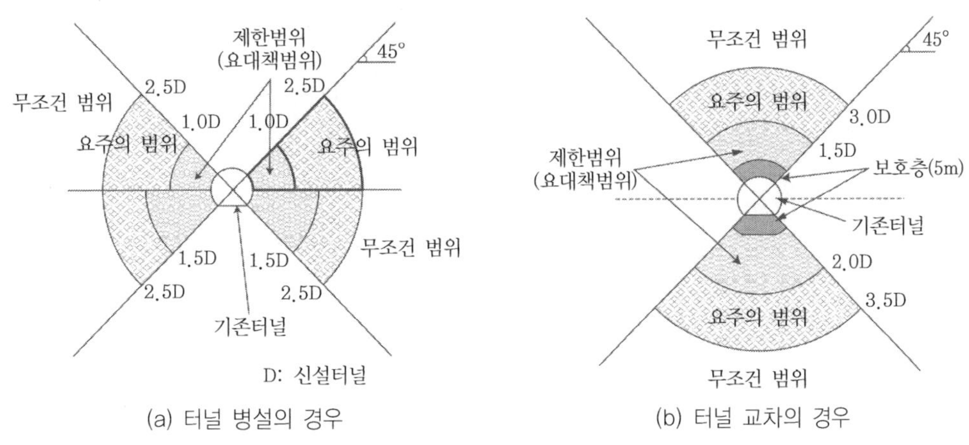

[그림 2-56] 근접시공 판단 예(실트암 정도의 지질조건)

③ 대책 수립단계(방호대책 및 시공관리 계획)

거동 예측 결과 기존 구조물에 미치는 영향이 허용치를 상회하는 경우 기존 구조물 방호대책공법의 선정 및 설계를 수행하고 쉴드 TBM의 굴진방법 및 계측계획을 수립해야 한다. 방호대책 수립 시의 주요한 사항으로는 시공관리 기준을 어느 정도까지 선정하느냐 하는 문제이며, 시공 관리 기준은 노선주변 연도변 조사 결과에 따른 구조물 노후화, 구조물 특성과 관련되어 선정되어야 한다. 기존에 Bjerrum(1963) 및 Sowers(1962)가 제안한 각변위, 최대침하량 등과 관련된 시공관리 기준은 표 2-24와 같다.

[표 2-24] 연도변 구조물(시공) 관리기준

평가항목	문헌기준
각변위	1/100 ~ 1/1,000(Bjerrum, 1963) (구조물 종류에 따라 차등 적용)
최대침하량(cm)	2.5 ~ 60(Sowers, 1962) (구조물 종류에 따라 차등 적용)
부등침하량	0.005S ~ 0.01S(Sowers, 1962) (S: 임의 두 점 사이 거리)

변형률 수평변형률곡선 지표침하곡선 변곡점 건물변형 지표침하 터널변형

④ 시공단계

쉴드 TBM 시공 시 본굴착에 앞서 유사한 지반조건에서 시험시공을 통한 계측 또는 유사 사례조사를 통하여 예측 해석방법의 타당성과 시공방법의 적정성을 확인하도록 한다.

이러한 시공 전 계측계획은 쉴드 TBM의 특징이나 운전자의 숙련도, 지반조건의 불균형 등 사전 예측 시 불확실한 요소를 최소화해 최적 시공공법을 수립하고, 지반거동을 정량적으로 파악해 기존 구조물의 안정성을 사전 점검하며, 효율적 계측계획 수립에 유용하게 활용하기 위해 수행한다. 계측데이터 분석 시 각 측정치의 시간적 변화를 중점적으로 파악하도록 한다. 계측기와 쉴드 위치 및 지반 변위의 상관관계로부터 지반 변위의 원인을 확인해 주변지반 변형을 최소로 하는 굴진방법을 찾아내도록 해야 한다.

시공 시 계측은 기존 구조물의 안전성 저하요인을 모니터링하기 위해 수행하며, 계측기 배치는 기존 구조물 또는 취약부에 여러 계측항목을 집중 배치해 위험요인 발생 시 다각적인 원인 분석이 가능토록 계획함이 중요하다. 단면변화부나 이미 손상이 존재하는 부분 등에서 추가적인 변형이 발생하기 쉬우므로 이를 바탕으로 계측기 배치계획을 수립하고 쉴드 TBM 굴착에 맞춰 계측빈도를 바꾸는 것이 합리적이다.

시공 완료 후 계측은 계측데이터가 수렴하고 구조물의 변형이 안정된 상태까지 확인하는 것이 바람직하며, 통상 쉴드 TBM이 통과 후 계측빈도를 줄여 최소 3개월 정도까지 계측을 수행하도록 한다.

2) 방호대책공법의 종류

근접시공 시 방호대책공법은 공법의 적용 대상에 따라
- 쉴드 TBM 터널 주변을 보강하는 방법,
- 쉴드터널과 기존 구조물 사이의 지반을 보강하는 방법,
- 기존 구조물을 보강하는 방법으로 나눌 수 있다.

이 중 기존 구조물에 시행하는 공법은 최후에 선택해야 할 사항으로 우선적으로 쉴드 측의 대책을 세우도록 하며, 그 후 주변 지반을 보강하는 방안을 적용하도록 한다.

① 쉴드 측에서의 대책공법

주로 쉴드 TBM의 시공법에 관련된 것으로 쉴드 TBM 굴착으로 인한 주변지반 거동의 최소화를 위한 것으로 여굴 방지를 위한 중절장치, 테일 보이드 침하를 최소화하기 위한 뒤채움 동시 주입장치 등이 있다.

② 주변지반에 대한 보강공법

쉴드 TBM 측에서의 대책공법 적용에도 불구하고 기존 구조물에 대한 영향이 허용치 이상으로

예측되는 경우, 쉴드터널과 기존 구조물 사이의 지반을 보강해 굴진영향을 최소화하기 위한 방법으로 다음의 세 가지 방법을 적용하며 대책사례는 표 2-25와 같다.

[표 2-25] 주변지반 보강공법 사례

구 분	지반 강화 공법		구조물 지지 지반 강화
	쉴드 주변지반 강화	지반 거동영향 차단공법	
시공 개요	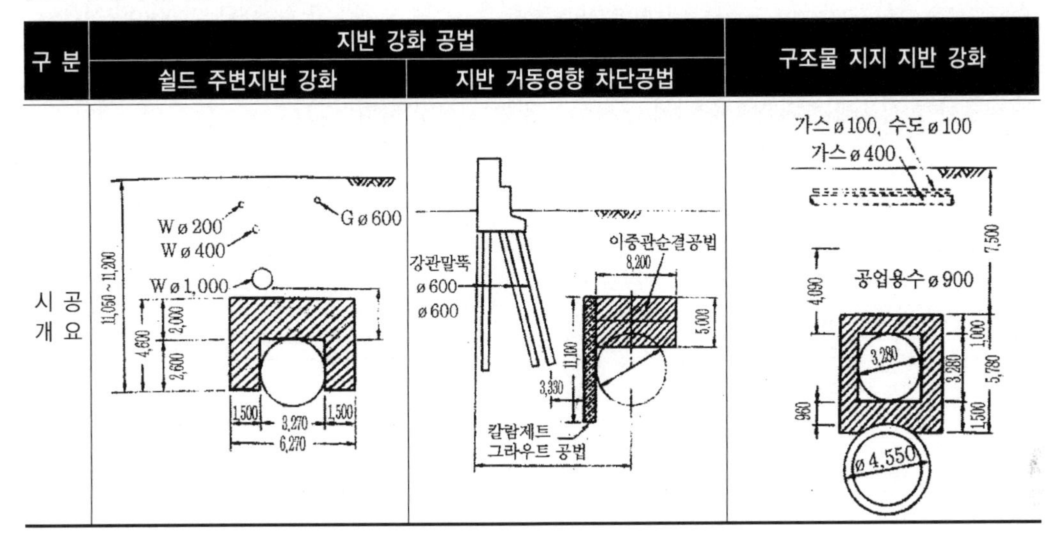		

• 쉴드 주변지반 및 기존 구조물 지지지반 강화 : 주로 약액 주입공법, 분사 교반공법 등의 지반 개량공법을 적용해 주변지반의 강도를 증가시킴으로써 쉴드터널 주변지반에 생기는 이완과 교란을 방지해 필요 이상의 지반 변형을 방지하고, 기존 구조물 지지 지반의 강도 증가를 통해 구조물의 침하를 억제한다.

• 쉴드 굴진에 따른 지반 거동영향 차단(응력 차단) : 쉴드터널과 기존 구조물 사이에 주열 말뚝이나 주열벽체를 구축해 쉴드 TBM 굴진에 의한 지반 변형을 차단해 기존 구조물에 미치는 영향을 최소화한다.

3) 방호 대책공법의 효과 확인

선정된 대책공법 중에서 지반 보강공법을 적용할 경우, 그 보강효과에 대한 확인이 이루어져야 한다. 지반 보강공법은 대상 지반과 시공방법 등에 의해 충분한 보강효과가 얻어지지 않을 경우가 있으므로 이에 대한 확인이 요구된다.

보강효과는 보강범위의 균일성을 검토하고 보강 후 보강체에 대한 품질 확보 여부를 판단하는 토질조사를 통해 확인한다.

① 해외 근접시공 사례 검토

쉴드 TBM 직경별로 터널 및 기존 구조물과의 근접도에 따른 방호대책 실시 여부의 일본 시공 사례를 조사한 결과를 그림 2-57에 나타냈다.

사례를 살펴보면 기존 구조물 아래에 시공하는 경우 쉴드터널과의 이격거리에 관계없이 기존 구조물의 영향을 최소한으로 억제하는 것을 목적으로 지반 개량을 실시하나, 기존 구조물의 측면부에 시공하는 경우에는 대책공을 거의 실시하지 않는 것으로 나타났다.

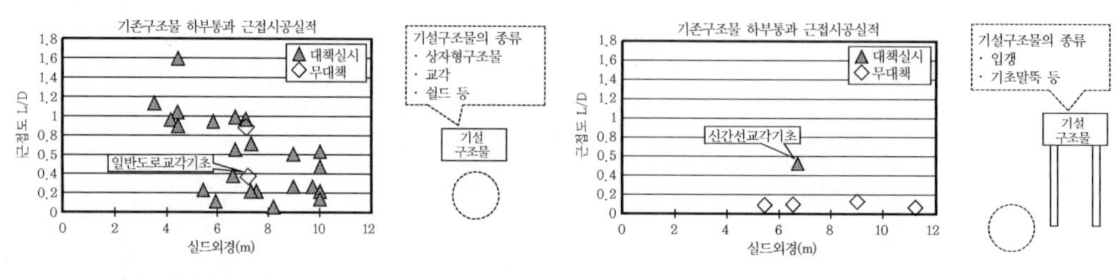

(a) 기존 구조물 하부 시공 사례　　(b) 기존 구조물 측면부 시공 사례

[그림 2-57] 쉴드 외경과 기존 구조물과의 근접도에 따른 방호대책 적용 사례(터널과 지하, 일본터널기술협회)

- 기존 구조물 하부에 시공하는 경우 : 터널 굴착으로 인한 기존 구조물의 거동 및 주변지반의 거동 분석을 통한 방호대책공의 수립 여부를 판단해야 한다. 방호대책공은 크게 터널주변 지반 개량 또는 기존 구조물의 보강으로 이루어진다. 지반 개량을 하는 경우 약액 주입 또는 고압분사교반공법(R.J.P 혹은 J.S.P 등) 등을 활용해 신설되는 쉴드터널 주변을 우선적으로 보강하고, 충분한 방호가 이루어지지 않는 경우 기존 구조물과 신설 쉴드터널 사이의 지반을 보강하거나 구조물과 터널 사이에 차폐공을 실시해 기존 구조물을 보호하는 경우가 많다(표 2-26 ~ 28 참조).

  만약 지반 보강만으로 기존 구조물의 안정성 확보가 어려운 경우 기존 구조물의 기초를 보강하거나 심각한 경우 기존 구조물을 대체하는 방안도 적용된 사례가 있다.

- 기존 구조물 측면부에 시공하는 경우 : 쉴드터널이 기존 구조물의 측면부 또는 측면하부를 통과해 굴착이 이루어지는 경우도 사전 거동분석을 수행해 방호대책 적용 여부를 판단했다. 그러나 측면부 통과 시 대부분의 경우 기존 구조물에 심각한 영향을 미치지 않으며, 변위 발생 정도가 구조물의 관리기준치 이내로 예측되어 보강대책을 실시하지 않았다. 그러나 근접시공이라는 위험요인은 시공 중 산재하고 있으므로 신중한 시공계획 및 계측계획을 수립하여 굴착에 따른 구조물 영향여부를 모니터링하여야 한다.

[표 2-26] 일본 쉴드터널의 기존 구조물 근접 시공 사례(쉴드 주변 보강 사례)

구 분	수도 고속도 교통 영단 지하철 7호선 비도리야마 A·B공구	수도 고속도 교통 영단 지하철 7호선 아스카 A·B공구
시공개요	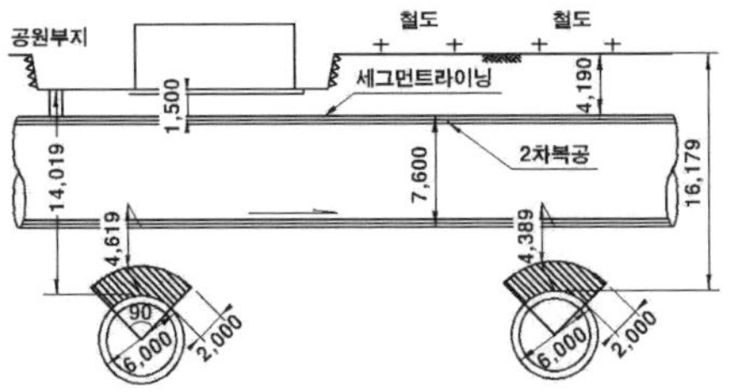	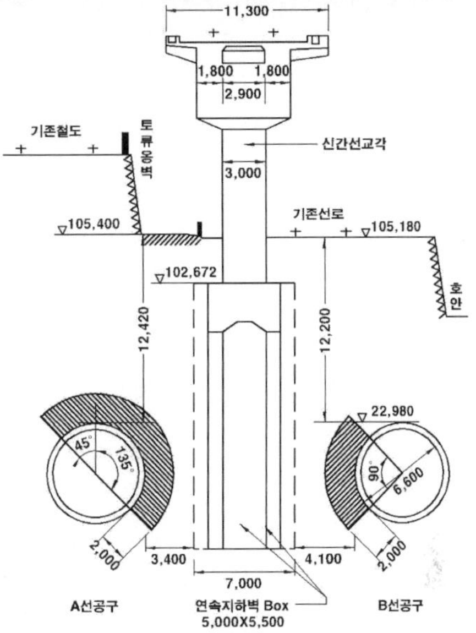
외 경	굴착 외경: 6,740mm (세그먼트 외경: 6,600mm)	굴착 외경: 6,740mm (세그먼트 외경: 6,600mm)
근접 구조물 (이격거리)	이시가미 이카와 비도리야마 분수로 (이격 4.4m)	동북 신간선 교각 (이격 3.4m)
지반조건	혼고우층의 모래와 자갈층, 토교 모래층 ~ 토교 자갈층	혼고우층의 모래와 자갈층, 토교 모래층 ~ 토교 자갈층
영향검토 및 방호대책	• FEM 해석에 의한 영향 검토 실시 결과, 상부 기존 구조물의 침하량 및 응력영향 등이 매우 작은 것으로 나타남 • 방호대책으로 뒤채움 주입에 중점을 두어 굴착 및 뒤채움 완료 후 링의 후방, 갱내에서 2차 재주입 실시	• FEM 해석에 의한 영향 예측으로부터 침하량 등은 매우 작은 것을 예측할 수 있었기 때문에, 대책공의 주안점을 뒤채움 주입에 두었다. 그 때문에, 뒤채움 주입 완료 후 링의 후방, 갱내에서 재주입 실시
시공결과	• 시공 직후 : −1.1 ~ −1.4mm의 침하를 보임 • 최종 : −2.2 ~ −2.9mm의 침하에서 수렴	• 시공 직후 : −0.7mm의 침하를 보임 • 최종 : −1.2mm의 침하에서 수렴
출 전	중요 구조물에 근접해 호박돌층을 이수쉴드로 관입 (터널과 지하, 1990.5)	중요 구조물에 근접해 호박돌층을 이수쉴드로 관입 (터널과 지하, 1990.5)

나. 작업부지 확보계획

TBM 공법을 적용해 터널 굴착을 할 경우 TBM 장비의 원활한 구동을 위한 부대시설의 배치계획이 요구된다. 특히 도심지에서의 시공 사례가 빈번한 쉴드 TBM의 경우 시공상 필요한 작업부지 확보에 많은 어려움이 있으며, 민원 발생 가능성도 매우 높기 때문에 설계단계에서 충분한 노선

[표 2-27] 일본 쉴드터널의 기존 구조물 근접 시공 사례(지반 보강 사례)

구 분	도쿄도 하수도국 제2 지장굴 간선 5 공사	도쿄도 하수도국 대전 간선 4 공사
시공개요	G.L, 2,700, 7,200, 4,100, 3,000, 7,300, 4,300, 주입관, 8,660, Ø4,300, 10,826	보도부 6m, 차도부 18m, 13.5m, 4.5m, 보도부 6m, Ⓣ, 공동구, Ⓔ, 15.21m(토피고), 2.76m, 약액주입개량부, Ø8,210, 26.3m, 15.3m
외 경	굴착 외경: 4,430mm (세그먼트 외경: 4,300mm)	굴착 외경: 8,210mm
근접 구조물 (이격거리)	케이세이 전철(최소이격 7.1m)	가바타 육교 기초(이격 0.3m) 동가마타 공동구(3.0m)
지반조건	홍적모래층, 실트(Silt)·점토층의 호층	홍적점성토층, 사질토층, 모래와 자갈층
영향검토 및 방호대책	• 전철구조물의 침하가 우려되어 방호대책공을 계획 • 지반 보강공 계획을 수립했으며 주입 시공 시 기존 전철 궤도에 영향이 가장 적고 모래질흙에 대해 침투율이 좋으며 또한 고결강도도 기대할 수 있는 2중관 더블 패커에 의한 약액 주입을 실시 • 주입기계는, 역 구내에 설치해 전철역사 하부 지반을 보강	• 육교기초 및 공동구의 침하가 우려되어 방호대책공을 계획 • 육교 구조물에서 부분적으로 주열식 말뚝을 지반 거동의 차단벽으로 시공 • 공동구는 상당히 열화가 진행되고 있기 때문에, 허용 내력의 유지에 문제가 있다고 판단되어 약액 주입공법(이중관 순결공법)으로 지반 개량을 실시
시공결과	• 뒤채움 주입 시 1mm의 융기가 발생했으나 쉴드 TBM 통과 후 1mm의 침하를 보임	• 육교기초 : 최대 2.0mm의 침하 발생 • 공동구 : 최대 2.1mm의 침하 발생
출 전	길이 100m인 노선하의 횡탄공사 (터널과 지하, 1986.7)	홍적지반에서 이수압 쉴드의 접근 시공과 계측결과 (터널과 지하, 1992.10)

주변현황 조사를 통해 작업부지 확보 가능 여부를 확인해야 한다.

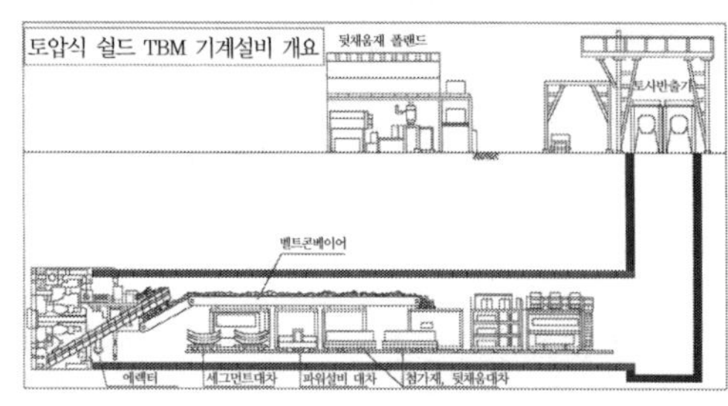

(a) 토압식 쉴드 TBM

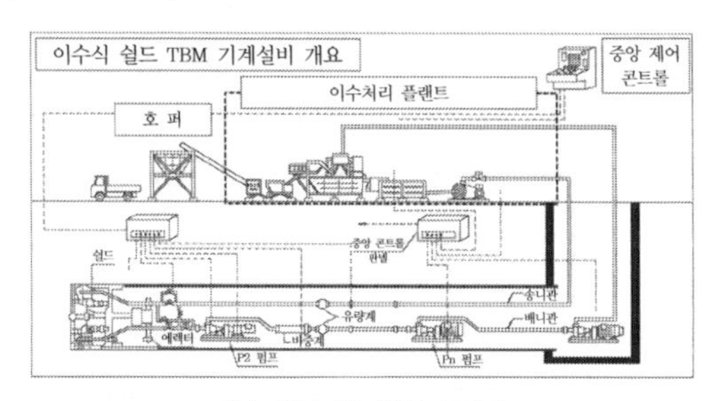

(b) 이수식 쉴드 TBM

[그림 2-58] 쉴드 TBM 장비별 지상설비 개요도(Tomoyiki Kamakura, 2006)

그림 2-58은 토압식 및 이수식 쉴드 TBM에 대한 개략적인 지상설비 개요도를 나타낸 것으로 이수식 쉴드 TBM의 경우 세그먼트 배면 뒤채움 설비(back fill plant) 외에 이수 관리를 위한 이수 플랜트가 추가로 확보되어야 하므로 대상 노선 주변 입지여건 조사 시 충분히 고려해야 할 사항이다.

[표 2-28] 일본 쉴드터널의 기존 구조물 근접 시공 사례(기존 구조물 보강 사례)

구 분	사이타마 고속철도 도즈카 쉴드	수도 고속도 교통 영단 8호선 신토미 쉴드
시공개요	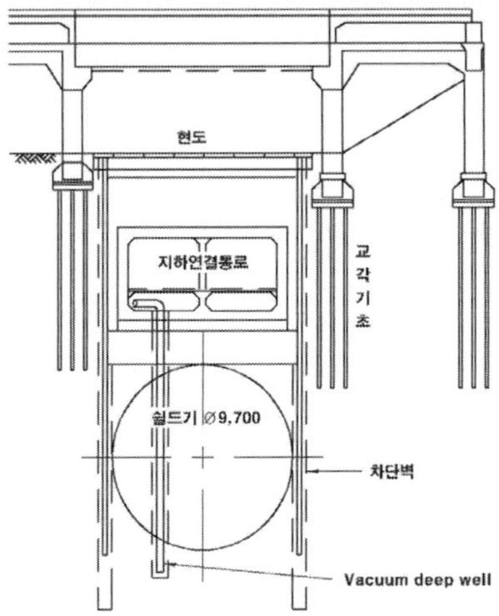 현도, 지하연결통로, 교각기초, 쉴드기 Ø9,700, 차단벽, Vacuum deep well	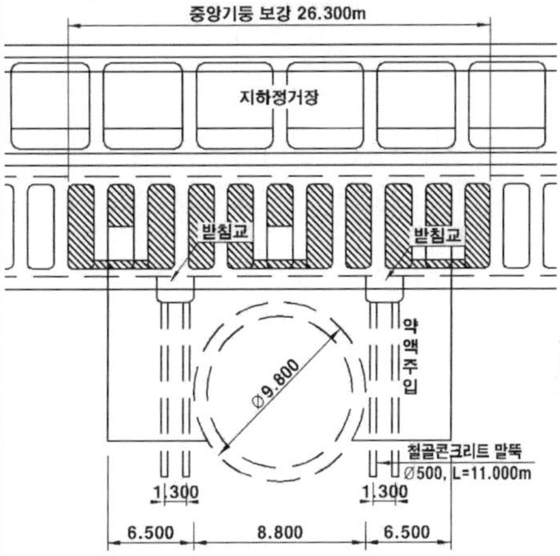 중앙기둥 보강 26.300m, 지하정거장, 받침교, 약액주입, Ø9.800, 철골콘크리트 말뚝 Ø500, L=11.000m, 1.300, 6.500, 8.800
외 경	굴착 외경: 9,700mm (세그먼트 외경: 9,500mm)	10,000mm (굴착 외경: 9,800mm)
근접 구조물 (이격거리)	JR무사시노선 교각 기초 지하연결 통로 (2.5m)	도쿄도 경영 아사쿠사선(이격 1.17m)
지반조건	토교 모래층(홍적사질토 N>50) 토교 점성토층(홍적점성토)	토교 모래층, 토교 점성토층, 토교 자갈층
영향검토 및 방호대책	• 사전 검토 결과, 일시 관리치로서 JR 교각은 수평 변위 및 침하가 ±6mm, 교각 간 상대 변위 ±12mm, 연결 통로는 침하 ±6mm가 발생하는 것으로 나타나 방호대책을 수립 • 방호대책공은, JR선로 열차 안전 운행의 확보 및 지하 연결 통로에의 영향 억제를 위해 연결 통로와 쉴드터널 사이의 지반 개량(RJP)을 실시	• 중간 기둥을 벽구조로 보강하고 8호선 쉴드 통과 예정 위치의 양측으로 철골 모르터 말뚝을 시공했으며 하부는 받침교식의 언더피닝을 수행 • 신설되는 쉴드터널 8호선 주변 지반은 약액 주입에 의한 지반 보강공법을 수행
시공결과	• 침하량은 관리기준치 이내로 나타남	-
출 전	JR 교각부에 근접한 쉴드 (터널과 지하, 2000.4)	터널의 언더피닝 (기초공, 1980.5)

1) 주요 부대시설 및 입지계획

① 탁수 처리시설

TBM 굴진 시 발생된 석분 또는 토사가 갱내 작업용수 및 자연용수와 혼합되어 배출되므로 이를 침전 처리 후 배출해야 하며, 분리된 침전물은 탈수기를 거쳐 머드 케이크 상태로 폐기물 처리해야 한다. 탁수 처리 시설 계획 시 확보 가능한 부지 면적을 고려해 응집제 등의 적용 여부를 판단해야 하며 이수식 쉴드 TBM을 적용할 경우 별도의 이수 처리 플랜트 계획도 수립해야 한다. 탁수 처리 시설은 수질환경 보호 및 민원 예방차원에서 중요하고 민감한 사안이므로 완벽하게 처리할 수 있도록 시설계획을 수립해야 한다.

② 수전설비 및 중기정비소

TBM 설비 및 갱내 조명, 배수시설, 작업장 운영을 위한 충분한 전력 확보를 위해 수전설비 용량 검토 및 작업장 내 배치계획을 세워야 한다. 또한 TBM 본체뿐만 아니라 TBM 굴착을 위해 조합되는 모든 설비가 정상적으로 가동되어야 원활한 터널 굴진이 이루어지므로 항상 현장에서 수시로 발생할 수 있는 장비 고장에 대비한 예비자재의 수급 및 정비를 수행할 수 있는 중기정비소의 계획이 요구된다.

③ 세그먼트 야적장

쉴드 TBM 공법의 경우 굴진속도 대비 세그먼트의 수급이 원활하게 진행되지 못할 경우, TBM 장비의 굴진 정지로 인한 함몰 등의 위험이 발생할 수 있으므로, 원활한 세그먼트의 수급을 위해 현장에 충분한 양의 세그먼트를 적치할 수 있는 공간을 확보해야 한다. 특히 쉴드 TBM의 경우 작업부지 확보가 어려운 도심지에서 시공하는 경우가 대부분이므로 세그먼트 야적장의 확보에 각별한 주의를 기울여야 한다.

일반적으로 세그먼트 야적장은 쉴드 TBM의 일굴진량을 고려해 통상적으로 최소한 3일분 이상의 세그먼트를 야적할 수 있는 공간을 확보해야 한다.

④ 뒤채움(back fill) 플랜트

쉴드 TBM은 장비외경과 세그먼트 외경 차이에 의한 공간(gap)이 필연적으로 발생하게 되며, 이 공간을 뒤채움에 의해 충전하게 된다. 따라서 쉴드 TBM 공법을 적용할 경우 설계에 적용된 뒤채움재에 맞는 뒤채움 플랜트 및 뒤채움재의 자재를 적치할 공간을 확보해야 한다.

[그림 2-59] 세그먼트 야적장

[그림 2-60] 뒤채움 플랜트

⑤ 버력 처리설비 및 버력야적장

TBM 굴진 시 발생하는 버력은 갱외에 임시로 적치 후 사토장으로 운반되거나 폐기물로 처리하게 된다. 특히 TBM 굴진으로 발생하는 버력은 작업공정에 의해 함수율이 높기 때문에 버력 반출 이전에 건조작업이 요구되므로 별도의 탈수 설비를 갖추지 못할 경우, 발생버력을 적치 건조할 수 있는 충분한 면적의 버력적치장을 확보해야 한다. 버력 처리설비는 TBM 형식 및 갱내 버력 운송방식에 따라 요구되는 설비가 다르므로 이를 고려해 설비 배치계획을 수립해야 한다.

[그림 2-61] 버력 운송 전경(갱내 및 지상)

⑥ 기타 설비 계획

위에 언급된 부대설비 외에 시공 조건에 따라 수직 작업구, 임시 버력 반출 및 자재투입설비가 설치될 수 있으며, 터널굴진으로 인한 환기, 급수, 배수, 급기설비 등의 추가적인 작업부지 내 배치가 요구된다.

2) 작업부지 계획 사례

① 지하철 7호선 연장 704공구

본 사업은 지하철 7호선 연장구간으로 세부현황은 다음의 표 2-29와 같다. 도심지 상가 밀집부 하부에 터널이 계획됨에 따라 가용 작업부지 확보가 어려운 것으로 나타났다. 따라서 쉴드 TBM

운용 및 후방 정거장 구조물 계획에 따라 가능한 작업부지를 검토해 원활한 교통 소통과 보행을 위해 최소한의 작업부지를 계획하고 작업설비를 배치했다.

[표 2-29] 과업 구간현황

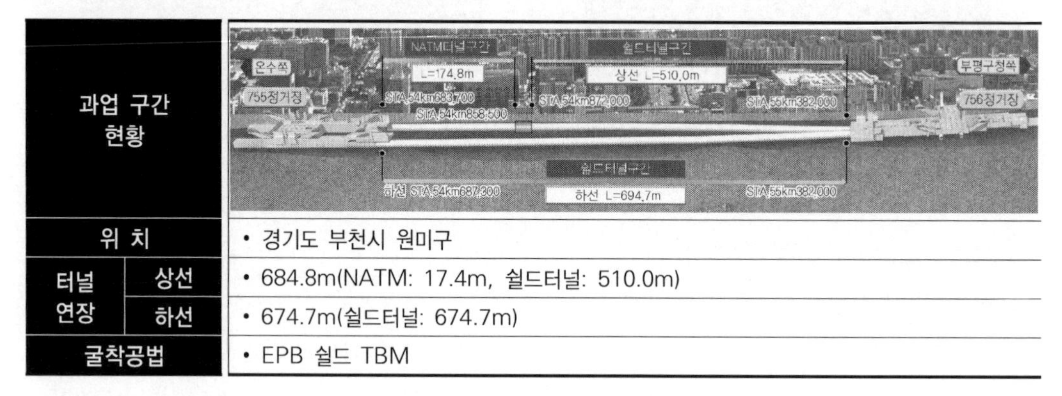

과업 구간 현황		
위 치		• 경기도 부천시 원미구
터널 연장	상선	• 684.8m(NATM: 17.4m, 쉴드터널: 510.0m)
	하선	• 674.7m(쉴드터널: 674.7m)
굴착공법		• EPB 쉴드 TBM

한정된 작업부지를 효과적으로 활용하기 위해 버력 가적치장은 쉴드 TBM 장비 재조립 시 운반된 장비부품 일시 적재 및 조립 작업장으로 활용하도록 계획을 했으며, 공사차량의 동선 및 차후 환기구 구조물 시공을 고려해 작업장 위치 및 배치 계획을 수립했다(표 2-30 참조).

또한 일일굴진량(10.5m/일)을 반영한 세그먼트 야적장을 작업구 상부 복공위치에 계획해 15링 이상의 예비 세그먼트 적치가 가능하도록 계획했다.

[표 2-30] 작업장 내 배치 설비

설비 구분	주요 장비	
세그먼트 적재설비	• 세그먼트 야적 및 지수재 도포장	• 세그먼트 상·하차설비
굴착토사 처리설비	• 버력 반출구 및 적재설비	• 세륜시설
쉴드 장비 부대설비	• 세그먼트 뒤채움 주입설비	• 기포 주입펌프 설비
공사 중 부대설비	• 공사 중 오·폐수 처리설비	• 공사 중 환기 및 변전설비
기타 설비	• 사무실 및 창고	• 덤프트럭 운행로

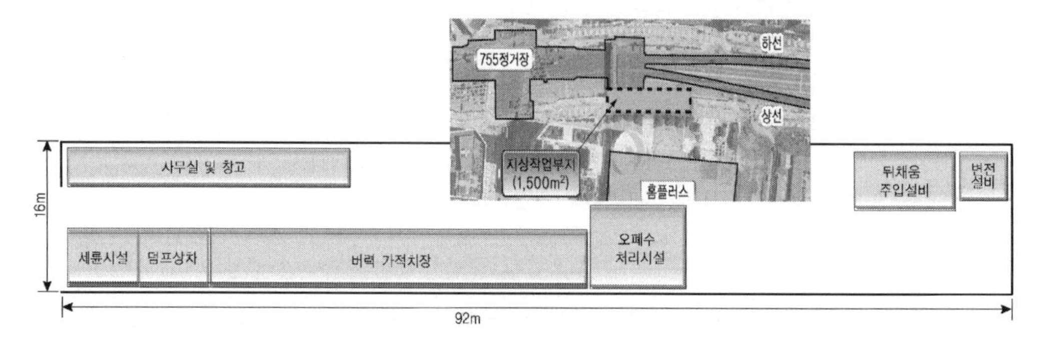

[그림 2-62] 작업부지 배치계획

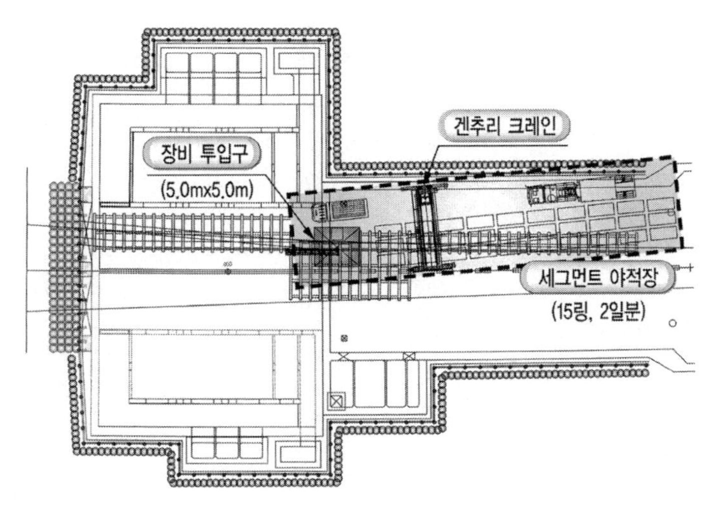

[그림 2-63] 지상 세그먼트 야적장 및 투입구 계획

2.4 결 언

1987년 부산 전력구 공사를 시초로 하는 약 20여 년의 국내 쉴드 TBM의 역사는 최근 대구경의 쉴드 TBM에 의한 지하철 적용 사례가 빈번함에 따라 많은 기술 발전을 거듭하고 있으나, 아직까지 많은 연구와 전문 기술 인력을 필요로 하는 분야이다.

TBM 시공의 가장 큰 장점이라면 안정성과 급속 시공에 따른 경제적 효과를 들 수 있다. 이러한 목적을 달성하기 위해서는 본 절에서 서술한 바와 같이 기계화 터널 조사·설계 과정이 NATM과는 차별화되어야 하며, 특히 시공 중 트러블 발생 시 예상치 못한 많은 시간과 비용이 추가될 수 있음을 간과해서는 안 되며, 조사·설계 과정에서 트러블 요인 최소화를 위한 노력을 필요로 한다.

좁은 국토면적 내에서 지하공간의 개발은 필수적이며, 지하공간 구축을 위한 굴착공법상에서 기계화 시공 역시 매우 유용한 굴착방법이다. 이를 충족하기 위한 국내 TBM 시장 확대의 주요한 요소로는

1) 불량지반 예측 및 개량기술의 개발로 시공 중 트러블 발생 최소화 방안 수립

2) 지보공 또는 적용단면의 표준화에 따른 기존 장비 활용방안 수립으로 경제성 확보

3) 기계화 시공의 적용범위 확대 등을 들 수 있으며,

많은 요소가 기계화 시공 계획 수립을 위한 설계과정에서 결정된다는 것을 터널 기술자들은 인식하고 기계화 시공 기술력 향상을 위한 노력을 해야 할 때이다.

참 고 문 헌

1. (주)대우건설. 2003. 「분당선 왕십리~선릉 간 복선전철 제3공구 노반신설공사 대안설계 보고서」.
2. (주)반석건설. 1990. 「쉴드터널의 신기술 - 토목기술자를 위한 쉴드 기술자료 I」.
3. 삼성물산 건설부문. 2004. 「서울지하철 7호선 연장 704공구 건설공사」.
4. 한국터널공학회. 2006. 「제2회 터널기술강좌 도심지 천층 및 근접터널」. pp. 237~318.
5. 구본효 · 김용하. 2003. 「암반대응형 쉴드에 의한 사질지반의 굴착과 Troble 대책」. 한국터널공학회, 제4차 터널 기계화 시공 심포지엄.
6. 유충식 · 이호. 1997. 「점성토 지반에서의 쉴드터널 시공에 따른 지표침하 예측기법」. 한국지반공학회지, 제13권 제4호, pp. 107~121.
7. 전기찬 외. 2003. 「한강하저 통과구간에서의 대구경 쉴드 TBM 장비선정」. 터널기술학회지, Vol.5, No.3, pp. 53~63.
8. 대한터널협회. 1999. 「터널 표준 시방서」.
9. 서울특별시 지하철 건설본부. 2005. 「서울지하철 7호선 연장 704공구 건설공사 실시설계보고서」.
10. 고성일 외. 2006. 「쉴드터널 공사 중 사고/트러블 사례분석 및 수치해석에 의한 원인 고찰 -막장 안정을 위한 지보압 중심으로」. 한국터널공학회, 제6차 터널 기계화 시공 심포지엄.
11. (社)電力工事技術委員會. 2001. 『TBM工法による施工事例調査』.
12. (社)日本トンネル技術協會. 2002. 『TBMハンドブック』. pp. 39~58, 180~225.
13. 運輸省鐵道國 監修 鐵道總合技術硏究所 編 丸善株式會社. 2002. 『鐵道構造物等 設計標準·同解說 シールドトンネル』. pp. 1~45.
14. 土木学会; 丸善[発売]. 1996. 『トンネル標準示方書(シールド工法編) · 同解説』.
15. 鉄道総合技術研究所. 1997. 『鉄道構造物等設計標準 · 同解説 シールドトンネル』.
16. 基礎工. 1980. 『トンネルのアンダーピニング』.
17. 日本トンネル技術協会. 1986~2000. 『トンネルと地下』.
18. A. A. BALKEMA. 2000. TBM Tunnelling in Jointed and Faulted Rock-Nick Barton.
19. A.F.T.E.S. 2000. Working Group No.4. “New Recommendation on Choosing Mechanized Tunnelling.” A.F.T.E.S. Recommendation 2000, Version 1-2000, pp. 1~25.
20. International Tunnelling Association, Working Group N° 14-Mechanized Tunnelling. 2000. “Recommendations and Guidelines for Tunnel Boring Machine (TBMs).”
21. Lee, K. M. and Rowe, R. K. 1991. “An analysis of three-dimensional ground movements: the Thunder Bay Tunnel.” *Canadian Geotechnical Journal 28*, pp. 25~41.

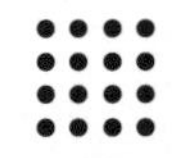

제3장 TBM의 기계화 굴착 원리

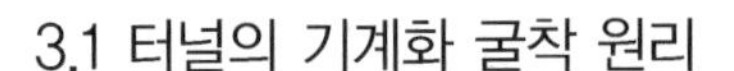

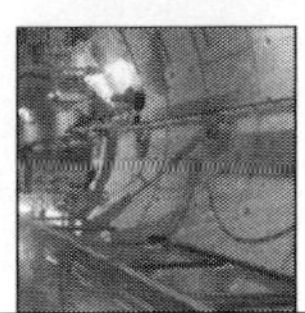

TBM의 기계화 굴착 원리

지왕률 (한국건설기술연구원)

3.1 터널의 기계화 굴착 원리

1985년 Open TBM이 국내에 처음 도입된 이후 지금까지 쉴드 TBM을 포함한 기계화 시공법이 꾸준히 적용되어 오고 있다. 하지만 지금까지 국내에서는 지반 굴착을 위한 장비의 계획 및 선정을 외국의 장비 회사에 전적으로 의존하고 있고, 장비의 적정성 검토 없이 현장에 투입되어 많은 오류와 난관을 겪어왔다.

이러한 기계화 시공을 계획할 때 문제 발생을 최소로 줄일 수 있도록 적정한 pick이나 커터의 선정 및 적정 cutterhead 설계를 위해서 굴삭이론의 확립은 매우 중요한 요소이다.

암반의 기계화 굴착 모델(rock cutting theory)은 영국의 Evans 모델(Evans, 1962), 수정 Ernst-Merchant 모델(Roxborough, 1988)과 일본의 Nishimastu 모델(Howarrh, 1994)이 대표적으로 주로 drag pick에 대한 것이며, 경암의 굴착은 근자에 이르러 디스크커팅(disc cutting) 모델이 호주의 Roxborough 등에 의해 정립되어 왔다(Roxborough, 1973; Roxborough and Phillips, 1977; Roxborough, 1988; Jee, 1992).

본 원고에서는 위에 언급한 굴착모델을 소개하고 커터나 pick 선정을 위해 고려해야 할 사항들과 굴착 대상 암반물성과 굴착속도와의 관계에 대해 정리해 외국 장비 회사에 의존하고 있는 장비 선정과 기계화 시공 계획에 참고가 되고, 향후 연구해야 할 과제를 제시함으로써 국내 기계화 시공기술 및 장비 제작 분야의 발전에 도움이 되고자 한다.

3.1.1 Drag pick의 이론적 모델

Drag pick은 일반적으로 쐐기형 chisel pick과 원추형 conical pick으로 분류된다.

[그림 3-1] 원추형 conical pick의 단계별 마모현상

Drag pick을 이용해 암반을 절삭할 때 절삭홈은 pick의 깊이보다 더 깊게 생긴다(그림 3-3 참조). 그림 3-2를 보면 절삭면과 pick 사이에 관련 변수인 절삭각 α,β,θ가 존재한다. 절삭력은 절삭깊이와 rake angle이 α, 그리고 암석강도에 따라 달라진다.

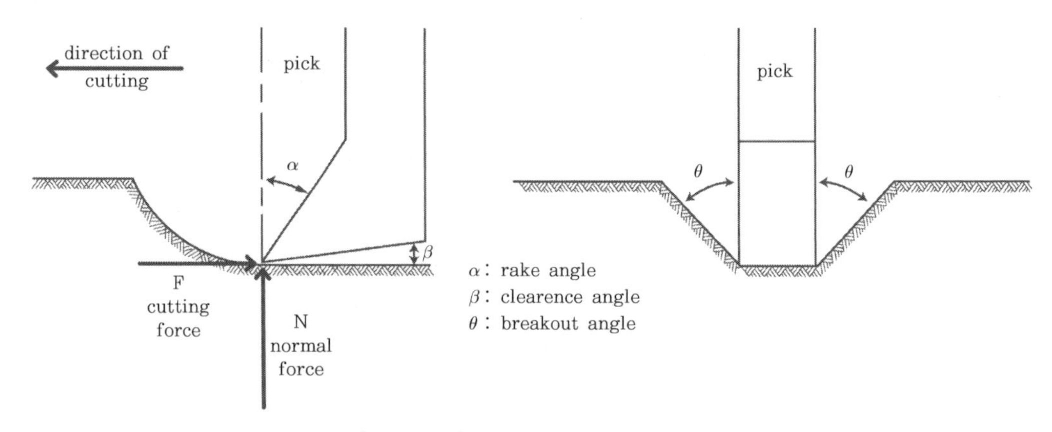

[그림 3-2] chisel pick의 주요 변수

가. Evans 모델

암반의 전단면을 쐐기형의 drag pick으로 절삭할 때, pick의 끝에서 암반의 표면에 이르는 원호를 따라서 인장 파괴가 발생한다. 파괴 순간에 절삭되는 암편에는 세 가지 힘이 작용한다고 보며 절삭력은 이 세 가지 힘과 평형상태를 이룬다.

1) **힘** R : pick 면에 법선방향으로 작용하는 힘

2) **힘** T : 파괴면인 원호를 따라 작용하는 인장력의 합력

3) **힘** S : O점에서 암편(chip)이 제거될 때 힌지(hinge)를 따라 걸리는 반력

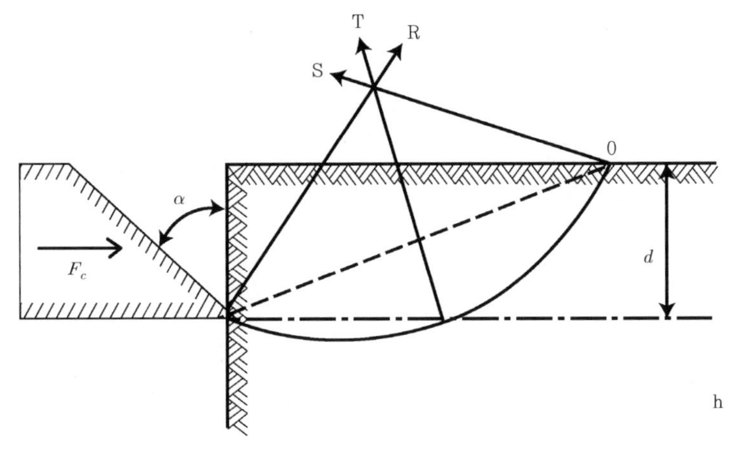

[그림 3-3] Evans의 인장파괴 절삭이론

파괴 발생 시 굴착거리가 굴착깊이(d)에 비해 아주 작다는 가정 아래 다음의 파괴식을 얻게 된다.

$$F_c = \frac{2twd\ \sin^{\frac{1}{2}}\left(\frac{\pi}{2}-\alpha\right)}{1-\sin^{\frac{1}{2}}\left(\frac{\pi}{2}-\alpha\right)} \tag{3-1}$$

여기서, F_c : 파괴 순간의 절삭력(kN)

t : 암석의 인장강도(MPa)

w : pick의 폭(mm)

d : 절삭깊이(mm)

α : pick rake angle(°)

나. 수정 Ernst-Merchant 모델

암반의 절삭이 인장에 의해 발생하는지 전단에 의해서 발생하는지는 어느 강도가 먼저 한계를 넘어서는가에 달려 있다. 이 모델은 암석의 절삭을 전단 파괴의 과정으로 모델링하고 있다.

Evans 모델과 마찬가지로 이 모델도 파괴의 순간에 암편에 작용하는 두 세트의 힘들에 의한 평형상태를 가정함으로써 절삭력을 구한다.

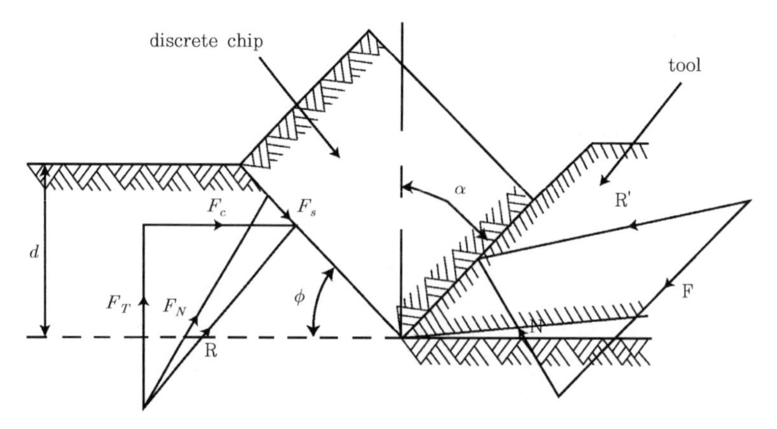

[그림 3-4] 암반 절삭에 대한 수정 Ernst-Merchant 모델

이때 절삭력 F_c는

$$F_c = 2wdS \ \tan^{1/2}(90 - \alpha + \tau) \tag{3-2}$$

여기서, F_c : 파괴 순간의 절삭력(kN)

S : 암석의 전단강도(MPa)

w : pick의 폭(mm)

d : 절삭깊이(mm)

α : pick rake angle(°)

τ : 암석과 pick 사이의 마찰각(°)

다. Nishimastu 모델

수정 Ernst-Merchant 모델에서는 암반의 전단 강도가 전단면에 수직으로 작용하는 압축응력과 독립적이라는 가정을 한다. Nishimastu 모델에서는 이러한 가정이 없다. 이 모델은 세 가지의 힘이 작용하는 암편의 한계평형에 기초하고 있다.

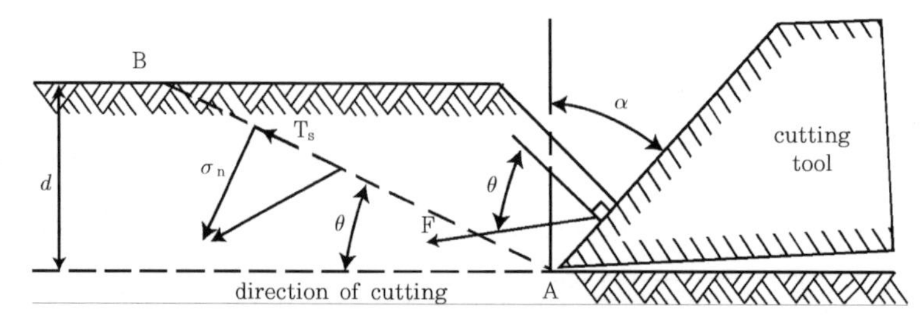

[그림 3-5] 전단력에 의한 암편 형성을 보여주는 Nishimastu 모델

이것을 수식으로 나타내면 다음과 같다.

$$F_c = \frac{2Swd\cos(\tau - \alpha)\cos\phi}{(n+1)(1-\sin[\phi - \alpha + \tau])} \tag{3-3}$$

여기서, F_c : 파괴 순간의 절삭력(kN)

S : 암석의 전단강도(MPa)

w : pick의 폭(mm)

d : 절삭깊이(mm)

α : pick rake angle(°)

τ : 암석과 pick 사이의 마찰각(°)

ϕ : 암석의 내부 마찰각(°)

n : 응력 분배 요소(절삭 작업 중인 암반의 응력상태와 rake angle의 기능에 관한 요소)

3.1.2 Drag pick의 절삭 운용 시 주요 변수

수학적 모델에서 나온 이론식에서 절삭력에 대해 설명했으나, 이것은 절삭 작업 중 pick에 작용하는 힘들 중의 한 요소에 불과하다. 실제로는 횡방향 요소 및 수직방향 요소 등이 실제 작용하는 힘을 구성하고 있다. 이와 같이 drag pick 작업의 효율을 얻어내는 데 필요한 다양한 요소들은 그림 3-6과 표 3-1과 같다.

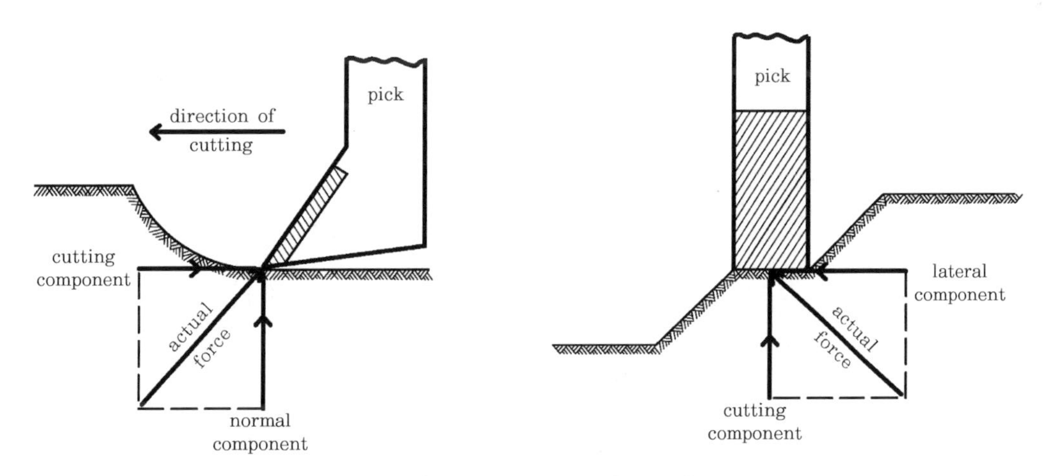

[그림 3-6] 절삭 시 pick에 작용하는 응력들

[표 3-1] 절삭 시 pick에 작용하는 변수들

파라미터	단위	기호	정의
Mean Cutting Force	kN	F_C	절삭 방향에서의 평균 절삭력
Mean Peak Cutting Force	kN	F_C^1	절삭 방향 툴(tool)에 작용하는 최대하중(peak force)의 평균
Mean Normal Force	kN	F_N	Pick을 위로 밀어내는 힘의 평균
Mean Peak Normal Force	kN	F_N^1	최대연직하중(normal peak force)의 평균
Mean Lateral Force	kN	F_L	툴(tool)의 측면에서 작용해 횡방향으로 움직이게 하는 힘의 평균
Mean Peak Lateral Force	kN	F_L^1	최대측하중(lateral peak force)의 평균
Yield	m^3/km	Q	단위 절삭 거리당 pick에 의한 암의 절삭량
Breakout Angle	degree	θ	수직방향과 절삭홈 경사면과의 각도
Specific Energy	MJ/m^3	S.E.	단위 체적을 절삭하는 데 드는 일의 양
Coarseness Index	-	C.I.	절삭된 암석의 크기 분포를 정량화해 절삭효율 기준으로 사용

이외에 drag pick의 절삭 작업은 pick의 크기와 형태, 작동 방법에 영향을 받는다. 상기 요소 외에 주요 변수를 다시 나열하면, pick rake angle($\alpha°$), back clearance angle($\beta°$), pick width(w), pick 형상(front ridge angle, vee bottom angle), depth of cut(d), cutting speed(v), pick의 구성물질, 암석의 물성, pick의 배치 간격 등의 변수들이 있다.

3.1.3 디스크커터의 절삭이론

일반적으로 디스크커터(disc cutter)는 암질이 강해서 drag pick에 의한 절삭이 불가능한 곳에 적용된다. 그러나 디스크커터는 그 적용 방식에서 pick처럼 자유자재로 적용이 어려우며 원형 전

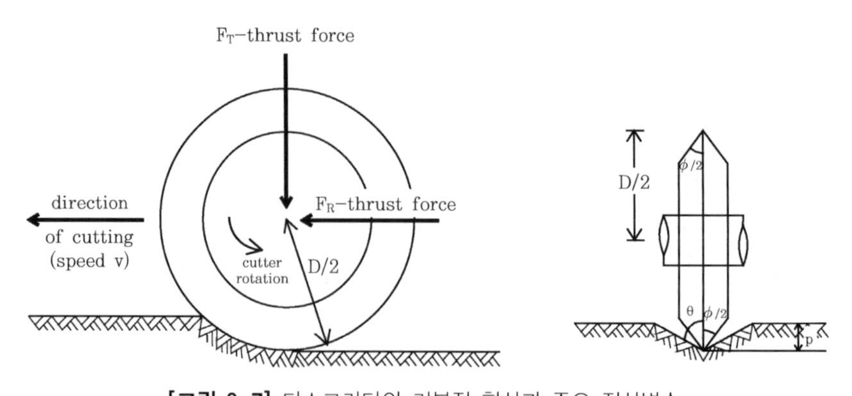

[그림 3-7] 디스크커터의 기본적 형상과 주요 절삭변수

단면 보링(boring)과 같은 방식으로 제한되어 사용된다. 현재 기술적으로 drag pick의 사용은 암반의 압축강도가 약 100MPa 이하의 암반에 제한되지만, 디스크커터는 압축강도 200MPa 이상의 암반에서도 사용할 수 있다.

가. 디스크커터 절삭의 기본 역학이론

디스크커터는 축방향으로 자유로이 회전하는 바퀴와 같다. 디스크(disc)는 암반표면에 연직한 방향으로 높은 추력(thrust force)을 가해 암반을 절삭한다. 디스크를 회전시키는 데 필요한 회전력(rolling force)은 암반표면과 평행하고 디스크의 운동방향과 같은 선상에 있다(그림 3-7). 디스크가 자유로이 회전하기 때문에 외적으로 작용하는 토크(torque) 또는 회전력은 발생하지 않는다.

Drag pick과는 달리 디스크의 웨지(wedge)는 근접된 노출 자유면 없이 암표면을 향해 관입된다. 즉, 디스크 양측의 횡방향으로 높은 추력을 적용해 암 표면의 파괴가 발생한다. Pick의 주요 힘이 운동방향의 수평 방향에 적용되는 것에 반해 디스크는 종 방향으로 가장 큰 힘이 적용된다(그림 3-8).

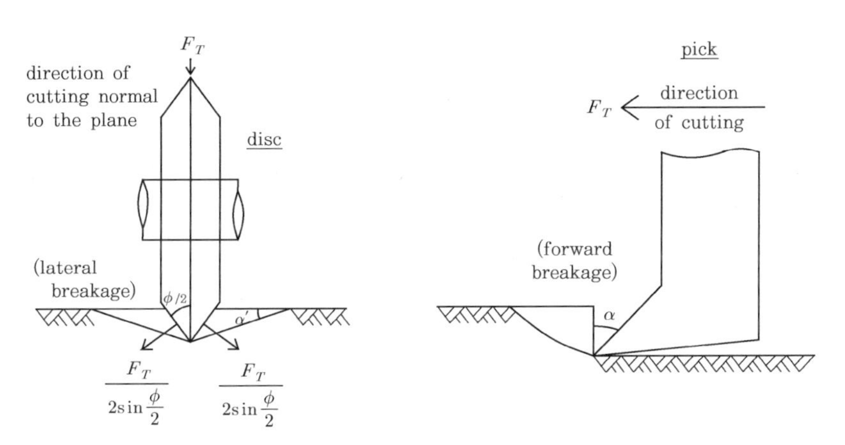

[그림 3-8] 디스크와 pick에 의한 파괴 패턴의 비교

나. 디스크의 설계 변수

디스크의 설계변수는 디스크 직경(D), 디스크 edge 각(θ), 관입깊이, Coarseness Index(CI : 절삭된 암편들의 조립도로 절삭효율을 측정하는 방법) 등이 있다.

1) Disc force에 대한 이론(Roxborough, 1988)

디스크커터의 경우에서 추력 F_T는 디스크 접촉면적 A의 투영된 면적이다. 암반과 접촉한 디스크의 길이 ℓ은 디스크의 관입깊이에 따라 증가한다.

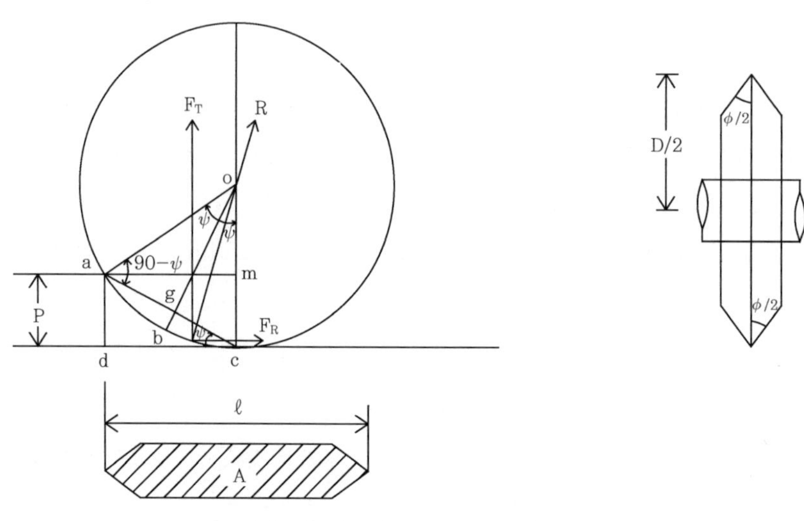

[그림 3-9] Disc force의 기하학적 관계

이를 수식으로 나타내면

$$F_T \ / \ F_R = \sqrt{\frac{D-p}{p}} \quad \text{(디스크커터가 한번 절삭 시)} \tag{3-4}$$

여러 번 절삭 시는 다음과 같다.

$$F_T \ / \ F_R = \frac{d}{p}\sqrt{\frac{D-p}{p}} \tag{3-5}$$

여기서, D : 디스크의 직경, d : 절삭심도의 합, p : 1회 절삭심도

즉, $\ell = 2\sqrt{Dp-p^2}$

디스크의 접촉폭이 접촉길이와 같다고 가정하면, 면적 A는 다음과 같다.

$$A = 2\ p\ l\ \tan\frac{\theta}{2} \tag{3-6}$$

$F_T = A\sigma$ 이므로 $F_T = 4\sigma\tan\frac{\theta}{2}\sqrt{Dp^3 - p^4}$

여기서, σ : 암석의 압축강도(MPa)

θ : disc edge angle(°)

D : 디스크 직경(mm)

p : 절삭심도(mm)

또한

$$F_R = 4\sigma p^2 \tan\frac{\theta}{2} \tag{3-7}$$

디스크커터의 영향 요소인 절삭깊이 p, 디스크의 직경, disc edge angle, 암석물성 등의 조건을 고려해 설계하게 된다.

3.1.4 암석물성과 pick 선정

굴착 대상인 암반의 물리적 특성은 굴착 장비 및 pick 선정과 밀접한 관계를 갖는다. 현재 쉴드 TBM이 적용되고 있는 국내의 지하철 터널 공사의 경우도 지질 및 지반조건에 맞는 비트(bit)의 선정과 최적 장비 선정의 중요성을 보여주고 있고, 이것은 공사의 성공 여부를 결정하는 요소이기도 하다.

일반적으로 현재 장비 선택에서 암반의 물성을 중요하게 다루지 않는 경향이 있으나, 향후에는 암반 물성과 장비 운용의 관계를 고려해 pick(bit)을 선정하도록 해야 한다.

비트 선정에 필요한 암반의 강도와 경도를 구하기 위한 여러 시험 방법이 개발되어 있다.

가. 암반의 주요 강도 요소들

일반적으로 장비 제작에 필요한 주요 물성치로 암반의 압축강도(σ_c)를 들 수 있으며, σ_c를 통해 커터 시스템(cutter system) 구성에 필요한 에너지와 힘 등을 결정하게 된다. 주요 제작 업체 등은 암반의 압축강도를 이용해 굴착 시 적용되는 적정 절삭깊이와 커터 종류 및 커터 사용비용 등을 정하는 척도로 사용하고 있다. 시험실 시험과 이론적 해석결과 암반의 전단강도(σ_τ) 역시 절삭 운용에 중요한 역할을 한다는 것이 밝혀졌고, pick의 운용과 암석의 물성과는 복잡한 역학적 관계가 있다.

나. 암반과 비트의 마모시험

Cutting pick의 굴착 시 문제는 암반의 저항에 따른 마모 발생으로 pick이 닳아서 절삭능력이 손실되는 데 있다. 암석의 마모 저항도를 측정하면 적정 커터나 pick 선정에 도움이 된다. 암반의 마모 저항도 시험은 광물 분포 박편시험 등 여러 가지 방법이 있다.

1) 석영함유량 시험

절삭 커터 마모의 주원인인 암반 내 석영의 함유량이 pick 선정에 중요한 요소가 되어 체적 함유율 및 석영의 입도 크기가 주 시험대상이 된다. 각종 시험 결과에 의하면, pick의 마모도는 암반 내 석영의 함유 정도 및 석영 입자 크기에 비례한다.

[그림 3-10] 현미경 박편 관찰 사진

2) 세르샤 마모시험(Cerchar abrasivity test)

프랑스광업연구소(Cerchar)에서 개발된 시험으로 연한 철제 팁(tip)(또는 다이아몬드 팁)으로 암반을 10mm 길이로 긁어 발생되는 절삭 홈의 직경과 모양으로 암석의 마모도를 측정하는 방법으로, 이때 암반긁기에 적용되는 수직하중은 7kgf이다. 절삭홈의 크기는 0.1mm 단위로 측정된다.

$$\text{비에너지(specific energy, } S \cdot E) = \frac{\text{동력}}{\text{절삭홈 단면적}} \times \frac{1}{\text{굴진율}} \quad (3\text{-}8)$$

$$\text{마모도} = \frac{\text{닳은 비트의 } S \cdot E - \text{새 비트의 } S \cdot E}{\text{굴삭거리}} \quad (3\text{-}9)$$

그외 Taber 마모시험(Tarkoy가 개발한 Tab의 마모시험), 슈미트 해머 시험, Shore 경도시험, Protodyakonov의 임팩트 강도시험, 브리넬(Brinell) 경도시험, 직접 암석 코어(core)를 절삭하는 코어 커팅(core cutting) 시험, 1 : 1 스케일 암석 절삭시험 등이 있다(NTH, 1990; Tarkoy, 1973;

[그림 3-11] 세르샤 마모시험

Tarkoy and Massimo, 1991).

이러한 암석물성 및 마모도 시험 등을 통해 적정 pick 선정이 가능해진다.

다. 장비의 굴진속도와 암석물성의 관계

1) 순굴진속도와 굴진속도

굴진속도는 장비의 능력과 암반 등 지반의 저항력에 의해 결정되는데, 가장 먼저 결정되어야 하는 요소는 커터의 압입깊이(p)이다. 순굴진속도(Pr)는 암반 굴착 시 커터의 압입깊이 p(mm/rev)와 커터헤드의 회전속도 n(RPM)에 의해 결정된다.

순굴진속도 : $Pr = 0.06 \times p \times n$(m/hr) (3-10)

굴진속도 : Ar = 굴진거리/작업시간

= 가동률 × Pr(m/hr) = 가동률 × Pr × 24(m/day) (3-11)

2) 마모 경도와 굴진속도와의 관계

암석실험을 통해 얻어진 S_{20} 및 Siever's J-value 등의 두 값과 천공속도지수(DRI, Drilling Rate Index)와의 관계는 그림 3-12와 같다(NTH, 1990; Bilgin et al., 1991).

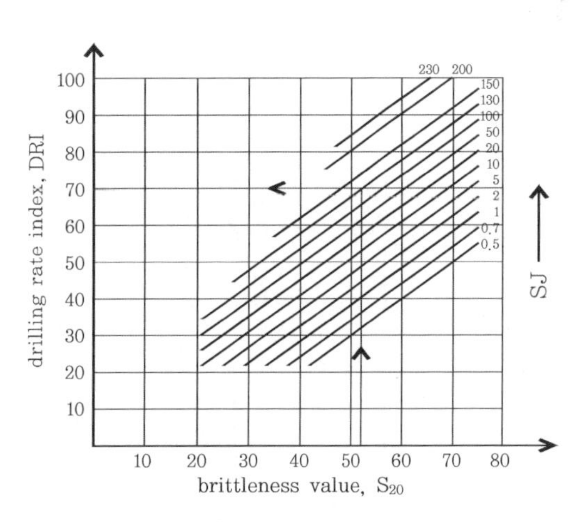

[그림 3-12] DRI의 계산(NTNU, 1990)

여기에서 얻어진 DRI값은 암반의 균열요소를 고려해 그림 3-13과 같이 k_s 및 k_{DRI}값을 얻고, 그림 3-14에서 I_e의 크기를 얻어 굴착계획을 수립한다.

여기에서 k(ekv) = $k_s \times k_{DRI}$이며, I_e의 크기

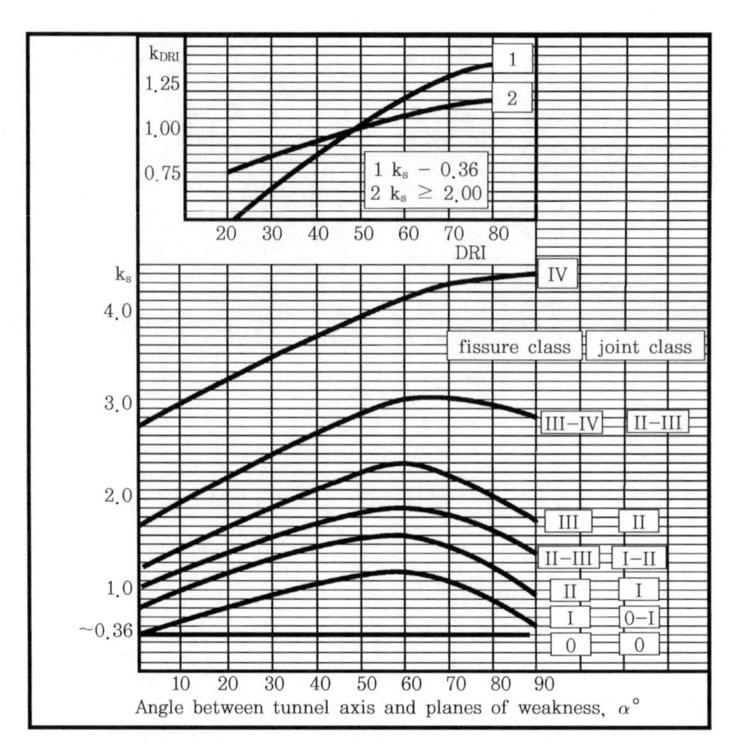

[그림 3-13] Fracturing factor on DRI(NTNU, 1994)

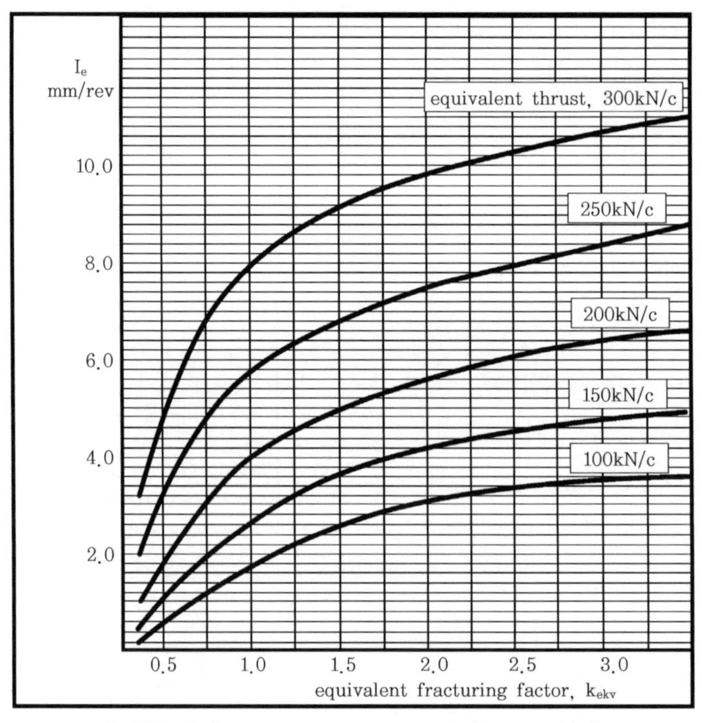

[그림 3-14] Basic penetration depth(NTNU, 1994)

는 굴착속도 설계에 필요한 커터의 압입깊이(P, penetration depth, mm/rev)이다. 상세한 내용은 6장의 6.4.2절을 참고하기 바란다.

3) 반발경도와 굴착속도와의 관계

종합경도는 슈미트 해머(Schmidt hammer)에 의한 현지암반의 반발경도(H_R)와 실험실 실험에 의한 마모경도(H_A)에 의해 다음과 같이 정의된다.

$$H_T = H_R \sqrt{H_A} \quad (3\text{-}12)$$

종합경도는 반발경도와 마모경도 제곱근의 곱으로 얻어지므로 반발경도의 크기에 크게 영향을 받는다.

암석경도에는 슈미트 해머에 의한 반발경도(H_R)와 Shore 경도(H_s), 암석마모경도(H_A) 및 A_R 그리고 위에서 정의된 종합경도를 측정해 굴착속도와의 상관관계를 얻었는데 종합경도와의 관계가 가장 좋다고 결론지었다. 이들의 관계는 그림 3-16과 같다.

95개의 자료로부터 얻어진 상관관계는 0.850이며 이를 수식화하면 다음과 같다.

$$P_r = -0.066H_T + 12.316(\text{ft/hr})$$
$$= -0.02H_T + 3.754(\text{m/hr})$$

그리고 굴착속도가 1 ft/hr가 되는 임계값은 170이며 120 이상일 때는 특별한 설계가 요구된다고 지적하고 있다. 상세한 내용은 6장의 6.4.2절을 참고하기 바란다.

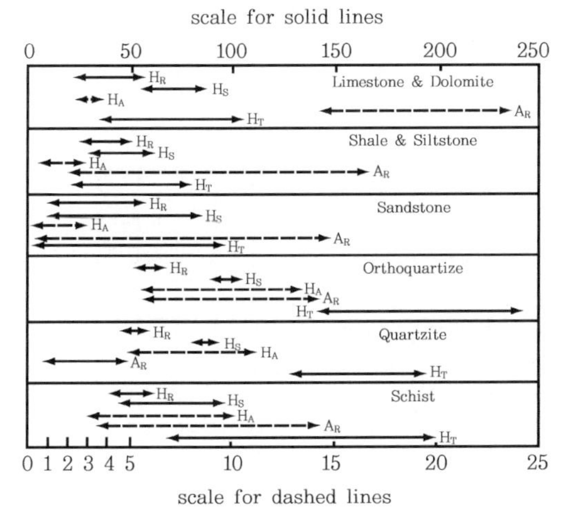

[그림 3-15] 경도시험법과 암석에 따른 경도의 크기 (Tarkoy, 1973)

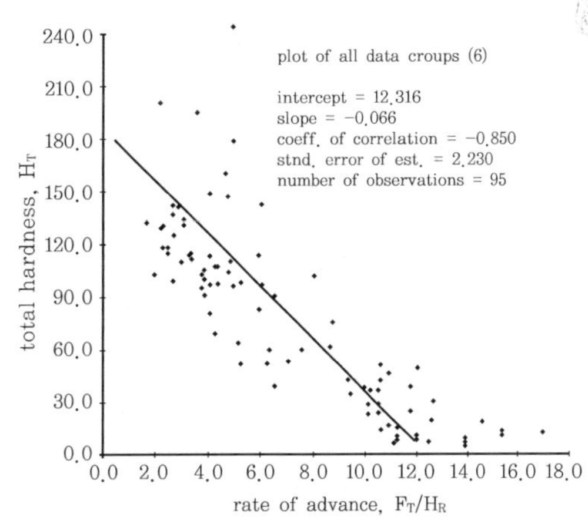

[그림 3-16] 굴착속도와 종합경도와의 관계

4) 일축압축강도와 굴착속도와의 관계

보다 간단하게 굴착속도를 찾아내기 위해 일반적으로 알려진 일축압축강도나 경도로부터 유추하려는 연구가 많이 시도되었다. 일본에서는 암석의 일축압축강도로부터 압입깊이를 직접 얻을 수 있는 도표를 활용하고 있다(그림 3-17).

NTNU는 천공속도지수(DRI)로부터 압입깊이를 설계하는데 이 크기를 그림 3-18과 같이 일축압축강도의 함수로 도시했다. 강도가 200MPa 이상인 극경암으로는 각섬암과 화강암, 규암 등을 언급하고 있다.

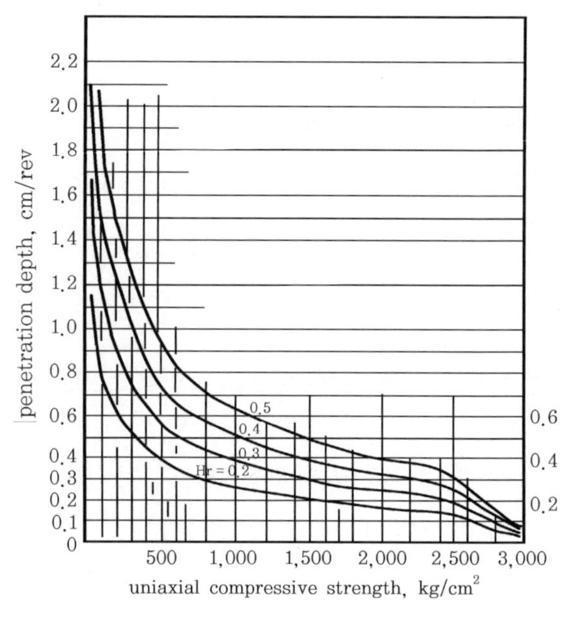

[그림 3-17] 일축압축강도와 압입깊이와의 관계(일본)

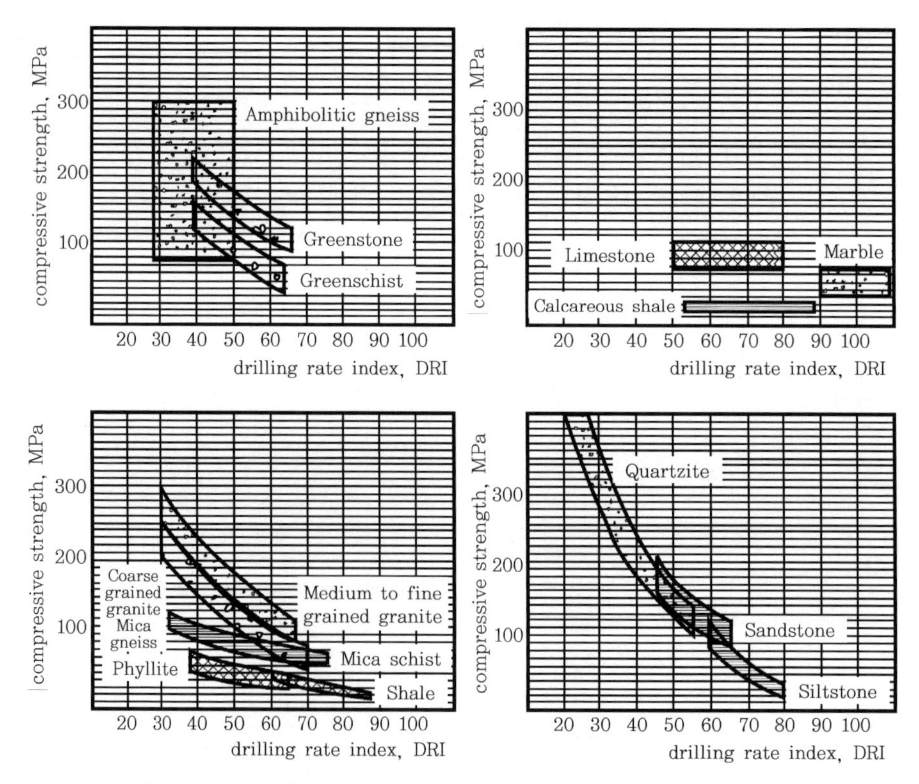

[그림 3-18] 천공속도 지수와 일축압축강도의 관계곡선(NTNU, 1994)

3.2 선진국의 TBM 공법 적용 사례

3.2.1 노르웨이의 경우

북구의 경암지대인 노르웨이도 TBM 적용 초기에는 drag bit를 사용하는 우를 범하기도 했었으나, 추후 개발된 디스크커터의 적용으로 터널굴착 기계화가 발전되었다.

초기의 굴진율은 느렸고, 이에 따라 공사비도 많이 증가했으며, 또한 많은 난관이 있었으나, 장차 터널 기계화 시공의 장래성을 내다보고, 시행착오를 하면서도 계속적으로 본 공법을 적용해 왔다는 것이 국내와는 다른 점이라 할 수 있다.

이러한 터널 설계 및 시공 적용으로부터 얻은 경험을 바탕으로 노르웨이는 TBM 터널 시공기술을 외국에까지 수출하는 계기가 되기도 했다(Nilsen and Ozdemir, 1993; Rostami and Ozdemir, 1993).

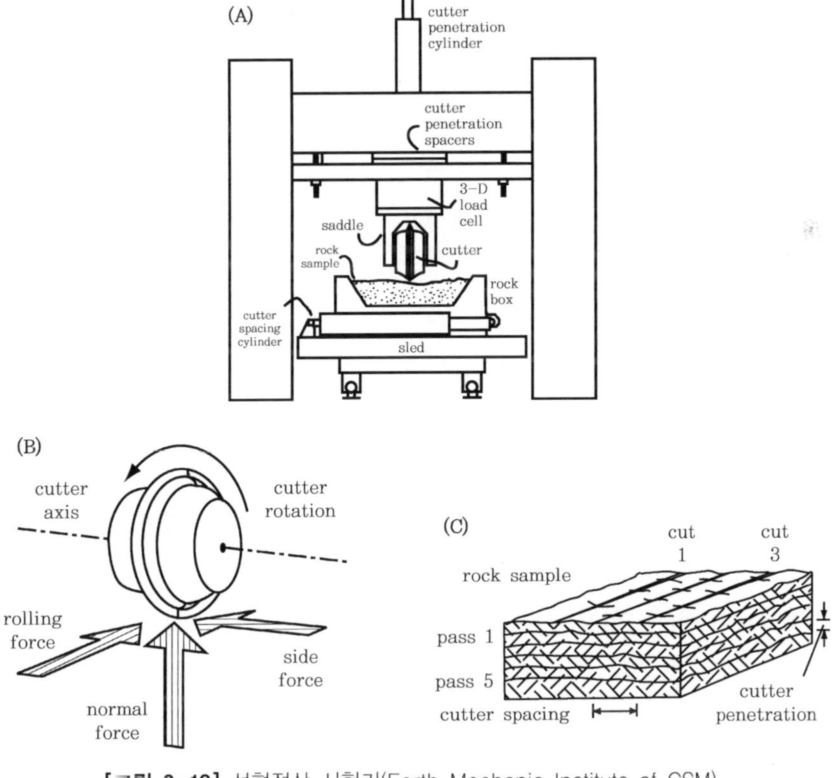

[그림 3-19] 선형절삭 시험기(Earth Mechanic Institute of CSM)

3.2.2 설계 시 굴진율 예측 모델의 활용

국내에서는 비교적 생소한 TBM 장비의 굴진율 예측 모델은 일찍이 미국 콜로라도 CSM 공대(Colorado School of Mines)에서 개발해, TBM 장비의 커터헤드 디자인, 커터 선정, 굴진율에 따른 장비의 비가동률을 고려한 터널 굴착 공기 산정 등에 활용되어 오고 있다. 기계화 터널 선진국인 유럽이나 미국에서는 이러한 굴진율 예측 모델을 이용해 설계 시 활용해 적정 공기와 적정 공사비 산정 등에 활용하고 있으며, 현지 암반에 적합한 커터와 커터헤드의 선정은 TBM 장비의 가동 시 에너지를 절약하게 되며, 커터의 사용기간, 즉 커터의 교체 시간이 길어져, 장비의 가동률(utilization)이 좋아져, 굴진율이 개선되고, 공기를 단축시켜, 공사비를 절감하고 있다. 국내에도 KICT 모델의 개발로 KICT에서 실험 및 굴진율 예측이 가능하게 되었다.

가. CSM 모델과 NTNU 모델의 비교 검토

경암용 TBM의 가동과 비용 산출에 관련된 중요한 이슈가 연구되어, 전 세계적으로 가장 널리 사용되고 있는 기계 굴착기 중의 하나인 TBM의 공정 분석에 대한 일반적인 접근법이 제시되었다.

가장 신뢰성 있는 가동 예측모델 중 두 개, 콜로라도 공대 모델(CSM)과 노르웨이 국립과기대 모델(NTNU)의 최근 수정, 개발 그리고 몇몇 최근의 적용성 등을 비교 검토했다. 두 곳의 터널 프로젝트를 대상으로 두 모델의 결과를 비교했다. 두 방법의 입력치와 결과치는 표 3-2와 같다.

관찰할 수 있는 바와 같이 CSM 모델에 사용되는 암석물성은 압축강도와 인장강도를 포함해 대부분의 지반 조사 보고서에서 일반적으로 제시되는 매우 기본적인 실험에서 얻어지는 것들이다.

NTNU 모델 입력치들은 암석강도 변수들과 관련된 지수들로 구성되어 있으나 특별한 지수의 항목으로 시험되고 측정되어야 한다.

또한, 커터 수명 산출을 위해 CSM 모델은 세르샤(Cerchar) 마모시험에 의한 지수(CAI)를 사용하는 데 반해 NTNU 모델은 특별한 경도값(AV)을 사용한다. 이러한 변수들은 서로 연관되어 있음을 볼 수 있다. 이러한 변수들과 관련된 여러 가지 그래프와 차트가 있다(즉 DRI-UCS, CAI-AV&CLI 등).

모델의 결과치들 또한 표 3-2에 제시되어 있다. CSM 모델은 일정 기계에 추력-토크-관입률 관계를 도출할 수 있으며 이로부터 관입률을 계산할 수 있다.

유사하게 NTNU 모델은 주어진 기계추력 수준에서 관입률(penetration rate)을 산정할 수 있다. 두 모델 모두 굴진율(advance rate) 산정을 위한 표준활용계수를 사용한다. 두 개의 예측모델은 여러 번 비교되었고 서로 매우 유사하다는 결론을 지었다. 특별히 천공성능(borability)이 절리나 불연속면에 의해 영향을 받지 않는 신선암에서 두 모델의 결과는 거의 같다.

[표 3-2] 두 모델의 입력치와 결과치(Nilsen and Ozdemir, 1993; Rostami, Ozdemir and Nilson, 1993)

	CSM 모델		NTNU 모델	
	변수	단위*	변수	단위**
입력치	커터직경	(in)	파쇄	등급(0~IV)
	커터 팁의 너비	(in)	취성	S_{20} 지수
	커터 간격	(in)	천공가능성	시버 J지수
	관입깊이	(in)	마모도	AV지수
	암석의 일축압축강도	(psi)	간극비	%
	인장강도	(psi)	커터직경	(mm)
	사용 가능한 TBM의 직경	(ft)	커터하중	(kN)
	RPM	rev/min	간격	(mm)
	커터수	#	기계직경	(m)
	추력	lbs		
	토크	ft-lbs		
	파워	hp		
출력치	커팅력	(lbs)	커터수	#
	수직-추력	(lbs)	RPM	rev/min
	회전력/토크	(lbs/ft-lbs)	추력	(ton)
	파워	(hp)	파워	(kW)
	순관입률	(in/rev)	순관입률(basic penetration)	(mm/rev)
	순관입속도	(ft/hr)	관입속도	(m/hr)
	헤드 균형	힘/모멘트	토크	(kN-m)
	기계제원	(th,tq,hp,etc.)	활용률	m/day
	수행 곡선	그래프(rop-vs-th, tq-vs-th)	커터수명	hr/cutter
	활용률 %			
	굴진율(advance rate)	(ft/day)		
	커터수명	(hr/cutter)		

* MKS 단위계 사용을 위해서는 식과 변수에 대한 적절한 변환이 필요하다.
** NTNU에서 필요한 특별시험과 지수

두 모델은 또한 많은 경우에서 현장 TBM 거동과 비교 평가되어 왔으며 상당한 수준의 성과를 보였다. 표 3-3은 Yucca Mountain 프로젝트 사례에서 두 모델을 비교한 것을 보여주고 있다.

일찍이 언급한 바와 같이 경험 시스템은 암반물성과 지반조건을 직접적으로 예측치와 연관시킬 수 있다.

커터헤드 배열, 기계 특별 시방을 최적화하고 커터헤드 균형을 검토하기 위해 설계 변경을 허용한다.

힘 계산 방법을 사용해 기계 특별 시방에서 작용할 수 있는 능력을 제공하고, 수행예측을 하는 동안 암반 영향을 설명할 수 있도록 두 모델을 보편적 시스템으로 섞는 데 약간의 동등한 노력이 필요하다.

[표 3-3] 몇몇 프로젝트에서 두 모델 비교

	Standard TBM		High Power TBM	
	CSM	NTH	CSM	NTH
유카(Yucca) 산(지하 핵폐기물 저장소) Welded 응회암(Tuff)				
- 관입률(mm/rev)	6.09	5.94	8.88	7.89
- IPR(m/hr)	2.33	2.28	3.73	3.31
- 커터수명(m/커터)	3.44	5.26	6.86	9.48
스탠리 캐니언(Stanley Canyon) Windy point 화강암		Class I	현장 거동	
- 관입률(mm/rev)	3.26	3.35 ~ 3.38		
- IPR(m/hr)	2.34	2.39 ~ 2.41	2.96	
- 커터수명(m/커터)	분석불가	1.26		(균열 등급 II 3.64m/hr)
Pikes peak 화강암				
- 관입률(mm/rev)	3.16	3.19 ~ 3.25		
- IPR(m/hr)	2.25	2.27 ~ 2.32	2.26	
- 커터수명(m/커터)	분석불가	1.68		

디스크커터의 실내시험과 TBM의 현장 거동으로부터 얻어진 경험을 통해 신뢰성 있는 거동 예측 모델을 발전시킬 수 있었다. 경암에서 TBM의 거동 예측에 유용한 모델들 중에서 NTNU와 CSM 모델이 산업계에서 가장 광범위하게 사용되고 있다.

비록 이러한 모델들이 다른 바탕에서 개발되었지만, 그들의 결과는 매우 비교해 볼 만하다. 대부분의 경우에서 그들의 성공에도 불구하고, 암석 절삭과정에 대한 깊은 이해가 부족해 이러한 모델을 사용해 추정하는 데 부정확한 값을 발생시키기도 한다. 이것은 암석이 약간 다른 절삭거동을 보여주는 곳에서 나타난다(Rostami, 1997; Rostami and Ozdemir, 1996).

어떤 경우에서, 추정작업을 배제하고 암석 절삭 거동에 대한 직접 정보를 제공하기 위해서는 정보와 거동 예측의 가장 믿을 만한 소스는 실규모 절삭테스트이다. 현재, CSM 모델은 순관입률 산정에 사용될 수 있고 TBM 기계 설계를 개선할 수 있는 능력을 제공한다. 그리고 CSM 추정값을 조정하고 암반에서 불연속면의 영향을 고려하기 위해 NTNU 모델이 적용된다.

3.3 이스탄불 Tarabya 터널에서의 TBM 굴삭 시험 적용사례

Tarabya 터널은 현재 터키의 옛 수도인 이스탄불에 있는 지하구조물 하수설비 프로젝트의 주요 부분을 형성하고 있으며, Istinye에 있는 수용하기 어려운 오염물질을 정화하기 위해 설계되었다

(Bilgen et al., 2006). 그림 3-20에 나와 있듯이 보스포루스(Bosphorus) 강 인근 Tarabya와 Buyukdere 베이 지역에 위치한다.

터널의 내경은 2m이고(그림 3-21), 연장은 13,270m로 북쪽에 있는 Sariyer와 남쪽의 Baltalimani 사이에 위치한다.

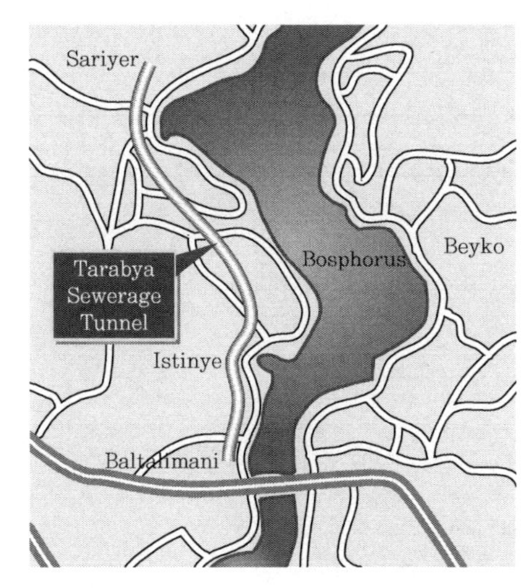

[그림 3-20] Tarabya 터널의 위치

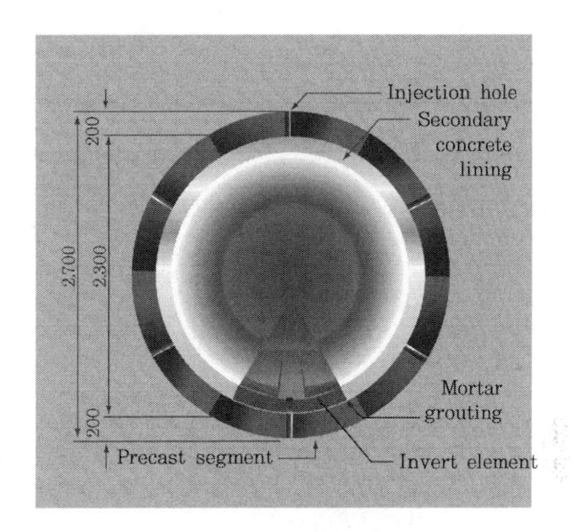

[그림 3-21] Tarabya 터널 단면

이 건설 계약은 Tinsa, Oztas, Hazinedaroglu, Simelko의 시공사들로 구성된 컨소시엄에 낙찰되었고, 터널을 굴착하기 위해 직경 2.9m의 560kW급 Herrenknecht사 TBM이 사용되었다. 2000년 7월에 굴착을 시작해 2004년 11월에 완공했고, TBM 성능의 상세한 변환 분석(shift analysis)으로 기록하였다.

대부분의 계획 선형을 따라 지질을 대표한다고 생각되는 터널 막장면에서 일부 석회암 샘플을 채취해 2000년 9월에서 11월까지 실규모 실험실에서 TBM 디스크커터 중 하나를 사용해 테스트했다.

실험실에서 측정한 추력(thrust force)과 절삭깊이와의 관계는 현장에서 얻은 자료와 비교하면 기계 활용에 관한 미래의 연구에 도움이 된다. 샘플의 압축강도는 각각 80±7MPa, 119±16MPa로 밝혀졌다.

3.3.1 지반조건과 TBM

이 프로젝트의 터널구간은 실루리아-데본기(silurian devonian age)의 셰일(shale)층, 사암, 석탄기의 실트암층을 관통한다. 계획 선형을 따라 일부 구간에 관입암과 퇴적 충전물도 발견되었다. 암석의 물성을 표 3-4에 요약했다. 아래 표는 터널의 최초 8,847m 구간에 해당하고, 나머지는 수로 퇴적 충진물층을 굴착했다.

[표 3-4] 암석의 물성 요약

Rock formation % of the total	Compressive Strength(MPa)	Tensile Strength(MPa)	Elastic modulus (MPa) 103
Limestone 65%	44 ~ 81	4 ~ 5	9 ~ 15
Shale 17%	55 ~ 59	2.4	9 ~ 10
Sandstone Siltstone 12%	59	-	-
Dykes 1%	32 ~ 40	3	6 ~ 7
Sediment Filling 5%	-	-	-

직경 2.9m의 Herrenknecht사 TBM이 2000년 3월에 납품되었고, 2000년 7월에 굴착을 시작해 2004년 11월에 완료되었다.

Chainage 981 ~ 7,700m 구간의 TBM 성능을 그림 3-22 ~ 25에 요약했다.

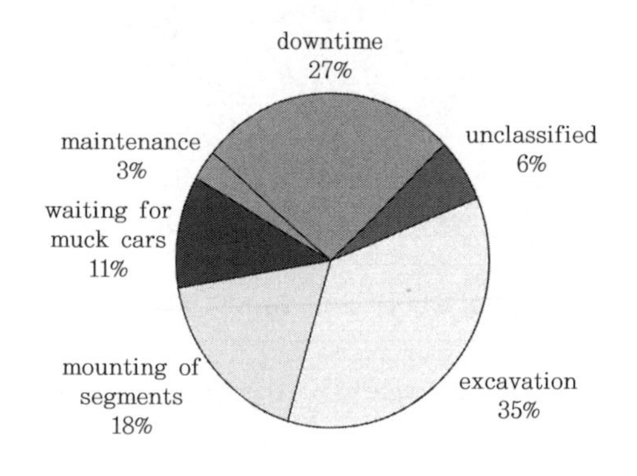

[그림 3-22] Machine performance(chainage 981 ~ 2,260m)

[그림 3-23] Machine performance(chainage 2,500 ~ 7,700m)

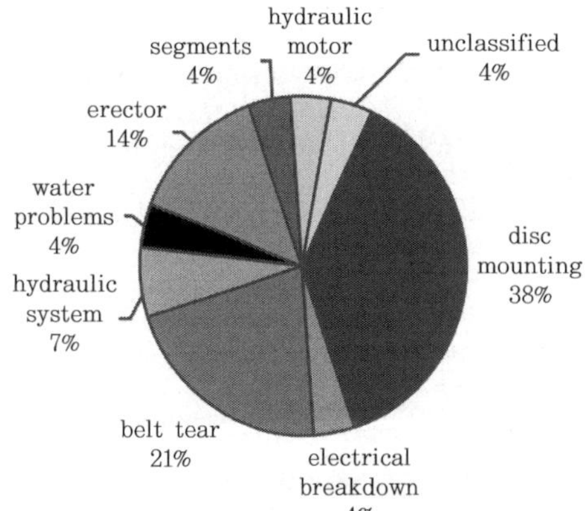

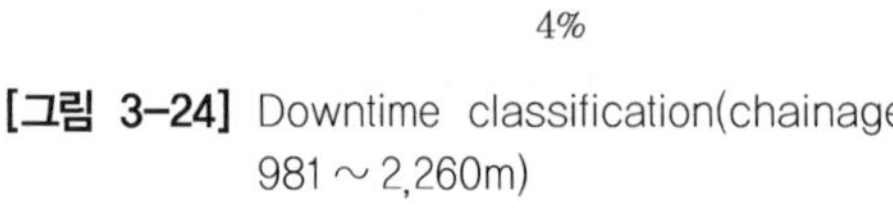

[그림 3-24] Downtime classification(chainage 981 ~ 2,260m)

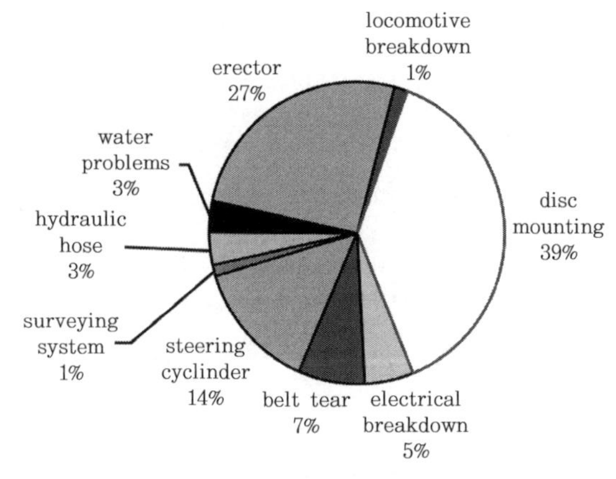

[그림 3-25] Downtime classification(chainage 2,500 ~ 7,700m)

이 그림에서 보면 평균 기계 가동률 35%이며, 시프트 시간의 24 ~ 27%는 비가동 시간이 차지하고 있다. 그러나 일부 36 ~ 41%의 비가동 시간 내에 디스크 교체를 하는 것은 흥미 있는 일이며, 비교해 보면 디스크 교체시간이 차지하는 비율은 상당히 크다.

기계 가동률은 일반적으로 15 ~ 55%의 변화폭이 있는 것으로 밝혀졌다.

굴진율(advance rates)을 결정하는 데 있어서 기계 가동은 가장 중요한 인자 중에 하나이다. 그림 3-26에서 보면 15 ~ 55%로 기계 가동시간이 증가하면, 0.2m/h에서 0.8m/h로 굴진율이 증가한다. 가동률은 기계의 순수 커팅 시간대 전체 작업 시간으로 정의된다(ie, shift time).

$$\text{Utilization} = \frac{\text{machine's net cutting time}}{\text{total working time}}$$

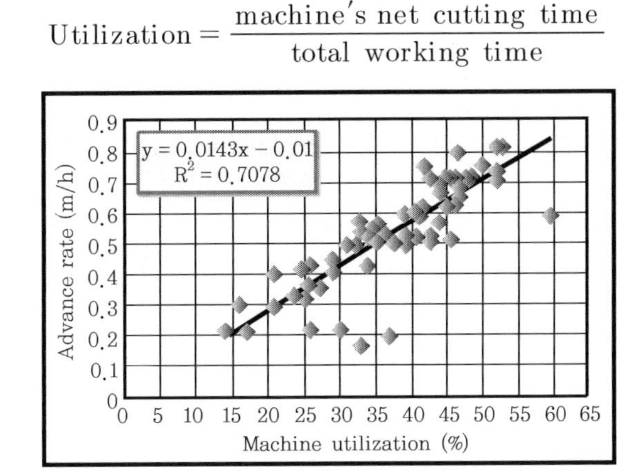

[그림 3-26] TBM 굴진율과 기계 가동률과의 관계(chainage 981 ~ 2,260m)

3.3.2 암석 절삭시험

실내 암석 절삭시험의 주목적은 시험으로부터 얻은 예측값을 원위치에서 측정된 기계 성능 값으로 어떻게 전환할 것인가에 있다.

절삭깊이가 4mm일 때 측정된 순수 커팅률은 9m^3/h였다. 그림 3-27은 석회암층을 굴착했을 때 디스크 추력과 1 rev/min에 대해 현장에서 측정된 절삭깊이와의 관계를 나타내고 있다.

실규모 암석 절삭시험은 특수한 커팅 장비를 이용해 실내에서 수행된다. 50톤 이상의 추력을 기록하기 위해 동력계(dynamometer)에는 변형률 게이지가 장착된 고품질 항공기 알루미늄 블록이 사용된다. 데이터 포착 카드는 8개의 독립 채널들이 포함되어 있고, 데이터 기록률은 500,000Hz 이상 조절할 수 있다.

유압실린더는 시료의 조기 파괴를 제거하기 위해 암석 시료의 주형틀인 시료박스를 움직일 수 있다. 커터는 동력계에 직접적으로 절삭부 홀더와 함께 고정되어 있다. 비에너지(specific energy)는 평균 회전력에 산출값(단위길이당 제거된 암석의 체적)을 나누어 얻을 수 있으며, 커팅

과정의 효율을 결정하는 데 중요한 요소가 된다. 이것은 주어진 절삭깊이/커터 간격비로 구할 수 있는 최소 비에너지를 사용 중인 파라미터들과 같이 작업하는 것이 바람직하다.

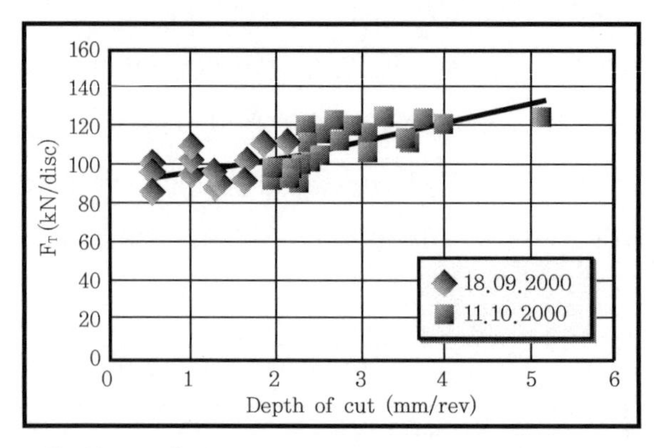

[그림 3-27] 절삭깊이와 F_T(disc thrust force)의 관계

실험실 암석 절삭시험의 원리는 암석 절삭의 역학적 기본 규칙(절삭부, 암석 형태 관련)을 따른다. 최적 비에너지는 정의된 s/d 비로 얻을 수 있다. 여기서 비에너지는 암석의 단위체적을 굴착하기 위해 필요한 에너지(kWh/m^3)이고, s/d는 커터간격과 절삭깊이의 비이다(그림 3-28)(Rostami, Ozdemir and Nilson, 1993; Roxborough, 1988).

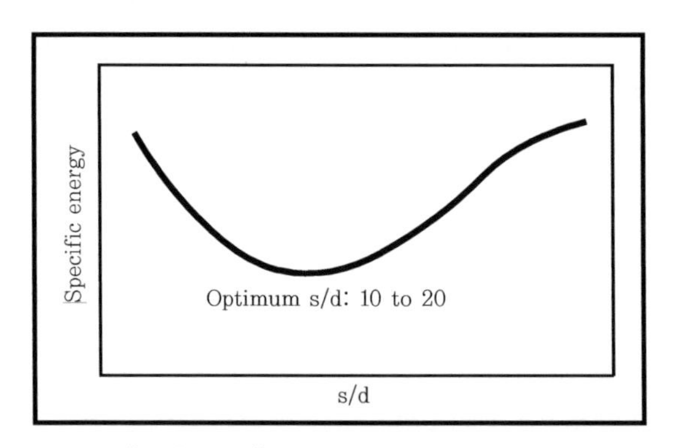

[그림 3-28] s/d와 비에너지와의 관계

효율적인 굴착에서 주어진 비에너지 값으로 실험했을 때 첫 번째와 두 번째 절삭은 무의미하고, 세 번째 경로에서 최적의 칩(chip)이 형성된다. Groove deeping은 항상 양호한 작업을 방해한다.

베어링은 TBM 커터 헤드에 있는 디스크커터들 사이의 간격이 일정하다는 것을 명심해야 하고, 최적의 s/d는 직접적으로 최적의 커팅 깊이를 나타낼 것이다. 절삭깊이, 디스크 추력, 디스크 회전력 사이의 관계는 터널 노선을 따라 발견될 것 같은 대표적인 큰 암석 블록을 가지고 실규모 암석 절삭시험을 통해 직접적으로 얻을 수 있다. 미리 계산한 절삭깊이를 통한 추력은 직접적으로 전체 TBM 추력을 나타낸다. 여기서 TBM 운전자는 효율적인 커팅 작업을 적용해야 한다. 주어진 디스크커팅 깊이에 관한 회전력은 커팅 과정 동안 소비되는 파워를 직접적으로 계산하기 위해 사용될 것이다. 최적의 커팅 조건에서 소비된 토크와 파워는 다음 식 3-13, 3-14를 사용해 계산할 수 있다(Bilgin, 1999).

$$T = \sum_{i=1}^{i=n} r_i \cdot F_R \quad (3\text{-}13)$$

$$P = 2\pi NT \quad (3\text{-}14)$$

여기서, F_R : 회전력

n : TBM의 커터헤드에서 디스크커터의 개수

r_i : 기계 중심에서부터 커터까지의 거리

T : 토크

N : 1분당 커터헤드의 회전

P : 커팅 작업 동안 소비된 파워

순간 커팅률 또는 전체 커팅률은 식 3-15를 사용해 계산할 수 있다.

$$ICR = k \times \frac{P(kW)}{SE(kWh/m^3)} \quad (3\text{-}15)$$

여기서, ICR : 순간 굴착률(m^3/h)

k : 0.7 ~ 0.8 사이에서 변환하는 에너지 전환비

P : 커팅 과정 동안 소비된 파워

SE : 그림 3-28에 설명된 실규모 실험실 절삭시험에서 얻은 최적의 비에너지

압축강도가 100 ± 8 MPa인 석회암을 가지고 실험실에서 얻은 절삭깊이와 커터 힘과의 관계는 그림 3-29와 같다.

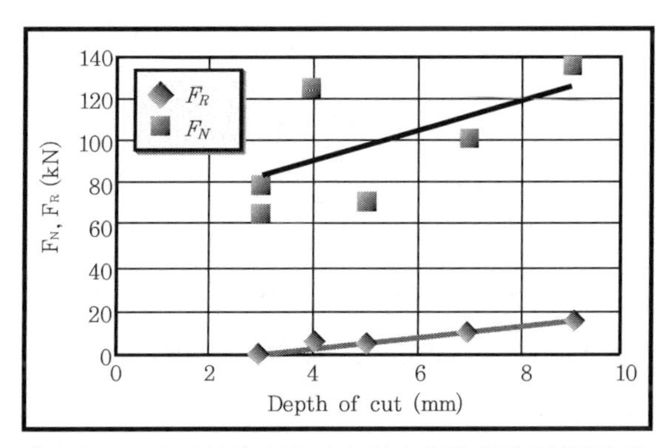

[그림 3-29] 절삭깊이와 커터 힘과의 관계(실내실험결과)

암석 절삭시험에 사용된 TBM의 디스크커터 직경은 305mm이고, 끝날의 폭은 10mm이다. 실제 커터 파워와 추력의 측정된 값은 표 3-5에 나타내었다.

[표 3-5] 실제 커터파워와 측정된 추력값

Depth of cut (mm) % of the total	Measured in situ FT (kN)	In situ FT with 20% less due to friction factors, (kN)	Measured laboratory [values FT, (kN)]
2	100	81	80
3	110	87	88
4	120	94	96
5	135	101	108

표 3-5에서 보면 현장에서 측정된 값은 실험실에서 측정된 결과값과 매우 유사한 것을 알 수 있다. 이는 실험실에서 얻은 추력값은 실제 현장에서 1 rev/mm로 절삭깊이를 얻을 수 있고, 그 결과로 TBM 전체 커팅률을 예상할 수 있다.

디스크 한 개의 원위치 F_T값은 TBM 추진 실린더의 전체 추진력을 전체 디스크의 수로 나누어 계산할 수 있다. 그러나 암석 표면에 작용되는 실제 추력값은 시스템의 효율과 암석과 쉴드 사이의 접촉으로 인한 마찰 손실로 인해 이러한 계산된 값보다 작다. 마찰 손실은 굴착하는 동안 대략 20%인 것으로 밝혀졌다. 다른 연구보고서에 발표된 내용에 따르면 전체 평균 커터 추력은 유압실린더의 압력으로부터 계산된 평균 전체 힘보다 40% 작다고 보고된 바 있다(Nelson, 1993).

Tarabya 터널에서 석회암을 굴착하기 위한 최적의 비에너지는 s/d의 비가 14일 때 5.7kWh/m^{3}로 계산되었다. TBM의 커터간격은 86mm이고, 최적의 절삭깊이는 6mm로 주어졌다. 6mm의 절삭깊이에 관한 한 개의 디스크에 걸리는 회전력은 그림 3-29로부터 계산하면 9.82kN이다. 최적의 절삭깊이에 대한 토크와 커팅력은 식 3-13, 3-14를 이용해 계산하면 142.4kN·m와 239kW이다. 최적의 커팅 조건에서 TBM의 순간 절삭속도는 식 3-15를 이용해 아래와 같이 계산할 수 있다.

$$ICR = 0.8 \times \frac{239}{5.7} \quad [\mathrm{m^3/h}] \tag{3-16}$$

$$ICR = 33.5 \quad [\mathrm{m^3/h}] \tag{3-17}$$

그림 3-29에서 한 개의 디스크커터에 관한 최적의 추력은 10.8톤임을 알 수 있고, 최적의 추력은 20%의 마찰 손실을 고려한다면 다음과 같이 계산할 수 있다.

$$1.2 \times 20\mathrm{disc} \times 10.8 = 259\mathrm{tonf} \tag{3-18}$$

현장에서 Tarabya 터널을 굴착하는 중에 일부를 교체하는 동안 순간굴진율 33.5m/h를 얻을 수 있었다.

3.4 TBM 공법의 국내 장대터널 설계 적용

열차나 자동차 운행속도가 증가하고 승객의 쾌적하고 안전한 승차감 등이 요구됨에 따라 국내에서 점차 장대 철도터널이나, 도로터널의 TBM 설계 및 시공 사례가 늘고 있는 추세이다. 또한 과거의 숙련된 터널현장 기능공들의 은퇴와 더불어, 터널 시공의 척박하고 어려운 작업환경 및 터널기술 기능 전수의 어려움 등으로 전반적으로 후속 기술, 기능 인력의 양성이 어려운 현실이다. 이미 미국, 일본, 독일 등 터널 선진국은 지난 20여 년간, 기술 혁신이 이루어져, 환경문제와 더불어 터널 기술 인력의 부족 등으로 기계화 시공으로의 기술 전환 작업이 이루어져 왔다.

한국과 같이 중공업과 부품산업이 발달한 나라에서 TBM 장비를 아직도 수입한다는 것은 국내 기계화 시공의 열악한 현황을 보여주는 것이다. 설계에서의 기계화 시공에 대한 경험과 이해, 기계화 시공의 근본을 이루는 선형 및 원형 절삭능력시험 등을 통한 KICT 모델 등을 이용한 합리적인 굴진율을 산정한 후, 공정계획, 공사비 산출, 적정 비트(bit) 및 장비의 적정 시방 또는 사양 결정 등이 필요하다. 제작사들과 영업이윤만 찾는 에이전트들의 무책임한 판매가 무성해, 기계화에 필요한 근본적인 데이터 정립 및 국내 암질에 맞는 TBM 공사비의 주요부분을 차지하는 굴착커터와 지지베어링의 자체개발 등에는 이르지 못하고 있는 실정이다.

미국은 지난 20년간 발파에 의존했던 터널 굴착공법을 시대적 흐름 및 사회적인 여건의 변화에 따른 기술의 발달로 기계화, 자동화 시공법이 필연적으로 발달하게 되었다.

국내 기계화 시공 발자취를 보면, 산악터널보다는 발파, 진동 등의 문제를 안고 있는 도심지 터널의 경우 전력구, 통신구 터널 등 소단면 터널을 중심으로 꾸준히 기계화 시공의 맥을 이어왔으며, 최근에 이르러 연약지반상에 시공되는 지하철의 경우 쉴드 TBM의 적용이 늘고 있다.

실제적으로 국내에서 점차 발달되어 일반화된 발파공법과 비교하면 기계화 시공이 시공성, 안전성, 경제성에서 우위에 있으나, 기계화 시공에 대한 정보 부족, 잘못된 인식 등으로 기계화 시공은 활발히 적용되지 못하고 있다.

TBM의 단점은 암질조건에 대해 천공 및 발파(D&B)보다 적응성이 떨어진다는 점이다. D&B 공법은 천공률(drillability)과 천공수에 의해 20% 정도 공정률의 편차를 보이나 TBM은 지층조건의 변화 등에 의해 500% 이상의 공정률의 편차를 보이기도 했다.

TBM은 기계 변수(machine paramotor)와 장비직경에 의한 굴진율의 영향이 고려되어야 한다.

[그림 3-30] 최신식 디스크커터(직경 17", 호주)

[그림 3-31] 더블쉴드 TBM(Hard rock용, 독일)

3.5 TBM 기술의 현대화

3.5.1 현대화된 TBM의 정의

TBM은 무엇인가? 물론 TBM은 Tunnel Boring Machine의 약어이다. TBM은 경암용 Open TBM을 일컫는 것으로 정의되어 왔으며, 충적층, 토사층 전용으로 개발된 토압식 쉴드 TBM과 이수식 쉴드 TBM은 연약 지반용 쉴드로 정의되어 왔다. 그러나 오늘날 TBM은 아래와 같이 모든 TBM을 통합해 정의하고 있다. 물론 일본의 경우는 발파공법과 쉴드공법으로 시방서를 분류해 놓고 있는데, 일본의 경우는 연약 지반용 쉴드 TBM의 현장 점유율이 큰 것이 그 원인으로 판단된다.

TBM은 굴착방식(construction type)과 막장지보(face support) 방식에 따라 다음과 같이 분류 및 정의하고 있다.

- 굴진 막장이 개방형인 그리퍼(gripper) TBM
- 막장지보가 없는 싱글 쉴드 TBM
- 굴진 막장이 개방형인 더블 쉴드 TBM
- 막장에 이수가압(slurry face support) 장치를 갖춘 이수식 쉴드 TBM
- 막장에 토압재를 갖춘 토압식 쉴드 TBM
- 변환 모드(convertible mode)의 TBM(믹스트 쉴드 TBM, 하이브리드 쉴드 TBM)

3.5.2 장비의 개선 및 각종 장치의 개발

우선적으로 주목할 만한 장비는 고성능 하이파워(high power) TBM을 들 수 있으며, 캐나다 나이아가라 수로 터널 현장에 적용된 바 있다. 장비의 파워가 4,000 ~ 5,000kW에 이르고, 연장 10.4km의 수력 발전용 여수로 터널건설에 직경 14.4m의 대형 경암굴착용 오픈 HP TBM이 사용되었다. 최근 연약지반용으로는 상하이의 연장 8.95km의 창싱(Changxing) 쌍굴 도로터널로서 직경 15.43m의 쉴드 HP TBM으로 시공 중이다. 장비는 동력이 강화되고, 직경도 거대화하고, 굴진율이 빨라지고, 안전성이 개선되었으며 어떠한 극경암이나 연약지반도 굴착이 가능한 유니버설화가 진행되고 있다.

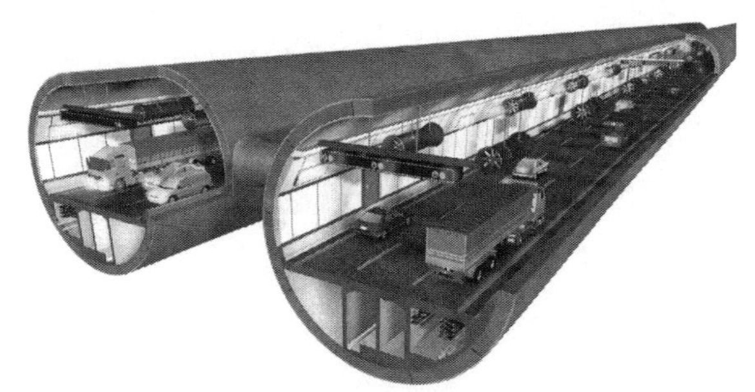

[그림 3-32] 창싱(Changxing) 터널 : TBM 직경 15.43m

3.6 TBM 공법의 국내 적용 사례가 적은 이유

국내의 Open TBM 터널 공법은 교통터널이 아닌 도수로 터널의 시공에 주로 적용되어 왔다. TBM 장비 운행 시 경사갱에 의한 위험부담이 적고, 직경이 적어 터널의 구조적 문제가 적은 장대선형 수로 터널에 주로 이용되어 왔다. 그러한 TBM에 대한 국내 터널 기술자의 부정적인 생각을 정리해 보면, 다음과 같다.

3.6.1 국내의 불규칙한 지층조건

기계화 시공의 가장 어려운 점은 지층의 불규칙적인 발달과 심한 층리와 습곡 등의 발달 등을 들 수 있으며, 국내 암층의 강도 외의 질긴 점착 특성과 편마구조 등에 의한 커터의 묻힘작용 등을 들 수 있다. 이러한 지층에 대해 적정 커터 선정을 위한 기본적인 선형절삭시험(linear cutting test)을 해본 경험이 전무하다는 것도 굴진율 예측 모델을 이용한 공기, 공사비 검토 미수행 등도 기계화 시공의 주요 실패 사인임을 간과할 수 없다. 또한 TBM 장비의 설계에 필요한 지반 조사와 각종시험, 상세한 지질조사와 지하 수리 조사가 거의 이루어지지 않는 실정이다.

공기에 쫓긴다 하더라도 200억 원에 이르는 TBM 장비의 선정과 장비사양, 커터 선정이 공인기관의 절삭 시험 없이 제작자의 경험만으로 이루어졌다는 것은 상식적으로 납득하기 어렵다.

3.6.2 장비의 굴착작업 운용상의 문제점

장비운용기사, 현장 책임 기술자, 외부 전문가 집단의 효율적인 공조 없이 터널 시공 경험이 부족하고 운전 경력도 짧은 장비운용기사의 단독 현장 운영 시에는 유사시 및 긴급사태 등에 대한 대처 능력 부족으로 터널 붕락 및 장비의 터널 내 끼임(jamming) 현상 발생, 운행 부주의로 인한 사행 현상 발생, 공사 운영 미숙으로 인한 spare parts의 공급 불량 등과 기계 및 전기에 대한 지식 미비 등으로 인한 장비의 굴착 중지 등에 따른 공기 연장 및 추가 공사비의 부담 등 많은 문제가 발생하여 이로 인해 TBM 공법 자체에 대한 부정적인 사고들이 국내업계에 만연했다. 심지어 TBM 장비를 과다 보유한 J건설, U건설들이 설계상에 TBM 터널 공법의 적용 미비로 부도가 나는 사태에까지 이르렀고, 지난 10년간 TBM 터널 공법의 적용은 미미했고 이로 인해 오늘날 국내에 잔존하는 TBM 장비 자체도 20년 이상 오래된 구형으로 남게 되어, 현재 새로운 TBM 공법 제안을 해도 20년 전의 실패담에 대한 부정적인 생각이 건설업계에 널리 퍼져있다.

3.6.3 터널 시공팀의 조직화

기계팀, 유압설비팀, 발전설비팀, 전기팀, 터널굴착팀의 기계화 시공에 적합한 현장조직의 체계화가 필요하다. 터널의 설계 및 시공 감리에서 TBM 전문가가 부족한 실정이다.

TBM에 대한 지식이 부족하며 터널설계 프로젝트를 선도하기보다는 장비 제작사에게 끌려 다니는 경향이 있다. 서로 간에 도움을 주고받아야 하나, 설계자가 중립적 위치에서 세계적으로 검증된 CSM 모델이나 KICT 모델 등으로 보다 공평한 판단을 했을 때만이 적정 장비 사양이 결정되고 모든 일이 효율적으로 최적화될 수 있다.

터널 설계 및 발주도 기존 공법, 특히 발파공법에 너무 치우쳐 있다. 이는 경험 부족으로 기계화 시공의 장점을 간과한 결과이며, 설계기술자들의 기계화 공법에 대한 노력이 부족함을 부인하기 어렵다.

또한 유사 장대터널 프로젝트 간 발주시기의 조절이 필요한데, 유사 프로젝트를 동시에 일괄 발주함으로써 고가의 TBM 장비의 활용도가 떨어지는 모순이 발생하기도 한다.

3.6.4 커터 및 부속장비의 국산화 개발

기계화 시공 즉 TBM의 굴착 시, 경암용(hard rock) TBM의 경우의 커터의 비용이 전체 공사비의 30% 이상을 차지하고 있는 바 비싼 외국산 커터의 사용을 줄이는 방안이 국내에 기계화 시공을 정착시키는 데 중요한 인자가 된다.

미국의 경우 TBM의 장비 사양, 커터 개발, 굴진율 등은 현실적인 여건을 통해서 각 암종과 터널 규모에 맞도록 커터의 선정, 적정 절삭길이 선정, 굴진율 및 커터의 마모율 등을 고려해 합리적인 공법을 선정한다. 또한 설계자는 KICT 모델 등에 의존해 적정 커팅 시스템(cutting system)을 합리적으로 구분해 내고, 이에 따른 굴진율과 시공 공정을 장비의 활용도 등을 고려해 구하게 된다. 현행 수입에 의존해 사용하는 커터를 값싸고 질긴 국산 제품을 개발해서 사용해야 진정한 의미의 기계화 시공이 가능할 것이다.

3.6.5 관련 공학 분야와의 공조

기계화 시공에서는 기계공학의 도움과 뛰어난 유압 전문가, 원활한 전기 공급이 중요하다. 또한 커터 개발을 위해서는 커터의 재질을 분석하고 암반에 대한 마모강도를 높이고, 커터의 ring material의 커터 몸체에 대한 부착력을 향상시켜 주는 재료 공학적인 연구가 중요하다.

암반굴착 시 문제점을 극복하려면, 암반보다 더 강하고, 질긴 재질을 개발해 커터의 수명을 최대한 늘려야 한다(Jee, 2004; Jee, 1992). 또한 cutting test를 통해 적합한 cutter의 크기와 모양을 설계단계에서 선정해 주면, 장비가동률을 높이는데 있어 그 효율이 크다.

3.7 친환경적 관점에서의 TBM

3.7.1 소음과 진동

도심지에서의 소음과 진동은 공사장 주변 이웃들에게 큰 피해를 입힌다.

- 각 발파당 장약량의 감소, 굴진장의 감소, 분할 발파 적용
- 발파시간을 확정 운영, 장시간 발파 절대 불가

TBM 적용 시 주변지반의 침하 및 주변건물의 균열(crack) 등의 문제가 적다.

3.7.2 환경문제에 대한 영향 감소

TBM으로 장대터널 시공 시, 공사 작업구간 거리 연장이 길어지거나 작업구의 설치가 필요 없어지며, 관련도로 및 전력선 설치 불필요로 시공시간이 단축되어 환경 측면에서 우수한 공법이다.

3.7.3 터널 작업자의 건강과 안전

가. 공기 오염

천공 및 발파공법은 발파로 인한 공사 중 공기 오염 문제를 들 수 있다. 독가스의 발생과 시야가 줄어드는 단점이 있다. 공사 중 터널 환기 문제가 해결되어야 하거나 문제를 줄여야 된다. 이러한 문제가 TBM 터널에서는 발생하지 않는다. D&B공법 시 디젤엔진을 정착한 로더 사용으로 배기가스 오염 문제를 해결해야 한다. TBM은 전기 작동하고 자체 버력 처리 시스템이 있어서 이러한 문제는 없다. TBM은 컨베이어를 사용해 버력 처리 시, 디젤덤프트럭이나 광차보다 환경오염이 적다. TBM 문제는 석영이 많은 암층 굴착 시 미세 먼지를 생성해 인부 건강에 문제가 될 수 있다. 따라서 막장, 막장 끝 연결부분, 벨트컨베이어(belt-conveyor) 연결부 등에 분무시설을 설치한다. 그러나 물을 너무 많이 사용하면 버력의 점착력이 떨어져 운반에 손실이 생긴다.

나. 정신적인 스트레스

터널현장에서 점보운용기사(jumbo operator)가 TBM에 비해서 더 직접적 소음과 진동, 낙반 등의 위험에 처해 있다. Rock support의 자동화 설치로 기사의 스트레스를 줄일 수 있다. TBM의 경우 D&B보다 낙반 등의 위험이 적은 안전한 공법이다.

3.8 결 언

장대터널의 기계화 시공, 특히 Open TBM 장비의 적용이 국제적인 관점에서 공사비와 안전, 환경 문제 등에서 적정 공법임에는 누구나 동의하겠지만, 정작 국내의 장대터널 대부분은 발파공법으로 시행되고 있다. TBM 공법의 국내 정착을 위해서는,

(1) TBM 장비의 완벽한 설계를 위해서 보다 정밀하고 자세한 지반 조사를 실시해 대상 지층의 지질조건과 지하 수리 상황을 분석해야 한다.

(2) 장비의 적정 사양 선정을 위해서 세계적으로 인정받는 CSM 모델, NTNU 모델, 또는 국내에서 개발된 KICT 모델 등을 설계에 적용하는 것이 필요하다.
(3) 국내에 없는 최신 HP TBM에 대한 상세 정보가 필요하다.
(4) 공사비의 30% 이상을 차지하는 고가의 TBM 커터의 국산화 대체가 필요하다.
(5) 기계화 시공을 위한 설계, 시공, 감리 기술자의 배출이 필요하며 미래 지향적인 기계화 시공에 대한 연구 및 프로젝트 확대 적용이 필요할 것이다.
(6) OPP 발주 등을 도입하여, 저가 입찰에 의한 수준 낮은 TBM 장비의 도입을 막아야 할 것이다.

본 원고에서는 기계화 굴착 시 굴착이론의 소개와 굴착 대상 암반의 물리적 특성에 따른 비트 선정 및 굴착속도의 관계에 대해서 언급했으며 이에 대한 요약은 다음과 같다.

(1) Drag pick의 굴착은 인장파괴, 전단파괴 그리고 암편에 작용하는 힘들의 한계평형에 의해 설명된다.
(2) 디스크커터는 암반 표면에 연직한 방향으로 작용하는 추력(thrust force)에 의해 암반을 절삭한다.
(3) pick(bit)의 주요 힘은 운동방향의 수평방향이고, 디스크는 종방향으로 가장 큰 힘이 적용된다.
(4) 일반적으로 장비 제작에 필요한 암반의 주요 강도 요소들은 압축강도와 전단강도이며, pick의 운용과 암석의 물성과는 복잡한 역학적 관계가 있다.
(5) 암석의 마모저항도 시험은 적정 커터와 pick 선정에 도움이 되며, 암석의 취성, 천공속도지수, 암반의 균열요소 그리고 커터의 추력에 의해서 결정한 커터의 압입깊이와 커터헤드의 회전속도에 의해 굴진속도를 구할 수 있다.
(6) 암석의 경도와 굴착속도와의 관계, 일축압축강도와 굴착속도와의 관계 유추에 대한 외국의 연구 사례를 활용해 보다 간단하게 압입깊이와 굴진속도를 결정할 수 있다.

이외에도 기계화 시공의 설계를 위해서는 drag picks와 디스크커터의 종횡 배치, 센터커터(center cutter)의 적용 그리고 암편이나 핵석(core stone)(Jee, 2004) 등의 처리장비 등 고려해야 할 요소들이 많이 있으며, 향후 체계적인 연구가 수행되어야 할 것이다.

지금까지 국내에 적용된 기계화 시공에서는 굴삭이론과 암반특성을 고려한 장비의 설계를 외국의 장비회사에 전적으로 의존해 오고 있다. 이로 인해 국내에서 기계화 굴착에 대한 연구나 검토가 부진해 설계나 시공 시 검증을 할 수 있는 기준도 제대로 마련되지 못한 실정이다.

또한 지반 변화가 심한 국내 특성이 제대로 반영되지 않은 채 장비가 도입, 운영되어서 시공 중 발생되는 문제점들에 대해 적절한 예측과 대책을 수립하지 못하고 있다. 이로 인한 부정적 인식으로 기계화 시공이 널리 적용되지 못하고 있으며 장비의 국산화도 요원한 실정이다.

이와 같은 각각의 문제들이 악순환의 고리를 만들어 국내 기계화 시공의 정착을 막고 있는데 그 고리를 끊기 위해 다음과 같은 과제들을 해결해야 할 것이다.

첫째, 대상 지반에 적정한 장비 선정 및 설계를 위해 정밀 지반 조사 및 굴삭시험(rock cutting test)의 지속적인 기술 개발 및 연구가 필요하다.

둘째, 굴삭 원리의 이론적 해석 연구에 의해 적정한 장비 제작과 시공계획 수립을 위한 기술 축적을 해야 할 것이다.

셋째, 기계화 시공의 원활한 적용을 위해 합리적인 기준의 재정립 등의 행정적·제도적 뒷받침이 필요하다.

마지막으로 특수재료 및 기계 제작 분야와의 상호 공조에 의해 장비 제작기술 발전을 통한 국산화를 이룰 수 있어야 할 것이다.

참 고 문 헌

1. Beckmann U. and Simons, H. 1982. “Tunnel boring machine payment on basis of actual rock quality effect.” Tunnelling ‘82, pp. 261~264.
2. Bilgen, N. 2006. “TBM cutting performance in Istanbul.” February, Tunnels & Tunneling International, pp. 17~19.
3. Bilgin, N. et al. 1991. “The Performance Analysis with Reference to Rock Properties, Mechanized Excavation.” Comprehensive Rock Engineering, Vol.4:27, JA Hudson(ed).
4. Brown, E.T. and Hoek, E. 1978. “Trends in Relationships between Measured In-Situ Stresses and Depth.” Int. J. Rock Mechanics, Vol.15.
5. Evans, I. 1962. “A Theory of the Basic Mechanics of Coal Ploughing.” Proc. Int. Symp. on Min. Research, Pergamon, London.
6. Evans, I. and Pomeroy, C.D. 1966. “The Strength, Fracture and Workability of Coal.” Pergamon, London, pps 277.
7. Hoek, E. 1976. “Structurally Controlled Instability.” 17th U.S. Rock Mechanics Symposium.
8. Howarth, D. F. 1994. “Database of TBM projects undertaken between 1950 and 1990 and assessment of associated ground-strength limitations.” Tunnelling and Underground Space Tech, Vol.9, No.2, pp. 209~213.
9. Jee, W. 2004. “Boulder Detection Technologies and its Treatments in Soft Ground Tunneling.” Shield TBM Conference, Golden, Colorado School of Mines.
10. Jee, W. 1992. “An Assessment of the Cutting Ability and Dust Generation of Polycrystalline Diamond Compact Insert Picks.” University of New South Wales, Sydney, Australia.

11. Merchant, M.E. 1945. "Basic Mechanics of the Metal Cutting Process." J of Appl. Mechs, Vol.2.
12. Nilsen, Bjorn and Ozdemir, Levent. 1993. "Hard Rock Tunnel Boring Prediction and Field Performance." 1993 RETC Proceedings.
13. Nishimatsu, Y. 1972. "The Mechnics of Rock Cutting." Int. J. Rock Mech. Min. Sci, Vol.9.
14. NTH. 1990. "Hard rock tunnel boring." Project Report 1.
15. Ozdemir, L. and Nilsen, B. 1993. "Hard rock tunnel boring prediction and field performance." Proc. of RETC, Chapter 52, Boston, USA.
16. Phillips, H.R. 1975. "The Mechanical Cutting Characteristics and Properties of Selected Rock Formations." Report to Transport & Road Research Laboratory, Dept. of Mining Engineering, University of Newcastle upon Tyne.
17. Rostami, J. and Ozdemir, L. 1996. "Computer Modeling of Mechanical Excavators Cutterhead?" Proceedings of the World Rock Boring Association Conference, Mechanical Excavations Future Role in Mining, Sep 17~19, Laurentian University, Sudbury, Ontario, Canada.
18. Rostami, J. 1997. "Development of a Force Estimation Model for Rock Fragmentation with Disc Cutters through Theoretical Modeling and Physical Measurement of Crushed Zone Pressure." Ph.D. Thesis Dissertation, Colorado School of Mines, May 1997.
19. Rostami, J., Ozdemir, L. and Nilson, B. 1993. "Comparison between CSM and NTH Hard Rock TBM Performance Prediction Models." RETC Proceedings.
20. Rostami, Jamal and Ozdemir, Levent. 1993. "A New Model For Performance Prediction of Hard Rock TBMs." RETC Proceedings.
21. Roxborough. 1988. "Multiple pass sub- interative rock cutting with picks and discs." Congress on Applied Rock Engineering, IMM.
22. Roxborough, F.F. 1973. "Cutting Rock with Picks." The Mining Engineer (Proc I. Min. E.) London.
23. Roxborough, F.F. and Phillips, H.R. 1977. III Congress of the Int. Soc. for Rock Mech, Vol.11B, pp. 1407~1412.
24. Tarkoy Peter. J. 1973-A. "A study of rock properties and TBM advance rates in two mica schist formations." Proc. 15th U.S. Symposium on Rock Mechnics.
25. Tarkoy Peter. J. 1973-B. "Predicting TBM penetration rates and cutter costs in selected rock type." Proc. 9th Canadian Rock Mechanics Symposium.
26. Tarkoy Peter. J. and Massimo Marconi. 1991. "Difficult rock comminution and associated geological conditions." Tunnelling '91, pp. 195~207.
27. Whittaker, B.N. and Singh, R.J. 1979. "Evaluation of Design Requirements and Performance of Longwall Gateroads." Mining Engineer.

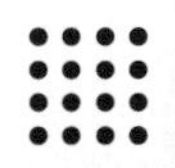

제4장 TBM 터널 굴진면 안정성 및 주변 영향 평가

제 4 장 TBM 터널 굴진면 안정성 및 주변 영향 평가

유충식 (성균관대학교) / 고성일 (단우기술단)

4.1 굴진면 안정성

최근 들어 도심지에 건설되는 쉴드터널의 특징은 토피고가 낮아지고 굴착단면이 커진다는 것이다. 그 예로서 2005년에는 직경 15.2m의 토압식 쉴드 TBM이 마드리드 도심 한복판에 시공된 바 있다(Herrenknecht and Bappler, 2005). 도심지에서의 터널시공은 결국 터널 자체의 안정성 확보와 더불어 주변 환경에 미치는 영향이 최소화되어야 한다는 데 초점이 맞추어져야 하므로 굴진면 안정성 확보는 붕괴 위험을 줄이고 굴진면에서의 지반 손실로 인한 지표 침하를 최소화하는 데 직결되어 있다는 점에서 설계·시공 단계에서의 주요 검토 항목이다(그림 4-1).

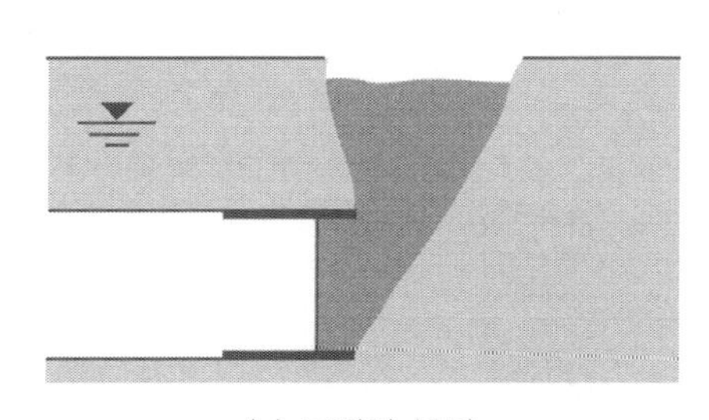

(a) 굴진면 붕괴

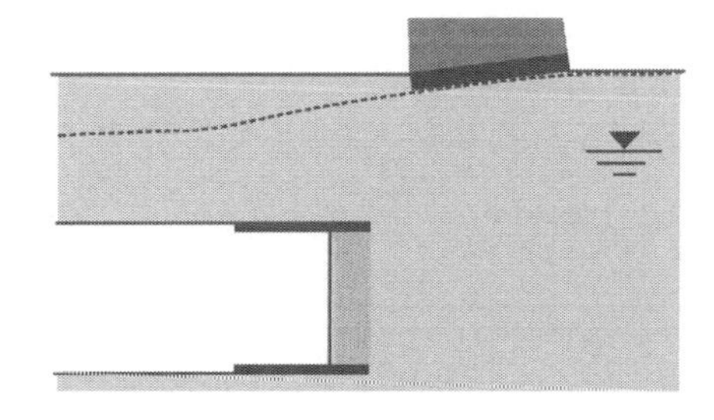

(b) 굴진면 지반손실로 인한 지표침하

[그림 4-1] 굴진면 불안정으로 인한 발생가능 시나리오

본 장에서는 쉴드터널 시 굴진면 거동 및 파괴 메커니즘, 그리고 안정성 평가기법 및 굴진면 설계 압력 산정 방법 등 설계 시 필요한 기본적인 내용을 기술했다.

4.1.1 굴진면 안정성 기본 이론

가. 굴진면 안정성 평가 및 파괴 메커니즘

1) 안정성 평가 기본 이론 – 안정계수

① 점성토 지반

일반적으로 굴진면의 안정성 평가에서는 안정계수(stability ratio, N)를 이용해 평가한다. 안정계수의 개념은 Broms and Bennermark(1967)에 의해 아래 식 4-1과 같이 제시되었다.

$$N = \frac{\gamma H}{s_u} \tag{4-1}$$

여기서, H : 토피고

γ : 단위중량

s_u : 굴진면이 위치한 지반의 비배수전단강도

식 4-1은 지표면에 상재하중(σ_s)이 작용하는 경우나 터널 내부에 안정을 도모하기 위한 압력(σ_T)이 작용하는 경우와 같이 보다 일반적인 경우에 대해 표현하면 다시 식 4-2와 같이 작성된다.

$$N = \frac{\gamma H + \sigma_s - \sigma_T}{s_u} \tag{4-2}$$

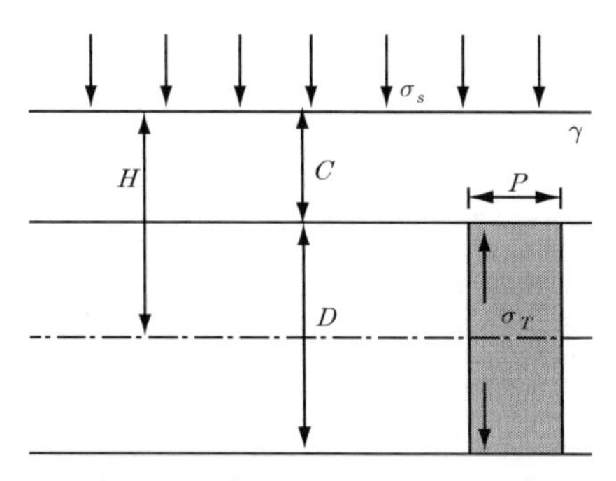

[그림 4-2] 굴진면 안정 파라미터

위에서 제시된 안정계수는 아래 기준에 근거해 굴진면의 안정성 여부를 평가하는 데 활용할 수 있다.

- $N \leq 3$: 안정
- $3 < N \leq 6$: 굴진면 안정성은 확보되나 굴진면의 과다 변형으로 굴진면 전방 침하가 우려됨
- $N > 6$: 불안정

안정계수와 더불어 굴진면 안정성 평가 시에는 아래에 제시된 바와 같이 토피고 대비 터널 직경의 효과를 고려해야 한다.

- $\frac{C}{D} < 2$: 아칭효과 확보의 어려움으로 인해 굴진면 안정성에 대한 상세 검토가 요구됨
- $\frac{\gamma D}{s_u} > 4$: 지반의 전단강도 대비 응력 해방 수준이 커짐에 따라 굴진면에서 국부적 파괴 발생 가능성 높음

② 사질토 지반

사질토 지반에 형성되는 굴진면의 안정성에 관한 문제는 점성토 지반의 경우보다 더 복잡하고 어렵다고 할 수 있으며, 이에 관련된 연구 역시 최근 들어 활발해지고 있다.

이론적 측면에서 사질토 지반에서는 터널 내압의 작용 없이는 안정성 확보가 불가능하다. 다만 완전 건조 지반이 아닌 경우에는 간극에 있는 수분으로 인한 모관장력(capillary tension)으로 형성되는 겉보기 점착력(apparent cohesion)으로 인해 적어도 굴착 직후 안정성 확보에 도움을 준다. 이론적 또는 실험적 연구결과에 따르면 점성토에 비해 터널의 토피고(C/D)가 굴진면 안정성에 미치는 영향이 적은 반면, 터널직경(D)이 지대한 영향을 미치며, 따라서 굴진면 안정성은 주 영향 인자인 $\frac{\gamma D}{\sigma_T}$와 유효내부마찰각 ϕ'을 고려해 평가해야 한다.

③ 점토성분이 포함된 사질토 지반

점토성분이 포함된 사질토 지반에 형성되는 굴진면에 대한 안정성 평가는 지반의 일축압축강도 $\left(\sigma_c = \frac{2c' \cos\phi'}{1 - \sin\phi'}\right)$와 유효내부마찰각을 이용해 $\frac{\gamma H}{\sigma_c}$, $\frac{\gamma D}{\sigma_c}$, 그리고 $\frac{\sigma_T}{\sigma_c}$에 대한 복합적인 평가를 수행해야 하며 이론적 평가보다는 수치 해석적 평가를 수행하는 것이 효율적이다.

2) 굴진면 파괴 메커니즘

터널 굴진면 안정성에 대한 평가는 발생 가능한 파괴 메커니즘과 더불어 터널 굴진에 따른 지반 거동 평가에서 고려해야 하는 인자들에 대한 정보를 제공한다. 일반적으로 굴진면의 파괴 메커니즘은 지반조건에 따라 두 가지 형태로 구분된다.

① 점성토 지반

점성토 지반에서의 굴진면 붕괴는 굴진면 전방 지반의 대규모 붕락을 포함하며(그림 4-3), 얕은

터널의 경우 터널 직경보다 큰 대규모 공동이 형성되기도 한다.

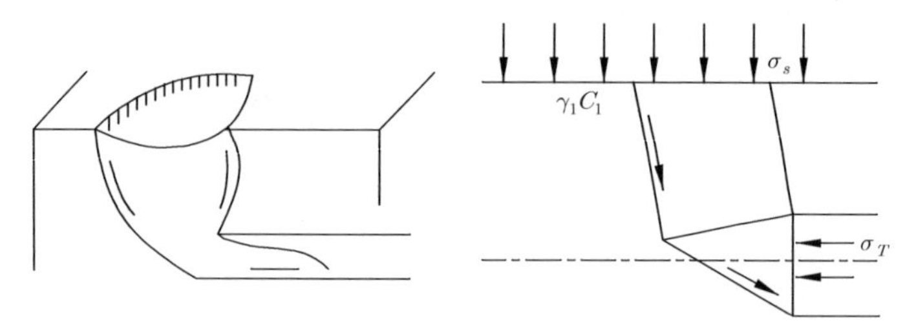

[그림 4-3] 점성토지반 굴진면 파괴 메커니즘(Leca and New 2007)

② 사질토 지반

사질토 지반에서 굴진면 붕괴가 발생하는 경우에는 점성토 지반에 비해 굴진면 전방에서의 붕괴 영역이 비교적 작게 형성된다(그림 4-4).

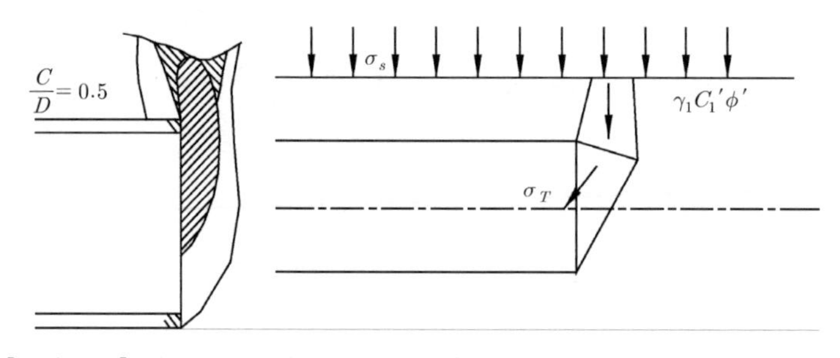

[그림 4-4] 건조 사질토지반 굴진면 파괴 메커니즘(Leca and New 2007)

나. 쉴드 TBM 기종별 굴진면 거동

쉴드 TBM 공법은 어떠한 기종의 쉴드(즉 이수식 혹은 토압식 쉴드 TBM) 장비를 사용하느냐에 따라 굴진면 거동이 달라지고 따라서 굴진면 안정성 확보를 위한 굴진면 압력을 산정하는 데 반영

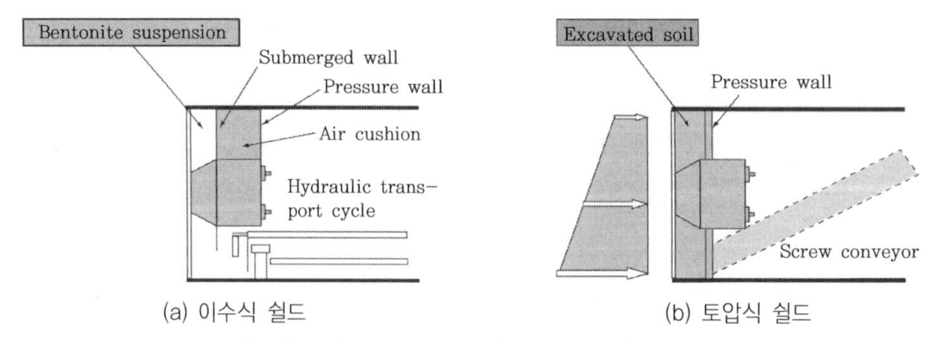

[그림 4-5] 쉴드 TBM 공법별 굴진면 지지 메커니즘

해야 한다. 즉, 토압식 쉴드 TBM의 경우 토압계로 측정된 막장면압을 챔버 내 채워진 굴착토와 쉴드 추진력으로 대응하여 굴착하게 되며, 이수식 쉴드 TBM의 경우 챔버 내 이수를 가압해 굴착면에 작용하는 수압 및 토압에 대응하게 된다(그림 4-5). 본 절에서는 쉴드 TBM 장비에 초점을 맞추어 기종별 굴착면 거동 특성을 설명하고자 한다.

1) 토압식 쉴드 TBM

토압식 쉴드 TBM 공법에서 막장면 안정의 주요 특징은 다음과 같다.

① 커터에 의해 굴착한 토사를 소성 유동화시키면서 챔버 내에 충만·압축시켜 막장면을 지지한다.

② 스크루컨베이어 및 배토 조정장치에 의해 배토량을 조정해 굴착토량과 맞추면서 챔버 내의 토사에 압력을 갖게 해 막장면의 토압·수압에 저항시킨다.

③ 챔버 내 및 스크루컨베이어 내에 충만·압축시킨 토사에 의해 지수효과를 얻는다.

즉, 토압식 쉴드 TBM에서의 굴착면 안정은 챔버, 스크루컨베이어 등에 충만·압축된 버력에 의한 지반접촉부에서의 유효응력 확보와 챔버의 수압 조절에 좌우된다. 지하수위 아래에서 시공되는 토압식 쉴드 TBM의 경우 챔버 내의 수두와 챔버 내로 유입되는 침투수압의 차이로 인해 3차원적인 침투수압이 발생하며 이는 굴진면의 안정성에 지대한 영향을 미친다.

이러한 챔버 내의 수두가 굴진면 안정성에 미치는 영향이 그림 4-6에 나타나 있다. 예를 들어 직경 10m, 토피고 20m, 그리고 제시되어 있는 전단강도를 가지는 경우 챔버 내 수압이 h만큼 증가할 경우 유효 굴진면 압력(S')은 감소한다. 한편, 굴진면 안정성에 관한 안전율을 2.0으로 유지할 때, h = 10m로 유지하는 경우 유효굴진면압력은 S' = 200kPa이 되며 h = 30m(즉 지하수위 평형

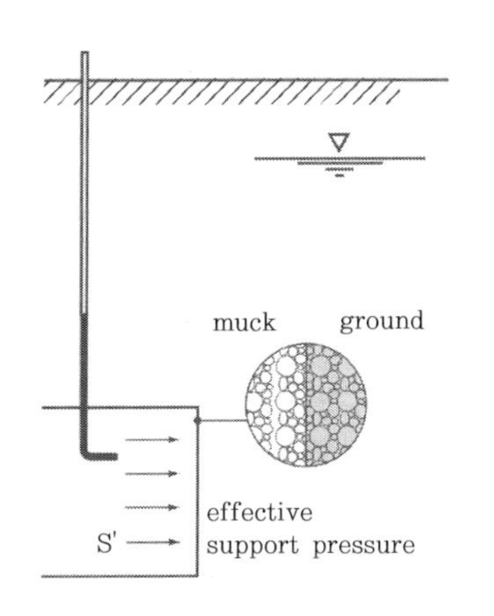

(a) 토압식 쉴드의 유효 굴진면 압력

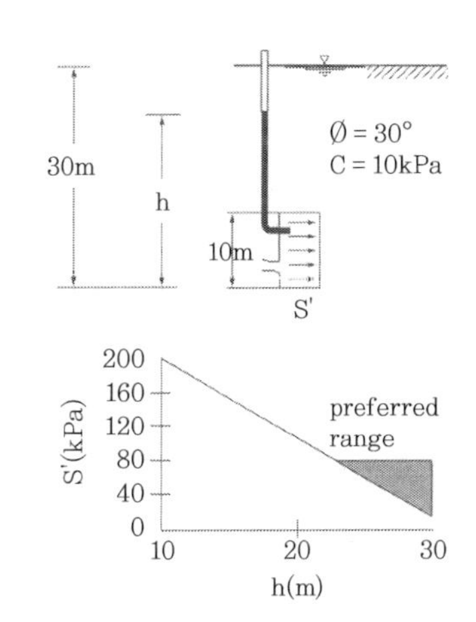

(b) 챔버 내 수두와 유효 굴진면 압력 관계(안전율 2.0)

[그림 4-6] 토압식 쉴드 TBM의 굴진면 안정 메커니즘

수두)로 유지할 경우에는 굴진면 압력이 거의 필요 없게 되는데 일반적으로 굴진면 압력을 작게 유지하는 것이 바람직하다.

2) 이수식 쉴드 TBM

이수식 쉴드 TBM 공법에서 막장면 안정의 주요 특징은 다음과 같다.

① 가압된 슬러리 압력에 의해 막장면의 토압·수압에 저항해 막장면의 안정을 도모하면서 막장면의 변형을 억제하고 지반 침하를 억제한다.

② 막장면에 난투수성의 이막을 형성해 이수압력을 유효하게 작용시킨다.

③ 막장면에서 어느 정도의 범위까지 침투해 지반에 점착성을 준다.

즉, 가압된 슬러리 압력에 의해 막장면의 토압, 수압에 저항해 막장면의 안정을 도모하면서 막장면의 변형 및 지반 침하를 억제하게 되며, 이를 위해서 막장면에 멤브레인 역할을 하는 이막 형성이 매우 주요한 요소이다. 막장면 토질특성에 따른 이막 형성 형태를 Műller(1977)는 슬러리 월(slurry wall) 구조물을 연구 대상으로 다음의 세 가지 형태로 구분했다(그림 4-7).

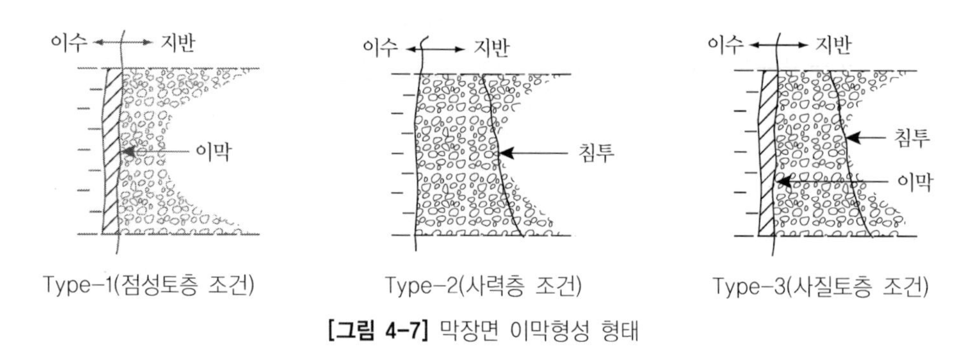

[그림 4-7] 막장면 이막형성 형태

이러한 막장면 이막에 대해 Anagnostou and Kovari(1996)는 Membrane 모델을 제안하면서 필터 케이크라 칭했으며, 필터 케이크는 주변지반으로 슬러리가 침투되는 것을 방지하는 역할을 한다고 했다. 필터 케이크가 형성되기 위해서는 지반 내에 충분한 세립분이 있어야 하며 과잉압력(Δp) 그리고 흙의 임계투수계수(critical limit of permeability)가 확보되어야 한다.

슬러리가 지반 내로 침투할 경우에는 슬러리의 굴착면 지지효과가 거리에 따라 현저히 감소된다. 즉, 그림 4-8에 제시된 모형에 근거하면 임의 조건에서 슬러리의 침투거리가 터널 직경의 40% 이상이 되면 굴진면 지지력 S가 초기 지지력 S_o 대비 40% 정도로 감소된다. 따라서 이수현탁액에 적절한 첨가제를 투입하거나 과잉압력을 감소시킴으로써 필터 케이크가 기능을 상실하게 되는 현상을 방지하거나 슬러리가 지반 내로 침투되는 것을 효과적으로 방지할 수 있다.

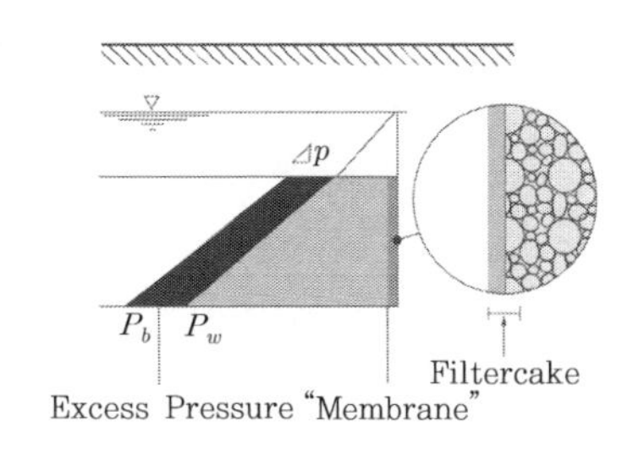

(a) 슬러리의 굴진면 지지 메커니즘

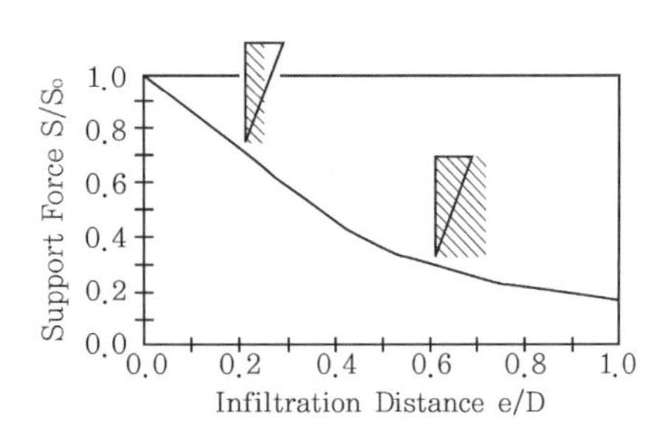

(b) 슬러리 침투로 인한 굴진면 지지력 감소

[그림 4-8] 이수식 쉴드 TBM의 굴진면 안정 메커니즘

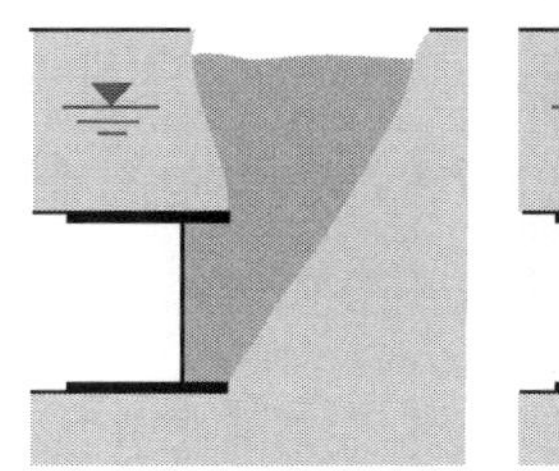

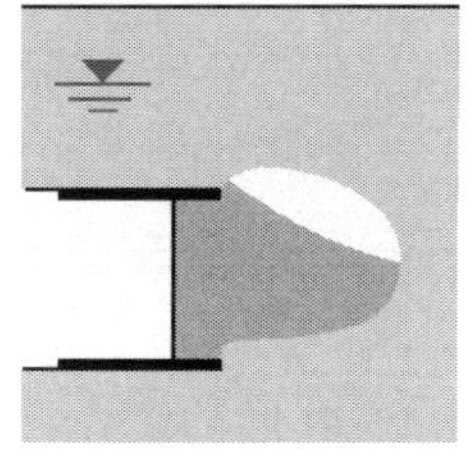

(a) 굴진면 파괴 유형

(b) 굴진면 붕괴로 인한 상부 지반 함몰

[그림 4-9] 이수식 쉴드 TBM의 불안정으로 인한 굴진면 파괴

4.1.2 굴진면 안정성 평가 및 설계 굴진면 압력 산정

가. 굴진면 압력 산정 기본이론

TBM 공법 적용 시 굴진면 안정성은 특히 도심지 터널 시공에서 공법 선정에 지대한 영향을 미치므로 굴진면 압력 산정은 설계 및 시공단계에서 매우 중요한 인자라고 할 수 있다. 그러나 굴진면 압력 산정 방법에 관한 통일된 지침이나 가이드라인이 설정되어 있지 않으며 지역 특성을 고려해 나름대로의 방법을 적용하고 있다. 즉, 현 단계에서는 굴진면 안정성과 소요 굴진면 압력을 다양한 방법으로 적용·산정함으로써 최적의 수치를 적용하는 접근방법을 취하고 있다.

설계 굴진면 압력 산정을 위해서는 쉴드 굴진에 필요한 안정성 확보, 지반 침하 및 지하수 저하 등 주변 환경에 미치는 영향에 대한 요구조건을 만족하도록 결정해야 한다. 일반적으로 굴진면 지보 압력은 단계적 해석을 통해 결정된다. 또한 굴진면에서의 평형조건을 고려해야 하며 굴진면의 변형과 지하수 유입 조절에 필요한 최적의 안정화 방법을 결정해야 한다. 굴진면 지보 압력은 아래 두 가지 방법에 근거해 결정된다.

(1) 이론적 방법 : (a) 한계평형기법 또는 (b) 토압이론

(2) 수치 해석 : 2D 혹은 3D 모델 적용

각 해석기법에 대한 특징과 비교내용이 표 4-1에 제시되어 있다. 여기서 '전체평형압력'은 굴진면의 안정과 지표 침하에 대한 요구조건을 만족시키는 굴진 압력을 의미한다. 표 4-1의 내용을 요약하면 다음과 같다.

(1) 터널 굴진 과정에서 지반-쉴드의 복잡성을 고려할 때 3차원 모델에 근거한 수치 해석기법이 굴진면 지보압력 산정에 있어 신뢰할 수 있는 결과를 제공한다.
(2) 2D 모델을 이용한 수치 해석기법은 평면변형률 단면해석이라는 제한성으로 인해 정량적 굴진면 압력 산정에는 적절하지 않다.
(3) 한계평형기법(Limit Equilibrium Method, LEM)은 간편성으로 인해 민감도 분석이나 확률론적 검토에 효율적으로 적용될 수 있으나 주변영향에 관한 해는 얻을 수 없다는 제한성이 있다.
(4) 평형한계상태 또는 토압이론에 근거한 방법은 주동 혹은 수동 한계상태로 정의되는 임계변형 이내의 지반 변형을 유지하기 위한 이론적 수평압력을 결정하는 데 유용하게 사용할 수 있다.

요약하면 3D 모델을 이용한 수치 해석기법이 설계·시공 단계에서 요구되는 다양한 '해'를 도출하는 데 효율적이라고 할 수 있으며, 한계평형기법 및 토압이론 등에 근거한 비교적 단순한 이론해 또한 초기 설계·시공 단계에서 다양한 시나리오에 대한 경우를 검토하는 수단으로서 효율적으로 적용될 수 있다. 일반적으로 최적의 접근방법은 이론해와 수치 해석기법을 병용하되 설계단계와 조건의 복잡성을 고려해 두 가지 방법에 대한 각각의 비중을 조정하는 것이 필요하다. 아래 표 4-1은 다양한 안정해석 방법을 비교하고 있다.

[표 4-1] 굴진면 안정성 해석방법 비교

해석방법		시공 과정의 모사	굴진면 안정성	파괴 메커니즘	침하 해석	굴진면 안정화 압력	전체평형 압력
3D 수치 해석		Yes	Yes*	Yes	Yes	Yes	Yes
2D 수치 해석	횡단면	No	No	Yes	No	No	No
	종단면	(Yes)	Yes*	Yes	(Yes)	Yes	(Yes)
한계평형기법		No		No	No	Yes	No
토압이론		No	No	No	No	Yes	(Yes)

*시공 중 계측결과 반영 필수; (Yes)개략적인 평가만 가능

나. 이론적 접근방법

이론적 접근방법에 근거한 해석기법은 한계평형기법(LEM) 혹은 한계응력해석법(Limit Analyses Stress Method, LASM)에 근거한 두 부류로 구분된다.

한계평형기법에서는 임계파괴면과 이에 작용하는 응력분포를 가정해 한계상태의 평형조건을 고려해 안전율을 산정하며 반복계산을 통해 최소안전율과 이에 해당하는 파괴면을 찾는 방법으로 굴진면 안정성을 평가한다. 이에 반해 한계응력해석법은 정적 및 동적 역학 관점에서 대상 문제의 상한해(upper bound solution)와 하한해(lower bound solution)를 찾기 위해 응력 해석을 수행한다.

이러한 이론적 해는 평형조건을 확보하기 위한 굴진면 압력에 대한 해를 제공하며 여기서부터 얻은 결과를 설계에 반영하기 위해서는 적절한 안전율을 고려해 설계 굴진면 압력을 산정해야 한다. 아울러 이러한 이론해는 설계에 필요한 터널 주변 및 지표지반의 장단기 응력-변형률 거동에 대한 정보를 제공하지 않는다는 제한성은 있으나 예비설계단계에서 간편히 적용할 수 있으며 수치해석결과를 검토하는 데 활용할 수 있다. 대표적인 이론해는 아래와 같다.

1) Murayama 방법(1966)

그림 4-10에서와 같이 logspiral 형태의 파괴면을 고려하며 Terzaghi(1943)가 제안한 방법에 근거해 압력쐐기(abd)에 작용하는 토압(q_B)을 산정하며, [$W + q_B$]에 의한 유발모멘트와 굴진면 압력에 의한 힘 P 및 파괴면에서의 전단강도에 의한 저항력에 의한 저항모멘트에 대한 평형조건을 고려한다. 여기서 안정성 확보에 요구되는 굴진면 압력 P는 반복계산을 통해 최대 P를 주는 하중재하 폭 B를 찾는 방법에 근거해 식 4-3과 같이 결정된다.

$$P = \left[W \times l_W + q_B \times B_1 \times \left(l_B + \frac{B_1}{2} \right) - c\left(\frac{r_d^2 - r_a^2}{2\tan\phi} \right) \right] / (2R \times l_p) \tag{4-3}$$

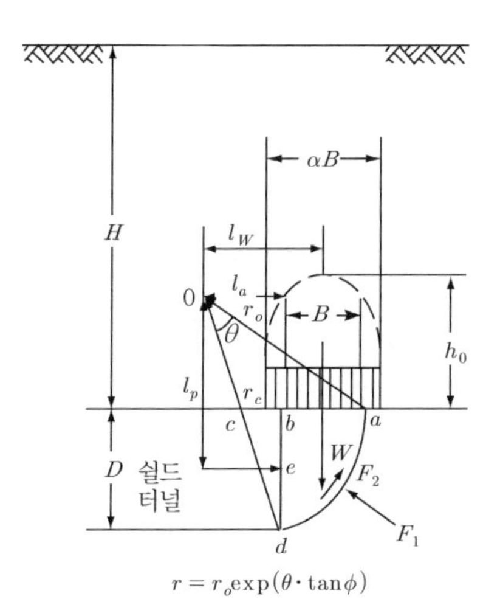

[그림 4-10] Murayama 모델

2) Broms and Bennemark 방법(1967)

본 기법에서는 그림 4-11과 같이 점성토의 비배수 조건에서 무지보 굴진면에 대한 안정성 해석을 수행하며 이때 안정계수 N은 식 4-4와 같이 정의된다.

$$N = \frac{\gamma H + \sigma_s - \sigma_T}{s_u} \quad \text{(Su : 점성토의 비배수 전단강도)} \qquad (4-4)$$

앞서 기술한 바와 같이 $N \geq 6$의 경우 굴진면 불안정이 야기되므로 이를 토대로 할 때 최소 굴진면 압력(σ_T)은 아래 식 4-5와 같이 표현된다.

$$\sigma_T = \gamma H + \sigma_s - 6 s_u \qquad (4-5)$$

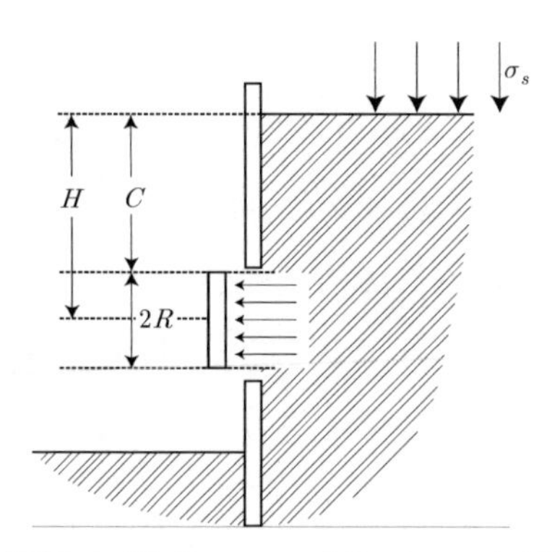

[그림 4-11] Broms and Bennemark 모델

3) Davis et al. 방법(1980)

Davis et al. 방법에서는 점성토 지반에 반지름 R을 가지는 터널에 굴진면으로부터 P의 거리에 강성 라이닝이 설치되는 경우에 대한 안정해석을 수행하게 된다(그림 4-12).

이때 $P = \infty$ 인 조건(무지보)의 경우와 $P = 0$인 경우(무지보구간 = 0)에 대한 상·하한 임계해를 구하게 된다.

쉴드 TBM 공법의 경우 $P = 0$에 해당하는 해를 적용할 수 있으며, 기준 응력장을 원통형 혹은 타원형으로 가정해 해를 구할 수 있다. 각 응력장에 대한 안정계수는 아래 식 4-6, 4-7과 같다.

$$N = 2 + 2\ln\left(\frac{C}{R} + 1\right) \quad \text{[원통형 응력장]} \qquad (4-6)$$

$$N = 4\ln\left(\frac{C}{R} + 1\right) \quad \text{[타원형 응력장]} \qquad (4-7)$$

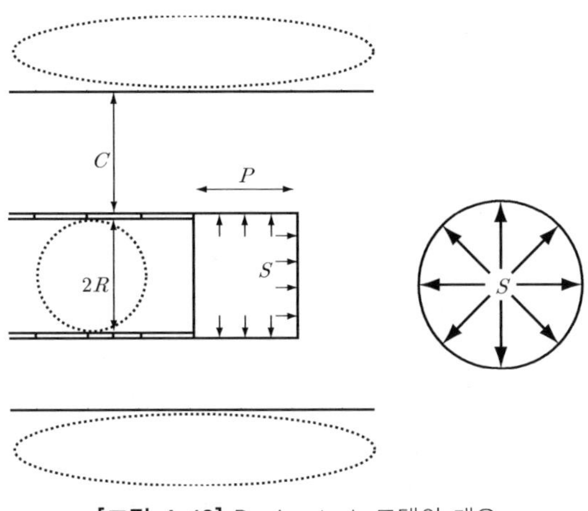

[그림 4-12] Davis et al. 모델의 개요

4) Krause 방법(1987)

본 기법은 그림 4-13에 제시되어 있는 다양한 파괴 메커니즘에 대한 최소 굴진면 지보 압력을 제공하며 그림 4-13(b)의 파괴 메커니즘에 대해 최대 굴진면 지보 압력이 산정된다. 한편 일반적으로 그림 4-13(c)의 반타원형(semi-spherical) 파괴 메커니즘이 비교적 현실에 가까운 결과를 제공하는 것으로 알려져 있다. 가정한 파괴 메커니즘별 최소 지보 압력은 식 4-8, 4-9와 같다.

반원형 : $$s_{\min} = \frac{1}{\tan\phi}\left(\frac{\gamma' D}{3} - \frac{\pi c}{2}\right) \tag{4-8}$$

반타원형 : $$s_{\min} = \frac{1}{\tan\phi}\left(\frac{\gamma' D}{9} - \frac{\pi c}{2}\right) \tag{4-9}$$

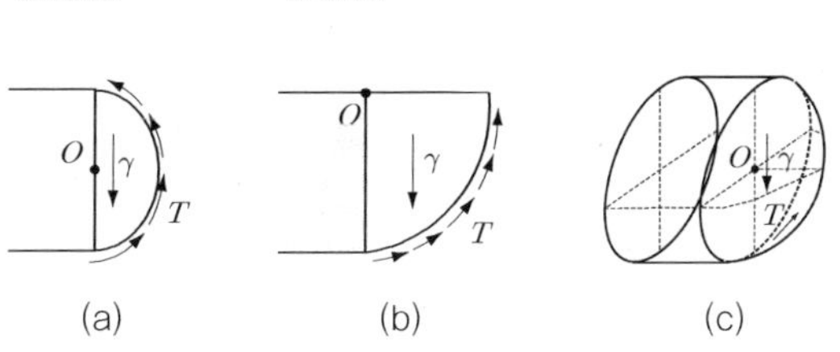

[그림 4-13] Krause 모델의 파괴 메커니즘

5) Leca and Dormieux 방법(1990)

본 기법은 3차원 모델에 대한 한계이론(limit theorem)에 근거하며 운동역학 및 정역학 접근방

법을 토대로 상한해를 산정한다(그림 4-14, 15). 건조한 지반에서 굴진면 지보압(σ_T)은 식 4-10과 같이 표현된다.

$$\sigma_T = -c' ctg\phi' + Q_\gamma \gamma \frac{D}{2} + Q_s(\sigma_s + c' ctg\phi') \qquad (4\text{-}10)$$

여기서 Q_γ와 Q_s는 $\frac{H}{a}$와 ϕ'의 함수로 표현되는 정규화 계수이다.

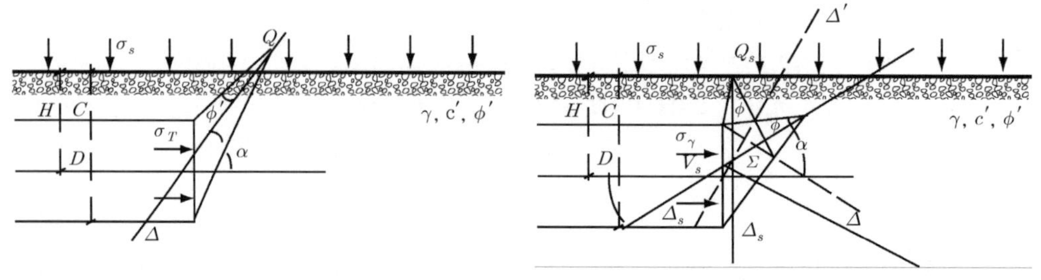

[그림 4-14] Leca & Dormieux 모델(M I)

[그림 4-15] Leca & Dormieux 모델(MⅡ)

여기서 세 번째 메커니즘은 blow-out 파괴로서 얕은 터널에서 굴진면 압력이 필요 이상으로 커서 굴진면 전방 지반이 히빙되는 현상을 의미한다.

6) Anagnostou and Kovari(1994, 1996)

① 토압식 쉴드 TBM

Anagnostou and Kovari(1994)는 사일로 이론과 Horn(1961)이 제시한 3차원 파괴쐐기 모델(그림 4-16)을 토대로 토압식 쉴드에 대한 설계 굴진면 압력 산정 방법을 제안했다. 여기서는 배수해석조건에 대해 그림 4-17에 정의되어 있는 유효 안정화 압력(effective stabilizing pressure)을 산정하는 방법을 제안했다. 즉, 만일 챔버 내 수압이 굴진면 전방 수압보다 작아지는 경우에는 굴진면 내부로 침투력이 발생하며, 이때 유효 안정화 압력을 작용시켜야 한다. 다만 굴진면으로부터 침투수의 유입을 허용하는 경우 굴진면의 안정성 확보에 필요한 유효 안정화 압력은 감소하게 된다. 유효 안정화 압력(σ') 산정식은 4-11과 같다.

$$\sigma' = F_0\gamma' D - F_1 c' + F_2 \gamma' \Delta h - F_3 c' \frac{\Delta h}{D} \qquad (4\text{-}11)$$

여기서 F_o, F_1, F_2, F_3는 $\frac{H}{D}$와 ϕ'의 함수로서 그림 4-18에 제시된 차트를 이용해 결정하는 무차원 계수이다.

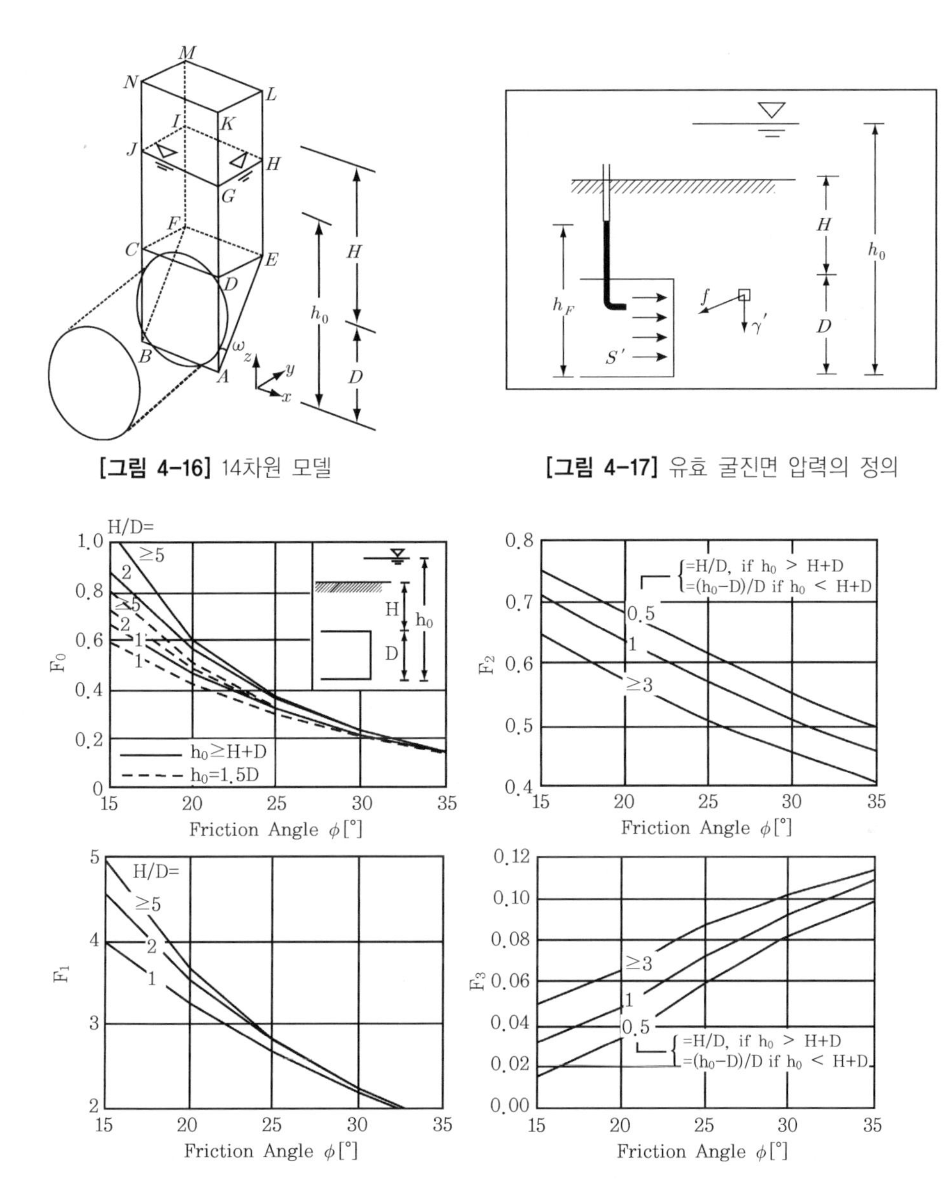

[그림 4-16] 14차원 모델

[그림 4-17] 유효 굴진면 압력의 정의

[그림 4-18] F_o, F_1, F_2, F_3 결정을 위한 차트

② 이수식 쉴드 TBM

Anagnostou and Kovari(1996)는 이수식 쉴드의 경우에 굴진면 안정화 압력(Δp)을 산정하는 방법을 제안했다. 이수식 쉴드의 경우에는 굴진면에서의 압력(p_b)이 굴진면 외부에서의 수압(p_w)

을 초과해야 굴진면의 안정성이 확보되는데(즉 $\Delta p > 0$) 임의 시공조건에 굴진면 안정에 필요한 Δp는 슬러리의 굴진면 전방 지반에의 침투정도에 좌우된다.

굴진면 안정에 필요한 최소 Δp는 굴진면에서 멤브레인 역할을 하는 필터 케이크 형성에 밀접한 관련이 있으며, 지반의 전단강도, 외부 수두, 토피고의 함수로 표현된다(그림 4-19). 만일 굴진면 전방 지반으로 슬러리 침투가 발생하는 경우 굴진면 안정화 압력의 효과는 감소하며 아래 기준을 토대로 감소정도를 평가할 수 있다.

- $e < D\tan\omega$ (부분적 침투) $\Rightarrow \dfrac{S}{S_o} = 1 - \dfrac{e}{2D\tan\omega}$ (4-12)
- $e > D\tan\omega$ (완전 침투) $\Rightarrow \dfrac{S}{S_o} = \dfrac{D\tan\omega}{2e}$ (4-13)

여기서, e : 슬러리의 침투깊이

S_o : 멤브레인 모델에서의 지보력($e = 0$인 경우)

ω : Anagnostou and Kovari(1994)가 제안한 슬라이딩 단면에서의 슬라이딩 각도 (그림 4-16)

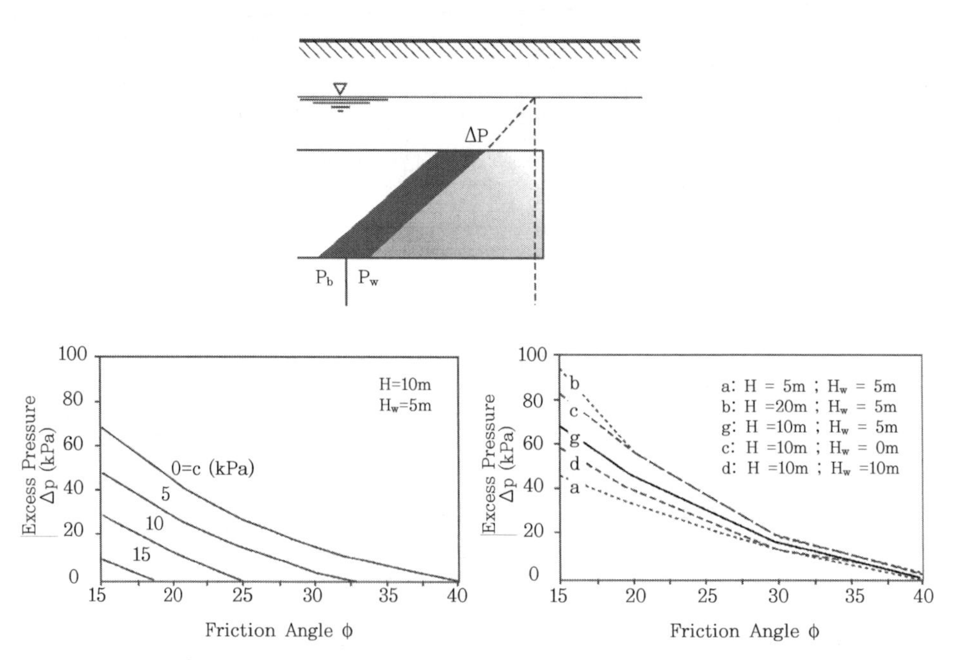

[그림 4-19] 안정성 확보를 위한 최소 Δp(After Kovari, 1994)

한편, 슬러리와 지반의 특성에 따라 '정체경사(stagnation gradient)'는 $f_{so} = \Delta p / e_{\max}$(여기서 $e_{\max}$는 Δp에 대한 최대 침투거리)로서 독일 기준인 DIN4126에서는 $f_{so} = (2\tau_f)/d_{10}$로 정의한다. 여기서 τ_f는 슬러리의 전단강도, d_{10}는 지반의 통과 백분율 10%에 해당하는 입경이다.

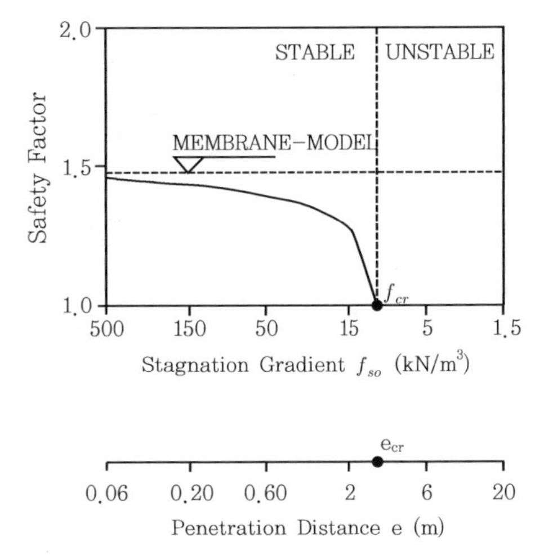

[그림 4-20] 정체경사에 따른 안전율 변화($\phi = 37.5°$)

일반적으로 지반에 세립분이 많이 포함되어 있을수록 슬러리 침투에 대한 위험도가 감소하며, 지반의 입도분포와는 관계없이 쉴드 굴진이 정지되어 정체경사가 감소하는 경우 슬러리 침투의 위험도가 증가한다. 아래 그림 4-20은 슬러리와 지반의 특성 및 굴진속도에 따라 굴진면 안정 임계시간을 산정할 수 있는 관계도표를 제시하고 있다. 또한 이 도표를 활용해 안전율 1(즉 $FS = 1$)에 대한 정체경사 산정을 통해(즉 $f_s = f_{scr}$) 굴진면 안정 확보를 위한 임계 굴진속도(ν_{cr})를 산정할 수 있다.

다. 수치 해석적 접근방법

앞서 제시한 이론해에 근거한 굴진면 안정화 압력 산정방법은 유도 과정에서 채택한 다양한 가정으로 인해 실제 현장에 적용할 경우 많은 제약이 따른다. 이에 반해 수치 해석 기법은 지반의 역학적 특성의 반영이나 시공 과정의 반영 등에서 효율적인 접근이 가능해 쉴드 TBM 터널의 시공 중 굴진면 안정을 확보하는 데 필요한 굴진면 안정화 압력을 산정하는 데 효율적으로 적용될 수 있다.

1) 2D 해석(평면 변형률 해석)

2D 해석, 즉 평면 변형률 해석은 엄격히 말해 해석 모델링의 특성상 시공 중에 있어 굴진면 주변의 3차원 응력-변형률 상태를 모델링할 수 없기 때문에 굴진면 안정화 압력에 대한 정량적인 평가는 불가능하다. 즉, 그림 4-21(a)에서와 같이 TBM의 굴진방향에 직각인 횡단면에 대한 해석을 통해 횡단면 터널 주변의 소성영역, 변형률 유발 경향 등에 대한 검토는 가능하나 그림 4-21(b)에서와 같이 굴진면 압력을 산정하는 데 필요한 종단면에 대한 해석은 불가능하다. 다만 굴진면 안정화 압력의 변화에 따른 종단면 지반 변형이나 굴진면 변형 등에 대한 정성적인 평가는 가능하다.

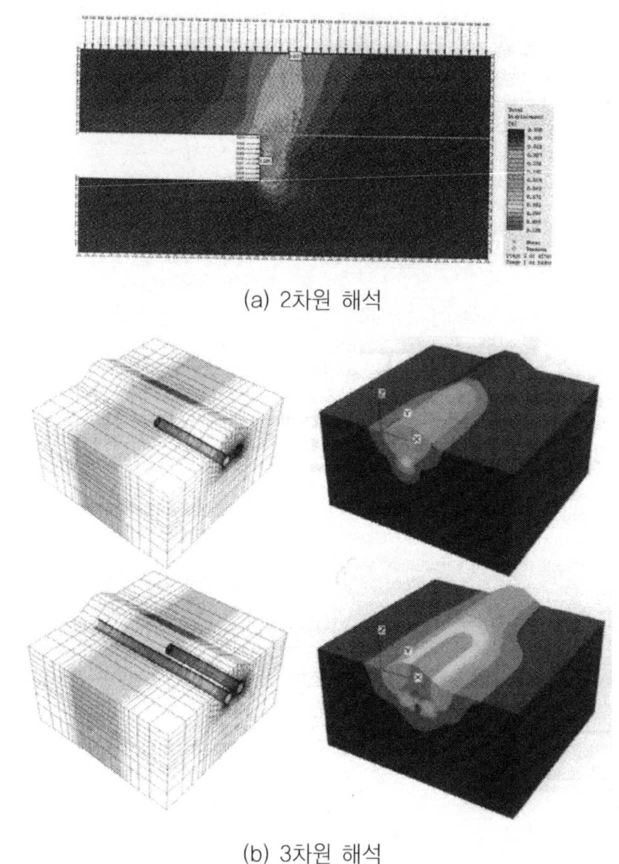

(a) 2차원 해석

(b) 3차원 해석

[그림 4-21] 수치 해석 모델링(컬러 도판 p. 657 참조)

2) 2D 해석(축대칭 해석)

토피고가 터널 직경의 5배 이상이고 터널주변 지반조건이 균질한 TBM 쉴드 시공조건의 경우 터널 형상 및 시공 과정, 그리고 응력조건 등이 역학적인 개념에서 축대칭(axisymmetry) 조건이 성립되므로 축대칭 모델링을 통해 굴진면 거동에 대한 평가가 가능하다(그림 4-22). 다만 앞서 언급

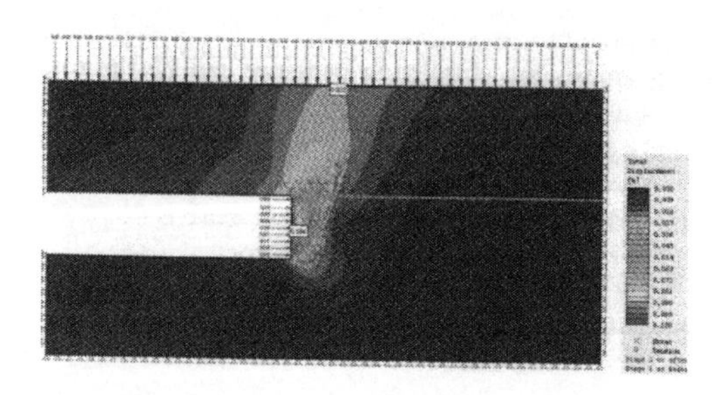

[그림 4-22] 축대칭 해석 모델링(컬러 도판 p. 657 참조)

한 바와 같이 터널주변 지반조건이 균질해야 하고 깊은 터널과 같이 시공 이전 터널주변의 응력대비 깊이 변화가 그다지 크지 않은 조건에 대해서만 적용이 가능하다. 이러한 경우에 대한 축대칭 해석 수행 시에는 3D 해석결과와 거의 유사한 결과를 얻을 수 있다.

3) 3D 해석

대상 터널의 토피고가 터널 직경 대비 5D 이하의 경우에는 시공 이전 터널 주변의 응력장(stress field)의 깊이에 따른 변화를 무시할 수 없기 때문에 앞서 기술한 축대칭 조건을 적용할 수 없으며 따라서 현장조건을 고려한 굴진면 거동을 검토해 적정한 굴진면 안정화 압력을 산정하기 위해서는 3D 해석을 수행해야 한다.

설계에 필요한 굴진면 안정화 압력을 구하는 데 해석의 주안점을 둘 경우에는 TBM 터널의 시공 과정을 엄밀히 모사하기보다는 임의의 시공단계에 대한 모델링을 통해 적정한 평가가 가능하다. 즉, 아래 그림 4-23과 같이 쉴드 후방에는 세그먼트라이닝이 설치되어 있는 것으로 가정해 굴진면에 압력을 가하는 방법으로 굴진면에서의 응력 해방으로 인한 거동 평가가 가능하다.

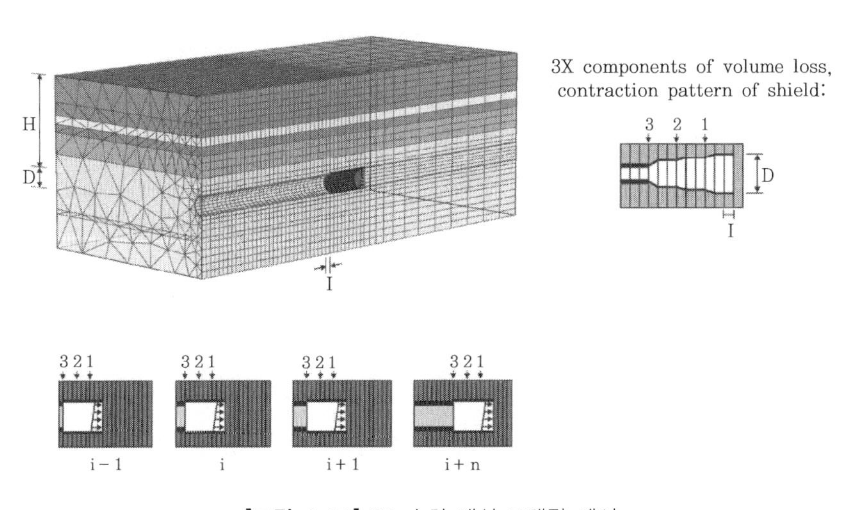

[그림 4-23] 3D 수치 해석 모델링 예시

4.2 쉴드 TBM 굴진 시 지표 침하

4.2.1 지표 침하 발생 메커니즘(요인)

가. 터널 굴착으로 인한 지표 침하 발생 기본이론

TBM 쉴드 공법이 정상적으로 적용되었다고 하더라도 공법의 특성상 지반 거동의 발생을 피할 수 없으며, 특히 심도가 얕은 도심지 터널의 경우 이러한 터널 주변의 지반 거동은 지표 침하로 이어지고 이는 곧 주변 구조물 및 지장물에 영향을 미치게 되므로 설계단계에서 이를 평가하고 억제하는 데 필요한 제반 조치사항을 강구해야 한다. 터널시공 중 발생하는 침하는 아래 세 가지 성분으로 구성된다.

1) 단기 혹은 즉시 침하

지반 굴착으로 인한 응력 해방으로 발생하는 침하로서 굴진면 안정성, 굴진속도, 세그먼트라이닝 설치과정, 테일보이드 그라우팅 시점 등에 영향을 받으며 굴진면이 도달하기 전부터 발생해 테일부 충전재가 경화해 단면 변형에 저항하는 능력이 확보될 때 완료된다.

2) 라이닝의 변형으로 인한 침하

터널 단면이 크고 심도가 얕은 경우에 문제가 될 수 있으나, TBM 터널에서는 세그먼트라이닝에 대한 적절한 구조 해석을 통해 충분한 강성을 갖도록 설계하므로 큰 문제가 되지 않는다.

3) 장기 침하

① 터널 시공으로 인해 지하수위가 저하되어 지반 내 간극수압이 감소함에 따라 지반의 압밀(점성토지반) 혹은 체적감소(사질토지반)로 인해 발생하는 침하로서, 정량적인 측면에서 시공 중 침하의 몇 배에서 몇십 배가 될 수 있으므로 이에 대한 평가가 필수적이다.

② 터널주변 지반이 크리프 현상으로 인해 변형되는 경우 장기간에 걸쳐 지반의 변형이 발생할 수 있으며, 이는 2차 압밀의 개념으로 유발된다.

위에 제시된 지반 침하 성분 중에 본 절에서는 TBM 굴진으로 발생하는 응력 해방으로 인한 단기 침하와 도심지 터널에서 매우 중요한 지하수 저하로 인한 침하에 관한 내용을 기술했다.

나. 쉴드 TBM 굴진 시 지표 침하

쉴드 TBM 굴진 시 무지보 혹은 부분적으로 지보된 터널주변 지반의 응력 해방으로 인해 굴착면 내부로의 지반 변형이 발생한다. 따라서 실제 필요한 단면의 체적보다 더 큰 체적의 지반을 굴착해야 하는데 이러한 추가적인 굴착단면의 체적을 체적손실(volume loss)이라고 하며 굴진방향의 단위길이당 굴착단면적의 비로 표현한다[V_L = (volume loss/굴착단면적) × 100].

TBM 공법에서 이러한 체적 손실을 야기하는 인자들은 다음과 같이 정리된다.

1) **굴진면의 터널 내부로의 변형** : TBM 굴진 시 발생하는 굴진면의 터널 내부로의 변형을 굴진면 손실(face loss)이라고 하며 이는 체적 손실로 이어진다[그림 4-24(a)].
2) **TBM 굴진을 위한 과굴착** : TBM 굴진 시에는 두 가지 인자로 인해 과굴착이 발생한다. 먼저 커터헤드는 TBM 굴진 시 장비가 고착상태에 빠지는 것을 방지하기 위해 일반적으로 비드(bead)를 설치해 터널단면적보다 다소 크게 굴착된다. 또한 곡선구간 굴진 시에도 과굴착이 발생하게 된다[그림 4-24(b),(c)].
3) **테일보이드를 통한 변형** : 세그먼트라이닝 설치 후 발생하는 테일보이드 내의 그라우팅 주입방법 및 주입 후 경화 이전에 반경방향 변형이 발생할 수 있으며, 이 또한 체적 손실을 야기하는 원인을 제공한다[그림 4-24(d)].

위에서 언급한 항목 2)와 3)은 반경방향으로의 변형을 유도하므로 '반경 손실(radial loss)'이라고 하며 결국 체적손실 V_L은 반경 손실과 굴진면 손실의 합으로서 아래 식 4-14와 같이 표현된다.

$$V_L = \text{radial loss} + \text{face loss} \quad (4\text{-}14)$$

따라서 지표 침하의 원인을 제공하는 체적 손실을 줄이기 위해서는 앞서 언급한 반경 손실과 굴진면 손실을 최소화하는 것이 필요하다. 즉, 반경 손실은 테일보이드 그라우트의 주입압과 주입량을 적절히 조절함으로써, 그리고 굴진면 손실은 시공조건에 적합한 굴진면 압력을 유지함으로써 최소화할 수 있다. 그럼에도 불구하고 임의 시공조건에서 반경 및 굴진면 손실 없이 체적 손실 V_L이 발생하게 되는데 이는 TBM 자체의 기하학적인 특성에서 기인하는 것이므로 사전에 산술적 계산이 가능하므로 이에 대한 사전 평가가 가능하다.

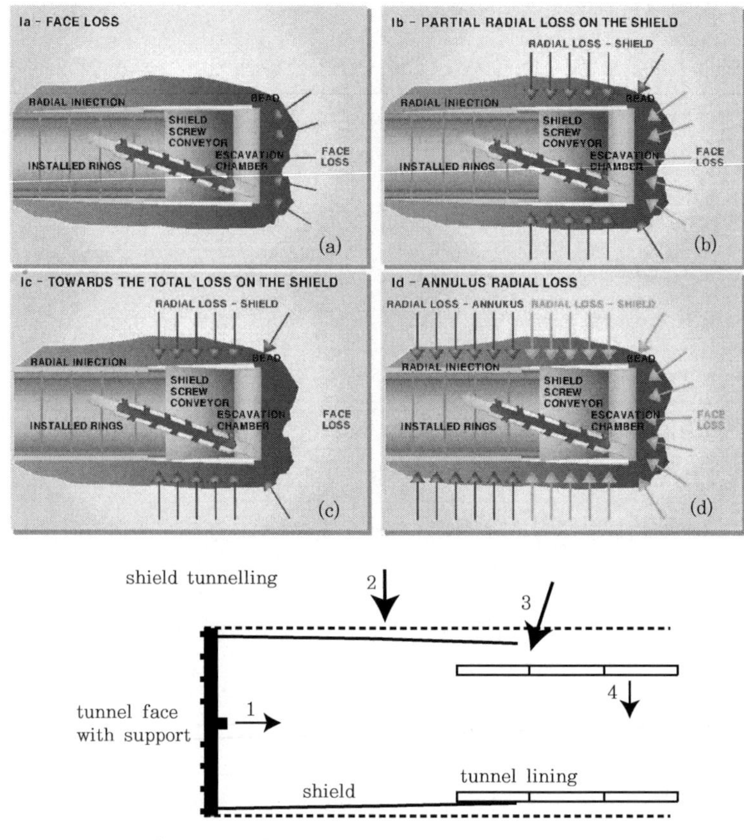

[그림 4-24] 쉴드 공법 적용 시 체적 손실 요인

따라서 지반이 연약해 테일보이드 충전재 주입 이전에 이로 인한 변형이 완료될 것으로 판단되는 경우에는 이에 대한 지표 침하 영향평가를 통해 필요 시 사전에 대책을 마련해야 한다.

터널주변에 발생하게 되는 체적 손실은 지반 손실(ground loss, V_S)로 이어지며, 이는 곧 지표 침하를 야기한다. 일반적으로 점토지반과 같이 터널 굴착으로 인한 지반의 전단 변형 시 체적 변화가 발생하지 않은 비배수조건에서는 $V_L = V_S$관계가 성립한다. 그러나 조밀한 모래지반에서는 전단 변형 시 체적이 증가함으로써 $V_L > V_S$의 관계가 성립되는데(Cording et al., 1975) 일반적으로 $V_S = 0.7\ V_L$의 관계를 보이는 것으로 보고되고 있다. 반면 느슨한 모래지반에서는 전단 시 체적 감소로 인해 $V_L < V_S$의 경향을 보인다.

체적 손실 V_L의 정량적인 크기는 지반의 종류와 어떤 장비를 사용하는가에 달려있으나 이수식 쉴드나 토압식 쉴드 공법과 같은 폐쇄형 쉴드 공법에서는 일반적으로 모래지반에서는 $V_L < 0.5\%$ 정도를 그리고 점토지반에서는 $V_L \approx 1 \sim 2\%$ 정도를 보이는 것으로 보고되고 있다.

4.2.2 지하수 저하와 지표 침하

일반적으로 지하수위 아래에서 터널이 시공되는 경우에는 터널 내부로 지하수가 유입이 되면서 수두 차이로 인해 지하수 유동이 발생하게 된다. 이로 인해 포화상태 지반의 간극수가 빠져나가 지반 내 간극수압의 변화가 유발된다(그림 4-25).

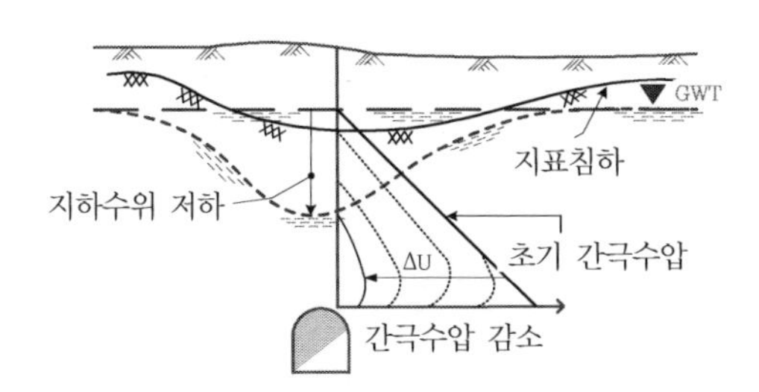

[그림 4-25] 터널 시공 시 지반 침하 메커니즘

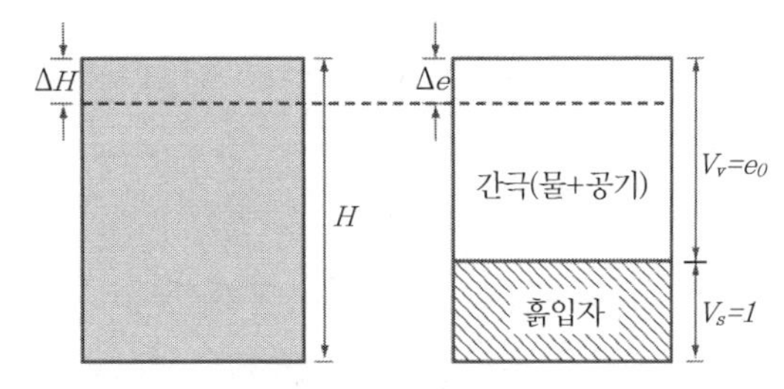

[그림 4-26] 흙의 삼상도

이러한 지반 내 간극수압의 변화는 Terzaghi(1925)가 제안한 유효응력의 원리로부터 지반 내 연직응력(σ)과 유효응력(σ') 및 간극수압(p)은 다음의 관계가 성립한다.

$$\sigma = \sigma' + p \tag{4-15}$$

$$\Delta\sigma = \Delta\sigma' + \Delta p \tag{4-16}$$

지반 내 상재하중의 변화 없이 지하수위 변화가 발생하게 되면 $\Delta\sigma = 0$이 되므로 식 4-16은 다음과 같이 표현될 수 있다.

$$\Delta\sigma' = -\Delta p \tag{4-17}$$

따라서 지하수위 저하로 인해 간극수압이 감소하면 유효응력은 증가하게 되며, Terzaghi의 압밀이론에 의한 다음의 식 4-18로부터 지반 내 간극률의 변화로 인한 지반 변형이 발생하게 된다.

$$S_c = \frac{\Delta e}{1+e_0}H,\ \ \Delta e = f(\Delta\sigma') \tag{4-18}$$

여기서, H : 터널 상부에서 초기 지하수위까지의 높이

e_0 : 초기 간극비

Δe : 지하수 저하로 인해 발생하는 간극의 변화량

Δe는 지하수위 저하로 인한 유효응력의 변화량 $\Delta\sigma'$와 직접적으로 연관된다. 따라서 결국 지하수 저하로 인한 지표 침하는 간극의 변화로 인한 체적 변화가 큰 비중을 차지하게 된다.

따라서 터널 시공에 따른 지하수위 저하 시 발생하게 되는 지표 침하는 (1) 지하수위 저하량에 대한 평가, (2) 식 4-18로 정의되는 압밀 침하 개념에서 지하수위 저하로 인한 Δe를 평가함으로써 개략적인 평가가 가능하다.

4.2.3 간편법을 이용한 지표 침하 예측 및 평가

가. 지표 침하 예측 모델

터널 시공으로 인한 지표 침하에 관한 대표적인 모델은 누적확률분포 모델로서 Peck(1969)을 필두로 해 Glossop and Farmer(1977), Attewell(1978), Attewell and Woodman(1982) 등이 이에 관한 이론을 정립했다.

지상에 구조물이 위치하는 경우에는 구조물-지반의 상호작용으로 인해 지표 침하의 크기와 유형이 달라지기는 하나 누적확률분포 기반의 지표 침하 예측 모델은 설계단계에서 대상 시공조건에서의 체적 손실을 토대로 지표 침하량과 침하 범위를 예측하는 도구를 제공한다는 점에서 매우 효율적으로 적용될 수 있다.

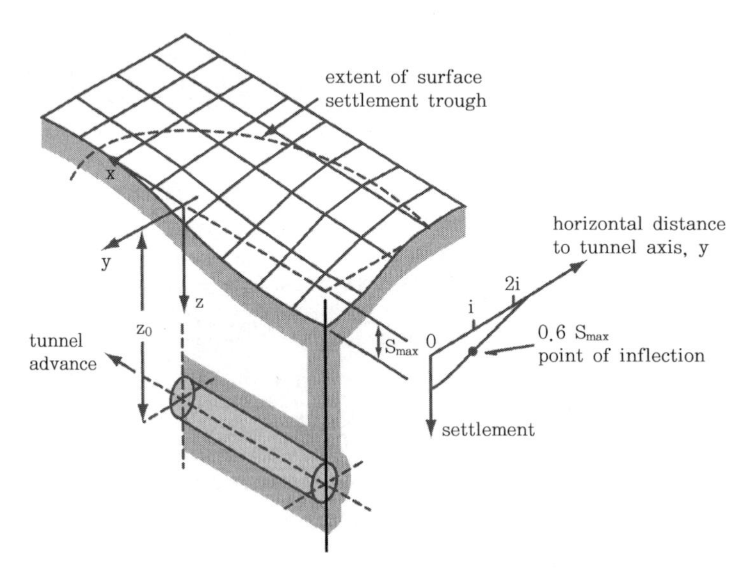

[그림 4-27] 누적확률분포 모델에 근거한 지표 침하

나. 지표 침하 특성 곡선

1) 횡단면 침하곡선

Peck(1969)은 모래 및 점토지반 등 다양한 지반에서 시공된 터널 계측자료의 분석결과를 토대로 터널 굴진축과 직교하는 횡단면에서의 지표 침하는 그림 4-28과 같은 정규확률분포(normal probability distribution)의 형태를 따른다고 보고하고 식 4-19를 횡단면 지표 침하형상곡선으로 제안한 바 있으며, Attewell and Farmer(1974), Glossop and Farmer(1977), Attewell et al.(1978) 등의 많은 연구자들은 점토지반에서 얻어진 계측결과와의 비교를 토대로 식 4-19의 타당성을 확인한 바 있다.

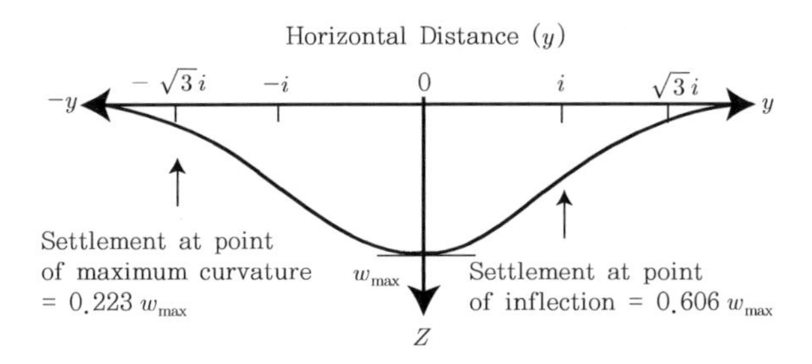

[그림 4-28] 횡단면 지표침하곡선(정규확률분포함수)

$$w = \frac{V_s}{\sqrt{2\pi}\, i} exp\left[-\frac{y^2}{2i^2}\right] \tag{4-19}$$

여기서 지반 손실 V_s 는 단위길이당 침하 트라프의 체적으로서 $V_s = \sqrt{2\pi}\, i\, w_{max}$ 로 근사화할 수 있으며, w_{max} 와 i 는 각각 침하곡선에서의 최대 침하량과 변곡점(inflection point)을 의미한다. 한편, w_{max} 와 i 는 각각 정규분포에서의 평균점(mean point)과 표준편차(standard deviation)를 나타내는 확률적 의미를 갖고 있다. 식 4-19를 임의 시공조건에 적용하기 위해서는 V_s 와 변곡점 i 에 대한 선정이 우선되어야 한다.

2) 종단면 침하곡선

식 4-19로 표현되는 횡단면 지표 침하곡선은 터널이 관통한 후 변위가 수렴된 횡단면에서의 지표 침하를 평가하는 데 활용할 수 있다. 터널 굴착에 따른 지반변위는 터널막장 전방에서부터 발생해 막장면이 통과한 후 수렴하는 경향을 나타내므로 주변 구조물 및 매설관로는 터널 시공 중에 3차원적인 동적 변형 파동(dynamic wave of deformation)을 경험하게 된다. 이러한 맥락에서 횡단면 지표 침하곡선은 터널 굴착으로 인한 주변 지반의 거동을 평가하는 데 필요한 정보의 일부에 지나지 않으며, 주변 구조물 및 매설관에 미치는 3차원적인 영향을 평가하기 위해서는 터널 축과 평행한 종단면 침하에 대한 평가가 수반되어야 한다.

Attewell and Woodman(1982)은 터널 굴착 시 지반의 체적 변형이 발생하지 않으며 횡단면 침하 형상이 식 4-19로 제시되는 정규확률분포를 따른다는 가정을 토대로 식 4-20과 같은 누적확률 함수(cumulative probability function)로 표현되는 종단면 지표 침하곡선을 제안했다(그림 4-29). 여기서 x_i와 x_f는 각각 원점으로부터 터널 굴착 시점 및 막장면까지의 거리를 의미한다. 또한 식 4-20의 함수 G는 식 4-21과 같이 표현되며 표 4-2에 제시된 표준확률표에서 그 값을 결정할 수 있다. 식 4-20을 이용할 경우 누적확률함수의 특성상 막장면 상부에서의 침하량은 최종 침하량의 50%로 나타나는데 식 4-20으로 작성된 침하곡선에서 굴진면 직상부 침하량이 수렴된 침하량 $0.25 \sim 0.3w_{max}$이 되도록 수평 이동해 적용할 수 있다.

$$w = \frac{V_s}{\sqrt{2\pi}\, i} \exp\left[\frac{-y^2}{2i^2}\right] \left[G\left(\frac{x-x_i}{i}\right) - G\left(\frac{x-x_f}{i}\right)\right] \tag{4-20}$$

$$G(\alpha) = \frac{1}{(2\pi)^{\frac{1}{2}}} \int_{-\infty}^{\alpha} \exp\frac{-\beta}{2} d\beta \tag{4-21}$$

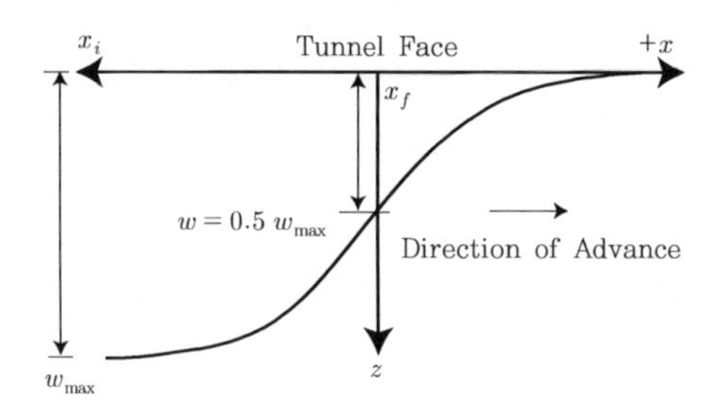

[그림 4-29] 종방향 지표 침하곡선(누적확률함수)

[표 4-2] 정규확률분포곡선의 수치 적분표

$\frac{x-x_f}{i}$	$G\left(\frac{x-x_f}{i}\right)$	$\frac{x-x_f}{i}$	$G\left(\frac{x-x_f}{i}\right)$	$\frac{x-x_f}{i}$	$G\left(\frac{x-x_f}{i}\right)$
0.0	0.500	1.1	0.864	2.1	0982
0.1	0.540	1.2	0.885	2.2	0.986
0.2	0.579	1.3	0.903	2.3	0.989
0.3	0.618	1.4	0.919	2.4	0.992
0.4	0.655	1.5	0.933	2.5	0.994
0.5	0.691	1.6	0.945	2.6	0.995
0.6	0.726	1.7	0.955	2.7	0.997
0.7	0.758	1.8	0.964	2.8	0.997
0.8	0.788	1.9	0.971	2.9	0.998
0.9	0.816	2.0	0.977	3.0	0.999
1.0	0.841				

한편, 변곡점을 $\frac{i}{R} = K\left\{\frac{z_o - z}{2R}\right\}^n$ 의 형태로 표현하고(여기서 R은 터널반경, K, n은 지반조건에 따른 변수) 종·횡단면 침하곡선의 변위벡터는 터널 중심을 향한다고 가정할 경우 y 및 x 방향의 수평변위는 각각 식 4-22, 4-23을 이용해 평가할 수 있다.

$$v = \frac{-ny}{z_o - z} w \tag{4-22}$$

$$u = \frac{n V_s}{2\pi(z_o - z)} \exp\left[\frac{-y^2}{2i^2}\right]\left\{\exp\left[\frac{-(x-x_i)^2}{2i^2}\right] - \exp\left[\frac{-(x-x_f)^2}{2i^2}\right]\right\} \tag{4-23}$$

3) 변곡점 평가

앞서 제시된 누적확률분포 모델을 이용한 지표 침하 예측 기법은 변곡점 i의 산정이 필요하다. 변곡점 i는 지표 침하곡선의 곡률 및 경사를 결정하는 중요한 파라미터로서 침하곡선의 특성을 이용해 주변 구조물 및 매설관의 손상정도를 평가할 경우 그 결과는 변곡점의 위치를 어떻게 선정하느냐에 따라 상당한 차이를 보일 수 있다. 일반적으로 침하곡선에서 변곡점의 위치는 지반종류 및 토피고에 가장 큰 영향을 받으며 터널 시공방법에 따라서는 큰 차이를 보이지 않는 것으로 알려지고 있다.

대표적인 변곡점 산정식은 아래 표 4-3과 같으며 우리나라 지반조건에서는 Clough and Schmidt(1982)의 추정식이 가장 적합한 것으로 보고되고 있다. 한편, 식 4-20을 이용해 종방향 침하를 평가할 경우에는 누적확률함수의 특성상 종·횡방향 곡선의 변곡점은 동일한 것으로, 즉 $i_x = i_y$로 간주할 수 있다.

[표 4-3] 대표적인 변곡점(i) 제안식

제 안 자	제 안 식
Peck(1969)	$i = 0.2(D + z_0)$
O'Reilly and New(1982)	$i = 0.43(z_0 - z) + 1.1$(점토) $i = 0.28(z_0 - z) - 0.1$(모래)
Clough and Schmidt(1982)	$i = \frac{D}{2}\left(\frac{z_o}{D}\right)^{0.8}$
Mair et al.(1993)	$i = z_0\left[0.175 + 0.325\left(1 - \frac{z}{z_0}\right)\right]$

4) 변형률, 경사, 곡률

도심지 쉴드 TBM 터널 시공 시 상부 구조물에 대한 영향 평가는 앞서 제시한 누적확률분포 기반의 침하예측곡선을 토대로 예비 검토 차원에서 수행할 수 있다. 즉, 예비 검토의 개념으로 주변 구조물의 변위 거동은 지반의 변위 거동 양상을 따른다고 가정하고 지표 침하곡선 및 이의 도함수를 이용해 계산되는 변위, 경사, 곡률 등을 토대로 구조물의 손상도를 평가할 수 있다.

일반적으로 지상의 건물 혹은 지중 매설관 등의 구조적 손상은 변위곡선에서 평가대상 항목의 최대치가 발생하는 지점에서 발생하므로 이러한 최대치는 손상에 대한 위험도를 평가하는 데 활용할 수 있다. 표 4-4는 앞 절에서 제시한 횡·종단면 침하곡선을 토대로 유도된 변위, 경사, 곡률의 최대치 및 발생지점을 요약·정리하고 있다. 횡단면에서의 경사, 곡률 최대치 및 발생지점을 그림으로 표현하면 그림 4-31과 같다.

[표 4-4] 횡·종단면 침하곡선 특성

단면	항목	최대치 평가식	발생위치
횡단면 (y-z plane, x-xi=$-\infty$)	수평 변위	$\lvert v_{max}\rvert = \frac{n}{z_o - z}\frac{V_s}{\sqrt{2\pi}}\exp\left[-\frac{1}{2}\right]$	y=±i
	경사	$\left\lvert\frac{\partial w}{\partial y}\right\rvert_{max} = \frac{V_s}{\sqrt{2\pi}\,i}exp\left[-\frac{1}{2}\right]$	y=± $\sqrt{3}\,i$
	인장 변형률	$\left\lvert\frac{\partial v}{\partial y}\right\rvert_{max} = \frac{-n}{z_o - z}\frac{V_s}{\sqrt{2\pi}\,i}2\exp\left[-\frac{3}{2}\right].$	y=± $\sqrt{3}\,i$
	곡률	$\left(\frac{\partial^2 w}{\partial y^2}\right)_{max} = \frac{2V_s}{\sqrt{2\pi}\,i^3}exp\left[-\frac{3}{2}\right]$ $\left(\frac{\partial^2 v}{\partial y^2}\right)_{max} = \frac{-n}{z_o - z}\frac{V_s}{\pi i^2}\exp\left[-\frac{3}{2}\right]\times$ $\left\{\exp\left[-\frac{x-x_i^2}{2i^2}\right]-\exp\left[-\frac{x-x_i^2}{2i^2}\right]\right\}$	y=± $\sqrt{3}\,i$
종단면 (x-z plane, y=0)	수평 변위	$\lvert u_{max}\rvert = \frac{n}{z_o - z}\frac{V_s}{2\pi}$	x=xf
	경사	$\left\lvert\frac{\partial w}{\partial x}\right\rvert_{max} = \frac{V_s}{2\pi i^2}$	x=xf
	인장 변형률	$\left\lvert\frac{\partial u}{\partial x}\right\rvert = \frac{\pm n}{z_o - z}\frac{V_s}{2\pi i}exp\left[-\frac{1}{2}\right]$	x=xf±i
	곡률	$\left(\frac{\partial^2 w}{\partial x^2}\right)_{max} = \frac{\pm V_s}{2\pi i^3}\exp\left[-\frac{1}{2}\right]$ $\left(\frac{\partial^2 v}{\partial x^2}\right)_{max} = \frac{\pm ny}{z_o - z}\frac{V_s}{2\pi i^3}\exp\left[-\frac{1}{2}\right]$	x=xf±i

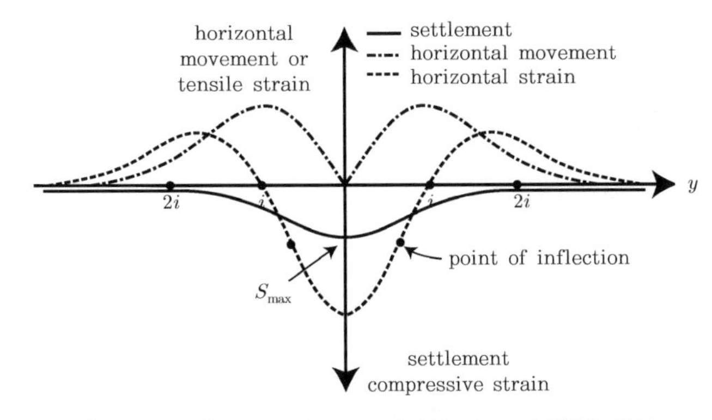

[그림 4-30] 횡단면 침하, 수평변위 및 수평변형률 곡선

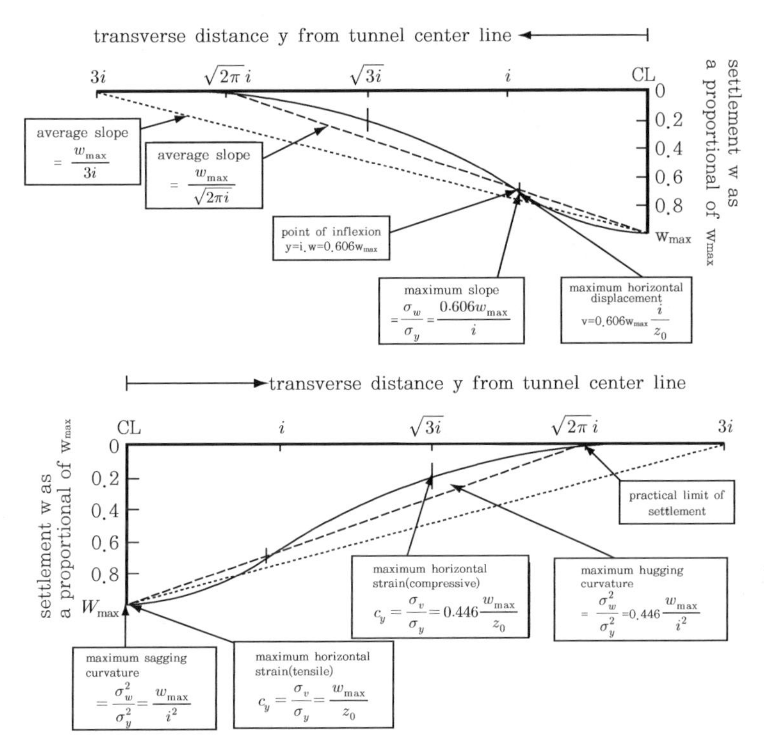

[그림 4-31] 횡단면 변형률 및 곡률곡선

다. 지표 침하 평가 단계

앞서 제시한 누적확률분포에 근거한 지표 침하 평가곡선을 이용해 지표 침하, 경사, 곡률 등을 평가할 경우에는 아래와 같은 단계를 따른다.

1) **스텝 1** : 대상 시공조건에 대한 체적손실 V_L 산정(4.2.1절 참조)

2) **스텝 2** : 지반조건을 고려해 지반 손실량 V_S 산정(4.2.1절 참조)

3) **스텝 3** : 시공조건 및 지반조건을 고려해 변곡점 i 산정(4.2.3절 참조)
4) **스텝 4** : 횡단면 지표 침하곡선 구축(식 4-19)
5) **스텝 5** : 수평변위 곡선 구축(식 4-22, 4-23)
6) **스텝 6** : 지반경사, 곡률 산정(표 4-4)

4.3 쉴드 TBM 공법 수치 해석 모델링

4.3.1 쉴드 TBM 공법 특성을 고려한 수치 해석 모델링

가. 개 요

쉴드 TBM 터널의 시공 과정은 NATM 터널과는 상당한 차이가 있다. 즉, 쉴드 TBM 공법에서는 굴착된 터널 벽면은 쉴드 본체와 굴착면 사이에 형성된 여굴만큼의 변위가 발생한 후 쉴드 본체에 의해 지지되며, 다시 쉴드 후미에서는 라이닝의 외경과 쉴드 내경의 차이로 형성된 여굴만큼의 추가 변위가 발생한 후에 세그먼트라이닝에 의해서 지지된다.

이러한 측면에서 쉴드 TBM 공법의 해석 모델링은 하중분담률을 이용하는 NATM 공법의 모델링과는 근본적으로 차별화되어야 하며 전술한 (1) 쉴드 굴진으로 인한 초기 응력 상태의 변화, (2) 후미 여굴 폐합 효과, 그리고 (3) 라이닝 타설 및 지반-라이닝 상호작용을 적절히 모사해야 한다. 본 절에서는 쉴드 TBM 시공 과정을 모델링하는 대표적인 방법을 기술했다.

나. Gap 파라미터 개념

쉴드 TBM 터널 해석은 Lee and Rowe(1991)가 제안한 Gap 파라미터 모델을 적용해 수행할 수 있다(그림 4-32). 여기서 Gap 파라미터는 쉴드 TBM 시공 시 발생할 수 있는 체적 손실의 원인, 즉, 굴진면 손실, 쉴드 본체 상부 여굴, 후미 여굴을 통해 발생하는 변위를 정량화한 수치를 의미하며, 다음과 같이 표현된다.

$$G = 2\Delta + \delta + U \qquad (U = U_{3D}^{*} + \omega) \tag{4-24}$$

여기서 G는 굴진면 손실로 인해 발생하는 3차원적 움직임을 통해 유발되는 변위(U_{3D}^{*}) 및 쉴드기 운전 시 발생하는 과다 굴착으로 인한 변위(ω)로 구성되는 U와 쉴드 본체의 외면과 라이닝 사이의 공간 즉, 후미 공간(tail piece ; Δ)과 라이닝을 설치하는 데 필요한 공간(δ)으로 구성되는 후미 여굴($2\Delta+\delta$)로 구분할 수 있다. 여기서 후미 여굴은 쉴드 기종 및 라이닝 종류가 결정되면 쉽게 산정할 수 있으며, 작업자(혹은 장비운용기사)의 숙련도와 관련된 변위(ω)는 현장사례에 근거한 경험적 상관관계로부터 결정할 수 있다.

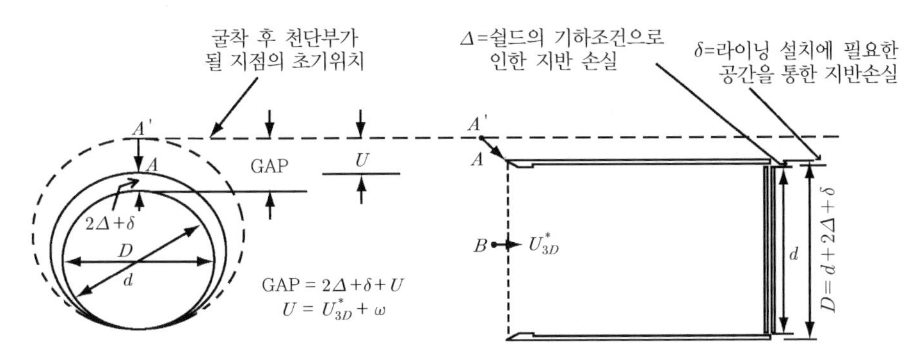

[그림 4-32] Gap 파라미터의 정의

다. DCM 해석기법

앞서 언급한 바와 같이 쉴드 TBM 공법의 시공 과정은 NATM 공법의 그것과 많은 차이가 있으므로 굴착하중을 굴착면 외벽에 적용하는 모델링 방법은 쉴드 TBM 공법의 모델링에 적절하지 않다. 즉, 쉴드 TBM 공법에서의 지반 손실은 앞에서 기술한 Gap 파라미터를 토대로 정량적으로 평가가 가능하기 때문에 Gap 파라미터 산정 후 이에 해당하는 변위를 굴착면에 적용하는 방법이 현실적인 해석결과를 주는 것으로 보고되고 있다.

DCM(Displacement Control Model)은 쉴드 TBM 공법에 관련된 실험 및 시공사례 등을 종합적

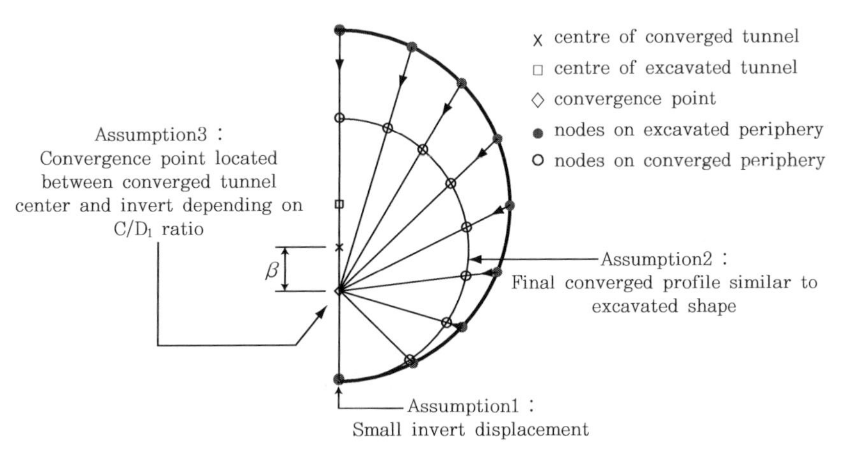

[그림 4-33] DCM 모델 개요

으로 분석해 아래와 같은 가정을 적용한다(그림 4-33).

1) 터널 내공변위는 비균질(non-uniform)하다.
2) 굴착 후 터널의 변형 형태는 당초 굴착단면의 형태를 따른다.
3) 굴착된 단면의 중심과 인버트 사이 중심축에서 굴착면에 해당하는 모든 절점 변위 벡터가 통과하는 수렴점이 위치한다.

굴착단면의 중심과 수렴점의 거리는 βR로 표현하며(여기서 R은 터널 반경) 일반적으로 β는 터널의 심도에 따라 좌우되며 그림 4-34와 같은 관계를 보이는 것으로 알려져 있다. 수치 해석 적용 시 $\beta = 0.4 \sim 0.8$의 값을 적용할 수 있으며 심도가 작아질수록 β는 증가한다.

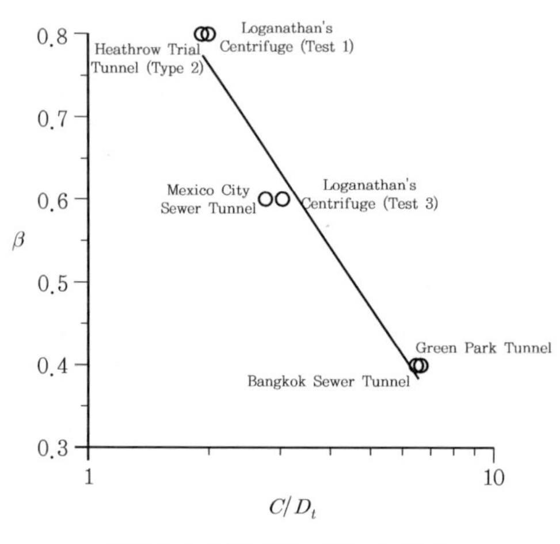

[그림 4-34] β와 C/D_t의 관계

라. 2D, 3D 수치 모델링

유한차분 혹은 유한요소법에 근거한 쉴드 TBM 공법의 수치 해석 모델링은 앞서 기술한 Gap 파라미터를 활용해 아래와 같이 수행할 수 있다.

1) 3차원 해석

① 굴착 상당외력 결정(프로그램에서 자동 처리)
② 막장면에서의 응력 해방
③ 터널의 내공변위가 입력된 후미 여굴 값에 도달할 때까지 반경방향 응력 해방
④ ② 및 ③의 결과를 이용한 U_{3D}^{*}의 결정 및 G의 결정
⑤ 내공변위가 G에 도달할 때까지 응력 해방

⑥ 라이닝 요소 첨가(자중 및 강성 첨가)
⑦ 잔존하는 응력 해방 ⇒ 지반-라이닝 상호작용 허용

2) 2차원 해석

2차원 해석 모델링 시에는 U_{3D}^*와 ω를 경험적으로 산정해 U와 G를 산정한 후 이를 토대로 천단부에서 G에 해당하는 변위 허용 후 라이닝을 첨가해 추가적인 응력 해방을 허용한다. 이때 DCM 개념을 도입한다. 이를 정리하면 다음과 같다.

① 굴착상당외력 결정(프로그램에서 자동 처리)
② 가정한 U_{3D}^* 및 ω를 토대로 G 산정
③ 내공변위가 G에 도달할 때까지 응력 해방
④ 라이닝 요소 첨가(자중 및 강성 첨가)
⑤ 잔존하는 응력 해방 ⇒ 지반-라이닝 상호작용 허용

4.3.2 현장 적용 사례

대상 과업은 한강하저 터널로 현재(2008년) 시공 중인 분당선 왕십리 ~ 선릉 간 복선전철 제3공구 노반신설공사에 대한 것으로서, 자세한 설계 및 시공현황은 11장 시공사례를 참조하기 바라며, 개략적인 현장 개요, 수치 해석 모델링 및 해석결과는 다음과 같다.

가. 현장개요

1) **과업구간** : 서울특별시 성동구 성수동 ~ 강남구 압구정동 일원

2) **터널현황**

- 총 1.66km 중 쉴드 TBM 845.5m의 단선병렬 터널
- 터널심도 : 한강 바닥면으로부터 약 22.8m, 한강최고수위(H.W.L)로부터 약 58m
- 쉴드터널 굴착외경 8.06m, 세그먼트 외경 7.8m, 터널 내경 7.0m

3) **지층현황**

- 매립층, 퇴적층, 연·경암 순으로 분포
- 쉴드 TBM 굴착구간은 경암구간에 분포하며, 일축압축강도 120.4 ~ 221.9MPa
- 터널 시점부 1개소 및 종점부 2개소의 연약대 분포

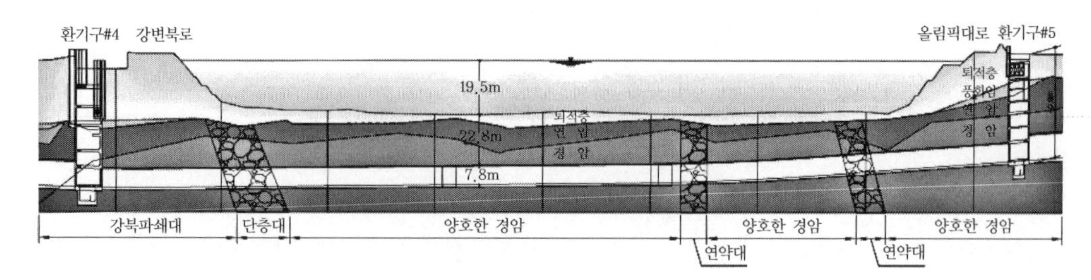

[그림 4-35] 구간별 기층 개요도(컬러 도판 p. 658 참조)

나. 수치 해석 과정

쉴드 TBM을 대상으로 한 해석 시 터널 안정성 측면에서는 Gap 파라미터를 고려하지 않는 것이 안전측 설계인 반면, 터널 상부 지표 침하 측면에서는 Gap 파라미터를 고려해 해석을 수행하는 것이 안전측 설계이다. 본 내용에서는 Lee and Rowe(1991)가 제안한 Gap 파라미터 개념을 적용하기 위한 수치 해석 과정을 서술하고자 한다.

펜타곤(Pentagon) 3D 해석 프로그램을 이용한 모델링 시 쉴드 TBM 굴착과정을 모사하기 위해 굴착구간에 잔류하중(residual force)을 상방향(↑)과 막장면 전방 부분으로 작용시켜 응력 해방을 유도하며, 쉴드 장비 통과 후 세그먼트 설치 시 하방향(↓)의 하중을 작용시켜 Gap 파라미터 개념을 고려한다(표 4-6).

해석에 적용된 지반 및 쉴드 TBM 세그먼트 물성치는 표 4-5와 같다.

[표 4-5] 적용 물성치

지층구분	탄성계수 (MPa)	단위중량 (kN/m^3)	포아송비	내부마찰각 (°)	점착력 (MPa)
풍화암	784.5	19.6	0.30	29.6	0.05
연 암	1,931.9	24.5	0.29	30	1.0
경 암	4,187.4	25.5	0.24	35.2	3.0

구 분	탄성계수 (MPa)	단면적 (m^2)	강 도 (MPa)	비 고
Shield TBM Segment	28,733.5	5×10^4	44.1	-

다. 결 과

본 과업 대상 노선은 한강 하저구간을 통과함에 따라 상부 지표 침하가 노선주변 구조물에 미치는 영향은 미미하며, 하저 통과구간 중 위험도가 가장 높을 것으로 예상되는 최대 심도 위치에 대해 최대 홍수위 조건의 안정성 평가를 수행했다.

[표 4-6] 시공 모델링도 및 결과도(컬러 도판 p. 658 참조)

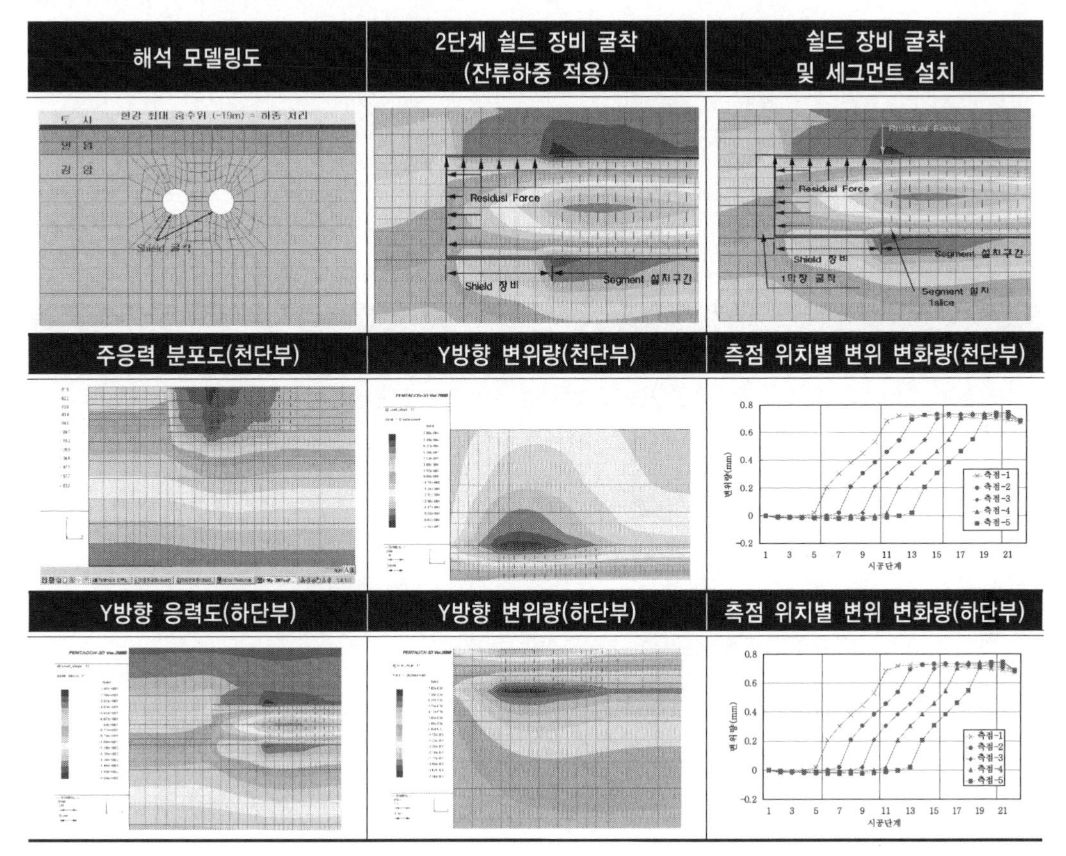

4.4 굴진 시 안정성 평가를 위한 계측

4.4.1 계측계획 수립 시 주요 고려사항

가. 개 요

NATM 터널의 경우, 지반 지보능력을 고려한 터널 안정성 확보를 기본개념으로 하기 때문에 계측결과에 따른 피드백이 매우 주요한 터널공정 중에 하나이며, 이를 통해 주요 지보재(숏크리트, 록볼트 등)의 기능이 최대한 활용되고 있는지, 또는 굴착면 암반상태에 적정한 지보량이 적용되었는지 등의 평가가 이루어지게 된다. 그러나 쉴드 TBM의 경우 막장면에서는 토압에 상응하는 굴진압력으로 제어함과 동시에 스킨플레이트(skin plate) 후방에서는 세그먼트에 의한 주변 토압을 제어함에 따라 NATM 공법에 비해 계측에 대한 내용이 부각되지 않는다.

비교적 얕은 심도에서 시공되는 쉴드 TBM의 경우 (1) 막장면 제어 관리의 성공 여부에 따라 하향(침하) 또는 상향의 지표면 변위, (2) 스킨플레이트 후방에서는 테일보이드 영향 등으로 지반 변위가 필연적으로 발생되기 때문에 터널 내·외부에서의 효율적 계측계획은 필수적인 사항이다.

이러한 공법별 지반 변위 발생요인 차이는 계측계획 수립상에서 다르게 고려되어야 하며, NATM 및 쉴드 TBM 공법별 주요 차이점을 표 4-7과 같이 정리했다.

[표 4-7] 계측계획 및 방법상에서 NATM과 쉴드 TBM과의 주요 차이점

구 분	NATM	쉴드 TBM
적용범위 및 계측목적	• 대심도 ~ 천층, 전 토층 적용 가능 • 계측결과 피드백에 의한 지보량 재평가를 원칙으로 함	• 천층 및 지층상태 열악구간 • 터널 내 계측 항목이 매우 제한적이고 천층터널 적용조건으로 인해 상부 지표구조물 계측 중요도 높음
계측항목 및 배치	• A, B계측으로 분류된 계측항목을 일정 간격으로 배치 • 지보재 응력 및 변위와 관련된 계측항목이 주가 됨 - A계측: 갱 내 관찰, 내공 변위 등 다수 - B계측: 지중·지표 변위, 각종 지보재 응력 등	• 계측항목 및 배치계획에 대한 분류기준 없음 - 터널 내: 세그먼트 토압계, 천단·지중침하 검지계, 막장압, 선형 계측 등 - 터널 외: 주변 구조물 침하, 기울기 계측 등
계측방법 용 이 성	• 터널 내 지반상태 관찰 및 굴착면 후방에서의 계측기 설치 용이	• 굴착 즉시 세그먼트 설치로 계측항목 설치 제한적, 막장면 관찰 불가
계측결과 활 용	• 사전보강 및 주변 구조물 상태평가의 기초자료로 활용	
보강공법 적 용 용 이 성	• 계측결과에 따른 즉각적인 지보량 변화 및 필요 시 보강공법 적용 용이	• 지반조건을 고려한 설계단계에서의 장비 선정·투입으로 - 장비 변경 불가 - 사전 보강 시공조건 매우 불리

나. 계측결과를 이용한 기존 연구사례

쉴드 TBM과 관련된 계측 사례에 대한 연구보고는 국내에서도 활발히 진행되고 있는 내용이다. 본 절에서는 쉴드 TBM의 거동특성 파악에 유용하게 활용될 수 있는 사례를 중심으로 소개하고자 한다.

1) 쉴드 TBM 위치에 따른 지반변위 발생원인 분석 사례

Suwansawat(2007)은 방콕점토 지반에 적용된 토압식 쉴드 TBM을 대상으로 터널 종방향 지표 침하량 계측결과 분석 연구를 수행한 바 있으며, 쉴드 TBM 굴진위치에 따라 그림 4-36과 같은 세 가지 구역(zone)으로 구분했으며, 구역별 지반변위 발생 원인을 실제 계측사례를 통해 제시한 바 있다.

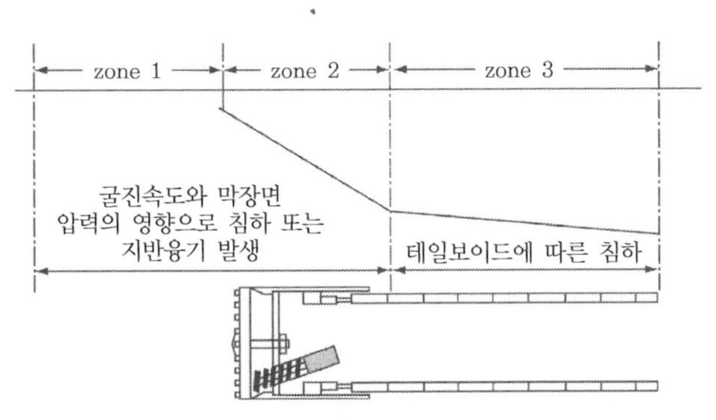

[그림 4-36] 쉴드 TBM 위치에 따른 침하 발생 개념도

2) 세그먼트 토압 변화 추이 분석사례

Shimizu and Niibori(1995)는 일본 신칸센 고속철도 노선 중, 연장 1.245km, 쉴드직경 12.66m의 대구경 쉴드 TBM 터널을 대상으로 10년 동안의 세그먼트 토압 및 간극수압 변화 양상을 파악해, 변화된 토압을 이용한 세그먼트 안정성 평가를 재수행한 사례를 연구한 바 있다.

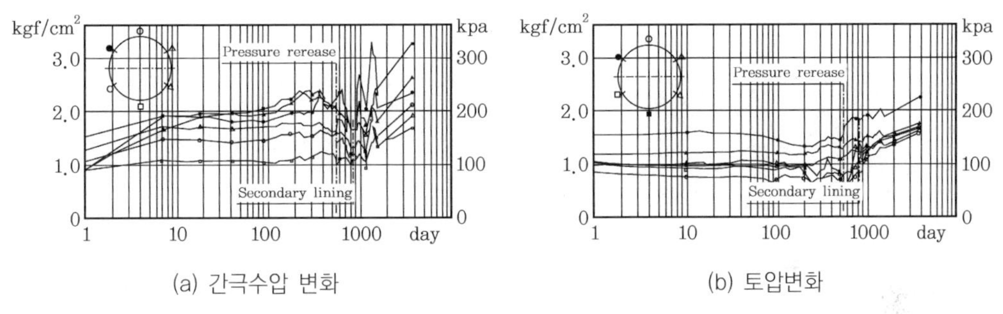

[그림 4-37] 10년 동안의 간극수압 및 토압 변위 양상

토압 및 간극수압의 변화는 시공 중 뒤채움 영향, 운용 중 노선 인근 건축구조물의 신축 영향 등으로 계속적으로 변화되고 있으나, 변화 양상이 비교적 작은 범위 내에 있어(토압 평균변화량 약 0.04MPa, 간극수압 평균변화량 약 0.12MPa) 구조물의 안정성에 문제가 없는 상태임을 파악하는 매우 유용한 자료로 활용된 사례이다.

4.4.2 시공 중 안정성 평가를 위한 계측계획

NATM의 경우 터널 굴착에 따라 시공되는 지보재(숏크리트, 록볼트 등) 및 지반 변형(지중 변위, 지표 침하)과 관련된 계측항목이 주요한 내용인 것에 반해, 쉴드 TBM의 경우 터널의 내공변위 측정과 함께 TBM 굴진에 따른 막장압 관리, 선형 관리 등을 위한 시공 중 검측항목도 주요한 계측내용으로 간주할 수 있다. 공사 중 계측계획 항목을 터널 내 및 터널 외 계측으로 나누어 서술하면 다음과 같다.

가. 터널 내 계측

쉴드 TBM 시공 시 적용되어온 주요한 공사 중 터널 내 계측항목으로는 (1) 터널의 내공변위 계측, (2) 세그먼트라이닝 응력 계측, (3) 굴착 중 막장압 제어를 위한 굴진제어 시스템, (4) 시공 중 사행으로 인한 선형오차를 제어하기 위한 방향 제어 시스템 등이 대표적이라 할 수 있다.

1) 터널의 내공변위

터널의 내공변위 측정은 NATM 터널 시공 시에도 적용되는 주요 계측항목의 하나로서, 쉴드 TBM 굴진이 완료된 후방에서 터널천단변위 및 터널의 내공변위 등을 측정하게 된다. 최근에는 TBM 장비 제작 시 쉴드 TBM 전방부에 설치해 추진 잭의 스트로크와 지반의 압력에 의해 지반 붕괴가 검지되는 장치를 부착해 막장면에서의 지반 붕괴 징후를 실시간으로 파악하고 있다.

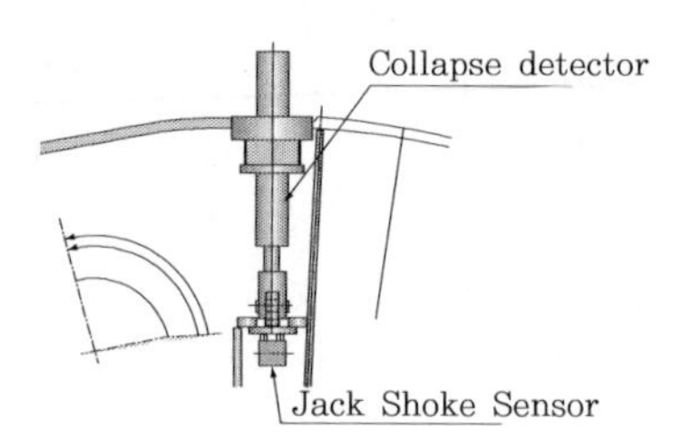

[그림 4-38] 지반 붕괴 감지장치

2) 세그먼트 응력 측정

유지 관리 계측계획과 연계해 수행되는 세그먼트 응력 측정 장치는 외부토압에 따른 세그먼트 응력을 측정하는 목적으로 사용된다. 토압의 증감 여부 파악은 세그먼트 제작 시 외부에 토압계를 매설해 쉴드기 굴진 후 세그먼트에 미치는 토압분포를 확인하는 방법이 효과적이나, 아직까지 연구단계에 있다. 따라서 터널의 내공변위 발생 경향을 파악해 라이닝 응력을 평가하거나, 응력계를 설치해 측정한다.

3) 굴진 제어 시스템

굴진 제어 시스템이란 막장압뿐만 아니라 막장면 안정과 관련된 항목, 커터압력, 추진 잭 압력,

이수압, 배토량 등을 모두 평가할 수 있는 제어시스템을 의미한다.

개방형 쉴드 TBM일 경우에는 막장면을 직접 눈으로 관찰함으로써 대처방안을 선정하게 되나, 막장 관찰이 현실적으로 어려운 밀폐형의 경우에는 각종 계측기의 계측결과에 따라 막장면 상태를 판단해야 한다. 주요한 막장면 상태 평가 내용으로는 (1) 굴착면에서 붕락이 발생되고 있지 않은가? (2) 토사를 배토하는 상태가 양호한가? (3) 지반에 과대(또는 과소)한 토압을 작용시키고 있지 않은가? 등이다.

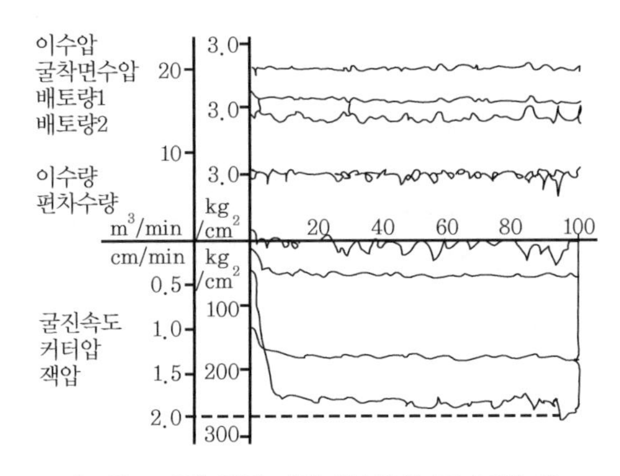

[그림 4-39] 굴진 제어 시스템의 모니터링 예

4) 방향 제어 시스템

쉴드 TBM 굴착 중에는 연약대 통과 시 장비의 과중량에 따른 장비 침하, 예상치 못한 견고한 암반이 면판 바닥면에 조우될 경우 장비 상향 편기 등의 사행이 발생되게 된다. 이러한 경우 쉴드 장비의 전동부와 후동부를 분리시켜 굴진하거나(분리가 가능한 장비일 경우 적용 가능), 상하 추진 잭의 스트로크 차를 인위적으로 차등 적용해 하방향 또는 상방향의 진행을 유도하거나, Stabilizer에 의한 기계방향 조정(Stabilizer 장착 장비의 경우) 등의 대책방안을 수립하게 된다.

이러한 방향 제어 대책방안 적용 여부를 평가해 계획노선으로의 터널 굴착을 가능케 하는 것이 방향 제어 시스템으로서, 최근에는 기술자가 계측결과를 판단할 경우에 발생될 수 있는 주관적 영향을 제거하기 위해 퍼지이론을 응용한 방향 제어 시스템이 개발·실용화되고 있다.

방향 제어 시스템은 크게 광파 측량설비를 이용한 광학식 시스템과 자이로 컴퍼스를 이용한 자이로식 시스템이 적용되고 있으며, 각 제어 시스템에 대한 장단점 및 개요도는 표 4-8 및 그림 4-40과 같다.

[표 4-8] 방향 제어 시스템별 특징

구분	광학식 방향 제어 장치	자이로식 방향 제어 장치
장점	• 계측정확도가 매우 높음 • 보정 측량 불필요	• 기계 점유 공간이 적음 • 투자비용 적음 • 주변 환경에 민감도 적음
단점	• 주변 환경에 민감(온도, 습도 등) • 광파 레이저 통과 공간 필요 • 비용 과다 투입	• 계측정확도 비교적 낮음(광학식에 비해) • 컴퍼스 정지 후 복귀에 시간 요함

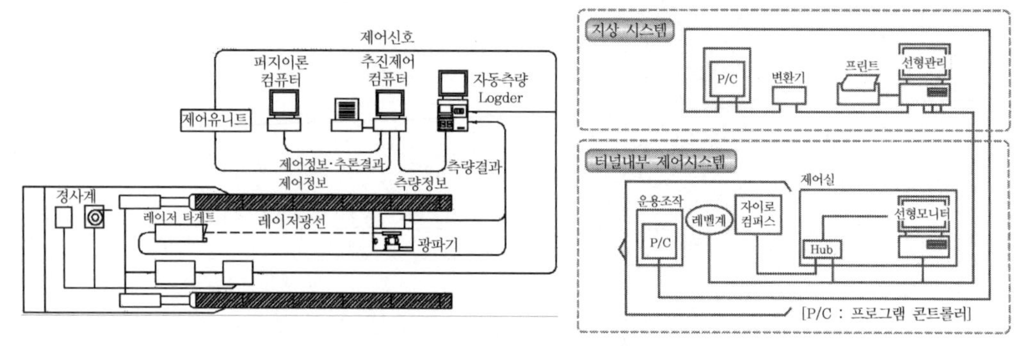

[그림 4-40] 광학식 및 자이로식 방향 제어 시스템 구성도

나. 터널 외 계측

터널 외 계측은 근접 시공계획과 관련해 수행되는 주변 구조물에 대한 계측내용으로서, 기존의 NATM 터널 시공 시의 내용과 큰 차이를 보이지 않는다. 다만 변위 발생원인이 NATM 터널과는 다르므로 터널 내 계측항목과 매우 밀접한 관련이 있음을 이해해야 한다. 특히 앞에서 제시된 쉴드 터널 굴진 시 지반 거동 메커니즘에 대한 이해를 토대로 계획을 수립해야 한다.

주요 계측항목으로는 노선 상부 구간에 대한 지표 침하계, 지중경사계, 지하수위계, 건물 기울기계, 균열계 등이 있으며, 설치 사례는 다음과 같다.

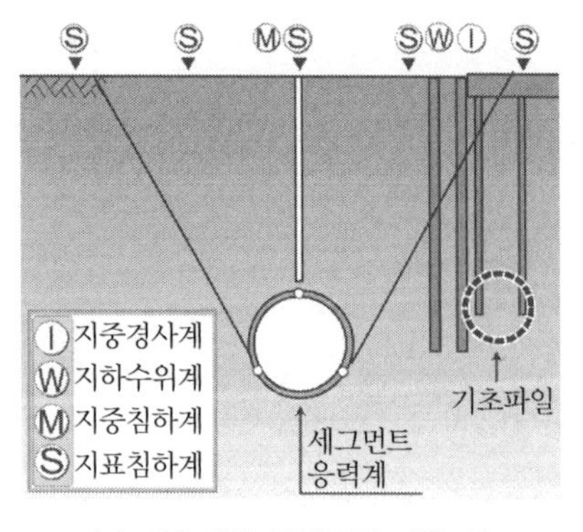

(a) 기초파일 근접구간 계측 예

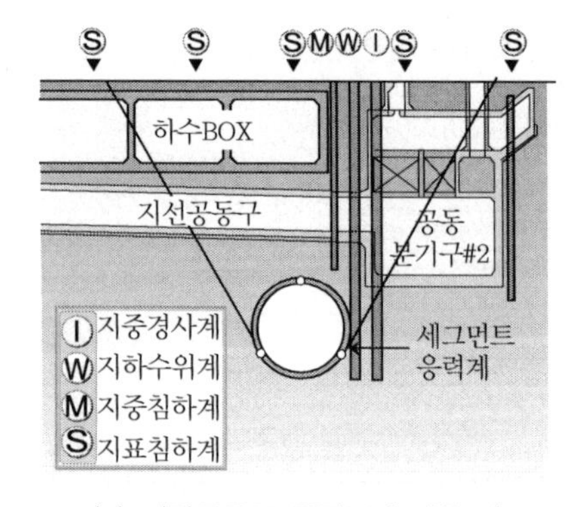

(b) 지하공동구 근접구간 계측 예

[그림 4-41] 터널 외 계측계획 예

참 고 문 헌

1. 고성일 외. 2004.「토사NATM 터널에서의 막장면 안정화 대책공법에 관한 해석적 고찰」. 제4회 터널기술향상 대토론회.
2. 고성일 외. 2006.「Slurry Shield TBM 적용 시 슬러리 특성을 고려한 막장면 안정성 변화 고찰」. 한국터널공학회 제7차 기계화 시공기술 심포지엄.
3. 구본효 · 김용하. 2003.「암반대응형 쉴드에 의한 사질지반의 굴착과 트러블 대책」. 한국터널공학회 제4차 터널 기계화 시공 심포지엄.
4. (주)반석건설. 1990.「쉴드터널의 신기술 - 토목기술자를 위한 쉴드 기술자료 I」.
5. 대우건설. 2003.「분당선 왕십리~선릉 간 복선전철 제3공구 노반신설공사 해석보고서」.
6. 유길환 외. 2002.「대심도 해저 쉴드터널 안전 시공을 위한 계측관리」. 한국지반공학회 2002 가을학술 발표회.
7. 이인모 · 이샘 · 조국환. 2004.「슬러리 쉴드터널의 막장면 안정성 평가 - 슬러리의 폐색효과를 중심으로」. 한국지반공학회 논문집, Vol.20, No.6.
8. 한국터널공학회. 2006.「제2회 터널기술강좌 도심지 천층 및 근접터널」. pp. 237~318.
9. (社)日本トンネル技術協會. 2002.『TBMハンドブック』.
10. 運輸省鐵道國 監修 鐵道總合技術研究所 編 丸善株式會社. 2002.『鐵道構造物等 設計標準·同解說 シールドトンネル』.
11. Anagnostou, G. and Kovari, K. 1994. "The Face Stability of Slurry-shield-driven Tunnels." Tunnelling and Underground Space Technology, Vol.9, No.2, pp. 165~174.
12. Anagnostou, G. and Kovari, K. 1996. "Face Stability Conditions with Earth-Pressure-Balanced Shields." Tunnelling and Underground Space Technology, Vol.11, No.2, pp. 165~173.
13. Suwansawat, S. 2007. "Longitudinal surface settlements induced by EPB tunnelling in Bangkok Clay." Underground Space the 4th Dimension of Metropolises, Vol.2, pp. 921~926.
14. Maidl, U. and Hintz, S. 2003. "Comparative analysis between the support of the tunnel face with foam(EPB) or bentonite (Slurry-Shield) in the Dutch soft ground." Underground Space.
15. Attewell, P. B. and Farmer, I. W. 1974. "Ground deformations resulting from shield tunnelling in London Clay." *Canadian Geotech*, J. Vol.11, pp. 380~395.
16. Attewell, P. B., Farmer, I. W. and Glossop, N. H. 1978. "Ground deformation caused by tunnelling in a silty alluvial clay." *Ground Engineering*, Vol.11, No.8, pp. 32~41.
17. Attewell, P. B. and Woodman, J. P. 1982. "Predicting the dynamics of ground settlement and its derivatives casued by tunneling in soil." *Ground Engineering*, Vol.15, No.8, pp. 13~22.
18. Attewell, P. B., Yeates, J. and Selby, A. R. 1986. *Soil Movements Induced by Tunnelling and their Effects on Pipelines and Strucutres*. Blackie, New York.
19. Peck, R. B. 1969. "Deep excavations and tunnelling in soft ground." State of the Art Report, *Proc. 7th Int. Conf. SMFE*, Mexico City, State of the Art Volume, pp. 225~290.

제 5 장 TBM 터널의 지반조사

제 5 장

TBM 터널의 지반조사

윤운상 (넥스지오) / 하희상 (지오맥스)

5.1 개 요

지반조사는 터널노선의 선정, 설계, 시공 완성 후의 유지관리에 중대한 영향을 미치는 사항으로서 설계 시 충분한 기초 자료를 제공할 수 있어야 한다. 따라서 터널의 설계 및 시공을 위한 지반조사는 사업의 타당성 여부와 노선의 선정, 잠재적인 문제와 재해 요인 파악, 설계를 위해 필요한 각종 정보를 획득하기 위해 수행된다. 또한 특히 설계 단계에서의 조사를 통해 토질 및 암반 조건, 지질조건, 지하수 등 지반조건을 정확하게 파악하기 어려우므로 시공 단계에서도 계속적인 조사를 실시해야 하며 이때, 계획 및 설계 단계에서 적용한 암반 분류 기준이 시공 시 조사에도 일관성 있게 적용되어야 한다.

TBM 터널은 발파 굴착 터널에 비해 대상 지반조건에 따라 적용되는 굴착공법 및 장비의 선정이 제한적이며, 선정된 터널 굴착공법 및 장비의 변경이 터널 시공 중에 자유롭지 못할 뿐만 아니라 기계 굴착 장치의 굴진성능에 대한 예측 과정을 가지는 특징이 있다. 이는 NATM 등 전통적 발파 굴착 터널에 비해 지질 상태의 보다 정확한 예측이 전제되어야 함을 의미한다. TBM 터널에서 단층대 등 급격한 지반 상태의 변화가 예측되지 못한 상태에서 출현했을 경우, 적절하지 않은 굴착공법 또는 부적절한 대응으로 인해 터널 시공 중 사고나, 공기 지연이 발생할 수 있다. 또한 충분하지 못하거나, 부적절한 지반조사 및 시험 결과는 이러한 손실이나 재해의 원인이 될 수 있다(Nilsen and Barton, 1999; EFNARC, 2005). 그림 5-1은 TBM 시공 중 예기치 못한 단층대의 출현에 의한 사고 사례이다(Lin and Yu, 1995; Barla, 2000).

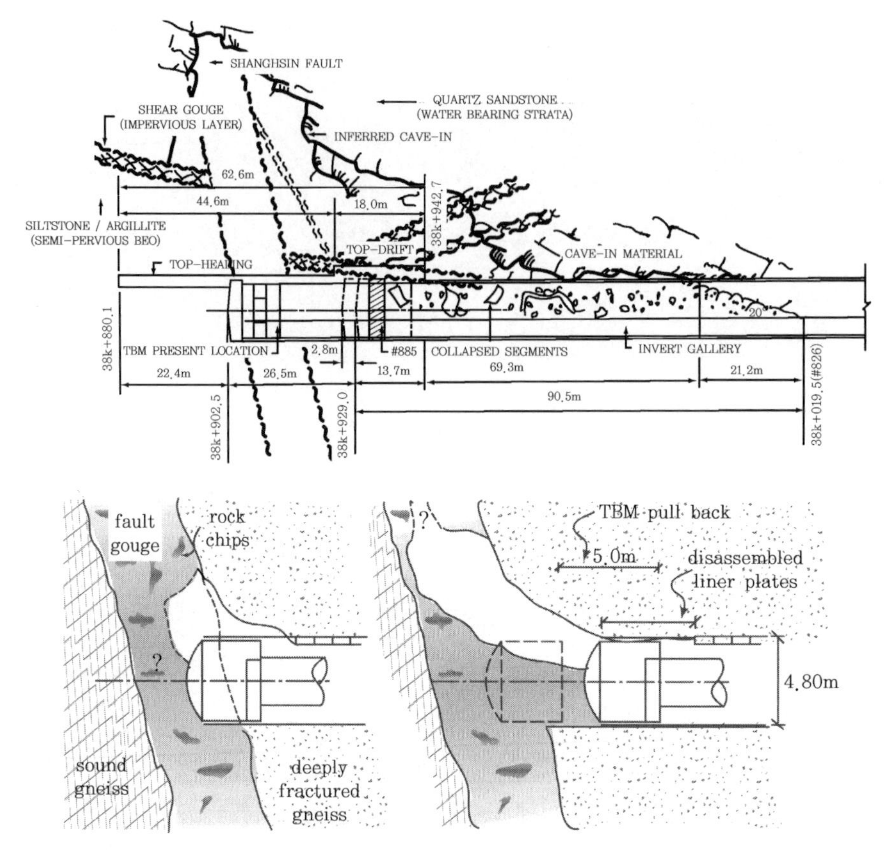

[그림 5-1] 단층대 구간에서의 TBM 굴착 중 사고 사례

따라서 TBM 터널 시공을 위한 지반조사는 기계 굴착 터널에 따르는 지질학적 재해 요소를 정확히 정의해서 최적의 설계와 시공이 가능하게 하는 것이 주목적 중의 하나이며, 이와 함께 설계에 필요한 제반 정보를 제공해야 한다. 지반조사를 통해 얻은 3차원 지층정보 및 각종 지반 물성, 수리 지질조건 등 지반 구성 물질에 대한 특성은 TBM 터널노선 및 굴착공법의 선정, 지반 보강 및 라이닝 설치, 굴진성능 예측 등에 활용된다. TBM 터널에서 지반조사 및 시험은 다음의 목적을 위해 수행된다(Nilsen and Ozdemir, 1999).

(1) 부지 선정 및 설계 최적화를 포함한 전반적인 계획
(2) 터널 안정성 및 적절한 보강 분석
(3) 굴착 장비 및 성능 예측을 포함한 굴착공법 평가
(4) 환경영향 평가 및 버력 처리계획
(5) 공사비용 및 공기의 예측

특히 TBM 터널에서 공법의 선정과 굴진성능 예측 등 각종 설계 및 시공에서 다음의 지질 요소들은 특별히 주의해서 그 존재와 성상을 파악해야 한다.

(1) 구하상 등으로 인한 불규칙한 충적층과 기반암의 경계
(2) 단층 연약대 또는 팽창성 지반
(3) 지층의 급격한 변화 및 출수를 가져올 수 있는 지질조건
(4) 석회 공동 등 용식 지형과 채굴적 등 인공 공동
(5) 충적층 내 (왕)자갈층, 역암층 등 불균질한 지반
(6) 암반 응력 조건 및 압착(squeezing) 지반
(7) 암석 조성 광물 및 조직의 특성

일반적으로 터널의 지반조사는 크게 시공 전 단계의 지반조사(pre-construction phase investigation; pre-investigation)와 시공 단계의 지반조사(construction phase investigation; post-investigation)로 구분할 수 있다. 시공 전 단계의 지반조사는 예비조사(preliminary investigation)와 본조사(main investigation)로, 시공 단계의 지반조사는 시공 중 보완조사와 시공 후 모니터링 조사로 구분할 수 있다. 각 단계에서 이루어지는 기본적인 내용은 다음과 같다(건설교통부, 2007; IAEG, 1981).

1) 1단계 : 예비조사

과업 범위의 지질 및 지반조건을 광역적으로 이해해 집중적으로 해결해야 할 지질공학적 문제점을 정의하는 단계로서, 기존 문헌 및 원격 영상 등의 분석, 지표 지질조사 및 각종 현황 분석, 시험 물리탐사 및 예비 시추조사 등이 수행된다.

2) 2단계 : 본조사

예비조사에서 노출된 지질학적, 지반공학적 문제점들을 구체화하고, 설계에 필요한 지질모델을 구성하는 단계로서, 정밀한 시추조사 및 현장/실내 시험, 각종 물리탐사 및 추가적인 정밀 지표 지질조사 등이 수행된다.

3) 3단계 : 시공 중 조사

설계 시 구성된 지질모델을 확인하며, 시공 중 모니터링 또는 계측 등을 시행하고, 지반의 위해요인을 제거하고, 현장 지반 상태를 신속하게 평가하고 대응하기 위해 터널 내부 지반 상태 관찰 및 필요에 따라 시추조사 및 물리탐사 등이 수행된다.

4) 4단계 : 시공 후 모니터링

준공 후 유지 관리 중에 필요한 거동 분석 등 모니터링을 통해 터널의 안전성 등을 관리한다.

표 5-1은 시공 전후 단계의 설계 및 시공의 과정과 지반조사 과정상의 연관성을 비교한 것이며 (IAEG, 1981), 그림 5-2는 일반적인 지반조사 단계에 따른 TBM 터널에서의 지반조사 절차와 목적, 항목을 기술한 것이다.

[표 5-1] 지반조사 단계와 설계 및 시공 과정

SITE INVESTIGATION STAGE	INVESTIGATION ACTIVITIES	DESIGN AND CONSTRUCTION PROGRESS
PROJECT CONCEPTION	Recognition of need for project ↓ INITIAL PROJECT CONCEPTION	
	↓	↓
	basic knowledge of ground conditions ⇒	basic project designs
	↓	↓
	recognition major problems	
PRELIMINARY	↓	
	preliminary field investigations ⇒	confirmation or amendment of design concept
	↓ ⇐	preliminary detailed design
	design of main investigation	↓
MAIN	↓	
	main investigation information recovered during investigation ⇒ ⇐	modifications to detailed design
	↓	↓
	report on main investigation ⇒	final design of project
CONSTRUCTION	CONSTRUCTION	
	↓	↓
	recording ground conditions as found ⇒	modifications to design
	↓	
	further investigation ⇐	modifications to design
POST CONSTRUCTION	COMPLETION OF CONSTRUCTION	
	↓	↓
	monitoring behavior in operation ⇒	maintenance works

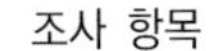

조사 수행 절차	조사 목적	조사 항목
1-1단계 예비조사: 사전조사 - 조사방향 설정/조사 계획 수립	• 현황파악/조사방향 설정 • 조사/설계 착안사항 도출 • 주변지역 지질, 지하수 현황 파악 • 광역조사 계획 수립	• 과업지시서, 입찰안내서 검토 • 관련 문헌, 인접구간 설계 및 시공자료 분석 • 현장답사/주변환경조사 • 시험 물리탐사
1-2단계 예비조사: 광역조사 - 광역지반특성 파악	• 지형변화 이력 파악 • 분포암종 특성 파악 • 지질구조 파악 • 지구조 진화사 수립 • 광역적 지질위험요소 파악 • 상세조사 계획 수립	• 지형특성 및 고지형 분석 • 위성영상 및 선구조 분석 • 지표지질조사 - 분포암종/지질구조 파악 - 불연속면 특성 조사 - 노선주변 지질위험요인 파악
2-1단계 본조사: 상세조사 - 설계목적별 지반특성 분석 보완조사에 의한 피드백	• 구간별 지층상태 상세 파악 • 단층 규모 및 특성 파악 • 광역지하수 특성 파악 및 인근잠재 오염원 파악 • 지질구조구별 지반의 공학적 특성 분석 • 조사결과의 피드백 • 설계목적별 지반 특성 파악	• 시추조사 및 현장시험 • 물리탐사 및 물리검층 - 도심지 신뢰성 향상을 위한 최적의 기법 적용 • 지하수 특성시험 • 기타 특수조사
2-2단계 본조사: 성과분석 - 설계활용의 극대화	• 굴착공법 효율성 극대화 • 구간별 상세지층분석 • 조사결과에 대한 단계별, 항목별 연계분석 • 신뢰성 높은 암반분류 수행 • 설계항목별, 구간별 설계지반 정수 산정	• CSM, NTNU, Q_{TBM} 분석 모델링을 통한 기계굴착 굴진율 분석 • 터널구간 암반분류 - 지질조건 반영을 통한 신뢰성 향상 • 통계분석기법을 활용한 설계 지반정수 신뢰성 확보
3단계 시공 중 보완조사 - 지반의 불확실성 제거	• 설계 시 조사의 한계 및 미비점 보완 • 시공 중 지반의 불확실성 제거 • 설계, 시공 및 유지관리의 체계적인 관련성 확보	• 체계적인 막장관찰 및 상시 계측 시스템 운용 • 공사 중 지하수위 변화 등 모니터링 • 이상대 선진수평시추 및 TSP 탐사 등 시공 중 조사

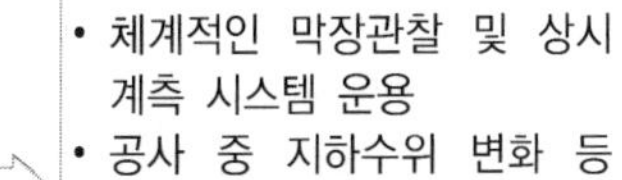
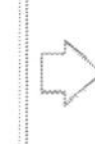

[그림 5-2] 지반조사 수행 절차에 따른 조사 목적 및 항목

5.2 TBM 터널 설계를 위한 지반조사

TBM 터널 설계를 위한 지반조사는 고하상, 거력층, 단층대 등 터널 주변의 지질 및 지반 상태를 분석하여 지질 및 지반 상태에서 발생할 수 있는 지반 거동의 특성을 예측하고, TBM 터널 설계에 필요한 제반 정보를 제공해 최적의 터널 설계를 가능하도록 하는 것이 목적이다. 지반조사 결과의 설계 적용 내용은 다음과 같으며, 토사층, 암반층, 또는 혼합 지반 등 지반조건에 따라 주요 검토 대상이 달라질 수 있다(Ozdemir, 2000).

(1) 사업 타당성 검토
(2) 터널노선의 선정
(3) 잠재적 문제와 재해 요소의 정의
(4) 설계를 위한 상세 지반정보의 획득
- 굴착공법 및 장비 선정
- 굴진성능 예측
- 지보 및 라이닝 설계
- 기타

다음은 이를 위해 획득해야 하는 핵심적인 지반정보이며, 이에 대응되는 조사방법의 적용성은 표 5-2와 같다(Nilsen and Ozdemir, 1999).

(1) (3차원) 지층 구조 : 토질 및 암반의 분류 및 분포
(2) 지층의 물성 : 역학적 특성, 풍화상태, 토질특성, 절리특성, 수리지질 특성 등

[표 5-2] 지반특성 조사를 위한 주요 조사방법의 적용성

조사방법 / 조사내용	사전조사 desk study	지표조사 field mapping	물리탐사 geophysics	시추조사 core drilling	탐사갱 expl.adits	현장시험 field test	실내시험 lab. test
암석종류	◎	◎	○	◎	◎	×	◎
역학적 특성	○	○	○	○	◎	◎	◎
풍화상태	○	○	◎	◎	◎	×	×
토질조건	◎	◎	◎	◎	◎	×	×
절리특성	○	◎	×	○	◎	○	○
단층/연약대	◎	◎	◎	◎	◎	×	○
암반응력	○	×	×	×	○	◎	×
지하수조건	○	○	◎	○	◎	◎	×

주) ◎: 적합, ○: 보통, ×: 부적합

[표 5-3] TBM 터널의 주요 설계항목에 필요한 지반조사 내용

설계항목		설계 필요 사항	조사 및 분석
터널 설계	굴착 공법	• TBM 장비 적용성 검토 • 장비별 굴진율 분석 • 굴착 난이도 평가 • 굴착암 유용성 평가	• 세르샤(Cerchar) 마모시험, punch penetration test, LCM Test • 실내 암석 시험 • 기계굴착 모델링(CSM, NTNU, Q_{TBM}) • 본선암 유용성 시험
	암반 분류	• TBM 설계를 위한 암반 분류	• 시추코어 건설표준품셈 분류 • RMR, Q, Q_{TBM} 암반 분류 • 전기비저항탐사+대심도탄성파탐사 • 시추조사와 물리탐사결과 상관성 분석 • 암반등급도 작성
	설계 정수 산정	• 토사층 설계 정수 • 암반 연속체 설계 정수 • 암반 불연속체 설계 정수 • 내진 및 수리 상수	• 표준관입시험, 공내재하시험, 실내시험 • 삼축압축시험, 절리면 직접전단시험 • 수압파쇄시험 • 광학 스캐닝(optical scanning, BIPS), 음향 스캐닝(acoustic scanning, televiewer), 스캔라인(scan line) 조사 • 지표투수시험, 양수시험
	단층대 특성	• 단층대 위치 및 규모 • 단층 최대변위량 • 측압계수 및 지중응력 상태	• 인근 지역 설계 자료 분석 • 경사 시추 • 단층 최대변위량 분석 • 수압파쇄시험
	근접 시공 구간	• 지중 및 지상 횡단구조물 현황 • 주요 근접구조물 현황 • 구조물 인접구간 3차원 지층 상태	• 격자형 시추 • 탄성파 토모그래피 탐사 • 시추공 및 실규모 시험발파 • 연직갱 구간 GPR 탐사
	방수 배수 설계	• 지하수위 강하량 • 터널 내 지하수 유입량	• 투수 및 수압시험 • 양수 시험, 수질 검층 • 지하수 모델링을 통한 지하수 유동 분석
상부지반 안정성 검토		• 지하수위 강하량 • 지반의 공학적 특성	• 취약구간 격자형 시추 • 퇴적토층 기원분석 • 토사층 삼축압축시험, 압밀시험 • 양수시험 병행 지중침하 계측 • 그라우팅 시험시공
연직갱 및 가시설 설계		• 연약지반 분포 유무 • 지층분포 현황 • 지층별 설계정수 • 지반 동적 특성	• 시추조사(연직갱별 1~2공 수행) • 표준관입시험, 공내재하/전단시험 • MASW 탐사, 하향식 탄성파탐사, S-PS검층, 광학 스캐닝(optical scanning, BIPS), 텔레뷰어(acoustic televiewer)
유지 · 관리		• 지하수 오염 및 오염원 확산 가능성	• 잠재오염원 현황 파악 • 추적자 시험 • 지하수위/수질 장기 모니터링 시스템 구축

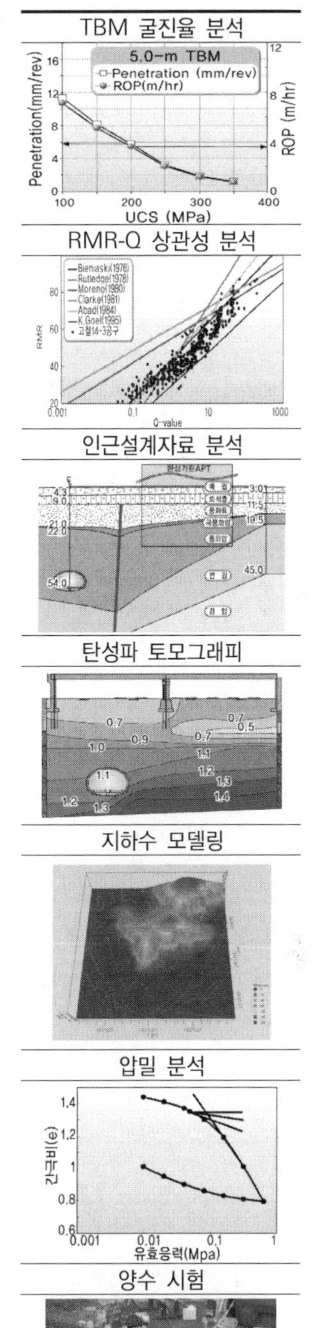

[표 5-4] TBM 터널 설계 시 적정 지반조사법

구분				기본	실시	도심지
예비조사	실내조사		항공사진 분석	○		
			인공위성영상 분석	◎		
			음영기복도 분석	◎		
			기존문헌분석	◎		
	현장답사		지질/지형	◎		
			지하수/하천	◎		
			인문지리	◎		
	지표조사		광역지표지질조사	◎		
			광역수리지질조사	◎		
	지하조사		예비시추조사	△		
			시험물리탐사	△		
본조사	지표조사	지질공학 특성	불연속면특성조사	△	○	△
			노두RMR조사		△	△
		수리지질 특성	정천현황	○	○	◎
			지하수이용실태	○	◎	◎
			잠재오염원		△	◎
			누수지점 현황		△	△
	현장조사	토사/암반	현장밀도시험			△
			대자율비등방성		△	△
		지하수	지표투수시험		△	△
			양수시험	○	◎	◎
			순간충격시험		○	◎
			추적자시험		△	◎
			단열암반 수리특성		△	◎
	시추조사	코아	코아로깅	◎	◎	◎
		현장시험	표준관입시험	◎	◎	◎
			공내재하시험	◎	◎	◎
			공내전단시험		○	◎
			현장투수시험		○	◎
			현장수압시험	○	○	◎
			시추공시험발파		△	△
			수압파쇄시험		○	◎
		물리검층	BIPS/BHTV		△	◎
			하향식탄성파탐사		△	△
			밀도검층		△	△
			음파검층		△	△
			S-PS검층		△	●
			전기비저항검층	○	○	○
			방사능검층		△	△
			자연전위검층		△	△
			중성자검층		△	△
			유향유속검층	△	○	○

구분				기본	실시	도심지
본조사	물리탐사	전기탐사	전기비저항탐사	◎	◎	△
			자연전위탐사		△	△
			토모그래피		△	●
		탄성파탐사	굴절법탄성파탐사	◎	◎	△
			반사법탄성파탐사		○	△
			대심도탄성파탐사		○	●
			토모그래피		○	●
			MASW		△	△
			미진동탄성파탐사		△	●
		GPR 탐사			○	◎
	실내시험	토질시험	함수비시험	◎	◎	◎
			비중시험	◎	◎	◎
			액소성한계		◎	◎
			입도분포시험	◎	◎	◎
			직접전단시험		△	◎
			진동삼축시험		△	△
			공진주시험		△	△
		암석시험	물성시험	◎	◎	◎
			일축압축시험	◎	◎	◎
			삼축압축시험	◎	◎	◎
			점하중강도시험	○	○	○
			간접인장시험		△	△
			이방성시험		△	△
			절리면전단시험	○	◎	◎
			공진주시험		△	△
			DRA/AE 시험		△	◎
			세르샤마모시험		△	◎
			펀치투과지수시험		△	◎
			LCM Test		△	◎
			광물조성	◎	◎	◎
			암버력유용성시험		△	◎
		실내수질분석		△	○	◎
	지하수	지하수 유동 모델링		△	○	◎
		지하수 오염이송 모델링		△	△	◎
		불연속체 지하수 모델링		△	△	◎
성과분석	암반분류	RMR 분류		○	○	○
		Q-시스템			○	○
	터널기계굴착	CSM 분석모델			○	○
		NTNU 분석모델			○	○
		Q_{TBM} 분석모델			○	○

주) ◎: 반드시 수행, ○: 수행, △: 현장조건에 따라 검토 후 수행, ●: 도심지에서 유용한 조사

(3) 잠재 위해 요소 : 단층, 공동, 가스, 오염 등
(4) 암반의 응력 조건
(5) 지하수 조건 : 대수층 특성

표 5-3은 TBM 굴착공법 선정, 암반 분류, 설계 정수 산정 등 기계 굴착 터널설계 등에 필요한 지반조사 및 분석내용을 정리한 것이며, 표 5-4는 TBM 터널 지반조사 항목을 설계 단계 또는 조건에 따라 적용성을 정리한 것이다.

5.2.1 광역지질조사 – 예비조사

가. 사전조사 – 기존자료 및 영상 분석

기존자료 및 영상 분석은 현장조사 이전에 실내에서 현장의 제반특성을 파악할 수 있는 각종 정보를 얻어서 현장에 대한 이해를 증진하고, 조사계획 수립에 대한 개략적인 윤곽을 설정하기 위해 수행한다. 자료의 수집은 각종 도면, 영상자료, 기존문헌 등을 활용하며, 구체적인 자료의 형태는 다음과 같다.

1) **각종도면** : • 다양한 축척의(수치) 지형도/고지형도
• 지질도, 수리수문도, 재해도, 토양도, 지하자원 분포도, 폐갱도 등의 주제도
2) **영상자료** : • 인공위성 영상/항공사진
• DEM을 이용한 음영기복도/경사도/습윤지수도
3) **기존문헌** : • 인근지역 기발간 논문
• 인근지역 유사 설계 사례

수집된 자료와 영상 등을 이용해, 대상 현장의 광역적인 지형·지질 및 지반특성에 대한 정보를 얻고, 그 정보를 활용해 개략적인 조사 착안사항을 설정하고 과업수행 계획을 수립한다. 영상 분석은 해당 지역의 지형을 거시적으로 관찰함으로써, 지형특성 및 대규모 지질구조를 식별하기 위해 시행되며, 항공사진, 인공위성영상, 음영기복도 등을 활용해 주요 단층대 등 구조 분석을 수행한다. 특히 TBM 터널 설계 시 노선의 선정 및 굴착공법 선정을 위해 단층대 등 구조선의 발달상태 및 광역적 지질 및 지질구조의 발달상태를 인지한다(그림 5-3).

특히 도심지나 매립지 등의 TBM 터널 설계를 위해서는 구하상 또는 매립 영역을 확인하는 것이 중요하다. 이를 위한 판독의 요소로서 수계 분석은 주류, 지류, 우곡 등의 계곡부를 육안 확인이 가능한 한 추적하고, 각 지층의 투수도와 침식 저항도를 상대적으로 비교하며, 지질구조에 지배받은 하천유로를 검토한다. 특히 서로 시기가 다른 영상 또는 지형도를 이용해, 고지형을 분석함으로써 고하천 또는 매립 영역을 확인한다. 그림 5-4는 영상 분석결과를 이용한 지형 및 고지형 분석의 예이다.

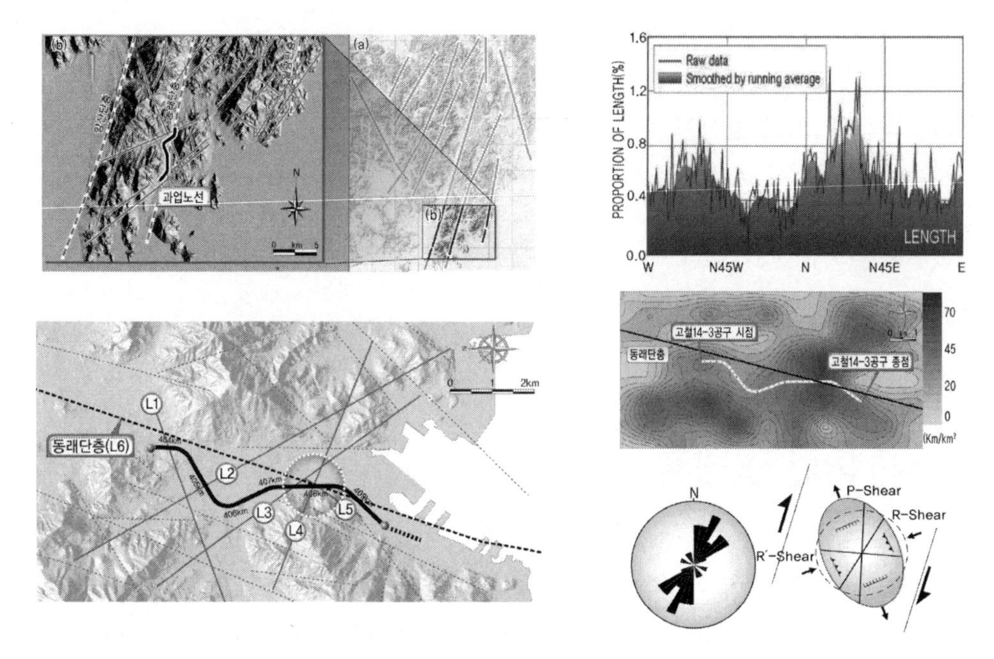

[그림 5-3] TBM 터널 설계를 위한 선구조 분석 예

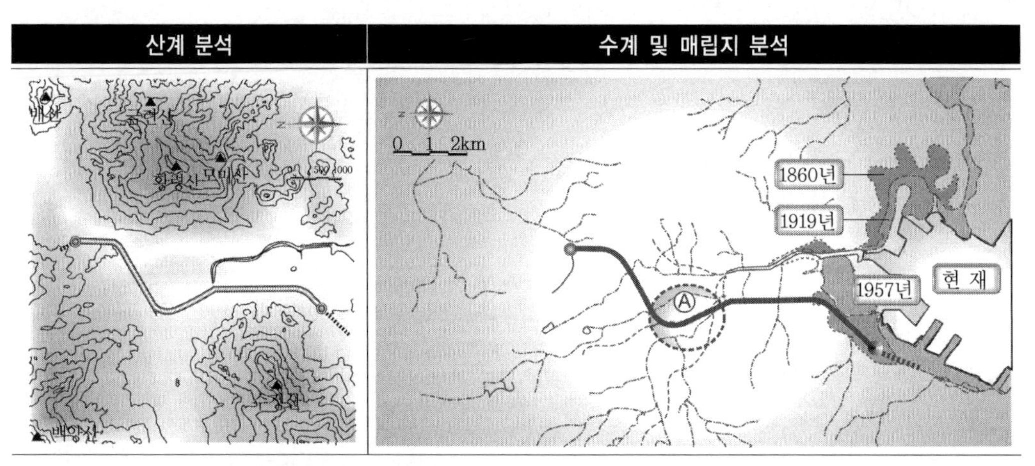

[그림 5-4] TBM 터널 설계를 위한 고지형(구하상 및 매립영역) 분석 예

나. 지표 지질조사

지표 지질조사는 지표에 노출된 노두를 조사해, 과업구간 내 분포하는 지층을 분류하고, 층서를 확립하며, 노출된 또는 잠재적인 단층대, 공동 등의 존재 여부와 발달 상태 등을 분석하는 것이 주요 목적이다. 이를 위해 선행 분석된 영상 및 지형 분석 자료를 충분히 활용하며, 지표 지질조사 결과를 통해, 정밀 지표 지질조사, 물리탐사, 시추조사 및 시험계획을 수립한다.

1) 광역 지표 지질조사

광역 지표 지질조사는 지층의 구분 및 경계와 단층 및 습곡 등의 지질구조 등을 확인하여 지질도를 작성하고, 각 암석의 특징 및 지구조의 진화를 분석한다. 이를 위해, 과업구간과 직접적으로 관련된 주변의 암상분포, 지질경계, 지질구조 등을 조사하고 이를 토대로 광역지질도를 작성하며, 보완 또는 정밀 조사할 내용과 범위를 결정한다.

응용지질도(engineering geological map)는 기존자료와 영상자료 판독결과에 지표 지질조사를 통해 획득된 자료를 종합해 광역지질도(1 : 25,000)와 정밀응용지질도(1 : 5,000)를 작성하며, 암석노두의 분포, 암석의 광물 조성, 토양분포 및 피복상태, 단층구조에 대한 정밀조사, 풍화도 변화상태 등을 기재한다. 작성된 응용지질도를 주요 성과품으로 하되, 터널 지질 종단면도 또는 터널 지질 종평면도 및 횡단면도를 작성해 설계에 유용하게 활용토록 한다. 그림 5-5는 광역 지표 지질조사 결과 작성된 응용지질도 및 터널 지질종단면도의 예이다.

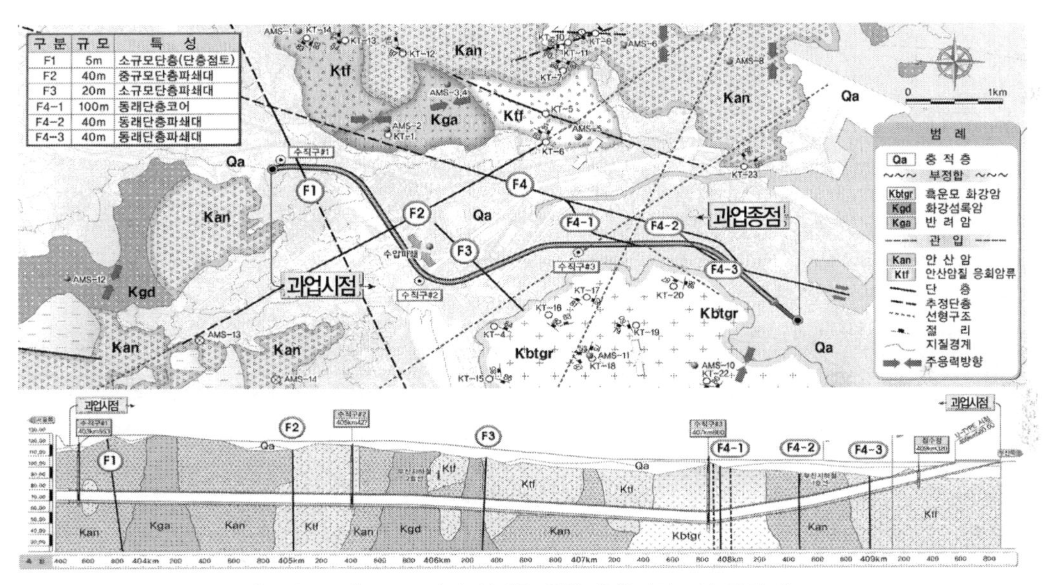

[그림 5-5] TBM 터널 설계를 위한 응용지질도의 작성 예

광역 지표 지질조사 결과 구분된 공학적 지질단위(engineering geological units)는 터널 설계를 위한 지반 구분의 기본단위가 되며, 일반적으로 토사층과 기반암을 그 성인과 구성 물질에 따라 구분한다(표 5-5, 5-6). 토사층은 잔류토(residual soil), 충적토(alluvial soil), 홍적토(diluvial soil), 붕적토(coluvial soil), 해성퇴적토(marine deposit soil), 인공매립토(reclaim soil) 등으로 구분하며, 기반암은 화성암, 변성암, 퇴적암의 대분류에 따라 각 암석 종류를 구분한다. 필요할 경우, 시층의 지질 시대를 병기해, 지층의 고화 및 변형 상태, 선후 구부에 활용할 수 있도록 한다.

TBM 터널은 기반암선의 분포 및 암석의 조성광물 등이 중요한 요소가 되므로, 발파 굴착 터널에 비해 지반의 성인 분류가 중요하다.

[표 5-5] 토사층의 성인 분류

분류방법	흙의 종류	공학적 특성
잔류토 (residual soil)	하부의 모암이나 부분적으로 견고한 지반의 풍화로 형성된 지층	일반적으로 양호한 지반 모래질 및 암편 점토질
충적토 (alluvial soil)	흐르는 물에 의해 운반되어 퇴적된 지층 범람/하도퇴적토/배후습지/하안단구/하구/삼각주/산록퇴적토	세립토의 경우 주로 압축성이 크고 토질상태는 위치에 따라 변화됨
홍적토 (diluvial soil)	빙하가 녹아 홍수 범람으로 퇴적된 지층	빙하시대에 퇴적된 층으로 토질상태는 양호함
붕적토 (coluvial soil)	중력에 의해 운반 퇴적된 층 테일러스/산사태 물질	대체로 불량한 지반, 이동 흔적이 있었던 것은 매우 위험
해성퇴적토(marine deposit soil)	해안가나 근해에 파도와 조류에 의해 운반 퇴적된 층	대체로 구성성분이 균일하고 압축성이 큼
인공매립토 (reclaim soil)	토사 외에 암괴, 콘크리트 덩어리, 건설폐자재, 생활쓰레기, 산업쓰레기, 슬러리, 폐기물 등으로 이루어진 경우가 있음	구성토질과 밀도의 파악이 중요하며 부적당한 경우 지반개량, 지반 오염여부 조사
빙적토 (glacial till)	빙하나 빙하가 녹은 물에 의해 운반되어 퇴적된 층	호박돌, 자갈에서 점토까지 다양한 구성비로 구성
풍적토 (aeolian soil)	황토(loess) 사구(dune sand)	붕괴되는 구조이고, 포화되면 성질이 바뀌기 쉬움

[표 5-6] 기반암의 성인 분류

화산쇄설성 (pyroclastic)	화성암(Igneous Rock)				분류 기준		
	괴상(massive)				일반적인 형태		
입자의 50% 이상 화성(igneous)	석영, 장석, 운모류 및 유색광물		장석 및 유색광물	유색광물	구성 광물		
	산성	중성	염기성	초염기성			
둥근 입자: 집괴암 (agglomerate)	페그마타이트 (pegmatite)			휘암 (pyroxenite)	초조립질	60	입자크기 mm
모난 입자: 화산각력암 (volcanic breccia)	화강암 (granite)	섬록암 (diorite)	반려암 (gabbro)		조립질	2	
응회암 (tuff)			조립현무암 (dolerite)		중립질	0.06	
세립질 응회암	유문암 (rhyolite)	안산암 (andesite)	현무암 (basalt)		세립질	0.002	
초세립질 응회암					초세립질		
	화산성 유리(흑요석 등)				유리질/비결정질		

[표 5-6] 기반암의 성인 분류(계속)

변성암(Metamorphic Rock)		분류 기준		
엽상(foliated)	괴상(massive)	일반적인 형태		
석영, 장석, 운모류 및 유색광물	석영, 장석, 운모류, 유색광물 및 석회질광물	구성 광물		
구조각력암(tectonic breccia)		초조립질		입자 크기 mm
혼성암(migmatite)	혼펠스(hornfels)		60	
편마암(gneiss)	대리암(marble) 그래뉼라이트(granulite)	조립질	2	
편암(schist)	규암(quarzite)	중립질		
각섬암(amphibolite)			0.06	
천매암(phyllite)		세립질		
점판암(slate)			0.002	
압쇄암(mylonite)		초세립질		

쇄설성 퇴적암						비쇄설성 퇴적암	분류 기준		
층리상							일반적인 형태		
암편, 석영, 장석, 점토광물			입자의 50% 이상 석회질			염(salt), 석회질, 규질, 탄질	구성 광물		
역(礫)질	주로 암편 입자				석회질 역암(calci-rudite)	암염질 암	초조립질		
역(礫)질	둥근 입자: 역암(conglomerate) 모난 입자: 각력암(breccia)					암염(halite) 경석고(anhydrite) 석고(gypsum)	조립질	60	
사(砂)질	주로 광물 입자편			석회암	석회질 사암(calci-arenite)	석회질 암	중립질	2	입자 크기 mm
사(砂)질	사암(sandstone)					석회암(limestone)	세립질	0.06	
이(泥)질	이암(mudstone) 셰일(shale)	실트스톤(siltstone)	이회암		석회질 미사암(calci-siltite) -백악(chalk)-	돌로마이트(dolomite)		0.002	
이(泥)질		점토암(claystone)			석회질 이암(calci-lutite)	규질암 쳐어트(chert) 탄질암 석탄(coal)	초세립질		
							유리질/비결정질		

표 5-5, 5-6과 같은 성인 및 구성 물질에 따른 지층 구분은 해당 지층의 연/경도 및 강도, 공극률 및 조직 등을 반영하므로 공학적 특성을 파악하는 데 유용하며, 특히 기계 굴착의 경우 토사층의 성인 및 구성 물질과 암반층의 암석 종류 및 석영 함량 등에 큰 영향을 받으므로 이에 유의해야 한

다. 그림 5-6은 TBM 터널에서 구분된 각 지층의 인접 또는 현미경 사진과 광물 조성을 분석한 결과이다.

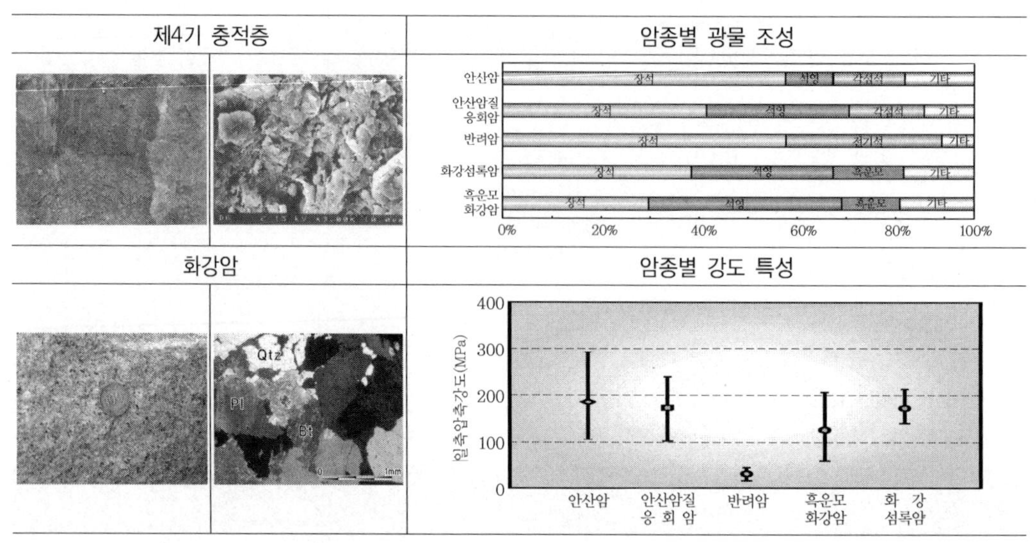

[그림 5-6] TBM 터널 설계 시 공학적 지질 단위의 조성광물, 조직, 강도 분석 예

각 지층 및 단층대 등 공학적 지질 단위의 분류와 그 특성의 정의는 응용지질도를 이해하는 중요한 요소이다. 이러한 속성 정보 외에 작성된 응용지질도 내 각 공학적 지질단위의 공간적 분포 특성을 이해하기 위해 필요할 경우, 지구조 진화에 대한 분석을 실시해, 현재의 지층 분포에 대한 이해도를 높인다. 그림 5-7은 지구조 진화 모델 및 퇴적 환경 분석의 예이다.

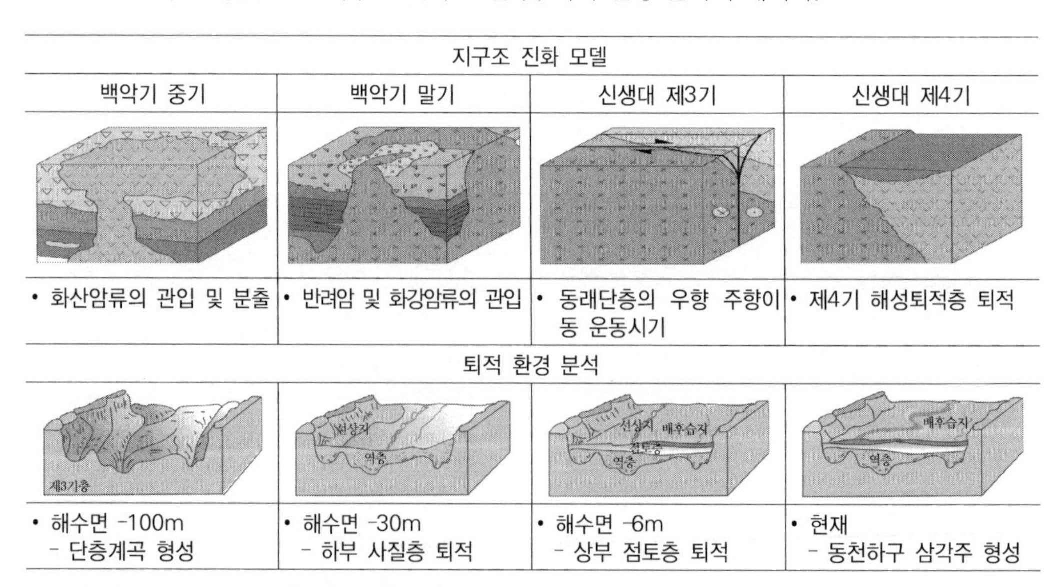

[그림 5-7] 지구조 진화 모델 및 퇴적 환경 분석 예

2) 상세 지표 지질조사

작성된 응용지질도를 기반으로 상세 지표 지질조사를 시행해, 지질학적 또는 공학적 특성이 유사한 지역 및 터널 설계 조건이 다른 지역을 기준으로 지질 구조구(domain)를 설정하고, 각 구조구의 공학적 지질 특성을 분석한다. 지질 구조구의 구분은 광역선구조 분석, 공학적 지질도 작성, 지질 구조분석, 분포 암종 분석, 설계 조건 분석 등의 과정을 통해 수행된다. 그림 5-8은 지질 구조구 구분 예이다.

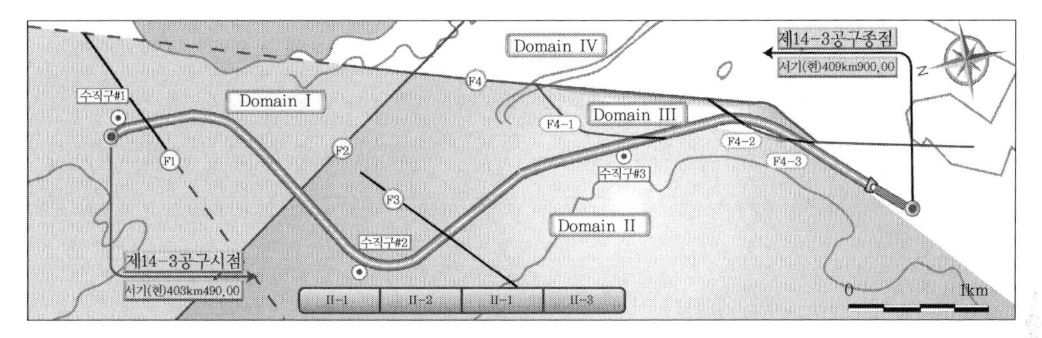

[그림 5-8] TBM 터널 설계를 위한 지질 구조구 구분의 예

상세 지표 지질조사는 주로 불연속면에 대한 정보를 제공해 암반분류 방법에 자료를 제공하는 데 목적이 있으며, 구간별 불연속면 특성을 제공함으로써 불연속체 설계정수 산정을 위한 기초자료가 된다. 불연속면 정보는 구조물 설계 및 안정성 해석에 사용될 수 있는 불연속면의 분포 특성 및 강도특성에 대한 입력 자료로 사용한다.

절리(joint) 및 암반의 특성을 각 조사항목의 기준(ISRM, 1981)에 따라 기재하며, 그 방법으로는 임의의 방향으로 설치된 측선에 교차되는 불연속면에 대해서만 기재하는 측선조사법(scan-line survey), 격자 내에 분포하는 모든 불연속면의 특징을 기재하는 격자조사법(window survey), 노두에 발달하는 절리군의 평균 간격, 연장, 틈새, 풍화상태, 강도 등의 불연속면 특징을 기재하는 노두 RMR 등의 방법이 있다.

조사된 불연속면 자료는 불연속면의 특성을 대표하는 방향성, 간격, 연장, 거칠기, 틈새 및 벽면 강도 등에 대해 평균 등 분석결과를 제출하며, 필요에 따라 통계 분석 및 각 특성의 확률밀도함수를 결정한다. 이러한 불연속면 자료의 분석은 각 지질 구조구 단위로 수행하는 것이 원칙이며, 이 과정에서 구조구의 설정을 수정 또는 보완할 수 있다. 제시되는 대표적인 결과는 불연속면 방향성 확률밀도함수, 연장, 간격에 대한 확률분포함수, 벽면압축강도, 거칠기 계수, 틈새 간격 등에 대한 확률분포함수 등이며, 그림 5-9는 그 예이다.

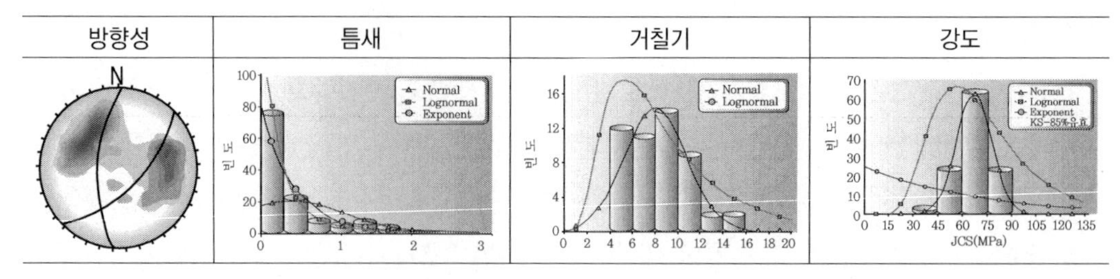

[그림 5-9] 불연속면 특성 분석의 예

다. 지표 수리지질조사

TBM 터널 굴착 중의 급격한 지하수 유입으로 인한 사고 및 공기 지연 등의 위해 요인 제거와 굴착 중 지반 침하 및 갈수 등 환경영향평가를 위해 지표수·지하수·오염원 파악 등 수리지질학적 특성이 대상 터널 시공에 미치는 영향을 파악하기 위한 지표 수리지질조사를 수행한다. 지표 수리지질조사는 정천 현황, 지하수 사용 실태, 누수지점 현황, 잠재오염원 등을 조사하며, 이외 구간별 연간 지하수 이용량의 파악, 분석과 잠재오염원으로 인한 오염 취약구간 및 오염 정도를 파악, 분석한다.

지표수 및 지하수 흐름 분포 현황, 생활용수 취수지, 사용 가구 수 등을 조사하여 상세 현장 수리지질시험 자료와 함께 지하수 모델링에 적용하고 시공 후 영향평가에 대한 기초 자료로 활용한다. 주변에 잠재적인 오염원들이 존재할 때 주위 상태를 조사하며 추적자 시험 등 기타 오염확산에 관련된 시험들의 위치 및 시험계획을 세우고 지하수 오염 이동–확산 모델링에 적용한다. 특히 대규모 공공시설, 공업지역, 상업지역이 발달한 곳에서는 오염원과 지하수 이용량이 많기 때문에 이에 대한 예상 민원 사항을 파악한다.

주요 성과품으로는 그림 5-10과 같은 지하수 이용 현황도와 잠재오염원 현황도가 있다.

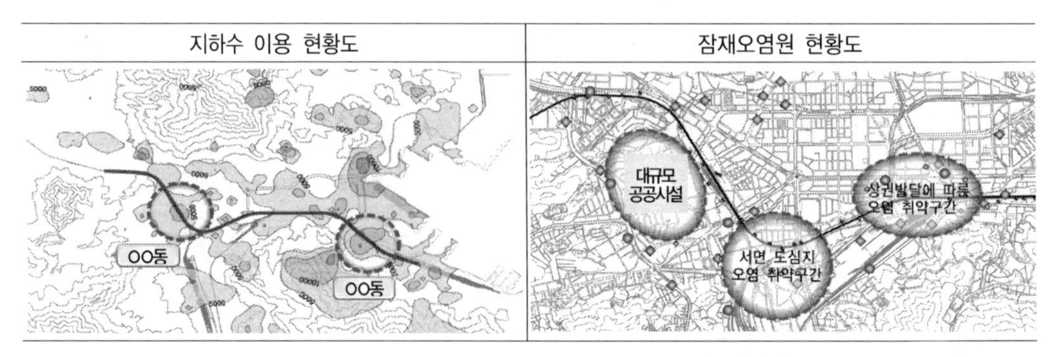

[그림 5-10] TBM 터널 설계를 위한 지하수 이용 및 잠재오염원 현황도 예

이러한 지표 수리지질조사결과는 대상지역의 각종 수리특성 시험 및 지하수위 모니터링 위치의 선정에 활용되며, 지하수 유동평가 모델링 초기 입력 자료와 잠재오염원 인접구간 오염 정도 파악을 위한 조사계획 수립 및 오염원 이동-확산 영향평가의 기초 자료로 활용한다.

5.2.2 물리탐사

토목 엔지니어링 분야의 물리탐사에 흔히 이용되는 지반의 대표적인 물성(物性)으로는 탄성파 속도, 전기적 성질, 밀도 등을 들 수 있으며, 이에 따라 탐사 방법은 크게 탄성파 탐사, 전기 탐사, 전자 탐사 등으로 나눌 수 있다. 또한 탐사가 수행되는 지역에 따라 육상, 해상 및 공중 탐사로 나눌 수 있다. 육상 물리탐사의 경우 측정 방법에 따라 지표상에서 탐사가 이루어지는 지표 탐사와 시추공을 이용하는 시추공 탐사로 나눌 수 있다. 표 5-7은 설계 및 시공을 위해 많이 사용되는 탐사법을 측정 방법에 따라 분류한 것이다.

[표 5-7] 지반특성 조사를 위한 주요 조사방법의 적용성

<table>
<tr><th>대분류</th><th colspan="2">소분류</th><th>대표적 탐사방법</th><th>측정대상</th><th>많이 적용되는 탐사법</th></tr>
<tr><td rowspan="4">지표 탐사</td><td colspan="2">탄성파탐사</td><td>• 탄성파 굴절법 탐사
• 탄성파 반사법 탐사
• SASW, MASW/TSP</td><td>탄성파 도달시간 및 파형</td><td>탄성파 굴절법</td></tr>
<tr><td colspan="2">전기탐사</td><td>• 수평 탐사(profiling)
• 수직 탐사(sounding)</td><td>전기 비저항</td><td>쌍극자 배열 수평 탐사</td></tr>
<tr><td colspan="2">전자탐사</td><td>• 주파수 영역 탐사
• 시간 영역 탐사</td><td>유도 전류의 위상 및 진폭</td><td>CSMT (IMAGEM) 탐사</td></tr>
<tr><td colspan="2">GPR 탐사</td><td>• 반사법 GPR 탐사</td><td>레이더파 도달 시간 및 파형</td><td>반사법 GPR</td></tr>
<tr><td rowspan="7">시추공 탐사</td><td colspan="2">단일 시추공 탐사</td><td>• 다운홀 탐사(PS 검층)
• 시추공 GPR 탐사</td><td>탄성파 도달 시간
반사 레이더파</td><td>다운홀 탐사</td></tr>
<tr><td colspan="2">시추공간 속도측정</td><td>• 크로스홀 탐사</td><td>탄성파 도달 시간</td><td>크로스홀 탐사</td></tr>
<tr><td colspan="2">시추공간 토모그래피</td><td>• 탄성파 토모그래피
• 비저항 토모그래피
• 레이더 토모그래피</td><td>탄성파 도달 시간
전기 비저항
직접 레이더파</td><td>탄성파 토모그래피</td></tr>
<tr><td rowspan="4">물리검층</td><td>전기검층</td><td>• 전기 비저항 검층
• 자연 전위 검층</td><td>전기 비저항
자연 전위 등</td><td>비저항 검층</td></tr>
<tr><td>방사능검층</td><td>• 자연 감마 검층
• 밀도검층</td><td>감마량 측정</td><td>밀도검층</td></tr>
<tr><td>음파검층</td><td>• 음향 검층(sonic logging)
• 서스펜션 PS 검층</td><td>P, S파 도달시간</td><td>서스펜션 PS 검층</td></tr>
<tr><td>시추공 영상촬영</td><td>• 광학 스캐닝(BIPS)
• 텔레뷰어</td><td>공벽 영상
초음파 도달시간</td><td>BIPS, 텔레뷰어</td></tr>
</table>

지표 탐사는 조사 단계 초기에 광역조사를 위해 주로 사용된다. 광역 지질조사 및 지표 탐사를 통해 개략적인 지질 분포 및 지층 구조의 상태를 파악한 다음 시추 위치 및 심도를 정하고 시추를 한 후 시추공 탐사를 포함한 정밀 탐사를 수행하는 것이 일반적이다.

가. 탄성파 탐사

1) 탄성파 반사법 탐사

탄성파 탐사는 목표 심도에 따라 '심부 반사법'과 '천부 반사법'으로, 적용 장소에 따라 육상 탄성파 반사법 탐사와 해상 반사법 탐사로 구분할 수 있는데, 이 절에서는 주로 지반조사의 대상이 되는 육상 천부 반사법에 대해서 설명하고자 한다.

지표에서 인공적으로 발생한 탄성파(P파, S파)는 지반의 음향 임피던스 경계(지층경계)에 도달하면 탄성파 에너지의 일부는 투과되고 일부는 굴절 또는 반사되어 지표로 되돌아오게 되는데 천부 반사법은 이 중 임피던스 경계(지층 경계)에서 반사된 반사파를 이용하는 방법이다.

천부 반사법은 지하 구조에 대한 시각적인 반사 단면도를 얻을 수 있다. 또한 지반의 지질 구조 및 물성을 비교적 정확히 파악할 수 있으며 속도 역전층이 존재할 때, 탄성파 굴절법 탐사에서 숨은 층(blind layer)을 해석할 수는 없지만 천부 반사법은 이와 같은 지반 환경에도 잘 적용할 수 있는 것이 장점이다.

2) 탄성파 굴절법 탐사

탄성파 굴절법 탐사는 속도가 서로 다른 지층의 경계에서 굴절되어 지표로 되돌아오는 파를 기록해 지하의 속도 구조를 해석하는 방법이다. 탄성파 굴절법 탐사는 지하 구조가 복잡하지 않고 하부층 속도가 상부층보다 큰 경우에 적용된다. 일반적으로 지반은 심부에서 고결도(固結度)가 높고, 표층에서 심부로 갈수록 순차적인 풍화를 받기 때문에 대부분의 경우 탄성파 굴절법 탐사의 적용 조건을 만족한다.

암반의 분류에는 P파 속도가 사용되는 경우가 많은데 이것은 암석의 강도 구분의 지표로 사용될 수 있고 암반의 리퍼빌리티를 평가하는 목적으로도 이용되고 있다.

지반의 탄성파 속도가 얻어지면 깎기면 경사의 관계로부터 안정영역의 경사를 경험식으로 구할 수 있다. 탄성파 굴절법 탐사에서 얻어진 탄성파 속도는 지질·지층의 강도, 지질 구조, 풍화·변질 정도, 함수 정도, 지하수의 포화 정도 등을 반영하고 있지만 속도만으로는 이러한 상황이나 상태를 해석할 수 없다. 따라서 해석의 정밀도를 높이기 위해서는 지형·지질 자료 등이 필수적이다.

3) 표면파 기법(SASW, MASW)

① SASW 기법의 개요

SASW(Spectral Analysis of Surface Wave) 기법은 지반이나 구조물의 표면에서 측정한 표면파를 이용해 하부의 전단 강성 주상도(profile of shear stiffness)를 추정하는 시험이다. SASW 시험은 지표면 또는 구조물의 표면에서 작은 변형률 범위에서 수행되기 때문에 비파괴적으로 행해진다. SASW 기법은 지반 공학 문제에서 깊이별 전단 강성도(shear stiffness)의 변화를 평가하기 위해 적용되고 있다.

SASW를 이용해 2차원 영상을 얻기 위해서는 1차원 자료를 연속적으로 취득해 자료를 처리한 후 2차원 영상을 구성하게 되므로 많은 자료 처리 시간이 필요하다는 단점이 있다.

② MASW

MASW(Multi-channel Analysis of Surface Wave)는 SASW와 기본이론은 거의 비슷하며 단지 다채널 수신기를 이용한다는 점이 큰 차이점이다. MASW는 일반적으로 2차원 영상으로 결과를 나타내며 다채널(12 ~ 24) 수신기에 의해 얻은 자료를 한 번에 분산곡선으로 변환하므로 수평적으로 평활화(smoothing)가 되어 나타나는 경향이 있다. MASW는 SASW에 비해 다량의 자료를 빠른 시간 내에 취득할 수 있고, 자료처리 시간이 짧으며 쉽게 2차원 영상을 구할 수 있다는 장점 때문에 내진 설계를 위한 S파 측정 방법으로 점차 널리 이용되고 있다.

나. 전기, 전자 탐사

1) 전기 비저항 탐사

전기 비저항 탐사법은 인공적으로 지표에 공급된 직류 전류에 의한 전위 분포를 측정해 지하의 전기 전도도 분포를 탐지하는 것으로 환경 오염원의 존재 및 그 유동의 탐지, 염수 침투 여부 확인 등의 환경 분야에 대한 응용이나 댐의 안정성 평가, 단층 및 파쇄대의 탐지 또는 층서 규명 등을 통한 지하 공간 개발 등의 토목공학 분야에서 점차 다양하게 이용되고 있다.

전기 비저항 탐사는 지반의 전기적 성질을 조사하는 탐사법이기 때문에, 지층이 다를지라도 전기적 성질이 같으면 이를 구별하는 것은 어렵다. 반면, 같은 지층일지라도 물을 함유하고 있는 상태에 따라 전기적 성질이 달라진다면 이를 구별하는 것은 가능하다. 우리나라의 경우 산악이 넓게 분포하고 모암의 전기 비저항 값이 높은 특성으로 인해 산악 터널 분야에서는 효율적이고 경제적인 전기 비저항 탐사가 탄성파 굴절법 탐사보다 더 많이 적용되고 있다.

전기 비저항 탐사에서 구한 지반의 전기 비저항은 공학적으로 필요한 지반의 강도나 변형성을 나타내는 물리량과는 다르기 때문에, 탐사결과의 이용은 정성적 단계에 머물고 있다. 최근에는 전기 비저항 값을 이용해 암반 등급을 분류하고자 하는 시도가 이루어지고 있다.

2) 전자 탐사

전자 탐사(Electro Magnetic survey, EM survey)는 지하에 입사한 전자기파의 반응을 지표, 공중 또는 시추공 등에 위치한 센서로 측정하는 방법이다. 전자 탐사는 전기 비저항 탐사에서처럼 전기 비저항으로 지하 구조를 규명하는 방법으로 자기장 또는 전기장을 측정하며 그 원리는 그림 5-11에서와 같이 전자기파가 지하의 매질을 전파하다가 전자기적 물성이 다른 이상체를 만나게 되면 이상체 내에는 산란 전류가 유도된다. 이 유도 전류에 의해 발생하는 2차장의 강도 및 위상을 측정해 지하 이상체 및 지질 구조에 대한 정보를 얻어내는 방법이다(물리탐사 실무지침, 2002).

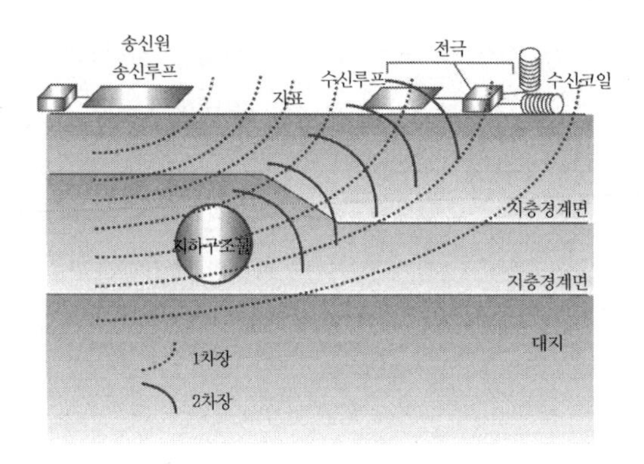

[그림 5-11] 전자 탐사의 개념도

산악터널의 노선 조사에는 가탐 심도가 크고 기동성이 뛰어난 CSMT법이 유리하다. 전자 탐사는 이상대 파악을 위한 예비·개략 단계에 적합한 탐사법이다. 전자 탐사는 단층 파쇄대, 변질대, 대수층 등의 저비저항대를 대상으로 해석하는 경우가 많다. 따라서 전자 탐사법은 이러한 지질 구조의 위치 파악에 효과적이며 해석이 용이하다는 이점이 있다. 전자 탐사의 다음 단계에는 전기 탐사나 검층에 의한 보완 조사를 검토하는 것이 바람직하다. 특히, 고심도 산악 터널의 경우 터널 방향의 측선에서 토피고에 따라 전기 비저항 탐사와 전자 탐사가 복합적으로 수행되는 경우에는 두 탐사 구간에 중첩구간을 두어 상호 비교해야 한다.

다. 시추공 탐사

1) 시추공 탄성파 탐사

시추공 탄성파 탐사는 송신 혹은 수신 장치, 또는 송·수신 장치 모두가 시추공 내에 존재하는 탐사법으로 지표 탄성파 탐사와 같은 기록 장치를 사용하나 송·수신 장치는 시추공에서 사용이 가능한 형태로 변형된 것을 사용한다. 크게 1개의 시추공을 이용하는 지표-시추공 탐사와 2개의 시추공을 이용하는 시추공-시추공(혹은 시추공 간) 탐사로 분류할 수 있다. 지표-시추공 탐사는 다시 하향 탄성파 탐사(downhole test)와 수직 탄성파 탐사(Vertical Seismic Profiling; VSP), 시추공 간 탐사는 시추공 간 속도 측정(crosshole test)과 탄성파 토모그래피(seismic tomography)로 나눌 수 있다(그림 5-12).

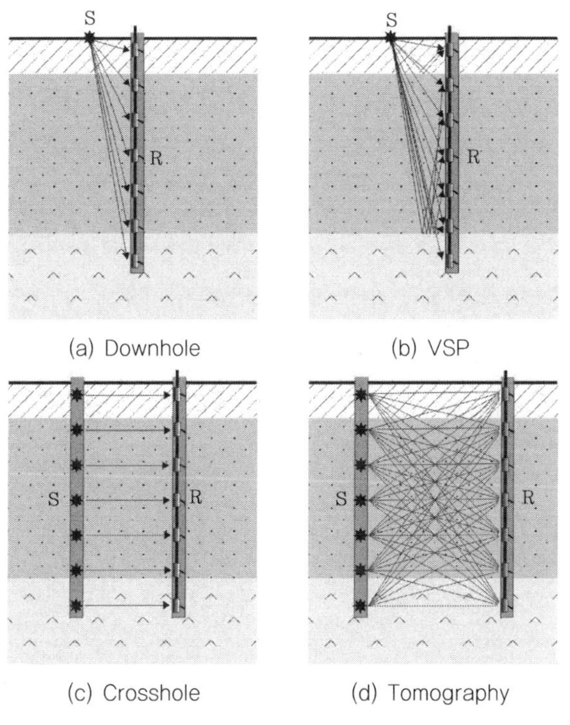

[그림 5-12] 시추공 탄성파 탐사법의 종류

① 하향 탄성파 탐사(downhole seismic survey)

시추공에서 가까운 지표에서 탄성파를 발생시키고 시추공 내에 삽입되어 있는 수신기를 통해 지표에서 직접 전달되는 파를 기록한다. 시추공 수신기는 횡파의 기록을 위해 클램핑 장치가 부착된 3성분 지오폰을 사용하는데, 일반적으로 수신기를 일정한 간격(1m 내외)으로 내리면서 측정하게 된다.

하향 탄성파 탐사법은 심도별 P파 및 S파 초동의 도달 시간 자료가 만들어지면 이를 심도-시간의 주시곡선으로 작성하고, 직선의 기울기 변화로부터 암반의 구간별 종파 및 횡파 속도를 산출한다.

② 수직 탄성파 탐사(Vertical Seismic Profiling; VSP)

수직 탄성파 탐사의 측정 방법은 하향 탄성파 탐사와 같으나 주로 깊은 심도까지의 지층구조를 밝히는 것이 목적이므로 강력한 지표 에너지 발생원을 사용한다. 암반의 물성치 측정 등 엔지니어링 목적보다는 지반의 층서 구조(stratigraphy)를 밝히는 데 더 큰 목적이 있으며, 반사파를 주로 이용하므로 시추된 심도보다 더 하부 지역의 지층 경계면이나 연약대 등을 파악할 수 있다는 장점이 있다.

③ 시추공 간 속도 측정(crosshole test)

두 시추공 사이의 평균속도를 구해 지층 구조, 암반의 탄성파 속도 등을 규명하는 방법으로 시추공용 탄성파 발생원과 수신기가 필요하다. 일반적으로 발생원과 수신기를 같은 심도에 위치시켜 측정하고 다시 같은 간격으로 이동해 측정하는 수평 탐사(level scan)를 주로 시행한다. 시추공 간 속도 측정은 두 시추공 사이 지반의 평균속도를 구하는 것이므로 시추공 간 간격을 가능한 한 좁게 해 균질한 암반 상태를 유지하도록 하는 것이 좋다.

시추공이 평행하지 않을 경우 이의 편향(deviation)에 따른 공간 거리의 변화를 감안해야 한다. 암반의 밀도 자료가 있으면 얻어진 종파 및 횡파의 속도를 이용해 원지반의 각종 동탄성 계수를 구할 수 있다.

④ 탄성파 토모그래피(seismic tomography)

시추공 간 토모그래피(crosshole tomography)는 1개의 시추공에는 탄성파 발생 장치를, 다른 시추공에는 수신 장치를 삽입한 후 여러 각도로 탄성파를 주고받은 다음, 이들 파의 초동 주시(혹은 진폭)를 발췌하고 이를 역산(inversion)해 두 시추공 사이의 2차원 내지 3차원 지층구조를 영상화하는 방법이다.

시추공 간 속도 측정과는 달리 여러 각도에서 자료를 획득해야 하므로 한 지점에서 탄성파를 발생시키고 지오폰이나 하이드로폰 체인을 사용해 동시에 여러 심도에서 수신하는 방법을 이용한다.

2) 시추공 전기, 전자 탐사

① 전기 비저항 토모그래피 탐사

전기 비저항 토모그래피 탐사는 탐사 대상 영역을 둘러싸도록 지표와 시추공에 전극을 설치하고 지하에 전류를 흘려 지하 매질의 전기 전도도의 함수인 전위를 측정한다. 측정 및 해석의 기본 개념은 지표 전기 비저항 탐사와 동일하지만, 전극을 시추공 내에 설치해 탐사 대상에 근접시키기 때문에 지표 탐사에 비해 해석 정밀도의 향상을 기대할 수 있다.

전기 비저항 토모그래피 현장 탐사에서는 단극 배열이 주로 사용된다. 전기 비저항 토모그래피의 활용은 기본적으로 지하의 전기 비저항 구조를 고분해능으로 영상화해 지층 구조를 해석하는 데 있다.

② 레이더 토모그래피 탐사

레이더 탐사는 현재 상업적으로 이용되는 물리탐사 기술 중 해상도가 가장 뛰어난 물리탐사 방법 중의 하나이다. 레이더 탐사는 수십 MHz ~ 수 GHz의 전자기파의 전파, 반사 및 굴절 성질을 이용해 탐사를 수행하게 된다. 레이더 토모그래피로 지하의 영상을 구하는 방법은 탄성파 토모그래피와 마찬가지로 초기 도달파의 도달 시각을 이용해 시추공 간의 레이더파 속도 분포를 얻는 주시 토모그래피(travel time tomography)와 초기 도달파의 진폭을 이용해 시추공 간의 감쇠율 분포를 얻는 진폭 토모그래피(amplitude tomography)가 가능하나, 주시 토모그래피가 주로 적용된다.

3) 물리 검층

지하의 각종 정보를 파악하는 방법 중, 시추조사가 가장 직접적인 방법이지만 물리 검층은 시추조사가 갖는 단점을 보완할 수 있는 시추공 탐사법으로 시추 코아의 회수가 불가능한 구간에서 물리 검층의 장점이 극대화된다. 토목 구조물 건설을 위한 지반조사에서는 음파 검층, 밀도 검층, 전기 검층 등이 주로 응용되고 있다.

① 음파 검층

시추공 내에서 음원과 수진기가 장착된 검층기를 이용해 시추공 주변 지반의 탄성파 속도(P파, S파)를 측정하는 물리 검층법을 음파 검층이라 한다. 검층기에는 1 ~ 2개의 음원과 2개 이상의 수진기가 장착되어 있는데, 음원에서 발생해 시추공 주변을 전파하는 파동을 수진기에서 측정하고 후속적인 자료 처리 과정을 거쳐서 지반의 탄성파 속도를 측정한다.

원지반의 탄성파 속도(P파, S파)를 측정하기 위해 적용되는데 탄성파 속도는 지반의 고결도, 밀도, 포화도, 공극, 풍화나 변질 정도에 따라 변하기 때문에 정량적인 지반 평가에 활용되며, 동일 시추공에서 실시되는 밀도 검층 자료를 활용해 내진 설계를 위한 지반의 동탄성 계수 산정에 활용된다.

② 밀도 검층(감마–감마 검층)

밀도 검층(감마–감마 검층)은 ^{137}Cs 또는 ^{60}Co 방사선원에서 방사되는 감마선이 시추공 주변 지반에서 산란되는 콤프톤 현상을 이용해 밀도를 측정한다. 매질의 전자밀도가 높을수록 산란되는 감마선의 양은 증가하고 검층기의 검출기에 도달하는 감마선의 세기는 감소하게 된다. 측정 계수율을 교정 곡선을 이용해 밀도로 환산한다. 밀도 검층은 기본적으로 케이싱이 없는 구간에 적용하지만 PVC 또는 스틸 케이싱이 있는 경우에도 측정이 가능하다. 시추공 주변 지반의 밀도를 측정하고자 실시하며, 다른 탐사결과를 이용하면 지반의 동탄성 계수 산정, 지층 구분, 파쇄대 등을 파악할 수 있다.

③ 전기 검층

지층의 전기 비저항은 주로 공극의 크기, 공극수의 전기 전도도, 그리고 암석 내에 함유되어 있는 전도성 광물의 함량에 따라 변한다. 대부분의 화성암류는 전도성 광물을 거의 함유하지 않아 전기 검층은 파쇄나 풍화 정도 및 그에 수반되는 공극량의 변화에 반응하게 된다. 전기 검층은 심도별 지층의 겉보기 비저항과 자연 전위의 분포를 측정하고, 이를 이용해 대수층, 지하수 유출 유입 구간 추정, 지층 층서 확인과 대비, 파쇄대나 풍화대의 존재와 위치 확인 등에 활용하고자 실시한다. 또한 전기 비저항 탐사 내지 전자 탐사의 결과를 검증하거나 비교 검토할 경우에도 많이 사용한다.

④ 시추공 스캐닝

시추공 스캐닝은 공벽의 영상을 취득해, 불연속면, 공벽 상태 등을 분석하기 위한 탐사법으로 초음파 빔을 사용하는 초음파 스캐닝, 가시광선 대역의 빛을 사용하는 광학 스캐닝이 주로 사용된다. 두 방법은 근본적인 원리에서 차이가 있어 적용 환경에서 다소 차이를 가지나 조사의 응용 목적 및 활용에 있어서는 거의 유사하다.

- 광학 스캐닝(optical scanning, BIPS) : 광학 스캐닝은 측정 장치에 달린 발광 다이오드에서 발생된 빛으로 시추공 벽을 비추고 CCD 카메라를 사용해 공벽의 디지털 영상을 촬영한다. 광학 스캐닝은 빛을 이용하기 때문에 공내수가 없는 상황에서도 공벽 스캐닝이 가능하지만 공내수가 탁한 경우에는 영상의 질이 떨어지게 된다. 따라서 시추 완료 후 청수로 공을 청소하고 부유물이 가라앉을 수 있도록 일정 시간이 경과한 후에 촬영을 해야 한다.

- 음향 스캐닝(acoustic scanning, Televiewer) : 초음파 주사 검층 또는 텔레뷰어라 불리는 음향 스캐닝은 1 ~ 3MHz의 초음파 빔을 시추공 벽에 주사하고 공벽에서 반사되어 되돌아오는

초음파의 진폭 및 주기를 측정해 공벽을 영상화하는 탐사법이다. 음향 스캐닝은 광학 스캐닝과는 달리 상대 암반 강도 산출, 고분해능 공경 검층 등의 추가적인 역할도 수행하게 된다. 음파 및 광학 스캐닝에서 측정된 공벽 영상은 수평축이 영상의 방위이며, 수직축이 심도인 전개화상 형태로 도시된다. 시추공 벽에 분포하는 불연속면은 전개화상에 정현 곡선의 형태로 나타난다.

5.2.3 시추조사 및 시험

가. 시추조사

시추조사는 시추기를 사용해 지반을 착공하며 채취된 시료관찰에 의해 지반의 구성 상태, 지층의 두께와 심도, 층서, 지반구조 등을 조사하는 것이 주목적이다. 시추조사는 지반상태를 직접 관찰할 수 있을 뿐만 아니라 시료 채취 및 시추공을 이용해 다양한 현장시험을 수행할 수 있기 때문에 가장 보편적으로 적용되는 지반조사법으로서 터널 설계에서 시추조사는 지반을 분류하고, 단층·파쇄대 분포상태, 암반 투수성을 파악해, 굴착공법·지보 형태와 파쇄암석의 유용성 검토를 주목적으로 한다. 시추조사 시 채취되는 시료는 교란 시료(disturbed sample) 및 불교란 시료(undisturbed sample)로 구분되며, 일반적으로 교란 시료는 토질의 물리적 특성을 파악하는 데 이용되며, 불교란 시료는 역학적 특성을 측정하기 위해 사용된다. 시추공을 이용해서 투수시험, 지하수 조사, 각종 검층, 탄성파 탐사, 공내시험, 계기매설 등을 수행하기도 한다. 시추 및 시험굴 조사는 대상 지반 및 터널 심도에 따라 적용하는 방법을 주의해 선정해야 한다.

일반적으로 얕은 심도의 토사 지반 터널의 경우 시험굴 조사, 오우거 드릴 또는 자갈층의 경우 대구경 시추조사 등의 방법을 이용할 수 있다(그림 5-13). 특히 쉴드 TBM 등 연약 지반의 TBM 터널에서 전석 또는 호박돌 등의 거력 또는 자갈층이 존재할 경우, 세심한 주의가 필요하다. 대구경 시추 등을 통해 분석되어야 할 자갈층 내 거력 또는 호박돌 등의 특성은 다음과 같다.

1) 빈도(체적 밀도, 출현 빈도 등)
2) 분포(무작위 분포 또는 지질학적 제어 분포 등)
3) 크기(직경, 길이 등)
4) 모양(구형, 정방형, 무정형 등)
5) 자갈의 암석 조성 및 강도(암석명, 조성 광물, 풍화상태, 일축압축강도 등)
6) 기질 토양의 조성(밀도, 입자 크기, 투수성 등)

[그림 5-13] 얕은 심도, 연약 지반의 TBM 터널을 위한 시추 및 시험굴 조사

그러나 심도가 깊은 암반 터널의 경우 시추조사가 반드시 시행되어야 하며, 이때 시료 코아가 회수되어야 하며, RQD 등 코아 로깅이 반드시 실시되어야 한다. 시추조사에서 시추 방향은 일반적으로 수직 시추를 수행하나, 지질조건의 확인 또는 구조물 설계에 필요한 정보를 얻기 위해서는 경사 시추 또는 수평 시추, 방향 제어 시추 등을 실시해야 한다(그림 5-14).

[그림 5-14] 시추조사의 방향

국내외적으로 TBM 터널 설계를 위한 시추조사의 간격은 표 5-8의 범위에 있으며, 설계 요구 및 현장 특성에 따라 가감할 수 있다. 시추 심도는 터널계획 수준 이하 0.5D ~ 2D의 범위가 일반적이나, 개착터널 또는 터널구간에서 기반암이 확인되지 않은 경우에는 기반암 연속 3m까지 시추하는 것이 적절하다.

[표 5-8] 지반조건에 따른 시추조사의 배치 간격

구 분		시추 간격
토사 터널(soft ground tunneling)	불리한 지반조건	15 ~ 30m
	양호한 지반조건	90 ~ 150m
암반 터널(hard rock tunneling)	불리한 지반조건	15 ~ 60m
	양호한 지반조건	150 ~ 300m
혼합 지반 터널(mixed-face tunneling)	불리한 지반조건	8 ~ 15m
	양호한 지반조건	15 ~ 23m

<비고>
1. 터널노선을 따라 시추하되, 갱구부 및 연직갱 위치 시추
2. 지표 지질조사결과 및 탐사결과 중 조사 위치 선정
3. 토피가 얕은 터널, 충적층과 암반의 경계부분을 지나는 터널, 연약지반에서 과거에 수로였던 지점, 단층이나 파쇄대 주변은 필요에 따라 추가해 계획
4. 지반특성 파악을 위한 시험공, 구조물의 특성에 의한 것은 필요에 따라 추가

시추조사 시 시료의 채취는 일정한 간격으로 연속적으로 채취하되, 시추조사 중 변화 요인이 있으면 그 위치에서 채취하고, 터널 계획구간 직상부와 직하부에서 채취하며, 채취 위치를 시추주상도에 표기해야 한다. 시추주상도는 시추조사 결과의 핵심 성과물로서 시추코아를 관찰해 현장에서 작성하며, 이에 추가해 제반 현장시험 및 실내시험 결과를 수록한다. 특히 현장 관찰결과와 실내시험 결과가 다를 경우에는 반드시 시추주상도를 수정해야 한다. 특히 시추주상도의 지층 구분은 TBM 터널 굴착공법 선정의 중요한 요소가 되므로 암석종류 및 풍화 상태 등의 지층 구분을 주의해 기재해야 한다.

시추주상도 기재내용은 일반사항[조사명, 시추공번호, 위치, 좌표(TM 좌표), 표고, 시추구경, 지하수위, 사용장비, 시추자, 조사자 등]과 시추결과(심도, 층후, 지질, 지층 색상, 암종, 현장관찰기록, RQD, TCR, 시료 채취, D, R, F 등)로 구분한다. 특히 TBM 터널 설계를 위한 시추코아의 지층명은 일반적으로 성인에 의한 지질명과 연경도 또는 풍화상태에 따른 지층명을 모두 분류해 기재하는 것이 타당하다(ASTM, 1983). 지질명은 지반을 구성하고 있는 지질의 성인 및 특성에 따라 구분할 수 있는 공학적 지질단위로서 암반의 경우, 퇴적암, 화성암, 변성암의 각 암석 종류 및 단층대 등의 구분이 이에 해당한다(IAEG, 1981). 지층의 연경도 또는 풍화상태에 따른 구분은 암반의 경우 기준에 따라 건설 표준 품셈에 의한 경암, 연암, 풍화암 등으로 분류할 수 있다. 시추코아의 풍화정도(D), 강도(R), 파쇄정도(F)는 ISRM(1981) 기준에 따라 기재해 RMR 등 암반 분류에 직접적으로 활용할 수 있도록 한다. 시추코아 관찰 시 절리 또는 균열면의 발달 상태를 파악할 수 있는 절리주상도(fracture map)를 작성한다(그림 5-15).

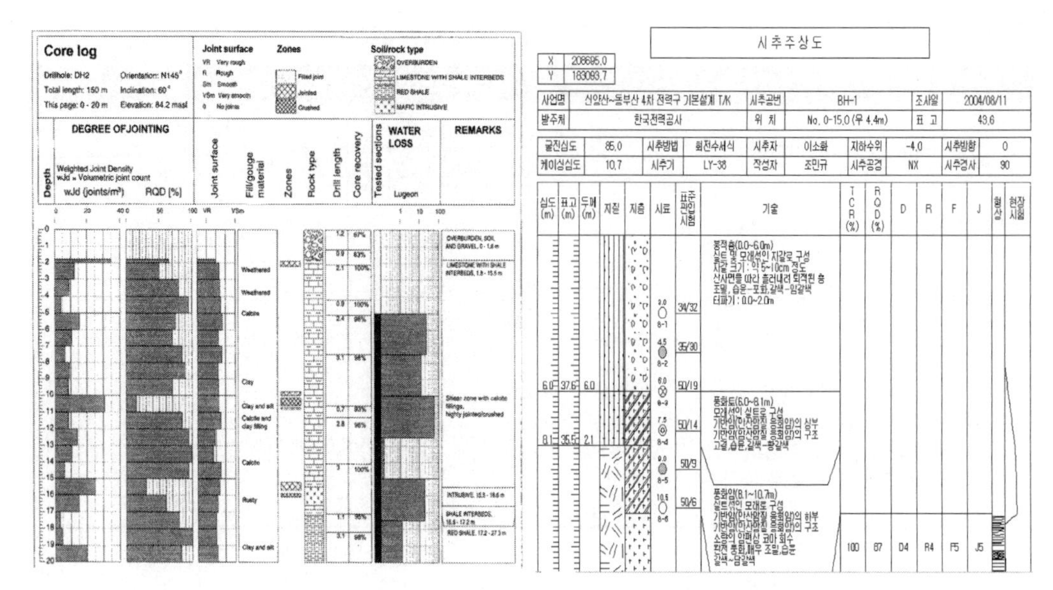

[그림 5-15] TBM 터널 설계를 위한 국내외 시추주상도

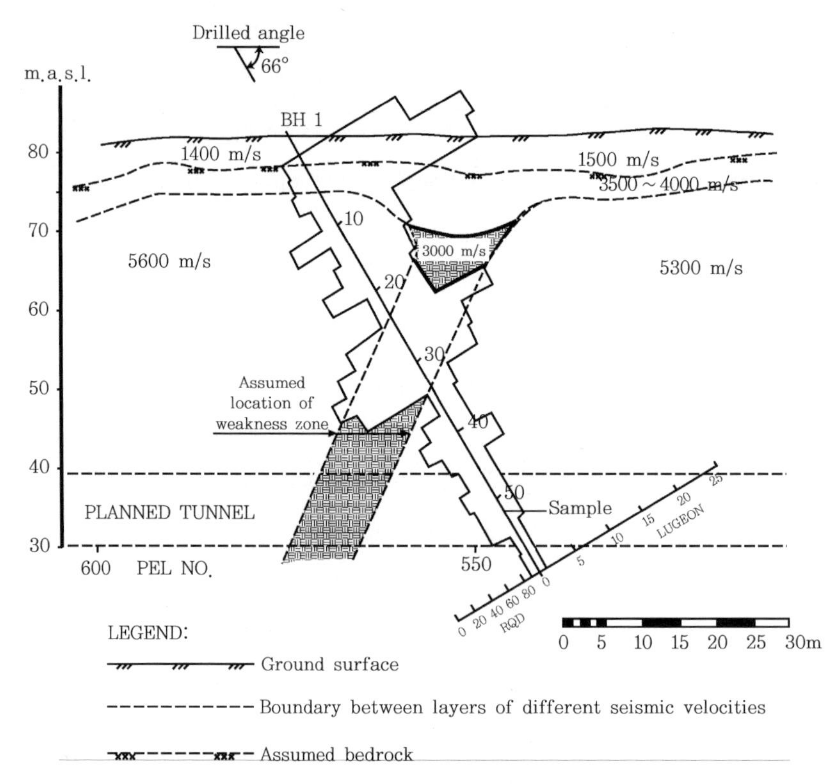

[그림 5-16] 시추, 현장 시험 및 탄성파 탐사 결과의 종합 분석

시추조사결과 확인된 지질 상태는 지표 지질조사, 시추공 내 현장시험 및 물리탐사 결과 등과 비교 분석해 지반 상태를 합리적으로 예측하는 데 활용된다. 그림 5-16은 지표 지질조사 및 탄성파탐사 등을 통해 추정된 단층 연약대의 확인을 위해 경사 시추조사 및 현장 시험한 결과를 종합 분석한 예이다(Barton, 2000).

나. 현장시험

현장 원위치 시험은 지반정보를 구하는 중요한 방법으로 특히 지층 구성이나 거시적 지반정보를 얻는 것과 원지반 상태 그대로의 각종 지반정보를 얻는 것이 특징이다. TBM 터널에서의 현장시험은 표준관입시험, 공내재하시험 및 전단 시험 등 지반의 역학적 특성을 현장 측정하는 현장 시험과 함께 지하수 조건과 현지 지중 응력 상태를 측정해 특성화하는 것이 무엇보다 중요하다.

1) 지반의 투수성 및 수리지질학적 특성

지반의 투수성을 조사하는 방법에는 현장투수시험 및 수압시험이 가장 일반적인 현장 시험이다. 현장투수시험은 시추공법(borehole test), 다공성 탐침기법(porous probe test), 침투법(infiltration test), 암거배수법(underdrain) 등 크게 4가지 종류로 구분할 수 있다. 현장수압시험은 시추조사와 병행해 지하수의 유동특성을 정량적으로 규명하기 위해 시추공 내의 일정구간에 패커(packer)를 설치, 밀폐한 후 일정압의 압력수를 주입해 주입압력과 주입량과의 관계로부터 대상지반의 투수성을 평가한다. 이외 지반의 수리지질학적 특성을 파악하기 위한 현장시험으로서 양수 시험, 순간 충격시험, 추적자 시험 등이 있다.

양수 시험은 과업구간에서 대수층 내 지하수 유동 및 유량 등 수리지질학적 특성을 파악하기 위해 수행하며, 양수정 및 관측정의 시험결과 분석으로 주변 지역의 연관관계 및 수리지질학적 특성을 파악한다. 시험 방법으로는 단계 양수시험(step-drawdown test), 양수시험, 회복시험 등이 있다. 순간충격시험은 정호에 대한 여러 정보(정호의 깊이, 케이싱 길이, 정호와 케이싱 반경, 스크린 구간 등)를 조사한 후, 순간 수위 변화 전의 초기 수위를 측정한다. 부피를 알고 있는 슬러그를 사용해 정호 내 수위변화를 유발시킨 후, 그 수위변화를 자동수위 계측기를 사용해 측정한다. 추적자 시험은 과업구간에서 지하수 사용에 따른 지하 대수층에 침투된 오염물질 영향을 해석하고, 향후 거동에 대한 예측을 하며, 지하수계의 지역적 연결성의 확인을 위해서 활용한다. 시험 방법은 추적자를 섞은 일정 농도의 물을 일정 시간 동안 관정 내로 주입, 주변 지역으로 확산시킨다.

추적자 주입 후 일정 시간이 지난 다음 해당 관정에서 양수를 통해 추적자를 회수하고 동시에 시간에 따른 농도의 변화를 관측한다. 이때, 관측한 시간에 따른 오염 확산 양상을 살핌으로써, 오염 확산의 핵심 계수인 분산도(dispersivity)를 추정한다.

2) 암반응력

암반응력의 측정은 오버코어링법, 플랫잭법 및 수압파쇄시험 등을 통해 측정할 수 있다. 설계단계에 주로 적용되는 방법은 수압파쇄법으로, 암반의 초기응력값과 측압계수를 산정하고 터널 안정 해석에 필요한 초기 응력 상태에 대한 정보를 제공한다. 시험 방법은 시추공 내에서 자연적인 균열이 없는 구간을 선택해, 그 상·하부를 밀폐하고 수압을 주면서 시간에 따른 압력과 주입수량의 관계를 측정해 수평방향의 주응력의 크기를 산정한다. 시험구간에 발생한 수직균열방향을 측정하면(최대수평) 주응력의 방향 파악이 가능하며, 수직응력은 $\sigma v = \gamma \cdot h$로 산출해, 압력감쇠속도법에 의한 균열폐쇄압력을 산정한다. 누적주입유량법에 의해 균열개구압력을 산정하며, 측압계수 및 주응력 방향을 해석한다(그림 5-17).

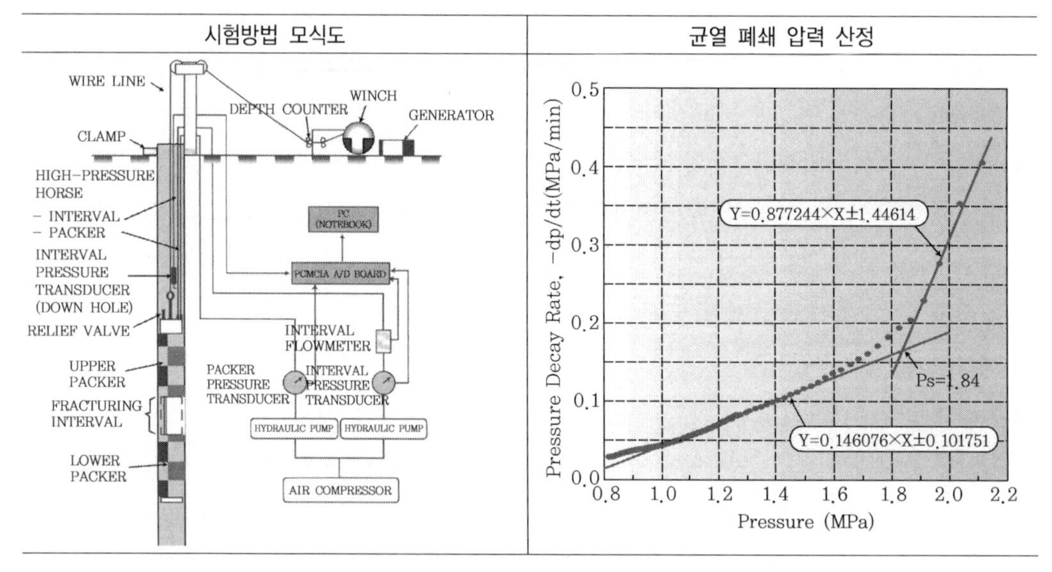

[그림 5-17] 수압파쇄시험

다. 실내시험

실내시험은 과업구간에 분포하는 시료의 물리적, 역학적 시험을 행해 지반의 특성판단에 필요한 정보를 얻기 위해 수행한다. 실내시험용 시료의 채취는 현장조사 및 시험공 조사에서 채취된 시료가 대상이 된다. 지반조건, 터널의 규모나 길이, 지형의 변화, 지질구조 등을 감안해 적절한 시험 방법을 선정해야 한다.

1) 실내토질시험

실내토질시험은 사업구간에 분포하는 흙의 성질을 객관적인 자료로 제시하기 위해 시행하는 시험으로, 실내에서 각 시험마다 구해진 측정값들을 사용해 지반분류 및 기타 목적에 사용한다. 실내토질시험은 크게 비교란 시료와 교란 시료를 이용하는 시험으로 구분되며, 기본물성시험과 역학시험을 수행한다. 시험의 객관성 및 보편타당성을 확보하기 위해 토질시험에 관한 내용은 한국공업규격(Korean Industrial Standards)에 따라야 한다. 표 5-9는 실내토질시험과 그 목적을 요약한 것이다.

[표 5-9] 실내토질시험

실내토질시험	시험 목적	시료 상태	
		비교란	교란
함수비시험	지반분류	○	○
비중시험	지반분류	○	○
액성한계 소성한계	지반분류, 흙의 컨시스턴시		○
입도분포시험 체분석	지반분류, 건설재료로써의 흙의 판정		○
직접전단시험	배수 및 비배수 전단강도(지지력, 토압, 안정)	○	
진동삼축시험	지반의 액상화 저항 능력 산정(반복전단응력비)	○	
공진주시험	지진 시 선형거동 측정(전단탄성계수, 감쇠비)	○	

주) ○: 시행 가능한 시험

2) 실내암석시험

실내암석시험은 사업구간에 분포하는 암석시료의 공학적 특성과 설계정수를 결정하기 위해 수행한다. 기본물성시험은 시추공 1개소마다 적어도 3개 이상의 시료를 채취해 행하며, 실내시험 중 역학시험은 조사 목적에 따라 시험항목을 선정해 행한다. 특히 암석의 경우는 암종, 풍화, 균열상태, 방향성, 함수상태를 고려해 시험하며, 국제암석역학회, 한국암반공학회 등에서 제안한 시험법을 따른다.

TBM 터널 설계를 위한 기본 시험은 다음과 같으며, 표 5-10, 11은 기본 물성 시험을 포함해 각 시험 항목의 결과와 이용에 대해 요약한 것이다.

• 역학적 강도시험(mechanical strength test) : 일축압축강도시험, 삼축압축시험, 인장강도시

험 및 점하중강도시험, 취성도시험(brittleness value test)

- 표면경도시험(surface hardness test) : 슈미트해머시험, 모아경도시험, Vicker 경도시험
- 마모도 시험(abrasiveness test) : 세르샤 마모시험, Taber 마모시험, AV-테스트
- 압입시험(indentation test) : 펀치투과시험(punch penetration test)
- 암석절삭시험(rock cutting test) : linear and rotary cutting test, Lab. TBM
- 축소천공시험(miniature drill test) : Siever's J-value
- 파괴인성시험(fracture toughness test)
- 암석학적 분석(petrographic analysis) : 박편 관찰 및 XRD 분석

[표 5-10] 실내암석시험 종류와 결과

시험명칭	시험결과치	시험결과의 이용
비중 시험	비중	비중, 흡수율, 함수비, 포화도, 간극비
밀도 시험	습윤밀도, 건조밀도	연속체 설계정수 산정
흡수율 시험	흡수율	
함수량 시험	함수비	
간극률 시험	간극률, 간극비	
탄성파속도 시험	동적탄성계수	
슬레이킹 시험	슬레이킹 내구성지수	풍화에 의한 암반의 내구도 평가
스웰링 시험	흡수팽창률	수침에 의한 암반의 팽창성 평가
일축압축 시험	일축압축강도, 변형계수, 포아송비	암반분류, 연속체 설계정수 산정
삼축압축 시험	암석강도 정수 C, ϕ 암석변형특성	연속체 설계정수 산정
점하중강도 시험	점하중강도	암반 강도 특성 판단
간접인장 시험	인장강도	암반 강도 특성 판단
절리면 전단 시험	절리면 전단강도 및 절리면 강성	불연속체 설계지반정수 산정
세르샤 마모시험	세르샤 마모도(CAI)	TBM 굴진성능 평가
펀치투과지수 시험	펀치투과지수(PPI)	TBM 굴진성능 평가
현미경모달 분석 X-선 회절분석	광물조성	TBM 굴진성능 평가
암버력 유용성 시험	마모율, 안정성	터널굴착 발생 암버력 유용성 검토

[표 5-11] 조사 목적에 따른 실내암석시험

조사목적 / 시험항목	굴착 장비 선정	암버력 골재 이용	암반 분류	설계 정수	대수층 구분	팽창성 지반 여부	이방성 지반 여부	지진동	초기 응력
비중		●	○	●		○			
함수율, 흡수율		●							
압축강도, 점하중강도	●	○	●			●			
인장강도	○		●			○			
마모율	●	●							
안정성		●							
탄성파속도	●		○			○			
점착력, 내부마찰각				●					
포아송비, 탄성계수			○	●					
측압계수									●
투수계수			●	●	●				
입도분포			○			●			
팽창성	●					○			
광물조성	●					○			
수질					●				

주) ●: 특히 유효한 시험법, ○: 실시하는 편이 좋은 시험법

특히 암석학적 특성 분석에서는 암석의 종류를 구분하고, 다음의 현미경 관찰 등을 통해 광물 조성 및 미세 조직 특성을 기재해야 한다(그림 5-18).

- 광물 입자 경계 조건
- 미세균열상태
- 광물 입자의 배열
- 광물 입자의 크기와 모양
- 마모도가 강한 광물의 함량 : 석영(quartz), 석류석(garnet), 녹염석(epidote) 등

암석의 성인 분류는 광물의 조성과 입자의 결합 상태와 밀접한 관계가 있다. 따라서 정확한 암석명의 기재는 그 암석의 기본적인 물성값을 예측하는 데 큰 도움을 준다. 표 5-12는 암석의 일반적인 특성값을 정리한 것이다.

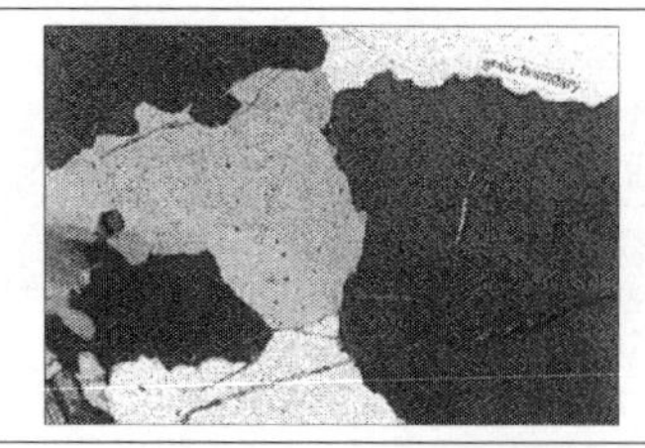
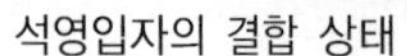

석영입자의 결합 상태

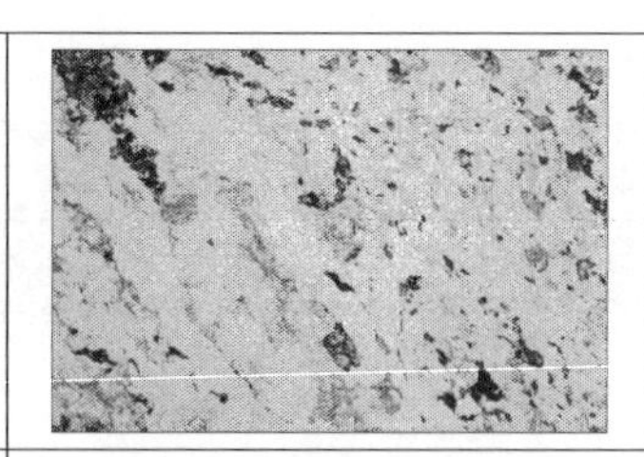

광물 입자의 배열 상태

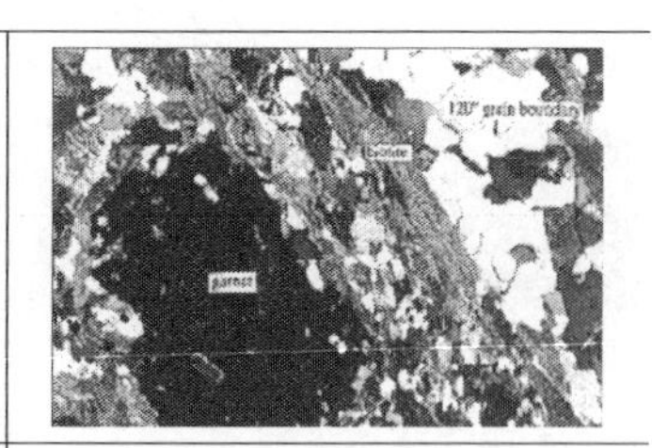

엽리의 발달 상태

[그림 5-18] 박편의 현미경 관찰

[표 5-12] 암석 종류별 물성값의 비교

구 분		화성암		변성암				퇴적암		
		화강암	현무암	편마암	편암	규암	대리암	석회암	사암	셰일
일축압축강도 (MPa)	평균	181.7	214.1	174.4	57.8	288.8	120.5	120.9	90.1	103.0
	최대	324.0	358.6	251.0	165.6	359.0	227.6	373.0	235.2	231.0
	최소	48.8	104.8	84.5	8.0	214.9	62.0	35.3	10.0	34.3
탄성계수 (GPa)	평균	59.3	62.6	58.6	42.4	70.9	46.3	50.4	15.3	13.7
	최대	75.5	100.6	81.0	76.9	100.0	72.4	91.6	39.2	21.9
	최소	26.2	34.9	16.8	5.9	42.4	23.2	7.7	1.9	7.5
포아송비	평균	0.23	0.25	0.21	0.12	0.15	0.23	0.25	0.24	0.08
	최대	0.39	0.38	0.40	0.27	0.24	0.04	0.33	0.46	0.18
	최소	0.10	0.16	0.08	0.01	0.07	0.10	0.12	0.06	0.03
단위 중량 (ton/m^3)		~ 2.65	~ 2.77	-	~ 2.82	-	~ 2.75	~ 2.7	-	~ 2.25
투수 계수 (cm/sec)		1e-7 - 1e-11	1e-12	-	1e-8	-	-	1e-5 - 1e-13	3e-3 - 8e-8	1e-9 - 5e-13

암석의 광물 조성은 TBM 터널 굴진성능 예측에 중요한 요소가 된다. 특히 마모도가 강한 광물의 함량과 입자의 크기는 굴진속도 및 커터 수명에 직접적인 영향을 미친다. 조성광물의 함량은 박편관찰 또는 XRD 시험을 통해 분석할 수 있다. 조성 광물의 함량을 알 수 있다면, 각 광물의 마모도를 지시하는 VHN(Vickers Hardness Number, 표 5-13)을 이용해 각 조성 광물의 [광물 함량 × VHN]의 총합으로써 암석의 마모도를 지시하는 VHNR(Vickers Hardness Number Rock)을 구할 수 있다(NTNU, 1998).

Vicker 경도시험 외에 슈미트해머 시험, 모아 경도시험, 쇼어 경도시험 등이 이용되며, 이외 TBM 굴진성능 예측에 활용되는 주요 시험으로는 세르샤 마모시험, taber 마모시험, punch penetration test, NTNU AV-테스트 및 miniature drill test, brittleness value test, 암석절삭시험(rock cutting test) 등이 있다. 그림 5-19는 주요 시험 장치로서 자세한 시험 방법은 6장을 참고하도록 하며, 이 절에서는 주요 지수에 대해 간략히 소개하겠다.

[표 5-13] 주요 광물의 VHN 및 VHNR의 계산

Mineral	VHN
Corundum	2300
Quartz	1060
Garnet	1060
Olivine	980
Hematite	925
Pyrite	800
Plagioclase	800
Diopside (clinopyroxene)	800
Magnetite	730
Orthoclase (alkali feldspar)	730
Augite (clinopyroxene)	640
Ilmenite	625
Hypersthene (orthopyoxene)	600
Hornblemde (amphibole)	600
Chromite	600
Apatite	550
Dolomite	365
Pyrrhotite	310
Fluorite	265
Pentlandite	220
Sphalerite (zinc blende)	200
Chalcopyrite (copper pyrite)	195
Serpentine	175
Anhydrite	160
Calcite	125
Biotite	110
Galena (lead glance)	85
Chalcosite	65
Chlorite	50
Gypsum	50
Talc	20
Halite (rock salt)	17
Sylvite	10

조성 광물	함량(%)	광물 경도(VHN)	함량 X VHN
석영(quartz)	30	1060	318
사장석(plagioclase)	63	800	504
각섬석(amphibole)	2	600	12
흑운모(biotite)	5	110	6
VHNR		sum	840

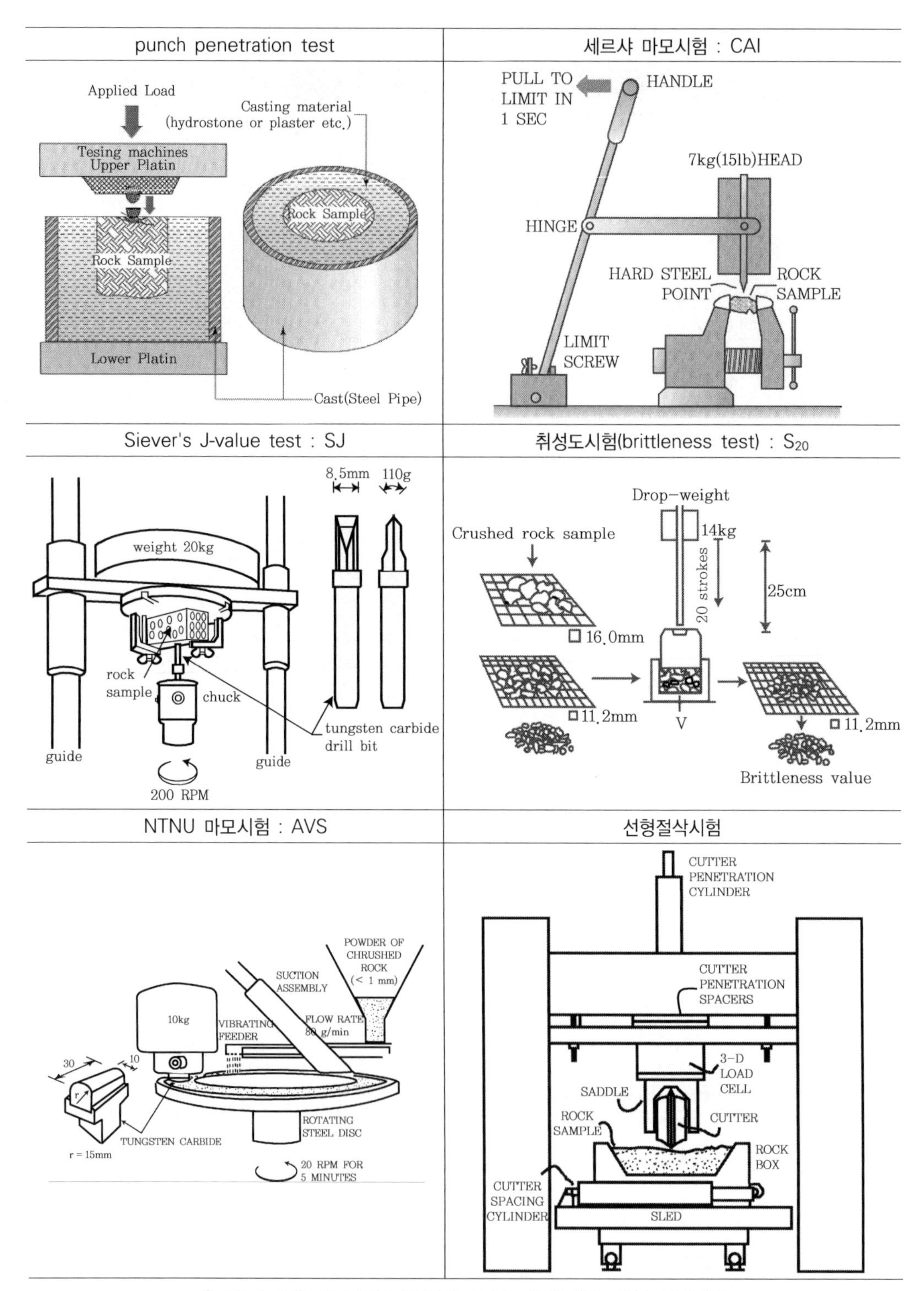

[그림 5-19] TBM 터널 굴진성능예측을 위한 주요 암석 시험장치

세르샤 마모지수(Cerchar Abrasivity Index: CAI)는 세르샤 마모시험을 통해 얻어지는 지수로서, 커터의 수명과 커터비용을 추정할 수 있다. 세르샤 마모시험은 철재 Tip(또는 다이아몬드 Tip)으로 암반을 10mm 길이로 긁어 발생되는 절삭 홈의 직경과 모양으로 암석의 마모도를 측정하는 방법으로, 적용되는 수직하중은 7kgf이다. 절삭홈의 크기는 0.1mm 단위로 측정된다. 표 5-14는 CAI값을 이용한 암석 마모도 분류와 주요 암석의 범위이다.

[표 5-14] CAI를 이용한 암석 마모도 분류

category	VHN
Not very abrasive	0.3 ~ 0.5
Slightly abrasive	0.5 ~ 1.0
Medium abrasive	1.0 ~ 2.0
Very abrasive	2.0 ~ 4.0
Extremely abrasive	4.0 ~ 6.0

CAI >>	*Range*	*Middle value*	*1 2 3 4 5 6*
Sandstone with clay/carbonate cementation	*0.1 – 2.6*	*0.8*	---o----------
Limestone	*0.1 – 2.4*	*1.2*	----o-----
Sandstone with SiO_2 cementation	*2.3 – 6.2*	*3.4*	-------o------------------
Basalt	*1.7 – 3.5*	*2.7*	-------o------
Andesite	*1.8 – 3.5*	*3.0*	------o----
Amphibolite	*3.0 – 4.2*	*3.7*	----o----
Schists	*2.0 – 4.5*	*3.2*	-------o-------
Gneiss	*2.5 – 6.3*	*4.4*	----------o--------------
Syenite / Diorite	*3.0 – 5.6*	*4.6*	--------o------
Granite	*3.7 – 6.2*	*4.9*	-------o----------

NTNU 모델에서는 이외 천공속도지수(DRI, Drilling Rate Index)는 축소천공시험을 통해 획득하는 Siever's J-value(SJ)와 취성도시험으로부터 획득하는 brittleness value(S_{20})로부터 정의되며, SJ와 NTNU AV-테스트로부터 획득되는 AVS로부터 다음 식과 같이 커터수명지수(CLI, Cutter Life Index)를 구할 수 있다. 이에 대한 자세한 내용은 6장을 참고하기 바라며, 주요 암석의 DRI값과 CLI값의 범위는 그림 5-20과 같다(NTNU, 1998).

$$CLI = 13.84\left(\frac{SJ}{AVS}\right)^{0.3847}$$

이외 불연속면 간격 및 터널과의 방향 관계로부터 정의되는 균열 계수(K_s)와 DRI 계수(K_{DRI})와 K_s 및 K_{DRI}의 곱으로 정의되는 등가균열계수(K_{ekv}) 등이 커터 관입량 등에 사용된다(NTH, 1995).

암반 균열은 균열의 간격이 좁을수록 TBM 굴진율에 미치는 영향은 커지게 된다. NTNU 모델에서는 암반균열등급과 연약대가 터널축과 이루는 각도(α)로 균열에 의한 영향(K_s)을 고려했으며, 표 5-15는 NTH 균열 등급(fracture class)의 기준과 K_s 산정 도표이다. 연약면의 방향 영향 요소인 α는 다음과 같이 결정된다.

$$\alpha = \arcsin(\sin\alpha_f \cdot \sin(\alpha_t - \alpha_s)) \text{ (degrees)}$$

여기서, α_s : 연약대 주향, α_f : 연약대 경사, α_t : 터널 방향

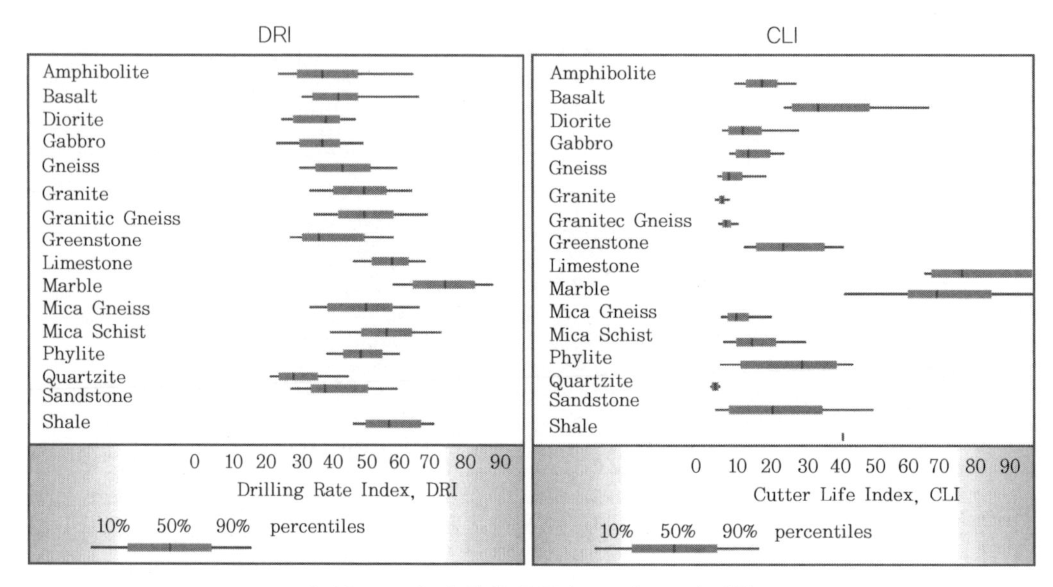

[그림 5-20] 각 암석 종류별 DRI와 CLI의 범위

[표 5-15] NTH 균열등급 및 균열계수(K_s)

균열 등급	간격(cm)
0	-
0 ~ I	160
I ~	80
I	40
II	20
III	10
IV	5

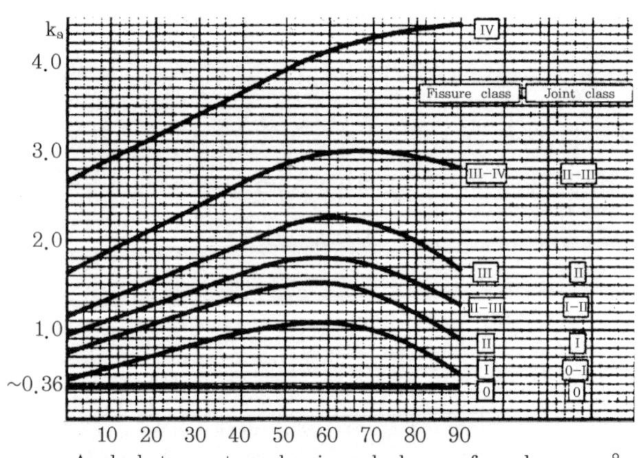

5.2.4 지반 분류 및 결과 정리

가. 지반의 공학적 분류

조사된 지반정보를 종합해 기계굴착터널의 설계에 활용될 수 있도록 지반을 분류한다.

지반의 분류는 흙의 분류와 암반의 분류로 구분하며, 표 5-5, 5-6의 성인에 따른 흙과 암석 분류와 함께 지반조사의 주요 성과로 제출되어야 한다. 주로 성인에 따른 지반의 분류는 응용지질도로 지반의 공학적 분류는 지반 등급도 또는 암반 등급도 형태의 성과품으로 제출되며, 각 공학적 분류는 각 지층의 설계 정수 및 설계 지침을 생산하는 데 활용된다.

1) 토질 분류

흙의 분류는 통일분류법의 기준에 따라 분류한다. 그림 5-21은 EPBM 굴착을 위한 대표 흙입자 크기의 분류로서 서로 다른 지반조건에서의 주의점을 제공한다(EFNARC, 2005).

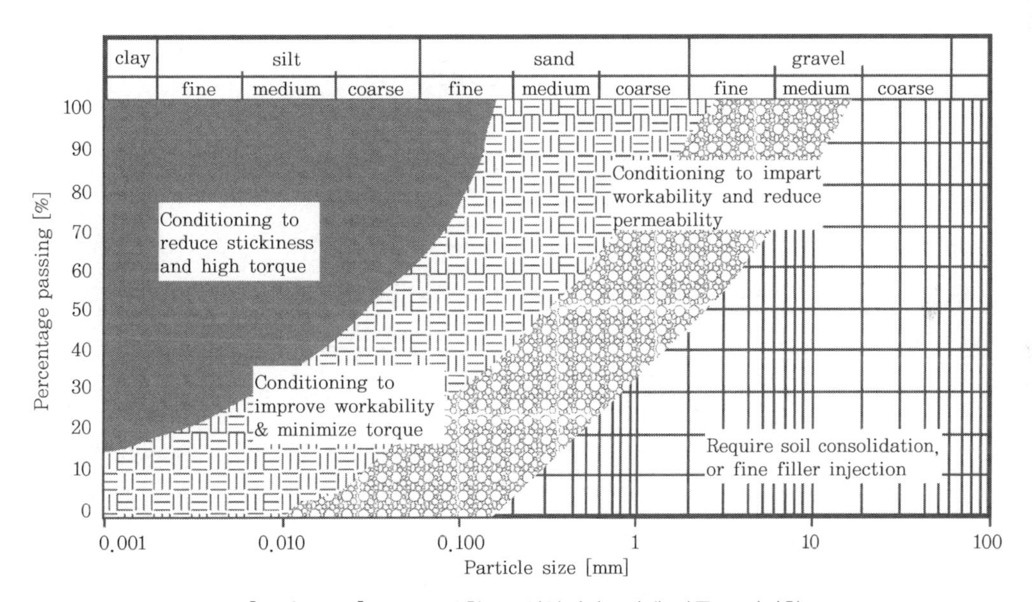

[그림 5-21] EPBM 굴착 중 연약지반조건에 따른 고려사항

2) RQD 분류

RQD는 Deere et al.(1967)에 의해 제안된 방법으로서 다이아몬드 비트로 이중 코아 배럴을 사용해 채취한 NX 코아 중 10cm 이상 되는 부분의 합을 전체의 백분율로 표시한 것이다. 특히 RQD는

암석 및 불연속면의 특성을 종합적으로 표현하는 비교적 간단하고, 정량적인 방법으로 암반을 특성화시키는 장점이 있어 가장 기초적인 암반 분류방법으로서, RQD 분류 및 기타 암반 분류법의 평가 요소로 널리 활용된다. 표 5-16은 암반종류와 RQD값에 따라 5가지의 지보방법을 제시하고 있으며, 자세한 내용은 8장을 참조하도록 한다(Tarkoy, 1987). 여기서 시스템볼트는 TBM 터널의 직경이 4.5m 이상인 경우에 적용하도록 추천하고 있다.

[표 5-16] TBM 터널의 지보시스템

암반종류		RQD				
		0 ~ 25 (매우 불량)	25 ~ 50 (불 량)	50 ~ 75 (보 통)	75 ~ 90 (양 호)	90 ~ 100 (매우 양호)
화성암		E	D ~ E	C ~ D	B	A
변성암	엽 리 성	E	D ~ E	C ~ D	B ~ C	A ~ B
	비엽리성	E	D ~ E	C ~ D	B	A
퇴적암	사 암	E	D ~ E	C ~ D	B	A
	셰 일	E	E	C ~ D	C	A ~ B
	석 회 암	E	D ~ E	C ~ D	B	A

주) A: 무지보, B: 랜덤 록볼트, C: 시스템 록볼트,
D: 시스템 록볼트와 숏크리트, E: 강지보재, 프리캐스트 세그먼트 등

3) RMR 분류

Bieniawski에 의해 1973년 개발된 RMR(Rock Mass Rating)은 암반 등 지반의 각종 특성을 분석해 공학적인 평가항목을 정하고 이에 따른 범위와 점수를 지정해 암반의 등급을 매기고, 이에 따른 구간별 굴착규모와 경험적 보강 패턴 및 제반 공학적 정보를 결정 또는 추정한다(Bieniawski, 1989). 평가된 RMR 값은 암반 분류와 설계정수 사용에 직접적으로 활용되며, 특히 TBM 굴착공법 선정에 중요한 기준으로 활용될 수 있다. 기본적으로 RMR은 발파 굴착공법을 토대로 개발되었기 때문에 TBM 터널의 경우에서는 발파로 인한 손상을 최소화할 수 있으므로, Alber et al.(1999)은 이를 고려해 기존 RMR을 천공발파 RMR(RMR_{D+B})로 두고, 다음과 같이 RMR_{TBM}을 제안했다. 그림 5-22는 RMR값의 범위에 대응되는 TBM 공법의 적용 조건이다(Ozdermir).

$$RMR_{TBM} = 0.84RMR_{D+B} + 21 \tag{5-3}$$

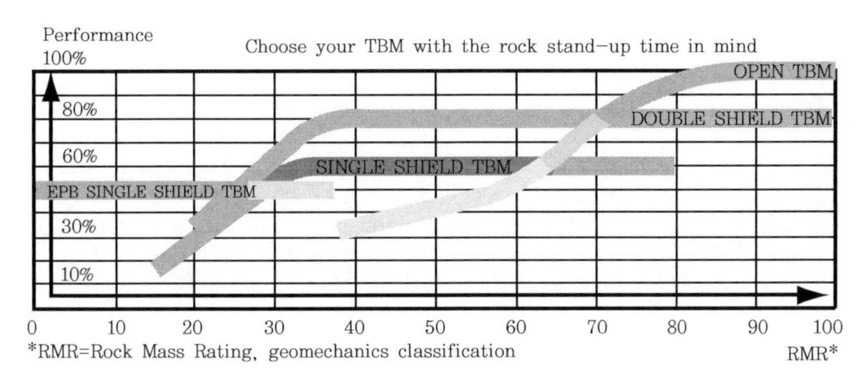

[그림 5-22] TBM 굴착 중 연약지반조건에 따른 고려사항

4) Q-시스템 분류

Q-시스템 분류(Barton et al., 1974)는 터널 폭 10m 이상의 대단면에 유리하며, 모든 암반 조건에 적용이 가능하며, 특히 경암층 통과 터널에 유리하다. 상세한 내용은 6장의 6.4.2절을 참고하기 바란다.

나. 암반 등급도의 작성

지반조사 결과와 암반 분류 성과에 기초해 터널노선에 따른 암반 등급도를 작성한다. 암반 등급도는 기준 암반 분류법에 따라 대상지반의 연속적인 암반등급을 산정해 작성한다. 그림 5-23은 시추조사 및 물리탐사 결과를 종합해 암반의 연경도 분류와 RMR 및 Q-시스템 분류를 수행한 암반 등급도의 예이다. 이때, 시추 지점에서의 암반 평가 결과를 기준으로 제반 조사결과를 종합분석한다.

응용지질도와 암반 등급도를 기반으로 해당 지반조사의 내용을 공학적 지질 단위에 따라 정리하여 기술해야 한다. 표 5-17은 암반층을 대상으로 기술되어야 할 기본적인 내용이다(Maidl et al., 2001).

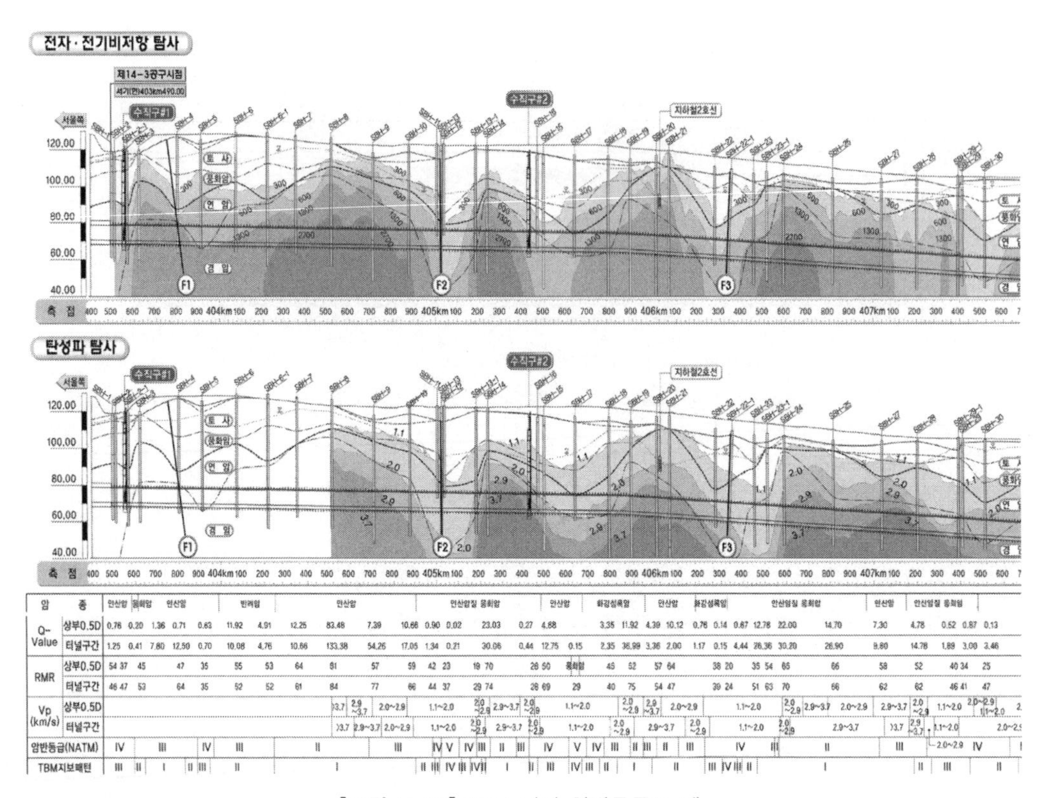

[그림 5-23] TBM 터널 암반등급도 예

[표 5-17] 암반 조건의 기술 내용

지형	축척, 방위, 지반고 등
지질	구조지질학적 단위, 공학적 지질 단위 등
지층 경계	지질 경계의 정의, 지질 종단 및 횡단
암석 종류	암석학적 기재, 이방성 유무, 균질성 상태 광물 함량 및 경도, 팽창성 광물 함량, 입자 결합 상태 기타 불량한 암석 조건: 석영, 석탄, 황산염, 운모, 점토, 석면, 용해성 암석
불연속면	절리군, 방향, 연장성, 간격, 틈새, 거칠기, 충전물, 벽면 강도 불연속면 밀도 및 빈도
암석 특성	단위 중량, 공극률, 흡수율 일축압축강도, 인장강도, 탄성계수, 포아송비 마모도, 팽창도
암반 특성	잔류 응력 상태, 변형계수, 방사능 등
수리 수문	물 순환 특성, 투수성, 터널 영역 내 수압 유향/유속, 터널 내 용수 발생 예측 수온, 수질, 지하수 이용현황
가스 등	가스 매장량 및 종류, 가스 매장 암반 종류(모암/저류암) 분출 상태

다. 굴진성능 예측을 위한 결과 정리

굴진성능 예측을 위한 결과 정리는 CSM, NTNU, Q_{TBM} 모델 등 굴진성능 예측 모델에 적용되는 지반조사 결과를 종합 정리해 기계굴착 굴진율을 비교 검토하며, 최적의 장비 및 제원을 선정하는 데 기초 자료로 활용할 수 있도록 한다(Rostami et al., 1996). 표 5-18은 적용 모델의 평가 내용과 평가 요소 및 해당 입력값과 필요한 조사 및 시험 항목을 요약한 것이다. 상세한 내용은 6장을 참고하기 바란다.

[표 5-18] 굴진성능 예측 모델 및 시험

적용 모델	평가 내용	평가 요소	입력값	조사 및 시험
CSM 모델	커터작용하중	커터압입깊이	일축압축강도 인장강도 인성 (toughness)	일축압축강도시험 간접인장시험 punch penetration test
	굴진성능 예측: 최적 굴진속도	순굴진속도 (ROP)	광물조성 및 조직 밀도 및 공극률 엽리/층리, 절리	광물 분석, 암석 기재 흡수율시험 불연속면 관찰
	커터 수명 예측	순굴진속도	세르샤 마모지수	세르샤 마모시험
NTNU 모델	굴진성능: 기본관입량(i_0) 단위관입률(I) 가동률 굴진시간	DRI	SJ S_{20}	Siever's J-value test Brittleness test
		등가균열계수 균열계수(K_s) DRI계수(K_{DRI})	균열등급 (fracture class) 터널과 교차각	단열간격조사 단열방향조사
	커터 수명 예측: 커터링기본수명 커터링평균수명	커터수명지수 CLI 석영함유량	SJ AVS k_Q	Siever's J-value test NTNU 마모시험 광물분석
Q_{TBM}	TBM 난이도 관입률 굴진율 가동률	Q value	RQD_0	
		암반 강도 (SIGMA)	일축압축강도 점하중강도 단위중량	일축압축강도시험 점하중강도시험
		CLI 석영함유량 m	SJ, AVS q(석영 함량) 공극률	Siever's J-value test NTNU 마모시험 광물분석
		터널막장응력		수압파쇄시험 AE/DRA
합경도 모델	관입률 굴착속도 가동률 커터소모율	합경도	반발경도 마모경도	슈미트해머시험 Taber 마모시험

CSM(Colorado School of Mines) 분석 모델을 위한 시험과 입력값의 정리는 다음 표 5-19와 같다.

[표 5-19] CSM 모델 분석을 위한 특수시험 및 결과 정리

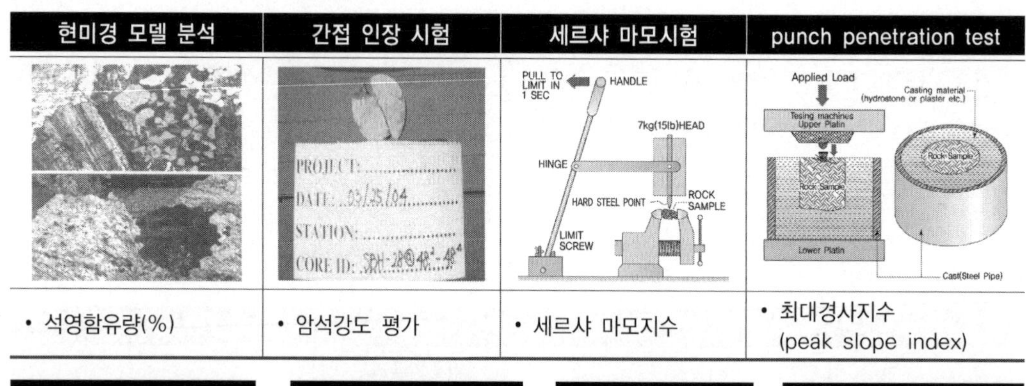

현미경 모델 분석	간접 인장 시험	세르샤 마모시험	punch penetration test
• 석영함유량(%)	• 암석강도 평가	• 세르샤 마모지수	• 최대경사지수 (peak slope index)

암석 물성치 입력		기계 사양 입력		굴진율/사양 결정		CSM 모델링 입력창
• 일축압축강도 • 인장강도 • 세르샤 마모지수(CAI) • punch penetration index • 밀도 및 공극률 • 입자크기	⇨	• 커터헤드 직경 • 커터날 두께 및 하중 • 커터날 간격 • 최대 추력 및 토크 • 기계 최대 파워 • 분당 회전수 등	⇨	• 기계추력, 토크 및 파워 적정성 • 굴삭깊이 • 순굴진율 • 커터 소모량	⇨	

NTNU(Norwegian University of Science and Technology) 분석 모델을 위한 시험과 입력값의 정리는 다음 표 5-20과 같다.

[표 5-20] NTNU 모델 분석을 위한 특수시험 및 결과 정리

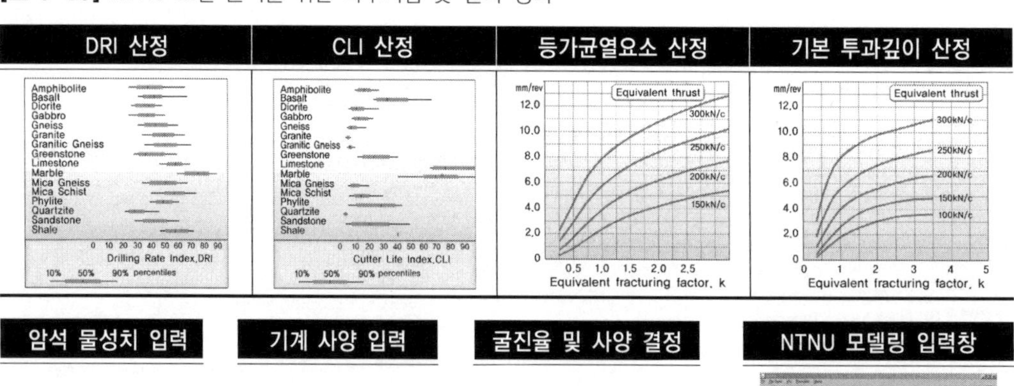

암석 물성치 입력		기계 사양 입력		굴진율 및 사양 결정		NTNU 모델링 입력창
• 천공도 지수 • 커터수명 지수 • 석영함량 • 불연속면 방향성 • 균열등급 및 군수	⇨	• 기계추력 • 커터직경 및 간격 • 커터 수 • 분당 회전수 등	⇨	• 기계추력, 토크 및 파워 적정성 • 굴삭깊이 • 순굴진율 • 커터 소모량	⇨	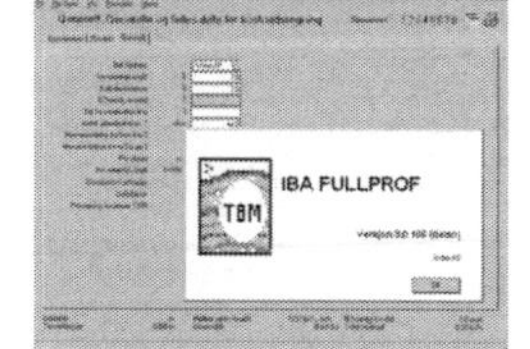

Q_{TBM} 모델 분석을 위한 시험과 입력값의 정리는 다음 표 5-21과 같다.

[표 5-21] Q_{TBM} 모델 분석을 위한 특수시험 및 결과 정리

값 산정	암석 물성시험	수압파쇄시험	순굴진율 산정 결과
• Q-value 평가	• 일축압축강도	• 측압계수/수평지압	• 순굴진율(m/hr)

암석 물성치 입력		기계 사양 입력		굴진율, 공기 결정		굴착 난이도 그래프
• Q값 • 일축압축강도 • 단위중량 • 석영함량 및 공극률 • 터널막장 응력	⇨	• 기계추력(F) • 커터수명지수(CLI) • 커터헤드 직경(D) • 기타	⇨	• 순굴진율(PR) 결정 • 굴착속도(AR) 결정 • 시간에 따른 가동률 매개변수(m) 결정 • 공기 산정	⇨	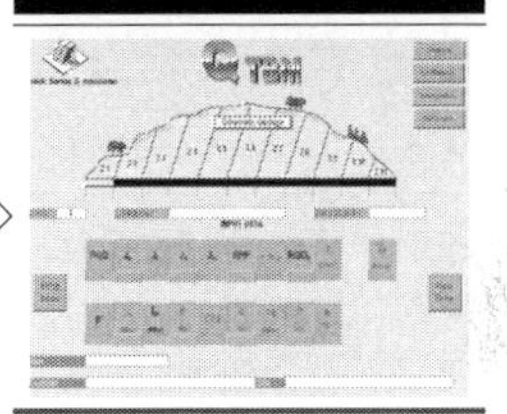

5.3 TBM 터널 시공 중 지반조사

지반조사의 단계를 크게 설계 중 지반조사와 시공 중 지반조사로 구분한다면, 설계 중의 지질모델은 예비조사 및 본조사를 거쳐 목적 구조물에 요구되는 설계 단계의 지반조건에 대한 정보와 시공 중 발생할 수 있는 지질 재해의 유형과 원인 그리고 그 가능성과 범위를 정의하는 역할을 수행하게 된다. 따라서 설계 중 작성된 지질모델은 시공 중에 활용해야 하는 가장 기본적인 정보인 동시에, 시공 중 지반조사를 통해 최종적인 지질모델이 완성되는 과정에서 보다 구체화된 형태로 수정, 보완되어야 할 대상이 된다. 이렇게 시공 과정을 통해 완성되는 지질모델은 이후 운용 중의 유지관리 목적으로 효과적으로 활용될 수 있다. 터널 시공 중 지반조사는 설계 중 지반조사와 같이 노두 지질조사, 물리탐사, 시추조사 및 시험 등 다양한 조사 기법이 활용될 수 있다. 단, 터널 굴착 조건에 맞게 터널 내부 또는 지표 등에서 합리적으로 계획되어야 한다는 것과 터널 설계 중 예측된 지반조건에 근거해 그 일치성의 확인과 재해 예상 구간에 대한 정밀 조사가 이루어져야 한다는 데 중요한 차이가 있다.

5.3.1 시공 중 터널 내부 지질조사

터널 내부 지질조사는 발파굴착 터널의 경우, 일반적으로 굴착에 의한 터널 지반의 노출 시간이 후속 공정에 의해 제한적인 관계로 일회 굴진장 단위의 굴진면 지질조사(face mapping)로 진행되는 것이 일반적이며, 지반 상태가 양호해 터널 지반의 노출이 일정 구간 지속적으로 유지될 때에는 벽면 지질조사(wall mapping)를 병행한다. 그러나 TBM 터널의 경우, 벽면 지질조사를 위주로 하고, 특이사항이 발생했을 때, 굴진면 관찰을 병행한다. 터널 지반 기술자는 터널 굴진면 관찰 등 터널 내부 지반조사를 수행하면서, 설계 시 지반 상태와의 비교와 노출된 지반 상태에서 위험 요인의 존재 여부의 확인을 통해 설계 변경의 필요성을 현장에서 신속히 파악해야 한다.

터널 내부 지질조사는 터널 시공 중 기본 암반 분류법(RMR 등)에 의한 기재와 동시에 이루어지며, 노출된 구간(벽면 및 막장면 등)의 암종 및 연약대 등 지질 단위를 구분하고, 그 분포 상태와 특징을 스케치한다(ISRM, 1981). 이외 주요 불연속면의 특성과 지하수 조건 및 기타 위험 요인에 대한 기재가 포함된다. 그림 5-24는 터널 내부 지질조사 방법으로서 터널 굴진면 및 벽면 지질조사 시트는 대상 터널의 특징에 따라 다양한 형태로 제공될 수 있으며, TBM 굴착 중 사진 촬영을 이용한 조사 기법 등이 활용되고 있다.

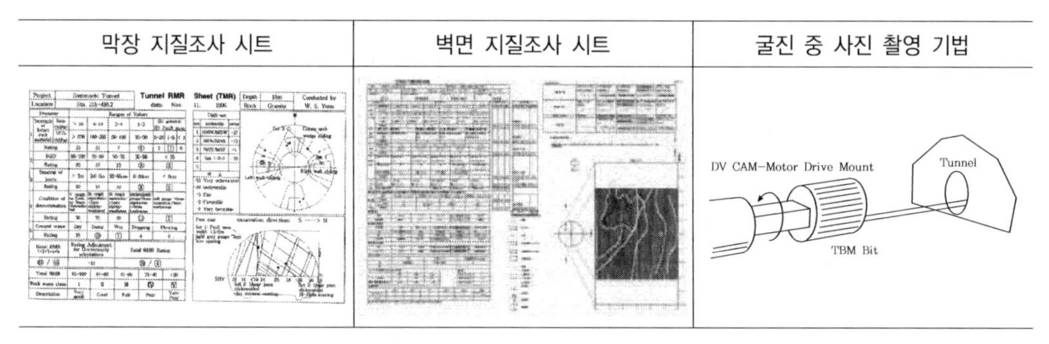

[그림 5-24] 터널 내부 지질조사방법

터널 내부 지질조사는 원칙적으로 터널 굴진에 따라 연속적으로 실시해야 한다. 굴진면 관찰 시에는 적정 축척으로 지질도를 작성하고 다음 사항을 기재한다.

- 지층과 암석분포
- 불연속면의 주향, 경사, 빈도, 틈새, 거칠기, 연장성, 협재물의 종류
- 암석의 강도, 고결도, 풍화도, 변질도
- 단층 파쇄대의 위치, 방향성, 파쇄정도

- 용출수의 위치와 정도
- 붕괴부의 위치와 형태

벽면 또는 막장 단위로 작성된 터널 내부 지질조사 내용은 조사 즉시 선행 조사결과와 연계해 연속적인 터널 내부 지질도를 작성해야 한다. 지질평면 또는 단면도나 터널 지질 전개도의 형태로 지속적으로 기록된 터널 내부 지질도는 터널 지반 상태의 상호 연관성 분석과 터널 내 지질 재해 위험도의 예측에 중요한 정보를 제공할 뿐만 아니라, 준공 후 운용 중의 유지 관리 단계에서도 중요한 자산으로 활용될 수 있다. 특히 시공 중 의사 결정을 위한 활용 여부 문제 외에도 획득한 귀중한 지질 정보들이 준공 후 유실되는 경우가 많은 현시점에서 최근 국내외에서 적극적으로 시도되고 있는 데이터베이스와 연결된 시공 중 터널 지질모델 구성 시스템은 중요한 시사점을 준다고 하겠다.

터널 지질 평면도와 종단면도는 막장의 진행 경과에 따라 각 막장면의 지질 자료를 특정 평면(일반적으로 S.L 평면)과 종단면상에 지속적으로 기록함으로써 터널 굴착 지반의 공간적 분포 특성과 공학적 특성을 쉽게 이해할 수 있는 지질모델이다. 특히 막장 지질조사를 위주로 하는 터널 내부 지질조사에 효과적이며, 평면도와 종단면도에 기록된 터널 지반 상태는 이미 굴착되어 제거된 지질조건이라는 특징을 가진다(ASTM, 1989).

터널 지질 전개도는 터널 굴착 벽면에 노출되는 지질 상태를 연속적으로 기록한 지질모델로서, 터널 굴착 벽면에 대한 지질조사가 주로 수행될 때, 효과적인 지질모델이다. 터널 지질 전개도는 터널 벽면 상에 분포하는 지질 상태를 그대로 보여줄 수 있어 보강 범위 및 기타 대응 범위를 설정하는 데 효과적인 특징을 가지고 있다. 그림 5-25는 TBM 터널 지질 평면도의 예(Barla, 2000)이며, 그림 5-26, 27은 TBM 터널의 지질 전개도 및 지질 구조도의 작성 예이다(Meridian Energy Ltd., 2003).

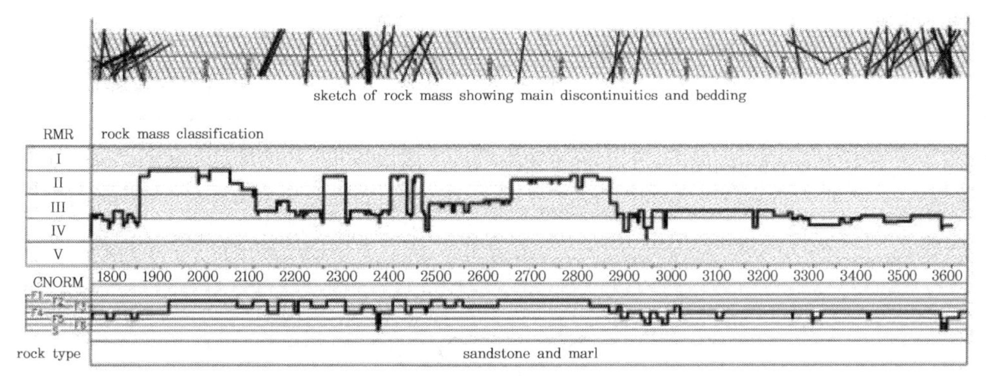

[그림 5-25] TBM 터널 지질 평면도

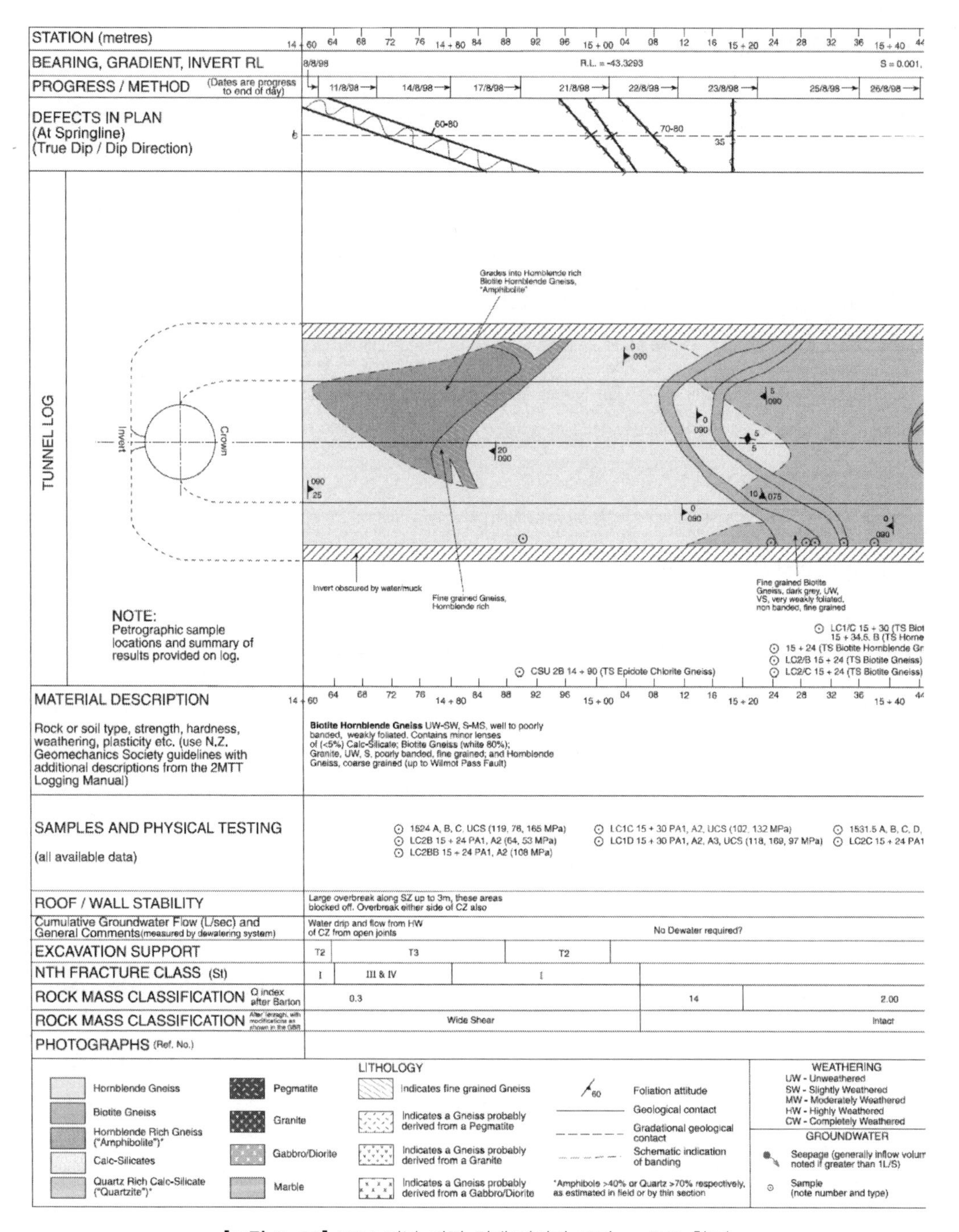

[그림 5-26] TBM 터널 지질 전개도(컬러 도판 p. 659 참조)

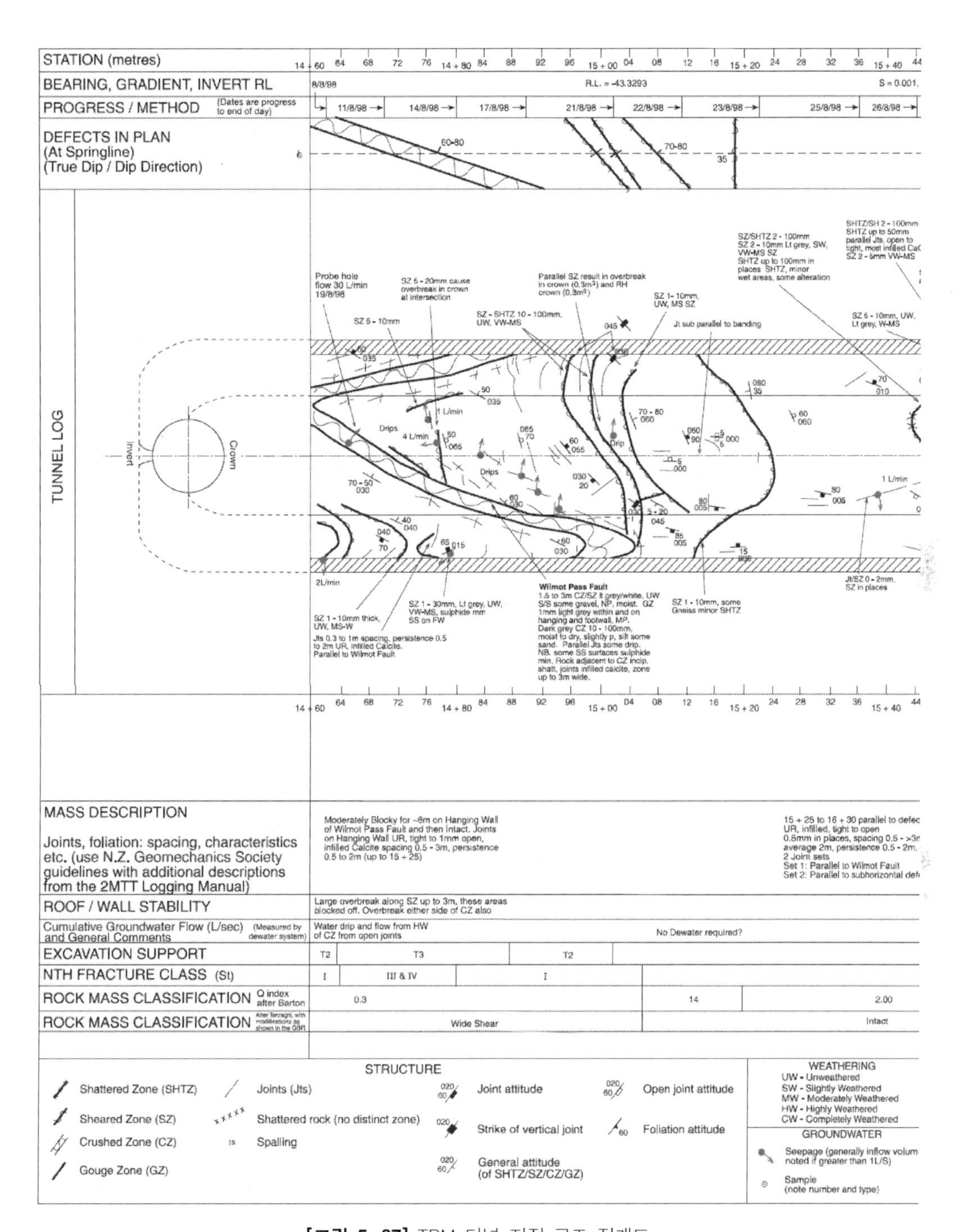

[그림 5-27] TBM 터널 지질 구조 전개도

5.3.2 터널 시공 중 물리탐사

가. 터널 전방 탄성파 탐사

토모그래피나 하향식 탄성파 탐사 등은 조사 대상 부지에 대한 포괄적인 정보를 제공해 주지만 지표에서 실시되거나 제한된 위치의 시추공에서 시행되므로 탐사가 미치는 지질 구조대에 대한 파악에는 한계가 있다. 시공 중에는 터널 막장에서 선진 조사공으로 이러한 정보를 얻는 것도 가능하나 조사공은 비용이 많이 들고 조사 범위가 제한되며 터널 작업을 지연시켜서 경제적으로 손실이 크다. 또한 선진 조사공은 조사공 위치의 기하학적인 한계로 전방의 지질구조의 방향성을 충분히 파악하기 어렵다. 이와 같은 한계를 극복하기 위한 TSP(Tunnel Seismic Prediction)는 터널 벽면의 수진기를 잡음이 영향을 주지 않을 정도로 인입하고 터널 벽면에서의 발파를 수행하는 방법이다. 터널 벽면에 3성분 지오폰을 설치하고 일정 간격으로 터널 벽면에서 발파를 수행해 자료를 획득한 후 전방 파쇄대나 단층에 대한 정보를 얻는 방법이다(그림 5-28).

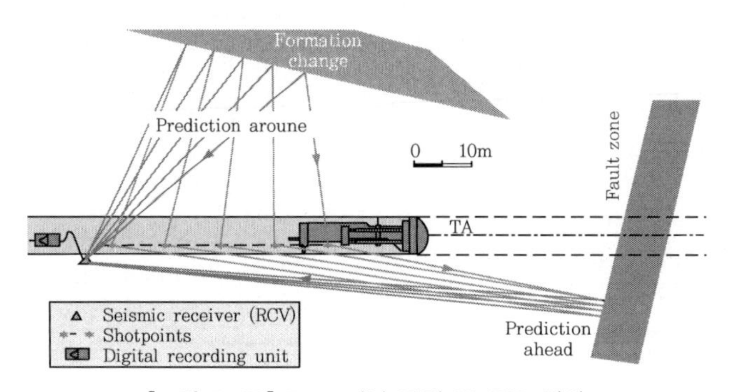

[그림 5-28] TBM 터널 굴진 중 TSP 탐사

TSP 탐사 이외에도 SSP(Sonic Soft Ground Probing) 등 TBM 커터에 발진기와 수신기를 장착해 굴진 중단 없이 전방의 거력이나, 단층 등을 예측하는 등 송신원과 수신기의 배열에 따라 다양한 전방 물리탐사 기법이 제시되어 있다(그림 5-29).

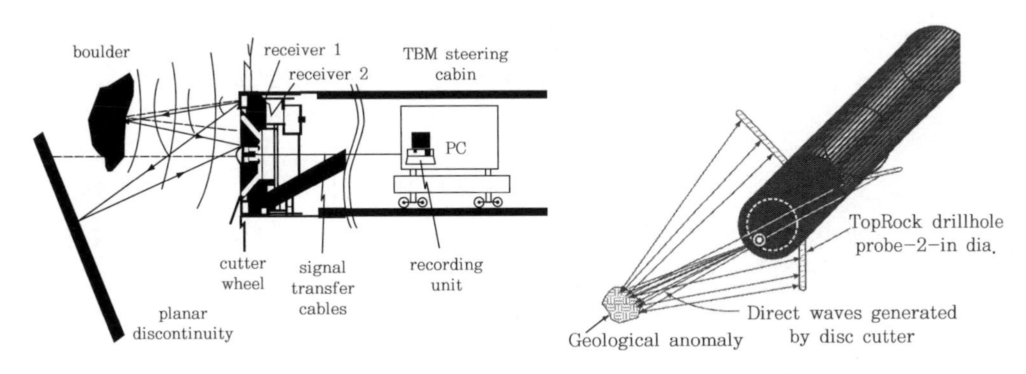

[그림 5-29] 다양한 기계 굴착 터널의 전방 물리 탐사 기술

나. 터널 시공 중 비파괴 조사

1) GPR 탐사법(georadar)

GPR(Ground Penetrating Radar, 지표레이더)은 고주파수의 레이더파를 지하나 조사대상 구조물의 내부를 향해 발생시키고 매질의 경계면에서 반사되어오는 반사파를 기록, 분석해 구조물 비파괴 검측, 매설물 조사, 지반조사 등을 하는 비파괴 조사방법으로 비교적 신속하고 정확해 많이 쓰이고 있다.

터널 라이닝 검측 시 흔히 수행되는 코아링에 의한 검사의 경우, 가장 정확한 방법으로 간주되나 한 포인트에서의 조사에 국한되고, 여러 지점을 선택해 조사할 경우 구조물에 손상을 주며, 또한 이로 인한 누수문제가 발생하고 시간이 많이 걸리는 등 여러 가지 문제점을 내포한다. 반면, GPR 조사의 경우 조사 측선을 따라 연속적 조사가 가능하고, 구조물 손상이나 누수문제가 전혀 발생하지 않으며, 신속하게 조사를 할 수 있다는 이점이 있다.

장비의 운용과 자료수집 및 처리가 비교적 간단하고 결과자료의 정밀도와 해상도가 뛰어나기 때문에 터널, 교량 등의 콘크리트 구조물에 대한 안전진단, 지하매설물 조사, 20m 미만의 천부 지반의 정밀조사에 매우 효과적이다(그림 5-30).

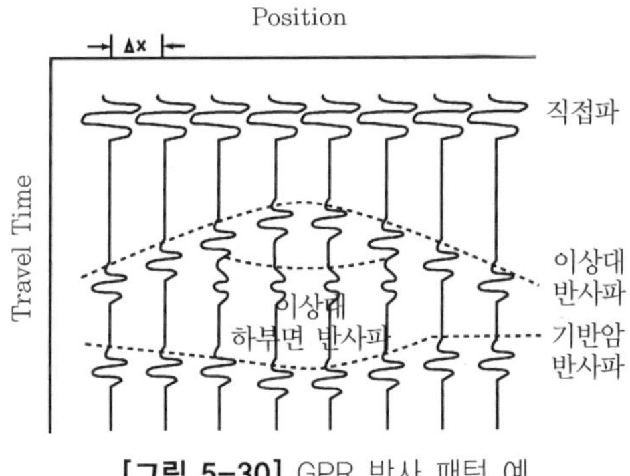

[그림 5-30] GPR 반사 패턴 예

GPR을 이용한 터널 비파괴 검측의 경우 일반적으로 터널 진행방향에 따른 종방향 탐사를 실시해 개략적 조사를 실시한 후, 불량지역을 선택해 추가로 종방향 혹은 횡방향 탐사를 실시해 정밀조사를 하게 된다.

터널 벽체를 향해 발생된 레이더파는 1, 2차 라이닝 경계면, 강지보, 록볼트, 배면공동, 원지반 경계면 등에서 반사되는데 이러한 반사파를 처리, 분석해 보수, 보강에 필요한 자료를 얻는다.

2) 충격 반향법

충격 반향법(impact echo) 탐사는 기계적 충격원을 통해 탄성파(응력파)를 방사하고, 방출된 탄성파가 물성이 다른 물체를 만나 공진되는 신호를 수신기에서 탐지하고, 이를 처리해 대상물 내부의 상태를 해석하는 방법이다. 탄성파는 음원으로부터 송출되어 탄성적 물성 차이를 갖는 물체를 만날 때까지 진행한다. 지하매질은 주파수 의존성에 의해 탄성파가 진행함에 따라 파의 감쇠와 분산이 일어나며, 주파수가 높을수록 감쇠가 더 심하다. 즉, 주파수가 높을수록 감쇠가 심해 투과심도 및 조사가능 심도가 낮아지지만 파장이 짧아 작은 규모의 이상체를 탐지해낼 수 있는 분해능이 높아진다(그림 5-31).

구조물 내부에 공동이 존재할 경우 주변 물질과 공기의 탄성파 속도와 밀도 차이가 크므로 뚜렷한 반사신호를 얻을 수 있다. 그러나 이러한 반사체의 배면에 있는 또 다른 이상체는 이미 앞서의 반사에너지가 크므로 투과에너지가 작고 따라서 반사될 에너지가 미약하기 때문에 탐지하기가 곤란하다.

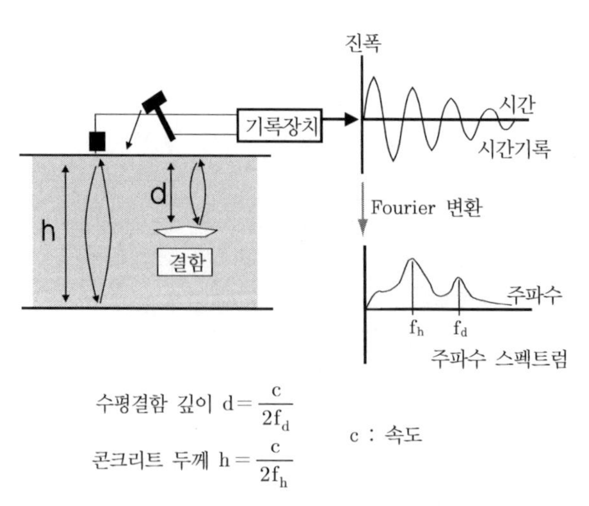

[그림 5-31] 충격반향법에 의한 콘크리트 두께 및 결함 깊이 측정 모식도

충격 반향법은 비교적 낮은 주파수와 큰 에너지를 사용하므로 다른 비파괴 시험방법보다 가탐심도가 매우 크며, 지하 단면자료는 지하영상과 관련되어 있으므로 시각적이고 객관적인 자료 제시가 가능하다는 장점이 있다. 또한 철근에 대한 반응이 적기 때문에 철근이 배근되어 있는 구조물 배면의 조사도 가능하다. 하지만 현장 준비가 필요하고 측정 시간이 오래 걸리는 단점도 있다. 충격반향법은 초음파보다는 낮은 주파수(수 kHz 이하)와 큰 에너지를 사용하므로 다른 비파괴 시험방법보다 가탐심도가 크다.

5.3.3 터널 전방 시추조사 및 천공

터널 굴착 중에 설계 중 재해 위험 범위 등으로 설정되어 전방 지반 상태에 대한 예측이 필요할 때, 가장 직접적인 정보를 제공하는 것은 굴착 대상 지반에 대한 시추조사이다(그림 5-32). 터널 내에서 수행되는 수평 선진 보링 등 시추조사 또는 지표에서 굴착 대상 지반에 대한 시추조사가 모두 이에 해당한다. 시공 중 시추조사는 그 계획과 조사 과정에서 비교적 많은 비용과 시간이 소비되기 때문에 이에 대한 신중한 검토 아래 진행되어야 한다.

[그림 5-32] 시공 중 시추조사와 3차원 지질 분석

이에 반해 천공작업은 시추조사에 비해 천공속도가 빠르고, 터널의 굴착공정 중 그라우팅 또는 록볼트 설치 중에도 수행되므로 최근에는 이러한 드릴링 작업 시의 천공기의 유압 변화나 천공속도를 분석해 막장 전방의 지반의 상태나 막장 평점을 평가하는 기술(그림 5-33)이 이용되고 있으며, 유럽에서는 천공기 자체 내에 탑재된 시스템을 이용해 천공 시 발생되는 유압변화 등으로 막장 전방을 가시화하고 있다. 일본에서는 별도 제작된 데이터 로깅 시스템을 이용해 천공속도 또는 천공에너지를 구하고 막장평점 등 지반 상태를 예측하고 있다(그림 5-34).

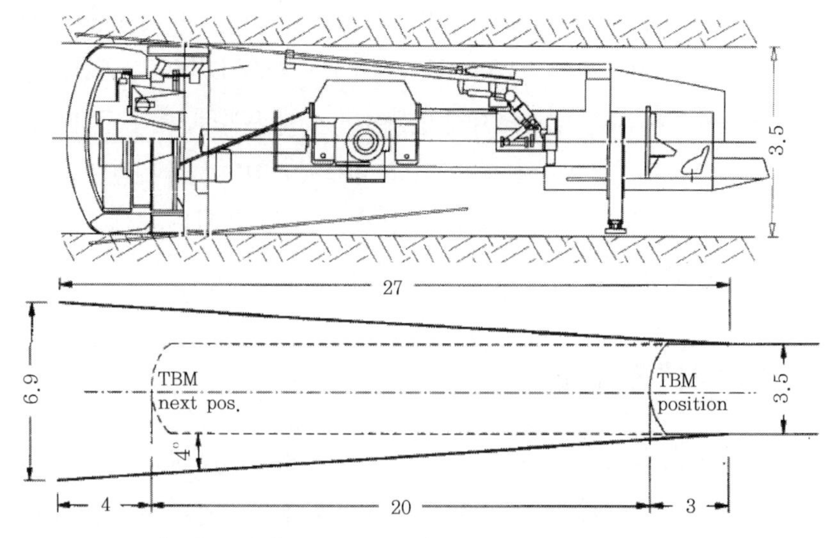

[그림 5-33] TBM 굴진 중 천공 계획도 : 종단 및 평면

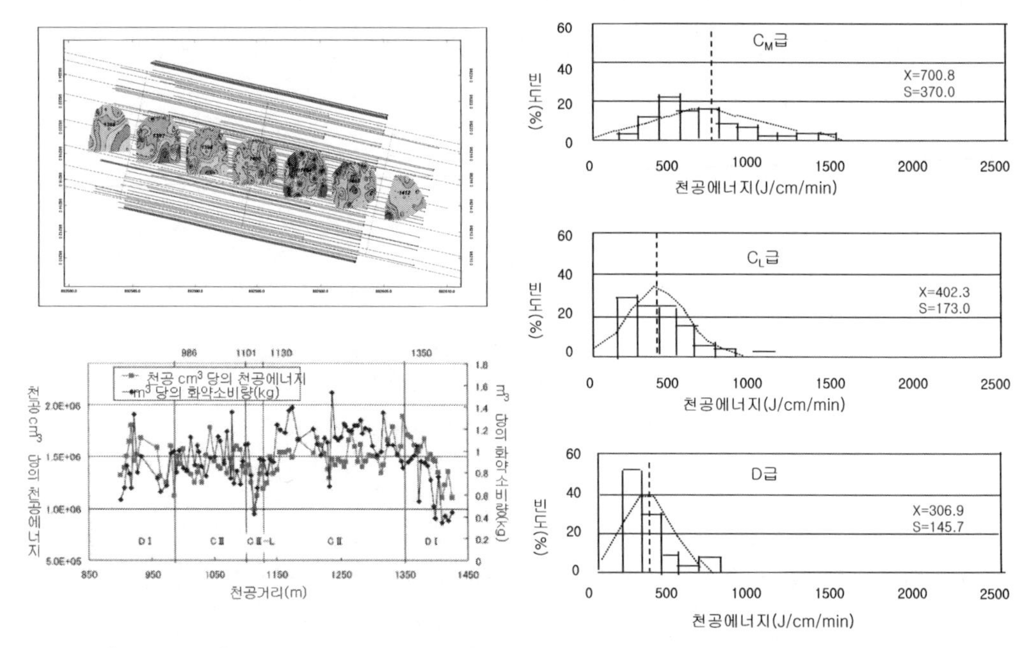

[그림 5-34] 천공속도, 천공에너지 등을 이용한 전방 지질 분석(컬러 도판 p. 660 참조)

특히 최근에는 천공된 조사공을 이용한 검층 등을 천공 조사와 병행해 수행함으로써 전방 지질에 대한 예측 능력을 제고하는 방안이 활발히 적용되고 있다. 그림 5-35는 천공 조사공을 이용한 탄성파 탐사 결과를 이용해 탄성파 속도와의 상관성을 제시하고 있는 Q-시스템 암반 분류를 시행한 사례이다(Barton, 2000).

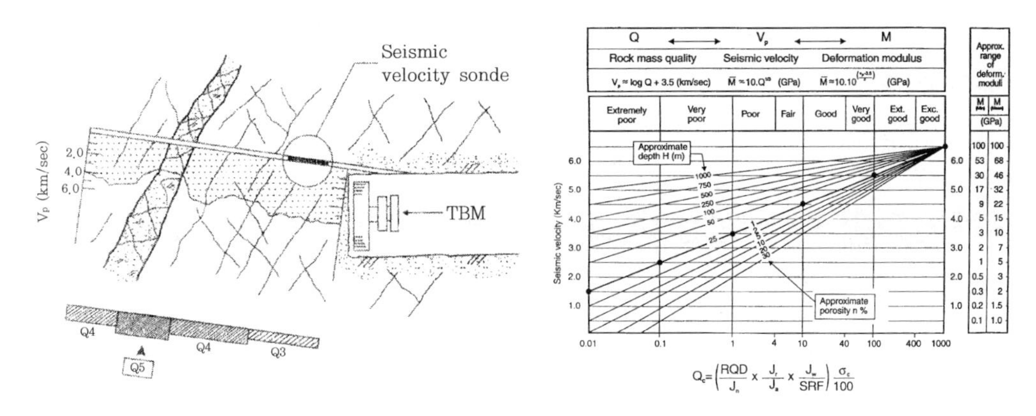

[그림 5-35] 천공 조사공을 이용한 탄성파 탐사와 Q-분류

5.3.4 암반 분류 및 결과 정리

상시적이며, 연속적인 터널 내부 지질조사를 기반으로 전방의 재해요소의 확인 등 필요한 경우에는 전방 물리탐사 및 선진 시추와 천공 등을 통해 전방의 지질 상태, 특히 연약 지반 내 거력 또는 단층 및 공동 등을 확인하는 과정으로 기계 굴착 터널의 시공 중 주요 지반조사가 시행된다. 이들 자료들은 통합적으로 처리되어 전방 지질 상태의 예측에 활용된다. 그림 5-36은 TBM 굴착 터널에서 터널 벽면 지질조사, TSP 탐사, 천공에너지 등 천공 데이터 조사 및 공 내 탄성파 탐사 등을 이용해 전방 지질을 예측하고, 이를 확인하는 사례를 보여준다(Barton, 2000). 그림 5-36과 같이 종합적으로 분석되고, 예측된 터널 전방의 지질 상태는 굴진 완료 후 터널 내부 지질조사에 의해 확인되고, 수정된다. 이러한 전 과정은 터널 지질도 등으로 연속적인 형태로 정리되어야 한다. 그림 5-37은 이와 같은 기계 굴착 터널 시공 중 전 과정의 지반조

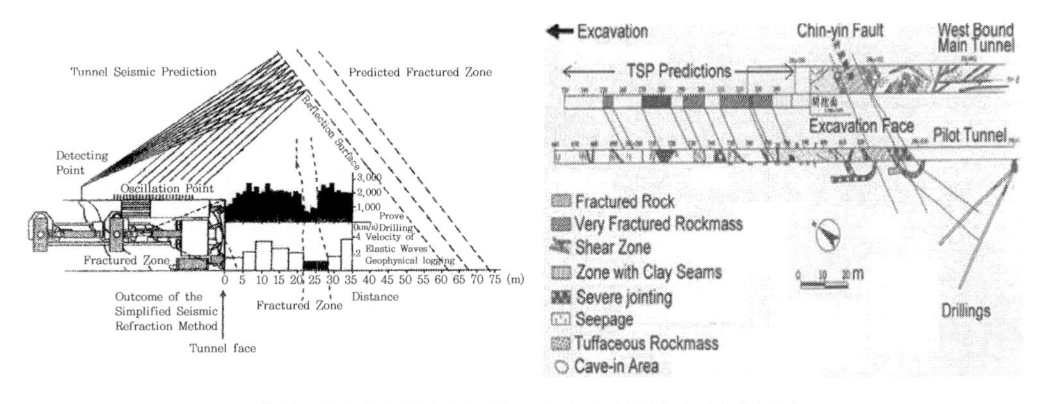

[그림 5-36] TBM 터널의 시공 중 지반조사의 종합 분석

사 결과를 터널 지질도의 형태로 지속적이고, 연속적으로 시행한 결과를 정리한 예이다(Chang and Yu, 2005).

[표 5-22] TBM 터널의 시공 중 종합 지반 분석 항목(그림 5-37 참조)

항 목		기재 내용
설계	지질도	지표상에서 기재된 지질 및 주요 지질 구조/ 방위, 축척
	위치	TBM 터널 위치
	암석 종류	설계 시 예측된 터널 계획고 상의 암석 종류
	지반 분류	설계 시 예측된 터널 계획고 상의 지반 분류
	보강 형식	설계 시 제시된 터널 계획고 상의 보강 형식
시공	굴진속도(penetration rate)	주간 평균 시간당 굴진속도(m/h)
	TBM 가동률(utilization)	주간 평균가동률(%)
	커터헤드 추력	주간 평균(kN)
	커터헤드 동력	주간 평균
	굴진율(advanced rate)	주간 굴진 거리(m)
	커터 교체 주기	50m당 교체 빈도
	균열 등급	NTH(NTNU) 균열 등급
	암석 종류	굴진 암석 종류
	지질 구조 방향	주요 지질 구조의 방향
	터널 지질도	터널 지질도 요약
	기재	터널 지질도 상의 제 요소의 기재
	지반 분류	굴진 지반 상태 분류
	지반 보강	지반 보강 상태 기재
	Q-시스템 분류	Q value
	지하수 온도	지하수 온도(C)
	지하수 유입량	지하수 유입량(l/sec)
	누적 지하수 유입량	누적 지하수 유입량(l/sec)

TBM 터널 시공 중의 모든 자료는 종합적으로 분석되어 도면화해야 한다. 그림 5-37은 TBM 터널 시공 전에 예측된 지반정보와 실제 굴진 중 확인된 지반정보 및 이에 대응하는 굴진 관계 제반 정보들을 지속적으로 관리 제작한 종합도면이다(Meridian Energy Ltd., 2003). 도면의 구성은 표 5-22와 같다.

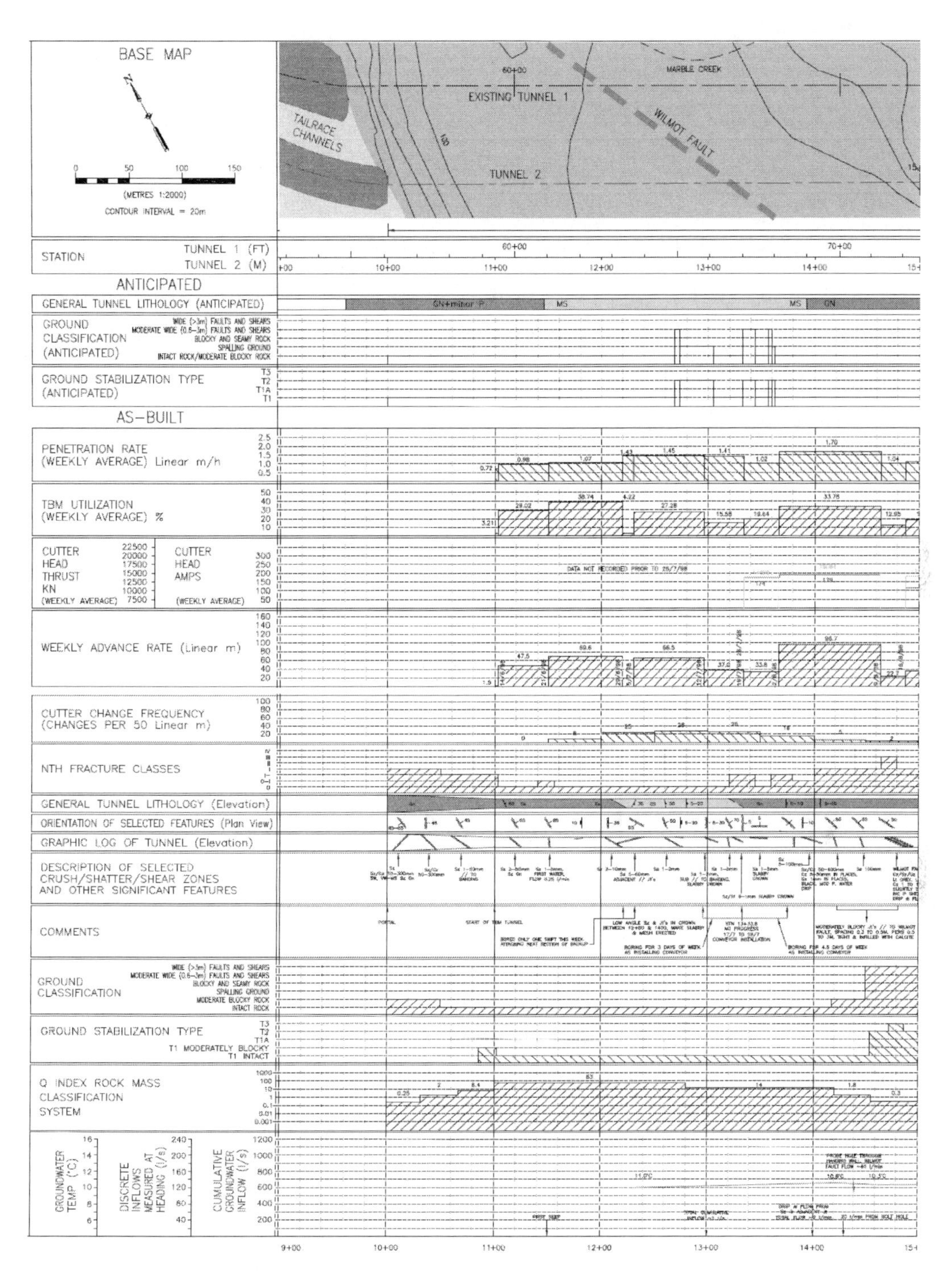

[그림 5-37] TBM 터널의 시공 중 지반정보 종합 분석도 예

5.4 결 언

이상에서 TBM 터널의 지반조사를 설계 시와 시공 중 지반조사로 구분해 기술하였다. 앞서도 언급한 바와 같이 TBM 터널은 발파 굴착 터널에 비해 대상 지반조건에 따라 적용되는 굴착공법 및 장비의 선정이 국한되며, 선정된 터널 굴착공법 및 장비의 변경이 터널 시공 중에 자유롭지 못한 특징을 가지고 있어 지질 상태의 보다 정확한 예측이 필요하다. 급격한 지질의 변화, 단층대 및 공동 등 연약대의 정밀한 파악, 급격한 터널 내 용수 발생 가능 위치 및 지중 응력 상태의 파악 등은 TBM 공법 적용의 타당성과 노선 및 구체적인 장비의 선정 등에서 가장 중요한 인자가 된다. 이와 같은 TBM 터널에서의 지반정보의 중요도를 생각할 때, 지반조사의 정밀도 향상을 위해 조사에 투입되는 비용과 터널 시공 중 발생할 수 있는 지반의 불확실성에 의한 리스크는 반비례함을 지시하는 그림 5-38은 우리에게 지반조사에 대한 중요한 시사점을 제공해 준다(EFNARC, 2005).

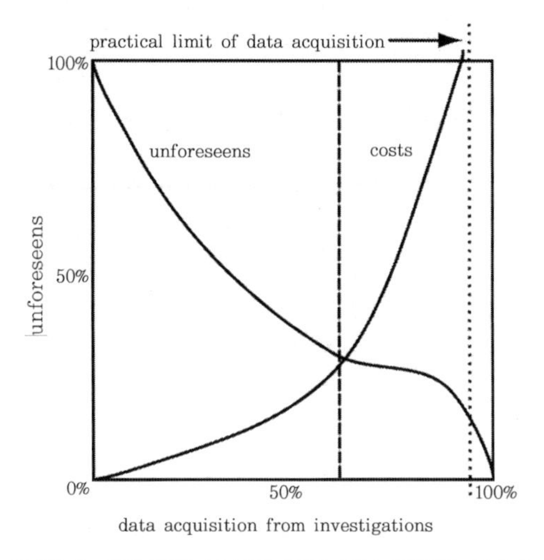

[그림 5-38] 지반 조사를 통한 정보 획득과 리스크

터널 설계를 위한 지반조사와 시공 중 지반조사는 일관된 하나의 프로세스로 이해되어야 한다. 터널 시공 중 지반조사는 터널 안정성 확보와 영향 범위 최소화를 목적으로 현장 굴착 및 지보 설계와 지질모델의 지속적인 갱신으로 구체화되어야 하며, 결국 이 과정은 설계 중 예측된 지반정보의 시공 중 지속적인 수정 보완의 과정이다. 터널 시공 중 조사는 각 조사의 내용을 종합적으로 분석함으로써 터널 내 실재하는 지반 상태를 신속 타당하게 평가해 시공에 즉각적으로 반영하고, 설계 시 예측된 지반정보와 지속적으로 확보되는 시공 중 지반정보를 연계해 전방의 지질 재해 요인을 보다 구체적으로 예측함으로써 터널 재해를 미연에 방지하고 최적의 시공을 이룰 수 있게 해야 한

다. 이런 면에서 국내에서 상대적으로 그 연구 또는 실제 적용의 정도가 높지 않은 TBM 터널에 대한 지반조사에 대해 보다 적극적인 관심이 필요할 것으로 생각된다.

참 고 문 헌

1. 건설교통부. 2007.「급속 터널 기계화 시공을 위한 최적 굴착 설계모델 개발」. 건설핵심기술연구개발사업 제3차년도 최종보고서.
2. 김학수 외. 1999.「GPR에 의한 지반 구조물 탐사」. 건설현장에 필요한 물리탐사기술 심포지엄, 1999년도 제2회 학술발표회, 한국지구물리탐사학회, pp. 65~91.
3. 김정호 외. 1997.「전기비저항 토모그래피의 분해능 향상에 관한 연구: 전기, 전자탐사법에 의한 지하 영상화 기술연구」. KR-97(c)-16, pp. 3~54.
4. 김중열 · 김유성. 1999.「텔레뷰어에 의한 토목설계 매개변수의 산출」. 건설현장에 필요한 물리탐사 기술 심포지엄, 1999년도 제2회 학술발표회, 한국지구물리탐사학회.
5. 민경덕 외. 1999.「일본에서의 토목 건설 지반조사를 위한 물리탐사 활용현황」. 건설현장에 필요한 물리탐사 기술 심포지엄, 1999년도 제 2회 학술발표회, 한국지구물리탐사학회, pp. 1~20.
6. 민경덕 · 서정희 · 권병두. 1995.『응용지구물리학』. 우성문화사, p. 771.
7. 손호웅 외. 1999.『지반환경물리탐사』. 시그마프레스.
8. 윤운상 외. 2006.「터널 시공 중 지반조사와 지질모델링」. 터널 기술 8권 4호, pp. 108~117.
9. 이성기 외. 2007.「경부고속철도 14-3 공구 도심지터널 보조보강공법 설계 적용 사례」. 한국암반공학회지, 23권 6호, pp. 33~38.
10. 현병구 외. 1995.『물리탐사 용어사전』. 선일문화사.
11. Aber, M. 1999. *Geotechnische aspekte einer TBM vertragsklassifikation*. Diss. Tu. Berlin.
12. ASTM. 1983. “Standard definitions of terms and symbols relating to soil and rock mechanics.” Am. Soc. for testing and mater, Annual book of ASTM standards, Vol.04.08, D 653-82ε1, pp. 170~198.
13. ASTM. 1989. “Standard guide for geotechnical mapping of large underground openings in rock.” Am. Soc. for testing and mater, Annual book of ASTM standards, Vol.04.08, D 4879-89ε1, pp. 901~910.
14. Barla, G. 2000. “Lessons learned from the excavation of a large diameter TBM tunnel in complex hydro-geological conditions.” GeoEng 2000, International Conference on Geotechnical & Geological Engineering.
15. Barton, N. 2000. “TBM Tunnelling in Jointed and Faulted Rock.” A. A. Balkema, Rotterdam.
16. Barton, N., Lien, R. and Lunde, J. 1974. “Engineering classifcation of rock masses for the design of tunnel support.” Rock Mech. Rock Eng. 6(4), pp. 189~236.
17. Bieniawski, Z. T. 1989. “Engineering Rock Mass Classifications.” John Wiley & Sons, New York, p. 251.
18. Chang, P. and Yu, C. 2005. “Reliability of geological exploration methods during construction of the Hsuehshan tunnel.” World Long Tunnels, pp. 129~138.
19. Deere, D. U. et al. 1970. “Design of tunnel support systems.” High Res. Rec. 339, pp. 26~33.
20. EFNARC. 2005. Specification and Guidelines for the use of specialist products for Mechanised Tunnelling (TBM) in Soft Ground and Hard Rock.

21. IAEG. 1981. "Rock and Soil description and classification for engineering geological mapping report." IAEG Comm. on Eng. Geol. Mapping, IAEG Bull, No.24, pp. 235~274.
22. ISRM. 1981. "Suggest method for the quantitative description of discotinuities in rock mass." ISRM Suggested Methods, Pergamon Press, pp. 3~52.
23. Jonhson, R. B. and Degraff, J. V. 1988. "Principles of engineering geology." John Wiely & sons, p. 497.
24. Lin, C. and Yu, C. 1995. "Discussion and solution of the TBM trapped in the westbound Hsuehshan tunnel." World Long Tunnels, pp. 383~393.
25. Maidl, B., Herrenknecht, M. and Anheuser, L. 1994. "Maschineller Tunnelbau im Schildvortrieb." Verlag Ernst & Sohn, Berlin (in German).
26. Meridian Energy Ltd. 2003. "Manapouri Power Station Second Tailrace Tunnel Engineering Geological Construction Report."
27. Nilsen, B. and Ozdemir, L. 1999. "Recent developments in site investigation and testing for hard rock TBM projects." Proc. of Rapid Excavation and Tunneling Conference (RETC), pp. 715~731.
28. NTH. 1995. "Hard Rock Tunnel Boring." Project Report 1~94.
29. NTNU. 1998. "Drillability Test Methods." Hard Rock Tunnel Boring, Vol.8 of 10.
30. Ozdemir, L. 2000. "Site investigation and testing for TBM projects." Lecture note.
31. Rostami, J., Ozdemir, L. and Nilsen, B. 1996. "Comparison Between CSM and NTH Hard Rock TBM Performance Prediction Models." Proc. of ISDT 1996, Las vegas NV, pp. 1~11.
32. Takoy, P. J. 1987. "Practical geotechnical and engineering properties for tunnel boring machine performance analysis and prediction." Transportation Research Record 1087, Transportation Research Board, National Research Council, pp. 62~78.

제 6 장 TBM 커터헤드 설계 및 굴진성능 예측

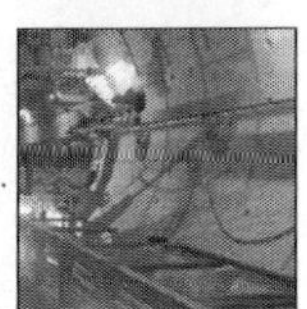

제 6 장

TBM 커터헤드 설계 및 굴진성능 예측

전석원 (서울대학교) / 장수호 (한국건설기술연구원)

6.1 개 요

TBM에서 가장 핵심적인 부분 중의 하나는 실제로 지반을 굴착하게 되는 TBM 전면의 커터헤드(cutterhead)라고 불리는 회전식 면판이다.

TBM을 설계·제작하고 있는 선진 외국에서는 과거 20 ~ 30년 이상의 기술 개발과 경험을 통해 자국의 지반조건에 적합한 TBM 커터헤드 설계기술을 보유하고 있다. 대표적으로 미국의 콜로라도 광산대학(Colorado School of Mines, CSM)에서 활용하고 있는 CSM 모델과 노르웨이 과학기술대학(Norwegian University of Science and Technology, NTNU)에서 개발한 NTNU 모델 등을 들 수 있다(Nilsen and Ozdemir, 1993).

그러나 미국 CSM 모델에 의한 TBM 커터헤드의 핵심 설계과정은 현재까지 대외적으로 전혀 공개되지 않고 있으며, NTNU 모델은 노르웨이의 지반조건에 적합하도록 개발된 경험적인 모델이다. 무엇보다도 가장 큰 문제는 국내에 도입되고 있는 TBM의 설계와 제작을 100% 외국 기술에 의존함으로 인해, 국내 지반조건에 적합하지 못한 TBM이 도입되어 시공 시에 많은 문제점들이 발생하고 있다는 점이다.

따라서 TBM의 제작을 국내에서 할 수 없는 상황이라고 할지라도, 터널기술자가 주어진 지반조건에 대해서 최적의 성능을 발현할 수 있는 TBM을 제작·발주할 수 있도록 핵심적인 TBM 사양과 그에 따른 굴진성능을 사전에 예측하고 평가하는 것이 무엇보다도 중요하다고 하겠다. 특히 굴진성능은 공사기간과 공사비용 산정에 유용하게 활용될 수 있는 기본 자료이다.

본 장에서는 터널기술자가 지반조건에 따라 최적의 TBM 핵심 사양을 도출하기 위한 TBM 커터헤드의 주요 설계과정들, 특히 암반 대응형 TBM의 커터헤드 설계와 굴진성능 예측방법들을 중점적으로 소개하고자 했다.

6.2 지반조건에 따른 TBM 커터헤드 및 굴착도구의 선정

6.2.1 커터헤드의 종류 및 구조

최적의 굴착을 도모하기 위해 커터헤드는 굴착면의 안정성을 도모함과 동시에 굴진속도를 향상시킬 수 있는 형식으로 선정되어야 하며, 다음과 같은 항목들이 고려되어야 한다.

- 커터헤드의 지지 방법
- 커터헤드의 구조
- (TBM)커터헤드 추력
- (TBM)커터헤드 토크
- (TBM)커터헤드 동력
- 굴착도구(디스크커터, 커터비트 등)

커터헤드는 기본적으로 앞쪽 외관의 형상에 따라 평탄형, 오목형, 볼록형의 세 가지로 구분된다. 하지만 최근 들어서는 원형 단면이 아닌 특수 커터헤드가 제한적으로 적용되는 경우도 있다. 또한 커터헤드의 마모도는 커터헤드의 형상과 지반조건에 따라 크게 달라진다는 점에 유의해야 한다.

지반조건이 경암 또는 극경암인 경우에는 큰 추력을 가할 수 있고 절삭효과를 높일 수 있도록 돔(dome) 형식의 커터헤드 단면형상을 적용한다(그림 6-1). 반면 암반조건이 불리해질수록 굴진면의 자립을 위해 보다 편평한 형상인 심발형(deep flat face)이나 평판형(shallow flat face 또는 flat face)이 적용된다(그림 6-2, 6-3).

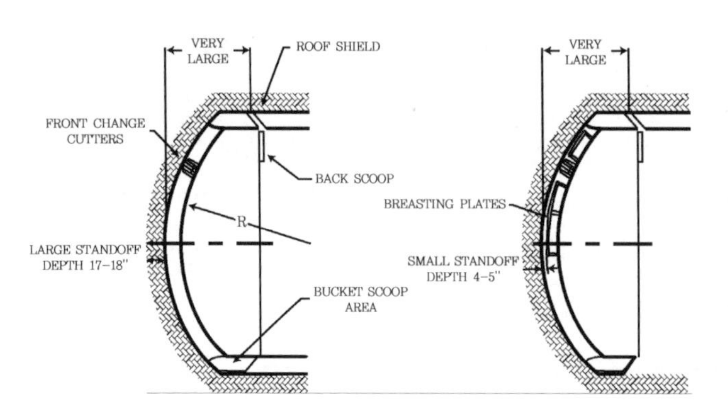

[그림 6-1] 암반용 돔형 커터헤드

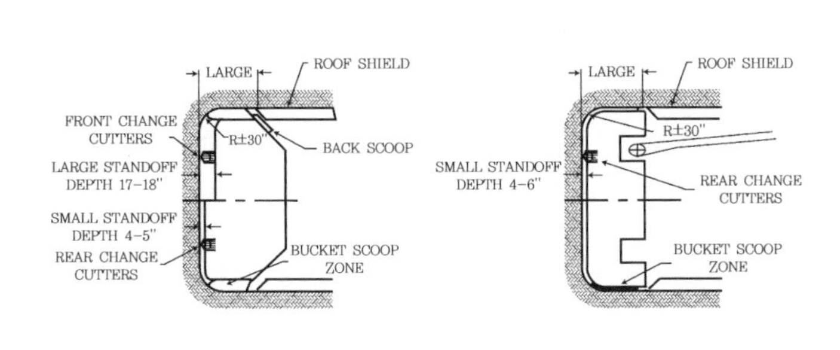

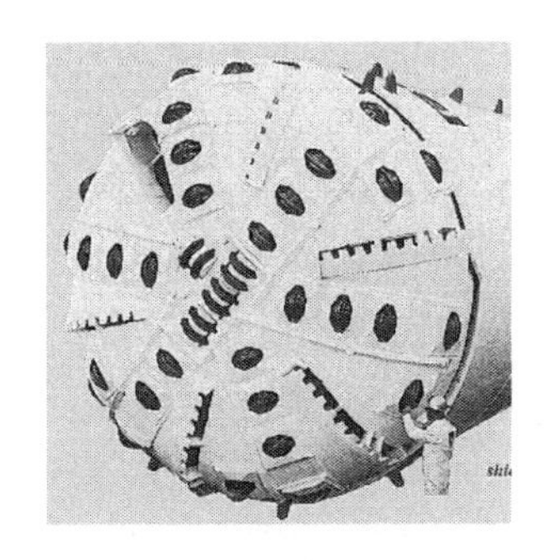

[그림 6-2] 심발형 커터헤드

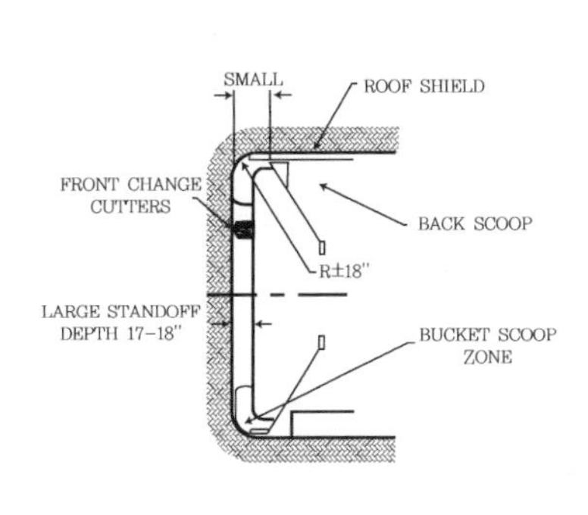

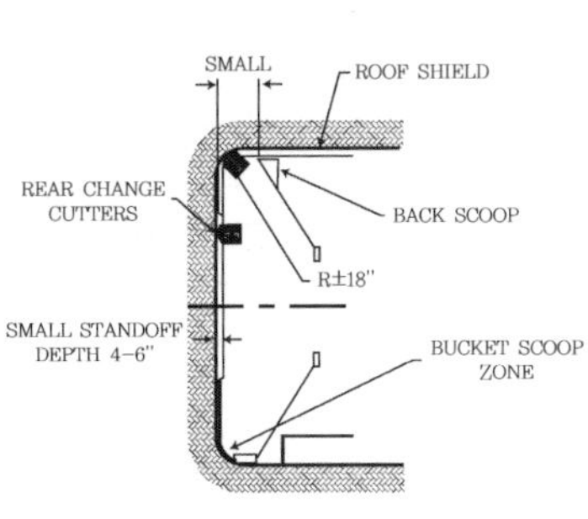

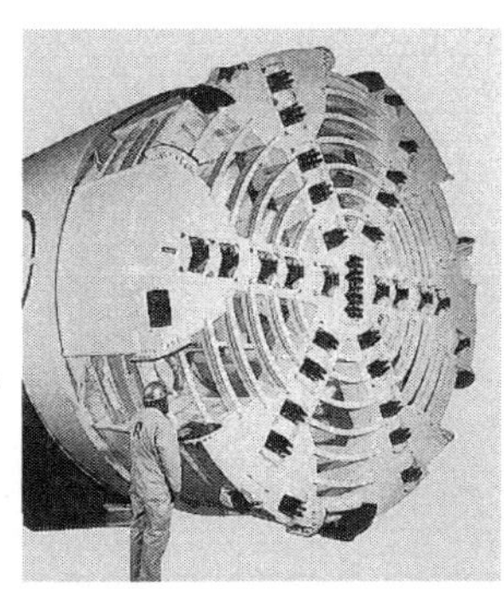

[그림 6-3] 평판형 커터헤드

반면, 토사용 커터헤드의 구조는 스포크(spoke)형과 면판(face plate)형의 두 종류로 구분할 수 있다(그림 6-4). 스포크형은 커터에 발생하는 부하가 적으며 굴착토사의 배토가 수월해 토압식에 적용되는 경우가 많다. 반면 면판형은 단면 형상으로 평판형, 심발형 및 돔형에 적용이 모두 가능하며 일반적으로 굴진면의 안정성 확보에 유리하다. 면판형은 토압식과 이수식 모두에 적용이 가능하다는 특징을 가지고 있다.

(a) 스포크형

(b) 면판형

[그림 6-4] 토사용 커터헤드 구조

토사용 커터헤드에서 개구부(slit)의 모양과 크기는 스포크의 개수와 쉴드 TBM이 굴착해야 하는 자갈의 크기에 따라 제한된다. 많은 경우에 개구부의 모양은 스포크를 따라 직선이며, 다양한 크기와 형상의 자갈에 대응할 수 있도록 설계해야 한다. 일반적으로 개구부의 크기는 해당 지반조건에서 예상되는 자갈의 최대 크기에 따라 결정된다. 단, 호박돌(boulder)을 절삭하기 위해 커터헤드에 디스크커터를 장착할 경우에는 개구부의 크기를 제한할 수 있다.

개구 크기에 따른 토사용 커터헤드의 개구율(opening ratio)은 다음 식과 같이 계산된다.

$$w_0 = \frac{A_s}{A_r} \tag{6-1}$$

여기서, w_o : 개구율

A_s : 커터헤드에서 개구부의 총면적(커터비트의 투사면적 미고려)

A_r : 커터헤드의 면적

이수식 쉴드 TBM의 개구율은 일반적으로 10 ~ 30%의 범위이며, 토압식 쉴드 TBM의 개구율은 보통 이수식보다 더 크다. 또한 점착성이 높은 점토성 지반 등에서는 개구율을 증가시키는 것이 바람직하다. 하지만 지반의 붕괴 위험이 크다면 개구율에 대한 심도 있는 검토가 필요하다. 만약 개구부가 필요하다면 TBM의 가동이 멈췄을 때 개구부를 통해 TBM 내부로 토사가 붕괴·유입되는 것을 방지하기 위한 개구부 개폐 장치가 포함되어야 한다.

또한 도심지에서 TBM의 적용이 증가됨에 따라 도심지의 일반적인 굴착 심도에서 흔히 분포하는 복합지반의 경우에는 암반용 커터헤드와 토사용 커터헤드의 특성을 동시에 고려한 커터헤드 설계가 필요하다. 예를 들어 굴착이 용이한 토사지반에서는 커터비트(또는 drag pick)에 의해서만 굴

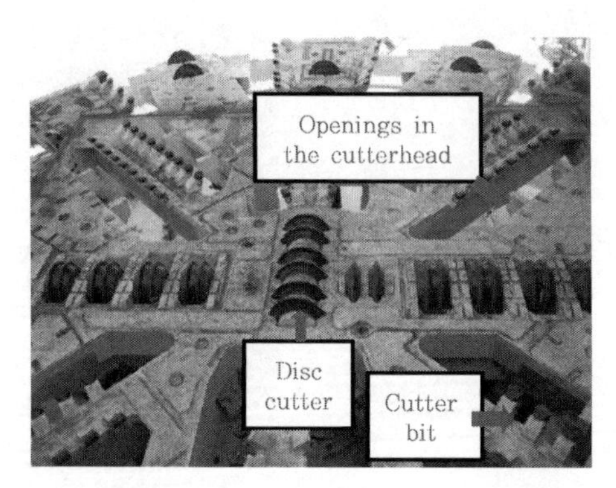

[그림 6-5] 디스크커터와 커터비트가 장착된 복합지반용 커터헤드

착이 가능하지만, 굴착이 어려운 토사지반이나 굴착이 비교적 용이한 암반조건에서는 암반용 디스크커터와 토사용 커터비트를 동시에 채용하는 것이 일반적이다(그림 6-5). 하지만 복합지반용 커터헤드에 대한 연구나 관련 자료가 매우 부족한 것이 현실이다.

6.2.2 굴착도구의 선정

TBM에 사용되는 굴착도구(excavation tool)는 크게 암반을 절삭하기 위한 디스크커터(또는 롤러커터)와 토사용 커터비트(또는 drag pick)로 구분할 수 있으며, 복합지반의 경우에는 디스크커터와 커터비트가 동시에 사용된다(표 6-1).

[표 6-1] 지반조건에 따른 굴착도구의 적용범위(Girmscheid, 1997)

범주	지반조건	굴착도구
1	• 굴착이 용이한 토사지반 - 비점착성 또는 점착성이 낮은 모래, 자갈 등	- 커터비트
2	• 굴착 용이도가 보통인 토사지반 - 모래, 자갈 - 실트, 점토 등	- 커터비트, 절삭날 - 커터비트, 연결핀, 센터커터
3	• 굴착이 어려운 토사지반 - 범주 1 및 범주 2와 유사하나, 입자크기가 63mm 이상이며, 0.01 ~ 0.1m^{3}의 암석이 포함 - 범주 1 및 범주 2와 유사하나, 0.1 ~ 1m^{3}의 호박돌이 포함	- 커터비트, 디스크커터 및 소형의 파쇄기 - 커터비트, 디스크커터 및 대형의 파쇄기
4	• 굴착이 용이한 복합지반 - 풍화암 또는 연암 - 연암이상 및 비점착성/점착성 토사	- 디스크커터 - removal chopper
5	• 굴착이 어려운 암반	- 디스크커터

가. 디스크커터

암반 절삭용 디스크커터는 경암용 Open TBM뿐만 아니라 복합지반 및 암반용 쉴드 TBM에서도 주된 절삭도구로 적용되고 있다. 특히 디스크커터 관련 기술의 발전으로 인해 TBM의 굴진성능이 더욱 향상되고 있다.

과거에는 암석을 갈아내는 방식인 tooth cutter(그림 6-6)나 button cutter(그림 6-7)가 사용되었으나, 현재에는 암석을 절삭하는 방식으로서 절삭효율이 높은 디스크커터가 일반적으로 적용되고 있다(그림 6-8). 특히 싱글 디스크커터(single disc cutter)의 개발은 현대식 TBM에서 가장 혁신적인 개선사항 중의 하나로서, 1956년 캐나다 토론토의 하수구 터널시공에서 처음 사용된 이후로 발전을 거듭하고 있다.

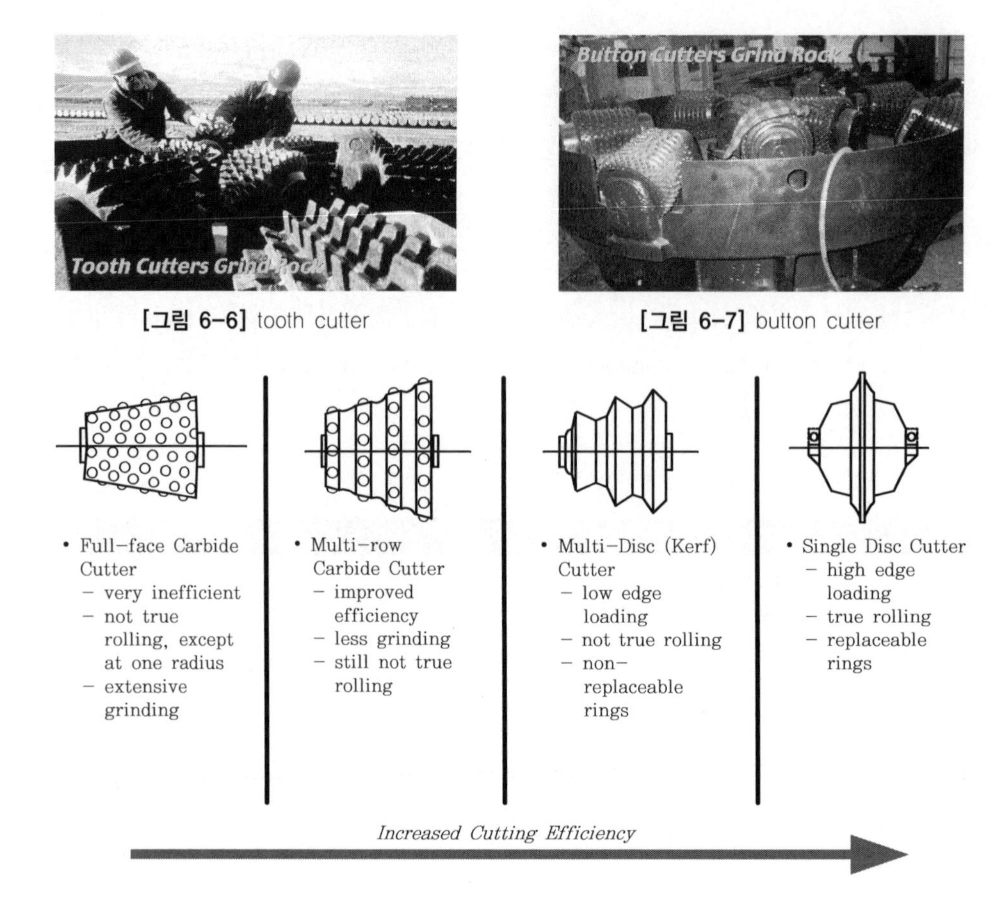

[그림 6-6] tooth cutter

[그림 6-7] button cutter

[그림 6-8] 암반 절삭용 커터의 발전과 디스크커터의 장점

이와 같은 디스크커터의 개발로 인해 암반 대응형 TBM에 의한 1일 굴진속도는 재래식 발파공법의 굴착속도를 능가하게 되었으며(그림 6-9), 미국 네바다에 위치한 리버마운틴 터널에서는 Open TBM을 적용해 1일에 평균 68m를 굴진한 기록도 보고되고 있다.

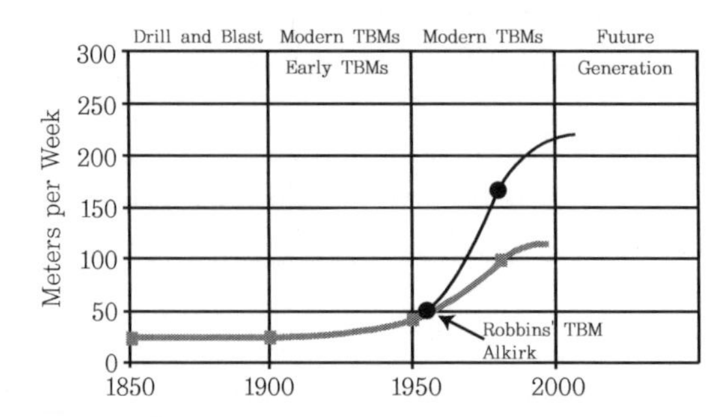

[그림 6-9] TBM과 발파공법의 굴진속도 비교(Robbins사)

일반적인 디스크커터의 구조는 그림 6-10과 같으며, 여기서 중요한 부분은 실제로 암반을 절삭하게 되는 커터 링(cutter ring)과 디스크커터의 최대 허용하중을 결정하는 롤러 베어링(roller bearing)이다.

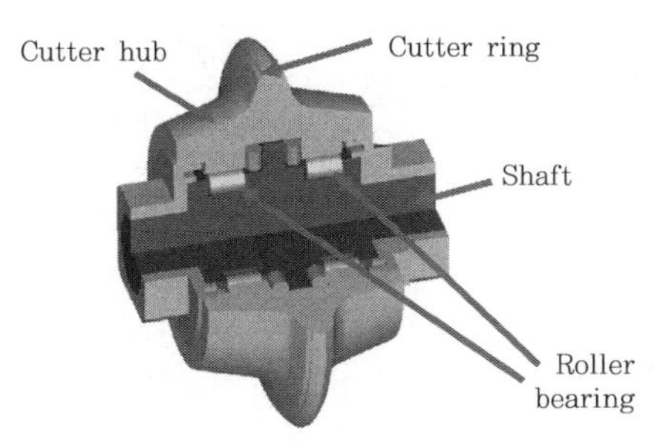

[그림 6-10] 디스크커터의 주요 구조

또한 현재에는 지름 17인치 이상의 커터 링이 개발·적용됨으로 인해 큰 추력(thrust force)에도 견딜 수 있게 되어 굴진효율과 굴진속도가 더욱 향상되고 있다(표 6-2 및 그림 6-11).

디스크커터는 커터헤드에 장착되는 위치에 따라 그림 6-12와 같이 센터커터, 페이스커터 및 게이지커터로 분류된다.

그리고 절삭효율 및 에너지 효율을 극대화하기 위해 인접한 디스크커터는 동시에 같은 궤적을 돌지 않도록 설계된다(그림 6-13). 따라서 디스크커터를 1개 적용하는 LCM(Linear Cutting Machine)에 의해서도 TBM 커터헤드의 설계가 가능한 것이다. 실물절삭시험 장비인 LCM과 디스크커터의 최적 간격 설계에 대해서는 6.4절에서 자세히 설명하고자 한다.

[표 6-2] 커터 링의 지름에 따른 최대 커터 하중(예)

커터 지름(mm)	커터 tip 너비(mm)	커터 허용하중(kN)
432(17인치)	13	222
	16	245
	19	267
483(19인치)	16	289
	19	311

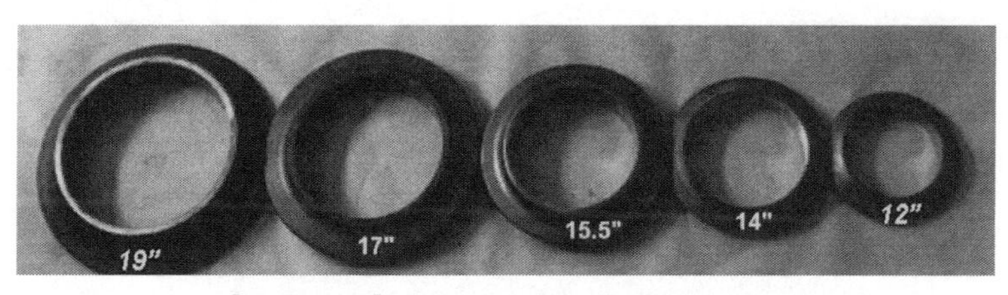

[그림 6-11] 디스크커터에 사용되는 커터 링

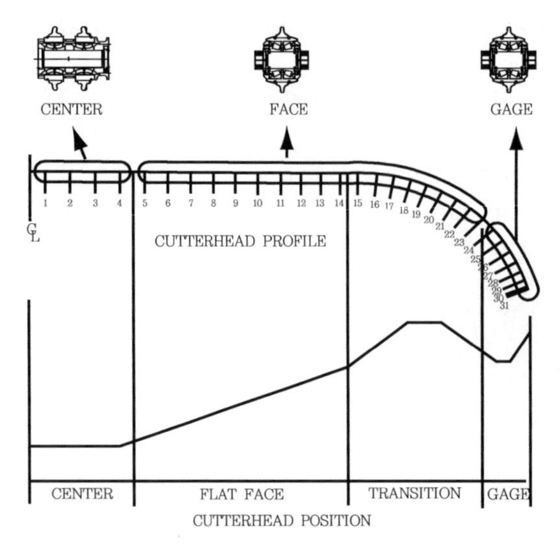

[그림 6-12] 커터헤드 위치별 디스크커터의 분류

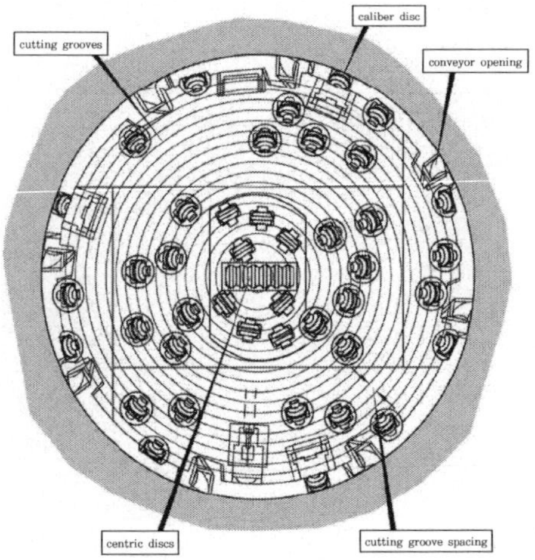

[그림 6-13] 암반 대응형 TBM 커터헤드에서 디스크커터의 배열설계(예)

나. 커터비트

커터비트의 scoop와 clearance angle(그림 6-14)은 지반조건에 따라 주의해 선택되어야 한다. 일반적으로 점토지반의 경우에는 scoop와 clearance angle이 큰 커터비트가 사용되며, 반면 자갈층의 경우에는 scoop와 clearance angle이 작은 커터비트가 사용된다.

커터비트의 돌출길이는 지반조건, 굴진에 따른 예상 마모도, 굴착률, 커터헤드 회전속도, 커터헤드 1회전당 절삭깊이 등의 인자들을 고려해 결정해야 한다. 또한 장대 터널의 경우에는 커터비트의 내구성과 교환 방법을 충분히 고려해 설계해야 한다. 일본지반공학회(1997)에서는 커터비트의 마모량이 8 ~ 13mm가 되면 커터비트를 교환해야 한다고 추천하고 있다.

커터비트의 재료로 카바이드 접착(cemented carbide)이 커터비트의 tip에 일반적으로 사용된다. 또한 커터비트의 배열은 지반조건, 쉴드 TBM의 외경, 커터헤드 회전 속도, 터널 연장 등을 고

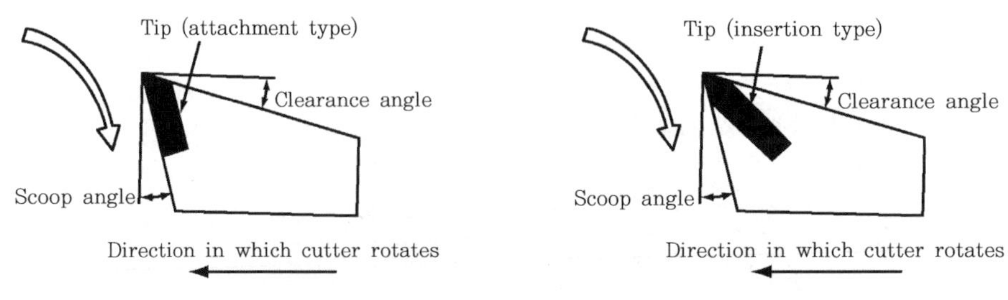

[그림 6-14] 커터비트의 형상

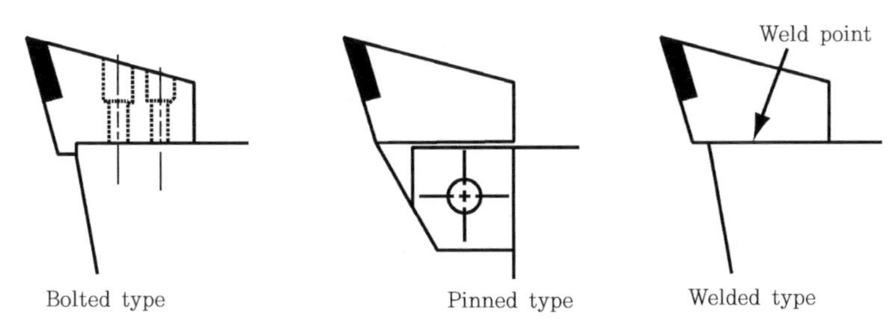

[그림 6-15] 일반적인 커터비트 고정방법(teeth bit의 경우)

려해 결정해야 한다. 전형적인 커터비트의 설치 방법은 그림 6-15와 같다.

6.3 TBM 주요 설계사양의 검토 방법

6.3.1 추 력

굴착 대상 지반조건에 대한 최적의 추력(thrust force) 및 토크(torque)의 산정은 기계화 시공에서 가장 중요한 과정 중의 하나이다. 최종적으로 산정된 추력과 토크로부터 TBM의 구동부와 유압잭(hydraulic jack) 등을 적절하게 설계할 수 있게 된다.

Open TBM에 필요한 추력은 디스크커터에 작용하는 커터하중 F_c, 추진부(sliding shoe)의 저항 F_R 및 안전을 위한 여유 추력 ΔF의 합으로 계산된다(그림 6-16 참조).

$$F_{Th} = F_c + F_R + \Delta F \tag{6-2}$$

쉴드 TBM에 필요한 추력을 평가할 때는, 쉴드 외판뿐만 아니라 지반 사이의 마찰력과 함께 필요하다면 굴진면에 대한 지지압력을 고려해야 한다. 밀폐형 쉴드에 필요한 추력은 다음과 같이 계산된다(그림 6-17 참조).

$$F_{Th} = F_c + F_s + F_F + \Delta F \tag{6-3}$$

여기서, F_c : 디스크커터와 기타 굴착도구에 작용하는 커터 작용하중
F_s : 굴진면의 지지압력으로 인한 하중
F_F : 쉴드 외판과 지반 사이의 마찰력
ΔF : 안전여유

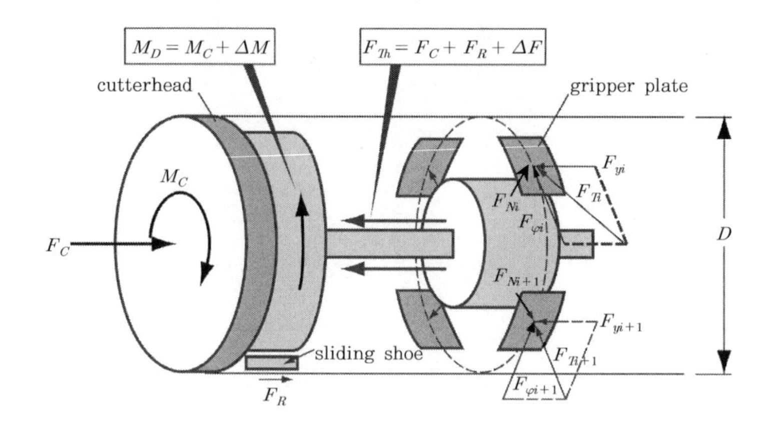

F_{Th} : required thrust force
F_C : cutter force of the discs
F_R : resistance of the sliding shoe
ΔF : safety margin

M_D : required driving torque
M_C : resisting torque resulting from the discs and the flashings of the conveyor openings
ΔM : safety margin

F_{Ni} : gripper force, plate i
F_{yi} : tangential force due to F_{Th}, plate i
$F_{\varphi i}$: tangential force due to M_D, plate i
F_{Ti} : resulting tangential force, plate i

[그림 6-16] Open TBM 굴진에 필요한 추력, 커터헤드 토크 및 그리퍼 하중

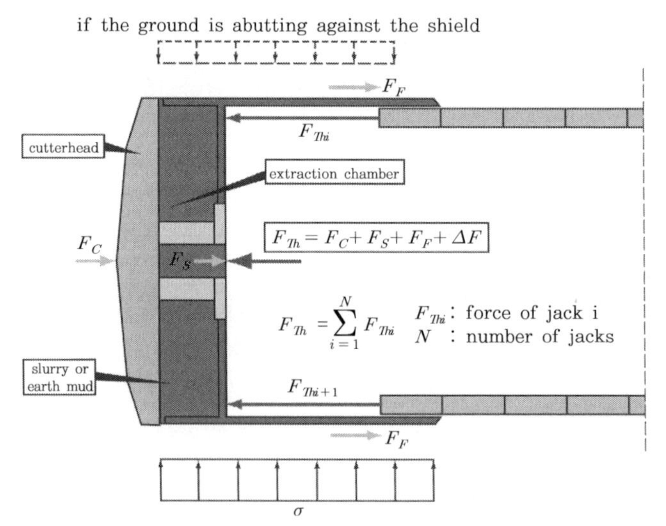

F_{Th} : required thrust force
F_C : cutter force of the discs and other excavation tools
F_F : friction force between shield skin and ground
F_S : force resulting from slurry or earth mud support
ΔF : safety margin

[그림 6-17] 밀폐형 쉴드 TBM 굴진에 필요한 추력(토압식 및 이수식)

일반적으로 암반대응형 TBM의 커터헤드에는 디스크커터가 장착되며, 연약 암반 또는 토사지반을 굴착하기 위해서는 커터헤드에 커터비트가 장착된다(그림 6-5 참조).

커터헤드에 장착된 커터비트의 개수가 n개인 경우 커터비트 작용하중으로 인한 추력은 다음과 같이 계산될 수 있다.

$$F_c = \sum_{i=1}^{n} p_{ci} \cdot A_i \tag{6-4}$$

여기서, p_{ci} : i번째 커터비트의 추진압력

A_i : i번째 커터비트의 추진면적

토사지반에서 커터비트의 추진력(pushing force)은 다음과 같이 지반 하중 p_v와 토압계수 K에 의해 추정할 수 있다(Maidl et al., 1994).

$$F_c = K \cdot p_v \cdot A_c \tag{6-5}$$

여기서, A_c : 모든 커터비트에 의한 추진 면적

토압계수 K : 주동 토압계수 K_a와 수동 토압계수 K_p의 사이에서 변함

커터헤드에 장착된 모든 굴착도구가 디스크커터인 경우의 총 커터 작용력은 다음과 같다(Girmscheid, 2005).

$$F_c = \sum_{i=1}^{n} F_{ci} \tag{6-6}$$

여기서, F_{ci} : i번째 디스크커터의 커터 작용하중(6.4절 참조)

n : 커터헤드에 장착된 디스크커터의 개수

반면, 굴진면에 대한 지지압력으로 인해 발생되는 하중인 F_S는 다음과 같이 계산된다.

$$F_S = \int_A p_s dA \tag{6-7}$$

여기서, A : 굴진면의 면적

p_s : 지지압력

주변 암반이 안정한 조건에서 TBM 굴진을 하는 경우에, 쉴드 외판과 암반 사이의 마찰력은 인버트

(invert)부에서만 발생하게 된다. 토사지반에서의 쉴드 터널과는 대조적으로 암반은 쉴드 외판과 접촉되지 않는다. 이러한 경우에 마찰력은 TBM의 자중에 의해서만 발생하며 다음과 같이 계산된다.

$$F_F = \mu \cdot G \tag{6-8}$$

여기서, μ : 쉴드 외판과 암반 사이의 마찰계수(coefficient of friction)
G : TBM의 무게

Girmscheid(2005)에 따르면, 암반에 대한 μ값은 0.3 ~ 0.4의 범위인 것으로 보고되고 있으나, 터널 굴진면이 평탄하지 않은 경우에는 μ값이 더 커질 수 있다.

파쇄암반에서, 특히 천장부에서 암반 블록이 쉴드로 떨어져서 추가적인 마찰을 야기할 수 있다(그림 6-17). 압착성 또는 팽창성 암반에서는 토사지반에서의 쉴드 굴진과 마찬가지로 전체 쉴드 외판에 대한 마찰을 반드시 고려해야 한다. 전체 쉴드 외주가 암반과 접촉한다고 가정하면 그에 따른 마찰력은 다음과 같이 계산된다.

$$F_F = \mu \cdot \int_{A_s} \sigma_r dA \tag{6-9}$$

여기서, A_s : 쉴드 외주부의 표면적
σ_r : 쉴드 외주면에 작용하는 반경방향의 연직응력

Herzog(1985)는 강재와 토사 사이의 접촉면을 따라 발생하는 마찰에 대한 μ값들을 표 6-3과 같이 제시했다.

[표 6-3] 강재/토사 접촉면에서의 마찰계수 μ

토 질	마찰계수 μ
자 갈	0.55
모 래	0.45
흙	0.35
실 트	0.30
점 토	0.20

여유 추력 ΔF에는 다음과 같은 요인들로 인한 저항력들이 고려되어야 한다.

- 곡선구간에서의 굴진
- 테일 스킨 실(tail-skin seal)과 세그먼트라이닝 사이의 마찰력(쉴드 TBM의 경우)
- 부속장비의 인장력

6.3.2 토 크

커터헤드가 회전하기 위해서는 암반 굴진면에서 디스크커터의 회전 등으로 인한 저항력을 극복할 수 있을 만큼 TBM의 토크가 충분히 커야 한다(그림 6-16). 반면, 이수식 또는 토압식 쉴드 TBM의 토크는 이수 또는 굴착토(earth mud)로 충만된 커터헤드의 회전으로 인한 저항력을 극복할 수 있어야 한다(그림 6-18).

쉴드 TBM의 구동을 위해 필요한 토크는 다음과 같이 계산된다(그림 6-18 참조).

$$M_D = M_C + M_S + \Delta M \tag{6-10}$$

여기서, M_C : 굴착도구에 의한 굴진 등으로 인한 저항 토크

M_S : 이수 또는 굴착토로 충만된 커터헤드의 회전으로 인한 저항 토크

ΔM : 안전을 위한 여유 토크

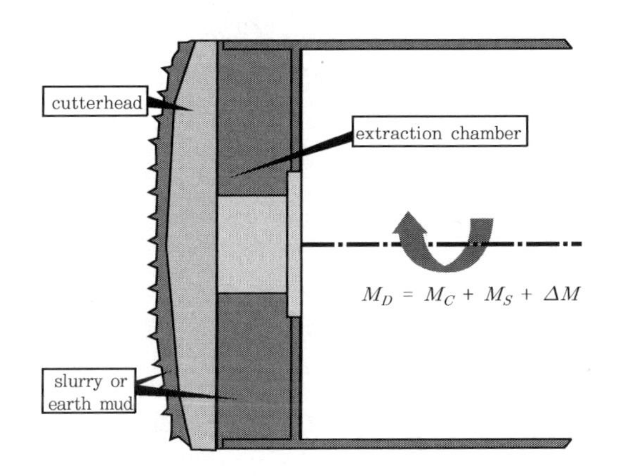

M_D : required driving torque
M_C : resisting torque resulting from the excavation tools and the flashings on the conveyor openings
M_S : resisting torque resulting from the rotation of the cutterhead within the slurry or earth mud respectively
ΔM : safety margin

[그림 6-18] 밀폐형 쉴드 TBM에 필요한 구동 토크(토압식 및 이수식)

Girmscheid(2005)는 디스크커터의 마찰저항을 극복하는 데 필요한 토크를 결정하기 위한 관계식을 다음과 같이 정리했다(그림 6-19).

$$M_C = \sum_{i=1}^{n} F_{ri} \cdot r_i = \sum_{i=1}^{n} \mu_{ci} \cdot F_{ci} \cdot r_i \tag{6-11}$$

여기서, F_{ri} : i번째 디스크커터에 작용하는 회전하중(rolling force)

r_i : 회전축에서 i번째 디스크커터까지의 거리

μ_{ci} : i번째 디스크커터의 회전마찰계수(coefficient of rolling friction)

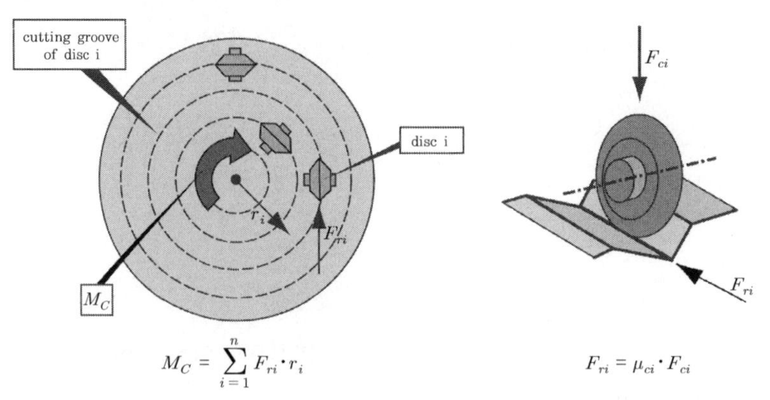

$$M_C = \sum_{i=1}^{n} F_{ri} \cdot r_i$$

M_C : required torque to overcome the resistance of the rolling discs

$$F_{ri} = \mu_{ci} \cdot F_{ci}$$

F_{ci} : pushing force of disc i
μ_{ci} : coefficient of rolling friction of disc i
F_{ri} : rolling force of disc i

[그림 6-19] 디스크커터의 마찰저항을 극복하기 위해 필요한 토크

모든 디스크커터의 작용하중과 회전 마찰계수가 동일하다고 가정하면 커터헤드의 소요 토크를 식 6-11을 단순화해 다음과 같이 계산할 수 있다.

$$M_C = \mu_c \cdot F_c \cdot \sum_{i=1}^{n} r_i \qquad (6\text{-}12)$$

Roxbourough and Phillips(1975)는 압입깊이 P(6.4절 참조)와 디스크커터의 지름 d에 의해 다음과 같이 회전마찰계수에 대한 경험식을 제시했다.

$$\mu = \sqrt{\frac{P(\mathrm{mm/rev})}{d(\mathrm{mm}) - P(\mathrm{mm/rev})}} \qquad (6\text{-}13)$$

Hughes(1986)는 식 6-13과 유사한 경험식을 다음과 같이 제시했다.

$$\mu_c = 0.65 \cdot \sqrt{\frac{2 \cdot P(\mathrm{mm/rev})}{d(\mathrm{mm})}} \qquad (6\text{-}14)$$

식 6-13, 6-14는 17인치(432mm) 및 19인치(483mm) 디스크커터에 대한 경험식들이며 그림 6-20과 같이 표현된다.

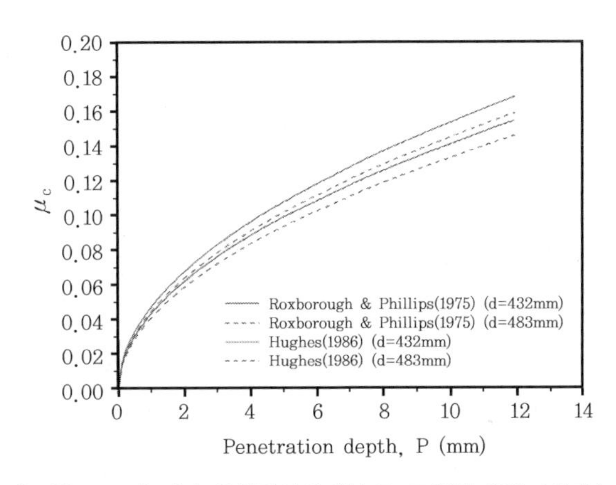

[그림 6-20] 커터 압입깊이의 함수로 표현된 회전마찰계수

디스크커터의 회전마찰로 인한 토크 손실 이외에도, 커터헤드와 굴진면 사이의 굴착토 또는 버력으로 인해 발생되는 토크 손실을 고려해야 한다. TBM 직경이 12m인 경우 굴착토와 버력으로 인한 토크 손실은 커터 압입깊이와 컨베이어 개구부 개수의 함수로서 그림 6-21과 같이 표현할 수 있다(Schmid, 2004). 커터 압입깊이가 감소하고 컨베이어 개구부의 개수가 증가할수록 굴착토/버력으로 인한 토크 손실은 줄어든다. 또한 이러한 토크 손실은 지반조건에 따라 크게 달라진다.

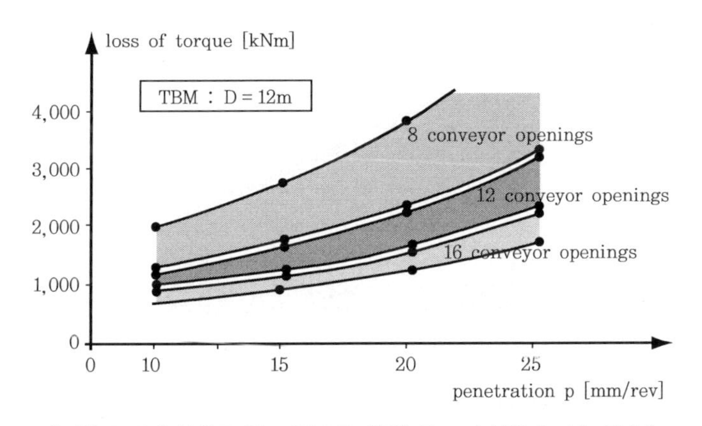

[그림 6-21] 굴착토 및 버력으로 인한 토크 손실(Schmid, 2004)

6.3.3 커터 개수

커터헤드에 장착된 디스크커터의 개수는 지반조건에 따라 선정된 커터 간격(cutter spacing 또는 cutting groove spacing) S와 TBM 직경 D에 의해 좌우된다. 커터헤드에 한 종류의 디스크커터

만 장착하고 커터 간격이 모두 동일한 경우에 디스크커터의 개수는 다음과 같이 계산할 수 있다.

$$n \approx \frac{D}{2S} \tag{6-15}$$

예를 들어, 커터 간격 S가 65mm이고 TBM 직경 D가 10m인 경우 디스크커터 소요 개수는 대략 77개가 된다.

그림 6-22는 TBM 직경과 디스크커터의 개수 사이의 일반적인 관계를 보여준다. 하지만 그림 6-22에는 지반조건이 전혀 고려되어 있지 않으므로 단지 참고자료로만 활용해야 할 것이다. 디스크커터의 최적 간격과 그에 따른 커터 소요 개수의 설계에 대해서는 다음의 6.4절에서 자세히 설명할 것이다.

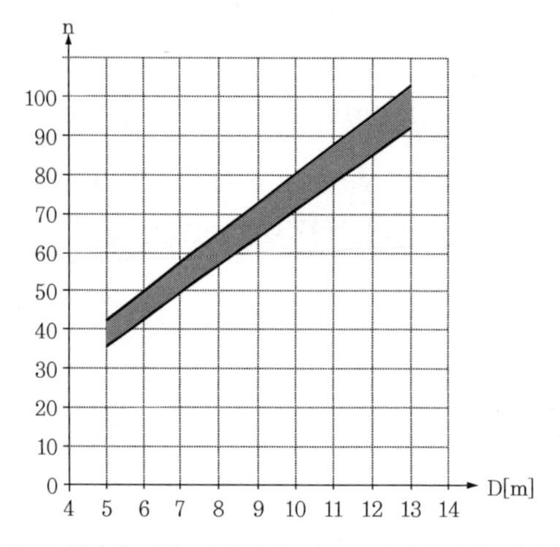

[그림 6-22] TBM 직경에 따른 개략적인 디스크커터의 소요 개수(독일 Wirth사)

6.4 암반대응형 TBM 커터헤드 설계와 굴진성능 예측방법

6.4.1 선형절삭시험에 의한 TBM 설계 및 굴진성능 예측

가. 선형절삭시험기

선형절삭시험(Linear Cutting Test)은 미국 CSM에서 최초로 제안되어 지난 20 ~ 30년 동안 암반대응형 TBM의 설계인자를 도출하고 성능을 예측하는 데 널리 활용되고 있다(Nilsen and Ozdemir, 1993). 선형절삭시험에서 가장 핵심이 되는 사항은 절삭시험에 사용되는 선형절삭시험

기인 LCM(Linear Cutting Machine)이다(그림 6-23).

일본에서도 TBM 디스크커터의 굴진효율을 평가하기 위해 관련 시험을 수행한 바 있으며(Uga et al., 1986), 영국에서도 LCM을 활용해 영국의 대표적인 암반조건에 대해 TBM 설계관련 자료를 획득한 바 있다(Snowdon et al., 1982). 또한 최근 들어 터키에서도 미국 CSM 연구진의 도움으로 LCM 시스템을 구축하기에 이르렀다(Copur et al., 2001). 이상과 같은 외국의 LCM 시스템은 그림 6-23에서 그림 6-26과 같다.

외국의 LCM 가운데 가장 대표적이고 최초로 제작된 것은 앞서 설명한 바와 같이 미국 CSM에서 보유하고 있는 시스템이다(그림 6-23). CSM에서 활용되고 있는 LCM에는 충분한 구속압이 작용할 수 있도록 강철 시험편 베드(bed)에 100×50×50(cm) 크기의 암석 시료를 콘크리트로 고정하게 된다. 서보제어(servo control)가 가능한 유압 액추에이터(hydraulic actuator)에 의해 설정된 압입깊이(penetration depth)와 커터 간격으로 시료에 하중을 가하며 이때 시험편 블록(specimen block)의 이송속도는 약 25cm/sec이다. 특히 LCM 시험을 통해 커터 간격과 관입깊이의 다양한 조합을 평가할 수 있으며, 시험으로부터 최소한의 절삭 에너지로 최대의 절삭효과를 얻을 수 있는

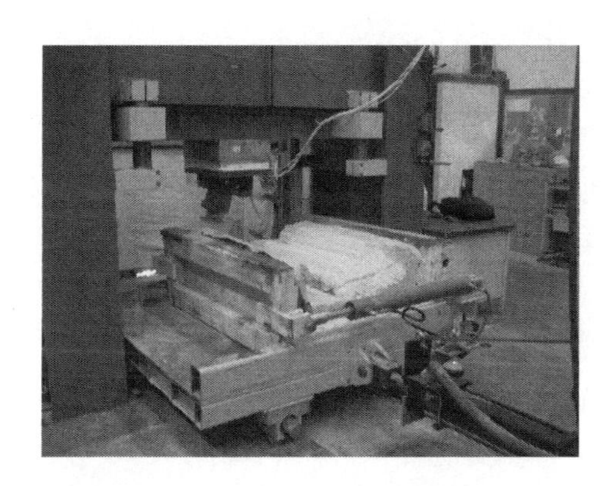

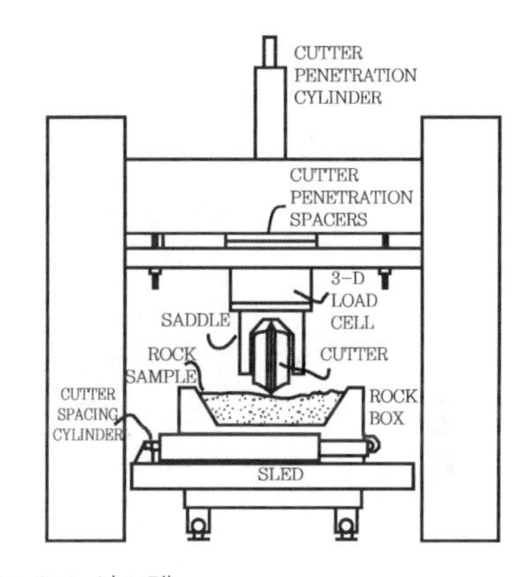

[그림 6-23] 미국 CSM의 LCM 시스템

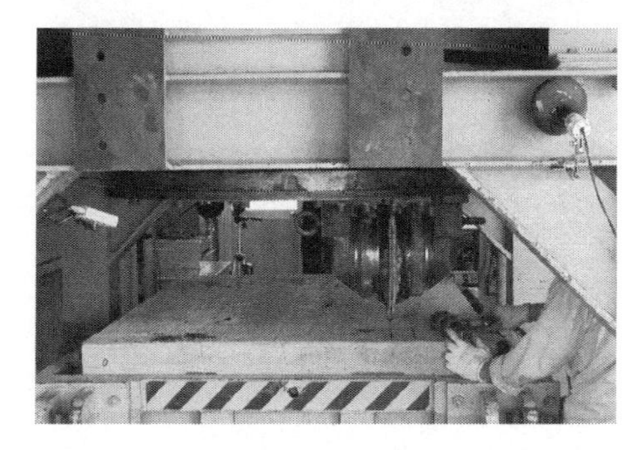

[그림 6-24] 일본의 LCM 시스템과 절삭시험 사례(일본 Civic 컨설턴트)

최적 조건을 결정한다.

LCM을 활용한 선형절삭시험에서는 실제 TBM에 사용될 디스크커터가 사용되며 TBM 굴착 시 발생할 수 있는 커터 하중과 관입정도를 모사할 수 있기 때문에, TBM의 성능예측에 직접 적용할 수 있다. 특히 앞서 설명한 크기 이상의 시험편을 사용할 경우에는 시험결과에 대한 크기효과를 배제할 수 있는 것으로 보고되고 있다(Nilsen and Ozdemir, 1993).

이와 같이 LCM은 TBM 커터헤드의 핵심 설계인자를 도출하고 TBM의 굴진성능을 예측하기 위한 매우 유용한 시험 장비임에도 불구하고, 국내에 도입되고 있는 TBM의 커터헤드 설계 시 활용되고 있지 않으며 이로 인해 실제 현장 지반조건에 적합한 커터헤드를 설계하는 데 있어 기술적인 어려움을 겪고 있다. 최근 들어 국내 TBM 터널 설계 시에 LCM 시험이 수행된 바 있으나(이승복 외, 2004), 일본의 LCM 장비와 기술을 활용한 것으로서 TBM 커터헤드 설계를 위한 설계인자 도출에서 기술 의존이 심각한 실정이다.

따라서 본 절에서는 한국건설기술연구원에서 지난 2004년 구축에 성공한 국산 LCM 시스템과 국내 연구진이 LCM의 활용방법에 대해 연구한 결과(건설교통부, 2007)를 위주로 선형절삭시험에

[그림 6-25] 영국의 LCM 시스템(Transport and Road Research Lab.)

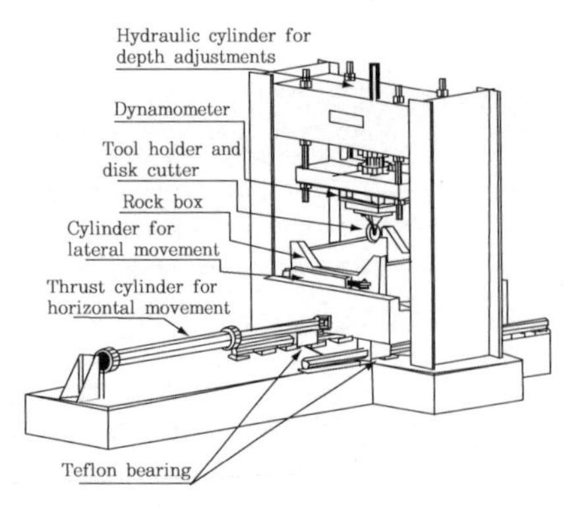

[그림 6-26] 터키의 LCM 시스템(Technical University of Istanbul)

의한 TBM 최적 설계과정을 설명하고자 한다.

한국건설기술연구원에서 국내 최초로 제작한 LCM 장비는 최대 50톤까지 커터의 연직방향으로 하중재하가 가능하며, H형강으로 구성된 시험 프레임은 최대 두 배의 안전율을 갖도록 설계되었다(그림 6-27).

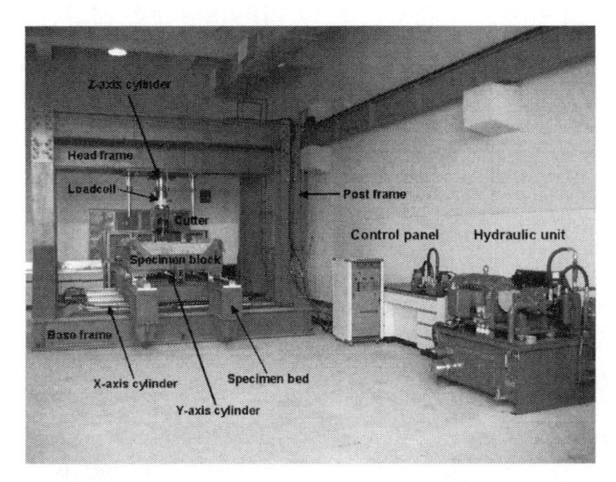

[그림 6-27] 국산 LCM 시스템(한국건설기술연구원)

구동부는 총 3축이며 X, Y, Z방향으로 유압실린더에 의해 구동된다. X축은 커터 간격을 조절하기 위한 부분으로서 2개의 실린더로 구성되어 시험편 블록 프레임을 총 1,200mm 스트로크까지, 그리고 Y축은 절삭방향과 절삭속도를 조절하는 부분으로서 1개의 실린더로 구성되어 시험편 블록을 1,500mm 스트로크까지 구동할 수 있다. 반면 Z축은 커터 압입깊이와 커터 작용하중을 모사하는 부분으로서 최대 50톤의 하중재하가 가능하며 서보제어가 가능하다. 특히 Z축 실린더의 선단부에 3축 로드셀(loadcell)이 부착되어 있어 그림 6-28과 같이 커터에 작용하는 3방향의 하중성분인 연직하중(normal force), 회전하중(rolling force) 및 측하중(side force)을 동시에 측정할 수 있다.

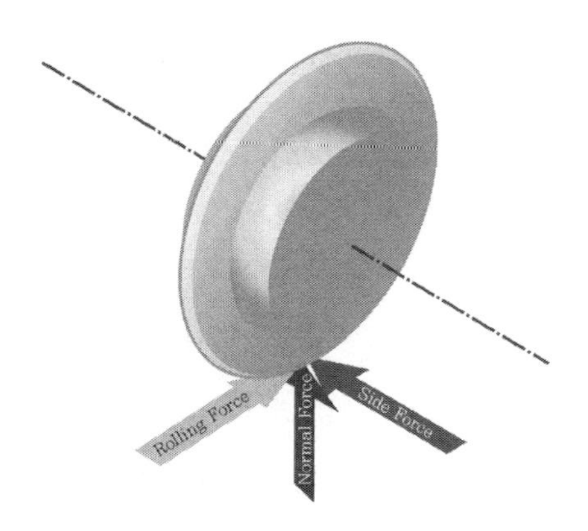

[그림 6-28] LCM 시험 동안 디스크커터에 작용하는 3방향 하중성분

시험편 블록(specimen block)은 크기가 1.5m(길이) × 1.4m(폭) × 0.43m(두께)이고 크레인으로 탈부착이 가능하며, 커터의 교체 또는 장착 역시 쉽게 볼트로 용이하게 할 수 있는 구조이다. 또한 유압밸브의 조절을 통해 시험편 블록의 이송속도를 조절할 수 있도록 제작되었다.

LCM을 구동하기 위한 유압 탱크(hydraulic unit)는 용량이 600ℓ인 시스템으로서, 고압토출용 펌프로 최대 300kgf/cm^{2}의 압을 토출할 수 있으며 일정한 압력과 적당한 온도 설정, 고압 안전 등을 충분히 고려해 설계·제작되었다. 또한 1인의 운용자에 의해서도 전체 장비를 제어하고 모니터링할 수 있는 조작반(control panel)을 구성해 작업의 효율성과 편이성을 높였다.

그리고 다양한 커터의 절삭성능을 평가할 수 있도록 최대 직경 19인치까지의 디스크커터 또는 drag bit를 장착할 수 있도록 제작되어 있다.

이상과 같이 제작된 LCM을 활용한 선형절삭시험 장면은 다음의 그림 6-29와 같다.

[그림 6-29] LCM에 의한 선형절삭시험 장면

하지만 선형절삭시험방법은 아직까지 표준시험법이 아니며, 특히 LCM을 이미 활용하고 있는 외국 기관들의 선형절삭시험방법이 전혀 공개되고 있지 않다. 따라서 본 절에서 소개하는 선형절삭시험방법은 앞서 설명한 바와 같이 건설교통부(2007)의 연구결과에 근거하고 있다.

Asbury et al.(2001)과 Snowdon et al.(1982)은 실제 TBM 굴진 시 커터에 의한 절삭은 이미 이전 절삭으로 인해 상당한 손상이 발생된 막장면에 대해 이루어지기 때문에, 이른바 선절삭(preconditioning)을 통해 실제 절삭시험이 수행되기 전에 절삭면을 실제 시나리오와 동일하게 해야 한다고 지적했다. 미국 CSM에서는(Asbury et al., 2001) 실제 절삭시험 전에 수회의 절삭과정을 반복해 선절삭을 수행한다고만 되어있고 선절삭 시의 절삭깊이, 절삭간격, 절삭횟수에 대한 내용은 전혀 언급되어 있지 않다. 반면 Snowdon et al.(1982)의 연구에서는 실제 절삭시험에 적용될 절삭깊이 및 절삭간격으로 2 ~ 3회의 선절삭을 실시했다.

건설교통부(2007)의 연구에서는 Snowdon et al.(1982)의 연구사례와 동일하게 실제 절삭시험에 적용될 절삭깊이 및 절삭간격으로 2 ~ 3회의 선설삭을 실시했다. 그 결과 일반적으로 2 ~ 3회의 선절삭에서 얻어진 커터 작용하중은 그 후에 실시된 실제 절삭시험에서 얻어진 결과와 거의 일치하는 것으로 나타났다.

그림 6-30은 건설교통부(2007)의 연구에서 절삭깊이가 4mm이고 절삭간격이 40mm인 경우에 황등화강암 시험편에 대해 얻어진 결과로서, 3회의 선절삭 시에 측정된 커터 하중의 변화 추이는 실제 본 시험에서 얻어진 변화 추이와 거의 일치하는 것을 알 수 있다. 이는 3회의 선절삭을 통해 절삭면이 일정한 거칠기 경향을 가지도록 정리되었다는 것을 의미한다. 그리고 반복된 절삭과정에 의해 커터 하중이 약간 감소하는 것을 알 수 있다. 이는 기존 연구들에서 언급된 바와 같이 반복적인 이전 절삭과정에 의해 암석 절삭면이 손상을 받았기 때문인 것으로 파악된다.

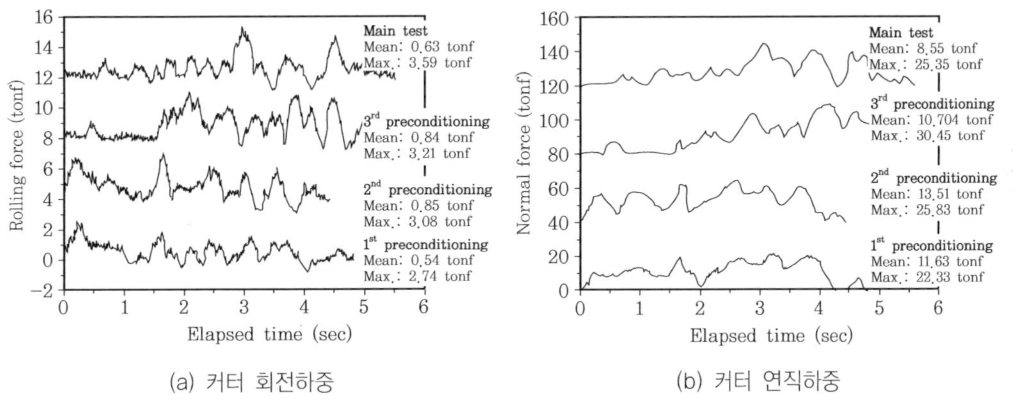

(a) 커터 회전하중 (b) 커터 연직하중

[그림 6-30] 선절삭 과정의 반복에 따른 커터 작용하중의 변화(예)

이상의 선절삭 과정을 포함한 선형절삭시험과정을 정리하면 그림 6-31과 같다. 우선 선절삭을 위한 절삭인지 실제 본 절삭시험인지에 따라 절삭시험을 수행한다. 앞서 설명한 바와 같이 절삭시험이 완료된 후 이전 절삭 시에 얻어진 커터 작용하중과 비교해 큰 차이가 없을 경우에는 본 절삭시험으로 넘어가게 되고, 그렇지 않은 경우에는 선절삭을 반복하게 된다. 본 절삭시험 시에는 모든 절삭선(cutting line)에 대한 절삭시험을 완료한 후, 절삭면을 정리하고 사진촬영기법 등에 의해 절삭부피를 측정함으로써 시험을 종료하게 된다.

나. 선형절삭시험에 의한 최적 절삭조건 도출 과정

최적의 절삭조건은 커터 간격(cutter spacing, S)과 압입깊이(penetration depth, P)의 비율인 S/P와 그에 따라 선형절삭시험에서 얻어지는 비에너지(specific energy)의 관계로부터 계산할 수 있다. 즉, 최적의 절삭조건은 해당 암석조건에 대해 최소의 에너지로 최대의 절삭효과를 얻을 수 있는 조건으로서, 그림 6-32와 같은 관계로부터 비에너지가 최소가 되는 S/P를 최적의 절삭조건으로 정의할 수 있다. 이때 비에너지는 식 6-16과 같이 커터에 작용하는 커터 회전하중, 커터 간격, 커터의 절삭깊이 및 절삭부피로부터 계산될 수 있다. 또한 여기서 압입깊이란 TBM 커터헤드 1회전당 커터 압입깊이를 의미한다.

$$\begin{aligned} \text{Specific energy} &= \frac{\text{rolling force} \cdot \text{cutting distance}}{\text{cutting volume}} \\ &= \frac{\text{rolling force} \cdot \text{cutting distance}}{\text{penetration} \cdot \text{cutting distance} \cdot \text{spacing}} \\ &= \frac{\text{rolling force}}{\text{penetration} \cdot \text{cutting spacing}} \end{aligned} \tag{6-16}$$

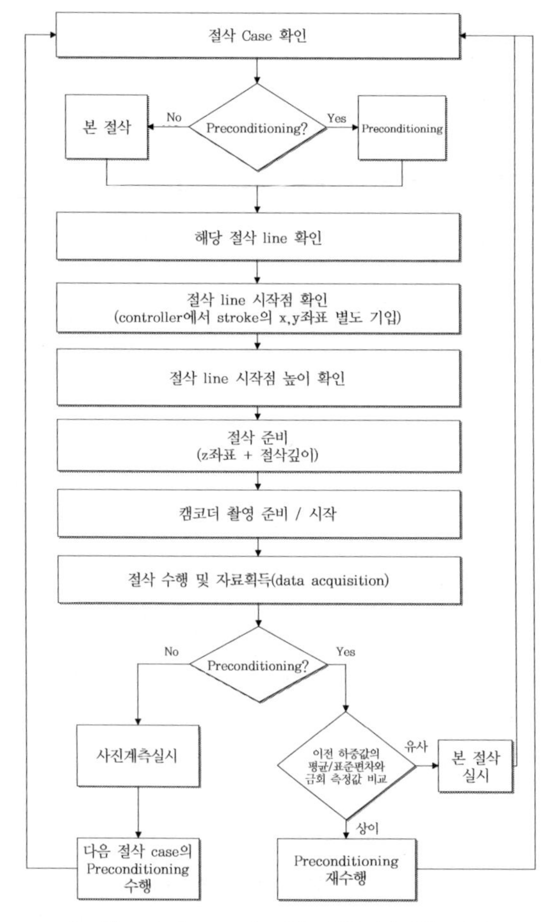

[그림 6-31] LCM에 의한 선형절삭시험 과정

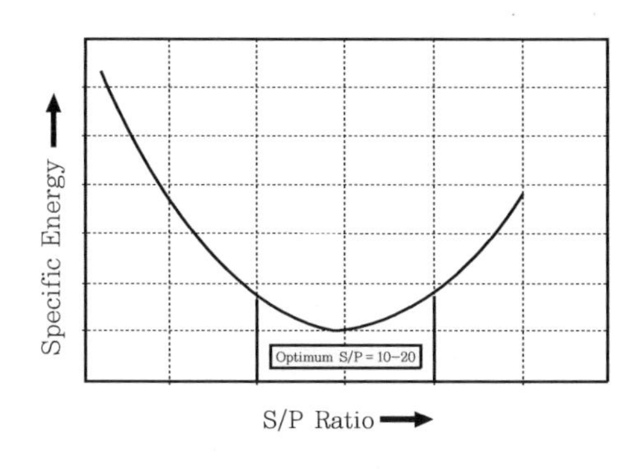

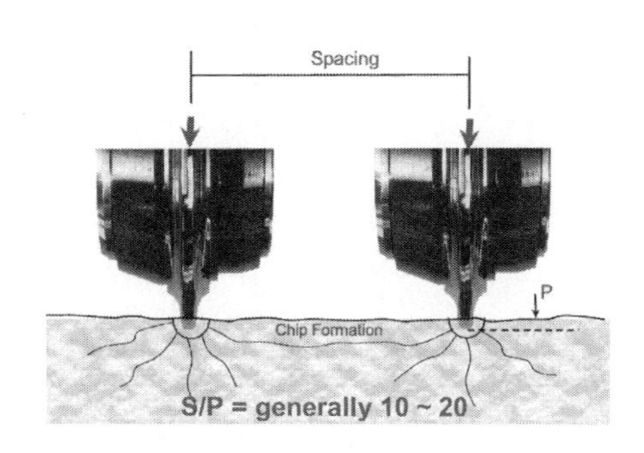

[그림 6-32] S/P비율과 절삭 비에너지 관계로부터 최적 절삭조건의 도출개념

최적의 절삭조건에서 커터의 압입깊이가 증가할수록 비에너지가 감소하는 것으로 나타나 동일한 절삭조건에서 압입깊이를 증가시키는 것이 굴진효율 차원에서 유리한 것으로 알려져 있다. 그러나 그림 6-33과 같이 대부분의 암석에서 압입깊이가 어느 이상 증가하게 되면 비에너지의 감소가 뚜렷하게 나타나지 않고 비에너지가 대체로 일정해지는 임계 압입깊이가 존재한다(건설교통부, 2007). 이와 같은 임계 압입깊이는 최적의 절삭효율을 도모하기 위한 중요한 지표로서 TBM 설계 및 예측 모델에 활용될 수 있다.

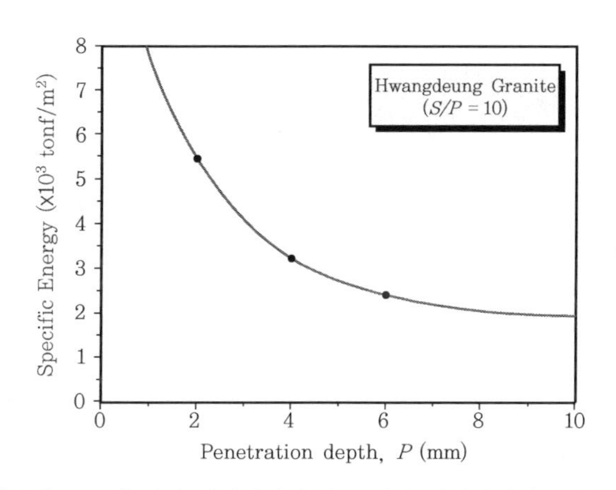

[그림 6-33] 커터 압입깊이에 따른 절삭 비에너지의 변화(예)

평균 커터 연직하중과 평균 커터 회전하중의 비율은 그림 6-34와 같이 커터 압입깊이가 증가할수록 음지수 함수형태로 그 비율이 감소하는 것으로 밝혀졌다(건설교통부, 2007). 즉, 평균 커터 연직하중과 평균 커터 회전하중의 비율은 커터 간격과는 비교적 독립적으로서 커터 압입깊이에 따라 달라지며, 커터 압입깊이가 증가할수록 평균 커터 회전하중의 비중이 커지는 것을 알 수 있다. 따라서 커터 압입깊이를 증가시켜 굴진효율과 굴진속도의 증진을 도모하고자 할 때에는 평균 커터 회전하중이 입력자료로 사용되는 TBM의 토크와 동력 용량에 더욱 유의해 설계할 필요가 있을 것이다.

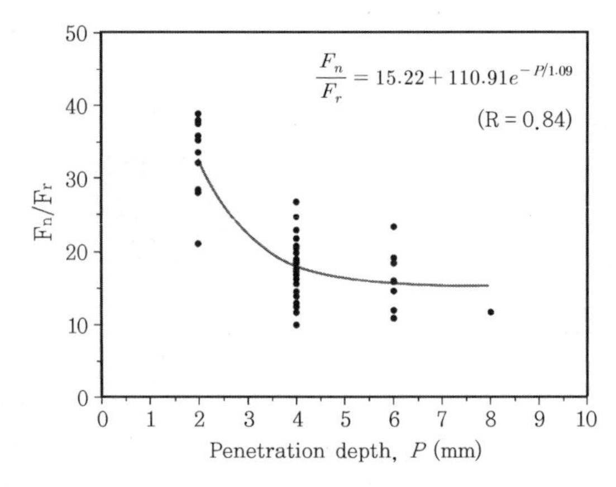

[그림 6-34] 커터 압입깊이에 따른 커터 연직하중과 커터 회전하중의 비율 변화(예)

선형절삭시험으로부터 도출된 최적 절삭조건에서, 평균 커터 작용하중은 모든 암석에서 커터 압입깊이와 매우 선형적인 상관관계를 나타낸다(그림 6-35). 이와 같은 커터 압입깊이와 커터 작용하중의 관계는 TBM 최적 설계를 위한 중요한 모델 자료로 활용된다.

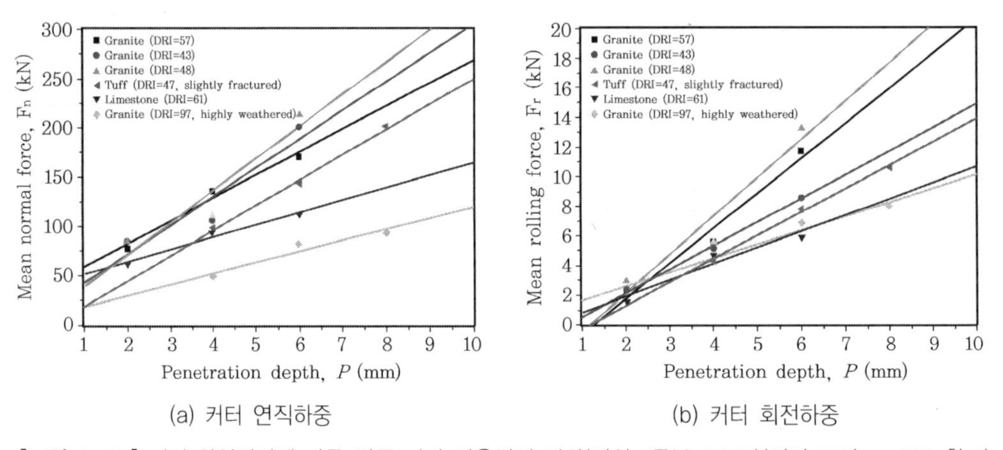

(a) 커터 연직하중 (b) 커터 회전하중

[그림 6-35] 커터 압입깊이에 따른 평균 커터 작용력의 변화(건설교통부, 2007)(컬러 도판 p. 660 참조)

커터 압입깊이 이외에 TBM 설계를 위한 또 다른 주요 절삭조건으로는 커터 간격을 들 수 있다. 커터 압입깊이의 경우와 마찬가지로 커터 간격이 증가할수록 커터 작용력 역시 증가하는 것을 알 수 있다(그림 6-36). 하지만 커터 간격이 어느 이상 커지게 되면 커터 작용력의 증가폭이 줄어드는 것을 알 수 있는데, 이는 커터 간격이 커질수록 인접 절삭과정의 영향이 줄어들기 때문이다. 즉, 인접 절삭과정의 영향을 배제할 수 있을 만큼 커터 간격이 커지게 되면 인접 절삭과정과의 상호 작용이 없는 단일 절삭 과정이 된다는 것을 알 수 있다(그림 6-37). 따라서 TBM의 굴진효율을 증대시키기 위해서는 인접 절삭 과정과의 상호 작용이 충분히 발생하는 최적의 커터 간격을 설정하는 것이 중요할 것이다.

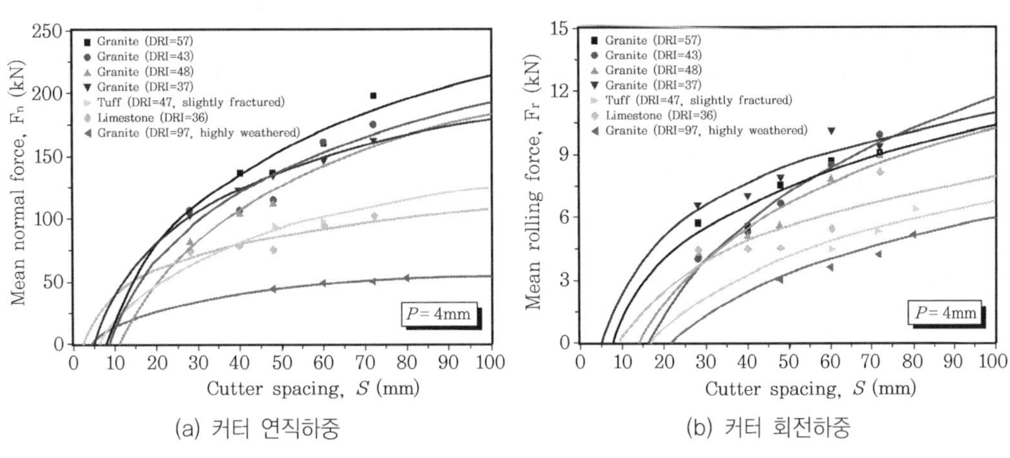

[그림 6-36] 커터 간격에 따른 평균 커터 작용력의 변화(건설교통부, 2007)(컬러 도판 p. 661 참조)

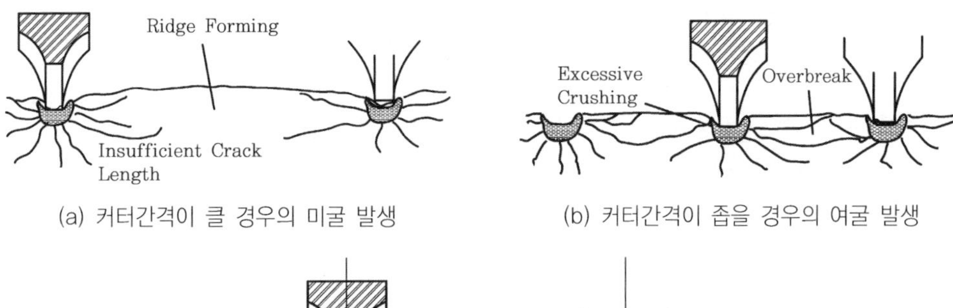

(a) 커터간격이 클 경우의 미굴 발생 (b) 커터간격이 좁을 경우의 여굴 발생

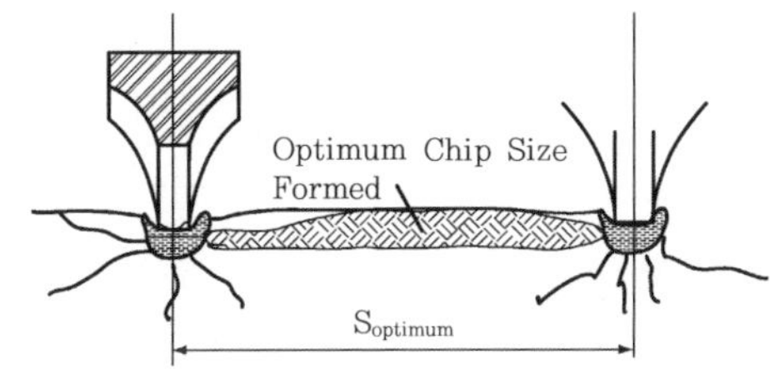

(c) 최적 커터간격 조건에서 일반적인 파괴 형상

[그림 6-37] 커터 간격에 따른 절삭효율의 차이(Rostami and Ozdemir, 1993)

다. 선형절삭시험 결과의 설계 활용

TBM의 주요 사양과 굴진속도는 다음과 같이 계산된다(Rostami and Ozdemir, 1993; Rostami et al., 1996).

1) 커터 개수 : $N = D/2S$

2) TBM 추력(thrust) : $Th = \sum_{1}^{N} F_n \approx N \cdot F_n$

3) TBM 토크(torque) : $Tq = \sum_{1}^{N} F_{ri} R_i \approx 0.3 \cdot D \cdot N \cdot F_r$

4) 분당 회전속도(RPM) : $RPM = \dfrac{V_{limit}}{\pi D}$

5) TBM 동력(power) : $HP = \dfrac{Tq \cdot RPM}{\text{conversion factor}}$ 또는 $\dfrac{Tq \cdot 2 \cdot \pi \cdot RPM}{60}$

6) 굴진율(advance rate) : $AR = RPM \cdot P \cdot \eta$

여기서, D : TBM 직경

F_n : 커터 연직하중의 평균값

F_r : 커터 회전하중의 평균값

R_i : 커터헤드 중심에서 i번째 커터까지의 거리

RPM(rotation per minute) : 1분당 커터헤드 회전속도

P : 커터헤드 1회전당 커터 압입깊이(예 : 단위 mm/rev)

V_{limit} : 커터의 선형한계속도

η : 장비가동률(%)

이때 CSM에서 제안한 커터의 선형한계속도 V_{limit}는 17인치 디스크커터를 사용할 경우 150m/min를 사용할 것을 추천하고 있으며, 토크의 단위가 kN·m일 경우 TBM 동력 계산 시 변환계수는 7이다(Rostami et al., 1996).

선형절삭시험으로부터 최적의 커터 간격(또는 절삭간격)과 커터 압입깊이에 따른 커터 작용하중을 구할 수 있다면, 이상의 관계식들로부터 TBM의 제반 사양과 굴진율을 산정할 수 있다.

하지만 이상의 관계식을 제외하고 현재까지 상세한 설계·해석 과정이 제시되고 있지 않으므로, 건설교통부(2007)의 연구결과에 따른 TBM 설계과정을 소개하고자 한다.

건설교통부(2007)의 연구에서 제시한 선형절삭시험 기반의 신규 TBM 설계과정은 그림 6-38과 같다.

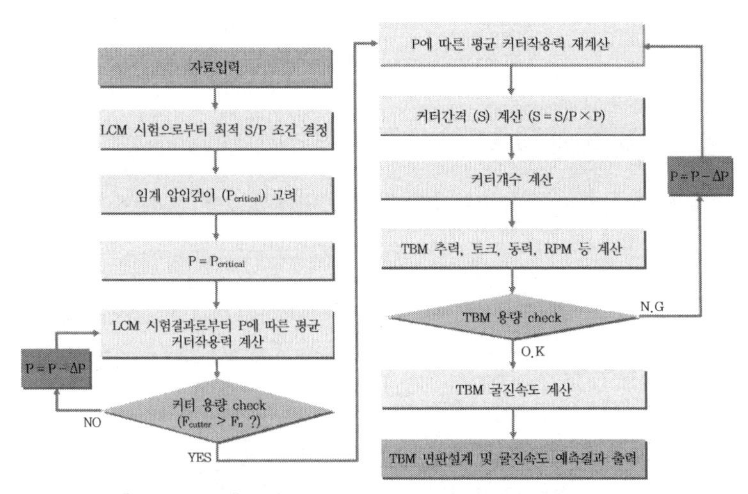

[그림 6-38] 선형절삭시험에 의한 TBM 최적 설계과정

앞서 설명한 바와 같이 첫 번째로 커터 간격(S)과 커터 압입깊이(P)의 비율(S/P)을 달리해 수행된 일련의 선형절삭시험으로부터 절삭 비에너지가 최소가 되는 최적 S/P 조건을 도출한다. 또한 선형절삭시험 결과들로부터 에너지 효율 측면에서 한계치로 고려할 수 있는 임계 압입깊이를 추정한다.

추정된 임계 압입깊이를 초기값으로 설정한 후 압입깊이를 감소시켜가면서 커터의 최대용량을 만족하는 압입깊이 조건을 도출한다. 계산된 압입깊이와 최적 S/P 비율을 곱해 최적의 커터 간격과 그에 따른 커터 소요 개수를 산정한다.

최종적으로 압입깊이에 해당하는 커터 작용력으로부터 TBM의 주요 사양(추력, 토크, 동력, RPM 등)을 계산하고, 산출된 제반 사양이 가용 용량을 초과할 때에는 압입깊이를 줄여가면서 용량을 만족할 때까지 계산을 반복하게 된다.

커터 허용용량과 TBM 가용용량을 모두 만족하는 커터헤드 1회전당 압입깊이가 결정되면 그에 따른 순굴진속도와 굴진율(가동률을 가정해야 함)을 산정하고 결과를 출력하게 된다. 단, 아직까지 선형절삭시험 결과로부터 커터의 예상 수명을 산정할 수 있는 방법이 없으므로, 커터 수명은 타 시험방법이나 예측모델들을 적용해 추정해야 한다.

새로운 TBM을 설계·제작하는 것이 아니라 기존 TBM 장비를 재활용하거나 이미 TBM 사양이 결정되어 있는 경우에는, TBM의 최적 굴진조건을 제시하는 것이 중요하다. 즉, 선형절삭시험으로부터 도출된 최적 절삭조건과 이미 결정된 사양인 커터 간격으로부터 최적의 커터 압입깊이를 계산할 수 있으며, 그에 따른 평균 추력, 토크, 동력 등을 추정하고 순굴진속도와 굴진율을 산정하면 된다(그림 6-39). TBM 설계과정과 다른 점은 압입깊이의 초기치로 임계 압입깊이가 아닌

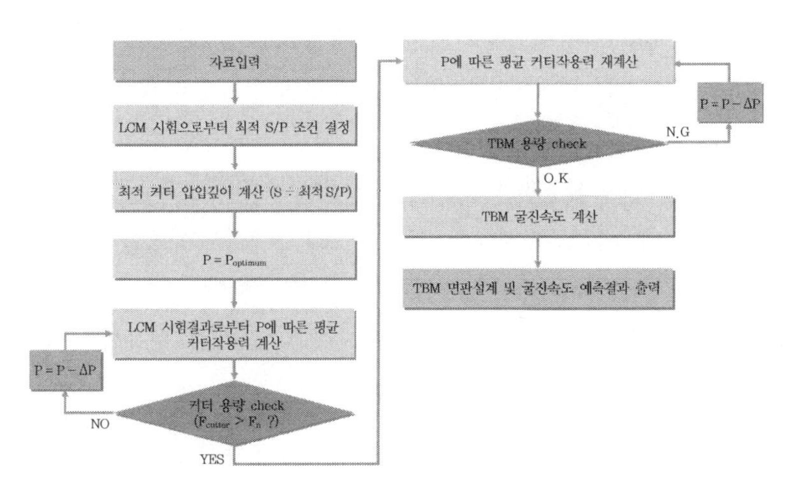

[그림 6-39] 선형절삭시험에 의한 TBM 굴진성능 예측과정(TBM이 기 설계 또는 제작된 경우)

최적 커터 압입깊이를 적용한다는 점이다. 나머지 과정은 앞선 TBM 설계 과정과 마찬가지로 커터 용량과 TBM 용량을 만족하는 커터 압입깊이를 산정하고 그에 따른 TBM의 예상 굴진성능을 예측하면 된다.

6.4.2 경험적 모델에 의한 TBM 설계 및 굴진성능 예측

미국 CSM에서는 20년 이상 축적한 선형절삭시험 결과 및 현장 굴진자료에 근거해 TBM의 커터헤드 설계변수와 굴진성능을 예측할 수 있는 경험적인 모델을 개발했으며(Rostami et al., 1996), 노르웨이 NTNU에서는 수많은 TBM 시공자료의 축적을 통해 DRI(Drilling Rate Index)를 기반으로 TBM의 굴진성능, 커터 수명 및 TBM 시공비용 산정 등에 대한 예측모델을 성공적으로 개발해 활용하고 있다(NTH, 1995). 이외에도 암반분류법인 Q-system을 TBM 터널에 적용하기 위해 개발된 Q_{TBM}에 의해 TBM의 굴진성능 및 커터 마모 등을 예측할 수 있는 방법이 제시되었다(Barton, 2000). 또한 Tarkoy(1987)는 슈미트해머에 의한 현지암반의 반발경도와 실험실 실험에 의한 마모경도로 정의되는 합경도(total hardness)를 활용해 TBM 굴진성능을 예측할 수 있는 경험적인 상관관계를 제시한 바 있다.

이외에도 각 TBM 제조업체별로 수십 년간의 경험에 기반을 두어 자체적인 설계 모델들을 가지고 있는 것으로 파악되고 있다. 그러나 이들 설계 모델들은 외부로 공개가 전혀 이루어지고 있지 않다. 특히 표 6-4와 같은 일반적인 지반/시공 자료만으로도 TBM 설계가 이루어지고 있는 상황이다.

불충분한 조사·설계 과정으로 인해 대상 지반조건에 부적합한 장비가 도입될 경우, 굴진성능이 저하되고 시공 지체시간(downtime)이 증가되는 문제가 발생할 수 있다. 따라서 TBM이 투입될 지반조건, 특히 복합지반조건에 적합한 TBM 커터헤드 설계모델의 개발과 활용이 매우 필수적이라고 할 수 있다. 물론 암반의 경우에는 선형절삭시험으로부터 가장 신뢰성 있는 TBM 설계자료를 도출할 수 있다. 미국 CSM에서는 선형절삭시험에 사용할 암석 시험체를 유압식 할암공법(hydraulic splitting) 등으로 채취하고 있으나, 대부분의 조사·설계 단계에서 선형절삭시험에 사용될 대형 암석 시험체를 채취하는 것은 매우 어려운 작업이다. 따라서 신뢰할 만한 수준에서 TBM의 설계사양과 굴진성능을 도출할 수 있는 최적의 경험적 또는 이론적 모델들을 활용하는 것이 더욱 현실적이라고 할 수 있겠다.

[표 6-4] TBM 설계에 필요한 입력자료 예(일본 OO업체)

공통항목	
시공조건	터널 연장 최소 곡선구배 기타
쉴드 TBM	
지반조건	지반 분류 토피고 지하수위 표준관입시험(N치, 콘저항치) Boulder 크기 내부마찰각 지반의 단위중량 지반의 함수율 기타
세그먼트	세그먼트 재질 외경 내경 폭 세그먼트 piece 개수 링(ring) 중량 최대 중량/piece 키 세그먼트의 종류(횡단면상/종단면상)
Open TBM	
TBM 크기	지름
암반조건	암종 일축압축강도 RQD 불연속면 조건 암반등급 탄성파속도(현장/코어) 지하수 유입량 주 지보재

가. CSM 모델

CSM 예측모델은 미국 콜로라도 광산대학(CSM)에서 20 ~ 30년 이상 축적한 방대한 현장자료 및 실험실 시험결과에 근거해 제시된 TBM 설계모델이다. CSM 예측모델을 활용하기 위해서는 암석학적인 분석, 암석의 일축압축강도(변형특성 포함), 간접인장강도, 밀도 및 세르샤 마모시험 등이 필요하다.

CSM 예측모델에서는 시험편의 역학적 특성과 절삭조건에 따른 커터 작용하중 산출식을 다음과 같이 제시하고 있다(Rostami and Ozdemir, 1993; Rostami et al., 1996).

$$F_t = \frac{P' R T \phi}{\psi + 1} \tag{6-17}$$

$$F_n = F_t \cos\beta \tag{6-18}$$

$$F_r = F_t \sin\beta \qquad (6-19)$$

여기서, F_t : 커터에 작용하는 총하중

F_n : 커터에 작용하는 연직하중

F_r : 커터에 작용하는 회전하중

R : 디스크커터의 반경, T : 커터 tip의 너비

ψ : 압력분포 상수, 17인치 디스크커터인 경우 0에 가까운 값으로 가정할 수 있음 (Rostami et al., 1996)

이때 절삭 대상 재료와 커터 사이의 상호작용이 발생하는 영역을 정의하는 각도 ϕ 및 β, 그리고 커터하부에 작용하는 기저 압력 P'은 다음과 같이 계산된다(그림 6-40 참조).

$$\phi = \cos^{-1}\left(\frac{R-p}{p}\right) \qquad (6-20)$$

$$\beta = \frac{\phi}{2} \qquad (6-21)$$

$$P' = -32,628 + 521\sigma_c^{0.5} \quad (R^2 = 0.525) \qquad (6-22)$$

$$P' = 100,500 + 12,170S + 7.88\sigma_c - 2,883\sigma_t^{0.1} - 192S^3 - 0.000147\sigma_c^2 - 29,450T - 13,000R \quad (R^2 = 0.865) \qquad (6-23)$$

$$P' = C \cdot \left(\frac{S}{\phi\sqrt{RT}} \cdot \sigma_c^2 \cdot \sigma_t\right)^{1/3} \qquad (6-24)$$

여기서, p : 커터 압입깊이, σ_c : 암석의 압축강도, σ_t : 암석의 인장강도

C : 약 2.12의 상수

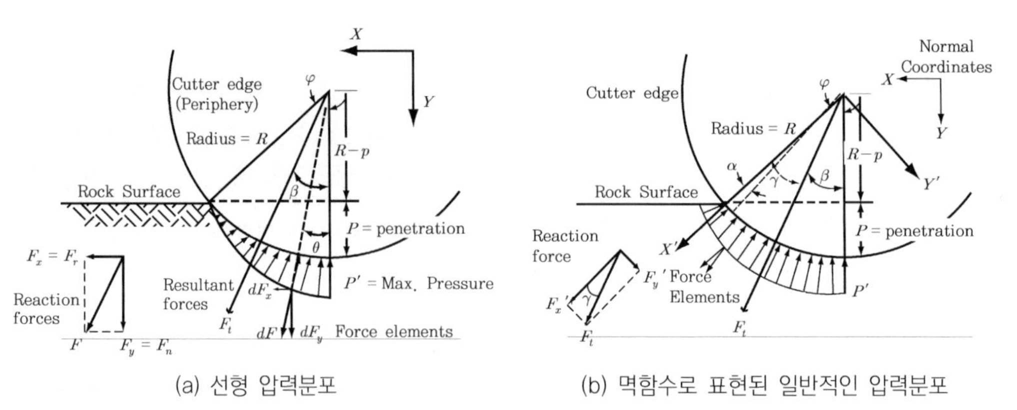

(a) 선형 압력분포 (b) 멱함수로 표현된 일반적인 압력분포

[그림 6-40] 디스크커터에 작용하는 압력분포 모델(Rostami and Ozdemir, 1993)

또한 CSM에서는 암석의 인성(toughness)을 추정하기 위해 punch penetration test를 수행하고 있다. 원래 punch test는 raise borer의 성능을 추정하기 위해 Ingersoll-Rand사에서 개발되었으나, 그 후에 Robbins사에 의해 TBM 굴진성능을 평가하기 위해 사용되었다. 이 시험에서는 기본적으로 콘(cone) 형태의 indentor를 암석에 관입시키고 그때 얻어지는 하중과 관입깊이의 관계곡선(그림 6-41)으로부터 암석의 인성이 추정된다. 하지만 punch penetration test는 커터의 연직하중을 추정하는 데 활용되는 것으로 알려져 있을 뿐 상세한 활용방법은 공개되고 있지 않다.

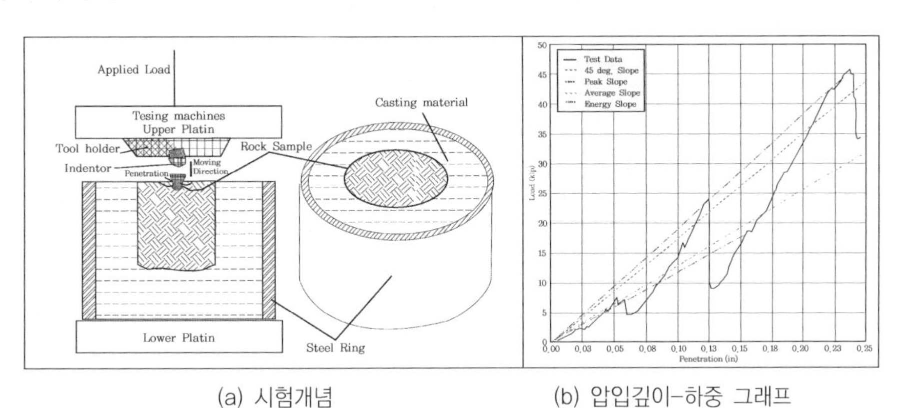

(a) 시험개념 (b) 압입깊이-하중 그래프

[그림 6-41] Punch Penetration Index Test

그림 6-42는 CSM 예측모델에 근거해 TBM 성능을 예측하기 위한 흐름을 보여준다(Cigla and Ozdemir, 2000). 일단 암반 및 지질 자료를 모델에 입력하고 몇 가지 선택사항들 가운데 한 조건에 대한 검토를 수행한다. 기존 TBM에 대해 예측을 할 경우에는 커터 종류, 커터 배열, 추력, 토크, 동력 등 TBM 장비에 대한 정보를 입력한다. 새로운 TBM을 설계하는 경우에는 CSM 모델에 의해서 굴착대상 지반조건에 적합한 TBM 사양과 최적 커터헤드 구성을 산출할 수 있다.

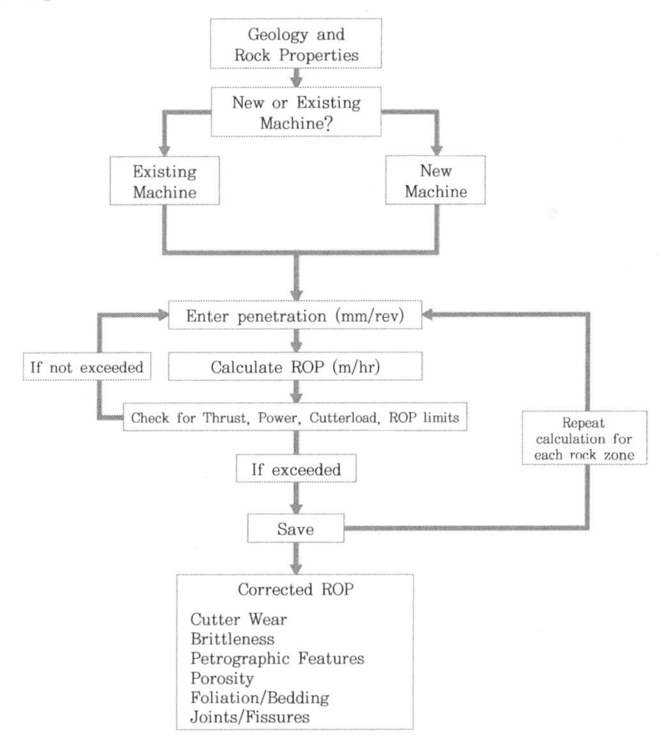

[그림 6-42] CSM 모델에 의한 TBM 성능 평가 과정

그림 6-43은 TBM 장비와 커터의 최대 사양 등을 입력하는 CSM 모델 기반의 프로그램창이다. CSM에서 개발한 프로그램에서는 우선 커터헤드 상의 커터 배열이 상세하게 설계된 상태인지를 확인한다. 그 다음 상세한 커터 배열이 제시된 경우에는 실제 커터 간격에 따른 커터 작용력을, 그렇지 않은 경우에는 추정(또는 평균) 커터 간격에 따른 커터 작용력을 산출한다. 두 경우에 대한 유일한 차이는 실제 이미 설계된 커터 배열을 적용할 경우에서는 CSM 모델에 의해 페이스 커터부터 게이지 커터까지의 모든 커터에 대한 개별적인 작용하중을 계산할 수 있다는 점이다(그림 6-44).

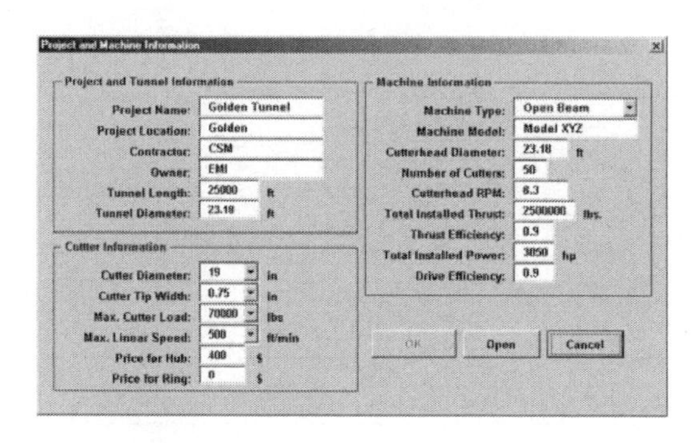

[그림 6-43] CSM 모델의 자료입력창

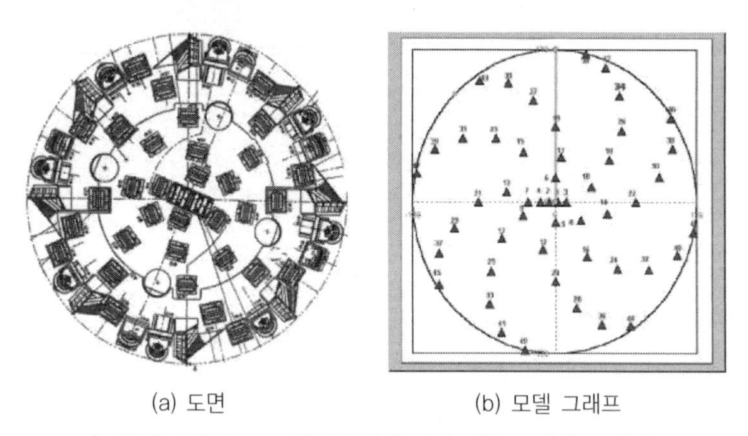

(a) 도면　　　(b) 모델 그래프

[그림 6-44] CSM 모델에서 상세 커터 배열 조건의 고려(예)

그 다음 단계는 CSM 모델에 포함된 하중-압입깊이 알고리즘(force-penetration algorithm)을 활용해 제반 계산을 수행하게 되는 것으로 알려져 있다. 반복계산을 통해 모델로부터 요구되는 설계항목들을 계산하게 된다. 우선 낮은 순굴진속도(penetration rate, ROP)부터 시작해 한 개 이상의 커터 또는 장비의 한계에 도달할 때까지 순굴진속도를 점차 증가시킨다(그림 6-45). 여기서 순굴진속도는 커터 압입깊이와 커터 회전속도를 곱하면 계산될 수 있다. 그다음 해당 지반조건에서 가능한 최대 순굴진속도를 기록한 후, 터널 굴진 중에 나타날 수 있는 모든 지반조건들에 대해 동일한 과정을 반복한다.

기본 관입량(basic penetration)은 절리/엽리, 공극률 및 암석의 인성 등을 고려해 CSM 모델에 의해 보정된다. 또한 CSM 모델은 커터헤드에 작용하는 커터 하중의 분포를 도시할 수 있다(그림 6-46).

Machine Performance Evaluation :

Machine Thrust :	O.K.	100%	of machine thrust used
Machine Torque :	O.K.	63%	of machine torque used
Machine Power :	O.K.	70%	of machine power used
Cutter Load Capacity:	O.K.	89%	of max. cutter load used
ROP Limit:	O.K.	36%	of ROP Limit used

Return to Main Menu

Basic Penetration : 0.18 in/rev

ROP : 9.1 ft/hr

Maximum ROP controlled by Machine Thrust

1

[그림 6-45] CSM 모델에 의한 순굴진속도의 계산(예)

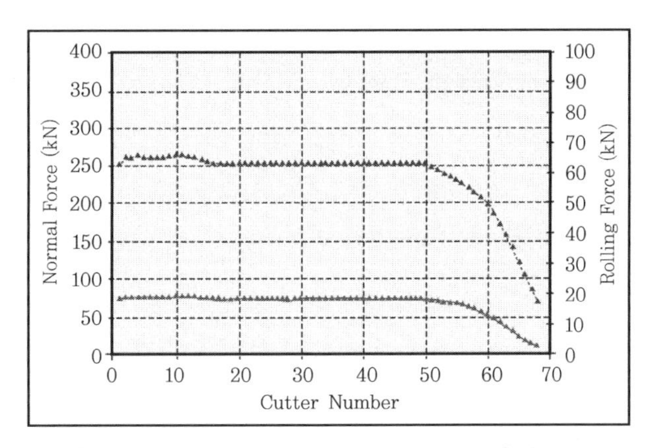

[그림 6-46] CSM 모델에 의한 커터헤드 상의 커터 작용하중 분포 분석(예)

그리고 CSM 모델에서는 세르샤 마모지수(Cerchar abrasivity index)를 활용해 커터 수명과 커터 비용을 추정할 수 있는 것으로 알려져 있다(그림 6-47). 일련의 세르샤 마모시험으로부터 얻어진 커터 tip의 손실량을 현장-실험실 자료의 보정을 통해 커터 수명 지수로 변환한다. 세르

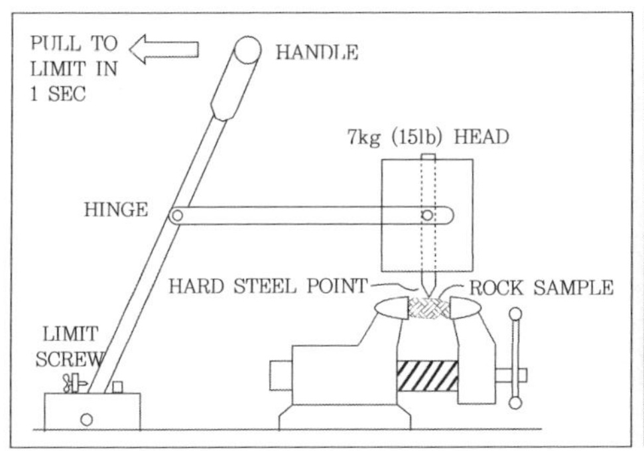

[그림 6-47] 세르샤 마모시험

샤 마모지수와 설계과정으로부터 추정된 순굴진속도를 CSM 모델에 입력하면 커터 수명을 추정할 수 있다.

그러나 이와 같은 CSM 모델은 앞선 커터하중 예측식들을 제외하고, 실제 TBM 설계에서 핵심적인 커터헤드 설계, 최적 굴진속도 산출 및 커터수명 예측 등에 대해서는 비공개이기 때문에 CSM에서만 자체적으로 보유하고 있는 기술로서 실제 활용에 한계가 있다.

나. NTNU 모델

NTNU 예측모델은 노르웨이 과학기술대학(NTNU)에서 개발된 방법으로, 노르웨이 지반조건에 대해 수십 년간 축적된 자료에 근거해 얻어진 경험적인 TBM 설계·평가기술이다(NTH, 1995).

경험적 방법이라는 단점을 제외하고는 TBM의 기본 설계자료 도출, 굴진성능 예측, 커터 수명 예측 및 공비 예측이 가능하다는 장점을 가지고 있다. 기본적으로 NTNU 예측모델에 사용되는 지반특성 관련 입력변수는 등가균열계수, DRI(Drilling Rate Index) 및 CLI(Cutter Life Index) 등이 있다. 물론 지반조건이 고려되지 않고 TBM과 디스크커터의 직경만 가지고 TBM의 핵심 사양들을 산출하며 주로 Open TBM에만 적용이 가능하다는 점에서 모델의 한계가 있다. 하지만 모든 모델 활용과정과 관련 시험방법들이 공개되어 있다는 점에서는 활용성이 높다고 할 수 있다.

본 절에서는 NTNU 모델을 적용하기 위한 각종 시험법(NTNU, 1998b)과 NTNU 모델에 의한 TBM의 주요 설계변수 도출, 굴진율 예측 및 커터 수명 예측과정(NTNU, 1998a)에 대해서 간략히 소개하고자 한다.

1) NTNU 모델의 주요 입력자료인 DRI 및 CLI 평가를 위한 시험방법

① Siever's J-value test

Siever's J-value(또는 SJ)는 암석의 표면경도를 나타내는 척도로서 NTNU 예측모델의 주요 입력자료 중 하나이다. 그림 6-48과 같이 미리 정형된 암석시료를 사용하는데, 일정하게 천공이 이루어지도록 유의해야 한다. 미리 정형된 표면은 서로 평행해야 하며 암석의 엽리에 직각이어야 한다. 즉, 엽리에 대해 수평방향으로 측정된 SJ는 DRI를 산정하는 데 사용된다. SJ값은 규암과 같은 경암에서는 0.5 이하에서부터 셰일이나 편암과 같은 연암에서는 200 이상까지 변한다.

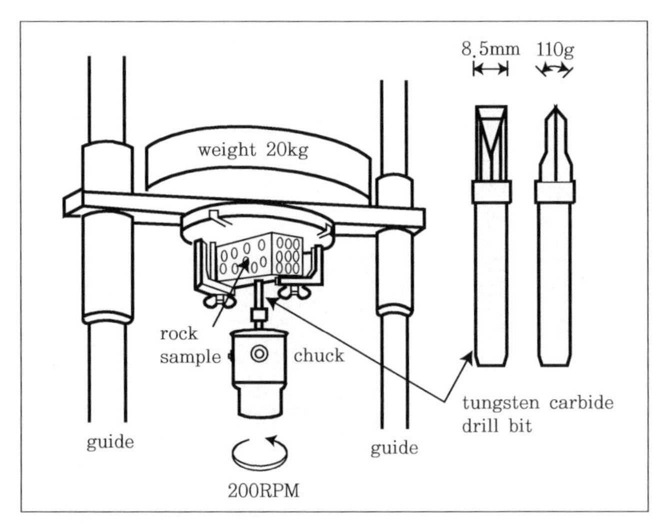

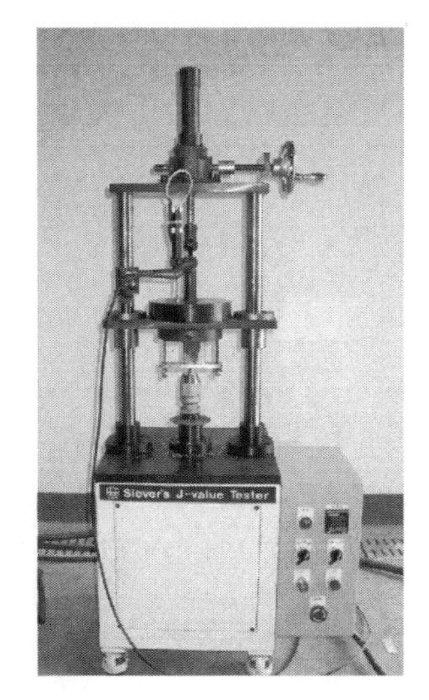

[그림 6-48] Siever's miniature drill test

Siever's J-value test에 사용되는 천공 비트는 텅스텐 카바이드(tungsten carbide) 재질로서 그림 6-49의 형상으로 가공해야 한다.

미리 가공한 Siever's J-value test용 시편을 20kg의 추 아래부위에 드릴 비트에 닿기 직전까지 고정하고 시편의 표면이 천공비트의 끝과 평행이 되는지 확인한 후, 천공비트를 200회 회전시킨다. 200회 회전이 끝난 후 시편과 추를 들어 올린 후, 시료의 다른 위치로 천공비트를 옮겨서 시험을 반복한다. 한 시편에 대해 시험을 약 4 ~ 8회 시행한 후, 전기식 마이크로미터(micrometer) 또는 slide calliper를 이용해 각 천공깊이를 1/10mm의 정밀도로 측정하고 그 평균값을 SJ값으로 결정한다. Siever's J-value test에 사용되는 시편의 두께는 일반적으로 25 ~ 30mm 정도가 좋다.

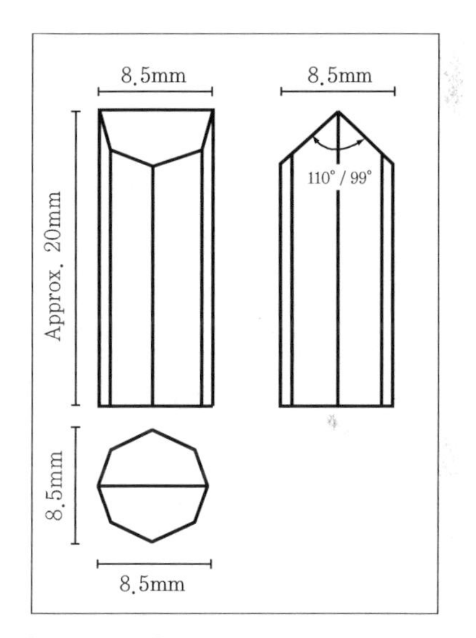

[그림 6-49] Siever's J-value test에 사용되는 천공비트의 규격

② Brittleness test

취성도 시험(brittleness test)은 NTNU 예측모델에서 DRI을 정의하는 데 사용되는 두 번째 시험이다. 이 시험에서는 그림 6-50과 같이 충격시험 시 반복되는 충격에 의한 암석의 분쇄저항성을

측정한다. Brittleness value(S_{20})는 암석을 분쇄한 후 11.2mm 체를 통과하는 암석의 중량 비율로 정의된다. S_{20}은 현무암이나 각섬석(amphibolite)과 같이 세립입자로 되어 있으며 매우 강하고 괴상인 암석에서는 약 20에서부터, 대리석과 같이 연약하고 깨지기 쉬운 암석에서는 80 ~ 90까지 다양하게 변한다.

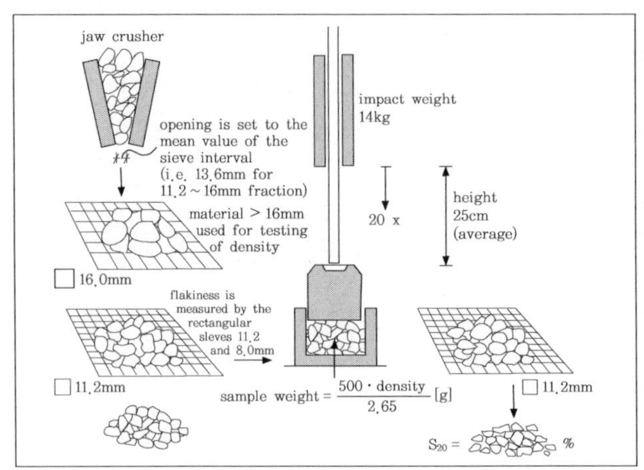

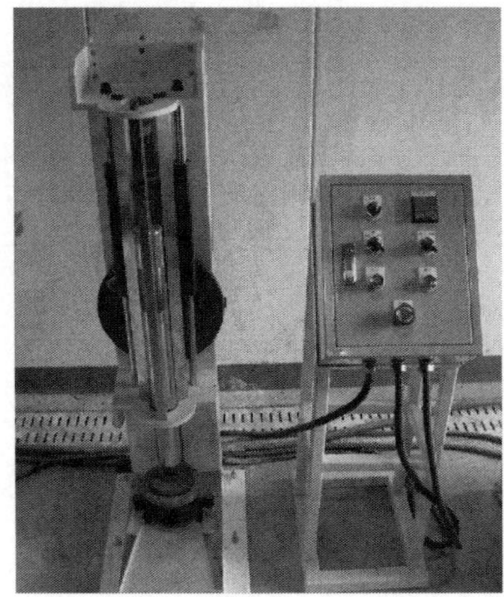

[그림 6-50] Brittleness test

③ NTNU 마모시험

NTNU 모델에 사용되는 세 번째 실험실 시험이다. 1mm 이하의 입자로 분쇄된 암석을 그림 6-51과 같이 회전 강판에 올려놓는다. 첫 번째로 AV(Abrasion Value)는 분쇄된 암석 분말에 의한 텅스텐 카바이드 비트의 시간의존적인 마모 정도를 나타내는 척도이다. AV값은 강판을 100번 회전(5분)시킨 후에 비트의 중량손실을 mg단위로 표현한 것이다.

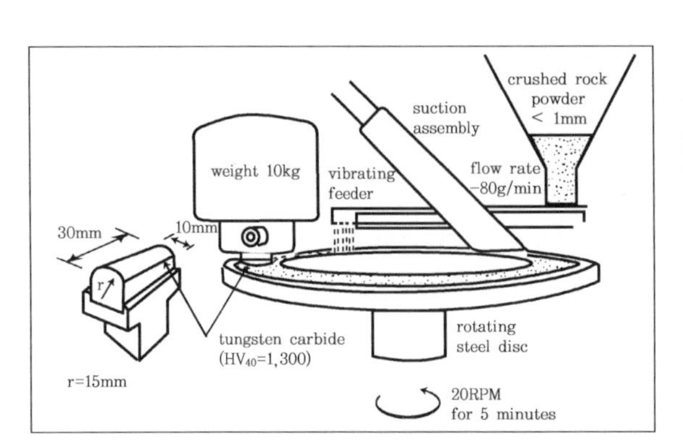

[그림 6-51] NTNU abrasion test

반면 AVS(Abrasion Value Steel)는 AV의 경우와 시험장비와 시험개념은 동일하나, 텅스텐 카바이드 재질의 시험용 비트 대신에 실제 현장에서 사용될 디스크커터의 커터 링과 동일한 재질로 마모시험용 비트를 제작해 활용한다는 점에서 큰 차이가 있다. 또한 마모시험 시에 강판회전을 20회(1분)만 실시한다는 점도 또 다른 차이점이다. AVS는 디스크커터의 마모수명을 예측하기 위한 CLI를 산정하는 데 활용되므로, TBM의 경우에는 AV값이 아닌 AVS값을 활용하는 것이 타당하다.

④ DRI와 CLI의 산정

이상과 같은 실험실 시험으로부터 얻어진 SJ, S_{20} 및 AVS로부터 DRI와 CLI(Cutter Life Index)를 산정하게 된다. DRI는 그림 6-52와 같이 암석의 S_{20}과 SJ값으로부터 결정되며, 반면 CLI는 SJ와 AVS로부터 식 6-25와 같이 계산된다.

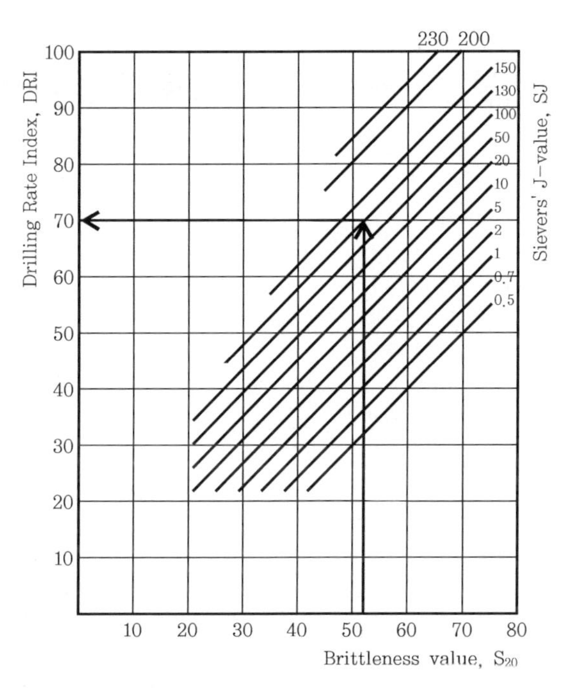

[그림 6-52] DRI의 산정(NTNU, 1998b)

$$CLI = 13.84\left(\frac{SJ}{AVS}\right)^{0.3847} \tag{6-25}$$

2) 암반 균열도의 평가

암반의 균열(fracturing)은 TBM 굴진에 큰 영향을 끼치는 가장 중요한 변수 중의 하나이다. 여기서 균열은 연약면을 따라서 전단강도가 거의 없는 균열(fissure)이나 절리(joint)를 의미한다. 균열들 사이의 거리가 좁을수록 그만큼 굴진율에 미치는 영향은 커지게 된다.

암반의 균열영향은 균열도(fracturing degree) 및 터널 굴진축과 연약면이 이루는 각도에 의해 결정된다.

파쇄 암반에서 균열도는 실제 굴진면 관찰 시 활용하기 위해 여러 균열등급(fracture class)으로 구분했다(표 6-5). 표 6-5에서 절리(Sp)는 터널 단면 주변에서 나타나는 연속 절리를 의미한다. 이들 절리는 열린 절리일 수도 있고 충전 절리일 수도 있다. 또한 균열(St)은 터널 단면에서 단지 부분적으로 나타나는 비연속적인 절리, 전단강도가 낮은 충전 절리와 층리면 등을 포함한다. 균열 암반(Class 0)은 절리나 균열이 없는 괴상 암반을 의미한다. 전단강도가 높은 충전 절리를 포함한 암반은 Class 0에 가깝게 나타난다.

[표 6-5] 연약면들 사이의 거리에 따른 균열등급(NTNU, 1998a)

균열등급(joints Sp/fissures St)	연약면 사이의 간격(cm)
0	-
0 ~ I	160
I ~	80
I	40
II	20
III	10
IV	5

3) TBM 설계변수 도출 및 굴진성능 예측

첫 번째로 TBM 설계변수를 도출하고 굴진성능을 예측하는 데 필요한 기계적 변수들을 초기 계획단계에서 가정해야 한다. 그림 6-53은 커터 직경(d_c)과 TBM 지름의 함수로서 각 디스크커터당 최대 평균 추력(M_B)의 경향을 도시한 것이다.

커터헤드의 RPM은 커터헤드 직경과 반비례한다. 그림 6-54는 커터헤드 직경과 커터 직경의 함수로써 표현된 커터헤드 RPM의 변화를 보여준다. 또한 커터헤드에 장착되는 커터의 평균 개수(N_o)와 TBM 동력(P_{tbm})은 각각 그림 6-55, 6-56으로부터 추정될 수 있다.

균열도는 균열인자 k_s로 표현되는데, k_s는 균열정도 및 터널축이 연약면과 이루는 각도(α)에 따라 달라진다. 연약면의 방향은 주향과 경사 측정으로부터 다음의 식 6-26과 같이 결정된다.

$$\alpha = \arcsin(\sin\alpha_f \cdot \sin(\alpha_t - \alpha_s)) \quad \text{(degrees)} \qquad (6\text{-}26)$$

여기서, α_s : 주향, α_f : 경사, α_t : 터널 방향

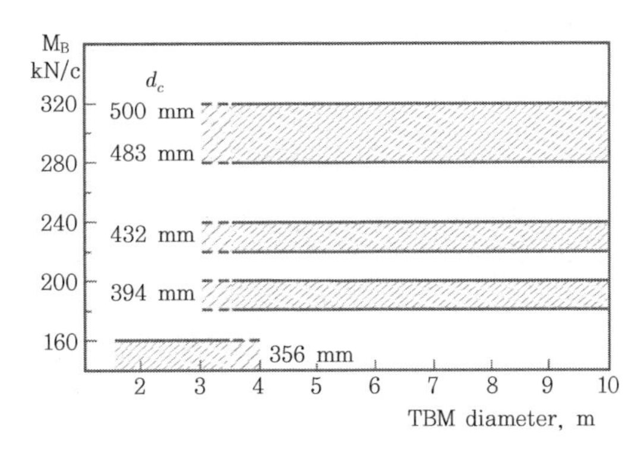

[그림 6-53] 각 디스크커터당 최대 평균 추력의 추천값(NTNU, 1998a)

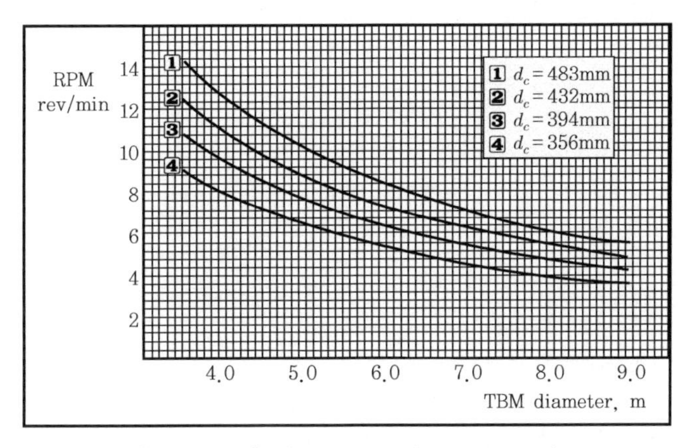

[그림 6-54] 커터헤드 RPM(NTNU, 1998a)

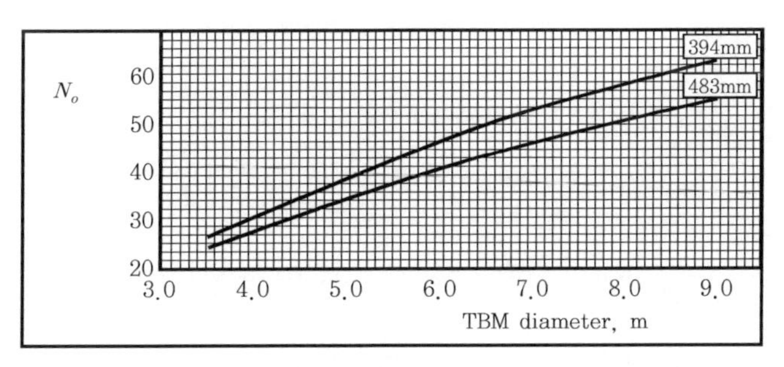

[그림 6-55] 커터헤드에 장착되는 디스크커터의 평균 개수(NTNU, 1998a)

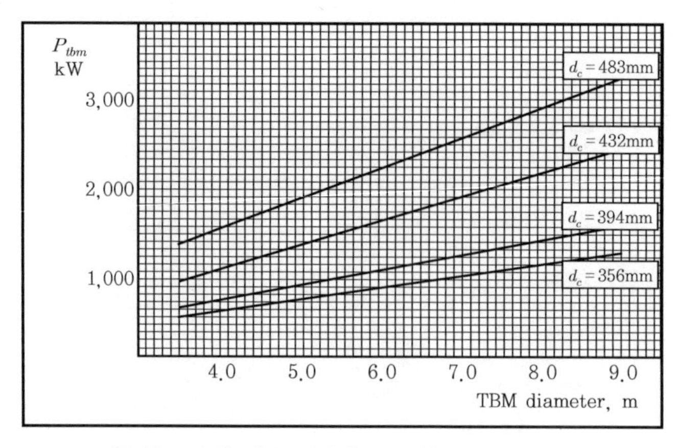

[그림 6-56] 평균 커터헤드 동력(NTNU, 1998a)

균열인자(k_s)는 균열 또는 절리 등급과 터널축이 연약면과 이루는 각도의 함수로서 그림 6-57과 같이 계산된다. 절리군이 하나 이상인 경우의 총 균열인자(k_{s-tot})는 식 6-27과 같이 계산된다.

$$k_{s-tot} = \sum_{i=1}^{n} k_{si} - (n-1) \cdot 0.36 \qquad (6\text{-}27)$$

여기서, k_{si} : i번째군에 대한 균열인자

n : 균열군의 개수

정리하면 TBM 굴진에 대한 암반 물성은 다음의 식 6-28과 같이 등가 균열인자(k_{ekv})로 정의된다.

$$k_{ekv} = k_{s-tot} \cdot k_{DRI} \qquad (6\text{-}28)$$

추력(M_B)과 등가 균열인자의 함수인 기본 관입량(basic penetration, i_o)은 그림 6-58과 같다. 커터 직경과 평균 커터 간격(a_c)이 그림 6-58과 상이한 경우의 등가 추력은 식 6-29와 같다.

$$M_{ekv} = M_B \cdot k_d \cdot k_a \quad (\text{kN/cutter}) \qquad (6\text{-}29)$$

여기서, k_d와 k_a는 각각 그림 6-59, 6-60으로부터 추정된다.

단위 관입률(net penetration rate, I)은 기본 관입량과 커터헤드 RPM의 함수이다.

$$I = i_o \cdot \text{RPM} \cdot \left(\frac{60}{1,000}\right) \quad (\text{m/hr}) \qquad (6\text{-}30)$$

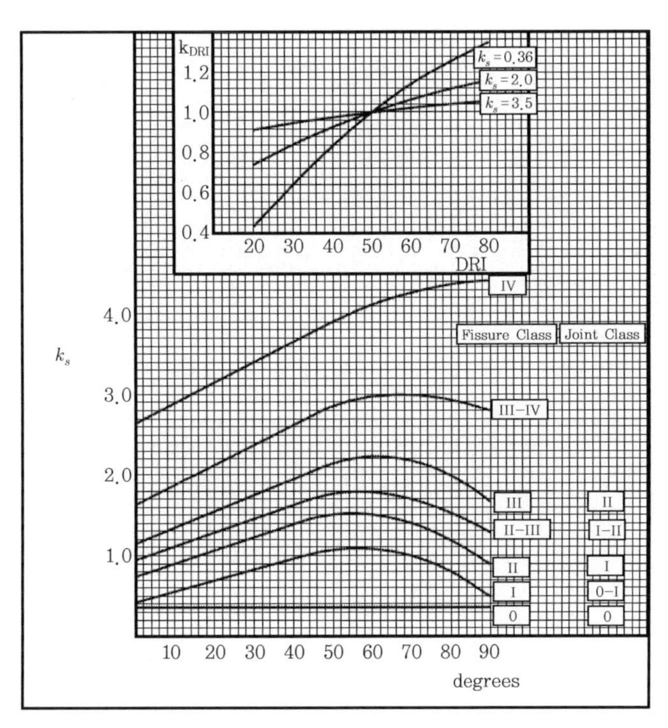

[그림 6-57] 균열인자(DRI ≠ 50인 경우의 보정계수)(NTNU, 1998a)

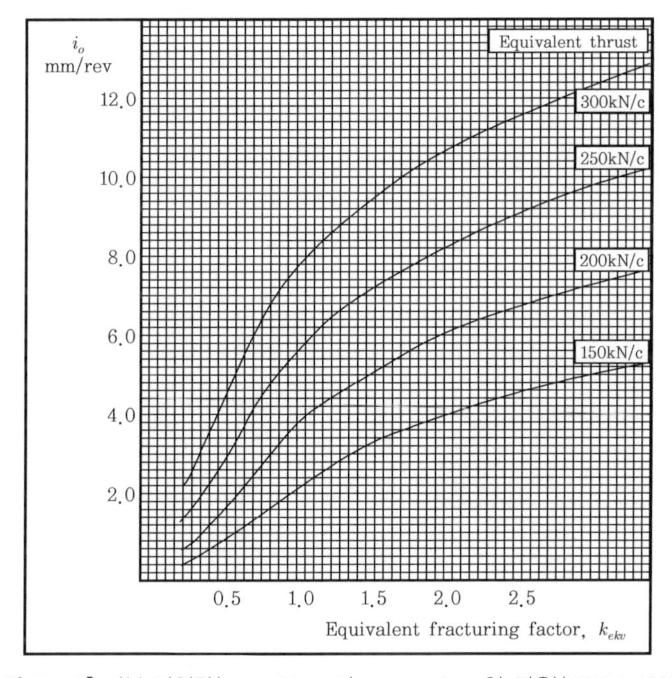

[그림 6-58] 기본 관입량($d_c = 483$mm이고 $a_c = 70$mm인 경우)(NTNU, 1998a)

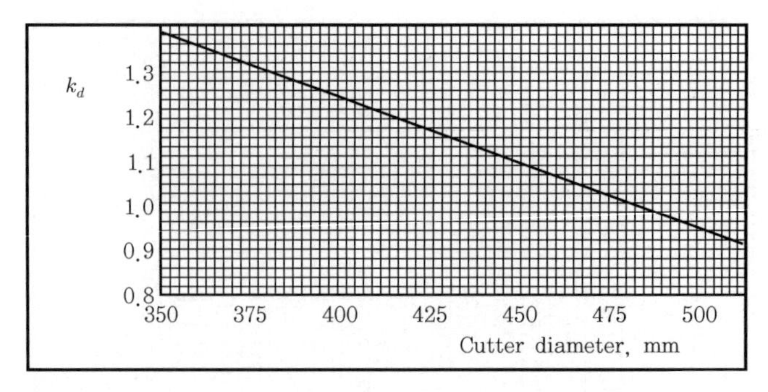

[그림 6-59] 커터 직경 $d_c \neq 483$mm일 경우의 보정계수 k_d(NTNU, 1998a)

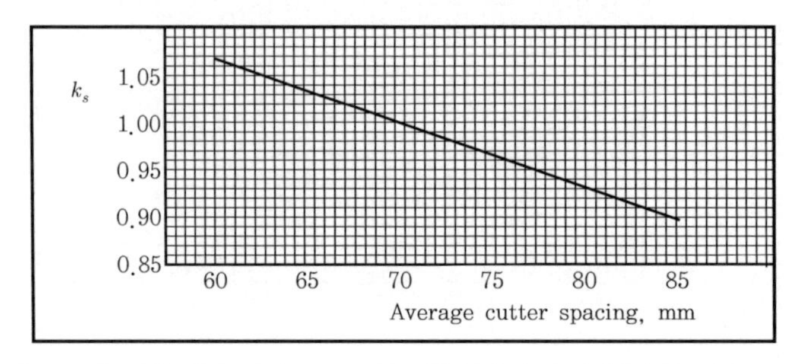

[그림 6-60] 평균 커터 간격 $a_c \neq 70$mm일 경우의 보정계수 k_a(NTNU, 1998a)

최적 굴진을 위해 이상과 같이 추정된 추력에 대해 커터헤드 동력이 충분한지 확인해야 한다. 동력이 불충분해 주어진 압입깊이만큼 커터헤드를 회전시킬 수 없다면 TBM 토크에는 제한이 있을 수밖에 없다. 따라서 요구되는 토크가 토크 가용 용량보다 작아질 때까지 추력을 감소시켜야 한다. 압입깊이에 따라 필요한 소요 토크(T_n)는 다음과 같이 계산된다.

$$T_n = 0.59 \cdot r_{tbm} \cdot N_{tbm} \cdot M_B \cdot k_c \quad (\text{kN}\cdot\text{m}) \tag{6-31}$$

여기서, 0.59 : 커터헤드에서 평균 커터의 상대 위치
r_{tbm} : 커터헤드 반경
N_{tbm} : 커터헤드에 장착된 커터 개수
k_c : 커터 계수(회전 저항, 식 6-32)

$$k_c = c_c \cdot \sqrt{i_o} \tag{6-32}$$

여기서, 커터 상수 c_c는 커터 직경의 함수로서 그림 6-61에 도시되어 있다.

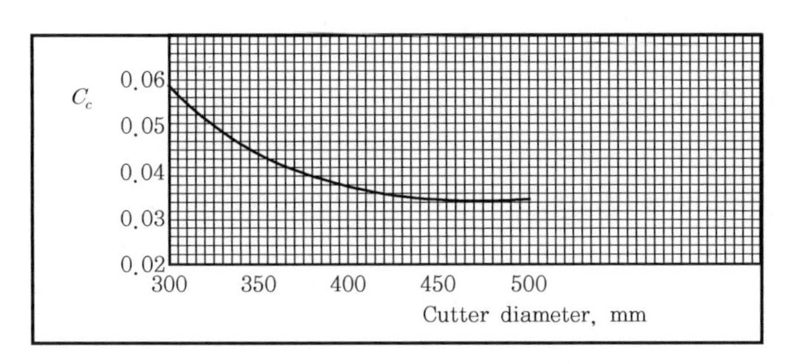

[그림 6-61] 커터 상수(NTNU, 1998a)

이상과 같이 얻어진 토크에 필요한 동력(P_n)을 식 6-33과 같이 계산할 수 있다.

$$P_n = \frac{T_n \cdot 2 \cdot \pi \cdot \mathrm{RPM}}{60} \quad (\mathrm{kW}) \tag{6-33}$$

TBM의 가동률(utilization)은 총 터널 공기 가운데 백분율로 표현되는 순수 굴진시간을 의미한다.

$$u = \frac{100 \cdot T_b}{T_b + T_t + T_c + T_{tbm} + T_{bak} + T_a} \quad (\%) \tag{6-34}$$

TBM 터널의 전체 공사기간에는 다음과 같은 시간적 요소(hr/km)들이 포함된다.

- 굴진, T_b
- Regripping, T_t
- 커터교환 및 조사, T_c
- TBM 유지 및 보수, T_{tbm}
- 후방 장비의 유지 및 보수, T_{bak}
- 기타, T_a

굴진시간은 단위 관입률 I에 따라 달라진다.

$$T_b = \frac{1{,}000}{I} \quad (\mathrm{hr/km}) \tag{6-35}$$

Regripping은 추력 실린더들의 스트로크 길이와 regrip당 시간에 따라 달라진다.

$$T_t = \frac{1{,}000 \cdot t_{tak}}{60 \cdot l_s} \quad (\mathrm{hr/km}) \tag{6-36}$$

여기서, l_s : 스트로크 길이(일반적으로 1.5 ~ 2.0m)

t_{tak} : Regrip당 시간(평균적으로 4.5분)

커터 교환과 조사에 필요한 시간은 커터 링(cutter ring)의 수명(H_h), 단위 관입률 I와 커터 교환시간 t_c에 의해 결정된다.

$$T_c = \frac{1{,}000 \cdot t_c}{60 \cdot H_h \cdot I} \quad \text{(hr/km)} \tag{6-37}$$

여기서, 커터교환시간(t_c)은 일반적으로 커터 직경이 17인치보다 작은 경우에는 45분, 그리고 19인치보다 큰 경우에는 60분 정도가 소요된다.

기타 작업에 소요되는 시간은 그림 6-62로부터 결정된다.

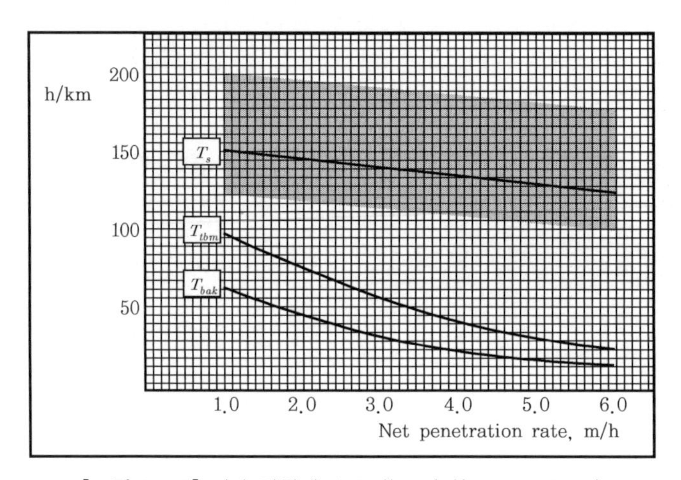

[그림 6-62] 기타 작업에 소요되는 시간(NTNU, 1998a)

4) 커터 수명 예측모델

TBM 커터 링(cutter ring)의 수명은 표 6-6과 같은 인자들의 영향을 받는다.

커터 링의 수명은 앞서 식 6-25에서 정의한 커터수명지수(CLI)에 비례한다. 그림 6-63은 CLI와 커터 직경의 함수로 커터 링의 기본 수명(H_o)을 나타낸 것이다.

TBM 직경에 대한 보정계수는 그림 6-64와 같다. 센터 커터와 게이지 커터는 페이스 커터보다 수명이 더 짧다. TBM 직경이 증가함에 따라 페이스 커터에 대한 센터 커터와 게이지 커터의 비율은 감소하게 된다. 또한 커터 링의 수명은 커터헤드의 RPM에 반비례한다. 이와 같은 커터헤드 RPM에 대한 보정계수는 다음의 식 6-38과 같다.

[표 6-6] 커터 수명 변수

암반 물성	기계적 변수
커터수명지수(CLI) 마모성 광물 함유량	커터 직경 커터 종류 및 품질 커터헤드 직경 및 형상 커터헤드 RPM 커터 개수

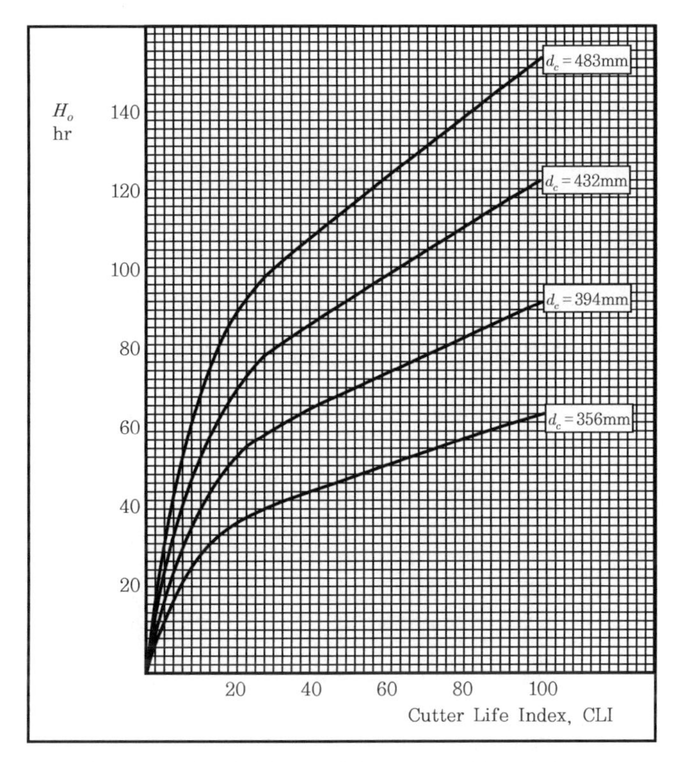

[그림 6-63] 커터 링의 기본 수명(H_o)(NTNU, 1998a)

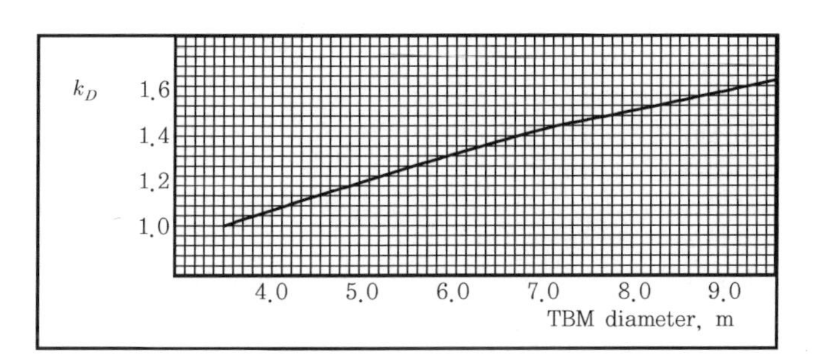

[그림 6-64] TBM 직경에 따른 커터 링 수명의 보정계수(NTNU, 1998a)

$$k_{\mathrm{RPM}} = \frac{50/d_{tbm}}{\mathrm{RPM}} \tag{6-38}$$

여기서, d_{tbm} : TBM 지름, RPM : 커터헤드 RPM

실제 커터의 개수가 모델 예측결과와 다를 경우, 평균 커터 수명은 달라진다. 이와 같은 커터 개수 차이에 따른 보정은 다음과 같이 수행한다.

$$k_N = \frac{N_{tbm}}{N_o} \tag{6-39}$$

여기서, N_{tbm} : 실제 커터 개수, N_o : 평균 커터 개수(그림 6-55)

커터 링의 수명은 암석의 석영함유량에 따라 달라지는데, 그림 6-65의 보정계수는 현장 및 실험실 자료에 근거해 얻어진 것이다. 그림 6-64에서 Group 1의 경우 CLI와 석영함유량은 독립 변수가 아니다. 따라서 예측 모델을 적용할 때 CLI와 석영함유량을 독립적으로 고려해서는 안 된다. 특히 Group 1의 암종에서 석영함유량이 0%와 27%에 가까울 경우 주의해야 한다.

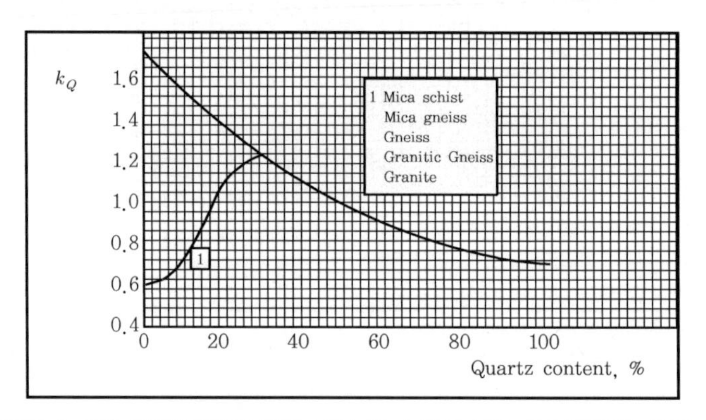

[그림 6-65] 석영함유량에 따른 커터 링 수명의 보정 계수(NTNU, 1998a)

이상과 같이 얻어진 기본 커터 링 수명과 보정계수들로부터 다음과 같이 커터 링의 평균 수명을 계산할 수 있다.

$$H_h = (H_o \cdot k_D \cdot k_Q \cdot k_{RPM} \cdot k_N)/N_{tbm} \quad \text{(hr/cutter)} \tag{6-40}$$

$$H_m = H_h \cdot I \quad \text{(m/cutter)} \tag{6-41}$$

$$H_f = H_h \cdot I \cdot \pi \cdot d_{tbm}^2/4 \quad (\mathrm{m^3/cutter}) \tag{6-42}$$

여기서, H_o : 기본 평균 커터 링 수명

H_h, H_m, H_f : 평균 커터 링 수명(각각 단위가 상이함)

H_o는 평균 커터 위치($r_{avg} \approx 0.59 \cdot r_{tbm}$)에서 한 개의 커터 링에 대한 수명을 의미한다. 예를 들어 26개의 커터가 장착된 3.5m 지름의 커터헤드에서 position 12에 위치한 커터 링의 수명은 200시간이 된다.

반면 H_h, H_m 및 H_f은 커터헤드 또는 터널에 대한 평균 커터 소모량을 나타낸다. 예를 들어, H_m = 10m/cutter는 터널의 각 10m에 대해 커터헤드에 장착된 모든 커터의 총 평균 마모량이 하나의 커터 링에 해당한다는 것을 의미한다.

다. KICT-SNU 모델

KICT-SNU 모델은 한국건설기술연구원과 서울대학교의 공동연구를 통해 개발된 모델이다(건설교통부, 2007). 국내 8개 암석조건에 대해 실시한 51회의 선형절삭시험으로부터 얻어진 커터 작용하중, 절삭 비에너지, 최적 절삭조건, 임계 압입깊이와 DRI 및 CLI 등의 기본물성 자료에 근거해, 디스크커터에 의한 제반 절삭성능을 정량화하고 이를 통해 TBM 설계용 KICT-SNU 모델이 도출되었다.

최적 TBM 모델을 도출하기 위해 표 6-7과 같이 16개의 입력변수(지반특성 13개 및 기계적 절삭조건 3개)와 절삭성능과 관련된 5개의 출력변수 사이의 상관관계를 민감도 분석을 통해 해석했으며(장수호 외, 2007a), 이를 기반으로 다변량 회귀 분석(multivariate regression)에 의한 민감도 분석결과, 중요도가 높게 나온 인자들을 고려해 다음과 같은 모델식들을 제시했다(건설교통부, 2007).

$$F_n = 29.59 + 0.36\mathrm{S} + 16.22\mathrm{P} + 6.57\frac{\mathrm{S_c}}{\mathrm{S_t}} - 0.67\mathrm{SJ} - 0.59\mathrm{S_{20}} - 1.76\mathrm{AVS}\ \ (\mathrm{R^2} = 0.66) \tag{6-43}$$

$$F_r = 2.92 + 0.03\mathrm{S} + 1.33\mathrm{P} + 0.20\frac{\mathrm{S_c}}{\mathrm{S_t}} + 0.01\mathrm{SJ} - 0.10\mathrm{S_{20}} - 0.04\mathrm{AVS}\ \ (\mathrm{R^2} = 0.71) \tag{6-44}$$

$$SE = 6.53 - 0.03\mathrm{S} + 0.09\mathrm{P} + 0.08\frac{\mathrm{S_c}}{\mathrm{S_t}} + 0.01\mathrm{SJ} - 0.05\mathrm{S_{20}} - 0.02\mathrm{AVS}\ \ (\mathrm{R^2} = 0.61) \tag{6-45}$$

$$S/P_{opt} = 14.47 - 0.31\frac{\mathrm{S_c}}{\mathrm{S_t}} + 0.02\mathrm{DRI} + 0.07\mathrm{CLI}\ \ (\mathrm{R^2} = 0.79) \tag{6-46}$$

$$P_{critical} = 9.26 + 0.08\mathrm{SJ} - 0.08\mathrm{S_{20}} + 0.09\mathrm{AVS}\ \ (\mathrm{R^2} = 0.72) \tag{6-47}$$

여기서, F_n : 평균 커터 연직하중(cutter normal force)(단위는 kN)

F_r : 평균 커터 회전하중(cutter rolling force)(단위는 kN)

S : 커터 간격(단위는 mm), P : 커터 압입깊이(단위는 mm)
S_c : 압축강도(단위는 MPa), S_t : 인장강도(단위는 MPa)
SE : 절삭 비에너지(specific energy)(단위는 10^3tonf/m^2)
S/P_{opt} : 최적의 절삭조건(단위는 mm), $P_{critical}$: 임계 압입깊이(단위는 mm)

KICT-SNU 모델 도출에 사용된 전체 암석에 대한 다변량 회귀 분석결과(장수호 외, 2007a), 평균 커터 연직하중, 평균 커터 회전하중, 비에너지 등은 절삭조건인 커터 간격과 커터 압입깊이, 그리고 지반 물성으로는 암석의 압축강도와 인장강도의 비율(S_c/S_t), SJ, S_{20} 및 AVS를 회귀 분석 인자로 적용할 경우에 상관관계가 가장 좋게 나타났다. 또한 회귀 분석에 적용된 인자의 개수가 감소할 경우에 상관계수가 감소하는 것으로 나타났다. 반면, 최적 절삭조건(S/P_{opt})과 임계 압입깊이($P_{critical}$)에는 절삭조건이 필요 없기 때문에 지반 물성만으로 모델 도출이 가능했으며, 역시 DRI 및 CLI 관련 지표를 적용할 때 가장 우수한 상관관계가 얻어졌다. 여기서 DRI 및 CLI 또는 이와 관련된 SJ, S_{20} 등이 증가할수록 암석의 굴진 저항이 줄어들기 때문에 이와 관련된 회귀 분석 상수는 대체로 음수를 나타냄을 알 수 있다.

[표 6-7] KICT-SNU 모델 도출을 위한 민감도 분석에 사용된 입력변수와 출력변수

입력 변수(16개)	출력 변수(5개)
지반 특성(13개)	
• 일축압축강도(S_c) • 할열인장강도(S_t) • 일축압축강도와 할열인장강도의 비율(S_c/S_t) • 탄성계수(E) • 포아송비(μ) • 석영 함유량(Q%) • 사장석 함유량(P%) • 정장석 함유량(O%) • SJ • S_{20} • AVS • DRI • CLI	• 평균 커터 연직하중(F_n) • 평균 커터 회전하중(F_r) • 절삭 비에너지(SE) • 최적 절삭조건(S/P_{opt}) • 임계 압입깊이($P_{critical}$)
기계적 절삭조건(3개)	
• 커터 간격(S) • 커터 압입깊이(P) • 커터 간격과 압입깊이의 비율(S/P)	

이상과 같은 KICT-SNU 모델의 도출과정에서 살펴볼 수 있는 것과 같이, 디스크커터에 의한 절삭성능은 암석의 기본물성인 압축강도, 인장강도, 탄성계수 등으로 예측하는 것이 어려우며 KICT-SNU 모델 도출과정에서 처음 시도한 바와 같이 NTNU 모델에 활용되는 DRI와 CLI 관련 지수들을 적용하는 것이 예측결과의 정확성을 확보하는 데 유리한 것으로 나타났다. 기본 물성 가

운데에서는 압축강도와 인장강도의 비율만이 주된 영향을 미치게 되는데, 일반적으로 압축강도와 인장강도의 비율이 암석의 취성도를 나타내는 척도로 적용된다는 점을 고려하면 취성도가 커터의 절삭성능에 상당한 영향을 미친다는 것을 알 수 있다. 특히 커터 작용력과 절삭 비에너지에 대해서는 커터 간격과 커터 압입깊이와 같은 기계적 절삭조건이 매우 우세한 영향을 미치는 것으로 평가되었다. 반면, 최적 절삭조건과 임계 압입깊이에 대해서는 지반 특성이 높은 중요도를 나타냈다.

KICT-SNU 모델의 실제 현장 적용성 평가를 수행한 결과에 따르면(장수호 외, 2007b), 국내 총 3개 TBM 시공현장의 871개 굴진자료와 KICT-SNU 모델을 포함한 각종 TBM 설계모델들에 의한 예측결과를 비교한 결과, 현재까지 공개된 모든 예측모델들 가운데 KICT-SNU 모델의 정확성이 가장 우수한 것으로 나타났다. 또한 현재까지 전 세계적으로 가장 유명한 예측모델인 CSM 모델을 활용하기 위해서는 커터의 최적 압입깊이와 임계 압입깊이를 추정하는 것이 선결조건인데, KICT-SNU 모델에서는 커터 압입깊이의 추정식도 포함되어 있어 적용성이 높다고 할 수 있다. 하지만 외국의 모델과 비교할 때 모델 도출에 활용된 데이터베이스가 부족하다고 할 수 있으므로 보다 신뢰성 있는 성능 예측과 설계사양 도출을 위해서는 데이터베이스의 지속적인 보완이 필요하다고 할 수 있겠다.

KICT-SNU 모델에 의한 새로운 TBM의 설계과정과 기 설계된 TBM의 굴진성능 평가과정은 각각 그림 6-66, 6-67과 같이 앞서 설명한 선형절삭시험에 의한 설계 및 평가과정(그림 6-39 참조)과 매우 유사하다(건설교통부, 2007). 단, TBM의 설계와 굴진성능 평가에서 핵심적인 변수인 최적 절삭조건, 임계 압입깊이, 압입깊이에 따른 평균 커터 작용하중 등을 KICT-SNU 모델의 예측식들로 추정한다는 점이 유일한 차이다.

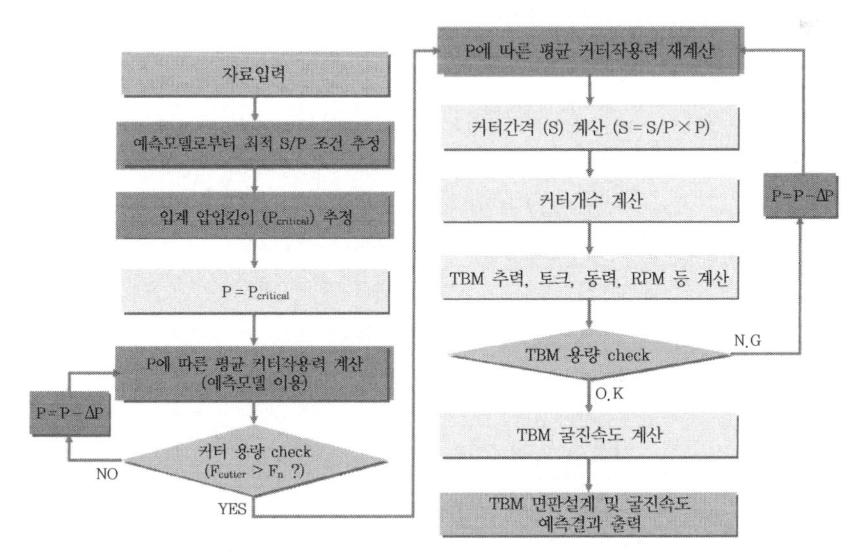

[그림 6-66] KICT-SNU 모델에 의한 신규 TBM의 설계과정

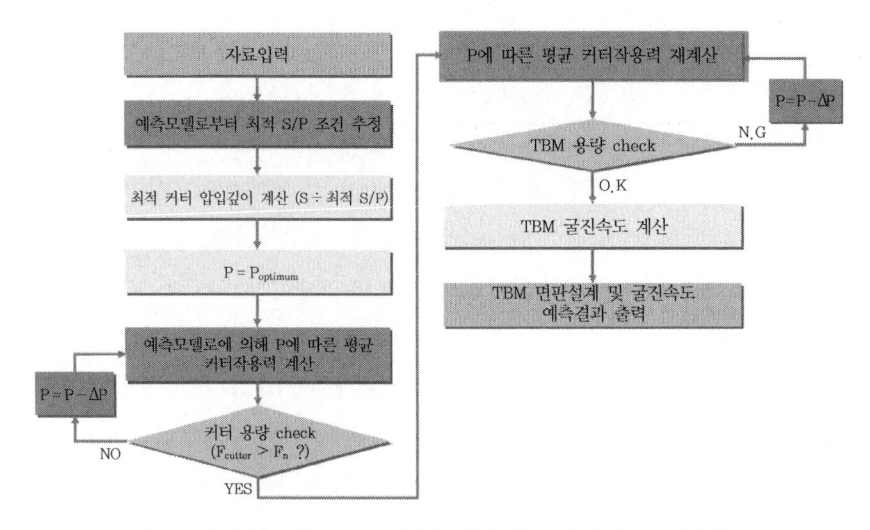

[그림 6-67] KICT-SNU 모델에 의한 TBM 굴진성능 예측과정

라. Q_{TBM}

Barton 박사에 의해 제시된 Q-system 및 암반분류 기준은 노르웨이터널공법인 NMT(Norwegian Method of Tunnelling) 등의 천공-발파 터널에 널리 사용되어 왔다. 그 후 Barton(2000)은 TBM의 굴진성능을 예측하기 위해 Q값을 수정·보완한 Q_{TBM}을 제시하기에 이르렀다.

Barton(2000)에 의해 개발된 Q_{TBM} 분석시스템의 활용에 필요한 기본적인 입력자료는 Q값, 일축압축강도 σ_c(MPa), 점하중강도 I_{50}(MPa), 단위중량 γ(g/cm^3), 석영함유량 q(%), 공극률 n(%), 커터수명지수 CLI, 추력 F_T(tonf), 터널 굴진면에 작용하는 응력 σ_θ(MPa), TBM 직경 D(m), 그리고 터널연장 L_t(km) 등으로 구성된다.

Barton(2000)이 제안한 Q_{TBM}은 다음과 같이 정의된다.

$$Q_{TBM} = Q\left(\frac{SIGMA}{F_T^{10}/20^9}\right)\left(\frac{20}{CLI}\right)\left(\frac{q}{20}\right)\left(\frac{\sigma_\theta}{5}\right) \qquad (6-48)$$

여기서 Q는 기존 Q-시스템의 RQD 대신 RQD_0를 사용하며, 이때 RQD_0는 터널 축방향으로 측정된 RQD로 정의된다. 또한 SIGMA(MPa)는 암반의 강도이다.

$$Q = \left(\frac{RQD_0}{J_n}\right)\left(\frac{J_r}{J_a}\right)\left(\frac{J_w}{SRF}\right) \qquad (6-49)$$

$$SIGMA = 5\gamma(Q_c)^{1/3} \text{ or } SIGMA = 5\gamma(Q_t)^{1/3} \qquad (6-50)$$

$$Q_c = Q\left(\frac{\sigma_c}{100}\right) \quad (6-51)$$

$$Q_t = Q\left(\frac{I_{50}}{4}\right) \quad (6-52)$$

Q_{TBM}에 의한 TBM 굴착 난이도는 표 6-8과 같이 분류할 수 있다.

[표 6-8] Q_{TBM}에 의한 TBM 터널링의 난이도 분류(Barton, 2000)

Class	Q_{TBM}
Very good ground	1 ~ 10
Good ground	0.3 ~ 1 and 10 ~ 30
Fair ground	0.1 ~ 0.3 and 30 ~ 100
Tough ground	100 ~ 1,000
Maybe problematic ground	0.01 ~ 0.1
Very problematic ground	0.001 ~ 0.01

관입률 PR(m/hr) 및 굴진율 AR(m/hr) 그리고 가동률 U(%)는 다음과 같이 평가된다.

$$PR = 5(Q_{TBM})^{-0.2} = 5\left[Q\left(\frac{SIGMA}{F_T^{10}/20^9}\right)\left(\frac{20}{CLI}\right)\left(\frac{q}{20}\right)\left(\frac{\sigma_\theta}{5}\right)\right]^{-0.2} \quad (6-53)$$

$$AR = PR(T)^m = 5(Q_{TBM})^{-0.2}(T)^m \quad (6-54)$$

$$U = 100\left(\frac{AR}{PR}\right) = 100(T)^m \quad (6-55)$$

여기서 T(hr)는 AR을 평가하기 위해 여러 가지 시간을 사용할 수 있다. 예를 들어 T가 24시간일 때는 일별 굴진율, T가 168시간일 때는 주간 굴진율, T가 720시간일 때는 월간 굴진율 그리고 T가 8,760시간일 때는 연간 굴진율이 된다. 상수 m은 TBM 수행정도에 따라 다르며 표 6-9와 같다.

[표 6-9] TBM 성능에 따른 m값(Barton, 2000)

TBM performance	m
Best performance	-0.13 ~ -0.17
Good performance	-0.17
Fair performance	-0.19
Poor performance	-0.21
Excep. poor performance	-0.25

TBM 터널에서 마모도, 석영함유량, 그리고 공극률의 영향을 고려해 m값을 보정하면 다음과 같다.

$$m = m_1\left(\frac{D}{5}\right)^{0.2}\left(\frac{20}{CLI}\right)^{0.15}\left(\frac{q}{20}\right)^{0.1}\left(\frac{n}{2}\right)^{0.05} \qquad (6\text{-}56)$$

여기서 m_1은 Q값에 의해 표 6-10과 같이 개략적으로 결정할 수 있다.

[표 6-10] Q값에 따른 m_1값(Barton, 2000)

Q	m_1
0.001 ~ 0.01	-0.9 ~ -0.7
0.01 ~ 0.1	-0.7 ~ -0.5
0.1 ~ 1	-0.5 ~ -0.22
1 ~ 10	-0.22 ~ -0.17
10 ~ 100	-0.17 ~ -0.19
100 ~ 1,000	-0.19 ~ -0.21

터널연장 L_t(km)에 해당하는 TBM 굴진시간 T(hr)는 식 6-57과 같이 평가할 수 있으며, 식 6-53, 6-54는 식 6-58과 같이 현장 TBM 자료인 PR 및 AR로부터 Q_{TBM}을 역계산하는 데 사용할 수 있다.

$$T = 1{,}000\frac{L_t}{AR} = \left(1{,}000\frac{L_t}{PR}\right)^{\frac{1}{m+1}} \qquad (6\text{-}57)$$

$$Q_{TBM} = \left(\frac{5}{PR}\right)^5 = \left(5\frac{T^m}{AR}\right)^5 \qquad (6\text{-}58)$$

그러나 이상과 같이 Q_{TBM} 분석시스템은 TBM의 굴진성능 및 가동률 예측만이 가능한 경험적인 방법으로서, TBM 장비 사양의 결정 등이 불가능하다는 한계를 가지고 있다.

마. 합경도 모델

미국에서는 TBM 굴착 시 암반의 천공저항력을 현장 천공지수(FPI, Field Penetration Index)로 정의한 바 있다. 이 지수는 비록 많은 예외가 있지만 암석의 합경도(H_T, Total Hardness)에 비례하는 것으로 규명되었다. 합경도는 슈미트해머(Schmidt hammer)로 측정되는 현지암반의 반발경도(H_R)와 실험실 실험에 의한 마모경도(H_A)에 의해 다음과 같이 정의된다(Tarkoy, 1975).

$$H_T = H_R \sqrt{H_A} \qquad (6-59)$$

즉, 합경도는 반발경도와 마모경도의 제곱근의 곱으로 얻어지므로 반발경도의 크기에 큰 영향을 받는다.

합경도는 TBM의 굴착속도 및 커터소모율과의 상관성이 높은 것으로 알려져 있다. 그리고 Tarkoy(1987)는 여러 가지 종류의 암석에 대한 합경도를 실제 실험에 의해 구했고, 그에 따른 각 암종별 합경도의 일반적인 범위는 그림 6-68과 같다.

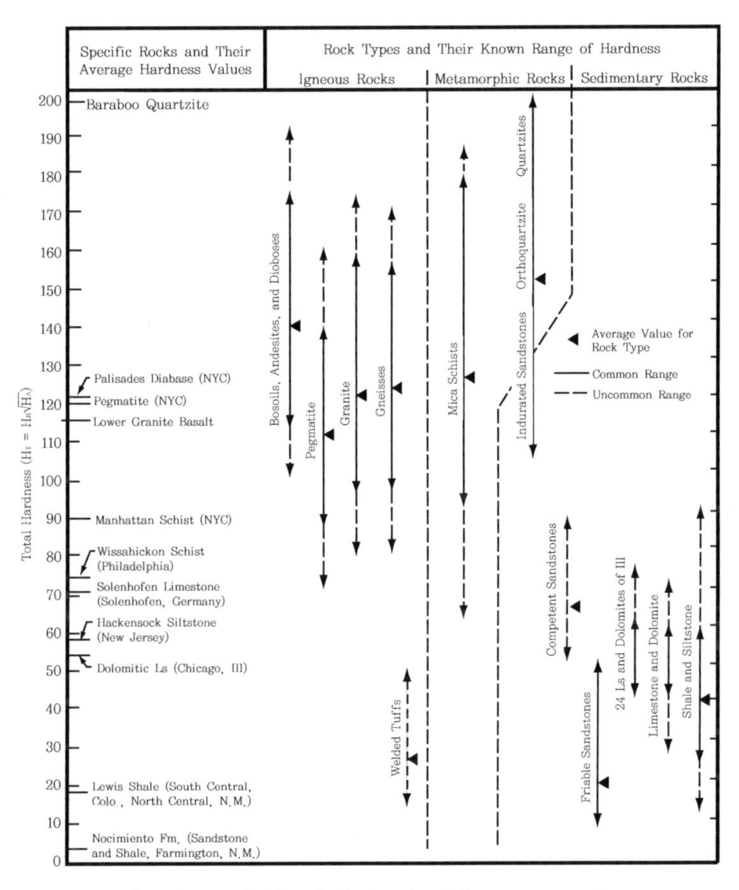

[그림 6-68] 암종별 합경도의 범위(Tarkoy, 1987)

원칙적으로 슈미트해머(L-type)에 의한 반발경도 측정은 시공 중인 터널의 측벽에서 직접 실시하거나 블록 시료를 활용할 수도 있으며, 터널 측벽에서 직경 10cm 이상의 코어를 수평으로 채취하거나 혹은 터널 직상부에서 수직으로 채취한 코어를 실험실에서 시험용 앤빌(test anvil)에 안치시킨 후 터널 굴진방향에 대해 슈미트해머의 반발경도(H_R)를 측정할 수도 있다.

마모경도의 측정은 Taber abraser(Modified Taber Abraser Model 5130)를 이용해 암석시편을 일정한 속도로 회전시키면서 마모시험기 휠(abraser wheel)에 의해 마모되는 정도를 측정해 식 6-60에 의해 산정한다.

$$H_A = \frac{1}{\text{average weight loss (g)}} \qquad (6\text{-}60)$$

합경도(H_T)는 TBM의 굴진성능과 관련된 세 가지 주요 요소인 굴착속도, 가동률 및 커터소모율과의 경험적인 관계에 기초해 TBM 작업을 예측하는 데 사용된다. 이와 관련해 Tarkoy(1987)는 100개 이상의 현장에서 얻은 데이터를 바탕으로 지속적인 연구와 TBM 작업성능 평가방법의 수정을 통해 합경도와 TBM 작업성능 요소와의 경험적인 관계를 제시했다.

순관입속도는 커터헤드 1회전당 디스크커터가 암석으로 들어간 압입깊이(penetration depth, mm/rev)와 커터헤드의 회전속도(단위 : rpm)에 의해 결정되는 값으로서, 아래의 식 6-61과 같이 정의되며 순굴진 시 소요된 시간(단위 : m/hr)을 의미한다. 이것은 굴진율(advance rate)과는 다른 값으로서, 굴진율은 아래 식 6-62와 같이 굴착속도에 시공 지체시간 개념이 들어가는 가동률(utilization)을 곱해 일일 작업량을 환산한 값을 의미한다. 굴착속도는 그림 6-69에서와 같이 합경도와 TBM 관입률과의 경험적인 관계로부터 구할 수 있다.

$$\text{Penetration rate (ft/hr)} = \frac{\text{length of tunnel bored (ft per shift)}}{\text{elapsed boring time (hr per shift)}} \qquad (6\text{-}61)$$

$$\text{Advance rate (ft/day)} = \text{penetration rate} \times 24\text{hrs} \times \text{utilization}$$
$$\text{(for three 8-hr shifts)} \qquad (6\text{-}62)$$

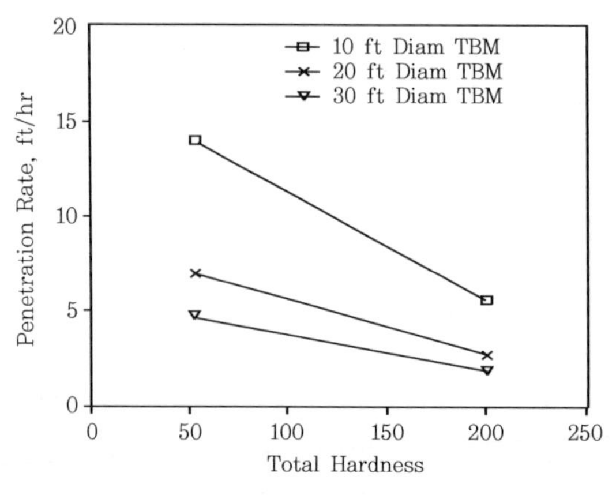

[그림 6-69] 합경도와 관입률에 대한 경험적인 상관관계(Tarkoy, 1987)

TBM의 각 요소, 예를 들어 커터헤드의 회전속도, 커터게이지 속도(cutter gauge velocity), 커터하중(cutter force), 커터 간격, 커터 종류 및 커터 직경 등에 대한 장비 사양은 경험적 관계로부터 추정된다. 암석의 특성과 각각의 TBM 설계변수와 결합시킨 TBM 작업 사이의 경험적인 관계는 예상되는 지반상황에 대처해서 가장 높은 굴진율을 가지는 TBM을 설계하는 데 도움을 준다.

커터소모량(cutter costs)은 단위 굴착당 소모된 예산으로서 $/yd^3 또는 $/ft로 정의된다. 커터소모량은 그림 6-70과 같이 합경도와의 경험적인 관계에서 산정될 수 있다.

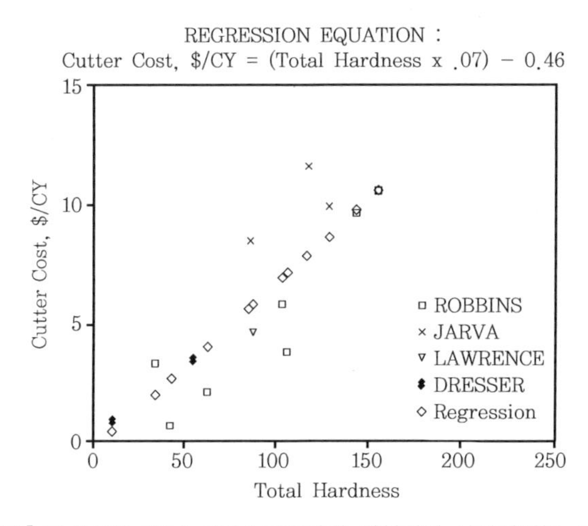

[그림 6-70] 합경도와 TBM 커터소모량과의 경험적인 상관관계(Tarkoy, 1987)

가동률은 식 6-63에서와 같이 하나의 굴착교대시간에서 시공 지체시간을 제외하고 TBM이 순수하게 가동(굴진)된 시간을 전체 시간에 대한 백분율로 나타낸 것으로서, 하나의 굴착교대시간에서 시공 지체시간의 비율을 뺀 것으로 산정된다.

$$\text{Utilization}(\%) = \frac{\text{elapsed machine time (hr per shift)}}{\text{excavation shift time (hr per shift)}} = \frac{\text{downtime}}{\text{total shift time}} \qquad (6\text{-}63)$$

가동률은 만약 굴착 시프트(shift)를 일굴진 개념으로 설정했다면 일굴진으로 계산되어야 한다. 또한 주말에 시프트가 보통 24시간 이상 이루어질 경우 가동률 평가에 포함시키지 않는 경우도 있다. 여러 문헌에 의하면 열악한 지반환경에서 TBM 굴진이 이루어질 때 가동률은 평균 10%에서 30%까지 나타나며, 75% 정도의 높은 가동률은 주의 깊게 부대장비를 설계하고 적극적으로 프로젝트를 준비·관리한 경우에서 발생했다. 그림 6-71과 같이 현장결과들로부터 합경도와 가동률 사이의 관계를 도출한 바 있으나, 입찰단계에서는 TBM 직경과 기타 부대 장비 등의 많은 영향 변수를 고려하는 것이 어렵기 때문에 입찰평가에서는 가동률을 직접적으로 평가하지 않는 것이 합리적이다.

합경도 계산에 사용되는 마모경도는 다음과 같은 시험과정을 통해 얻어진다.

1) 시험 전, 암석 디스크(rock disk)의 중량(W_1)을 측정(0.01g 단위의 저울 사용)
2) 암석 디스크를 회전테이블(turn table)에 고정하고 마모시험기 휠과 중량 250g의 추를 정위치
3) 회전수 설정 : 암석 디스크의 상하 면에 대해 각각 400회씩 설정
4) 암석 디스크 상부면에 대한 마모시험 수행
5) 마모시험기 휠의 암분 제거
6) 암석 디스크 하부면에 대한 마모시험 수행
7) 마모시험기 휠의 암분 제거
8) 시험 종료 후, 암석 디스크의 중량(W_2)을 측정
9) 암석 디스크의 전체 손실중량(W_{loss})을 계산
10) 각 개소당 2회 이상의 실험 후 평균값(average abrasiveness, H_A) 산출

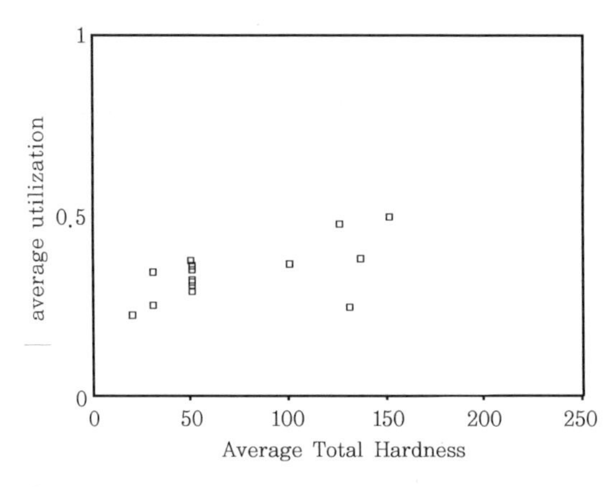

[그림 6-71] 합경도와 TBM 가동률 사이의 경험적인 상관관계(Tarkoy, 1987)

이상의 합경도 시험과정을 정리하면 그림 6-72와 같다.

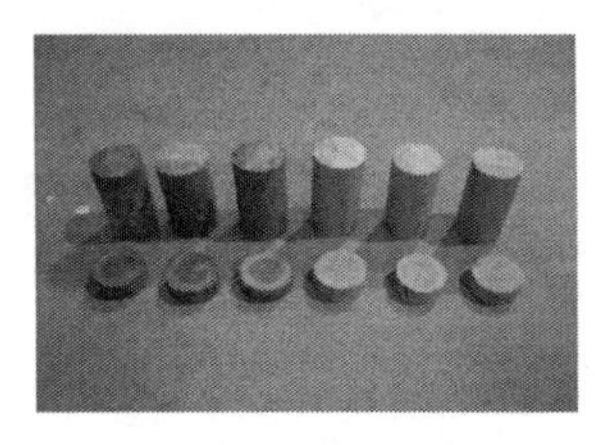

(a) 시험시료

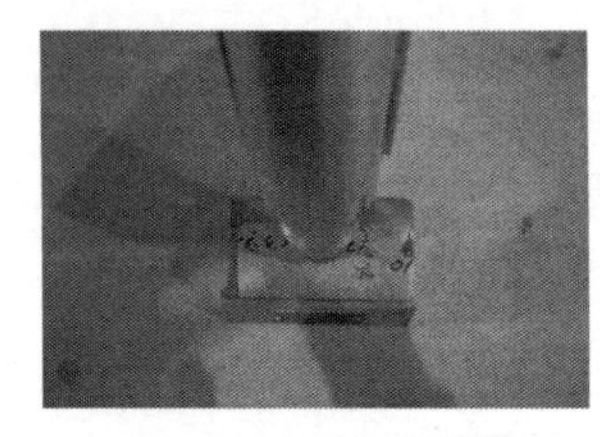

(b) 슈미트해머 시험

(c) Taber 마모시험

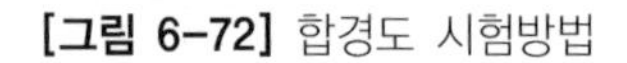

[그림 6-72] 합경도 시험방법

바. 기타 모델

앞서 설명한 TBM 설계 및 굴진성능 예측용의 대표적인 모델들 이외에, 각종 연구논문에 제시된 커터 작용력 및 커터 압입깊이 추정모델들을 정리하면 각각 다음의 표 6-11, 6-12와 같다. 표 6-11, 6-12에서 F_n은 커터 연직하중(단위 : kN), F_r은 커터 회전하중(단위 : kN), S_c는 암석의 일축압축강도(MPa), d는 디스크커터의 직경(mm), H_T는 합경도($g^{-1/2}$), P는 커터 압입깊이(mm/rev), 그리고 P_e도 P와 마찬가지로 커터 압입깊이를 의미하나 단위가 mm/hr인 경우에 해당한다.

하지만 건설교통부(2007)의 연구결과에 따르면, 현장 적용결과 이들 추정모델들의 예측오차가 매우 큰 것으로 나타나 적용에 매우 유의해야 할 것이다.

[표 6-11] 커터 작용력 추정모델

제안자	F_n(kN)	F_r(kN)
Kato(1971)	$0.64S_c$	-
Saito et al.(1971)	$30+0.65S_c$	-
Nishimatsu et al.(1975)	$0.007\sqrt{d} \cdot S_c \cdot P$	$F_n \cdot (0.2 \sim 0.3)$
Snowdon et al.(1982)	$S_c(0.15p-0.21)$	$F_n \cdot 0.046P^{0.656}$
Nelson and O'Rourke(1983)	$(5.95+0.18H_T) \cdot P$	-
Nelson et al.(1985)	$(8+0.15H_T) \cdot P$	-
Movinkel and Johannessen(1986)	$0.3S_c \cdot P$	-
Rostami and Ozdemir(1993)	$(0.54\sqrt{S_c}-2.82)\sqrt{dP}$	$F_n \cdot \sqrt{d/P}$

[표 6-12] 커터 압입깊이 추정모델

제안자	P(mm/rev) 또는 P_e(mm/hr)
Hughes(1986)	$P = 1.667\left(\frac{F_n}{S_c}\right)^{\frac{1}{2}} \cdot \left(\frac{2}{d}\right)^{0.6}$
Tarkoy(1987)	$P_e = -0.909\ln(S_c)+7.2349$

6.5 결 언

본 장에서는 굴착대상 지반조건을 고려해 TBM 설계를 최적화하고 그에 따른 굴진성능을 예측하는 과정을 간략히 살펴보았다. 앞서 지적한 바와 같이 현재까지 국내에서는 TBM의 설계·도입 시 TBM의 굴착 메커니즘을 정확히 이해하지 못하고 TBM의 설계와 제작을 TBM 제작사에 전적으로 의존하고 있는 상황이었다. 하지만 설계단계 또는 시공 중 트러블 발생 시에 터널기술자가 굴착

대상 지반조건에 따른 TBM의 최적 사양과 그에 따른 굴진성능을 산출할 수 있는 기본적인 지식을 이해하고 있는 것이 성공적인 기계화 시공을 위한 선결사항이라고 하겠다. TBM 설계·제작 기술의 자립화와 더불어 향후에는 터널 기계화 시공 분야에서 전 세계적인 관심사인 복합지반에서의 TBM 최적설계와 굴진성능 예측기술 개발에 깊은 관심을 가져봐야 할 때이다.

참 고 문 헌

1. 건설교통부. 2007.「급속 터널 기계화 시공을 위한 최적 굴착설계 모델 개발」. 건설핵심기술연구개발사업 제3차년도 최종보고서.
2. 이승복 외. 2004.「암반대응 쉴드 TBM의 롤러커터 절삭성능에 관한 실험적 연구」. 2004년도 한국터널공학회 정기학술발표회 논문집, pp. 233~245.
3. 장수호 외. 2007.「디스크커터를 장착한 TBM 커터헤드의 최적 설계모델 도출을 위한 영향인자 분석」. 대한토목학회논문집, 제27권 제1호, pp. 87~98.
4. 장수호 외. 2007.「TBM 설계모델의 현장 적용성 평가」. 제8차 터널 기계화 시공기술 심포지엄 논문집, pp. 59~76.
5. 日本地盤工學會. 1997.『シールド工法の調査設計から施工まで』. 地盤工學實務シリーズ.
6. Asbury, B., Ozdemir, L. and Rozgonyi, T.G. 2001. "Frustum Bit Technology for Continuous Miners and Roadheader Applications." The South African Institute of Mining and Metallurgy Center for Mine Mechanization and Automation.
7. Barton, N. 2000. "TBM Tunnelling in Jointed and Faulted Rock." A. A. Balkema, Rotterdam.
8. Cigla, M. and Ozdemir, L. 2000. "Computer Modeling For Improved Production of Mechanical Excavators." Society for Mining, Metallurgy and Exploration(SME) Annual Meeting, Salt Lake City, UT, pp. 1~12.
9. Copur, H., Tuncdemir, Bilgin, N. and Dincer, T. 2001. "Specific energy as a criterion for the use of rapid excavation systems in Turkish mines." Trnas. Instn Min. Metall.(Sect. A: Min. technol.), Vol.110, pp. A149~A157.
10. Girmscheid, G. 2005. "Tunnelvortriebsmaschinen - Vortriebsmethoden und Logistik, Betonkalender, Fertigteile und Tunelbauwerke." Teil I. Verlag Ernst & Sohn, Berlin, pp. 119~256 (in German).
11. Girmscheid, G. 1997. "Schildvorgetriebener Tunnelbau in heterogenem Lokkergestein, ausgekleidet mit Stahlbetontübbingen, Teil 2." Aspekte der Vortriebsmaschinen und Tragwerksplanung, Bautechnik 74, Heft 2, pp. 85~100.
12. Herzog, M. 1985. "Die Pressenkräfte bei Schildvortrieb und Rohrvorpressung im Lockergestein." Baumaschine + Bautechnik, Vol.32, pp. 236~238 (in German).
13. Hughes, H.M. 1986. "The relative cuttability of coal measures rock." Mining Science and Technology, Vol.3, pp. 95~109.
14. Kato, M. 1971. "Construction machinery." Gihodo, Tokyo, pp. 348~349.
15. Maidl, B., Herrenknecht, M. and Anheuser, L. 1994. "Maschineller Tunnelbau im Schildvortrieb." Verlag Ernst & Sohn, Berlin (in German).

16. Movinkel, T. and Johannessen, O. 1986. "Geological parameters for hard rock tunnel boring." Tunnels & Tunnelling, April, pp. 45~48.
17. Nelson, P.P. and O'Rourke, T.D. 1983. "Factor affecting TBM penetration rates in sedimentary rocks." Proc. of 24th U. S. Symp. Rock Mech, pp. 227~237.
18. Nelson, P.P., Ingraffea, A.R. and O'Rourke, T.D. 1985. "TBM performance prediction using rock fracture parameters." Int. J. Rock Mech. Min. Sci. Geomech, Abstr. Vol.22, pp. 189~192.
19. Nishimatsu, Y., Okuno, N. and Hirasawa, Y. 1975. "The rock cutting with roller cutters." J. ofmmIJ, Vol.91, pp. 653~658.
20. Nilsen, B. and Ozdemir, L. 1993. "Hard Rock Tunnel Boring Prediction and Field Performance." Proc. of Rapid Excavation and Tunneling Conference (RETC), pp. 833~852.
21. NTH. 1995. "Hard Rock Tunnel Boring." Project Report 1-94.
22. NTNU. 1998. "Advance Rate and Cutter Wear." Hard Rock Tunnel Boring, Vol.3 of 10.
23. NTNU. 1998. "Drillability Test Methods." Hard Rock Tunnel Boring, Vol.8 of 10.
24. Rostami, J. and Ozdemir, L. 1993. "A New Model for Performance Prediction of Hard Rock TBMs." Proc. of Rapid Excavation and Tunneling Conference (RETC), Boston, USA, pp. 793~809.
25. Rostami, J., Ozdemir, L. and Nilsen, B. 1996. "Comparison Between CSM and NTH Hard Rock TBM Performance Prediction Models." Proc. of ISDT 1996, Las vegas NV, pp. 1~11.
26. Roxborough, F.F. and Phillips, H.R. 1975. "Rock excavation by disc cutter." Int. J. Rock Mech. Min. Sci. & Geomech, Abstr. Vol.12, pp. 361~366.
27. Saito, T. et al. 1971. "Mechanized tunnel excavation." Sankaido, Tokyo, pp. 36~81.
28. Schmid, L. 2004. "Die Entwicklung der Methodik des Schildvortriebs in der Schweiz." Geotechnik, Vol.27, Nr.2, pp. 193~200 (in German).
29. Snowdon, R.A., Ryley, M.D. and Temporal, J. 1982. "A Study of Disc Cutting in Selected British Rocks." Int. J. Rock Mech. Min. Sci. & Geomech, Abstr. Vol.19, pp. 107~121.
30. Uga, Y. et al. 1986. "Development of New Tunnel Boring Machine with Slurry Transport System - Penetration Efficiency of Disc Cutters." Kawasaki Heavy Industry Report, Vol.91, pp. 1~8 (in Japanese).
31. Takoy, P.J. 1987. "Practical geotechnical and engineering properties for tunnel boring machine performance analysis and prediction." Transportation Research Record 1087, Transportation Research Board, National Research Council, pp. 62~78.
32. Tarkoy, P.J. and Hendron, A.J. 1975. "Rock Hardness Index Properties and Geotechnical Parameters for Predicting Tunnel Boring Machine Performance." Report prepared for NSF. PB-246-294. Dept. of Civil Engineering, Univ. of Illinois at Urbana-Champaign, Urbana. IL. 61820.

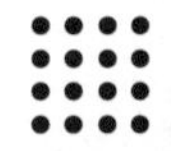

제7장 쉴드 TBM 터널의 발진 준비 및 초기굴진

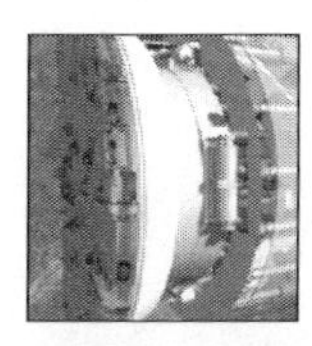

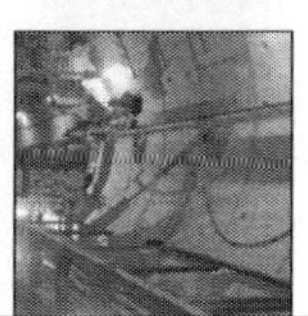

제 7 장

쉴드 TBM 터널의 발진 준비 및 초기굴진

최해준 (청석엔지니어링) / 이호성 (다산컨설턴트)

7.1 개 요

쉴드 TBM 공법의 발진준비와 초기굴진은 장비특성과 지반조건에 따라서 안정성과 공기 측면에서 매우 중요한 부분에 해당한다. 특히 선정된 장비의 형식, 후방설비, 버력처리 시스템 등에 따라서 작업구의 형태와 규격 등이 많은 영향을 받게 된다.

발진준비 및 초기굴진 설계 시 장비특성과 시공절차 등을 충분히 이해하지 못한 상태에서 수행할 경우 시공 시에 많은 설계변경이 발생해 공기지연 및 공사비 증가의 원인이 되고 있다. 따라서 본 장에서는 쉴드 TBM 설계 시 매우 중요한 부분이며 필수적으로 검토가 필요한 발진준비 및 초기굴진 설계에 필요한 작업구와 발진준비공에 대한 소개를 하고 설계적용 사례를 제시하였다.

7.2 작업구 설계

작업구의 종류로는 쉴드 TBM 굴진을 위한 발진작업구, 터널 굴진이 완료된 후 쉴드 TBM 장비의 회수를 위한 도달작업구 및 터널연장에 따라 장비의 점검 및 시공의 편의성 등을 목적으로 하는 중간 작업구 등이 있으며 특히 발진작업구의 시공계획은 작업장 배치계획과 함께 전체적인 쉴드 TBM 공사에 큰 영향을 미치는 요인으로 작용하고 있다.

7.2.1 작업구의 위치 선정

작업구의 위치는 지반조건, 민원 및 교통, 소음, 대기오염 등을 고려한 주변 환경, 사유지 저촉여부, 영구구조물 계획 및 완공 후 부지활용계획 등을 고려해야 하고, 아울러 쉴드 TBM의 반입과 현장조립, 발진 및 버력의 반출, 기자재의 반입 등 작업이 안전하고 용이하게 될 수 있는 장소이어야 한다.

7.2.2 작업구의 크기와 형상

작업구는 공사용 장비나 자재반입, 버력 반출 등에 필요한 공간과 시공 완료 후 영구시설물의 설치공간을 확보하는 충분한 크기여야 하고 경제적인 면에서는 규모가 작을수록 유리하나 작업용 수직갱으로서의 구조적 안정성과 시공이 용이한 작업구의 형상과 크기에 대해 전반적인 비교검토 후 결정해야 한다.

작업구의 형상과 크기를 결정할 때 발진 작업구에서 쉴드 TBM 장비의 반입과 설치, 반력벽 및 가지보공 설치에 필요한 최소면적과 버력 처리공간, 계단과 승강설비, 집수정, 환기덕트, 동력선 및 기타배관 등 작업구에 설치되는 제반 부대설비의 설치공간을 고려해야 한다.

가. 작업구의 크기

작업구의 필요 최소한의 크기는 일반적으로 쉴드 TBM의 반입 혹은 조립이 가능하고 가지보공 및 반력대 자재 등의 반입, 작업과 통행이 가능한 크기를 말하며 형상에 따른 발진작업구의 최소한의 크기는 다음과 같이 산정할 수 있다.

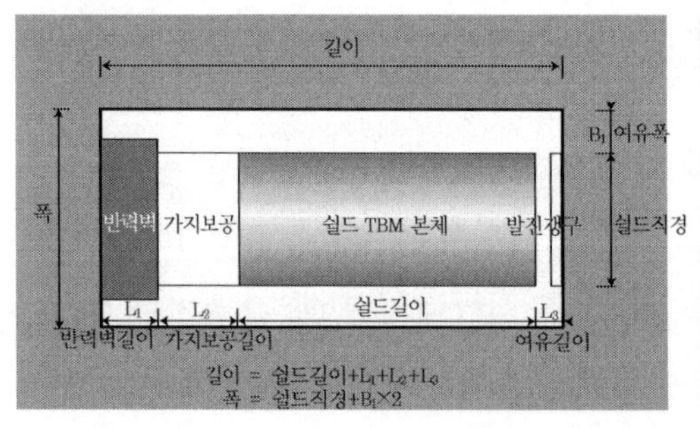

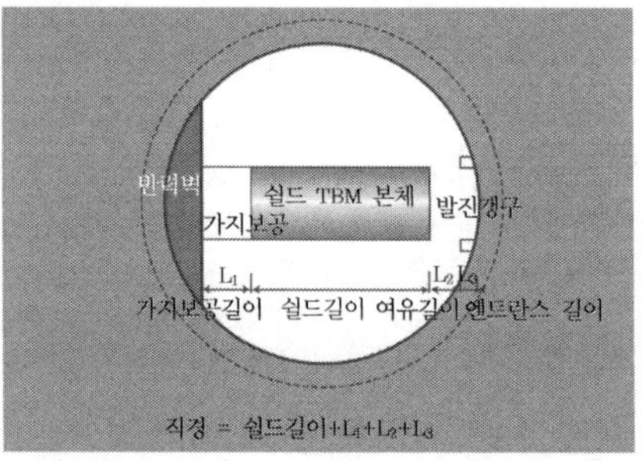

[그림 7-1] 발진작업구 설계 예

발진작업구의 크기는 용지의 제약이 없는 경우 기능적으로는 넓을수록 좋으나 이에 따른 공사비의 증가가 따르므로 일반적으로 기능상 최소단면으로 한다. 단, 시공성과 안전성을 고려해 여유롭고 안전하게 시공할 수 있는 여유 폭을 고려한 치수로 계획해야 한다.

도달작업구의 크기는 쉴드 TBM 장비의 인출계획과 작업공간 배치 등의 계획에 따라서 최소한의 크기로 계획한다.

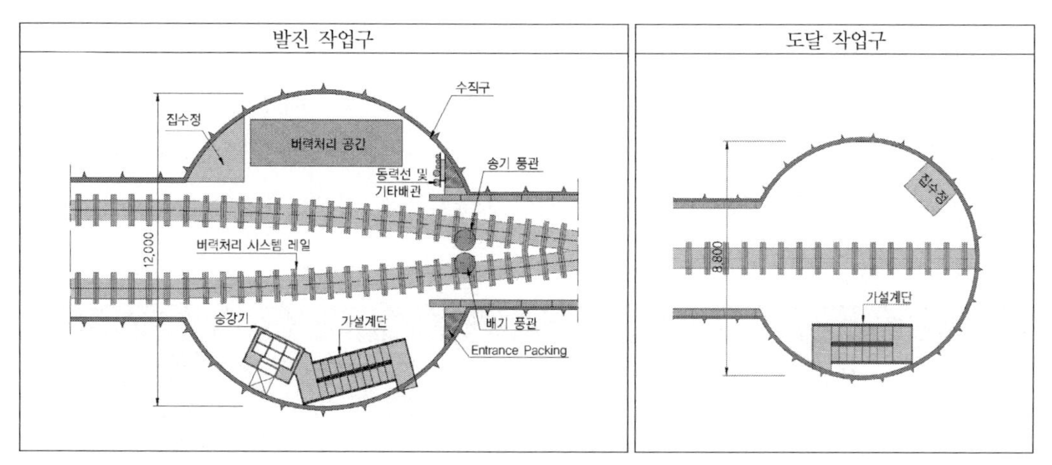

[그림 7-2] 작업구 크기 결정

그림 7-3은 쉴드 TBM 외경과 작업구의 여유폭 및 작업구의 길이에 따른 일본 쉴드공사 실적조사결과를 표시한 것으로 작업구의 길이 및 내경과 쉴드 TBM 외경이 비례하는 경향을 보이고 있음을 알 수 있다.

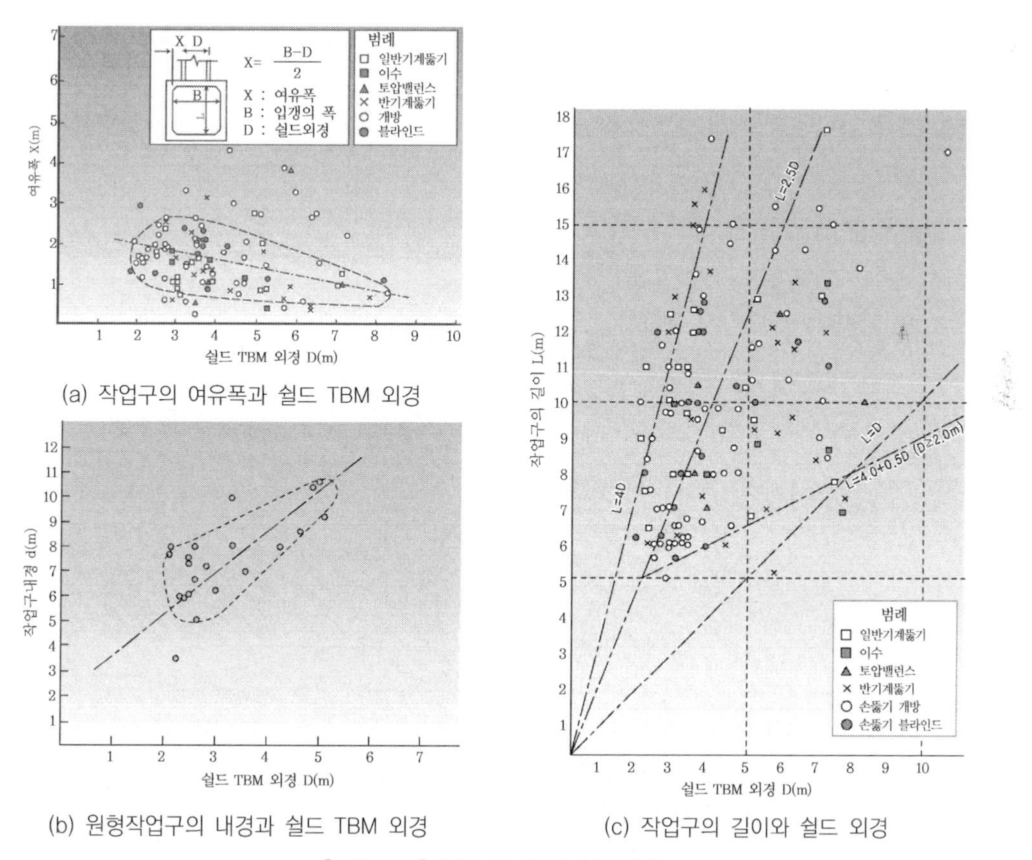

[그림 7-3] 일본 쉴드공사 시공실적

나. 작업구의 형상

작업구의 형상은 주로 작업구의 깊이, 토류벽 및 토류지보공과 관련해 결정하지만, 일반적으로 직사각형과 원형을 많이 사용한다. 작업구의 기능적인 조건에서 직사각형의 경우 단면 이용 효율과 시공성이 유리하고, 원형은 안정성과 경제성에서 유리하다.

[표 7-1] 형상에 따른 작업구 비교

구 분	직 사 각 형	원 형
개요도		
장 점	• 사공간이 적고 단면 이용효율이 높다. • 초기굴진 시공이 용이하다. • 대구경쉴드공사에 유리하다.	• 작업구 지반조건이 나쁜 경우나 굴착지반이 깊은 경우에 유리하다. • 안정성 및 경제성이 우수하다.
단 점	• 연약지반 지역에 시공이 어렵다. • 굴착지반이 깊은 경우 안정성 및 경제성이 떨어진다.	• 사공간이 많고 단면 이용효율이 낮다. • 후방장비에 따라 보조터널이 필요하다. • 초기굴진 시 시공성이 떨어진다.

다. 작업구 설비

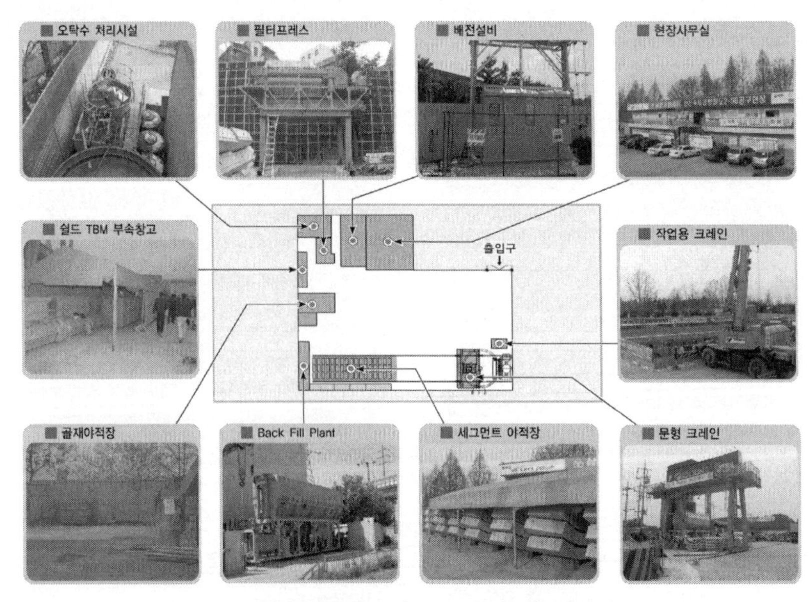

[그림 7-4] 갱외 설비(작업장)

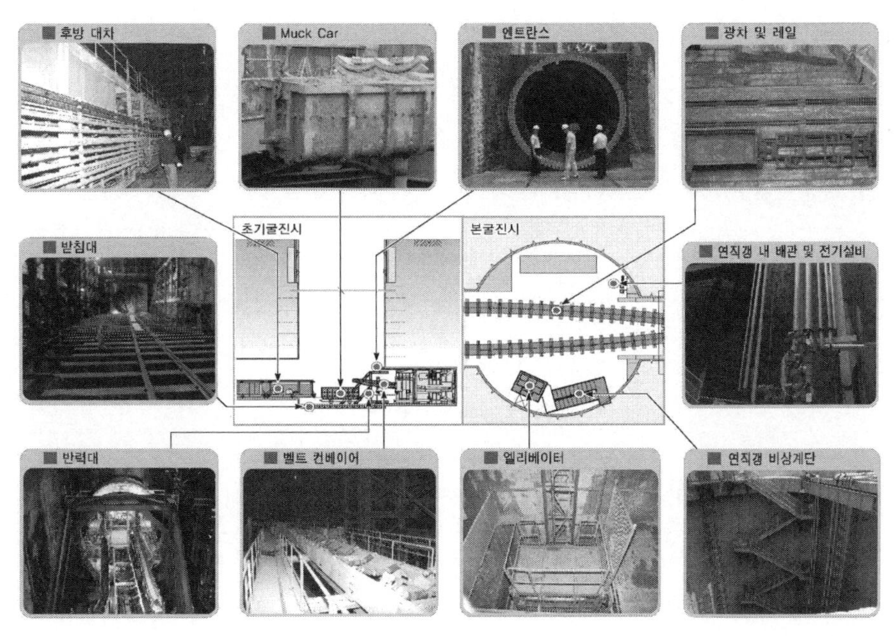

[그림 7-5] 갱내 설비(작업구)

7.2.3 버력 처리설비

작업구 내에 설치되는 갱외 버력 처리설비는 터널굴진 및 터널 내 버력 처리시스템의 처리 능력을 검토해 최대굴진을 기준으로 처리용량이 부족하지 않도록 충분한 여유를 가지고 계획해야 한다. 터널 1 스트로크(stroke) 굴진 시간 내에 지상으로 반출되어야 하므로 처리용량 및 처리시간을 고려해 적정한 버력 처리설비를 선정함으로써 터널굴진 속도에 지장을 주지 않도록 해야 한다. 버력 처리설비 설계 시에는 다음과 같은 사항을 고려해야 한다.

가. 버력 처리설비의 능력

버력 처리설비의 능력은 버력 처리방식에 따라 다르므로 쉴드 TBM의 최대굴진을 예측해 처리능력을 충분히 검토해야 한다.

다음은 수직으로 달린 체인에 버킷을 붙여 작업구 내에서 버력을 적재하고 호퍼까지 수직수평 이동하며 호퍼상에서 반전해 연속적으로 버력을 반출하는 수직 버킷컨베이어 시스템 방식의 버력 처리능력 검토이다.

1) 광차 소요대수 산출(ϕ4.5m 쉴드 TBM 1 스트로크 기준)

- 반출토량 : $\pi \times 4.5^2 / 4 \times 1.2$(1 스트로크 굴진장) $\times 1.85$(토량환산계수) = $35.3m^3$
- 광차 소요대수 : $35.3m^3 \div 6.5$(광차 용량) = 5.43 ⇒ 6대 적용

2) 터널굴착시간 산정(1회 싸이클타임)

구분	산정
스트로크 시간(T_1)	L ÷ (RPM × 압입깊이) ÷ 작업효율 120cm ÷ (7회/분 × 0.33cm/회) ÷ 0.65 = 79.92min
정치시간(T_2)	10min ÷ 0.65 = 15.38min
세그먼트 조립시간(T_3)	20min ÷ 0.65 = 30.77min
싸이클타임(C_m)	$T_1 + T_2 + T_3$ = 126.07min

- 정치시간 : 쉴드 TBM이 굴진 전후 작업을 시작하기 위한 세팅 시간

구분	항목	산정
버력 반출 (수직 버킷컨베이어)	수직 버킷컨베이어 운반량	$50m^3/hr \times 0.65 = 32.5m^3/hr$
	수직 버킷컨베이어 운반시간	$35.30m^3 \div 32.5m^3/hr$ = 65.2min
	작업대기시간	2min
	스트로크 버력 처리시간	67.2min
자재 투입 (겐트리 크레인)	자재 투입높이 = 작업구 깊이 + 크레인 깊이	73m + 3m = 76m
	자재 투입시간	76m ÷ 20m/min = 3.80min
	크레인 인양시간	76m ÷ 40m/min = 1.90min
	지상에서 수평이동시간	1min
	작업대기(세그먼트 체결, 인양, 안정, 해지)	1min
	소요시간 계	7.7min
	자재 투입시간	3회 × 7.7min = 23.1min
검토결과	수직 버킷컨베이어 가동시간	67.2min
	크레인 가동시간	23.1min(버력 반출과 별개작업공정)
	버력 반출 및 자재투입에 소요되는 시간은 67.2min으로 쉴드 TBM 싸이클타임 126.07min보다 작으므로 수직 버킷컨베이어 시스템에 의한 갱외 버력 처리작업 능력은 굴진속도에 영향이 없는 것으로 검토됨	

굴착 버력을 갱내에서 갱외로 반출하는 버력 처리방식은 표 7-2와 같은 것이 있다.

[표 7-2] 굴착갱의 버력 처리

<table>
<tr><th>구분</th><th colspan="2">개요도</th><th>장단점</th></tr>
<tr><td rowspan="2">덤핑장
+
버킷
크레인</td><td>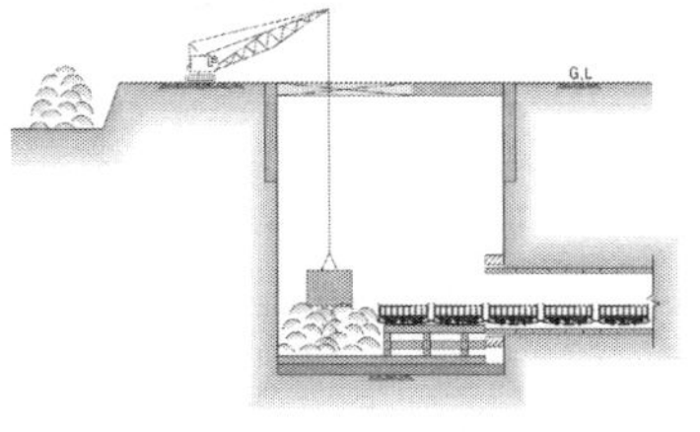</td><td>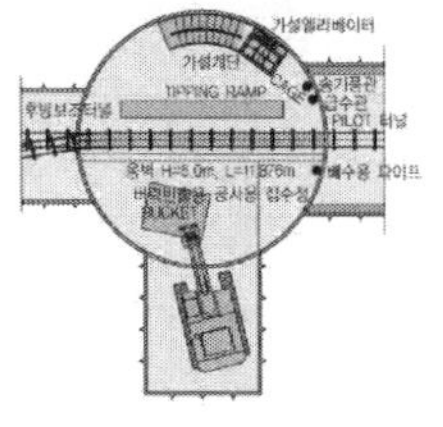</td><td></td></tr>
<tr><td colspan="2">• 덤핑장의 버력을 별도의 횡갱에 위치한 백호우(back hoe)(0.5m^3)를 이용해 버킷(5.0m^3)에 적재하고 크레인을 이용해 지상에 반출하는 방식</td><td>• 적용사례가 많다.
• 넓은 버력 적치장소가 필요하다.
• B/H의 작업공간을 확보해야 한다.</td></tr>
<tr><td rowspan="2">수직
버킷
컨베
이어</td><td>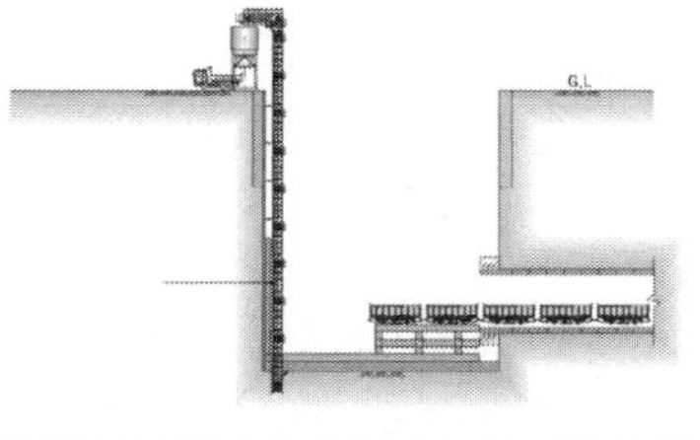</td><td>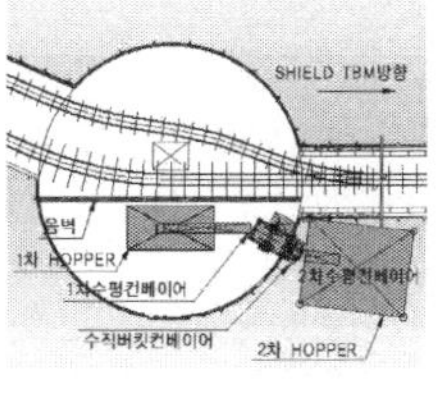</td><td></td></tr>
<tr><td colspan="2">• 수직으로 달린 체인에 버킷을 붙여 작업구 내에서 버력을 적재하고 버킷은 그대로 수평상태를 유지하면서 호퍼까지 수직수평 이동하며 호퍼상에서 반전해 연속적으로 버력을 반출하는 방식</td><td>• 연속적 버력 반출이 가능하다.
• 작업구 내의 호퍼가 필요하다.
• 연직갱의 심도가 깊을 경우 효율이 떨어진다.</td></tr>
<tr><td rowspan="2">광차
직접
인양</td><td>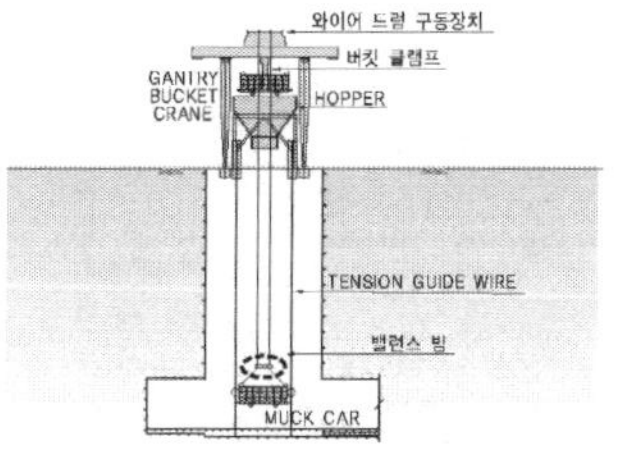</td><td>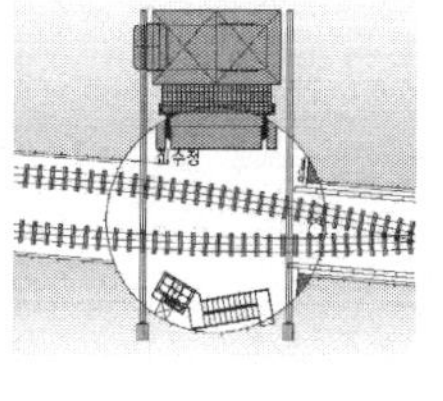</td><td></td></tr>
<tr><td colspan="2">• 버력을 실은 광차를 호이스트를 이용, 직접 인양해 지상의 호퍼에 보관 후 반출하는 방식</td><td>• 연직갱내 덤핑 공간이 불필요하다.
• 상대적으로 안전문제에 취약하다.</td></tr>
<tr><td rowspan="2">펌프
압송
방식</td><td>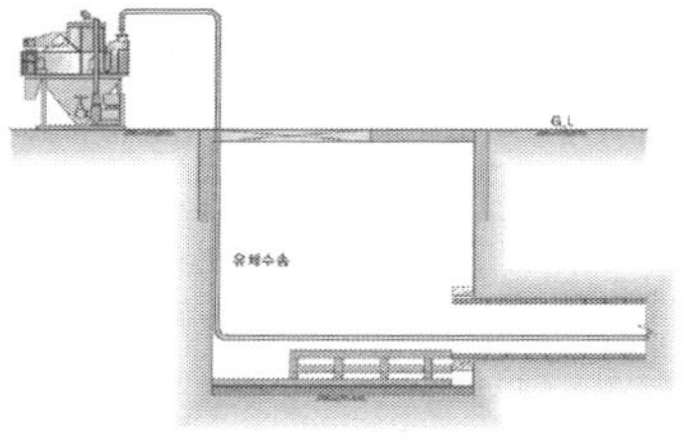</td><td>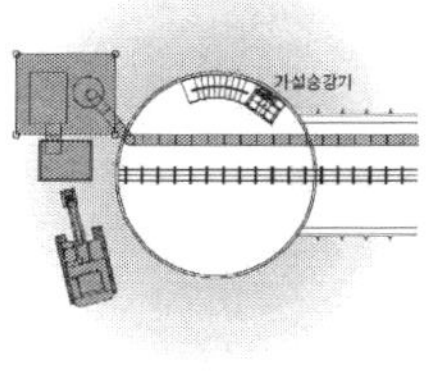</td><td></td></tr>
<tr><td colspan="2">• 쉴드 TBM 장비의 컨베이어와 연결된 압송시스템(압송펌프+압송관)에 의해 지상부까지 자동 반출되는 시스템</td><td>• 연속적 버력 반출이 가능하다.
• 특수분류 플랜트가 필요하다.
• 폐색이 발생할 수 있다.
• 작업구 공간을 최소화할 수 있다.</td></tr>
</table>

나. 버력 처리설비의 환경대책

버력인양 및 상차 시 발생할 수 있는 소음 및 비산먼지는 환경오염 및 민원 발생의 원인이 될 수 있으므로 저감방안에 대한 대책이 필요하다. 특히 수직 버킷컨베이어 시스템과 같은 연속식 버력 처리시스템은 소음이 문제가 될 수 있으므로 도심지 공사 시 설비의 구조나 방음설비의 검토가 필요하다.

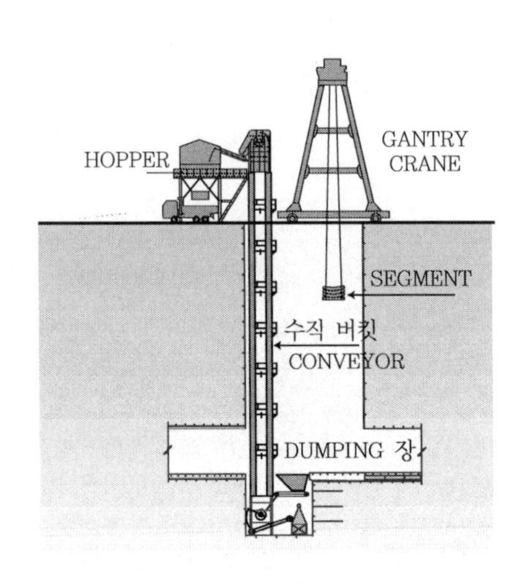

[그림 7-6] 수직 버킷컨베이어 시스템

[그림 7-7] 방음 하우스

다. 버력 처리설비의 안전성

버력 처리설비의 안전성은 작업원의 안전사고 방지 및 작업환경 개선을 위해 우선적으로 설계해야 한다. 특히 직접 인양 시스템의 경우 광차 직접 인양 시 안전사고가 발생할 수 있으므로 흔들림 방지장치 등 안전장치를 장착해 시공 시 안전성을 확보해야 한다.

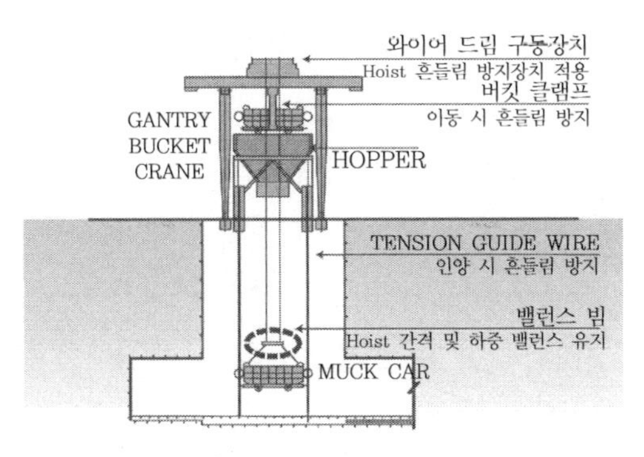

[그림 7-8] 직접 인양 시스템 안전장치

7.2.4 후방설비 및 레일계획

쉴드 TBM의 후방설비 및 레일계획은 작업구 크기 및 버력 반출, 자재 투입 등의 시공성을 좌우하고 쉴드 TBM 굴진속도에 영향을 미치는 중요한 부분이다. 그러므로 후방설비 및 레일계획 시에는 장비의 제원, 굴착토량, 작업사이클, 입출자재, 갱외 버력 반출 및 하역설비 등을 고려해 균형 있는 설비계획을 수립해야 한다.

가. 후방설비

후방설비에는 쉴드 TBM 장비를 구동하기 위한 각종 전원 공급 및 배선·배관들이 복잡하게 연결되어 있는 곳으로 투입자재의 운반 및 버력 반출, 장비의 구동제어 등의 역할을 한다.

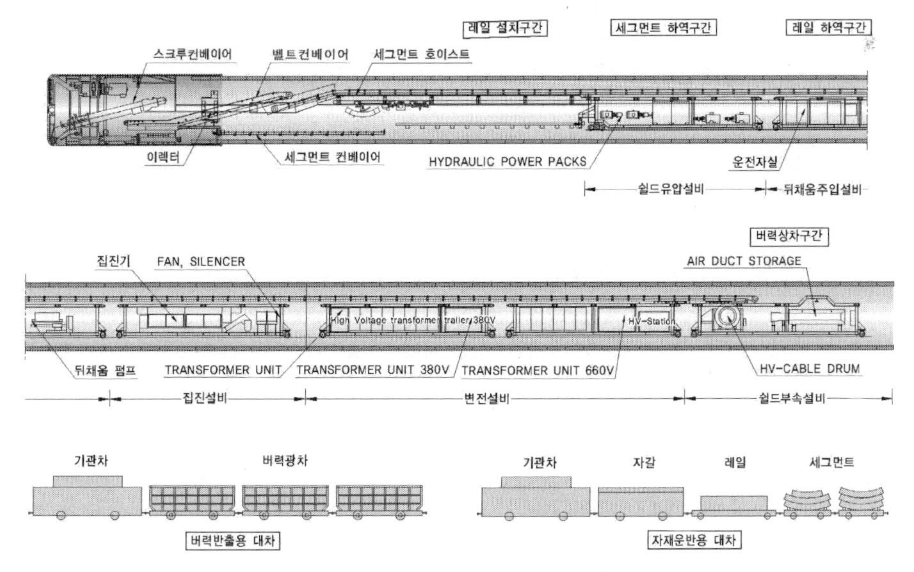

[그림 7-9] 쉴드 TBM 후방설비

후방설비는 뒤채움 주입설비, 세그먼트 하역 및 운반설비, 변전설비, 사토 반출용 벨트컨베이어, TBM을 가동시키는 유압모터와 펌프가 있는 유압설비, 쉴드 TBM의 부속설비 등으로 이루어져 있으며 구조는 운반대차의 출입이 용이하도록 문형구조로 구성되어 있다.

운반대차(rolling stocks)는 버력 반출을 위한 버력 반출용 대차와 인원 및 자재(세그먼트, 레일, 뒤채움 재료 등) 운반을 위한 자재운반용 대차로 구성되어 있다.

대차의 길이는 TBM 후방설비의 길이 및 작업구 내 보조터널 길이의 최소화를 위해 최적화해 구성한다.

1) 뒤채움 주입설비

뒤채움 주입설비는 쉴드 TBM 추진에 따라 발생하는 공극(tail void)에 모르터 등의 주입재를 주입 충전하는 설비이다.

뒤채움 주입방법은 크게 쉴드 TBM에서 주입하는 방법과 세그먼트에서 주입하는 방법으로 나눌 수 있으며, 쉴드 TBM에서 주입하는 방법은 주입관을 스킨플레이트 외측에 배관해 스킨플레이트 후단부에서 공극에 뒤채움재를 주입하는 방법이다.

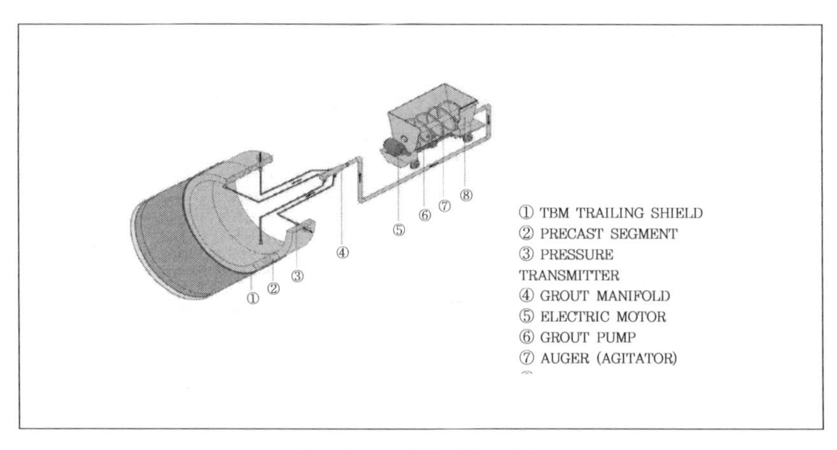

[그림 7-10] 뒤채움 주입

2) 세그먼트 하역 및 설치설비

대차를 이용해 운반한 세그먼트를 하역시키고 이렉터(erector)라 불리는 세그먼트 설치장비까지 운반하는 설비이다.

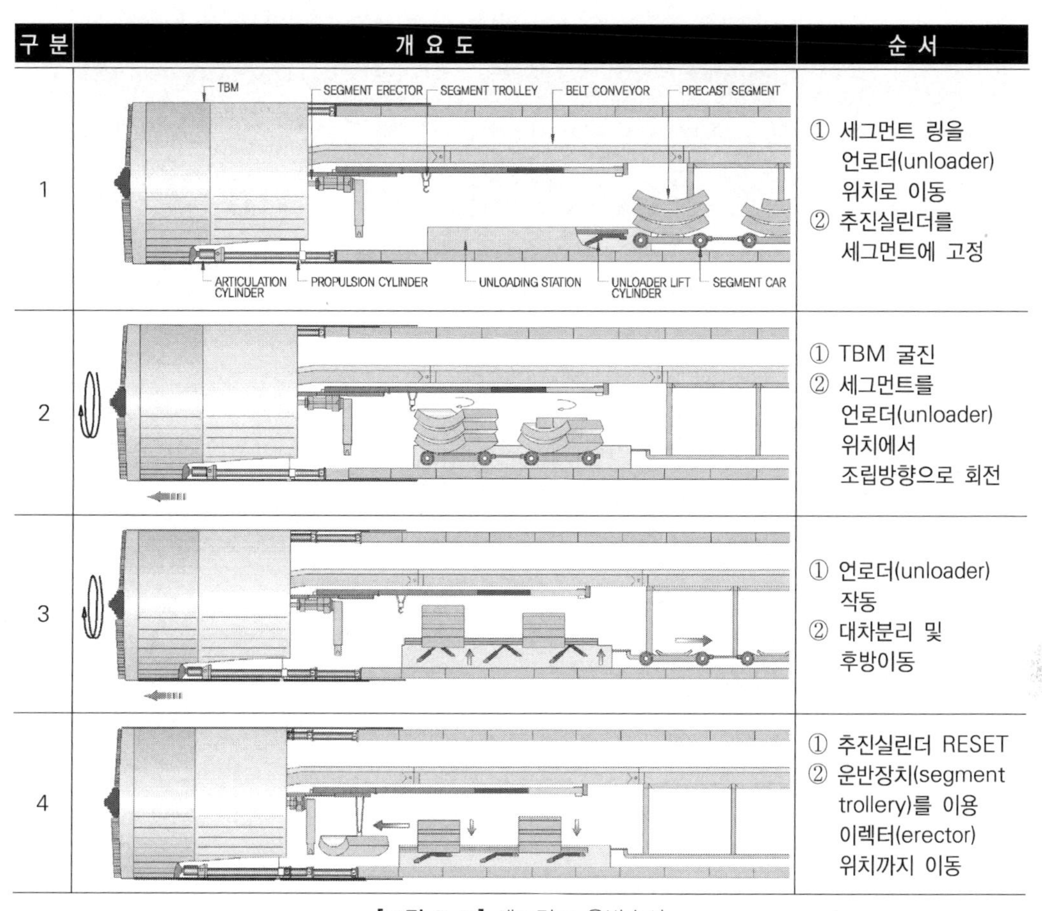

구 분	개 요 도	순 서
1		① 세그먼트 링을 언로더(unloader) 위치로 이동 ② 추진실린더를 세그먼트에 고정
2		① TBM 굴진 ② 세그먼트를 언로더(unloader) 위치에서 조립방향으로 회전
3		① 언로더(unloader) 작동 ② 대차분리 및 후방이동
4		① 추진실린더 RESET ② 운반장치(segment trollery)를 이용 이렉터(erector) 위치까지 이동

[그림 7-11] 세그먼트 운반순서

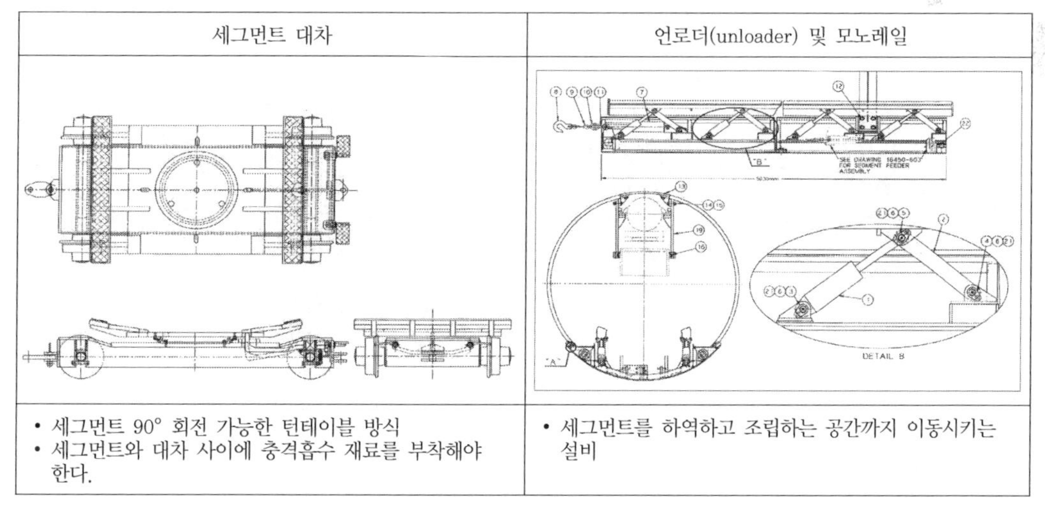

세그먼트 대차	언로더(unloader) 및 모노레일
• 세그먼트 90° 회전 가능한 턴테이블 방식 • 세그먼트와 대차 사이에 충격흡수 재료를 부착해야 한다.	• 세그먼트를 하역하고 조립하는 공간까지 이동시키는 설비

[그림 7-12] 세그먼트 운반설비 예

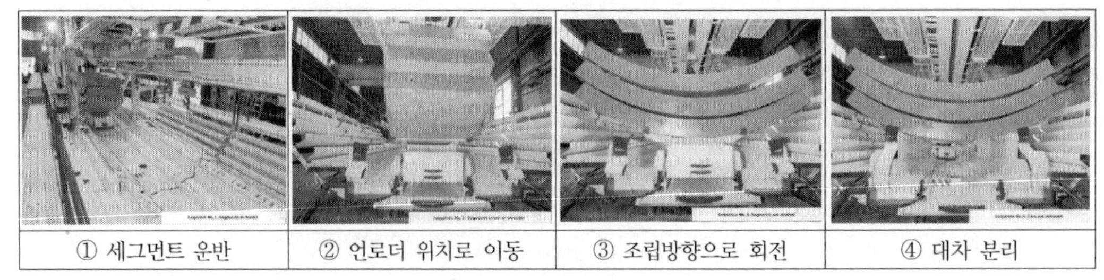

[그림 7-13] 세그먼트 언로더(unloader)

3) 집진설비

집진설비는 굴착, 뒤채움재의 운반, 버력 반출, 작업원의 이동 등으로 발생한 분진을 제거해 갱내 작업자의 작업환경 개선을 위해 설치하는 설비이다.

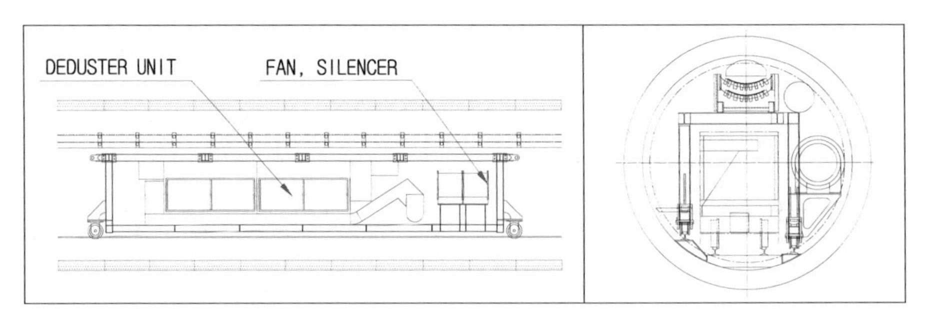

[그림 7-14] 집진용 후방설비

4) 후방 기타설비

[그림 7-15] 후방 기타설비

나. 후방설비의 배치계획

쉴드 TBM 장비는 앞에서 설명한 것과 같이 쉴드기계와 여러 가지 후방설비로 구성되어 있으며 이들은 각기 전선, 연결고리, 호스 등으로 연결되어 있어 조립과 분해가 용이하다.

쉴드 TBM 장비는 일반적으로 발진 시 후방설비의 넓은 거치면적이 필요하므로 설계 시의 작업장의 면적, 초기굴진공기, 버력 처리계획 및 후방설비의 특성을 고려해 정확한 배치계획이 필요하다.

최근에는 쉴드 TBM 장비 굴진 시 전방 보조터널과 후방 보조터널을 각각 축조함에 따라 많은 공사비 및 공사기간이 추가적으로 소요되므로 쉴드 TBM 장비의 조립 및 배치방법을 개선해 보조터널을 축소하거나 설치하지 않는 방법도 적용되고 있다.

[표 7-3] 후방설비 배치계획

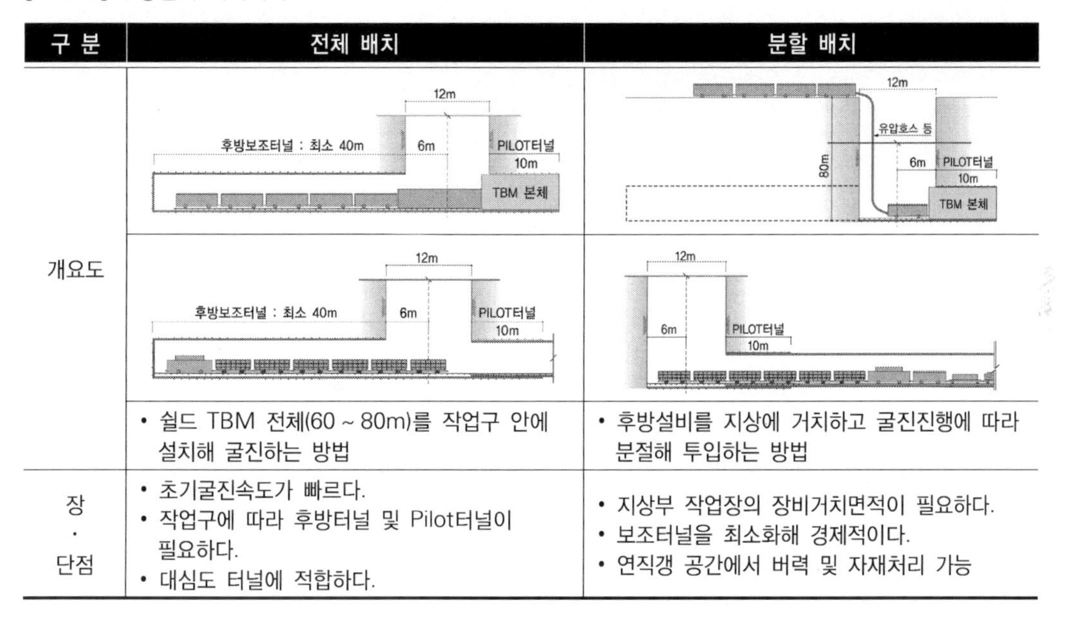

구 분	전체 배치	분할 배치
개요도	• 쉴드 TBM 전체(60 ~ 80m)를 작업구 안에 설치해 굴진하는 방법	• 후방설비를 지상에 거치하고 굴진진행에 따라 분절해 투입하는 방법
장·단점	• 초기굴진속도가 빠르다. • 작업구에 따라 후방터널 및 Pilot터널이 필요하다. • 대심도 터널에 적합하다.	• 지상부 작업장의 장비거치면적이 필요하다. • 보조터널을 최소화해 경제적이다. • 연직갱 공간에서 버력 및 자재처리 가능

다. 갱내 버력 운반 및 자재공급

1) 버력 및 자재 운반용 레일계획

쉴드 TBM 공사에서 중요하게 고려해야 할 사항 중 하나는 버력 처리 및 자재공급용 차량운행을 위한 레일계획이다. 작업구의 크기, 갱외 버력 처리시스템, 버력광차의 용량 및 대수 등을 고려해 최적의 레일계획을 세워야 하며 후방보조터널의 연장계획과 함께 검토해야 한다.

[표 7-4] 갱내 레일계획

구 분	교행방식	횡행대차방식	보조터널방식
개요도	후방보조터널 20m, PILOT 터널	후방보조터널 20m, PILOT 터널, 횡행대차	후방보조터널 40m, 덤핑장
장비구성	Locomotive, Muck Car 3대 (2조) Locomotive, Gravel Car, Rail Car, Segment Car (1조)	Locomotive, Muck Car 6대, Gravel Car, Rail Car, Segment Car (2조) 예비 Locomotive (1대)	Locomotive, Muck Car 6대 (1조) Locomotive, Gravel Car, Rail Car, Segment Car (1조)
장·단점	• 공정이 간단해 시공성 양호 • 연직갱 활용공간이 비교적 넓음 • 이동식 교행시설(C.S) 적용으로 싸이클타임 손실 배제	• 터널 내 교행시설 불필요 • 횡행대차 운영으로 연직갱 작업공간 매우 협소 • 공정이 매우 복잡해 시공성 불량	• 공정이 간단해 시공성 양호 • 후방보조터널이 길어 공기 및 공사비 증가 • 터널 내 많은 교행시설 필요

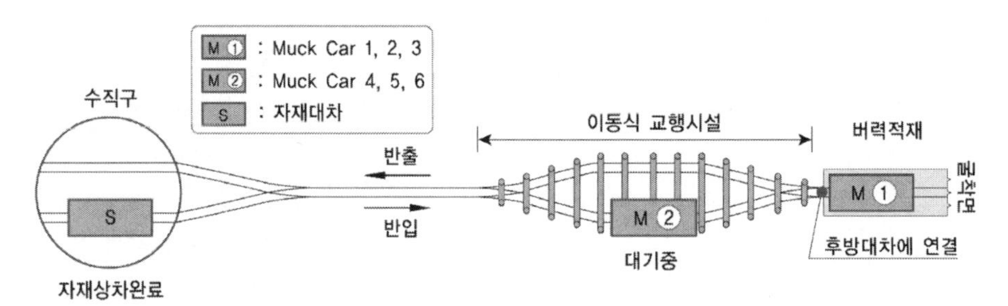

[그림 7-16] 교행시설을 이용한 버력 처리 개념도

2) 기관차, 운반대차의 용량

갱내 운반기관차에는 디젤 기관차, 배터리 기관차, 트롤리 기관차 등이 있으며 이 중에 쉴드 공사에서는 일반적으로 작업환경, 부대설비를 고려해 배터리 기관차가 사용되고 있다.

[그림 7-17] 갱내 운반기관차

[표 7-5] 배터리 기관차의 치수

공칭(ton)	궤도거리(mm)	전장(mm)	전폭(mm)	전고(mm)
2.0	508 ~ 610	1,860 ~ 2,340	887 ~ 1,000	1,115 ~ 1,213
4.0	508 ~ 762	3,100 ~ 3,300	1,100 ~ 1,250	1,165 ~ 1,240
6.0	610 ~ 762	3,680 ~ 3,800	1,150 ~ 1,310	1,240 ~ 1,385
8.0	610 ~ 762	4,340 ~ 4,500	1,250 ~ 1,300	1,300 ~ 1,380
10.0	762 ~ 1,067	5,500 ~ 5,230	1,500 ~ 1,100	1,350 ~ 1,800

[표 7-6] 토사운반차의 치수표

용량(m^3)	전폭(mm)	전고(mm)	전장(mm)
1.0 ~	900 ~ 1,000	1,100 ~ 1,200	1,000 ~ 1,500
1.0 ~ 3.0	1,100 ~ 1,200	1,200 ~ 1,300	1,200 ~ 2,000
2.0 ~ 4.0	1,200 ~ 1,300	1,300 ~ 1,400	1,800 ~ 2,500
3.0 ~ 5.0	1,300 ~ 1,400	1,300 ~ 1,400	2,000 ~ 3,000
4.0 ~ 6.0	1,500 ~ 1,600	1,400 ~ 1,500	2,500 ~ 3,500

3) 기관차(locomotive) 검토

터널 종단경사 및 쉴드 TBM 후속설비(backup system)를 고려해 시공계획에 부합하는 적합한 용량의 기관차를 선정해야 한다.

① 검토 기준 설정

현장 여건에 부합하는 기관차 및 레일을 검토하기 위해 다음의 파라미터가 필요하며, 이들 파라미터는 일반적으로 설계초기의 계획단계에서 검토되어 확정되는 값들이다.

- 선로경사(gt) : 일반적으로 계획된 쉴드터널의 종단경사에 해당함
- 속도(V) : 기관차의 운행속도로서 전체 공정의 싸이클타임에 영향을 미치며, 상향운행 속도와 하향운행 속도로 구분해 검토함
- 열차 저항값(Rr) : 열차저항값은 출발저항, 주행저항, 기울기저항, 곡선저항, 터널저항, 가속저항 등에 관련된 인자로서, 갱내의 저속 광차의 경우 10 ~ 15kg/tonf을 사용함
- 마찰상수(K) : 레일과 열차 바퀴 상태에 따른 마찰특성을 나타내며, 통상 0.25를 사용함

② 기관차 중량 결정

- $WL = \dfrac{Wt\left(\dfrac{3Rr}{2} \pm 10gt\right)}{1{,}000K - \left(\dfrac{3Rr}{2} \pm 10gt\right)}$

여기서, WL : 기관차 중량(tonf)

Wt : 운반대차(rolling stocks) 총 중량(tonf)

Rr : 열차 저항값

gt : 선로기울기로서, 오르막기울기는 양(+)의 값으로, 내리막기울기는 음(-)의 값으로 표기

- 실제 시공현장에서는 기관차 운행 시 버력 및 자재 적재 후 필요에 따라 전진 및 후진 즉, 내리막 및 오르막 운행하는 경우가 있으므로, 기관차 중량은 충분한 여유를 감안해 결정한다.

③ 기관차 견인력 검토

- $Loco = \dfrac{75 \times HP \times n}{V(Rr \pm gt + A)}$

여기서, Loco : 기관차 견인하중(tonf)

HP : 기관차 엔진마력(HP)

n : 엔진 효율

V : 기관차 속도(m/sec)

A : 가속도에 요하는 견인력

- 기관차 견인력이 후방대차 총중량에 의한 피견인력을 넘어서도록 설계한다.

④ 기관차 제동력 검토

- $Lb = K \times C_a \times WL$

여기서, Lb : 내리막기울기에서 기관차 제동력(tonf)

K : 마찰계수(갱내에서 보통 0.25)

C_a : 자중계수

선로 경사(‰)	자중계수(C_a)의 값
0	41
10	31
20	26
40	20
66	10
100	5

- 기관차 제동력이 후방대차 총중량에 의한 관성력을 넘어서도록 설계한다.

4) 침목(sleeper) 및 레일(rail) 검토

선정된 쉴드 TBM 후속설비(backup system)를 충분히 지지할 수 있는 침목 및 레일의 제원을 검토한다.

① 침목 강도 검토

- $\sigma_S = \dfrac{P}{Aw} + \dfrac{M}{Zs}$

여기서, σ_S : 침목의 휨압축 응력(kgf/cm^2)
P : 최대 하중(kgf)
Aw : 침목의 단면적(cm^2)
M : 최대모멘트(kgf·cm)
Zs : 침목의 단면 계수(cm^3)

- 침목의 휨압축 응력이 침목의 허용응력을 넘어서지 않도록 설계한다.

② 침목 간격 검토

- $L = \dfrac{4 \times Zs \times \sigma_{allow}}{P}$

여기서, L : 침목 설치 간격(cm)
σ_{allow} : 허용응력(kgf/cm^2)

- 침목 간격 검토는 버력이 적재된 광차(muck car)와 기관차(locomotive) 중량 중 큰 것을 기준으로 검토한다.

③ 레일 강도 검토

- $\sigma_R = \left(\dfrac{P \times L}{4}\right) \times \dfrac{1}{Z_R}$

여기서, σ_R : 레일의 휨압축응력(kgf/cm^2)
Z_R : 레일의 단면 계수(cm^3)

- 레일의 휨압축응력이 레일의 허용응력을 넘어서지 않도록 설계한다.

7.2.5 부대설비 계획

발진작업구는 쉴드 TBM을 발진시키기 위해 쉴드 TBM의 반입, 조립, 설치 및 쉴드 TBM 발진 준비설비를 설치하는 기지인 동시에 쉴드 TBM 굴진 중에는 버력 반출과 굴진을 위한 기자재공급 기지이다. 또한 작업구는 작업장으로의 관문이며 작업원들의 준비공간의 역할을 하는 장소이므로 세그먼트 및 자재 투입설비, 환기설비, 급수 및 배수 설비, 승강기 및 집수정 설비 등도 고려해야 한다.

가. 자재 투입설비

세그먼트, 레일, 각종 배관 등의 자재를 작업구 하부로 투입하기 위한 설비로 충분한 작업용량과 전후 및 좌우로 이동이 가능한 구조의 크레인을 선택한다.

발진준비 시에는 쉴드 TBM 장비의 운반 및 조립을 위해 중·소규모의 가동크레인(약 50 ~ 200tonf)을 사용할 수 있으나 실제 크레인의 크기는 쉴드 TBM 장비의 자중과 크레인과 작업구 사이의 거리에 따라 결정해야 한다.

[그림 7-18] 작업구 크레인

나. 환기설비

쉴드 TBM 굴착, 뒤채움재의 운반 등으로 발생한 터널 내 분진을 제거하고 쉴드 TBM 내 작업자들의 작업환경 개선을 위해 환기설비를 갖추어야 한다. 환기 설비의 종류에는 송기식, 배기식, 송·배기식 등이 있으나 쉴드 TBM은 쉴드 밖 커터헤드에서 굴착하고 집진설비 시스템이 가동되므로 작업장 내 분진이 적으며 모든 설비가 전기로 구동되므로 유해 가스도 적어 분진 및 가스를 강제적으로 배출시키는 배기식보다는 송기식이 유리하다.

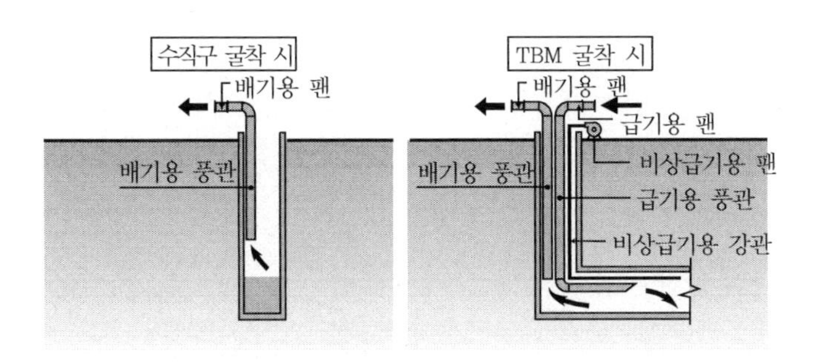

[그림 7-19] 환기설비

작업구의 형상 및 크기를 결정할 때 가연성 가스나 유독가스가 발생할 우려가 있는 경우에는 환기덕트의 공간도 고려해서 결정할 필요가 있다.

다. 급수 및 배수설비

쉴드 TBM은 작업용 용수공급을 위한 급수설비와 용출수 및 사용된 작업용수의 배출을 위한 배수설비가 필요하다.

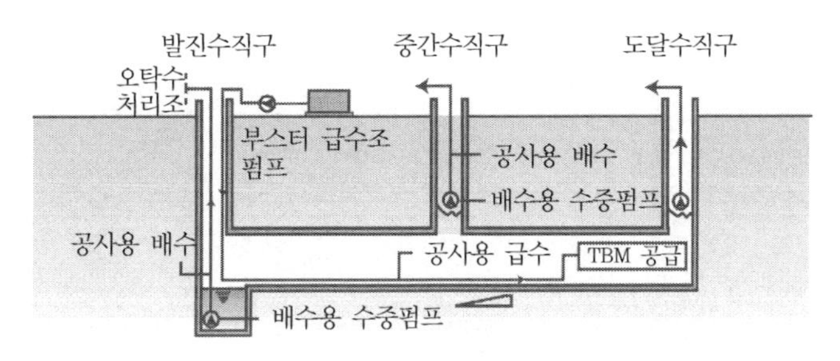

[그림 7-20] 급수 및 배수설비

쉴드 TBM의 굴착 기울기가 내리막일 경우는 Relay 배수를 위한 집수정을 설치해야 하는데 배수관은 2개를 유지하고 1개의 집수정 내 양수기를 2대 설치해 각각 라인에 연결해서 양수기 고장 시에도 전체배수 시스템에 문제가 없도록 시공해야 한다.

라. 승강설비 및 집수정 계획

1) 승강설비

작업구의 승강설비는 직선계단, 나선계단, 엘리베이터 등이 있으며 작업조건을 고려해 안전하고 피로도가 적은 것으로 선택해야 한다.

① 직선계단

일반적으로 널리 사용하고 있는 승강설비이지만, 승강 시 필요한 시간이나 작업원의 피로도 때문에 작업구 심도 30m 이하에서 적용되고 있다. 계단이 점유하는 용적이나 평면적이 크기 때문에 협소한 작업구에서 계단의 설치는 낙하물, 작업공간 등을 고려해 작업원의 안전 및 작업공간에 영향이 없는 장소를 골라 설치한다.

② 나선계단

나선계단으로 승강을 하는 경우는 작업구의 심도가 20m 정도가 한계이다. 나선계단은 조립, 해체가 간단하고 계단의 점유면적이 적어 전용이 가능하고 경제적이다.

③ 엘리베이터

30m 이상의 작업구 설치에 바람직하며 엘리베이터의 기종은 공사규모, 작업구의 구조, 작업구의 심도를 고려해 운전이 간단하고 안전도가 높은 것을 선택해야 한다.

[그림 7-21] 작업구 승강설비

2) 집수정 설비

집수정은 작업구 및 갱내에서 발생하는 유입수를 집수해 갱외로 원활히 배출하기 위해 설치한다. 집수정의 용량은 유입량, 배수펌프의 규격, 배수지속시간을 고려해 설계하고 공사 중 기계설비의 원활한 유지관리가 요구된다.

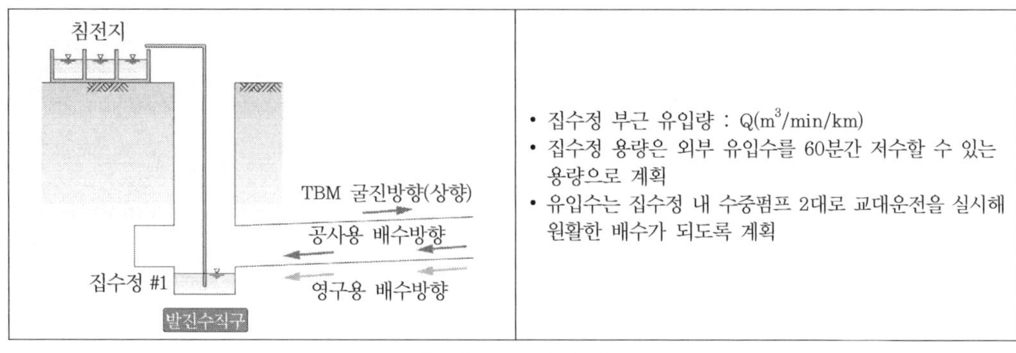

[그림 7-22] 집수정

7.2.6 Open TBM 작업구

Open TBM 공법은 그리퍼(gripper)라고 하는 측벽 지지용 장치를 이용해 추진력을 얻어서 전면의 커터헤드(cutter head)로 암반을 굴착하며 후방에서 록볼트(rock bolt)와 숏크리트(shotcrete) 등의 지보재를 이용 굴착면을 안정화시켜 터널을 축조하는 방법이다.

그러므로 Open TBM 작업구는 TBM의 최초 지지를 위해 기종별 장비사양에 따라 10 ~ 20m 내외의 발진용 파일럿 터널을 준비해야 한다.

파일럿 터널은 재래식 굴착방법을 이용해 투입기종과 여유 공간을 고려해 크기를 결정하고, 원형 또는 마제형으로 측벽 지내력(30 ~ 50kgf/cm^2)이 충분하도록 시공한다.

작업구를 이용한 도심지 터널에서는 TBM 본체의 후방설비 길이와 버력 처리장비의 길이를 비교해 적절한 발진용 터널 길이를 굴착해야 한다.

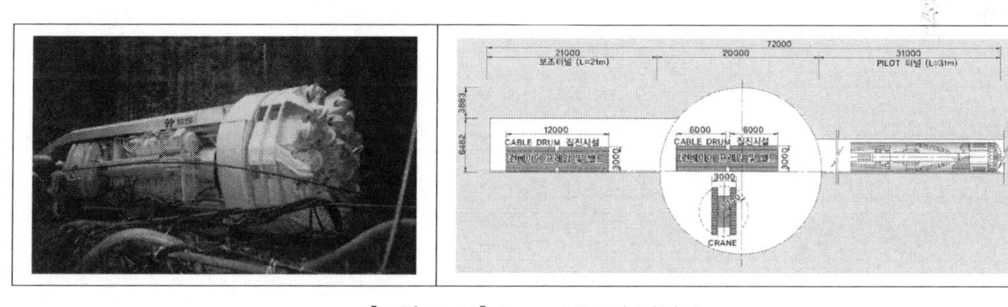

[그림 7-23] Open TBM의 작업구

Open TBM은 본체 및 후속 트레일러의 부피가 크고 중량이 100 ~ 500tonf의 대형장비로 직경에 따라 운송이 가능하도록 분해 및 조립할 수 있도록 제작되어 있다. 갱내에 조립장을 조성, 조립완료 후 보조유압장치(power pack)를 이용 파일럿 터널로 이동시켜 굴착준비가 완료된다.

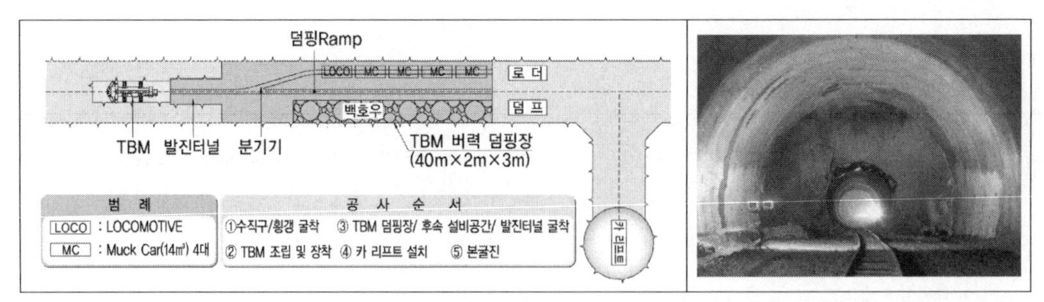

[그림 7-24] Open TBM + NATM

Open TBM의 경우 대구경 적용이 어려워 최근에는 NATM 터널과 결합해 그림 7-24에서 보는 것과 같이 NATM 터널을 발진기지로 해 선진 굴착용으로 주로 사용되고 있다.

7.3 쉴드 TBM 터널의 발진준비

7.3.1 시공개요

쉴드 공사의 일반적인 시공순서는 그림 7-25와 같으며, 발진준비는 원활한 초기굴진을 위한 준비단계이다.

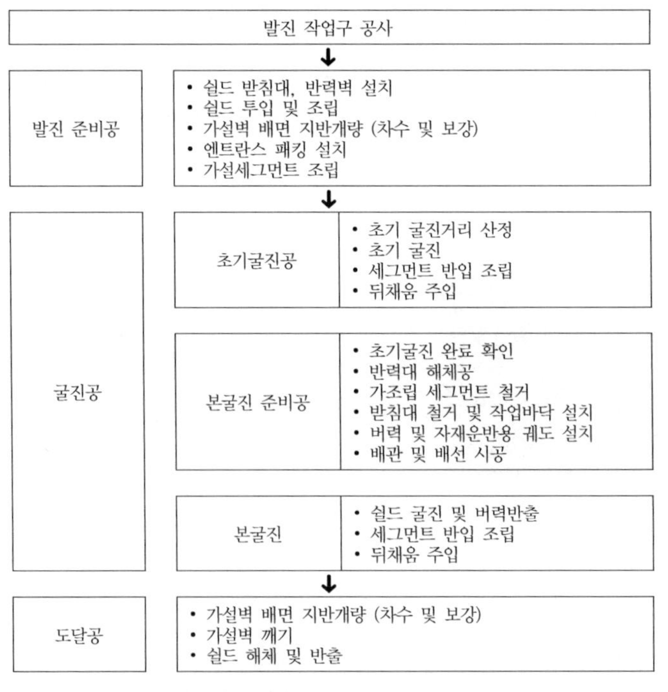

[그림 7-25] 쉴드 공사 시공순서

쉴드 TBM의 발진준비공은 쉴드 공사의 시작준비 단계로서 발진받침대 설치, 쉴드기 조립, 반력대 설치, 엔트란스 패킹 설치, 후속설비의 설치 및 쉴드기 시운전 등의 작업이 있으며 이러한 준비 작업과 동시에 뒤채움 주입설비, 기자재 투입설비 및 버력 처리설비 등의 설치를 병행해야 한다.

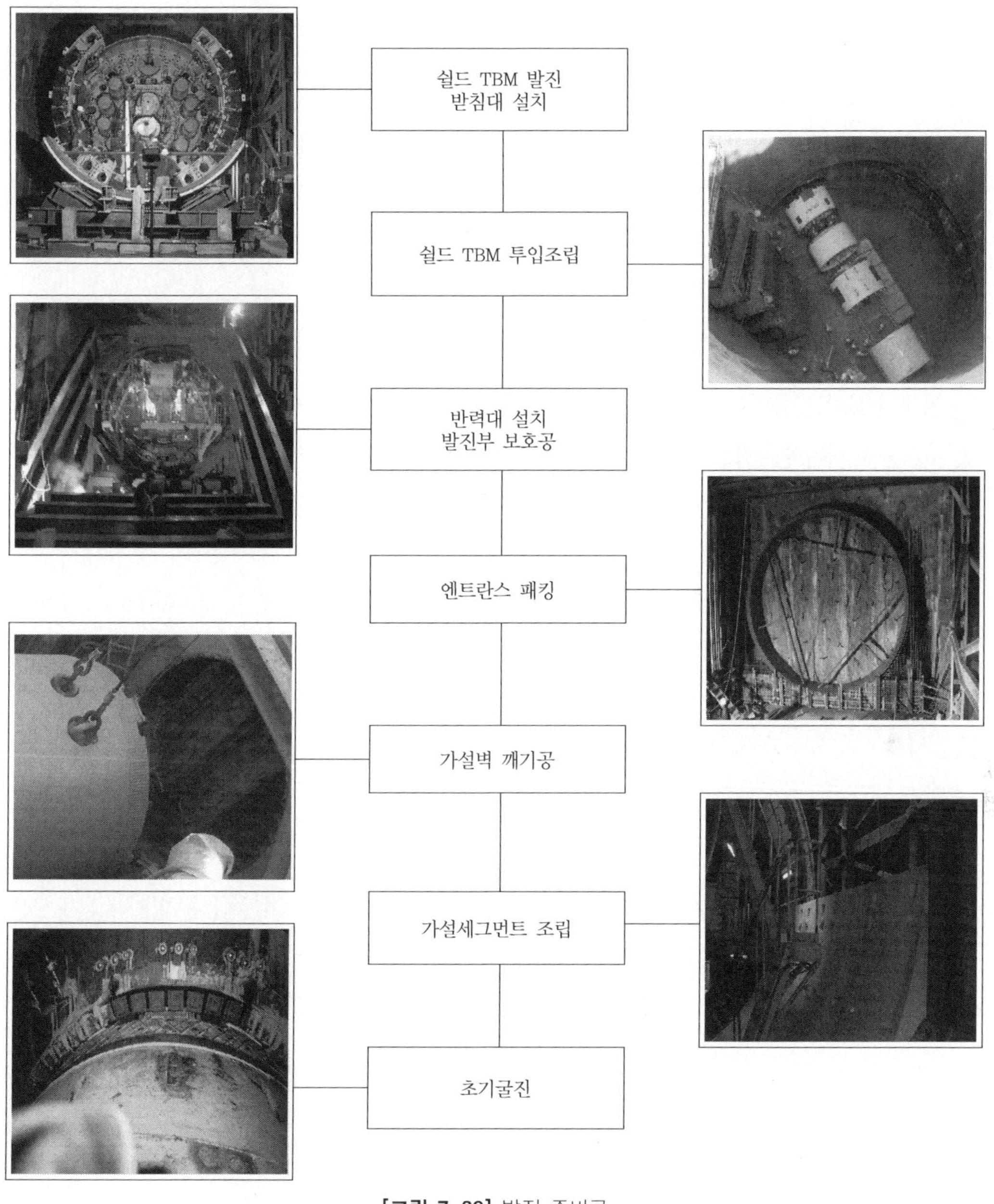

[그림 7-26] 발진 준비공

발진준비 작업 시에는 이와 같은 여러 가지 작업이 짧은 시간에 집중적으로 시행되므로 작업계획의 수립은 물론 실질적 공정 관리는 매우 중요한 관리항목이 된다. 준비작업 계획미비로 준비작업이 지연되면 바로 전체 공정의 지연을 의미한다.

7.3.2 쉴드 TBM 발진받침대

발진받침대는 쉴드 TBM의 조립·해체 시 작업대 역할 및 초기굴진 시 가이드 역할을 목적으로 설치하는 구조물이다. 쉴드 TBM 받침대는 쉴드 TBM의 중량 및 초기굴진 시 커터토크(cutter torque) 반력, 세그먼트 중량 등이 작용하므로 이들의 외압에 저항할 수 있어야 한다.

가. 설치공

받침대의 설치는 쉴드 TBM의 조립에 선행하며 받침대를 설치해 그 위에서 쉴드 TBM을 조립한다. 초기굴진 시는 쉴드 TBM이 받침대 위를 슬라이드하며 굴진이 개시된다. 따라서 쉴드 TBM의 방향이나 위치가 받침대의 위치에 따라서 결정되기 때문에 방향과 기울기 등을 정확하게 설치하고, 쉴드 TBM의 추진에 따라 움직이지 않도록 고정해야 한다.

쉴드 TBM의 받침대를 설치할 때에는 쉴드 TBM 발진 중심선 및 방향 설비 높이를 노상으로부터 측량해 설계선형과 일치하도록 위치를 결정해야 한다.

특히 쉴드 TBM의 받침대 거치 높이는 발진 직후에 하향으로 처지는 현상(nose down)이 있기 때문에 약간 상향으로 설치한다.

나. 구조 검토 및 해석

받침대는 쉴드 TBM 장비 중량 및 세그먼트 중량이 견딜 수 있는 구조여야 한다. 받침대의 구성은 레일, 레일수평 받침부, 레일수직 받침부 및 하부 받침부로 구성되어 있으며 레일 및 받침부로 주로 쓰이는 H-빔의 경우 쉴드 TBM 장비의 중량에 맞추어 규격을 결정한다.

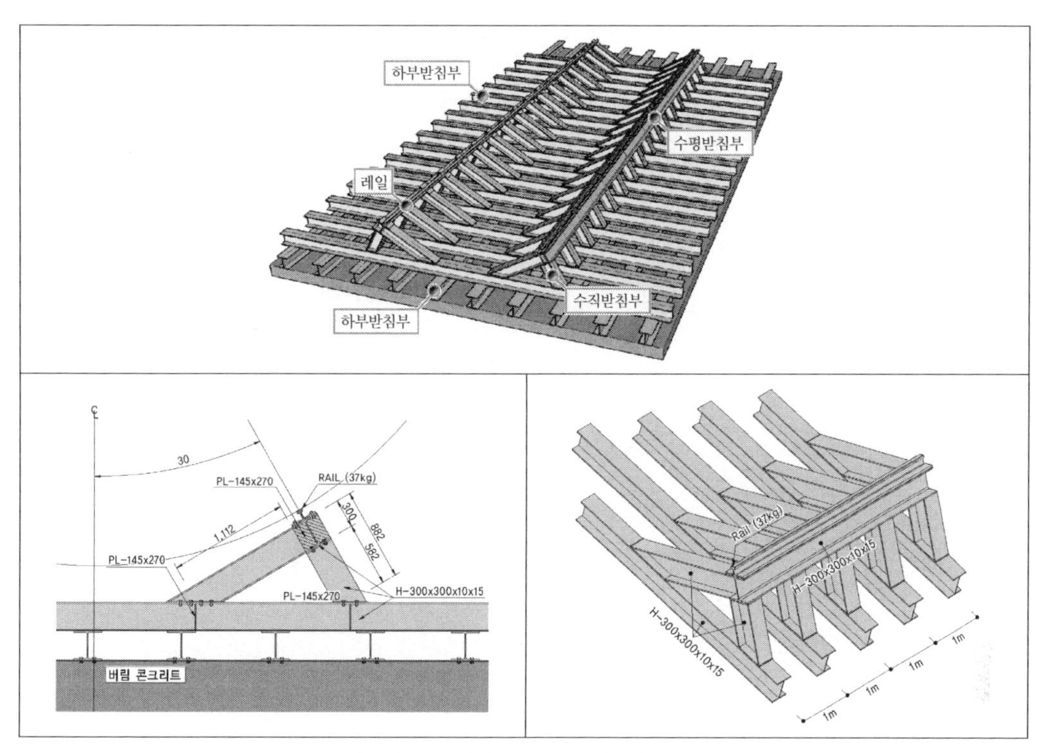

[그림 7-27] 쉴드 TBM 받침대 구조

1) 작용하중

받침대에 작용하는 하중은 쉴드 TBM 자중이며, 쉴드 중량을 단위길이당 하중으로 계산해 쉴드 TBM 받침대에 작용하는 하중을 구한다.

- N = W/L

여기서, N : 쉴드 TBM 1m당 중량(kN/m)
W : 쉴드 TBM 총중량/2(kN)
L : 쉴드 TBM 총길이(m)

- $P = N \times \cos\alpha$
- $H = N \times \sin\alpha$

여기서, P : 수직하중(kN/m)
H : 수평하중(kN/m)

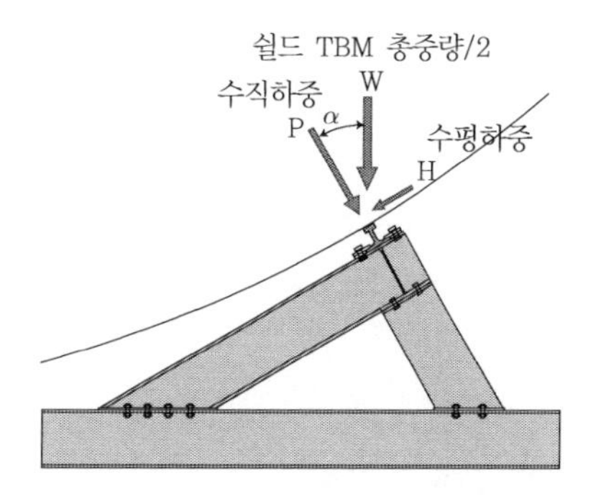

[그림 7-28] 쉴드 TBM 받침대 작용하중

2) 레일 검토

레일의 검토는 쉴드 TBM의 중량을 수직하중과 수평하중으로 나누어서 레일이 받는 응력을 레일의 허용응력과 비교해 검토한다. 레일의 허용응력보다 레일이 받는 응력이 큰 경우 규격이 더 큰 레일을 사용해 재검토한다.

일반적으로 레일의 취약지점은 레일 웹(web) 부분이므로 웹 부분에 수직하중과 수평하중이 작용한다고 보고 레일의 압축 및 전단에 대해 안전성을 검토한다.

- 압축응력 검토

  $f_c = P/A_w \leqq f_{ca}$

- 전단응력 검토

  $\tau = H/A_w \leqq \tau_a$

여기서, P : 수직하중(kN/m)

H : 수평하중(kN/m)

A_w : 레일 웹 단면적(m^2/m)

f_{ca} : 강재 허용압축응력(MPa)

τ_a : 강재 허용전단응력(MPa)

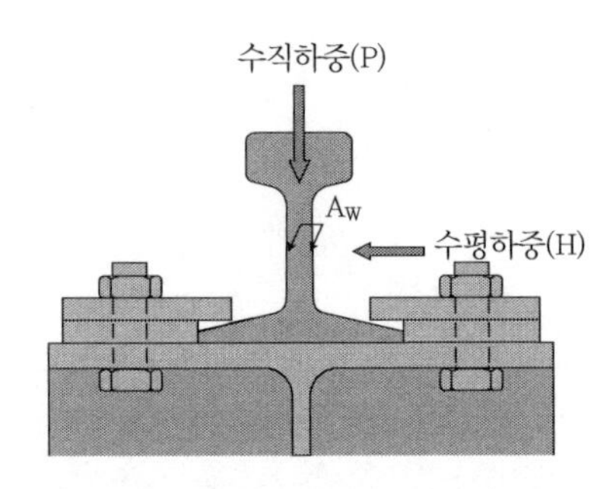

[그림 7-29] 레일에 작용하는 하중

3) 연결부 검토

연결부를 고정하는 볼트에 수평하중이 작용하므로 수평하중을 지지할 수 있을 만큼의 볼트 수를 배치해 레일과 받침부가 떨어지지 않게 한다.

- 볼트 1개당 작용하중

  $\rho = H/n \leqq \rho_a$

여기서, ρ : 볼트 1개당 작용하중(kN)

n : 1m당 볼트 수

ρ_a : 볼트 허용하중(kN)

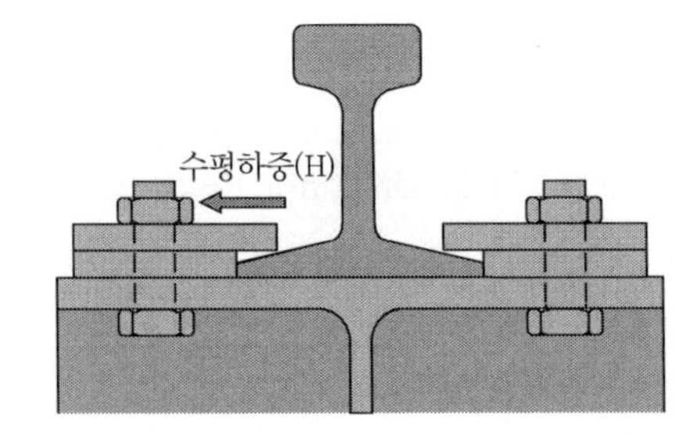

[그림 7-30] 연결부 작용하중

4) 레일수평 받침부 검토

받침부를 검토할 때 받침부 하중(w)은 레일이 받는 수직하중(P)이 그대로 전달되는 것으로 가정하고 검토한다.

- 최대휨모멘트(M)

$$M = \frac{w}{8}L'^2$$

- 휨응력

$f_b = M/Z \leqq f_{ba}$

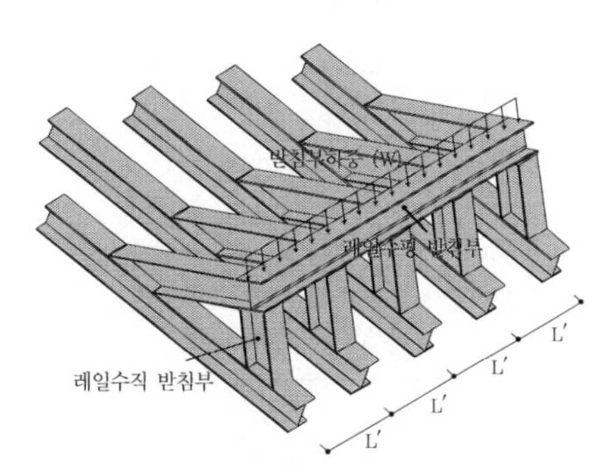

[그림 7-31] 받침부 작용하중

여기서, M : 최대휨모멘트(kN·m)
w : 받침부 하중 = P(kN/m)
L′ : 지간(m)
f_b : 휨응력(MPa)
Z : 단면계수(m^3)
f_{ba} : 강재 허용휨응력(MPa)

5) 레일수직 받침부 검토

- 축방향 압축응력

$f_c = P'/A' \leqq f_{ca}$

여기서, f_c : 압축응력(MPa)
P′ : 받침부 하중 = w × L′(kN/m)
A′ : 수직받침부 면적(m^2)
f_{ca} : 강재 허용압축응력(MPa)

위의 쉴드 TBM 받침대 검토는 쉴드 TBM 장비가 발진 전 쉴드 TBM 장비 자중에 의한 받침대의 구조적 안정성을 검토하는 것이다. 하지만 쉴드 TBM 발진 시 받침대에 발진에 의한 수평하중이 레일에 따라 발생할 것으로 예상하므로 이에 따른 검토가 필요하다. 또한 받침대 회전 시 쉴드 TBM 장비에 의한 편압이 받침대에 발생하지 않게 받침대를 천천히 회전하는 것이 좋으나 받침대 회전 시 생길 수 있는 편압을 고려해 구조 검토를 하는 것이 더 안정한 검토가 될 것이다.

다음은 그림 7-27과 같은 쉴드 TBM 받침대에 대한 설계 예이다.

길이 11.5m, 총중량 508tonf인 쉴드 TBM 장비가 있는 경우 쉴드 TBM 받침대 검토는 다음과 같다.

검토 부재	레일 37kg N	레일수평 받침부 H-300×300×10×15	레일수직 받침부 H-300×300×10×15
허용압축응력(kgf/cm^2)	1,400	1,400	1,400
허용인장응력(kgf/cm^2)	1,400	1,400	1,400
허용전단응력(kgf/cm^2)	800	800	800
단면적(A, cm^2)	47.3	119.8	119.8
단면계수(Z, cm^3)	164	1,360	1,360
단면 2차모멘트(I, cm^4)	952	20,400	20,400
단면 2차반경(ry, cm)	-	7.51	7.51

받침대는 가설 구조물이므로 응력 검토 시 허용응력을 50% 증가시켜 검토한다.

① 작용하중

- $N = W/L = 254/11.5 = 22.09$tonf/m

여기서, N : 쉴드 TBM 1m당 중량

W : 쉴드 TBM 총중량/2 = 508/2 = 254tonf

L : 쉴드 TBM 총길이 = 11.5m

- 레일에 수직으로 작용하는 하중(P)

  $P = N \times \cos\alpha = 22.09 \times \cos 30 = 19.13$tonf/m

- 레일에 수평으로 작용하는 하중(H)

  $H = N \times \sin\alpha = 22.09 \times \sin 30 = 11.04$tonf/m

② 레일 검토

- 사용 부재 : 37kg N
- 레일 웹부의 단면적(A_w) : $1.35 \times 100 = 135cm^2/m$
  - 압축응력 검토

    $f_c = P/A_w = 141.69kgf/cm^2 \leqq f_{ca} = 2{,}100kgf/cm^2$ ∴ O.K.
  - 전단응력 검토

    $\tau = H/A_w = 81.80kgf/cm^2 \leqq \tau_a = 1{,}200kgf/cm^2$ ∴ O.K.
  - 연결부의 검토
- 수평력은 볼트의 전단력으로 저항하며, M20-F8T를 사용하면(허용전단력 3.1tonf)

  $n = H/Pa = 11.04/3.1 = 3.56$EA이므로, 1m당 4EA를 사용한다.

③ 레일수평 받침부 검토

- 사용부재 : H−300×300×10×15
- 최대지간 : L′ = 1.0m
- 하　　중 : w = 19.13tonf/m

$$M = \frac{w}{8}L'^2 = \frac{19.13}{8} \times 1.0^2 = 2.39\text{tonf}\cdot\text{m}$$

$f_b = M/Z = 2.39 \times 1,000 \times 100/1,360 = 175.8\text{kgf/cm}^2 \leqq f_{ba} = 2,100\text{kgf/cm}^2$ ∴ O.K.

④ 레일수직 받침부 검토

- 사용부재 : H−300×300×10×15
- 부재길이 : L = 58.20cm
- 강재의 좌굴허용응력

$L/r = 7.75 < 20$이므로 $f_{ca} = 2,100\text{kgf/cm}^2$

$P' = w \times L' = 19.13 \times 1.0 = 19.13\text{tonf}$

$f_c = P/A = 19.13 \times 1,000/119.8 = 159.66\text{kgf/cm}^2 \leqq f_{ca} = 2,100\text{kgf/cm}^2$ ∴ O.K.

다. 유턴(U-turn) 공법

유턴 공법은 복선터널 시공 시 상선도달 후 도달작업구에서 쉴드 TBM 장비를 회전, 이동해 발진하는 공법으로서 도달작업구를 발진작업구로 사용해 시공의 연속성을 확보하고 도심지 공사 시 작업구를 최소화할 수 있다.

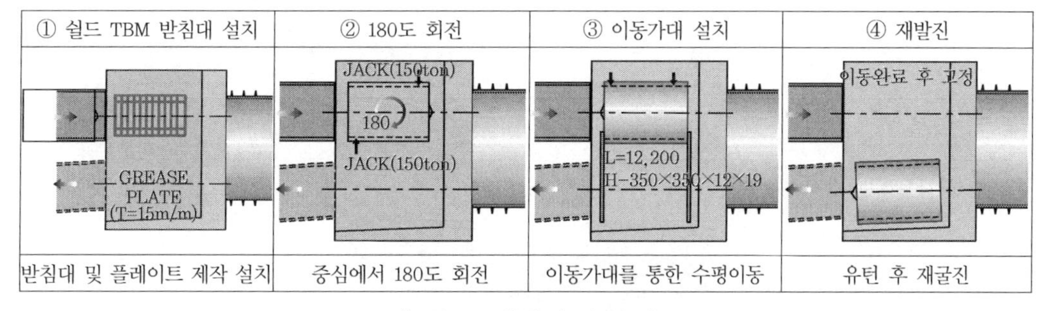

[그림 7-32] 유턴 시공순서

[표 7-7] 유턴 받침대

구 분	윤활재 피복식	볼베어링식	에어캐스터식
개 요	• 쉴드 이동(추진 잭) 및 회전대로 이동	• 회전대로서 하부에 볼베어링이 설치된 대차를 이용해 회전	• 방향전환대 및 에어캐스터를 이용한 방법
장 점	• 시공실적이 가장 풍부 • 최소한의 설비만으로 가능	• 회전 및 횡방향 이동 용이 • 소규모의 잭으로 충분한 이동 가능	• 회전 및 횡방향 이동 용이 • 회전과 동시에 이동 가능
단 점	• 마찰계수가 상대적으로 크므로 대용량의 잭 요구 • 정밀한 조정 곤란하나 시공비 저렴	• 바닥판의 강성 및 편평도의 정밀시공 요구되므로 구조물 해체가 곤란 • 시공실적이 비교적 적으며 중·고가	• 바닥판 편평도의 정밀시공 요구 • 시공실적 가장 적음 • ø7m 이상 시공실적 없으며 고가
시공실적	대다수(국내적용)	적 음	적 음

7.3.3 쉴드 TBM의 투입 및 조립

쉴드 TBM의 투입 및 조립은 크기 및 중량 관계상 분할 반입되어, 발진작업구 내의 쉴드 TBM 받침대 위에서 조립을 실시한다. 동시에 이수설비, 뒤채움 주입설비 등 쉴드 TBM 굴진에 필요한 설비의 조립 및 쉴드 TBM까지 배관을 해야 한다.

일반적으로 쉴드 TBM과 쉴드의 주변장치의 조립과 해체작업은 위험과 책임소재의 상충을 피하기 위해 쉴드 TBM 제조사의 계약범위로 해야 한다. 이는 전체공기에 걸쳐 해당되며 이 기간 동안 쉴드 TBM의 투입, 조립, 해체 등을 제조사의 책임 아래 관리하는 것이 바람직하다.

가. 쉴드 TBM의 구조

1) 쉴드 TBM 본체

[그림 7-33] 쉴드 TBM 장비의 구조

① 후드부

후드부는 커터헤드(cutter head)와 커터챔버(cutter chamber)로 이루어져 있다.

커터헤드는 보통 면판이라고 부르며, 쉴드 TBM 전면에 배치되어 막장의 안정을 유지하고, 커터를 부착해 회전하면서 지반을 굴착하는 기능을 갖는다.

커터챔버는 일반적인 밀폐형 쉴드 TBM의 커터헤드와 격벽 사이의 공간을 말하며 이 공간은 굴착된 버력을 일시적으로 저장하면서 막장의 압력을 제어, 유지하는 곳으로 막장 안정의 중요한 부분이다.

② 거더부

거더부는 쉴드 TBM의 스킨플레이트(skin plate)를 환상(環狀)이나 기둥으로 보강해, 쉴드 추진 잭, 커터헤드 구동장치, 중절장치 및 배토장치 등 굴진을 위한 장비를 설치하는 부분이다.

③ 테일부

테일부는 복공체인 세그먼트를 조립하고, 조립한 세그먼트는 굴진을 위한 반력대로 사용하는 공간으로, 세그먼트의 조립장치와 쉴드 TBM의 외부의 토사 및 지하수 또는 뒤채움재 등의 유입을 막기 위한 테일 실(tail seal)이 설치된다. 또한 테일부는 세그먼트 조립공간이기 때문에 내부에 보강재를 설치할 수 없어 구조상 가장 취약한 부분이다.

2) 세그먼트 조립을 위한 복공설비

쉴드 TBM의 추진 후 일반적으로 여러 개의 분할된 강재 또는 철근 콘크리트의 세그먼트를 운반하고 조립하는 설비부분이다.

일반적인 세그먼트 설치 순서는 세그먼트 대차를 이용해 운반, 언로더(unloader)에서 대차에서 분리해 회전이동하고, 운반용 모노레일을 이용해 세그먼트 조립장치(eractor) 작업위치까지 운반한다.

3) 쉴드 TBM 가동을 위한 후방설비

후방설비는 쉴드 TBM의 구성장비에서 중요한 장비 중의 하나이다. 이곳에서 실질적인 공급 및 회수관(return line)이 연결될 뿐만 아니라 이곳에 연결된 모든 라인들은 쉴드 TBM 운용을 위해 복잡하게 연결되어 있기 때문에 모든 것을 운반하고 반송하는 적절한 전후방 연결이 보장되는 것이 매우 중요하다.

나. 투입 및 조립순서

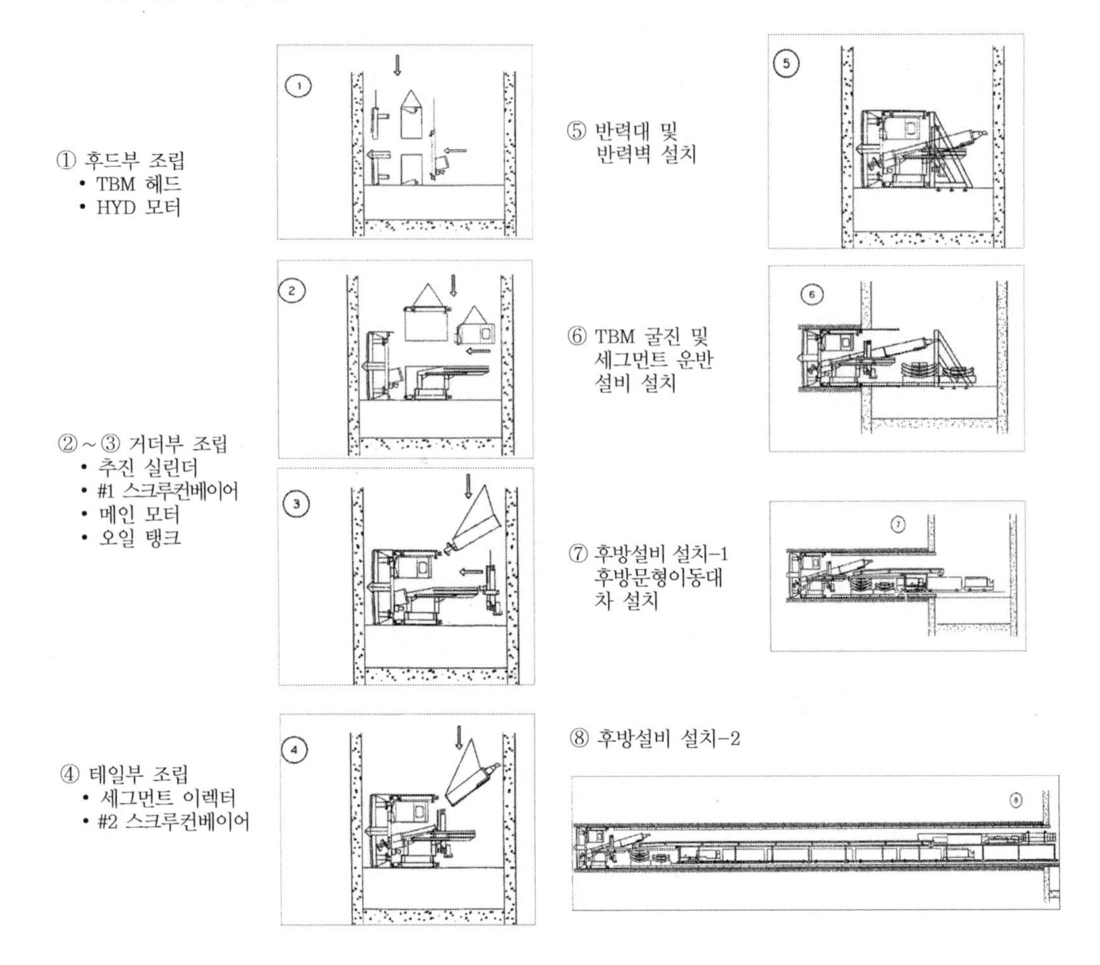

[그림 7-34] 쉴드 TBM 장비 조립순서

쉴드 TBM은 일반적으로 트레일러로 현장에 반입되어 크레인으로 작업구 밑에 내려 발진대 위에서 조립된다.

쉴드 TBM의 후방설비는 일반적으로 쉴드 TBM의 진행에 따라서 쉴드 TBM과 함께 이동하는 문형이동대차 형식이므로 궤도 위에서 조립되어 쉴드 TBM의 진행에 따라서 견인된다.

7.3.4 쉴드 TBM의 추진 반력대

반력대는 그리퍼가 없는 싱글 쉴드 TBM의 경우나 세그먼트 조립 전에 쉴드 TBM의 추진력을 확보하고 가설 세그먼트를 통해 전달되는 추진력을 지반으로 안정적으로 전달하는 목적으로 설치하는 구조물이다.

가. 설치공

초기굴진 시 추진 잭의 추력은 가설세그먼트→반력대→반력벽 또는 토류벽체 배면지반으로 전달된다. 따라서 추진 잭의 추력에 충분히 견딜 수 있어야 하며, 하중을 균등하게 분배할 수 있는 구조로 해야 한다. 또한 쉴드 TBM의 올바른 발진 방향으로의 조정이 용이하도록 쉴드기의 터널중심선에 직각 및 연직으로 설치해야 한다.

반력대의 종류에는 작업구의 가설벽이나 작업구 자체를 반력으로 하는 반력벽이 있고 작업구 크기나 장비 때문에 반력벽 설치가 어려울 경우에는 강재를 이용한 강재 반력대와 초기굴진 시 반력대의 역할과 자재 투입을 목적으로 설치하는 2차 반력대가 있다.

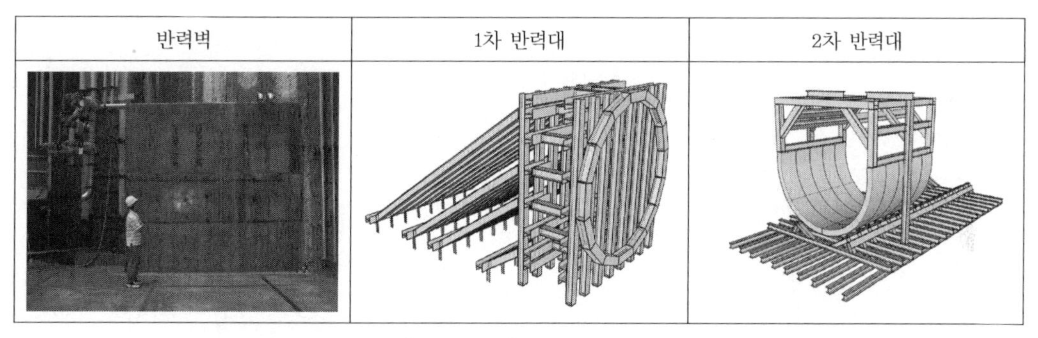

[그림 7-35] 반력대 종류

그림 7-36은 받침대 설치에서 2차 반력대 설치까지의 일반적인 시공순서이다.

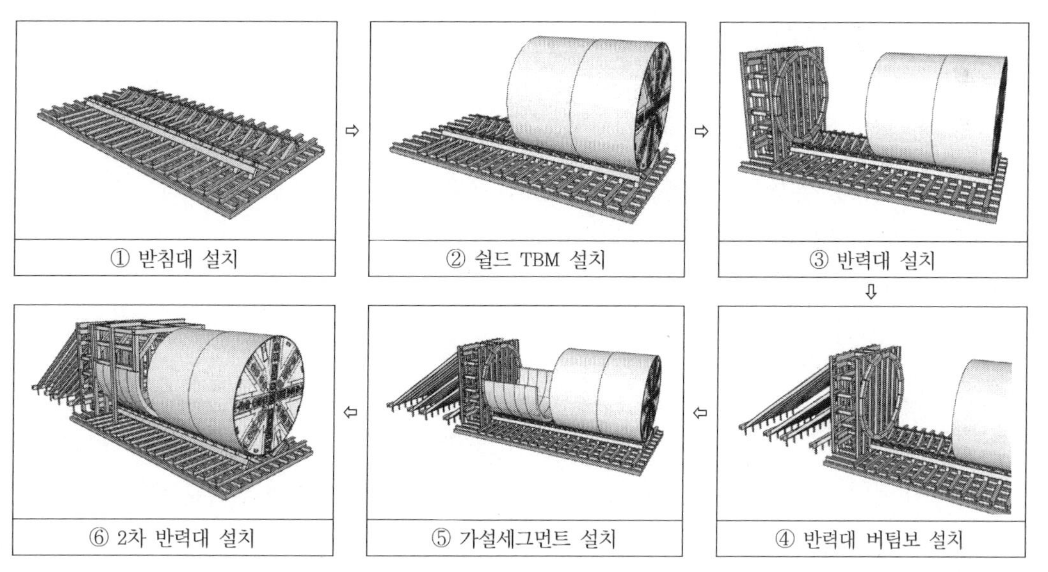

[그림 7-36] 반력대 설치공

나. 구조검토 및 해석

반력대는 1차 반력대와 2차 반력대로 구성되어 있으며 1차 반력대는 쉴드 TBM 굴진하중을 받는 가설세그먼트와 2차 반력대를 지지하는 구조이다. 그러므로 1차 반력대는 쉴드 TBM의 초기굴진 시 가설세그먼트와 2차 반력대에 전달되는 쉴드 TBM의 반력을 충분히 지지할 수 있어야 하며 2차 반력대는 1차 반력대와 마찬가지로 쉴드 TBM 굴진하중을 충분히 견딜 수 있어야 한다.

반력대를 검토하는 방법은 반력대 부재를 단순보 및 축부재로 보고 하중을 계산하고 수치해석을 해 최대부재력으로 부재의 응력을 검토하는 방식이 있다. 또한 수치해석을 할 경우 부재의 연결에 주의해 모델링을 해야 한다.

1) 1차 반력대 검토

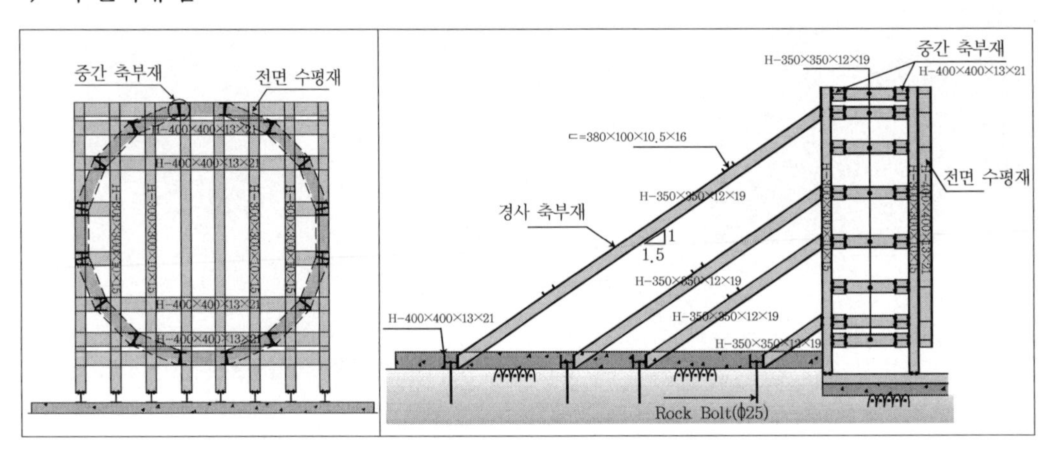

[그림 7-37] 1차 반력대 단면

1차 반력대는 쉴드 TBM 장비의 추진력을 받는 가설세그먼트 및 2차 반력대를 지지하는 전면 수평재와 전면 부재와 후면 부재를 연결하는 중간 축부재가 있다. 그리고 반력대를 기초콘크리트와 연결하는 경사 축부재로 구성되어 있다. 이 중 하중을 많이 받는 부재는 전면 수평재와 중간 축부재 및 경사 축부재이다.

① 작용하중

- 초기굴진 시에는 막장의 안정과 쉴드 TBM 장비의 올바른 발진을 고려해 쉴드 TBM 장비의 초기 추진력은 총 잭(jack) 추진력의 40 ~ 80% 정도 적용하는 것이 일반적이다.

$$W = \frac{P_i}{L_i} \times (40 \sim 80\%)$$

여기서, W : 단위길이당 잭 추진력(kN)

P_i : 잭 총추진력(kN), P_i = 잭 추진력 × 잭 총개수

L_i : 세그먼트 중심선 길이(m)

② 전면 수평재 검토

• 단면력 계산

– 최대모멘트 : $M = \dfrac{WL^2}{8}$

– 최대전단력 : $S = \dfrac{WL}{2}$

여기서, L : 전면 수평재 길이

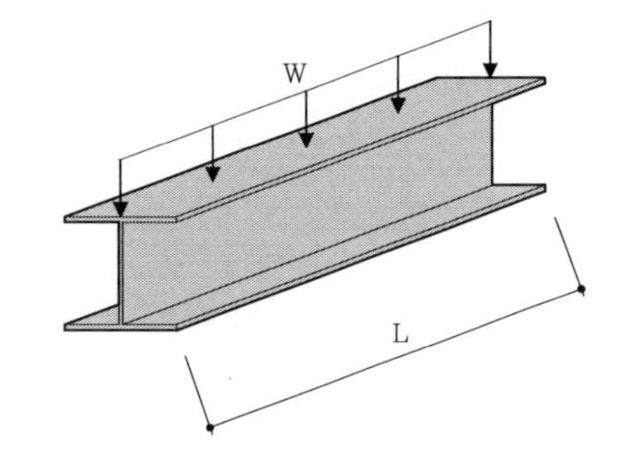

[그림 7-38] 전면 수평재 하중

• 응력 검토

– $f_b = M/Z \leqq f_{ba}$

– $\tau = S/A_w \leqq \tau_a$

여기서, f_b : 수평재 휨응력(MPa)

Z : 수평재 단면계수(m^3)

f_{ba} : 허용휨응력(MPa)

τ : 수평재 전단응력(MPa)

A_w : 수평재 웹(web)면적(m^2)

τ_a : 허용전단응력(MPa)

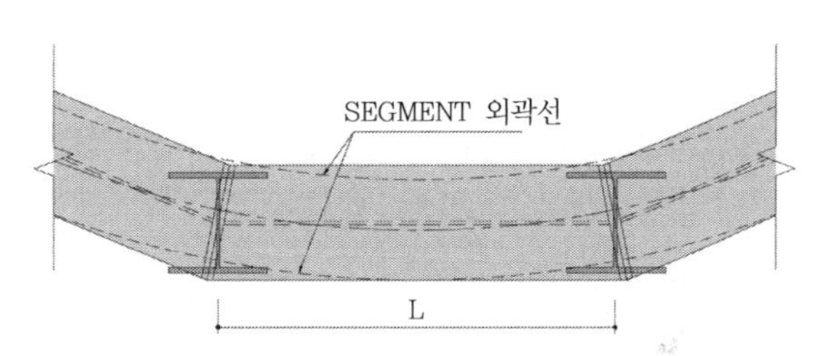

[그림 7-39] 전면 수평재

③ 중간 축부재 검토

• 압축응력

– $f_c = P/A \leqq f_{ca}$

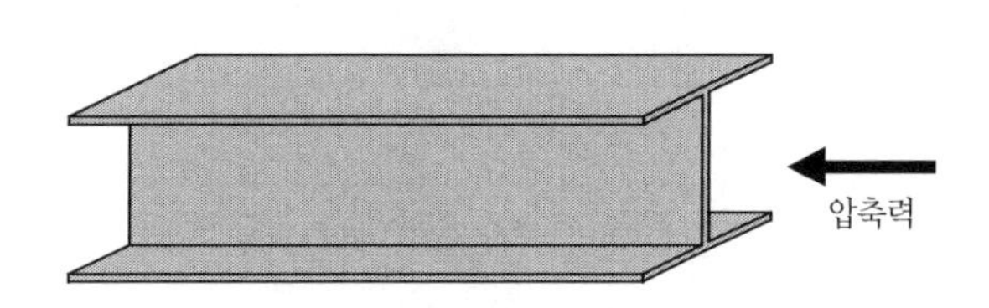

[그림 7-40] 중간 축부재 하중

- 좌굴을 고려한 허용압축응력
  - $0 < l/r \leqq 20$ $f_{ca} = 210$ (MPa)
  - $20 < l/r \leqq 93$ $f_{ca} = 210 - 1.3(l/r - 20)$ (MPa)
  - $93 \leqq l/r$ $f_{ca} = 1{,}800{,}000 / \{6{,}700 + (l/r)2\}$ (MPa)

여기서, l : 중간 축부재 길이(cm)
r : 단면2차반경(cm)
f_{ca} : 강재 허용압축응력(MPa)
P : 축방향 하중(kN)
A : 부재 면적(m^2)

④ 경사 축부재 검토

- 경사 축부재에 작용하는 축력은 계산으로 구하기 어려우므로 수치해석으로 구한 축력으로 경사 축부재를 검토한다. 경사 축부재는 부재의 길이가 길어 좌굴의 영향이 있을 수 있으므로, 좌굴이 발생하지 않도록 부재 중간에 ㄷ-형강 또는 다른 부재로 연결해 좌굴이 발생하지 않도록 해야 한다.
- 압축응력
  - $f_c = P/A \leqq f_{ca}$

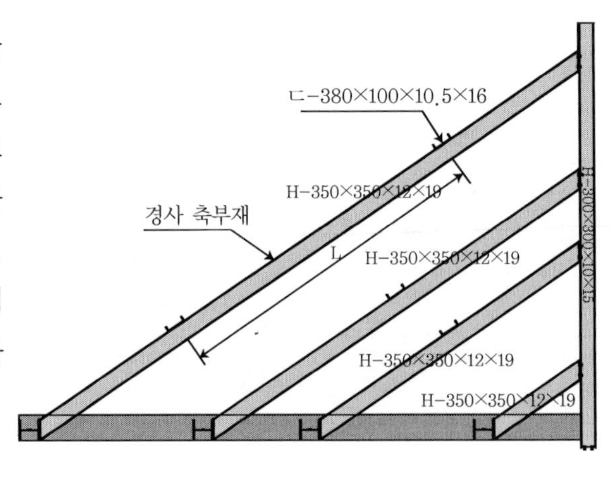

[그림 7-41] 경사 축부재

2) 2차 반력대 검토

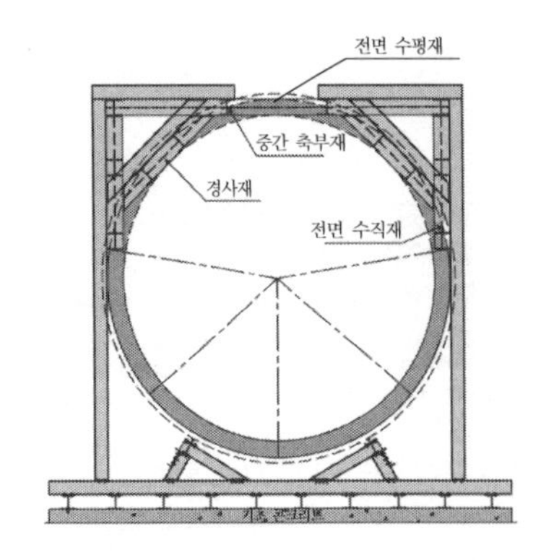

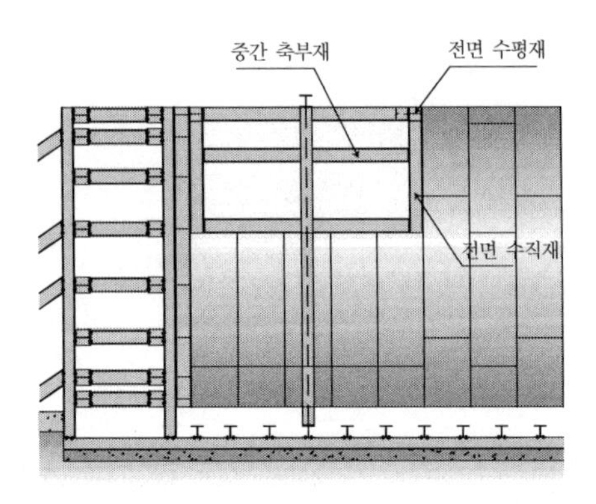

[그림 7-42] 2차 반력대 단면

① 작용하중

- 작용하중은 1차 반력대와 동일하다.

② 전면 경사재 검토

- 전면 경사재에 중간 축부재가 연결이 되면 중간 축부재에 의해 전면 경사재는 단순보가 아닌 연속보처럼 거동하므로 연속보로 계산한다.

[표 7-8] 연속보 최대 부재력

2경간 연속보	3경간 연속보
W, L, L	W, L, L, L
• 최대모멘트 : $M = \frac{WL^2}{8}$ (지점) • 최대전단력 : $S = \frac{5WL}{8}$ (지점)	• 최대모멘트 : $M = \frac{WL^2}{10}$ (지점) • 최대전단력 : $S = \frac{3WL}{5}$ (지점)

③ 전면 수평재 검토

- 단면력 계산
  - 최대모멘트 : $M = \frac{WL^2}{8}$
  - 최대전단력 : $S = \frac{WL}{2}$
- 응력 검토
  - $f_b = M/Z \leqq f_{ba}$
  - $\tau = S/A_w \leqq \tau_a$

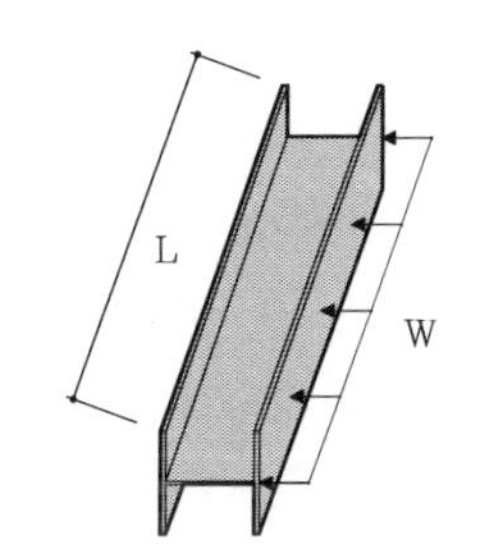

[그림 7-43] 전면 수평재 하중

④ 전면 수직재 검토

- 단면력 계산
  - 최대모멘트 : $M = \frac{WL^2}{8}$
  - 최대전단력 : $S = \frac{WL}{2}$
- 응력 검토
  - $f_b = M/Z \leqq f_{ba}$
  - $\tau = S/A_w \leqq \tau_a$

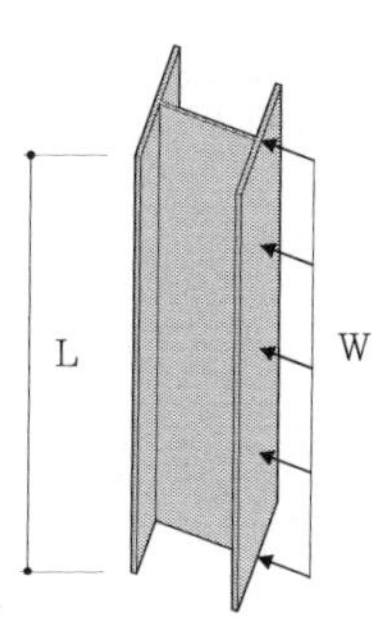

[그림 7-44] 전면 수직재 하중

⑤ 중간 축부재 검토

• 압축응력

– $f_c = P/A \leqq f_{ca}$

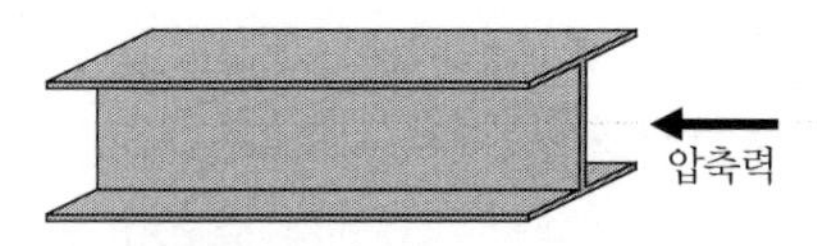

[그림 7-45] 중간 축부재 하중

• 좌굴을 고려한 허용압축응력

– $0 < l/r \leqq 20$	$f_{ca} = 210$	(MPa)
– $20 < l/r \leqq 93$	$f_{ca} = 210 - 1.3(l/r - 20)$	(MPa)
– $93 \leqq l/r$	$f_{ca} = 1{,}800{,}000 / \{6{,}700 + (l/r)^2\}$	(MPa)

여기서, l : 중간 축부재 길이(cm)

r : 단면2차반경(cm)

f_{ca} : 강재 허용압축응력(MPa)

P : 축방향 하중(kN)

A : 부재 면적(m^2)

3) 수치해석에 의한 구조 검토

수치해석으로 1차 반력대와 2차 반력대를 모델링해 반력대가 받는 부재력을 구할 수 있다. 쉴드 TBM 추진력은 가설세그먼트와 2차 반력대가 받으므로 1차 반력대 전면 수평재 하단과 2차 반력대 전면 부재에 하중을 재하한다. 경계조건은 하부 기초콘크리트 연결부에서의 변위를 억제한다.

수치해석으로 구한 각 부재의 부재력과 계산으로 구한 부재력 중 큰 값으로 휨응력, 압축응력, 전단응력을 검토해 반력대의 안전성을 검토한다.

다. 반력대 단면 계산 예

다음은 그림 7-37 및 그림 7-42의 반력대 단면에 대한 설계 예이다.

〈1차 반력대 단면〉

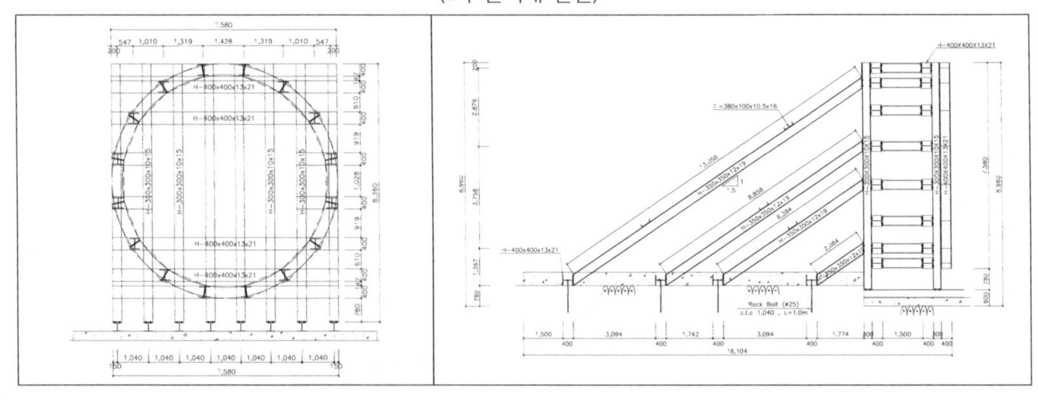

〈2차 반력대 단면〉

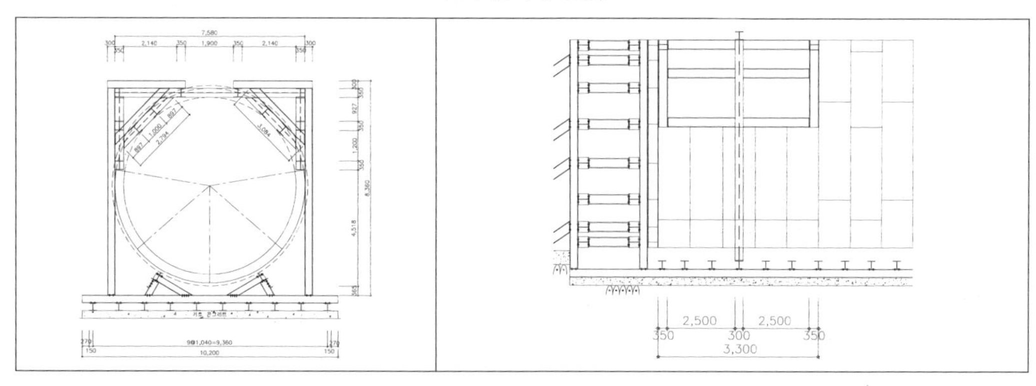

〈반력대 검토부재〉

구분	검토 부재	허용 압축응력 (MPa)	허용 인장응력 (MPa)	허용 전단응력 (MPa)	단면적 (A, cm^2)	단면계수 (Z, cm^3)	단면2차 모멘트 (I, cm^4)	단면2차 반경 (r, cm)
1차 반력대	전면 수평재 H-400×400×13×21	140	140	80	218.7	3,330	66,600	10.1
	중간 축부재 H-350×350×12×19	140	140	80	173.9	2,300	40,300	8.84
	경사 축부재 H-350×350×12×19	140	140	80	173.9	2,300	40,300	8.84
2차 반력대	경사재 H-350×350×12×19	140	140	80	173.9	2,300	40,300	8.84
	전면 수평재 2H-350×350×12×19	140	140	80	173.9	2,300	40,300	8.84
	전면 수직재 H-350×350×12×19	140	140	80	173.9	2,300	40,300	8.84
	중간 축부재 H-350×350×12×19	140	140	80	173.9	2,300	40,300	8.84

반력대는 가설 구조물이므로 응력 검토 시 허용응력을 50% 증가시켜 검토한다.

1) 1차 반력대

① 작용하중

- 반력대에 작용하는 하중은 총 잭(jack) 추진력의 60%로 가정한다.

$P_i = 2,000kN \times 28EA = 56,000kN$

$$L_i = \pi \times Dc = \pi \times \frac{(7.58 + 6.78)}{2} = 22.557m$$

$$W = 0.6 \times \frac{P_i}{L_i} = 0.6 \times \frac{56,000}{22.557} = 1,489.6kN/m$$

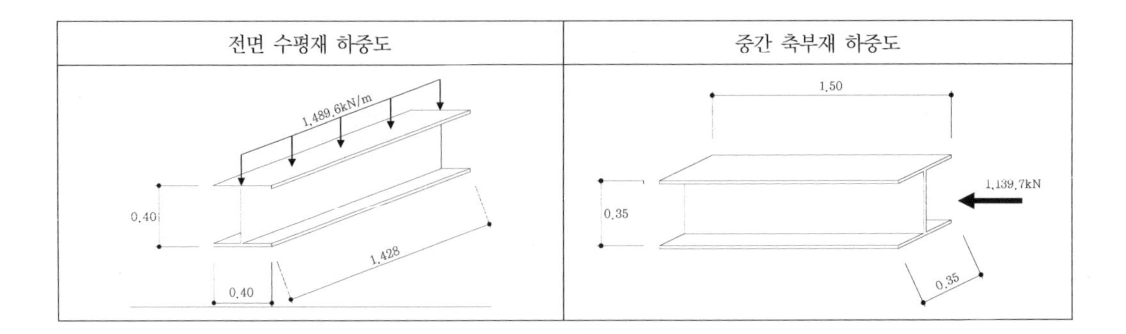

② 전면 수평재 검토

- 단면력 계산

 – 최대모멘트 : $M = \frac{WL^2}{8} = \frac{1,489.6 \times 1.428^2}{8} = 379.7\text{kN}\cdot\text{m}$

 – 최대전단력 : $S = \frac{WL}{2} = \frac{1,489.6 \times 1.428}{2} = 1,063.6\text{kN}$

③ 중간 축부재 검토

- 압축응력

 – $f_c = P/A = 1,139.7/(173.9 \times 10^{-4}) = 65,537\text{kN/m}^2 = 66\text{MPa}$

- 강재의 좌굴허용압축응력

 $L = 1.50\text{m},\ r = 8.84\text{cm}$

 $L/r = 150/8.84 = 17 < 20$이므로 $f_{ca} = 210\text{MPa}$

④ 경사 축부재 검토

경사 축부재에 작용하는 축하중은 계산으로 구하기 어려우므로 수치해석으로 구한 축하중으로 계산한다.

〈강재의 좌굴 허용 압축응력〉

경사재 위치	좌굴길이 (L, m)	단면2차반지름 (r, cm)	L/r	허용압축응력 (f_{ca}, MPa)
최상단	6.46	8.84	73.08	210-1.3×(L/r-20) = 140.45
2단	8.858/2 = 4.43	8.84	50.11	210-1.3×(L/r-20) = 170.86
3단	6.284/2 = 3.14	8.84	35.52	210-1.3×(L/r-20) = 189.82
최하단	2.084	8.84	23.57	210-1.3×(L/r-20) = 205.36

2) 2차 반력대

〈2차 반력대 단면〉

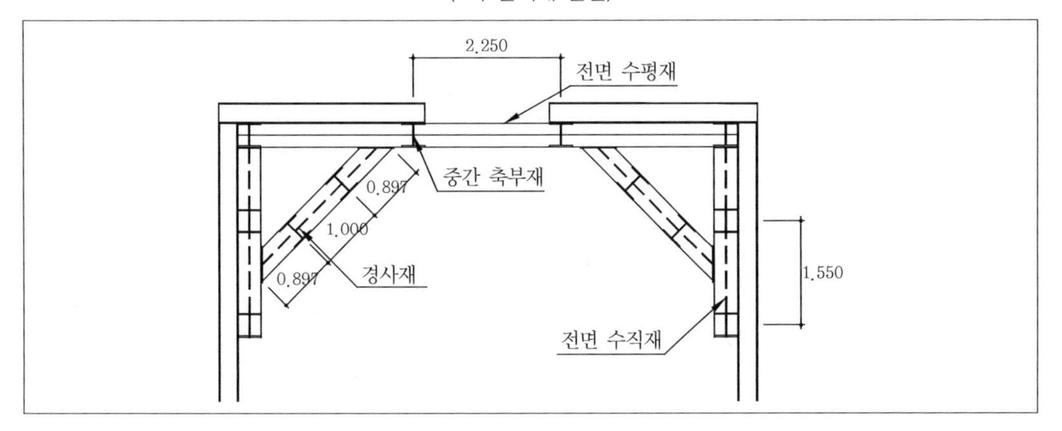

① 작용하중

- 작용하중은 1차 반력대와 동일하다.

② 전면 수평재 검토

- 단면력 계산

– 최대모멘트 : $M = \dfrac{WL^2}{8} = \dfrac{1,489.6 \times 2.250^2}{8} = 942.64\text{kN}\cdot\text{m}$

– 최대전단력 : $S = \dfrac{WL}{2} = \dfrac{1,489.6 \times 2.250}{2} = 1,675.8\text{kN}$

③ 전면 수직재 검토

- 단면력 계산

– 최대모멘트 : $M = \dfrac{WL^2}{8} = \dfrac{1,489.6 \times 1.550^2}{8} = 447.35\text{kN}\cdot\text{m}$

– 최대전단력 : $S = \dfrac{WL}{2} = \dfrac{1,489.6 \times 1.550}{2} = 1,154.44\text{kN}$

④ 전면 경사재 검토

- 단면력 계산

– 최대모멘트 : $M = \dfrac{WL^2}{8} = \dfrac{1,489.6 \times 2.794^2}{8} = 1,453.56\text{kN}\cdot\text{m}$

– 최대전단력 : $S = \dfrac{WL}{2} = \dfrac{1,489.6 \times 2.794}{2} = 2,080.97\text{kN}$

⑤ 중간 축부재 검토

- 압축응력

  – $f_c = P/A = 1,675.8/(173.9 \times 10^{-4}) = 96,366\text{kN/m}^2$

- 강재의 좌굴허용압축응력

  $L = 2.50\text{m},\ r = 8.84\text{cm}$

  $L/r = 250/8.84 = 28.28 \rightarrow 20 < L/r \leqq 93$

  $f_{ca} = 210 - 1.3 \times (L/r - 20)(\text{MPa}) = 210 - 1.3 \times (28.28 - 20) = 199.24\text{MPa}$

3) 수치해석

〈반력대 모델링〉(컬러 도판 p. 661 참조)

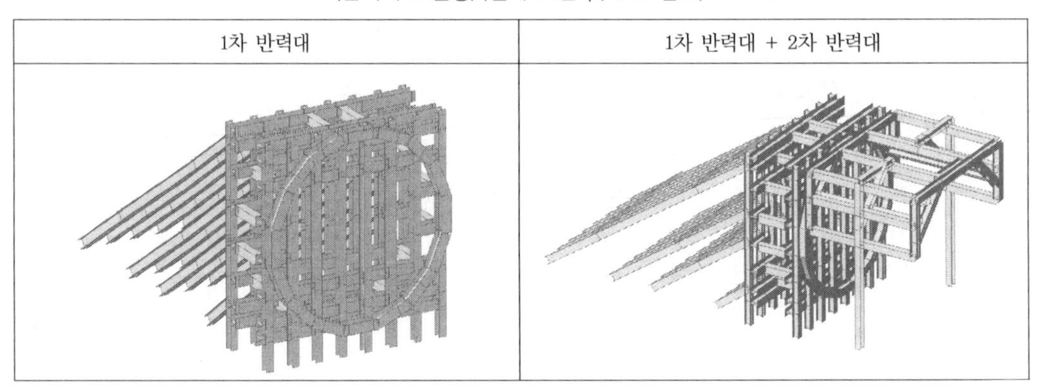

〈반력대 작용하중 및 경계조건〉(컬러 도판 p. 661 참조)

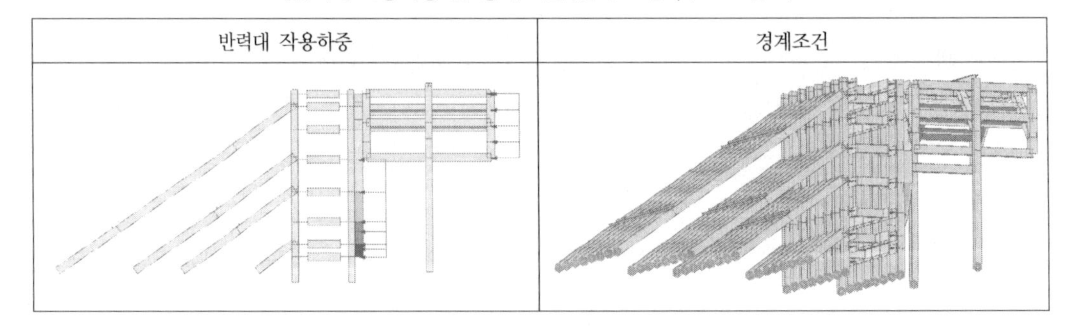

① 1차 반력대 부재력(컬러 도판 p. 662 참조)

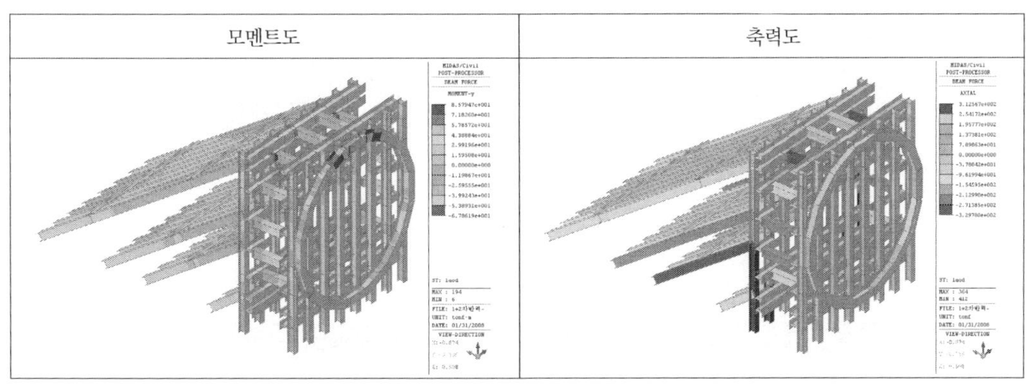

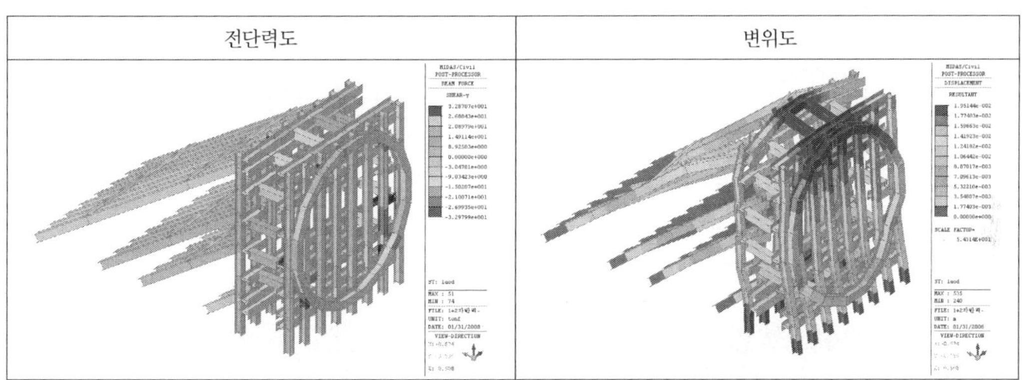

부 재	최대부재력
전면 수평재	• Mmax = 665.5kN·m
	• Smax = 1,266.4kN
중간 축부재	• Pmax = 2,824.0kN
경사 축부재	• Pmax = 3,234.0kN

② 2차 반력대 부재력(컬러 도판 p. 662~663 참조)

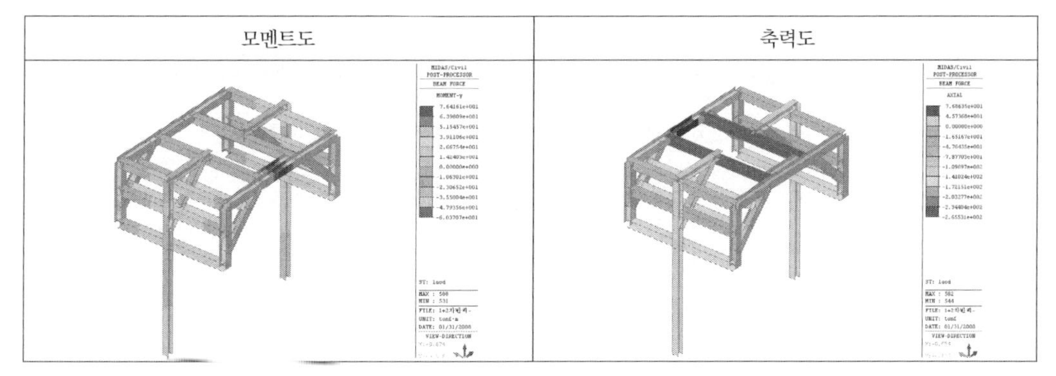

전단력도	변위도

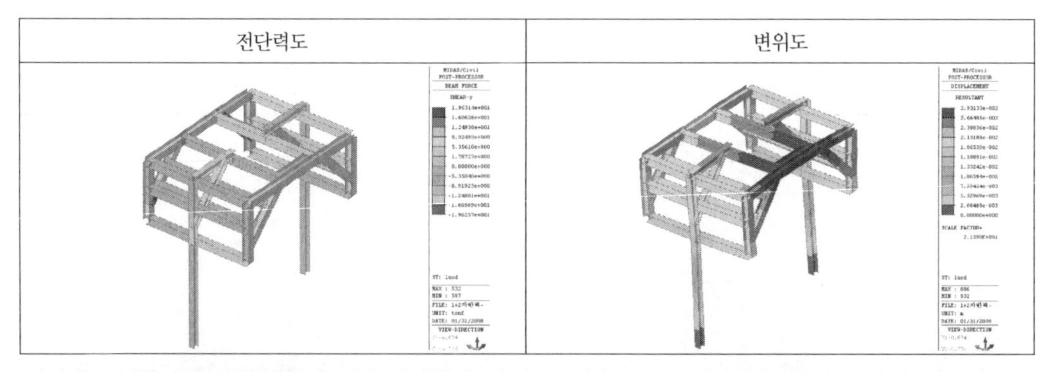

부　재	최대부재력	부　재	최대부재력
전면 수평재	• Mmax = 749.39kN·m • Smax = 1,643.8kN	전면 경사재	• Mmax = 266.7kN·m • Smax = 1,003.7kN
전면 수직재	• Mmax = 309.6kN·m • Smax = 1,173.0kN	중간 축부재	• Pmax = 2,604.0kN

4) 응력 검토

계산식에 의한 부재력과 수치 해석결과 부재력 중 큰 값을 적용해 사용부재의 응력을 검토한다.

① 1차 반력대

부 재	최대부재력	응력검토	결과
전면 수평재 H-400×400×13×21	Mmax=665.5kN·m	f_b=M/Z=665.5/3.3×10-3=201.7MPa ≦ f_{ba}=210MPa	O.K.
	Smax=1,266.4kN	τ=S/Aw=1,266.4/0.0052=243.5MPa > τ_a=120MPa	N.G.
중간 축부재 H-350×350×12×19	Pmax=2,824.0kN	f_c=P/A=2,824.0/0.01739=162.4MPa ≦ f_{ca}=210MPa	O.K.
경사 축부재 H-350×350×12×19	Pmax=3,234.0kN	f_c=P/A=3,234.0/0.01739=186.0MPa ≦ f_{ca}=189MPa	O.K.

전면 수평재 전단응력이 허용치를 넘었으므로 t = 10mm 플레이트로 보강한다.

$\tau = S/A_w = 1{,}266.4/(0.0052 + 0.0035 \times 2) = 103.80\text{MPa} \leqq \tau_a = 120\text{MPa}$　　∴ O.K.

② 2차 반력대

부 재	최대부재력	응력검토	결과
전면 수평재 2H-350×350×12×19	Mmax=942.6kN·m	f_b=M/Z=942.6/4.6×10-3=204.9MPa ≦ f_{ba}=210MPa	O.K.
	Smax=1,675.8kN	τ=S/Aw=1,675.8/0.0084=199.5MPa > τ_a=120MPa	N.G.
전면 수직재 H-350×350×12×19	Mmax=465.0kN·m	f_b=M/Z=465.0/2.3×10-3=202.2MPa ≦ f_{ba}=210MPa	O.K.
	Smax=1,173.0kN	τ=S/Aw=1,173/0.0042=279.3MPa > τ_a=120MPa	N.G.
전면 경사재 H-350×350×12×19	Mmax=266.7kN·m	f_b=M/Z=266.7/2.3×10-3=116.0MPa ≦ f_{ba}=210MPa	O.K.
	Smax=1,003.7kN	τ=S/Aw=1,003.7/0.0042=239.0MPa > τ_a=120MPa	N.G.
중간 축부재 H-350×350×12×19	Pmax=2,604.0kN	f_c=P/A=2,604/0.01739=149.7MPa ≦ f_{ca}=199.24MPa	O.K.

- 전면 수평재 전단응력이 허용치를 넘었으므로 t = 10mm 플레이트로 보강한다.
  $\tau = S/A_w = 1,675.8/(0.0084 + 0.003 \times 2 \times 2) = 82.2MPa \leqq \tau_a = 120MPa$ ∴ O.K.
- 전면 수직재 전단응력이 허용치를 넘었으므로 t = 10mm 플레이트로 보강한다.
  $\tau = S/A_w = 1,173/(0.0042 + 0.003 \times 2) = 115.0MPa \leqq \tau_a = 120MPa$ ∴ O.K.
- 전면 경사재 전단응력이 허용치를 넘었으므로 t = 10mm 플레이트로 보강한다.
  $\tau = S/A_w = 1,003.7/(0.0042 + 0.003 \times 2) = 98.4MPa \leqq \tau_a = 120MPa$ ∴ O.K.

7.3.5 엔트란스 패킹

가. 설치목적

엔트란스 패킹은 쉴드 TBM 굴진 시 발진갱구의 여유 공간 또는 쉴드 TBM에서 세그먼트가 이탈한 후의 여유 공간 등을 통해 지하수나 토사와 뒤채움 주입 시의 주입재가 작업구 내로 유입되지 않도록 설치하고, 쉴드 TBM의 발진 직후부터 막장 가압을 가능하게 하며, 쉴드 TBM의 테일부 통과 후 즉시 뒤채움 주입을 행해, 조기에 갱구를 안정시키는 설비이다. 특히 이수식 쉴드 TBM의 경우, 발진 직후 이수압을 유지하는 데 필요하다.

나. 설치공

엔트란스 패킹은 쉴드 TBM 굴진 시 커터헤드의 회전 및 쉴드 TBM 동체와의 마찰, 수압 및 토압 등의 과도한 하중이 작용하므로 이를 고려해 재질과 형상을 설정해야 한다.

일반적으로 엔트란스 패킹은 갱구를 지수하는 패킹패드와 패킹재의 반전을 방지하는 압판 그리고 이들을 고정하는 설치금구 등으로 구성되어 있으며 쉴드 TBM 진입 전에 설치한다.

일반적인 엔트란스 패킹의 설치방법은 굴진면 일부를 쉴드 TBM 크기를 감안해 절취하거나, 갱구콘크리트를 타설해 패킹패드와 압판을 정착시킴으로써 쉴드 TBM의 진입 시에 패킹패드의 밴딩을 통해 적절한 방수가 될 수 있도록 설치한다.

쉴드 TBM 굴진 시 엔트란스 패킹 부분에 구리스나 윤활유를 도포하면 커터헤드의 회전, 쉴드 TBM 동체와의 마찰에 의한 엔트란스 패킹의 파손을 상당수 막을 수 있으며, 발진갱구부의 콘크리트에 에어제거홀을 설치하면 엔트란스 패킹에 과도한 압력이 걸리는 것을 어느 정도 막을 수 있다.

엔트란스 패킹은 쉴드 TBM의 테일부가 빠져나가는 순간에 갱구부의 여유 공간이 갑자기 확대되어 이 시점에 과대한 압력이 걸린다.

쉴드식의 경우 이 시점에 하부공간에 여유가 없어 반전방지철판에 이동이 늦어질 경우 엔트란스

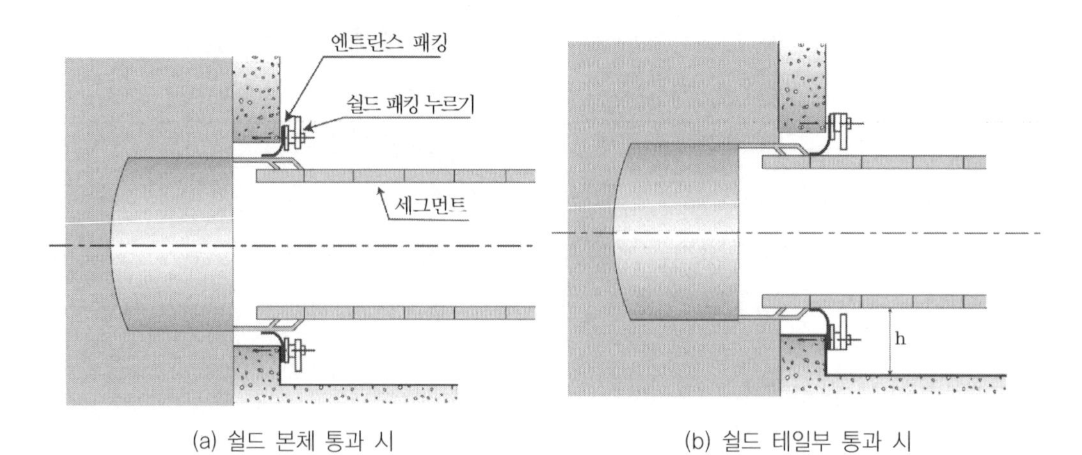

(a) 쉴드 본체 통과 시 (b) 쉴드 테일부 통과 시

[그림 7-46] 쉴드기와 엔트란스 패킹

고무가 반전누수하는 사고가 있으므로 최근에는 자동으로 반전을 방지할 수 있고, 쉴드 TBM의 하부의 좁은 공간에서의 작업효과가 있으며, 쉴드 TBM 마찰에도 보호되는 플랩(flap)식을 많이 사용하고 있다.

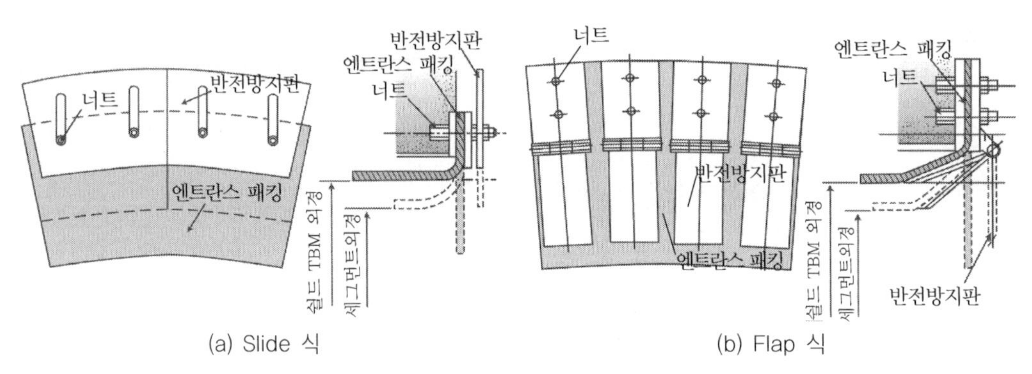

(a) Slide 식 (b) Flap 식

[그림 7-47] 엔트란스 패킹

[그림 7-48] 2중유압 튜브식 엔트란스 패킹

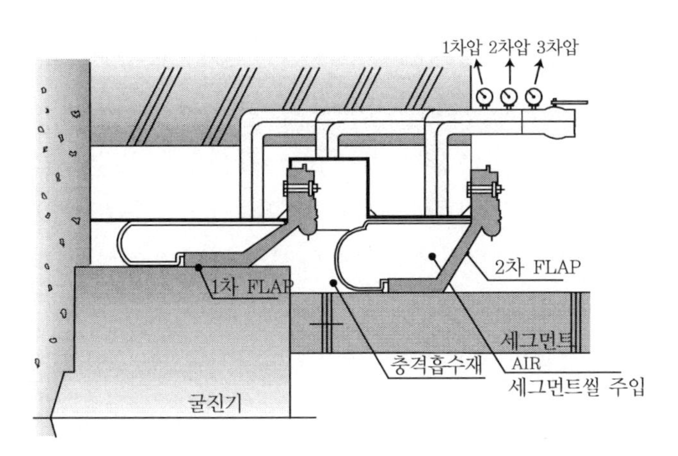

[그림 7-49] 2중유압 튜브식 엔트란스 패킹 모식도

그림 7-48, 7-49는 2중 유압 튜브식의 특수 엔트란스 패킹을 나타낸 것이다. 2중 유압 튜브식 엔트란스 패킹은 종래의 고무패킹식에 비해 우수한 차수성을 실현할 수 있는 플랩(flap)식 및 특수 유압 튜브를 적용해 고수압(최대 6kgf/cm^2) 조건에 견딜 수 있는 내구성을 가지며, 유압튜브에 강관을 매설하고 유압을 조정함으로써 쉴드 TBM 자체센서부에서 측정된 수압 및 토압을 분석해 추가적인 수압의 변화에 따른 자체 유압을 증가시켜 차수성을 안정적으로 유지 가능하게 한 특수 엔트란스 패킹이다. 일반적으로 연약지반 대단면 쉴드공사, 암반의 절리가 심해서 유입되는 용수압이 클 것이라 예상되는 공사에 설계된다.

7.3.6 발진 및 도달 갱구부 지반 보강

가. 갱구부 지반 보강 목적

발진 및 도달갱구부의 지반 보강 목적은 크게 막장면 자립을 위한 강도보강 요소와 막장지반의 차수 역할로 나눌 수 있으며 자세히 정리해 보면 다음과 같다.

- 작업구 설치로 이완된 지반의 보강
- 쉴드 TBM이 지반의 관입 또는 작업구로 빼내는 동안의 지반의 자립, 지하수의 유입 방지
- 엔트란스 패킹에의 과도한 압력(토압, 수압)작용 저감
- 과도한 지하수 및 토사의 유출이 예상되는 작업구 주변의 노면, 지하매설물의 안전 도모
- 막장압력부족에 의한 막장 붕괴 방지(이수식 쉴드 TBM)

지반 보강 여부에 대한 결정은 지반의 강도, 투수계수 등 지반의 특성을 충분히 감안해 결정하는 것이 합리적이다.

나. 갱구부 지반 보강범위

갱구 지반 보강의 범위는 토질 및 지하수위에 따라 다르게 되고, 발진 시의 작업구의 여건, 즉 가시설 상태의 발진이냐 구조물 구축상태의 발진이냐에 따라 다를 수 있지만 통상적으로 쉴드 TBM이 지반 보강구간 내에 있을 때 세그먼트의 뒤채움 주입이 이루어질 수 있도록 하는 것이 안전하다. 그리고 발진 및 도달작업구의 보강방법 및 범위 등의 보강방법은 안전성, 경제성, 시공성 등을 종합적으로 검토해 선정해야 한다.

주입범위는 일반적으로 그림 7-50에서 보는 것과 같이 굴진단면을 포함하는 직사각형 단면으로 설계한다.

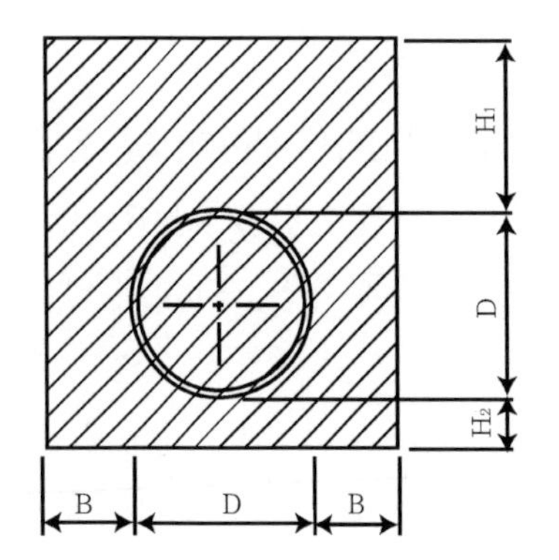

$B = 1.5 \sim D/2(m)$, 단 $B \leq 3.0(m)$

$H_1 = 0.8D \sim 1.0D(m)$, 단 $H_1 \leq 6.0(m)$

$H_2 = 0 \sim 1.0(m)$(수압이 없는 경우 $H_2 = 0$)

D = 쉴드 TBM의 외경

[그림 7-50] 갱구부 지반 보강설계 예

1) 발진부에서의 지반 보강범위

발진부에서의 지반 보강범위는 사질토의 지하수위가 낮은 경우 및 점성토에서는 가벽 철거 시 막장지반의 자립이 확보되는 범위로 하는 것이 일반적이고, 지하수위가 높은 사질토에서는 쉴드 TBM 외주부를 통해 유입하려는 지하수의 수압에 대해 엔트란스 패킹만으로 저항해야 하므로 상당한 위험이 따르게 되기 때문에 지반을 보강한 구간 내에서 세그먼트의 뒤채움 주입을 시행해 엔트란스 패킹부를 보강할 수 있는 범위가 필요하다.

그림 7-51에서 보는 바와 같이 발진갱구부의 지반 보강범위는 막장의 지반조건과 지하수위의 높고 낮음에 의해 결정되는 것이 보통이지만, 발진작업구의 조건에 의해서도 보강범위는 다르게 할 수 있다. 작업구 구조물 완료 후의 발진은 구조물 규격이 필요 이상으로 커지게 되지만, 작업 시 안정성이 높으며 작업환경이 좋아질 뿐 아니라 갱구 지반 보강범위도 축소할 수 있다.

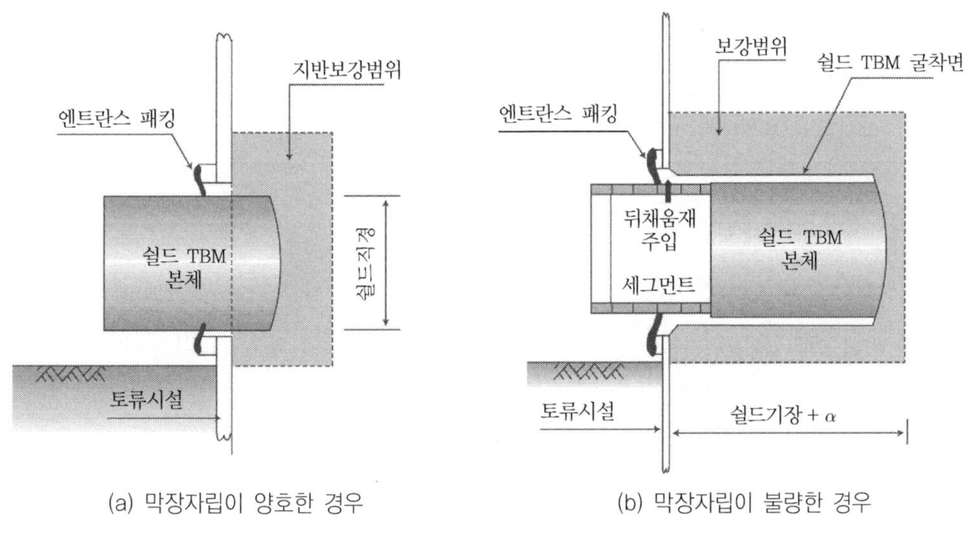

(a) 막장자립이 양호한 경우　　　(b) 막장자립이 불량한 경우

[그림 7-51] 발진작업구 지반 보강범위

2) 도달부에서의 지반 보강범위

도달부에서도 발진부와 같이 가시설을 철거해야 한다. 다만 발진의 경우에는 굴진 전에 가시설을 철거해야 하나 도달 시에는 도달방법에 따라 쉴드 TBM 선단이 가시설 벽체에 도달한 후에 가시설을 철거할 수도 있다.

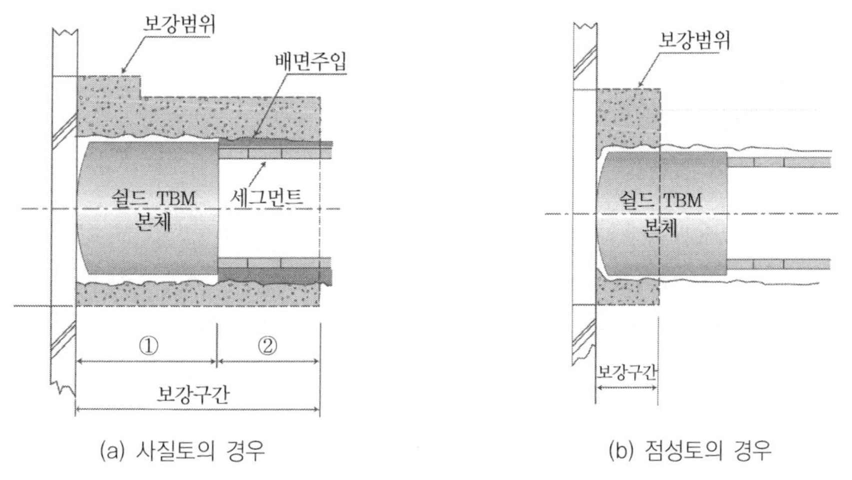

(a) 사질토의 경우　　　(b) 점성토의 경우

[그림 7-52] 도달작업구 지반 보강범위

사질토의 지반의 보강범위는 보강범위 내에서 세그먼트의 뒤채움 주입이 시행될 수 있는 정도가 필요하다. 그림 7-52에서 쉴드 TBM 부분(①)은 작업구와 쉴드 TBM 사이의 토사 붕괴 및 지하수

유출을 방지하고 뒤채움 구간(②)은 쉴드 TBM 외주면을 타고 유입되려는 지하수를 막는다. 점성토지반의 보강범위는 사질지반일 경우보다 훨씬 적은 범위(일반적으로)의 보강으로도 토사 붕괴 및 지하수 유출을 방지할 수 있다.

다. 갱구부 지반 보강공법

지반 보강공법은 토질 및 지하수위 등의 여러 가지 조건과 안정성, 경제성, 시공성 등을 종합적으로 검토해 선정해야 한다. 일반적으로 약액 주입공법과 고압분사 주입공법이 주로 적용되고 있으며, 특별한 경우 동결공법이나 지하수위 저하공법 등이 이용되고 있다.

1) 약액 주입공법

약액 주입공법은 터널 주변의 지층을 강화시켜 굴착 중에 막장의 붕괴방지 및 터널 안으로 유입하는 지하수의 차수를 위해 미리 지반에 시멘트 또는 약액을 주입하는 공법이다.

시멘트 주입은 지표면에 직경 10cm 정도의 구멍을 만들어 거기에서 그라우트에 압력을 걸어 지층에 밀어 넣는데 그라우트가 지층의 틈에 들어가 고결해서 지층을 보강한다. 약액 주입은 그라우트 대신에 물유리 등의 약액에 고결재와 급결재를 혼합해서 지반 중에 압입하는 것인데, 이것이 지층의 공극에 고결되어 지하수 흐름을 막는다. 쉴드터널을 굴착하는 토사지반은 주로 약액 주입으로 지반을 견고히 하지만 약액 주입만으로는 지층을 고결하는 힘이 작으므로 2개의 주입공법을 병용해서 시멘트 주입으로 큰 공극을 고결시킨 후 약액 주입으로 지층의 미세한 공극을 고결시킨다.

2) 고압분사 주입공법

지중에 약액 또는 그라우트를 고압으로 분사해, 지반을 절삭하면서 절삭토의 일부를 약액 또는 그라우트와 혼합해 지반을 보강하는 공법으로, 2중관을 사용한 공법과 3중관을 사용하는 공법 등이 있다.

고압분사 주입공법은 약액 주입공법보다 시간과 비용은 더 들지만, 확실한 공법이므로 작업구에서 쉴드 TBM이 발진할 때 작업구 주변 지반의 방호공법 등에 이용되고 있다. 이 공법은 수직방향만이 아니고, 수평방향이나 경사방향의 지반의 개량에도 사용되고 있다.

3) 동결공법

동결공법은 지반을 동결해서 보강하는 공법으로 일반적으로 지반의 함수량이 없으면 동결되지 않고 함수량이 있는 지반이라도 투수계수가 커서 지하수가 흐르고 있으면 동결이 매우 어렵다. 이러한 경우에는 먼저 약액 주입을 해서 지하수의 유속을 늦춘 후 동결공법을 적용하도록 한다. 지반을 동결하는 공법에는 저온액화 가스공법과 브라인 공법이 있다. 저온액화 가스공법은 지중에 매설한 동결관에 액체질소(−193℃)의 저온 액화가스를 보내 동결관에서 기화시켜 지반을 냉각하는 공법으로, 기화한 가스는 대기 중에 방출한다. 이 공법은 동토량이 작고 동결기간이 짧은 경우에 사용되고 있다. 브라인 공법은 지중에 직경 10cm 정도의 구멍을 1m 정도의 간격에 놓고, 거기에 2중관을 삽입해서 −20 ~ −30℃의 브라인동결액(염화칼슘용액으로 비중 1.2861, 영점 −55℃)을 순환시켜 그 동결액을 지상의 냉각설비에서 재냉각해 지반을 동결하는 공법이다. 이 공법은 동토량이 많고 동결기간이 긴 경우에 사용되고 있다. 연약지반에 사용하는 보조공법으로서는 가장 확실하다.

4) 지하수위 저하공법

지하수위 저하공법은 터널 굴착 전에 미리 터널에 인접해서 1 ~ 4m 간격으로 직경 10cm 정도의 구멍을 파고, 그 안에 직경 5cm 정도의 강관을 넣어 지하수를 진공 펌프로 퍼 올려 수위를 내리는 공법이다. 이것을 웰 포인트(well point) 공법이라고 한다. 이 공법이 적용 가능한 지반은 투수계수가 10^{-4}cm/sec 이상이고, 또 진공흡입이므로 6 ~ 7m의 양수가 한도이다. 보다 깊은 지하수위에서는 디프웰(deep well) 공법을 적용한다. 디프웰 공법은 직경 60cm 정도의 심정호를 파고 그 안으로 하부에 수중 펌프를 부착한 직경 30cm 정도의 강관을 압입해 양수하는 것인데 양수높이는 제한이 없다.

지상에서의 양수가 불가능한 곳이나 지하수가 많은 대수층의 물을 퍼 올리는 경우에 미리 작은 터널을 파서 배수하는 방법이 있다. 이 방법을 파일럿 터널공법이라 한다.

파일럿 터널공법은 지하수의 배수를 목적으로 해서 본 터널의 굴진에 선행하고, 그 단면 내 또는 외부에 파일럿 터널을 굴진해 그 내부에서 지하수 배수나 약액 주입 등을 시공함으로써 본 터널 굴진에 필요한 원지반 안정 처리를 꾀하는 공법이다.

지하수위 저하공법은 공사비도 높고 공기도 길게 되지만 지하수 대책으로 가장 확실한 공법이다. 굴진면의 지층에는 얼마간의 점성토가 포함되어 있는 경우 지하수가 없다면 굴진면은 자립하는 경우가 많다. 이러한 곳에서는 지하수위를 저하시키면 개방형(open) 쉴드 TBM으로도 굴착할 수 있다. 그러나 지하수위를 낮추면 지반침하나 지하수의 흐름이 변화할 위험이 있으므로 인근 주민의 사전 승낙과 주변 우물의 갈수에 대한 보상이 필요하며 퍼낸 지하수를 하천이나, 하수도로 보내기 위해서는 해당관청의 승인과 시설의 사용료가 필요하다. 지하수위 저하공법은 가장 간단한 보조공법이지만 관계자나 수변의 협의과정이 까다롭다.

[표 7-9] 갱구부 지반 보강공법

구 분	약액주입	고압분사주입	동결공법	지하수위 저하공법
개 요	지반에 약액을 주입해 지반강도나 차수성을 개선하는 공법	고압분류를 분사해 지반을 절삭하고 주입액을 치환해 개량채를 형성하는 공법	함수량이 많은 지반을 동결해 지반강도를 높이는 공법	투수계수가 높은 지반을 천공하고 진공펌프를 이용해 지하수위를 내리는 공법
장단점	• 시공성이 우수하다. • 지반 보강효과의 신뢰성이 상대적으로 적다.	• 세립토층에 적용 가능 • 강도가 높은 개량체가 얻어진다.	• 지반 보강공법 중 효과가 가장 확실하다. • 동결비용이 비싸다. • 동결해동 시 지반 팽창 및 수축할 수 있다.	• 시공이 비교적 간단하다. • 지반 침하 우려가 있다. • 주변협의가 필요하다.
공 법	• SGR • LW	• 2중관(JSP) • 3중관(SIG,RJP,SRC)	• 저온액화 가스공법 • 브라인 공법	• 디프 웰 • 웰 포인트

7.4 쉴드터널의 초기굴진

7.4.1 개 요

쉴드터널 공사에서 초기굴진이란 쉴드 TBM의 발진준비가 완료되고, 쉴드 TBM의 추진반력이 세그먼트의 주변마찰저항을 상회하는 동안의 굴진 또는 쉴드 TBM의 후방설비가 터널 속으로 들어가기까지의 굴진을 초기굴진이라 한다.

또한 굴진 전에 쉴드 TBM의 조작 및 점검을 하고 초기굴진 시 데이터를 이용해 본굴진 계획을 검토해야 하는 예비 단계이다.

초기굴진 시는 작업구 내에 초기굴진 준비설비 등의 설치로 협소한 환경에서 후방설비의 설치, 버력 반출 및 자재 운반을 해야 하므로 굴진 전에 초기굴진계획도를 작성해 공정관리를 해야 한다.

7.4.2 초기굴진 시공

가. 초기굴진 시공순서

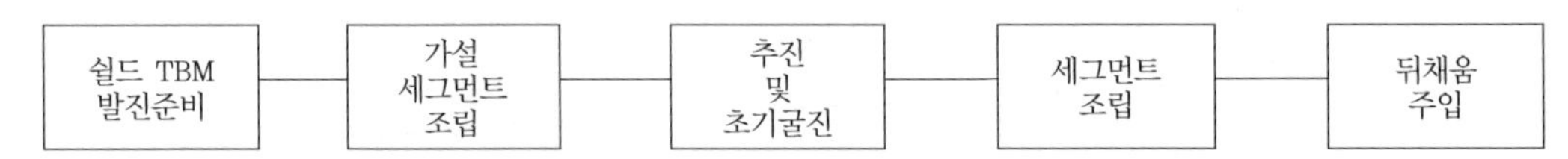

[그림 7-53] 초기굴진 순서

1) 초기굴진거리

초기굴진거리의 산정은 쉴드 TBM 발진 시에 쉴드 잭의 추력에 의해 세그먼트 주변마찰저항으로 대응할 수 있는 거리 또는 쉴드 TBM 후방설비가 터널 내에 설치될 수 있는 거리 중 긴 것을 초기굴진거리로 한다.

- 쉴드 TBM의 추력에 의한 초기굴진거리(L_1)

  $L_1 = T / F(m)$

  여기서, T : 쉴드 TBM의 총추력(t)의 60%

  F : 세그먼트 1m당 마찰저항(tonf/m)

  $F = \pi \cdot D \cdot f(tonf/m)$

  여기서, D : 세그먼트의 외경(m)

  f : 세그먼트와 주변지반의 마찰저항(tonf/m)

- 후방설비에 의한 초기굴진거리(L_2)

  L_2 = 쉴드 TBM 후방설비가 터널 내에 설치될 수 있는 거리

  = 쉴드 TBM 본체의 길이 + 후방대차의 길이

2) 가조립 세그먼트 공

발진작업구에 쉴드 TBM 본체와 반력벽 사이에서 쉴드 TBM의 추력을 전달하기 위해 가조립 세그먼트를 설치한다. 가조립용 세그먼트는 백트러스(back truss) 상부의 개구부를 통해 문형 크레인으로 투입해 쉴드 TBM 본체 내의 이렉터에 의해 조립된다. 가조립 세그먼트는 굴진 시에는 해체 철거하므로 방수 실재는 부착하지 않는다.

[그림 7-54] 가조립 세그먼트

나. 초기굴진 시공방법

발진작업구에서 초기굴진 시에는 작업구 축조 시 발생한 주변 원지반의 이완과 갱구 및 가설벽 굴착 시 진동의 영향, 기계식 쉴드의 커터페이스가 원지반을 잘 누르지 못해서 생기는 원지반 노출현상, 쉴드 TBM의 느린 굴진속도 등으로 원지반의 붕괴, 노면의 함몰 등이 생기므로 각종의 방법으로 원지반의 안정을 꾀해야 한다. 또 도달구에서도 같은 모양의 상태가 되기 때문에 발진부에 준한 원지반의 안정이 도모되어야 한다.

초기굴진을 위한 시공방법은 다음과 같은 것이 있다.

1) 막장의 자립을 꾀하는 방법

- 막장 약액 주입 : 막장에 약액을 주입해서 지반개량을 한다.
- 막장 치환 : 양질의 흙 또는 약액, 모르터 등으로 치환해서 막장을 개량한다.
- 동결공법 : 막장지반을 동결시켜서 안정을 꾀한다.

2) 2중 입갱

입갱의 밖에 시트 파일 등으로 2중 물막이를 하고, 토압을 경감해서 발진하며 물막이된 부분으로 쉴드 TBM이 들어간 후에 앞면의 시트 파일을 뽑는 방법

3) 개착 및 되메우기

시트 파일을 설치하고 개착해 쉴드 TBM을 설치하고 시트 파일을 뽑은 후 땅속에서 발진한다.

[표 7-10] 초기굴진 시공방법

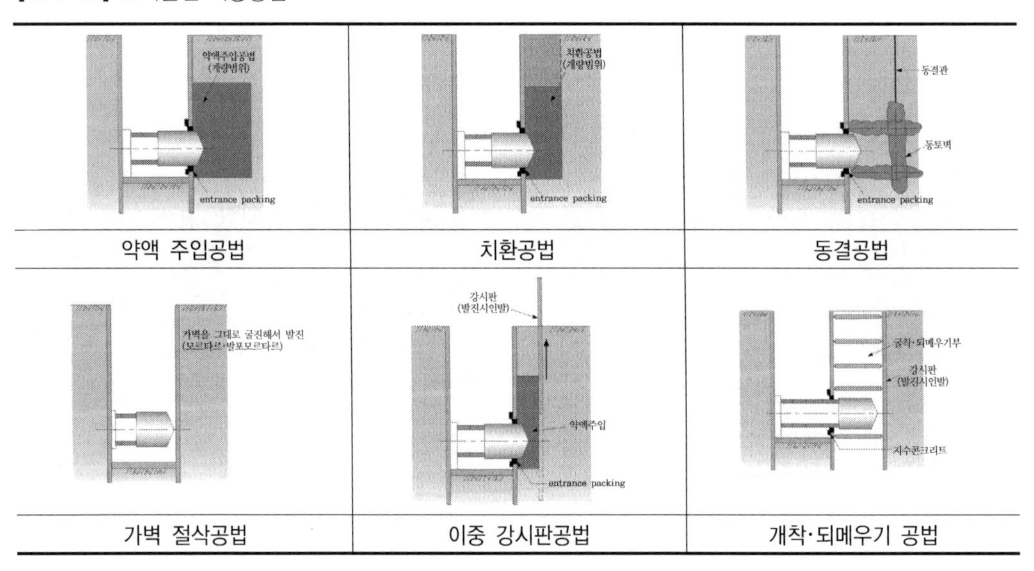

약액 주입공법	치환공법	동결공법
가벽 절삭공법	이중 강시판공법	개착·되메우기 공법

다. 초기굴진 주의사항

쉴드 TBM 초기굴진 시에는 작업구 주변지반의 교란에 의해 막장전면의 붕괴, 용수 발생의 위험이 있으므로 발진부의 보강은 물론 발진구 개구 등에도 충분한 주의를 기울여야 한다.

또한 쉴드 TBM 거치의 불량, 가조립 세그먼트의 조립불량 등에 기인해 세그먼트 조립이 곤란한 경우도 있으므로 주의를 요한다.

한편, 초기굴진 시는 작업원의 미숙련으로 인해 작업능률이 저하되고 굴착토사 반출 및 세그먼트 투입 등의 작업도 협소한 터널 내에서 인력이나 벨트컨베이어 등에 의하므로 본굴진 능률의 1/2 ~ 1/3 정도의 작업밖에 기대할 수 없다.

초기굴진 시 주요한 주의사항은 다음과 같다.

1) 버력 처리

초기굴진 시의 버력 처리는 가능한 한 본굴진의 설비방법을 채용하는 것이 바람직하지만 입갱의 설비, 발진설비 및 갱내 운반방법 등 각종 조건을 고려해서 결정할 필요가 있다.

2) 세그먼트 뒤채움

초기굴진 시의 뒤채움은 특히 중요하다. 초기굴진 구간에서 쉴드 TBM 추력을 원지반에 전달하고 입갱내 반력대나, 가설세그먼트에 작용하는 추력을 경감하는 동시에 주변부의 공극을 없애주는 역할을 한다.

3) 세그먼트 운반

초기굴진 시 세그먼트의 운반은 본굴진 시의 후방대차나 세그먼트 반송설비를 사용할 수 없는 일이 많기 때문에 이렉터 아랫부분까지 이동할 수 있는 운반설비를 만들 필요가 있다.

초기굴진 시 세그먼트의 운반이 주공정이 되는 일이 많으므로 운반방법 및 설비는 충분히 검토할 필요가 있다.

초기굴진 시 세그먼트의 조립은 본굴진의 조립까지 영향을 미치게 되므로 정밀도를 체크하며 신중히 조립되어야 한다.

7.5 설계 적용사례

7.5.1 oo 전력구 공사

가. 공사개요

한국전력 장기 송변전설비 계획에 의거, 서울시 금천구 일원의 전력수요 증가에 따른 전력공급 능력 확충과 인근 변전소 간 과부하를 해소해 안정적으로 전력을 공급하기 위한 전력구 건설 공사이다.

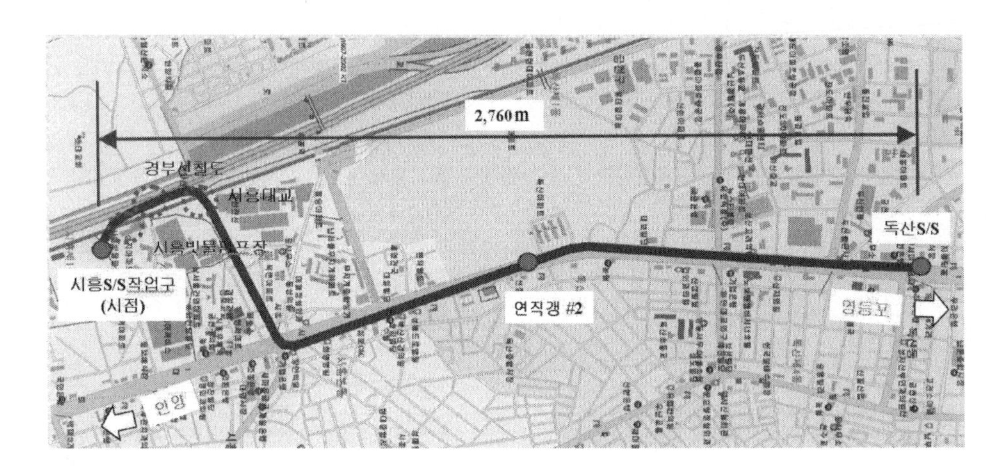

- 쉴드 TBM 연장 : 2,739m
- 연직갱 2개소(D = 15m 1개소, D = 6.8m 1개소)
- 개착전력구 : 75m
- 환기구 2개소(강제배기 1개소, 자연급기 1개소)
- 분기구 : 강관압입 57m(연직갱 #2 부속)

나. 장비 제원

형식	더블 쉴드 암반용	
특별사양	터널 내부 분해방식	
최대굴착구경	D = 3,527mm	
최소굴착구경	D = 3,477mm	
본체길이 및 중량	8.5m, 120tonf	
본체+백업 크기 및 중량	60m, 174tonf	
최소회전반경	R = 60m	

다. 작업구 설계

1) 작업구 갱외 설비 배치계획

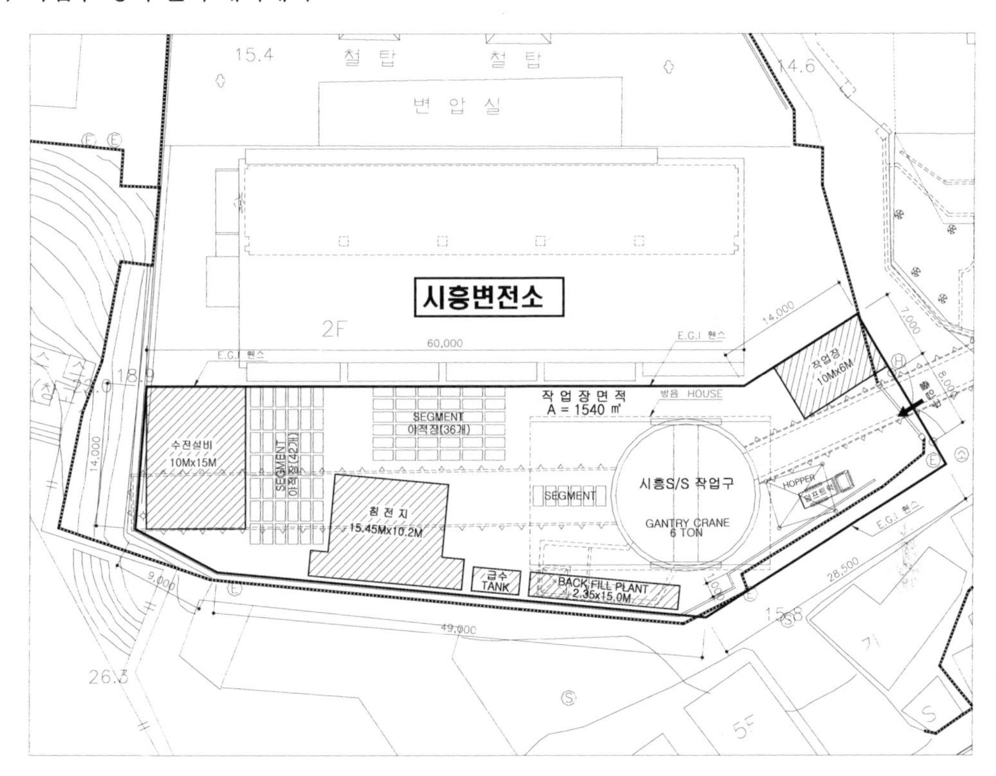

2) 작업구 갱내 설비 배치계획

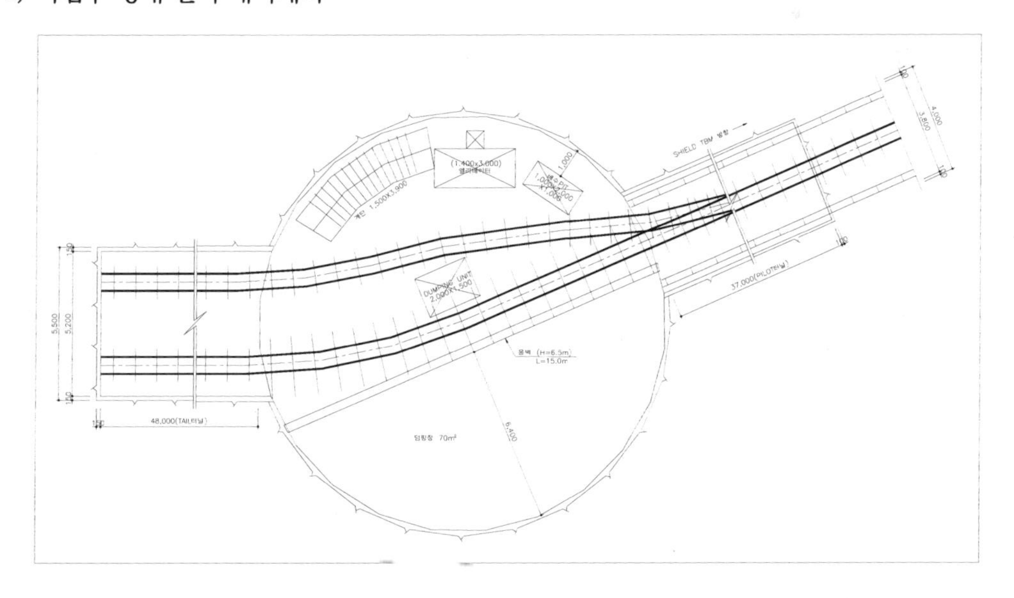

3) 작업구 주요 설비 계획

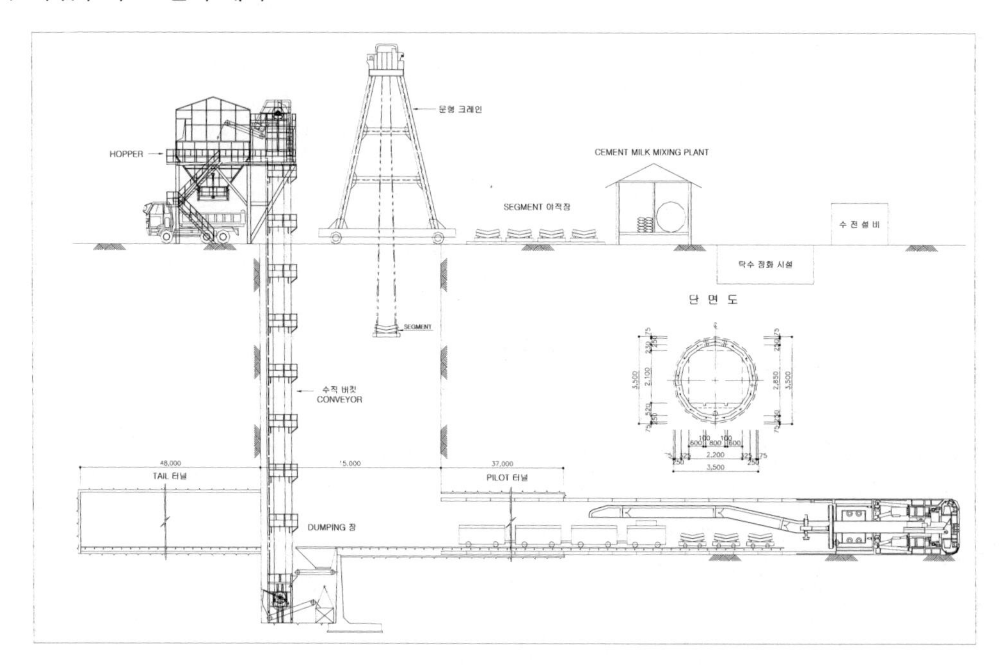

라. 공사특징

본 전력구 공사는 변전소 내에 위치한 협소한 작업장을 고려하여 세그먼트 등 자재투입은 Gantry Crane에 의한 방법을 적용하였고, 원활한 버력처리를 위하여 직경 15m의 원형 작업구에 수직 버킷컨베이어를 설치하는 방안을 설계계획 및 시공에 적용하였다. 수직 버킷컨베이어 방법은 적용사례가 적고 버력처리 장비가격이 다소 고가이나 협소한 작업구 내에 Crane 1대 설치로 작업공간을 확보하고 지상에 Hopper 설치로 버력을 완전 건조시켜 배출함으로써 시공성을 향상시켰다. 또한 시공 중 주거지역 및 학교와 인접한 현장여건상 비산먼지, 소음 등의 환경침해요인이 발생하여 작업구 전체에 방음하우스를 설치하여 환경민원을 개선하였다.

7.5.2 oo 철도 공사

가. 공사개요

공사구간은 서울역을 시점으로 하고 김포공항을 종점으로 하는 철도공사 구간 중 공항로 지하철 5호선 본선 및 정거장 하부 병행으로 인해 기존 구조물 및 인접 건물 안정성 확보를 위해 기계식 굴착공법인 쉴드 공법을 적용했다.

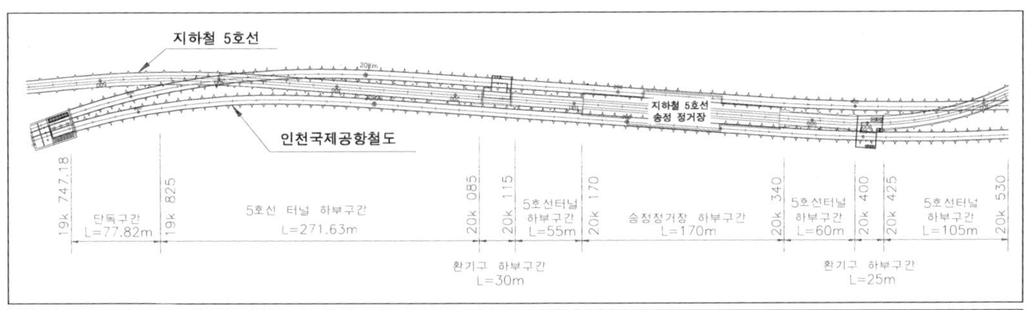

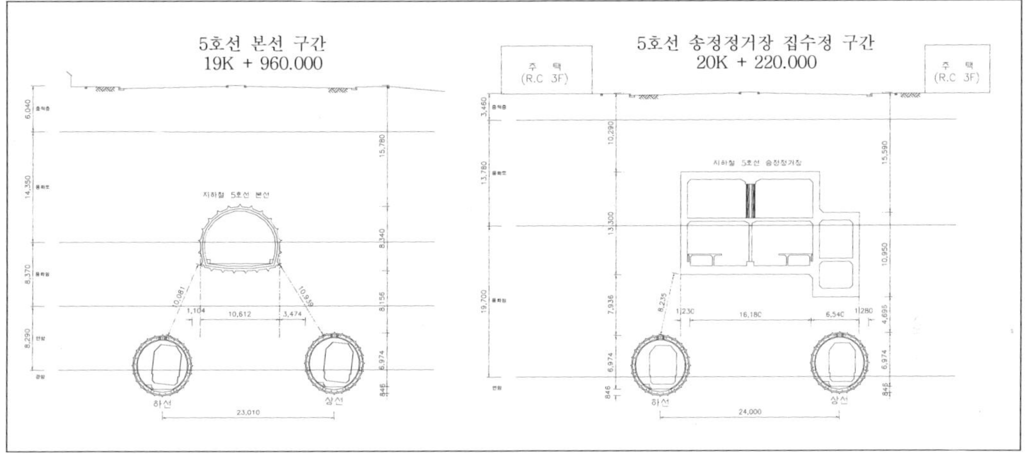

나. 장비 제원

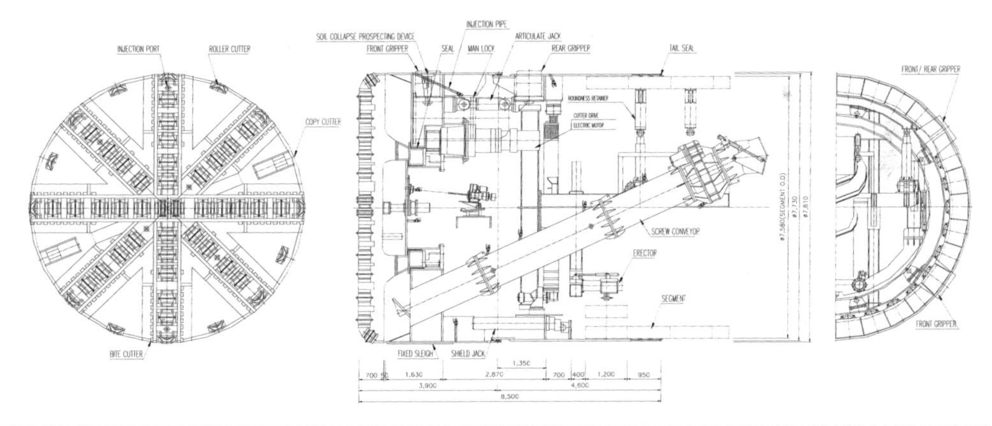

형식	이토압식 쉴드 TBM(EPB 쉴드 TBM)
최대추진력	2,000kN × 28pcs = 56,000kN
최대굴착구경	D = 7.81m
커터헤드 형식	Dome Type Cutter Head
본체길이	8.5m
세그먼트 링 조립시간	120분 기준

다. 작업구 설계

1) 작업구 갱외 설비 배치계획

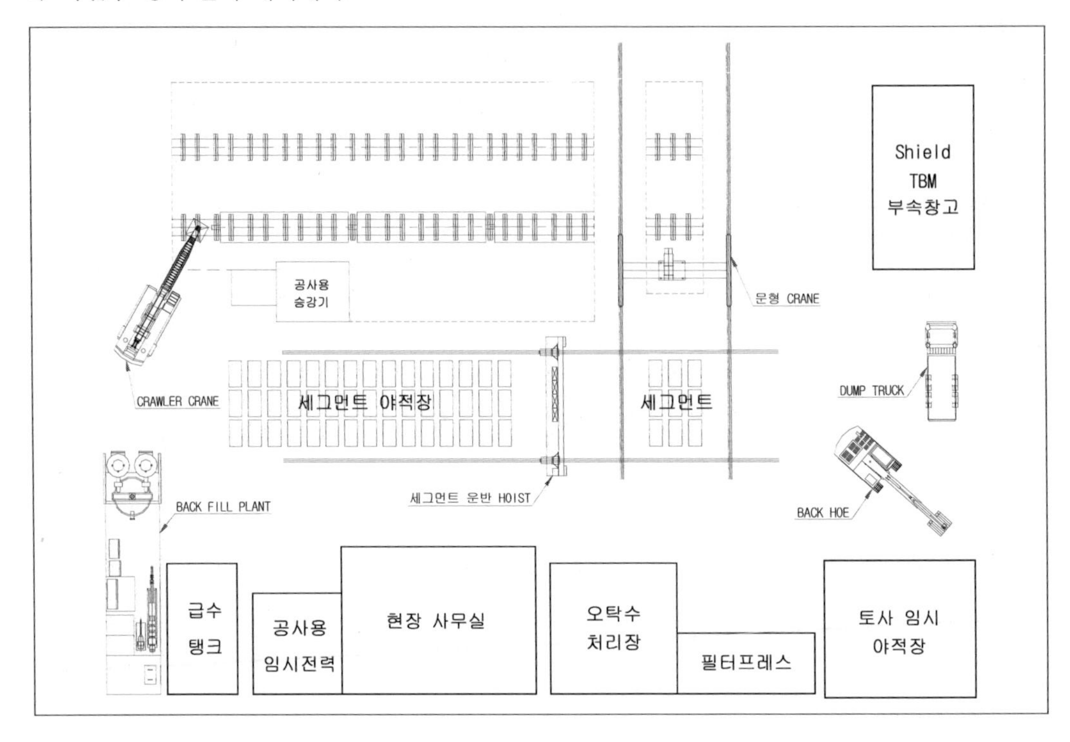

2) 작업구 주요 설비 계획

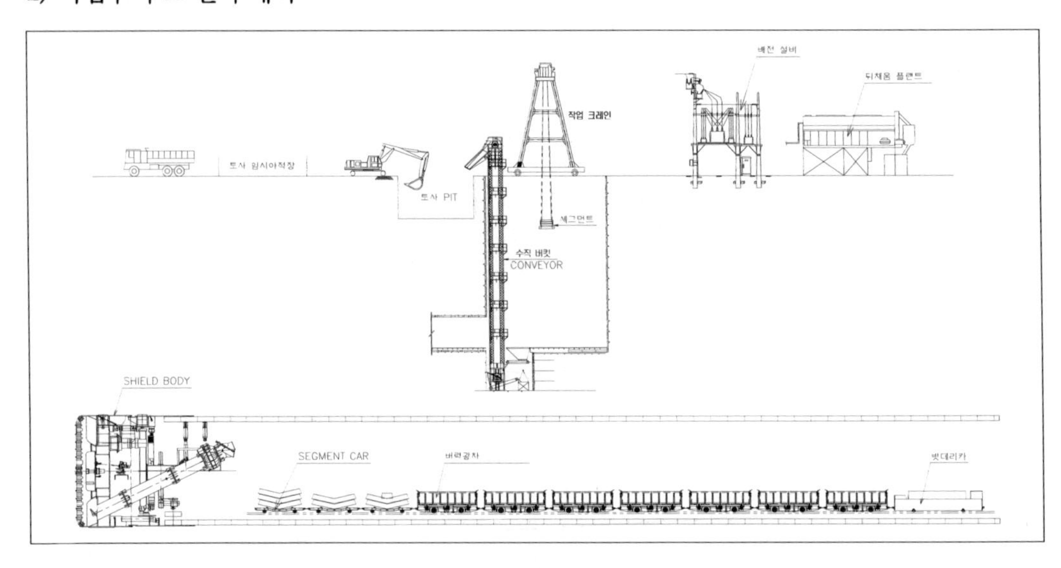

라. 공사특징

본 공사는 도심지에 비해 비교적 넓은 작업장 면적을 확보할 수 있었으므로 대심도 및 대구경 쉴드 TBM 공사를 고려하여 후방설비 설치 시 작업구 내 전체의 후방설비를 병렬 배치하여 초기굴진 속도를 향상시켰고, 전체배치를 위해 반력벽의 구조를 면벽형에서 오픈형으로 계획하였으며, 가설세그먼트 투입을 위해 2차 반력대의 상부구조를 수정하여 초기굴진시공의 시공성 및 경제성 향상을 중점으로 계획하였다.

7.5.3 oo 전력구 공사(설계 예)

가. 공사개요

oo시 일원 주택밀집 지역의 가공 송전선로 지중화로 도시미관과 주거환경을 개선하기 위한 전력구 공사이다.

나. 작업구 설계

1) 작업구 갱외 설비 배치계획

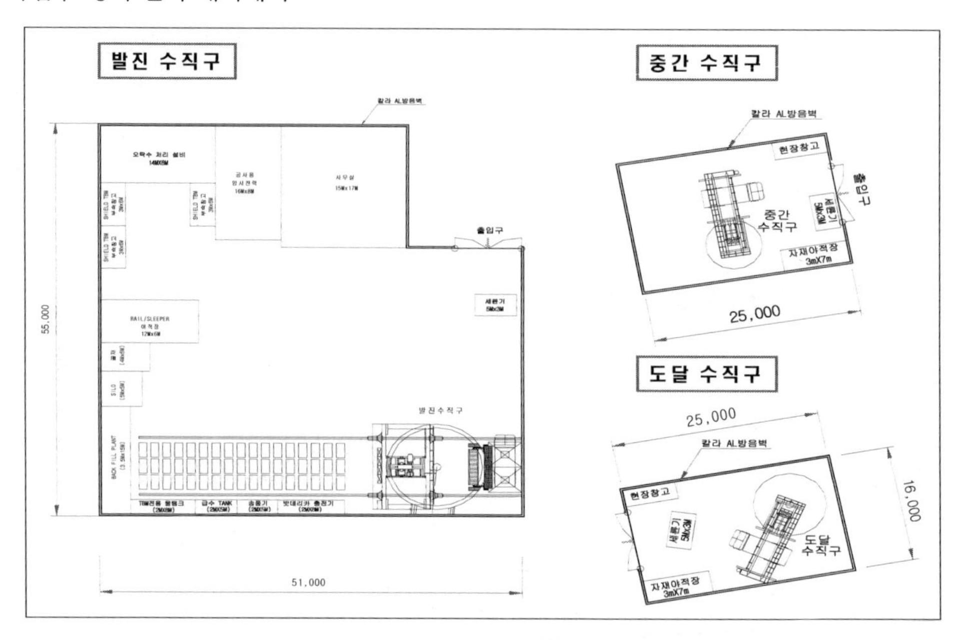

2) 작업구 갱내 설비 배치계획

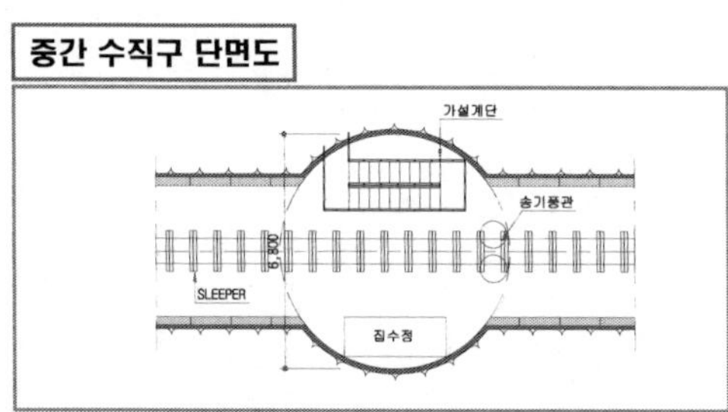

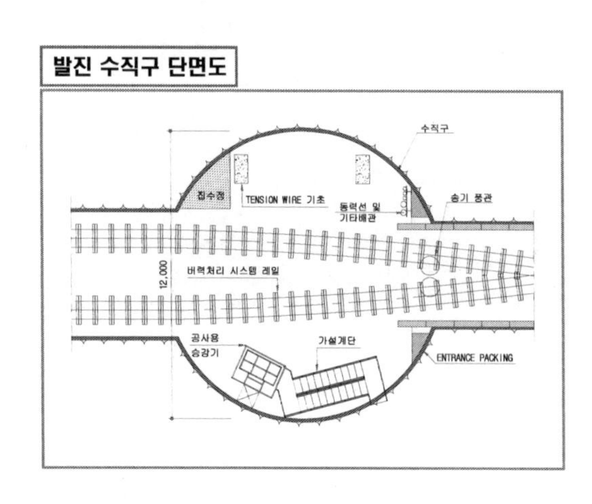

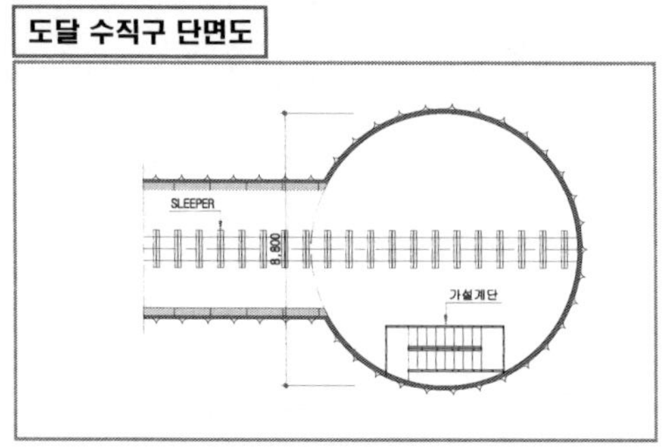

3) 작업구 갱외 버력 처리설비

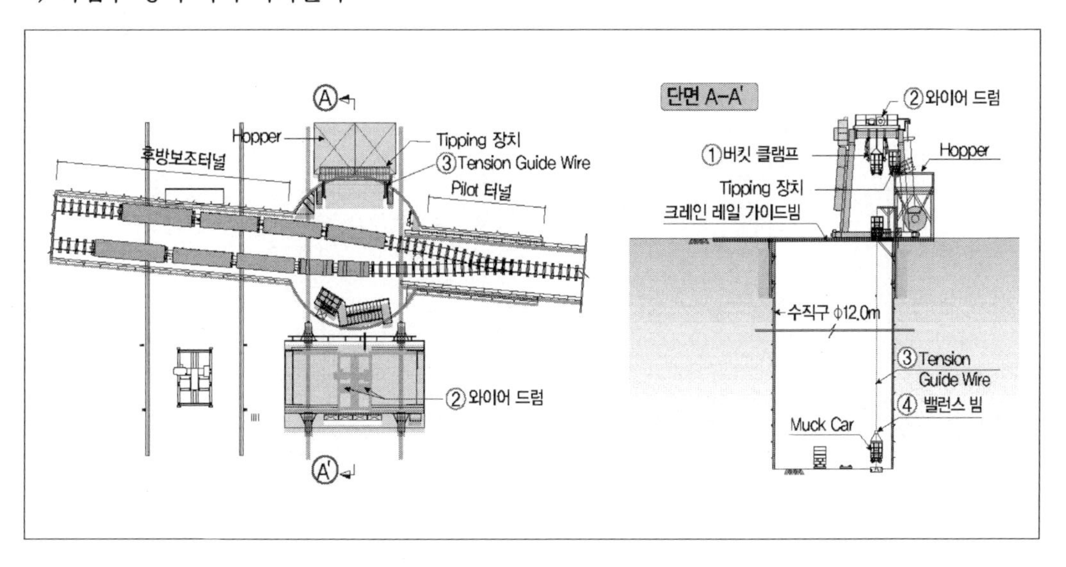

4) 작업구 주요 설비 계획

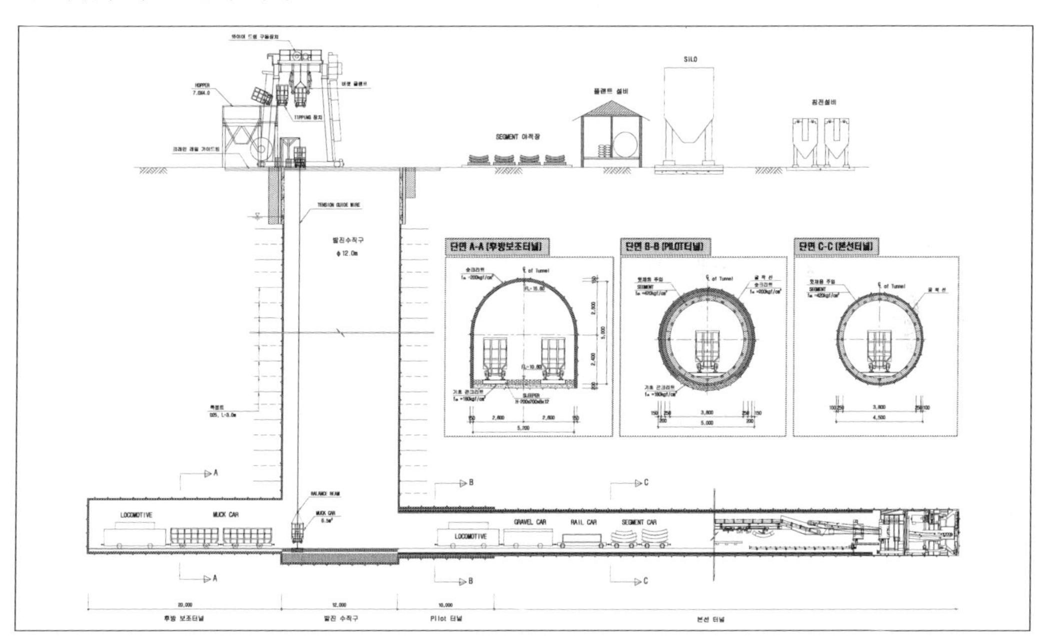

다. 초기굴진 계획도

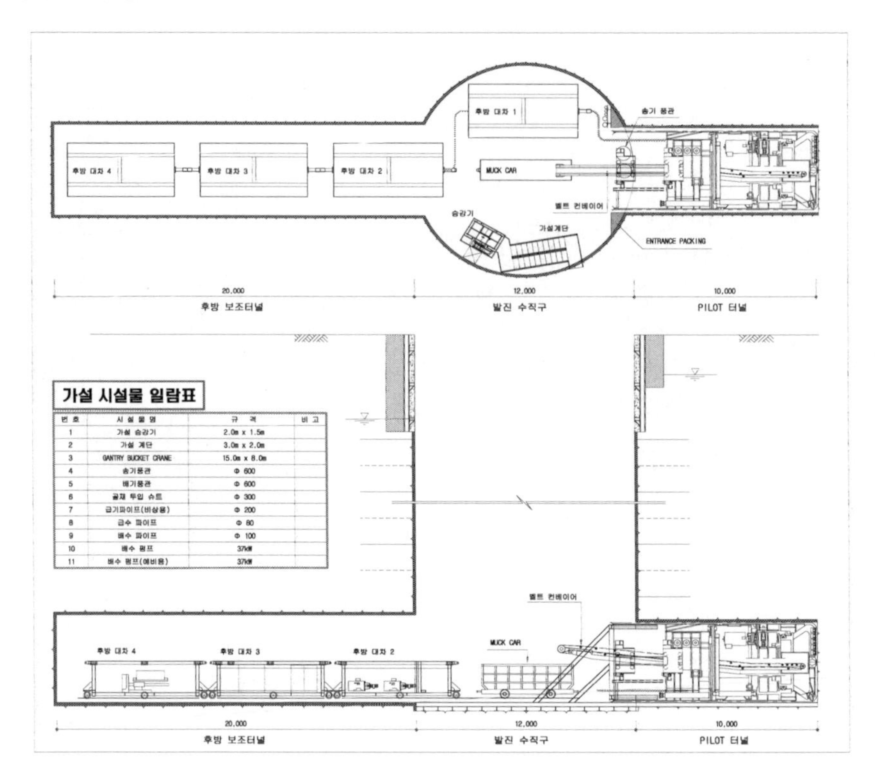

가설 시설물 일람표

번호	시설물명	규격	비고
1	가설 승강기	2.0m x 1.5m	
2	가설 계단	3.0m x 2.0m	
3	GANTRY BUCKET CRANE	15.0m x 8.0m	
4	송기풍관	Φ 600	
5	배기풍관	Φ 600	
6	골재 투입 슈트	Φ 300	
7	급기파이프(비상용)	Φ 200	
8	급수 파이프	Φ 80	
9	배수 파이프	Φ 100	
10	배수 펌프	37kW	
11	배수 펌프(예비용)	37kW	

라. 설계특징

설계단계에서 버력처리 시스템은 밸런스 빔, 버킷클램프, 와이어 드럼 등의 장착으로 안정성 및 효율성이 개선된 광차 직접인양 시스템을 선정하여 시공효율의 증대를 도모하였고, 후방보조터널의 경우 초기굴진을 위한 장비세팅 및 원활한 버력처리작업을 위하여 최소연장인 20m를 적용하였으며, Pilot 터널의 경우 10m를 선굴착함으로써 Gripper 지지에 의한 안정적 초기굴진 및 초기버력반출이 용이하도록 계획하였다.

7.6 결 언

이상에서 살펴본 바와 같이 쉴드 TBM 공법에서 발진 준비와 초기굴진은 전체 터널공사에 큰 영향을 미칠 수 있으므로 설계 시 여러 분야에 대한 충분한 검토가 이루어져야 한다.

1) 발진작업구 설계 시 쉴드 장비의 반입 및 설치공간, 갱내 및 갱외 버력 처리공간, 작업계단 및

승강설비, 집수정, 환기덕트, 동력선 및 기타배관 등을 검토해 소요단면을 결정해야 한다.

2) 쉴드 TBM의 후방설비에는 기계의 사양에 따라 다르지만 일반적으로 쉴드 유압설비, 운전실, 뒤채움 주입설비, 변전설비, 집진설비, 부속창고 설비 등이 있다.

3) 버력 처리시스템은 쉴드 TBM의 굴진과 더불어 싸이클타임의 주공정이므로 버력량, 작업구의 크기 및 깊이, 운반설비 등을 고려해 계획해야 한다.

4) 쉴드 TBM의 발진준비공은 발진받침대 설치, 쉴드 TBM 조립, 반력대 설치, 엔트란스 패킹 설치, 후속설비의 설치 및 쉴드 TBM 시운전 등이 있다.

5) 쉴드 TBM의 초기굴진 시 쉴드 TBM의 조작 및 점검을 하고 굴진데이터를 이용해 본굴진 계획을 검토해야 한다.

참 고 문 헌

1. 윤현돈, 최기훈. 2004.『쉴드공법 총론 I』. 두산산업개발.
2. 건설도서. 1993.『실드공사의 시공과 적산』.
3. 윤이환. 1993.『쉴드터널의 신기술(토목기술자를 위한 쉴드기술자료 I)』. 반석건설.
4. 정형식 외. 2001.「부산지하철 230공구 쉴드터널현장 기술자문 중간보고서」. (사)터널협회.
5. 삼보기술단. 2003.「분당선 왕십리-선릉 간 복선전철 제3공구 노반 신설공사 설계보고서」. p. 241.
6. 박홍태. 1996.「TBM 운영의 효율성 분석에 관한 연구」. 대한 토목학회 논문집, pp. 330~331.
7. 김정현 · 최관용 · 장종순. 2001.「구공 – 독산 전력구 공사의 SHIELD TBM 시공사례」. KTA 2001 심포지엄 논문, pp. 184~186.
8. 정윤영 · 유길환 · 김영수. 2002.「대심도 연약지반에서의 해저 쉴드터널 시공사례 연구」. KTA 2002 심포지엄 논문, p. 95.
9. 정기선. 2004.『SHIELD TBM 터널 굴진을 위한 보조터널 축조방법 개선』. 서울전력구 건설처.
10. 이종득. 2006.『철도공학』. 노해출판사, pp. 496~519.

제8장 Open TBM 지보 설계

제 8 장

Open TBM 지보 설계

황제돈 (에스코아이에스티) / 김진하 (에스코컨설턴트)

8.1 개 요

터널의 지보 설계는 안전하고 경제적인 터널 건설을 위해 반드시 필요한 기술 분야이다. 하지만 지보 설계는 일반구조물 설계와는 달리 다양한 터널 굴착방법과 불확실한 지반조건 등으로 인해 명확한 설계법을 제시하기가 어렵다. 이는 지반 설계정수, 초기응력, 작용하중, 터널형상, 터널 굴착방법 등의 많은 매개변수를 반영해야 하므로, 반복적인 과정이 필요한 작업이기 때문이다.

터널 기술자는 반세기 전부터 최적 지보 설계에 대한 많은 연구를 수행해 왔다. 그 결과 RMR(Rock Mass Rating) 분류법, Q-시스템, NATM(New Austrian Tunnelling Method) 및 NMT(Norwegian Method of Tunnelling) 등 다양한 지보 설계 방법이 개발되어 오고 있다. 이러한 지보 설계방법은 어떤 이론적 배경에서 접근하기보다는 터널기술자의 오랜 경험을 바탕으로 제안된 경험적 설계법이다. 이 설계법은 지반조건 이외에 터널 굴착방법, 터널 시공요인을 합리적으로 고려하기 어렵기 때문에, 터널기술의 발전과 다양한 경험의 축적에 따라 지속적으로 수정과 보완이 이루어지고 있다.

경험적 설계법은 발파하중에 의해 터널 주변 지반을 크게 교란시키는 NATM에 적합하도록 개발된 지보 설계방법이다. TBM은 전단면 터널 굴착기계로 터널을 시공하므로, NATM에 비해 터널 주변 지반의 교란이 현저히 줄어든다. 따라서 Open TBM은 NATM보다 상당히 경감된 지보량으로 터널의 안정성을 확보할 수도 있다. 하지만 국내의 Open TBM의 지보 설계는 설계 방법이 정립되어 있지 않아 NATM의 지보 설계법을 준용하는 경우가 많다. 터널기술이 발달된 선진국에서는 자국의 지반조건, TBM 굴진기술 수준 및 제반 시공여건을 반영한 TBM용 지보패턴을 개발해 TBM 현장에 적용하고 있다. 이 시스템은 경험적 설계법에서 사용하는 평가점수를 상향 조정해 지보량을 경감시켰다.

Open TBM 지보 설계에 적용할 수 있는 설계 방법에는 경험적 방법, 이론적 방법 및 수치 해석적 방법이 있다. 과거의 지보 설계는 경험적 설계법에 많이 의존했으나, 근래에는 지반조사 기술의 발달과 컴퓨터 프로그램의 개발로 터널안정성과 경제성 확보가 용이한 수치 해석법(FLAC 등)이 점차 증가하고 있다. 특히, 원형터널인 Open TBM에 대해서는 탄성해 및 탄소성해를 이용하는 이론적 설계법에 대한 연구가 활발히 진행되고 있다(Ashraf, 2006). 이 설계법들은 터널 설계단계별로 각각 장단점을 가지고 있다.

따라서 이 장에서는 Open TBM과 NATM의 거동특성과 지보 설계방법을 살펴보고 국내외 Open TBM의 지보패턴 적용사례를 정리함으로써, 국내 터널기술자가 Open TBM의 지보 설계를 합리적으로 수행할 수 있도록 가이드라인을 제시하고자 한다.

8.2 Open TBM의 지보 설계방법

8.2.1 굴착방법에 따른 터널의 거동특성

터널 주변 지반은 건설재료이면서 동시에 외부하중으로 작용한다. 즉, 터널 굴착으로 인해 터널 주변 지반은 자체 강성에 의해 초기응력이 재분배되고, 더불어 터널 내공변위가 유발되고 이완영역도 발생하게 된다. 이완영역은 터널 주변 지반의 교란이 작을수록, 지반특성치가 양호할수록 감

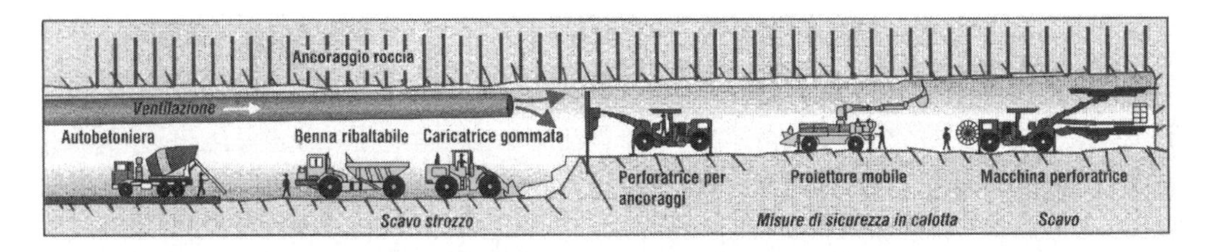

[그림 8-1] NATM 시공 개요도(Pelizza, 2005)

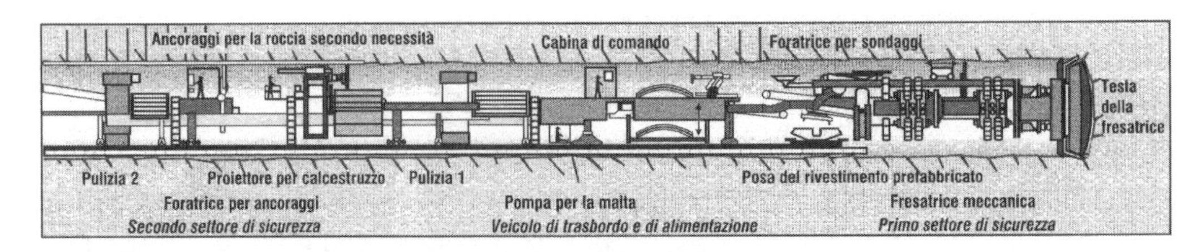

[그림 8-2] Open TBM 시공개요도(Pelizza, 2005)

소한다. 반면 지반특성치가 불량할수록 이완영역은 증가하게 된다. 이 이완영역의 범위는 터널 굴착방법의 영향을 크게 받는다.

터널 굴착방법은 막장면의 지반을 굴착하는 수단으로 크게 발파 굴착과 기계 굴착으로 나눌 수 있다. 발파 굴착(drill and blast)은 착암기나 점보드릴 등 천공장비에 의해 천공된 공에 화약을 장약해 그 폭발력을 이용해 암반을 굴착하는 방법을 말한다. 발파 굴착은 일반적으로 터널 주위 암반을 크게 손상시키므로 원상태의 지반특성을 유지하기가 곤란하다(그림 8-1 참조).

기계 굴착은 브레이커, 굴착기 및 TBM 등의 굴착기계 중에서 Open TBM을 중심으로 살펴보고자 한다. Open TBM을 이용한 기계 굴착은 터널 주위 암반을 거의 교란하지 않고 원상태의 암반특성을 유지할 수 있다(그림 8-2 참조).

터널 굴착 시 주변 지반의 파괴영역은 공학적으로 손상영역과 교란영역으로 구분할 수 있다(그림 8-3 참조). 발파 굴착 시 발파 손상과 터널 굴착에 따른 지반응력의 재분배가 동시에 발생한다. 이에 따른 손상영역은 터널 굴착면에서부터 발생하고, 교란영역은 터널 굴착면에서 일정거리 이격된 소성반경에서부터 발생한다.

손상영역은 암반의 미소 파괴로 인해 변형계수의 감소, 투수계수의 증가 등 암반특성이 완전히 변하는 영역이다. 반면 교란영역은 응력상태만 변화하는 영역으로 암반특성 변화가 크지 않아서 원상태의 암반특성을 유지하는 영역이다. 즉, 공학적 지반특성으로 손상영역은 소성상태로 암반특성이 변화된 잔류물성을 적용하는 구간이고, 교란영역은 탄성상태로 원래의 암반특성을 적용할 수 있는 구간이다.

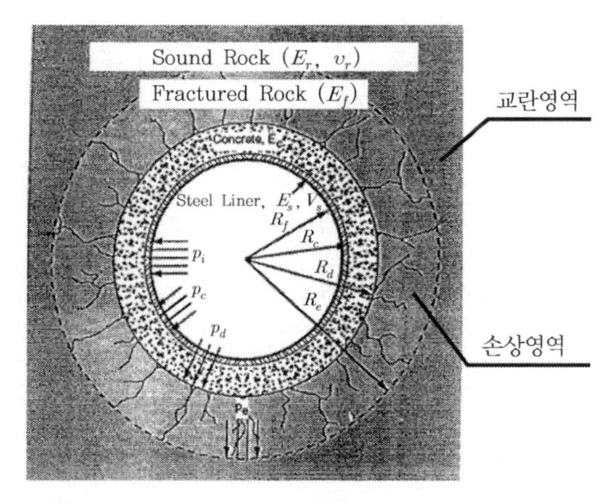

[그림 8-3] 터널 발파 굴착 시 손상영역과 교란영역(US Army, 1997)

발파 손상 및 지반응력 재분배에 의한 교란의 정도는 교란계수 D(Disturbance factor)로 정의할 수 있으며, 교란되지 않은 암반의 교란계수는 0이고 매우 교란된 경우에는 1을 적용한다(표 8-1 참조). Hoek(2002)은 우수한 수준의 제어 발파에 의한 교란계수(D = 0)가 TBM 굴착 시와 같다고 추정했다. TBM 굴착은 일반적인 발파 굴착보다 교란계수가 작으므로 소요 지보량도 감소한다. 이 소요 지보량은 Open TBM의 지보 설계 시 반드시 반영되어야 할 요소이다.

[표 8-1] 교란계수(D) 예측(Hoek, Carranza-Torres and Corkum, 2002)

암반 외관	터널 주변 지반의 상태	D의 제안값
	우수한 수준의 조절발파나 TBM으로 굴착으로 터널 주변 지반의 교란을 최소화한다.	D = 0
	불량한 지반에서 발파가 아닌 기계적 또는 인력으로 굴착해 터널 주변 지반의 교란을 최소화한다.	D = 0
	압착으로 커다란 융기가 발생하는 경우, 그림에서와 같은 임시 인버트를 설치하지 않는 경우 교란은 심각해질 수 있다.	D = 0.5 인버트 없음
	경암 지반에서 매우 불량한 발파는 심각한 국부적 손상을 초래하며, 손상은 주변 암반 2 ~ 3m 범위까지 미친다.	D = 0.8
	그림 왼쪽에 나타나 있는 것처럼 조절 발파가 사용되더라도 사면에서 작은 규모의 발파는 어느 정도 암반 손상을 초래한다. 응력 이완으로 약간의 교란만이 발생한다.	D = 0.7 양질의 발파 D = 1.0 불량한 발파
	매우 큰 개착식의 광산 사면은 과중량의 채광 발파(heavy production blasting)와 상재하중 제거로 인한 응력 이완으로 상당한 교란이 초래된다. 연약한 지반에서 굴착은 리핑(ripping)과 도우징(dozing)에 의해 수행될 수 있으며, 이때 사면에 대한 손상 정도는 더 작다.	D = 1.0 발파 D = 0.7 기계 발파

8.2.2 경험적 설계법

경험적 설계법은 터널 변형에 대한 관찰과 다양한 지보 적용사례에 기초한 터널기술자의 경험을 바탕으로 한 것이다. 경험적 설계법은 터널거동적 접근방법과 지반공학적 접근방법으로 구분할 수 있다. 전자는 다양한 지반조건과 초기 지중응력 상태에서 굴착에 따른 터널의 변형 정도를 이용한 것으로 시공단계에서 지반등급을 분류할 때 적용되기도 한다. 후자는 지질학적 지반 특성과 지반공학적 주요 변수를 이용한 것으로 지반을 정량적으로 분류할 수 있는 방법이다.

TBM은 발파에 의한 NATM에 비해 여굴과 터널 주변 지반의 소성영역을 극소화할 수 있다. 즉, TBM은 NATM보다 상당히 적은 지보량으로도 터널의 안정성을 확보할 수 있는 장점이 있다. 선진국은 자국의 지반조건, TBM 굴진기술 수준 및 제반 시공여건을 반영해 자체 TBM의 지보패턴을 개발했고 현재 터널현장에 적용하고 있다.

본 장에서는 해외에서 연구된 TBM 지보의 경험적 설계법을 살펴보고, 나아가 NATM과의 차이점에 대해 알아보기로 한다.

가. 터널거동적 접근방법

터널거동적 접근법은 Stini(1950)와 Lauffer(1958)에 의해 제안되었다. Lauffer는 터널 굴착 시 안정성을 확보하는 데 중요한 요소로 무지보길이(unsupported span) 또는 주동스팬(active span)과 자립시간이라는 매개변수를 제시했다. 무지보길이는 터널직경 및 지보재와 굴진면의 이격거리 중에서 터널 붕괴를 유발시키는 거리로서, 지반조건과 초기응력에 큰 영향을 받는다(그림 8-4 참조). 이에 대해 자립시간은 터널 굴착 후 무지보 상태에서 버력 처리와 지보재 설치 등을 충분히 할 수 있는 시간을 말한다.

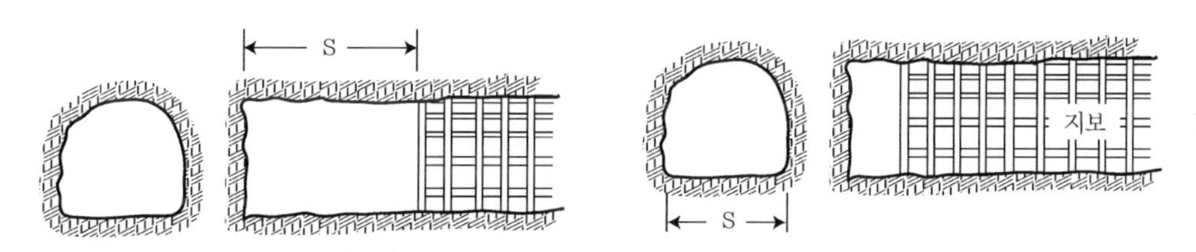

(a) 막장의 위치에서 S만큼 떨어져 있는 지보 (b) 막장의 가까이에 설치한 지보

[그림 8-4] Lauffer의 무지보길이 S의 정의(Hoek et al., 1980)

Lauffer는 무지보길이와 자립시간에 따라 지반을 7등급으로 구분했다. 그림 8-5의 알파벳은 지반 등급을 의미한다. 예를 들면 A는 대단히 양호한 지반이고 G는 매우 불량한 지반에 속한다.

최근에 이탈리아 고속철도터널 설계 시 적용한 ADECO-RS 접근방법(2000)은 Lauffer의 분류법에 매개변수를 이용한 지반 분류법이다.

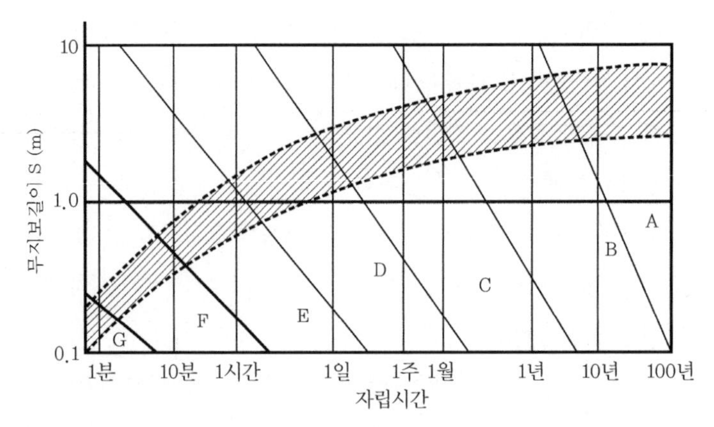

[그림 8-5] 지반등급에 따른 주동스팬과 자립시간의 관계(Lauffer, 1958)

1) Bieniawski(1976)

Bieniawski는 RMR(Rock Mass Rating)과 Lauffer가 처음 제시한 무지보길이의 자립시간과의 관계를 제시했다. RMR 분류법은 RMR값에 따라 지보량을 제시하는 지반 분류법으로 토피, 터널 직경 및 형상 등과 같은 요인에 의해 결정된다. 그림 8-6은 NATM에서 RMR에 대한 자립시간을 보여주고 있다.

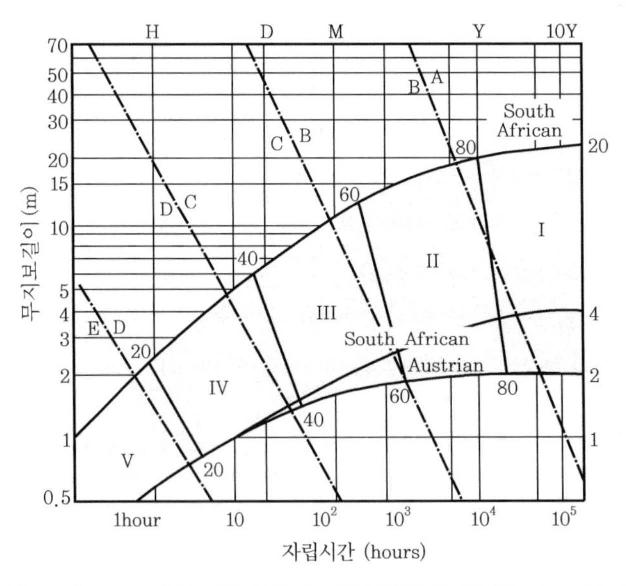

[그림 8-6] NATM에서 지반 등급과 자립시간의 관계도(Bieniawski, 1976)

2) Lauffer(1988)

Lauffer는 NATM의 그림 8-6을 이용해 Open TBM에 적용할 수 있는 RMR과 자립시간의 관계도를 제안했다. 즉, 그림 8-7은 발파 굴착에서 TBM 굴착으로 터널 굴착방법이 변경될 경우 증가되는 자립시간을 나타낸다.

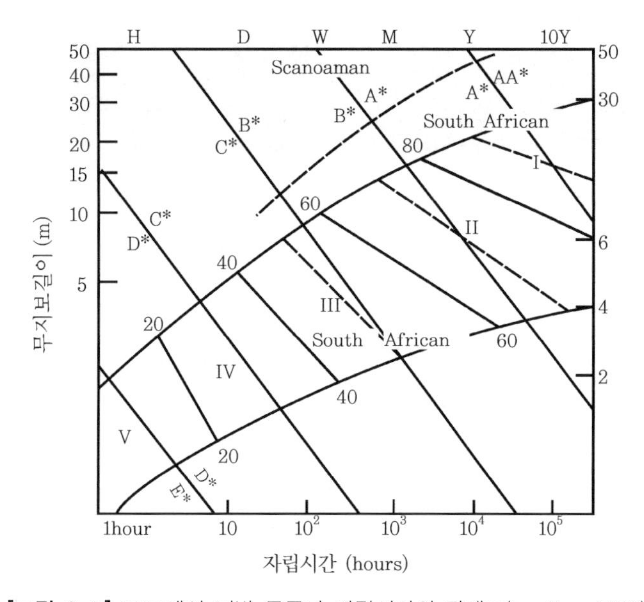

[그림 8-7] TBM에서 지반 등급과 자립시간의 관계도(Lauffer, 1988)

나. 지반공학적 접근방법

지반공학적 접근법은 어떤 이론적 배경에서 출발되었다기보다는 대부분 터널 현장 기술자들의 오랜 경험을 통해 제안된 방법으로 Q-시스템, RMR 분류 등의 지반 분류법이 있다. 이 방법은 지반조건 이외에 터널 시공요인(작업공의 숙련도, 시공수준, 사용장비 및 굴착방법 등)의 영향이 크므로 시대적 변천에 따라 계속해서 수정되고 보완되는 특징을 가지고 있다.

일반적으로 Open TBM은 NATM보다 터널 주변 지반에 미치는 영향이 작기 때문에 결과적으로 굴착에 따른 터널의 안정성을 증진시킬 수 있다. 즉, Open TBM의 지보량이 NATM보다 적게 요구된다. 따라서 선진국의 Open TBM 지보 설계법은 NATM의 경험에서 얻어진 지반 분류법의 평가 점수를 상향 조정해 간접적으로 지보량을 경감시키는 방법을 제안하기도 하였다.

1) Tarkoy(1987)

Tarkoy는 TBM 분야에서 오랫동안 경험하고 연구한 결과를 바탕으로 해 TBM의 지보시스템을 제안했다. 표 8-2는 암반종류와 RQD값에 따라 5가지의 지보방법을 제시하고 있다. 여기서 시스템 록볼트는 TBM의 직경이 4.5m 이상인 경우에 적용하도록 추천하고 있다.

[표 8-2] TBM의 지보시스템(Tarkoy)

암반종류		RQD				
		0 ~ 25 (매우 불량)	25 ~ 50 (불 량)	50 ~ 75 (보 통)	75 ~ 90 (양 호)	90 ~ 100 (매우 양호)
화성암		E	D ~ E	C ~ D	B	A
변성암	엽 리 성	E	D ~ E	C ~ D	B ~ C	A ~ B
	비엽리성	E	D ~ E	C ~ D	B	A
퇴적암	사 암	E	D ~ E	C ~ D	B	A
	셰 일	E	E	C ~ D	C	A ~ B
	석 회 암	E	D ~ E	C ~ D	B	A

주) A: 무지보, B: 랜덤 록볼트, C: 시스템 록볼트, D: 시스템 록볼트와 숏크리트
E: 강지보재, 프리캐스트 세그먼트 등

2) Barton(1993)

TBM의 특징은 NATM에 비해 터널 주변 지반의 교란이 작아 소요 지보량을 감소시킬 수 있다는 것이다. 그러나 이는 양호한 지반(central threshold)에서만 가능하다(그림 8-8 참조). 지반이 매우 양호한 극경암반이나 불량한 지반에서는 TBM의 소요지보량이 NATM과 비슷하다(Barton, 2003).

터널 주변의 극경암반은 TBM 굴착 시 지반 교란이 적어 거의 탄성상태가 되어 접선방향 응력이 굴착면에서 최대로 발생한다. 반면, NATM은 발파하중에 의해 손상되는 굴착면에서 소성 반경만큼 이격된 탄성영역에서 최대응력이 발생하게 된다. 즉, 극경암반에서는 TBM의 굴착면에서 반경방향응력이 NATM보다 크게 되는 단점이 있다.

불량한 지반에서도 Open TBM의 특성으로 인해 지보량을 감소시키기 곤란하다. Open TBM에서 지보재는 일반적으로 NATM보다 늦게 설치된다. NATM 공법은 굴진면에 인접해 주지보재를 설치할 수 있지만, TBM 공법은 커터헤드와 쉴드로 인해 굴진면에서 일정거리 이상 이격된 위치에서만 주지보재 설치가 가능하다. 또한 TBM 시공 중 터널 붕락은 TBM 가동시간을 줄여 TBM 굴진율을 저하시킨다. 이는 적은 지보량 적용에 따른 절감액보다 TBM의 특징인 급속시공 방해로 인한 손실비용이 더 클 수도 있다는 것을 의미한다. TBM 굴진효율을 감안할 때, 자립시간이 짧은 불량

한 지반조건에서는 TBM의 소요 지보량을 증가시키는 것이 유리하다.

이러한 이유로 극경암반과 불량한 지반에서 TBM의 지보량은 NATM과 별 차이가 없다는 사실을 알 수 있다.

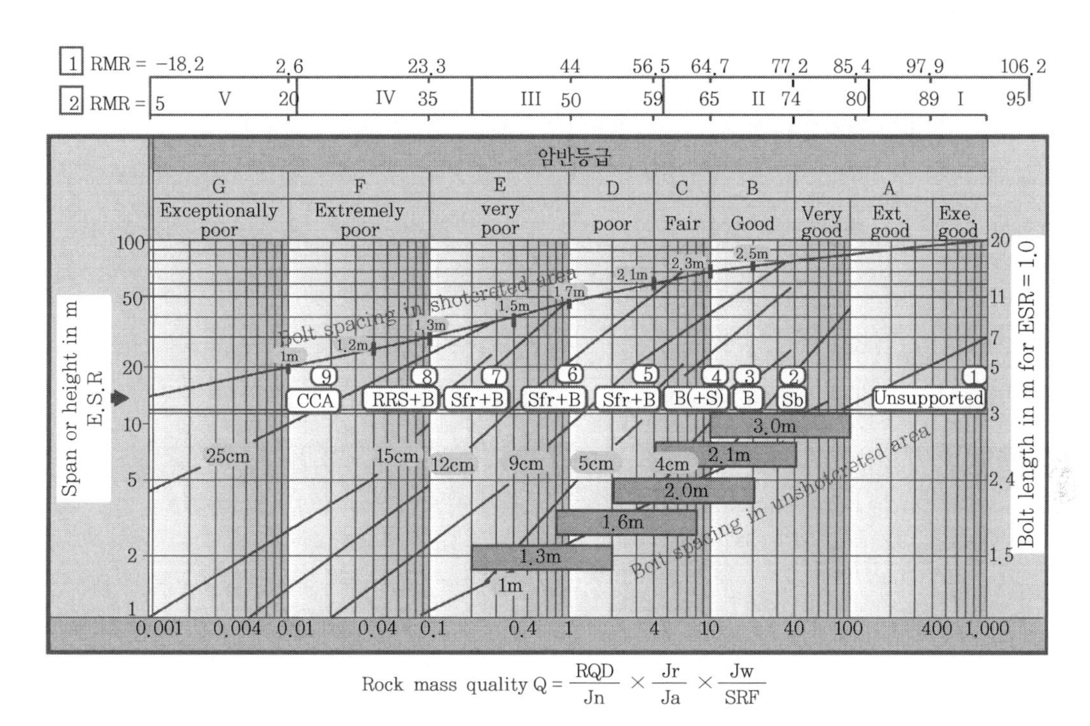

$$\text{Rock mass quality } Q = \frac{RQD}{Jn} \times \frac{Jr}{Ja} \times \frac{Jw}{SRF}$$

[그림 8-8] TBM에서 지보량 감소가 가능한 빗금영역(Barton, 1993)

그림 8-8에서 보여주는 추천 지보량은 NATM으로 시공한 1,250개소의 사례로부터 작성되었다(Barton, 1993). 이 중에서 양호한 지반(central threshold)에서만 NATM에 비해 TBM 지보량을 감소시킬 수 있다. 이는 빗금영역의 지반조건에서 NATM 굴착 시에 발파에 의한 경험적인 Q값을 산출하지만, TBM 굴착 시에는 터널 주변 지반의 교란 정도가 적어 상대적으로 높은 Q값이 산출된다. TBM 굴착에 따른 Q값의 증가량은 터널직경에 따라 다르다. TBM 직경별 시공사례로부터 증가된 Q값을 정량적으로 나타내면 표 8-3과 같다(Barton, 2003).

[표 8-3] 양호한 지반(central threshold)에서 터널 직경에 따른 Q_{TBM}/Q_{NATM} 비

TBM 직경	Q_{TBM}	Q_{NATM}	Q_{TBM}/Q_{NATM}
대구경(6 ~ 7m)	4 ~ 30	1.5 ~ 10	2(2.6 ~ 3)
소구경(2 ~ 3m)	2 ~ 10	0.5 ~ 2	5(4 ~ 5)

표 8-3으로부터 양호한 지반에서 대구경 TBM의 Q값은 NATM에 비해 2배, 소구경 TBM은 5배 정도 증가한다는 사실을 알 수 있다. TBM의 지보량은 증가된 Q값을 사용해 그림 8-8에서 산출할 수 있다.

Q-시스템에서 ESR(Excavation Support Ratio)은 터널안정성에 관련되는 값으로 터널의 용도 및 사용기간에 따라 시행착오(trial and error)에 의해서 산정된다. ESR 개념은 구조물의 중요도에 따라 등가터널 직경을 산정하는 데 사용된다. TBM의 소요 지보량은 경험적으로 NATM보다 적다는 것을 알 수 있었다. 따라서 TBM 종류에 따른 지보량 산정에도 ESR값을 활용할 수 있다. 즉, TBM은 도로터널, 철도터널, 파일럿 선진갱, 도수로 터널 및 하수도 터널 등으로 시공될 수 있으므로, NATM에 비해 지보재가 감소되는 양을 굴착지보비(ESR)로 제시할 수 있다. 다음 표 8-4의 ESR값은 표 8-3, 그림 8-8과 더불어 지보량 산정에 함께 사용할 수 있다.

[표 8-4] TBM 지보 설계를 위한 추천 ESR값(Barton, 2003)

<table>
<tr><th colspan="2">TBM 종류</th><th>ESR값</th><th>비 고</th></tr>
<tr><td colspan="2">임시 지보</td><td>1.5 x ESR과 5Q</td><td>5Q는 공기가 1년 이상일 때 2.5Q로 감소</td></tr>
<tr><td colspan="2">파일럿 선진갱</td><td>2.0</td><td rowspan="4">대구경 TBM의 Q값은 NATM에 비해 2배, 소구경 TBM의 Q값은 5배 증가</td></tr>
<tr><td colspan="2">도수/하수 터널</td><td>1.5</td></tr>
<tr><td rowspan="2">교통터널</td><td>일반터널</td><td>1.0</td></tr>
<tr><td>장대터널</td><td>0.5</td></tr>
</table>

3) Scolari(1995)

Open TBM의 지보 설계는 기본적으로 지반 분류 기준과 각 지반등급에 따라 적절한 지보량을 결정하는 것이다. Open TBM의 지보 설계는 오스트리아 지반 분류[Austrian Norm(O-Norm) B2203]에서 처음으로 제시되었다. Martin(1988)과 Scolari(1995)는 TBM 직경 6m에 대해 오스트리아 지반 분류를 RMR과 Q값의 관계로 개선했다.

그림 8-9, 8-10에서 7가지 지반등급으로 분류된 TBM 직경 6m의 지보형태와 지반거동을 살펴보면 다음과 같다. F1과 F2는 지반이 매우 양호하기 때문에 지보설치가 필요 없으므로 TBM 굴진을 방해하는 요소가 없다. F3는 약간의 TBM 굴진 지연이 예상되며 지보 설치가 필요한 경우에는 굴진면 후방에서 지보를 설치해야 한다. F4 ~ F6은 지반이 불량하기 때문에 매 굴진 후 또는 부분 굴진 후에 지보재를 설치해야 한다. F7은 초불량 지반이기 때문에 시공자는 감독자와 상의해 특수한 지보공법이나 보조공법을 적용해야 한다.

지반 분류	개략 Q값	개략 RMR값	터널직경 6m	지반 거동
F1	10 ~ 100	65 ~ 80	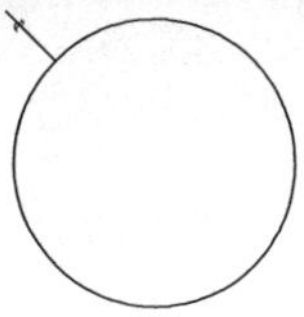	장기 안정
F2	4 ~ 10	59 ~ 65	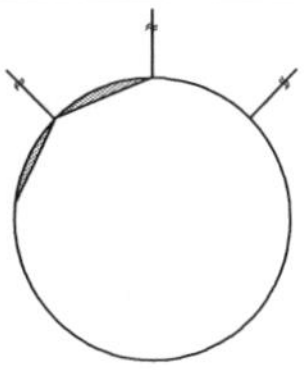	국부적 붕락
F3	1 ~ 4	50 ~ 59	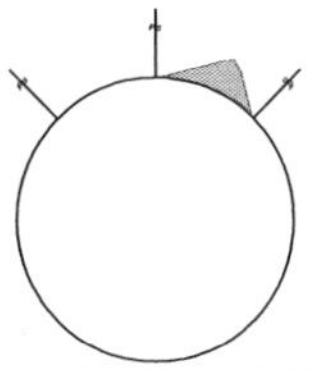	빈번한 붕락 (장비 부분)
F4	0.1 ~ 1	35 ~ 50	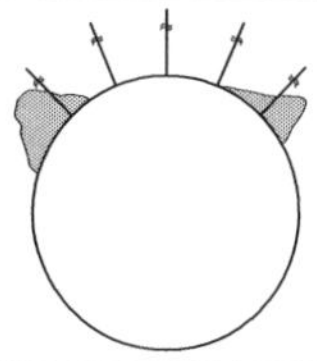	빈번한 붕락 (장비 부분)
F5	0.03 ~ 0.1	27 ~ 35	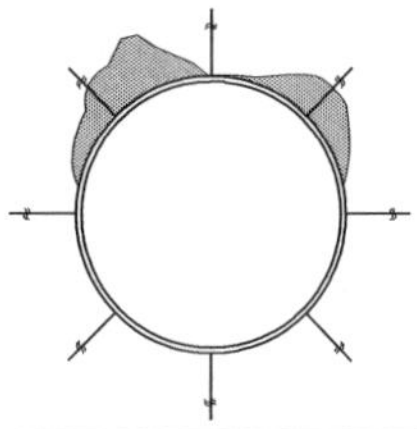	빈번한 붕락 (굴진 후 커터헤드 부분)
F6	0.01 ~ 0.03	20 ~ 27	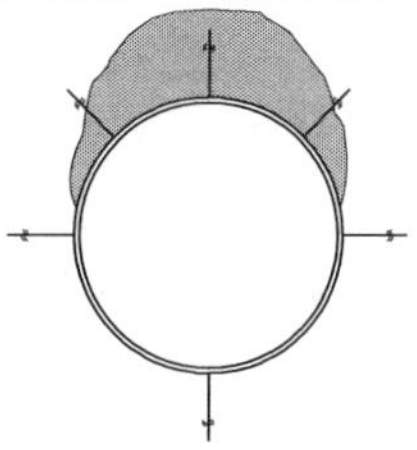	과대한 여굴 (굴진 중 커터헤드 부분)
F7	0.001 ~ 0.01	5 ~ 20	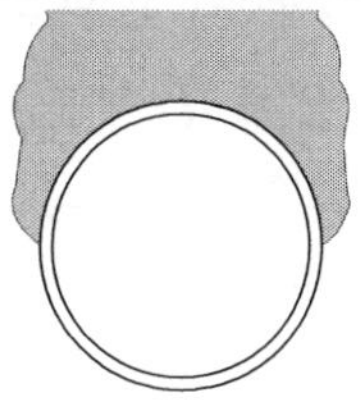	자립 불가

[그림 8-9] 오스트리아의 TBM(직경 6m) 지보 설계 개요(Scolari, 1995)

지반 분류	지 보 패 턴			TBM 굴진 영향
	지보재	수량(m당)	작업 위치	
F1	• 필요시 랜덤 록볼트 L = 2.0m	• 0.5개 이하	작업대	없음
F2	• 필요시 랜덤 록볼트 L = 2.0m • 철망 • 숏크리트 5cm	• 1개 이하 • 1.0m^2 이하 • 0.1m^3 이하	작업대	없음
F3	• 시스템록볼트 L = 2.0m • 철망 • 숏크리트 5cm	• 1 ~ 3개 • 1.0 ~ 1.5m^2 • 0.1 ~ 0.5m^3	작업대	일시 정지
F4	• 시스템록볼트 L = 2.5m • 철망 • 숏크리트 8cm • 강지보재	• 3 ~ 5개 • 5.0 ~ 9.0m^2 • 0.5 ~ 1.0m^3 • 40 ~ 80kg	커터헤드 후방 작업대	매 굴진 후 정지
F5	• 시스템록볼트 L = 2.5m • 철망 • 숏크리트 10cm • 강지보재	• 5 ~ 7개 • 9.0 ~ 18m^2 • 1.0 ~ 1.8m^3 • 80 ~ 160kg	굴진 후 즉시 작업대에서 지보재시공	매 굴진 후 장기 정지
F6	• 시스템록볼트 L = 3.0m • 철망 • 숏크리트 15cm • 강지보재	• 7 ~ 10개 • 18 ~ 27m^2 • 1.8 ~ 3.0m^3 • 160 ~ 300kg	일부 굴진 후 즉시 작업대에서 지보재시공	부분 굴진 후 장기 정지
F7	• 특수 지보시스템	• 훠폴링(forepoling) • 강관다단그라우팅 • 지반 보강그라우팅 • 콘크리트라이닝		1달 이상 지연

[그림 8-10] TBM(직경 6m) 지보 설계(Scolari, 1995)

8.2.3 이론적 설계법

가. 개 요

Open TBM은 원형이고 지반 교란이 거의 없어 원상태의 지반 특성을 가지고 있는 경우가 많다. 지반조건이 응력의 지배를 받는 연속체의 균일한 재료일 경우에는 원형터널의 역학적인 거동특성을 파악하는 데 이론적 설계법이 매우 유용하게 활용될 수 있다.

Open TBM의 거동특성은 응력지배조건(연속체 역학)에서 지반조건과 작용하중에 따라 탄성거동, 탄소성 거동 및 파괴로 구분할 수 있다. 터널의 탄성거동은 측압계수(K_o)에 관계없이 탄성이론식인 Kirsh의 해를 적용해 해석할 수 있고, 탄소성 거동은 지반반응곡선의 이론해($K_o = 1$인 경우만 가능)로 해석이 가능하다.

이론적 설계법은 균질한 지반조건에서 원형터널의 변형을 추정하고, 다양한 지보패턴과 터널과의 상호작용에 대해 접근하기 쉬운 장점을 가지고 있다. 암반과 지보 간의 상호관계(Rock Support Interaction)는 내공변위제어법(Convergence-Confinement Method, CCM)으로 체계화할 수 있다. 이 방법은 종단변형곡선(Longitudinal Deformation Profile, LDP), 지반반응곡선(Ground Reaction Curve, GRC) 및 지보재특성곡선(Support Characteristic Curve, SCC)에 기본개념을 두고 있으며, 다음과 같은 가정 하에서만 Open TBM의 거동을 완전히 분석할 수 있다.

1) 지중응력영역은 등방응력상태이다.
2) 지반은 등방상태이며 균질하고, 파괴는 주절리에 의해 지배되지 않는다.
3) 지보 반응은 완전 탄소성 거동을 하며 균등한 지보압을 갖는다.
   - 숏크리트는 폐합되어 있다.
   - 강지보는 지반과 완전히 밀착되어 원형터널 종방향으로 균일한 간격으로 설치된다.
   - 록볼트는 원형터널 종방향 및 횡방향으로 일정한 간격으로 설치된다.

본 절은 터널기술자가 LDP, GRC 및 SCC로 이루어진 CCM에 대한 기본개념을 습득함으로써 Open TBM의 거동특성을 이해하는 데 중점을 두고자 한다.

나. 종단변형곡선(LDP)

터널 형성의 기본 원리는 지반응력 재분배에 의한 아칭효과이다. 이 아칭은 암반과 지보의 상호작용(rock support interaction)에 의해 발생한다. 따라서 Open TBM의 거동특성은 암반과 지보의 상호작용을 분석함으로써 잘 이해할 수 있다.

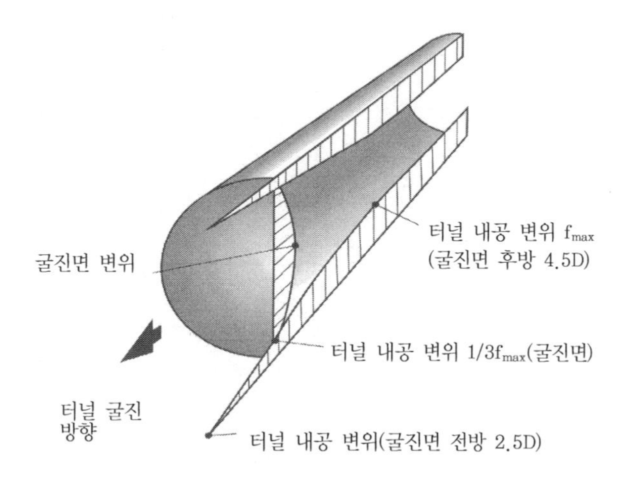

[그림 8-11] 굴진면 부근의 터널 변위(Hoek, 1998a)

암반과 지보의 상호작용은 터널 굴착 시 무지보상태에서 굴진면 부근에서 발생하는 터널내공변위로 그림 8-11에 잘 나타나 있다.

그림 8-11의 터널 굴착 시 암반과 지보의 상호작용으로부터 다음과 같은 3가지 터널의 변형 특성을 알 수 있다. 첫째, 터널 전방의 변위는 굴진면으로부터 터널직경의 1.5 ~ 2.0배 정도의 지점까지 발생한다. 둘째, 터널 후방의 최대내공변위는 굴진면으로부터 터널직경의 1.5 ~ 4.0배 사이에서 발생한다. 마지막으로 굴진면의 내공변위는 터널 후방의 최대내공변위의 1/3 정도 발생한다. 이는 무지보터널에서도 굴진면에 '가상지반압력(fictitious pressure)'이 작용하는 것을 보여준다(이인모, 2004). 이 가상지반압력은 지보설치 시 실제 지보압이 발현되기 전에 지반응력의 재분배로 과대변위를 지연시켜 터널안정성을 증대시켜주는 역할을 한다. 그림 8-11에서 터널전방변위, 굴진면 내공변위 및 터널후방의 최대내공변위를 연결한 곡선이 종단변형곡선이다. 즉, 종단변형곡선은 무지보 터널에서 터널 굴진면을 중심으로 터널종단방향으로 전후방에 대한 내공변위를 그린 것이다.

무지보 터널에서 종단변형곡선을 산정하는 일은 매우 어렵다. 왜냐하면, 그것은 3차원 응력분포를 고려해야 하고, 터널 굴착 시 굴진면 주변의 응력재분배의 전이양상을 고려해야 하기 때문이다. Chern et al.(1998)은 3차원 수치 해석으로부터 얻은 결과와 굴착 전 굴진면 전방에 설치된 계측기로부터 굴진하는 터널의 계측 결과를 발표했다. Spyropoulos(2005)는 Panet(1995), Chern (2000) 및 Unlu(2003)의 종단변형곡선을 종합적으로 분석해 그림 8-12의 곡선을 제안했다. 지반조건에 적합한 종단변형곡선을 산정할 수 없을 경우에는 이 곡선의 방정식에 터널 굴진면으로부터 이격거리에 대한 값을 입력하면 터널 내공변위를 추정할 수 있다.

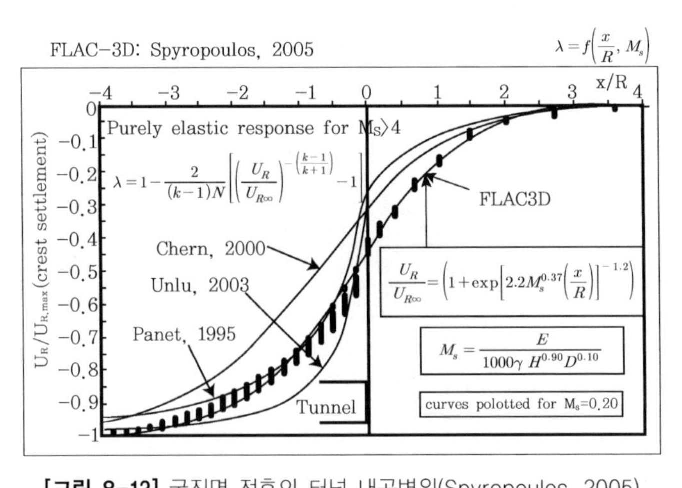

[그림 8-12] 굴진면 전후의 터널 내공변위(Spyropoulos, 2005)

지반조건에 적합한 최적의 종단변형곡선은 유사 시공현장의 내공변위 계측결과 또는 3차원 수치 해석을 통해 산정할 수 있다.

다. 지반반응곡선(GRC)

1) 개 요

터널 주위 지반은 지반강성을 가진 구조적 재료이면서, 터널 내공변위에 따른 이완영역이 외부 하중으로 작용하는 2가지 역할을 동시에 수행한다. 이러한 터널 주위 지반의 양면성과 Open TBM의 원형은 터널 굴착에 따라 지반응력의 재분배를 유도해 아칭효과를 발생시킨다. 이 아칭효과는 막장전방에서 보유(hold)하고 있는 응력을 말하며, 이를 가상지반압력이라고 한다(이인모, 2004).

가상지반압력은 그림 8-13에 잘 나타나 있다. 첫째, 굴진면으로부터 터널 전방으로 직경 1.5 ~ 2.0배 정도 위치의 가상지반압력은 지중응력과 같다($p_i = p_o$, 탄성영역). 둘째, 굴진면에서의 가상지반압력은 지중응력의 약 1/4 정도이다($p_i = 1/4\ \ p_o$). 마지막으로 굴진면으로부터 터널 후방으로 갈수록 가상지반압력은 점차 0으로 감소한다. 그림 8-13에서 터널 전방의 가상지반압력과 변위, 굴진면의 가상지반압력과 내공변위 및 터널후방의 가상지반압력과 내공변위를 그림 8-14와 같이 지보압-내공변위 그래프에 나타낸 것이 지반반응곡선이다.

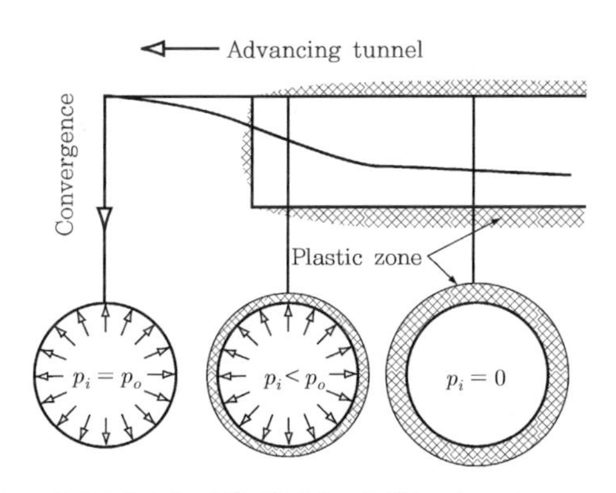

[그림 8-13] 굴진면에 대한 위치별 지보압 p_i(RocSupport, 2004)

지반반응곡선은 터널의 내압 p_i를 원지반의 지압인 σ_{vo}로부터 감소시켜 갈 때, 내공변위 u_r의 증가양상을 보여주는 곡선이다. p_i값이 σ_{vo}와 동일하면 $u_r = 0$이 되며, p_i값이 작아질수록 u_r값은 증가하게 되어 그림 8-14에서 보여주는 바와 같이 $p_i = 0$이면 내공변위는 G점인 u_r^G까지 증가한다.

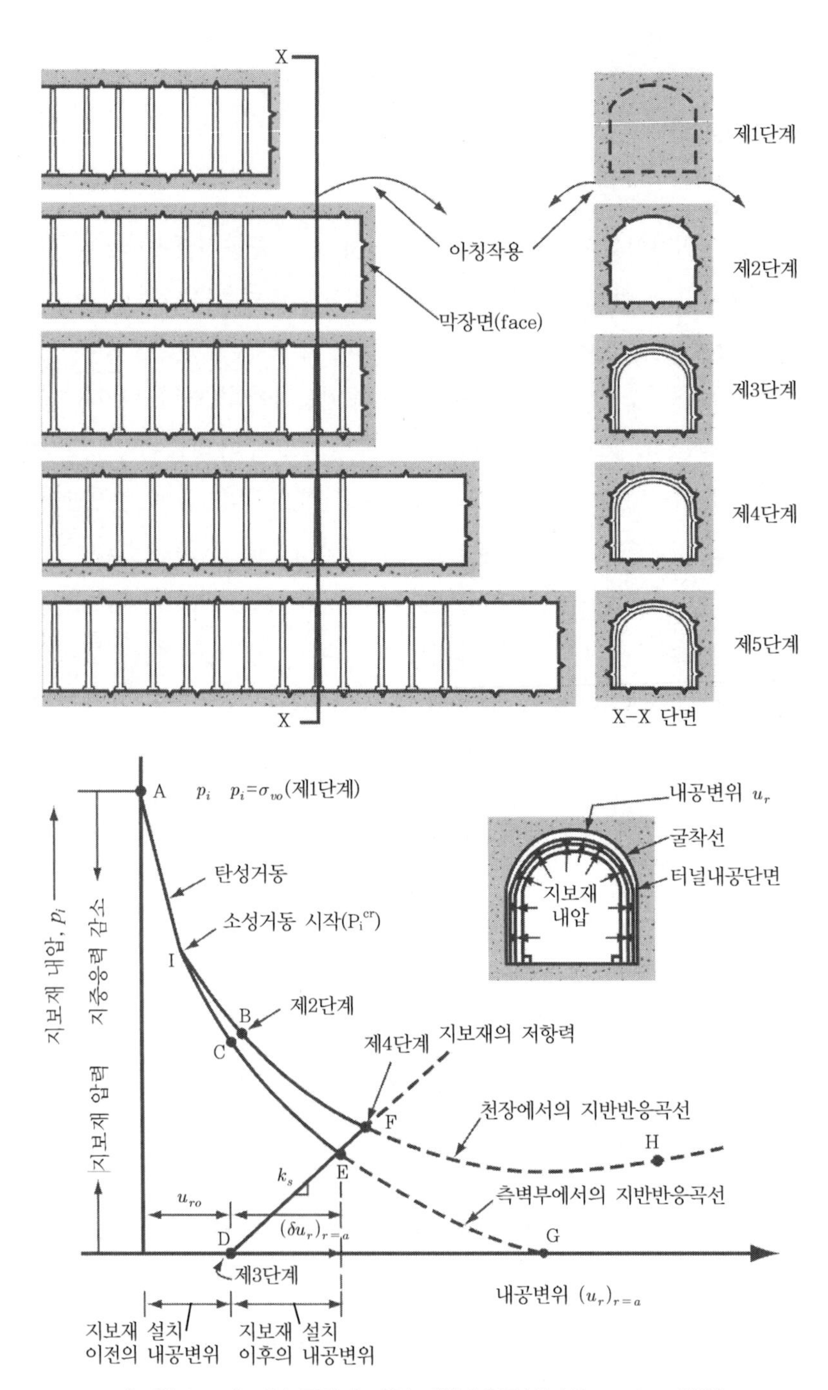

[그림 8-14] 터널 굴착에 따른 지반반응곡선(이인모, 2001 발췌)

GRC상의 각 점을 설명하면 다음과 같다.

① A점 : 초기조건, $p_i = \sigma_{vo}$, $u_r = 0$

② G점 : 지보재를 전혀 설치하지 않은 경우의 최종 도달점

$$p_i = 0,\ u_r = u_r^G$$

③ I점 : 터널주위 지반에 소성영역이 발생되기 시작하는 시점($p_i = p_i^{cr}$)

- $p_i > p_i^{cr}$: 터널은 탄성거동(Kirsh의 해 적용가능, p_i^{cr} =한계지보압)
- $p_i \le p_i^{cr}$: 터널은 탄소성 거동($r = b$까지는 소성영역, $r \ge b$에서는 탄성거동, 그림 8-18 참조)

④ C점 : 지보재 설치시점에서의 가상지반압력

- 굴진면의 내공변위 u_{ro}에서 아칭작용에 의해 터널 굴진면 전방에서 추가로 보유하고 있는 응력

2) 탄성이론해

① Kirsh의 해

Open TBM이 평면 변형률 조건에서 등방탄성이면서 광역의 지반에 시공되는 경우에 대해서 살펴보자(그림 8-15 참조). 이 지반의 초기응력조건은 초기연직응력이 σ_{vo}, 초기수평응력이 $\sigma_{ho} = K_o \sigma_{vo}$로 일반적인 경우의 측압계수($K_o$)를 고려한다.

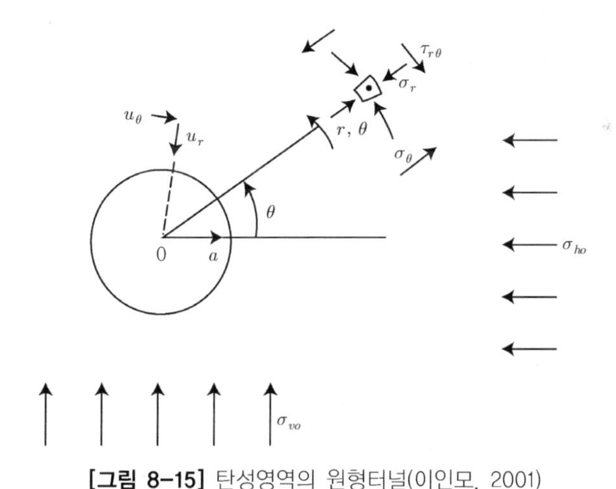

[그림 8-15] 탄성영역의 원형터널(이인모, 2001)

굴착 후의 터널반경방향 응력과 터널접선방향 응력은 Kirsh의 탄성해로부터 구할 수 있다. 그림 8-15에서 보는 바와 같이 반경 a인 원형터널 주변의 임의의 위치에서 최종응력은 극좌표계(r, θ)를 이용해 다음의 식으로 나타낼 수 있다.

- 터널반경방향 응력(radial stress)

$$\sigma_r = \frac{1}{2}\sigma_{vo}\left\{(1+K_o)\left(1-\frac{a^2}{r^2}\right)-(1-K_o)\left(1-4\frac{a^2}{r^2}+3\frac{a^4}{r^4}\right)\cos 2\theta\right\} \tag{8-1}$$

- 터널접선방향 응력(tangential stress)

$$\sigma_\theta = \frac{1}{2}\sigma_{vo}\left\{(1+K_o)\left(1+\frac{a^2}{r^2}\right)+(1-K_o)\left(1+3\frac{a^4}{r^4}\right)\cos 2\theta\right\} \tag{8-2}$$

- 전단응력(shear stress)

$$\tau_{r\theta} = \frac{1}{2}\sigma_{vo}\left\{(1-K_o)\left(1+2\frac{a^2}{r^2}-3\frac{a^4}{r^4}\right)\sin 2\theta\right\} \tag{8-3}$$

위의 식 중에서 터널 안정성을 분석하는 데 중요한 역할을 하는 것이 터널접선방향 응력 σ_θ이다. 터널접선방향 응력 σ_θ는 그림 8-16에 표시한 터널 굴착면의 측벽과 천단에서의 최대값 양상을 볼 수 있으며 이를 정리하면 다음과 같다.

- 접선응력은 터널 굴착면에서 집중됨을 알 수 있다.
- K_o값이 0에 가까울수록 접선응력은 측벽부에서 집중되며, 반대로 천단(또는 인버트)에서 감소한다.

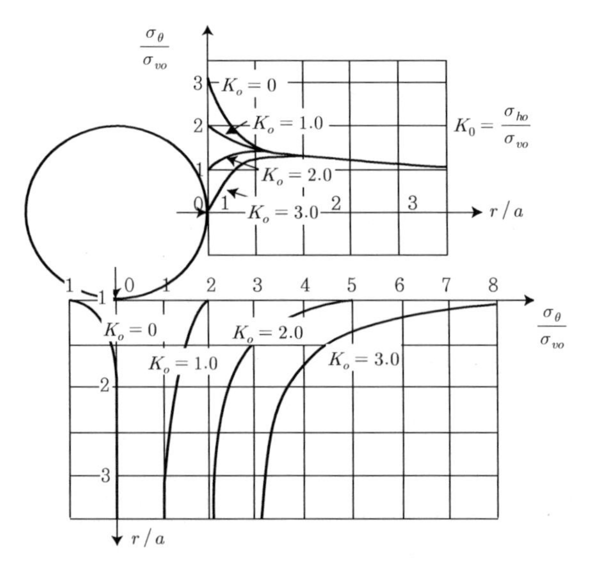

[그림 8-16] K_o에 따른 $\sigma_\theta/\sigma_{vo}$ 응력비(이인모, 2001 발췌)

• K_o값이 커질수록 접선응력은 천단(또는 인버트)에서 증가하며, 반대로 측벽부에서 감소한다.

터널접선방향 응력 σ_θ는 터널 굴착면($r=a$)에서 다음과 같다.

$$\sigma_\theta = \sigma_{vo}\{(1+K_o)+2(1-K_o)\cos 2\theta\} \tag{8-4}$$

터널 굴착면에서 σ_θ는 최대값을 가지나 σ_r과 $\tau_{r\theta}$는 대기압과 접하고 있으므로 0이다.

터널접선방향 응력 σ_θ는 측압계수 K_o에 따라 크게 영향을 받는다. $K_o=0$일 때, σ_θ는 측벽부에서는 초기연직응력(σ_{vo})의 3배의 응력집중이 발생되고, 천장부에서 $-\sigma_{vo}$의 인장응력이 발생된다. 초기등방응력($K_o=1$)에서 σ_θ는 굴착면 위치에 관계없이 σ_{vo}의 2배로 발생된다.

$K_o < \dfrac{1}{3}$이면, σ_θ는 천장 및 인버트에서 인장응력이 발생된다.

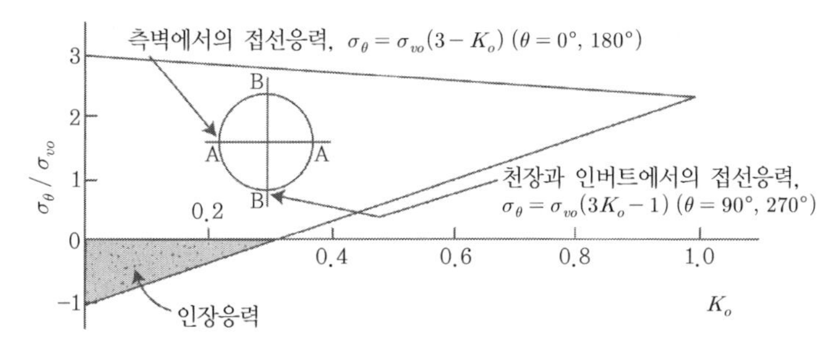

[그림 8-17] 터널주변의 접선응력 집중양상(이인모, 2001 발췌)

평면 변형률 조건에서 원형터널 주변의 임의의 위치에서 변위는 다음 식을 이용해 구할 수 있다.

• 터널반경방향의 변위(radial displacement)

$$u_r = \frac{\sigma_{vo} \cdot a^2}{4Gr}\left\{(1+K_o)-(1-K_o)\left(4(1-\mu)-\frac{a^2}{r^2}\right)\cos 2\theta\right\} \tag{8-5}$$

• 터널접선방향의 변위(tangential displacement)

$$u_\theta = \frac{\sigma_{vo} \cdot a^2}{4Gr}\left\{(1-K_o)\left(2(1-2\mu)+\frac{a^2}{r^2}\right)\sin 2\theta\right\} \tag{8-6}$$

여기서, u_r : 터널반경방향 변위(터널 안쪽 방향으로 움직이는 변위를 ⊕로 가정)

G : 전단변형계수

μ : 포아송비

② 지반반응곡선(GRC)에서 활용

지반반응곡선(Ground Reaction Curve, GRC)은 터널의 내압을 감소시켜갈 때 터널의 내공변위의 증가양상을 나타낸 그래프이다. 따라서 터널에서 내압 p_i가 작용하는 경우의 탄성해에 대한 GRC는 $K_o = 1$인 경우에 국한된다.

$$\sigma_r = \sigma_{vo}\left\{1-\left(\frac{a^2}{r^2}\right)\right\}+p_i\left(\frac{a^2}{r^2}\right) \tag{8-7}$$

$$\sigma_\theta = \sigma_{vo}\left\{1+\left(\frac{a^2}{r^2}\right)\right\}-p_i\left(\frac{a^2}{r^2}\right) \tag{8-8}$$

$$u_r = \frac{\sigma_{vo}\,a^2}{2\,Gr}-\frac{p_i a^2}{2\,Gr}=\frac{a^2}{2\,Gr}(\sigma_{vo}-p_i) \tag{8-9}$$

3) 탄소성 이론해

① 개 요

Open TBM 굴착 시 터널주변응력이 암반강도보다 커서 암석이 반경 $r=a$부터 $r=b$까지 파괴(broken)되어 소성상태로 되었다고 가정하자(그림 8-18 참조). 소성상태는 암반에 균열이 증가한 상태로 잔류강도가 존재하는 한, 터널이 완전히 붕괴(collapse)되는 것은 아니며 다만 탄성의 경우에 비해 변형이 크게 발생되는 정도로 보면 된다.

현대의 터널이론은 붕괴역학에 근거하지 않고 탄소성으로 새로운 평형상태에 이르도록 하는 탄

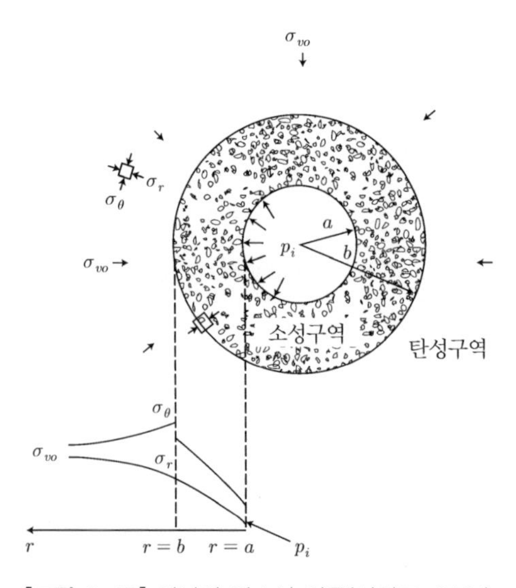

[그림 8-18] 터널의 탄소성 이론(이인모, 2001)

소성평형이론에 근거한다. 따라서 터널 주위가 소성상태에 이르게 될 가능성이 감지될 때, 소성영역을 최소화하는 방법은 그림 8-18과 같이 터널에 적절한 지보재를 설치해 내압 p_i를 증가시켜 주는 것이다. 탄소성 터널은 균질한 연속체지반에서 $K_o = 1$인 경우에만 해석이 가능하다.

② Mohr-Coulomb 파괴이론에 근거한 지반반응곡선

소성영역의 반경 b는 Salencon(1969)의 이론해로부터 다음과 같이 나타낼 수 있다.

$$b = a\left[\frac{2}{K_p+1}\frac{\sigma_{vo}+\dfrac{q}{K_p-1}}{P_i+\dfrac{q}{K_p-1}}\right]^{1/(K_p-1)} \tag{8-10}$$

여기서, a : 원형터널의 반경

σ_{vo} : 초기지중응력

P_i : 터널 내압

ϕ : 내부 마찰각

$K_p = \dfrac{1+\sin\phi}{1-\sin\phi}$

$q = 2 \cdot c \cdot \tan(45+\phi/2)$

- 탄성/소성의 경계에서 터널반경방향응력(한계지보압)

$$p_i^{cr} = -\frac{1}{K_p+1}(2\sigma_{vo}-q) \tag{8-11}$$

- 소성영역에서의 응력

$$\sigma_r = \frac{q}{K_p-1} - \left(P_i+\frac{q}{K_p-1}\right) \cdot \left(\frac{r}{a}\right)^{K_p-1} \tag{8-12}$$

$$\sigma_\theta = \frac{q}{K_p-1} - K_p\left(P_i+\frac{q}{K_p-1}\right) \cdot \left(\frac{r}{a}\right)^{K_p-1} \tag{8-13}$$

여기서, r : 터널중심으로부터 이격거리

- 탄성영역에서의 응력

$$\sigma_r = -\sigma_{vo} + \left(\sigma_{vo} - p_i^{cr}\right) \cdot \left(\frac{b}{r}\right)^2 \tag{8-14}$$

$$\sigma_\theta = -\sigma_{vo} - \left(\sigma_{vo} - p_i^{cr}\right) \cdot \left(\frac{b}{r}\right)^2 \tag{8-15}$$

탄성과 소성영역에서 터널반경방향 변위는 Salencon(1969)의 이론해를 적용할 수 있다.

• 탄성영역의 터널반경방향 변위

$$u_r = -\left(\sigma_{vo} - \left(\frac{2\sigma_{vo} - q}{K_p + 1}\right)\right)\left(\frac{b}{2G}\right)\left(\frac{b}{r}\right) \tag{8-16}$$

• 소성영역의 터널반경방향 변위

$$u_r = -\frac{r}{2G}\chi \tag{8-17}$$

$$\begin{aligned}\chi = (2-\mu)\left(\sigma_{vo} + \frac{q}{K_p - 1}\right) \\ + \left(\frac{(1-\mu)\left(K_P^2 - 1\right)}{K_p + K_{ps}}\right)\left(P_i + \frac{q}{K_p - 1}\right)\left(\frac{b}{a}\right)^{(K_p - 1)}\left(\frac{b}{r}\right)^{(K_{ps} - 1)} \\ + \left((1-\mu)\frac{(K_p K_{ps} + 1)}{(K_p + K_{ps})} - \mu\right)\left(P_i + \frac{q}{K_p - 1}\right)\left(\frac{r}{a}\right)^{(K_p - 1)}\end{aligned}$$

여기서, $K_{ps} = \frac{1 + \sin\psi}{1 - \sin\psi}$

ψ : 암반의 체적팽창각

μ : 포아송비

G : 전단탄성계수

③ Hoek–Brown 파괴이론에 근거한 지반반응곡선

터널반경방향 응력과 터널접선방향 응력은 Hoek–Brown의 이론식(1982)을 적용할 수 있다.

• 탄성영역의 응력

$$\sigma_r = -\sigma_{vo} + \left(\sigma_{vo} - p_i^{cr}\right) \cdot \left(\frac{b}{r}\right)^2 \tag{8-18}$$

$$\sigma_\theta = -\sigma_{vo} - \left(\sigma_{vo} - p_i^{cr}\right) \cdot \left(\frac{b}{r}\right)^2 \tag{8-19}$$

여기서, σ_{vo} : 초기등방응력

b : 소성영역의 반경

p_i^{cr} : 탄성/소성 경계의 터널반경방향 응력

• 소성영역의 응력

$$\sigma_r = -\frac{m_r \cdot \sigma_c}{4}\left[\ln\left(\frac{r}{a}\right)\right]^2 - \ln\left(\frac{r}{a}\right) \cdot \left(m_r \cdot \sigma_c \cdot p_i + s_r \sigma_c^2\right)^{1/2} + p_i \tag{8-20}$$

$$\sigma_\theta = \sigma_r - \left(m_r \cdot \sigma_c \cdot \sigma_r + s_r \cdot \sigma_c^2\right)^{1/2} \tag{8-21}$$

여기서, p_i : 터널 굴착면에 작용하는 가상지반압력

a : 원형터널의 반경

σ_c : 암석의 일축압축강도

m_r, s_r : Hoek–Brown 잔류강도 계수

m, s : Hoek–Brown 암석강도 계수

한계지보압 p_i^{cr} 와 소성반경 b는 다음과 같이 정의된다.

$$p_i^{cr} = -\sigma_{vo} + M \cdot \sigma_c \tag{8-22}$$

여기서, $M = \frac{1}{2}\left[\left(\frac{m}{4}\right)^2 + m \cdot \sigma_{vo}/\sigma_c + s\right]^{1/2} - \frac{m}{8}$

$$b = a \cdot \exp\left[N - \frac{2}{m_r \cdot \sigma_c}\left(m_r \cdot \sigma_c \cdot p_i + s_r \cdot \sigma_c^2\right)^{1/2}\right] \tag{8-23}$$

여기서, $N = \frac{2}{m_r \cdot \sigma_c}\left(m_r \cdot \sigma_c \cdot \sigma_{vo} + s_r \cdot \sigma_c^2 - m_r \cdot \sigma_c^2 \cdot M\right)^{1/2}$

반경 a의 원형터널이 초기등방응력 σ_{v0}와 터널 내부의 지보압 p_i로 구속되어 있다고 가정한다. 터널주변의 암반 파괴는 터널라이닝에 의한 지보압이 한계지보압 p_i^{cr} 보다 작을 때 발생되며 한계지보압 p_i^{cr}는 다음과 같이 나타낸다.

$$p_i^{cr} = \frac{2\sigma_{vo} - \sigma_{cm}}{1+k} \tag{8-24}$$

여기서, $\sigma_{cm} = \dfrac{2 \cdot c \cdot \cos\phi}{(1-\sin\phi)}$: 암반의 일축압축강도

$k = \dfrac{(1+\sin\phi)}{(1-\sin\phi)}$: σ_1 대 σ_3의 기울기

$\sigma_1 = \sigma_{cm} + k \cdot \sigma_3$: σ_1와 σ_3의 관계식에서 Mohr-Coulomb의 파괴기준

탄성영역과 소성영역에서 터널반경방향 변위는 Hoek-Brown의 이론해(1998)로부터 산정할 수 있다.

만약, 내부지보압 p_i가 한계지보압 p_i^{cr} 보다 크면 파괴는 발생되지 않으며 터널주변의 지반거동은 탄성거동을 보이고 터널의 탄성 내공변위는 다음과 같다.

- 탄성영역의 터널반경방향 변위

$$u_r = \frac{a(1+\mu)}{E_m}(\sigma_{vo} - p_i) \tag{8-25}$$

여기서, E_m : 영탄성계수 또는 변형계수

μ : 포아송비

터널 주변 지반이 탄성거동에서 소성거동으로 전이될 경우는 파괴로 인한 소성변형률에서 체적팽창효과가 발생한다. 이를 암반의 체적팽창각 ψ으로 정의한다.

체적팽창각 $\psi = 0$이고 터널 내부의 지보압 p_i가 한계지보압 p_i^{cr} 보다 작은 경우에는 소성영역의 반경 b는 다음 식과 같다.

$$b = a\left[\frac{2(\sigma_{vo}(k-1)+\sigma_{cm})}{(1+k)((k-1)p_i+\sigma_{cm})}\right]^{\frac{1}{(k-1)}} \tag{8-26}$$

- 소성영역의 터널반경방향 변위

$$u_r = \frac{a(1+\mu)}{E}\left[2(1-\mu)(\sigma_{vo} - p_i^{cr})\left(\frac{b}{a}\right)^2 - (1-2\mu)(\sigma_{vo} - p_i)\right] \tag{8-27}$$

여기서, $p_i^{cr} = \dfrac{2\sigma_0 - \sigma_{cm}}{1+k}$: 한계지보압

b : 소성영역의 반경

4) 지반반응곡선

앞에서 언급한 이론해처럼 '암반과 지보 간 상호작용'에 대한 수많은 해석법이 발표되었다(Hoek, 1999a). 이 해석법들은 터널이 굴진함에 따라 암반의 파괴가 어떻게 진행되는지에 대해 공통적으로 초기등방응력 상태의 원형터널이란 가정에서 출발했다. 이들은 주로 이론적으로 소성영역의 범위를 계산하고, 지반반응곡선식을 찾는 데 초점을 맞추었다.

여기서는 지반반응곡선의 이론식은 가장 간단한 경우로 체적팽창각(ψ)이 발생하지 않는 경우(비연합 유동법칙, $\psi = 0$)에 대해서만 살펴보도록 한다.

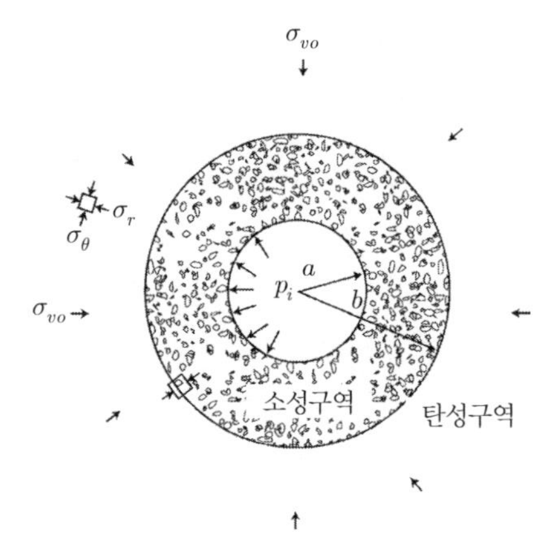

[그림 8-19] 초기등방응력 상태에서 소성영역의 발생(이인모, 2004)

위의 그림 8-19에서 원형터널의 반경 a는 초기등방응력 σ_{vo}, 균등한 간격의 지보압 p_i와 관련이 있다. 주지보재에 의한 지보압이 한계지보압 p_i^{cr} 보다 작을 때 터널 주변 암반에서 파괴가 발생한다. 만약 지보압이 한계지보압보다 크면 파괴는 발생하지 않고, 터널 주변 암은 탄성적으로 거동하게 된

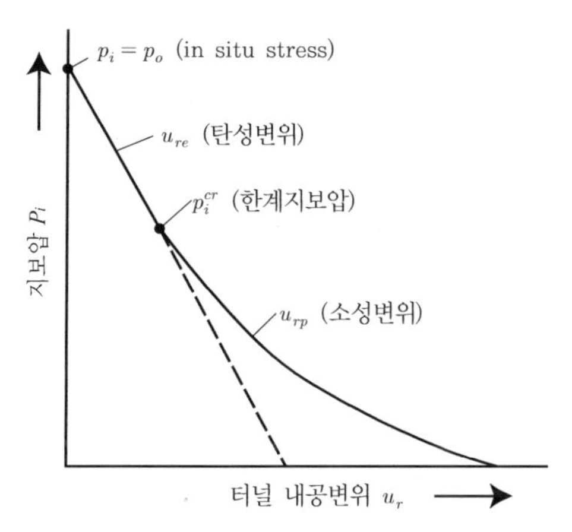

[그림 8-20] 지보압과 터널 내공변위 사이에서의 지반반응곡선(RocSupport, 2004)

다. 지보압이 한계지보압보다 작을 때는 파괴가 발생하고, 반경 b의 소성영역이 터널 주변에 형성된다. 터널반경방향 소성변위 u_{rp}은 p_i가 0과 p_i^{cr} 사이에서의 지반반응곡선에 의해 정의된다.

일반적인 지반반응곡선은 그림 8-20과 같다.

라. 지보재특성곡선(SCC)

1) 개 요

지보재특성곡선은 터널의 내공변위가 증가함에 따라, 지보재에 작용되는 지보압(p_s)의 증가양상을 보여주는 곡선이다. 터널의 내공변위는 터널 굴착 시 터널 굴진면을 기준으로 터널 전방에서 터널 후방까지 발생하는 터널 내공단면의 축소량을 말한다. 지보압은 터널 굴착 직후에 터널벽면에 설치하는 숏크리트나 록볼트, 강지보 등에 의해 유도되는 지보재의 압력(터널내부의 지보압)을 말한다.

지보재 설치 시점의 터널 내공변위는 그림 8-21에서 보여준 터널 전방의 선행변위와 밀접한 관계가 있다. 지보재가 설치되기 전에 터널 굴진면의 내공변위는 총변위의 대략 1/3이 이미 발생한다. 지보재 설치 시점의 내공변위는 굴진면의 변위보다 조금 크며, 회복될 수 없는 변형이다. 이 변위는 지보압이 발휘되기 전에 이미 발생한 변형으로, 초기변위 u_{ro}로 정의할 수 있다(그림 8-21 참조).

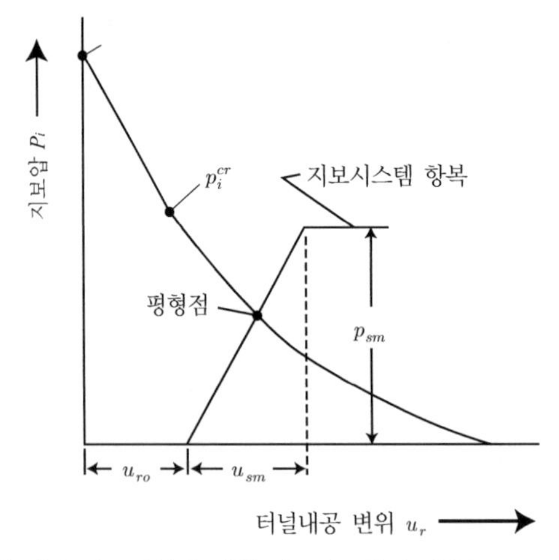

[그림 8-21] 터널 내공변위에 대한 지보시스템의 반응(RocSupport, 2004)

지보재인 숏크리트, 록볼트, 강지보재 등이 지반에 효과적으로 설치되면, 이들은 지보시스템을 구축하게 된다. 이는 터널 굴착 시 터널 주변의 지반상태나 초기응력 등에 따라 탄성적인 변형을 보일 것이다(그림 8-21 참조). 지보시스템에 동반되는 최대탄성변위 u_{sm}과 최대지보압 p_{sm}은 지보시스템의 항복으로 정의할 수 있다.

지보시스템의 강성과 용량은 최대평균변형과 최대지보압으로 표현할 수 있다. 이 변수는 암반과 지보 간 상호작용 해석에 직접적으로 관련이 있다.

최대지보압은 터널 내부의 지보압을 의미한다. 지보재에 의한 터널 내부의 지보압은 무지보재 상태보다 소성영역의 반경을 줄어들게 만든다. 이 소성반경은 록볼트나 케이블의 길이를 결정하는 데 사용될 수 있다. 이때 록볼트나 케이블의 정착부는 항상 탄성영역의 지반에 위치해야 한다.

숏크리트, 록볼트, 강지보재의 용량과 강성은 Hoek and Brown(1980), Hoek(1999b) 및 Oreste (2003)에 의해 발표된 간단한 이론해로부터 추정할 수 있다.

2) 숏크리트

숏크리트는 터널 굴착 후 지반의 과도한 이완을 방지할 수 있는 최적의 지보재이므로, 터널에서 가장 중요한 지보재이다. 이때 숏크리트는 터널 굴착 후 조기에 타설되고 초기강도가 발휘될 수 있도록 시공 관리가 반드시 이루어져야 한다.

숏크리트의 강성은 다음 그림과 같은 초기등방응력 σ_{vo}이 작용될 때, 터널 내공변위량을 탄성론으로 구한 것이다(Hoek and Brown, 1980).

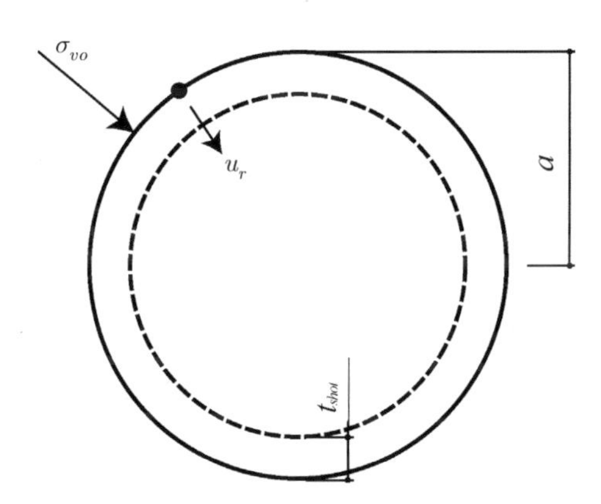

[그림 8-22] 원형터널에서 숏크리트 단면(Hoek and Brown, 1980)

숏크리트의 강성과 최대지보압은 다음 식과 같다.

$$k_{shot} = \frac{E_{shot}}{(1+\mu_{shot})} \cdot \frac{\left[a^2-(a-t_{shot})^2\right]}{\left[(1-2\mu_{shot})a^2+(a-t_{shot})^2\right]} \cdot \frac{1}{a} \tag{8-28}$$

$$p_{\max,\,shot} = \frac{1}{2}\,\sigma_{c(shot)}\left[1-\frac{(a-t_{shot})^2}{a^2}\right] \tag{8-29}$$

여기서, E_{shot} : 숏크리트의 탄성계수

μ_{shot} : 숏크리트의 포아송비

t_{shot} : 숏크리트의 두께

a : 터널의 반경

$\sigma_{c(shot)}$: 숏크리트의 일축압축강도

숏크리트의 강성과 최대지보압을 산정한 사례를 제시하면 다음과 같다.

[표 8-5] 숏크리트의 물성치(예)

$\sigma_{c(shot)}$	E_{shot}	μ_{shot}	비고
35(MPa)	25,000(MPa)	0.25	a = 4.82m

숏크리트의 물성치가 표 8-5와 같다면, 숏크리트의 강성과 최대지보압은 다음 식과 같이 표현할 수 있다.

$$k_{shot} = 1284.945t_{shot} - 16.298 \quad (8\text{-}30)$$

$$p_{\max,shot} = 6.772t_{shot} + 0.057 \quad (8\text{-}31)$$

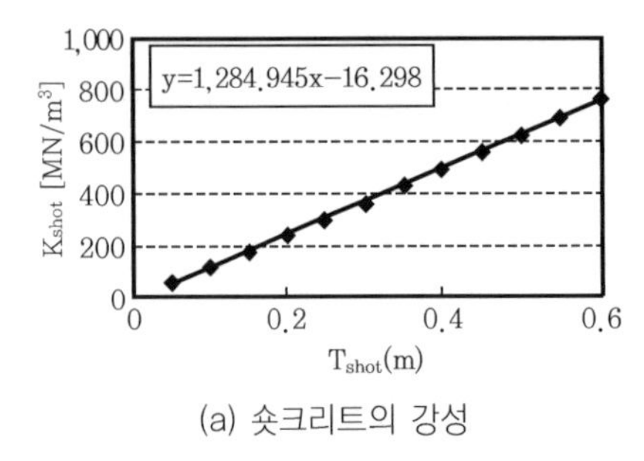

(a) 숏크리트의 강성

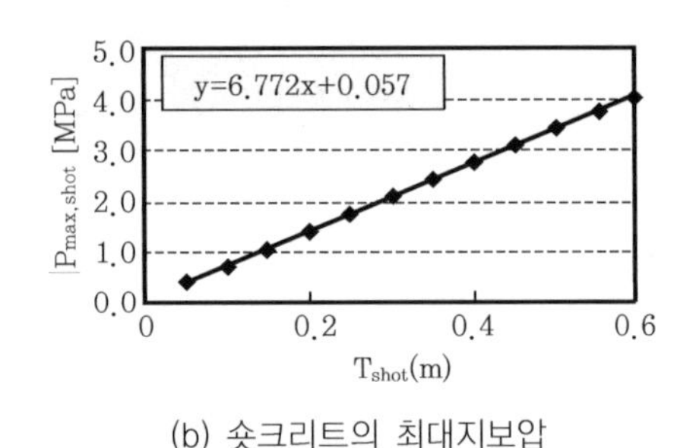

(b) 숏크리트의 최대지보압

[그림 8-23] 숏크리트의 강성과 최대지보압 곡선(김진하, 2006)

3) 강지보재

강지보재로서는 H형강이 전통적으로 가장 빈번히 사용되어 왔으며, 숏크리트와의 병행 시공 시 숏크리트 타설의 용이함 등의 이유로 인해 최근에는 격자지보재(lattice girder)의 사용 또한 늘어나는 추세이다.

강지보재의 강성은 다음 그림과 같이 단위길이당 터널 외부에 σ_{vo}의 압력이 작용될 때, 터널 내공변위량을 탄성론으로 구한 것이다(Oreste, 2003).

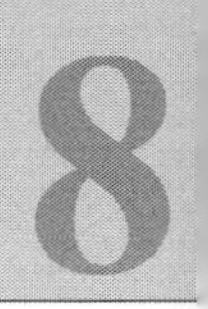

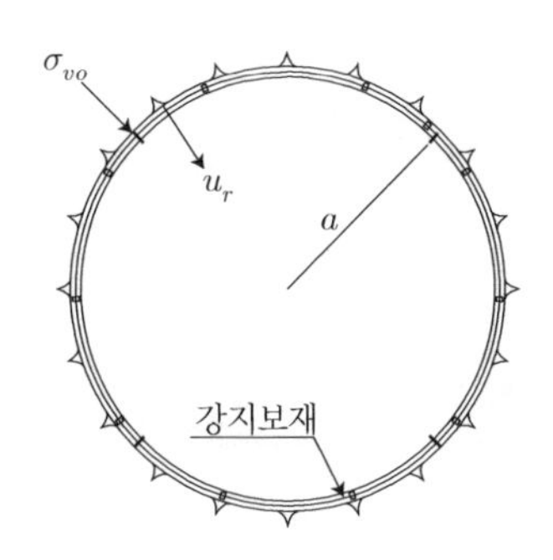

[그림 8-24] 원형터널에서 강지보재 단면

강지보재의 강성과 최대지보압은 다음 식으로 구할 수 있다(Oreste, 2003).

$$k_s = \frac{E_{st} \cdot A_s}{d\left[a - \frac{h_s}{2}\right]^2} \tag{8-32}$$

$$p_{\max,s} = \frac{\sigma_{st,y} \cdot A_s}{d\left[a - \frac{h_s}{2}\right]} \tag{8-33}$$

여기서, k_s : 강지보재의 지보재 강성(단위 : 힘/길이)

E_{st} : 강재의 탄성계수

a : 터널의 반경

A_s : 강지보재의 단면적

h_s : 강지보재의 높이

d : 강지보재의 간격

$\sigma_{st,y}$: 강재의 항복강도

강지보재의 강성과 최대지보압을 산정한 사례를 제시하면 다음과 같다.

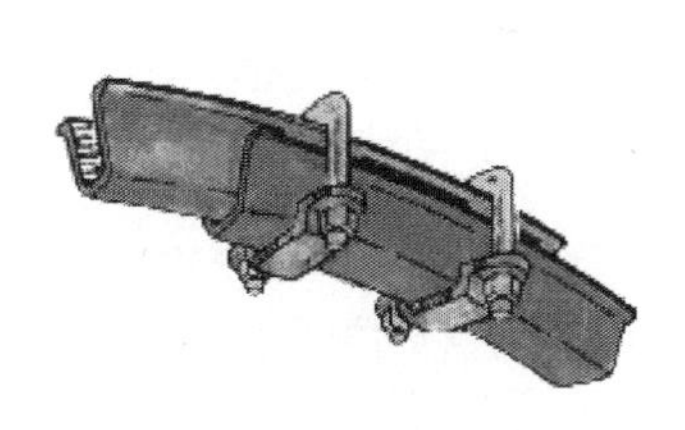

(a) 연결부 상세

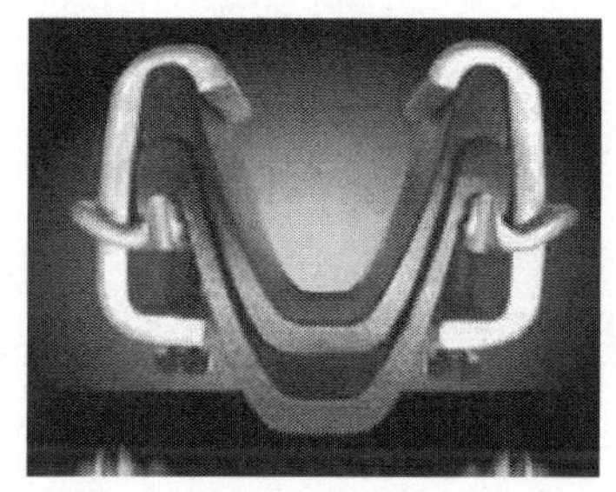

(b) 단 면

[그림 8-25] TH type 강지보재

[표 8-6] 강지보재의 물성치 1(예)

$\sigma_{st,y}$	E_{st}	μ_{st}	비고
350(MPa)	210,000(MPa)	0.20	TH36 (a = 4.82m)

[표 8-7] 강지보재의 물성치 2(예)(Bochumer Eisenhutte Heintzmann GmbH & Co.)

강지보재 종류	높이 h_s(mm)	폭 B(mm)	단면적 A_s(m^2)
TH36	138	171	0.25

강지보재 물성치가 표 8-6, 8-7과 같다면, 강지보재의 강성과 최대지보압은 다음 식과 같이 표현할 수 있다.

$$k_s = \frac{E_{st} \cdot A_{set}}{d \cdot \left(a - \frac{h_{set}}{2}\right)^2} = 42.796d^{-1} \tag{8-34}$$

$$p_{\max,s} \cong \frac{\sigma_{sy} \cdot A_{set}}{\left(a - \frac{h_{set}}{2}\right) \cdot d} = 0.339d^{-1} \tag{8-35}$$

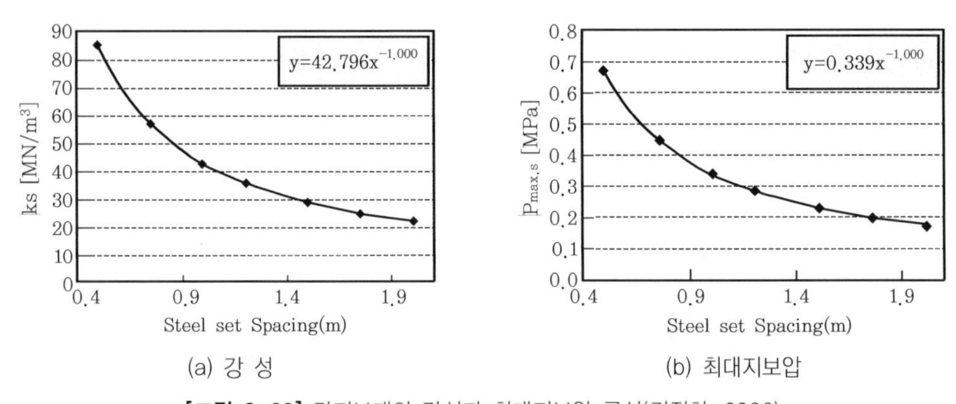

(a) 강 성 (b) 최대지보압

[그림 8-26] 강지보재의 강성과 최대지보압 곡선(김진하, 2006)

4) 록볼트

록볼트에는 선단정착형과 전면접착형이 있다. 선단정착형은 선단을 정착시킨 후 프리텐션을 주고, 전면접착형은 록볼트 전면을 지반에 접착시키는 록볼트이다. 전면접착형은 그 거동이 아주 복잡해 이론식으로 규명이 어려우므로, 여기서는 거동이 간단한 선단정착형에 대해 살펴보도록 한다.

선단정착형 록볼트의 지보재 강성과 최대지보압은 다음 식과 같다(Hoek et al., 1980).

$$k_{bol} = \frac{1}{s_t s_l \cdot \left[\frac{4L_{bol}}{\pi \phi^2 E_{st}} + Q \right]} \quad (8\text{-}36)$$

$$p_{\max,bol} = \frac{T_{\max}}{s_t \cdot s_l} \quad (8\text{-}37)$$

여기서, Q : 앵커선단정착부에서의 하중

s_t : 터널횡단면상의 록볼트 간격

s_l : 터널종단상의 록볼트 간격

L_{bol} : 록볼트의 길이

ϕ : 록볼트의 직경

E_{st} : 강재의 탄성계수

$T_{\max}$: 록볼트에서의 항복하중(그림 8-27 참조)

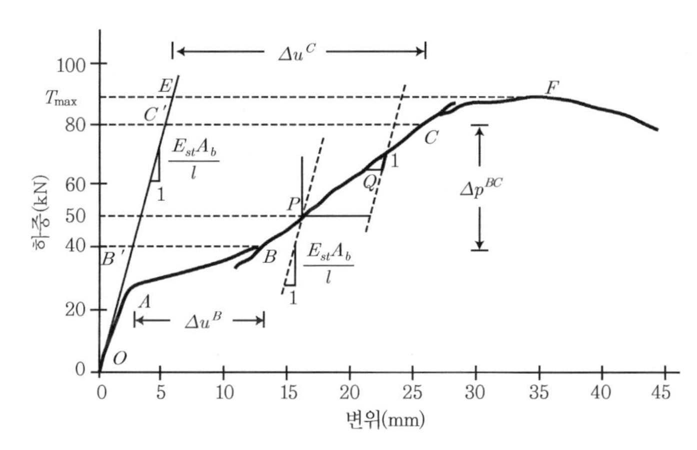

[그림 8-27] 록볼트에 대한 인장시험 결과(예)(이인모, 2004 발췌)

록볼트의 강성과 최대지보압을 산정한 사례를 제시하면 다음과 같다.

[표 8-8] 록볼트의 물성치 1(예)

$\sigma_{st,y}$	E_{st}	μ_{st}	비고
460(MPa)	210,000(MPa)	0.20	

록볼트의 물성치가 표 8-8과 같다면, 록볼트 $\phi 22$ 의 강성과 최대지보압은 다음 식과 같이 표현할 수 있다.

$$k_{\phi 22} = \frac{19.957}{s_t \, s_l} \tag{8-38}$$

$$p_{\max,\phi 22} = \frac{0.175}{s_t \, s_l} \tag{8-39}$$

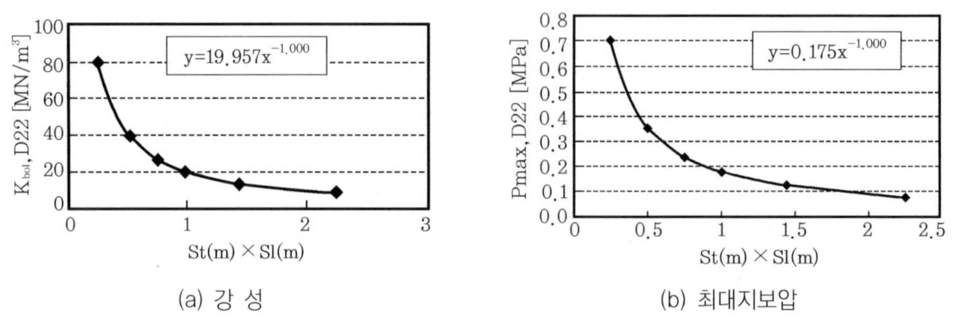

(a) 강 성　　　　(b) 최대지보압

[그림 8-28] 록볼트의 강성과 최대지보압 곡선(김진하, 2006)

5) 지보시스템

주지보재인 숏크리트, 록볼트, 강지보재 등은 지반에 개별적으로 설치되지만 일정한 시간이 경과하면 합성거동을 하게 된다. 이 거동은 개별 지보재의 강성과 최대지보압보다는 합성된 지보시스템의 지배를 받는다. 따라서 암반과 지보 간 상호작용은 암반과 지보시스템 간의 반응곡선에 의해 결정되며 다음 3가지가 중요한 매개변수가 된다.

- 지보가 설치되기 전 발생하는 터널 내공변위(u_{ro})
- 지보시스템의 최대지보압(p_{sm})
- 지보시스템의 강성(k_s)

일반적으로 지보재의 지보압은 숏크리트가 가장 크고 강지보재, 록볼트 순이다. 개별 지보압의 합이 지보시스템의 합성 지보압보다 적으므로, 지보시스템의 최대지보압은 개별적인 지보재의 최대값의 합으로 구해도 무리가 없다.

지보재의 변형률은 강재가 콘크리트계보다 크다. 강성이 약한 록볼트의 변형률이 가장 크고 강지보재, 숏크리트 순이다. 따라서 숏크리트-록볼트-강지보재의 합성으로 이루어진 지보시스템의 거동은 강성이 큰 숏크리트의 지배를 받는다. 일정한 지보시스템의 최대지보에서 숏크리트의 최소변형률은 최대강성을 산정하게 되므로 안전율이 감소한다. 반면에 록볼트 및 강지보재의 변형률 적용은 최소강성을 유도하게 되므로 안전율이 증가한다. 따라서 지보시스템의 강성은 숏크리트 경화에 따른 강성변화 등을 고려해 개별지보재 변형률의 평균값을 적용하기로 한다(RocSupport, 2004).

지보시스템의 강성과 최대지보압을 산정한 사례를 제시하면 다음과 같다.

[표 8-9] 지보시스템의 강성과 최대지보압(예)(김진하, 2006)

주 지보재		지보압 ($p_{\max}$, MPa)	지보 강성 (k_s, MPa/m)	지보재 변위 ($u_{r,\max}$, m)
숏크리트(t_{shot} = 30cm)		2.09	401.78	0.52 x 10^{-2}
강지보재 TH36(d = 0.75 ~ 1.0m)		0.39	48.91	0.79 x 10^{-2}
록볼트 ϕ22	종방향 간격(s_l = 0.75 ~ 1.0m)	0.20	22.81	0.88 x 10^{-2}
	횡방향 간격(s_t = 1.0m)			
지보시스템		2.68	367.12	0.73 x 10^{-2}

마. 내공변위제어법(CCM)

1) 개 요

암반과 지보 간의 상호작용은 터널 굴착 직후 주지보재를 설치, 터널에 지보압을 가해 터널내공변위를 억제하는 효과가 있어야 한다. 만일 전 구간에 걸쳐 터널 굴착에 따른 내공변위가 수렴한 후에 숏크리트를 타설한다면 타설된 지보재는 오히려 자중으로 인해 천장부에서는 하중으로 작용될 뿐, 터널 바깥쪽 방향으로 지보압이 작용하지 않는다. 따라서 지보압 효과는 터널 내공변위가 수렴하기 전에 지보재를 설치하여 지반의 아칭효과(arching effect)를 유도함으로써 얻을 수 있다.

이 아칭효과를 이론적으로 유도한 터널 해석법이 내공변위제어법(Convergence-Confinement Method, CCM)이다. 이는 암반과 지보 간의 상호작용을 기본개념으로 한 지반반응곡선(GRC), 지보재특성곡선(SCC) 및 종단변형곡선(LDP)으로 구성되어 있다.

내공변위제어법은 단지 이론해의 매개변수를 변화시킴으로써 원형터널의 거동특성 파악이 가능하다. 따라서 짧은 시간에 지반반응곡선과 지보량의 관계를 쉽게 나타낼 수 있으므로 임시지보에 대한 예비 해석용으로 적합하다.

지반반응곡선과 지보재특성곡선이 교차하면 평형을 이룬다. 만약 지보가 너무 늦게 설치된다면, 지반은 소성상태가 되어 변형을 일으키게 된다. 또한, 지보능력이 부족하면 지반반응곡선과 만나기도 전에 지보의 항복이 발생하게 된다. 이와 같은 경우 지보시스템은 지반과 지보 간의 평형상태를 이루지 못해 터널이 붕괴된다.

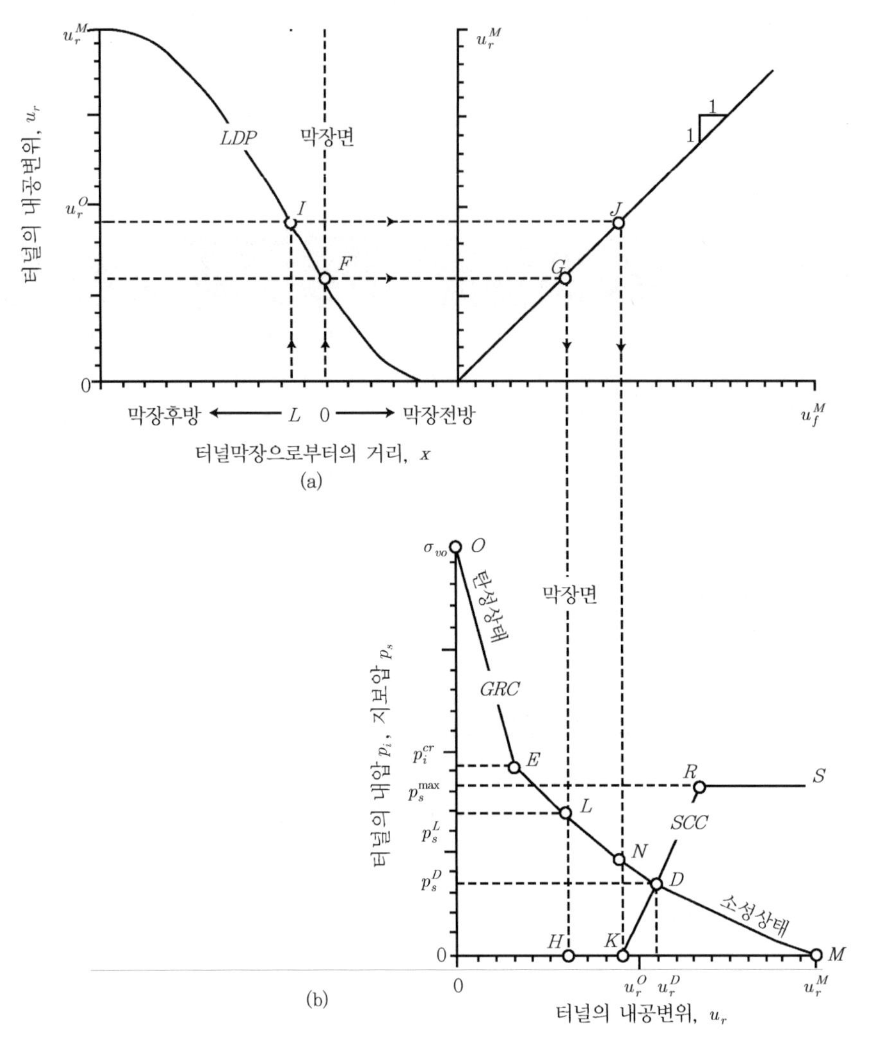

[그림 8-29] 내공변위제어법의 개요(이인모, 2004)

2) 안전율

터널 주지보재 중에서 가장 중요한 지보재는 숏크리트이다. 숏크리트는 록볼트나 강지보재에 비해 강성이 5배 이상이므로, 터널 굴착 후 지반의 과도한 변위를 방지할 수 있다. 록볼트나 강지보재는 강성이 적어 지반의 국부적인 붕락 방지에 주로 적용한다. 예를 들면, 록볼트는 터널 안정성을 위협하는 불연속면에 직각으로 설치됨으로써 터널안정성을 효과적으로 증대시킬 수 있다. 강지보재는 소규모의 암반 붕락 지지용으로 숏크리트 타설 초기단계에 효과적인 역할을 수행할 수 있다. 이들 개별 지보재의 지보능력은 지보시스템의 최대지보압으로 나타낼 수 있다. 최대지보압이 클수록 터널안정성 측면에서는 유리하겠지만 경제적인 측면에서는 불리하다. 따라서 지보시스템의 최적지보압을 합리적으로 산정해야 안전하고 경제적인 터널을 건설할 수 있다.

지보시스템의 최적지보압은 개별 지보재의 조합으로 구축할 수 있으며, 조합 시 적정 안전율을 적용한다. 지보시스템의 안전율에 대한 정의는 다음과 같다.

- 1보다 큰 안전율은 그림 8-30에서 보이는 것처럼 계산된다. 이 경우 안전율은 간단히 최대지보압 p_{sm}에 대한 평형압 p_{eq}의 비로 나타낼 수 있다. 여기서 평형압은 지반반응곡선과 지보재특성곡선의 교차점에서의 압력이다.

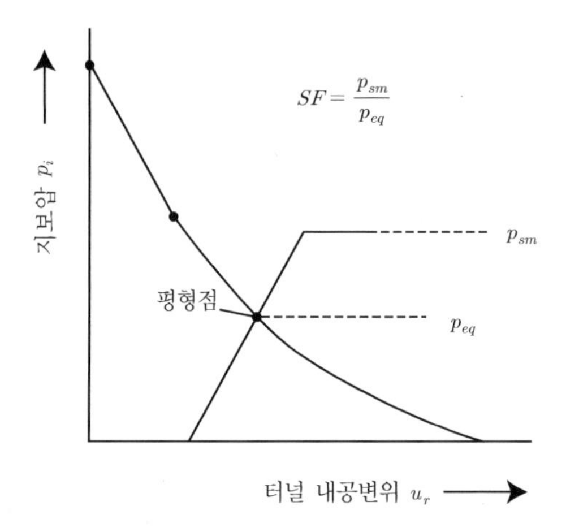

[그림 8-30] 1보다 큰 안전율에 대한 정의(RocSupport, 2004)

- 1보다 작은 안전율일 경우는 그림 8-31과 같이 계산된다. 이것은 지반반응곡선이 탄성한계를 넘어서 지보재특성곡선과 만날 때 이루어진다.

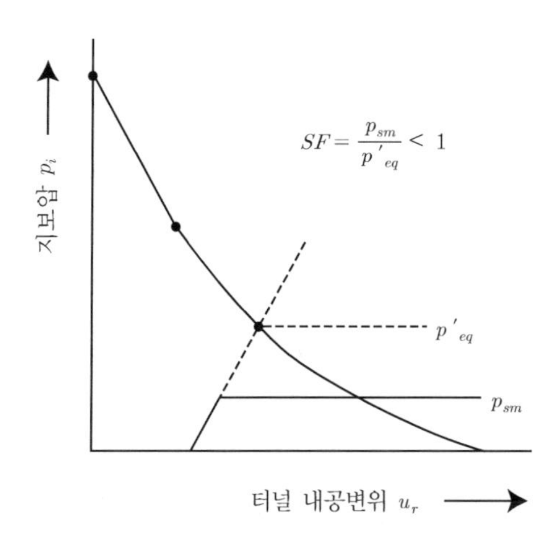

[그림 8-31] 1보다 작은 안전율에 대한 정의(RocSupport, 2004)

투영평형압 $p_{eq}^{'}$은 지보재특성곡선이 지반반응곡선과 만날 때까지 연장된 값을 사용한다.

지반공학에서 사용하는 안전율은 1.5에서 3.0 정도이다(Hoek, 1993). 터널의 안전율도 지반조건과 초기응력을 고려해 이 범위 내에서 적용하면 될 것이다.

바. 소결언

Open TBM의 지보 설계 시 중요한 매개변수는 지반조건, 터널 내공변위 및 터널의 내압(지보압)이다. 이론적 설계법은 이 매개변수로 표현된 지반반응곡선(GRC), 종단변형곡선(LDP) 등으로 구성된 내공변위제어법(CCM)으로 암반과 지보 간의 상호작용을 규명하는 지보 설계 방법이다. 이 방법은 단지 이론해의 매개변수를 변화시킴으로써 원형터널의 거동특성 파악이 가능하고 짧은 시간에 지반반응곡선과 지보량의 관계를 쉽게 나타낼 수 있으므로 임시지보 산정을 위한 예비 해석용으로 적합하다. 다만, 내공변위제어법은 지반조건이 균질하고 초기응력이 등방이라는 가정이 전제되어야 한다.

이러한 가정은 일반적인 터널여건에서 구비되기는 어렵다. 따라서 내공변위제어법에서 산정된 지보량은 실제 터널 시공에서보다 적게 산정될 것이고, 터널내공변위는 더 크게 발생할 것이다. 따라서 내공변위제어법의 이상화된 모델은 Open TBM의 지보량에 대한 최종 설계나 해석을 대체할 수 있는 것은 아니다. 하지만 내공변위제어법은 초기응력과 다양한 지보량의 조합에 따른 터널의 거동특성 분석이 용이하므로 수치 해석과 병행해 사용될 때 많은 장점을 발휘할 수 있다.

8.2.4 수치 해석적 설계법

가. 개 요

Open TBM은 원형터널이다. Open TBM은 지반조건이 균질하다는 가정 아래 탄성해 또는 탄소성해를 이용한 이론적 설계법으로 터널거동을 쉽게 파악할 수 있다. 지반조건이 등방균질조건(응력지배로서 연속체)이 아닌 3 ~ 4개의 불연속면으로 블록이 형성되었거나 초기지중응력이 등방조건이 아니라면 수치 해석을 이용한 터널해석이 필요하다.

수치 해석은 토사터널이나 혹은 등방균질조건에 유사한 암반(rock mass)에 터널을 굴착하는 경우에는 연속체역학으로서 유한요소법이나 유한차분법(또는 경계요소법)을 이용하고, 불연속체역학이 지배하는 경우에는 개별요소법을 적용해야 한다.

본 절에서는 8.2.3절에서 제시한 이론해적 설계법과 미국 Itasca에서 개발된 'FLAC' 결과를 비교함으로써, 기본계획단계에서 Open TBM 지보 설계는 수치 해석 설계법뿐만 아니라 이론적 설계법도 활용할 수 있다는 것을 보여주고자 한다.

나. 탄성영역의 Open TBM 거동해석

Open TBM 굴착 시 터널 주변 지반이 균질하고 탄성영역에서 거동한다면 모든 측압계수(K_o)에 대해 Kirsh의 탄성해를 적용할 수 있다. 이와 같은 지반조건에서는 탄성해를 이용한 이론적 설계법도 적용할 수 있다.

1) 해석조건

본 예제는 이론적 탄성해와 수치 해석의 응력·변위 결과를 비교하는 것으로 해석조건은 다음과 같다. Open TBM(직경 2.0m)은 지반조건이 무한 탄성체이고, 초기등방응력 $p = \sigma_{vo} = 30\,\text{MPa}$에서 시공된다고 가정했다(그림 8-32 참조). 본 해석은 등방탄성체 모델, 평면변형상태, 축대칭 기하구조, 무한탄성경계 조건에서 수행한다.

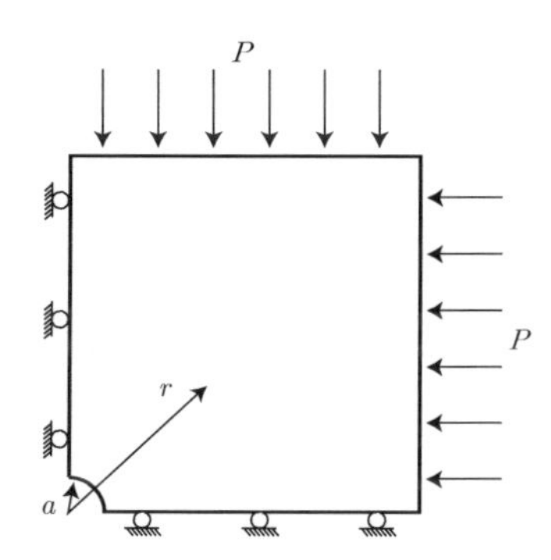

[그림 8-32] 무한탄성경계 조건에서의 Open TBM 모델(Flac-2D manual)

탄성체 지반의 설계 정수는 다음과 같다고 가정한다.

[표 8-10] 지반의 탄성 설계 정수

구 분	지반 설계 정수	비 고
전단계수(G)	2.8GPa	
체적계수(K)	3.9GPa	
밀도(ρ)	2,500kg/m^3	

터널 해석에서 수평축과 수직축은 대칭이라 가정한다. 터널길이가 터널단면 크기에 비해 긴 연장을 가졌다면, 터널단면의 반경은 터널연장에 비해 작다고 할 수 있다. 이런 가정은 2방향 거동의 3차원 입체변형 문제를 1방향 거동의 2차원 평면변형 문제로 접근할 수 있도록 해준다.

2) FLAC 모델

이 모델은 원형터널의 축을 중심으로 한 평면해석을 위한 평면변형모델이다. 무한탄성경계 조건을 반영할 수 있으며, 원형터널의 대칭성을 이용하면 해석 시 원형터널의 1/4부분만 모델링하면 된다. 모델과 경계조건은 그림 8-33에서 보여주고 있다.

FISH함수는 FLAC에서 요소를 만드는 데 사용되었다. 메시의 형상은 그림 8-33과 같고 터널을 기준으로 방사형으로 점차 증가하도록 작성했다. 이는 터널 굴착면 부근의 작은 메쉬로부터 얻어진 결과가 터널로부터 이격된 큰 메쉬일 경우보다 정확한 해를 제공하기 때문이다.

요소는 총 900개가 사용되었다. 경계는 터널 중심으로부터 터널직경의 5배(10m) 정도 이격된 위치에 설정해 경계조건에 대한 영향을 배제시켰다. 이런 축대칭모델의 경계조건은 그림 8-34에

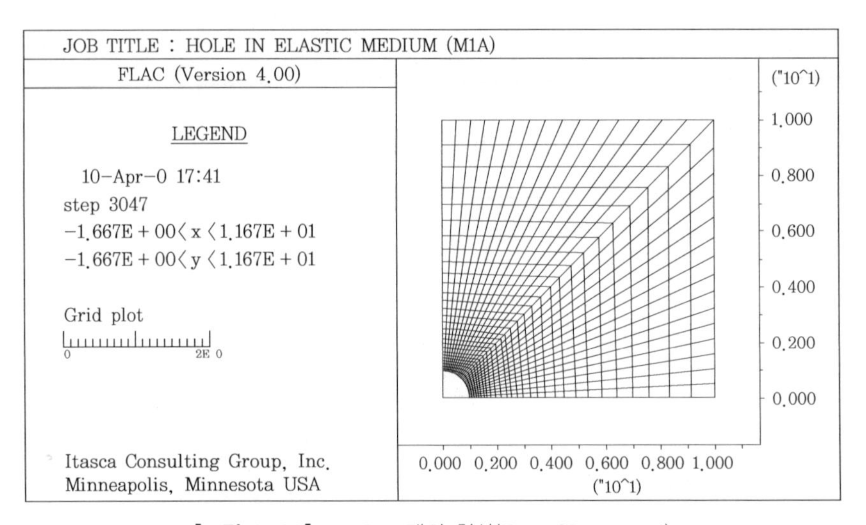

[그림 8-33] FLAC 모델의 형상(Flac-2D manual)

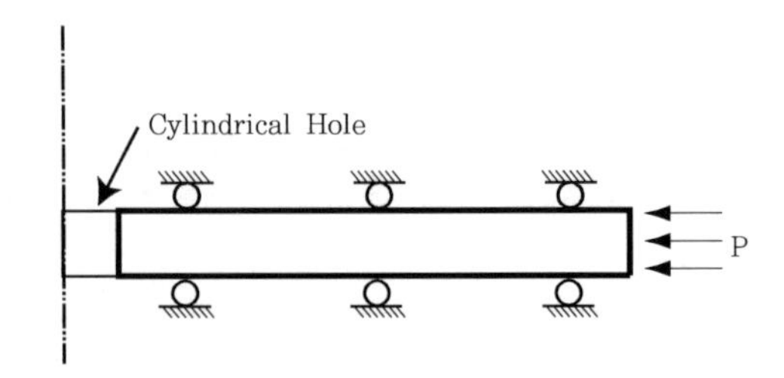

[그림 8-34] 축대칭 옵션에 대한 모델(Flac-2D manual)

나타나 있다. 대칭축은 원형터널의 중심축이다.

3) 결과 및 검토의견

그림 8-35는 터널반경방향응력 σ_r 및 터널접선방향응력 σ_θ에 대한 Kirsh의 탄성해와 FLAC의 해석결과를 보여주고 있다. 그림 8-36은 터널의 내압과 터널반경방향변위에 대한 경향을 보여주고 있다. 그림 8-35, 8-36에 나타낸 바와 같이 Kirsh의 탄성해와 FLAC의 해석결과가 잘 일치하고 있다. 탄성해와 FLAC의 해석결과의 평균오차는 반경방향응력 σ_r이 0.8%, 접선방향응력 σ_θ이

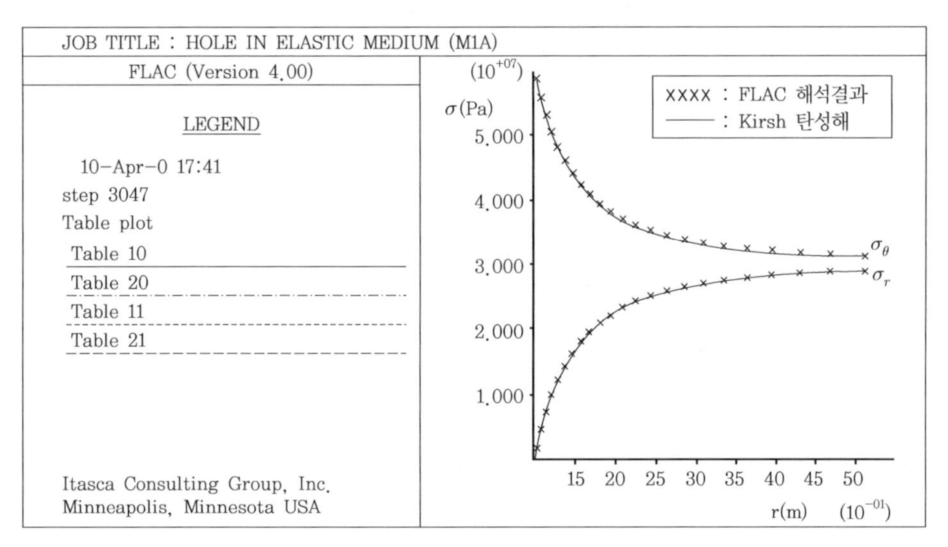

[그림 8-35] 탄성조건에서 Open TBM의 응력 비교(Kirsh 탄성해와 FLAC 해석결과)

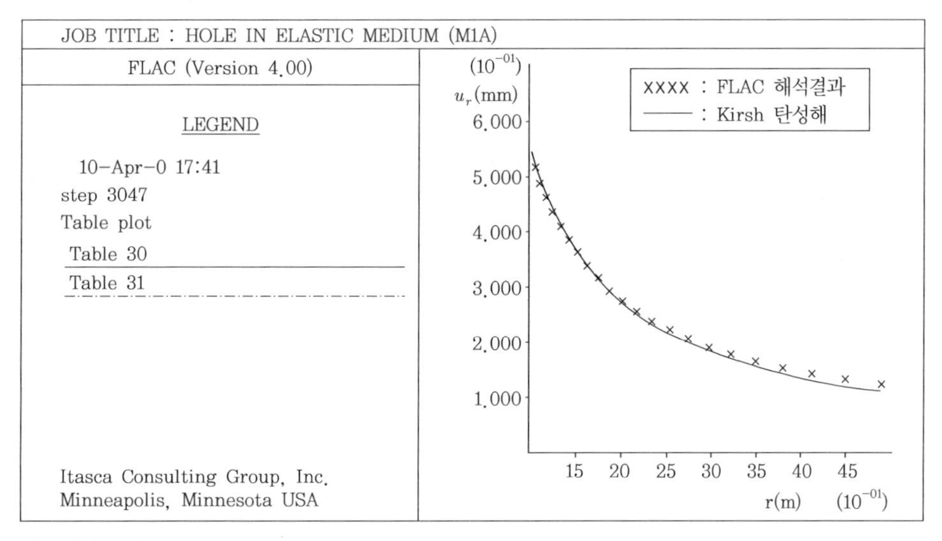

[그림 8-36] 탄성조건에서 Open TBM의 반경방향 변위 비교(Kirsh 탄성해와 FLAC 해석결과)

1.1%, 반경방향변위 u_r이 2.3% 정도이다.

다. 탄소성영역의 Open TBM 거동해석

Open TBM 굴착 시 터널 주변 지반이 균질한 탄성영역이고 초기응력이 등방($K_o = 1$)이라면 탄소성해를 적용할 수 있다. 여기서 주의할 점은 탄소성해가 터널 주변 지반의 소성영역 발생에 따른 사하중(이완하중)을 반영하지 못한다는 것이다. 따라서 원형터널의 측벽부의 소성영역은 중력의 영향이 없으나 아치부와 인버트부는 영향을 받는다. 아치부의 소성영역이 중력에 의해 추가하중으로 작용하므로, 아치부는 측벽부에 비해 증가된 지보량이 필요하다. 반면 인버트부는 소성영역에 의한 하중 경감효과가 있으므로 측벽부보다 적은 지보량이 요구된다.

터널 주변 지반이 탄소성거동을 할 경우에는 소성 파괴로 인한 체적팽창효과가 발생하고 이를 암반의 체적팽창각 ψ로 정의한다. 이 체적팽창각을 어떻게 가정할 것인가에 따라 연합유동법칙(associated flow rule) 및 비연합유동법칙(non-associated flow rule)으로 나눌 수 있다. 전자는 체적팽창각 ψ가 내부마찰각 ϕ와 같게 가정해 체적팽창이 발생하고, 후자는 체적팽창각 $\psi = 0$으로 체적팽창이 발생하지 않는다고 가정했다.

1) 해석 조건

무한탄소성 조건에서 Open TBM의 응력 및 변위에 대한 문제는 초기응력과 관련이 있다. 탄소성해석은 완전탄소성인 Mohr-Coulomb 파괴기준을 적용했다. Mohr-Coulomb 파괴기준은 연합유동법칙($\psi = \phi$)과 비연합유동법칙($\psi = 0$)을 모두 고려했다. 초기응력은 그림 8-32와 같이 $p = \sigma_{vo} = 30$ MPa로 가정했다. 본 해석은 축대칭, 평면변형상태, Mohr-Coulomb 소성모델 등을 적용했다.

Mohr-Coulomb 파괴기준에서 지반 설계정수는 다음과 같다.

[표 8-11] 지반의 탄소성 설계 정수

구 분	지반 설계 정수	비 고
밀도(ρ)	2,500kg/m^3	
전단계수(G)	2.8GPa	
체적계수(K)	3.9GPa	
점착력(c)	3.45MPa	
내부마찰각(ϕ)	30°	
체적팽창각(ψ)	0°	비연합유동법칙
	30°	연합유동법칙($\psi = \phi$)

터널의 수평축과 수직축은 대칭이고 터널단면의 반경은 터널연장에 비해 작다고 가정해, 탄성해석과 같은 조건인 2차원 평면변형 문제로 해석했다.

2) FLAC 모델

탄소성체 터널 형상은 그림 8-33과 같이 모델링했다.

3) 해석결과

그림 8-37, 8-38, 8-39는 원형터널에서 Mohr-Coulomb 파괴기준의 탄소성해와 FLAC의 해

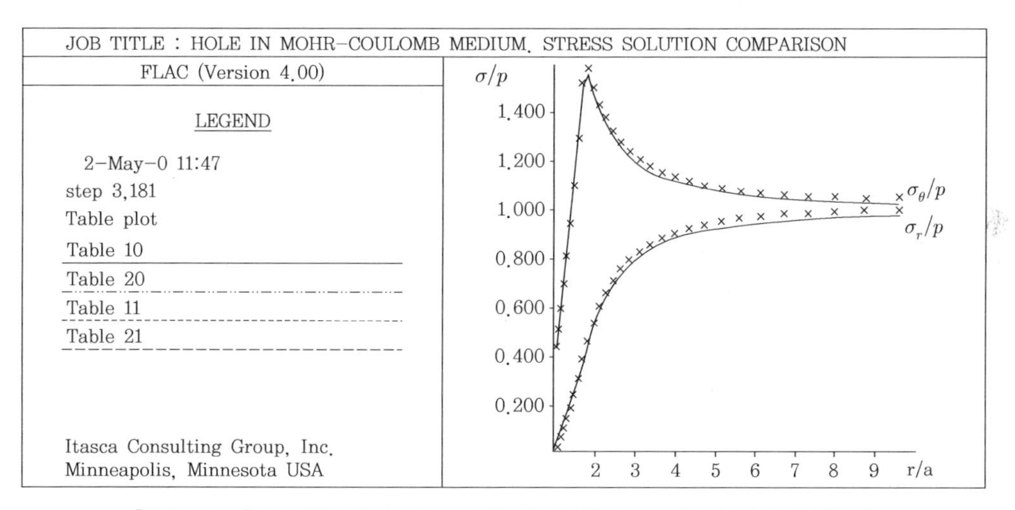

[그림 8-37] 탄소성조건에서 Open TBM의 응력(탄소성해와 FLAC의 해석결과)

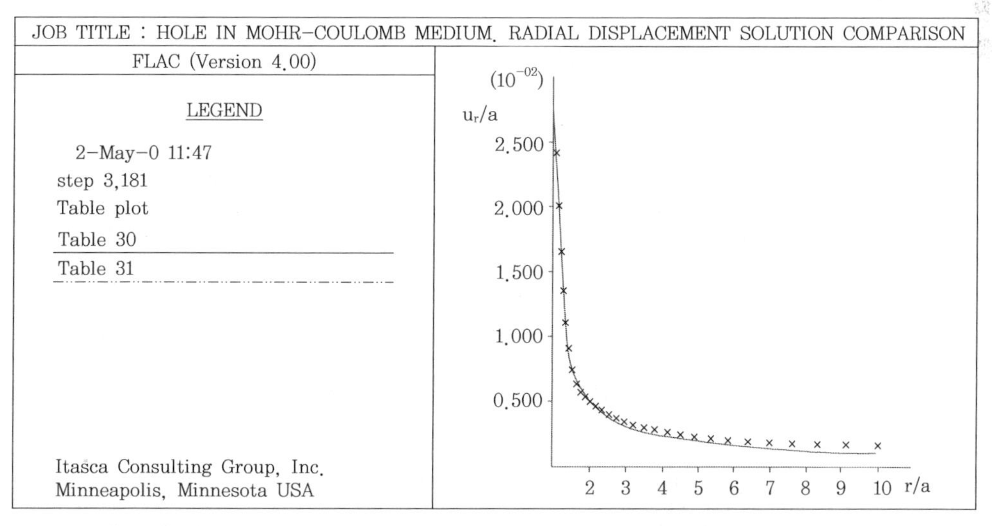

[그림 8-38] 연합유동의 탄소성조건에서 Open TBM의 반경방향 변위 비교(탄소성해와 FLAC의 해석결과)

석결과를 보여주고 있다. 연합유동법칙($\psi = \phi$)에 의한 터널 반경방향 응력과 접선방향 응력은 비연합유동법칙($\psi = 0$)과 동일하다. 정규화된 응력 σ_r / p, σ_θ / p은 정규화된 반경 r/a에 대해 그림 8-37과 같이 나타낼 수 있다. 반면, 연합유동법칙에 의한 터널 반경 변위는 비연합유동법칙과 다르다. 정규화된 변위 u_r/a는 정규화된 반경 r/a에 대해 연합유동법칙에 의한 결과를 그림 8-38, 비연합유동법칙에 의한 결과를 그림 8-39에 표시했다.

탄소성해와 FLAC의 해석결과의 비교 오차는 연합유동법칙의 정규화된 변위 u_r/a가 비연합유동법칙보다 적은 것으로 나타났다.

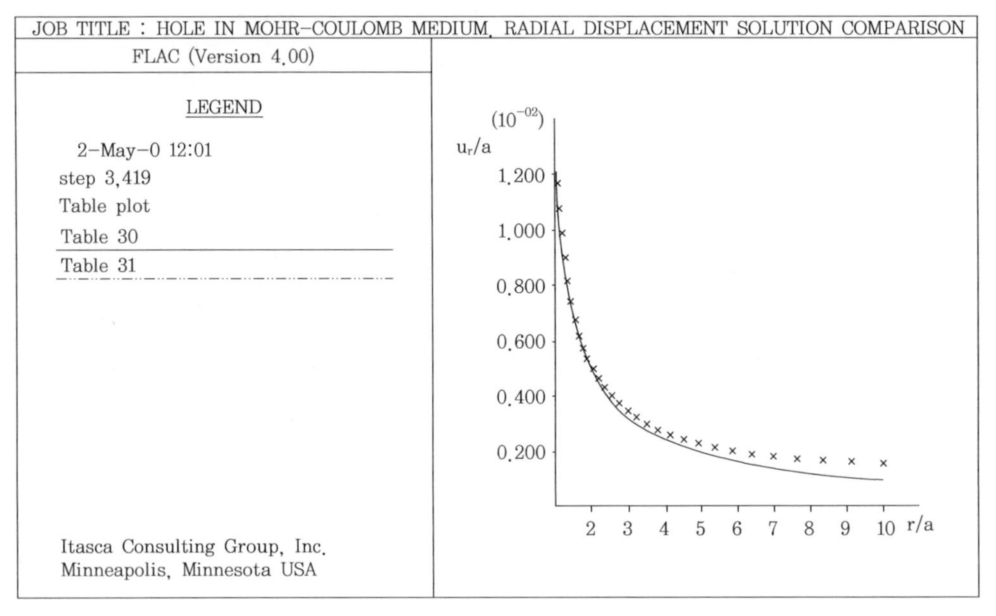

[그림 8-39] 비연합유동의 탄소성조건에서 Open TBM의 반경방향 변위 비교(탄소성해와 FLAC의 해석결과)

라. 소결언

실제 터널시공현장에서 불연속체해석(DEM)이 가능하도록 공사 전에 충분히 지반조사를 실시하는 것은 어렵다. 따라서 실무에서 실제적으로 수치 해석을 적용할 수 있는 것은 연속체역학일 것이다. 만약 Open TBM 시공 시 터널 주변 지반이 탄성거동을 한다면, 탄성해를 이용한 이론식으로도 수치 해석결과와 비슷한 터널 거동을 규명할 수 있다. 또한, 터널 주변 지반이 탄소성 거동을 한다면, 초기등방응력($K_o = 1$) 조건에서 탄소성해를 이용한 이론식으로 수치 해석결과를 얻을 수 있을 것이다.

이와 같은 사실을 볼 때 이론식은 터널기술자로 하여금 Open TBM을 해석하는 데 많은 도움을 줄 수 있다. 즉, 터널기술자는 단지 이론해의 매개변수만 변경시킴으로써 짧은 시간과 노력으로 Open TBM의 거동특성을 이해할 수 있을 것이다.

8.3 Open TBM의 지보 설계

8.3.1 개 요

TBM에 의한 굴착은 발파 굴착에 비해 일반적으로 지반에 주는 영향이 적어, 느슨한 이완영역이 작아지는 경향을 보인다. 따라서 발파 굴착과 비교할 때 지보량을 경감시킬 수 있는 가능성이 크다. Open TBM의 지보 설계는 TBM의 굴착특성, 용도, 지보재의 특징 및 지반조건에 의해 결정된다. 이 4가지 항목에 대해 자세히 살펴보면 다음과 같다.

첫째, Open TBM의 굴착특성은 그 직경에 따라 지보재 설치시기에 확연한 차이가 있다는 것이다. 대구경 TBM은 커터헤드 바로 후방에 받침대를 설치할 공간이 있어, 이곳에서 숏크리트, 록볼트, 강지보재 등 주지보재를 설치할 수 있다. 그러나 소구경 TBM은 커터헤드로부터 0.5D ~ 2.0D(D: 굴착경) 이격된 위치에 지보재 설치가 가능하므로, 지보재의 설치시점은 NATM에 비해 그만큼 길어진다는 것을 의미한다. 따라서 지반의 자립시간이 지보재의 설치시점보다 짧은 단층대 또는 파쇄대 등 불량한 지반에서는 그림 8-40과 같이 조기에 지보재를 설치할 수 있는 장치를 TBM 제작 시 고려해야 한다.

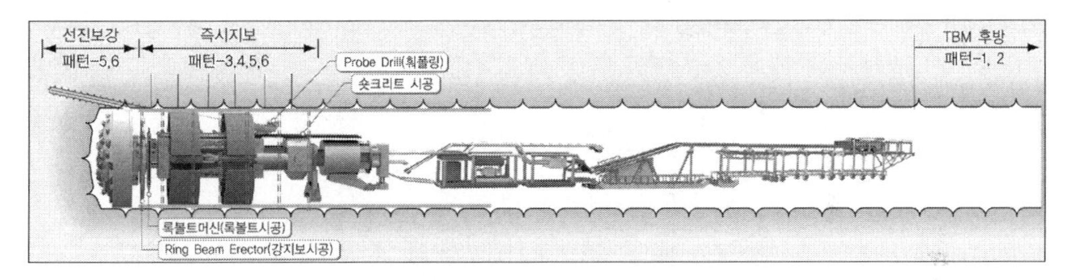

[그림 8-40] 지반등급별 지보설치 시기(예)

둘째, TBM의 용도는 교통터널(일반터널, 장대터널; 도심지터널, 산악터널), 수로터널(도수/하수 터널), 파일럿 선진갱 터널로 나눌 수 있다. 교통터널과 수로터널 등의 지보재는 장기적인 지보기능이 요구되고, 대단면 터널용인 파일럿 선진갱 등은 단기적인 지보기능이 요구된다.

셋째, TBM의 지보재 특징은 발파 굴착과 달리 TBM의 굴진속도가 빠르기 때문에, 지보재의 시공 시간을 최대한 단축해야 한다는 것이다. 즉, TBM 굴착의 목표는 빠른 굴진율을 확보하는 것이므로, 이에 적합한 지보재를 계획해야 한다. 이러한 지보재는 단순히 재료적인 측면만 볼 것이 아니라 굴착의 한 부분으로 보는 것이 적합하다. 그림 8-41은 지보량이 증가할수록 굴진율이 저하되고 있는 것을 보여준다.

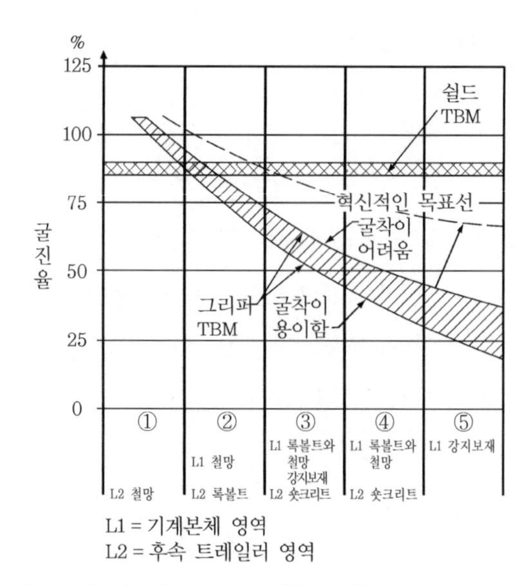

[그림 8-41] 지보량에 따른 굴진율 변화(Hoek et al., 1993)

Open TBM의 굴진율은 굴진비용에 직접적인 영향을 미친다. 그림 8-42는 지보패턴을 개선해 굴진율을 증가시키면 전체 굴착비용이 현저히 감소한다는 것을 보여준다. 따라서 지보재 설치를 위한 기계부품의 비용이 추가되더라도 굴진율이 증가되기 때문에 전체공사비를 절감할 수 있다.

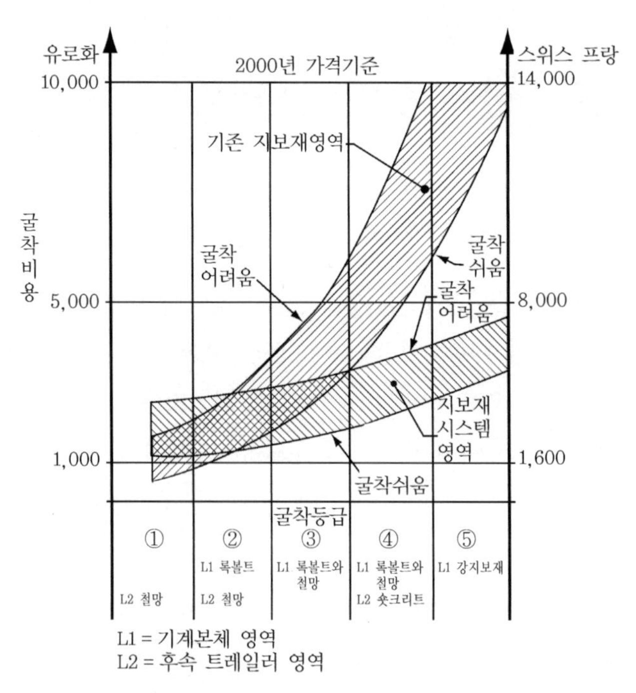

[그림 8-42] 굴진비용과 지보량의 상관관계(스위스 건설협회)

그러므로 지보재 설치시간 단축을 위해서는 숏크리트량 최소화를 위한 숏크리트의 고강도화 및 두께 최소화, 강지보재의 시공성 향상 및 콘크리트라이닝 설치 등에 대한 적극적인 연구가 필요하다.

마지막으로, 설계단계 시 TBM공법의 지보 설계는 일반적으로 시공경험으로부터 얻은 지반등급을 근거로 한다. 시공 중에는 TBM 굴착면을 관찰하고, TBM 장비로부터 얻은 데이터를 종합함으로써 지반여건을 객관성 있게 평가할 수 있다. 한편, 연약층, 균열이 많은 지반 및 고압, 다량의 용출수가 있는 지반 등의 불량한 지반에서는 굴진면이 붕괴될 수 있으므로, 천단 보강 또는 굴진면 보강을 위해 커터헤드 전면부와 천장부에서 그라우팅을 실시할 수 있다. 이렇게 굴진면 전방의 지반을 보강한 후에 TBM 굴진이 가능하지만 지반 보강을 위해 장시간 TBM 굴진을 중지하는 상황도 발생할 수 있다. 따라서 지보재 설치와 지반 보강에 소요된 작업시간은 모두 굴진율에 큰 영향을 미친다.

8.3.2 Open TBM 지보재의 특징

가. 숏크리트

숏크리트는 Open TBM의 직경 크기에 따라 요구되는 특성이 다르다. 대구경 TBM에서는 작업공간이 넓어, NATM에서 사용하는 통상의 숏크리트를 사용할 수 있지만, 소구경 TBM에서 숏크리트는 작업공간이 협소해 섬유보강 모르터를 주로 사용한다.

숏크리트 모르터는 지반의 이완이나 붕락을 초기에 억제할 수 있어야 한다. 따라서 모르터는 초기강도가 높고 시공능력 등이 좋으며 TBM의 고속굴진을 방해하지 않을 뿐만 아니라 분진발생량이나 반발률이 적어야 한다. 이 때문에 일반적으로 조기강도가 높은 섬유보강 모르터 숏크리트가 적용되고 있다. 숏크리트 두께는 20 ~ 30mm인 경우가 많고 두께가 얇기 때문에 축력을 지지하는

(a) 철망보강 숏크리트

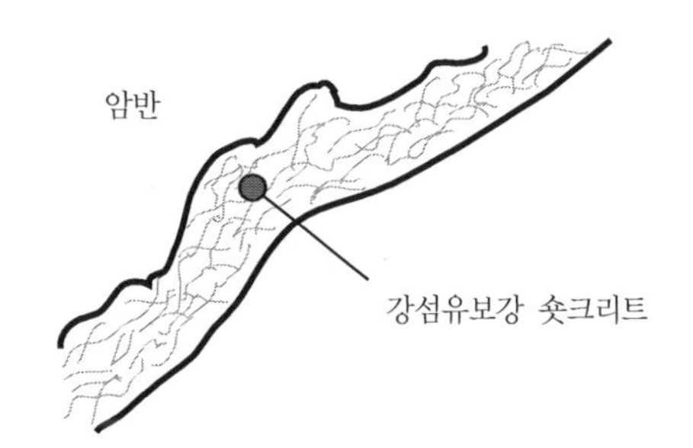

(b) 강섬유보강 숏크리트

[그림 8-43] 보강 재료에 따른 숏크리트

부재로 이용하기는 힘들다. 따라서 붕락의 규모가 클 경우나 이완하중이 큰 지반에서는 강지보재가 병용된다. 섬유 보강 모르터는 특수시멘트, 특수골재, 플라스틱 단섬유 및 혼화재료를 공장에서 프리믹스하는 것으로 일본에서 많이 사용되고 있다. 이것의 1일 압축강도는 8MPa, 28일에 25MPa 정도이다.

숏크리트는 보강재료에 따라 철망보강 숏크리트와 강섬유 보강 숏크리트로 구분할 수 있다. 기존에 TBM공법 적용 시 철망을 이용한 숏크리트 타설이 주를 이루었으나 점차 강섬유 보강 숏크리트(SFRC) 적용이 증가하고 있는 추세이다.

숏크리트는 대구경 TBM뿐만 아니라 소구경 TBM에서도 커터헤드 바로 후방 기계본체 영역에서 타설할 수 있다(그림 8-44 참조). 이때, 이동 가능한 숏크리트 타설장비를 장착하면 지보재 설치를 위한 다른 장비와 간섭을 일으킨다. 따라서 기계본체에서 숏크리트 타설은 지반조건이 불량할 경우에만 불가피하게 커터헤드 전면부와 천장부의 지반 보강용으로만 시행한다. 이때, 숏크리트의 반발 때문에 TBM 본체가 오염되고 손상될 수 있으므로, 숏크리트 배합 시나 TBM 장비 선정 시에 이러한 점을 충분히 고려해야 한다.

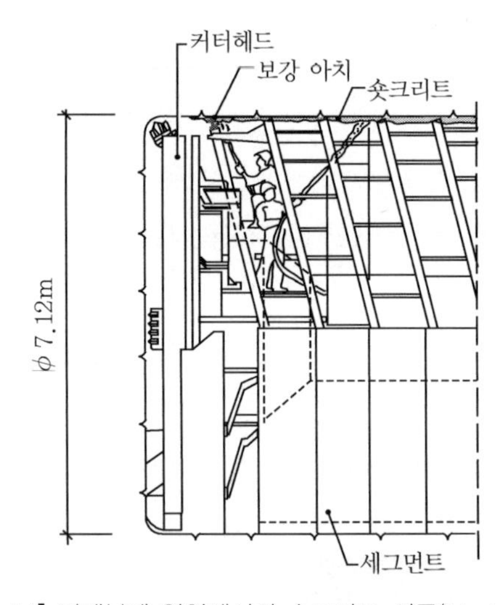

[그림 8-44] 기계본체 영역에서의 숏크리트 시공(Murla Project)

양호한 지반에서 숏크리트 타설은 그림 8-40과 같이 커터헤드에서 30 ~ 60m 정도 이격된 후속 트레일러 영역에서 실시한다. 이때, 숏크리트는 느슨하게 이완된 암반층에 타설되므로, 원지반과의 부착성이 떨어질 수 있다. 또한, TBM이 고속굴진(하루에 20 ~ 40m)을 할 경우에는 숏크리트의 조기강도를 확보하기 위해 급결재 함량을 높여야 한다.

나. 록볼트

Open TBM은 기체중앙부에 벨트컨베이어나 동력계통 등의 주요설비가 배치되기 때문에 록볼트 설치용 천공기를 배치할 공간을 확보하기 곤란하다. 일반적으로 TBM에서 록볼트 천공기가 기체 중앙부에 배치된 주요설비와 간섭되기 때문에 록볼트의 시공성이 저하된다.

[그림 8-45] 록볼트 시공장비 및 설치모습(Hoek et al., 1993)

대구경 TBM에서 록볼트 천공장비는 커터헤드와 그리퍼 사이에 배치되어 있고, 록볼트는 그림 8-46과 같이 천장부와 인버트부뿐만 아니라 좌우 측벽부에서도 방사형 형태로 설치된다. TBM 굴진과 동시에 록볼트를 천공하기 위해서는 록볼트 받침대가 TBM 굴진과 비슷하게 움직여야 한다.

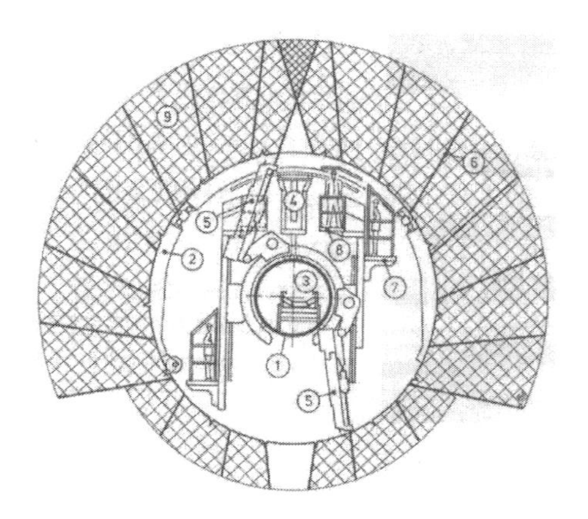

① 기계 지지대
② 철근망 타설장비
③ 벨트컨베이어
④ 아치 시공장비
⑤ 보링 받침틀
⑥ 록볼트
⑦ 보호 덮개가 있는 작업 스테이지
⑧ 보호 덮개가 있는 작업 바스켓
⑨ 시공 가능한 록볼트 영역

[그림 8-46] 록볼트 설치 개요(직경 9.43m, Herrenknecht)

록볼트 정착방법으로는 선단정착형, 전면접착형, 혼합형 등이 있으며 사용목적, 지반조건, 시공성 등을 고려해 정착방법을 선정한다(표 8-12 참조). 터널 시공 시 특수한 경우를 제외하고는 대부분 안정성 및 신뢰도가 높은 전면접착형을 적용하고 있다. 전면접착 방법은 접착재료에 따라 레진형, 모르터 충선형 및 주입형이 있다. 주입형은 천장부 시공조건에서 가장 신뢰성이 있는 것으로 평가되고 있다. 대단면 터널에서 먼저 시공되는 파일럿 선진갱의 록볼트는 NATM 확폭 굴착에 의해 절삭되기 때문에 GRP 또는 FRP 볼트를 적용한다.

[표 8-12] TBM 굴착 시 적용되는 록볼트

록볼트 시스템	록볼트 형식	지지효과	경제성	비 고
전면접착형	모르터	양호	양호	
	레진	양호	양호	지하수 유출구간 불리
	GRP/FRP	양호	보통	
선단정착형	스웰렉스(swellex)	양호	불리	
	앵커	보통	불리	
혼합형	앵커 + 레진	양호	불리	
	GRP/FRP	양호	보통	

다. 강지보재

Open TBM의 강지보재는 NATM과 같이 굴진면의 천단 붕락이나 본체 후방의 붕락 및 붕괴의 우려가 예상되는 구간에 설치하고 있다. 강지보재의 종류로는 H-형강, U-형강, 격자 지보재(lattice girder) 및 ㄷ-채널 등이 있다(그림 8-47 참조). 강지보재의 단면은 강지보재 설치 후에도 숏크리트의 타설이 용이하고, 숏크리트와 일체화되기 쉬운 형상을 가져야 한다. 강지보재의 치수는 작용하중 외에 숏크리트의 두께, 강지보재의 최소덮개, 굴착공법, 굴착방법 등을 고려해 결정한다.

(a) H-형강 지보재　　(b) 격자 지보재　　(c) U-형 지보재

[그림 8-47] 강지보재의 형상과 종류

일반구간에는 시공성이 양호하고 경제적인 격자 지보재를 적용하며, 단층대 등에는 초기 강성 발현이 용이한 H-형강 지보재를 적용하는 것이 바람직하다. 외국에서는 대심도 연약대 구간에 압착(squeezing)이 예상되는 경우 가축성 지보재인 U-형 지보재를 적용하고 있다. 지반이 양호한 구간에서 TBM 천장부에 빈번한 붕락이 발생할 경우에는 천단부에 취급이 용이한 ㄷ-채널을 볼트로 고정하고 그 사이에 철망을 설치하기도 한다.

[그림 8-48] 터널 천장부에 시공 중인 ㄷ-채널

대구경 Open TBM의 경우에는 커터헤드 후방에 강지보재 설치장치가 배치되어 있는데, 이 장치로 강지보재를 설치할 수 있다. 강지보재의 종방향 최소 설치간격은 그리퍼의 모양과 배열에 의해 결정된다.

[그림 8-49] 강지보재 시공장비(Hoek et al., 1993)

라. 철망(wire mesh)

철망 설치는 최근까지 인력작업으로 진행되어 왔으나, 현재는 철망 설치장비가 장착되어 기계식으로 설치하고 있다. 이 장비를 이용하면 지보재가 기 설치된 터널에서 낙석 방지용 철망을 추가로 설치하거나 시공장비의 지지 구조물 위로 구조용 철망을 설치할 수 있다. 이렇게 준비된 철망은 커터헤드 후방까지 이동해 철망 모양의 지지 구조물로 고정되어 볼트와 함께 앵커로 고정된다.

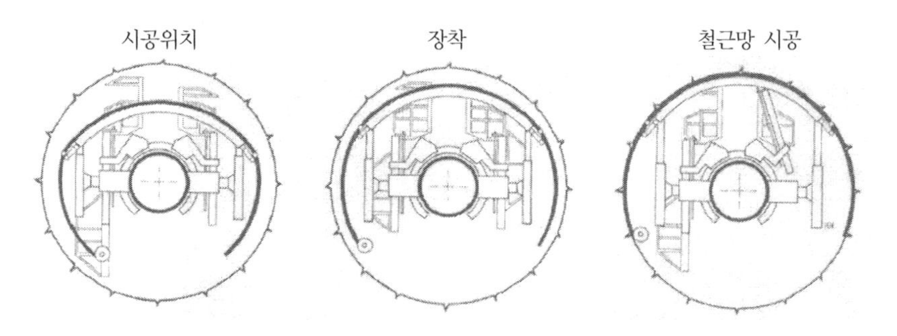

[그림 8-50] 철망 시공순서(Hoek et al., 1993)

8.3.3 표준지보패턴의 선정

가. 개 요

TBM 공법의 목표는 빠른 굴진율 확보에 있으므로 숏크리트, 록볼트, 강지보재 등 주지보재의 설치시간을 최소화해야 한다. 즉, TBM 굴착은 발파 굴착과 비교할 때 지반의 교란정도가 적으므로, 터널 주변 지반의 지보기능을 최대한 활용해 소요되는 주지보재량을 최소화할 수 있다. 하지만 NATM을 위한 지보패턴의 경험식은 많이 제안되었으나, Open TBM에서는 미비한 실정이다. 따라서 Open TBM의 표준지보패턴은 과거의 실적에 의존하고 있는 형편이다.

표준지보패턴은 설계단계에서 사전조사와 시공실적을 참고로 주지보재를 선정하고, 시공단계에서 터널 굴착면의 관찰결과나 굴착 중의 TBM의 데이터에서 지반상황을 확인하면서 지보패턴을 지반등급에 따라 재선정해야 한다. 이러한 표준지보패턴은 시공단계에서 계측결과에 따라 필요한 경우 현장상황에 적합하게 변경해야 한다.

Open TBM에서의 표준지보패턴의 선정흐름도는 NATM과 비슷한 개념이 적용된다(그림 8-51). 도심지 터널은 산악터널에 비해 지반이 불량하고 인접구조물의 안정 확보가 필요하므로 표준지보패턴 선정 시 이 특성을 고려해야 한다.

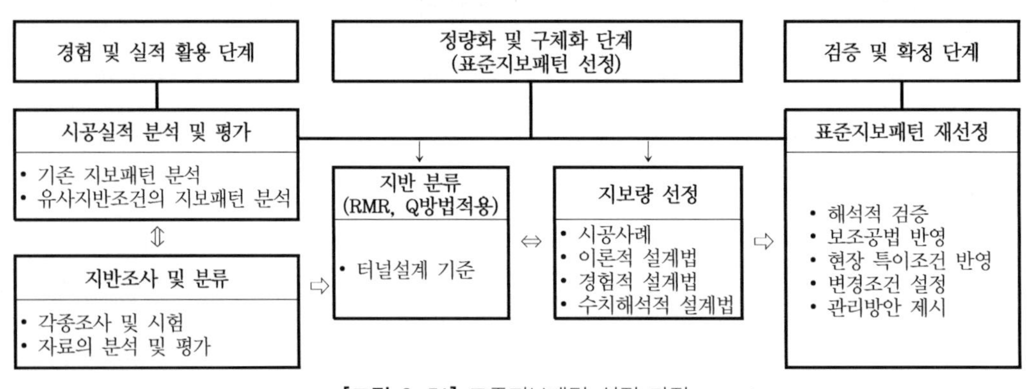

[그림 8-51] 표준지보패턴 선정 과정

본 강좌에서는 Open TBM의 다양한 표준지보패턴의 사례를 분석하고, 해외에서 연구된 경험식 및 이론식에 의한 표준지보패턴의 선정에 대해 살펴보기로 한다.

나. 표준지보패턴 사례

TBM은 굴착직경, 터널용도 및 지반특성에 따라 표 8-4와 같이 교통터널(일반터널, 장대터널;

도심지터널, 산악터널), 수로터널(도수/하수 터널), 파일럿 선진갱으로 분류할 수 있다.

TBM의 굴착직경과 주지보재의 관계는 일본에서 연구된 결과인 표 8-13에 잘 나타나 있다. 굴착직경 7m 이하의 중·소형 터널에서는 일반 숏크리트와 철망을 사용했고 대구경터널에서는 강섬유보강 숏크리트를 적용했다. 록볼트는 소구경터널에서는 적용하지 않았고, 강지보재는 모든 직경의 터널에 적용한 것을 알 수 있다. 표 8-13은 설계단계에서 Open TBM의 표준지보패턴을 선정하는 데 도움을 줄 수 있다.

[표 8-13] TBM 굴착직경에 따른 주지보재 선정기준(일본 사례)

구 분		TBM 굴착직경			지보규모
		소구경	중구경	대구경	
숏크리트	일반 숏크리트	○	○	△	두께 : 20 ~ 50mm
	SFRS	△	△	○	두께 : 100 ~ 150mm
철망		○	△	△	
록볼트		×	△	△	길이 : 1.5 ~ 2.0m
강지보재		○	○	○	ㄷ-40 × 75, ㄷ-50 × 100, H-100, H-125, H-150

Open TBM의 용도별로 표준지보패턴의 시공사례를 살펴보면 다음과 같다.

1) 선진갱

선진갱의 지보재는 최종 굴착면인 본갱 확폭 시 철거되는 임시 지보재이므로, 철거가 용이하게 천장부에만 설치했다. 대단면 터널에서 사용하는 파일럿 선진갱의 표준지보패턴 사례는 표 8-14, 8-15와 같다.

[표 8-14] 국내 선진갱 ϕ5.0m(00 철도, 2004)

구 분		패턴-1	패턴-2	패턴-3	패턴-4
지반등급	RMR	60 이상	60 ~ 45	45 ~ 30	30 이하
	Q	10 이상	10 ~ 1	1 ~ 0.1	0.1 이하
굴진장(m)		1.5	1.5	1.2	1.0
숏크리트(mm)		-	50(일반)	50(일반)	100
록볼트	길이(m)	2.0	2.0	2.0	2.0
	간격(종/횡,m)	랜덤	1.5/2.0	1.2/1.5	1.0/1.2
	설치위치	랜덤	90°	135°	135°
강지보재		-	-	-	H-100
보소공법		-	-	-	

[표 8-15] 일본 선진갱 ϕ4.5 ~ 5.0m[터널표준시방서(산악공법), 2006]

구 분		B-T	C I-T	C II-T	D-T	E-T
지반조건		B	C I	C II	D	E
지반등급	RMR	80 ~ 61	60 ~ 41	40 ~ 21	20 이하	
	Q	10 ~ 2	2 ~ 0.1	0.1 ~ 0.004		0.004 이하
굴진장(m)		1.5	1.5	1.5	1.0 이하	별도지보검토
고강도 숏크리트 (mm)		-	20(강섬유) 120°	20(강섬유) 180°	30(강섬유) 180°	
강지보재		-		H-100 × 100	H-100 × 100	

터널 직경은 5.0m로 유사하지만 지반등급분류기준과 지보량은 국내와 일본이 현저히 다른 것을 알 수 있다. 특히 국내에서는 소구경 TBM에도 록볼트를 적용하지만, 일본에서는 소구경 TBM에서 시공이 곤란한 록볼트를 생략하고 숏크리트의 두께도 감소시켰다. 두께 감소는 숏크리트 강도를 증가시킨 고강도를 적용함으로써 가능하게 되었다.

2) 피난갱

피난갱은 장기간 사용하게 되므로 풍화방지나 장기적인 안정성 확보를 고려해 숏크리트 타설 범

[표 8-16] 국내 피난갱 ϕ5.0m(00 터널, 2003)

구 분		패턴-1	패턴-2	패턴-3	패턴-4
지반등급	RMR	60 이상	60 ~ 45	45 ~ 35	35 ~ 10
	Q	5 이상	5 ~ 0.93	0.93 ~ 0.28	0.28 ~ 0.02
굴진장(m)		1.5	1.5	1.2	1.0
숏크리트(mm)		-	50(강섬유)	100(강섬유)	150(강섬유)
록볼트	길이(m)	-	2.5	2.5	2.5
	간격(종/횡,m)	-	2.5/2.0	2.5/1.5	2.5/1.2
	설치범위	-	90°	100°	150°
강지보재		-	-	-	50 × 20 × 30

[표 8-17] 일본 피난갱 ϕ4.5 ~ 5.0m[일본 터널표준시방서(산악공법), 2006]

구 분	B-T	C I-T	C II-T	D-T	E-T
지반조건	B	C I	C II	D	E
RMR	80 ~ 61	60 ~ 41	40 ~ 21		20 이하
Q	10 ~ 2	2 ~ 0.1	0.1 ~ 0.004		0.004 이하
굴진장(m)	1.5	1.5	1.5	1.0 이하	별도지보검토
고강도 숏크리트(mm) (타설범위)	-	20(강섬유) 260°	20(강섬유) 260°	30(강섬유) 260°	
강지보재	-		H-100 × 100	H-100 × 100	

위를 넓게 했다. 국내 및 일본 피난갱의 표준지보패턴 사례는 표 8-16, 8-17과 같다.

피난갱의 지반 분류기준과 지보량은 선진갱처럼 국내와 일본이 서로 상이하다. 국내 피난갱은 일본에서 생략한 록볼트도 설치하면서 숏크리트 두께 또한 일본보다 두껍다. 따라서 국내 피난갱의 지보량 또한 파일럿 선진갱처럼 일본보다 과다한 경향을 보여주고 있다.

3) 산악터널

산악철도터널에서 Open TBM은 역학적으로 안정한 원형단면이므로, NATM의 표준지보패턴보다 경감된 지보량을 적용할 수 있다. 산악 철도터널의 사례는 표 8-18, 8-19, 8-20과 같다. 직경 6m 정도의 산악 TBM의 지보패턴을 비교할 때, 일본은 유럽에 비해 적은 지보량을 적용하고 있는

[표 8-18] 국내 철도터널 ϕ9.6m(00 전철, 2007)

구 분		패턴-1	패턴-2	패턴-3	패턴-4	패턴-5	패턴-6
개념도							
지반 등급	RMR	65 이상	65 ~ 59	59 ~ 50	50 ~ 35	35 ~ 27	27 ~ 20
	Q	10 이상	4 ~ 10	4 ~ 1.0	1.0 ~ 0.1	0.1 ~ 0.03	0.01 ~ 0.03
굴진장(m)		Random	3.0	3.0	1.5	1.5	1.0
숏크리트(mm)		50(일반)	50(강섬유)	50(강섬유)	80(강섬유)	120(강섬유)	150(강섬유)
록볼트	길이(m)	3.0	3.0	3.0	3.0	3.0	3.0
	간격(종/횡,m)	Random	3.0/2.0	3.0/2.0	1.5/1.5	1.5/1.2	1.0/1.0
	설치범위	Random	90°	135°	260°	260°	260°
강지 보재	규격	-	-	-	50 × 20 × 30	70 × 20 × 30	70 × 20 × 30
	간격	-	-	-	3.0	4.0	4.0

[표 8-19] 일본 철도터널 ϕ6.82m[일본 터널표준시방서(산악공법), 2006]

구 분		IV_{NP-T}	III_{NP-T}	II_{NP-T}	I_{NP-T}	I_{IP-T}
지반 등급	RMR	60 ~ 41	40 ~ 21	20 이하		
	Q	2 ~ 0.1	0.1 ~ 0.004		0.004 이하	
고강도 숏크리트(mm) (설치범위)		-	20 (상반 90° ~ 180°)	30 (주로 상반 180°)	주로 30 (주로 240°)	50 (180°)
록볼트 (길이 × 본수)		-	-	1.5 × 4 또는 6	1.5 × 0 ~ 10	1.5 × 6
강지보재		-	-	-	H-125 @1.2m	H-125 @1.2m
부조공법		-	-	-	-	• 선진파이프 • 선진보링

[표 8-20] 유럽 알프스터널 ϕ6.0m(Scolari, 1995)

구 분		F1	F2	F3	F4	F5	F6	F7
지반등급	RMR	80 ~ 65	65 ~ 59	59 ~ 50	50 ~ 35	35 ~ 27	27 ~ 20	20 ~ 5
	Q	100 ~ 10	10 ~ 4	4 ~ 1	1 ~ 0.1	0.1 ~ 0.03	0.03 ~ 0.01	0.01 ~ 0.001
숏크리트(mm)		-	50	50	80	100	150	굴착 전 전방지반 보강
철망(m^2)		-	1.0 이하	1.0 ~ 1.5	5.0 ~ 9.0	9.0 ~ 18	18 ~ 27	
록볼트	길이	2.0m	2.0m	2.0m	2.5m	2.5m	2.5m	
	개수	0.5 이하	1.0 이하	1 ~ 3개	3 ~ 5개	5 ~ 7개	7 ~ 10개	
강지보재		-	-	-	40 ~ 80kg/m	80 ~ 160kg/m	160 ~ 300kg/m	

것을 알 수 있다. 산악 TBM의 직경을 고려할 때 우리나라(ϕ9.6m)도 유럽(ϕ6.0m)보다 적은 지보량을 적용하고 있다.

4) 수로터널

수로터널은 터널건설이 완공된 후에는 터널 내부에 물이 채워져 관수로에 의한 수압이 작용하는 특징을 가지고 있다. 이 수압은 터널내부의 지보압을 증가시키는 역할을 하므로, 일반 교통터널에 비해 지보재량을 경감시킬 수 있다. 따라서 일본의 소구경 TBM은 양호한 지반조건에서 굴진속도를 높이기 위해 안전성 확보가 가능한 범위에서 지보재를 최적화하고 있다(표 8-22 참조).

일본의 지보패턴은 국내와 달리 시공성을 고려해 록볼트를 생략하고 고강도 숏크리트 모르터를 적용하고 있다.

[표 8-21] 국내 도수로터널 ϕ3.8m(00 댐, 2002)

구 분		Type A	Type B	Type C	Type D
지반등급(RMR)		70 <	70 ~ 55	55 ~ 35	< 35
개요도				강지보재	강지보재
록볼트	길이	3.0m	3.0m	-	-
	간격(m)	Random	3.0	-	-
강지보재	규격	-	-	H-100 × 100 × 6 × 8	H-100 × 100 × 6 × 8
	간격	-	-	1.5m	1.0m

[표 8-22] 일본 도수터널 ϕ3.52m[일본 터널표준시방서(산악공법), 2006]

구 분	타입 A	타입 B	타입 C	타입 D
지반등급	CH 이상	CH ~ CM	CM	CM ~ CL
개념도	S.L	섬유모르터 숏크리트 t=20mm 120° S.L	섬유모르터 숏크리트 t=20mm 180° S.L	섬유모르터 숏크리트 t=30mm 270° S.L 강재지보공@1.0~1.2m 구형강 ㄷ-150x75x65x10
RMR	100 ~ 51	40 ~ 21	20 이하	
Q	100 ~ 2.0	2.0 ~ 0.1	0.1 ~ 0.004	0.004 이하
굴진장(m)	1.5			
고강도 숏크리트(mm)	-	20(120°)	20(180°)	30(270°)
강지보재	-	-	-	ㄷ-150 × 75 × 65 × 10

다. Q-시스템에 의한 표준지보패턴의 선정

Open TBM에서 표준지보패턴의 선정은 과거의 실적에 전적으로 의존하고 있는 실정이다. 하지만 "8.3.3절 나"에서 살펴본 바와 같이 Open TBM에 적용한 표준지보패턴 사례는 국가별, 프로젝트별로 많은 차이가 있다. 이 지보량의 차이는 어떤 이론적 배경에서 출발한 것이 아니어서 그 결과를 분석하기가 어렵다.

Scolari(1995)는 Ilbau가 개선한 오스트리아 TBM 지보 설계와 경험적 설계법(Q-시스템, RMR 분류법)을 조합해 합리적인 Open TBM의 지보량을 제시했다. 그는 알프스를 통과하는 6m직경의 Open TBM의 시공경험을 바탕으로 표준지보패턴과 지반거동의 관계를 규명했다. 따라서 본 절에서는 Scolari가 제시한 산악터널 6m폭과 Q-시스템에 의한 지반분류를 중심으로 Open TBM의 표준지보패턴을 산정하는 과정을 살펴보고자 한다.

1) 터널의 유효크기(D_e) 결정

직경 6m인 산악 TBM에서 굴착 지보비(ESR)는 표 8-4로부터 산정하면 1이다. 따라서 터널의 유효크기(D_e)는 다음과 같다.

$$D_e = \frac{B(\text{터널굴진장, 직경 또는 높이})}{ESR\ (\text{Excavation Support Ratoi : 굴착지보비})} = 6/1 = 6 \qquad (8\text{-}40)$$

2) Q-RMR 상관관계 산정

Q-시스템과 RMR 분류법은 모두 발파굴착에 대한 터널 지보패턴의 경험적 설계법이다. Q-시스템은 0.001 ~ 1,000 범위인 Q값에 따라 모든 터널 폭에 대해 지보량을 제시할 수 있으나, RMR 분류법은 0 ~ 100 범위인 RMR값에 대해 마제형터널 10m폭(수직응력 25MPa 이하)의 지보량만 가능하다. 반면에 지반등급을 분류하는 RMR값은 시추코아로부터 산출 시 일반적으로 Q값보다 정확하다. 따라서 지반등급 분류에는 RMR값이 유리하고 지보량 산정에는 Q값이 유리하다. 그러므로 Q-RMR의 상관식은 지반등급과 Open TBM의 지보패턴의 상관관계 정립에 활용될 수 있다. Barton(1995)은 Bieniawski(1989)의 Q-RMR의 상관식을 개선했다. TBM 굴착 시 Q와 RMR의 상관관계를 제시하는 데 식 8-42가 더 합리적이다(Scolari, 1995).

[1] $RMR \simeq 9 \ln Q + 44$ (Bieniawski, 1989) $\quad Q \simeq e^{\frac{(RMR-44)}{9}}$ (8-41)

[2] $RMR \simeq 15 \log Q + 50$ (Barton, 1995) $\quad Q \simeq 10^{\frac{(RMR-50)}{15}}$ (8-42)

3) Q-시스템에 의한 Open TBM의 지보량 산정

터널 지보재량은 산정된 터널의 유효크기($D_e = 6.0\,\text{m}$)와 Q값을 이용해 그림 8-52에서 산정할 수 있다.

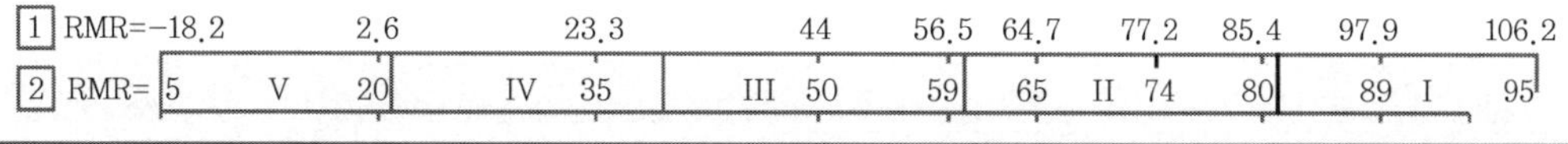

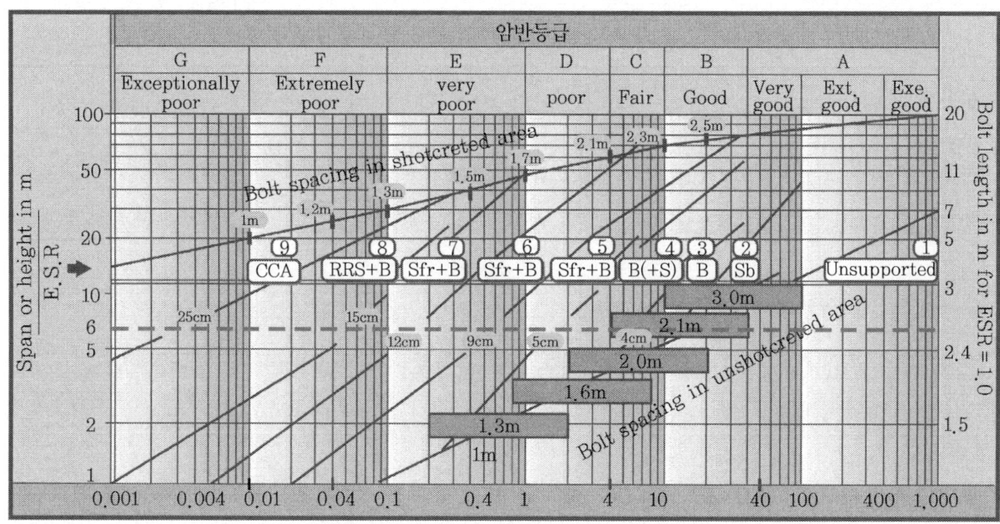

Rock mass quality $Q = \frac{RQD}{Jn} \times \frac{Jr}{Ja} \times \frac{Jw}{SRF}$

1) 무지보
2) 랜덤 볼팅
3) 시스템 볼팅
4) 시스템 볼팅, 숏크리트(4 ~ 5cm)
5) 강섬유보강 숏크리트(5 ~ 9cm)와 록볼트
6) 강섬유보강 숏크리트(9 ~ 12cm)와 록볼트
7) 강섬유보강 숏크리트(12 ~ 15cm)와 록볼트
8) 강섬유보강 숏크리트(> 15cm), 록볼트, 강지보재
9) 보강 콘크리트라이닝

[그림 8-52] Q-시스템에 의한 터널 지보재 선정(Barton, 1993)

Q값은 TBM 직경을 6m로 고려하면 표 8-3의 양호한 지반에서 2배 정도 증가시킬 수 있다. 따라서 Open TBM 적용에 따른 Q값을 그림 8-52를 참조해 보정하면 다음 표 8-23과 같다.

[표 8-23] 터널직경 6m에 따른 Q값 보정

지반조건	불량한 지반	양호한 지반	매우 양호한 지반
Q 범위	4 이하	4 ~ 40	40 이상
보정계수	1	2	1
Q 보정	4 이하	8 ~ 80	40 이상
소요지보량	NATM과 동일	NATM보다 경감	NATM과 동일

Open TBM에서 Q 보정값의 범위에 따른 보강패턴을 산정하면 표 8-24와 같다.

[표 8-24] Q-시스템에 의한 TBM(직경 6m)의 지보량 산정

지반등급		A·B	C	D	E	F-1	F-2	G
Q		100 ~ 10	10 ~ 4	4 ~ 1	1 ~ 0.1	0.1 ~ 0.04	0.04 ~ 0.01	0.01 이하
Q 보정		100 ~ 20	20 ~ 8					
숏크리트(mm)		-	-	40 ~ 70	70 ~ 130	130 ~ 150	150 ~ 200	200 이상
록볼트 (m)	길이	2.5	2.5	2.5	2.5	2.5	2.5	2.5
	간격	-	1.9 이상	1.7 ~ 2.1	1.3 ~ 1.7	1.2 ~ 1.3	1 ~ 1.2	1 이하
강지보재		-	-	-	-	-	RRS	RRS 또는 CCA

4) Q-시스템과 시공실적의 지보량 분석

Scolari(1995)가 직경 6m의 TBM으로 알프스를 굴착하면서 시공실적에 의해 정립한 지보량은 다음 표 8-25와 같다.

[표 8-25] 터널 시공실적에 따른 TBM(직경 6m)의 지보량 재선정(Scolari, 1995)

구 분		F1	F2	F3	F4	F5	F6	F7
지반 조건	시공 시 지반 거동	안정	소규모 낙석 발생가능	소규모 낙석	소규모 붕락	잦은 붕락 발생가능	전면부 대단위 붕락가능	자립불가
	RMR	80 ~ 65	65 ~ 59	59 ~ 50	50 ~ 35	35 ~ 27	27 ~ 20	20 ~ 5
	Q	100 ~ 10	10 ~ 4	4 ~ 1	1 ~ 0.1	0.1 ~ 0.03	0.03 ~ 0.01	0.01 ~ 0.001
개념도								
숏크리트(mm)		-	50	50	80	100	150	굴착 전 전방지반 보강
철망(m^2)		-	1.0 이하	1.0 ~ 1.5	5.0 ~ 9.0	9.0 ~ 18	18 ~ 27	
록볼트	길이	2.0m	2.0m	2.0m	2.5m	2.5m	2.5m	
	개수	0.5 이하	1.0 이하	1 ~ 3개	3 ~ 5개	5 ~ 7개	7 ~ 10개	
강지보재		-	-	-	40 ~ 80kg/m	80 ~ 160kg/m	160 ~ 300kg/m	

Scolari가 제안한 시공실적에 근거한 지보량과 Q-시스템에서 산정한 지보량을 비교하면 다음과 같다(표 8-24, 8-25 참조). 시공실적에서 숏크리트 두께는 Q-시스템 도표보다 다소 감소했다. 록볼트 길이도 Q-시스템의 2.5m보다 줄어든 2.0m를 적용했다. 이는 Q값이 1 이상인 연암 이상의 지반조건에서 소성영역이 발생하지 않는 것으로 보고 최소 정착길이인 2.0m를 적용한 것으로 판단된다. 록볼트 범위는 터널 현장에서 소규모 붕락이 발생하는 구간에는 천장부에 한정하고, 대규모 붕락이 발생한 구간은 굴착면 전체에 설치했다.

라. 탄소성해석에 의한 표준지보패턴의 선정

1) RocSupport 프로그램 소개

RocSupport는 원형터널의 내공변위를 추정하고, 다양한 지보패턴과 터널과의 상호작용을 시각적으로 보여주는 신속하면서도 간단한 프로그램이다.

RocSupport에 사용된 해석법은 '암반-지보 간 상호관계' 혹은 '내공변위제어' 해석으로 자주 언급되는 방법이다. '지반반응곡선'과 '지보재특성곡선' 개념에 기반을 둔 이 해석방법은 초기등방응력의 탄소성 지반에 위치한 원형터널에 적용할 수 있다. 다만, 이 이론식은 기본계획단계에서 터널 거동파악과 지보량을 추정하는 데 유익하나, 기본설계나 실시설계단계에서는 수치 해석에 의한 검증이 필요하다.

2) 지반반응곡선(GRC)

RocSupport는 무지보 상태의 터널 거동을 파악하는 데 2가지 방법을 제시하고 있다. 이는 Duncan Fama와 Carranza-Torres의 이론해이다. Duncan Fama(1993)는 Mohr-Coulomb 파괴기준에 기초하고 있고, 암반의 강도와 변형 특성을 다음 매개변수를 사용해 정의했다.

- 암반압축강도(rock mass compressive strength)
- 내부마찰각(friction angle)
- 탄성계수(young's modulus)
- 포아송비(Poisson's ratio)

비록 Duncan Fama 이론해가 Mohr-Coulomb의 파괴기준에 기초하고 있다고 할지라도, 암반의 압축강도, 마찰각 등은 Hoek-Brown 강도 정수로부터 추정했다.

Carranza-Torres(2004)는 Hoek-Brown의 일반화된 파괴기준에 기초하고 있고, 다음의 매개변수를 이용해 지반의 강도와 변형특성을 정의했다.

- 암석의 압축강도 UCS(intact rock compressive strength)
- 지질강도지수 GSI(Geological Strength Index)
- 암석의 m_i(intact rock constant)
- 체적팽창각(dilation angle)
- 교란계수 D(disturbance Factor)
- 탄성계수(young's modulus)
- 포아송비(Poisson's ratio)

Carranza-Torres 이론식 또한 Hoek-Brown 일반식의 파라미터 m_b, s, a에 의해 잔류강도를 산정했다.

위의 두 이론식은 지반조건이 균질하고 초기등방응력을 가지고 있다면, 탄소성해를 이용해 그림 8-53과 같이 지반반응곡선을 작성할 수 있다. 또한 지반반응곡선으로부터 터널이 굴진함에 따라 주변의 지반이 파괴되는 소성영역의 범위를 산정할 수 있다(그림 8-54 참조).

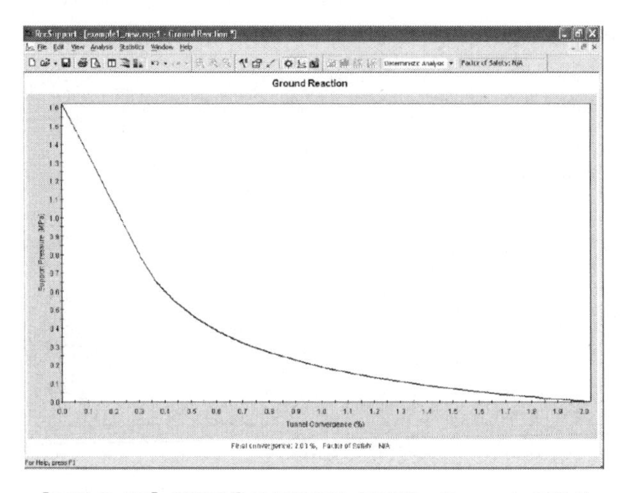

[그림 8-53] 지반반응곡선(GRC) 예제(RocSupport, 2004)

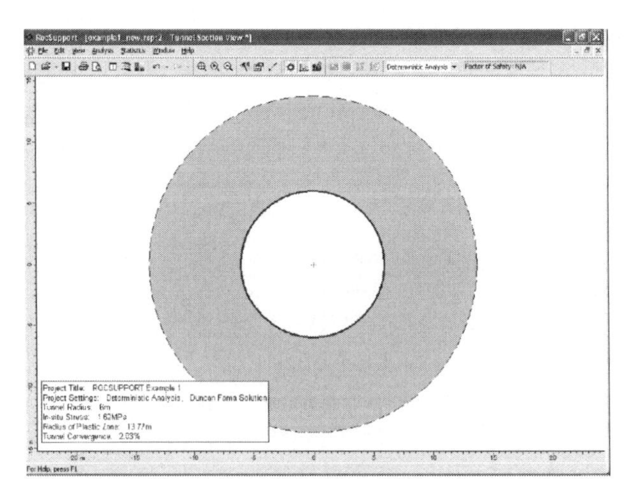

[그림 8-54] 소성영역 예제(RocSupport, 2004)

3) 지보재특성곡선(SCC)

Hoek and Brown(1980)과 Brady and Brown(1985)은 원형터널에서 단위 길이당 주지보재의 지지용량을 산출하는 탄성해를 유도했다. 터널 직경별로 숏크리트, 콘크리트라이닝, 선단정착형 록볼트 및 강지보재의 지보용량은 그림 8-55와 같다. 여기서 강지보재와 록볼트의 지보량 산정식은 설치간격이 1m에 대한 것이다.

Support type	Flange width-mm	Section depth-mm	Weight-kg/m	Curve number	Maximum support Pressure P_{imax}(MPa) for a tunnel of diameter D(metres) and a set spacing of s (metres)
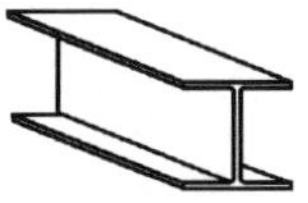 Wide flange rib	305	305	97	1	$P_{imax}=19.9D^{-1.23}/S$
	203	203	67	2	$P_{imax}=13.2D^{-1.3}/S$
	150	150	32	3	$P_{imax}=7.0D^{-1.4}/S$
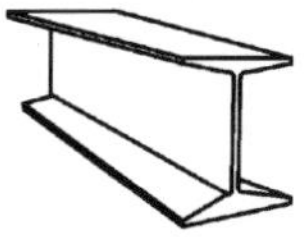 I section rib	203	254	82	4	$P_{imax}=17.6D^{-1.29}/S$
	152	203	52	5	$P_{imax}=11.1D^{-1.33}/S$
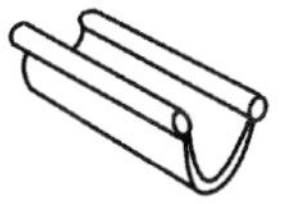 TH section rib	171	138	38	6	$P_{imax}=15.5D^{-1.24}/S$
	124	108	21	7	$P_{imax}=8.8D^{-1.27}/S$
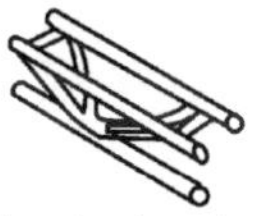 3 bar lattice girder	220 140	190 130	19 18	8	$P_{imax}=8.6D^{-1.03}/S$
 4 bar lattice girder	220 140	280 200	29 26	9	$P_{imax}=18.3D^{-1.02}/S$
 Rockbolts or cables spaced on a grid of s×s metres	34mm rockbolt			10	$P_{imax}=0.354/s^2$
	25mm rockbolt			11	$P_{imax}=0.267/s^2$
	19mm rockbolt			12	$P_{imax}=0.184/s^2$
	17mm rockbolt			13	$P_{imax}=0.10/s^2$
	SS39 Split set			14	$P_{imax}=0.05/s^2$
	EXX Swellex			15	$P_{imax}=0.11/s^2$
	20mm rebar			16	$P_{imax}=0.17/s^2$
	22mm fibreglass			17	$P_{imax}=0.26/s^2$
	Plain cable			18	$P_{imax}=0.15/s^2$
	Birdcage cable			19	$P_{imax}=0.30/s^2$

Support type	Thickness-mm	Age-days	UCS-MPa	Curve number	Maximum support Pressure P_{imax}(MPa) for a tunnel of diameter D(metres)
 Concrete or shotcrete lining	1m	28	35	20	$P_{imax}=57.8D^{-0.92}$
	300	28	35	21	$P_{imax}=19.1D^{-0.92}$
	150	28	35	22	$P_{imax}=10.6D^{-0.97}$
	100	28	35	23	$P_{imax}=7.3D^{-0.98}$
	50	28	35	24	$P_{imax}=3.8D^{-0.99}$
	50	3	11	25	$P_{imax}=1.1D^{-0.97}$
	50	0.5	6	26	$P_{imax}=0.6D^{-1.0}$

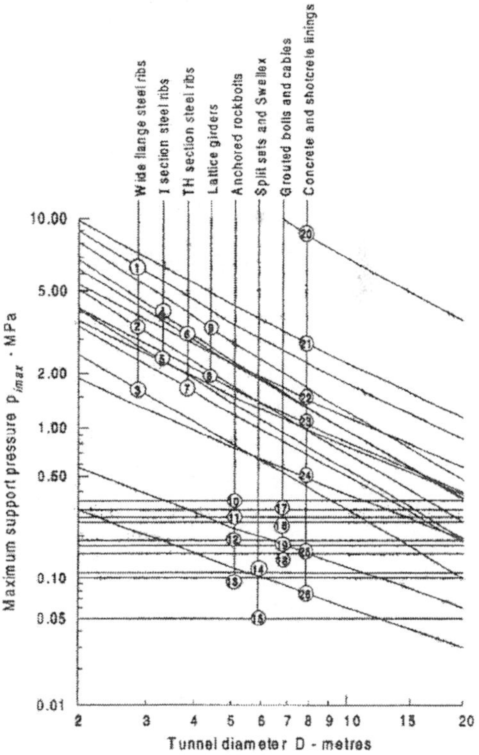

[그림 8-55] 원형터널에서 지보재의 개략 지보량(Hoek, 1998a)

주지보재인 숏크리트, 록볼트 및 강지보재는 설치시기가 다르고 강성에 따른 변위도 다르지만, 각각의 지보용량은 그림 8-55로부터 구할 수 있다. 이들 주지보재는 지반에 개별적으로 거동하지만 일정한 시간이 경과하면 합성거동을 하게 된다. 이 합성거동은 지반등급에 따라 미리 조합한 지보량인 표준지보패턴에 의해 지배를 받는다. 따라서 표준지보패턴의 최대지보용량은 각 주지보재의 지보용량의 합으로 산정할 수 있다. 이 최대지보용량은 숏크리트가 경화되면서 발생하는 비선형거동과 합성강성 등은 반영하지 않았다. 이러한 가정으로 인해 RocSupport는 각 지보재 규모별 지보용량에 따라 터널의 거동특성을 쉽게 파악할 수 있지만, 지보재의 강성과 변형 특성을 반영하지 못하므로 프로그램 사용자는 이 점에 유의해야 한다.

4) 내공변위제어법(CCM)

내공변위제어법은 앞에서 구한 지반반응곡선(GRC), 지보재특성곡선(SCC) 및 종단변형곡선(LDP)을 조합함으로써 작성할 수 있다. 지반반응곡선과 지보재특성곡선은 각각 독립적으로 작성한다(그림 8-56 참조). 여기서, 지반반응곡선의 경우는 지반설계정수만으로 작성할 수 있다.

반면 지보재특성곡선은 표준지보패턴의 설치시점, 최대지보용량 및 강성을 이용해야 산정할 수 있다. 먼저, 지보재 설치 시점은 그림 8-12의 종단변형곡선에서 보여준 터널 진방의 선행변위와 밀접한 관계가 있다. 이 선행변위는 시간이 지나도 회복될 수 없는 변형이므로 종단변형곡선 특성에 따라 그 값이 변한다. 따라서 종단변형곡선은 주어진 지반조건에 적합한 유사 터널시공현장의 계측결과 또는 3차원 수치 해석을 통해 산정해야 한다. 지보재 설치 시점의 내공변위는 추정된 종

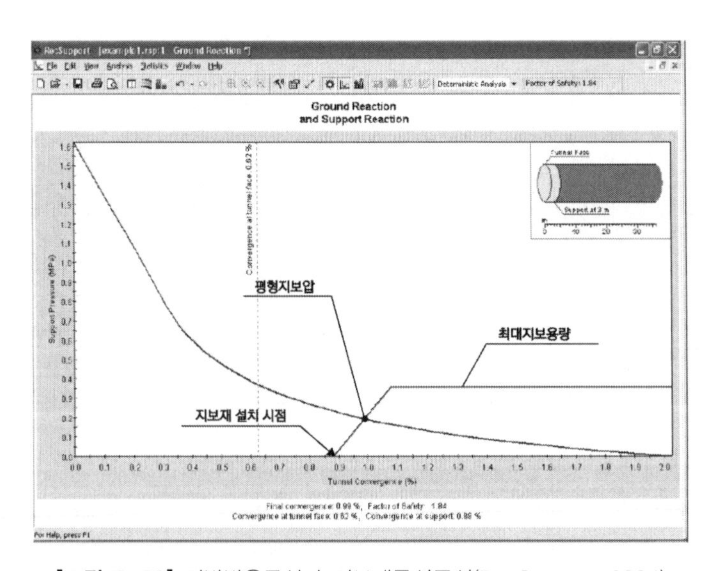

[그림 8-56] 지반반응곡선과 지보재특성곡선(RocSupport, 2004)

단변형곡선을 이용해 산정할 수 있다. 그다음 표준지보패턴의 최대지보용량은 각 주지보재별 지보용량의 합으로 구한다. 마지막으로 표준지보패턴의 강성은 최대지보용량의 합과 평균 변형률의 비로 나타낸다(RocSupport, 2004).

지반반응곡선과 지보재특성곡선을 통한 지반과 표준지보패턴의 상호작용 결과는 평형지보압, 안전율 및 소성반경 크기로 나타난다. 평형지보압과 안전율은 그림 8-56으로부터 구할 수 있다. 평형지보압은 지반반응곡선과 지보재특성곡선이 만나는 교점에서의 지보압이다. 안전율은 표준지보패턴의 최대지보용량을 평형지보압으로 나눈 값으로 일정한 정수 이상이어야 한다. 예를 들면, Hoek(1993)은 임시 광산갱의 안전율을 1.3으로 고려하고 영구 지하갱을 1.5 ~ 2.0으로 제안했다. 일반적으로 내공변위제어법의 지보량은 이상적인 지반조건에서 산정된다. 따라서 실제터널에서는 내공변위제어법에서 산정된 것보다 많은 지보량이 필요하다. 그러므로 RocSupport 프로그램 이용 시 안전율은 Hoek이 제안한 값보다 높은 값을 적용하는 것이 타당할 것으로 사료된다. 소성영역의 반경은 그림 8-57에서 무지보상태와 표준지보패턴의 총지보량에 대해 모두 나타나 있다. 무지보상태의 소성반경은 그림 8-57의 바깥쪽 원형의 점선이고, 표준지보패턴은 안쪽의 빗금 영역이다. 즉, 무지보상태에서 표준지보패턴을 설치할 경우 Open TBM 터널의 소성반경이 감소되는 정량적인 값을 산정할 수 있다. 이 소성반경은 록볼트의 길이를 산정하는 데 도움을 줄 수 있다. 록볼트의 길이는 소성영역을 벗어나 탄성영역에 2.0m 이상 정착시키는 것이 일반적이다(Hutchinson and Diederich, 1996).

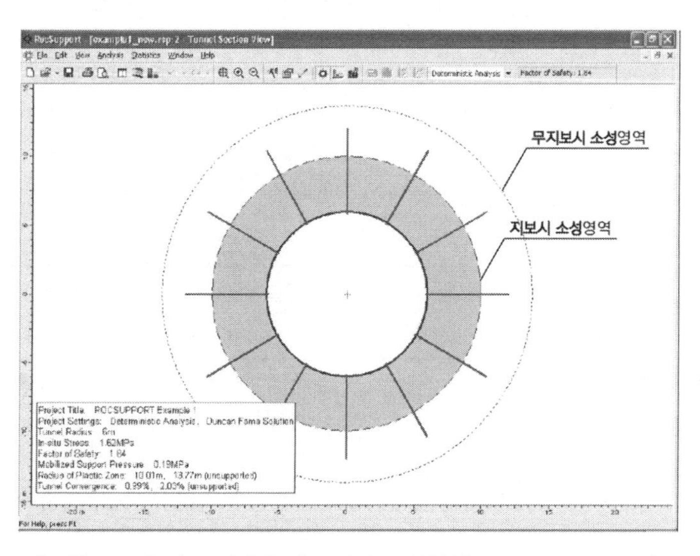

[그림 8-57] 지보 시와 무지보 시의 소성영역(RocSupport, 2004)

8.3.4 지보패턴 적정성 검증 및 활용

가. 수치 해석

Open TBM 터널은 NATM 터널과 같이 지반 자체가 터널의 안정을 이루는 지보재 역할을 수행하게 된다. 터널 주변 지반의 특성치는 위치적으로 또는 시간적으로 다양하게 변화하기 때문에 실제로 굴착해보기 전에 이들을 정확하게 계수화해 설계에 반영하는 데는 한계가 있다. 따라서 설계단계의 Open TBM 터널의 지보 설계가 최종설계가 아닌 사전설계 또는 예비설계일 수밖에 없다. 그러나 설계단계에서 수치 해석은 터널 굴착으로 인한 지반의 거동 및 터널 주변에의 영향을 예측하고, 설계구조물의 안정성 및 적합성을 평가하며, 시공단계에서 실시하게 될 현장계측의 관리 기준치를 결정하는 데 유효한 방법이 된다.

Open TBM 터널의 목표는 고속굴착이므로 지보재 설치시간이 짧을수록 유리하다. 지보재 설치시간은 소요되는 지보량에 비례하므로, 적절한 지보량 선정이 중요하다. 적절한 지보량은 터널지보패턴의 안전율과 소성영역으로 평가할 수 있다. Open TBM 터널은 불량한 지반에서 굴진율이 현저히 저하된다. 이러한 취약구간에 대한 수치 해석은 Open TBM 터널의 표준지보패턴에 대한 안전율과 터널 주변 지반의 소성 발생 범위를 정량적으로 제시할 수 있으므로 지보패턴의 적정성을 검증할 수 있다.

그림 8-58은 Open TBM 터널에서의 수치 해석 사례이다.

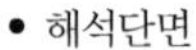

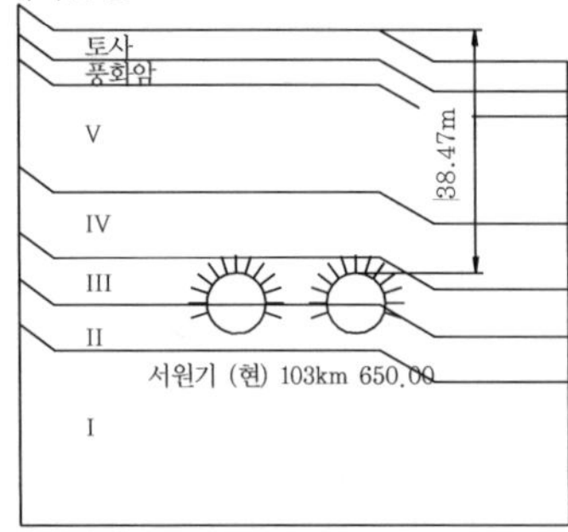

• 해석단계

해석단계	내 용	하중분담률(%)
STEP 0	초기응력	-
STEP 1	좌측 터널 굴착 단계	60
STEP 2	연성숏크리트+록볼트	20
STEP 3	강성숏크리트	20
STEP 4	우측 터널 굴착 단계	60
STEP 5	연성숏크리트+록볼트	20
STEP 6	강성숏크리트	20

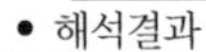

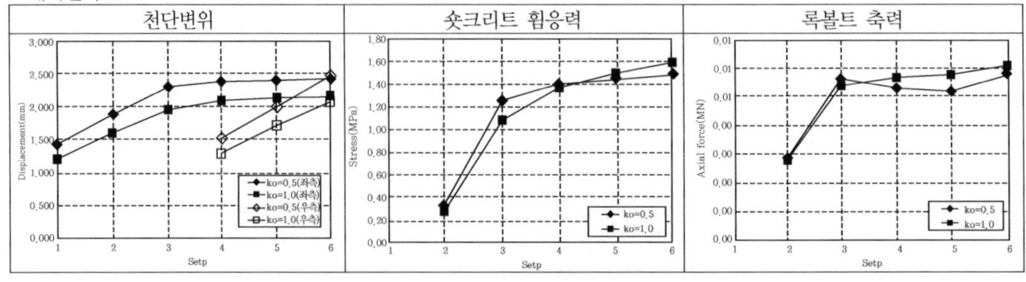

[그림 8-58] Open TBM 터널에 대한 수치 해석 사례

• 해석결과 output

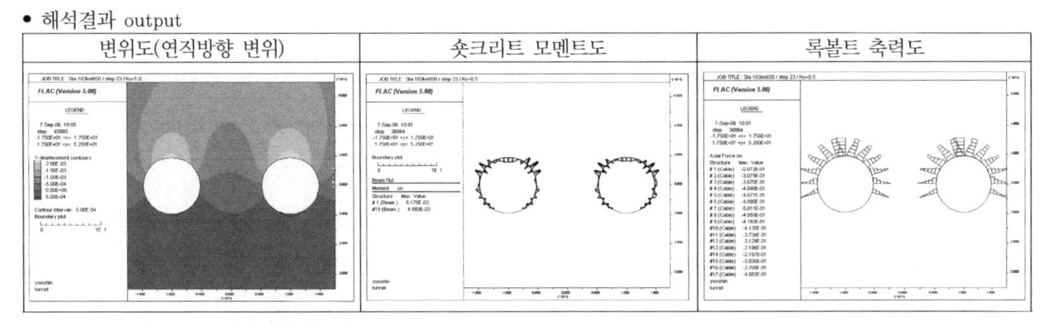

[그림 8-58] Open TBM 터널에 대한 수치 해석 사례(계속)

나. 계측 계획

설계단계에서 Open TBM의 지보 설계는 초기 지중응력이 명확하지 않고 재료의 역학적 특성도 불분명한 상태에서 수행되므로, 지보재 안전율에 대한 예측은 완벽하다고 할 수 없다. 따라서 Open TBM의 계측은 NATM처럼 설계단계에서 내포된 공학적 한계성을 극복할 수 있도록 판단기준을 제공해주고, 시공단계의 안정성과 경제성도 동시에 확보할 수 있어야 한다. 계측흐름도는 그림 8-61과 같으며, 계측결과에 따라 기존 시공방안대로 추진 또는 설계변경, 시공법 개선 등이 이루어져야 한다.

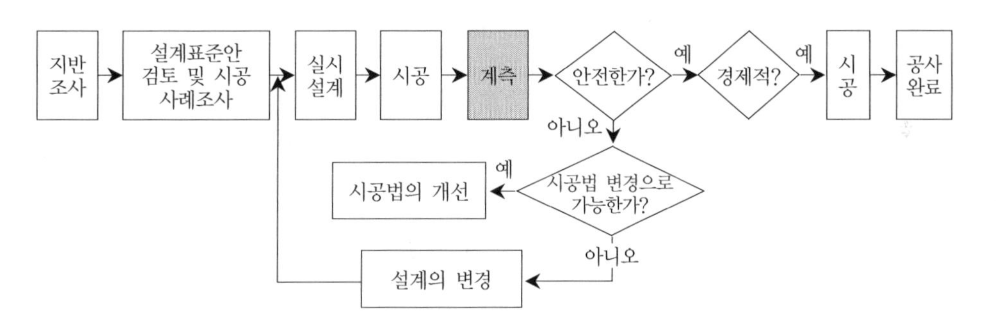

[그림 8-59] 계측에 의한 표준지보패턴의 재선정

Open TBM의 굴착은 발파 굴착에 비해 터널 주변 지반의 교란이 적어 이완영역 발생이 줄어든다. 또한 터널단면 형상이 원형이어서 지반 아칭효과로 지보량의 경감도 기대할 수 있다. 이와 같이 Open TBM 공법의 장점은 그림 8-8과 표 8-3처럼 양호한 지반에서만 가능하다는 것이다. 이 구간에서 Open TBM의 계측 간격은 NATM보다 넓힐 수 있으나, 터널직경에 따라 Q값이 달라진다는 점에 유의해야 한다. 직경 10m 이상의 TBM은 양호한 지반에서 시공실적이 적으므로, NATM과 동일하게 계측 계획을 수립하는 것이 바람직할 것으로 판단된다.

하지만, 양호한 지반 이외의 지반조건에서는 Open TBM의 특성을 충분히 감안해 계측 계획이 이루어져야 한다. 불량한 지반에서는 NATM과 달리 지보설치가 지연되고 굴진면 관찰이 곤란한 Open TBM의 특징을 고려해 계측 간격 및 항목을 선정해야 한다. 지반조건이 매우 양호한 구간에서는 Open TBM 굴착면의 접선방향응력이 NATM에서보다 크므로 이를 고려한 계측 항목 선정이 중요하다.

Open TBM의 지보재도 NATM과 같이 터널 주변의 지반이 주지보재가 되도록 보조하는 역할을 수행한다. 따라서 터널은 현장 계측결과를 기초로 지보량의 적합성과 시공 시기의 적절성 여부를 판단해야 한다. 이러한 특성을 반영해 설계단계에서 고려되어야 할 사항은 표 8-26과 같이 정리할 수 있다.

[표 8-26] 계측 계획 시 고려사항

구 분	내 용
지반의 특성	• 광역적 지형 및 지질의 구조적 특성 • 해당지역 지반의 생성 및 발달과정 • 지반의 공학적 거동특성 및 변화의 임의성
주변의 건물 및 공공시설물 현황	• 지하매설물 현황 • 지상구조물 및 시설물 현황 • 과거의 공사기록
지보개념 및 시공의 특성	• 지보재의 역할 및 거동특성(시간 의존성) • 시공순서 및 시공단계별 시간 개념 • 굴착단면의 크기 및 지하수 유동예측 • 시공성 및 취약 요소 파악
계측기기의 특성	• 각 계측기별 작동원리 및 설치기법 • 측정범위 및 측정오차 • 측정의 용이성 및 경제성 • 내구성 및 운영 시스템의 호환성

Open TBM의 시공 시 실시되는 계측항목은 NATM과 같은 일상계측, 정밀계측 및 유지관리계측으로 대별할 수 있으며 이에 따라 계측항목을 구분해 적용한다. 일상계측은 일상의 시공관리를 위해 반드시 실시해야 할 항목이며, 정밀계측은 시공 초기단계에 설계, 시공의 타당성을 판단하기 위해 실시하는 계측이다. 다음 표 8-27은 일상계측 항목에 대한 검토사항이다.

[표 8-27] 일상계측 검토사항

<table>
<tr><th>계측 항목</th><th>검토 사항</th></tr>
<tr><td>지상 관찰</td><td>• 지표침하 양상, 지상구조물의 상태(기울어짐, 균열 등)
• 지층의 상태, 막장의 자립성, 용출수의 상황
• 지보부재의 변상 유무</td></tr>
<tr><td>천단침하 측정</td><td rowspan="2">• 변위속도의 증감 경향
• 지반조건과 변위량, 허용 변위량과의 대비
• 변위량의 수렴값 및 조기파악</td></tr>
<tr><td>내공변위 측정</td></tr>
</table>

정밀계측은 지반거동을 파악함과 동시에 계측결과로부터 실시설계의 타당성을 확인하고, 그 후의 설계 및 시공에 반영하는 것을 목적으로 실시한다. 정밀계측은 시공 초기 단계에 실시하는 것이 바람직하며, 계측단면은 지반을 대표할 수 있는 구간을 선정하는 것이 바람직하다. 또한, 지반이 안정해 시공상의 문제가 없는 구간에는 본 계측을 생략할 수 있다. 정밀계측 항목과 검토사항은 다음 표 8-28과 같다.

[표 8-28] 정밀계측 검토사항

계측 항목	검토 사항
숏크리트 응력 측정	• 숏크리트의 배면 토압 측정 • 숏크리트의 내부 응력 측정
록볼트 축력 측정	• 록볼트의 지보효과 • 록볼트의 유효설계 길이 등을 판단
지중 침하 측정(지상 설치)	• 심도별 수직변위량을 측정 • 공공 시설물 안전성 파악
지중 변위 측정(터널 내부 설치)	• 록볼트 길이의 타당성 등을 판단
지중 수평 변위 측정	• 지반의 심도별 수평변위량을 측정해 지반의 수평방향 거동상태 파악
지하수위 측정	• 굴착에 따른 지하수위 변동 파악 • 차수 그라우팅 효과 확인

다. 시공 중 피드백 시스템

터널 주변 지반은 구성이 복잡하고 재료적 특성이 다양하기 때문에 설계 단계에서 지반 특성을 정확하게 판단하는 것은 불가능하다. 따라서 터널지보패턴은 설계단계에서 한정된 지반정보를 바탕으로 수행되므로, 시공단계에서 실제의 지반조건과 상이할 경우가 발생할 수 있다.

따라서 터널변위는 설계단계에서 수행한 수치 해석결과와 시공단계에서 수행하는 계측결과를 상호 비교 분석해야 하며, 필요 시 역해석 기법을 도입해 터널거동에 대한 재평가가 이루어져야 한다.

시공 중 역해석은 시행오차방법, 직접법, 역산법 등의 역해석 방법보다는 지반설계정수를 재평가하는 데 중점을 두어야 한다(그림 8-59 참조). 재평가된 지반설계정수는 향후 시공될 구간에 대한 터널거동을 사전에 파악하는 데 활용될 수 있다(그림 8-60 참조).

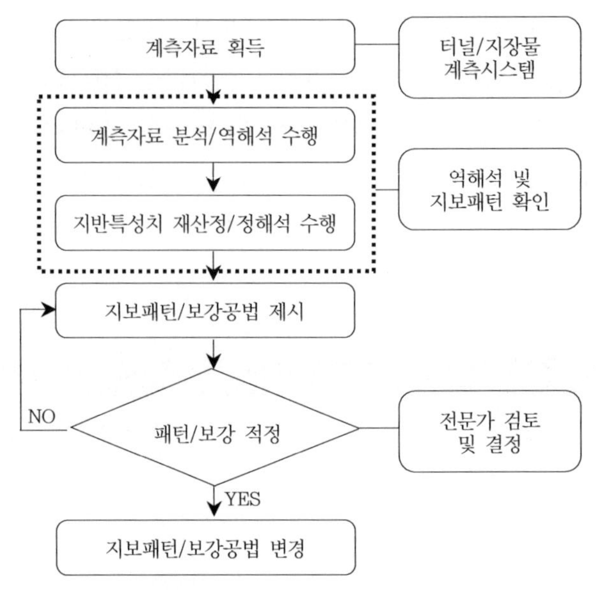

[그림 8-60] 시공 중 피드백 시스템 흐름도

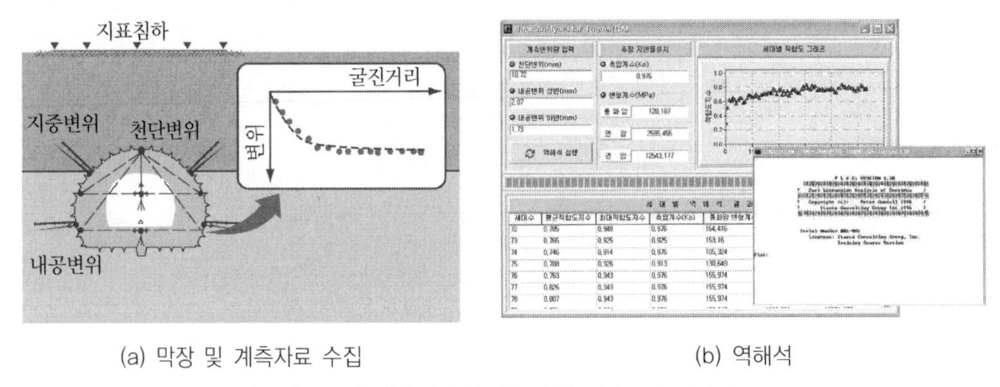

(a) 막장 및 계측자료 수집 (b) 역해석

[그림 8-61] 계측결과 분석을 통한 지반조건 재평가

8.4 결 언

Open TBM 터널의 지보 설계는 안전하고 경제적인 지보량과 지보패턴을 선정하는 것이므로 TBM의 장점인 급속 굴진을 구현하기 위해 지보재의 설치시간을 최소화해야 한다. 따라서 선진국에서는 숏크리트의 고강도화 및 강지보재의 시공성 향상 등을 위한 연구가 활발히 진행되고 있다. 소구경 Open TBM의 지보패턴은 일본처럼 시공성이 불량한 록볼트를 생략하고 강지보재나 숏크리트량을 증가시켜, 굴진속도를 증가시킬 필요가 있다.

이러한 최적의 지보패턴은 이론적 설계법, 수치 해석적 설계법, 경험적 설계법 및 Open TBM의 시공사례를 종합적으로 분석함으로써 산정할 수 있다. 특히 Open TBM은 원형터널이므로, 내공변위제어법(CCM)이라는 이론적 해석법을 적용하면 적은 노력과 짧은 시간에 터널의 거동특성을 쉽게 파악할 수 있다. 내공변위제어법은 지보패턴의 최대지보압과 안전율뿐만 아니라 록볼트 길이의 산정기준이 되는 소성반경도 구할 수 있다. 하지만, 내공변위제어법은 초기응력이 등방(Ko = 1)일 경우에만 가능하므로, 비등방일 경우에는 수치 해석적 설계법을 적용해야 한다.

경험적 설계법과 시공사례로부터 산정된 Open TBM의 지보 설계는 터널 직경별 및 용도별로 NATM과의 차이점을 이해하는 데 많은 도움을 주고 있다. 특히 Barton 박사가 제시한 Q-시스템을 통해 유럽의 Open TBM 지보 설계를 경험할 수 있다. Q-시스템으로부터 양호한 지반의 Open TBM 지보량은 NATM보다 감소시킬 수 있지만, 극경암 지반이나 불량한 지반의 Open TBM 지보량은 NATM과 비슷하다는 것을 알 수 있다. 또한 터널 직경이 10m 이상일 경우에도 지반조건에 상관없이 Open TBM의 지보량이 NATM과 동일하게 적용되고 있다.

따라서, 터널기술자는 이론해를 통해 Open TBM 원형터널의 거동특성을 이해하고, 다양한 지보 설계방법에 의해 산정된 지보량을 비교하고 분석함으로써 합리적인 Open TBM의 지보패턴을 선정할 수 있을 것이다.

참 고 문 헌

1. 건설교통부. 2000. 『도로설계편람(1)』. pp. 605-1~ 605-11.
2. 김진하. 2006. 「Design of Support System in Deep Circular Tunnel under Squeezing Rock Condition Based on Hoek's Guideline」. 석사논문, 토리노공과대학.
3. 배규진. 1993. 「지하생활공간 개발 요소기술 연구(지반굴착기술분야 1)」. 한국건설기술연구원.
4. 이두화·이성기·추석연. 2001. 「일본의 터널 기계화 시공 발전 현황 및 사례분석」. KTA 2001 Symposium, Seoul, Korea, September.
5. 이인모. 2001. 『암반역학의 원리』. 새론출판사.
6. 이인모. 2004. 『터널의 지반공학적 원리』. 새론출판사.
7. 일본토목학회. 2006. 『터널표준시방서(산악공법·동해설)』. pp. 271~280.
8. 특수건설. 2003. 『암반용 터널 굴착기』.
9. Ashraf, A.K. 2006. "Analysis of TBM Tunnelling Using the Conversence-Confinement Method." International symposium on utilization of underground space in urban areas, Sharm El-Sheikh, Egypt, November.
10. Barton, N. 2003. *TBM Tunnelling in Jointed and Faulted Rock*. pp. 107~122.
11. Bieniawski, Z.T. 1997. 『암석역학을 이용한 터널설계』. 구미서관.
12. Carranza-Torres, C. and Fairhurst, C. 2000. "Application of the Convergence-Confinement Method of tunnel

design to rock masses that satisfy the Hoek-Brown failure criterion." Tunnelling and Underground Space Technology, Vol.15, No.2, pp. 187~213.

13. Curran, J.H., Hammah, R.E. and Yacoub, T.E. 2003. "A Two-dimensional approach for designing tunnel support in weak rock." Proceedings of the 56th Canadian Geotechnical Conference, Winnepeg, Manitoba, Canada, October.
14. Flac-2D manual, VERIFICATION PROBLEMS: Cylindrical Hole in an Infinite Elastic Medium; Cylindrical Hole in an Infinite Mohr-Coulomb Medium.
15. Hoek, E. and Brown, E.T. 1980. "Underground excavation." Institute of Mining and Metallurgy, London, pp. 244~279.
16. Hoek, E., Kaiser, P.K. and Bawden, W.F. 1993. 『지하굴착과 지보』. 이엔지북, p. 23.
17. Hoek, E. 1998a. "Tunnel Support in Weak Rock." Keynote address, Symposium of sedimentary rock engineering, Taipei, Taiwan, November.
18. Hoek, E. 1998b. "Practical rock engineering, an ongoing set of notes." Chapter 12 Tunnels in weak rock, Rocscience web site.
19. Hoek, E. 1998c. "Practical rock engineering, an ongoing set of notes." Chapter 11 Rock Mass Properties, Rocscience web site.
20. Hoek, E., Carranza-Torres, C. and Corkum, B. 2002. "Hoek-Brown Failure Criterion - 2002 Edition." 5th North American Rock Mechanics Symposium and 17th Tunneling Association of Canada Conference: NARMS-TAC, pp. 267~271.
21. Oreste, P.P. 2003. "Analysis of structural interaction in tunnels using the convergence confinement approach." Tunnelling and Underground Space Technology, Vol.18, No.4, pp. 347~363.
22. Pelizza, S. 2005. 강의자료, 토리노공과대학.
23. RocSupport. 2004. "Turorial manual support using ground reaction curves." Rocscience web site.
24. U.S. Army. 1997. "Engineering and Design Tunnels and Shafts in Rock." Washington. DC 20314-1000.

제 9장

세그먼트라이닝 설계

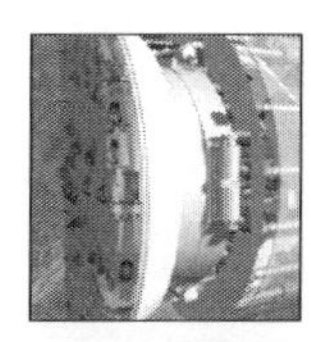

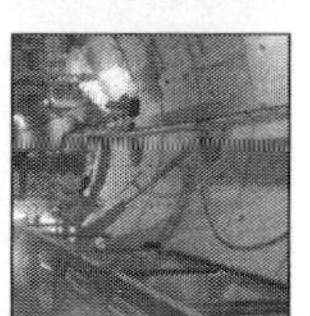

제 9 장

세그먼트라이닝 설계

장석부 (유신코퍼레이션) / 정두회 (부경대학교)

9.1 개 요

9.1.1 세그먼트라이닝의 특징

세그먼트라이닝은 일반적으로 사용되고 있는 현장 타설 콘크리트라이닝(in situ concrete lining)과 달리 공장이나 야드에서 미리 제작된 세그먼트를 터널 내에서 조립 설치해 완성하는 라이닝 형태를 총칭한다. 그러나 최근 쉴드터널의 적용사례가 증가하면서 세그먼트라이닝은 쉴드 TBM 터널에서 프리캐스트(precast) 세그먼트를 조립해 설치하는 터널라이닝을 의미한다.

쉴드터널 세그먼트는 공사 중에 설치되어 공사 중 안정 확보는 물론이고 영구적인 터널라이닝 역할을 하게 된다. 세그먼트는 기본적으로 운영 중 작용하는 지반하중과 수압을 지지해야 하며, 제조 및 설치 특성상 제작공장에서 현장까지의 운반 및 적치관련 하중, 쉴드 이렉터 설치 시 하중, 쉴드 추력에 의한 반력 등에 충분히 안정해야 한다. 또한, 기능적인 측면으로는 소정의 방수기능이 발휘되도록 공사 중은 물론 운영 중에도 충분한 방수성능을 유지할 수 있어야 한다.

세그먼트의 제작비는 일반적으로 터널 공사비의 약 20 ~ 40%에 이르고 세그먼트의 치수 및 크기는 쉴드터널의 굴진속도 및 작업시간에 미치는 영향이 매우 크므로 쉴드터널 설계 시 가장 중요하고 기초적인 부분이라 할 수 있다.

9.1.2 세그먼트라이닝 용어

세그먼트라이닝의 이해를 위해서는 먼저 다양한 용어에 대한 숙지가 필요하므로 터널설계기준(건교부, 2007)에서 성한 최소한의 용어를 소개한다.

- 세그먼트(segment) : 터널, 특히 쉴드터널 공법에 사용되는 라이닝을 구성하는 단위조각으로, 재질에 따라 강판을 용접한 강재세그먼트, 철근콘크리트재의 콘크리트 세그먼트, 주조에 의해 제조된 주철 세그먼트 및 콘크리트 세그먼트의 단면에 지벨이 붙은 강판을 배치한 합성세그먼트 등이 있다.
- 이렉터(erector) : 쉴드 TBM의 구성요소로 세그먼트를 들어 올려 링으로 조립하는 데 사용하는 장치를 말한다.
- 잭 스트로크 : 쉴드 TBM의 추진과 세그먼트의 조립을 위한 잭의 유효 길이를 말한다.
- K형 세그먼트 : 쉴드 TBM 작업에서 세그먼트 조립 시 마지막으로 끼워 넣는 세그먼트를 말한다.
- 테이퍼링(taper ring) : 곡선부의 시공 및 선형수정에 사용하는 테이퍼 처리한 링을 말한다. 특히, 폭이 좁은 판상은 테이퍼 플레이트 링(taper plate ring)이라 한다.
- 테이퍼량 : 테이퍼링에서 최대폭과 최소폭과의 차이를 말한다.
- 테일보이드(tail void) : 세그먼트로 형성된 링의 외경과 쉴드 TBM 외판의 바깥 직경 사이의 원통형의 공극을 말한다. 즉, 테일 스킨플레이트(tail skin plate)의 두께와 테일 클리어런스의 두께의 합을 말한다.
- 테일 스킨플레이트 : 쉴드 TBM 테일부의 스킨플레이트(skin plate)를 말하며 일반적으로 외판보다 약간 두껍다.
- 테일 실(tail seal) : 쉴드 TBM의 외판 내경과 세그먼트 간의 틈이 생기는데 이곳으로 지하수의 유입 또는 뒤채움 주입재의 역류를 막기 위해 쉴드 TBM 후단에 부착하는 것을 말한다.
- 테일 클리어런스(tail clearance) : 테일 스킨플레이트의 내면과 세그먼트 외면 사이의 간격을 말한다.
- 세그먼트 옵셋(segment offset) : 세그먼트 조립 시 어긋난 양

세그먼트라이닝의 이해에 필요한 세그먼트 세부 명칭은 그림 9-1과 같다.

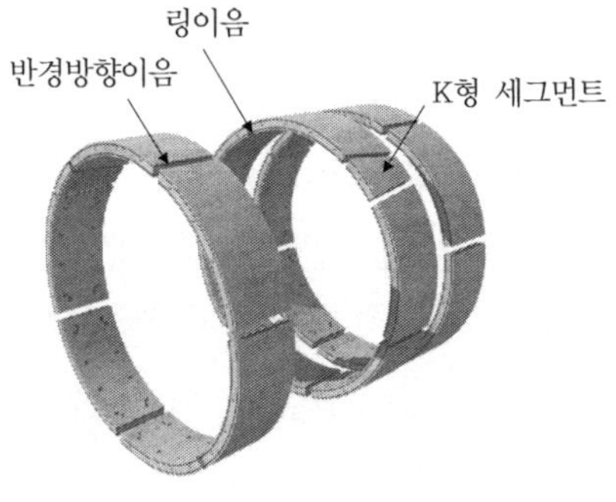

[그림 9-1] 세그먼트 세부 명칭

9.2 세그먼트라이닝 일반

9.2.1 개 요

세그먼트라이닝은 재질, 형상, 이음방식 등에 따라 다양한 종류가 있기 때문에 세부 설계 이전에 현장 특성에 적합한 세그먼트 방식을 선정해야 한다. 세그먼트의 새로운 재질과 형상에 대해서 많은 연구가 이루어지고 있으나, 여기서는 현재까지 적용 실적이 있는 사례를 소개토록 한다.

9.2.2 세그먼트 재질

세그먼트의 재질은 쉴드터널 초기에는 강재가 많이 사용되었으나, 콘크리트의 재료적 특성이 향상되면서 최근에는 철근콘크리트 세그먼트가 가장 일반적으로 적용되고 있다. 철근콘크리트 세그먼트는 부식 염려가 없고 제작비가 저렴하며 강재에 비해 경제성이 높다. 강재세그먼트는 고가이고 부식의 우려(방청 처리 시 비용 증가)로 일반적으로 잘 적용되고 있지는 않으나, 횡갱 연결부와 같이 향후 추가공사에 의해 제거되어야 하는 경우에 제한적으로 적용될 수 있다. 강섬유 보강 콘크리트 세그먼트는 콘크리트의 취급 및 조립 시 발생할 수 있는 균열 억제에 큰 도움이 되나 공사비가 매우 높고 아직까지 일반적으로 적용되지는 않고 있다.

세그먼트 재질의 종류별 특징은 표 9-1과 같으며, 그 외에 콘크리트와 철판합성 세그먼트 등도 있으나 일반적으로 사용되지는 않고 있다.

[표 9-1] 세그먼트 재질 종류

구 분	철근콘크리트 세그먼트	강재 세그먼트	강섬유 보강 세그먼트
개요도			
구조적 측면	• 쉴드기의 추력에 대한 강성이 큼 • 자체중량이 커서 부력 저항 유리 • 뒤채움 및 편심하중에 대한 변형 가능성 낮음	• 지반변형에 대한 유연성 우수 • 쉴드기 추력에 대한 강성확보 필요 • 뒤채움 및 편심하중에 대한 변형 가능	• 쉴드기의 추력에 대한 강성이 큼 • 자체중량이 커서 부력 저항 유리 • 뒤채움 및 편심하중에 대한 변형 가능성 낮음
지수성	• 이음부 지수효과 양호 • 콘크리트 균열 통한 침투수 억제 대책 필요	• 세그먼트 자체 지수성 우수 • 이음부 변형에 의한 누수가능성 높음	• 이음부 지수효과 양호 • RC세그먼트보다 균열 발생 낮음
내구성	• 내부식성, 내열성 우수 • 연결부 방수대책이나 지하수 침투에 대한 대책 필요 • 취급 중 단부손상 주의	• 내부식성, 내열성 낮아 별도 대책 필요 • 연결부 방수보수 용이 • 취급 중 손상가능성 낮음	• 내부식성, 내열성 우수 • 연결부 방수대책이나 지하수 침투에 대한 대책 필요 • 취급 중 단부손상 주의
시공성	• 세그먼트 제작 및 품질 관리 용이 • 제작공정이 복잡 • 중량이 무거워 운반 및 취급 불편	• 세그먼트 제작 및 품질 관리 용이 • 중량이 가벼워 취급용이 • 시공속도 향상 가능	• 철저한 세그먼트 제작 및 품질 관리 필요 • 철근콘크리트에 비해 공정 간단 • 중량이 무거워 운반 및 취급 불편
경제성	• 일반적으로 경제적임 • 거푸집 제작 비용이 높아 소량 생산 시 비경제적	• RC세그먼트보다 고가임 • 소량 생산 시 경제성 우수	• 경제성 높음 • 거푸집 제작 비용이 높아 소량 생산 시 비경제적

9.2.3 세그먼트 형상

철근콘크리트 세그먼트의 형상에는 그림 9-2와 같이 상자형과 평판형이 있으나, 상자형은 평판형에 비해 많은 단점이 있기 때문에 근래에는 평판형이 주로 사용되고 있다.

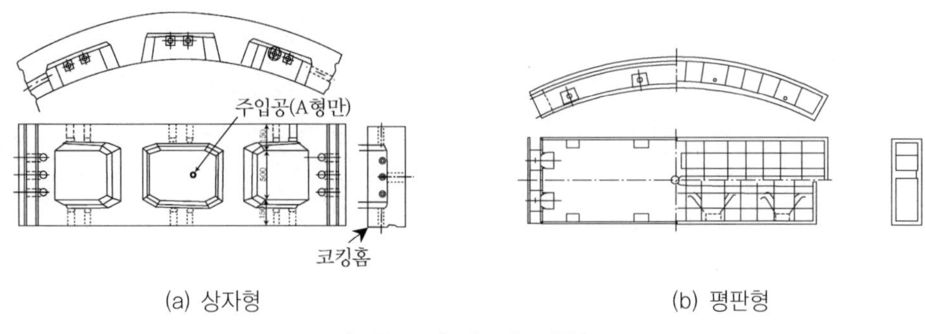

(a) 상자형 (b) 평판형

[그림 9-2] 세그먼트 형상

9.2.4 K형 세그먼트 삽입방식

K형 세그먼트의 삽입방식에는 그림 9-3과 같이 축방향 또는 반경방향 투입방식이 있다.

축방향 삽입방식의 경우에 K형 세그먼트는 그림 9-3(a)와 같이 사다리꼴 형상이고 횡이음부는 반경방향을 하고 있다. 쉴드기 후방에서 종방향으로 삽입되어 조립방법은 다소 복잡하지만, 설치 후에는 세그먼트 외측에 작용하는 하중에 강한 저항성을 갖는 것이 특징이다. 반면에, 반경방향 삽입방식의 경우에 K형 세그먼트는 그림 9-3(b)와 같이 직사각형 형상이고 횡이음부가 내측으로 열린 형상이다. 다른 세그먼트와 동일한 방식으로 설치하므로 시공성은 양호하나 세그먼트 축력에 의해 내측으로 밀리는 경향이 있으므로 주의가 필요하다.

철근콘크리트 세그먼트에는 축방향삽입방식이 선호되는 데 반해 반경방향 삽입방식은 강재세그먼트에 적용되는 경향이 있다.

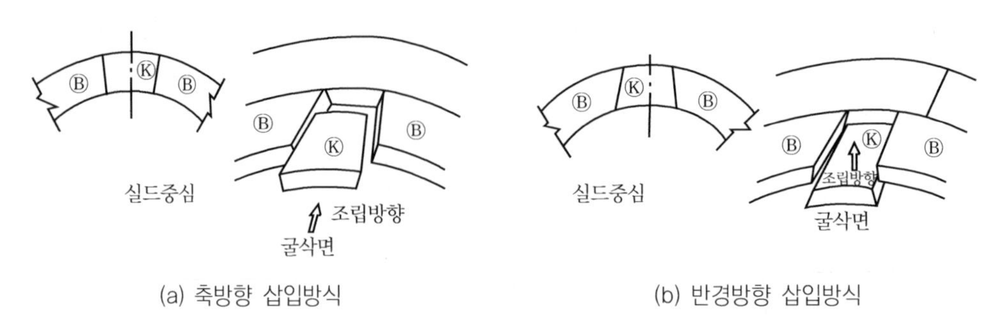

(a) 축방향 삽입방식 (b) 반경방향 삽입방식

[그림 9-3] K형 세그먼트 삽입방식

9.2.5 세그먼트 이음방식

최근 세그먼트라이닝에는 횡이음과 종이음에 동일하게 경사볼트, 곡볼트를 적용하는 방식이 많이 적용되고 있다. 특히, 지하철의 경우에는 경사볼트나 곡볼트 방식이 많이 적용되고 있으며, 전력구와 같이 중소규모 단면에서는 연결핀 방식도 적용된 바 있다.

세그먼트 이음방식은 세그먼트 자체 형상과 더불어 다양한 방식이 적용되고 있으나, 주요 방식별 특징을 정리하면 표 9-2와 같다.

[표 9-2] 세그먼트 이음방식 종류 및 비교

구 분	단면형상 및 개요	장 단 점	적용실적
경사볼트 방식	• 세그먼트 및 링 이음부에 미리 너트를 삽입하고 조립 시 경사볼트로 체결하는 방식	• 이음부가 볼트로 강결되므로 곡선 시공의 안정성 확보에 유리 • 세그먼트이음 및 링이음을 삽입너트와 볼트를 이용해 조립하므로 공정이 비교적 간단 • 볼트는 국내생산이 가능하므로 구매 가격이 저렴 • 조립 후 제거 및 해체작업이 용이	• 구공~독산 전력구, 한남~원효 전력구 • 광주지하철
곡볼트 방식	• 볼트 체결에 필요한 여격을 줄이고 세그먼트에 볼트 정착부분을 만들어 곡볼트를 체결하는 방식	• 이음부가 볼트로 강결되므로 급곡선 시공의 안정성 확보에 유리 • 세그먼트이음 및 링이음을 삽입너트와 볼트를 이용해 조립하므로 공정이 비교적 간단 • 구조적 안정성이 높으며 쉴드 추진에 따른 잭 추력에 대한 대응성이 좋다. • 경사볼트에 비해 작업이 복잡하나 변형에 대한 허용여유가 크다.	• 부산지하철, 서울 지하철909
볼트박스 방식	• 세그먼트 및 링 이음부에 볼트박스를 설치해 볼트 체결 공간을 확보하고 직볼트로 체결하는 방식	• 이음부가 볼트로 강결되므로 곡선 시공의 안정성 확보에 유리 • 국내에서 제작 가능하여 구매가격 저렴 • 조립 후 제거 및 해체작업이 용이 • 조립시간 및 인력이 많이 필요 • 세그먼트 조립 후 볼트박스에 누수 및 방청을 위한 모르터 충전이 필요 • 세그먼트에 볼트박스 설치로 구조적으로 취약	• 구포, 마산 전력구 및 사상통신구 등 다수
연결핀 + 조립봉 방식	• 세그먼트 조립 시 링이음은 연결핀으로, 세그먼트 이음은 부착된 조립봉으로 체결하는 방식	• 공정이 간단 • 완공 후 외관 미려 • 부식 우려가 없음 • 급곡선 시공 시 세그먼트의 마찰 및 조립틈 등의 발생으로 누수 및 안정성 확보에 불리 • 연결핀 및 조립봉은 국내생산이 불가능하고 구매가격이 고가 • 조립 후 제거 및 해체작업이 불가능 • 조립순서의 문제로 조립 시 장비에 부착된 RAM으로 지지가 필요	• 신당~한남 전력구 • 영서~영등포 전력구

9.3 세그먼트링 설계

9.3.1 세그먼트라이닝 단면

원형의 세그먼트라이닝 규격은 내경과 외경으로 규정되며, 내경은 터널의 소요공간을 만족시키는 내공을 감안해 결정되고 외경은 구조적 안정성에 필요한 세그먼트링 두께를 추가해 결정된다. NATM 터널에서 라이닝 내경은 내공과 동일하지만, TBM을 사용하는 세그먼트라이닝의 내공단면에는 TBM 굴진 중에 발생하는 사행(蛇行)을 고려한 내공여유량을 추가로 확보할 필요가 있다. 최근에 TBM의 정밀도는 매우 높아지고 있으나, 세그먼트라이닝은 현장타설콘크리트에 비해 단면수정이 매우 어렵기 때문에 사행여유량을 확보하는 것이 적절하다.

그림 9-4는 지하철 단선병렬 터널에 적용된 세그먼트라이닝 단면의 한 예를 보여준다. 내공은 건축한계와 한계여유량 외에 150mm의 사행여유가 추가되었고 외경은 구조적 안정성에 필요한 40cm 두께가 고려되었다. 테일보이드는 110mm로 했으나, 현장 반입되는 TBM 특성에 따라 조정될 수 있다.

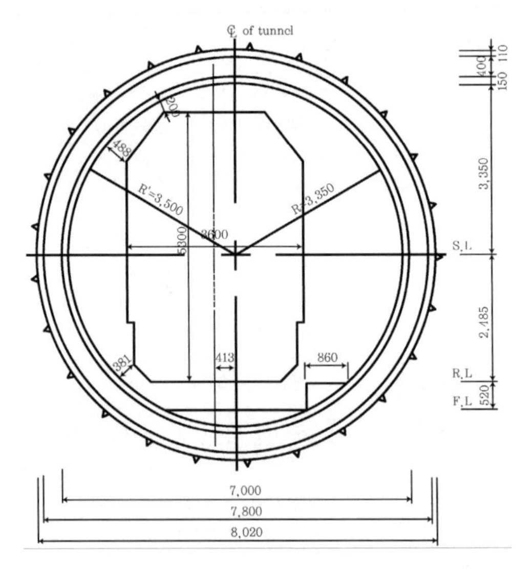

[그림 9-4] 세그먼트라이닝 단면(지하철 예)

9.3.2 세그먼트 분할

시공효율 측면에서는 한 링의 세그먼트 분할 수가 적을수록 조립시간이 단축되며, 이음부의 총

길이가 단축되어 방수 측면에서 유리하다. 그러나 세그먼트의 크기는 TBM 내부의 작업공간, 이렉터의 용량 등에 의해 제한될 수밖에 없다.

세그먼트링의 분할은 분할 수에 따라 세그먼트 제작 및 조립 속도, 운반 및 취급의 편이성 등과 관련된다. 즉, 터널직경에 따라 적절한 수의 분할이 이루어져야 시공성에 유리하다. 표 9-3, 9-4는 국외에서 권장하는 세그먼트의 분할 수와 국내 세그먼트 제작업체에서 제공하는 분할 수를 정리한 것이나, 기준은 명확하지 않다.

[표 9-3] 국외의 세그먼트 분할

구 분	일본 터널표준시방서(쉴드편)	유럽 등
적 용 현 황	• 철도: 6 ~ 13분할의 범위, 일반적으로 6, 7, 8분할을 적용 • 상하수도, 전력·통신구: 5 ~ 8분할 • 세그먼트 한 조각의 중량을 고려해 결정 (현재는 중요사항이 아님) • 원주방향으로 3 ~ 4m로 분할이 일반적	5분할 이상

[표 9-4] 국내 세그먼트 제작업체의 표준 분할 예

종류	외경(mm)	길이(mm)	세그먼트의 분할	종별	구분
타입1	1,800 ~ 2,000	900 ~ 1,200	5분할	I, II	표준
타입2	2,150 ~ 3,350	900 ~ 1,200	5분할	I, II	표준
타입3	3,550 ~ 4,800	900 ~ 1,200	6분할	I, II	표준
타입4	5,100 ~ 6,000	900 ~ 1,200	6분할	I, II	표준
타입5	6,300 ~ 6,900	900 ~ 1,200	7분할	I, II	표준
타입6	7,250 ~ 8,300	900 ~ 1,200	8분할	I, II	표준

세그먼트 분할은 세그먼트 조작시스템과 공간상의 제약과 관련이 있으므로 TBM 제작사와 협의 또는 제작체에게 세그먼트 제원을 제공해야 한다. 그리고 K형 세그먼트 등의 설치계획은 TBM 유압잭의 계획과 연관되어야 한다. 쉴드터널 단면직경이 7 ~ 8m 정도인 최근 지하철에서는 6개의 세그먼트와 1개의 K형 세그먼트로 계획되었다.

9.3.3 세그먼트 폭

세그먼트의 폭은 터널의 굴진속도에 큰 영향을 미치기 때문에 가급적 길게 계획하는 것이 유리하다. 그러나 세그먼트의 운반 및 조립에 편리하도록 결정해야 하며 터널의 곡선구간 시공성 측면에서는 세그먼트의 폭을 작게 하는 것이 유리하다. 따라서 세그먼트의 폭은 터널연장, TBM 내 작업공간, 이렉터 용량 등을 종합적으로 검토해서 결정해야 하며 표 9-5는 국외 적용 사례이다.

[표 9-5] 국외 세그먼트 길이 적용 사례

구 분	일본 터널표준시방서(쉴드편)	유럽 등
적용현황 및 기준	• 일본 내 적용현황: 0.3 ~ 1.2m - 주철재: 0.75 ~ 0.9m - 콘크리트재: 0.9m 이상이 일반적 • 최근 1.0 ~ 1.5m 적용	• 1.2 ~ 1.8m 적용(2m 이하) • 3 ~ 5km에 이르는 장대도로터널에서는 길게 적용

9.3.4 테이퍼 세그먼트

테이퍼 세그먼트는 곡선부 구간에 적용되는 것이며 직선구간의 경우에도 사행수정을 위해 필요하다. 테이퍼 세그먼트에는 편테이퍼형과 양테이퍼형이 있으나, 일반적으로 양테이퍼형이 많이 사용된다. 표 9-6은 곡선부 시공을 위한 일반적인 세그먼트의 테이퍼량을 계산하는 방법이다.

[표 9-6] 곡선부 시공을 위한 일반적인 테이퍼량의 계산법

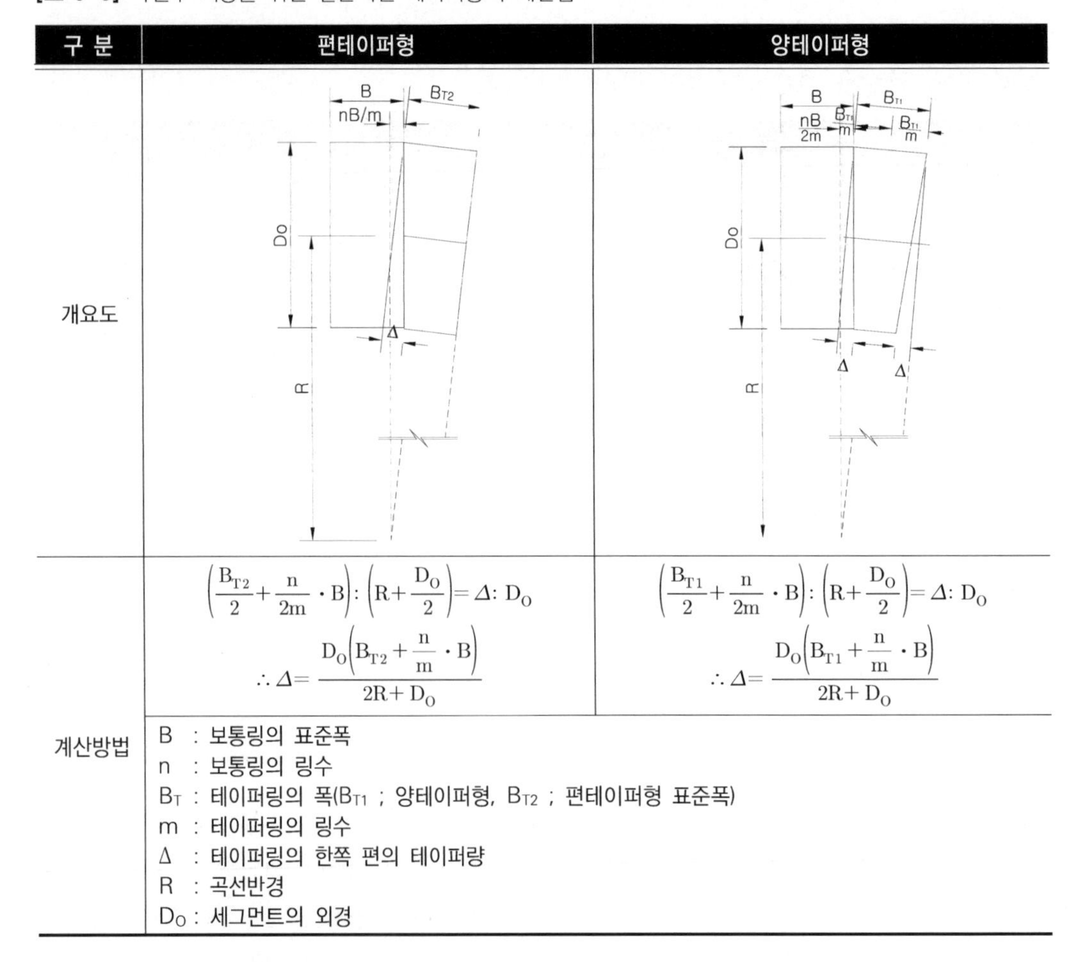

구 분	편테이퍼형	양테이퍼형
개요도	(그림)	(그림)
계산방법	$\left(\frac{B_{T2}}{2}+\frac{n}{2m}\cdot B\right):\left(R+\frac{D_O}{2}\right)=\Delta: D_O$ $\therefore \Delta=\frac{D_O\left(B_{T2}+\frac{n}{m}\cdot B\right)}{2R+D_O}$	$\left(\frac{B_{T1}}{2}+\frac{n}{2m}\cdot B\right):\left(R+\frac{D_O}{2}\right)=\Delta: D_O$ $\therefore \Delta=\frac{D_O\left(B_{T1}+\frac{n}{m}\cdot B\right)}{2R+D_O}$
	B : 보통링의 표준폭 n : 보통링의 링수 B_T : 테이퍼링의 폭(B_{T1} ; 양테이퍼형, B_{T2} ; 편테이퍼형 표준폭) m : 테이퍼링의 링수 Δ : 테이퍼링의 한쪽 편의 테이퍼량 R : 곡선반경 D_O : 세그먼트의 외경	

9.3.5 곡선부 조립방식

테이퍼 세그먼트는 테이퍼량을 좌측 또는 우측에 두어 2조의 테이퍼 세그먼트링을 구성할 수 있다. 2조의 테이퍼 세그먼트는 조합방식에 따라 직선구간에서 최소곡선구간에 모두 적용될 수 있으며 그 중간의 사행구간 또는 최소곡선보다 큰 곡선구간에도 적용될 수 있다.

그림 9-5는 좌측과 우측 테이퍼 세그먼트를 조합한 모식도를 보여주는 것으로 직선구간은 좌측과 우측을 교대로 조립하고 최소곡선구간은 한쪽 테이퍼 세그먼트로만 조립한다. 그 사행구간 또는 다른 곡선구간은 좌측과 우측 테이퍼 세그먼트의 적절한 조합으로 세그먼트 링 구성이 가능하다. 다만, 직선구간의 연장이 매우 긴 경우에는 시공성 측면에서 테이퍼량이 없는 표준형 세그먼트를 별도로 계획할 수 있다.

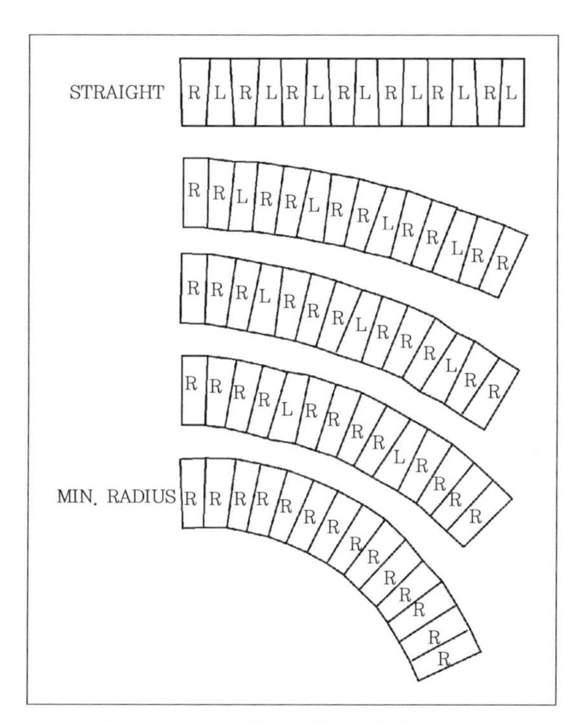

[그림 9-5] 선형조건별 테이퍼 세그먼트의 조합

9.3.6 세그먼트 배열

가. 세그먼트 부호

세그먼트 링은 다양한 규격과 형상의 개별 세그먼트로 구성되기 때문에 각 세그먼트에 부호를

정하는 것이 설계 및 시공에 매우 편리하다.

그림 9-6은 한 예를 보여주는 것으로 K는 K형 세그먼트, B와 C는 각각 K형 세그먼트의 좌측과 우측에 위치한 사다리꼴 세그먼트, 그리고 A는 동일한 형태의 직사각형 세그먼트를 의미한다. 테이퍼링에 적용되는 세그먼트에는 테이퍼 위치에 따라 좌측은 L, 우측은 R을 추가한다. 단면상에서 세그먼트의 위치 및 부호는 그림 9-7과 같다.

직선 링	K	C	A1	A2	A3	A4	B
좌측 테이퍼링	KL	CL	A1L	A2L	A3L	A4L	BL
우측 테이퍼링	KR	CR	A1R	A2R	A3R	A4R	BR

[그림 9-6] 세그먼트 부호

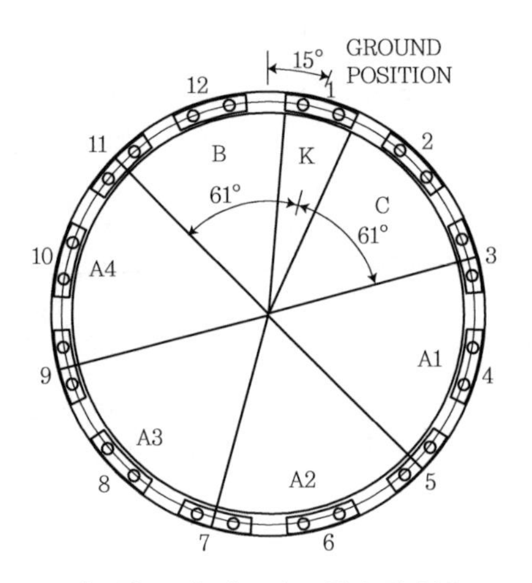

[그림 9-7] 세그먼트 위치 및 부호

나. 세그먼트의 지그재그 배열

세그먼트의 배열은 각 링을 그림 9-8과 같이 지그재그로 배치하는 것을 원칙으로 하며 그 이유는 다음과 같다.

먼저, 유압실린더의 터널 굴진방향 추력이 K형 세그먼트에 집중되지 않도록 해 세그먼트 손상을 방지한다. 또한 외부하중에 대해 세그먼트 이음부에 하중이 집중되지 않도록 분산하고 링 간 결합력을 향상시킨다. 그리고 세그먼트 이음부가 누수에 취약한 십(+)자 형태가 발생하지 않도록 한다.

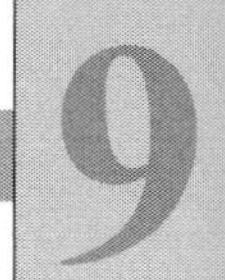

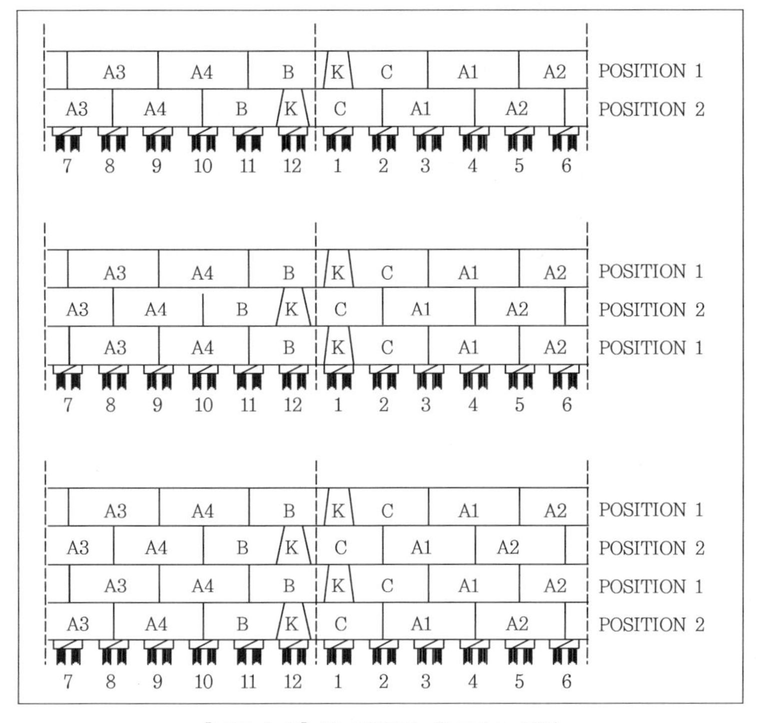

[그림 9-8] 세그먼트의 지그재그 배치

9.3.7 하중분배 패드

쉴드기 추력은 세그먼트의 접촉부의 균열을 유발할 수 있기 때문에 이를 방지하기 위해 그림 9-9와 같이 세그먼트 링 이음부에 하중분배 패드를 설치할 수 있다. 패드는 3 ~ 4mm 두께이고 재질은 합성섬유 또는 역청질 고무 등이 사용될 수 있으며 자체 부착력이 있어야 한다.

하중분배 패드는 그림 9-10과 같이 세그먼트의 옵셋 발생 시 균열을 해소하며 옵셋량을 분배시키는 부수의 효과도 얻을 수 있다.

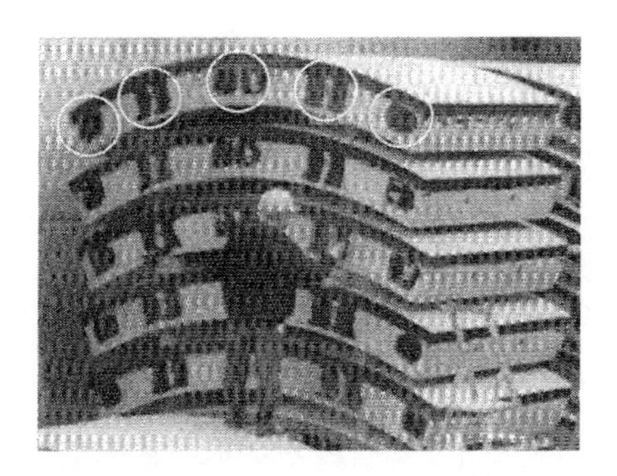

[그림 9-9] 세그먼트 링 이음부에 부착된 하중분배 패드(원형 표시)

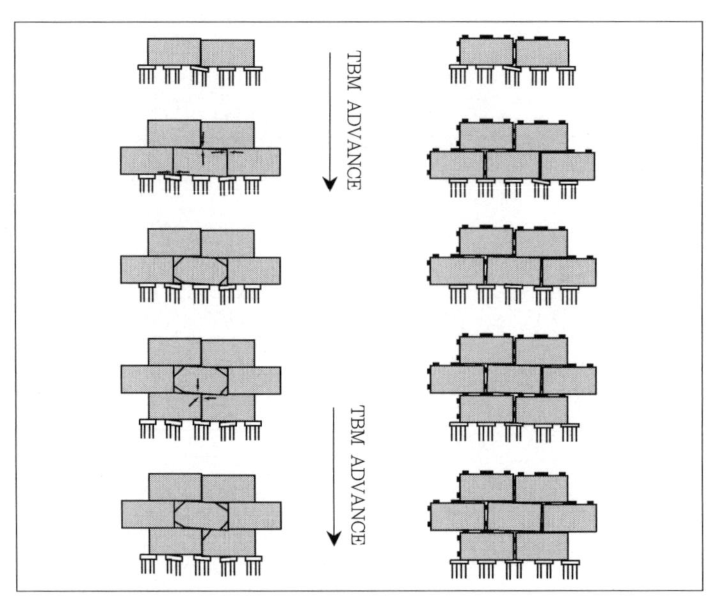

[그림 9-10] 세그먼트 옵셋에 의한 영향(좌; 패드 미부착, 우; 패드 부착)

9.4 세그먼트라이닝 방수

9.4.1 세그먼트라이닝 방수 일반

세그먼트라이닝은 터널의 구조적 기능과 더불어 방수기능을 담당한다. 일반적인 현장 타설 콘크리트라이닝의 방수작업은 터널굴진과 보강작업이 완료된 후에 별도로 수행된다. 반면에, 세그먼트의 이음부 방수, 배면 채움 등으로 대표되는 쉴드터널의 방수공사는 터널 굴진 중 세그먼트의 거치작업과 동시에 이루어진다. 따라서 쉴드터널의 방수품질은 방수재료의 성능, 방수공법과 같은 방수공정 외에도 굴진정밀도와 세그먼트 조립상태 등의 모든 공정의 결과에 크게 의존한다. 특히, 허용오차 내에서의 정확한 세그먼트 조립은 구조적인 측면이나 방수 측면에서 적합한 세그먼트라이닝의 전제조건이 된다.

그림 9-11은 세그먼트라이닝의 방수공 모식도로서 지하수 침투경로는 뒤채움 주입층, 세그먼트, 내부 콘크리트라이닝의 3단계로 이루어진다. 뒤채움 주입은 차수에 효과적인 방법 중 하나이나, 균일한 품질관리가 곤란해 설계단계에서 차수효과는 고려하지 않는 것을 원칙으로 한다. 내부 2차라이닝은 세그먼트 이음부 방수기술이 미흡했던 과거에는 적용되었으나, 현재에는 차수목적으로는 거의 적용되지 않는다. 다만, 수로터널의 경우에는 표면의 조도계수를 향상시키기 위해 적용되는 경우도 있다.

최근의 세그먼트라이닝 방수설계에는 이음부 방수, 코킹 방수, 볼트공 방수, 뒤채움 주입공 방수 등이 적용되고 있다.

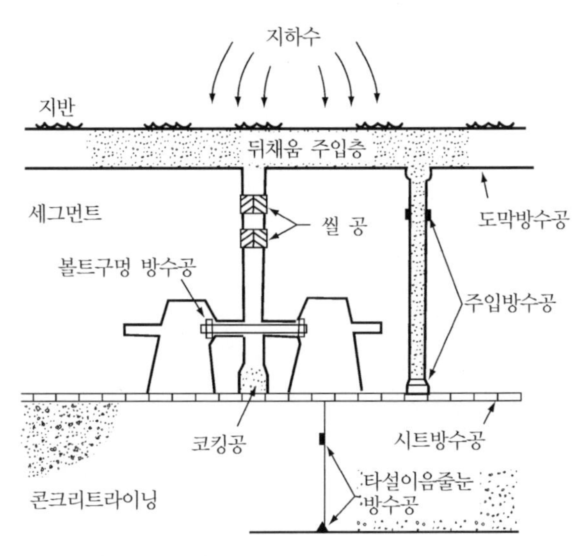

[그림 9-11] 세그먼트라이닝 방수공 모식도

9.4.2 실재(개스킷) 방수

가. 일 반

실재 방수는 세그먼트라이닝의 방수에 가장 중요한 것으로 수팽창성 지수재 방수방식과 개스킷 방수방식이 있다. 수팽창성 지수재 방식은 주로 일본에서 많이 적용되고 있으며, 개스킷 방식은 유럽에서 많이 적용되고 있다.

실재는 다음과 같은 사항을 만족해야 하며 각 재료별 장단점은 표 9-7과 같다.

- 탄성재로서 쉴드 추력, 세그먼트의 변형 및 수압에 대한 수밀성 확보
  (특히 최대수압에 대해 2.5 이상의 안전율 확보 필요)
- 볼트 체결력에 견뎌야 하며, 세그먼트 조립작업에 악영향을 미쳐서는 안 됨
- 실재 상호간 및 세그먼트와의 접착성이 있어야 함
- 내후성, 내약품성이 우수해야 함

[표 9-7] 실재 재료별 특성 비교

구 분	수팽창성 지수재 방수	개스킷 방수
공법 개요	• 세그먼트 이음면에 실재를 부착 또는 도포해 이음부를 방수 • 수압이 높은 경우 2줄 시공 • 세그먼트에는 폭 20 ~ 30mm, 두께 2 ~ 3mm 정도의 홈 설치 • 수팽창 고무의 팽창 이용	• 정교한 단면형상으로 이음면이나 홈에 부착 • 세그먼트 저장, 운반, 설치 및 운영 중에도 개스킷이 보호되도록 주의해야 함 • 탄성고무의 압축성에 의해 방수
재질	• 수팽창성 고무: 합성고무	• 고무재료: 탄성고무(EPDM)
장·단점	• 키 세그먼트 형식에 주로 사용 • 시공오차에 따른 누수 가능성이 적음 • 부착 시 밀림 현상 적음 • 완전 팽창 전 그라우팅 주입 불가 • 개스킷에 비해 팽창고무의 내구성에 문제가 있음 • 팽창고무의 강도가 작아 고수압 작용 시 파손 우려	• 균등분할 형식의 세그먼트에서 주로 적용 • 부착 즉시 실링(sealing) 역할을 함 • 내구성이 우수함 • 세그먼트 조립 시 지수재 밀림현상 발생가능성 높음 • 시공오차 발생 시 누수가 지속될 우려가 있음
국내 실적	• 국내 대부분의 전력·통신구 공사 • 광주 및 부산지하철에 적용 • 서울지하철 9호선 909공구	• 신당 ~ 한남 전력구

나. 2열 방수특성

2열 실재 방수는 1열에 비해 공사비가 높은 단점은 있으나, 시공 및 운영 중 다음과 같은 많은 장점이 있기 때문에 단면이 큰 터널에서는 적극적으로 반영할 필요가 있다.

- 세그먼트의 취급과 링 조립 중 손상 위험도 감소
- 세그먼트의 조립오차 발생 시 방수성 유지(그림 9-12 참조)
- 터널 내부 화재 발생 시 내측 실재가 손상되는 경우 외측 실재에 의한 방수성 유지 유리

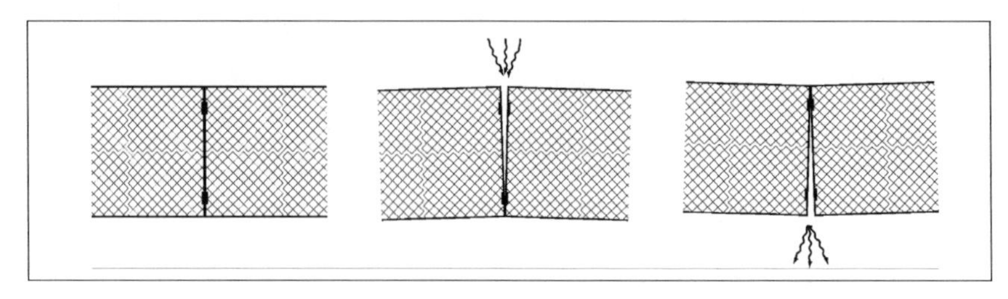

[그림 9-12] 2열 실재 방수 특성

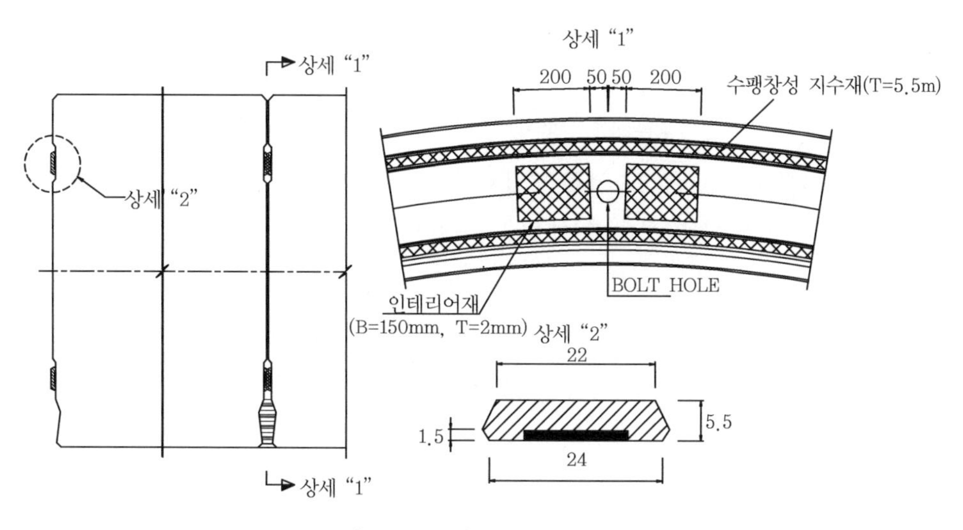

[그림 9-13] 실재 방수 사례

9.4.3 코킹 방수

실재로 완전방수가 되지 않고 터널 완성 후 누수 발생의 가능성이 있는 세그먼트 이음줄눈에 코킹재를 충전해 방수한다. 2열 실재 방수가 적용되는 세그먼트에는 생략할 수도 있다.

코킹 방수는 그림 9-13의 좌측 그림의 하단과 같이 내측 이음부에 폭 3 ~ 10mm, 깊이 10 ~ 20mm의 홈을 설치하고 방수재를 압입하는 방식이다. 일반적으로는 운영 중 누수가 발생하는 경우에 누수량을 감소시킬 목적으로 사용된다.

9.4.4 볼트공 방수

볼트공 방수는 그림 9-14와 같이 볼트구멍과 워셔 사이에 링 모양의 패킹을 삽입해 체결 시 볼트구멍에서의 누수를 방지하며 재질은 주로 합성고무나 합성수지계가 사용된다.

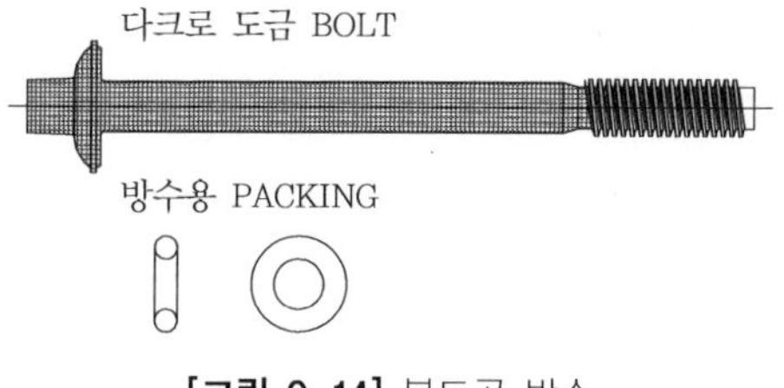

[그림 9-14] 볼트공 방수

9.4.5 뒤채움 주입공 방수

뒤채움 주입공은 세그먼트를 관통한 상태이므로 누수를 방지하기 위해 방수처리를 해야 한다. 방수방법으로는 그림 9-15와 같이 뒤채움 주입공 주변(공경의 5 ~ 6배)에 에폭시로 표면 처리 후 주입공 내에 고무링이나 수팽창성 링을 설치해 방수한다.

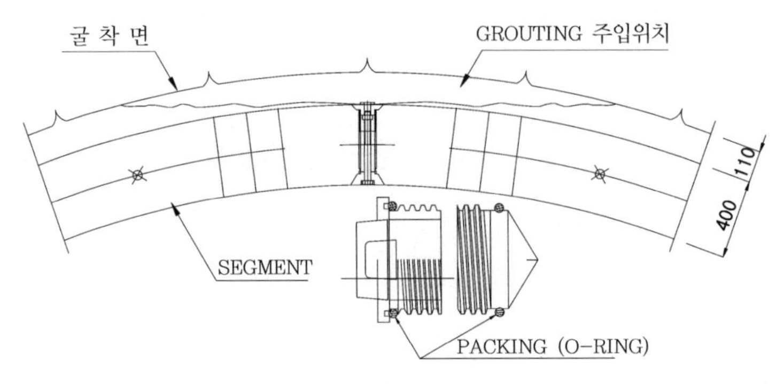

[그림 9-15] 뒤채움 주입공 방수

9.5 세그먼트 뒤채움

쉴드 굴착 시에는 구조적 특성 때문에 굴착면과 세그먼트 사이에 테일보이드(tail void)가 발생하게 되는데, 이러한 공극을 그대로 방치하면 지반침하가 과도하게 발생하게 된다(그림 9-16, 9-17 참조). 따라서 터널 굴착 직후에 테일보이드를 신속하고 밀실하게 충전함으로써 (1) 지반 침하의 영향을 방지하고, (2) 세그먼트의 이음매와 볼트구멍 등의 누수 방지, 그리고 (3) 지반과 세그먼트의 일체화를 통한 라이닝의 구조적 안정을 확보할 수 있다.

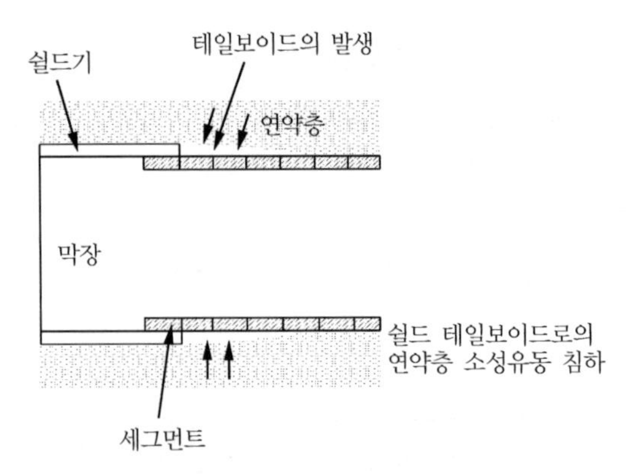

[그림 9-16] 쉴드 굴착 시 테일보이드 발생 원인

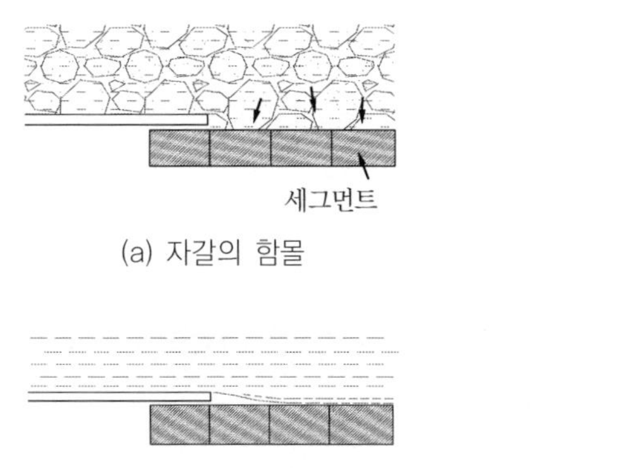

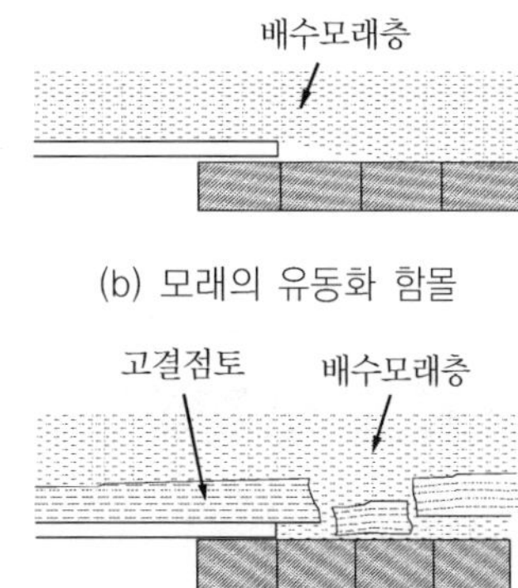

(a) 자갈의 함몰

(b) 모래의 유동화 함몰

(c) 연약점토의 소성성 함몰

(d) 고결 점토의 수압파괴에 의한 배수 모래의 유동화 함몰

[그림 9-17] 불안정한 테일보이드

9.5.1 뒤채움 주입방식

뒤채움 주입방식은 지반의 조기 안정성을 확보하고 주입효과 및 시공성이 우수해야 하며 주입시기에 따라 다음과 같이 분류한다.

1) 동시주입방식

동시주입방식은 테일보이드 발생과 주입·충전 처리가 시차가 없는 상태로 실시하는 방식으로 뒤채움 주입의 목적을 고려하면 가장 이상적인 방식이라고 할 수 있다. 주입관은 일반적으로 쉴드의 외측에 설치된다.

2) 반동시주입방식

세그먼트에 설치된 그라우트홀이 쉴드 테일(shield tail)에서 이탈함과 동시에 그라우트홀에서 뒤채움 주입을 실시하는 방법이다. 테일보이드 발생과 테일보이드 충전과의 시차를 될 수 있는 한 단축하는 것을 목적으로 그라우트홀의 설치 위치를 정하고 있다.

3) 즉시주입방식

가장 시공실적이 많은 방법으로 1링 굴진할 때마다 뒤채움 주입을 실시하는 방법이다.

4) 후방주입방식

수링 후방의 그라우트홀에서 뒤채움 주입을 실시하는 방법으로 지반의 자립성이 양호한 경우에만 제한적으로 적용된다.

[표 9-8] 주입방식의 비교

구분	동시주입	반동시주입	즉시주입	후방주입
개요도	쉴드테일 세그먼트	쉴드테일 세그먼트	쉴드테일 세그먼트	쉴드테일 세그먼트
개요	• 테일보이드 발생과 동시에 뒤채움 주입 및 충전 처리를 시행	• 그라우트홀이 쉴드 테일에서 이탈함과 뒤채움 주입 및 충전 처리를 시행하는 방식	• 1링의 굴진 완료마다 뒤채움 주입 및 충전 처리를 시행	• 수링의 후방에서 뒤채움 주입 및 충전 처리를 시행하는 방식
장·단점	• 침하 억제에 유리 • 사질지반에서 추진저항이 크고, 경제적으로 고가임	• 뒤채움 주입 시 쉴드 내로 유출될 우려가 있음	• 시공이 편리 • 주변 지반을 이완시키기 쉬움	• 시공이 간단하고 경제적으로 저가 • 테일보이드 확보가 어려움

이외에도 주입재료의 체적 수축에 따른 미충전부의 보충, 혹은 지수성 향상을 목적으로 쉴드 굴진과는 무관하게 실시하는 경우도 있다.

주입방식의 선정에서는 지반조건을 포함한 주입장치의 보전대책, 시공단면에서의 제약성 혹은 테일실(tail seal) 구조와의 관계를 충분히 검토해야 한다. 특히 동시주입방식의 경우 주입재의 종류, 배합에 따라서는 주입관의 폐색이 생기는 수도 있다.

9.5.2 뒤채움 재료

뒤채움 재료는 원지반의 토질, 지하수의 상황 및 쉴드기 형식 등을 종합적으로 검토해 선정한다. 이들 뒤채움 주입재료가 구비해야 하는 필요성질은 다음과 같다.

- 블리딩(bleeding) 등 재료분리를 일으키지 않을 것
- 주입 후의 경화현상에 따른 체적감소율이 적을 것
- 원지반에 상당하는 균일한 강도가 조기에 얻어질 것
- 유동성이 뛰어날 것
- 충전성(이상적으로 한정범위 충전성)이 뛰어날 것

- 수밀성이 우수할 것
- 무공해이며 가격이 저렴할 것

여기에서 조기강도와 유동성의 관계와 같이 개개의 필요성이 서로 상반관계인 경우가 있으므로 재료 선정에, 지반조건과 시공조건에 의해 주안으로 하는 필요성을 정확하게 파악해 놓는 것이 중요하다.

가. 사용재료의 특성에 의한 분류

사용재료의 특성(특히 경화재)에 따라서 뒤채움 주입재료를 분류한 예를 그림 9-18에 나타냈다. 여기에서 시멘트계는 일반적으로 유동성 유지시간이 짧고 배관에 의한 장거리 압송이 곤란한 점 때문에 시공성이 떨어지며, 이것을 개량한 것이 경화발현시간이 긴 슬래그 석회계로 대표되는 비시멘트계 뒤채움 주입재료이다.

사용되는 골재로서는 입경이 작은 모래가 일반적이나 최근에는 벤토나이트, 고령토, 플라이 애시(fly ash) 혹은 채석장 등에서 생산되는 석분 및 이수식·토압식 쉴드 시공에서 배출되는 점토, 실트를 많이 함유한 굴삭이토(액)의 사용실적도 증가하고 있다. 2액성 재료에서는 미립자계(점토광물)를 주로 사용하고 있는데, 유동성이 좋고 장거리 압송이 가능하기 때문이다. 또한 유동성에 뛰어난 에어(air) 뒤채움 주입재료는 그 배합에 따라 에어의 감소에 의한 유동성 저하가 있을 수 있으므로 적용에 유의해야 한다.

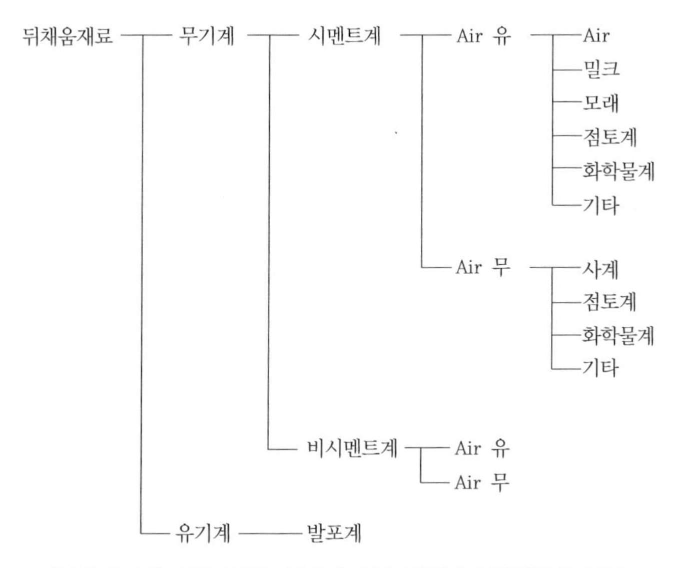

[그림 9-18] 사용재료의 특성에 의한 뒤채움 주입재료의 분류

나. 주입상태에 의한 분류

뒤채움 주입재료를 주입상태로 분류한 예를 그림 9-19에 나타냈다. 쉴드공법 도입부터 오랫동안 모르터, 시멘트, 벤토나이트 등으로 대표되는 일액성의 뒤채움 주입재료가 주로 사용되었다. 최근에는 유동성 혹은 겔 조정에 유리한 이액성 뒤채움 주입재료가 주로 사용된다. 일액성과 이액성 재료의 사용 비율이 사질토계 지반(사력층 포함)에서는 대개 2 : 3, 점성토계 지반에서 1 : 1이라는 조사결과도 있다.

이액성 재료에서도 완결고결형의 뒤채움 재료는 겔화시간을 이용해 주입·충전되며, 순결고결형의 뒤채움 주입재료에서는 고결강도와 주입압력을 이용해 주입·충전된다.

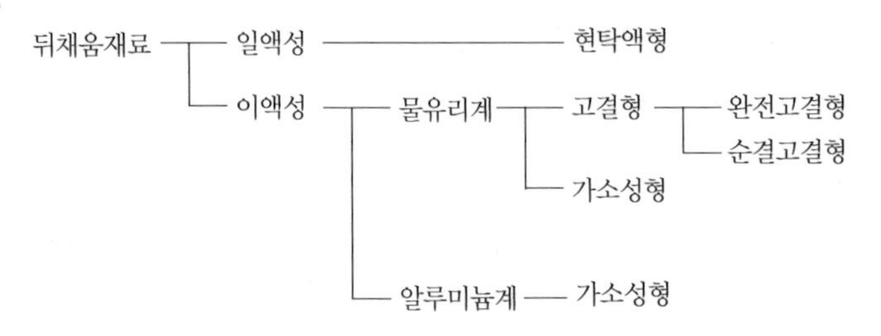

[그림 9-19] 주입상태에 의한 뒤채움 주입재료의 분류

한편, 가소성형의 뒤채움 주입재료는 정지 상태에서는 고체 성상, 가압상태에서는 액체 성상을 나타내는 특성을 이용해서 테일보이드에 주입·충전이 이루어진다. 대표적인 뒤채움 주입재료의 특성을 표 9-9에 나타냈다.

최근에는 아스팔트 유제와 시멘트 및 고흡수성 폴리머에 의한 뒤채움 재료[상온에서 액체 혼합 후 30 ~ 60초에서 소프트크림(soft cream) 상으로 겔화해 수중에서도 분산하지 않고 서서히 경화하는 성질을 갖고 있다] 등 새로운 재료의 개발도 활발히 진행되고 있다.

다. 이액성 뒤채움 주입재료의 고결특성

이액성(특히 물유리계) 주입재료는 물유리의 농도나 혼합방법에 따라 표 9-10과 같이 고결특성의 차이가 있다. 그림 9-20에 예시한 바와 같이 A액(시멘트계)과 B액(물유리계)을 혼합하면 졸(sol)이 되고, 시간이 경과함에 따라 점성이 증가 → 유동성 고결 → 가소성 고결 → 고결의 형태로 진행된다. 유동성 및 가소성 고결영역을 유지하는 시간은 겔화 시간이 길수록, 물유리 농도가 묽을수록, 액온이 낮을수록 길어진다. 표 9-10의 제3구분의 가소성의 상태를 5 ~ 30분 정도로 길게 유지하고 있는 그라우트를 가소성 그라우트라 칭하고, 최근에는 이러한 성질을 이용한 뒤채움 주입재료가 2액성 주입재료의 주류가 되고 있다.

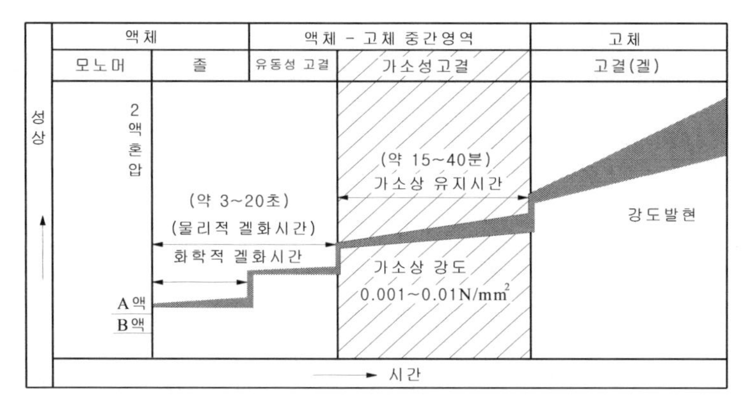

[그림 9-20] 이액성 뒤채움 주입재료(물유리계)의 겔화-경화과정

[표 9-9] 각종 뒤채움 주입재료의 성능 비교표(1)

주입 형식		1 액성		2 액성		
뒤채움 그라우트의 분류				완 결 고 결 형		
		비에어계	에어계	비에어계		에어계
		사(砂) 모르터	에어 모르터	사(砂) 모르터	LW	
경 화 발 현 재		시멘트	시멘트	시멘트	시멘트	시멘트
그라우트의 성질	겔 화 시 간	2 ~ 4시간	2 ~ 4시간	30초 이상	30초 이상	30초 이상
	가소성 유지 시간	없음	없음	짧다	짧다	짧다
	고결강도 조기(1H)	대단히 작다	대단히 작다	크다	비교적 작다	크다
	고결강도 장기(kgf/cm^2)	20 ~ 50	20 ~ 50	20 ~ 30	10 ~ 50	20 ~ 30
	고결후의 용적변화	없음	없음	없음	없음	없음
	희 석 성	희석된다	희석된다	약간 희석된다	약간 희석된다	약간 희석된다
A액 압송시의 성질	압 송 거 리	200 ~ 400m	500 ~ 600m	200 ~ 400m	800 ~ 1,200m	800 ~ 1,200m
	가 사 시 간	2 ~ 4시간	2 ~ 4시간	2 ~ 4시간	4 ~ 8시간	4 ~ 8시간
	재 료 분 리	있음	있음	있음	있음	다소에어분리
	유 동 성	떨어진다	떨어진다	떨어진다	조금 양호	조금 양호
	관내 청소(물세척)	그때마다	그때마다	그때마다	그때마다	한차례1회 이상
주입충전의 성질	한 정 주 입	곤란	곤란	곤란	곤란	곤란
	주 입 범 위	광범위가능	광범위가능	광범위가능	광범위가능	광범위가능
	막장, 주변 지반에 누출	막장, 지반 함께 있음	막장, 지반 함께 있음	막장, 지반 함께 있음	막장, 지반 함께 있음	막장, 지반 함께 있음
	충 진 성	떨어짐	떨어짐	조금 양호	조금 양호	조금 양호
	주 입 률	낮음	낮음	조금 낮음	조금 낮음	낮음
	주 입 방 법	1쇼트	1쇼트	비례식1.5쇼트	비례식1.5쇼트	비례식1.5쇼트
주입후의 성질	고결상태(균일성)	조금 낮음	조금 낮음	조금 낮음	조금 낮음	조금 높음
	지 수 성	조금 좋다	뒤떨어진다	조금 좋다	좋다	조금 좋다
동시주입(쉴드기에 의해)		가능	가능	곤란	곤란	곤란
즉시주입(세그먼트)		가능	가능	가능	가능	가능
동시주입에 의한 부착 (테일실, 실드기)		굴진 중은 작다	굴진 중은 작다	굴진 중에도 부착하기 쉽다	굴진 중에도 부착하기 쉽다	굴진 중에도 부착하기 쉽다
시 공 관 리		용이	용이	이액 동시 관리가 필요	이액 동시 관리가 필요	이액 동시 관리가 필요
적 용 지 반		연약토층, 물이 새는 지반은 제외	연약토층, 물이 새는 지반은 제외	연약토층은 제외	연약토층은 제외	연약토층은 제외
※ 주입 시 보이드가 존재하지 않는 특수지반에서의 적용성 ※ 사립 불가능한 초연약지반		초연약지반, 붕락지반 모두 부적합	초연약지반, 붕락지반 모두 부적합	초연약지반, 붕락지반 모두 부적합	붕락지반에 적합	초연약지반, 붕락지반 모두 부적합

[표 9-9] 각종 뒤채움 주입재료의 성능 비교표(2)(계속)

주입 형식		2 액성					
뒤채움 그라우트의 분류		순결고결형		가소성형			
		비에어계	에어계	비에어계			에어계
경화발현재		시멘트	시멘트	시멘트	슬래그계	슬래그 석회계	시멘트
그라우트의 성질	겔화시간	10 ~ 20초 이하	10 ~ 20초 이하	5 ~ 20초 이하	5 ~ 20초 이하	3 ~ 10초 이하	5 ~ 15초 이하
	가소성형 유지시간	짧다	짧다	길다	길다	대단히 길다	길다
	고결강도 조기(1H)	크다	크다	비교적 크다	비교적 크다	비교적 작다	비교적 크다
	고결강도 장기(kgf/cm^2)	20 ~ 30	20 ~ 30	20 ~ 30	30 이상	20 ~ 30	20 ~ 30
	고결후의 용적변화	없음	없음	없음	없음	없음	없음
	희석성	없음	없음	없음	없음	없음	없음
A액 압송 시의 성질	압송거리	1,200 ~ 1,500m	800 ~ 1,200m	1,200 ~ 1,500m	1,200 ~ 1,500m	1,500 ~ 2,000m	800 ~ 1,200m
	가사시간	4 ~ 8시간	4 ~ 8시간	4 ~ 8시간	4 ~ 8시간	1일 이상	4 ~ 8시간
	재료분리	거의 없음	다소에어분리	거의 없음	거의 없음	거의 없음	다소에어분리
	유동성	조금 양호	조금 양호	조금 양호	조금 양호	대단히 좋다	조금 양호
	관내 청소(물세척)	한차례 1회 이상	한차례 1회 이상	한차례 1회 이상	한차례 1회 이상	1일 1회 이상	한차례 1회 이상
주입 충전의 성질	한정주입	가능	가능	가능	가능	가능	가능
	주입범위	광범위가능	광범위가능	광범위가능	광범위가능	광범위가능	광범위가능
	막장, 주변 지반에 누출	막장 없음 지반 있음	막장 없음 지반 있음	거의 없음	거의 없음	거의 없음	거의 없음
	충진성	조금 양호	조금 양호	대단히 양호	대단히 양호	대단히 양호	대단히 양호
	주입률	조금 높음	조금 낮음	높음	높음	높음	조금 높음
	주입방법	비례식1.5 쇼트	비례식1.5 쇼트	비례식1.5 쇼트	비례식1.5 쇼트	비례식1.5 쇼트	비례식1.5 쇼트
주입 후의 성질	고결상태(균일성)	높음	조금 높음	높음	높음	높음	높음
	지수성	좋음	조금 좋음	좋음	좋음	좋음	조금 좋음
동시주입(쉴드기에 의해)		곤란	곤란	가능	가능	가능	가능
즉시주입(세그먼트)		가능	가능	가능	가능	가능	가능
동시주입에 의한 부착 (테일실, 실드기)		굳진 중은 조금 작다	굳진 중은 조금 작다	굳진 중은 작다	굳진 중은 작다	굳진 중은 작다	굳진 중은 작다
시공관리		이액 동시관리가 필요	이액 동시관리가 필요	이액 동시관리가 필요	이액 동시관리가 필요	이액 동시관리가 필요	이액 동시관리가 필요
적용지반		전 토층	전 토층	전 토층	전 토층	전 토층	전 토층
※ 주입 시 보이드가 존재하지 않는 특수지반에서의 적용성 ※ 자립 불가능한 초연약 지반		초연약지반, 붕락지반 함께 적합	초연약지반, 붕락지반 함께 적합	초연약지반, 붕락지반 함께 부적합	초연약지반, 붕락지반 함께 부적합	초연약지반, 붕락지반 함께 부적합	초연약지반, 붕락지반 함께 부적합

[표 9-10] 뒤채움 주입재료 주입 시 상태

구분	고결정도 구분	주입 시의 상태	주입 시의 고결상태	뒤채움 그라우트의 성질	주입방법	뒤채움 그라우트
일액성	제1구분	액체	미고체	유동체이기 때문에, 재료분리, 희석, 추출성이 크며 또 경화도 늦다.	1 쇼트	모르터, 에어 모르터, 시멘트, 점토
이액성	제2구분	액체에 가까운 고결	초약고결 (유동상 고결)	화학적으로는 겔화 고결하는데, 물리적으로는 미고결과 동일한 성질을 나타낸다.	-	(실용상 부적)
	제3구분	고체에 가까운 고결	약고결 (가소상 고결)	뒤채움 그라우트 자체의 유동성은 없고, 가압하면 쉽게 유동한다.	비례식 1.5 쇼트	가소성형
	제4구분	고체	고결	겔화하면 가압해도 유동 불가능한 고결강도를 가진다.	1.5 쇼트 (비례식 포함)	고결형

9.5.3 뒤채움 주입압 관리 및 주입 시 고려사항

가. 주입·충전해야 할 공극

일반적으로 뒤채움 주입은 세그먼트가 쉴드 테일에서 이탈할 때 발생하는 테일보이드를 충전하는 기술이다. 그러나 세그먼트 배면에 존재하는 공극은 테일보이드만이 아니고 막장굴삭에 따른 여굴 혹은 부분붕괴에 기인하는 공극, 지중응력해방에 의한 지반의 이완(교란)에 따른 토립자 간극의 증가 등이 포함된다. 뒤채움 주입의 주목적이 지반 변형의 방지에 있는 것을 감안하면 뒤채움 주입의 대상은 세그먼트 배면의 전 테일보이드를 대상으로 해야 할 것이다.

나. 주입량

1) 주입량 산정

뒤채움 그라우트의 주입량 Q는 다음과 같이 산출할 수 있다.

$$Q = V \times \alpha \tag{9-1}$$

여기서, α : 주입률, V : 이론상 테일보이드 부피

주입률 α를 결정하는 인자에는 여러 가지가 있으나, 그중에서도 중요한 인자로 다음의 4가지 항목을 들 수 있다.

① α_1 : 주입압에 의한 압밀계수

조합된 그라우트는 주입압에 의한 압밀현상으로 체적이 감소(모든 그라우트에서 발생)한다. 일액성 그라우트는 어느 정도의 블리딩이 있으며 가압하면 더 크게 압밀되고, 에어계는 압밀현상을 증가시키며, 물유리계 이액성 그라우트는 겔화 후부터 경화까지의 사이에 압밀이 발생한다.

즉, 뒤채움 주입에서는 겔화시간보다 굉장히 긴 시간에 걸쳐 연속적으로 주입하기 때문에 다음과 같은 현상이 발생한다.

- 비에어계의 경우 졸(액체)상태에서는 압밀이 발생하지 않음
- 에어계는 A, B액 혼합 직후 일부 에어가 분리되어 체적변화를 발생시킴
- 겔화 직후부터 고결에 이르기까지 압밀현상이 발생함
- 고결영역에서는 가압에 의한 압밀은 극히 희박함

② α_2 : 토질에 따른 계수

연약지반의 경우 굴삭 공극 외에도 주변지반으로 압입이 발생한다. 이 압입의 정도는 입경이 작은 점성토(투수계수가 작음)보다, 조립토(투수계수가 큼)에서 더 크게 발생한다. 가압에 의한 그라우트의 압밀현상도 주변 지반의 투수성과 관계가 깊고, 투수성이 좋을수록 압밀은 더 크게 발생한다.

③ α_3 : 시공상의 손실 계수

그라우트가 플랜트(plant)로부터 각 주입공에 도달하는 사이에 시공상(기술적으로도) 회피할 수 없는 손실이 발생하며, 1회당 주입량에 비해 주입관(배관) 내에 잔류하는 그라우트량이 극히 많음을 의미한다. 관 내의 잔류 그라우트는 섬세한 시공관리를 해도 의외로 큰 손실이 발생할 수 있다.

④ α_4 : 여굴에 의한 계수

이론상 테일보이드 부피에 대한 보정치로 그라우트에는 직접 관계가 없지만, 주입률에 크게 관계한다. 이 계수는 공법(굴삭방법 및 기계의 종류), 토질, 곡선부의 유무, 그 외의 시공조건에 따라 크게 달라진다.

전술한 바와 같이 주입량을 결정하는 α를 수치로 나타내는 것은 매우 어렵고, 현재까지의 실적이나 경험 등을 고려해서 표 9-11과 같이 제안했다.

[표 9-11] 주입률의 계수표

기호	인자		추정할증률의 범위	추정계수
α_1	주입에 의한 압밀	에어계	1.30 ~ 1.50	0.40
		비에어계	1.05 ~ 1.15	0.10
α_2	토질		1.10 ~ 1.60	0.35
α_3	시공상 손실		1.10 ~ 1.20	0.10
α_4	여굴		1.10 ~ 1.20	0.15

$$\text{주입률 } \alpha = 1 + (\alpha_1 + \alpha_2 + \alpha_3 + \alpha_4)$$

따라서 실제 설계 시에는 $\alpha_1 \sim \alpha_4$의 계수를 선택해, 그 합에 1을 더해 α를 결정하고, 다음의 식을 이용해서 주입량 Q를 구할 수 있다.

$$Q = \frac{\pi}{4}(D_1^2 - D_2^2) \times m \times \alpha \tag{9-2}$$

여기서, D_1 : 이론 굴삭 외경

D_2 : 세그먼트 외경

m : 쉴드(뒤채움 주입) 연장거리

α : 주입률

다. 주입압

주입압은 지반조건, 세그먼트 강도 및 쉴드의 형식과 사용재료의 특성을 종합적으로 고려해서 적정치를 결정한다. 그러나 현실은 그 목표를 시공실적에 의하고 있으며, 2 ~ 4kgf/cm^{2}이 일반적이다. 주입압력은 세그먼트에 외력으로 작용하므로 설계 시에 주입압력에 따른 세그먼트의 거동

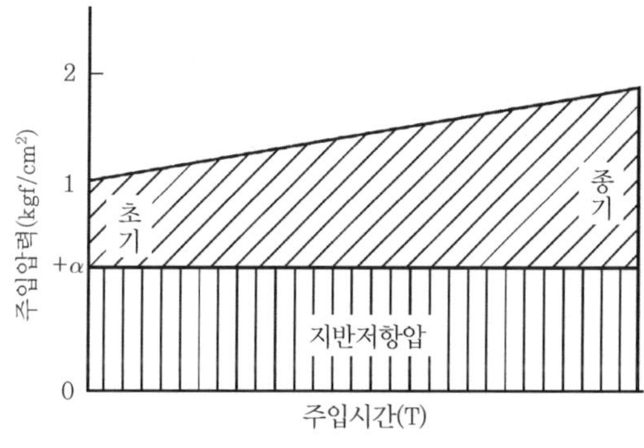

[그림 9-21] 뒤채움 주입압력을 고려하는 방법

에 대한 검토가 필요하다.

최근에는 점성토 지반에서의 뒤채움 주입에 대한 연구가 실험적 혹은 해석적으로 진행되고 있으며, 뒤채움 주입압력에 의한 할렬현상 및 할렬현상에 따른 점성토 지반의 교란(후속 침하의 원인의 하나로 생각된다) 등이 규명되고 있다. 그림 9-22, 9-23에 점성토 지반의 할렬 주입상태와 사질토 지반에서의 균질한 주입상태에 대한 조사 사례를 제시했다.

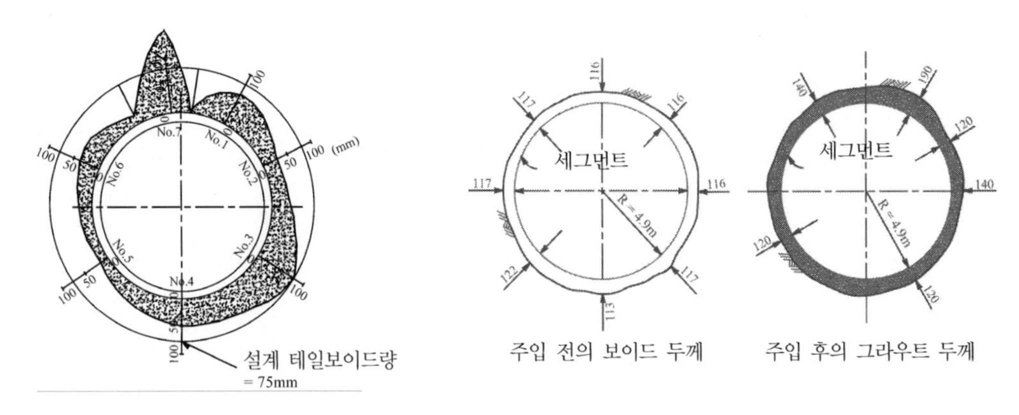

[그림 9-22] 점성토 지반의 할렬 주입 예

[그림 9-23] 사질토 지반의 균질 주입 예

라. 지반특성과 뒤채움 주입재료

쉴드 시공에서의 뒤채움 주입은 세그먼트 배면에 어떠한 원인으로 발생한 전공극의 충전 처리기술이므로, 지반의 자립성과 가장 관련이 깊다고 한다.

일반적으로 지반의 자립성은 사질토계지반에서는 N치, 세립자함유율 등, 점성토지반에서는 일축압축강도에 근거해 쉴드 형식, 터널심도 등의 관계를 이용해서 판단한다. 지반의 자립성이 높다고 판단되는 경우에는 뒤채움 주입재의 재료특성보다 시공성에 중점을 두고 선정하고, 지반의 자립성이 약하다고 판단되는 경우에는 사용재의 재료특성에 중점을 두고, 겔 타임 조정이 가능하고 주입 시의 고결상태에 폭이 있는 이액성의 뒤채움 주입재료의 적용을 우선적으로 검토해야 한다. 자립성이 낮은 지반에서는 주입대상을 세그먼트 주변의 느슨한 영역 혹은 부분붕괴지반의 공극을 예상해 재료를 선정하는 것이 현실적이다.

9.6 세그먼트라이닝 구조해석

9.6.1 개 요

쉴드터널에서 세그먼트라이닝의 구조적 기능은 지반하중과 수압을 지지하는 일반 지하구조물의 기능 외에 쉴드기 추진을 위한 반력대 기능을 수행해야 한다. 또한, 공장에서 제작되어 쉴드기 내에서 설치되는 과정 중에 발생하는 다양한 하중조건 등에 노출된다.

일반적으로 세그먼트라이닝 자체의 강성은 매우 높아 지반하중에 의한 변형량이 매우 작아 지반침하에 미치는 영향은 무시할 수 있다(단, 예외적으로 대심도 불량지반에 적용되는 경우에는 검토가 필요하다). 즉, 쉴드터널의 지반 침하는 테일보이드에 의해 주로 발생하므로 이에 대한 내용은 4장을 참조하기 바란다. 따라서 본 장에서는 세그먼트라이닝 자체의 구조설계에 대한 내용만 소개한다.

구조해석 위치는 지반조건이 불량한 곳을 선정하되, 토피가 가장 낮은 구간, 수압이 가장 높은 구간, 지반자립성이 낮은 구간, 상재하중이 큰 구간 등과 같이 대표적 특징이 있는 구간은 반드시 포함해야 한다.

9.6.2 작용하중

가. 기본하중

다음의 하중에 대해서는 콘크리트 구조설계기준(건교부, 2005)에서 제시한 하중계수와 하중조합을 고려해 세그먼트 보강을 수행해야 한다.

1) **지반하중(또는 토압)** : 토피가 6 ~ 20m 정도로 얕고 지반조건이 불량한 경우에는 연직하중은 전토피(total overburden)를 적용해 산정한다. 양호한 암반의 경우에는 이완하중 개념을 도입해 전토피보다 작은 연직하중을 적용한다. 수평하중은 연직하중에 토압계수 또는 측압계수를 곱해 구한다. 이완하중의 산정은 Terzaghi 법이 보수적이며, 지반의 강도 및 심도를 고려할 수 있는 장점이 있기 때문에 많이 적용된다. 그림 9-24는 연직 이완하중(Pv)을 산정하는 개념도이며, 산정식은 식 9-3과 같다.

$$P_v = \frac{\gamma B}{2Ko\tan\phi}\left(1 - e^{-Ko\tan\phi\frac{2H}{B}}\right),\ B = 2\left[\frac{b}{2} + m \cdot \tan\left(45 - \frac{\phi}{2}\right)\right] \tag{9-3}$$

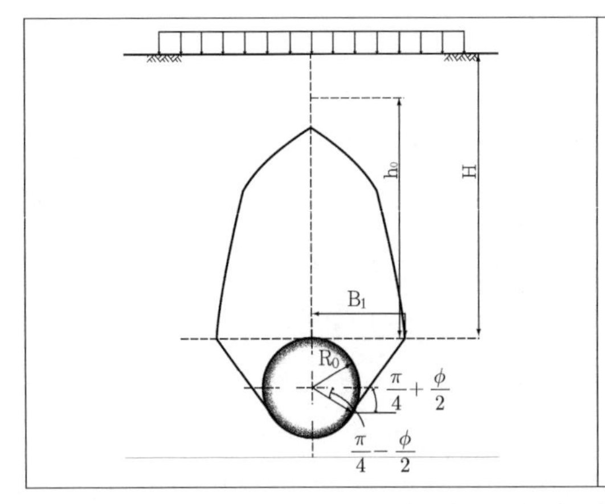

[그림 9-24] Terzaghi 이완하중

2) **수압** : 수압은 최대지하수압에 공용기간 중 발생할 수 있는 최악의 조건을 추가해 산정한다. 하저터널의 경우에는 홍수 시 발생할 수 있는 최대수위를 고려하고 침수가 빈번한 지역은 침수 시 수위를 최대지하수위에 추가해 수압을 산정한다.

3) **상재하중** : 터널상부 지표면(또는 지중)에 있는 구조물 및 교통 등의 하중은 작용지점으로부터 지중에 분포하는 하중분포를 고려해 산정한다. 상재하중의 분포특성별 지중 응력은 이인모(2007)를 참조하기 바란다.

4) **세그먼트 자중** : 세그먼트 자중은 연직으로 작용하도록 한다.

5) **지진하중** : 지진하중은 터널설계기준(2007)에 의거해 산정한다. 암반이 양호한 경우에는 고려하지 않을 수 있다.

6) **지반반력** : 구조계산 방법에 따라 차이가 있으나, 최근에는 빔-스프링 모델을 이용한 수치 해석을 수행하므로 별도로 산정할 필요는 없다. 본 모델에서는 지반반력계수에 상응하는 지반반력스프링을 고려하면, 세그먼트 변형량에 비례하는 반력이 자동적으로 고려된다. 다만, 지반반력은 압축력만 발생하므로 압축스프링 요소를 적용하거나 또는 인장부의 스프링을 제거해야 한다.

7) **내부시설** : 터널 내부에는 노반, 인버트 등의 고정하중과 차량에 의한 활하중이 있다. 일반적으로 이러한 하중은 세그먼트 구조설계에 미치는 영향은 매우 낮으나, 지반이 매우 연약한 경우에는 검토가 필요하다.

나. 별도 검토를 위한 하중

다음의 하중은 기본하중과는 별개로 검토되거나 필요시 기본하중의 크기 조정으로 검토된다.

1) **잭 추력** : 쉴드굴진 시 잭 추력에 대한 반력으로서 일시적으로 작용하는 하중이나 시공 시 하중 중에는 가장 큰 하중이다. 일반적으로 평판형 철근콘크리트 세그먼트에서는 별 문제가 없으나, 상자형 세그먼트에서는 면밀한 검토가 필요하다.
2) **뒤채움 압력** : 세그먼트 뒤채움 압력은 이상적으로 주입되는 경우에는 정수압조건으로 작용한다. 그러나 실제 시공 시에는 균등하게 주입되지 않기 때문에 그림 9-25와 같이 뒤채움 주입공 주변에 국부적으로 압력이 가해지는 조건을 상정한다.

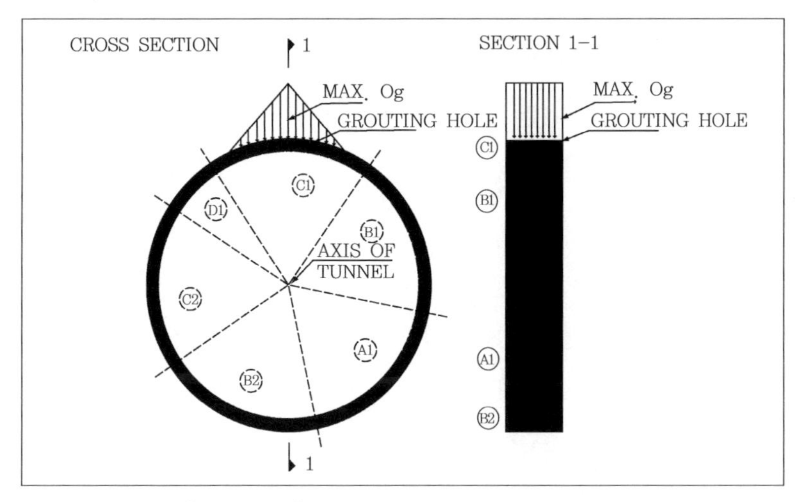

[그림 9-25] 뒤채움 주입압(ITA WG 2, 2000)

3) **운반 및 취급하중** : 세그먼트는 그림 9-26과 같이 운반 및 취급 중 적치되는 경우가 있다. 이때, 세그먼트에는 축력은 없고 오로지 휨응력만이 작용하므로 구조 검토가 필요하다.

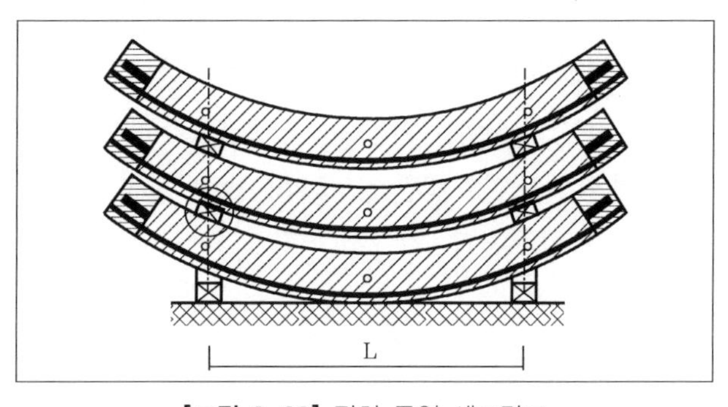

[그림 9-26] 적치 중인 세그먼트

4) **부력** : 쉴드터널은 방수터널로 건설되는 경우가 일반적이므로 토피가 낮은 구간은 부력에 대한 안정 검토를 수행해야 한다.

5) **병설터널** : 병설터널로 건설되는 경우 두 터널의 간격이 작을수록 지반하중은 증가한다. 일본철도협회(1983)에 따르면, 터널폭이 D이고 순이격거리(또는 필라폭)가 d이면, 이격거리별 할증계수를 표 9-12와 같이 산정할 수 있다. 할증하중은 연직하중에 할증계수를 곱한 후 본래의 연직하중에 더해진다.

[표 9-12] 병설터널 간격과 연직지반하중의 할증계수

d/D=a	a > 1	0.9 ≤ a ≤ 1	0.8 ≤ a ≤ 0.9	0.7 ≤ a ≤ 0.8	0.6 ≤ a ≤ 0.7	0.5 ≤ a ≤ 0.6
할증계수	0	0.1	0.2	0.3	0.4	0.5

6) **근접굴착** : 쉴드터널은 도심지에서 건설되는 경우가 많기 때문에 장래 근접굴착 계획이 있는 경우에는 이에 대한 추가하중을 산정해 기본하중 시 보강량의 적정성을 검토해야 한다.

9.6.3 구조 해석방법

가. 구조 해석모델

구조 해석방법에는 해석적 방법과 수치 해석방법이 있으나, 근래에는 수치 해석방법의 발달로 전자의 방법은 실무에서는 거의 사용되지 않는다.

수치 해석방법에는 지반을 반력스프링으로 고려하는 빔-스프링 모델과 탄소성 요소로 고려하는 연속체 모델이 있다. 현재까지는 세그먼트라이닝의 구조 해석에는 전자의 방법이 사용되고 지반 침하거동과 같은 해석에는 후자의 방법이 사용되는 것이 일반적이다. 본 장에서는 세그먼트라이닝의 구조 설계에 관한 내용을 다루기 때문에 빔-스프링 모델에 대해서 설명하도록 한다.

빔-스프링 모델은 이음부를 고려하는 방법에 따라 그림 9-27과 같이 강성일체법, 회전스프링법, 힌지법이 있다. 강성일체법은 이음부를 고려하지 않고 연속된 부재로 구조 계산하는 방법으로 모멘트가 가장 크게 계산된다. 반면에, 힌지법은 이음부에서 모멘트가 해소되기 때문에 모멘트가 가장 작게 계산된다. 회전스프링법은 두 방법의 중간 정도의 모멘트가 산정되기 때문에 일반적으로 많이 사용된다.

[그림 9-27] 세그먼트라이닝 구조모델

최근 국내 설계 시에는 이보다 더 진보된 그림 9-28과 같은 2링 빔-스프링 모델이 적용되고 있다. 반경방향 이음부는 회전스프링으로 고려하고 링 이음부는 전단스프링을 이용해 지그재그로 연결된 2개 링의 구속조건을 고려하며 세그먼트에는 지반반력스프링이 연직으로 설치된다(그림 9-29 참조).

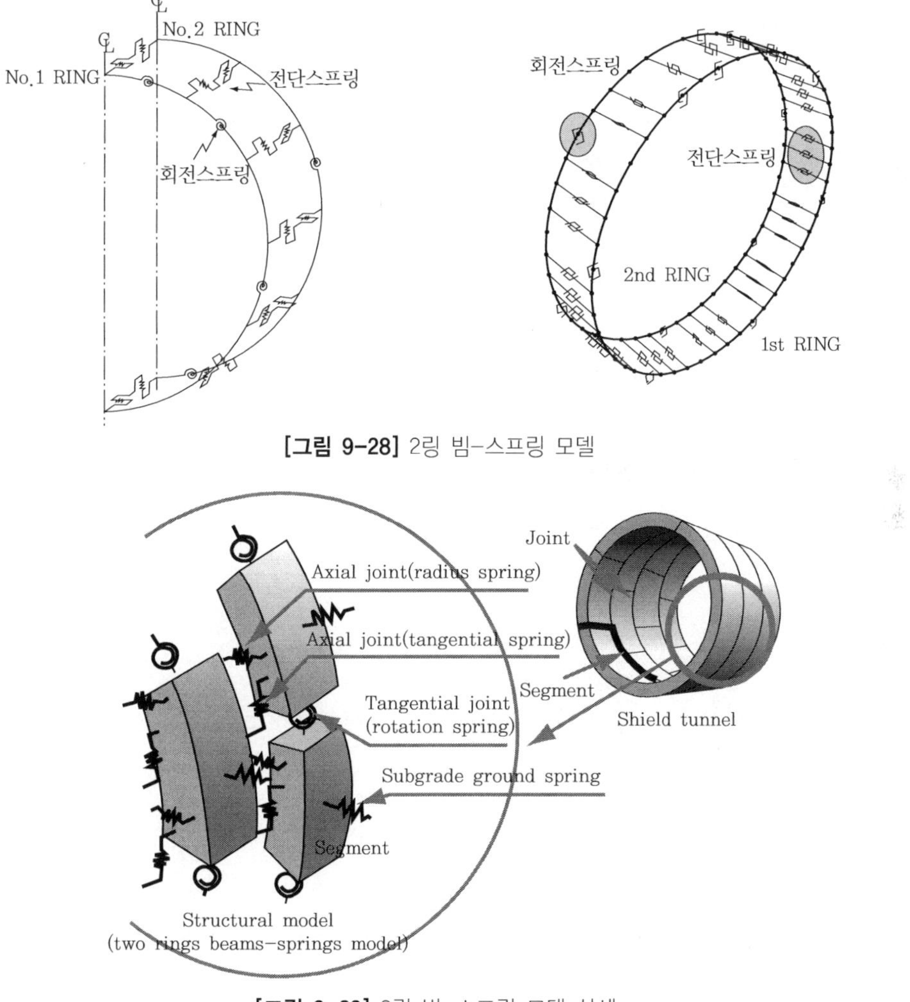

[그림 9-28] 2링 빔-스프링 모델

[그림 9-29] 2링 빔-스프링 모델 상세

동일한 조건에 대해 강성일체법(또는 관용법)과 2링 빔-스프링 모델을 적용한 해석사례는 그림 9-30과 같다. 대체로 후자의 모델이 이음부의 강성이 낮기 때문에 단면력이 적게 발생했다. 특히, 축력에 비해 모멘트는 발생 양상 자체가 크게 차이 난다. 이는 전자의 모델은 세그먼트 링의 강성이 일정하기 때문에 하중이 제일 큰 천장부에서 최대모멘트가 발생했지만, 후자의 모델에서는 천장부의 K형 세그먼트로 인해 이음부가 집중되어 오히려 가장 적은 단면력이 발생했다. 따라서 구조모델이 복잡하지만, 세그먼트의 구조적 특징을 고려하는 측면에서는 2링 빔-스프링 모델이 적합하다. 다만, 기본계획과 같이 세그먼트의 세부 설계가 이루어지지 않은 초기 설계단계에서는 세그먼트 두께 산정과 같은 기본적인 설계 항목을 산정하기 위해 단순한 강성일체법을 이용할 수 있다.

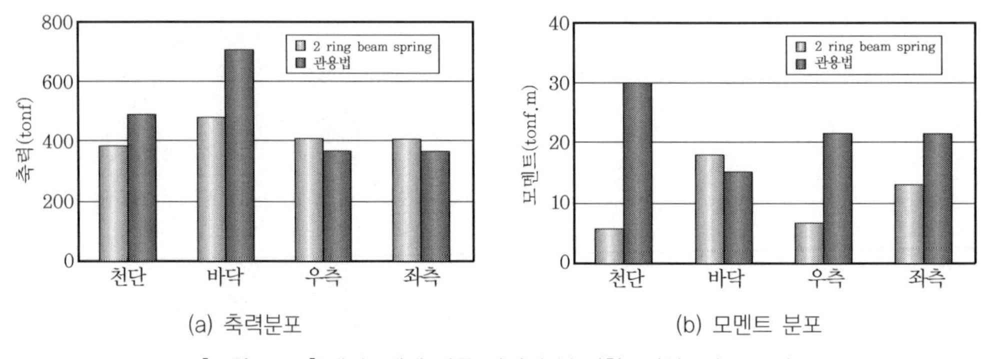

(a) 축력분포 (b) 모멘트 분포

[그림 9-30] 해석모델에 따른 단면력 분포(철도시설공단, 2003)

나. 지반반력스프링계수 및 회전스프링계수

지반반력계수(K)는 주변지반탄성계수(E)와 터널반경(R)으로부터 다음 식으로 구할 수 있다.

$$K = \frac{E}{R} \tag{9-4}$$

반경방향 이음부의 회전스프링계수(Km)는 그림 9-31의 조건에 대해 다음 식으로 구할 수 있다.

$$km = \frac{M}{\theta} = \frac{x(3h - 2x)bEc}{24} \tag{9-5}$$

위 식에서 $x = \frac{n \cdot A_b}{b}\left(-1 + \sqrt{\frac{2 \cdot b \cdot d}{n \cdot A_b}}\right)$이고, 각 기호는 다음과 같다.

여기서, M : 휨 모멘트

b : 세그먼트 폭

A_b : 볼트의 단면적

θ : 회전각

x : 압축외연에서 중립축까지의 거리

h : 세그먼트 두께

d : 유효깊이

n : 영계수비

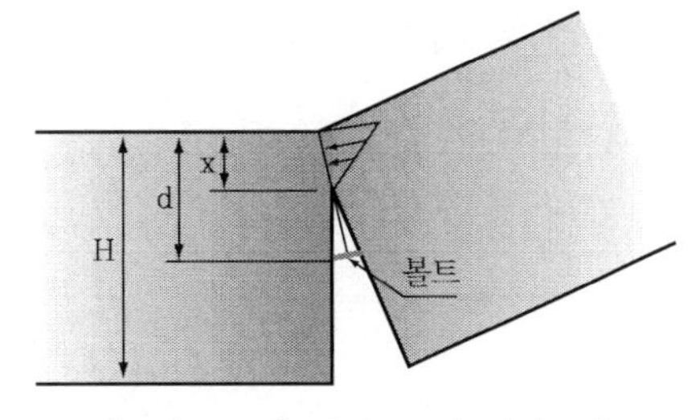

[그림 9-31] 회전스프링 산정조건

링 이음부의 전단스프링계수(Ks)는 이음부의 전단키와 관련이 있으나, 관용적으로 40MN/m 정도를 사용한다.

9.6.4 세그먼트 구조 해석 사례

가. 설계기준

콘크리트 설계기준강도	fck = $45kgf/cm^2$
콘크리트 탄성계수(Ec)	$10,500(fck)^{1/2} + 70,000 = 292,739kgf/cm^2$
콘크리트 단위중량(γc)	$2.5tf/m^3$
콘크리트 포아송비(μ)	0.19
보강철근(fy)	$4,000kgf/cm^2$

나. 구조 계산 개요

- 구조 계산은 완성 후 하중과 가설 중 하중에 대해 각각 검토함
- 운영 중 라이닝 구조계산은 2링 빔-스프링(2 ring beam-spring) 모델 적용
- 가설 중 하중은 세그먼트 제작 및 설치과정을 고려해 단계적으로 적용

다. 운영 중 라이닝 구조계산

1) 해석단면

① 세그먼트라이닝 제원

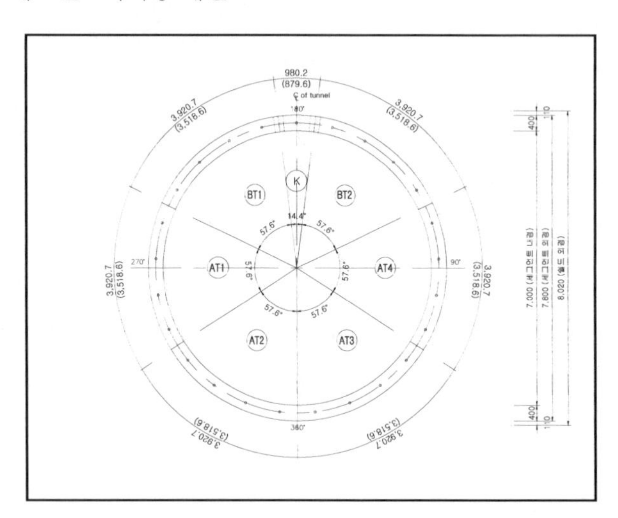

- 내경 : ϕ 7,000mm
- 외경 : ϕ 7,800mm
- 두께 : 400mm
- 분할수 : 4A + 2B + 1K
- 종방향 길이 : 1.5m

② 지반의 설계 정수

구 분	단위중량(tf/m^3)	마찰각	포아송비	변형계수(tf/m^3)
모래질 자갈층	1.9	35	0.33	5,119
연암층	2.5	38	0.23	120,000
경암층	2.7	42	0.19	1,000,000

③ 회전 스프링 계수 및 전단 스프링 계수

- 회전 스프링 계수
  - Ab : 볼트의 단면적(M22 × 2본) = 14.12cm
  - d = 20cm
  - n = 7

$$x = \frac{n \cdot Ab}{b}\left(-1 + \sqrt{1 + \frac{2 \cdot b \cdot d}{n \cdot Ab}}\right) = 4.518$$

따라서, 이음부의 회전강도 km은

$$km = \frac{x(3h - 2x)bEc}{24} = 9{,}173tf/m/joint$$

• 전단 스프링 계수 : ks = 4,000ton/m

2) 하중산정 및 하중조합

• 하중의 종류 : 세그먼트 자중, 연직토압, 수평토압, 수압
• 자중 : 단위중량에 대해 프로그램에서 자동 고려됨
• 연직토압(Pv) : 터널상부에 작용하는 하중은 Terzaghi의 이완토압 적용

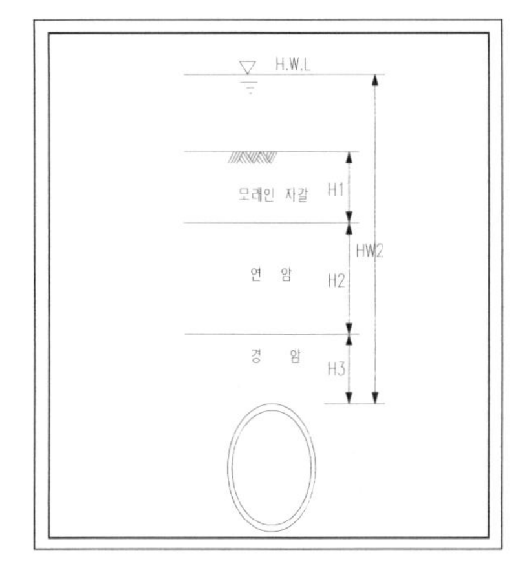

HW2 : 38.375m(H.W.L)
H1 : 3.83m
H2 : 5.80m
H3 : 9.56m
Dc : 7.4m(세그먼트 중심직경)
B1 : 7.4m(이완하중 높이 : 1D)
Po : 0tf/m(상재하중)
Ko : 0.5

γ_1 : 1.9tf/m^2
γ_2 : 2.5tf/m^2
γ_3 : 2.7tf/m^2
γ_1^1 : 0.9tf/m^2
γ_2^1 : 1.5tf/m^2
γ_3^1 : 1.7tf/m^2
c : 0
ϕ_1 : 35°
ϕ_2 : 38°
ϕ_3 : 42°

$$\mathrm{Pv} = \frac{B_1(\gamma_3' - c/B_1)}{\mathrm{Ko}\cdot \tan\text{ø}} \cdot (1 - e^{-k_o \cdot \tan\text{ø} \cdot H3/B_1}) = 16.768\,\mathrm{tf/m^2}$$

• 수평토압(Pvs) : Ko = 0.5, 2.5
• 수압 : 최대 45.8tf/m^2
• 하중조합

	자 중	수 압		지반하중	토 압		비 고
		연 직	수 평	연직하중1D	k=0.5	k=2.5	
case1	1.52	1.54	1.8				지반양호, 양압력, 최대수압
case2	1.52			1.52	1.8		단기공사, 지하수소량, 낮은 측압
case3	1.52			1.52		1.8	단기공사, 지하수소량, 높은 측압
case4	1.52	1.54	1.8	1.52	1.8		최대수위, 낮은 측압
case5	1.52	1.54	1.8	1.52		1.8	최대수위, 높은 측압

3) 해석결과(모멘트 최대인 경우, case 2)

Ko	B.M.D	S.F.D	A.F.D
0.5			
2.5			

라. 제작, 운반, 설치 시 라이닝 구조 검토

1) 해석개요

- 세그먼트는 공장에서 제작되어 최종적으로 터널에 설치될 때까지 제작, 운반, 설치 시에 잠정적으로 다양한 조건의 하중을 받음
- 일반적으로 이러한 취급 및 가설하중은 세그먼트 구조 설계에 큰 영향을 주지는 못하지만, 세그먼트 구조의 적정성 검토 차원에서 분석함

2) 세그먼트 운반

① A 세그먼트(최하단)

- 계산조건

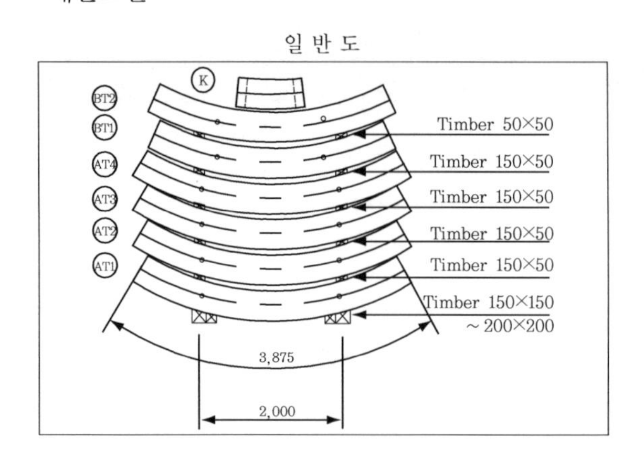

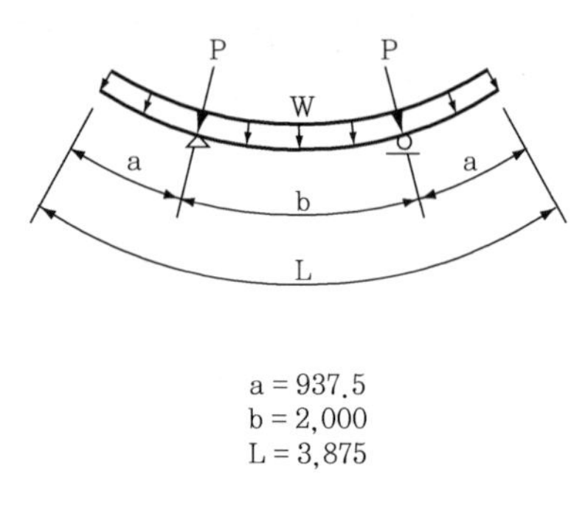

- young계수비(Ec / Es) = 7
- 하중계수 : 1.54
- 안전율 : 1.2 이상
- 콘크리트 : fcu = 562.5kgf/cm^2 … fck = 450kgf/cm^2
- 철근 : fy = 4,000kgf/cm^2 … SD40

$$w = B \times t \times \gamma \times \gamma f = 2.31\text{tf/m}$$

여기서, w : 세그먼트 자중

B : 세그먼트 폭 1.500m

L : 세그먼트 길이 3.875m

t : 세그먼트 두께 0.400m

γ : 세그먼트 단위중량 2.500tf/m^3

γf : 하중계수 1.540

$$P = \frac{(3Wa + 2Wb + Wk)}{2} = 22.38\text{tf}$$

여기서, P : 상적된 세그먼트 하중(tf)

Wa : A 세그먼트 자중 = w·1A = 8.951tf

Wb : B 세그먼트 자중 = w·1E = 7.907tf

Wk : K 세그먼트 자중 = w·1K = 2.088tf

1A : A 세그먼트 길이 3.875m

1B : B 세그먼트 길이 3.423m

1K : K 세그먼트 길이 0.904m

따라서, 지점반력(R)은 다음과 같다.

$$R = \frac{Wa}{2} + P = 31.33\text{tf}$$

• 단면력 산정결과

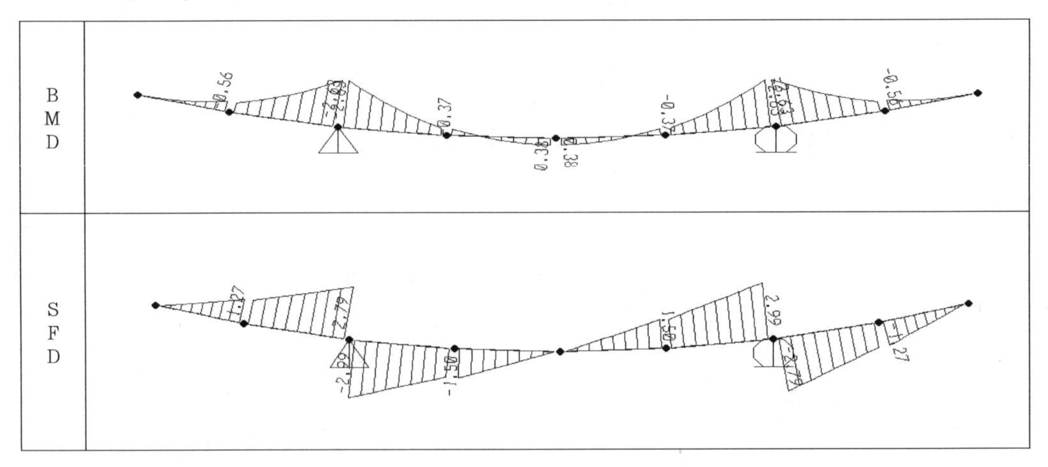

② B 세그먼트(최상단)

• 계산조건

일 반 도

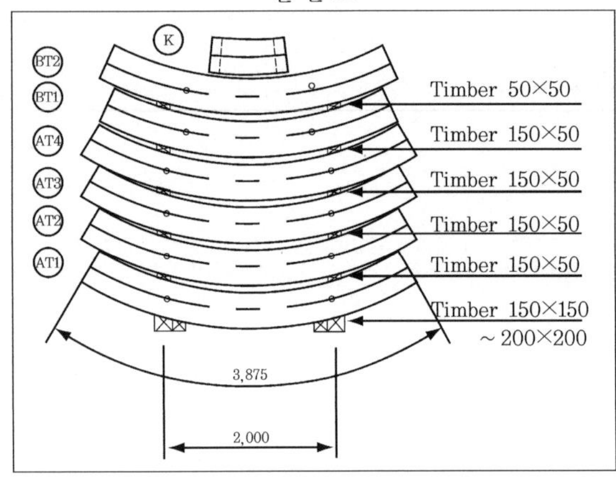

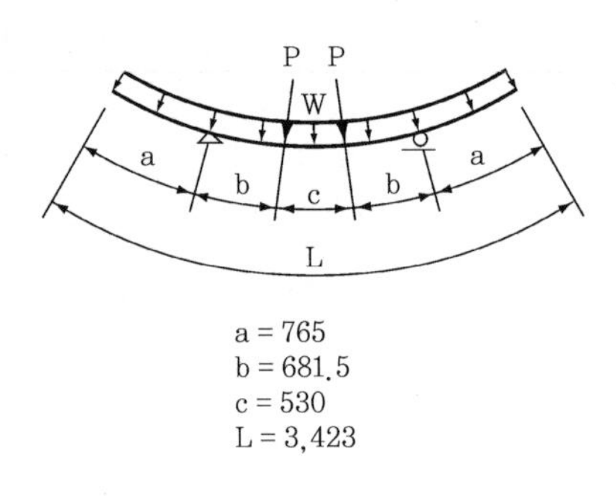

$$w = B \times t \times \gamma \times \gamma_f = 2.31\text{tf/m}$$

여기서, w : 세그먼트 자중

B : 세그먼트 폭 1.500m

L : 세그먼트 길이 3.423m

t : 세그먼트 두께 0.400m

γ : 세그먼트 단위중량 2.500tf/m^3

γ_f : 하중계수 1.540

$$P = \frac{Wk}{2} = 1.044\,tf$$

여기서, P : 상적된 세그먼트 하중(tf)

Wb : B 세그먼트 자중 = w·1E = 7.907tf

Wk : K 세그먼트 자중 = w·1K = 2.088tf

1B : B 세그먼트 길이 3.423m

1K : K 세그먼트 길이 0.904m

따라서, 지점반력(R)은 다음과 같다.

$$R = \frac{Wb}{2} + P = 4.998\,tf$$

• 단면력 산정결과

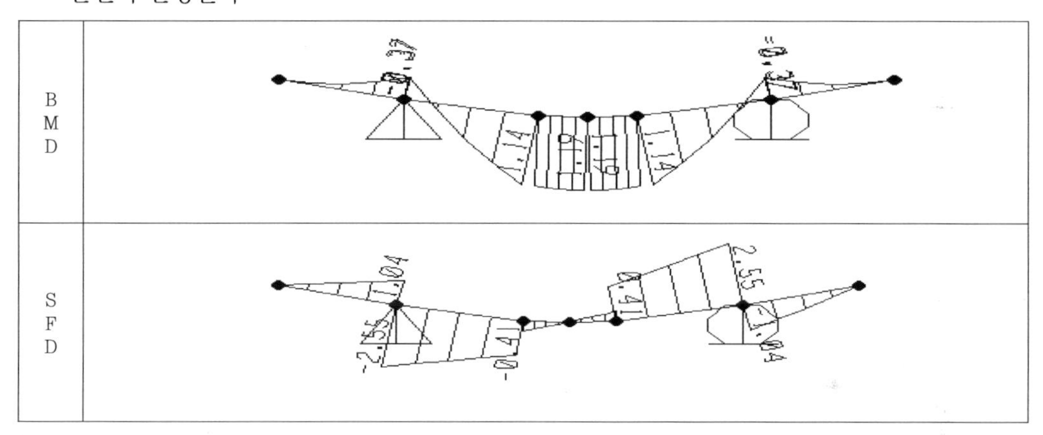

3) 세그먼트 제작

• 계산조건

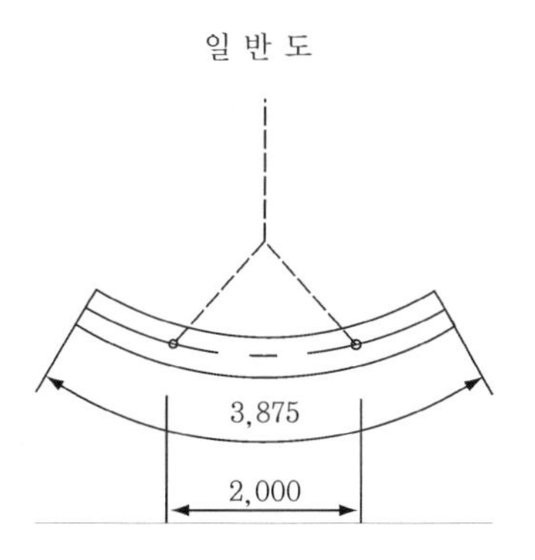

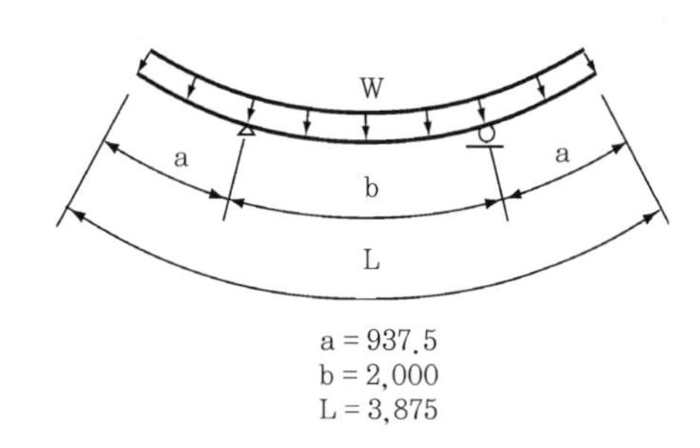

$$w = B \times t \times \gamma \times \gamma_f = 2.31tf/m$$

여기서, w : 세그먼트 자중

B : 세그먼트 폭 1.500m

L : 세그먼트 길이 3.875m

t : 세그먼트 두께 0.400m

γ : 세그먼트 단위중량 2.500tf/m^3

γ_f : 하중계수 1.540

– Young 계수비(Ec / Es) = 11

– 콘크리트 : fcu = 187.5kgf/cm^2 ··· fck = 150kgf/cm^2

– 철근 : fy = 4,000kgf/cm^2 ··· SD40

• 단면력 산정결과

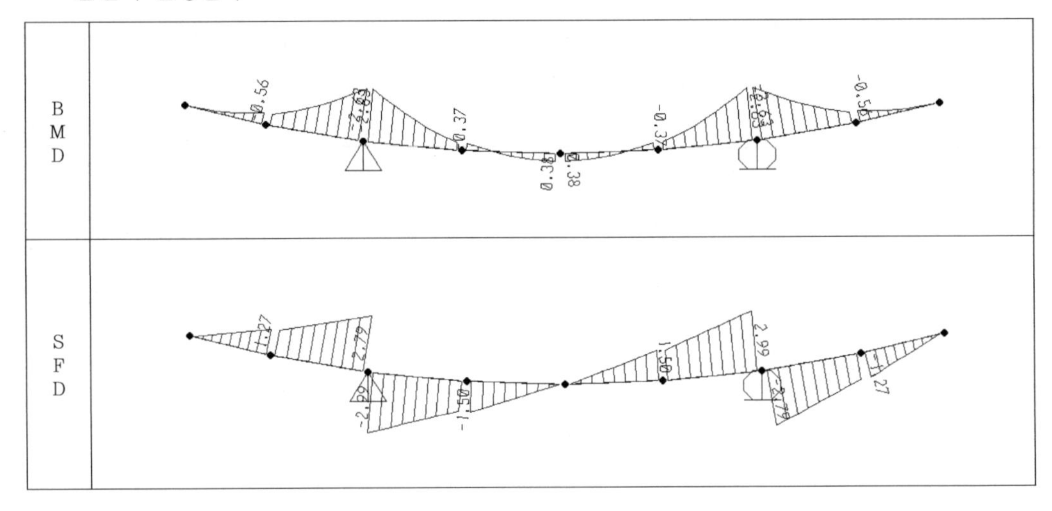

4) 세그먼트 조립

• 계산조건

일 반 도

Eracter

3,875

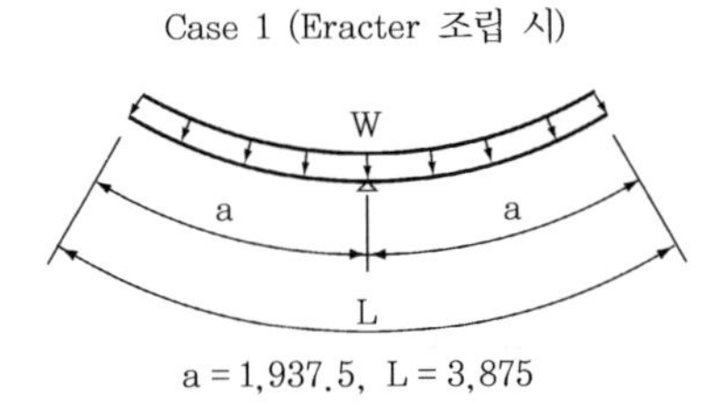

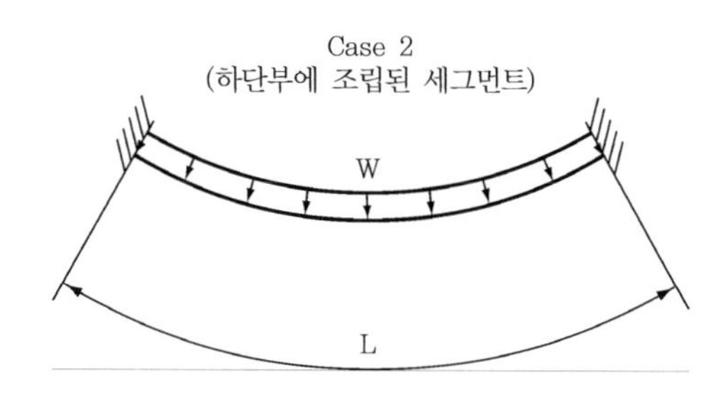

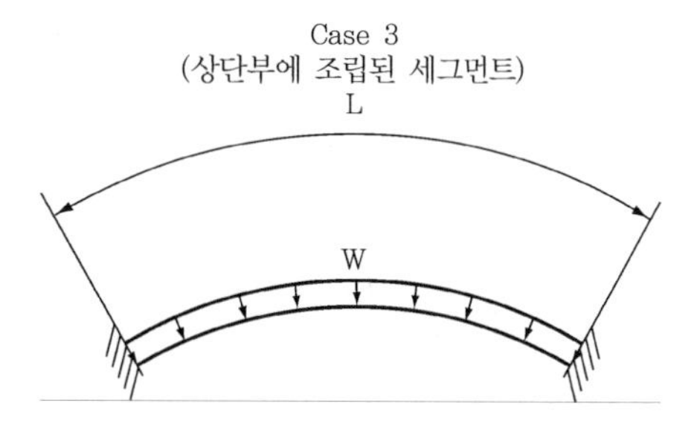

$$w = B \times t \times \gamma \times \gamma_f = 2.31\text{tf/m}$$

$$R = W \times L = 8.952\text{tf}$$

여기서, w : 세그먼트 자중(tf/m)

R : 반력(tf)

B : 세그먼트 폭 1.500m

L : 세그먼트 길이 3.875m

t : 세그먼트 두께 0.400m

γ : 세그먼트 단위중량 2.500tf/m^3

γ_f : 하중계수 1.540

- 단면력 산정결과

Case 1

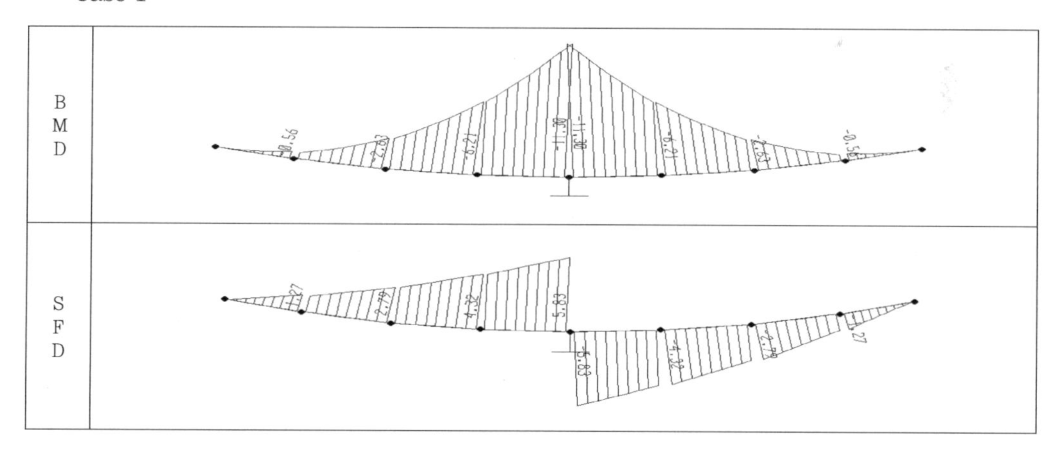

Case 2

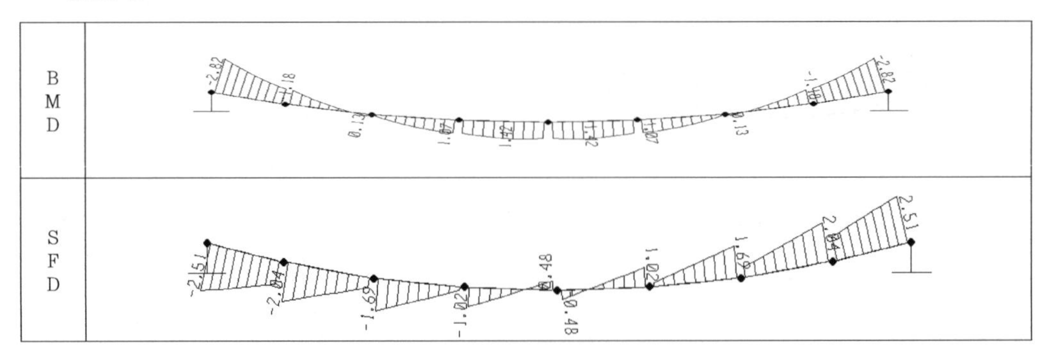

Case 3

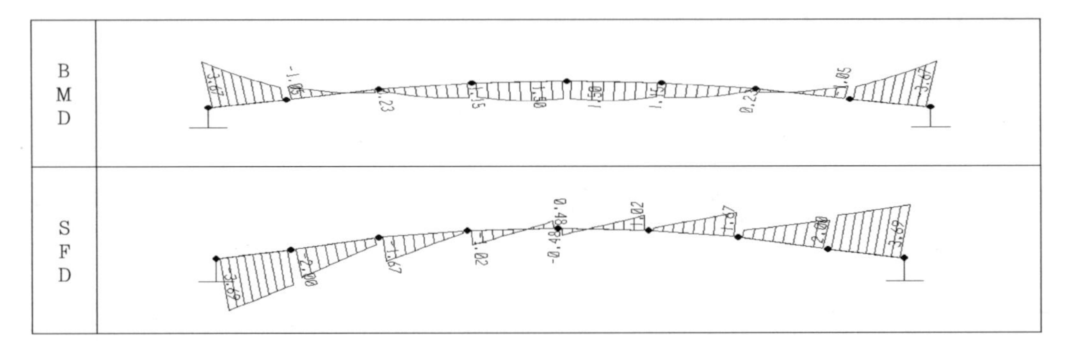

5) 뒤채움 주입압 검토(최대 주입압 2kgf/cm^2 가정)

- 계산조건

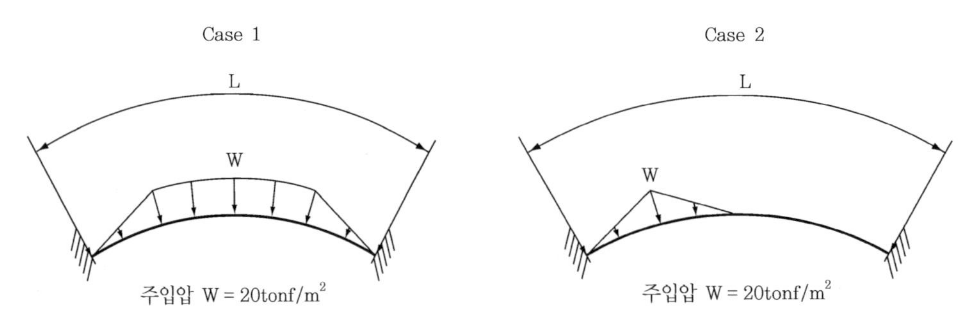

$$w = B \times t \times \gamma \times \gamma_f = 2.31tf/m$$

$$R = W \times L = 8.952tf$$

여기서, w : 세그먼트 자중(tf/m)

R : 반력(tf)

B : 세그먼트 폭 1.500m

L : 세그먼트 길이 3.875m

t : 세그먼트 두께 0.400m

γ : 세그먼트 단위중량 2.500tf/m^3

γ_f : 하중계수 1.540

- 단면력 산정결과

Case 1

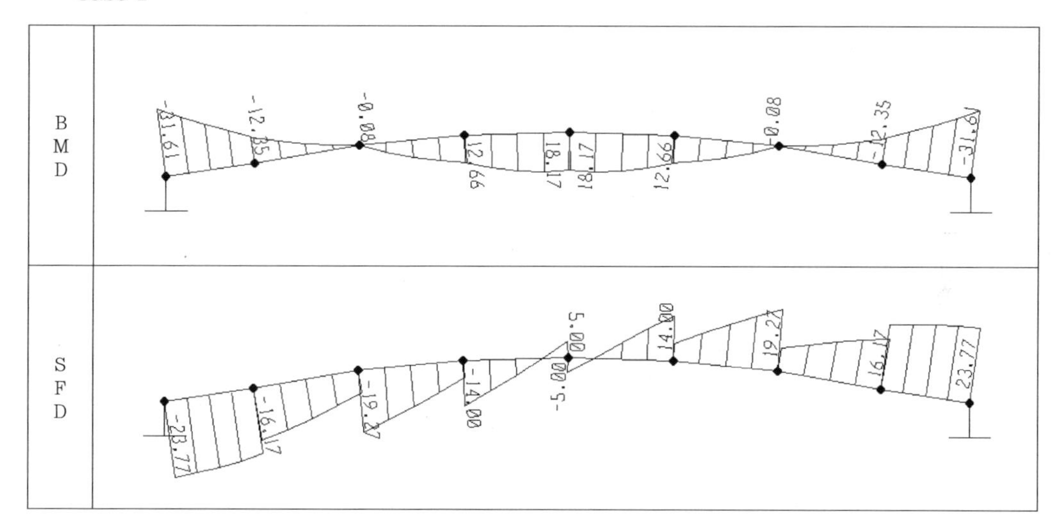

Case 2

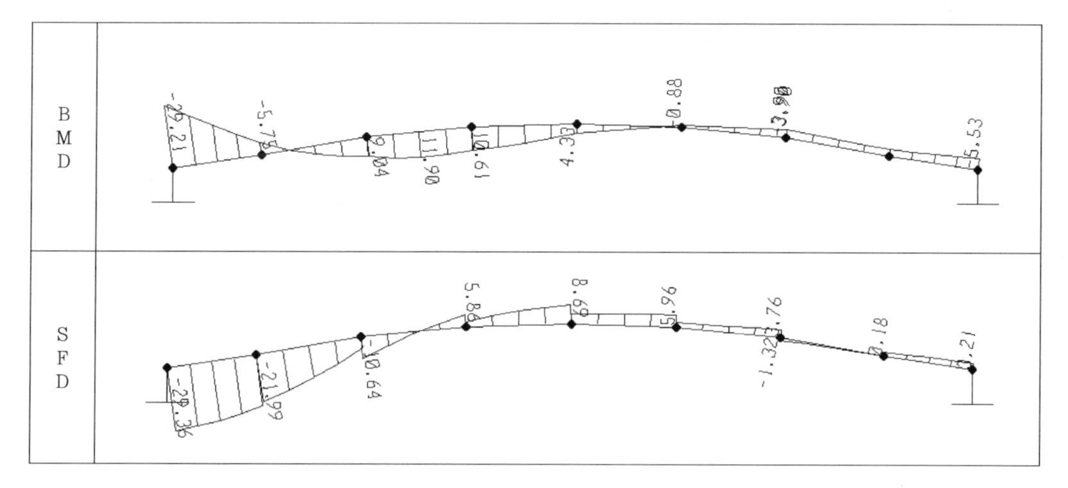

9.7 결 언

쉴드터널 설계에서 세그먼트라이닝은 그 자체가 최종 목적 구조물로서 지반을 지지하고 지하수 유입을 차단하며 쉴드기의 추진대 역할을 하는 가장 중요한 대상이다. 그러나 쉴드기 자체에 비해 세그먼트라이닝에 대한 관심은 다소 부족한 것 같다.

세그먼트라이닝은 지반공학은 물론 구조적 지식이 많이 요구되고 난이도가 매우 높은 설계대상이다. 또한, 이음부와 세그먼트의 상호작용 등에 대해서도 규명되지 않은 부분이 많다. 우리나라의 기계화 시공의 발전과 더불어 세그먼트라이닝에 대한 업계와 학계에 보다 많은 관심이 필요한 시점이라 생각한다.

참 고 문 헌

1. 건설교통부. 2005.「콘크리트 구조설계 기준」.
2. 이인모. 2007.『토질역학의 원리』. 도서출판새론, p. 566.
3. (사)일본철도시설협회. 1983.「쉴드터널의 설계시공지침(안)」. p. 345.
4. 철도시설공단. 2003.「분당선 왕십리 ~ 선릉 간 복선전철 제3공구 노반신설공사」. 구조계산서.
5. ITA Working Group No.2. 2000. “Guidelines for the design of Shield Tunnel Lining.” TUST, Vol.5, No.3, pp. 303~331.

제 10 장 설계기준해설

제 10 장

설계기준해설

정경환 [(주)동아지질]

10.1 개 요

10.1.1 터널설계기준 개정 추진 배경

우리나라는 산지가 많은 지형의 특성상 국토의 효율적인 이용 및 환경친화적인 사회기반시설 구축을 위해 터널의 수요가 매년 증가하고 있다. 도로터널의 경우 1997년 184개소에서 2006년에는 932개소로 연평균 83%의 증가추세에 있으며 국내터널 건설기술의 수준도 날로 향상되고 있다. 터널 설계기준은 1999년 처음으로 터널표준시방서와 분리해 제정한 이후 8년이라는 세월이 흘렀으며 그동안 개정된 제반 관련법, 기준, 지침과 연계성을 확보하고, 향상된 국내 터널기술 수준의 반영 그리고 최근 현안 문제에 대한 설계 반영 등의 필요에 의해 새롭게 개정하게 되었다.

개정된 설계기준에는 국내 터널 구조물의 안전성 제고, 관련된 다양한 신공법, 신재료 및 장비 등의 원활한 적용, 방재설계 강화, 환경친화적인 터널 건설, 기계화 시공법의 국제적 흐름 반영 및 국내 활성화 등에 초점을 맞추어 보완하는 동시에 기준으로서 터널 설계업무에 있어 보다 명확한 가이드 역할을 할 수 있도록 개선하고자 했다.

금번 개정작업을 통해 터널 설계를 한 단계 더 발전시키기 위해 많은 노력을 기울였지만 지속적인 기술 발전 추세에서 일부 미비한 부분이 있을 수 있으리라 생각되므로, 향후 터널 건설기술의 발전과 국가 기술경쟁력 확보에 밑거름이 되도록 새로운 기술 및 미비한 부분에 대해서는 지속적인 보완과 개정이 필요하며, 터널관련 기술자들의 많은 관심과 참여가 필요하리라 생각된다.

10.1.2 개정 개요 및 추진 일정

1) 사업명 : 터널설계기준개정연구용역

2) 연구기간 : 2006년 5월 ~ 2007년 5월(12개월)

3) 경 과

본 개정사업을 추진하기 위해 운영위원회를 구성해 11회에 걸친 모임을 가졌으며, 5회에 걸쳐 연구 집필진의 전체회의도 실시했다. 경과 사항은 아래와 같다.

- 2006년 5월 15일 : 국고 보조 지원 결정
- 2006년 6월 21일 : 건교부 착수보고
- 2006년 6월 29일 : 연구 집필진 운영위원회, 자문위원회 조직
- 2006년 9월 26일 : 1차 자문회의 및 워크숍
- 2006년 12월 22일 : 개정초안 1차 취합 및 리뷰 회의(3회 실시)
- 2007년 1월 19일 : 개정초안 2차 취합 및 자체축조심의(4회 실시)
- 2007년 2월 1일 : 2차 자문회의 및 연구 집필진 2차 워크숍
- 2007년 3월 14일 : 건교부 실무 위원회 검토
- 2007년 3월 19일 ~ 2007년 4월 9일 : 관련기관 의견수렴
- 2007년 4월 11일 : 최종 자문회의
- 2007년 4월 30일 : 평가회의
- 2007년 4월 30일 : 중앙건설기술심의위원회 심의 요청
- 2007년 5월 20일 : 중앙건설기술심의위원회 심의
- 2007년 5월 30일 : 심의결과 반영 및 최종안 확정

10.1.3 추진 체계

본 개정사업을 추진하기 위한 추진체계는 다음과 같다.

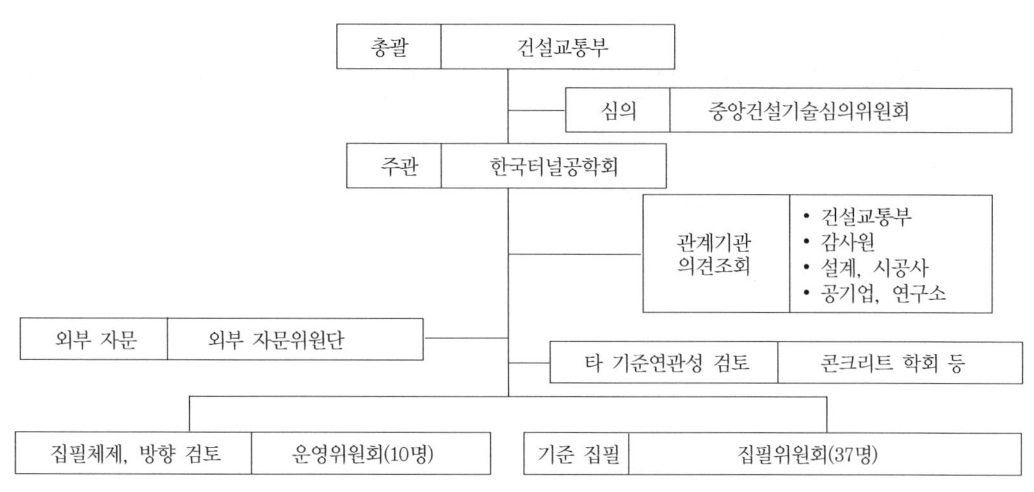

[그림 10-1] 업무집필 추진체계

10.1.4 운영위원회

주요 사항 의결과 기준의 전반적 구성 및 내용 조정을 하기 위한 운영위원의 명단은 다음과 같다.

[표 10-1] 운영위원회 구성원

분 야		업무분장
총괄 책임자	배규진	총괄
총괄 간사	한명식	발주기관, 감사원 지적사항 수렴 및 반영
위 원	문상조	목차체계에 대한 점검, 과거 설계기준 재분석
	신종호	과거 설계기준 재분석, 해외 code 조사, 분석
	안상로	해외 code 조사, 분석, 용어 정의
	안경철	각계의견 수렴 및 반영, 건교부 보고
	이성원	각계의견 수렴 및 반영, 건교부 보고
	전덕찬	목차체계에 대한 점검
	정경환	해외 code 조사, 분석
	황제돈	과거 설계기준 재분석

10.1.5 집필진

지보재/방재 분야 집필진을 보강해 업계 20인, 학계(대학교, 연구소 및 공기업) 17인으로 구성된 총 37인의 집필진은 다음과 같다.

[표 10-2] 집필진 구성원

분 야	성 명	소 속
총괄 책임자	배규진	한국건설기술연구원
총괄 간사	한명식	(주)태조엔지니어링
제 1 장	안상로	한국시설안전기술공단
	신용석	한국시설안전기술공단
제 2 장	김승렬	(주)에스코컨설턴트
	황제돈	(주)에스코아이에스티
제 3 장	신희순	한국지질자원연구원
	김기석	희송지오텍
제 4 장	김상환	호서대학교
	이준석	한국철도기술연구원
	박인준	한서대학교
제 5 장	문상조	(주)유신코퍼레이션
	이석원	건국대학교
	김낙영	한국도로교통기술원
	김창용	한국건설기술연구원
제 6 장	이두화	(주)삼보기술단
	구웅회	(주)삼보기술단
제 7 장	박광준	(주)대정컨설턴트
	유광호	수원대학교

분 야	성 명	소 속
제 8 장	신중호	건국대학교
	최해준	(주)청석엔지니어링
제 9 장	유충식	성균관대학교
	이명재	(주)도담 E&C
제 10 장	이상덕	아주대학교
	전덕찬	(주)서영엔지니어링
제 11 장	유한규	한양대학교
	안경철	(주)태조엔지니어링
제 12 장	이승호	상지대학교
	오명렬	다산이엔씨
제 13 장	전석원	서울대학교
	지왕률	한국건설기술연구원
제 14 장	정경환	(주)동아지질
	이성원	한국건설기술연구원
제 15 장	이인기	(주)하경엔지니어링
	남창호	(주)범창종합기술
	윤원석	(주)남진설비
	서상진	상진기술엔지니어링(주)

10.1.6 개정 방향

가. 의견 조회기관

개정방향을 위해 다음과 같은 기관에 의견을 조회했다.

① 건교부 및 감사원

② 연구기관(3개 기관) 및 공기업(9개 기관)

③ 건설회사(9개사) 및 설계사(16개사)

④ 국내외 터널 건설 현장(10개소)

나. 중점 개정방향

1) 세부 목표별 중점 개정사항

세부 항목별 중점 개정사항은 다음과 같다.

① 안전 및 성능확보가 가능한 기준

② 터널공사의 특성이 반영된 기준

③ 신소재, 신공법 및 신장비 수용이 가능한 기준
④ 국내현안 사항의 집중적 검토 및 반영
⑤ 국제 공인 기준, 기술 반영

2) 분야별 중점 개정사항

분야별 중점 개정사항은 다음과 같다.

① 기준체계 확립

TBM 터널의 국제적 동향과 굴착기계의 개발추세를 반영해 기존 설계기준의 TBM 터널(제13장)과 쉴드 터널(제14장)을 통합했다.

② 설계용어 및 개념 정립

제13장과 제14장의 통합에 따른 용어 정리에서 유념해야 할 사항은 TBM을 Open TBM과 쉴드 TBM으로 구분했으며, 관련된 용어는 다음과 같다.

- 기계 굴착 : 브레이커(핸드, 소형, 대형), 굴착기, 전단면 터널굴착기계(TBM) 등을 이용해 터널을 굴착하는 방식, 전단면 터널 굴착은 연암 이상의 암반에서 전단면을 굴착하는 Open TBM 방식과 연암 이하의 지반에서 전단면을 굴착하는 쉴드(shield) TBM 방식이 있다.
- 디스크커터(disk cutter) : TBM 등 각종 기계굴착기에 부착되는 원반형의 커터로 회전력과 압축력에 의해 암반을 압쇄시켜 굴착한다.
- 세그먼트(segment) : 터널, 특히 쉴드공법의 라이닝을 구성하는 단위조각으로, 재질에 따라 강판을 용접한 강재 세그먼트, 철근 콘크리트제의 콘크리트 세그먼트, 주조에 의해 제조된 주철 세그먼트 및 콘크리트 세그먼트의 단면에 지벨이 붙은 강판을 배치한 합성 세그먼트 등이 있다.
- 쉴드 TBM(shield TBM) : 주변 지반을 지지할 수 있는 보호강관(shield)이 부착되어 있는 TBM을 말한다.
- Open TBM : 무지보 상태에서 기기 전면에 장착된 커터의 회전과 주변 암반으로부터 추진력을 얻어 터널 전단면을 절삭 또는 파쇄하며 굴진하는 터널굴착기를 말한다.
- 스킨플레이트(skin plate) : 쉴드 TBM에서 굴진장치, 세그먼트 조립장치 등을 감싸고 있는 원통형의 판을 말한다.
- 이렉터(erector) : 쉴드 TBM의 구성요소로 세그먼트를 들어 올려 링으로 조립하는 데 사용하는 장치를 말한다.

- 이수식(slurry) 쉴드 TBM : 이수에 소정의 압력을 가해 굴진면의 안정을 유지하며, 이수의 순환에 의해 굴착토의 액상수송을 시행하는 방식의 쉴드 TBM이다. 지반을 굴착하는 굴착기구, 이수를 순환시켜 이수에 일정한 압력을 가하기 위한 설비, 굴착 수송된 이수를 분리해 이수를 소정의 소성 상태로 조정하기 위한 설비 및 이수 처리설비 등으로 구성된다.
- 커터(cutter) : TBM 커터헤드에 토사 또는 암반의 굴착을 위해 부착하는 금속으로 디스크커터, 커터비트, 코피커터 등이 있다.
- 커터헤드(cutter head) : TBM의 맨 앞부분에 장착되는 디스크커터 또는 커터비트 등 각종 커터를 부착해 회전·굴착하는 부분을 말한다.
- K형 세그먼트 : 쉴드 TBM 작업에서 세그먼트 조립 시 마지막에 끼워 넣는 세그먼트를 말한다.
- TBM(tunnel boring machine) : 소규모 굴착장비나 발파 방법에 의하지 않고 굴착에서 버력처리까지 기계화·시스템화되어 있는 대규모 굴착기계를 말하며, 일반적으로 Open TBM과 쉴드 TBM으로 구분한다.
- 테일보이드(tail void) : 세그먼트로 형성된 링의 외경과 쉴드 TBM 외판의 바깥직경 사이의 원통형 공극을 말한다. 즉, 테일 스킨플레이트의 두

[표 10-3] 기계굴착 시공법의 분류

<table>
<tr><th>쉴드의 유무</th><th>지보시스템</th><th>반 력</th><th colspan="2">명칭 및 종류</th></tr>
<tr><td rowspan="4">무쉴드</td><td rowspan="4">None</td><td rowspan="2">자 중</td><td colspan="2">로드헤더(load header)
(in line cutter, transverse cutter)</td></tr>
<tr><td colspan="2">디거(digger type)
(backhoe, ripper, hydraulic hammer)</td></tr>
<tr><td rowspan="2">그리퍼
(gripper)</td><td colspan="2">Open TBM</td></tr>
<tr><td colspan="2">터널확공기(tunnel reaming machine)</td></tr>
<tr><td rowspan="9">쉴 드</td><td rowspan="3">주면지보
(전면개방형)</td><td>그리퍼</td><td rowspan="2">싱글(single)
쉴드 TBM</td><td>그리퍼 쉴드 TBM</td></tr>
<tr><td>추진 잭</td><td>세그멘털(segmental) 쉴드 TBM</td></tr>
<tr><td>그리퍼
+
추진 잭</td><td colspan="2">더블(double) 쉴드 TBM</td></tr>
<tr><td rowspan="6">주면 및
굴진면 지보
(전면밀폐형)</td><td rowspan="6">추진 잭</td><td colspan="2">기계식 지지(mechanical support)
쉴드 TBM</td></tr>
<tr><td colspan="2">이수식(slurry) 쉴드 TBM</td></tr>
<tr><td colspan="2">토압식(earth pressure balance) 쉴드 TBM</td></tr>
<tr><td rowspan="3">혼합식
쉴드 TBM</td><td>개방형 + 토압식</td></tr>
<tr><td>개방형 + 이수식</td></tr>
<tr><td>토압식 + 이수식</td></tr>
</table>

께와 테일 클리어런스의 두께의 합을 말한다.

- 테일실(tail seal) : 쉴드 TBM 외판 내경과 세그먼트 사이 틈이 생기는데 이곳으로의 지하수 유입 또는 뒤채움 주입재의 역류를 막기 위해 쉴드 TBM 후단에 부착하는 것을 말한다.
- 토압식 쉴드 TBM : 회전 커터헤드로 굴착·교반한 토사를 굴진면과 격벽 사이에 충만시켜 쉴드 TBM의 추진력으로 굴착토를 가압함으로써 굴진면 전체에 작용시켜 굴진면의 안정을 유지하면서 스크루컨베이어 등으로 배토하는 쉴드 TBM을 말한다.
- 회전력(torque) : 커터헤드를 회전시키는 힘의 크기를 말한다.
- 후드부(hood) : 쉴드강관의 일부로 선단부에 있어서 굴진면의 안전을 유지하고 작업공간의 확보와 안전을 꾀하기 위해 정상부를 보호하는 부분을 말한다.

③ 고품질 및 내구성 확보

④ 안전성 제고

⑤ 환경 친화성 증대

⑥ 공사비 절감 유도

⑦ 설계 유연성 및 기술 발전도 반영

⑧ 방재기준의 강화

⑨ TBM 설계기준의 개선

- 시공 시 주변 자연환경 보전, 건설 부산물의 재활용, 처리 및 처분계획 수립 조항을 신설한다.
- 버력 외부 반출 시 환경문제를 고려한 대책수립의 조항을 신설한다.
- TBM 커터 및 비트의 선정 기준 조항을 신설한다.
- 쉴드 TBM 가동률 예측을 위한 비트 성능시험과 지반강도, 팽윤성 등에 대한 시험을 추가한다.
- 설계단계에서 TBM의 굴진율, 공사기간, 커터비트의 마모수명예측을 위한 시험, 예측모델, 유사시공 사례를 활용토록 규정한다.
- 유지관리 계획 수립 조항을 신설한다.
- TBM 특성반영, 지보패턴등급 상향, 지보재설계 경량화의 고려 조항을 추가한다.
- 고출력 TBM에 소규모 반력대(thrust block)를 설치해 직접 굴착하는 조항을 신설한다.
- 벨트컨베이어 시스템의 설계 시 고려사항을 신설한다.
- 이수식 쉴드 TBM에서 이수의 처리, 운송 및 압력 저하 방지 조항을 신설한다.
- 세그먼트라이닝 설치 터널에서 방수대책의 수립 시 2차 콘크리트라이닝 생략이 가능한 조항을 신설한다.

다. 각계 취합의견

취합된 각계 의견 중에서 TBM과 관련된 내용은 다음과 같다.

1) 기계화 시공법에 관련된 기준에서 최신기술 및 장비특성반영이 미흡하므로 반영하도록 한다.

2) 최근에 개정된 국내외의 유사분야 규칙과 기준 및 지침들과의 상호 연계성을 감안한다.

10.2 일본 토목학회 터널시방서 개정 내용

10.2.1 개 요

일본 토목학회(터널공학위원회)는 1964년 3월 산악터널을 중심으로 하는 표준시방서를 제정한 이후, 1965년 9월 쉴드공법 소위원회를 만들어 쉴드터널에 대한 조사연구를 시작해, 쉴드공법의 실태와 경향을 파악하기 위한 「일본의 쉴드공법 실시 예·제1집」을 1966년 11월에 발간했다.

그 이후, 도시재개발의 유효한 수단으로 지하철도, 상하수도, 전력, 통신, 가스, 공동구 및 지하도 등 도심지 터널공사의 필요성이 증가함에 따라 개착공법을 대신할 수 있는 쉴드공법의 지침서 작성을 위해 위원회의 활동과 노력 끝에 1970년 「쉴드공법 지침」을 제정했다.

1973년에는 일본하수도협회의 협력으로 「쉴드공사용 표준세그먼트」를 간행했고, 「쉴드공법 지침」 이후 7년 만인 1977년에 「터널표준시방서(쉴드편)·동해설」을 제정함으로써, 쉴드터널은 광범위하게 적용이 확산되어 기술개발과 실용화 및 시스템화 등 장족의 발전을 보였고, 그에 부합하기 위해 9년 후인 1986년에 「터널표준시방서(쉴드편)·동해설」을 개정했다.

이후, 쉴드터널의 기술은 급속하게 발전해 밀폐형이 주류를 이루고 자동화 및 시스템화되었으며, 시공조건이 엄격한 장소에의 적용과 종래에는 없던 단면형식이나 특수한 쉴드의 적용도 증가해, 1996년의 2회 개정판은 이런 추세와 단위에 관한 법규개정과 부재설계법의 진전에 따른 내용도 반영했다.

10년 이후인 2006년, 일본 토목학회는 터널 표준시방서를 3차 개정했는데, 쉴드공법편·동해설, 개착공법편·동해설, 산악공법편·동해설의 3편으로 구성되어 있다. 3편을 동시에 개정한 1996년판으로부터 10년이 지나는 사이에 개발된 신기술을 반영함과 동시에 유지 관리 중요성의 고조 등 사회 정세의 변화도 대응시켰다.

전회의 개정 이전에 발생한 한신(阪神 : kobe) 대지진의 교훈도 활용했고, 지진 이후에 진보된 내진연구의 성과를 채택해 내진설계법에 대한 내용을 충실히 반영했으며, 사회 정세의 변화에 대응해 설계의 합리화 수법 및 유지관리에 관계되는 사항 등을 보완했다.

2006년 개정판의 또 다른 특징은 실무자에 대한 설문조사를 실시해, 시방서의 사용상황 외의 내용에 대한 문제점이나 수정·개선 의견, 개정판에 채택해야 하는 내용에 대해 실무자나 현장의 의견을 폭넓게 파악해 그 내용들을 반영했다. 설문조사는 표 10-4와 같이 중앙관청, 지자체, 종합건설회사 및 용역사 등 216기관을 대상으로 2000년에 실시해 표 10-5와 같이 다수의 지적사항을 파악했다.

[표 10-4] 설문조사 응답자 수

	발주자 응답 수	수주자 응답 수	합계
쉴드편	77	143	220
개착편	77	91	168
산악편	112	172	284

쉴드공법편은 대심도의 지하이용에서 채택해야 하는 항목을, 개착공법편은 한계상태설계법의 문제점을, 산악공법편은 설계·시공의 내용에 대해 보완을 요구하는 의견이 많아서, 개정 작업 시 이런 의견을 정리해 시방서에 반영했다.

[표 10-5] 설문조사 결과

구분	분류	의견	응답자의 주요 의견
쉴드편	한계상태설계법을 도입하는 경우의 유의점과 요망	192	"적용 시 해결해야 할 내용이 많다" "허용응력법과 적합성을 채택할 필요가 있다" "시대의 흐름상 필요하다" 등의 의견이 많다.
	유지관리와 보수·보강을 시방서로 채택해야 하는지 여부	270	"대표적인 판단방법·유지·보수·보강공법" "실제변형과 원인·대책 예" "보수·보강의 기준"에 대한 요망이 많다.
	시방서로 채택해야 하는 신기술 또는 신공법	168	"세그먼트" "특수단면" "2차복공 생략" "발진·도달구의 직접절삭" "고속시공"의 순으로 의견이 많다.
	대심도·지하이용에 대해 시방서로 채택해야 하는 항목	288	"세그먼트 설계법" "설계하중" "지반개량기술" "자재수송" "안전설비"의 순으로 의견이 많다.
개착편	한계상태설계법을 도입하는 경우의 유의점과 요망	140	문제점으로 "명확화·적합성" "각종 계수의 설정" "가시설로의 대응" 등을 지적하는 의견이 많다.
	유지관리와 보수·보강을 시방서로 채택해야 하는지 여부	129	2:1의 비율로 "채택해야 한다"는 의견이 많다. 유지·보수만의 별책에 대한 의견도 있다.
	방수공의 종류(공법), 선정이유, 시공상의 유의점	82	방수공은 방수성, 시공성, 경제성으로 각종 공법이 선정된다. 시공상 양생에 유의해야 한다는 의견이 많다.
	발생토사를 재이용하는 경우의 이용방법	65	발생토사는 되메움, 흙쌓기, 매립, 토지조성 등의 순으로 사용되며 대부분은 안정화 처리를 해 이용한다.
산악편	내용을 보다 보완하면 좋은 항목	341	"설계", "시공", "시공관리"에 관한 기재내용의 보완을 희망하는 의견이 많다.
	내용을 삭제·간소화하면 좋은 항목	32	"널말뚝공법"을 간소화하는 것이 좋다는 의견이 많다.
	새로이 추가해야 하는 항목	209	"유지·보수", "TBM", "대단면"에 대해 새로운 추가나 보완이 필요하다는 의견이 많다.
	"터널의 유지관리"에 이용하는 지침의 상황	282	철도종합기술연구소, 구 일본 도로공단, 일본도로협회가 발간한 지침의 사용이 70%를 차지한다.

10.2.2 쉴드(shield)편 개정내용

가. 개 요

설계의 합리화가 강하게 요구되는 사회정세를 반영해 "한계상태설계법"을 새로이 추가했다. 한계상태설계법은 사용재료와 구조물에 작용하는 하중, 채용하는 구조설계법 등의 편차나 변동을 개별의 안전계수로 설정할 수 있고, 설계 작업을 합리화할 수 있다. 「터널 Library-제 11호」의 "터널에의 한계상태설계법 적용"을 참조했다.

공법에 대해서는 현재 주류를 이루고 있는 밀폐식 쉴드를 주체로 하고, 적용 예가 줄고 있는 개방형 쉴드는 생략하고 압기공법의 기술도 줄였다. 시공실적이 증가하고 있는 특수단면쉴드나 분기쉴드 등의 신기술에 대해서도 새로운 장(章)으로 해설하고, 설문조사에서 요청이 많았던 유지관리와 내구성에 관한 새로운 내용도 추가했다.

이러한 개정에 따라 쉴드편은 총론, 복공, 쉴드, 시공 및 시공설비·한계상태설계법의 5편으로 구성했다. 총론에서는 최근의 동향을 감안해 "유지관리계획" 등의 항목을 신설하고, 2차복공을 설치하지 않는 경우를 해설했다. 복공편에서는 1차복공과 2차복공의 기능을 명확하게 하고 토피가 두꺼운 대심도의 구체적인 사례도 게재하고, 세그먼트의 구조계산에 대해서도 구조 모델을 표시했다. 시공 및 시공설비에서는 중요성이 증가하고 있는 대심도, 장거리, 급곡선, 지중접합 등의 장(章)을 추가했고, 고속시공이나 지중접합·단면변화에 대해서도 새로이 기술하는 등 시공조건의 변화와 기술개발의 최신 경향에 대응했다. 새로이 추가한 한계상태설계법에서는 복공의 설계를 모델로 한 조사 예나 응답치와 한계치의 관계를 표시했다.

쉴드공법편의 주요 개정내용은 다음과 같다.

나. 장(章)별 개정내용

1) 제1편 총론

① 책임기술자라는 표현을 지양하고, 적합한 판단을 할 수 있는 능력을 갖춘 기술자라는 표현을 사용했다.

② 복공설계는 원칙적으로 허용응력설계법으로 했다. 새로이 도입한 한계상태설계법을 사용할 수 있지만 양자를 혼용할 수 없게 했다.

③ 쉴드형식의 선정에서는 쉴드형식과 토질의 관계를 토대로, 다수 채용되어 있는 이수식 쉴드와 토압식 쉴드 이외는 제한된 지반조건에서만 선정하도록 변경했다.

④ 최근의 동향을 토대로 "터널공법의 선정과 검토순서", "터널의 계획", "유지관리계획"을 새로

이 추가하고, 2차복공을 실시하지 않는 경우에 대한 취급법을 해설했다.

2) 제2편 복공

① 복공구조의 선정에는 1차복공과 2차복공의 기능을 명확하게 하고, 복공구조 선정 시의 유의사항을 대심도(토피가 두꺼운 경우)와 내수압을 받는 경우 등의 구체적인 사례로 기술했다.
② 하중에 있어서는 종전에 구분했던 주하중(主荷重)·종하중(從荷重)·특수하중 등의 표기를 개정해, 터널에 작용하는 상황에 따라 고려해야만 하는 하중을 선정하는 것으로 변경했다. 또, 측방토압계수의 일부를 변경했다.
③ 기둥(pillar)을 갖는 다원형(muti-face)이나 사각형 터널에 사용하는 주철세그먼트에 대한 좌굴 허용응력도를 추가하였고, 한계상태설계법과의 조합을 목적으로 연성 세그먼트(ductile segment)의 국부좌굴에 대한 허용응력도도 추가했다.
④ 세그먼트의 구조계산에서는 지진의 영향, 급곡선 시공의 영향, 병설쉴드의 영향 및 근접 시공의 영향 등에 대한 검토를 염두에 두고, 구조계산방법을 터널의 횡방향과 종방향으로 구분함과 동시에 구체적인 구조모델에 대해 기술했다.
⑤ 세그먼트의 내구성은 터널의 유지 관리를 감안해 새로운 장(章)을 만들어 기술했다.

3) 제3편 쉴드

① 적용 사례가 압도적으로 많은 밀폐형 쉴드를 중심으로 기술했다.
② 최근 적용 사례가 증가하는 지중접합·분기 등의 특수쉴드에 관한 조항을 추가했다. 또, 고수압 조건이나 장거리 시공의 증가에 대응하기 위해 테일 실(tail seal)이나 커터비트(cutter bit)에 대한 서술도 추가했다.
③ 적용빈도가 적은 개방형 쉴드는 특수쉴드로 분류했다.

4) 제4편 시공 및 설비

① 최근 중요성이 증가하고 있는 대심도, 장거리, 급곡선 시공, 지중 접합, 지중 확대, 지중장애물 대책 및 근접 시공 등(각종 조건 하의 시공)에 대한 장(章)을 추가하고 일반 시공과 다른 유의점을 제시했다. 또, 시공사례가 증가하고 있는 급속 시공, 지중 분기 및 단면 변화에 대한 항목도 새로이 추가했다.
② 밀폐형 쉴드의 적용이 증가함에 따라 보조공법의 중요성이 감소하므로 관련공법을 소개 수준으로 재정리했다.

③ 토압식 쉴드와 이수식 쉴드에 대해, 새로이 굴진면 안정을 위한 관리 흐름과 내용을 보완했다.
④ 노동안전위생, 사고방지, 갱내환경개선 및 환경보전 등에 대해 최근의 경향에 맞추어 내용을 확충했다.

5) 한계상태설계법

① 쉴드터널 복공설계는 한계상태설계법을 기본으로 했다.
② 콘크리트 표준시방서와 마찬가지로 안전성, 사용성 및 내구성에 대해 확인하는 것을 기본으로 했다. 구체적인 조사방법은 콘크리트 표준시방서를 따랐다.
③ 조사에 이용하는 안전계수는 한계상태와 재료, 하중 등에 대해 구체적인 것을 표시했다.
④ 내진설계는 토목학회의 제안을 토대로 레벨 1 지진동과 레벨 2 지진동의 2단계 지진동으로 고려하며, 지진동 레벨을 토대로 한 내진성능을 조사하는 것으로 했다.

10.2.3 개착편 개정내용

가. 개 요

개착공법편의 개정내용은 2가지인데, 첫째는 허용응력도설계법에서 한계상태설계법으로 전면 개정하는 것이고 다른 하나는 내진설계의 보완이다.

지금까지 이용해 온 허용응력설계법은 재료와 하중의 편차 등 불확정요소를 재료강도에 대한 안전율로 평가해 합리적인 설계가 어려웠지만, 한계상태설계법에서는 재료강도와 하중, 부재 크기의 편차에 따른 안전계수를 사용하므로 보다 합리적인 설계를 할 수 있다. 다만, 가설구조물에 대해서는 구조물의 사용기간이 상당히 짧은 것과 한계상태설계법의 연구가 충분히 진행되지 않은 것을 고려해, 종전과 같이 허용응력설계법을 적용했다.

또 하나의 개정내용인 내진설계는 한신 대지진 이후에 급격하게 발전한 내진설계법을 받아들여 새로운 장(章)으로 해설했다. 한신 대지진의 발생에 따라 개착터널의 피해원인규명에 따라 개착터널의 내진설계법이 급격하게 진보했다. 대규모 지진을 2단계로 나누어 고려함과 동시에 콘크리트 표준시방서에 규정되어 있는 설계 지진동과 안전성의 조사법 등을 표시한 한계상태설계법을 채택했다.

또한 설문조사에서 많은 요구가 있었던 유지 관리와 내구성에 대한 내용을 추가했고, 가능한 한 최신기술을 채택해 내용을 보완함과 동시에 참고문헌을 게재해 편의성을 높였다. 개착공법편의 주요 개정내용은 다음과 같다.

나. 장(章)별 개정내용

1) 제1편 총론

① 개착터널 전반에 걸쳐 용어를 정의했다.
② 공법의 선정과 검토순서에 대한 항목을 신설했다.
③ 환경보전대책의 계획에 대한 항목을 신설했다.
④ 관측, 조사, 측정 및 공사기록에 대한 항목을 신설했다.

2) 제2편 터널의 설계

① 터널 본체의 설계를 성능조사형으로 개정하고, 성능조사는 한계상태설계법에 의한 것으로 명기했다.
② 성능조사의 방법은 콘크리트 표준시방서와 동일하게 안전성, 사용성 및 내구성에 대해 검토하는 것을 기본으로 했다.
③ 내진설계의 장(章)을 신설해 레벨 1, 레벨 2의 2단계 지진동을 고려한 성능조사형 설계법으로 했다.
④ 부재의 설계에서는 플랫 슬래브(flat slab)를 삭제하고, 아치(arch)와 프리캐스트 콘크리트(precast concrete)를 추가했다.
⑤ 구조 상세항목은 콘크리트 표준시방서를 기준으로 개정했다.
⑥ 지하연속벽에 강제(鋼製)지하연속벽 관련내용을 신설했다.

3) 제3편 가설 구조물의 설계

① 흙막이벽의 응력, 변형의 계산방법은 탄소성법을 기본으로 했다.
② 보조공법에 대한 가설구조물 설계의 적용법과 설계 시 고려방법, 시공상의 유의점을 기재했다.
③ 흙막이벽의 기술개발을 고려해 분류방법을 수정하고 새로운 흙막이벽에 대한 설계법과 시공에 관한 내용을 추가했다.
④ 보일링(boiling)의 검토방법에 대해 굴착형상을 고려한 방법을 도입했다.
⑤ 히빙(heaving)의 검토방법에 대해 기본적인 검토순서를 표기했다.
⑥ 탄소성법에 의한 흙막이벽의 단면계산에 비대칭단면 등에 대한 검토방법을 추가했다.
⑦ 그라운드 앵커(ground anchor)의 설계에 대해 충실히 기술했다.
⑧ 흙막이벽과 중간말뚝의 지지력에 대해 추정방법을 수정했다.
⑨ 주변지반의 변위예측에 대해 단계별 검토를 할 수 있도록 기재내용을 추가했다.

4) 제4편 시공

① 시공기술의 발전에 따라 흙막이벽에 강제지하연속벽과 체인 커터(chain cutter) 방식의 소일 시멘트 지하연속벽 공법(TRD 공법)을 추가했다.
② 흙막이벽을 리스재(lease材)를 중심으로 변경해 기술했고, 선재하중(preload) 공법을 추가했다.
③ 방수공법에 매트(mat) 방수를 추가했고, 시공법의 분류를 수정했다.
④ 유동화 처리토에 의한 되메움을 추가했다.
⑤ 시공관리에 있어서 최근동향에 따라 건설 CALS·IT·ISO9001 등을 추가했다.
⑥ 환경보전대책에 지하수 유동저해의 방지, 토양오염의 방지를 추가했다.

10.2.4 산악터널(TBM)편 개정내용

가. 개 요

산악터널공법편에서는, 시공 사례가 증가하고 있는 도시부의 산악터널공법 내용을 보완했다. 1996년의 개정에도 채택되었지만 금번에 독립된 장(章)을 새로이 만들어 설계에서 시공까지의 흐름에 따라 해설했다. TBM(tunnel boring machine) 공법편도 추가해 계획에서 조사, 시공까지 체계적으로 표시했다. 한편, 널말뚝공법은 소단면 터널로 한정해 설명하는 등, 산악터널의 실태에 맞춘 내용으로 구성했다.

또 하나는 기존터널의 유지관리 문제이다. 전회의 개정에서 10년 동안 콘크리트라이닝의 박락(剝落)이 문제가 되든지 니카타(niikata) 츄에츠(中越) 지진에서 터널에 피해가 발생하는 등의 과제가 명확하게 되었다. 토목학회 터널공학위원회에서는 현지에 조사단을 파견해, 이런 피해상태를 조사한 성과를 개정 시 반영했다.

보조공법에 대해서도 새로운 기술을 반영하는 것 외에, 환경보전의 관점에서 보조공법을 충실히 기재했다. 유지관리기술의 상세는 산악, 쉴드, 개착의 3공법에 관련된 것을 「터널 Library-제 14호」에 취합해 터널표준시방서와의 연대를 꾀했으며, 산악공법편의 주요 개정내용은 다음과 같다.

나. 장(章)별 개정내용

1) 제1편 총론

① 용어의 정의와 내용을 보완했다.
② 계획편에 기재되어 있던 관련법규를 새로운 항목으로 만들었다.
③ 공법의 선정표를 보완하고 검토순서를 명기했다.

2) 제2편 계획 및 조사

① "계획", "조사", "시공", "유지관리"의 흐름을 의식해 기술했다.
② 원지반 조건의 조사에 대한 내용을 보완했다.
③ "대심도법", "환경영향평가법" 등 새로운 법률에 대해 보완했다.

3) 제3편 설계

① "원설계"와 "변경설계"를 해설하고 "설계변경"의 내용을 보완했다.
② "개착공법"과 "개착방식"의 장(章)을 만들어 설계편에 해설했다.
③ "인버트 설계"의 장(章)을 새로이 만들어 내용을 보완했다.
④ "근접시공에 대한 설계"의 내용을 보완했다.

4) 제4편 시공

① 콘크리트라이닝에 대한 내용을 보완했다.
② 노동안전위생·사고방지·갱내환경개선·환경보전 등에 대해, 최근의 경향에 맞추어 내용을 확충했다.

5) 제5편 보조공법

① 최근 보급되고 있는 신기술을 반영했다.
② "주변환경보전을 위한 보조공법"의 내용을 보완했다.

6) 제6편 특수지반 및 도시부 산악공법의 터널

① 특수지반의 터널에 대해 최근의 사례를 반영하고 내용을 보완했다.
② 도시부 산악공법과 관련된 장(章)을 새로이 만들고, 설계에서 시공까지의 흐름에 따라 기술했다.

7) 제7편 시공관리

① 라이닝 등의 품질관리를 염두에 두고 기술내용을 보완했다.
② 유지관리에 대한 각종 관리기록의 작성과 보존의 중요성을 나타냄과 동시에, 구체적인 관리방법 등의 내용을 확충했다.

8) 제8편 TBM 공법

TBM 공법편을 새로이 만들어 계획에서 조사, 설계 및 시공까지 일련의 흐름에 따라 기술했다.

9) 제9편 널말뚝 공법

소단면 터널을 중심으로 내용을 변경했다.

10) 제10편 연직터널 및 경사터널

최근의 기술, 구체적인 수치 및 안전대책 등에 관한 기술을 보완했다.

10.3 개정(통합본)

10.3.1 통합본의 배경

Brunel에 의해 개발된 쉴드공법은 영국의 템스 강 아래의 연약한 점토를 대상으로 처음 개발되었다. 이 쉴드공법이 연약지반뿐만 아니라 암반을 대상으로 하는 Open TBM 공법으로까지 발전되었다.

하지만 실제 지반은 연약한 지반이나 암반층으로 국한되는 경우보다는 서로 교호하는 지반이 있을 뿐만 아니라, 심지어 암반층이라 할지라도 파쇄대가 분포해 Open TBM 장비로는 굴진에 어려움이 있었던 것도 사실이다.

이런 문제점을 해결하기 위한 방안으로 여러 가지의 시도가 되고 있는데, 더블 쉴드(double shield)나 복합식 쉴드 등을 들 수 있다.

공사비와 지반강성의 관계를 나타내는 그림 10-2에서 알 수 있듯이 암반층을 중심으로 발전해 온 NATM의 영역이 점차 토사층으로 확대되는 것처럼, TBM 공법 또한 연약지반에서 암반으로의 영역확대가 이루어지고 있다. 이런 추세에 따라 연약지반에서 암반층까지 굴진할 수 있는 TBM 장비도 개발되고 있다.

일본의 경우는 터널표준시방서가 개착공법, 산악공법, 쉴드편으로 각각 독립되어 있는데, 연약지반용 쉴드 TBM은 쉴드편에서 취급하지만, Open TBM은 산악공법편에서 취급한다. 그에 비해, 유럽의 경우는 쉴드 TBM과 Open TBM이 하나로 통합되어 있다.

1999년에 제정된 (사)대한터널협회의 「터널설계기준」이나 「터널표준시방서」는 일본처럼 완전히 독립된 형식으로 되어있지는 않지만, 쉴드 TBM과 Open TBM은 각각의 장으로 이루어져 있었다. 하지만, 금번 터널학회에서 개정한 설계기준은 쉴드 TBM과 Open TBM을 통합했다.

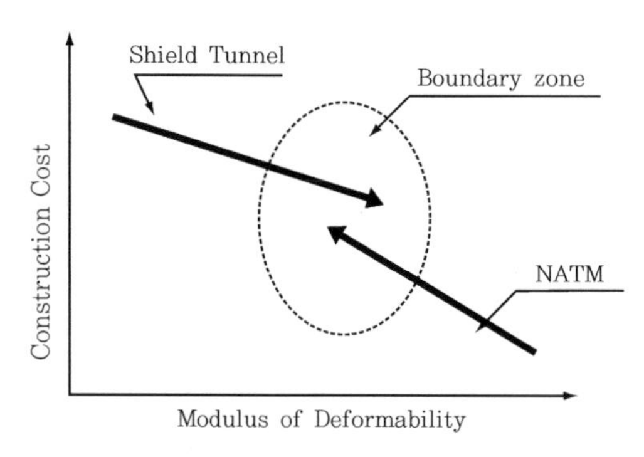

[그림 10-2] TBM 공법의 영역 확대

10.3.2 개정 내용

금번 설계기준의 개정내용을 다음과 같이 구분해 표기했다.

Open TBM과 쉴드 TBM의 공통부분을 수정한 것은 (*1)로 표기하고, Open TBM의 내용을 중심으로 수정한 것은 (*2)표기를 하며, 쉴드 TBM의 내용을 수정한 것은 (*3)으로 표기했다. 또한 금번에 신설한 내용은 (*4)로 표기했다.

가. TBM 계획

1)[*4] 설계자는 Open TBM과 쉴드 TBM 중에서 현장조건에 맞는 장비를 선정해야 한다.

2) 선형계획

①[*1] 선형, 토피, 내공단면, TBM 형식, 라이닝, 유지관리계획, 공사계획 및 환경보존 계획 등을 포함하고, 유지관리에 대해 고려해야 한다.

②[*2] 지반조건을 고려해 단층·습곡 등 지질구조대, 파쇄대, 팽창성지반 등을 피하고 가급적 균질한 지반을 통과하도록 해야 한다.

③[*3] 평면선형은 가능한 직선으로 계획하고, 곡선은 곡선반경을 완만하게 해야 한다.

④[*1] 최소곡선반경은 지반조건, 굴착단면 크기, 시공방법, 장비특성 및 라이닝 등을 고려해 설계해야 한다.

⑤[*3] 곡선반경이 작으면, 굴진반력에 의한 터널변형방지와 세그먼트 안정성을 고려하고 지반보강, TBM 구조, 세그먼트 개량, 뒤채움 주입량, 또는 방향전환 작업구 및 지중접합 등을 검토해야 한다.

⑥[*3] 병렬터널의 순간격은 굴착외경보다 크게 하고, 보다 근접하는 계획인 경우는 지반조건을 고려해 설계해야 한다.

⑦[*3] 인접 구조물에 근접하는 터널의 경우, 설계조건과 현황을 조사해 편압, 침하, 진동 등의 영향을 주지 않도록 필요한 간격을 두어야 하며, 필요 시 구조물 주변을 보강해야 한다.

⑧[*2] 갱구부는 장비조립과 부대장비 설치에 필요한 공간을 감안해 계획해야 한다.

3) 종단계획

①[*1] 종단기울기는 사용목적, 유지관리, 시공성, 공사 중 및 운영 시 배수처리문제, 지하수처리 및 오염방지문제 등을 고려해 결정해야 한다.

②[*1] 종단기울기는 일반적으로 장비의 굴진효율 향상과 시공 중 및 운영 중 용출수의 자연유하를 위해 0.3% 이상의 오르막으로 한다. 또한 작업구 조건과 지장물 제약으로 2%를 초과하면 배수, 추진, 버력 및 재료의 운반 등 작업능률 저하와 안전을 고려해야 한다.

③[*2] 내리막으로 굴착계획을 할 때는 터널 내 배수와 굴진능률 저하를 고려해야 한다.

④[*4] 급기울기 설계 시는 운반장비의 견인력과 제동력을 고려해 굴진율 저하요인을 최대한 감소시켜야 한다.

⑤[*2] 수로터널은 통수량, 통수단면적 및 유속 등의 상호관계를 고려해 기울기를 계획해야 한다.

4) 터널의 토피 계획

①[*3] 토피는 굴착외경의 1.5배 이상을 기준으로 하고 지표와 지하 구조물의 현황, 지반조건, 굴착단면적의 크기, 터널의 사용목적 및 시공방법 등을 검토해 결정해야 한다.

②[*4] 토피가 굴착외경의 1.5배 미만이면, 상응하는 터널의 안정성을 확보하도록 계획해야 한다.

5) 내공 단면

①[*1] 내공단면은 원형을 표준으로 사용목적에 따른 내공단면적을 결정하며, 인버트부의 여유공간에 배수로·대피시설 등 부대설비 계획을 검토해야 한다.

②[*3] 내공단면 확보를 위해 상하좌우의 선형오차, 변형 및 침하 등에 의한 시공오차를 감안해야 한다.

③[*2] 시공오차는 지반상태에 따른 허용변위량, 지보 및 라이닝 시공편차, 터널용도, 구조물 특성, 방재 및 구난설계 등을 고려해 결정해야 한다.

④[*3] 사용목적에 따라 단면형상을 선택하며, 이 경우 장비, 라이닝 강도, 형상 및 시공상의 문제점에 대해 검토한다.

⑤[*4] 단면표준화가 가능하면, 장비 또는 부품의 재활용이 가능하도록 검토해야 한다.

6)[*4] 작업장

지반조건, 터널공사규모, TBM 종류, 터널외부설비(환기 및 수전설비, 급수 및 배수설비, 급기설비 등) 및 각종 가시설(커터숍, 레일 조립장, 컨베이어 조립장, 버력처리장, 침전지, 재료적치장 등) 등을 감안해 계획해야 한다.

7)[*2] 반력 설비

진입을 위한 벽면지지용 반력설비(발진터널, 발진반력대)를 계획해야 한다.

8)[*2] 부품수급계획

원활한 장비작동과 유지관리를 위해 사전에 부품수급계획을 수립해야 하며, 지반에 따른 커터의 적정 교체시기 등도 고려해야 한다.

9)[*2] 계측계획

일반사항은 제9장 굴착 및 계측편을 따르고, 계측위치, 계측항목, 계측간격, 측정빈도 등을 조정해 경제적인 계측계획을 수립해야 하며, 정밀 계측장비를 이용해 계측오차를 최소화해야 한다.

10)[*2] 굴진면 관찰

굴착 시 붕괴로 인한 장비함몰이나 과굴착으로 인한 과다침하가 우려되면, 굴진면 관찰이나 조사장비에 의한 굴진면 예측과 과굴착 측정 등을 사전에 계획해야 한다.

11)[*3] 주변에의 영향

주변 지하구조물의 침하나 손상이 예측되면 사용성, 안전성, 경제성, 공사기간 및 환경조건 등을 고려해 보조공법을 검토해야 한다.

12)[*4] 유지관리계획

공용기간 동안 성능의 수준을 유지하도록 유지관리계획을 세워야 한다.

13)*4 재활용계획

자연환경보전에 주의하며, 건설부산물의 감소와 재활용 및 처분계획을 수립해야 한다.

14)*3 TBM 공법 설계도서

터널 설치위치, 세그먼트 형상, 길이, 단면강도 등과 함께 설계하중, 허용응력 또는 안전율, 사용재료 종류 및 재질, 지반조건 및 시공조건 등 세부사항을 명기한다.

15)*2 현장운영조직

조작자와 관련 기술자의 상호 협조를 위한 현장운영조직을 계획해야 한다.

나. 조 사

1)*1 일 반

제3장 조사편을 기준으로 하며, 특수한 경우에는 별도로 정할 수 있다.

2)*1 입지조건 조사

노선선정, TBM 종류결정, 터널규모 설정에 이용하며 장비운반 도로망, 교통상황, 조립과 해체용 부지, 전력과 급배수시설 및 사토장부지에 대한 조사를 실시해야 한다.

3)*3 지장물 조사

지상·지중·지하구조물, 우물 등 터널영향범위의 지장물을 조사해야 한다. 지중 매설물의 매설도면이 없거나 매설위치가 도면과 다르다고 의심되는 경우 지장물 탐사로 위치와 규모를 파악해야 한다.

4) 지형 및 지반조사

①*1 노선과 TBM 종류선정, 지보패턴, 보조공법, 공사기간 산정의 설계나 시공에 필요한 조사를 수행해야 한다.

②*4 팽창성 지반이나 복합지반, 단층대, 지하수위가 높은 투수층, 토사와 암반의 경계, 유해가스 발생 가능지역에는 관련된 집중적인 지반조사를 실시해야 한다.

5)*4 환경영향조사

터널 주변 환경보전을 위한 소음진동 영향, 지반 침하 및 지하수 영향 등에 대해 조사해야 한다.

6)*4 커터 성능시험

TBM 가동률 예측을 위해 실시하며, 마모 영향 파악을 위한 지반조사와 시험도 실시해야 한다.

7)*1 조사 및 시험성과 정리 시 고려사항

① 터널노선의 지질과 시공상 문제가 발생 가능한 지형과 지질을 상세히 기입해야 한다.
② 성과에 따라 TBM 공법의 기종과 세부 설계사항을 검토해야 한다.

다. 설 계

1)*2 일 반

① 제4장 설계일반편의 기준을 원칙으로 한다.
② 사용목적의 적합성, 안전성, 경제성 및 시공성이 확보되도록 설계해야 하며, 지보재는 기계굴착의 장점을 최대한 활용할 수 있도록 설계해야 한다.
③ 계측결과로부터 설계 시의 예측조건과 상이한 지반이면, 설계 변경으로 조정해야 한다.

2)*2 TBM 설계 시 검토 항목

① TBM 터널 내공단면 크기
② TBM 장비의 선정
③ 커터헤드 설계
④ TBM 조립장
⑤ 발진기지 및 도달기지
⑥ 버력처리 및 운반 시스템
⑦ 지보 및 변형 여유량
⑧ 세그먼트 및 콘크리트라이닝
⑨ 배수 및 방수
⑩ 인버트
⑪ 보조공법
⑫ 가시설
⑬ 작업자 통로
⑭ 방재, 조명 및 환기
⑮ 수전설비 등 각종 설비
⑯ 부대시설 규모 및 소요공간

라. TBM 분류 및 선정

1) TBM 선정 시 검토 항목

①[*1] 지반조건, 굴진속도, 단면형상과 크기, 시공연장, 터널선형, 사용목적, 시공성, 작업장 용지 및 굴착버력 처리방법 등을 고려해 형식을 선정해야 한다.

②[*3] 지하장애물이 있으면 장애물의 제거나 변위 발생 등을 종합적으로 검토해야 한다.

2)[*4] 기타 장비제원의 고려사항

① TBM 장비의 주요설비

- 커터헤드(cutter head)
- 커터헤드 구동부(cutter head drive)
- 세그먼트 이렉터(segment erector)
- 전기설비(electrics)
- 작업장 가스 제어설비(methane gas control)

② 운영 관리자료 획득설비(data acquisition system)

③ 버력 처리장비

- 신축연장가능 벨트컨베이어(extendable belt conveyor)
- 트럭과 호퍼(hopper)
- 기관차(locomotive)와 광차(muck car)
- 버력 처리장비

④ 이수 처리설비

⑤ 뒤채움 주입설비

마. 장비의 제작

1)[*3] TBM 장비 제작 시 고려사항

① 연직 및 수평토압, 수압, 자중, 상재하중, 편압, 굴진면 전면압 등을 지지해야 한다.

② 작용하중과 조합하중에 대해 안전하게 가동되는 구조여야 한다.

③ 대형 장비이므로 분할, 수송, 작업구 투입을 고려해 제작해야 하고, 연약지반에서는 TBM 중량과 중심위치가 운전에 영향을 주지 않도록 해야 한다.

④ 굴착, 추진, 라이닝 설치의 동시 작업이 가능토록 외부작용하중에 대해 내부를 보호할 수 있어야 한다.

⑤ 외경은 스킨플레이트(skin plate)의 외경으로서 세그먼트 외경, 테일 클리어런스(tail clearance), 테일 스킨플레이트(tail skin plate) 두께를 고려해야 한다.

⑥ 테일 클리어런스는 통상 20 ~ 40mm로서, 세그먼트 형상과 크기, 터널선형, 선형수정, 세그먼트 조립 시 여유 및 테일 실(tail seal) 설치 등을 고려해 결정해야 한다.

⑦ TBM 길이는 지반조건, 터널선형, 형식, 중절장치 유무, 세그먼트 폭, K형 세그먼트 삽입형식 및 테일 실 단수 등을 고려해야 한다.

⑧ 후드부 형상은 직형, 경사형, 단절형 등이 있고, 구조와 치수는 지반조건과 TBM 형식에 맞도록 결정해야 한다.

⑨ 후드부 구조는 잭, 커터 축, 구동과 중절 및 배토장치 등의 부착공간을 고려해야 한다.

⑩ TBM 길이는 외경과의 조화, 운전 조작을 고려해 짧은 것을 선택해야 한다. 너무 짧으면 접지압이 커져 조향성이 나빠지므로 고려해야 한다.

⑪ 테일부 길이는 세그먼트 폭과 형상 및 시공성을 고려해 결정해야 한다.

⑫ 테일 스킨플레이트 두께는 변형발생이 없는 범위에서 가능한 한 얇게 해야 한다.

⑬ 테일 실은 뒤채움 주입재나 토사를 동반하는 지하수의 역류방지를 위해 내구성, 내압성 등을 고려해야 한다.

2) 커터헤드 설계 시 고려사항

①*3 지반조건에 적합하고 시공연장, 선형, 시공조건 등을 고려해 기능을 발휘할 수 있도록 선정해야 한다.

②*4 커터의 굴착성능 예측자료와 굴착대상의 지반특성을 고려하고, 각 커터의 균등한 부하를 위해 커터의 개수, 간격 및 위치 등을 고려해 커터헤드의 추력, 회전력, 회전속도 등을 결정해야 한다.

③*4 커터헤드의 지지방식은 버력 반출기구와의 조합을 고려해 TBM 외경, 원지반 조건 등에 적합하도록 선정해야 한다.

④*4 커터헤드의 개구부는 지반조건, 굴진면 안정기구 및 굴삭능률을 고려해 개구형식과 크기 및 개구율을 정해야 한다.

⑤*4 커터 구동부는 시공조건과 기계형식에 맞추어 축(軸)과 구동기어를 선정해야 한다. 커터 축의 실(seal)은 토사, 지하수 등의 유입으로부터 커터 축을 보호할 수 있어야 한다.

⑥*3 확굴장치는 곡선시공에 필요한 장치로 지반조건, 시공조건에 적합해야 한다.

⑦*3 지반조건에 맞도록 커터의 종류, 형상, 재질, 커터헤드의 배치를 결정해야 한다.

3) TBM 커터 설치 시 고려사항

①[*3] 지반조건에 적합하도록 종류, 형상, 재질 및 커터헤드에서의 배치를 결정해야 한다.

②[*4] 굴착지반의 상태를 고려해 디스크커터나 커터비트를 선정해야 한다.

③[*4] 디스크커터는 암석의 압축강도, 인장강도, 경도, 석영함유량, 마모도 등을 고려해야 한다.

④[*4] 굴진 중 커터(디스크커터와 커터비트)의 교환방법과 지점을 계획해야 한다.

⑤[*4] 커터 크기는 터널직경, 암석강도를 고려하고 선형절삭시험 등으로 성능평가를 실시하는 것을 검토해야 하며 작용추력, 회전력, 압입깊이에 따른 굴착 성능을 예측할 필요가 있다.

4)[*3] 추진기구의 고려사항

① Open TBM 추진은 그리퍼를 사용하고 쉴드 TBM은 추진 잭을 사용하며, 총추진력은 총추진 저항에 안전율을 고려해야 한다.

② 그리퍼와 추진 잭 선정과 배치는 TBM의 조향성·시공성·세그먼트라이닝의 특성 등을 고려한 경량구조로 하되, 내구성이 크며 보수·교환이 가능해야 한다.

③ 추진 잭은 쉴드 TBM 외판 내측에 등간격으로 배치해 세그먼트에 균등하중이 가해지도록 하며, 그리퍼는 Open TBM 자중을 지지하면서 추진력을 얻어야 한다.

④ 그리퍼와 추진 잭의 작동속도는 굴진속도 및 시공능률을 고려해야 한다.

⑤ 추진 잭의 스트로크(stroke)는 세그먼트 폭과 쉴드 TBM의 곡선시공을 고려해야 한다.

5)[*3] 유압 · 전기 · 제어기구의 고려사항

① 유압기기는 고압 대용량이고 사용환경도 나쁘므로 내구성·효율 및 소음을 고려해야 한다.

② 유압기구는 자가 점검장치 또는 점검이 용이한 것으로 유지관리하도록 해야 한다.

③ 간단한 유압회로로, 오조작이 발생해도 안전을 보장하도록 해야 한다.

④ 유압 작동유는 유압기기에 적합한 양질의 것이어야 한다.

⑤ 전기 기기류는 방수·방습 및 방진 등에 유의해, 조작과 점검보수가 용이한 위치에 설치해야 한다.

⑥ 제어기기는 굴착·추진 및 버력 처리 기기들과 상호 연관성을 양호하게 해야 한다.

6)[*3] 세그먼트 조립기구의 고려사항

① 이렉터는 쉴드 TBM 형식과 규모, 세그먼트 분할과 형상, 굴착토 처리방법 및 작업주기 등을 고려해 세그먼트 조립이 정확하고 능률적인 것으로 선정해야 한다.

② 이렉터 능력은 세그먼트 종류, 형상, 중량 및 조립순서 등을 고려해 결정해야 한다.

7) 부속기구의 고려사항

①*4 지반조건, 터널선형, 쉴드 TBM 형식 및 기능에 적합한 중절장치를 선정해야 한다.

②*3 지반조건, TBM 형식, 터널선형 등을 고려해 TBM 방향제어가 가능한 장치를 선정해야 한다.

③*3 측량장치(탑재)는 TBM 자세와 방향파악의 측량 목적에 맞추어 선정하되, 터널 내 고온, 다습 등의 조건에 내구성을 가져야 한다.

④*3 주입재료, 주입방법, 주입량 등을 고려해 뒤채움 주입장치를 선정해야 한다.

⑤*3 후방대차는 TBM 굴진용 기계장치 설치, 굴진면 작업용 재료, 각종 작업받침대, TBM 굴진과 동시이동 등의 기능과 규모를 가져야 한다.

8)*4 굴진율 및 가동률 예측

① TBM 굴진율, 공사기간, 커터의 마모수명을 예측하도록 굴진과 관련한 시험결과, 예측모델의 사례 분석결과 등을 활용해야 한다.

② TBM 굴진율은 굴진성능과 가동률에 의존하므로 지보재 설치, 장비 유지보수, 커터교체 및 작업자의 교대시간 등을 고려한 가동률을 예측해 공사기간을 산정해야 한다.

바. 터널 지보재 및 보조공법

1)*3 제5장 터널 지보재편을 원칙으로 하되 TBM의 기계적 특성과 지보재 시공성을 고려해야 한다.

2)*2 지보재 설계를 위한 암반분류는 TBM의 특성을 고려해야 한다.

3)*2 지반이 양호하면 Open TBM 터널의 지보재를 생략할 수 있다.

4)*2 TBM 굴진은 발파와 비교해 주변의 응력 분포와 지반 변형이 다르므로 이를 감안해 터널을 해석하며 지보패턴 등급을 조절하거나 지보재를 경량화해야 한다.

5)*2 Open TBM의 철망은 숏크리트 부착력과 보강효과 증대를 위한 것과 낙반 방지용으로 구분하되 낙방 방지용 철망은 암질상태에 따라 철망 종류를 달리해야 한다.

6)*2 보조공법은 지반 및 환경조건, 안전성, 시공성 및 경제성이 확보되도록 설계해야 한다.

사. 세그먼트라이닝

1)*3 세그먼트라이닝 설계 시 고려사항

①*4 세그먼트라이닝은 추진 잭 추력, 지반의 하중(토압과 수압)에 견디게 설계해야 한다.

②*3 쉴드 TBM은 지반조건, 터널단면 및 시공법 등에 따라 터널거동이 다르므로 세그먼트라이

닝의 설계 시 고려해야 한다.

③[*3] 설계계산서에는 제반조건, 가정 및 계산과정을 명기해야 한다.

④[*4] 허용응력설계법으로 설계하며, 필요 시 검증된 유사 설계법도 적용할 수 있다.

2)[*3] 세그먼트라이닝에 작용하는 하중

추진 잭 추력, 연직 및 수평압력, 수압, 자중, 상재하중 영향, 지반반력, 내부하중, 시공 시 하중, 병설터널 영향 및 지반침하 영향 등을 고려해야 한다.

3) 세그먼트라이닝의 구조 해석

①[*3] 간편법, 스프링 모델 및 수치해석법 등이 있으며, 구조 계산은 횡단면과 종단면으로 구분해 수행하고 시공단계 및 완성 후의 작용하중을 고려해야 한다.

②[*3] 횡단면 설계하중은 터널구간 내의 가장 불리한 조건을 대상으로 결정해야 한다.

③[*3] 세그먼트 단면력은 구조특성을 고려해 계산해야 한다.

④[*4] 종단면 해석은 시공단계 및 완성 후 하중상태와 세그먼트 구조특성을 고려해야 한다.

4)[*3] 세그먼트 종류

재질에 따라 콘크리트, 강재, 합성(콘크리트 + 강재 또는 주철) 세그먼트로 분류하고, 형상에 따라 상자형, 평판형 세그먼트 등으로 분류하며, 터널용도, 세그먼트 강도, 내구성, 내화성, 시공성 및 경제성 등을 고려해서 선정해야 한다.

5)[*3] 세그먼트 재료

한국산업규격(KS)을 표준으로 하며, 무근 및 철근 콘크리트는 건설교통부 제정 「콘크리트 구조설계기준」 및 「콘크리트 표준시방서」의 규정에 따라야 한다.

6)[*3] 세그먼트 구조 및 형상 설계 시 고려사항

① 강도, 구조, 형상 등은 터널용도·지반조건·시공법을 고려해 선정해야 한다.

② 상자형, 평판형 세그먼트를 볼트로 조립한 링 구조로 취급할 수 있으며, 재질에 따라 콘크리트, 강재 및 합성 세그먼트로 구별해야 한다.

③ 형상치수는 사용목적, 시공성, 경제성을 고려해야 한다.

④ 이음구조는 소요강도와 강성을 갖고 조립의 확실성, 작업성 및 지수성을 고려해 설계하며, 볼

트 체결방식은 적정 회전력을 산정해 결정한다.

⑤ 이음각도는 단면력 전달, 조립 작업성, 시공조건 및 세그먼트 제작성을 고려해야 한다.

⑥ 원칙적으로 수밀성을 확보해야 한다.

⑦ 균등한 뒤채움 주입을 위해 내경 50mm 내외의 주입공을 1개소 이상 설치하고, 주입공을 고리로 사용할 때 작업성은 물론, 안전성과 자체 하중에 대한 인발력을 고려해 주입공 직경과 위치를 결정해야 한다.

⑧ 소구경 철제 세그먼트 조립은 고리가 필요 없지만 일반 세그먼트는 운반, 조립을 위해 고리를 설계해야 한다.

⑨ 테이퍼 링은 터널선형, 지반조건, 보조공법, 이음 강성, 세그먼트 제작성 및 시공성 등을 고려해 수량, 폭, 테이퍼량을 설계해야 한다.

아. 작업장 및 작업구

1) 작업장 설계 시 고려사항

①*2 조립장 규모는 TBM 및 후속대차 조립에 지장 없도록 하고, 가능한 한 조립장을 노선 상에 두어 경제적이 되도록 설계해야 한다.

②*2 조립장 폭과 길이는 본체 폭, 크레인 작업 폭, 본체길이 및 후속대차 길이를 함께 고려해야 한다.

③*2 환기와 수전설비, 급수와 배수설비, 커터 숍, 레일 조립장, 침전지 및 급기설비 등의 가시설 기능과 규모를 감안해 배치계획을 수립해야 한다.

④*2 버력 운반 장비규격에 따라 버력 하치장과 운반장비의 대기공간을 확보해야 한다.

⑤*2 2 ~ 3일분 버력량을 적치할 공간을 터널 외부에 버력 하치장으로 확보해야 한다.

⑥*4 이수식 쉴드 TBM은 이수 처리설비의 부지를 확보해야 한다.

⑦*4 사토장 여건을 고려해 임시 적치장의 필요성을 검토해야 한다.

2)*3 작업구 설계 시 고려사항

① 지반조건과 현장여건을 고려해 안전하고 능률적인 시공이 되도록 위치, 규모 및 기능 등을 계획해야 한다.

② TBM 반입, 조립, 세그먼트의 재료 및 기계기구 반입, 굴착버력 반출, 작업원 출입을 위한 발진작업구를 계획하며, 필요에 따라 방향전환용 또는 인양을 위한 중간·도달 작업구 설치도 계획해야 한다.

③ 작업구 규모, 형상 및 시공방법은 사용목적과 TBM 단면 및 본 구조물과의 연결 등을 고려해

결정한다.

④ 작업구 내의 발진부 설계 시는 지수, 작업구 벽체의 안전성 등을 고려해야 한다.

자. 발진기지

1)*4 초기 굴진 시 발진부의 지반개량여부, 발진반력대의 구조와 강도, 가설 세그먼트 해체시기, 후방설비 배치 및 토사 반출입 방법 등을 계획해야 한다.

2)*4 발진 시 TBM 고정위치는 설계상의 TBM 중심과 높이를 기본으로 하고, 연약한 지반에서 TBM 처짐이 예상되면 위치를 상향 보정하도록 계획해야 한다.

3)*2 발진터널 구경은 원활한 TBM의 진입을 감안해 여유 폭을 두어 결정하며, TBM 구경과 여유 폭 30cm의 합을 표준으로 한다.

4)*2 발진터널 길이는 벽면지지가 필요한 TBM 본체 길이와 지반상태를 감안해 결정해야 한다.

5)*2 발진터널은 양쪽 측면에서 TBM 벽면지지가 가능하도록 지지대를 계획해야 한다.

6)*4 반력대 설비는 가조립 세그먼트 방식과 형강을 주재료로 하는 설비로 분류하되, 예상 추력에 견디고 유해한 변형이 없도록 강성을 확보해야 한다.

7)*4 고출력 TBM은 소규모 반력대(thrust block)를 설치해 직접 굴착하는 것도 고려할 수 있다.

차. 터널 내 운반 시스템

1)*2 버력특성, 터널 단면크기, 연장 및 기울기 등을 감안해 효율적인 버력처리 설비를 선정해야 한다.

2)*4 버력 반출, TBM 가동을 위한 장비 및 부품의 반입, 반출과 굴진면의 이상 발생 시에 대처가 가능하도록 통행로를 차단하는 일이 없게 설계해야 한다.

3)*2 버력처리 장비계획은 공사기간, 버력 발생량, 터널 내 작업환경 및 버력처리장과의 거리 등을 감안해 수립해야 한다.

4)*2 버력 운반장비 계획 시 가급적 굴착과 동시에 굴착량 전부를 터널 외부로 반출할 수 있는 운반 체계로 결정해야 한다.

5)*4 버력의 외부 반출 시 환경문제를 고려해 사전에 대책을 수립해야 한다.

6)*2 트럭, 광차, 벨트컨베이어로 버력을 처리할 수 있으며, 3km 이상의 장대터널은 공사 중 환기량, 교행구간 설치 등을 고려해 트럭 사용을 억제하고 가급적 광차나 컨베이어 시스템을 사용해야 한다.

7)[*4] 벨트컨베이어 시스템의 설계 시 고려사항

① 벨트 폭은 버력의 최대입경, 버력처리용량 및 운반속도를 고려해 선택해야 한다.
② 벨트 기울기는 18 ~ 20°를 초과하지 않도록 설계해야 한다.

8)[*4] 이수식 쉴드 TBM의 굴진면 안정을 위한 압력은 수압 및 토압보다 20 ~ 50kPa 정도의 여유를 유지해야 한다.

카. 기타 설비

1)[*1] 부속설비는 사용목적과 유지관리 필요성에 따라 배수, 환기, 방재 등의 설비와 맨홀 등을 설계에 포함해야 한다.

2)[*2] 터널내부 부속설비는 작업 환경성, 안전성, 경제성을 고려해야 하며, 공사 중 터널 내부 조명설비와 분진억제 및 제거설비를 검토해야 한다.

3)[*2] 환기설비 설계 시 고려사항

① 소요 환기량을 계산해 터널 환기방법과 설비를 설계해야 한다.
② 최대 작업원의 소요 환기량, 분진에 의한 소요 환기량, 터널 내 장비 운용에 따른 소요 환기량, 기타 소요 환기량 중 가장 큰 값을 산정해야 한다.
③ 소요 환기량에 따라 환기팬의 용량과 풍관의 구경을 결정해야 한다.
④ 소요 환기량과 풍관 구경에 따라 배치공간을 감안해 송기식, 배기식, 송배기식 중 적합한 환기방법을 적용해야 한다.

4)[*2] 수전설비 설계 시 고려사항

① TBM 전력소요량과 부속설비에 필요한 전력소요량을 합산해 계획해야 한다.
② TBM 전력은 굴진에 따라 고압케이블을 100 ~ 200m마다 연결하도록 계획해야 한다.
③ 후속설비 및 가시설용 전력은 터널길이에 따른 선로손실과 전압강하를 감안해 800 ~ 1,000m마다 변압기를 설치토록 계획해야 한다.

5)[*2] 급수 및 배수설비 설계 시 고려사항

① 급수설비는 소요 급수량을 고려해 급수펌프 동력과 급수관의 구경을 결정해야 한다.
② 소요 급수량은 TBM 커터에 필요한 급수량, 지보재 설치에 따른 급수량, 기타 급수량의 합으로 산정해야 한다.

③ 급수펌프의 동력과 급수관 구경은 TBM 헤드의 소요압력이 유지되도록 결정해야 한다.
④ 배수설비는 TBM 작업 후 퇴수되는 양과 터널의 지하수 양을 배수시켜야 하며, 다량의 지하수가 존재할 경우 예측하기 어려운 지하수의 출수에 대비해 예비 배수설비를 계획해야 한다.
⑤ 소요 배수량은 자연용수량, TBM 퇴수량, 지보재 설치에 따른 퇴수량, 기타 퇴수량 및 비상시 퇴수량을 합해 산정해야 한다.
⑥ 소요 배수량에 따라 급수펌프의 동력과 급수관의 구경을 결정해야 한다.
⑦ 장대터널의 TBM은 굴진에 따라 400 ~ 500m 간격으로 펌프를 설치해 배수시켜야 한다.

6)[*2] 터널 내의 배수용량에 따라 침전설비의 규모와 형태, 수질 및 환경보호대책을 수립해야 한다.

7)[*2] 비상 급기설비 설계 시 고려사항

① 비상급기설비는 터널 작업 시 낙반사고와 매몰을 대비해 계획해야 한다.
② 비상급기설비는 터널연장 및 대피인원 8 ~ 15명을 기준으로 공기압축기 용량과 급기관의 구경을 결정해야 한다.

8)[*4] 이수식 쉴드 TBM의 이수처리설비 설계 시 고려사항

① 지하수, 지표수, 해수오염 방지용 플랜트를 설계해야 한다. 슬러지와 상급수를 분리해 슬러지는 사토 처리하며, 상급수는 pH 조정 후 최종 방류하거나 재사용해야 한다.
② TBM 최대 굴진속도 시의 처리용량을 확보하며, 긴급 상황에 대처할 수 있는 예비 안정액을 확보해야 한다.
③ 배출되는 처리수는 하천수질환경기준의 배출허용기준을 만족하도록 pH, 탁도 및 배수량을 측정하고 자동기록 시스템을 갖추어야 한다.

타. 뒤채움 주입재의 설계

1)[*3] 세그먼트라이닝 배면의 뒤채움 주입재료 설계 시 고려사항

① 뒤채움 주입재료는 시멘트 모르터, 발포성 모르터, 경량기포 모르터, 섬유혼합 모르터, 가소성 주입재 및 자갈 등이 있으며, 지반조건, 유수 존재, 쉴드 TBM 형식, 주입재 특성을 고려해 선정해야 한다.
② 뒤채움 주입재료는 재료분리와 유동성 없는 재료, 주입 후 용적 감소나 용탈이 적은 재료, 소요강도를 조기에 얻을 수 있는 재료, 수밀성이 높은 재료 및 환경 영향이 없는 무공해 재료로 선정해야 한다.

2) 뒤채움 주입방법 설계 시 고려사항

①[*3] 뒤채움 주입방법은 굴진과 동시에 주입하는 동시주입법, 세그먼트 주입공에서 반동시주입법, 세그먼트 링 설치 시마다 주입하는 즉시 주입방법이 있으며 쉴드 TBM 종류와 현장 지반조건에 따라 설계해야 한다.

②[*4] 소형단면은 쉴드 TBM 특성과 적용조건에 맞는 뒤채움 주입방식을 선정하되, 대형단면은 테일보이드의 지반 침하 억제를 위해 동시 주입을 원칙으로 한다.

③[*3] 뒤채움 주입압은 세그먼트 배면의 충전을 위해 외압보다 0.1 ~ 0.2MPa 크게 설계해야 한다.

④[*3] 뒤채움 주입량은 쉴드 TBM 후미의 공극크기, 주입재의 지반에 대한 침투성, 지반 투수성 및 여굴 등을 고려해 설계해야 한다.

파.[*3] 방수설계

1) 세그먼트라이닝은 수압에 견디고 방수가 되도록 세그먼트 이음부, 뒤채움 주입구 등에 방수설계해야 한다.
2) 쉴드 TBM 터널의 사용목적과 작업환경에 적합한 방수방법을 선정한다.
3) 방수는 실링, 코킹(cocking), 볼트 등이 있으며, 사용목적과 현장여건에 맞도록 조합할 수 있다.
4) 실재는 합성고무계, 복합고무계, 수팽창 고무계 등이 있으며, 현장조건을 고려해 수밀성, 내구성, 압착성, 복원성, 시공성 등이 우수한 재료를 선택해야 한다.
5) 코킹재는 에폭시, 치오콜계, 요소수지계 등의 재료가 있으며, 현장조건을 고려해 재료를 설계해야 한다.

하. 콘크리트라이닝

1)[*3] 콘크리트라이닝은 지보특성, 지반조건, 환경조건, 시공방법 등을 고려해 설계해야 한다.
2)[*3] 두께는 터널 사용목적, 시공성, 안전성을 고려해 결정하되, 최소 15cm 이상으로 해야 한다.
3)[*3] 작용하중을 고려해 단면력과 응력을 계산해 안정성을 확보해야 한다.
4)[*4] 세그먼트라이닝을 설치하는 경우, 필요에 따라 방수처리 등 제반 조치 후 콘크리트라이닝을 생략할 수 있다.

10.3.3 관계기관 의견

관련된 6개 기관으로부터 의견서를 받았지만, TBM에 관련된 내용은 1개 항목이었으며 이를 반영했다.

1) 건교부(도로환경팀)

2) 철도 안전팀

3) 대한주택공사

4) 한국도로공사

5) 국토관리청(대전지방)

- 경암반 구간 터널의 라이닝이 필요한지 여부를 검토 : 신선한 경암반 구간의 통과 시 콘크리트 라이닝 미설치 가능조항을 추가

6) 철도시설공단

10.3.4 향후 개정방향

가. 기계화 시공법(쉴드, TBM 등) 관련 별도 기준의 작성

1) 일본의 시방서

일본의 경우는 개착공법편, 산악터널편, 쉴드편으로 구분되어 있으므로 우리나라도 적용성에 대해 검토해볼 필요가 있다.

2) 쉴드공법의 향후 방향

쉴드공법의 향후 방향을 감안하면 다음과 같은 항목을 보다 적극적으로 반영할 필요가 있다.

① 대심도

- 고수압에 의한 세그먼트의 강성과 방수
- 고수압에 의한 굴진면 안정
- 대심도에 따른 암반강도

② 장비의 대형화

- 장비의 대형화에 따른 제작 시 계획
- 세그먼트 크기(두께 및 폭)
- 뒤채움(back fill)

③ 장거리 굴진

- Bit 선정, 마모 및 교환계획
- 고속시공
- 지중접합
- 복합지반
- 선형관리

④ 인공섬

- 연약지반처리
- 발진구 및 엔트란스
- 부등침하

⑤ 유지관리 : 우리나라도 쉴드공법 적용의 역사가 20년이 넘었으므로, 유지관리에 대해서도 보다 면밀하게 계획할 수 있도록 검토할 필요가 있다.

3) 기술의 세분화, 전문화 경향 반영

새로운 기술 발전이나 다양하게 변화하는 장비의 특성을 감안할 수 있는 신기술의 반영에 대응할 수 있도록 해야 할 것이다.

4) 현장으로부터의 문제점 제시와 대응

보다 적극적으로 현장의 소리에 귀를 기울여 현장시공기록을 분석하고 보완해 문제점을 보완 개선할 필요가 있다.

나. 한계상태설계법

2006년 일본토목학회의 「터널표준시방서(쉴드편)」에 의하면 허용응력법과 한계상태설계법 모두를 사용할 수 있도록 하고 있다. 다만, 두 가지를 혼용할 수는 없도록 했다. 우리나라도 보다 경제적인 단면설계를 위해서는 한계상태설계법의 도입에 대해 신중히 검토할 필요가 있을 것이다.

다. 성능설계법

쉴드 TBM의 공사비 비율이 높은 이유 중의 하나는 세그먼트라이닝(segment lining)에 있으므로, 공사비를 줄이기 위한 방안으로 세그먼트라이닝의 안정성 저하 없이 보다 합리화하는 방안이 검토되고 있다.

일본의 경우, 쉴드터널의 세그먼트라이닝 계산은 일본토목학회의 「터널표준시방서(쉴드편)」를 기본으로 해 관련기관이나 기업체가 일부 수정한 설계방법을 사용하고 있다. 이런 설계법 중에는 각 기관이 용도에 따라 필요한 터널의 성능을 고려한다든지 기관의 노하우를 더하지만, 기본적으로는 기관별로 성능이 다르기보다는 거의 동일한 성능의 구조물이 되는 설계법을 채택하고 있다.

한편, ISO의 국제기준은 구조물의 성능을 고려해 설계하는 성능조사형설계법이 주류를 이루고 있으며, 전반적인 사회의 규제완화 속에서 구조물의 다양한 요구성능을 만족시키기 위한 설계체계의 확립이 점차 중요시되고 있다.

구조물에 대한 요구성능은 구조물의 용도, 구조형태, 주변환경, 지반조건 등에 따라 다를 것이라고 생각되며, 구조물의 사용환경, 유지관리의 고려방법, 보수 보강의 용이성 등 해당 구조물에 대한 각 기관이나 관리자의 고려방법에 따라서도 다를 것이다.

각각의 요구 성능을 고려치 않고 획일적인 안전율로 고려하는 설계법도 하나의 설계방법이고, 이런 방법을 채택하는 기관이 있는 것도 당연할 수 있다. 그렇지만 보다 합리적인 구조물 설계를 지향하려면 구조물의 요구 성능을 충분히 파악하고 불필요한 성능을 배제함과 동시에 특별히 중요하다고 여겨지는 요구성능에 대해서는 보다 높은 안전성을 부여하는 등의 구조물 합리화를 통해 생애주기비용(life cycle cost)의 저감 또한 가능하다고 여겨진다. 또, 구조물이 성능조사형설계법으로 설계된 경우에는 설계자가 성능을 보증함과 동시에 책임의 소재를 명확하게 해야 한다. 따라서 설계자의 재량에 의존하는 부분이 많아져 보다 자유로운 설계가 가능해 최신의 기술을 도입하기 쉬운 반면, 조건의 설정이나 설계에 이용하는 해석방법의 선택 등에 대해서는 보다 신중한 검토가 필요할 것이다.

참 고 문 헌

1. (사)한국터널공학회. 2007.「터널설계기준」. 건설교통부.
2. 류동성 외. 2005.「실리카 콜로이드를 이용한 가소성 그라우트의 개발 및 공학적 특성」. 한국지반공학회 학술발표회 논문집.
3. 류동성 외. 2004.「실리카 콜로이드를 기재(基材)로 한 항구그라우트(PSG)의 개발과 공학적 특성」. 2004 한국지반공학회 학술발표회 논문집.
4. 배규진 외. 2002.「터널의 이론과 실무(기계화 시공)」. 한국터널공학회 강습회, pp. 303~358.
5. (사)대한터널협회. 1999.「터널설계기준」.
6. (사)대한터널협회. 1999.「터널시방서」.
7. 정경환 외. 2003.「이수가압식 쉴드의 효과적인 굴진을 위한 송니관 개선사례」. 제4차 터널 기계화 시공기술 심포지엄 논문집, pp. 41~53.
8. 정경환 외. 2003.「금강 하구지역의 하저 쉴드터널 시공특성에 관한 연구」. 터널학회 학술발표회.
9. 정경환 외. 2005.「쉴드공법의 현황과 향후 방향」. 2005년도 대한토목학회 정기 학술대회 논문집, pp. 2961~2975.
10. 정경환 외. 2002.「낙동강 하구 해저쉴드터널 시공특성에 관한 연구」. 대한토목학회 터널분과위원회 터널 기계화시공발표회.
11. 정경환 외. 2004.「일본과 국내의 쉴드 세그먼트 경향 비교」. 대한토목학회 터널분과위원회 터널 기계화시공발표회.
12. (社)日本トンネル技術協会・性能照査型設計特別委員会. 2003.『シールドトンネルを對象とした性能照査型設計法のガイドライン』.

13. 日本土木学会·日本下水道協会. 1990.『シールド工事用標準セグメント－下水道シールド工事用セグメント－』.
14. 日本土木學会. 1996.『トンネル標準示方書［開削工法編］・同解設』.
15. 日本土木學会. 1996.『トンネル標準示方書［山岳工法編］・同解設』.
16. 日本土木學会. 1996.『トンネル標準示方書［シールド］・同解設』.
17. 日本土木學会. 2001.『トンネルの限界狀態設計法の適用(トンネルライブラリー第11号)』.
18. 土木學会. 2003.『都市NATMトンネルとシールド工法の境界領域(トンネルライブラリー第13号)』.
19. 土木學会. 2005.『トンネルの維持管理(トンネルライブラリー第14号)』.
20. 土木學会. 2006.『トンネル標準示方書［開削工法編］・同解設』.
21. 土木學会. 2006.『トンネル標準示方書［山岳工法編］・同解設』.
22. 土木學会. 2006.『トンネル標準示方書［シールド］・同解設』.
23. ITA. 2000. "Recommendations and Guidelines for Tunnel Boring Machines(TBMs), Working Group No. 14 (Mechanized Tunneling)."
24. Norwegian Tunnelling Society, NFF. 1998. "Norwegian TBM Tunnelling, Publication No. 11."

제 11 장 설계 및 시공사례

11.1 하저 및 도심구간의 대구경 쉴드터널 시공사례

11.2 풍화토지반에서의 쉴드 TBM 설계 및 시공사례

11.3 한강하저터널의 쉴드 TBM 굴착 사례

제 11 장

설계 및 시공사례

강문구 (두산건설) / 최기훈 (두산건설)
김영근 (삼성건설)
김용일 (대우건설) / 서경원 (대우건설)

11.1 하저 및 도심지구간의 대구경 쉴드터널 설계 및 시공사례

11.1.1 개 요

쉴드 공법은 약 180년 전 영국의 Marc Isambard Brunel에 의해 발명되어 템스 강의 하저터널공사에 적용되었고, 국내에서는 두산중공업(구 한국중공업)이 1987년 부산 광복동에 세그먼트 외경 2.850m의 전력구 터널공사에 처음으로 도입·시공된 이후, 외경 3m 내외의 소구경 전력구터널 및 통신구터널에 주로 사용되었다.

서울지하철 1호선과 같은 국내 지하철터널 건설 초기에는 굴착공법 및 지보공이 발달되지 않아 경제성 위주의 개착식으로 시공했고 어려운 지역을 피해서 노선 계획을 수립했다. 그러나 지하구조물이 복잡해지고, NATM(New Austrian Tunnelling Method)이 도입되고, 여러 지보공법 및 지반보강공법이 발달하면서 지장물 및 구조물에 근접시공이 가능해지고 굴착심도가 깊어지는 등, 과거에는 공사가 어려운 지역을 피해서 가는 노선계획이 필요에 따라 직접 통과하게 되었다. 최근에는 지상구조물 또는 지하구조물이 매우 근접한 구간, 토사구간, 하저구간 등 NATM으로도 시공이 어려운 구간에서는 직경 7m가 넘는 대구경 쉴드장비가 도입되어 필요에 따라 노선계획이 가능해졌다. 따라서 지상 및 인접지장물이 존재하거나 하(해)저터널과 같이 막장 안정성의 확보가 필요한 구간에서 쉴드터널 공법이 검토되기 시작해 1999년에 광주지하철 1호선 TK-1과 부산지하철 230공구에 처음으로 대구경 쉴드터널 공법이 적용되었고 2002년에 준공되어 운행 중에 있다. 그러나 대부분의 국내 지하철터널은 접근 편의성 및 경제성 등의 이유로 주로 얕은 심도에서 노선이 계획되므로 기반암층이 아닌 토사, 풍화암 및 암반이 혼재하거나 주기적으로 반복되는 복합지반을 굴착대상으로 하는 경우가 종종 발생한다. 이로 인해 설계 시 고려하지 못했던 사항에 직면하거나 시공 시 예상치 못한 많은 문제가 발생한 경우도 있었다.

현재의 쉴드 TBM 설계는 과거의 일축압축강도, RQD 등에 의존했던 것에서 벗어나, 석영함유율, 세르샤(Cerchar) 마모시험, Brittleness test, Sievers drill test, 경도시험, 지하수의 수위와 수압, 암반 및 토사의 분포 등 여러 가지 복합적인 요인들에 대한 분석을 토대로 설계를 수행하지만, 모든 지반 조건을 동시에 만족하기는 현실적으로 불가능하다. 따라서 시공 시 개구율 조정, 디스크커터 수량 조정, 이수압 및 농도 조정 등 굴착 대상 지반의 변화에 따라 현장에서 적절한 대처가 필요하다. 또한, 이수가압식 쉴드 TBM을 이용한 터널시공은 커터(cutter tools) 및 쉴드장비의 기술 개발과 굴진율 향상, 효율적인 장비운영, 공기 단축 등을 통해 공사비를 절감하는 것도 중요하지만, 굴착 시 지반침하 방지를 위한 이수 관리도 매우 중요하다. 이는 여굴(굴착경과 쉴드 TBM 외경 사이의 공간)과 테일 클리어런스(tail clearance)에 의한 지반 침하 외에 토질상태(구성), 막장의 토압 및 수압에 대응한 이수 관리 실패로 침하가 발생하고, 이는 도로의 침하 및 인명사고까지 발생할 수 있기 때문이다. 즉, 굴착 중 갑작스러운 이수압 상승과 배토량 증가는 지반 침하가 발생한 것을 의미하고, 갑작스러운 이수압 하강과 이수 일리량 증가(이수의 in-out 양 증가)는 이수가 분출되는 것을 의미하므로 즉시 쉴드 TBM 상부의 지표면, 관로, 건물 지하실 등 각종 지장물의 피해 여부와 이수 침투 여부를 확인하고, 굴진 중단 여부와 이수압 조정 여부를 판단해서 적절히 대처해야 한다.

부산지하철 230공구는 부산지하철 2호선의 민락역과 시립미술관역을 연결하는 2,323.4m 중 수영강 횡단구간인 420m(왕복 840m)를 이수가압식(slurry pressured balanced) 쉴드터널 공법으로 굴착하는 국내 최초 하저 쉴드터널로 수영가교, 수영교, 상수도관 등이 약 3.15m 인접해 있었고, 막장하부에 경암, 상부에 토사 및 자갈로 구성된 복합지반(약 210m)을 동시 굴착해야 하므로 디스크커터(disk cutter)와 비트(bit)의 손상 및 마모가 심할 것으로 예상된 현장이었다. 특히, 전단면 토사부 140m, 복합지반 210m, 전단면 암반부 70m를 차례로 굴착하는 사례는 국내뿐만 아니라 해외에서도 찾아보기 어려워 많은 시행착오와 고도의 시공기술이 요구되었다. 따라서 시공 전 세계 3위 시공사인 독일 Hochtief AG의 컨설팅을 받아 장비를 선정했고 시공 중 일본 장비업체인 N.K.K 중공업과 한국터널공학회 등 국내외 전문가 및 시공사의 컨설팅을 받아 공기 내 준공했지만, 선행터널 굴착 시 굴진율 저하로 관통 후 면판을 교체하여 후행터널을 굴착하였다.

서울지하철 909공구는 서울의 동서축을 연결하는 9호선 공사로 영등포구 당산동부터 여의도동까지 2,330m 중 1,807m(왕복 : 3,614m)를 이수가압식 쉴드터널 공법으로 굴착하는 쉴드터널로 화학시험연구원(6.48m 이격), 국회의사당(2.21m 이격), 국회 앞 지하차도(평균 6.27m 이격 ; 최소 1.4m) 등 다수의 건축물 하부와 여의하류IC 교각(최소 0.64m 이격)을 근접해 통과하고 도로 및 샛강 하부를 통과하도록 계획되어 있어 정밀한 굴착관리와 이수관리가 요구되었다.

부산지하철 230공구 하저터널 굴착 사례에서는 이미 시공된 자료를 기초로 하저터널의 공법선정, 쉴드 TBM 장비 선정, 굴착 시 발생된 문제점, 디스크커터 및 비트 교체를 위한 지반보강 사례, 굴진율 등을 소개했고, 서울지하철 909공구 쉴드터널 굴착 사례에서는 굴착률, 굴착 시 발생된 문제점 및 대책(지반 침하 및 이수 누출 시 토사량, 이수압 및 일리량의 변화, 점토 협착으로 인한 굴진율 저하 등), 지장물의 근접통과 시공사례, 디스크커터 및 비트 교체 등을 소개함으로써 추후 적용될 하저터널 및 도심지 쉴드터널 시공에 도움이 되고자 한다.

11.1.2 하저구간의 대구경 쉴드터널 설계 및 시공사례 – 부산지하철 230공구

가. 공사개요

1) 부산지하철 230공구 개요

부산지하철 230공구는 부산광역시의 심각한 교통난을 해소하고 도시의 균형적인 발전을 도모하며 2002년 아시안게임을 성공적으로 유치하기 위한 지하철 2호선 건설공사 중 그림 11-1과 같이 수영구 민락동부터 해운대구 우동 간을 연결하는 총연장 2,323.4m의 지하철 공사이다.

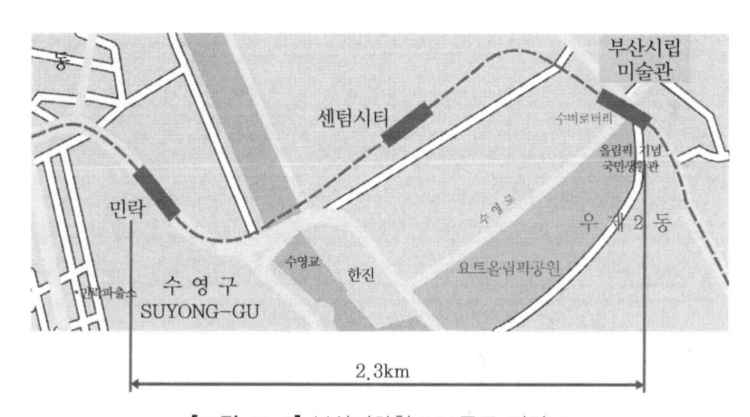

[그림 11-1] 부산지하철 230공구 평면도

- 현 장 명 : 부산지하철 2호선 2단계 230공구 건설공사(T/K)
- 발 주 처 : 부산교통공단(현 : 부산 교통공사)
- 시 공 사 : 두산건설(주)

- 감 리 사 : 금호엔지니어링(현 : (주)동호)
- 공사 기간 : 1995년 5월 19일 ~ 2002년 9월 30일
- 공사 위치 : 부산광역시 수영구 민락동 ~ 해운대구 우동 간
- 규 모 : 총연장 2,323.4m(정거장 : 3개소, 쉴드터널 : 420m × 2)
- 터널 크기 : 외경(O.D.) 7.1m[내경(I.D) 6.5m]

수영강 하저터널구간은 민락 정거장과 정보단지 정거장 사이에 위치하며, 420m가 수영강 통과 구간으로 이수가압식 쉴드 TBM에 의해 굴착되었고 잔여구간은 개착식공법에 의해 시공되었다.

2) 수영강 하저터널구간 개요

쉴드터널 시공개요에 대해 설명하면, 쉴드 TBM의 투입, 발진, 해체 작업은 그림 11-2의 우측 환기구(발진/도달구)에서 이루어졌고 좌측 환기구에서는 선행터널(하행선) 굴진 후 유턴(U-turn) 및 재발진 작업이 이루어졌다. 지상설비는 우측 환기구 주변에 설치되었고 세그먼트는 선행터널 굴착 시에는 발진/도달구로 투입하고 후행터널 굴착 시에는 회전구로 투입해 운반거리를 최소화했다. 쉴드터널의 시공은 2000년 11월에 선행터널 굴착을 시작해 2001년 10월에 관통했고, 유턴 후 2001년 11월에 후행터널(상행선) 굴착을 시작해 2002년 2월에 관통했다.

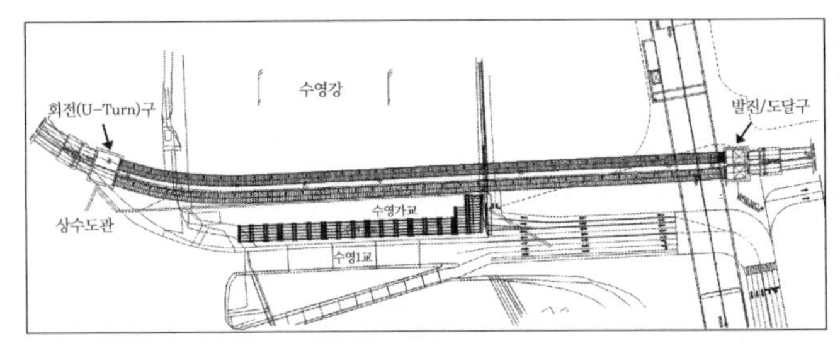

[그림 11-2] 수영강 하저터널구간 평면도 및 전경

3) 현장여건

본 하저터널구간은 그림 11-2, 11-3과 같이 수심 4.0m의 수영강 하저를 통과하는 지하철 공사로 토피 9.4m, 터널간격 4.5m(0.7D), 곡선반경 R = 200, 종단구배 2 ~ 8.742‰의 터널이었다. 또한 터널 상행선 우측 3.15m 지점에 강관상수도관(ϕ1,350mm)이 노선과 평행하게 통과하고 있고 수영가교와 수영교가 그 우측으로 인접하고 있어, 지반 교란을 최소화해 시공해야 하는 공사였다.

또한 수영강 인근 및 하류에 어업권이 형성되어 조업을 하고 있었고 수영만의 간조 및 만조에 따라 해수의 역류도 발생해 유속이 매우 빠르고 변화가 심했다.

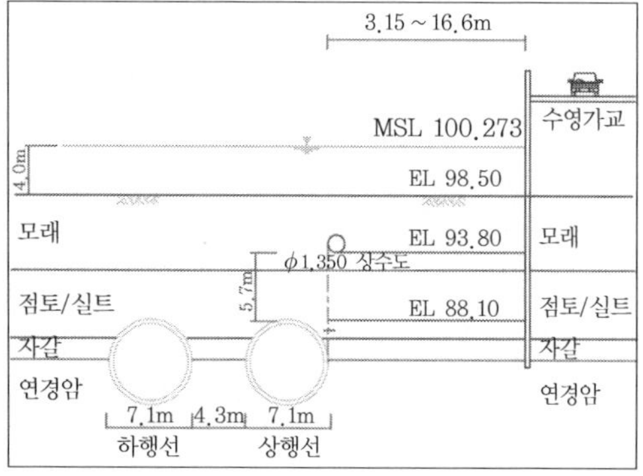

[그림 11-3] 수영강 하저터널구간 전경 및 단면도

4) 지반조사 및 결과

본 구간은 임시물막이 개착공법으로 계획되어 있어 당초 3공의 지반조사만 되어있었지만 터널굴착공법 선정을 위해 20m 간격으로 총 14공의 시추조사와 시공 시 4공의 추가조사를 실시한 결과, 그림 11-4와 같이 상부로부터 매립층, 모래층, 점토 또는 실트층, 점토 자갈층, 연암 또는 경암층으로 구성되어 있었고 간헐적으로 실트질 모래층이 존재하는 것으로 조사되었다. 모래, 토사지반의 N값은 8 ~ 47 사이로 연약한 지반에서 조밀한 지반까지 분포했고, 암반은 일축압축강도 400 ~ 2,900kgf/cm^{2}로 석영이 함유된 안산암 및 유문암으로 구성되어 있었다.

하저터널 굴착 대상 및 토층 변화를 분석해 보면, 그림 11-4와 같이 발진부로부터 전단면 토사부, 토사와 암반의 복합지반부, 전단면 암반부로 나눌 수 있고, 각 구간별 연장은 140m, 210m, 70m로 구성되어 있다.

이러한 3가지 구간에 대해 좀 더 상세히 설명하면, 전단면 토사부는 실트층 및 점토 자갈층을 주로 굴착했고 간헐적으로 N값 15 이하의 모래층이 출연해 쉴드 TBM 공법 적용 시 이수압과 농도조절 실패로 인한 굴진율 저하 또는 상부 수영강 하저지반까지 연결되어 붕괴사고가 유발될 수 있는 구간이었다.

토사와 암반이 존재하는 복합지반부는 일축압축강도 500kgf/cm^2 미만과 RQD 0 ~ 70 이하의 풍화암/연암이 굴착 막장 하부에 존재(일부 1,500kgf/cm^2 이상의 경암과 핵석도 존재)하고 점토 자갈층 및 N값 15 이하의 모래층이 굴착 막장 상부에 동시 존재해 하부 암반 굴착 시 토사와 암반 경계면의 충격하중에 의한 디스크커터 손상과 상부 자갈층 및 모래층의 이완으로 지반침하가 발생할 소지가 높은 구간이었다. NATM 적용 시에는 토사부와 복합부에 대규모의 지반 보강이 이루어져야 하고 자갈층으로 인해 보강 효과가 저하되어 터널 안정성에 큰 영향을 미칠 것으로 판단되었다.

전단면 암반부는 RQD 70 이상과 일축압축강도 최대 2,900kgf/cm^{2}까지의 경암으로 구성되어 있고 다량의 석영이 함유되어 있어 쉴드 TBM의 디스크커터 마모가 심할 것으로 예상되었다.

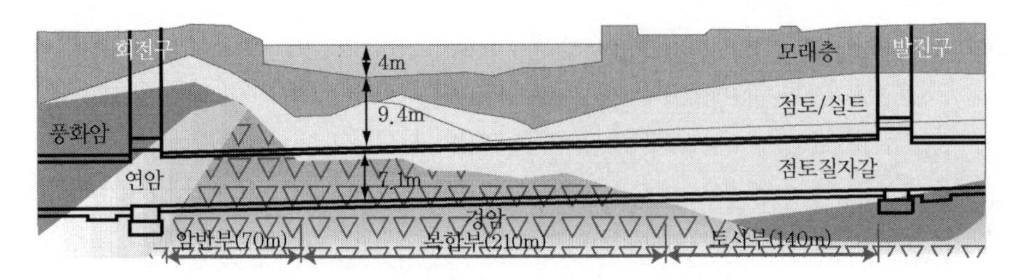

[그림 11-4] 수영강 하저터널 지질종단면도

나. 공법 선정 및 시공 계획

1) 수영강 하저터널 굴착공법 선정

하저터널구간 굴착공법은 크게 개착공법과 터널공법으로 구분되고, 개착공법은 다시 임시물막이 공법과 그림 11-5의 침매공법으로 구분되며, 터널공법은 그림 11-6 ~ 7의 NATM과 쉴드터널 공법으로 나누어진다. 기존의 수영강 하저터널 구간은 노선상에 코퍼 댐(coffer dam)을 축조하고 차수공법과 함께 널말뚝(sheet pile)과 H-형강으로 가시설을 설치한 후 굴착하고 박스 구조물을 축조하는 임시물막이 개착공법으로 시공토록 계획되었으나, (1) 터널의 장기적 안정성, (2) 수영강 하류 어업권 보장을 위한 하천 오염 방지, (3) 공사 중 통수단면 감소로 인한 강 상류지역 침수 방지, (4) 기존 인접시설물에 대한 안정성 확보, (5) 공기단축 등의 현장 여건 때문에 원설계인 임시물막이공법과 함께 침매터널공법, NATM, 쉴드터널 공법 등을 비교·검토하게 되었다.

[그림 11-5] 침매터널 시공 사진 및 터널 모형

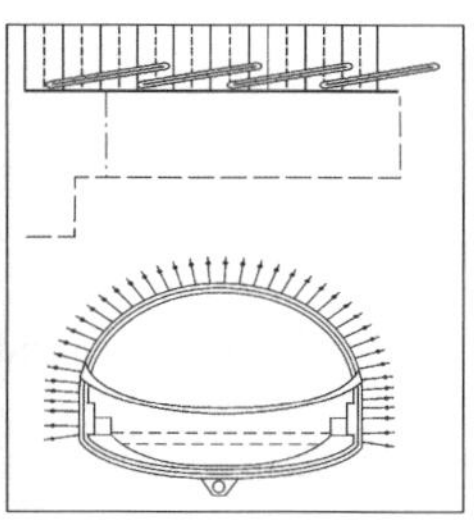

[그림 11-6] NATM 시공 사진 및 단면도

[그림 11-7] 쉴드터널 시공 모식도 및 사진

임시물막이와 널말뚝을 사용한 임시물막이공법은 국내 실적이 다수이고 국내 차수 및 굴착 기술로 시공가능하고 공사비도 저렴하지만, 통수단면 축소에 의한 수영강 상류 범람 우려와 부유물에 의한 하류 어업권 및 환경오염 때문에 적용하기는 어려웠다.

침매터널공법은 고가의 공사비와 터널 심도가 하저 약 15m에 시공되어야 하므로 트렌치 굴착 시 하류 어업권 및 환경오염과 인접 지장물의 안정성에 영향을 미칠 수가 있었다. 또한 암반부에서는 트렌치 굴착이 어려워 종단선형 조정 없이는 적용하는 데 한계가 있었다.

NATM은 하천의 통수단면 감소가 없고 암반부에서 공사비가 저렴하고 국내 실적이 많지만, 토사부, 복합부에서는 대규모의 지반보강(지상) 및 각종 보조공법[록볼트, 훠폴링(forepoling), 강관다단그라우팅, 숏크리트, 강지보재 등] 등으로 인한 공사비 증가, 대규모 그라우팅으로 인한 하천오염 발생, 터널의 장기적 안정성 문제, 국부적 지반보강 실패로 인한 막장의 붕괴 및 인명사고 문제, 터널 배수처리 문제 등 여러 가지 문제점이 있는 것으로 판단되었다. 또한 터널 순간격이 2.5 ~ 4.3m밖에 되지 않아 후행터널 굴착(발파) 시 선행터널의 안정성 확보가 어려웠다.

반면, 대구경 쉴드터널 공법은 국내 시공실적이 없지만 타 공법들에 비해 하천오염 및 막장 붕괴에 대한 우려가 적으며 상대적으로 당 현장에서의 여러 조건이 충족하고 공기단축이 가능하기 때문에 밀폐형 쉴드터널 공법이 최적의 공법으로 선정되었다. 또한, 밀폐형 쉴드터널 공법은 굴착, 세그먼트 조립, 배토 등의 모든 작업이 기계화되고 자동화되어 정밀한 막장 관리와 시공이 가능하기 때문에 수영가교와 상수도관 등 인접 지장물의 피해와 후행터널 굴착 시 선행터널의 피해를 최소화할 수 있었다.

2) 이수가압식 쉴드 TBM의 선정

밀폐형 쉴드터널 공법 중 이수가압식 쉴드 TBM과 이수식·토압식 쉴드 TBM을 선택하기 위해 표 11-1 ~ 3과 같이 지반조건에 대한 적응성, 내구성, 시공성, 환경성에 대한 검토를 했고, 또한 현장의 투수계수, 입도분포, 토질조건과 그림 11-8과 같이 일반적으로 사용하는 이수가압식과 이수식·토압식의 분류기준을 대비해 검토한 결과, 다음과 같은 결론을 도출해 이수가압식 쉴드 TBM을 선정했다.

① 일반적으로 약 3.0kgf/cm^2 의 수압이 작용하는 터널에서는 스크루컨베이어를 통해 용수가 분출되어 안정성에 문제가 될 수 있지만, 본 현장의 평상시 쉴드터널에 작용하는 수압은 약 1.9kgf/cm^2 미만으로 작용해 이수가압식 쉴드 TBM과 이수식·토압식 쉴드 TBM 모두 적용 가능하다. 또한, 현장의 투수계수($1 \times 10^{-3} \sim 10^{-5}$cm/sec)와 입도분포를 검토한 결과, 이수가압식 쉴드 TBM과 이수식·토압식 쉴드 TBM 모두 적용 가능하다. 그러나 강관상수도관(ϕ1,350mm) 및 수영가교가 인접해 있어 정밀한 수압 및 토압 측정과 수압의 변화를 민감하게 측정할 수 있어야 하므로 이수가압식 쉴드 TBM이 우수하다.

② 자갈, 점토/실트, 모래층으로 구성된 토사부에서 자갈층에 의해 점토/실트층이 교란되면 상부 모래층과 함께 수영강 물이 쉴드 TBM 챔버로 밀려들어올 수 있으므로 챔버 안이 이수로 채워져 있고 수압에 대응이 빠른 이수가압식 쉴드 TBM이 우수하다.

③ 토사와 암반을 동시에 굴착해야 하는 복합부에서 암반모드(High RPM과 Low Advance Rate)로 굴착 시 면판은 고속으로 회전하고 전진은 천천히 하므로 막장 중·상부의 토사부를 여러 번 회전해야 하고 이러한 회전에 의해 암편 또는 자갈이 상부 토사층을 교란해 모래층과 함께 수영강 물이 쉴드 TBM 챔버로 밀려들어올 수 있어 수압에 대응이 빠른 이수가압식 쉴드 TBM이 우수하다.

④ 이수가압식 쉴드 TBM이 지상(이수)처리시설의 설치로 약 600m^{2}의 작업장이 필요하지만 당 현장은 작업부지가 충분하고 발진부 부근은 공사부지로 소음 및 진동에 대한 민원의 우려도 전혀 없어 이수가압식 쉴드 TBM을 적용하기에 제약이 없다.

[표 11-1] 지반조건에 대한 적응성 및 쉴드 TBM의 내구성

항 목	이수(가압)식 쉴드 TBM(Slurry)	토압식 쉴드 TBM(EPB)
지반조건에 대한 적응성	• 충분한 지반조사에 의한 비트/디스크커터의 설계(수량, 용량, 배치, 형상, 크기)가 이루어져야 함. 특히 비트/디스크커터의 마모는 과잉추력에 의한 굴진불능상태를 일으키는 경우도 있음 • 지반조건에 대응하기 위해 챔버 안에서 디스크커터나 비트를 탈부착할 수 있도록 설계 필요 • 암편이 배니관에서 막히는 것을 방지하기 위해 면판의 개구율(opening ratio) 조정 및 크러셔가 필요 • 지하수가 쉴드 TBM 상부에 위치해야 함	좌동 • 암편이 스크루컨베이어에서 막히는 것을 방지하기 위해 면판의 개구율 조정 및 크러셔 필요 • 높은 수압이 작용하면 불리
쉴드 TBM의 내구성	• 이수가 윤활재의 역할을 하기 때문에 비트, 디스크커터의 마모가 적으며 토압식 쉴드에 비해 낮은 토크가 요구됨 • 배관, 펌프의 수리가 많음	• 이수가압식 쉴드보다 비트, 디스크커터의 마모가 많음 • 스크루컨베이어, 벨트, 광차의 수리가 많음

[표 11-2] 시공성

항 목		이수(가압)식 쉴드 TBM(Slurry)	토압식 쉴드 TBM(EPB)
시공성	굴진관리	• 굴착토사(암석)를 직접 확인할 수 없고 센서에 의한 토압/수압, 이수량 및 농도, 건사량을 측정해 지상중앙 제어실에서 굴진관리를 하므로 지반 변화 및 여굴에 대한 대응이 늦음	• 스크루컨베이어에서 나오는 굴착토사(암석)를 직접 확인 가능하고 토사량의 증감을 조속히 알 수 있으나 정확한 토사량 측정과 여굴에 대한 대응이 어려움
	배토관리	• 지상시설에서 윤활재와 토사를 분리하고 윤활재는 재수송되어 시공성 우수 • 파이프로 유체 수송하므로 펌프 및 파이프의 마모에 의한 작업정지시간(down time)이 많음	• 갱내에서 버력차로 반출하고 연직갱에서 크레인으로 트럭에 상차해야 하므로 시공성 불리 • 스크루컨베이어 및 벨트의 고장 등 작업정지시간이 이수가압식보다 적음

[표 11-3] 환경성

항 목		이수(가압)식 쉴드 TBM(Slurry)	토압식 쉴드 TBM(EPB)
환경성	갱내 환경	• 유체수송과 이수처리설비에 의해 연속적으로 처리되어 환경성이 우수	• 갱내에서는 버력차로 연직갱까지 반출하고 연직갱에서는 백호우, 크레인, 트럭으로 현장외로 반출해야 하므로 공간의 제약과 사고의 위험이 있고 환경성도 불리
	지장물의 영향	• 굴진 및 배토 관리가 확실하게 행해지고 이수식·토압식에 비해 정확한 압력 조절을 할 수 있어 구조물의 근접시공에 유리 • 특히 높은 수압의 관리 매우 우수	• 이수가압식에 비해 구조물의 근접 시공에 불리 • 대수층, 모래, 자갈층의 높은 투수성 지반은 스크루를 통해 순간적으로 물이 유입될 수 있어 불리
	소음 진동	• 지상에 이수처리시설을 위한 부지가 필요하고 소음진동 대책이 필요	• 연직갱 상부에서 크레인과 트럭을 이용하여 반출하므로 교통 체증 발생

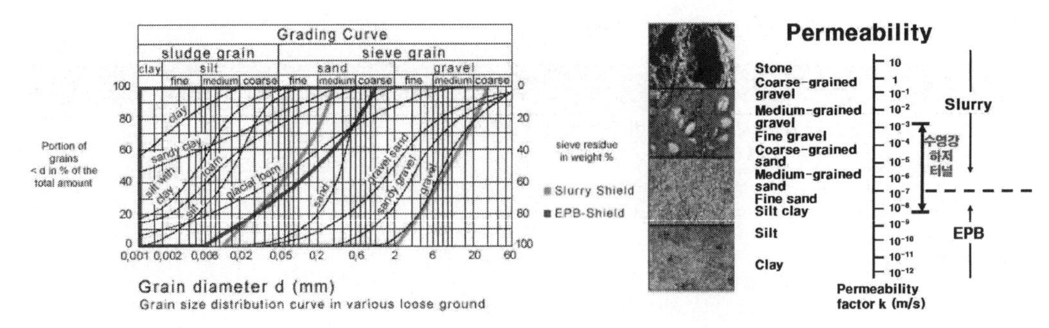

[그림 11-8] 투수계수, 입도분포를 고려한 쉴드 TBM 타입 선정(컬러 도판 p. 663 참조)

3) 시공 계획

쉴드터널의 발진구는 센텀시티 정거장 측 환기구(22.8m×17.2m)를 이용하도록 계획했다. 센텀시티 정거장 측 환기구는 그림 11-9와 같이 천공과 동시에 슬라임(cement + bentonite)을 주입하면서 벽체를 형성하는 SMW 가시설공법을 적용해 환기구를 시공했고, 쉴드 TBM 장비의 투입·조립 및 후행터널(상행선) 관통 후 쉴드 TBM의 해체를 위해 그림 11-10과 같이 8.1m×8.1m의 개구부를 두었다.

쉴드 TBM의 회전은 민락정거장 측 환기구 내에서 굴착 후 받침대와 유압잭을 이용해 회전했고, 지상설비는 발진/도달구 주변에 설치되어 후행터널 굴착 시는 선행터널을 통과하도록 배니관 및 송니관을 설치했다.

쉴드터널의 시공은 2000년 11월에 선행터널(하행선) 굴착을 시작해 2001년 10월에 관통했고, 유턴한 후 2001년 11월에 후행터널 굴착을 시작해 2002년 2월에 관통했다.

[그림 11-9] SMW 가시설 장비 및 시공

[그림 11-10] 쉴드 TBM 발진구(좌) 및 개구부(우)

다. 쉴드 TBM 및 터널의 시공

1) 장비개요

수영강 하저터널구간에 적용할 공법은 이수가압식 쉴드 TBM으로 결정되었지만, 축적된 시공기술과 경험 부족으로 인한 시행착오를 최소화하기 위해 시공 전 독일 Hochtief AG의 컨설팅을 받아 독일, 일본, 캐나다, 영국 등의 해외 장비회사 및 건설사(Herrenknecht, N.K.K, Kawasaki, Mitsubishi, Lovat, Miller Construction, Keihin)로부터 받은 기술보고서를 검토해 일본 N.K.K의 이수가압식 쉴드 TBM 장비를 최종 선정하게 되었다.

그림 11-11의 N.K.K 이수가압식 쉴드 TBM은 하저터널구간의 지형적 특성을 고려해 선진보링 및 기내 그라우팅을 할 수 있도록 총 47개의 Rig와 공(hole), 막장의 수압 및 토압 측정이 가능한 센서 6개, 높은 수압과 뒤채움 압력(back fill pressure)에 대응하고 역류를 방지할 수 있는 테일 실 3열 및 구리스 공급 장치, 천단(상부) 토사 붕괴 감지 장치 3개소 등을 설치했다. 또한 암반구간 및 토사구간에도 굴착 가능하도록 쉴드 잭 추진력(shield jack thrust power), 회전속도(RPM), 회전력(torque), 커터비트 및 디스크커터 수량, 개구율, 크러셔(crusher) 등을 표 11-4와 같이 설계했다.

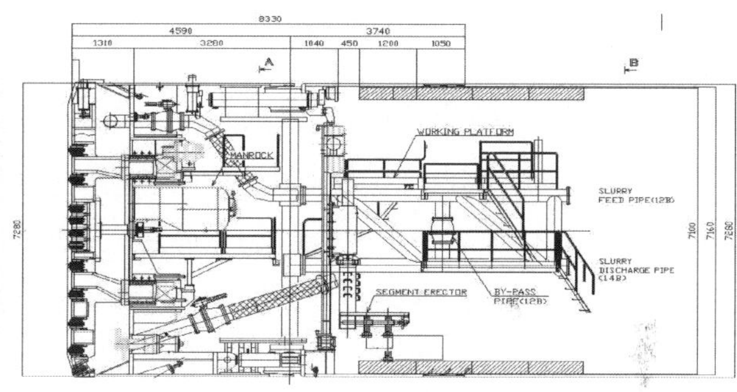

[그림 11-11] 수영강 하저터널에 사용된 이수가압식 쉴드 TBM 사진 및 단면도

[표 11-4] 부산지하철 230공구의 쉴드 TBM 제원

항 목	제 원	항 목	제 원	항 목	제 원
제조사	NKK(일본)	쉴드 길이	8,330mm	개구율	NKK: 28 ~ 31% Komatsu: 15%
쉴드 타입	SPB	커터헤드	평판형(flat type)		
쉴드 외경	7,280mm	회전속도(rpm)	1.5 ~ 3.0	최대 추진력	200tf x 24 = 4,800tf
세그먼트 외경	7,100mm	디스크커터	NKK: 14인치 Komatsu: 17인치	테일 실	3열
세그먼트 내경	6,500mm	디스크커터 수량	하행선: 41(45)개 상행선: 55개	뒤채움 방식	동시주입 4개소

그림 11-12는 당 현장의 이수식 쉴드 TBM에 장착한 천단(상부) 토사 붕괴 감지 장치로 천단(상부) 토사의 붕괴를 감지할 수 있는 감지봉(jack)을 관입해 상부의 토사가 이완되어 있는지, 여굴이 발생되었는지를 즉시 파악할 수 있어 챔버 압력(수압 및 토압)의 변화와 함께 막장과 상부의 지반 상황을 빠르게 판단할 수 있었다.

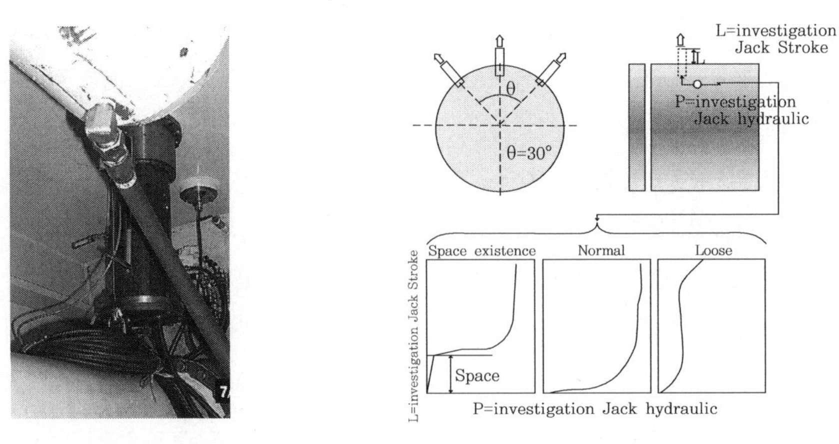

[그림 11-12] 천단 붕괴 감지 감지봉(jack) 사진 및 결과 그래프

2) 면판설계

수영강 하저터널 선행터널(하행선)에 사용된 N.K.K사의 쉴드 TBM은 그림 11-13, 11-14와 같이 14인치 디스크커터 41개를 장착한 평판형(flat type) 면판(개구율 : 31%)으로 제작·반입되었고 현장에서 디스크커터를 4개 추가해 총 45개(개구율 : 28%)를 장착해 시공했다. 디스크커터 간 굴삭간격은 6.0cm이고 외주부 커터는 2.0 ~ 3.0cm의 간격으로 설계되었다.

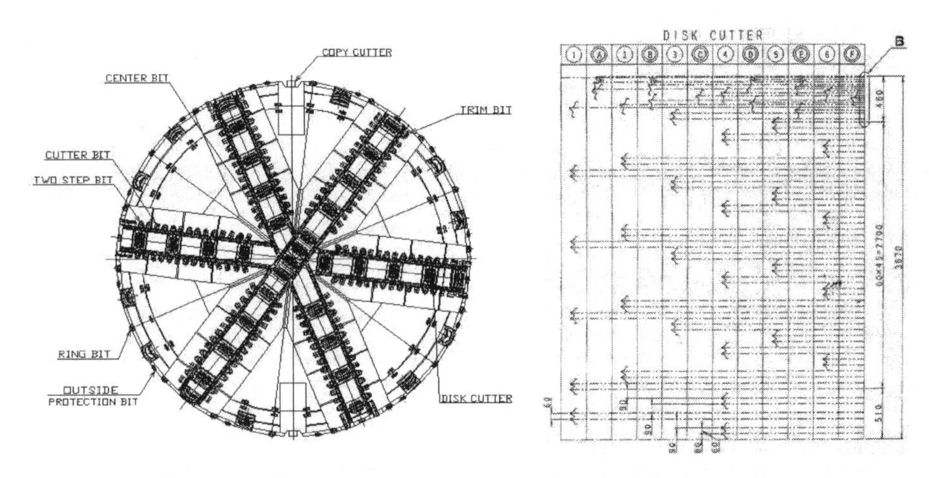

[그림 11-13] 쉴드 TBM의 면판 정면도 및 굴삭 간격도(N.K.K사)

[그림 11-14] 쉴드 TBM의 면판 사진(N.K.K사)

후행터널(상행선) 굴착 시에는 그림 11-15, 11-16과 같이 Komatsu사에서 제작한 17인치 디스크커터 55개를 장착한 돔형(dome type) 면판(개구율 : 15%)으로 교체해 굴착했고 디스크커터 간 굴삭 간격은 8.0cm이고 외주부 커터는 1.0 ~ 3.0cm의 간격으로 설계되었다.

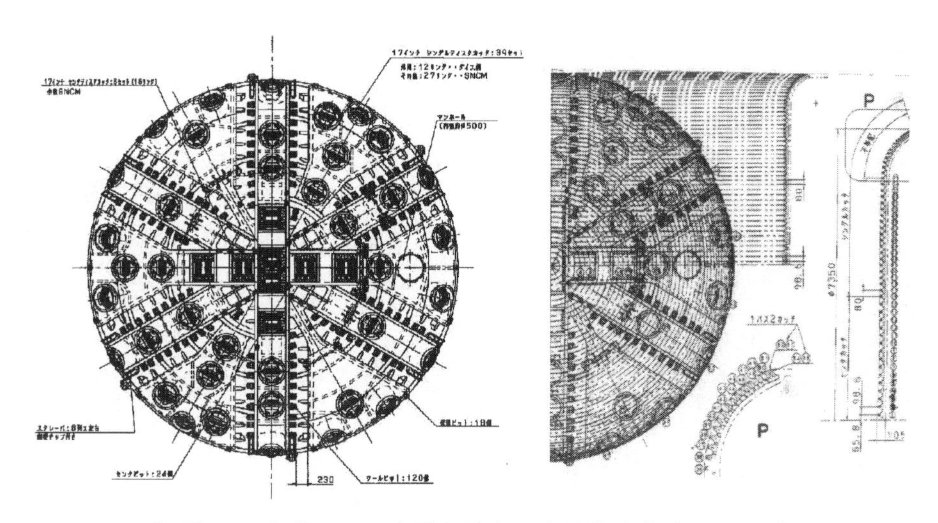

[그림 11-15] 쉴드 TBM의 면판 정면도 및 굴삭 간격도(Komatsu사)

[그림 11-16] 쉴드 TBM의 면판 사진(Komatsu사)

3) 세그먼트의 제작 및 시공

세그먼트는 재료의 성질, 판상, 링 형식, 이음형식 등에 의해 여러 종류로 분류되며 부산지하철 230공구 하저터널구간에 사용되는 세그먼트는 직사각형 모양의 평판형 철근콘크리트 세그먼트를 사용했고 외경 7.1m, 내경 6.5m, 폭 1.2m로 K 세그먼트(key segment)를 포함한 7조각이 조립되어 1링을 구성한다. 450kgf/cm^2 강도로 설계된 세그먼트는 쉴드 TBM 내부에서 조립된 후 전진을 위해 약 4,800tf의 추진력(터널의 굴진방향의 압축력)을 1차로 받고 쉴드 TBM을 벗어나면서 2차로 지반의 수압 및 토압을 받는 지보의 역할을 하며 횡방향으로 압축력을 받는다. 다시 설명하면, 세그먼트는 수압 및 토압을 받는 터널구조체이기 때문에 설계, 제작공정, 운반 등의 관리가 매우 중요하다.

세그먼트의 주요 제작과정은 그림 11-17, 11-18과 같이 공장에서 콘크리트 혼합, 조립된 철근 삽입과 함께 콘크리트 진동 타설, 타설 후 표면 손질, 증기 양생, 탈형, 수중 양생, 표면 코팅, 출고, 운반해 현장에서 수팽창지수재를 부착하는 과정을 거치고 이 과정 중 품질관리가 제대로 이루어지지 않으면 운반 시, 조립 후 볼트 체결 시 및 체결 후, 추진 잭으로 추진 시 균열이 그림 11-19와 같이 생기고 파손되어 누수의 원인이 될 수 있다.

(a) 철근 조립

(b) 콘크리트 타설

(c) 증기 양생

[그림 11-17] 세그먼트의 주요 제작과정(1)

(a) 증기 양생 후 탈형

(b) 수중 양생

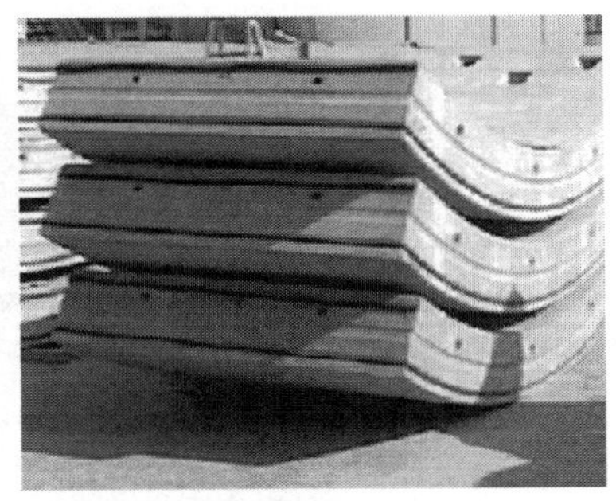

(c) 현장 반입

[그림 11-18] 세그먼트의 주요 제작과정(2)

(a) 볼트 체결 후 발생된 균열

(b) 추진 시 발생된 균열

[그림 11-19] 볼트 체결 후 및 추진 시 발생된 균열 사진

쉴드터널 공법에서 차수는 1차로 뒤채움 그라우팅에 의해 차단되고 2차로 세그먼트 측면에 연속적으로 접착된 지수재에 의해 차수된다. 고수압이 작용하는 현장에서는 2열의 지수재를 사용하는 것이 바람직하나 본 현장에서는 약 1.9kgf/cm^2 미만의 수압이 작용하므로 세그먼트 조립 시 단차(약 2 ~ 3mm)가 발생해도 지수재 간 접착면이 충분하다고 판단되어 수팽창지수재 1열을 사용했다.

4) 쉴드터널의 시공

수영강 하저터널에 사용될 이수가압식 쉴드 TBM은 그림 11-20과 같이 현장 반입 후 선 시공된 환기구의 개구부(8.1m × 8.1m)로 전통하부, 메인베어링, 커터헤드, 후통하부, 이렉터 등을 투입·조립 후 마지막으로 후통상부를 조립해 쉴드 TBM을 완성하고 완성된 쉴드 TBM 뒤로 후방대차를 연결했다. 이와 동시에 지상에서는 필터프레스, 센드컬렉터 등의 이수 처리시설이 시공되었다.

[그림 11-20] 쉴드 TBM 및 이수 처리시설 조립 전경

부산지하철 230공구 하저터널은 그림 11-21과 같이 하행선 굴착 후 회전가대와 유압잭을 이용해 도달구에서 유턴해 상행선을 굴착하는 순서로 계획되었다. 쉴드 TBM이 도달해 유턴하고 재굴진을 시작하기 전까지 기간은 약 2개월이 소요되었다.

[그림 11-21] 쉴드 TBM의 회전 및 관통 사진

라. 대구경 쉴드터널 시공 시 문제점

1) 디스크커터 손상

쉴드터널의 설계는 석영함유율, 세르샤(Cerchar) 마모시험, Brittleness test, Sievers drill test, 경도시험, 지하수의 수위와 수압, 암반 및 토사의 분포 등 여러 가지 복합적인 요인들에 대한 분석을 토대로 노르웨이에서 개발한 NTNU 설계법과 미국 콜로라도에서 개발한 CSM 설계법, 그리고 장비제작사의 시공 노하우를 바탕으로 설계되지만 시공 단계에서 기계의 고장 및 커터의 마모 등을 포함한 기계적인 문제, 뒤채움 주입관리, 지장물 출현, 예상치 못한 지반조건 등으로 실제의 굴진율 및 굴착공기가 설계 및 장비사에서 제공하는 굴진율 및 굴착공기와 상이하게 된다. 쉴드터널 공법은 공기 지연 시 반대편에서 추가 인력을 투입해 굴착할 수 있는 NATM과 달리 공정이 지연될 시 100억이 넘는 장비를 추가로 투입할 수 없기 때문에 적절한 쉴드 TBM의 선정과 순굴진율 및 굴진율 산정이 매우 중요하다.

당 현장의 하저터널구간은 여러 현장 여건과 국내에서 쉴드 TBM 설계를 위한 특수조사항목을 시행할 수가 없어서 일축압축강도, 인장강도, RQD, TCR 등의 일반적인 시험만 실시했고, 장비 선정 시 이미 실시한 지반조사 결과와 코어샘플을 장비사에 제공하고 최적의 쉴드 TBM을 제시토록 해 검토 후 선정했다. 그러나 일부 극경암을 포함한 암반과 토사로 구성된 복합지반의 특성에 대한 이해 부족, 해외 업체의 국내 암반 특성에 대한 경험 부족, 사전 조사의 미비, 면판 및 디스크커터 설계의 오류 등으로 비정상적인 편마모와 디스크커터의 탈락이 발생해 많은 디스크커터의 교체가 필요했다.

디스크커터의 마모는 일축압축강도, 경도, 인장강도, 암반을 구성하는 광물의 성분 등의 지반공학적 요소와 디스크커터의 크기, 재질, 수량 등의 기계적 요소에 따라 정도가 달라지며, 마모 형상은 암반 및 굴착조건에 따라 그림 11-22와 같이 마모되어야 하나 당 현장의 디스크커터는 그림 11-23의 (b), (c)와 같은 비정상적인 마모 형상을 보였다.

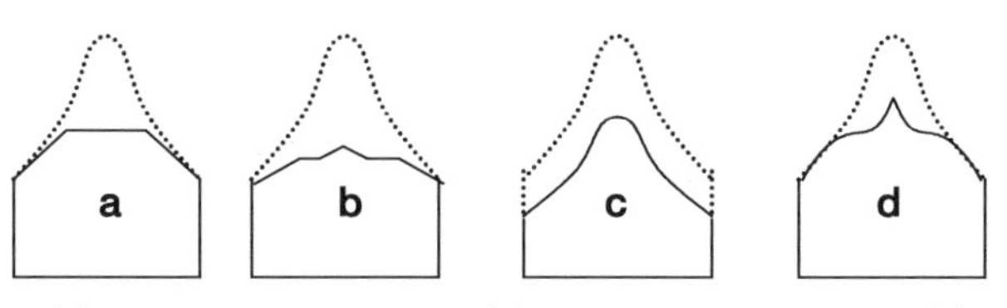

(a) flat edge, (b) double-curved edge, (c) heavily abraded disk, (d) sharp edge

[그림 11-22] 디스크커터의 마모 형상(Norwegian Institute of Technology)

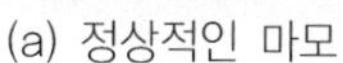

(a) 정상적인 마모

(b) 비정상적인 편마모

(c) 비정상적인 링 마모 및 변형

[그림 11-23] 부산지하철 쉴드 TBM 디스크커터의 정상적 마모와 비정상적인 마모

당 현장에서의 디스크커터 마모는 그림 11-22(a)와 그림 11-23(a)의 형태로 마모되었으나, 선행 터널(하행선) 굴착 시 일부 극경암을 포함한 암반/토사로 구성된 복합지반에서 그림 11-23(b)와 같은 비정상적인 마모도 많이 발생했다. 이는 그림 11-24와 같이 복합부에서 상부 토사층을 이동하다가 경암이나 핵석에 충돌하면서 발생된 충격으로 디스크커터의 실(seal), 너트, 베어링이 손상되거나 면판에 있는 커터헤드 하우징이 변형되어 디스크커터의 회전이 불가능하게 되고 이로 인해 편마모가 발생되었다. 또한 그림 11-23(c)와 같은 마모는 디스크커터의 링의 강도 부족으로 발생되었다.

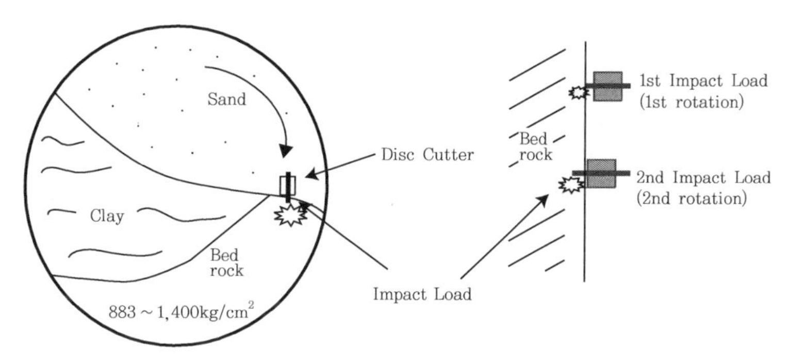

[그림 11-24] 복합지반에서 디스크커터의 손상

이러한 비정상적인 마모는 면판에 암반이 그대로 닿아 면판의 마모를 유발시키며, 비정상적으로 마모된 디스크커터의 개수가 많아지면 그림 11-25와 같이 회전력이 점점 상승하고 매우 불규칙하게 되며 추진력도 급상승해 면판 회전 및 추진이 불가능하게 된다. 이로 인해 선행터널 굴착 시 8회에 걸친 지반보강과 16회의 디스크커터 교체가 필요하게 되었다.

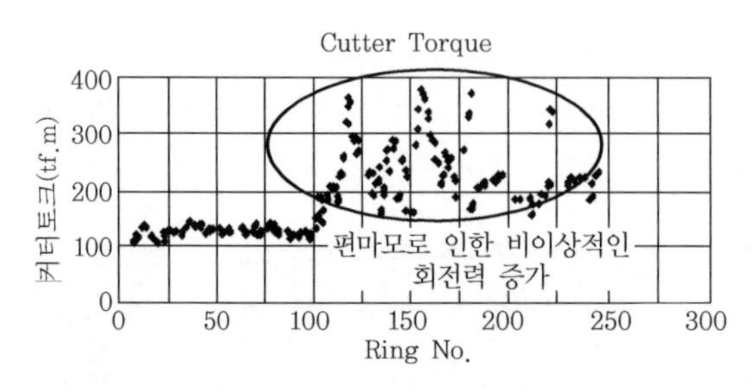

[그림 11-25] 비정상적인 마모로 인한 회전력 상승

2) 디스크커터 교체를 위한 지반보강

쉴드 TBM 굴진에 있어서 지질조건의 변화는 쉴드 TBM의 순굴진율의 변화와 커터툴(디스크커터 및 비트)의 마모율에 많은 영향을 미치기 때문에 굴착 전 디스크커터의 마모율을 계산해 이동거리 및 평균 굴진율을 예상하고 토사구간의 교체지점에서는 쉴드 TBM이 도달하기 전 기내 그라우팅이나 수직 그라우팅으로 지반을 보강한 후 챔버 안에서 디스크커터나 비트를 교체해야 한다. 그러나 예상치 못한 문제로 쉴드 TBM이 굴진을 할 수 없고 면판이나 커터의 정비가 필요할 시에는 기내 그라우팅을 실시할 수 없으므로 수직 그라우팅을 시공하게 된다. 수직 그라우팅은 수심이 깊지 않은 지점에서는 바지선을 고정하고 그 위에서 그라우팅 작업을 할 수 있지만 유속이 빠르거나 수심의 차이가 심하면 바지선을 고정하기 어려워 보강위치가 부정확해지고 보강 심도도 깊게 할 수 없게 된다. 하지만 기내 그라우팅은 시공시간이 매우 오래 걸리고 수직 그라우팅보다 보강효과가 떨어지며 예견치 않은 지점에서 쉴드 TBM 굴진이 불가능할 경우 적용할 수 없는 단점이 있다.

본 현장에서는 디스크커터의 예견치 않은 마모 및 이탈로 인해 하행선 굴착만 표 11-5와 그림 11-26과 같이 8차의 지상그라우팅이 시공되었고 교체기간을 포함해 1회당 8 ~ 92일 이상의 기간이 소요되었다. 또한 암반구간에서는 디스크커터 링과 하우징 강성 부족으로 많은 교체와 수리 시간이 소요되었다.

[표 11-5] 디스크커터 교체를 위한 하행선 지상그라우팅 현황표

No.	범위	공사기간	수량	교체기간(자립기간)
1차	14 x 8 x 9.5(m)	3/5 ~ 3/13	112	3/22 ~ 4/1
2차	14 x 6 x 7.5(m)	4/20 ~ 4/24(추가: 4/27 ~ 5/5)	84(63)	5/9 ~ 5/14
3차	14 x 6 x 7.5(m)	5/10 ~ 5/14 (붕락보강: 5/13 ~ 6/18)	84(92)	5/28 ~ 5/30 (6/19 ~ 6/20)
4차	14 x 10 x 5.5(3)(m)	4/3 ~ 4/13(추가: 6/22 ~ 7/5)	140(140)	6/30 ~ 7/5
5차	14 x 10(4.8) x 5.5(m)	7/4 ~ 7/8(붕락보강: 7/14 ~ 7/19)	140(108)	7/14(7/20 ~ 7/22)
6차	14 x 10 x 6(m)	7/22 ~ 7/30	120	7/29 ~ 7/30
7차	14 x 10 x 6(m)	8/1 ~ 8/7	112	8/9
8차	14 x 8 x 6(m)	8/15 ~ 8/19	70	8/22 ~ 8/23

예견치 않은 디스크커터 교체를 위한 지상그라우팅은 쉴드기가 정지한 상태에서 보강 후 챔버 안의 이수를 배출하고 인력으로 교체해야 하므로, 최소의 지반보강 기간과 최대의 보강효과가 확보되고, 쉴드 TBM에 손상을 주지 않으며, 재발진 시 지반보강으로 인한 쉴드 TBM의 과부하가 방지되는 공법으로 선정해야 한다. 이러한 조건을 만족하는 공법으로 N-Tight, Clean Firm(C.F), 제트 그라우팅(jet grouting) 등이 검토되었고 친환경적이고 차수를 목적으로 한 Clean Firm(C.F) 공법을 시공했다. 그러나 2차, 3차, 5차 교체 시 그림 11-27과 같이 강도 부족으로 인한 공동발생 및 지반 붕괴까지 발생되어 이로 인한 재시공 비용과 시공기간이 발생했다.

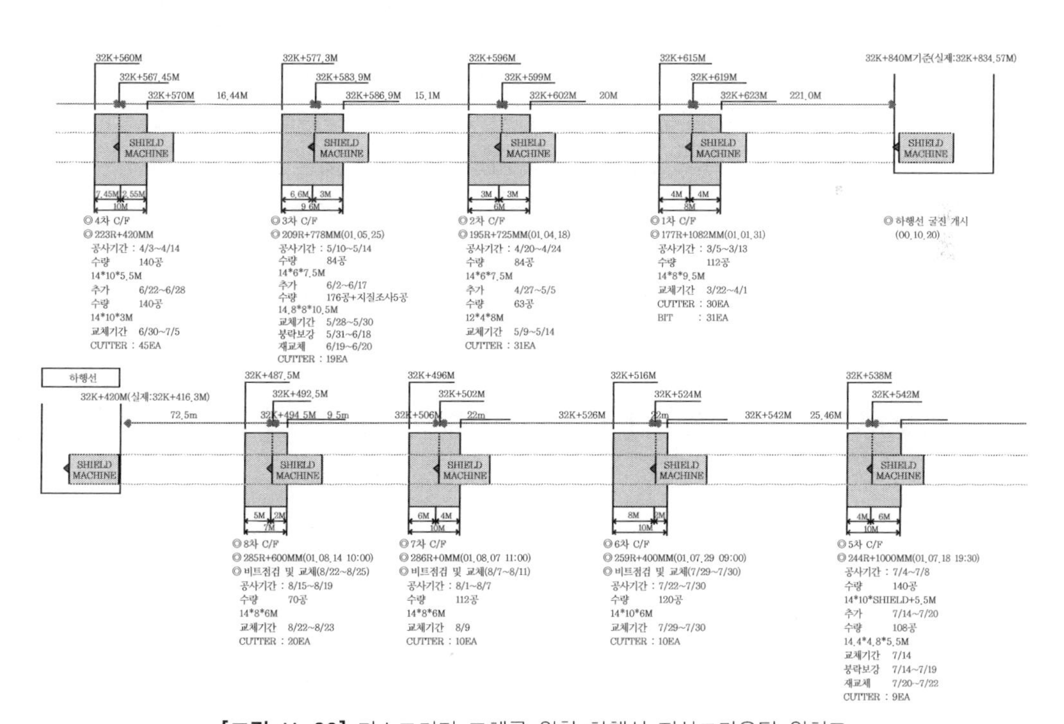

[그림 11-26] 디스크커터 교체를 위한 하행선 지상그라우팅 위치도

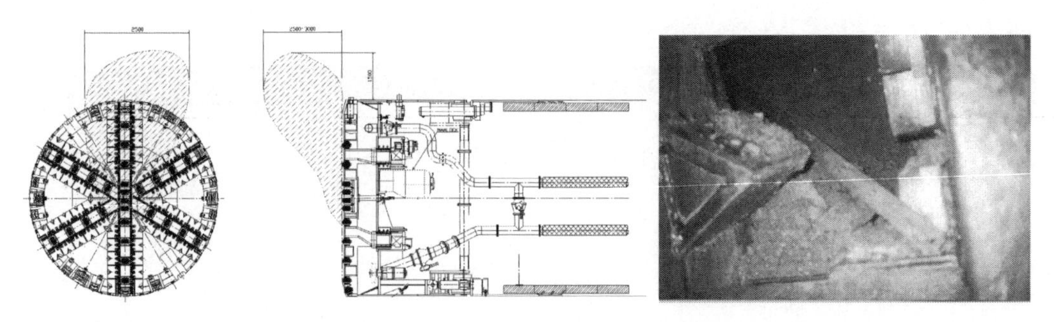

[그림 11-27] 디스크커터 교체를 위한 지반보강 후 막장의 붕괴도 및 사진

당 현장에서는 쉴드터널 계획 시 선행터널(하행선) 굴착 공기를 4 ~ 5개월로 예상했으나 이러한 디스크 마모 및 이탈로 인해 지반보강기간을 포함해 약 10개월이 소요되었고 상대적으로 후행터널(상행선) 굴착기간이 절대적으로 부족했다. 또한, 후행터널 굴착은 공기 부족뿐만 아니라 선행터널의 디스크 교체 시 발생한 Clean Firm(C.F)지반보강공법의 보강효과 저하로 인한 공동발생 및 붕괴현상도 후행터널에 재발생할 가능성이 있었다. 후행터널은 상수도관과 수영가교에 선행터널보다 더 근접해 붕괴나 침하 발생 시 막대한 피해를 줄 수 있으므로 지반강도를 증대시킬 수 있는 다른 지반보강공법이 요구되었다. 이에 대한 대책으로는 후행터널 굴착 시 그림 11-15, 11-16과 같이 Komatsu사의 경암용 면판 및 디스크커터로 교체했고, 그 결과 디스크커터의 마모와 비정상적인 마모도 현저히 감소해 디스크커터의 교체 지점을 예측하고 계획된 지점에 쉴드 TBM 도달 전 그라우팅을 할 수 있어 그라우팅 시공시간 및 양생시간을 줄일 수 있었다. 또한 쉴드 TBM 도달 전에 그라우팅을 시공하므로 강성이 큰 케미컬 제트 그라우팅(chemical jet grouting)을 시공해도 쉴드 TBM의 손상과 재발진 시 과부하를 주지 않아 복합지반부 5지점에 시공되었고, 막장붕괴로 인한 공동 발생과 침하 없이 디스크커터를 점검하고 3차와 4차 보강지점에서만 디스크커터를 교체했다.

11.1.3 도심지 대구경 쉴드터널 설계 및 시공사례 – 서울지하철 9호선 909공구

가. 공사개요

1) 서울지하철 909공구 개요

본 과업은 서울 수도권 광역 철도망 계획, 인천국제공항 전용철도계획, 여의도 순환 경전철 건설사업 계획, 수도권 순환철도 계획을 반영해 서울시 교통난 해소와 지역 간 균형발전을 도모하기 위해 서울 강남의 동서축을 연결하는 공사 중 여의도를 통과하는 9호선 909공구이다. 본 909공구는 그림 11-28과 같이 총 2,330m로 서울지하철 5호선과 환승할 수 있는 915정거장을 포함해 2개의 정거장 및 8개소의 환기구와 쉴드터널을 포함하고 있으며, 현장 개요는 아래와 같다.

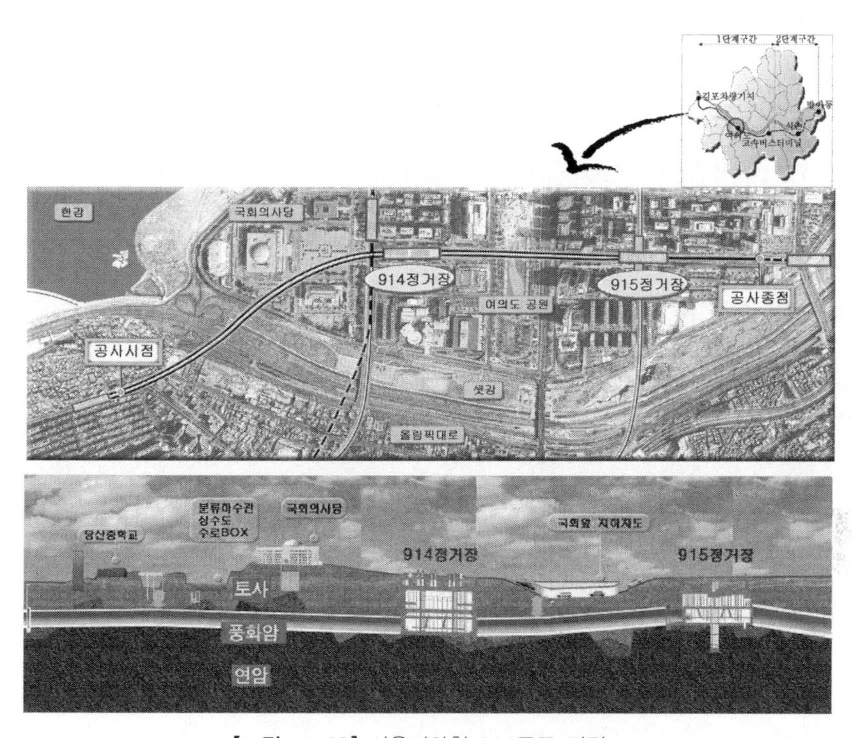

[그림 11-28] 서울지하철 909공구 평면도

- 현 장 명 : 서울지하철 9호선 909공구 건설공사
- 발 주 처 : 서울특별시 도시기반시설본부
- 시 공 사 : 두산건설(주), 현대건설(주)
- 감 리 사 : (주)유신코퍼레이션
- 공사기간 : 2003년 7월 15일 ~ 2008년 12월 31일
- 공사위치 : 서울시 영등포구 당산동 ~ 영등포구 여의도동
- 규　　모 : 연장 2,330m(정거장 : 2개소, 쉴드터널 : 1,807m × 2)

국내 쉴드 TBM이 적용된 모든 현장과 마찬가지로 서울지하철 909공구도 저토피 구간과 매우 근접한 인접 구조물로 인해 NATM과 개착공법 적용이 어려워 쉴드 TBM 공법을 적용한 현장이다.

2) 쉴드터널구간 개요

쉴드터널구간은 이수가압식 쉴드 TBM을 사용해 1,807m(왕복 : 3,614m)의 4개 터널(A ~ D터널)을 그림 11-29와 같이 굴착하도록 설계했고, 모든 쉴드터널을 굴착 완료했다.

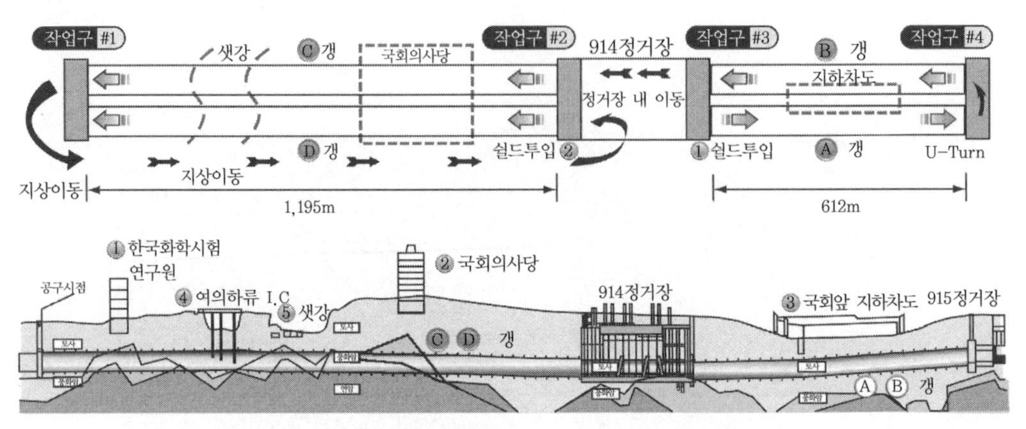

[그림 11-29] 서울지하철 909공구 쉴드터널 현황

최소토피는 샛강 횡단 구간 약 180m에서 8.06m(1.08D, D는 쉴드 직경)를 형성하고 최대토피는 국회의사당 구간에서 21.8m(2.93D)를 형성하며, 대부분 터널 외경의 2배 이상의 토피를 확보했다. 지하수위는 GL-5.9 ~ GL-19.5(m) 정도이며, 쉴드터널 상부에서의 최대 지하수위는 8.0m이다. 과업구간 내 터널 구간의 선형은 다음과 같다.

[표 11-6] 쉴드터널 구간 선형

평면선형	① 시점 ~ 샛강 구간: R=1,200, ② 샛강 ~ 914정거장 구간: R=800, ③ 국회 앞 지하차도 구간: R=2,000
종단선형	시점 ~ 914정거장 시점부 구간: +2‰ ~ -4‰, 국회 앞 지하차도 구간: +3‰ ~ +11‰

3) 현장여건

본 쉴드 TBM 적용구간의 지장물은 그림 11-29, 11-30과 같이 한국화학시험연구원(①), 국회의사당 지하통로(②), 국회 앞 지하차도(③) 등 다수의 건축물 하부와 여의하류IC 교각(④)을 근접해 통과하고 도로 및 샛강(⑤) 하부를 통과하며, 주요 근접 구조물 및 이격거리는 표 11-7과 같다.

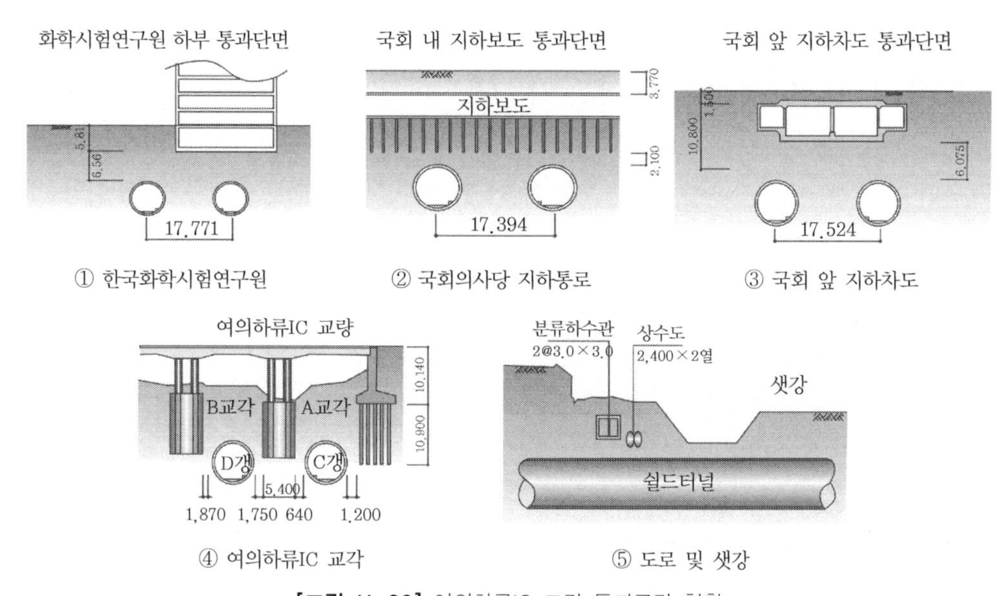

[그림 11-30] 여의하류IC 교각 통과구간 현황

[표 11-7] 주요 근접 구조물 및 이격거리

주요 구조물	이격거리	구 분
① 화학시험연구원	6.48 ~ 6.56m	지상 5층, 지하 1층
② 국회의사당 지하통로	2.1 ~ 2.2m	말뚝 기초 박스구조물(4.5 × 3.55)
③ 국회 앞 지하차도	1.4 ~ 6.27m	4차선
④ 여의하류IC 교량 기초	0.64m	지반의 응력 해방
⑤ 샛강 측부	광역상수도: 3.70m, 수로박스: 4.40m	수로 박스(2@3.0 × 3.0)

쉴드터널에 가장 인접한 구조물은 여의하류IC 교각 기초로서 그림 11-31의 사진 및 평면도와 같다. 이 구간의 터널노선과 우물통 기초 간 이격거리는 C터널의 경우 여의하류IC A교각의 좌측으로 약 0.64m 가량 이격되며, D터널의 경우 A교각에 약 1.75m, B교각에 약 1.87m 가량 이격해 통과하도록 계획되었다.

(a) 여의하류IC의 현장사진

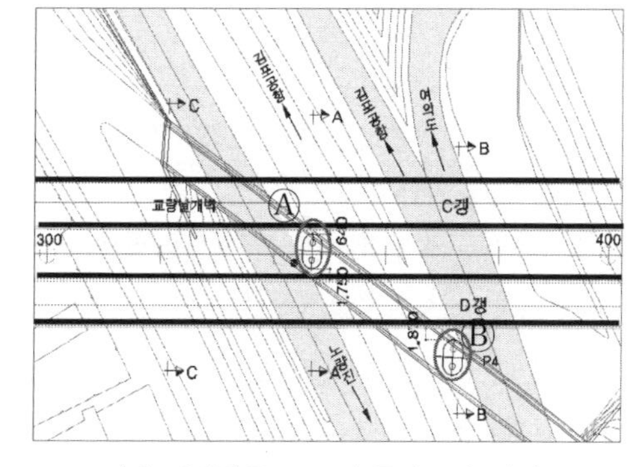

(b) 여의하류IC 교각 통과구간 평면

[그림 11-31] 여의하류IC 교각 통과구간 사진 및 평면

4) 지반조사 및 결과

서울지하철 909공구 주변지역의 지형 및 지질은 그림 11-32와 같이 선캠브리아기의 경기편마암 복합체에 속하는 편마암류가 기반암으로 분포하며, 그 상부를 신생대 제4기의 충적층이 부정합으로 피복되어 있다. 당산동 일대는 호상흑운모 편마암이, 여의도동 일대는 호상흑운모 편마암을 피복한 충적층이 분포한다.

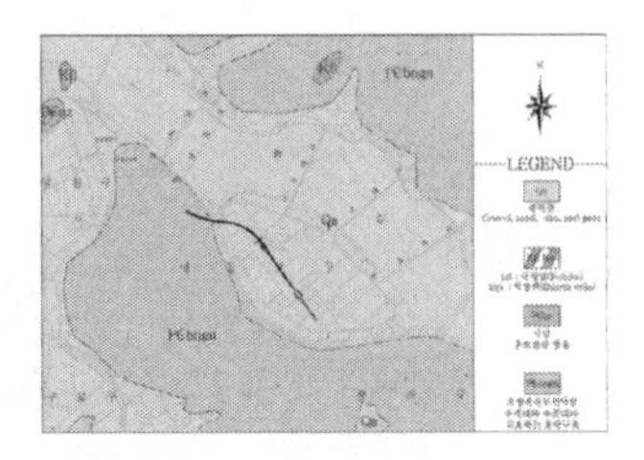

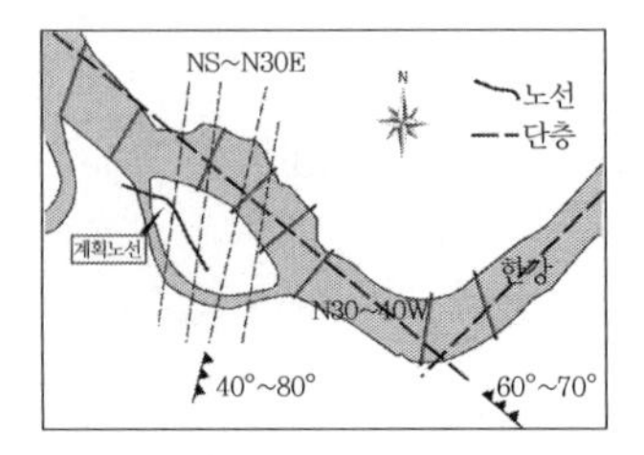

[그림 11-32] 서울지하철 909공구 주변지역의 지형 및 지질

지하수위, 지반의 구성성분(입도분포확인 및 자갈 분포) 및 암반층의 심도가 터널공법 선정에서 중요한 요인으로 작용하므로 시추조사 간격을 50m 이내로 배치하고 시추공 영상촬영, 대형 시험굴 조사, 각종 물리탐사 등을 실시한 결과, 지반상태는 그림 11-33과 같고 자갈의 직경은 2 ~ 75mm 정도로 분포하며, 지하수위는 종점부 일부를 제외하고 터널 상부에 위치한다. 입도분포는 그림 11-33과 같다.

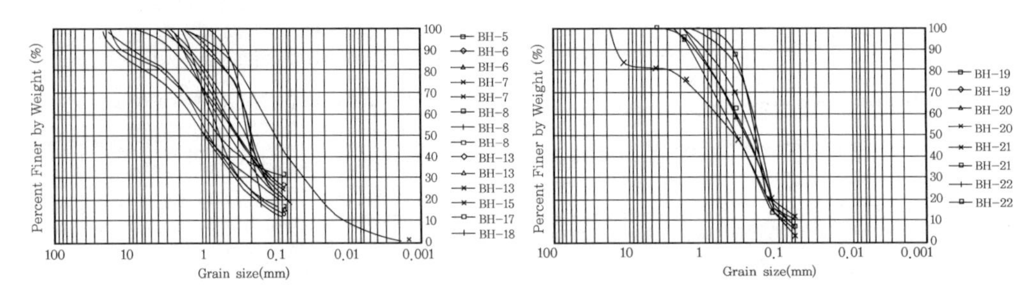

[그림 11-33] 실트질 모래(좌) 및 모래층(우)의 입도분포

층별 투수계수를 분석하면, 매립토층은 $6.27 \sim 1.22 \times 10^{-3}$cm/sec 범위의 비교적 일정한 값을 보이고, 충적층 중 상부층(모래, 실트)은 $15.1 \times 10^{-2} \sim 1.67 \times 10^{-4}$cm/sec(평균 2.82×10^{-3}cm/sec), 하부층(모래질 자갈)은 $7.30 \times 10^{-2} \sim 4.22 \times 10^{-3}$cm/sec(평균 8.46×10^{-3}cm/sec), 풍화토층은 $1.11 \times 10^{-4} \sim 5.82 \times 10^{-3}$cm/sec(평균 2.15×10^{-3}cm/sec)을 보인다.

서울지하철 909공구는 그림 11-34와 같이 대부분 사질성분이 주가 되는 충적층과 일부구간에서 풍화암 및 연경암으로 구성되어 있으며 지반조건별 연장은 표 11-8과 같다. 터널별로 설명하면 A와 B터널 지반조건은 실트질 모래, 모래질 자갈 등이 혼재된 조립질의 퇴적층이며, C와 D터널은 토사, 풍화암, 연·경암이 혼재되어 있는 복합지반이다.

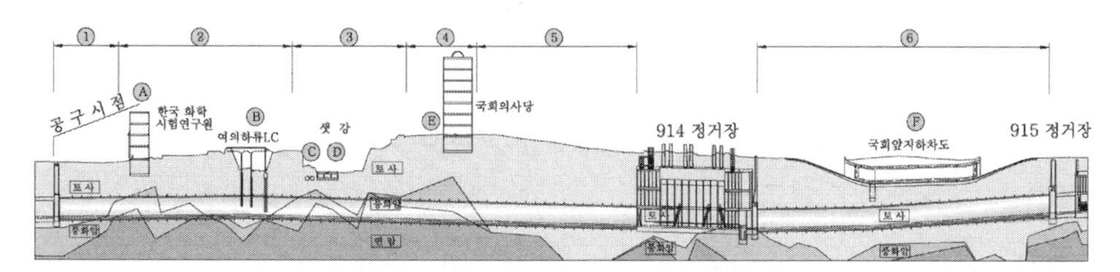

[그림 11-34] 서울지하철 909공구 지반조건

[표 11-8] 쉴드터널 통과 구간 내 지반조건 및 연장

개 소	지반 조건	연장(m)	개 소	지반 조건	연장(m)
①	토사	L = 104	④	상부는 풍화암 하부는 연·경암	L = 170
②	시점부는 토사 종점부는 풍화암	L = 390	⑤	시점부는 암층 종점부는 자갈질 모래	L = 351
③	연·경암	L = 180	⑥	상부는 모래 하부는 자갈질 모래	L = 612

굴착 시 가장 주의해야 할 여의하류IC 교각 통과구간의 지반조건을 상세히 설명하면, A교각의 경우 그림 11-35(a)에 도시된 바와 같이 상부 1.8m 두께의 매립층 하부에 N값이 4 ~ 32에 해당하는 실트질 모래층이 7.7m 두께로 존재하며, A교각의 기초 선단은 직경 30cm 미만의 자갈을 함유한 자갈층에 위치한다. 또한 그림 11-35(b)에 도시된 B교각의 경우 4.3m 두께의 실트질 모래와 점토성분을 함유한 매립층과 4.4m 두께의 모래층 및 직경 5cm 내외의 모래자갈층이 4.8m 두께로 존재하며 B교각의 기초 선단은 풍화암층에 위치한다.

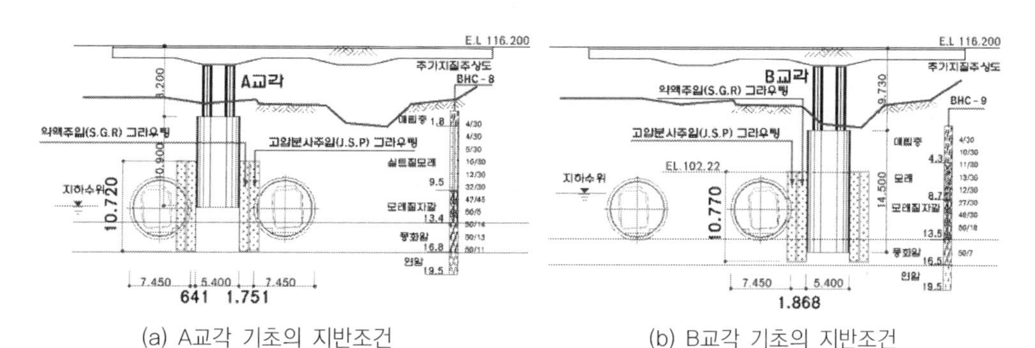

(a) A교각 기초의 지반조건　　(b) B교각 기초의 지반조건

[그림 11-35] 여의하류IC 교각 통과구간의 지반조건

나. 공법 선정 및 시공 계획

1) 쉴드터널 굴착공법 선정

서울지하철 909공구의 굴착공법을 선정하기 위해 NATM, 개착공법, 쉴드터널 공법을 비교했다. 개착공법은 그림 11-29, 11-30과 같이 여의하류IC교, 국회 앞 지하차도, 수로 박스(box) 등의 많은 지장물 하부를 통과해야 하므로 개착공법을 적용하기 어려웠고, NATM은 A ~ B터널의 지반조건이 토사로 구성되어 있고 C ~ D터널도 전단면 또는 터널상부가 토사로 구성되어 있어 그림 11-36과 같이 종단을 10m 이상 내리지 않는 이상, 많은 보강이 필요하고 붕괴 위험성이 항상 존재했다. 또한, 여의도 지역 특성상 많은 사무실과 국회의사당이 위치해 발파로 인한 안전성 및 민원에도 문제가 있어서 터널 굴착연장이 짧고 소음·진동 및 붕괴위험이 없는 쉴드터널 공법으로 선정되었다. 표 11-9는 쉴드터널과 NATM터널의 특징을 비교·선정한 표이다.

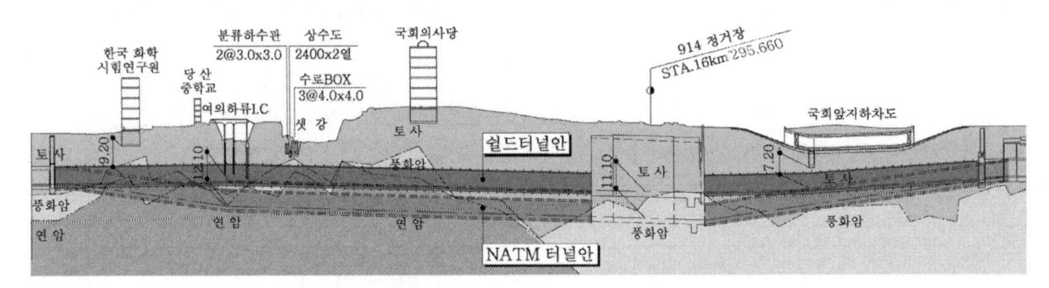

[그림 11-36] 쉴드터널 및 NATM터널의 종단계획 비교

[표 11-9] 쉴드터널 및 NATM터널 비교표

검토 항목	쉴 드 터 널	N A T M 터 널
시공 특징	• 토사 및 암반대응 쉴드 장비로 굴착 • 구체시공이 동시에 진행되므로 공정 단순 • 중규모 단면의 단선병렬터널에 유리	• 토사굴착 및 발파에 의한 암반 굴착 • 막장보호를 위한 상하부 분할시공 등 공정 복잡 • 단면크기에 제약을 받지 않음
장점	• 종단 상향조정이 가능해 인접 정거장의 건설비용 감소 및 진출입 동선 축소 가능 • 소음·진동이 작아 사유지 하부 통과 유리 • 지반이완 최소화→굴착과 동시에 그라우팅 주입 • 별도의 방수공법 불필요	• 굴착면 확인에 의한 보강시공 가능 • 암질변화 또는 지장물 출현 시 대처 가능 • 단면 변화에 대한 적응성이 높음
단점	• 쉴드 장비 고가 • 단면변화에 대한 적응성이 없으며 굴착면 육안 확인 불가 • 운전 및 운용의 전문요원투입이 필수적이며 고도의 시공전문성 요함	• 종단이 깊어져 인접 정거장의 건설비용 증대 및 이용승객 불편 초래 • 지반보강 및 차수비용 과다 • 소음·진동으로 사유지 통과 시 민원발생 초래 • 발파 및 숏크리트 타설에 의한 작업환경 열악
안전성	• 용수발생과 막장붕괴에 대한 높은 안전성 유지 가능	• 충적층에 대한 완벽한 차수를 못할 경우 대규모의 용수발생과 막장붕괴 초래 가능
적용안	◉	
채택안	• 종단 상향 조정에 의한 정거장 진출입 동선 축소 가능, 토사층의 연약지반 굴착과 용수 처리의 안전성 확보, 터널 굴착 연장이 1,808m로 길어 경제성 등에서 유리한 쉴드터널 공법 적용	

2) 이수가압식 쉴드 TBM의 선정

쉴드 TBM 타입 선정을 위해 표 11-10과 같이 쉴드형식과 적용토질 일람표(일본 토목학회)와 기계화 시공기술 선정에 영향을 미치는 요소(프랑스 AFTES)를 참조해 검토한 결과 기존 구조물에 미치는 영향이 적고 지반 안정화 능력이 뛰어나며 복합지층 굴진이 가능한 이수식과 토압식 쉴드 TBM을 1차 선정했다.

[표 11-10] 쉴드 TBM 1차 선정 비교표

검토 항목		보할 평점	전면밀폐형				전면개방형					
			이수식 쉴드		토압식 쉴드		반기계 굴착식 쉴드		암반 굴착 TBM		기계 굴착식 쉴드	
굴착 능률	사질토	7	고	7	고	7	고	7	NA	-	고	7
	풍화암	7	중	5	중	5	저	3	중	5	중	5
	암 반	7	저	3	저	3	NA	-	고	7	저	3
	복합지반	7	저	3	저	3	NA	-	NA	-	저	3
지하수 영향		7	없음	7	소	5	대	3	대	3	대	3
굴착 지반 안정	토 사	7	고	7	고	7	저	3	NA	-	저	3
	암 반	7	중	5	중	5	NA	-	중	5	중	5
	복합지반	7	고	7	중	5	NA	-	NA	-	NA	-
지반과의 마찰		5	소	5	대	3	소	5	대	3	대	3
지반 내 가스영향		5	없음	5	있음	3	없음	5	없음	5	없음	5
면판·비트 마모		5	소	5	대	3	-	-	소	5	대	3
기계의 냉각		5	좋음	5	나쁨	3	좋음	5	나쁨	3	나쁨	3
라이닝		5	세그먼트	5	세그먼트	5	세그먼트	5	콘크리트	-	세그먼트	5
뒤채움 주입		5	동시 주입	5	동시 주입	5	후방 주입	3	-	-	후방 주입	3
발진구 크기		5	10 × 16(m)	5	15 × 25(m)	3	15 × 25(m)	3	15 × 25(m)	3	15 × 25(m)	3
발진규모의 크기		5	중	5	중	5	소	7	중	5	중	5
시작 시 터널길이		4	없음	4	없음	4	없음	4	100m	2	없음	4
종 합 평 가		100	① 88		② 74		④ 53		⑤ 46		③ 63	
1 차 선 정			◎		◎							

1차로 선택된 토압식과 이수식 중 굴착토사의 재이용, 지반 침하 등의 환경보전, 굴착 효율, 디스크커터 교환횟수 등을 표 11-11과 같이 종합적으로 평가하면, 본 공구의 조건에서는 암반 등 복합지반 대응이 가능하고 막장 관리 및 환경성이 우수하며, 환경보전, 공사기간, 경제성에서 토압식보다 이수식이 우수해 이수식 쉴드 TBM을 선정했다.

[표 11-11] 쉴드 TBM 2차 선정 비교표

구 분		이수식 쉴드 TBM 공법		토압식 쉴드 TBM 공법	
공법개요					
막장안정		이수를 챔버 내에 충만시켜 토압에 저항	○	이토압에 의해 막장의 토압·수압에 대항	○
적 용 성		넓은 범위의 지반에 적용 가능	○	지하수압이 높은(1.5kgf/cm^2 이상) 경우 스크루컨베이어식은 토사 배출 곤란	○
암반굴착		암반TBM과 같은 대형 디스크커터로 대응	○	암반TBM과 같은 대형 디스크커터로 대응	○
커터마모		커터는 이수 중에서 회전해 마모가 적음	○	커터비트 및 디스크커터의 마모가 큼	△
정 밀 도		±100mm 이내의 정밀도	○	±100mm 이내의 정밀도	○
수 직 갱		평면: 10m × 16m	○	평면: 15m × 25m	△
토사운반		굴착토사는 배관을 통해 유체수송	○	터널 내는 궤도 및 갱차운행	○
환경	구조물	근접구조물이나 지반에 주는 영향은 적음	○	복합지반에서는 대책이 필요	△
	갱내 환경	안전성, 갱내 환경이 동시에 양호	○	갱내가 좁고 안전성이 떨어짐	△
	소음 진동	이수 처리설비의 일차 분리기로부터의 소음·진동이 발생	△	크레인 작업 시나 조사 반출 시의 진동·소음이 최대임	○
굴착토의 처 리		굴착토사는 이수 처리설비에 의해 분별 탈수됨	○	운반을 위한 고화 처리와 환경기준에 따라서는 폐기물로 취급됨	△
발진기지		부지: 20m × 135m(이수 처리시설)	△	부지: 20m × 135m	○
실 적		부산지하철 2호선 230공구	○	광주도시철도 1호선 TK-1공구	○
공 기		쉴드 공사기간: 3년 5개월	○	쉴드 공사기간: 4년 2개월	△
적 용 안		◎			

3) 시공 계획

쉴드 TBM 타입 선정 후 공기단축 및 경제성 확보를 위해 지상에서 해체 및 이동 최소화, 쉴드머신 투입대수 최소화, 이수수송 설비길이를 최소화할 수 있도록 전체공정 및 다른 공정과 상호 관련해 그림 11-37과 같이 검토했다. 굴착순서는 A터널 굴착 → 유턴 → B터널 굴착 → 쉴드 이동 → C터널 굴착 → 쉴드 해체 및 이동 → D터널 굴착 순으로 진행되었다. 작업구 #1은 상·하행선 쉴드장비 도달 및 해체작업구로서 구조물 시공 후 작업구로 활용했다. 작업구 #2는 쉴드 투입, 이동 작업구로서 가시설 상태에서 작업구로 활용했다. 작업구 #3은 가시설 상태에서 A터널 굴착을 위한 쉴드 투입 및

발진하고 구조물 시공이 완료된 상태에서 B터널이 관통된다. 작업구 #4는 장비의 회전공간이 확보되어 쉴드장비의 유턴 구간으로 계획되었고 구조물 시공 후 작업구로 활용된다.

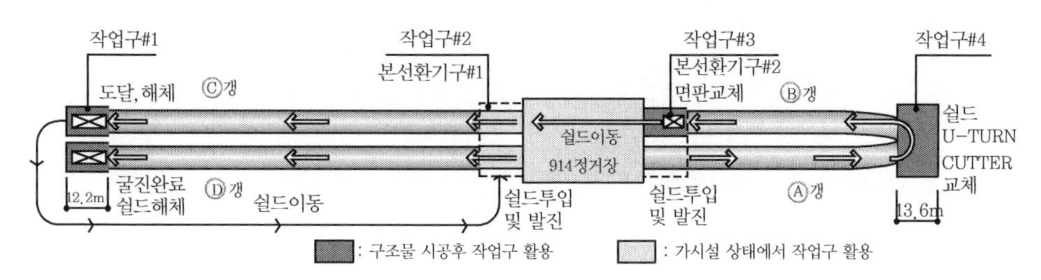

[그림 11-37] 쉴드 TBM의 굴착 및 이동 순서

다. 쉴드 TBM 및 터널의 시공

1) 장비개요

서울지하철 909공구에 적용된 쉴드 TBM의 종류는 그림 11-38과 표 11-12와 같이 일본의 Kawasaki 중공업의 이수가압식 쉴드 TBM으로서 외경 7.65m, 세그먼트 내경 6.75m의 터널을 형성하고 암반 및 토사를 굴착할 수 있도록 17인치 디스크커터 53개와 커터비트(cutter bits)를 돔형(dome type)의 면판에 장착했다. 또한, 부산지하철 230공구 하저터널 이수가압식 쉴드 TBM과 마찬가지로 그림 11-39와 같이 천단(상부) 토사 붕괴 감지봉(jack)을 장착해 상부 토사의 상태를 파악할 수 있도록 했다.

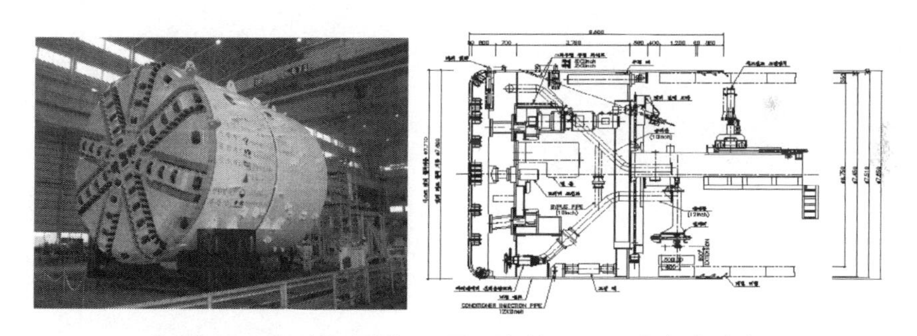

[그림 11-38] 서울지하철 909공구의 쉴드 TBM 사진 및 단면도

[표 11-12] 서울지하철 909공구의 쉴드 TBM 제원

항 목	제 원	항 목	제 원	항 목	제 원
제조사	Kawasaki(일본)	쉴드 길이	8,500mm	개구율	17 ~ 21%
쉴드 타입	이수가압식	커터헤드	돔형(dome type)	최대 추진력	5,600tf
쉴드 외경	7,650mm	회전속도(rpm)	1.25 ~ 2.5	테일 실	3열
세그먼트 외경	7,450mm	디스크커터	17인치	뒤채움 방식	동시주입
세그먼트 내경	6,750mm	디스크커터 수량	53개	-	-

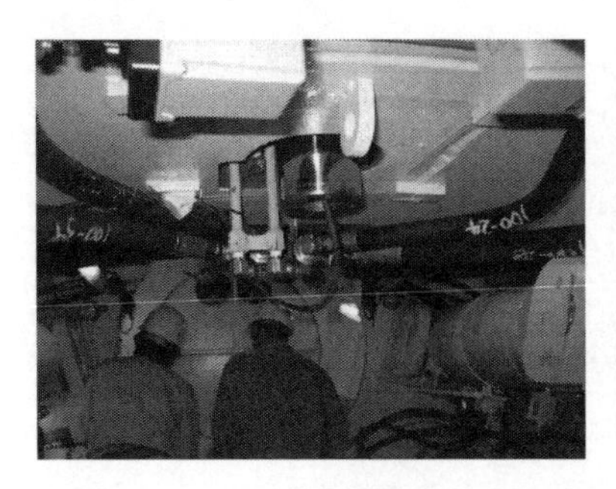

[그림 11-39] 천단붕괴 감지봉(jack) 사진

2) 면판설계

서울지하철 909공구에 사용된 면판은 그림 11-40과 같이 Kawasaki사의 돔형(dome type) 면판으로 17인치 디스크커터 53개를 장착했고 개구율은 17 ~ 21%로 지반조건에 따라 개구율 및 디스크커터 수량을 조절했다.

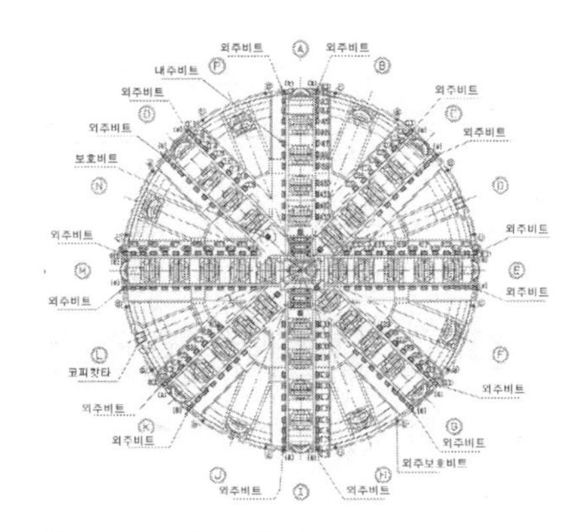

[그림 11-40] 서울지하철 909공구의 쉴드 TBM 사진 및 단면도

3) 세그먼트의 제작 및 시공

서울지하철 909공구에서는 직사각형 모양의 평판형 철근콘크리트 세그먼트를 사용했고 키 세그먼트(key segment)를 포함한 7조각이 조립되어 중량 24톤의 1링을 구성한다. 세그먼트의 제원은 내경 6.75m, 외경 7.45m, 폭 1.2m, 두께 0.35m이며 450kgf/cm^{2}의 강도로 설계했다. 세그먼트 체결방식은 ϕ24mm의 록볼트로 설계했고 그림 11-41과 같이 2열의 수팽창지수재를 사용했다. 그림 11-42는 세그먼트 시공 전경 및 쉴드터널 내부전경이다.

[그림 11-41] 수팽창지수재 검사 및 세그먼트 휨 검사

(a) 세그먼트 야적

(b) 세그먼트 조립

(c) 세그먼트 조립 후 터널 전경

[그림 11-42] 서울지하철 909공구 세그먼트 및 쉴드터널 내부전경

4) 쉴드터널의 시공

① 쉴드 TBM 장비의 조립

서울지하철 909공구의 쉴드 TBM은 부분별로 여러 공장에서 생산되어 Kawasaki사의 주 공장에서 완성품으로 조립되고 규격시험, 성능시험 등의 완성도 검사와 시험운전을 거쳐 모든 장비에 이상이 없으면 운반하기 쉽도록 분해되어 현장으로 운반된다. 현장에 반입된 쉴드 TBM 조각은 지상에서 커터헤드, 메인베어링 및 구동부 일부가 조립되고 그림 11-43과 같이 세그먼트와 자재 투입을 위해 마련한 반입구로 투입되어, (1) 전통부, (2) 커터헤드 및 구동부, (3) 중통하부 및 후통하부, (4) 송배니관/중절 잭/추진 잭, (5) 중통 좌우측, (6) 이렉터, (7) 중통상부, (8) 진원유지장치, (9) 후통 측면부 및 상부, (10) 후방설비 순서로 조립되었다. 또한 이와는 별도로 여잉조, 조정조, 필터프레스 등의 슬러리 처리를 위한 지상설비시설이 반입구 주변에 설치되었다.

(a) 면판 투입

(b) 방음 전 지상설비

(c) 방음 후 지상설비

[그림 11-43] 쉴드 TBM 투입과 방음시설 시공 전후의 지상설비 전경

서울지하철 909공구 현장의 지상설비는 여의도 중심가에 위치해 소음에 의한 민원의 대책으로서 지상설비시설 설치 후 그림 11-43(c)와 같이 방음 패널(panel)로 가건물을 만들어 설치했다.

② 발진 및 도달

쉴드터널의 상세 굴착 일정은 표 11-13과 같이 2004년 11월 29일에 가조립과 12월 7일에 본조립을 시작해 612m를 2005년 3월 29일에 A터널을 관통했고, 유턴 후 2005년 5월 24일 B터널의 가조립과 5월 26일에 본조립을 시작해 2005년 8월 30일 관통했다. 그 후 B터널 도달구(작업구 #3)에서 C터널 발진구(작업구 #2)까지는 장비를 해체하지 않고 정거장 내에서 유압잭으로 밀어 이동(walking)시킨 후 2005년 10월 27일에 가조립과 11월 7일에 C터널의 본조립을 시작해 2006년 10월 20일 굴착 완료했다. D터널 굴착은 C터널 관통 후 장비를 해체해 작업구 #2로 이동하고 재조립한 후 2007년 1월 22일에 가조립과 1월 26일에 D터널의 본조립을 시작했고 2007년 10월 8일 굴착 완료했다.

[표 11-13] 쉴드터널 상세굴착 일정

구분	본굴진	관통	소요일수	비고
A터널	04.12.07	05.03.29	113	
유턴	05.04.10 ~ 05.05.23		43	
B터널	05.05.26	05.08.30	97	
이동(walking)	05.09.07 ~ 05.10.26		50	
C터널	05.11.07	06.10.20	348	
장비해체·이동·조립	06.11.04 ~ 07.01.21		78	
D터널	07.01.26	07.10.08	254	

쉴드 TBM의 단계별 발진과정은 작업구 #3에서 그림 11-44, 11-45와 같이 (1) 발진반침대 및 발진갱구 설치, (2) 쉴드 TBM 조립, (3) 초기 굴진을 위한 반력대 설치 및 가조립 세그먼트 설치, (4) 후방대차 조립 및 발진부 지지철물 절삭, (5) 초기굴진(약 50링) 및 본굴진 순으로 진행되었다. 도달과정은 (1) 쉴드 TBM이 작업구 #4에 도착하기 전 쉴드 TBM의 추진력에 대응할 수 있도록 작업구 #4의 갱구에 H-형강으로 지지벽 설치, (2) 지상에서 3중관 그라우팅으로 지반 보강, (3) 1 ~ 2m 전에 도달 시 굴진 정지 및 지지벽 철거, (4) 최종 관통 순으로 시공했다.

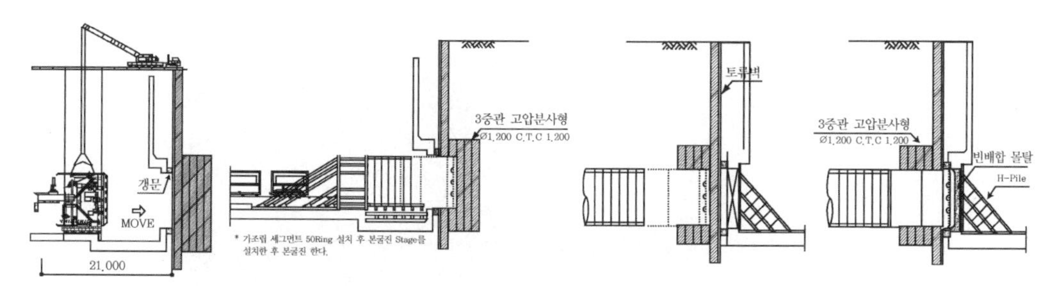

(a) 조립/지반보강 (b) 가조립 세그먼트 설치 후 굴진 (c) 지반보강/지지벽 설치 (d) 지지벽 철거 전 정지

[그림 11-44] 서울지하철 909공구 쉴드 TBM 발진 및 도달부 단면

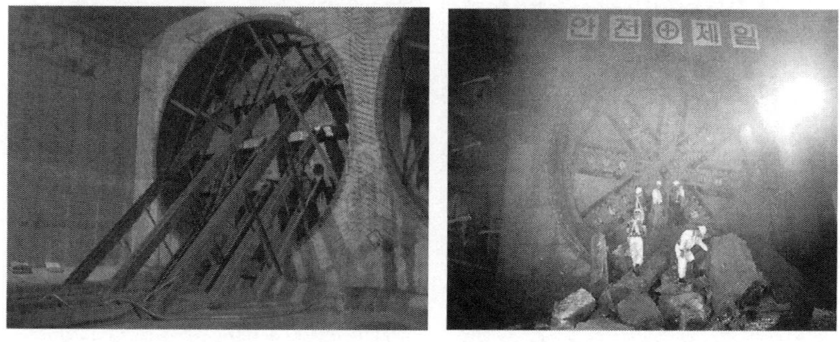

[그림 11-45] A터널 관통 전 지지벽(작업구 #4) 및 유턴 후 B터널 관통사진(작업구 #3)

작업구 #1과 #4에서의 유턴 과정은 터널 관통 후 받침대까지 전진하고 후방시설을 분리한 후 80ton 유압잭으로 그림 11-46과 같이 회전하면서 발진부로 이동한다.

[그림 11-46] 유턴 전경

B터널 굴착 완료 후 C터널 굴착을 위한 914정거장 이동(244m) 과정은 그림 11-47과 같이 22mm 철판을 바닥슬래브에 깔고 200ton 유압잭 2대로 볼베어링이 장착된 받침대를 밀면서 이동했다. 이동기간은 17일이 소요되었고 약 14.4m/day의 속도로 이동했다.

[그림 11-47] 볼베어링 받침대와 유압잭을 이용한 쉴드 TBM 이동

C터널 관통 후 D터널 굴착을 위해 쉴드 TBM은 작업구 #1에서 해체되어 그림 11-48과 같이 작업구 #2로 지상 운송된다. 해체는 500tonf급 하이드로 크레인(hydraulic crane)과 보조 크레인으로 250tonf 하이드로 크레인을 사용해 면판(84tonf) → 후통(63tonf) → 감지봉(jack) → 이렉터 → 중통2(80.5tonf) → 커터모터(7EA, 각 6tonf) → 중통1(22.5tonf) 및 전통(105tonf) 순서로 해체되어 통과높이의 제한, 도로폭 제한 및 적재중량의 제한 조건을 고려해 지상으로 인양된다. 쉴드 TBM은 작업구 #2에서 전통 → 면판 → 커터 모터(cutter motor) → 중통1 → 중통2 → 감지봉(jack) → 후통의 순서로 다시 조립되어 D터널을 굴착했다.

[그림 11-48] D터널 굴착을 위한 쉴드 TBM 해체 및 인양

5) 뒤채움 주입

① 주입재 및 주입방법

뒤채움 주입이라 함은 쉴드 TBM 굴착 시 그림 11-49의 좌측 사진과 같이 (a) 면판 외주부에 부착되어 있는 커터의 굴착작업에 의해 발생되는 여굴, (b) 쉴드 TBM의 스킨플레이트(두께, c)는 쉴드 TBM 내경과 세그먼트 사이의 클리어런스(clearance)의 공간이 발생되는데 이 공간을 지반 침하를 억제하기 위해 시멘트, 벤토나이트 등을 혼합한 주입재로 조속히 채워주는 것을 말한다. 뒤채움 주입방식은 주입 시기에 따라 동시주입방식(쉴드 TBM 후통의 철판에 관을 매립해 굴착과 동시에 빈 공간에 주입하는 방식), 즉시주입방식(세그먼트에 미리 만들어놓은 뒤채움 주입구로 세그먼트가 후통부에서 지반으로 나오는 즉시 주입하는 방식), 후방주입방식(즉시주입보다 후방에서 세그먼트의 주입구로 주입하는 방식)이 있다. 서울지하철 909공구에서 쉴드 굴착 후 세그먼트 주위로 17.5cm의 공간(a+b+c)이 발생되는데 뒤채움재의 주입범위와 지반침하(변위)를 확인하기 위해 그림 11-49의 우측 사진과 같이 주입 후 세그먼트에 만들어놓은 뒤채움 주입구로 천공했고 굴착면의 침하 없이 주입되었음을 확인했다. 이는 지반 침하를 최대한 억제하기 위해 국내 최초로 가소성 뒤채움재를 동시주입방식으로 시공했기 때문이라고 판단된다. 가소성의 점도영역은 일정수준의 가압에 의해 주입액이 유동할 수 있는 300 ~ 1,500 센티포이즈(cP, centi-Poise) 점도로 규정하며, 참고로 상온에서 물의 점도는 약 1cP 정도이며, 물 : 시멘트(7:3)의 시멘트 밀크 절대점도는 5 ~ 10cP이다.

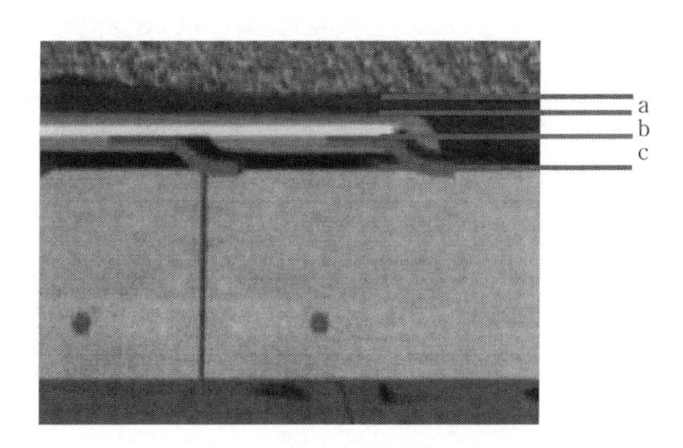

(a) 뒤채움 주입 공간

(b) 뒤채움 주입 후 확인 보링

[그림 11-49] 뒤채움 주입공간 및 주입 확인

가소성형 주입재의 일반적인 작용원리를 설명하면 그림 11-50과 같다. 빈 공간에 일정 간격을 두고 여러 차례 주입할 시 앞서 주입한 주입재(고결 진행 중인 주입재)가 가소성 고결유지시간 내에 있다면 큰 주입압 없이 새로 주입된 그라우트에 의해 차례대로 앞쪽으로 밀려 빈 공간으로 이동한다. 따라서 가소성 고결 영역 유지시간에 있다면 굴진 정지 시나 뒤채움 주입구를 통한 후방주입

과 같이 연속주입을 정지 후 재개한 경우에도 빈 공간이 있다면 먼저 주입된 그라우트를 쉽게 밀어내 완전히 채울 수 있다. 또한 고점성의 가소성이기 때문에 주변지반으로의 침투는 거의 발생되지 않고 여굴부와 테일보이드를 채울 수 있다.

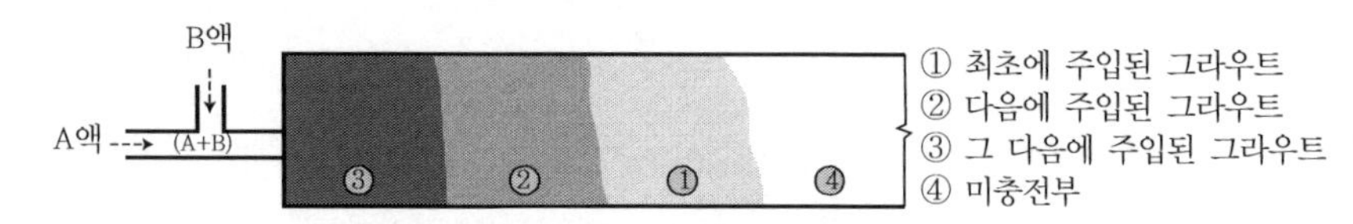

[그림 11-50] 가소성형 뒤채움재의 주입 모식도

② 주입재의 배합비 및 가소성 영역시간

뒤채움재의 배합비와 가소성 영역(시간)을 결정하기 위해 현장배합시험을 실시했고 최대 강도가 발현되는 배합비를 표 11-14와 같이 산정했다.

[표 11-14] 동시주입용 뒤채움재 1m^{3}당 소요되는 재료의 배합량 및 특성

배 합					특 성			
A액(1.0m^3)				B액	겔 타임	압축강도(kgf/cm^2)		
시멘트	벤토나이트	안정제	물	물유리	8 ~ 15초	1시간	1일	28일
350kg	52.5kg	3.5kg	750 ~ 859ℓ	80 ~ 100ℓ		0.2	5.0	50

가소성 영역(시간)은 그림 11-51과 같이 시간경과에 따른 가소성 뒤채움재 점도를 연속적으로 측정함으로써 그라우트의 가소성 유지시간을 확인할 수 있었다. 따라서 당 현장의 뒤채움 주입재는 주입 후 약 12분부터 약 100분까지 가소성(300 ~ 1,500cP)을 유지하는 것으로 평가되었다.

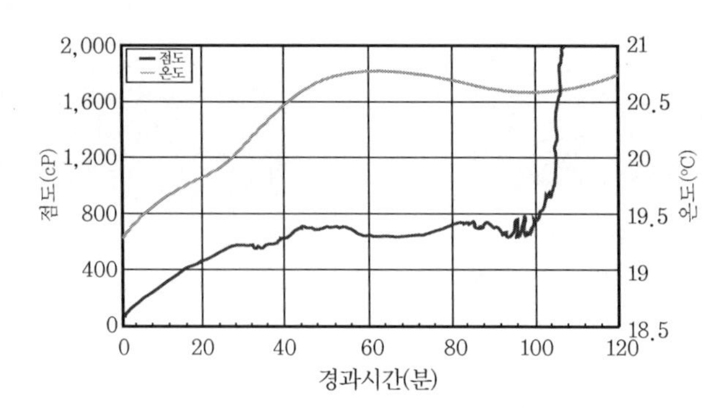

[그림 11-51] 적용된 가소성형 뒤채움 주입재의 가소성 영역

③ 동시주입용 뒤채움 장비

동시주입을 위해 쉴드 TBM에 설치된 4개의 뒤채움 주입구는 그림 11-52와 같이 쉴드기 상단에 위치하며 상시 2개소를 사용하며 2개소는 비상용으로 설계되었다. 또한 뒤채움 주입구의 위치가 쉴드 TBM 상단에 위치하고 주입펌프의 용량이 충분하므로 1개의 뒤채움 주입구만 사용해 뒤채움 주입이 가능한 시스템이나, 제한된 토출구의 구경으로 인해 주입압력이 커야 한다. 뒤채움 주입은 막장면의 이수압력을 감안한 적정한 압력관리가 필수적이며, 원활한 관리가 되지 않으면 굴진속도의 저하는 불가피하므로 현장관리가 매우 중요하다.

동시주입방식은 지반침하를 최소화할 수 있는 장점이 있지만 배관 내에 퇴적된 뒤채움재(시멘트분, 실트분, 모래분)의 고형분을 신속히 제거하지 않으면, 펌프 토출압력이 올라가며 펌프의 마모가 커지거나 배관의 막힘을 초래하는 등의 작업상 장해가 발생할 수 있어 당 현장의 쉴드 TBM 장비에는 펌프에서 밸브 유니트까지의 배관을 물로 세정을 하며, 세정 스펀지를 투입해 세정효과를 극대화하는 시스템을 사용했다.

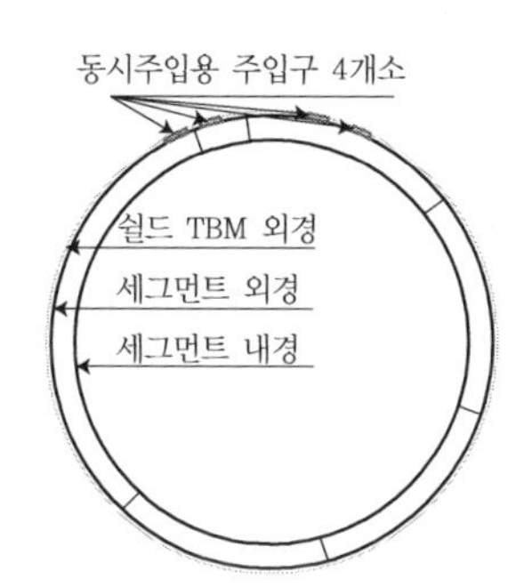

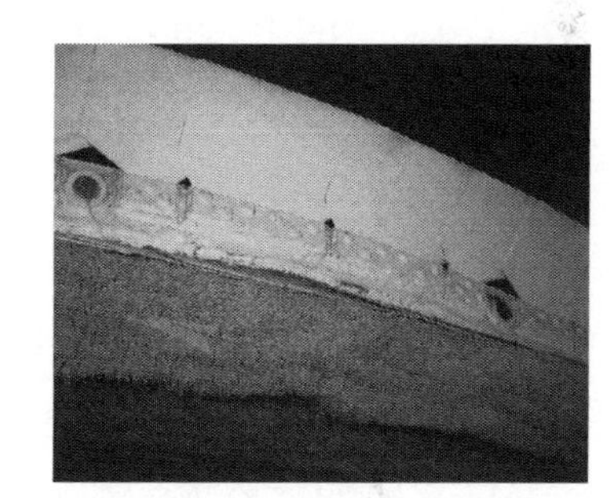

[그림 11-52] 동시주입용 주입구 위치

6) 쉴드 TBM의 근접 시공(샛강 여의IC교)

① 여의하류IC 통과구간 개요

서울지하철 909공구 현장의 쉴드 TBM 적용구간은 그림 11-30과 같이 터널의 설계심도와 인접구조물의 이격거리가 가까워 근접시공으로 분류되는 다수의 난공사구간이 존재한다. 그중 여의하류IC의 교각 기초는 그림 11-53과 같이 A교각과 B교각 모두 우물통 기초로 시공되어 있었고, 터널 노선과 기초 간의 이격거리가 C갱의 경우 여의하류IC A교각의 좌측으로 약 0.64m 이격되며, D갱의 경우 A교각에 약 1.75m, B교각에 약 1.87m 이격해 A교각과 B교각 사이를 통과하도록 계획되어 있어 쉴드 TBM 굴착 시 인접구조물의 거동 특성이 매우 중요했다.

여의하류IC 교각 통과구간의 지반조건은 그림 11-53에 도시되어 있다. A교각의 경우 그림

11-53(a)에 도시된 바와 같이 상부 1.8m 두께의 매립층 하부에 N값이 4 ~ 32에 해당하는 실트질 모래층이 7.7m 두께로 존재하며, A교각의 기초 선단은 직경 30cm 미만의 자갈을 함유한 자갈층에 위치한다. 또한 그림 11-53(b)에 도시된 B교각의 경우 4.3m 두께의 실트질 모래와 점토성분을 함유한 매립층과 4.4m 두께의 모래층 및 직경 5cm 내외의 모래자갈층이 4.8m 두께로 존재하며 B교각의 기초 선단은 풍화암층에 위치한다.

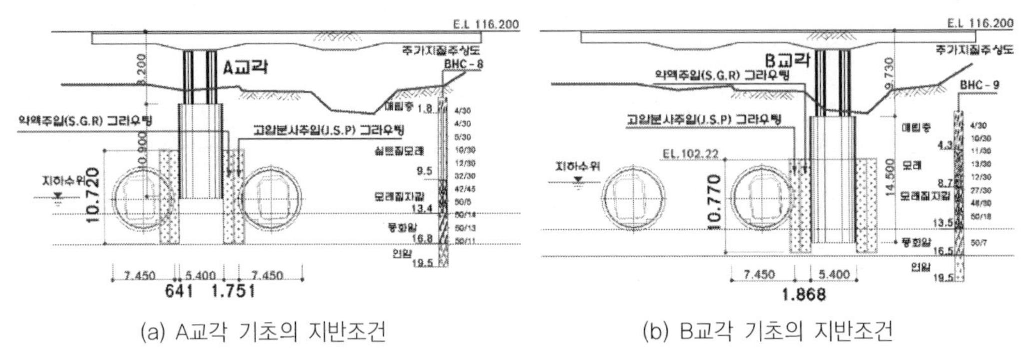

(a) A교각 기초의 지반조건

(b) B교각 기초의 지반조건

[그림 11-53] 여의하류IC 교각 통과구간의 지반조건 및 특성

② 여의하류IC 교각기초 통과구간 보강방법의 설계변경

당초 설계의 경우 여의하류IC 교각 사이의 통과 시 실트질 모래층과 자갈층을 통과하는 측면을 고려해 상부 지반의 침하를 제어하기 위해 상반의 120° 범위를 보강하는 갱내 보강그라우팅을 실시하도록 계획했으나, 쉴드 굴진 시 교란의 우려가 있는 여의하류IC 교각의 우물통 기초에 대한 보강방안은 고려되지 않았다. 또한 갱내 보강그라우팅을 시행하는 경우 보강효과의 불확실성과 함께 쉴드 TBM 굴착 공정에 갱내 그라우팅을 위한 공정이 추가되므로 공정 지연 문제가 발생한다. 따라서 여의하류IC 교각 인접구간의 안전한 시공과 공기의 지연을 방지하기 위한 목적으로 설계변경을 시행했다.

설계 변경을 위한 다양한 검토결과 현장여건 및 지반조건 등을 고려한 적정 보강방안으로는 우물통 기초 주위를 2열로 보강해 기초 하부지반의 교란 및 이탈 방지가 가능한 기초외부 보강방안(표 11-15의 1안)과 굴진에 따른 가압과 감압의 구조적 차단이 가능하도록 쉴드 굴진방향과 평행하게 주열식 벽체(curtain wall)를 구성해 보강하는 방안(표 11-15의 2안) 등이 있다. 구조적으로는 제2안이 더 효과적인 것으로 판단되나 차량 통행 제한 및 시공성 측면을 고려해 제1안을 변경안으로 선정했다. 제1안의 적용공법으로는 표 11-16과 같이 외곽열의 경우 강성의 구조체를 구성하기 위한 목적으로 JSP 공법(Jumbo Special Pattern)을 적용했으며, 외곽열과 우물통 기초 사이의 공간은 SGR 공법(Space Grouting Rocket system)을 적용해 중앙부 흙을 고결해 일체화를 도모했다.

[표 11-15] 당초 설계안 및 변경설계안의 개요

구 분	당초 설계안	변경 1 안	변경 2 안
보강방법	갱내 보강 그라우팅	지상 그라우팅(기초 외부 보강)	지상 그라우팅(curtain wall)
평 면 도	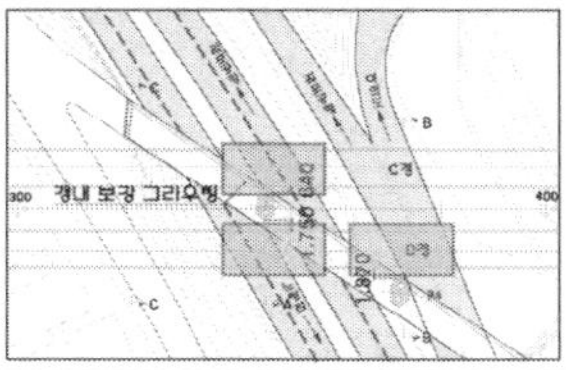 300 갱내 보강 그라우팅 400 C경 D경 1.750 640 1.870	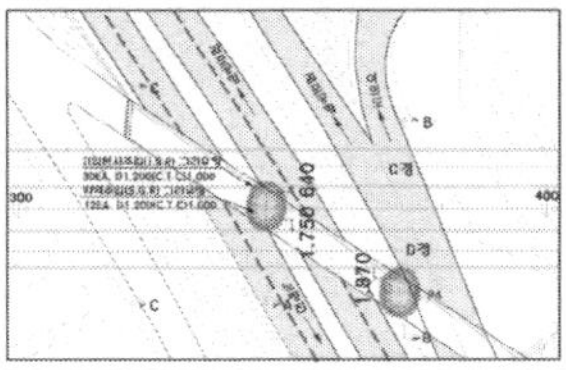 300 400 C경 D경 1.750 640 1.870	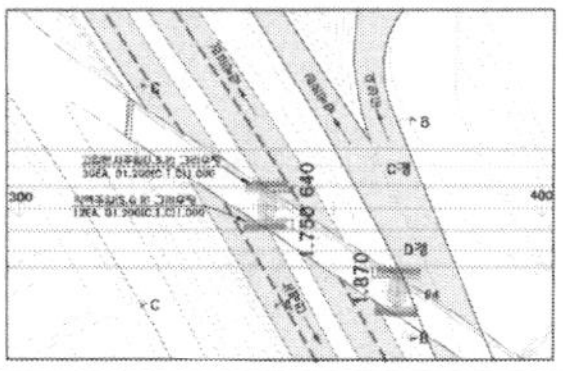 300 400 C경 D경 1.750 640 1.870
단 면 도	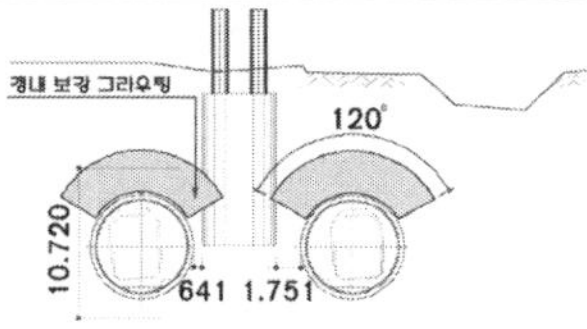 갱내 보강 그라우팅 120° 10.720 641 1.751	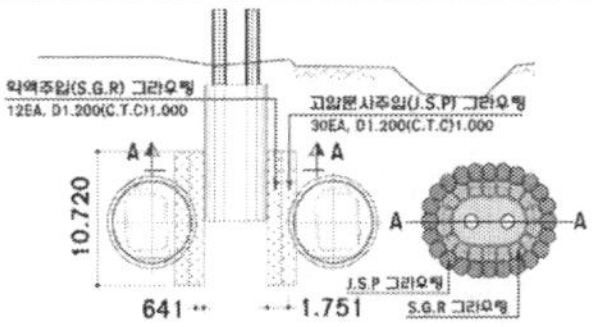 약액주입(S.G.R) 그라우팅 12EA, D1.200(C.T.C)1.000 고압분사주입(J.S.P) 그라우팅 30EA, D1.200(C.T.C)1.000 A A 10.720 A-A J.S.P 그라우팅 S.G.R 그라우팅 641 1.751	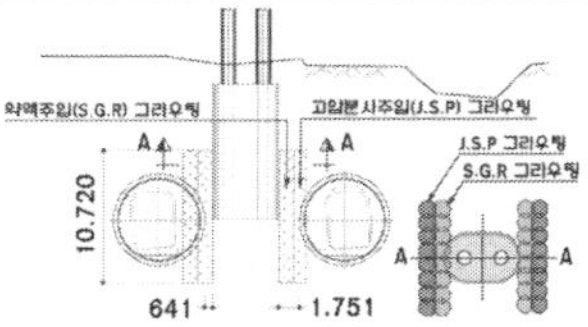 약액주입(S.G.R) 그라우팅 고압분사주입(J.S.P) 그라우팅 J.S.P 그라우팅 S.G.R 그라우팅 A A 10.720 A-A 641 1.751
개 요	• 상반 120° 갱내 보강 • 상부 지반의 침하 제어 방안 • 공기 지연 초래	• 우물통 기초 주위를 2열로 보강 • 외측은 고압분사, 내측은 저압 침투 방식의 그라우팅 시행 • 하부 지반의 교란 및 이탈 방지 • 차량 통행 제한의 최소화	• 쉴드 굴진방향과 평행하게 주열식 벽체 구성해, 굴진에 따른 가압과 감압을 구조적으로 차단 • 구조적으로 가장 확실한 방안 • 차량 통행 제한 및 시공성 저하
선 정 안	당초 설계안	○	

[표 11-16] 대책공법으로 선정된 JSP 공법과 SGR 공법 개요

구 분	JSP 공법(Jumbo Special Pattern)	SGR 공법(Space Grouting Rocket)
개 요 도	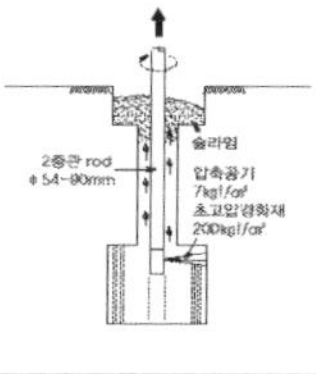 슬라임 2중관 rod ϕ54~90mm 압축공기 7kgf/cm² 초고압경화재 200kgf/cm²	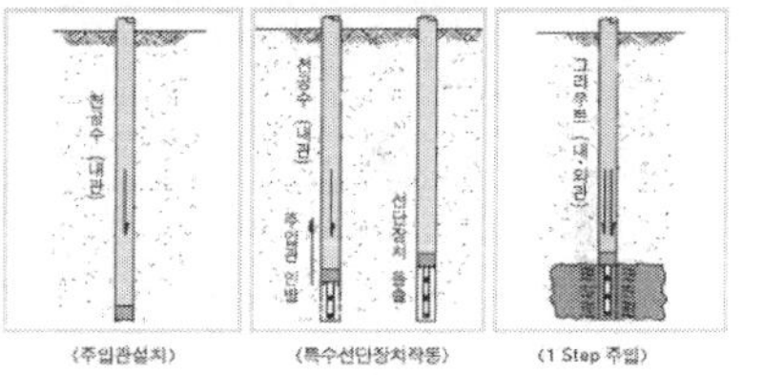 (주입관설치) (특수선단장치작동) (1 Step 주입)
공법개요	• 초고압수와 에어를 이용해 2중과 롯드선단에 장착된 제트 노즐을 통해 압축공기로 에워싼 시멘트 페이스트 분사해 원주상의 개량체 형성	• 지반을 천공해 주입롯드에 특수선단장치(rocket)를 결합시켜 대상지반에 유도공간을 형성시켜 주입재를 주입하는 방법
주입재료	• 시멘트 밀크(cement milk)계	• 보통시멘트, 규산소다, SGR 약재
주 입 압	• 200kgf/cm^2	• 3 ~ 5kgf/cm^2 기준, 최대 15 ~ 25kgf/cm^2
개량강도	• 점성토: 20 ~ 40kgf/cm^2 • 사질토: 40 ~ 150kgf/cm^2 • 사력, 호박돌: 100 ~ 200kgf/cm^2	• 4 ~ 30kgf/cm^2
적용지반	• N≤40(점성토, 사질토, 풍화토)	• 토사, 암반을 포함한 모든 지반(주입 시험요)
특 징	• 협소한 장소에서도 시공 가능 • 개량범위 확인 곤란 • 슬라임 발생량이 많음	• 시공 장비가 소규모 • 자유로운 겔 타임 조절가능 • 장기간 경과 시 내구성 저하

③ 여의하류IC 통과구간의 계측결과

본 여의하류IC 교각기초 통과구간의 경우 층별침하계 4개소, 지표침하계, 교각 및 교대부의 경사계(tilt-meter) 8개소, 균열계 및 쉴드터널 세그먼트라이닝의 응력계 등을 매설해 통과구간의 지반, 구조물 및 세그먼트라이닝의 응력-변형 거동을 종합적으로 측정해 안전한 시공을 도모했다.

당 현장에서 측정된 계측결과를 지반 변위 및 여의하류IC 교대의 거동을 중심으로 정리하면 다음과 같다. 먼저 2006년 7월 10일을 전후해 C갱이 여의하류IC A교각 하부의 영향구간을 통과했으며, 이 기간을 중심으로 측정된 자료들을 정리했다. 그림 11-54는 여의하류IC 교각부에 설치된 경사계에 의한 계측결과이다. 계측결과 여의하류IC를 통과하는 7월 10일을 전후로 측정된 변형량이 다소 증가하고 있음을 확인할 수 있었다. 그러나 당 현장의 경사계 1차 관리기준은 0.141mm로서, C갱 굴진에 의해 발생되는 교각의 변형량은 계측결과 0.021mm로서 영향이 거의 없음을 알 수 있다.

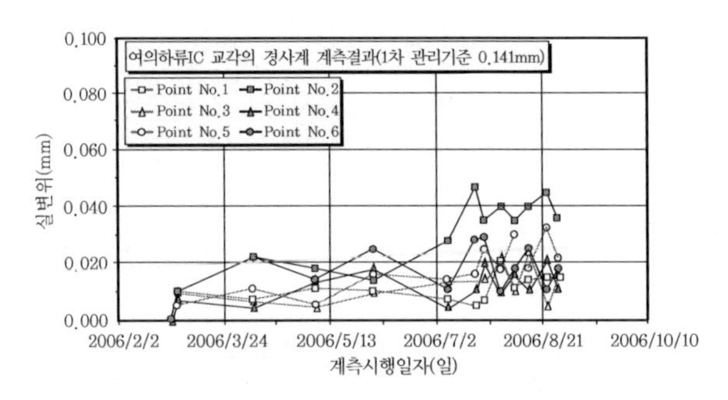

[그림 11-54] 여의하류IC 교각부의 경사계 계측결과

그림 11-55는 여의하류IC 교각에 설치된 균열계에 의한 계측결과이다. 균열계에 의한 계측결과 역시 여의하류IC를 통과하는 7월 10일을 전후로 발생되는 균열량이 다소 증가하나, 균열계의 1차 관리기준은 0.2mm의 균열차로서 계측결과 발생되는 균열차가 최대 0.085mm로서 관리기준을 만족하므로 C갱의 근접시공에 따른 여의하류IC 교대의 구조적 불안정성은 유발되지 않는 것으로 평가되었다.

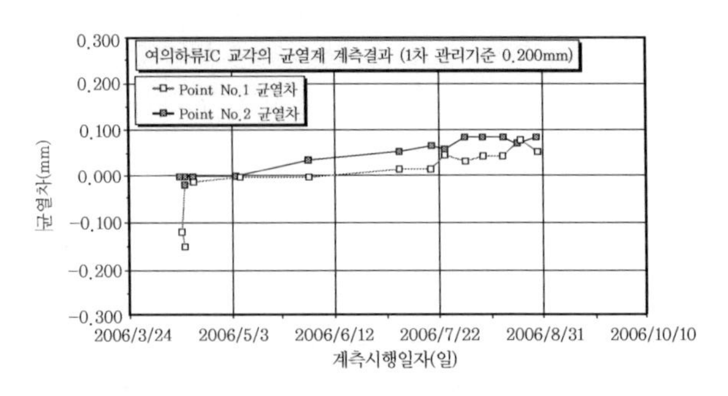

[그림 11-55] 여의하류IC 교각의 균열계 계측결과

지표침하계는 여의하류IC의 A교각 전과 후에 설치(그림 11-31 참조)했으며 계측은 쉴드의 굴진에 의한 영향이 여의하류IC의 A교각에 미치기 시작하는 7월 3일부터 실시되었다. 계측결과는 그림 11-56과 같이 지표변위 1차 관리기준인 -21.83mm보다 적어 안전한 시공이 수행되었음을 보여주었다. 이 구간의 지반 거동을 상세히 설명하면, A교각 전(15K 370 지점)의 경우, 그림 11-56 (a)와 같이 최대 -13.0mm 가량의 침하가 발생해 이후 구간부터는 비교적 세심한 이수압 관리를 했으나 여의하류IC(15K 347)를 통과한 이후인 A교각 후(15K 340 지점)에서는 그림 11-56(b)와 같이 최대 -7.0mm의 침하와 부분적인 지표 융기현상도 발생했다.

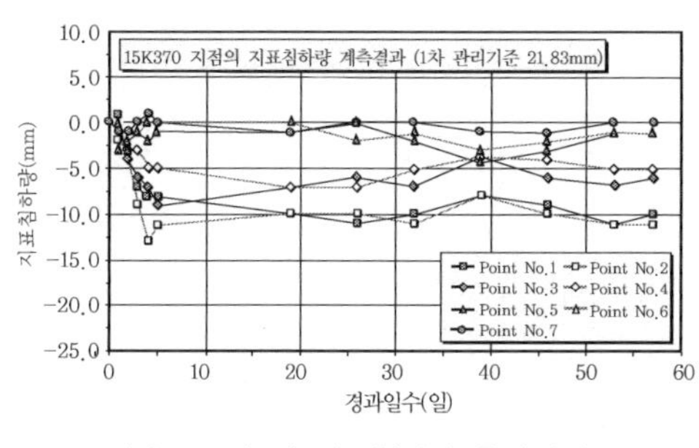

(a) A교각 전 지표침하량 측정결과

15K340 지점의 지표침하량 계측결과 (1차 관리기준 21.83mm)

(b) A교각 후 지표침하량 측정결과

[그림 11-56] 여의하류IC 교각 전후 구간의 지표침하량 측정결과

그림 11-57은 여의하류IC A교각 근접 통과구간의 C갱 상부에서 계측된 지중 침하량 계측결과이다. 계측결과 C갱 상부의 지중변위는 쉴드의 굴진에 의한 영향이 여의하류IC의 A교각에 미치기 시작하는 7월 2일 이후로 급격히 변화하는 경향을 확인할 수 있었다. 그러나 측정결과 최대 변위량은 상향 융기량의 경우 9.0mm이며, 하향 침하량의 경우 -4.0mm로서 지중 침하량의 1차 관리기준인 -21.83mm보다는 작은 값을 보이고 있음을 확인해 C갱의 근접 시공에 따른 여의하류IC 교대의 구조적 불안정성은 유발되지 않는 것으로 평가되었다.

경사계, 균열계, 지중침하계, 지표침하계의 계측결과 1차 관리기준 내에서의 부분적인 침하/융기 현상은

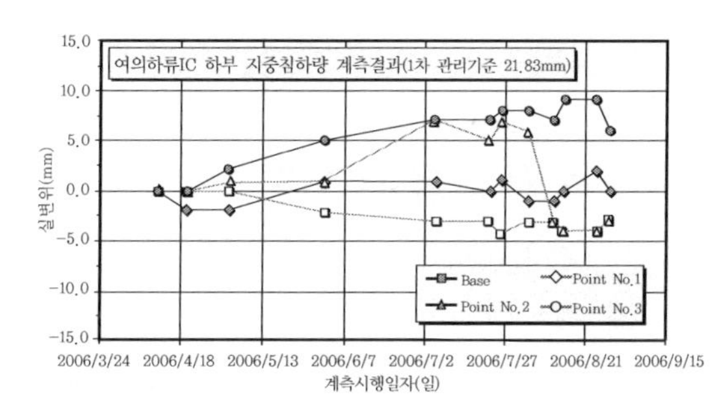

[그림 11-57] 여의하류IC A교각 통과구간의 지중 변위 계측결과(C갱 상부)

저토피구간 및 여의도하류IC교 주변의 지반 보강으로 인해 부분적인 지반 이완에 따른 이수압 불균형으로 발생된 것으로 해석되며 추후 설명할 여의하류IC 날개벽 이수 누출과도 관련이 있는 것으로 판단되었다.

7) 쉴드 TBM의 근접 시공 사례(국회 내 지하보도 구간)

여의하류IC교 외에 정밀 시공을 위해 주요 구간마다 계측기를 설치했고 국회 내 지하보도 구간에도 그림 11-58과 같이 계측을 실시해 지반 침하 경향을 파악하고자 했다.

측정 결과 그림 11-58 우측 그래프와 같이 C터널 상단 지중침하계에서 측정된 최대 침하량은 -9.0mm의 연직 침하로 측정되었으나 뒤채움 주입에 의해 감소되거나 약간의 융기를 나타내었다. C와 D터널 사이 지중침하계에서 계측된 최대 연직침하량은 -3.0mm로서 C터널 상단의 값에 비해 크게 감소하는 것으로 계측되었으며, Point-2와 Point-3 및 바닥부의 침하경향은 C터널 상단의 경우와 유사한 경향을 보이며 크기만이 상대적으로 감소하는 결과를 보였다. 추가적으로 지중 침하량은 굴진 초기에는 큰 변동을 보이나 쉴드 통과 후 약 10일에서 20일 이내 점차적으로 지반의 변형이 수렴됨을 확인할 수 있었으며, 발생되는 변위의 크기는 매우 미소한 것으로 평가되어 쉴드굴진에 따른 영향이 인접하거나 상부에 존재하는 구조물의 안정에 거의 영향을 미치지 않았다고 판단된다.

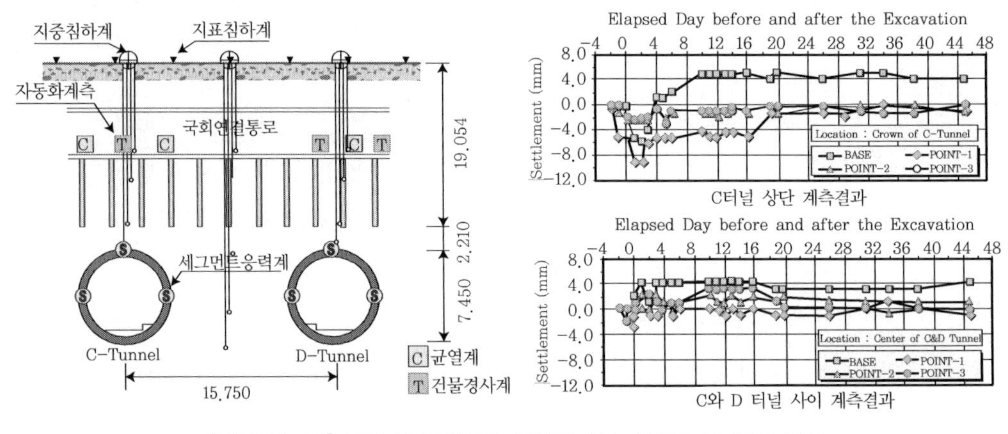

[그림 11-58] 국회 내 지하보도 구간의 계측 모식도 및 계측 결과

라. 도심지 대구경 쉴드터널 시공 시 문제점 및 대책

1) 점토의 면판 협착으로 인한 굴진율 저하 문제

① 장애 발생

토압식 쉴드 TBM은 주로 실트/점토층을 굴착대상으로 설계되고 이수가압식 쉴드 TBM은 실트/

모래층을 대상으로 설계되지만 국내의 지반특성상 그림 11-59와 같이 분당선 왕십리 ~ 선릉 간 복선전철 현장만 제외하고 광주지하철 TK-1현장은 95%, 부산지하철 230공구는 77%, 서울지하철 909공구는 38%의 암반이나 복합층도 굴착해야 하므로 면판의 개구율이나 디스크커터 및 비트의 수량 등을 적절히 선택해야 한다.

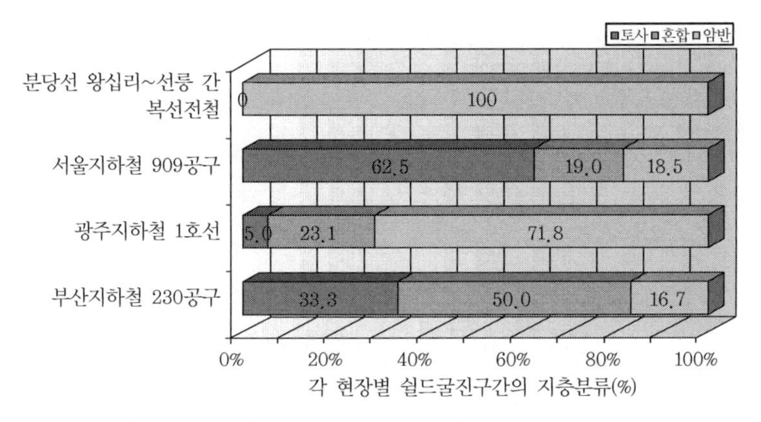

[그림 11-59] 국내 쉴드 현장별 굴착구간의 지질 분포

만일, 파쇄대나 절리 사이에 점토협재물이 존재하는 경우나 점토층을 굴착하는 경우, 면판의 개구율이 낮을 때에는 점토 협재물이 개구부나 디스크커터에 붙어 디스크커터 회전을 방해해 편·마모시키거나 굴착면과 면판의 마찰력 증가로 회전력이 상승하고 굴착토사가 원활하게 배토되지 않아 추진력이 상승되기도 한다.

서울지하철 909공구에서도 전석층이나 풍화암에서 호박돌 및 암석의 유입을 막기 위해 개구부 축소 철판을 붙여 21%에서 17%로 축소된 상태에서 그림 11-60과 같이 풍화가 심하고 녹니석(chlorite)이나 점토가 충전되어 있는 편마암성 풍화암을 굴착하던 중 동일한 추진력에서 커터의 토크가 5,000kN·m 이상(정상범위: 2,000 ~ 4,000kN·m) 상승하는 사례가 발생했다(그림 11-61 참조). 이러한 장애의 주원인은 개구부를 막고 있는 점토 혼합토는 풍화암 및 연암이 디스크커터와 커터비트에 의해 부서지면서 이수를 함유하고 점토 협재물과 반죽되면서 개구에 붙은 것으로 추정되어 이수 제거 후 챔버 안을 관찰했다. 그 결과 그림 11-62와 같이 점토가 커터헤드 중심부로부터 반경 1.5m 내 디스크커터 개구부와 면판의 개구부에 협착되고 막혀서 회전력이 상승되었다. 점토 혼합토의 토성시험 결과, 균등계수 9.429, 함수비 24.41%, 200번체 통과율 50% 이상인 세립토(ML)에 해당되며, 풍화암이 부서진 마사토(암분)와 점토질 세사로 구성되어 있으며, 매우 단단해 제거 시 많은 어려움이 있었다.

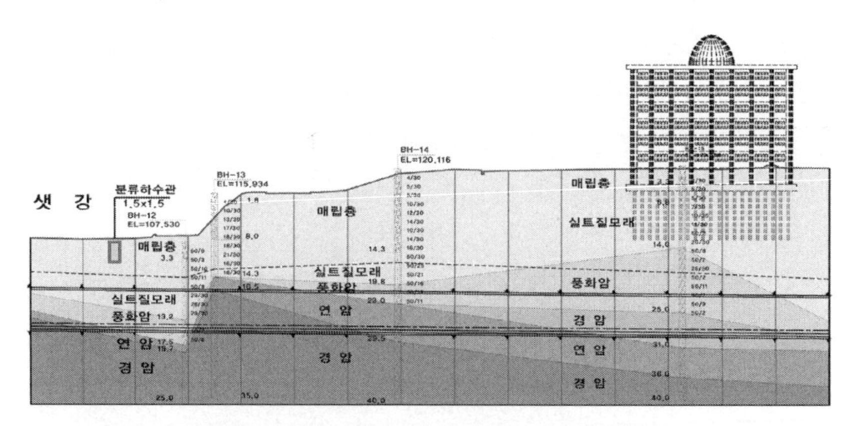

[그림 11-60] 국회의사당과 샛강 사이의 지반조건

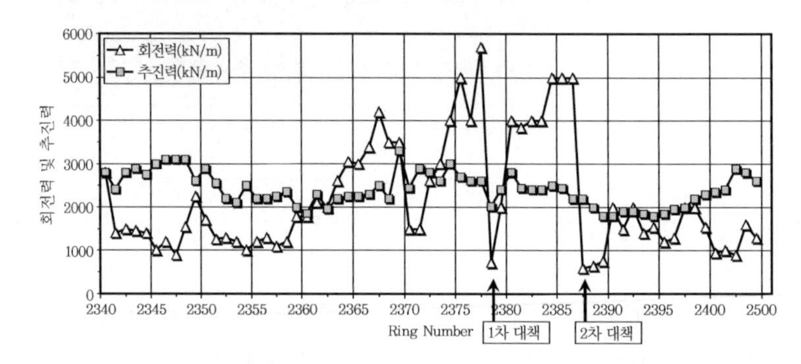

[그림 11-61] 점토 충전 구간의 회전력 및 추진력

(a) 점토에 의해 고착된 디스크커터

(b) 점토에 의해 개구부가 막힌 모습

[그림 11-62] 점토에 의한 문제 사례

② 대 책

면판 개구부 막힘 현상에 대한 1차 대책으로 다음과 같이 조치했다.

- 전석 유입방지를 위한 88개의 철판 중 중심부에 부착된 24개를 그림 11-63(a)와 같이 V형태로 절단
- 굴착응고 방지를 위한 분산제(MAK TECH사의 MAK-DP2) 사용(이수 1m^{3}당 1 ~ 2kg)

- 이수 비중을 1.2 이상에서 1.2 이하로 조정
- 세그먼트 조립 시 청수 비중을 1.0으로 해 by pass 실시

그러나 1차 대책 후에도 회전력이 재상승해 굴진을 정지하고 2차로 다음과 같이 조치했다.

- 전석 유입방지를 위한 88개의 철판 중 중심부에 부착된 24개를 완전히 절단[그림 11-63(b) 참조]
- 면판 중심부 개구부 1개소 추가 설치(그림 11-64 참조)
- 면판 중심부 디스크커터 1개소 임시 제거(그림 11-64 참조)
- 챔버 상부의 기존 송니관(D250)에서 분기해 중심부로 향하는 D100 송니관 설치(그림 11-64 참조)
- 챔버 상부에 유입되는 송니관 상향방향을 수평방향으로 절단 조정(그림 11-64 참조)

(a) 1차 대책(철판 V커팅)

(b) 2차 대책(철판 일부 완전 제거)

[그림 11-63] 개구율 조절용 철판

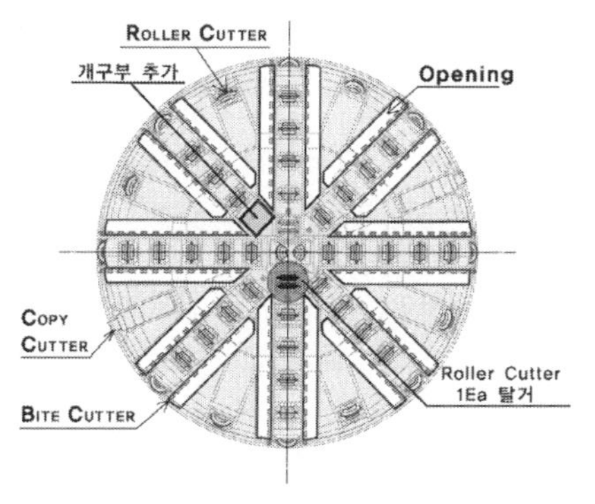

(a) 개구부 확장

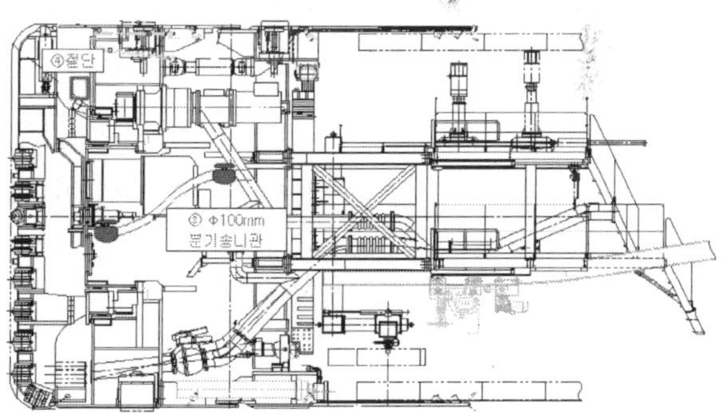

(b) 분기 송니관 및 상향부 절단

[그림 11-64] 개구율 추가 확대 및 분기 송니관 설치

이러한 대책으로 인해 회전력을 2,000kN·m 미만으로 제어할 수 있게 되었고 일평균 6m/day의 속도로 굴진 가능하게 되었다.

2) 굴착관리 미흡으로 인한 문제

막장 안정 메커니즘을 알아보기 위해 서울지하철 909공구의 B터널 31링(36m 지점)부터 200링(240m 지점)까지 모래자갈질 지반에서 시간에 따른 일리량(배니량과 송리량의 차)을 도시해 보았다.

그림 11-65는 쉴드 TBM이 세그먼트 조립을 위해 굴진 정지 후 재굴진 시작하기 전 이수가 손실되는 일리량을 조사한 것으로 약 10시간 이상이 되어야 불투수성의 블록이 형성되어 일리량이 감소하는 매우 깊은 침투가 일어나는 경향을 알 수 있었다. 이러한 매우 깊은 침투는 표면에서 불투수층(filter cake)이 형성되면서 얇은 불투수층이 형성되는 표면 침투보다 '막장 앞 침하/융기'가 일어날 가능성이 높아 도로의 침하 및 인명사고까지 발생할 수 있기 때문에 특별한 주의를 기울여서 굴착해야 한다.

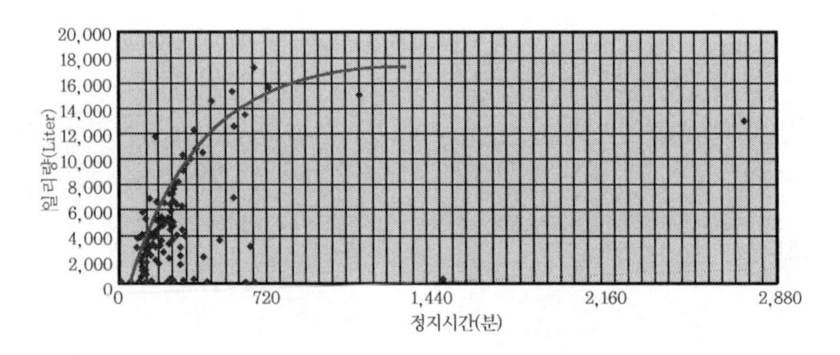

[그림 11-65] 쉴드 TBM의 굴진 정지 시 일리량

쉴드 TBM 굴착 시 침하나 융기가 진행되는 경향을 이수가 막장의 굴착토사를 배출하는 토사량 및 이수 처리시설의 pit에서 배출되는 건사량, 그리고 이수압 및 일리량의 변화로 예측할 수 있다. 즉, 굴착 중 갑작스러운 이수압 상승과 배토량 증가는 지반 침하가 발생한 것을 의미하고 갑작스러운 이수압 하강과 일리량 증가는 이수가 분출되는 것을 의미하므로 즉시 쉴드 TBM 상부의 지표면, 관로, 건물 지하실 등 각종 지장물의 손상 여부와 이수분출 여부를 확인하고 굴진 중단 여부와 이수압 조정을 판단하고 적절히 대처해야 한다. 이러한 현상은 서울지하철 909공구 쉴드 TBM 굴진 사례를 통해 설명하고자 한다.

① 지반 보강 효과 미흡으로 발생한 지반 침하 시 배토량 및 이수압 변화

서울지하철 909공구 현장의 A갱 굴진 시 도달부(STA 17K+020, 498링) 지반 보강구간에서 지반 침하가 발생되었다. 쉴드 TBM 굴진 시 발진부와 도달구에는 이수에 의한 가압이 불가능하므로 지반 보강을 해 막장을 안정시킨다. 특히 도달부에 근접하면서 도달갱으로 이수압 작용과 이수 분출 때문에 이수압을 수압과 거의 비슷하게 감소시키면서 굴착하게 된다. 당 현장의 도달부

에는 삼중관 그라우팅과 FRP 그라우팅으로 그림 11-66과 같은 범위로 보강했으나 투수계수가 10^{-3}cm/sec의 모래 자갈층에서의 보강효과 미흡과 FRP 천공 시 매몰된 케이싱 미인발로 굴착 시 상부주변 지반을 교란시켜 지반 침하가 발생했다.

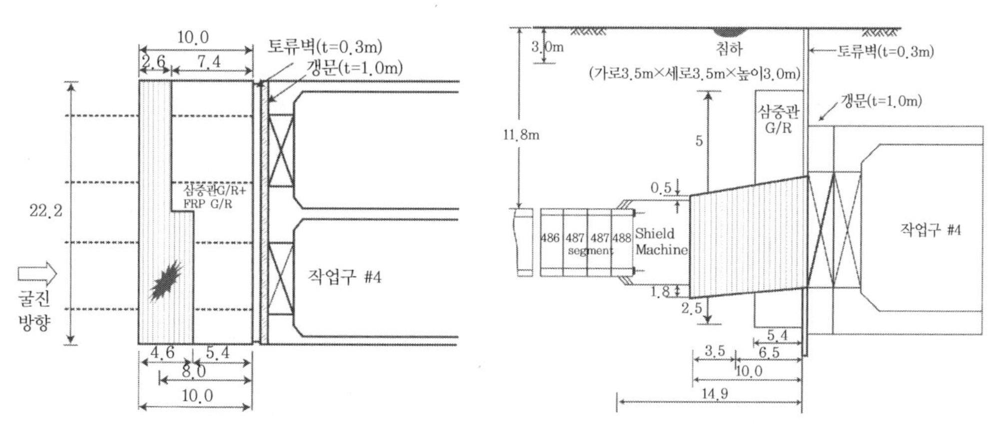

[그림 11-66] A갱 도달부 지반침하 위치 및 보강도

서울지하철 909공구의 A갱 도달부의 지하수는 쉴드터널 하단에 있어 도달갱에 근접함에 따라 그림 11-67과 같이 이수압을 0.06MPa까지 감압해 굴진했으나 그림 11-67, 11-68과 같이 토사량, 건사량, 이수 일리량이 급격하게 증가하게 되면서 지반침하가 발생되어 즉각적인 안전 조치와 더불어 보강 후 굴진했다.

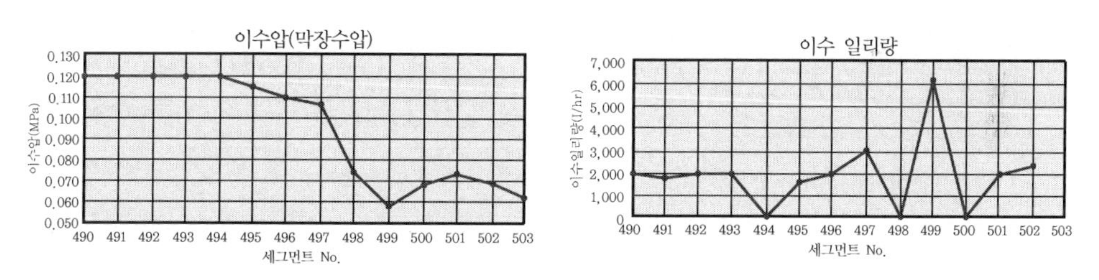

[그림 11-67] A갱 도달부 굴진 시 이수 일리량과 이수압의 변화

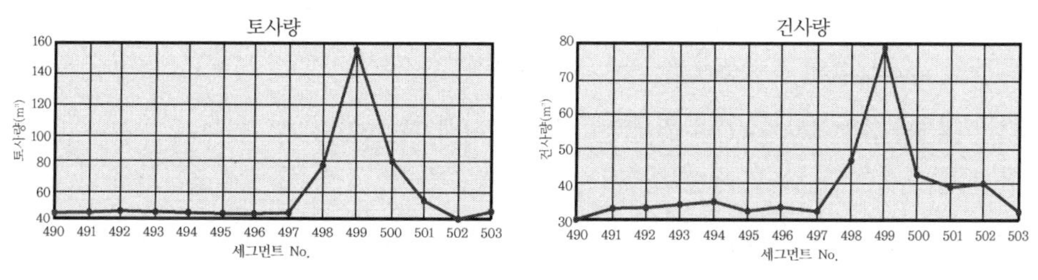

[그림 11-68] A갱 도달부 굴진 시 토사량 및 건사량의 변화

② 이수 누출에 의한 배토량 및 이수압 변화

서울지하철 909공구 C갱 여의하류IC교 날개벽하부 굴착 시(STA 15K+330, 689 ~ 697링) 교량 날개벽 호안블록과 벽체 틈새로 이수가 누출되었다. 이 구간의 터널 상부는 실트질 모래로, 터널부는 모래질 자갈로 구성되어 있고 교량 기초 하부에는 보호를 위해 JSP 및 SGR 공법으로 지반 보강한 구간이며 지표면까지의 거리가 약 11m로 이수 누출 후 그림 11-69와 같이 조속히 이수압을 감소시키고 굴진했다. 이 구간에서는 그림 11-70과 같이 건사량은 서서히 증가되는 양상이고 토사량은 급증한 것을 알 수 있었다.

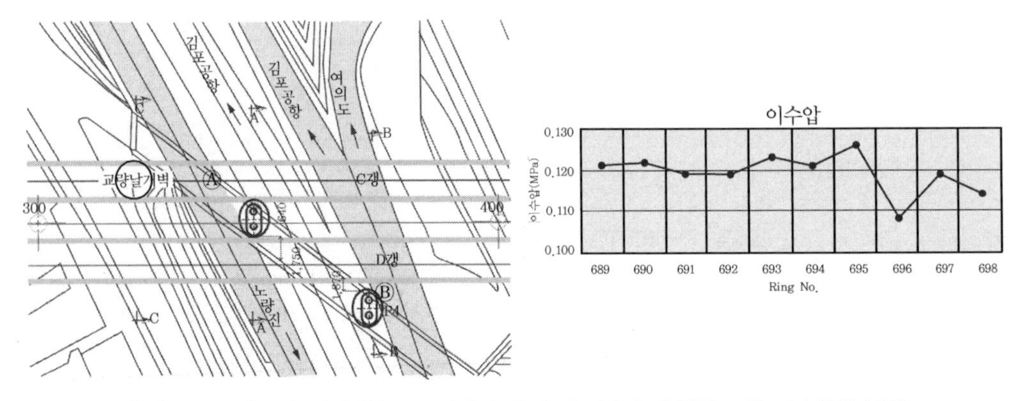

[그림 11-69] C갱 여의하류IC교 날개벽 굴진 시 이수 누출위치도 및 이수압의 변화

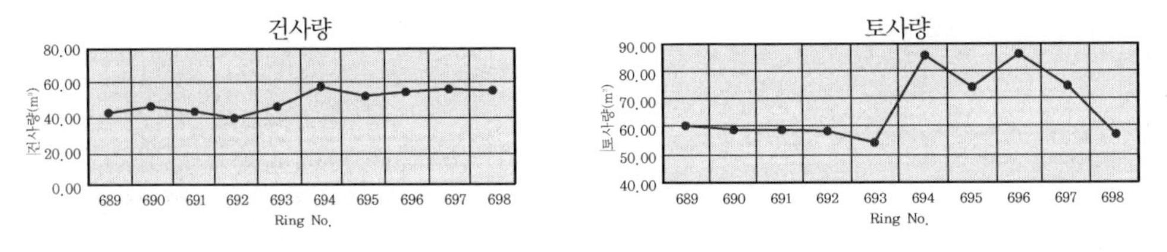

[그림 11-70] C갱 여의하류IC교 날개벽 굴진 시 건사량 및 토사량의 변화

3) 전석으로 인한 배관 막힘 문제

서울지하철 909공구 현장 주변의 지질조건은 풍화에 약한 편마암이 기반암으로 분포하고 그 상부에 하천에 의해 생성된 충적층으로 구성되어 자갈질 모래층이 상당수 분포되어 있다. 또한 자갈의 크기는 대부분 2 ~ 100mm이나 일부구간에서는 최대 500mm의 호박돌도 분포하고 있어 토사구간 굴진 시 그림 11-71과 같이 호박돌이 면판의 개구부 커터비트 사이에 걸리거나 파쇄되지 않고 회전하는 face-loss 상태가 발생되어 막장압력이 저하되고 막장압 관리가 어려울 수 있다.

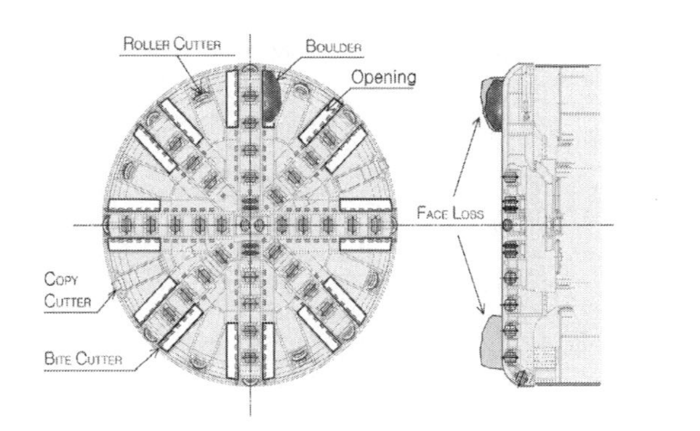

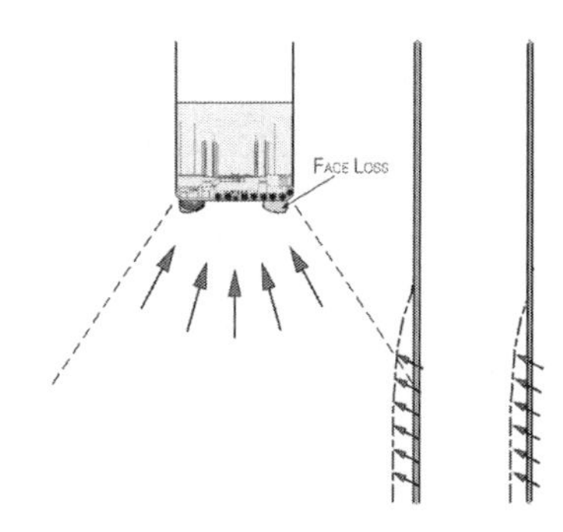

[그림 11-71] face-loss 현상 및 선행터널에 미치는 영향

이러한 현상은 인접지장물, 선 시공된 터널, 지반침하로 이어질 수 있다. 또한 면판의 개구부 사이로 타원형의 호박돌이 들어와 배관을 통과하면서 걸리는 사례가 다수 발생될 수 있다. 예로 부산 지하철 230공구, 광주지하철 TK-1, 서울지하철 909공구에서 호박돌로 인해 배관이 막히거나 EPB 타입에서는 스크루컨베이어가 변형이 오는 사례가 자주 발생했다. 그림 11-72는 서울지하철 909공구에서 전석이 면판 개구부(D300)를 통과해 후방 크러셔 대차 전 배니관(D250)에서 막혀 빼낸 호박돌 사진과 이수 제거 후 챔버 내 자갈들이 적체되어 있는 사진이다.

(a) 챔버에서 수거된 전석

(b) 전석에 의한 챔버 막힘현상

[그림 11-72] 배니관에 막혔던 호박돌 및 챔버 전경

서울지하철 909공구에서 전석에 의해 막힘 현상은 절리가 많은 풍화암 구간에서도 다수 발생되어 그 대책으로 그림 11-73(a)와 같이 300 × 100(mm) 크기의 개구부 축소 철판을 88개소 용접했고 면판의 개구율을 당초 21%에서 17%로 줄여 전석 유입 크기를 D300에서 D200으로 축소했다. 또한 그림 11-73(b)와 같이 자주 막히는 크러셔 전 배니관에 점검창 2개를 설치해 배니압 증가 시 배니관 점검 및 신속한 대처가 가능해 절리가 많은 풍화암 및 연암에서 약 1 ~ 2m/day의 평균 굴진율이 4m/day로 향상되었다.

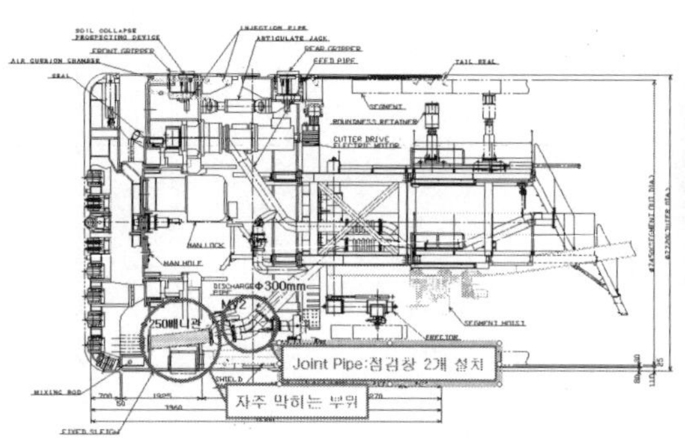

(a) 쉴드기의 전석 막힘 발생부위 단면도

(b) 점검창 및 대책

[그림 11-73] 전석 막힘 현상 부위 및 대책(개구부 축소철판 용접 후 및 점검창)

11.1.4 대구경 쉴드터널 시공 시의 굴진 자료 분석

가. 굴착 후 세그먼트의 응력 분석

1) 세그먼트 응력계 설치

세그먼트는 축력과 휨을 동시에 받는 부재로 토압 및 수압, 쉴드의 추진력, 뒤채움주입압 등을 받는 부재이다. 당 현장에서 쉴드터널 굴진 중 세그먼트에 작용하는 응력 변화와 수렴시기를 관찰하기 위해 세그먼트 내부에 측정용 센서를 설치했다.

정확한 세그먼트의 응력상태(축력과 휨)를 측정하기 위해서는 세그먼트 내부의 외경측과 내경측에 각각 센서를 넣어 타설하고 토압상태를 측정하기 위해서는 세그먼트 외벽에 센서를 붙여 측정해야 하지만 세그먼트 내부 1개소만으로 세그먼트에서 발생되는 응력의 경시변화추이를 파악하기 충분해 당 현장에서는 세그먼트에 그림 11-74와 같이 진동현식 변형률계 1개만을 설치했다. 또한 천단과 좌우측의 응력 경시변화추이를 측정하기 위해 1개의 측정용 센서가 매입되어 있는 세그먼트를 1링당 3개씩 조립했고 A, B터널 각각 6단면씩 표 11-17의 위치에 설치했다.

응력 계측은 조립 직후부터 자동화 시스템에 의해 연속적으로 측정되어야 하지만, 당 현장에서는 굴진작업 및 기타 작업으로 인해 세그먼트 설치 후 A터널은 1 ~ 7일 사이에 이루어졌고 B터널도 일정 시간이 경과 후 측정되었다. 따라서 초기 측정치는 뒤채움 주입압력과 토압의 영향을 받은 후의 상태이거나 일정 시간이 경과된 후의 상태로 정확한 응력 측정이 어렵지만 시간 경과에 따라 지속적으로 계측했으므로 세그먼트에 작용하는 응력의 변화추이와 수렴기간을 분석하기에는 충분했다.

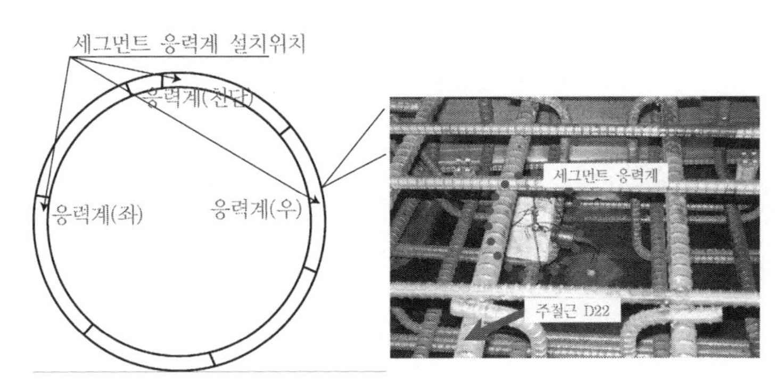

[그림 11-74] 세그먼트 응력계 설치 개요도 및 전경

[표 11-17] A터널(선행터널)과 B터널(후행터널)의 응력계의 측정일자

위 치	세그먼트 설치일	초기치 측정일	B터널 통과 일자
A터널(선행터널)			
Sta.16+490(63링)	2004.12. 28	2005. 1. 4	2005. 8. 18
Sta.16+580(135링)	2005. 1. 12	2005. 1. 14	2005. 8. 6
Sta.16+670(215링)	2005. 1. 26	2005. 1. 27	2005. 7. 24
Sta.16+760(290링)	2005. 2. 16	2005. 2. 17	2005. 7. 11
Sta.16+850(365링)	2005. 2. 24	2005. 2. 26	2005. 6. 27
Sta.16+964(457링)	2005. 3. 12	2005. 3. 14	2005. 6. 11
B터널(후행터널)			
Sta.16+977(53링)	2005. 6. 11	2005. 6. 13	-
Sta.16+874(139링)	2005. 6. 25	2005. 6. 27	-
Sta.16+775(221링)	2005. 7. 11	2005. 7. 13	-
Sta.16+670(297링)	2005. 7. 24	2005. 7. 25	-
Sta.16+645(318링)	2005. 7. 27	2005. 7. 27	-
Sta.16+490(450링)	2005. 8. 19	2005. 8. 19	-

2) 세그먼트 응력계측 결과

A터널의 계측결과를 살펴보면 모든 단면에서 그림 11-75 ~ 77과 같이 세그먼트 조립 후 약 2개월에서 4개월까지 응력 변화가 있고 그 후부터는 B터널 굴착에 관계없이 수렴하는 경향을 보였다. 따라서 두 터널의 최소 계측 이격거리인 5.2m까지는 B터널 굴착에 따른 A터널 영향이 거의 없는 것으로 나타났다.

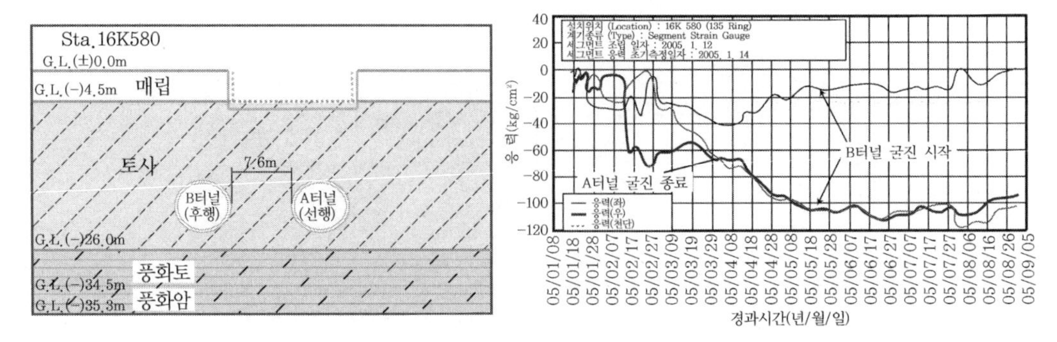

[그림 11-75] Sta.16K580 위치의 터널단면도 및 응력의 경시 변화(컬러 도판 p. 664 참조)

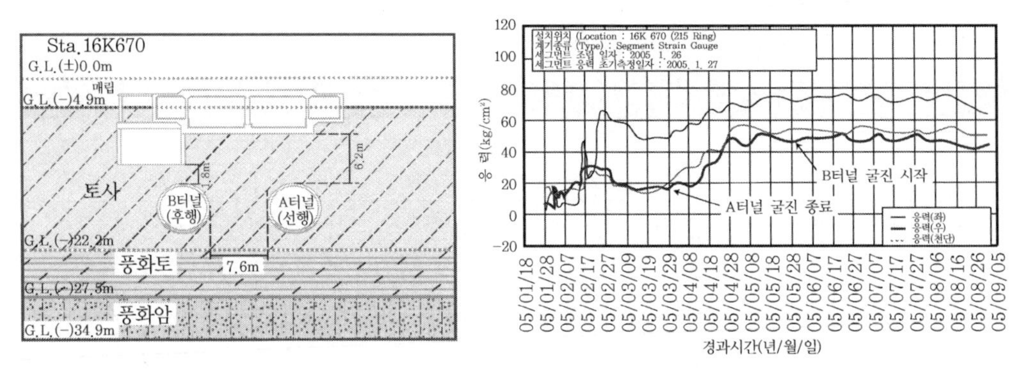

[그림 11-76] Sta.16K670 위치의 터널단면도 및 응력의 경시 변화(컬러 도판 p. 664 참조)

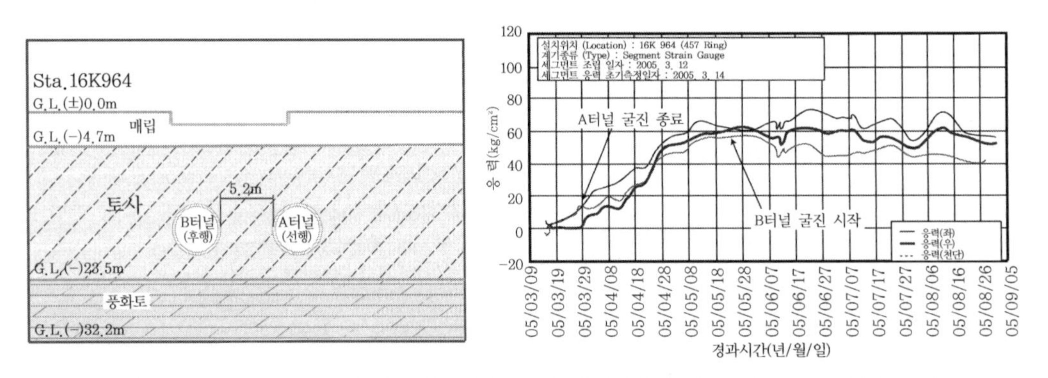

[그림 11-77] Sta.16K964 위치의 터널단면도 및 응력의 경시 변화(컬러 도판 p. 664 참조)

각 단면별로 설명하면 Sta.16K580(그림 11-75)에서는 다른 위치의 계측결과와 달리 초기 측정 후 천단 및 우측에 인장응력이 수렴 전까지 작용했는데 이는 초기치 측정이 정확하지 않아 발생한 것으로 판단되며, 응력은 다른 계측결과와 유사하게 4개월 후에 수렴되었다. Sta.16K490에서는 4개월까지 응력 변화를 보이다가 수렴했고, Sta.16K670(그림 11-76)과 Sta.16K760단면에서는 각각 3.5개월과 3개월, Sta.16K850과 Sta.16K964(그림 11-77)에서는 각각 2.5개월과 2개월 후부터 수렴했다.

따라서 당 현장 지반조건인 50/5 ~ 50/4의 N치를 보이는 밀실한 조립질 퇴적토층에서 세그먼트의 응력변화는 최대 4개월에서 최소 2개월 정도 범위에서 급격히 증가 후 수렴하는 경향을 나타냈다.

나. 작업정지시간(down time) 및 가동률(utilization)

서울지하철 909공구의 작업정지시간(down time)에 따른 가동률(utilization, 총 작업 시간에서 세그먼트 조립과 굴착 시간의 작업 시간에 대한 비율)을 분석해 보면 표 11-18과 같이 서울지하철 909공구의 A ~ B터널은 각각 69.9%, 65.1%를 나타내어 부산지하철 230공구 하행선과 상행선 토사구간의 35.1%와 60.9%보다 작업정지시간이 적게 발생되어 굴진율 향상에 도움이 되었음을 알 수 있다. TBM의 가동률과 비교하면 지보재 설치 시간이 포함되지 않아 낮게 나타나지만 쉴드 TBM은 세그먼트 조립 시간도 작업 시간이라는 가정 하에 가동률에 포함시켜 TBM 가동률보다 조금 높게 나왔다.

[표 11-18] 서울지하철 909공구의 작업정지시간 및 가동률

항 목	거리 (m)	소요시간 (hr)	작업정지 (hr)	휴일 (hr)	고장/유지관리 /작업지연(hr)	실작업 (hr)[1]	가동률 (%)[1]
서울지하철 909공구(A터널)							
초기굴진(토사)	60	504	162	60	102	342	67.83
본굴진(토사)	546	2,064	610	200	410	1,454	70.44
합계/평균	606	2,568	772	260	512	1,796	69.93
서울지하철 909공구(B터널)							
초기굴진(토사)	60	408	107	40	67	301	73.70
본굴진(토사)	546	1,776	655	240	415	1,121	63.10
합계/평균	606	2,184	763	280	483	1,421	65.08
서울지하철 909공구(C터널)							
굴진(혼합)	1,195	8,352	-	-	-	-	-
서울지하철 909공구(D터널)							
굴진(혼합)	1,195	6,096	-	-	-	-	-
부산지하철 230공구(선행터널)							
초기굴진(토사)	90	420	105	60	45	315	75.0
본굴진(토사)	50.4	360	232	80	152	128	35.6
본굴진(복합)	210	5,020	3,544	324	3,220	1,476	29.4
본굴진(암반)	21.6	460	183	0	183	277	60.2
합계/평균	372	6,260	4,064	464	3,600	2,196	35.1
부산지하철 230공구(후행터널)							
초기굴진(암반)	44.4	400	157.6	40	117.6	242.4	60.6
본굴진(복합)	202.8	800	283.4	40	243.4	516.6	64.6
본굴진(토사)	147.6	620	270.5	146	124.5	349.5	56.4
합계/평균	394.8	1,820	711.5	226	485.5	1,108.5	60.9

주) 1) 세그먼트 조립 공정도 실작업 시간에 포함

그림 11-78의 서울지하철 909공구 A터널의 사례에서 볼 수 있듯이 작업정지 시간이 발생한 주원인은 휴일 외에 배니관 파손을 포함한 후방설비 및 지상설비, 뒤채움 주입 등으로 분석되었다.

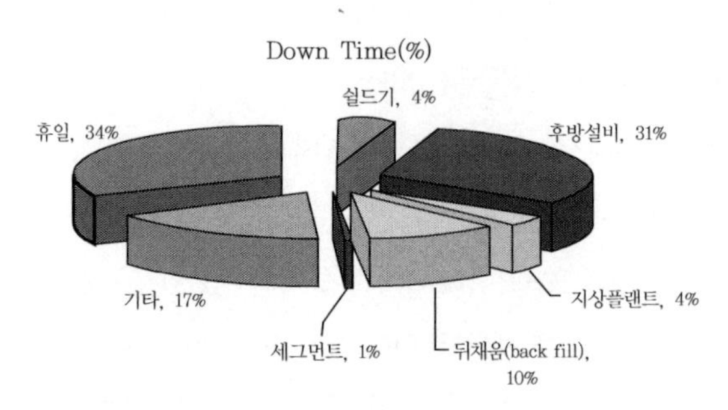

[그림 11-78] 서울지하철 909공구 A터널의 작업정지시간 그래프

다. 굴진율과 회전력 및 추진력

쉴드터널의 설계 및 시공 단계에서 매우 중요한 것은 쉴드 TBM 선정과 기계의 고장, 커터의 마모 등을 포함한 기계적인 문제, 뒤채움 주입관리, 지장물 출현, 예상치 못한 지반조건 등을 고려한 굴진율 예상과 공기 산정이다. 공기 지연 시 반대편 막장에서 추가 인력을 투입해 굴착할 수 있는 NATM과 달리 쉴드터널 공법은 공정이 지연될 시 100억이 넘는 장비를 추가로 투입할 수 없기 때문에 쉴드 TBM의 선정과 굴진율(굴진속도) 산정이 매우 중요하다.

평균 굴진율은 사전에 지반조건을 고려해 순굴진율을 예상하고 현장여건에 따라 쉴드 TBM 고장 시 수리 시간, 세그먼트 파손 시 교체시간, 유지관리시간, 휴일 등의 작업정지시간과 세그먼트 조립시간 등을 고려해 계산한다. 순굴진율은 세그먼트 1링 굴착 시 소요되는 시간을 링 폭으로 나눈 속도로 작업정지시간, 세그먼트 조립시간은 포함되지 않는다.

부산지하철 230공구의 평균 굴진율은 N.K.K사 면판을 사용한 선행터널(하행선)이 1.42m/day(1일 24시간 가동 기준)를 나타냈고 Komastu사의 경암용 면판을 사용한 후행터널(상행선)은 5.21m/day(1일 24시간 가동 기준)의 굴진율을 나타내어 후행터널 굴진이 3.67배 빠른 것으로 분석되었다. 서울지하철 909공구의 A ~ D터널 평균 굴진율은 각각 5.66m/day, 6.66m/day, 3.43m/day, 4.70m/day로 토사구간인 B터널이 가장 높았다.

모래, 실트질 모래, 자갈 섞인 모래로 구성되어 있는 서울지하철 909공구 A, B터널의 순굴진율은 그림 11-79와 같이 1.17m/hr(A터널), 1.37m/hr(B터널)로 분석되어 0.6m/hr(상행선) 및 0.79m/hr(하행선)인 부산지하철 230공구 토사구간보다 높은 순굴진율을 나타냈다. 토사구간에서의 순굴진율 차이는 지반조건 외에 쉴드 TBM 면판의 개구율(opening ratio) 및 회전속도, 커터비트, 배니능력, 추진력 등에 따라 다르지만 당 현장과 유사한 지반조건과 쉴드 TBM 제원을 가진 현장인 경우 0.6

~1.37m/hr의 순굴진율이 예상된다. 또한 서울지하철 909공구 C, D터널의 토사, 복합, 암반의 혼합구간에서의 순굴진율은 0.73m/hr(C터널), 0.66m/hr(D터널)의 순굴진율을 나타냈다.

부산지하철 230공구의 토사용 면판을 사용한 선행터널과 암반용 면판을 사용한 후행터널의 순굴진율을 비교해 보면, 암반용 면판과 토사용 면판의 중요성을 알 수 있다. 토사용 N.K.K사의 면판을 사용한 선행터널(하행선)은 토사부 0.79m/hr와 복합/암반부 0.27m/hr을 나타냈고, 암반용 Komastu사의 면판을 사용한 후행터널(상행선)은 토사부 0.6m/hr와 복합/암반부 0.43m/hr의 순굴진율을 보여, 토사용 N.K.K 면판을 사용한 굴진율이 토사지반에서 암반용 면판을 사용한 굴진율보다 1.32배 빠르고, 반대로 암반에서 암반용 Komastu 면판을 사용한 것이 암반에서 토사용 면판을 사용한 것보다 1.59배 빠른 것을 알 수 있었다. 또한 지반조건에 따른 N.K.K사와 Komastu사의 면판별 회전력 및 추진력을 비교해도 N.K.K사의 면판이 토사구간에서는 저회전력과 저추진력으로 높은 순굴진율을 보였고, 암반부에서는 Komastu사의 면판이 저회전력과 저추진력으로 높은 순굴진율을 보이는 반대의 경우를 나타냈다.

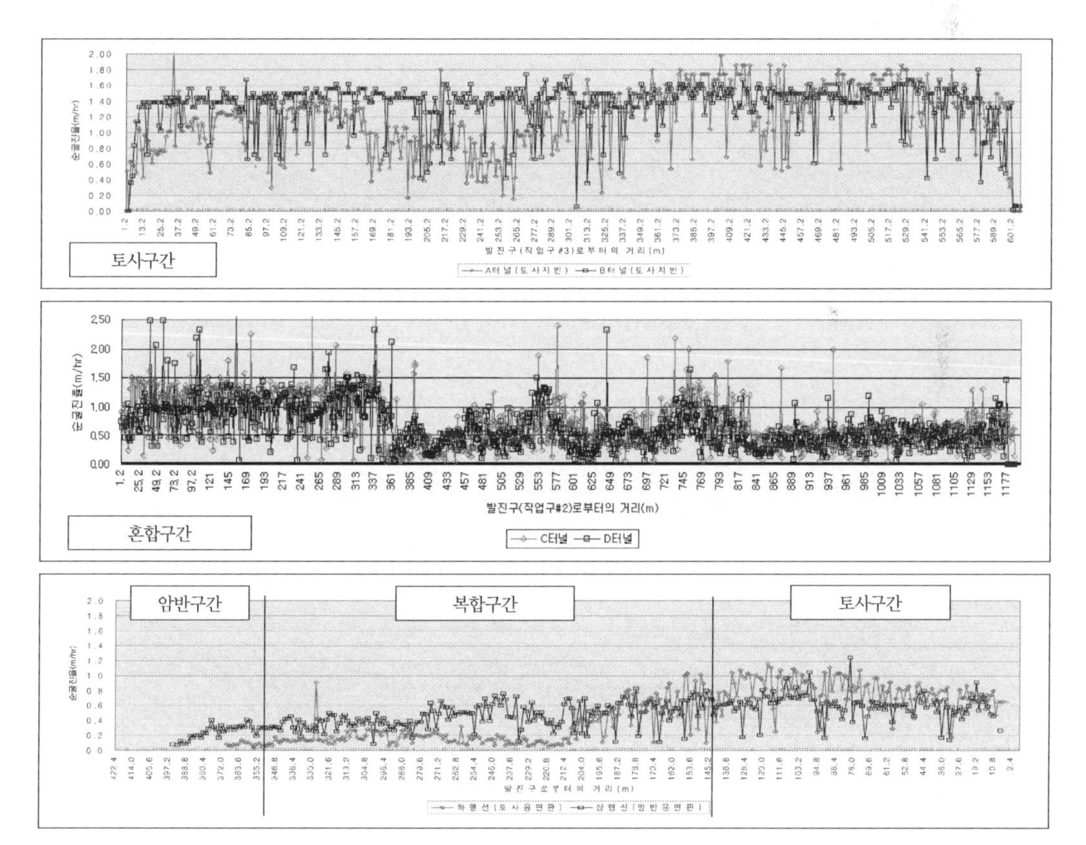

[그림 11-79] 서울지하철 909공구 A~D터널(상, 중) 및 부산지하철 230공구(하)의 순굴진율(컬러 도판 p. 665 참조)

서울지하철 909공구의 A ~ B터널의 회전력은 그림 11-80과 같이 1,000 ~ 2,000kN·m로 부산지하철 230공구와 비슷하나 추진력은 서울지하철 909공구가 12,500 ~ 25,000kN으로 부산지하철 230공구의 5,000 ~ 15,000kN보다 높은 추진력을 나타내었다. 이는 서울지하철 909공구에서 사용한 쉴드 TBM의 중량과 길이가 크고 길어 사질토의 마찰력 증가에 기인한 것으로 판단된다.

두 현장의 토사에서의 회전력과 추진력의 관계를 분석하면 그림 11-81과 같이 두 현장 모두 Fun-DenWan et al.의 논문 "Tunnel Boring Machine Instrumentation"에서도 언급한 curvilinear 한 경향을 보였고, 부산지하철 230공구에서는 핵석과 디스크커터 마모로 인한 비정상적인 결과도 보였다.

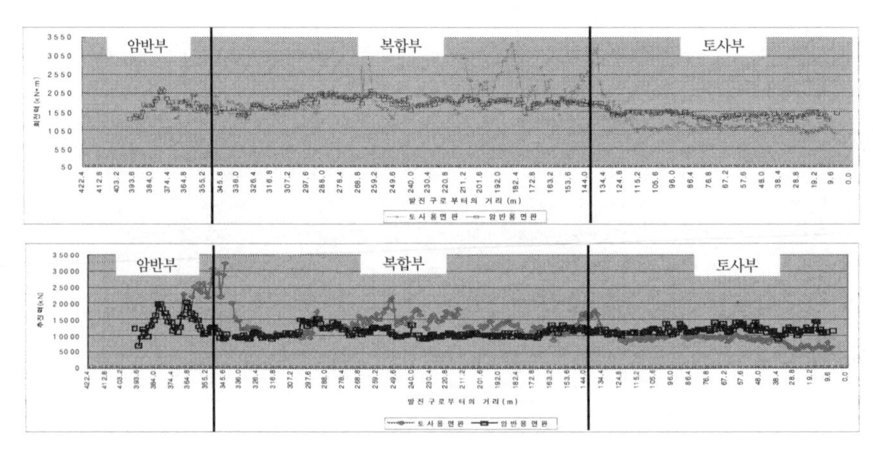

(a) 부산지하철 230공구의 회전력(상) 및 추진력(하)

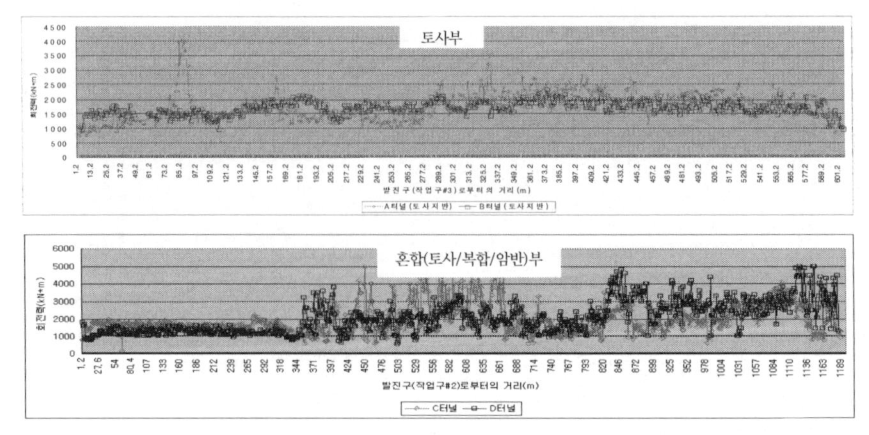

(b) 서울지하철 909공구의 회전력

[그림 11-80] 부산지하철 230공구 및 서울지하철 909공구의 회전력과 추진력(컬러 도판 p. 666 참조)

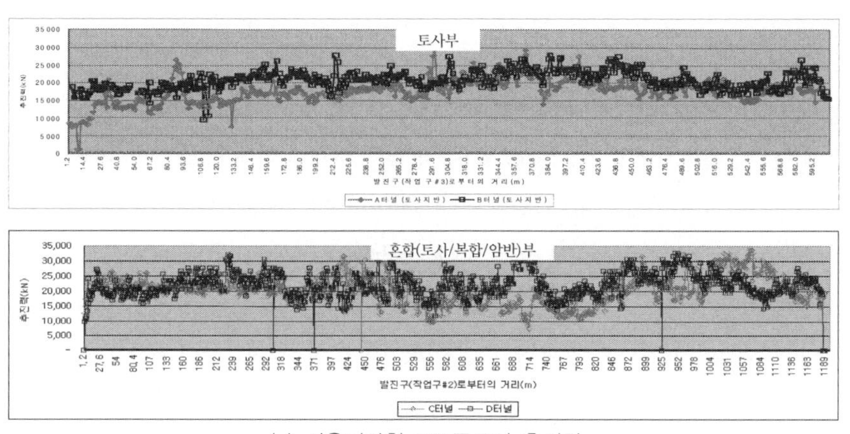

(c) 서울지하철 909공구의 추진력

[그림 11-80] 부산지하철 230공구 및 서울지하철 909공구의 회전력과 추진력(계속)(컬러 도판 p. 667 참조)

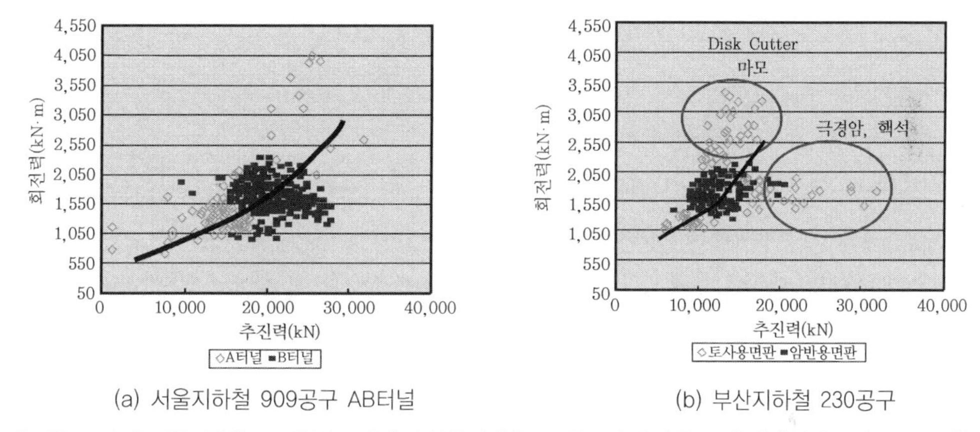

(a) 서울지하철 909공구 AB터널

(b) 부산지하철 230공구

[그림 11-81] 서울지하철 909공구(AB터널)와 부산지하철 230공구의 회전력 vs 추진력(컬러 도판 p. 667 참조)

11.1.5 결 언

본 시공 사례에서는 향후 공사 예정인 대구경 하(해)저 및 도심구간의 대구경 쉴드터널에 조금이나마 도움이 되기를 바라며 부산지하철 230공구 하저터널의 공법 선정 시 고려 사항, 이수가압식 쉴드 TBM의 선정, 장비의 제원 및 시공사례, 비정상적인 마모로 인한 문제점, 지반보강 사례 및 면판 교체 등에 대해 기술했고, 서울지하철 909공구 도심지 터널의 굴착공법 선정, 장비의 제원 및 시공사례, 뒤채움 주입재의 가소성 영역시간, 세그먼트에 작용하는 응력, 점토의 면판 협착으로 인한 굴진율 저하 문제, 굴착관리 미흡으로 인한 문제, 전석으로 인한 장애 사례 등을 분석하고, 마지막으로 두 현장의 작업정지시간(down time) 및 가동률(utilization), 굴진율을 분석했다.

이상의 연구 결과 다음과 같은 결론을 얻을 수 있었다.

1) 부산지하철 230공구 하저터널에서 굴착공법 선정 시 고려사항으로는 밀폐형 쉴드터널 공법이 막장과 터널주변부가 격벽(chamber wall)과 쉴드 본체에 의해 밀폐되어 있어 시공 시 지하수 유입을 방지함과 동시에 뒤채움 그라우팅(backfill grouting)과 세그먼트와 지수재에 의해 완공 후에도 지하수의 유입을 완전히 방지하는 비배수형(완전방수형) 터널을 시공하는 공법이기 때문에 지반 침하가 거의 발생하지 않으며, 굴착량과 배토량의 균형 또는 막장 압력과 챔버 압력의 균형에 의해 지반 침하 및 붕괴 위험이 거의 없어, 수영가교와 상수도관 등 인접 지장물의 피해와 후행터널 굴착 시 선행터널의 피해를 최소화할 수 있어 굴착공법으로 선정했다.
2) 부산지하철 230공구 하저터널에서 쉴드 TBM 타입 선정 시 고려사항으로는 이수가압식 쉴드 TBM이 본 현장의 자갈, 점토/실트, 모래층으로 구성된 토사부와 토사+암반을 동시에 굴착해야 하는 복합부에서 상부 토사층의 교란으로 인해 발생될 수 있는 붕괴 및 지반 침하를 최대한 방지하고 최악의 경우 모래층과 함께 수영강 물이 쉴드 TBM 챔버로 밀려들어오는 것을 최대한 방지할 수 있어 적용하게 되었다.
3) 쉴드터널의 설계는 특수조사항목[석영함유율, 세르샤 마모시험, Brittleness test, Sievers drill test, 전단면 선형절삭시험(Full scale linear cutting test)] 등을 조사하고 노르웨이에서 개발한 NTNU 설계법과 미국 콜로라도에서 개발한 CSM 설계법, 그리고 장비제작사의 시공 노하우를 바탕으로 설계되지만 여러 현장 여건과 국내에서 쉴드 TBM 설계를 위한 특수조사항목을 시행할 수가 없어 일축압축강도, 인장강도, RQD, TCR 등의 일반적인 시험만 실시하고 장비를 선정한 결과, 부산지하철 230공구에서 일부 극경암을 포함한 암반과 토사로 구성된 복합지반의 특성에 대한 이해 부족, 해외 업체의 국내 암반 특성에 대한 경험 부족, 사전조사의 미비, 면판 및 디스크커터 설계의 오류 등으로 예견치 않은 비정상적인 편마모와 디스크커터의 탈락이 발생했다. 따라서 하행선 굴착만 8차의 지상그라우팅이 시공되었고 교체기간을 포함해 1회당 8 ~ 92일 이상의 기간이 소요되었으며, 암반구간에서도 디스크커터 링과 하우징 강성 부족으로 많은 교체와 수리 시간이 소요되었다. 이에 대한 근본적인 대책으로는 후행터널 굴착 시에 Komatsu사의 경암용 면판 및 디스크커터로 교체했다. 그 결과 디스크커터의 마모도 현저히 줄고 비정상적인 마모도 줄어 디스크커터의 교체 지점을 예측하고 계획된 지점에 쉴드 TBM 도달 전 사전에 그라우팅을 할 수 있어 교체시간외에 그라우팅 시공시간 및 양생시간을 줄일 수 있었다. 또한 쉴드 TBM 도달 전에 그라우팅을 시공하므로 강성이 큰 케미컬 제트 그라우팅(chemical jet grouting)을 시공할 수 있어 보강강도 부족으로 인한 지반

붕괴와 공동 발생 없이 디스크커터를 점검하고 교체해 공기를 단축시킬 수 있었다.

4) 부산지하철 230공구의 평균 굴진율은 N.K.K사 면판을 사용한 하행선이 1.42m/day(1일 24시간 가동 기준)를 나타냈고 Komastu사의 경암용 면판을 사용한 상행선은 5.214m/day(1일 20시간 가동 기준)의 굴진율을 나타내어 상행선 굴진이 3.6배 빠른 것으로 분석되었다.
5) 부산지하철 230공구의 쉴드 TBM 장비 제작사가 제시한 순굴진율은 토사부 1.08m/hr, 복합/암반부 0.42m/hr로 설계해 제시했지만 실제 굴진율은 N.K.K면판으로 토사지반에서 0.79m/hr, 암반부에서 0.27m/hr로 굴진해 많은 차이를 보였다. 또한 Komastu사의 면판을 사용한 후행터널은 토사부 0.6m/hr와 복합/암반부 0.43m/hr의 순굴진율을 보여 토사용 면판을 사용한 굴진율이 토사지반에서 암반용 면판을 사용한 굴진율보다 1.32배 빠르고 암반에서 암반용 면판을 사용한 것이 암반에서 토사용 면판을 사용한 것보다 1.59배 빠른 것을 알 수 있었다.
6) 부산지하철 230공구의 토사, 복합/암반부에서의 순굴진율과 회전력 및 추진력을 면판별로 비교하면 토사부에서는 토사/복합용 N.K.K 면판이 경암용 Komatsu 면판보다 저회전력과 저추진력으로 높은 순굴진율을 보였고, 복합/암반부에서는 그 반대의 경향을 보여 지반조건에 따른 적절한 면판 설계의 중요성이 강조되었다.
7) 서울지하철 909공구의 이수가압식 쉴드 TBM 굴착 시 배관 및 후방설비(31%), 휴일(34%), 뒤채움 주입(10%) 등의 순서대로 작업정지시간이 발생했다.
8) 굴착 시 막장압력 균형을 이루는 것은 이수가압식 쉴드 TBM에서 가장 기본이 되고 중요한 굴착 메커니즘(이수의 역할)으로 토질 조건 및 공극에 따라 3가지 메커니즘으로 형성된다. ① 침투하는 입자가 공극보다 클 때 이수가 지반으로 깊이 흘러가지 못해 막장 표면에 필터케이크가 형성되는 표면침투(surface filtration), ② 침투입자가 공극보다 적절히 작을 때 지반으로 침투하면서 서서히 공극을 메우는 깊은 침투(deep filtration), ③ 침투입자가 매우 작아 공극을 메우지 않고 이수가 몇 m까지 흐르면서 전단강도에 의해 압력이 유지되거나 화학적인 유지능력에 의해 압력이 유지되는 매우 깊은 침투(rheological blocking)에 의해 막장압이 형성된다. 서울지하철 909공구의 모래자갈질 지반에서 시간에 따른 일리량(배니량과 송리량의 차)을 도시해 본 결과 약 10시간 이상이 되어야 불투수성의 블록을 형성하는 ③의 '매우 깊은 침투'가 일어나는 경향을 알 수 있어 저토피 구간과 지반이 이완된 구간에서 국부적인 침하나 이수의 분출이 발생할 수 있다.
9) 서울지하철 909공구에서도 특수조사항목을 조사해 설계되지는 않았지만 부산지하철 230공구 사례와 자료를 토대로 설계에 반영해 암반 및 복합지반에서의 굴착 능력 부족에 의한

장애 사례가 발생하지 않았으나, 점토의 면판 협착으로 인한 굴진율 저하 문제, 막장압력 불균형 및 굴착관리 미흡으로 인한 문제(지반보강 미흡으로 인한 침하, 이수누출 등), 전석으로 인한 장애 사례가 발생했다.

10) 서울지하철 909공구의 막장압력 불균형 및 굴착관리 미흡으로 인한 문제 발생 사례를 통해 굴착 중 갑작스러운 이수압 상승과 배토량 증가는 지반침하가 발생한 것을 의미하고 갑작스러운 이수압 하강과 일리량 증가는 이수가 누수되는 것을 의미함을 알 수 있으며, 이에 대한 대책으로 다음과 같이 3가지 결론을 도출했다. 첫째, 도달부에서 이수압 감소 시 급격한 이수압 감소를 배제하고 서서히 단계별로 0.1 ~ 0.2kgf/cm^{2}씩 감소되어야 한다. 둘째, 모래자갈층에서 도달부의 지반 보강 범위를 확대해 시공해야 한다. 셋째, 쉴드 TBM의 중앙제어시스템에서 측정하는 배토량, 건사량, 일니량, 이수압 변화와 함께 지반의 거동을 실시간으로 파악할 수 있는 지중 및 지표 침하계 시공과 자동화시스템을 구축해야 한다.

11) 서울지하철 909공구 현장에서 0/5 ~ 50/4의 N치를 보이는 밀실한 조립질 퇴적토층에서 쉴드터널 굴진 중 세그먼트에 작용하는 응력 변화와 응력 수렴 시기는 세그먼트 조립 후 약 2개월에서 4개월까지 응력 변화가 있다가 수렴하는 경향을 보였다.

12) 서울지하철 909공구에서 가소성형 뒤채움재를 동시주입으로 시공해 지반침하를 최소화했고 뒤채움재의 가소성 상태(300 ~ 1,500cP의 점도)의 유지시간을 판단하기 위해 실내 배합시험을 했다. 그 결과 약 12분 경과 후부터 100분까지 가소성 상태를 유지했다.

쉴드터널 공법은 단순히 기계가 굴착하는 것이 아니라 수많은 공학적 요소를 복합적으로 분석하고 굴착 시 관리함으로써 지반침하와 인접구조물에 대한 영향을 최소화하면서 굴진율을 향상시켜 안정성 외에 경제성도 향상시켜야 한다. 따라서 많은 시공사례와 연구를 통해 쉴드 TBM 굴착 시 지반의 거동을 공학적으로 정확히 규명해야 하고, 굴착 시 쉴드 TBM 전방에 작용하는 이수압 및 이수의 침투거동, 뒤채움 주입을 고려한 지반의 장기거동, 복합지반 및 암반지반에서의 굴진율 등을 예상하고 현장자료와 다양한 계측을 통해 검증할 수 있는 심도 깊은 연구가 이루어져야 할 것이다.

참 고 문 헌

1. 김훈 외. 2007.「서울지하철 909공구의 이수가압식 쉴드 TBM 굴진 및 이수관리 사례 분석」. 제8차 터널기계화 시공기술 심포지엄 논문집, 한국터널공학회, pp. 141~152.
2. 강문구 외. 2006.「대구경 쉴드 TBM의 굴착 시공에 따른 트러블 대책 및 근접 시공사례」. 제7차 터널기계화 시

공기술 심포지엄 논문집, 한국터널공학회, pp. 143~158.

3. 윤현돈 외. 2005.「대구경 쉴드터널의 시공－서울지하철 909공구 중심으로」. 제6차 터널기계화 시공기술 심포지엄 논문집, 한국터널공학회, pp. 89~102.
4. 김훈 외. 2004.「국내 대구경 쉴드 TBM 및 시공 사례 비교」. 제5차 터널기계화 시공기술 심포지엄 논문집, 한국터널공학회, pp. 67~183.
5. 김훈 외. 2002.「부산 수영강 하저 대구경 쉴드터널 시공사례」. '02 터널시공기술 향상 대토론회 논문집, 대한토목학회, pp. 106~122.
6. 류동성 외. 2005.「실리카 콜로이드를 이용한 가소성 그라우트의 개발 및 공학적 특성」. 2005 한국지반공학회 학술발표회 논문집.
7. 박석호 · 황정순 · 최기훈. 2005.「병설터널 시공에 따른 필라의 안정성 평가기법」. 지반환경공학회 학회지, pp. 75~88.
8. 배규진 외. 2001.「대구경 쉴드 TBM터널 시공 중 디스크커터 손상 원인 분석 및 대책에 관한 연구」. '01 터널기계화 시공기술 심포지엄 논문집, 한국터널공학회, pp. 73~92.
9. 신승진 · 황정순 · 최기훈. 2006.「쉴드 TBM의 굴착관리와 근접 시공 사례」. 대한방재학회 학회지.
10. 이샘. 2004.「슬러리 쉴드 터널에서 슬러리의 유동특성에 관한 연구」. 고려대학교 대학원 석사학위 논문집.
11. Bonala, M.V.S. and Reddi, L.N. 1998. "Physicochemical and Biological Mechanisms of Soil Clogging-an Overview." Filtration and Drainage in Geotechnical / Geoenvironmental Engineering, Geotechnical Special Publication, No.78, ASCE, pp. 43~68.
12. Fun-Den Wan et al. 1979. "Tunnel Boring Machine Instrumentation." Proc of Rapid Excavation and Tunnelling Conference (RETC), pp. 936~955.
13. Inmo Lee et al. 2005. "Effect of slurry clogging phenomena on the face stability of slurry-shield tunnels." 5th International Symposium on Geotechnical Aspects of Underground Construction in Soft Ground, Amsterdam, Netherlands.

11.2 풍화토지반에서의 쉴드 TBM 터널 설계 및 시공사례

국내에서는 다양한 지반조건에 대한 쉴드 TBM터널의 설계 및 시공사례가 꾸준히 증가하고 있으며, 최근 해·하저 구간, 복합지반 구간, 지반불량구간 등에 대한 시공경험을 축적함으로써 쉴드 TBM터널에 대한 기술이 세계적 수준으로 높아지고 있다. 또한 설계단계에서 지반조건을 반영한 쉴드장비의 선정 그리고 시공단계에서 쉴드장비의 운용 등에 대한 다양한 기술력은 국내 기계화 시공 기술을 발전시키는 중요한 원동력이 될 수 있을 것이다. 본 사례는 서울지하철 7호선 연장구간의 704공구 건설공사 현장에 대한 설계 및 시공과정을 정리한 것이다.

본 현장은 굴착통과심도가 깊지 않기 때문에 비교적 안정한 암반층보다는 풍화토층을 굴착하는 경우로써 굴착 대상 지반의 공학적 특성을 고려해 쉴드 TBM을 선정했고, 현장여건과 각종 부속설비 등을 종합적으로 검토해 선정했다. 본 현장은 도심지의 풍화토지반을 쉴드 TBM으로 굴착하는 경우에 대한 성공적인 시공 사례로서 쉴드 TBM터널 시공을 통해 얻은 개선 사례 및 기술적 경험을 소개하고자 한다.

11.2.1 개 요

가. 공사 개요

본 현장은 서울지하철 7호선연장 704공구 건설공사로서 공사 현장은 경기도 부천시 원미구 중동 ~ 상동에 위치한다. 그림 11-82에서 보는 바와 같이 공사규모는 총연장 L = 2,015m, 본선구간의 연장 L = 1,685m(터널 690m, 개착 995m)이며, 정거장 2개소(755정거장과 756정거장) 및 환기구 7개소로 구성되어 있다.

[그림 11-82] 서울지하철 7호선연장 704공구 현장 개요도

본 현장 중 쉴드터널 구간에 대한 개요를 그림 11-83에 나타냈다. 본 구간에 적용된 쉴드터널의 외경은 7.31m, 내경은 6.71m이며, 연장은 상선 510.0m, 하선 694.7m이다. 시점부에서 중간지점까지는 8련 우수 박스 하부를 통과하며, 중간지점부터 종점부 부근까지는 고가도로가 상부에 위치한다. 또한 상부 도로주변에는 대형 상가 등 밀집도가 높은 상업지구의 하부를 통과하고 있다. 쉴드 TBM의 발진기지는 시점부 상부에 대형백화점이 위치하며, 지중에는 8련 우수 박스가 터널 진행방향과 평행하게 위치하고 있어 작업장 설치가 곤란해 종점부에 발진기지를 설치했다.

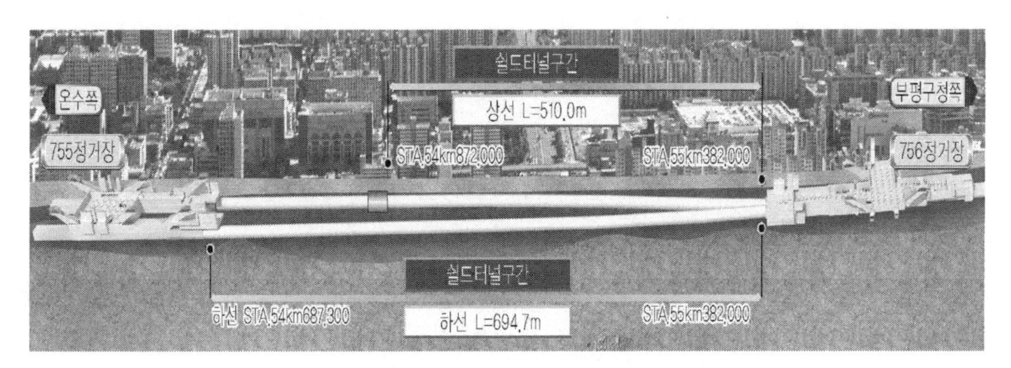

[그림 11-83] 본 현장의 쉴드터널 구간 현황

표 11-19에는 본 현장의 쉴드터널 주요 공사내용을 정리했다. 표에서 보는 바와 같이 쉴드터널공은 쉴드 굴진공, 버력처리공, 세그먼트공, 뒤채움 주입공, 인버트공 그리고 부대공으로 구분된다.

[표 11-19] 본 현장의 쉴드터널 공사 내용

공종	세부 공종		규격	단위	
쉴드 터널공	쉴드 굴진공	상선	φ7,320	m	300, 6,530, 7,130, 300, 800 터널 외경: 7,130m, 세그먼트 두께: 30cm 굴착 단면적: 39.927m^2
		하선			
		계			
	버력처리공		원지반 기준	m^3	
	세그먼트공	표준형	내경: 6,530mm 두께: 300mm 폭: 1,500mm	링	
		TAPER형			
		가설용			
		계			
	뒤채움 주입공		가소성	m^3	
	인버트공		-	식	
	부대공		수전, 오폐수 설비 등	식	

나. 현장여건 및 시공계획

본 현장의 주변 여건에 대한 분석을 실시해 제반 문제점을 지상부와 지하부로 구분해 정리했다(표 11-20). 본 구간은 전형적인 도심지 구간으로서 발진부, 중앙부, 도달부에 주요 건물이 위치하며, 지하에는 우수 박스 등의 지장물이 밀집해 있음을 확인할 수 있다. 그림 11-84는 주변조건 및 시공조건을 반영해 수립한 쉴드터널 시공계획을 나타낸 것이다.

[표 11-20] 본 현장의 주요 여건 분석

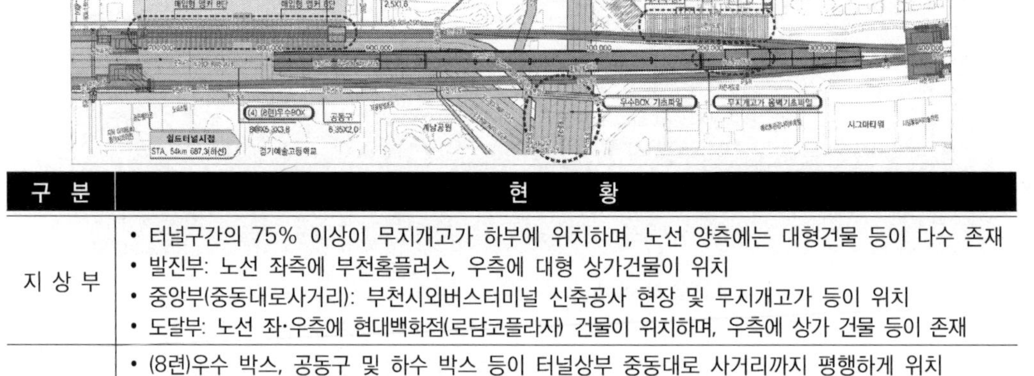

구 분	현 황
지 상 부	• 터널구간의 75% 이상이 무지개고가 하부에 위치하며, 노선 양측에는 대형건물 등이 다수 존재 • 발진부: 노선 좌측에 부천홈플러스, 우측에 대형 상가건물이 위치 • 중앙부(중동대로사거리): 부천시외버스터미널 신축공사 현장 및 무지개고가 등이 위치 • 도달부: 노선 좌·우측에 현대백화점(로담코플라자) 건물이 위치하며, 우측에 상가 건물 등이 존재
지 하 부	• (8련)우수 박스, 공동구 및 하수 박스 등이 터널상부 중동대로 사거리까지 평행하게 위치 • 중동대로 사거리에 (8련)우수 박스 기초파일 분포(터널 이격거리: 약 52cm) • 발진부에 무지개고가 옹벽 기초파일 분포(터널 이격거리: 약 20cm) • 부천시외버스터미널 공사 시 시공된 제거형 어스앵커 간섭 우려(터널 이격거리: 약 100cm)

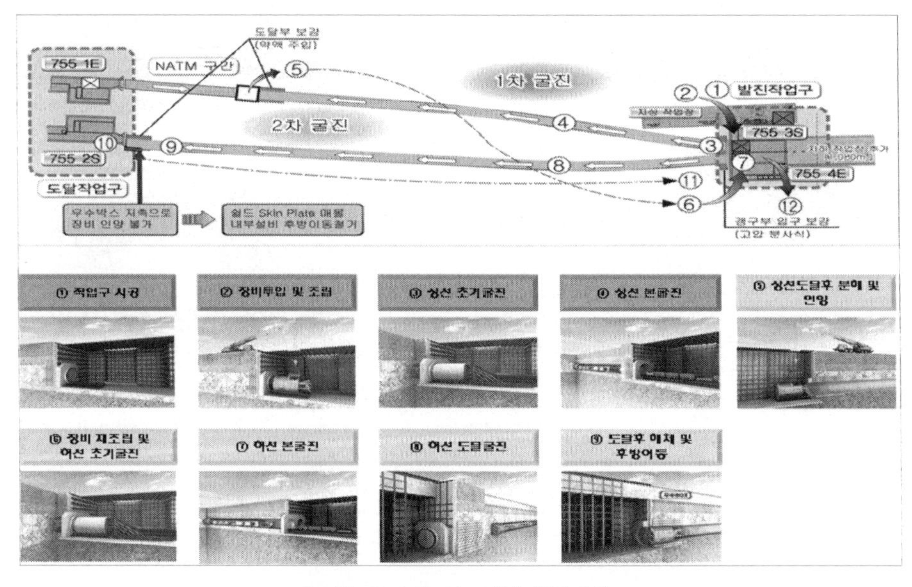

[그림 11-84] 쉴드터널 시공계획

11.2.2 지반조건 및 특성

본 현장 중 쉴드터널 구간의 지층구성은 그림 11-85에서 보는 바와 같이 매립층, 충적층, 풍화토, 풍화암으로 구성되며, 쉴드 통과구간은 22/30 ~ 50/5의 풍화토층을 통과하며, 이 풍화토층은 보통 조밀 내지 매우 조밀한 상대밀도를 나타내고 있다. 또한 쉴드터널 통과구간의 투수계수는 $6.3\times10^{-5} \sim 3.0\times10^{-3}$cm/sec로써 대표적 입도구성은 중립모래 41.5%, 세립모래 25.0%, 세립분 16.4%, 자갈 2.0%로 조사되었다. 지하수위는 장기관측공에 의한 측정결과 GL(-)10 ~ 17m로 터널 천단 또는 중간부에 위치한다(그림 11-86).

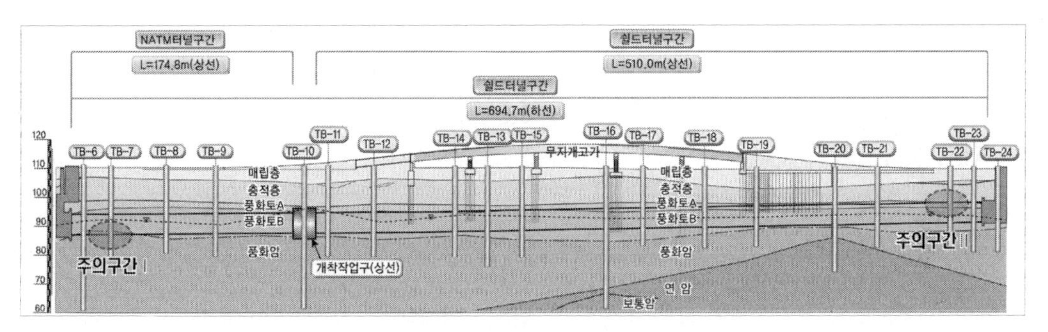

[그림 11-85] 본 현장의 지층 및 지반조건

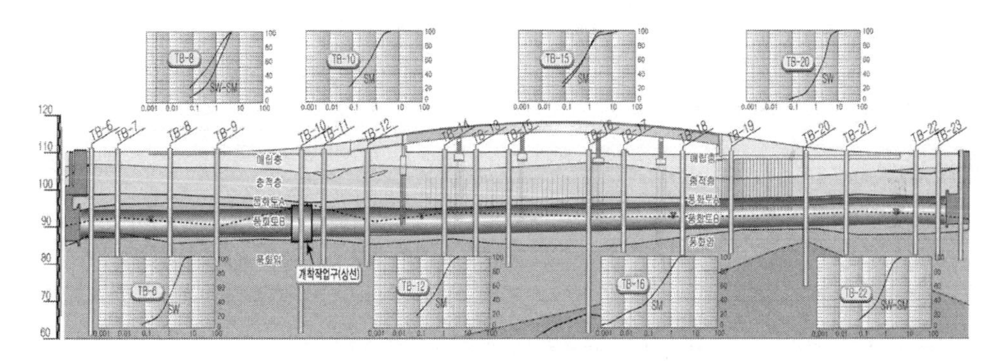

[그림 11-86] 본 현장지반의 투수특성

본 쉴드 구간에 분포하는 풍화토지반의 입도분포와 투수계수의 지반조건별 적용범위에 대해 분석한 결과를 그림 11-87에 나타냈다. 본 구간의 풍화토지반은 N치가 다소 크고, 조밀한 상태를 나타내므로 막장자립은 가능할 것으로 예상되지만, 중립 및 조립질 모래와 자갈함량이 59%를 차지하므로 굴착토의 소성 유동성을 확보하기 위해 첨가재 주입을 통한 이토화가 필요할 것으로 판단되었다. 또한 쉴드 TBM의 형식은 지반조건 이외에도 주변현황, 작업부지, 경제성 등을 종합적으로 검토해 선성했나.

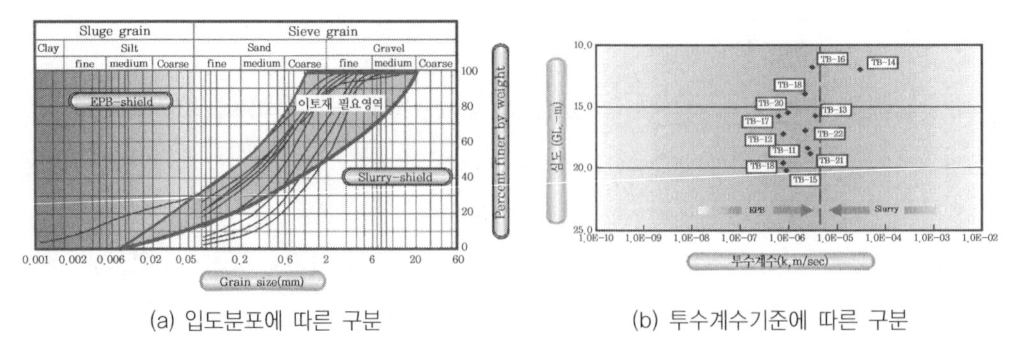

(a) 입도분포에 따른 구분　　　　(b) 투수계수기준에 따른 구분

[그림 11-87] 지반조건에 따른 쉴드 TBM 형식 선정

11.2.3 쉴드 TBM 설계

가. 쉴드 TBM 장비 선정

쉴드 TBM 장비를 선정하기 위한 조건으로는 대상 토질에 대한 입도분포와 투수계수가 가장 중요한 영향인자이다. 그러나 지반조건 이외에 주변현황, 작업부지 등을 종합적으로 고려해 선정할 필요가 있기 때문에 표 11-21에 나타낸 종합적 검토를 수행해 굴착대상 지반조건, 지하수위, 협소한 현장여건 등에서 유리하다고 판단되는 토압식 쉴드 TBM을 선정했다. 그림 11-88은 선정된 토압식 쉴드 TBM의 모습이다.

[표 11-21] 토압식 쉴드 TBM의 선정

구 분		
지반조건	토질	• 기포 주입으로 굴착토의 소성유동화가 용이
	지하수위	• 터널천단보다 낮은 경우 지수성 유지에 유리
	수압	• 0.3MPa 이하 저수압에서 경제적
환경대응	지상부지	• 이수식에 비해 지상 설비 소규모 • 작업장 내 환경 양호
	버력	• 기포재를 사용하는 경우 사토 처리 가능
	소음진동	• 크레인·토사호퍼 등 갱외 시설, 방음하우스 대처
시공성		• 기포재 사용으로 기계부하 경감 • 배토능률은 이수식과 유사
경제성		• 이수식에 비해 장비는 고가이나, 시설규모가 작기 때문에 전체적으로는 거의 비슷함 • 버력 처리비용이 이수식보다 저렴

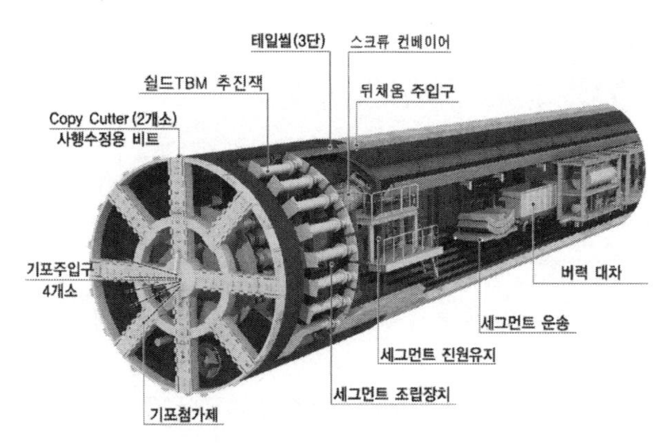

[그림 11-88] 토압식 쉴드 TBM

나. 비트형식과 배치

본 구간의 경우, 굴착대상 지반은 대부분이 풍화토로 일부구간의 하부에는 풍화암이 존재하고 있다. 그리고 풍화암의 경우, 환산 N치로 나타낼 수 있는 지반이므로 롤러커터(디스크커터)가 필요한 암반은 아닌 것으로 판단되었다. 따라서 토사지반에 많이 사용되는 툴비트 또는 트림비트로 불리는 커터비트를 메인비트로 적용했다(그림 11-89). 면판은 평판형(flat type)을 적용하고, 굴착효율을 상승시킬 목적으로 개구율을 증가시켜 6 ~ 8개의 스포크(spoke) 형식을 적용했다. 메인비트는 스포크 양측에 배치하고, 비트 폭을 고려해 외주부에서 4pass 정도의 중첩굴착이 되도록 배치했다. 센터비트는 평판형의 커터헤드의 중앙에 심빼기형으로 돌출된 대형 피시 테일비트를 배치했다. 또한 메인비트의 마모방지를 위해 메인비트 높이보다 수십 mm 정도 높은 선행비트를 배치하고, 외주부는 마모가 가장 많기 때문에 쉘 비트 형상의 외주비트를 배치했으며, 사행수정과 곡선부 굴진을 위한 여굴용으로 copy cutter를 2개소에 배치했다.

그림 11-90에는 본 현장에서 적용된 쉴드장비의 주요 제원 및 모습이 나타나 있다. 그림 11-91은 일본 히타지 조선에서 제작한 토압식 쉴드 TBM 장비이다.

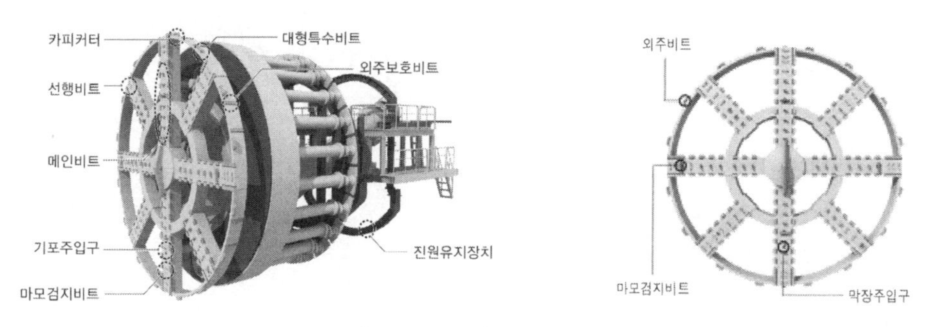

[그림 11-89] 전방구조 및 면판

쉴드 관련			
기계타입	· EPB type	제작사	· 히타찌 조선
쉴드 잭	· 2,000kN x 26pcs	총 추력	· 52,000kN
커터모터	· 90kw x 10 pcs	쉴드 잭 신장속도	· 6.0cm/min

커터 관련			
회전속도	· 0.75 / 1.5 rpm	커터헤드 형식	· 8 spoke
회전 토오크	· 11,400/5,696kN·m(100%)		

비트 종류 및 기타 장비 제원					
비트	메일 비트	· 144 EA	기타	첨가재 주입구	· 4공 + 1공
	선행 비트	· 62 EA		스크류 콘베이어	· 배토량 278m³/hr
	외주 커터	· 16 EA		이렉터 형식	· Ring Gear Type
	Copy Cutter	· 2 EA(150mm)		이렉터 회전속도	· 0.2/1.5 rpm
	마모 검지 비트	· 3 EA		이렉터 리프트잭	· 165kN x 2pcs
	센터 커터	· Fish tail		진원유지장치	· 상하 확장식
	커터헤드 지지	· 중간/센터지지방식		막장 진입	· 맨홀 2개소

[그림 11-90] 쉴드장비 주요 제원

[그림 11-91] 쉴드장비 모습

다. 세그먼트 설계

세그먼트는 내구성이 우수하고 품질관리에 효과적인 RC세그먼트의 7분할(6+1 key)의 형식으로 링 길이는 1.5m이다. 세그먼트 두께는 300mm이다(그림 11-92). 본 현장에 적용된 세그먼트 재질 및 형상, 세그먼트 연결방식 및 연결부 방수형식은 표 11-22에 정리되어 있다. 연

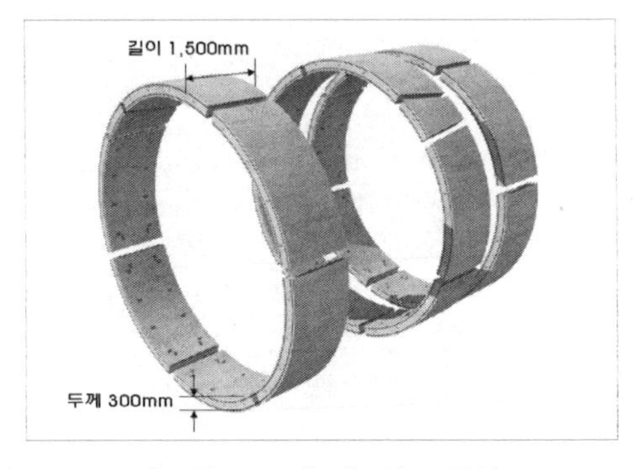

[그림 11-92] 세그먼트 형식

결부는 세그먼트 및 링 연결부에 볼트 정착부분을 만들어 곡볼트를 체결하는 방식으로 적용했다. 연결부 방수는 현장 지반조건 및 실적, 시공성에서 유리한 복합형 수팽창지수재 2열을 적용했다.

[표 11-22] 세그먼트의 주요 특징

구 분	RC세그먼트	곡볼트 방식	수팽창 복합형 지수재
형 상			수팽창복합형지수재 비팽창부 수팽창부
특 징	• 추력에 대한 강성이 큼 • 고강도 설계 가능	• 세그먼트 및 링 연결부에 볼트 정착부분을 만들어 곡볼트 체결	• 이음면에 실재를 부착 도포 • 수압이 높은 경우 2열 시공
	• 품질 관리 효과적 • 제작 공정 복잡 • 운반 및 취급이 불편	• 내진성능 우수 • 이음 강성은 다소 작음 • 축방향 변위 대응 유연	• 고무강성 1차 효과 • 흡수팽창 2차 효과 • 두께방향 팽창압 발생 지수효과
	• 내구성이 뛰어남 • 연결부 방식 및 지하수 대책 필요	• 지반에 제약 없이 적용 • 지반 변형에 대한 대응성이 우수	• 고무 반발력으로 지수압 확보 • 팽창방향 제어 가능
	• 가장 경제적 소구경단면 저하	• 정밀시공이 요구, 유지관리 용이	• 개스킷에 비해 팽창고무 내구성 문제

라. 발진부의 지반보강 및 안정성 검토

쉴드 TBM 발진부는 터널 간 이격거리가 2.5m로 근접하고 있으며, 쉴드터널 외경과 근접거리의 비로 나타내면 0.35로, 부산지하철에서 0.4 ~ 0.47, 광주지하철에서 0.6 ~ 0.9, 신공항 철도에서 0.5 ~ 0.7보다 작은 값이다. 또한 발진부 주변에는 대형 건물 등이 위치하고 있는 점을 고려해 다음과 같은 검토를 수행한 후 적용했다.

먼저 발진부의 터널 간 근접구간에 대한 안정성을 확보하기 위한 방안으로, 발진부의 지반조건을 고려한 지반개량공법을 선정할 필요가 있다. 지반개량공법의 선정에는 최근 일본의 시공사례를 참조해, 강도가 높고, 지수성에 신뢰성이 높은 고압분사식 그라우팅공법(SRC공법)을 선정했으며, 개량범위를 그림 11-93에 나타냈다.

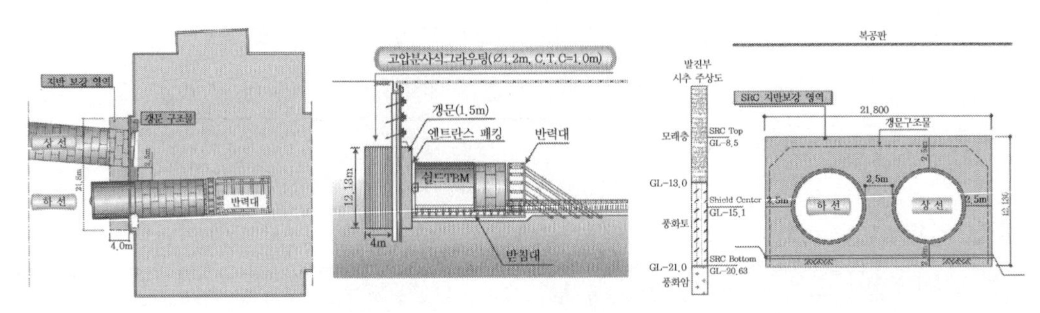

[그림 11-93] 쉴드 TBM 발진부 개요

[표 11-23] 발진부 2차원 해석 결과

구 분	천단변위 (mm)	내공변위 (mm)	세그먼트 응력(MPa)
선행터널	3.146	2.338	4.18
후행터널	1.775	3.253	2.68

본 공구의 단선 병렬터널 간 일부구간의 이격거리는 0.35D로, 해석결과를 보면 이격거리 0.5D 이내의 구간에 해당되므로 간섭효과의 발생으로 변위, 세그먼트 응력의 증가가 예상된다. 따라서 지반개량 후 굴착에 따른 영향을 2차원 해석을 통해 검토했다. 해석단면은 그림 11-94에 나타냈으며, 굴착지반은 풍화토 구간으로 측압계수 $K_0 = 0.5$를 적용했다. 해석단면은 터널 중심에서 좌·우측 40m 이상, 하부 30m 이상을 모델링했다.

2차원 수치해석에 의한 세그먼트의 응력과 천단변위 및 내공변위 결과를 표 11-23에 나타냈다. 지반보강을 적용한 해석결과, 세그먼트에 발생하는 응력은 최대 4.18MPa로 허용응력 16.8, 19.2MPa 이내로 터널은 안정한 것으로 판단된다. 이를 풍화토, $K_0 = 0.5$를 적용한 유사한 이격거리 단면과 비교했을 경우, 변위 및 세그먼트 응력이 전반적으로 작게 발생해 지반보강공법 선정의 타당성을 확인할 수 있었다.

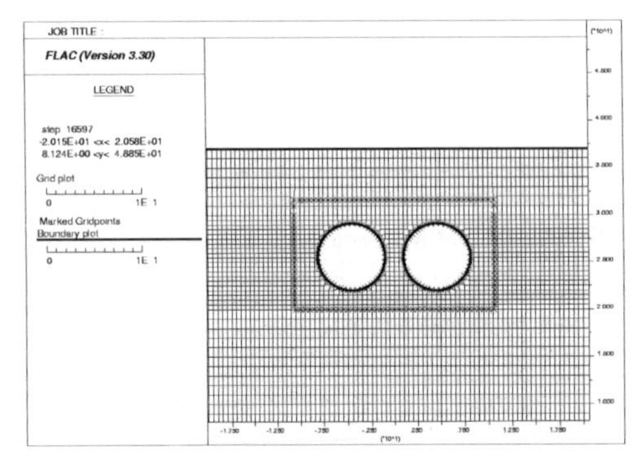

[그림 11-94] 발진부 2차원 해석 모델링

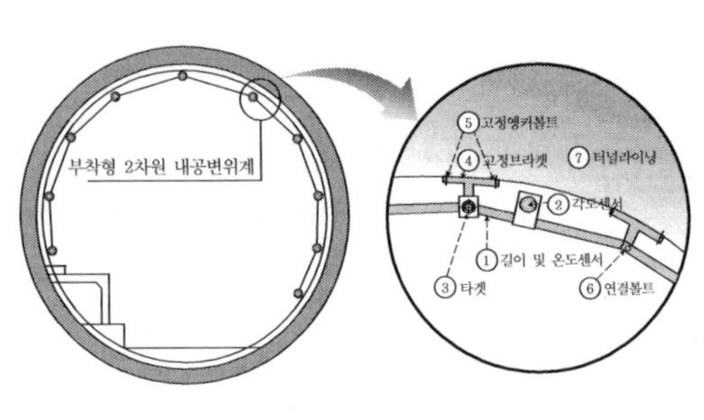

[그림 11-95] 내공변위계에 의한 유지 관리

이상의 결과를 바탕으로 굴진 시에는 지표침하계에 의한 통과 중 굴진관리를 실시해 비교하며, 완성 후에는 2차원 내공변위계를 설치해 유지 관리에 있어서 관리기준을 설정했다(그림 11-95). 이와 같은 철저한 시공계측과 유지 관리계측의 연계에 따라 터널구조물의 장기적인 안정성과 손상 여부에 대한 중점관리가 가능하며, 향후 통합관리 시스템의 구축으로 체계적 관리가 가능할 것으로 기대된다.

마. 기타 부속설비

1) 막장첨가제

토압식 쉴드 TBM의 경우, 굴착효율과 버력 처리를 원활하게 하고, 비트마모를 경감시키기 위해 막장에 첨가재를 주입해 이용되고 있다. 따라서 첨가재는 굴착 토사와 혼합하기 쉽고, 재료 분리를 일으키지 않으며, 유동성과 투수저항성이 뛰어나며, 친환경적인 재료가 요구된다. 일반적으로 이용되고 있는 첨가재료로는 광물계(점토·벤토나이트), 계면활성제계(기포), 고흡수성 수지계(전분계·아크릴계), 수용성 고분자계(셀룰로오스계·아크릴계 등)의 4가지로 구별되며, 그중 광물계와 계면활성제계가 많이 활용되고 있으며 토질조건에 따라 조합해서 사용되는 경우도 있다.

본 구간의 입도분포 결과로 볼 때, 대체로 모래(66%)가 많고, 자갈(17%)도 대부분 세립 자갈로 나타나고 있다. 따라서 계면활성제계(기포)를 이용해 굴착토사의 유동화, 굴착버력의 건설폐기물화를 감소시키고, 점성토 굴착 시 커터헤드나 챔버 내 부착 방지, 커터비트의 마모 방지라는 부가적인 효과도 기대했다. 그리고 기포 주입량은 입도분포 결과로부터, 식 11-1을 이용해 산정했다. 그림 11-96에서 평균주입률은 26%(B타입)로 나타났으며, 점성토의 부착방지나 비트 마모 방지라는 관점에서 주입률 20% 이하의 구간에 대해서도 과거의 실적 등을 고려해 최저 20%를 주입하도록 했다.

$$Q(\%) = \frac{2}{\alpha}\{(60 - 4 \times X^{0.8}) + (80 - 3.3 \times Y^{0.8}) + (90 - 2.7 \times Z^{0.8})\} \qquad (11\text{-}1)$$

여기서, α : 균등계수 Uc에 의한 계수 $Uc < 4\alpha = 1.6$, $4 \leq Uc < 15\alpha = 1.2$, $15 \leq Uc\alpha = 1.0$

X : 0.075mm 입경 통과 중량 백분율(%), $4 \times X^{0.8} > 60$일 때 60으로 적용

Y : 0.42mm 입경 통과 중량 백분율(%), $3.3 \times Y^{0.8} > 80$일 때 80으로 적용

Z : 2.0mm 입경 통과 중량 백분율(%), $2.7 \times Z^{0.8} > 90$일 때 90으로 적용

기포 주입은 그림 11-97에 일부를 나타냈듯이 커터헤드부에 4개소를 설치했으며, 각 주입계통은 독립적으로 설치했다. 압송방식은 쉴드 발진기지에 플랜트를 설치해 압송하는 경우 부지점유 및 설치비가 소요되기 때문에, 쉴드 TBM의 후방대차에 설치한 압송설비에 작업차량 운행 시 원액을 공급해 주입하는 방식을 적용했다.

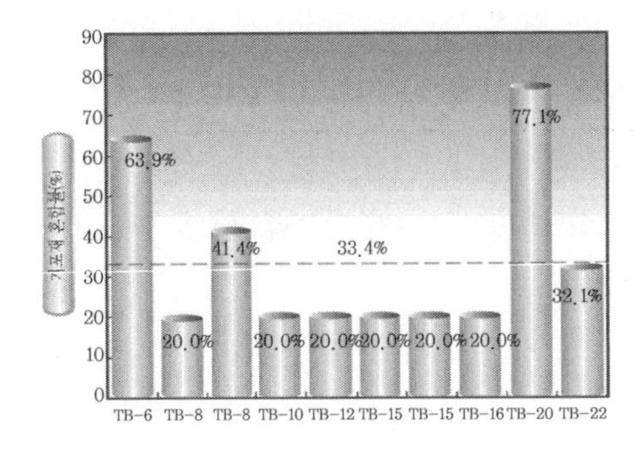

[그림 11-96] 기포 주입률 산정결과

[그림 11-97] 기포 주입 전후 슬럼프 시험

2) 뒤채움 주입기구

쉴드 TBM의 굴착 시 발생하는 여굴부의 뒤채움 주입은 주변 지반의 응력 이완을 억제해 지반 침하를 방지하는 것이 목적이지만, 그 외에도 세그먼트를 조기에 안정시키고, 잭 추진력의 전달을 순조롭게 하고, 세그먼트에 작용하는 토압을 균등하게 해 세그먼트에 발생하는 응력이나 변형저감 등의 목적이 있다. 따라서 주입 시기와 주입재료, 관리체계를 설정할 필요가 있다.

먼저, 뒤채움주입 방식은 표 11-24에 나타냈듯이 시공시기에 따라 동시주입방식, 반동시주입방식, 즉시주입방식으로 구분할 수 있으며, 각 방식에 대한 검토를 수행했다.

본 구간의 경우, 대상 지반이 비교적 고결도와 자립성이 높은 풍화토지반으로 테일보이드 발생과 동시에 지반이 붕괴되는 연약지반이 아니므로 반동시주입을 적용했다. 또한 반동시주입 방식의 경우 주입관의 막힘이 적은 장점을 가지고 있다. 뒤채움 주입재로는 체적 손실, 재료 분리 현상 및 지하수 영향이 적고 겔 타임 조정이 용이한 슬러그계 가소성 주입재를 적용했다.

[표 11-24] 뒤채움 주입방식별 특징

구분	즉시주입	반동시주입	동시주입
개요	세그먼트 쉴드테일	세그먼트 쉴드테일	유압 실린더 세그먼트 쉴드테일 뒷채움 재주입
특징	• 1링 굴진 완료 시 뒤채움 주입 • 침하억제력 약함(연약지반)	• 테일부 이탈과 동시 주입 • 지반 침하 억제, 시공 용이	• 쉴드 추진 시 쉴드테일부 주입 • 주입관 돌출, 폐색 발생 가능
적용	• 비교적 지반자립성이 높은 지반에서 이용	• 변위관리가 요구되는 경우 • 자갈층 등에서 주입관 돌기부의 파손 우려가 있는 경우	• 지반자립성이 약하고, 지반 변위 관리가 요구되는 경우

뒤채움 주입관리는 주입량과 주입압력을 병행해서 관리하는 것이 일반적이다. 주입량은 지반으로의 침투나 재료의 체적변화, 시공상 손실 등을 고려해 테일보이드량 100%에 대한 주입률을 설정하고 있다. 따라서 본 구간의 경우는 비교적 고결도와 자립성이 높은 지반이기 때문에 110 ~ 130% 정도로 설정했다. 아울러 주입압은 세그먼트 측 주입구로부터 간극수압+2kgf/cm^2 정도로 주입하며, 주입량과 주입압은 굴진 초기에 시험해, 주입효과, 주변 지반이나 근접구조물에의 영향 등을 확인 후 관리치를 재설정하도록 했다. 주입설비는 굴착연장이 비교적 짧기 때문에 작업장에 설치한 전용 플랜트에서 직접 압송하는 방식을 적용했다.

11.2.4 쉴드 TBM 시공

가. 초기굴진

그림 11-98에는 초기 굴진작업의 작업순서가 나타나 있다. 발진 받침대[그림 11-99(a)]는 쉴드장비의 작업구 내에서 조립과 초기 굴진 시 가이드 역할을 하는 것으로 쉴드장비의 하중을 충분히 견디는 안전한 구조로 설치하며, 초기 굴진 시 굴착 단면이 쉴드 본체보다 크기 때문에 발진 직후에 하향으로 가는 경향이 있으므로 약간 상향(0.3 ~ 0.5%)이 되도록 설치한다.

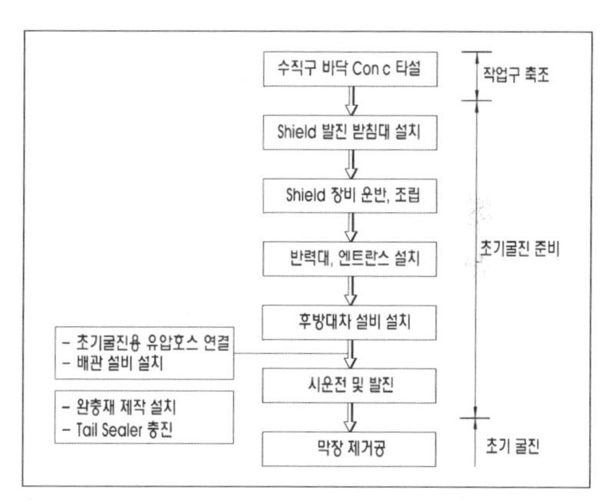

[그림 11-98] 초기발진 작업순서

쉴드 TBM 장비추력은 가설세그먼트를 통해 반력대[그림 11-99(b)]로 지지하는데, 쉴드 TBM 장비 및 터널 중심선에 연직으로 균등한 하중이 전달되도록 반력대의 설치위치를 선정한다. 또한 반력

(a) 발진 받침대

(b) 반력대

[그림 11-99] 초기발진 준비

대 설치구간에는 초기 굴진 시 세그먼트를 공급하기 위한 작업대차의 통행공간을 확보하도록 한다.

엔트란스 패킹은 쉴드기 발진 시 지하수나 토사가 연직갱 내에 유입되지 않도록 주의해서 설치해야 한다. 쉴드 발진 시 커터헤드 회전 및 쉴드 몸통부 마찰에 의한 파손이 없도록 하기 위해 패킹 부분에 윤활유 및 구리스 등을 충분히 도포한다.

나. 쉴드장비 운반 및 조립

쉴드장비의 전체중량은 약 300tonf으로 제작공장에서 현장으로의 운반경로도에 대해 중량제한 교량, 형하공간 제한도로, 도로폭 등 지장 유무를 조사한 뒤 운반 가능한 분할계획을 검토하며 도로현황에 알맞게 계획되어야 한다. 쉴드장비의 현장 조립은 분할되어 운송된 장비에 대해 지상에서 부분 조립을 실시하고, 이후 유압크레인(400tonf)을 연직갱 밑에 투입해 발진 받침대 위에서 전층부터 후방 순으로 전체조립을 실시한다. 그림 11-100은 현장 내 쉴드장비 조립도의 한 과정을 보여준다.

다. 본굴진 및 도달 굴진

[그림 11-100] 쉴드장비 조립

본굴진은 최종도달까지의 작업으로 굴착면의 안정, 세그먼트의 조립, 뒤채움 주입 등, 추진정확도 향상 및 공기 단축을 위해 총괄 관리한다. 그림 11-101은 본굴진의 작업 순서이다.

굴착된 버력은 벨트컨베이어를 통해 토사함 $11m^3$/대 ×8대분을 분할해 갱내 궤도 설비를 통해 디젤기관차로 입갱까지 반출한다. 굴착토의 처리는 노면을 더럽히지 않고 교통에 혼잡을 주지 않도록 덤프트럭 적재함 상단에 덮개를 설치해 운반한다.

본굴진의 지층은 전 구간이 풍화토(일부구간 풍화암)로 구성되어 있으나 시공상 토질 변화 발생 시 지반 침하가 발생되지 않도록 원지반의 조건, 막장의 안정성, 뒤채움 주입상황을 면밀히 점검한다. 또한 변화 지층 간에 지반 침하가 예상되므로 터널 구간 내 시행하는 각종 계측 데이터를 통해 터널 내 침하 검측 측량을 실시해서 침하허용치를 초과할 시는 긴급조치에 따라 처리하고 그 결과에 대한 보강대책 방안을 수립한다.

쉴드 추진에 따라 굴착 외주면과 세그먼트 외주면 사이에 테일보이드(tail void)가 발생한다. 이 공극에 충전재를 주입하는 작업을 뒤채움 주입이라 하고 뒤채움은 테일보이드에 신속하고 확실히 충전시켜야 한다. 주입방법은 주입홀이 쉴드 테일부 이탈과 동시에 주입하는 반동시주입을 채택하며 1차 및 2차 주입을 통해 뒤채움에 만전을 기한다.

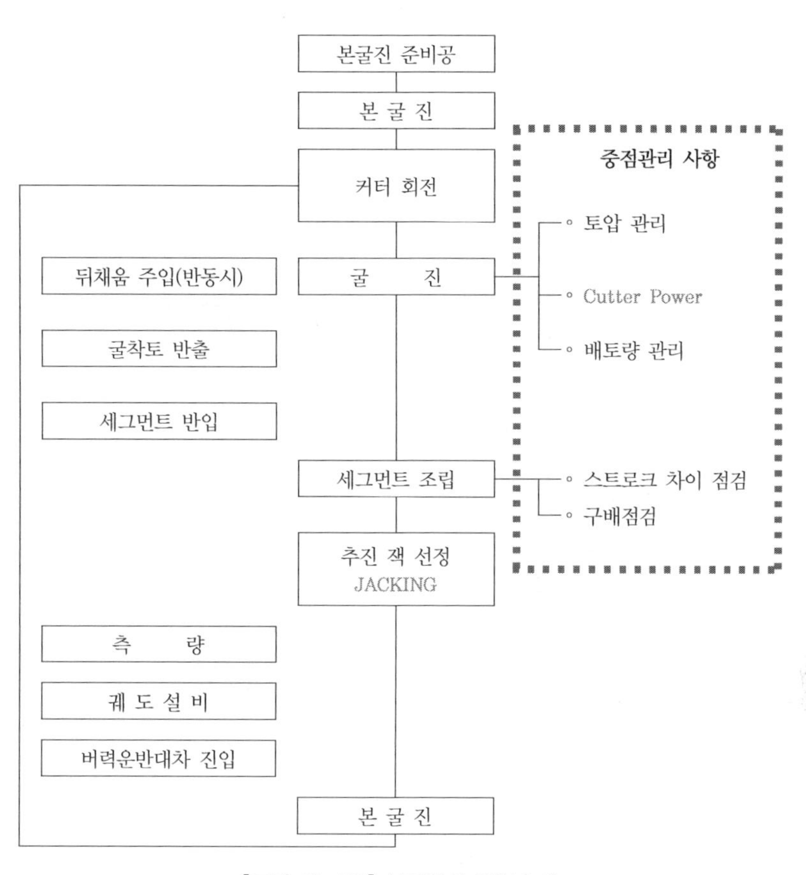

[그림 11-101] 본굴진의 작업순서

[표 11-25] 본굴진에 따른 중점 관리사항 기준

구 분	설계 기준	관리 기준	비 고
토압 관리	1 ~ 1.5kgf/cm^2	설계기준 + 0.5kgf/cm^2	-
cutter power	900kW	600kW	설계기준의 67%
배토량 관리	82m^3	82m^3	버력대차 7.5대분
스트로크 차이 점검	6.7 ~ 13.5mm	6.7 ~ 13.5mm	R=1,200 ~ 3,000
구배 점검	0.3 ~ 0.8%	0.3 ~ 0.8%	-

[그림 11-102] 본굴진

[그림 11-103] 굴착토 처리

[그림 11-104] 세그먼트 조립 및 연결

쉴드기가 도달 연직갱에 정확히 도달하도록 굴진속도를 초기 굴진과 같이 서서히 조절하면서 도달구를 관통한다. 통상적으로 도달굴진 길이는 장비 길이(9.4m) 또는 도달부 지반 보강길이(12m) 중 긴 것으로 선정하며, 작업순서는 그림 11-106에서 보는 바와 같다.

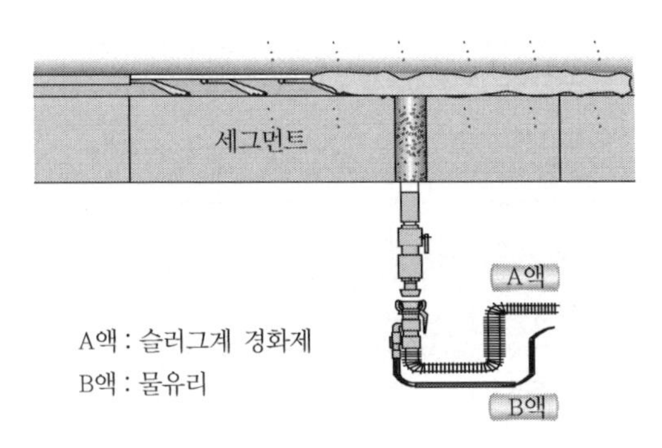

[그림 11-105] 뒤채움 주입

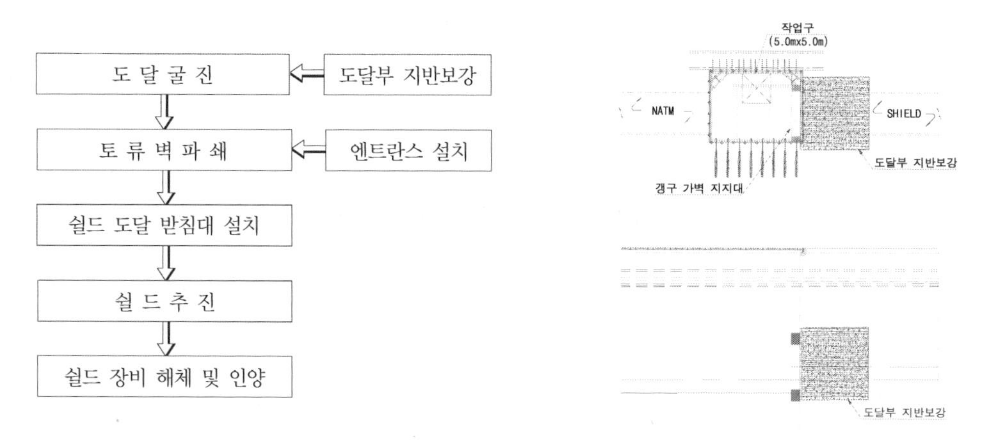

[그림 11-106] 도달굴진의 작업순서

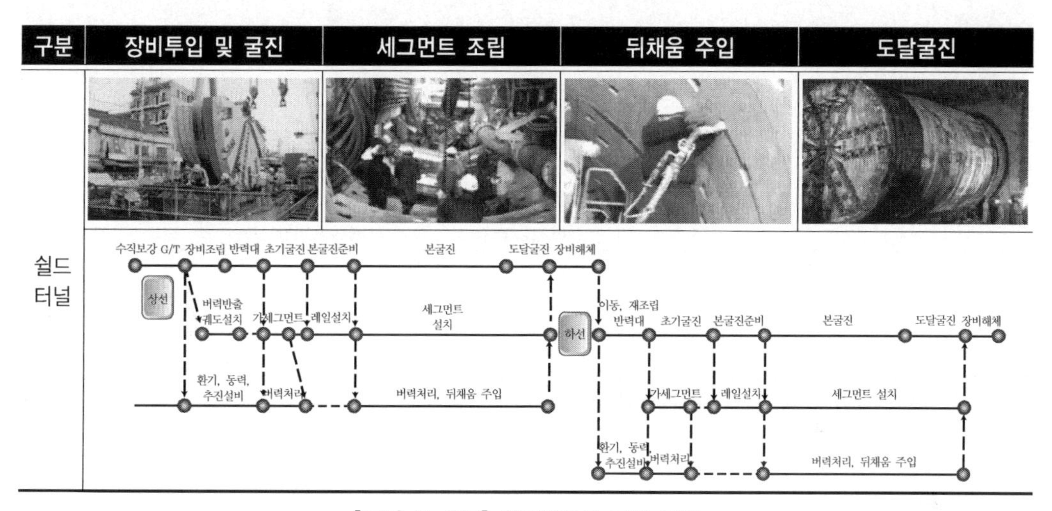

[그림 11-107] 쉴드터널의 굴진 관리

라. 지장물 및 계측 관리

본 현장의 주요 지장물로는 그림 11-108에서 보는 바와 같이 무지개고가 옹벽기초파일 근접, 8련 우수박스 상부 존재 및 기초파일 근접 그리고 부천터미널 어스앵커 간섭 등이다.

본 구간에 대한 정밀 계측 관리를 실시해 주변 지장물에 대한 영향 및 안정성 여부를 평가하고 계측 관리단계에 대한 보강대책을 수립해 실시했다. 표 11-26에는 본 현장에서 적용된 계측 관리 기준치와 실측치가 정리되어 있으며, 표 11-27에는 계측 관리체계 및 시공 관리대책이 나타나 있다.

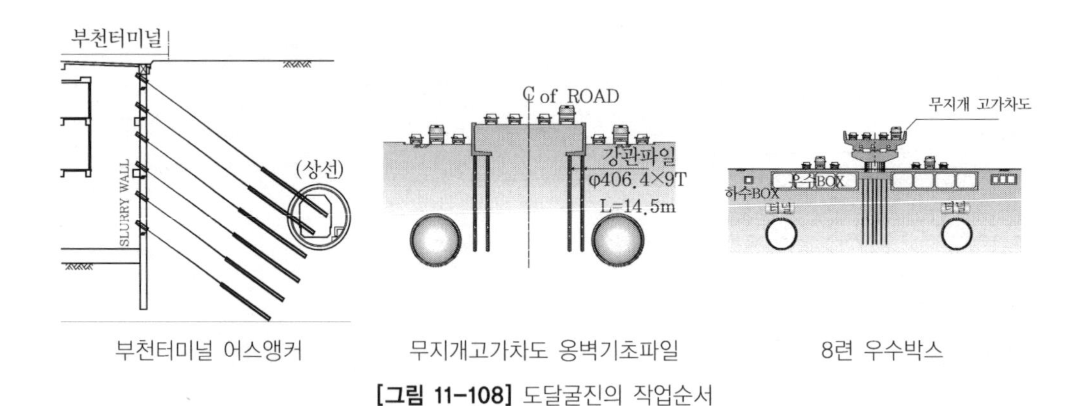

부천터미널 어스앵커 　　　무지개고가차도 옹벽기초파일 　　　8련 우수박스

[그림 11-108] 도달굴진의 작업순서

[표 11-26] 계측 관리 기준치 및 실측치

항목	1차 관리치	2차 관리치	3차 관리치	실측치
구조물 기울기계	1 / 1,000 (0.1mm)	1 / 850 (0.12mm)	1 / 500 (0.2mm)	0.045mm
균열측정계	0.2mm	0.38mm	0.5mm	0.1mm
지표침하계	40mm	50mm	60mm 이상	30 ~ 45mm
E.L Beam	L / 1,000 (1mm)	L / 850 (1.18mm)	L / 500 (0.2mm)	하선용

[표 11-27] 계측 관리체계 및 시공 관리대책

관리체계	절대치 관리기준	계측 관리체계	시공 관리 및 대책
평상시	계측치≤제1관리치	• 정상 계측 및 보고	• 토압 확인 및 토질 관찰
제1단계	제1관리치 <계측치 제2관리치	• 보고 • 계측기 점검 및 재측정 • 요인 분석 ⇒ 관리기준치 검토	• 작업주의 지시 • 토압 관리의 강화 • 대책안 검토
제2단계	제2관리치 <계측치 ≤ 제3관리치	• 계측체제의 강화 • 측정빈도의 증가 • 요인 분석 ⇒ 관리기준치 검토 ⇒ 해당구간의 측점 추가	• 현장상황의 점검 강화 • 적정토압 재산정 • 뒤채움 주입량 관리강화 • 2차 뒤채움 시행
제3단계	계측치 > 제3관리치	• 계측체제의 강화 • 측정빈도의 증가 • 요인분석 ⇒ 관리기준치 검토 ⇒ 해당구간의 측점 추가 ⇒ 대책안 마련 및 실시	• 굴진정지 및 변위상태 확인 • 대책안 실시 • 지반 보강 • 적정 토압 재산정 • 2차 뒤채움 시행

마. 시공 시 주요 개선사항

쉴드장비 개선사항으로는 센터코어 비트부 물공급관을 설치해 굴착 및 배토효율을 증대하고 마모경도에 따른 비용 절감을 달성했다. 또한 기계 내 교체 가능한 토압계를 설치해 막장토압에 대한 감지 및 안정검사를 가능하게 했다(그림 11-109).

(a) 센터코어부 물공급관 설치

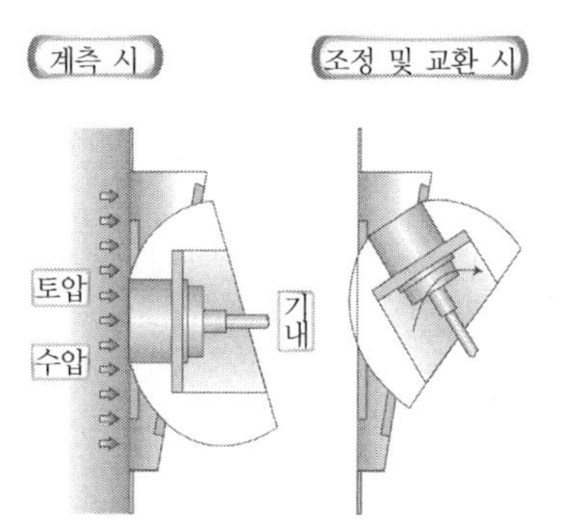

(b) 기계 내 교체 가능한 토압계 설치

[그림 11-109] 쉴드장비 개선사항

주요 설계 개선사항으로는 그림 11-110에서 보는 바와 같이 세그먼트 돌출키(key-lock) 상세 변경, 곡볼트 상세 변경, 곡볼트 체결용 너트 변경, 기계 반력대 변경, 버력처리 방식 개선 등이 있다.

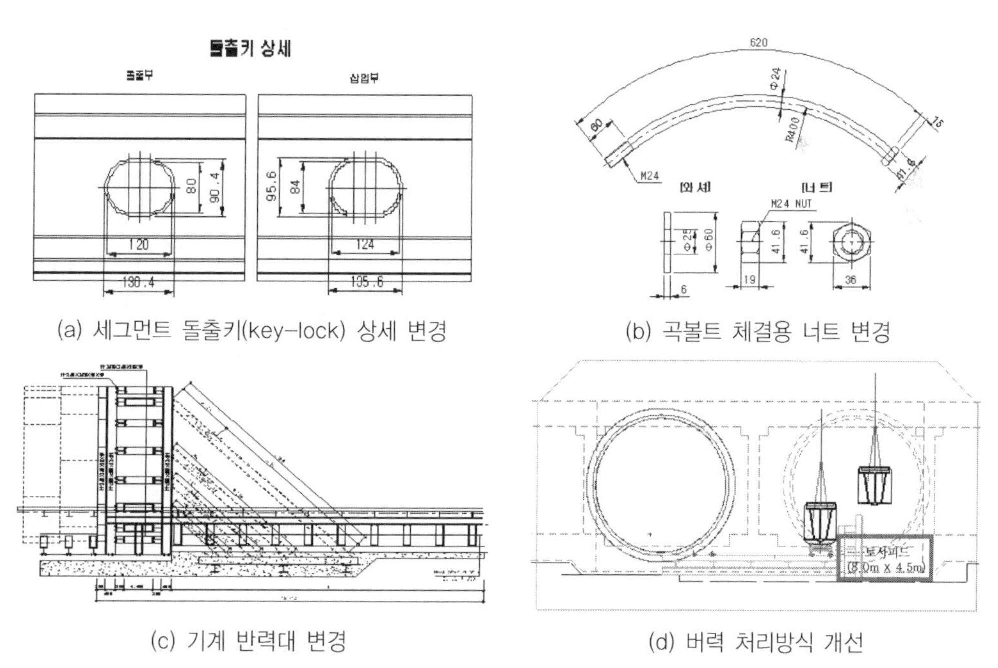

(a) 세그먼트 돌출키(key-lock) 상세 변경

(b) 곡볼트 체결용 너트 변경

(c) 기계 반력대 변경

(d) 버력 처리방식 개선

[그림 11-110] 주요 설계 개선사항

당초 사각형태의 돌출키 부분을 타원형으로 변경하고 곡볼트용 구멍을 분리 시공함으로써 세그먼트 간 체결성 및 정확성 향상을 도모했다. 또한 곡볼트의 인입부 각도를 완만하게 조정해 탈형 효율성을 증대했으며, 곡볼트용 너트를 KS 규격품을 사용함으로써 자재 공급 및 시공 시 곡볼트 체결용 임펙트 렌치 사용으로 조립시간을 단축했다.

또한 반력지지용 사보강재 부분에 앵커볼트 대신 수평강재를 바닥 위에 설치한 후 반력지지 사보강재를 연결해 콘크리트 타설을 분리하지 않음으로써 시공성을 향상시켰다. 그리고 당초 버력 처리방식으로 사이드 덤핑시스템+토사버킷 인양적재 방식을 토사함에 직접 인양 및 덤프적재 방식으로 변경해 버력 처리시간을 줄이고 싸이클타임을 단축했다.

11.2.5 결 언

본 쉴드터널 설계에서는 대상 지반의 공학적 특성을 고려해 쉴드 TBM를 선정했고, 현장여건과 각종 부속설비 등을 종합적으로 검토했다. 본 현장은 도심지의 풍화토지반을 쉴드 TBM으로 굴착한 성공적인 터널 시공 사례로서, 이러한 설계 및 시공을 통해 얻은 주요 결론을 요약하면 다음과 같다.

1) 쉴드 TBM의 형식을 토질에 대한 입도분포와 투수계수, 주변현황, 작업부지, 환경성 등을 종합적으로 고려해 토압식 쉴드 TBM을 선정했으며 현장여건을 고려한 종합적 검토를 통해서도 선정결과의 적정성을 확인할 수 있었다.
2) 터널 시공 중 안전시공 및 정밀 계측관리를 통해 주변 지장물에 대한 안정성을 확보할 수 있었다.
3) 터널 시공 중 쉴드장비 개선사항으로는 센터코어 비트부 물공급관을 설치해 굴착 및 배토효율을 증대하고 마모경도에 따른 비용절감을 달성했으며, 기계 내 교체 가능한 토압계를 설치해 막장토압에 대한 감지 및 안정검사를 가능하게 했다.
4) 시공 중 설계 개선사항으로 세그먼트 돌출키(key-lock) 상세 변경, 곡볼트 상세 변경, 곡볼트 체결용 너트 변경, 기계 반력대 변경, 버력처리 방식 개선 등을 통해 효율적인 시공을 달성할 수 있었다.

참고문헌

1. 2004.「서울지하철 7호선 연장 704공구 건설공사 대안설계보고서」.
2. 2004.「서울지하철 7호선 연장 704공구 건설공사 지반조사보고서」.
3. 2006.「서울지하철 7호선 연장 704공구 건설공사, 쉴드터널 시공계획서」.
4. 2006.「서울지하철 7호선 연장 704공구 건설공사, 쉴드터널 도달준비 및 해체시공계획서」.
5. 김재영 외. 2005.「풍화토지반 쉴드 TBM의 선정과 적용 사례」. 한국터널공학회 기계화시공심포지엄.
6. 이호명 외. 2007.「풍화토지반에서의 쉴드 TBM터널 시공사례-서울지하철 7호선연장 704공구」. 한국터널공학회 기계화시공심포지엄.

11.3 한강하저터널의 쉴드 TBM 설계 및 시공사례

11.3.1 개 요

국내에서는 1980년대 후반부터 전력구 공사 등에 직경 5m 이하의 소구경 쉴드가 많이 적용되었으나, 대구경은 광주지하철 TK-1공구, 부산지하철 230공구 등 시공실적이 손에 꼽을 정도로 미미하다. 최근 서울지하철 909공구와 분당선 3공구를 비롯해 서울지하철 703, 704공구 등 대구경 쉴드공법 적용구간이 늘어나고 있기는 하나 선진국에 비하면 아직 걸음마 단계에 불과하다.

대단면 터널에서 쉴드공법 적용의 가장 큰 걸림돌은 경제성이다. 장비 구입비 등 초기비용이 많기 때문에 웬만한 장대터널에서도 NATM보다 경제성이 떨어진다. 하지만 빠르고 안전하며 친환경적이라는 점은 쉴드공법 적용 시 충분한 장점으로 작용한다.

쉴드공법의 경제성을 높이기 위해선 다양한 시공사례를 통한 연구가 필요하다. 특히 쉴드와 같이 지반조건 및 공사환경에 맞춰 제작되는 장비는 일단 투입되면 변경이 매우 힘들기 때문에 철저한 사전조사를 통한 적절한 장비선정은 쉴드터널 공사의 성패를 결정한다고 볼 수 있다.

본 강좌는 한강하저 쉴드터널 상행선 굴진 중 축적한 데이터와 작업 효율, 공사 중 개선 사례, 향후 개선 요구 사항 등을 토대로 작성했다. 특별히 한강하저와 파쇄대 및 연약대를 포함한 경암 등의 지반조건에서의 시공 사례와 토압식 쉴드 TBM, 19인치 디스크커터 및 2단 스크루컨베이어 등의 장비 적용 사례는 본 현장에서만 아니라 향후 유사 공사에도 유용하게 활용될 수 있으리라 판단된다.

11.3.2 쉴드 TBM 한강하저터널 설계 및 시공

가. 공사 개요

왕십리 ~ 선릉 간 복선전철사업은 한국철도시설공단에서 시행하는 왕십리 ~ 수원 간(총연장 : 49.9km) 분당선 사업의 일환으로 이미 개통된 선릉 ~ 수서(1993), 수서 ~ 오리(1994)에 이어 진행되고 있다. 분당선 사업은 수도권 도시 전철망과의 연계 수송체계를 구축함으로써 시민에게 교통 편의를 제공하고, 교통 분담률 제고 및 혼잡 완화로 수도권 인구를 분산시켜 지역 간 균형 발전과 더불어 수도권 개발을 촉진하는 데 목적이 있다(그림 11-111).

본 현장은 왕십리 ~ 선릉 구간 중 한강하저를 통과하는 3공구로서 총연장 1.66km 중 쉴드터널은 845.5m(단선 병렬)이며, 환기구 4개소와 정거장 1개소를 포함한다(그림 11-112). 쉴드터널의 굴착경은 8.06m이며 세그먼트의 외경은 7.8m, 내경은 7.0m이다. 특히 본 현장은 한강을 관통하므로 예상치 못한 지질변화와 돌발용수 가능성이 염려되었다.

[그림 11-111] 분당선 하저터널 현장 위치도

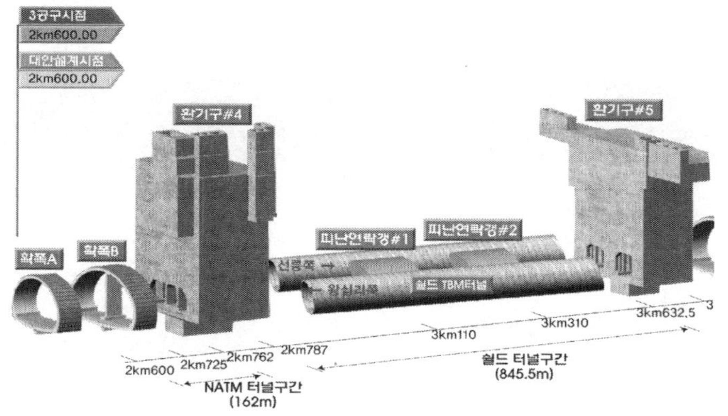

[그림 11-112] 분당선 하저터널 조감도

나. 현장여건 및 시공계획

1) 지반조건

환기구 #4 ~ #5 구간의 지질은 '매립층–퇴적층–연암–경암'으로 구성되어 있으며 노선 전반에 걸쳐 호상편마암이 분포한다. 또한 쉴드 TBM 굴착 단면은 전 구간에 걸쳐 일축압축강도 120.4 ~ 221.9MPa(평균 163.1MPa)의 경암이 분포한다(그림 11–113).

비록 전 구간에 걸쳐 경암이 우세하게 분포하지만 시점에서 약 200m 구간까지는 파쇄대와 단층대가 존재하고, 터널 후반부에 연약대가 분포해 막장면 불안정으로 인한 고압수 발생이 우려되었다.

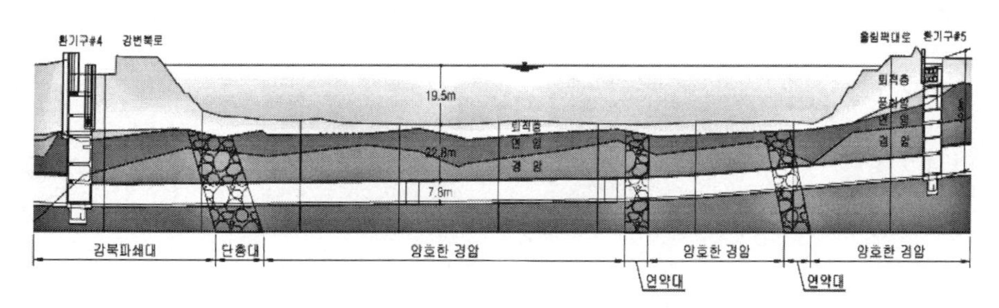

[그림 11-113] 쉴드터널 구간 지질종단면도

2) 시공계획

① 쉴드터널 계획의 주요목표

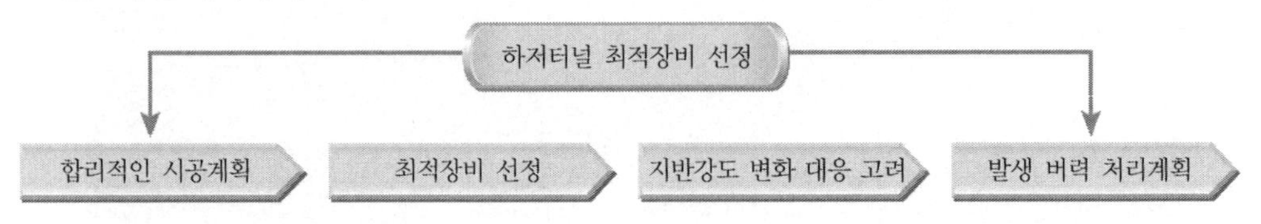

② 원안 시공 문제점 및 대안 시공 개선사항

[표 11-28] 문제점 및 대안시공 개선사항

구 분	원안시공 문제점	대안시공 개선사항
	해체·이동·재조립 방안	유턴 방안
장비운영계획	발진(환기구 #4) ⇨ 도달(환기구 #5) 발진(환기구 #4) ⇨ 도달(환기구 #5)	발진(환기구 #4) ⇨ 도달(환기구 #5) 도달(환기구 #4) ⇦ 발진(환기구 #5)
검 토 사 항	• 쉴드 본체 및 후속장비 재조립 시 기계 기능 저하 • 본체 및 후속장비, 설비 운반 시 주변 교통차단 • 재조립에 따른 환기구 #5 작업장 부지 증가	• 도심지 지하철 공사를 감안 주변 교통 불편 최소화 • 장비 반·출입 최소화에 따른 민원 발생 억제 • 유턴에 따른 환기구 #5 작업장 부지 절감

③ 쉴드터널 시공 개요도

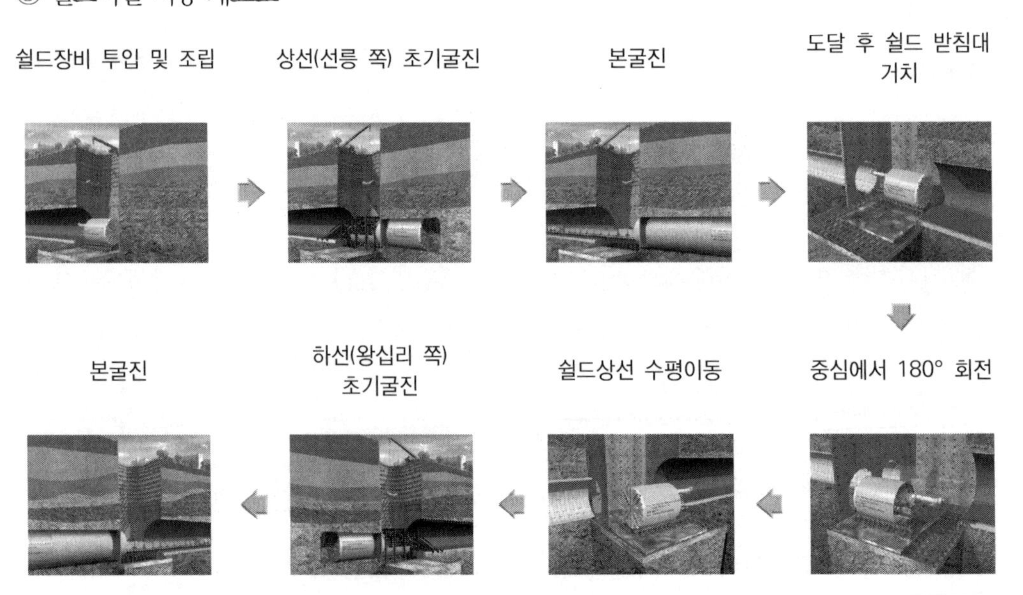

[그림 11-114] 쉴드터널 시공 개요도

④ 과거 사고 사례를 분석해 시공계획에 반영

[표 11-29] 과거 시공 사례 분석

구 분	사고 사례	원 인	시공계획 반영
광주 OO지하철 (∅7.38m 토압식 쉴드 TBM)		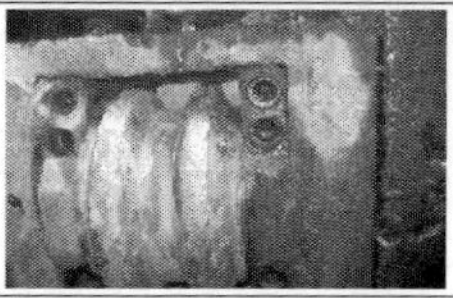	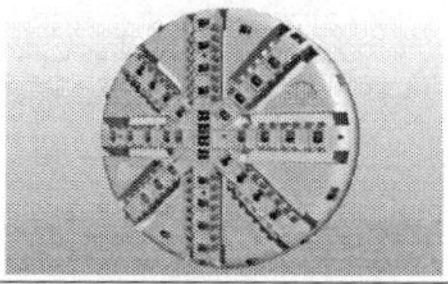
	• 암반대응형 커터 미고려	• 예측치 못한 암반 출현에 의한 커터헤드 손상	• 복합지반 굴착이 가능한 돔형 복합지반용 커터헤드 적용
부산 OO지하철 (∅7.28m 이수식 쉴드 TBM)		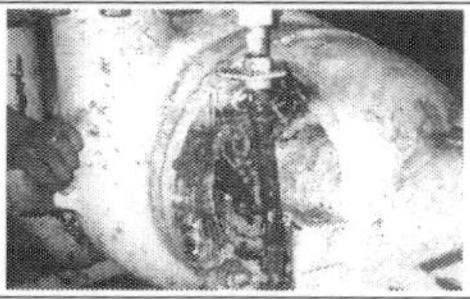	
	• 호박돌과 큰 편석의 지반조건 • 복합지반 굴착 시 티바(T-bar) 변형, 절단 • 기존 시추공 통해 이수 분출	• 배니펌프 폐색현상 발생 • 롤러커터 탈락, 면판 회전 불능 • 지상구간 이수분출, 지반 함몰	• 크러셔 설치, 버력크기 최소화 • 회전탈부착식 롤러커터 체결 방식 선정 • 기존 시추공 통과 가능한 EPB 선정
한강하저 OOO현장 (∅2.2m 이수식 쉴드 TBM)		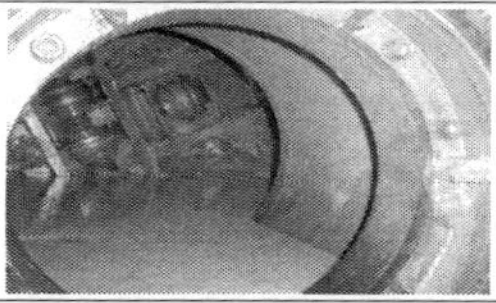	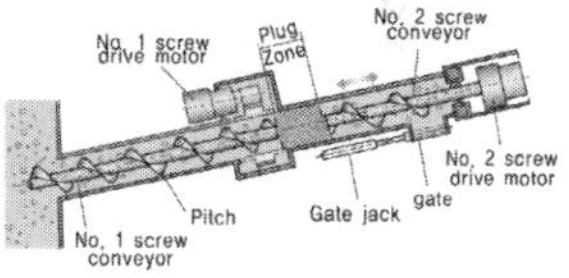
	• 배니파이프 마모 및 파열 • 쉴드 TBM 굴진 정지	• 강한 강도의 암편 지속적 마찰 • 청수 사용으로 암분이 가라앉아 쉴드 밑바닥 폐색 후 고결	• 폐쇄적인 파이프 유체 수송이 아닌 개방형 벨트컨베이어 방식 적용 • 굴진 시 첨가제 청수 적절 사용
서울 OO지하철 (NATM, 단선병렬)			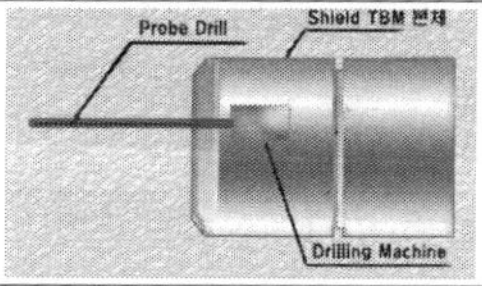
	• 단층파쇄대 및 흑연층 협재로 절리 불리 • 인접공구 개착부로 우수 유입	• 본선, 피난갱 접속부 붕괴 • 본선 상부면 붕락 발생 • 하저터널 침수 발생	• 양호한 암반구간 피난갱 설치 계획 • 피난갱 굴착 시 발파 지양, GNR 적용 • 필요시 프로브 드릴(probe drill)로 전방 보강 수행
OO건설 공사 (작업구 차수)	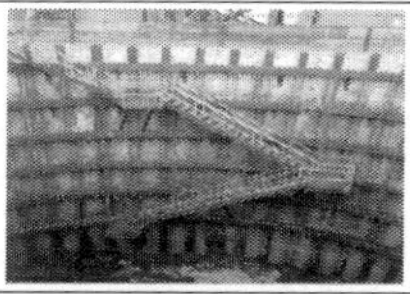		
	• 설계 시 예상치보다 지하수위가 약 4m 정도 높게 분포	• 작업구 내부 지하수 유입 • 바닥슬래브 일부 부상	• 작업구 가설벽체 선정 시 차수, 강성이 우수한 지중연속벽 선정

3) 공사공정

그림 11-115에는 본 현장의 공사공정표를 나타냈다. L = 845.5m를 341일간 굴착해 일평균 3.2m의 속도로 굴착했다. 2008년 2월 현재 상행선 굴착 완료 후 유턴하여 하행선 굴착을 시작했다.

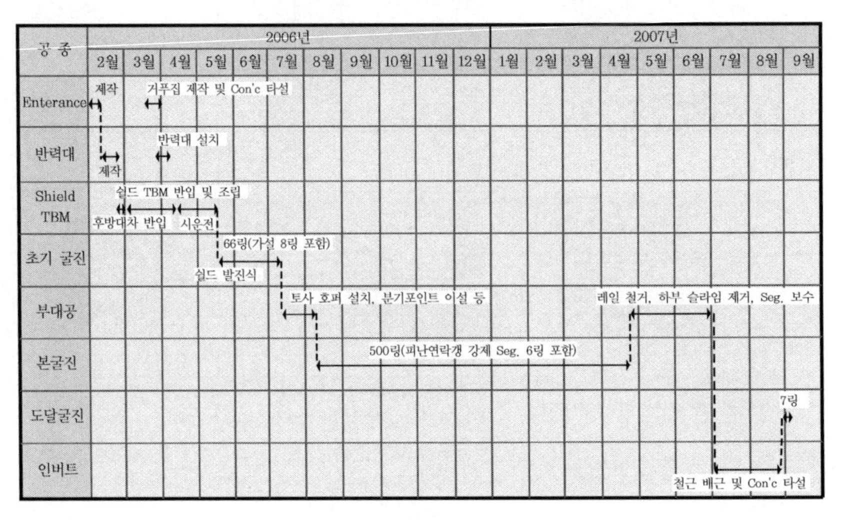

[그림 11-115] 공사공정표

다. 쉴드 TBM

1) 장비 선정기준

본 현장은 한강하저를 통과한다는 큰 특징이 있어 다음과 같은 사항을 장비 선정의 최우선 항목으로 고려했다.

- $5kgf/cm^2$ 이상의 고수압 및 기존 시추공 조우 시 돌발용수에 의한 터널 침수 사전방지 고려
- 경암에서 파쇄대에 이르는 지반강도 변화에 대한 대응성 고려
- 지상 최소작업부지 확보 및 환경친화성 고려

① 기종 선정을 위한 지반 및 수문조건

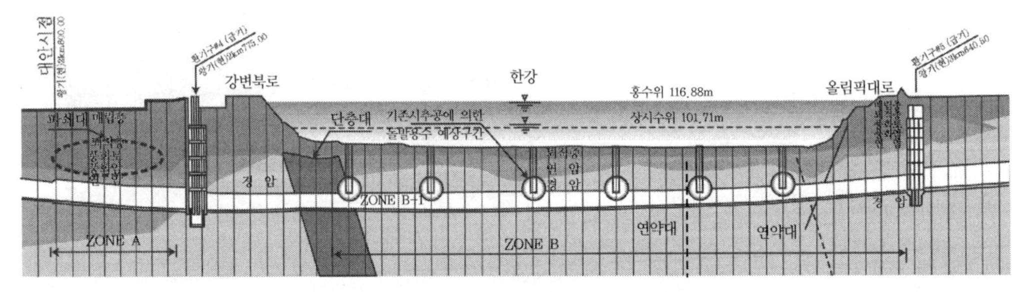

[그림 11-116] 쉴드터널 구간의 지형 및 지반조건

[표 11-30] 쉴드터널 구간의 지반조건 및 수리수문조건

구 간	지 반 조 건	수 리 수 문 조 건
ZONE A	• 터널 상부 연암파쇄대 • 막장 절리 발달한 경암구간 통과	• 상부구간 투수계수 $k = 5 \times 10^{-4}$cm/sec • 이수식일 경우 절리면을 통해 이수 이탈 예상
ZONE B	• 양호한 경암구간 통과 • 양호한 경암구간에서 기존 시추공 통과	• 고수압구간이나 용출수 적음 • 기존시추공에 의한 돌발용수 유출가능
설계반영	• 전체적으로 양호한 암반구간을 통과하나, 일부 파쇄대 및 기존시추공과 조우할 가능성 있음 • 경암에서 파쇄대까지 다양한 지반강도 변화에 대한 대응성이 우수한 기종 선정	

② 과거 시공 사례 분석

[표 11-31] 과거 하천횡단 통과 실적

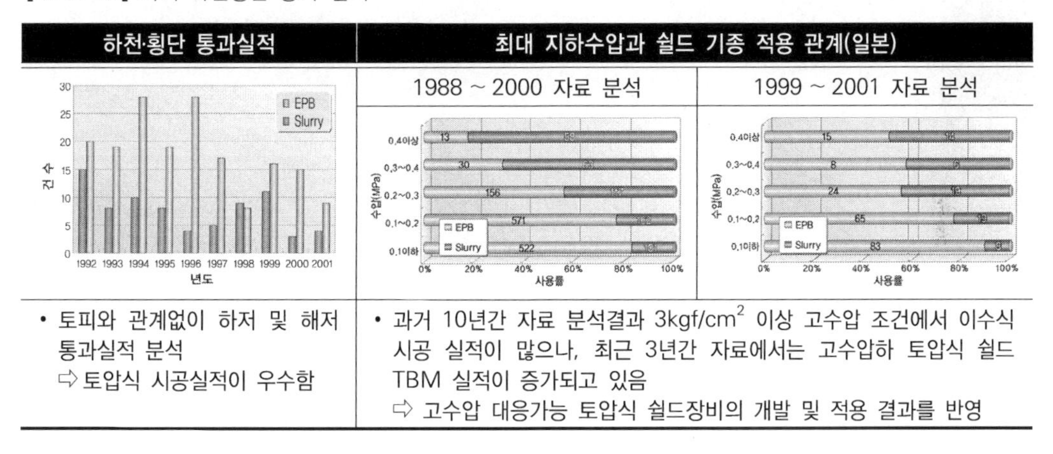

하천·횡단 통과실적	최대 지하수압과 쉴드 기종 적용 관계(일본)	
	1988 ~ 2000 자료 분석	1999 ~ 2001 자료 분석
• 토피와 관계없이 하저 및 해저 통과실적 분석 ⇨ 토압식 시공실적이 우수함	• 과거 10년간 자료 분석결과 3kgf/cm^2 이상 고수압 조건에서 이수식 시공 실적이 많으나, 최근 3년간 자료에서는 고수압하 토압식 쉴드 TBM 실적이 증가되고 있음 ⇨ 고수압 대응가능 토압식 쉴드장비의 개발 및 적용 결과를 반영	

③ 토압식 및 이수식 공법 비교

[표 11-32] 토압식 및 이수식 공법 비교

구 간		토압식(EPB)	이수식(Slurry)
파쇄대 구간 (zone A)		• 챔버 내 토사를 충만시켜 굴진 시 굴진 속도는 저조하나 안전하게 통과 가능 • 사전 보강 필요 없음	• 파쇄대의 RQD가 낮으며, 투수계수가 높아 이수의 이탈가능성 높음 • 필요 시 약액 주입 등에 의한 사전보강 수행
양호암반 구 간 (zone B)	고수압 통과구간	• 고수압 대응 장비 추가 설치 - 이단 스크루컨베이어 벨트 • 최근 고수압구간 적용 실적 증가 추세	• 이수를 가압하므로 비교적 높은 수압에서도 대응성이 우수함
	돌발용수 예상구간	• 챔버 내 토사 충만시켜 굴진 시 문제 없음 • 밀폐 모드로 변환	• 기존 시추공 내로 이수의 역류 발생 가능성 있음 ⇨ 수질오염 예상
지반강도 변화에 대한 대응성		• 양호구간 개방 모드, 파쇄대·용수구간 밀폐 모드 굴진 ⇨ 이중 모드 적용으로 지반강도 변화에 대한 대응성 우수	• 지반조건과 관계없이 밀폐 모드로만 굴진 가능 ⇨ 지반강도 변화에 대한 대응성 없음

2) 면판 및 커터 설계

① 구간별/단면별 지반강도 현황 분석

[표 11-33] 면판 및 커터 설계를 위한 지반특성 분석

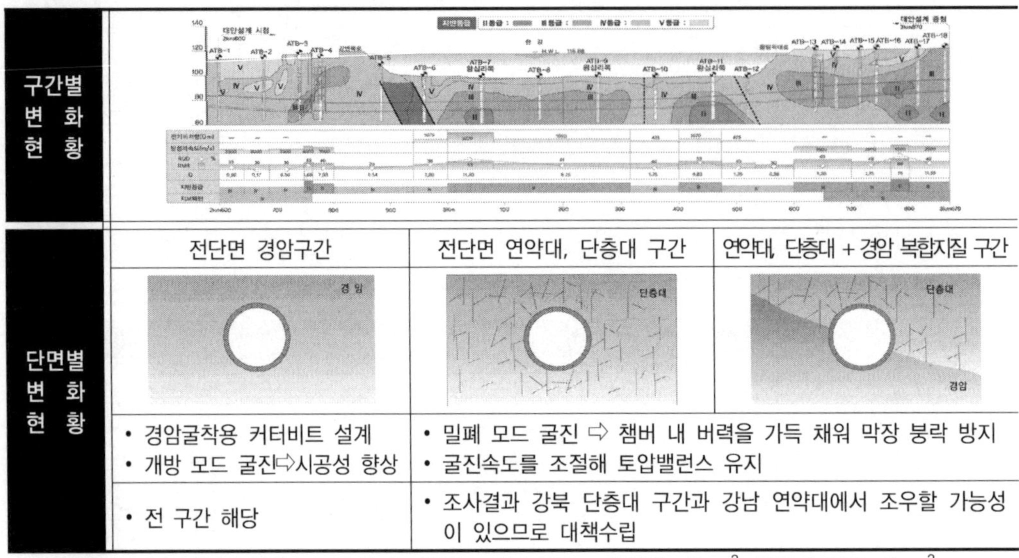

구분	전단면 경암구간	전단면 연약대, 단층대 구간	연약대, 단층대 + 경암 복합지질 구간
구간별 변화 현황			
단면별 변화 현황	경 암	단층대	단층대 / 경암
	• 경암굴착용 커터비트 설계 • 개방 모드 굴진⇨시공성 향상	• 밀폐 모드 굴진 ⇨ 챔버 내 버력을 가득 채워 막장 붕락 방지 • 굴진속도를 조절해 토압밸런스 유지	
	• 전 구간 해당	• 조사결과 강북 단층대 구간과 강남 연약대에서 조우할 가능성이 있으므로 대책수립	

- 터널 통과구간은 대부분 경암으로 구성 ⇨ 지반강도 약 1,500 ~ 2,000kgf/cm^2, 평균 1,700kgf/cm^2
- 발진구 근처와 한강하저 강남구간에 단층대와 연약대 예측 ⇨ 지반강도의 현저한 저하 예상
- 경암 굴착이 주가 되나 연약대 구간의 굴착도 가능하도록 장비 설계

② 지반강도 변화에 대응성이 우수한 장비 설계

[표 11-34] 지반조건을 고려한 커터헤드 및 커터비트

커터헤드(Cutter Head)			커터비트(Cutter Bit)		
곡 면 / 평 면		• 토사지반용 • 평면형 커터헤드	롤러커터 / 드래그비트		• 암반지반용 • 센터커터는 트윈커터
		• 암반지반형 • 반원형 커터헤드			• 토사지반용
• 암반대응형 커터헤드 적용 • 커터헤드의 외주부를 곡면으로 하고 중앙부를 평면으로 해 토사붕괴를 막는 면판 설치			• 토사용 커터비트(drag bit): Tip incent type • 암반용 커터비트(roller cutter) - 17인치 대형 디스크커터 적용(→ 19인치로 변경)		
dual mode 적용	• 지반조건에 따라 개방 모드(open mode)와 밀폐 모드(closed mode)를 서로 병행해 나가면서 굴착 가능하도록 설계 • 개방 모드(open mode): 지반조건이 양호하고 지하수의 유입이 적을 경우 Open TBM과 같이 전면부를 개방해 굴착 ⇨ 시공성 향상 및 공기단축 • 밀폐 모드(closed mode): 지반조건이 불량하고 지하수의 유입이 많아 막장자립이 곤란한 경우 전면부를 밀폐해 굴착토사의 압력으로 막장지지 ⇨ 막장의 안정성 확보, 굴착속도 조절				

③ 지반강도 변화를 고려한 내구성 설계

[표 11-35] 예상되는 문제점 및 대책

장비명		내구성 설계
디스크커터	문제점	• 긴 연장의 경암 굴착과정에서 디스크커터에 강한 충격이 지속적으로 작용할 우려 있음
	대 책	• 텅스텐 첨가 초합금 재료 사용 • 암반굴착에 많은 실적이 있는 Robin Type의 대형(19인치) 싱글롤러커터(single roller cutter)를 적용
디스크 헤드 마모	문제점	• 파쇄 굴착 중 단단한 암편 안에서 장시간 회전하면서 부재가 마모되고 굴착 지장 초래
	대 책	• 첨가제를 주입해 암편을 배출시켜 챔버 내 체류를 줄임 • 커터헤드의 외면을 내마모 방지재로 보호 • 강남 #4 작업구에서 유턴 시 내마모 방지재의 교환을 확실히 실시
메인 베어링	문제점	• 베어링의 내력부족 및 테일 실(tail seal)의 불량에 의한 물이나 토사의 침입으로 마모 파괴됨
	대 책	• 복합지반에서 편하중을 받아 베어링에 과대한 집중하중 발생 방지 ⇨ 쉴드기 외경의 1/2 이상 대형 베어링 적용 • 테일 실로서 우레탄계의 다단 립 실(lip seal)을 3중 장착

④ 시공성 향상을 위한 장비 운영 계획

• 불량한 지반조건

밀폐 모드(closed mode) 굴진	굴착 control point
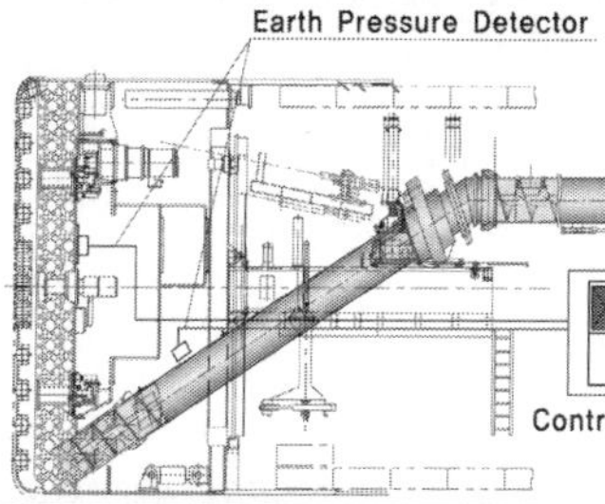 Earth Pressure Detector Control room	• 커터챔버는 버력으로 충만 • 이수(mud) 첨가제 주입 - 버력의 유동성 향상 - 스크루컨베이어 지수성 향상 - 커터헤드, tool 마모 저감 • 토압계로 토압관리하면서 굴착토사 배출 • 상부 파쇄대의 붕괴 검지시스템 활용 • 고수압 작용 시 긴급지수장치 작동

• 양호한 지반조건

개방 모드(open mode) 굴진	굴착 control point
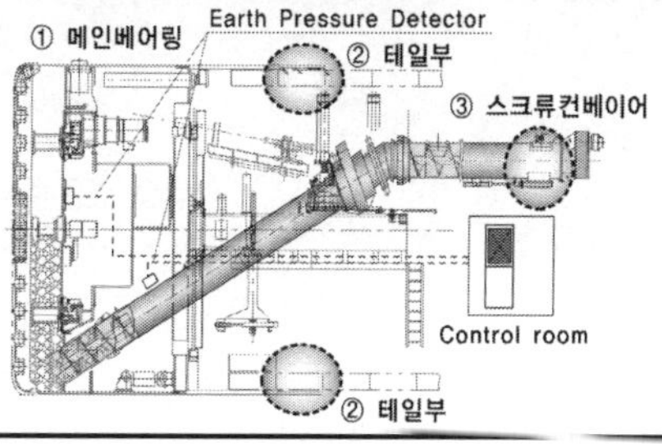 ① 메인베어링 Earth Pressure Detector ② 테일부 ③ 스크류컨베이어 Control room ② 테일부	• 커터챔버는 버력으로 반 정도 충만 • 디스크커터의 냉각을 위해 청수 주입 • 과다 용수 유입 시에는 청수 대신 이수를 적용해 plug zone이 용이하게 형성되도록 함 • 스크루컨베이어 속도 ⇨ 굴착속도로부터 계산 • 기존 시추공에 의한 고수압 돌발용수에 대비해 영향 범위 진입 전에 개방 모드(open mode)로 변환 굴진

⑤ 장비 세부 사양

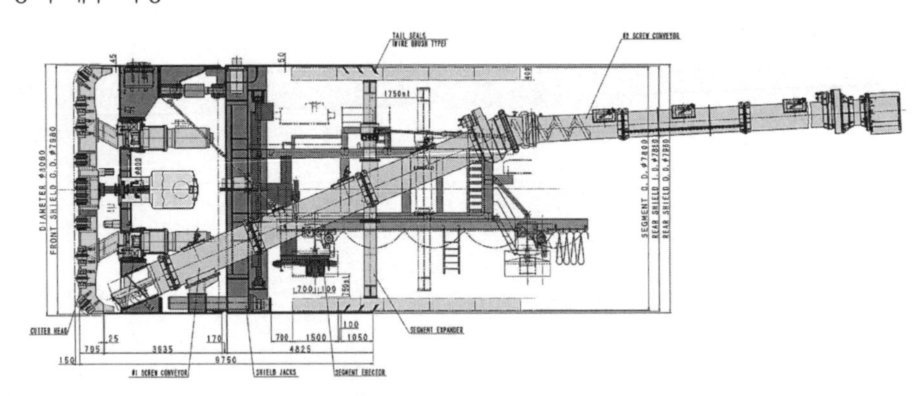

[그림 11-117] 쉴드장비 측면도

- 장비 제작사 : KOMATSU(일본)
- 외경×기계길이 : Ø8,060mm×9,750mm
- 추진속도 : 0~5.4cm/min
- 총추진력 : 300tf×24EA=7,200tf
- 중 절 잭 : 300tf×20EA=6,000tf(중절각 : 상하 1.0°, 좌우 1.0°)
- 회전속도 : 0.8~4.0rpm(양방향 회전)
- 테일 실 : 와이어 브러시(wire brush) 3열
- 굴착장비
  - 19" 싱글 디스크커터×36EA
  - 19" 더블 디스크커터×8Set(2EA/Set)

커터헤드

메인 베어링

커터헤드 구동모터

[그림 11-118] 쉴드 TBM 부품도

[그림 11-118] 쉴드 TBM 부품도(계속)

3) 세그먼트

쉴드터널의 굴착경은 8.06m이며 세그먼트의 외경은 7.8m, 내경은 7.0m이다. 콘크리트 세그먼트는 6+1key로 구성되어 있으며 압축강도는 45MPa, 폭은 1.5m, 1pc의 중량은 5.5tonf에 이른다. 경사볼트 방식으로 체결되며, 링당 35개의 볼트를 사용한다.

쉴드터널의 경우 세그먼트는 외부에서 제작 후 현장으로 반입하게 되는데 다음과 같은 문제점이 예상되었다.

- 강재거푸집의 깊은 홈(링연결부 또는 개스킷부)으로 인한 다량의 에어포켓(air pocket) 발생

- 면 마감처리 및 증기 양생에 따른 건조수축 균열 일부 발생
- 스틸 거푸집 탈형에 따른 연결부 파손

본 현장에서는 위와 같은 문제점을 해결하고자

- 생산공장 선정 시와 생산 시에 품질관리 시스템을 사전 점검해 투입원가 및 시간을 절약했으며
- 초기균열도 약 99% 발생이 억제되었으며, 에어포켓도 85%가 감소되어 품질 향상 및 원가 절감 효과가 있었다.

(a) A형 세그먼트 (b) 세그먼트 조립도(1ring)

[그림 11-119] 콘크리트 세그먼트

4) 후방설비

본 현장의 후방설비 중 오·탁수 처리 계획은 기존 시공사례를 참고로 표 11-36과 같이 설정했다.

- 강북 NATM 구간과 쉴드 구간 오·폐수 총량은 239.9m^3/day이며, 강남에서 강북 굴진 시 발생하는 오·폐수 용량의 분담, 파쇄대 통과 시 용수량 증가 및 청소수 등을 추가 고려해 350m^3/day로 계획했다.
- 본 공구의 하저터널 구간은 비배수를 기본으로 하는 쉴드터널로 계획했기 때문에 굴진 중 용출수는 커터챔버와 스크루컨베이어 하단부에만 차 있으며, 스크루컨베이어 배토구로는 용수가 발생되지 않으며, 버력은 용수의 영향으로 곤죽상태로 배토될 수 있으나, 암반구간이 대부분인 경우에는 용수의 문제가 없다고 판단된다.
- 그러나 본 구간은 한강하저구간을 통과하고 기존 시추공의 영향 및 파쇄대 통과 시의 용출수 증가 등 갑작스러운 용출수 발생을 고려해 0.35m^3/min/km 원단위를 적용했으며 쉴드 구간의 가동시간은 쉴드기의 실가동률 30.2%를 고려해 선정했다(24시간 × 0.302 = 7.248시간).

[표 11-36] 지하수 발생 산정 근거

항 목	원단위 (m^3/min/km)	연 장 (km)	가동시간 (hr)	장비수량 (m^3/day/막장)	오·폐수량 (m^3/day)
강북 NATM 구간	0.20	0.175	24.0	60.9	111.2
쉴드 구간	0.35	0.846	7.25	-	128.7

라. 쉴드 TBM 데이터 분석

1) 데이터 수집방법

쉴드 TBM에 장착된 각종 계측기는 실시간 자동 측정되며, 데이터는 스트로크 20mm마다 1회 저장된다. 자동 저장된 데이터는 600여 종에 이르며 주요 데이터는 막장압, 총추력, 추진 잭 속도, 커터헤드 회전속도 및 토크, 뒤채움 주입량 및 주입압 등이다(그림 11-120).

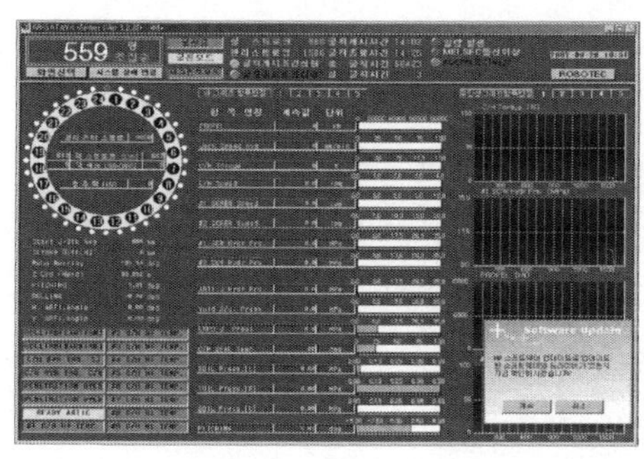

(a) 쉴드 TBM 계측

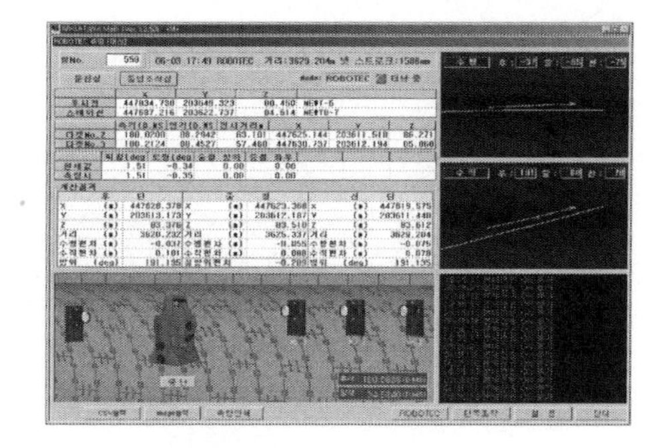

(b) 쉴드터널 측량

[그림 11-120] 쉴드터널 굴진 관리화면

2) 장비가동률 분석

본 현장은 L = 845.5m를 2006년 5월 18일부터 상행선 굴착을 시작해 2007년 4월 23일까지 341일간 일평균 3.2m의 속도로 굴착했다. 본 현장의 쉴드 TBM 관련 주요작업 항목 및 내용을 표 11-37에 나타냈다.

[표 11-37] 주요작업 항목 및 내용

항 목	내 용
굴진 및 세그먼트 조립	굴진, 광차교대, 세그먼트 조립 등
디스크커터 교체	커터 마모도 조사, 커터 해체 및 장착 등
본굴진 준비	광차 궤도 변경 및 세그먼트 운반 시스템 개조 등
부대공	스크루 보강, 토사 호퍼 설치, 오·탁수 처리시설 설치 등
굴진 중지	버력 처리 지연, 장비 고장, 기관차 탈선 등

쉴드터널의 장비 가동률을 나타내는 굴진 및 세그먼트 조립은 전체의 30.2%를 차지했다. 쉴드터널 공사는 발진 후 장비와 후방대차가 터널 안에 모두 들어갈 때까지(87m)의 초기 굴진과 작업효율 향상을 위해 가설 궤도와 버력 처리시스템을 재정비하고 재가동하는 본굴진으로 나눌 수 있다. 굴진일만 놓고 봤을 때 본굴진의 굴진장은 5.1m/day로 초기 굴진 2.5m/day의 두 배가 넘었다.

디스크커터 교체작업이 19.1%에 달한 데는 커터의 교체량이 계획대비 130%를 초과한 데다 19″ 싱글커터의 무게가 250kg에 달해 작업이 쉽지 않았기 때문이다. 하지만 작업 숙련도 향상으로 커터 1개당 교체시간이 6시간에서 3시간으로 줄어 하행선 굴진에는 공사기간을 다소 단축할 수 있을 것으로 예상된다.

굴진 중지 기간은 총 27.6%인데 버력 처리 지연이 가장 큰 비중을 차지했다. 한강 하저라는 지형 특성상 버력과 함께 많은 물이 배출되어 이를 건조시키는 데 시간과 비용을 많이 소비했다(그림 11-122). 이는 다른 공사에서도 유사한 문제 발생이 예상되므로 적절한 대안 마련이 필요하다.

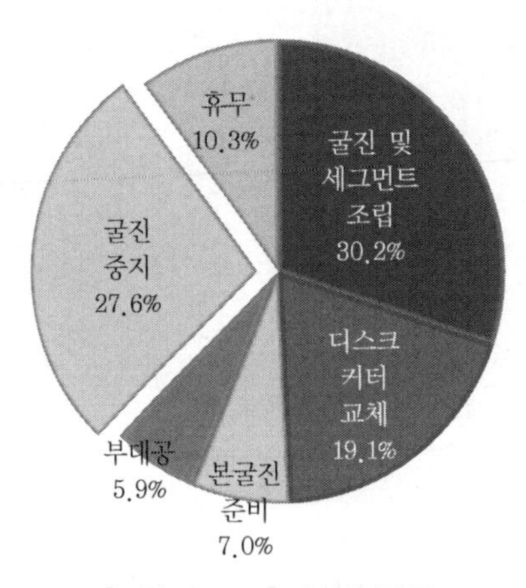

[그림 11-121] 장비 가동률

(a) 토사호퍼 밑에서 버력 탈수

(b) 레일 높이까지 가득 찬 터널 내 슬라임

[그림 11-122] 쉴드터널 배출버력 상태

3) 기계데이터 분석

① 막장압(좌, 우, 상)

그림 11-123에는 자동계측된 막장 좌측, 우측, 상부의 막장압을 나타냈다.

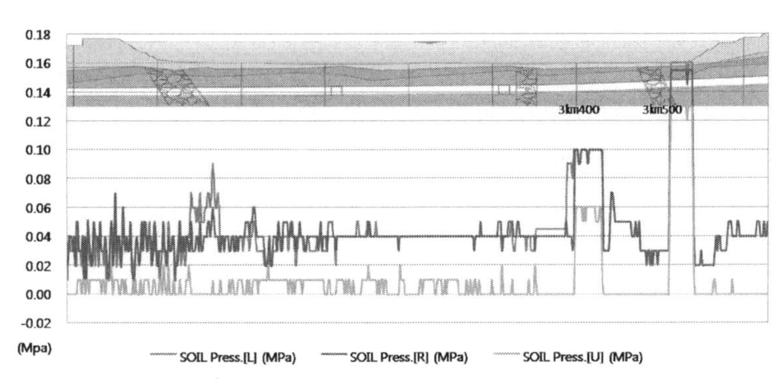

[그림 11-123] 막장압 분석(컬러 도판 p. 667 참조)

토압식 쉴드 TBM은 굴진 중 막장압이 상승하면 챔버를 버력과 작니재로 가득 채운 밀폐 모드(closed mode)로 대응압(막장압 + 0.2MPa)을 발생시켜 막장을 안정시키고 지반 이완을 억제한다. 하지만 상행선 굴진 중 수압이 크게 작용하지 않아 밀폐 모드(closed mode) 굴진이 한차례도 시행되지 않았다.

그래프에 나타났듯이 지반조사 결과 파쇄대로 조사된 곳과 두 곳의 연약대 뒤쪽에서 막장압이 상승했다. 특히 경암층이 얇아진 3km520 부근에서 막장압이 크게 상승했다. 또한 3km390 ~ 3km430 구간은 육안 관찰결과 극경암인데도 막장압이 크게 올라갔는데, 이는 절리를 통해 유입된 한강수의 영향으로 보인다.

② 암반 상태

쉴드 TBM 기계데이터 중 회전속도(rpm), 관입량(Penetration, Pe), 굴착속도(Jack Speed, J/S) 그리고 추진력(propel)의 관계는 암반 상태를 가늠하는 기준이 될 수 있다. propel은 쉴드 몸체와 후방대차로 인한 마찰력 + 커터헤드의 암반 압쇄력 + 막장압에 의한 반발력과 관련되며, Pe는 커터헤드가 1회전할 때의 관입 깊이를 의미한다.

굴진 중 커터헤드가 강한 암반을 만나게 되면 Pe와 J/S가 저하되고, 운전자는 J/S를 높이기 위해 propel과 rpm을 높이게 된다. 반면에 암반이 약해져 Pe가 급격히 상승하게 되면 propel과 rpm을 낮추어야 하고, 이때 J/S는 저하된다. Pe가 높은 상태에서 propel과 rpm마저 높으면 J/S는 빨라져 단시간에 굴착할 수 있겠지만, 커터와 암반이 맞물려서(interlocking) 커터에 손상을 줄 수 있다.

이러한 원리를 바탕으로 그림 11-124, 11-125를 살펴보면 강북파쇄대 통과 후 50m 정도 경암이 나타났다가 다시 연약대가 출현했음을 알 수 있다. 연약대를 지나고 3km150 ~ 3km350까지는 다시 경암 구간인데, 이 구간을 좀 더 살펴보면 rpm은 거의 일정한 상태에서 Pe와 J/S는 점차 증가하고 propel은 감소했다. 같은 경암이지만 암반의 강도가 서서히 낮아지고 있음을 보여준다.

그리고 경암구간이 끝나고 연약대가 나타났는데 두 연약대 사이(3km390 ~ 3km500)에서는 Pe와 J/S가 급격히 떨어지는 극경암 구간이 나타났다. propel과 rpm을 높여도 J/S는 좀처럼 변하지 않을 정도의 아주 단단한 암반이었다. 게다가 앞서 언급했듯이 절리를 통해 지하수가 많이 유입되어 광차의 운행횟수도 평소의 1.5배에 달했다. 물론 propel을 더 높이면 J/S가 빨라지겠지만 19″ 디스크커터 1개의 제한 하중이 32tf이므로 1,664tf(32tf × 52커터) 이상의 추력을 가할 경우 커터에 심각한 손상을 입힐 수 있었다. 따라서 현장에서는 propel을 1,600tf 이하로 유지하고 최대 rpm으로 천천히 극경암 구간을 통과했다.

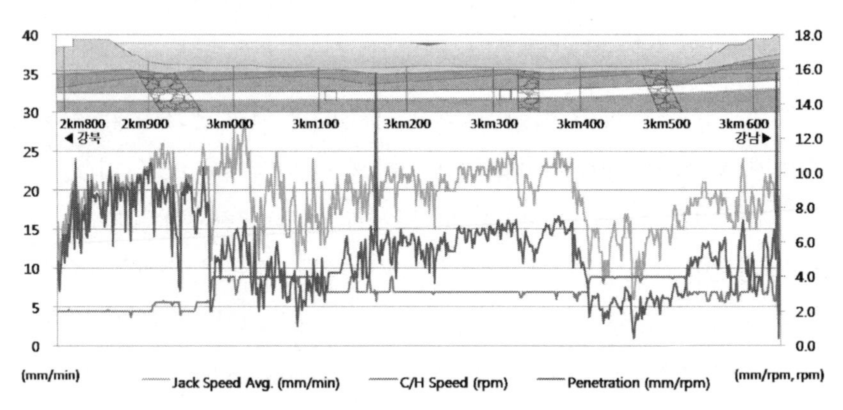

[그림 11-124] 관입량과 굴진속도(컬러 도판 p. 668 참조)

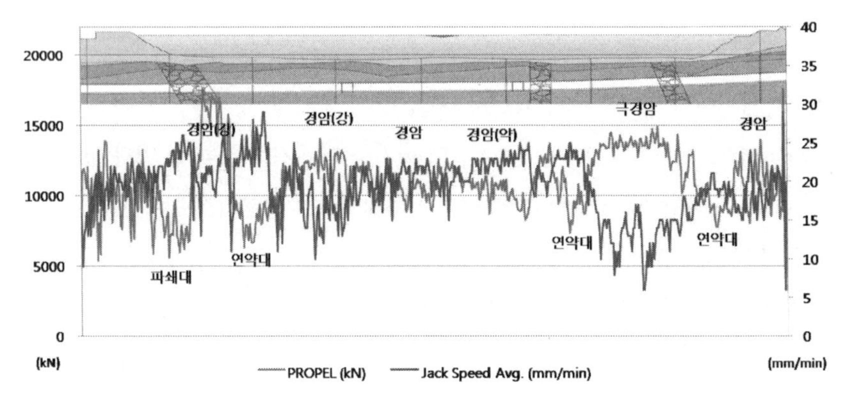

[그림 11-125] 추력과 굴진속도(컬러 도판 p. 668 참조)

위의 기계 데이터를 토대로 추정한 암반별 굴진정보는 표 11-38과 같다.

[표 11-38] 암반별 굴진정보

분류	막장압(MPa)			굴진속도 (mm/min)	관입량 (mm/rpm)	회전속도 (rpm)	토크 (kN·m)	추력 (kN)
	좌	우	상					
파쇄대	0.03	0.03	0.00	23.2	9.10	2.3	4,103	7,852
연약대	0.04	0.04	0.00	22.6	6.01	3.4	1,484	9,149
경암(약)	0.04	0.04	0.00	22.3	6.45	3.1	1,734	10,265
경암(중)	0.04	0.04	0.00	19.7	5.34	3.2	1,624	10,991
경암(강)	0.04	0.04	0.01	17.0	3.70	3.6	1,524	12,024
극경암	0.05	0.05	0.01	13.1	2.47	3.9	1,329	13,534

4) 디스크커터 교환

① 교환 수량

- 본 현장에서는 커터 교체횟수를 줄이고자 당초 17" 디스크커터로 설계된 것을 19"로 변경했지만, 석영질이 많은 암반조건과 비정상적으로 마모되어 조기에 교체한 커터가 많아 계획대비 130%가 넘는 커터를 사용했다(그림 11-126).

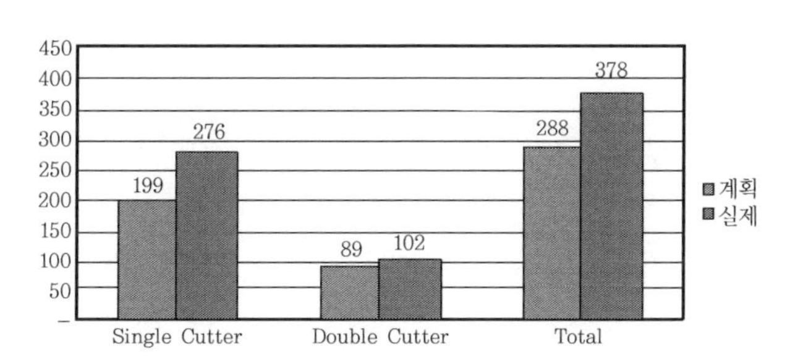

[그림 11-126] 커터 교환수량

② 마모 유형

상행선 굴진에 사용된 378개의 커터 중 약 70%가 정상 마모되어 관리 상태는 양호했다. 초반 단층대 통과 시 낮은 암반 강도로 인해 더블커터 비회전으로 인한 편마모가 발생했고, 총 2회에 걸쳐 15Set를 교체하기에 이르렀다.

- 디스크커터에 한번 편마모가 발생하면 커터가 회전하지 않아 점점 편마모가 가중되며, 오래 방치할 경우 비트와 커터헤드 면판에 손상을 줄 수 있다.
- 두 번째 교체 후 더블커터 베어링의 잭 패턴을 50kgf·m에서 43kgf·m로 낮추었고, 편마모 발생이 급감했다.
- 이 때문에 당 현장에서는 약 20링 굴진 후 커터를 점검해 기준치(외측 15mm, 내측 20mm) 이상 마모된 커터와 손상된 커터를 교체했다.

- 최종적으로는 558링 세그먼트 조립 완료 후 상행선 굴착이 완료되었으며, 하행선 굴착 전 현재 장착되어 있는 커터 전체를 교환했다.

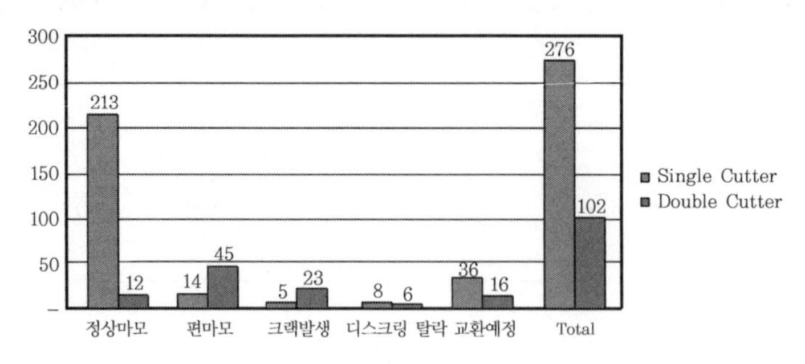

[그림 11-127] 커터 마모상황

③ 정상 마모된 커터의 교체횟수와 전동거리

- 총 52개의 디스크커터 중 No.1 ~ 16은 더블커터이고, No.17부터는 싱글커터이며, 이 가운데 No.47 ~ 52는 최외곽에 위치한 카피커터(copy cutter)이다.
- 더블커터의 경우 정상 마모된 것보다 편마모, 파손 등으로 훼손된 것이 많아 정상적인 data 분석이 불가능하다.
- 정상 마모된 커터의 평균 전동거리는 466km였고, 훼손된 커터까지 고려할 때는 평균 382km의 전동거리를 가졌다.
- 게이지커터의 전동거리가 짧은 이유는 교환기준 마모량(15mm)이 다른 싱글커터(20mm)보다 작기 때문이다.
- 외곽에 위치한 No.36 ~ 46 싱글커터는 안쪽에 위치한 커터보다 전동거리도 짧고 비정상 마모도 많았다. 상대적으로 힘을 더 받는 것으로 추정되며, 향후 이에 대한 자세한 연구와 힘을 분배할 수 있는 기술 개발이 필요하다.

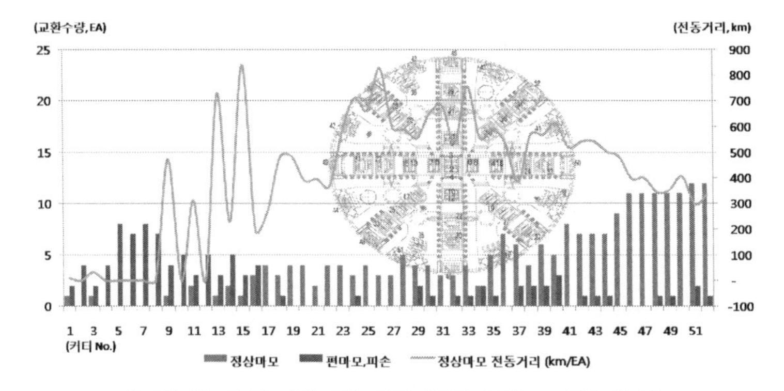

[그림 11-128] 커터 전동거리 (컬러 도판 p. 668 참조)

11.3.3 현장 개선 사례

가. 개선 우수 사례

1) 세그먼트 볼트 체결 토크치 기준설정

① 현황 및 문제점

본 현장의 세그먼트 설치는 쉴드장비 굴진 후 장비 내에서 조립해 굴진 즉시 라이닝을 형성하는 방법으로서 7분할된 조각을 볼트로 연결해 원형의 라이닝을 형성한다. 이때 경사볼트를 이용한 세그먼트 연결 시에는 볼트 체결 토크치에 대한 기준이 없고 조립공의 경험에 의해 체결됨에 따라 과다 조임에 의한 조립부 세그먼트 균열, 과소 조임에 의한 누수 제어 곤란 등의 문제가 발생했다(그림 11-129).

RC세그먼트

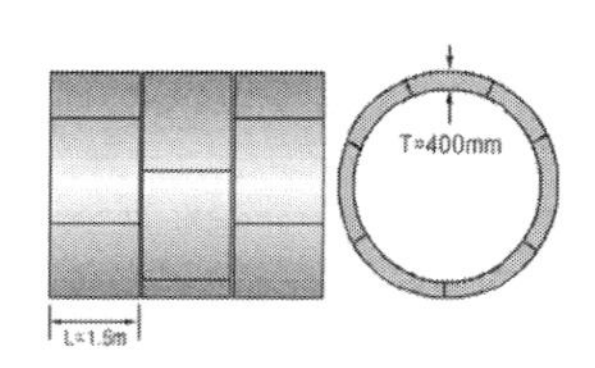

세그먼트 종단면 및 횡단면

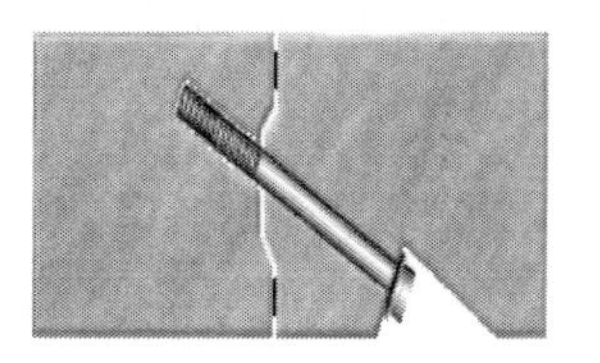

세그먼트 연결(경사볼트)

[그림 11-129] 경사볼트를 이용한 세그먼트 연결

② 개선대책

상기의 문제를 해결하기 위해 본 현장에서는 볼트체결 토크치에 대한 기준을 마련하고자 다음과 같은 현장 시험을 했다.

- 경사볼트 토크치 기준 산정을 위한 현장시험법
  - 볼트 소켓부 내력시험(볼트 소켓 나사산 강도에 대한 테스트 시행)
  - 제조공장에서는 최대 150kgf·m 이내의 힘을 권고
  - 세그먼트를 대상으로 2명이 최대 110kgf·m까지 압력을 가해 보았으나, 볼트소켓에 손상이 발견되지 않았음
  - 세그먼트 피스를 대상으로 토크렌치를 사용해 1인이 인력으로 50kgf·m까지 조인 결과 이상이 없었음
- 적정 토크 기준치 산정 시험
  - 최종 조립된 세그먼트를 대상으로 시행

- 에어 임팩트렌치로 조인 상태에서 토크렌치로 토크치 측정
- 개스킷 반발력을 견디면서 세그먼트 간 유격이 없었음

③ 결 과

- 순수 소켓 나사 간 강도를 테스트하기 위해 1인이 50kgf·m까지 조인 결과 볼트소켓에는 이상이 없었으며,
- 조립된 세그먼트에 의한 테스트 결과 임팩트렌치로 조였을 때 세그먼트 유격이 발생하지 않았고, 추가로 40kgf·m까지 조여본 결과도 이상이 없었음
- 임팩트렌치로 조였을 때의 토크값은 30kgf·m 정도이므로, 과다 조임에 의한 세그먼트 손상을 방지하기 위해 위의 실험결과 현장에서는 30 ~ 40kgf·m로 관리할 계획이며, 임팩트렌치로 조인 후 토크렌치로 확인해 관리기준 준수하면서 시공함

④ 기대효과

- 자체 현장시험방법을 개발해 볼트체결 적정 토크 기준치를 설정해 일정한 토크치로 볼트를 체결할 수 있도록 관리함
- 적정 토크치로 일정하게 체결력을 관리함으로써 세그먼트 균열감소, 효과적인 누수 제어를 할 수 있었고 품질향상에 기여함

2) 뒤채움 주입재료 개선

① 현황 및 문제점

조립된 세그먼트와 지반 사이의 공동은 주입재로 밀실하게 충전해 지반 이완을 방지하고 추력을 지반에 전달하게 해야 한다(그림 11-130). 그러나 본 현장은 한강하저를 통과하므로 유수의 영향을 많이 받게 되는데 주입재료가 효과적이지 못해 뒤채움 충전이 미흡할 경우 추진 잭의 추력에 세그먼트가 움직여 파손 및 그에 따른 누수 발생이 예상되었다.

뒤채움 주입 설비

뒤채움 주입

[그림 11-130] 뒤채움 주입

② 대 책

상기와 같은 문제점이 예상되어 본 현장에서는 뒤채움재의 배합시험을 통해 배합을 설정했다. 표 11-39에는 1차, 2차 뒤채움재 선정을 위한 시험 배합비를 나타냈다.

[표 11-39] 시험배합표

No.	배 합 비							비 고
	A 액					B 액		
	포틀랜트 시멘트(kg)	고로슬래그 시멘트(kg)	벤토나이트 (kg)	물(l)	안정제 (kg)	규산소다 (l)	실리카졸 (l)	
1	300	-	80	715	1.5	150	-	설계배합
2	-	300	80	715	1.5	150	-	
3	300	-	80	715	1.5	-	150	
4	-	300	80	715	1.5	-	150	
5	300	-	80	715	1.5	-	-	블리딩 33.3% 강도측정불가
6	-	300	80	715	1.5	-	-	
7	658	-	160	726	1.5	-	-	3,7,28일 강도
8	-	658	160	667	1.5	-	-	〃

③ 검토결과

- 시험배합 검토결과

  - 1차 뒤채움 주입재료

    ㉠ 충전성이 우수하고, 막장면 또는 쉴드기기 몸통으로 유입이 적은 재료

    ㉡ 유동성이 좋고, 블리딩이 없는 재료

    ㉢ 주입 시 지하수에 의한 희석이 적은 재료

    ㉣ 균일한 압축강도 및 조기강도가 발현될 수 있는 재료

    ㉤ 경화 후 체적 감소가 적은 재료의 조건 만족과 관련해 시험배합인 No.1도 적정하나, 압축강도 면에서 다소 유리한 No.2를 1차 뒤채움 주입재료로 선정하고 개선(보통 포틀랜트 시멘트 → 고로슬래그 시멘트)해 사용하고자 했다.

  - 2차 뒤채움 주입재료

    ㉠ 2차 뒤채움 주입은 1차 뒤채움 주입 후 미충전부 및 누수 부위의 충전을 목적으로 하므로 주입시 용수의 영향이 없는 개소는 급결재를 제외해 순수 충전하는 것이 가장 적합할 것으

로 판단되며, 주입재료는 압축강도시험결과 초, 중, 장기 강도가 가장 우수하고 배관 압송에 유리한 No.8(고로슬래그시멘트 + 벤토나이트 + 물 + 안정제)을 적용했다.

㉡ 2차 뒤채움 주입 시 용수의 영향으로 뒤채움재의 희석이 예상되는 개소에는 급결재를 포함해 한정 주입이 가능하도록 하는 것이 가장 적합한 것으로 판단됨. 주입재료는 압축강도시험결과 초, 중, 장기 강도가 매우 우수하고, 겔 타임이 짧아 지하수에 의한 희석의 최소화가 가능한 No.2(A액 : 고로슬래그시멘트 + 벤토나이트 + 물 + 안정제, B액 : 규산)를 적용했다.

④ 시험시공

본 현장에서는 상기 시험결과로부터 결정한 뒤채움재 배합비의 현장 적용성 검토 및 효과적인 주입방법을 찾기 위해 공정 진행에 차질이 없도록 커터교환 또는 장비 점검 일정에 맞추어 현장시험을 실시했다. 이로부터 다음과 같은 시공방법을 개선 적용했다.

- 초기 주입압의 상승이 낮을 경우 : 주입밸브에서 주입 시 에어빼기 밸브에서 주입재 누출을 확인하고, 주입재가 누출될 경우는 밸브를 잠그고 압력의 상승 유무를 확인해 압력이 상승해 일정시간이 경과한 경우는 누출이 없는 밸브로 이동하고, 끝단에 설치된 에어빼기 밸브에서 주입재가 누출될 경우 주입구의 밸브를 잠그고 일정압으로 상승시켜 일정시간 주입한 후 주입을 중지한다.
- 초기 주입압의 상승이 높을 경우 : 약 30초간 주입압을 가해도 주입압이 떨어지지 않을 경우는 다음 에어빼기 밸브로 이동해 주입하고 주입압이 떨어질 경우 초기 주입압의 상승이 낮을 경우와 동일한 방법으로 주입한다.
- 에어빼기 밸브에서 주입재 누출이 없고 주입압이 상승할 경우 : 주입 중에 주입압이 상승할 경우에는 주입을 멈추고 다음 링 에어빼기 밸브에서 재주입을 실시한다.
- 에어빼기 밸브에서 지하수만 누출되고 주입압이 상승할 경우 : 주입밸브에서 주입 시 주입압이 상승하고 에어빼기 밸브에서 지하수만 지속적으로 누출되는 경우, 지하수가 누출되는 에어빼기 밸브 바로 옆 세그먼트에 주입밸브를 설치해 겔화가 가능한 주입재(A액+B액)를 주입해 지하수 누출을 차단한다.

⑤ 기대효과

자체 현장시험 및 해외사례 조사를 통해 주입재료를 개선했으며, 효과적으로 뒤채움 주입을 관리해 세그먼트 파손 및 누수 발생을 억제함으로써 품질 향상에 기여한 것으로 생각된다.

나. 문제점 및 개선 요구사항

1) 세그먼트 모서리 탈락

① 본 현장의 세그먼트 특징

세그먼트는 쉴드장비의 뒷부분(테일부)에서 조립되어 라이닝을 즉시 형성하는 프리캐스트 RC 세그먼트이다.

- RC세그먼트 설계기준강도 fck = 45MPa (7분할)
- 규격 : 외경 7.8m, 내경 7.0m, 두께 0.4m, 길이 1.5m
- 한 단면이 7분할로 제작, 반입되어 쉴드장비 굴진 후 여유공간에 원형으로 조립하게 된다.
- 제부(shear key) 세그먼트 방식 채용으로 링 간 전단연결강성을 증대시켰으며, 잭 추력에 대한 강성이 우수하고 최근 대단면 세그먼트에 가장 많이 적용하는 RC세그먼트를 채택했다.
- 안정성과 운송 및 적치를 고려했고, 취약부인 연결개소를 최소화해 방재성능을 증대했으며 터널 안정성을 최대한 고려해 길이와 두께를 산정했다.
- 또한 연결방식은 경사볼트 방식을 채용했다. 특히 완벽한 방수성능 확보를 위해 최대수압 20kgf/cm^{2}를 견딜 수 있는 복합형 개스킷을 채용했다. 복합형 개스킷은 일반개스킷 상단부에 수팽창지수재를 도포해 지수효과를 배가시킨 방식이다(그림 11-131).

RC세그먼트

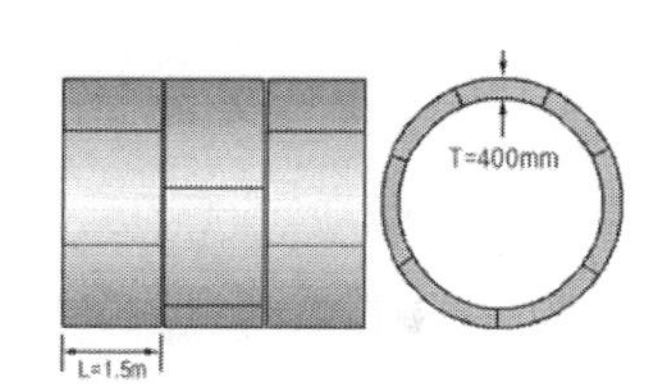

세그먼트 종방향 길이와 두께

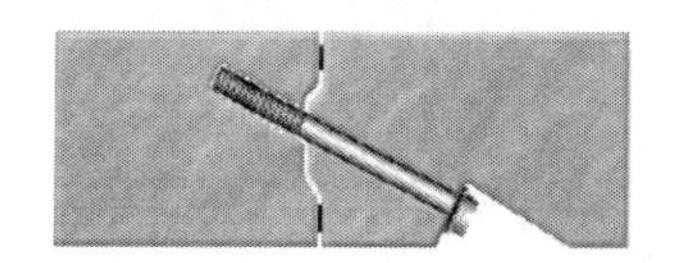

세그먼트 연결(경사볼트)

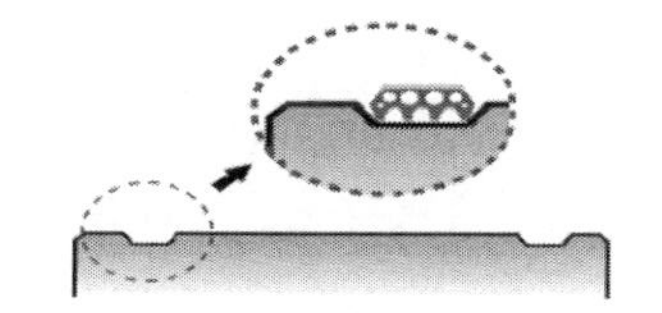

세그먼트 연결부 방수(복합형 개스킷)

[그림 11-131] 본 현장의 세그먼트 조립

② 현 황

당 현장에 사용하는 세그먼트의 링 간 접속부 요철에는 2mm의 공간이 있고, 이로 인해 굴진 시 추진 잭의 추력에 의한 응력분포가 아래와 같아 모서리부의 파손이 가중되었다(그림 11-132).

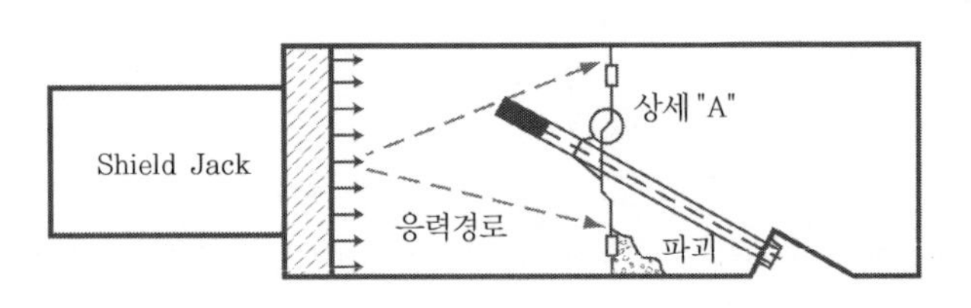

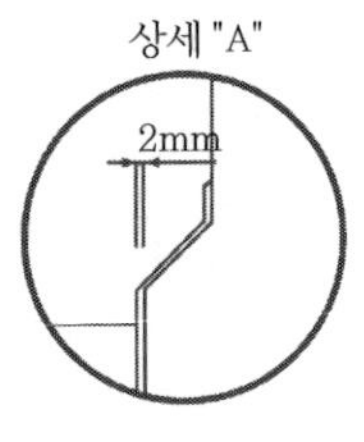

[그림 11-132] 세그먼트 링 간 접속부 상세도

③ 모서리 탈락 원인

- 세그먼트 균열 발생 원인은 여러 가지가 있을 수 있겠으나, 본 현장의 경우 가장 큰 원인으로 판단되는 것은 대단면 세그먼트에서의 추진 잭 패턴 관리의 문제일 것으로 사료된다(그림 11-133).

구 분	표 준	상 향	좌 향	좌상향
잭 패턴 (흑색: 하중재하 백색: 하중제거)				

[그림 11-133] 추진 잭 패턴

- 당 현장은 세그먼트 1EA의 무게가 약 5.5톤이나 되는 대형 세그먼트를 사용하는 현장으로 상선굴진 시 4 ~ 29‰의 상향경사로 굴진했다.
- 쉴드장비의 커터헤드 무게가 약 100톤이나 나가기 때문에 전체 24EA의 추진 잭 중 상부 측의 추진력을 제거해야 상향으로 굴진이 가능하다.
- 또한 방향수정을 위한 테이퍼 세그먼트 사용 시에도 추진 잭의 패턴을 상기표의 좌향 또는 좌상향 방식으로 해야 굴진이 가능하다.
- 이 과정에서 세그먼트에 편심이 걸려 먼저 접촉되는 모서리부의 탈락 또는 파손현상이 발생되는 것으로 판단된다.
- 수팽창지수재에 비해 개스킷은 돌출높이(8mm)가 높아 조립이 불편하고, 특히 코너부는 과다 밀림현상이 발생했다.
- 코너부 개스킷 밀림현상에 의한 세그먼트 조립 곤란 및 세그먼트 코너부 균열 및 탈락현상이 발생했다.
- 그 외에 기능공 작업숙련도 부족에 의한 문제가 발생했다.

- 주야간 2개조로 세그먼트 조립작업 실시
- 기능공 작업숙련도 부족으로 조립 시 충격에 의한 균열 및 파손발생

④ 대 책

- 하행선굴진 시는 하향경사로써 상선과 같은 균열이 발생하지는 않을 것으로 예상되며, 상기 표준 잭 패턴과 같이 전체적으로 하중재하해 편심 발생을 최소화하는 것이 필요하다.
- 방향 전환 필요 시에도 추진력을 제거하지 않고, 최소 재하하중 40톤을 재하해 표준 잭 패턴으로 관리하는 것이 필요하다.
- 세그먼트의 구조적 문제
  - 제부(shear key)간격, 제부길이 및 내외측 접촉 문제
  - 잭 추력 크기에 따른 T/S 두께 시험 후 두께 및 배치위치 결정(내수합판 2.5 ~ 5.0mm)(그림 11-134)

세그먼트 합판 부착 전경

세그먼트 합판 부착 상세

[그림 11-134] 세그먼트 모서리부 합판 부착

2) 쉴드터널 과다 지하수 발생으로 인한 오폐수 처리설비 증설

① 현황 및 문제점

- 현황 : 쉴드터널 굴진공사 중 발생하는 오·탁수에 대해 당초에는 환기구 #4 350tonf/일 및 환기구 #5 200tonf/일로 총 550tonf/일 발생하는 것으로 설계했으나 실제 1,400tonf/일 발생되고 있는 실정이다.
- 문제점
  - 처리용량을 넘어 발생하는 오·탁수 처리 애로
  - 현재 한강하저를 통과하면서 발생하는 오·탁수 양은 1,400tonf/일 수준임

② 대 책

관할 인허가기관인 성동구청에 오·탁수 처리설비 증설 설치신고 후 현장 내 추가로 오·탁수 설비를 설치해 발생하는 오·탁수를 처리해 방류

3) 디스크커터 교체횟수 증가

① 현황 및 문제점

2장에서 분석한 바와 같이 쉴드 TBM 굴진 시 디스크커터의 교체횟수가 잦아 굴진효율이 떨어져 터널 내의 암을 채취해 성분을 분석한 결과 계약당시 지질조사 분석결과에는 석영함유율이 25.6%이나 실제 현장에서 시편을 채취해 한국지질자원연구원 및 쉴드 TBM 제조사인 코마츠에서 분석한 결과 석영함유율은 65.5 ~ 72%로 나타났다. 결국 당초 지반조사보다 석영함유율이 크게 높아 디스크커터의 마모 증대로 인해 교체횟수가 증가하고, 작업효율이 떨어져 시간 및 비용이 증가했다.

마모된 디스크커터(예1)

마모된 디스크커터(예2)

[그림 11-135] 마모된 디스크커터

② 향후 방지대책

- 쉴드터널 구간의 지반조건은 파쇄대와 단층대, 연약대, 양호한 경암 그리고 극경암이 혼재되어 있었으며, 예상보다 높은 석영함유율로 인해 디스크커터와 스크루컨베이어 케이싱의 마모가 가중되었다.
- 상행선 845.5m 굴진에 276개의 싱글커터와 51조의 더블커터가 사용되었으며, 약 70%는 정상 마모 후 교체되었다. 굴진 초반에 비정상 마모된 커터가 많았으며, 베어링 토크값 조정과 적절한 경도의 커터를 제작함으로써 그 수를 경감시켰다.
- 외곽에 위치한 No.36 ~ 46 싱글커터는 안쪽에 위치한 커터보다 전동거리도 짧고 비정상 마모도 많았다. 상대적으로 힘을 더 받는 것으로 추정되며, 향후 이에 대한 자세한 연구와 힘을 분배할 수 있는 기술 개발이 필요하겠다.

11.3.4 결 언

본 시공사례는 분당선 3공구 쉴드터널 상행선 굴진 데이터를 토대로 작성되었으며, 주요 내용은 다음과 같다.

1) 쉴드터널 구간의 지반조건은 파쇄대와 단층대, 연약대, 양호한 경암 그리고 극경암이 혼재되어 있었으며, 예상보다 높은 석영함유율로 인해(설계 시 25.6%, 시공 시 조사 65.5 ~ 72%) 디스크커터와 스크루컨베이어 케이싱의 마모가 가중되었다.
2) 상행선 845.5m 굴진에 276개의 싱글커터와 51조의 더블커터가 사용되었으며, 약 70%는 정상 마모 후 교체되었다. 굴진 초반에 비정상 마모된 커터가 많았으나 이후 베어링 토크값 조정과 적절한 경도의 커터를 제작함으로써 그 수를 경감시켰다.
3) 굴진 중 단층대와 연약대 구간에서 막장압이 상승했지만 2bar 이내에 머물렀고, 폐공되지 않은 시추공에 의한 고수압(5bar 예상)은 발생하지 않아 상행선 전 구간을 개방 모드(open mode)로 굴진했다.
4) 장비의 실가동률은 30.2%에 머물렀으며 굴진 중지 27.6% 중 버력 처리 지연이 가장 큰 비중을 차지했다. 특히 한강하저라는 지형특징에 의해 버력과 함께 많은 물이 배출되어 이를 건조시키는 데 시간과 비용이 많이 소요되어 향후 유사 시공 시 이에 대한 대책이 필요하다.
5) 본 현장에서는 경사볼트에 의한 세그먼트 연결 시 체결 토크치에 대한 기준값이 없어 과도조임에 의한 조립부 세그먼트의 균열, 과소조임에 의한 누수 등이 예상되어 현장에서 적정 토크 기준치 산정 시험을 실시 후 30 ~ 40kgf·m로 관리해 균열과 누수 문제점을 해결했다.
6) 11개월에 걸쳐 846m를 굴진했으며 일평균 3.2m의 굴진장을 보였다. 하지만 작업자의 숙련도가 향상됨에 따라 세그먼트 조립시간과 커터 교체시간이 단축되어 하행선 굴진 시 약 10%의 공기단축이 예상된다.

참 고 문 헌

1. (주)대우건설. 2003.「분당선 왕십리~선릉 간 복선전철 제3공구 노반신설공사 대안설계보고서」.
2. 김훈 외. 2004.「국내 대구경 쉴드 TBM 설계 및 시공사례 비교」. 제5차 터널 기계화 시공기술 심포지엄 논문집.
3. 최정명 외. 2007.「E.P.B 쉴드 TBM 한강하저터널(상행선) 시공사례」. 제8차 터널기계화시공기술 심포지엄.
4. 김훈 외. 2007.「서울지하철909공구의 이수가압식 쉴드 TBM 굴진 및 이수관리 사례 분석」. 제8차 터널기계화 시공기술 심포지엄.

찾 아 보 기

[ㅈ]

컬러 도판

본문 p. 97

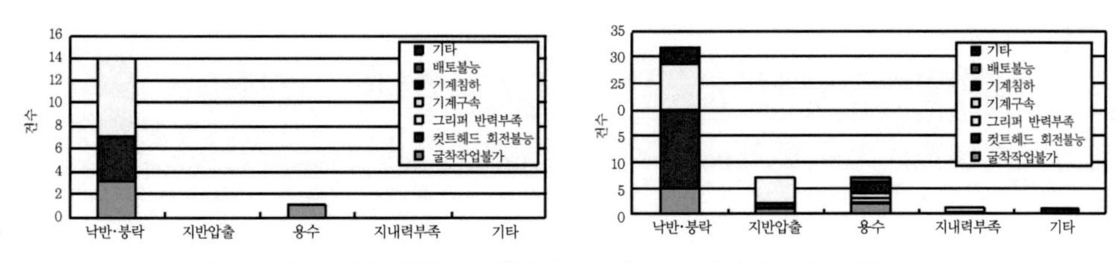

[그림 2-54] 트러블 발생 지반현황(TBM 핸드북; 일본터널기술협회, 2000)

본문 p. 166

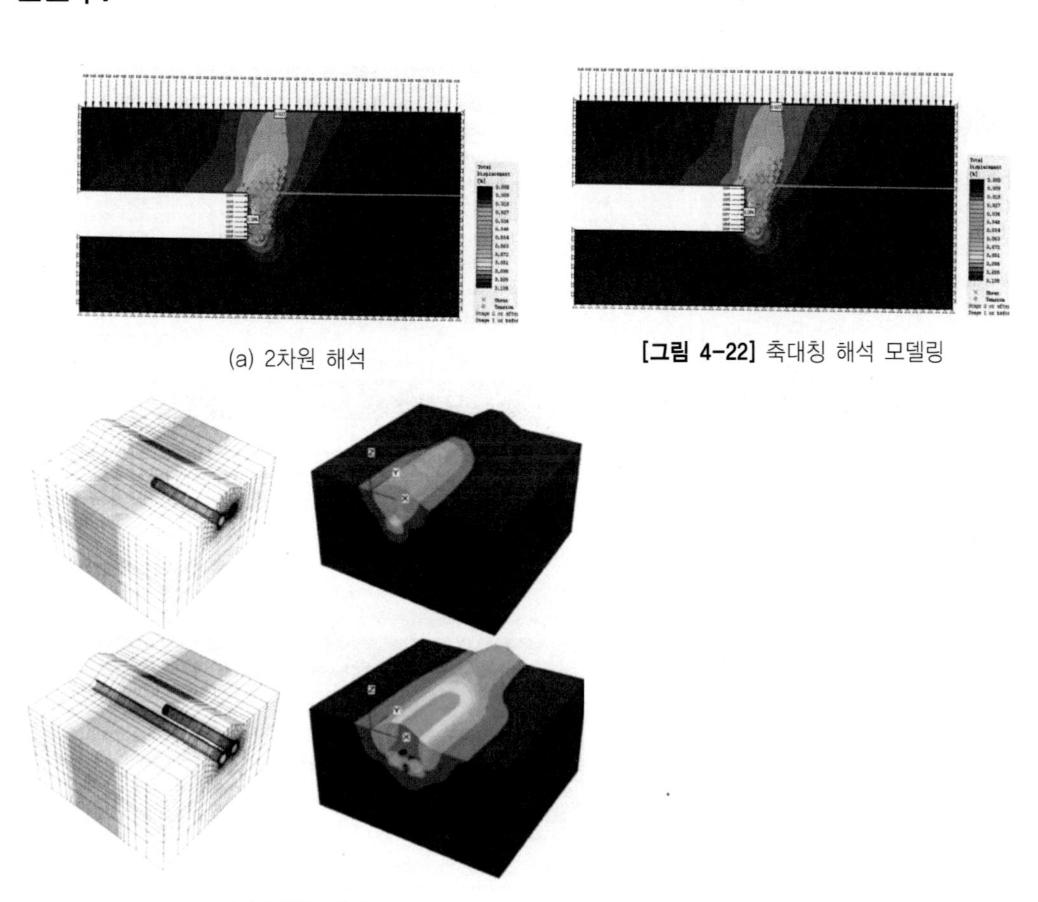

(a) 2차원 해석

[그림 4-22] 축대칭 해석 모델링

(b) 3차원 해석

[그림 4-21] 수치 해석 모델링

본문 p. 182

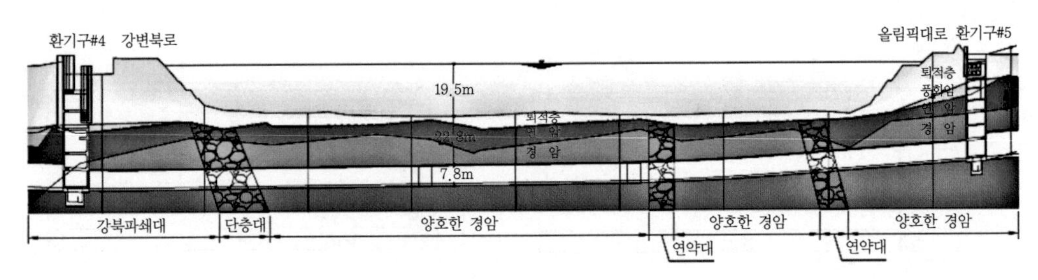

[그림 4-35] 구간별 기층 개요도

본문 p. 183

[표 4-6] 시공 모델링도 및 결과도

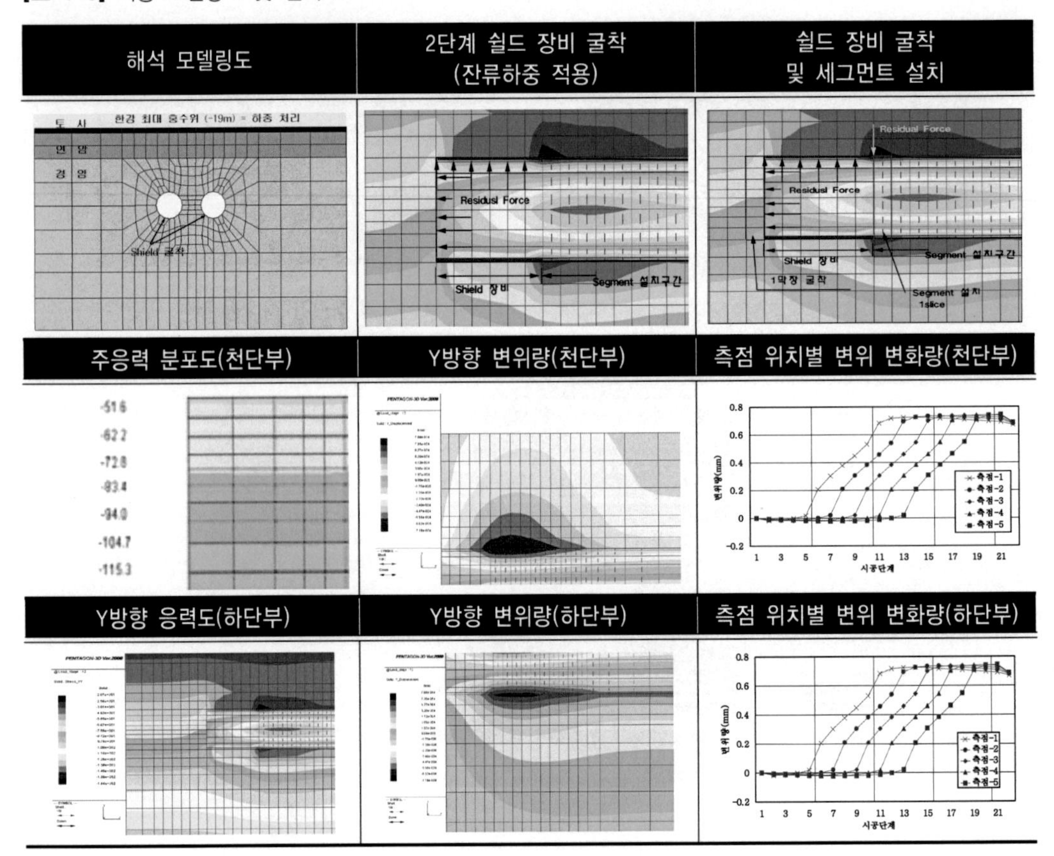

본문 p. 240

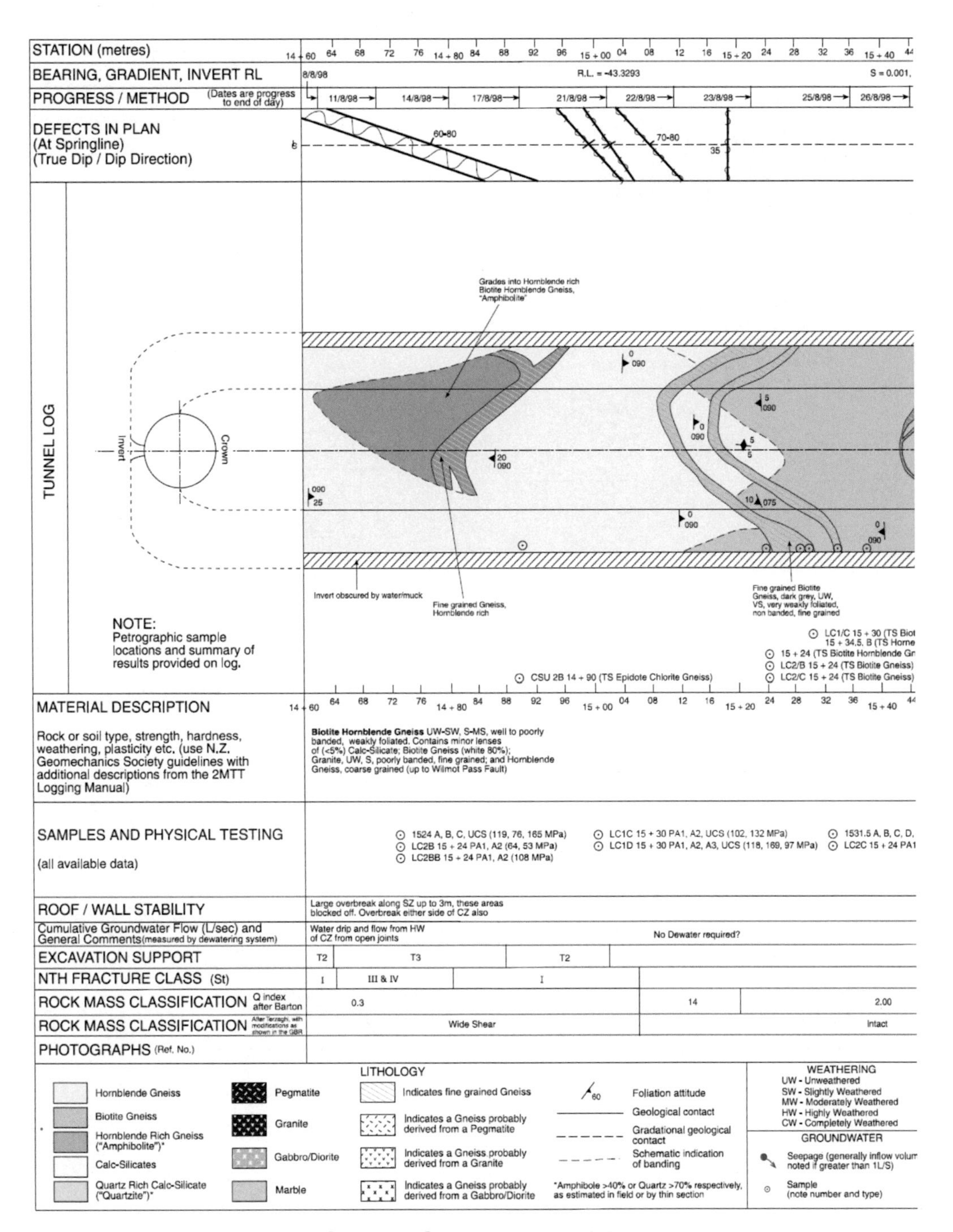

[그림 5-26] TBM 터널 지질 전개도

본문 p. 246

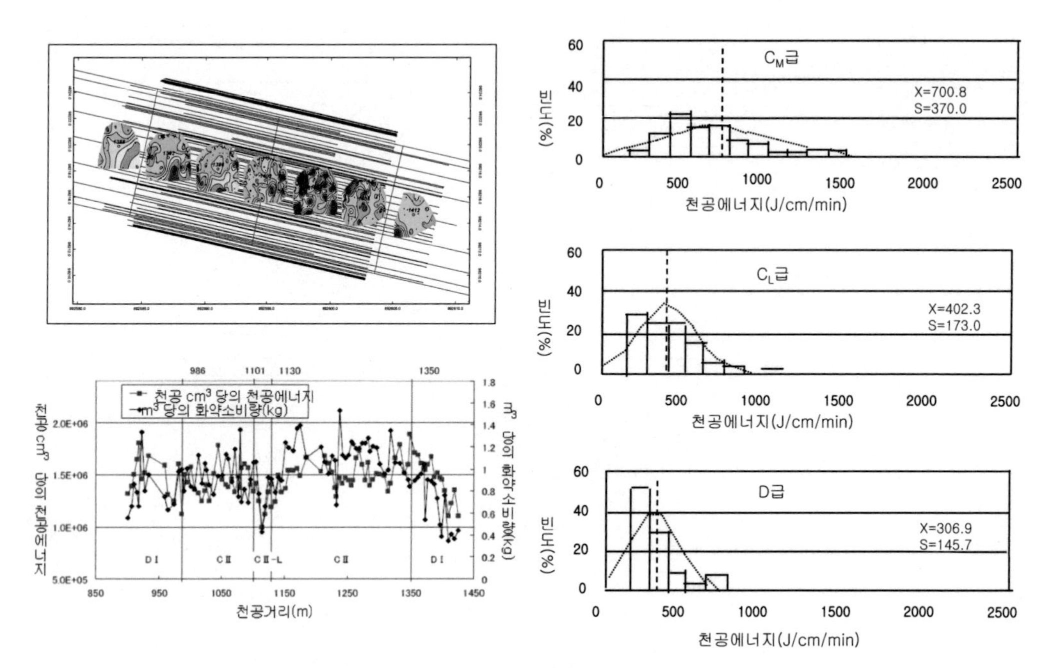

[그림 5-34] 천공속도, 천공에너지 등을 이용한 전방 지질 분석

본문 p. 278

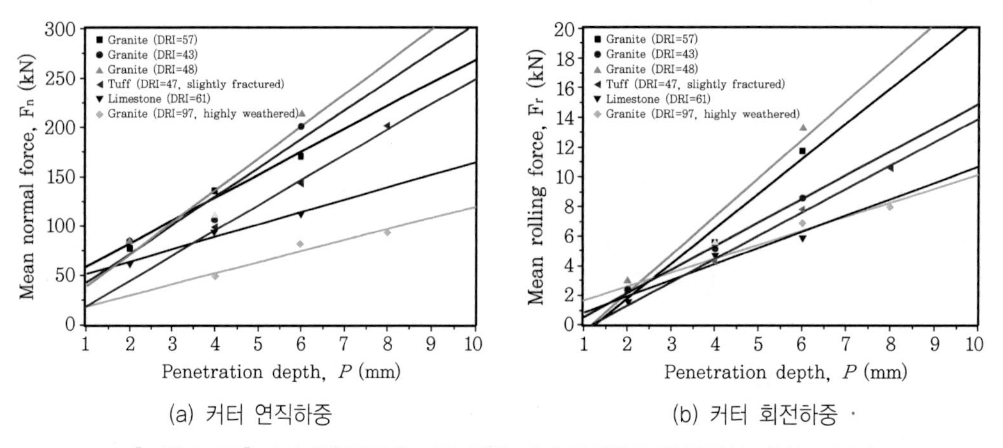

[그림 6-35] 커터 압입깊이에 따른 평균 커터 작용력의 변화(건설교통부, 2007)

본문 p. 279

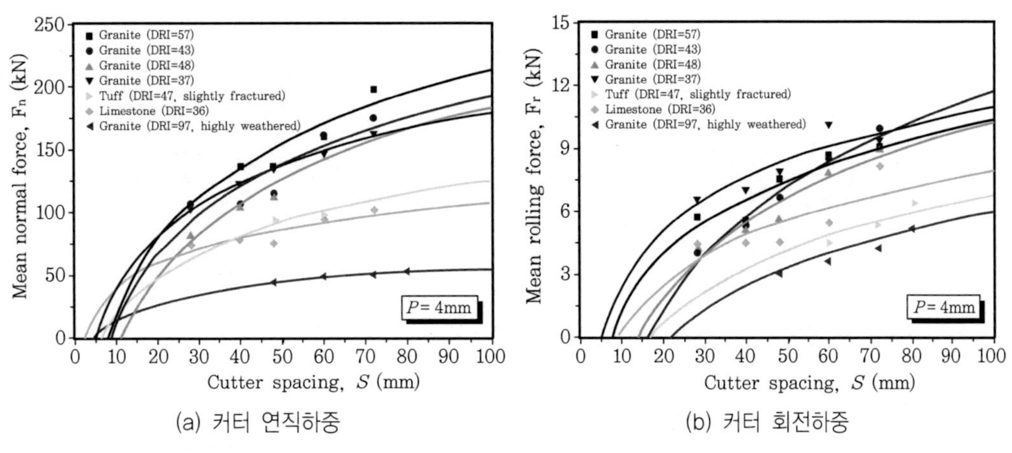

(a) 커터 연직하중　　　　(b) 커터 회전하중

[그림 6-36] 커터 간격에 따른 평균 커터 작용력의 변화(건설교통부, 2007)

본문 p. 358

〈반력대 모델링〉

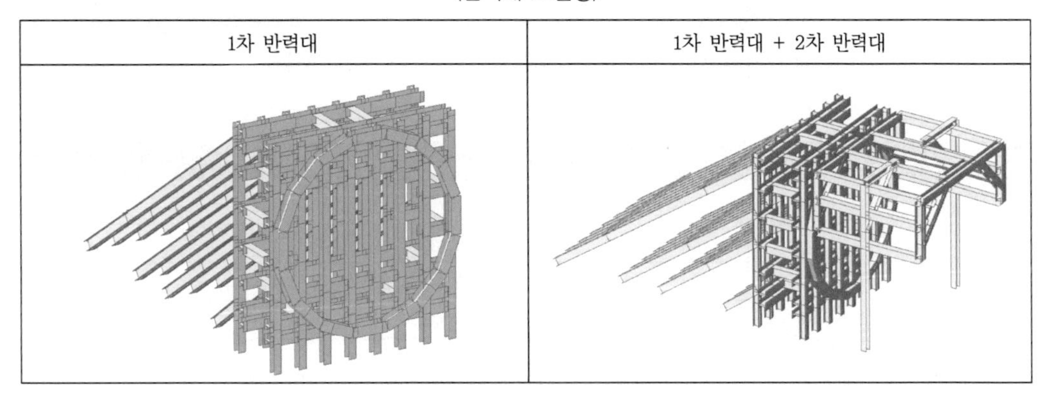

〈반력대 작용하중 및 경계조건〉

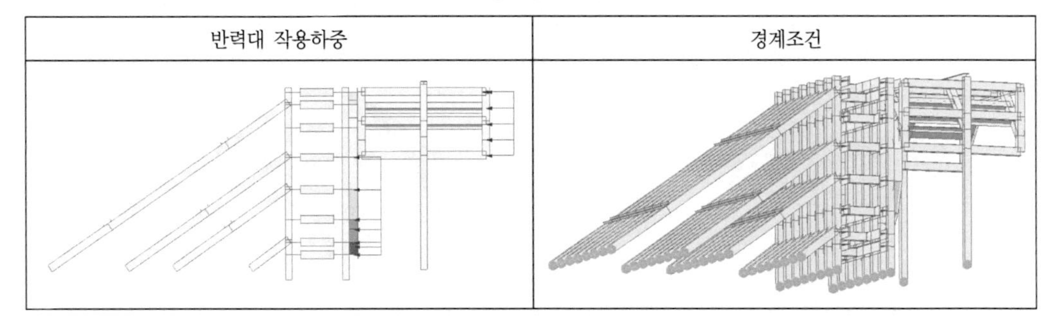

본문 p. 359

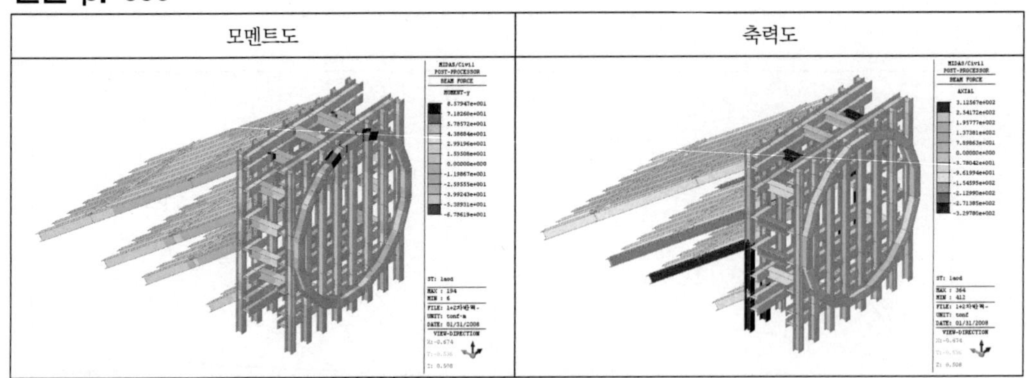

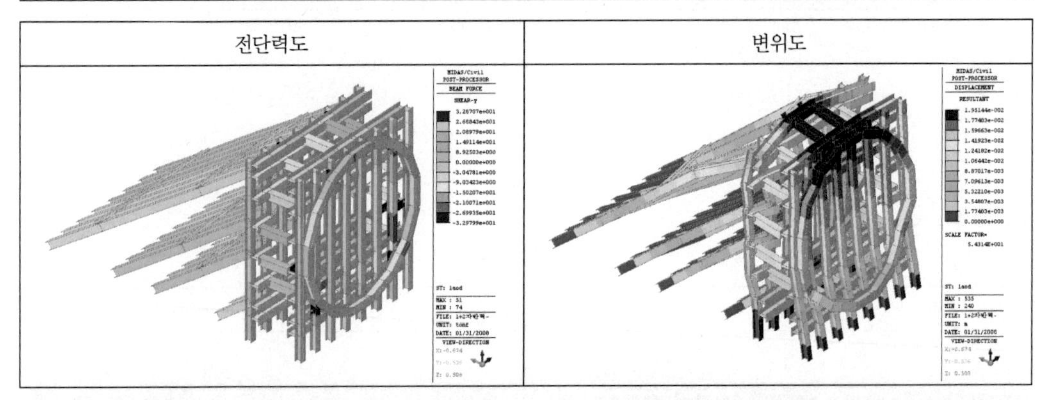

부 재	최대부재력
전면 수평재	• Mmax = 665.5kN·m
	• Smax = 1,266.4kN
중간 축부재	• Pmax = 2,824.0kN
경사 축부재	• Pmax = 3,234.0kN

② 2차 반력대 부재력

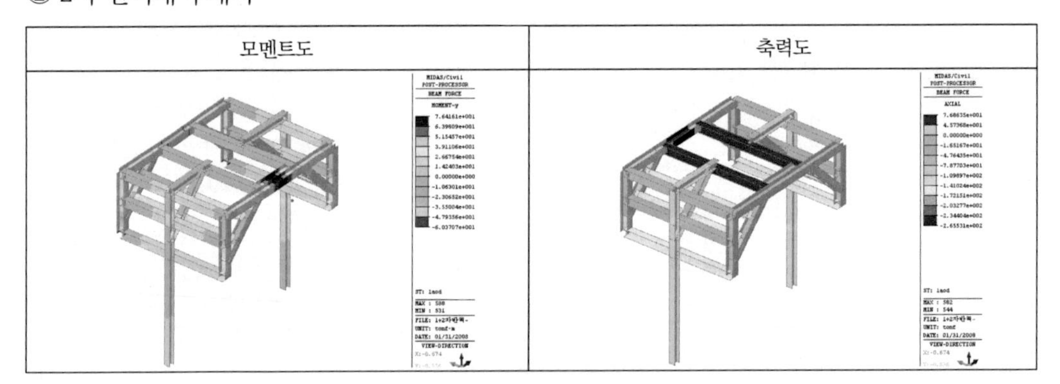

본문 p. 360

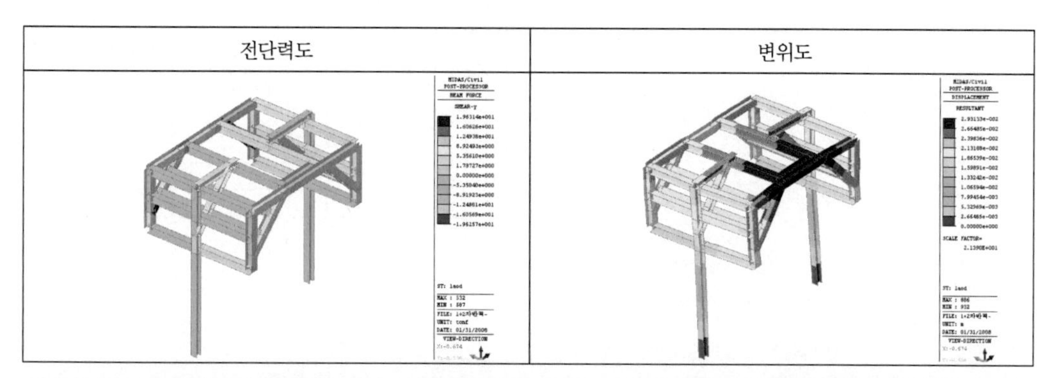

부 재	최대부재력	부 재	최대부재력
전면 수평재	• Mmax = 749.39kN·m • Smax = 1,643.8kN	전면 경사재	• Mmax = 266.7kN·m • Smax = 1,003.7kN
전면 수직재	• Mmax = 309.6kN·m • Smax = 1,173.0kN	중간 축부재	• Pmax = 2,604.0kN

본문 p. 550

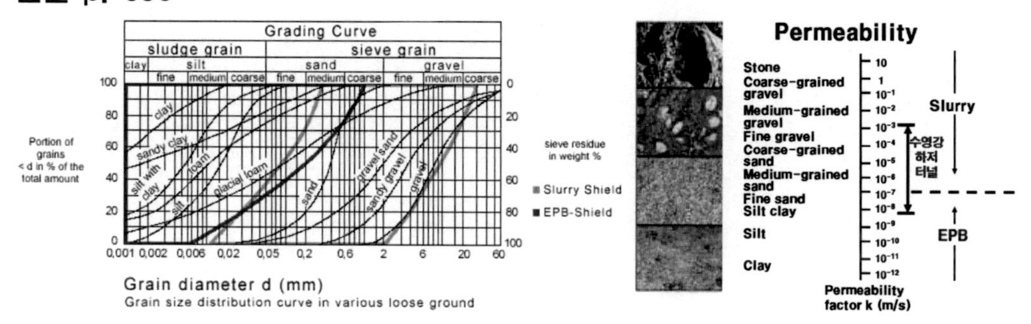

[그림 11-8] 투수계수, 입도분포를 고려한 쉴드 TBM 타입 선정

본문 p. 592

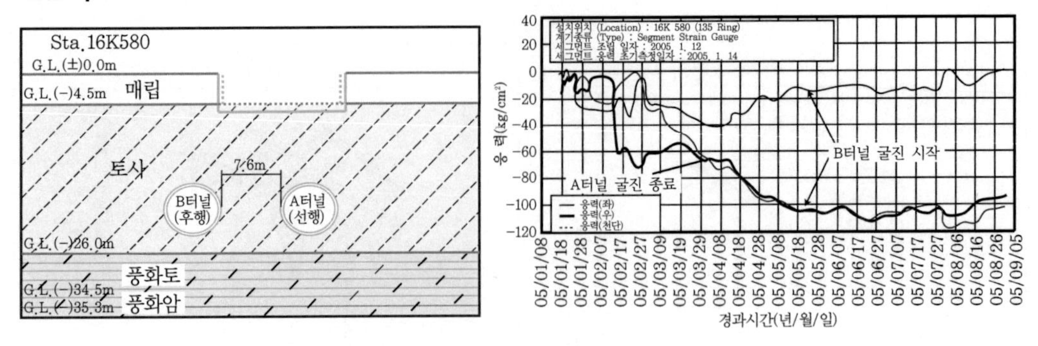

[그림 11-75] Sta.16K580 위치의 터널단면도 및 응력의 경시 변화

본문 p. 592

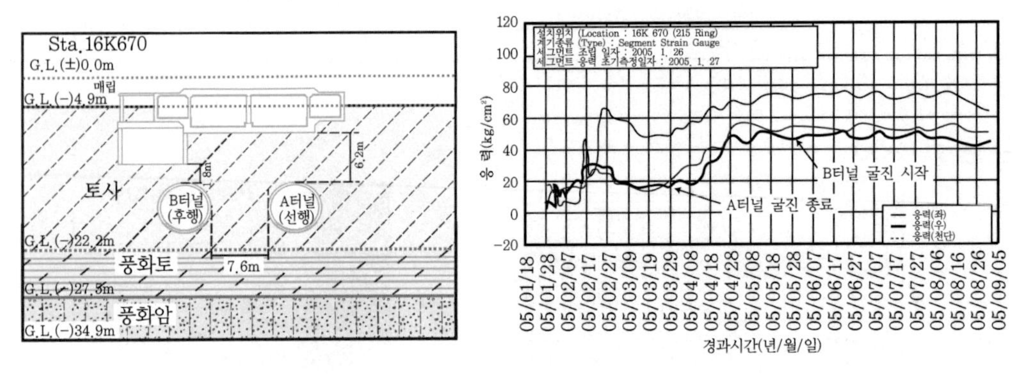

[그림 11-76] Sta.16K670 위치의 터널단면도 및 응력의 경시 변화

본문 p. 592

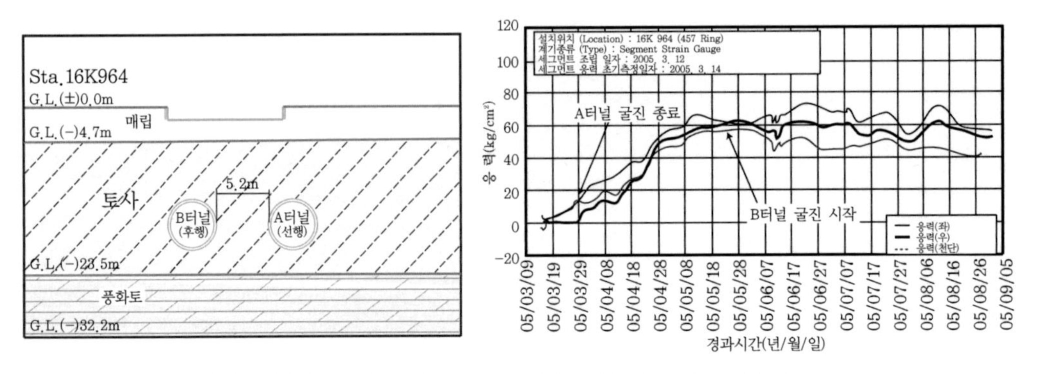

[그림 11-77] Sta.16K964 위치의 터널단면도 및 응력의 경시 변화

본문 p. 595

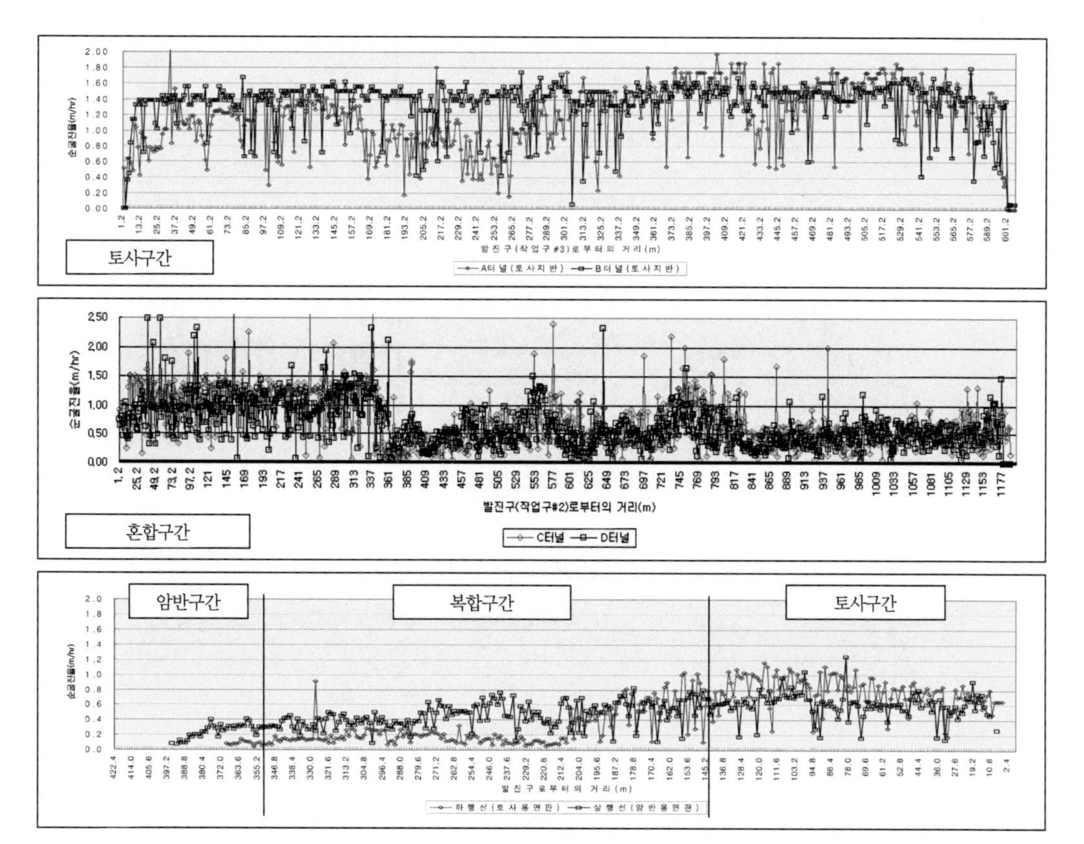

[그림 11-79] 서울지하철 909공구 A ~ D터널(상, 중) 및 부산지하철 230공구(하)의 순굴진율

본문 p. 596

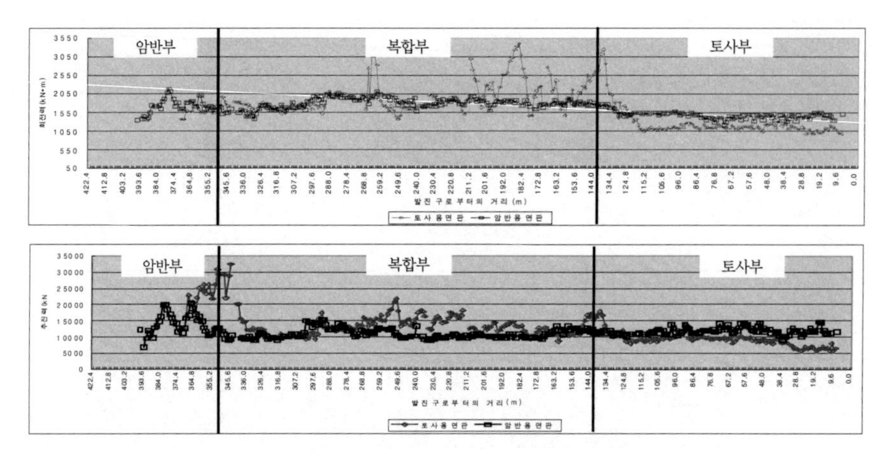

(a) 부산지하철 230공구의 회전력(상) 및 추진력(하)

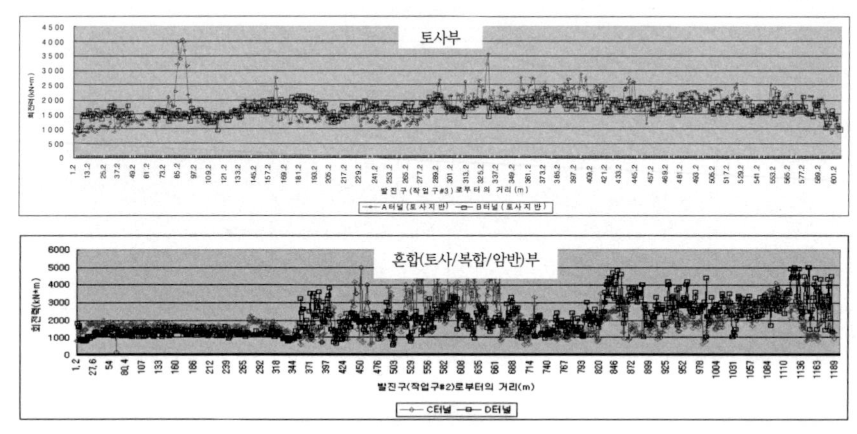

(b) 서울지하철 909공구의 회전력

[그림 11-80] 부산지하철 230공구 및 서울지하철 909공구의 회전력과 추진력

본문 p. 597

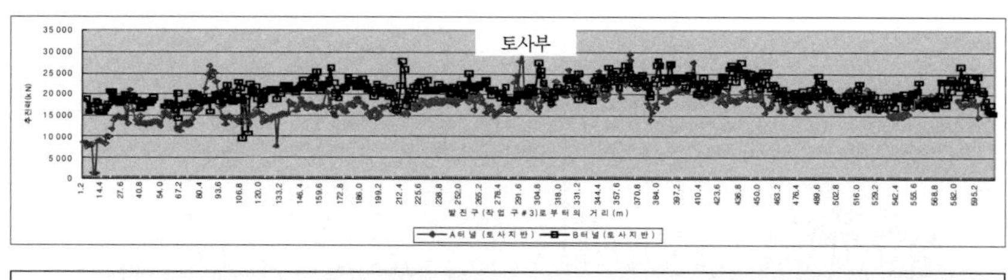

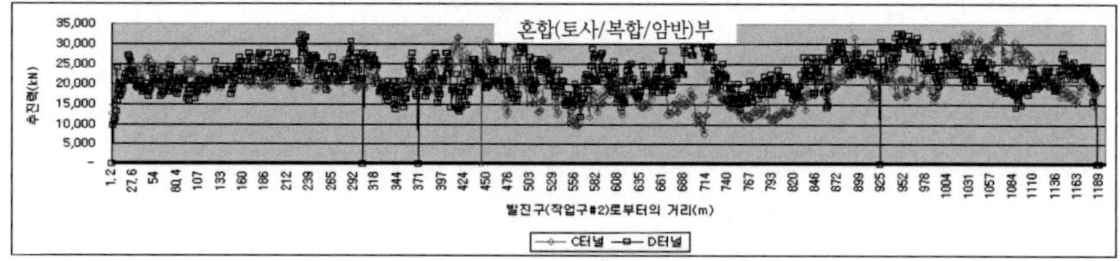

(c) 서울지하철 909공구의 추진력

[그림 11-80] 부산지하철 230공구 및 서울지하철 909공구의 회전력과 추진력(계속)

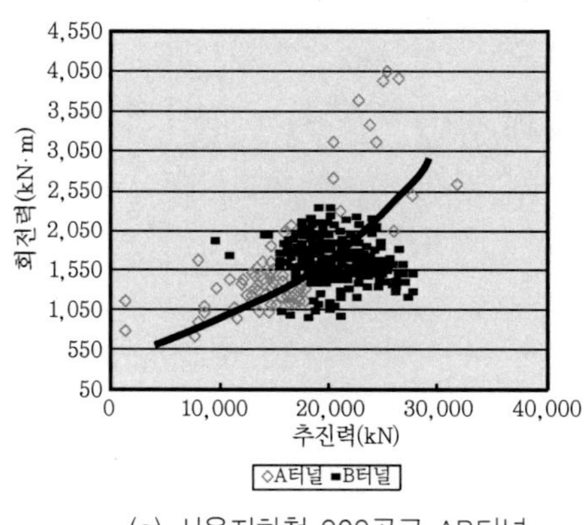

(a) 서울지하철 909공구 AB터널

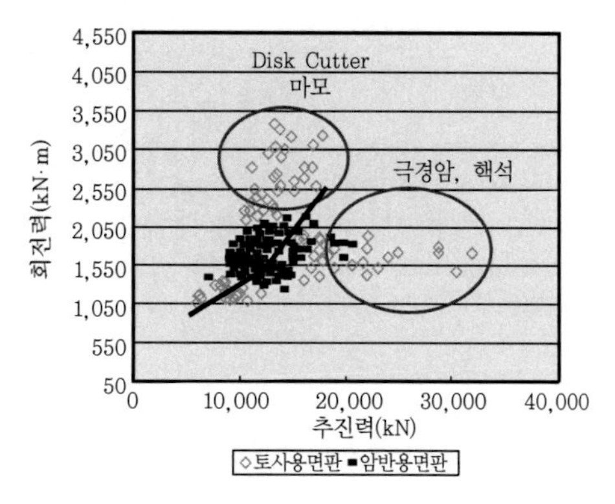

(b) 부산지하철 230공구

[그림 11-81] 서울지하철 909공구(AB터널)와 부산지하철 230공구의 회전력 vs 추진력

본문 p. 635

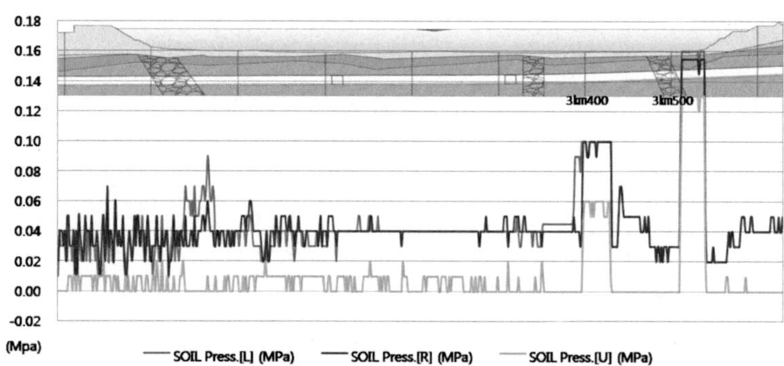

[그림 11-123] 마장압 분석

본문 p. 636

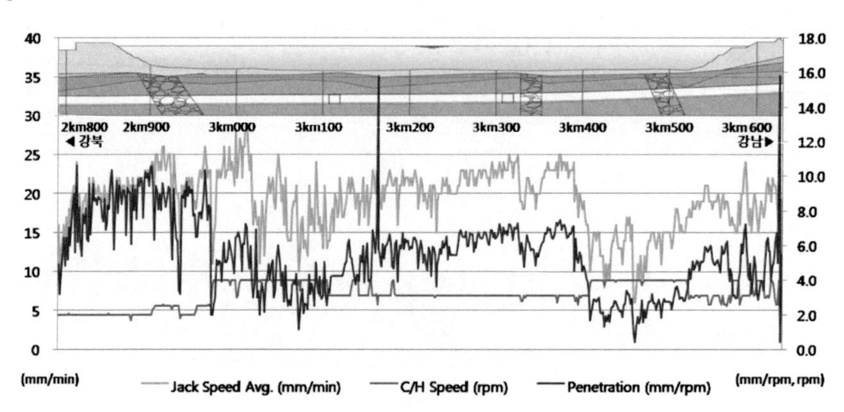

[그림 11-124] 관입량과 굴진속도

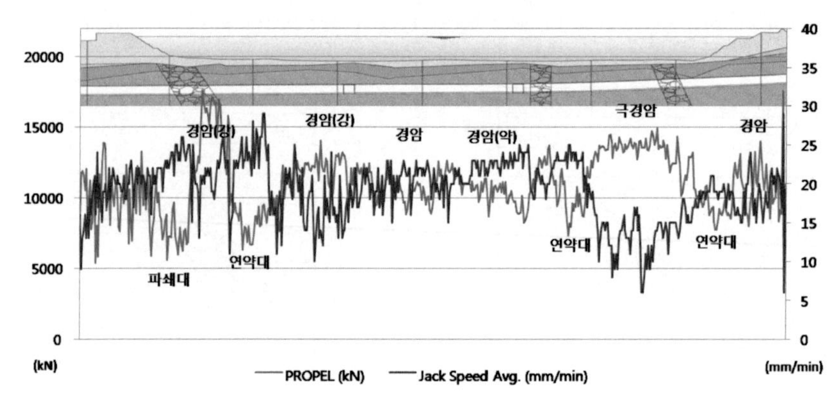

[그림 11-125] 추력과 굴진속도

본문 p. 638

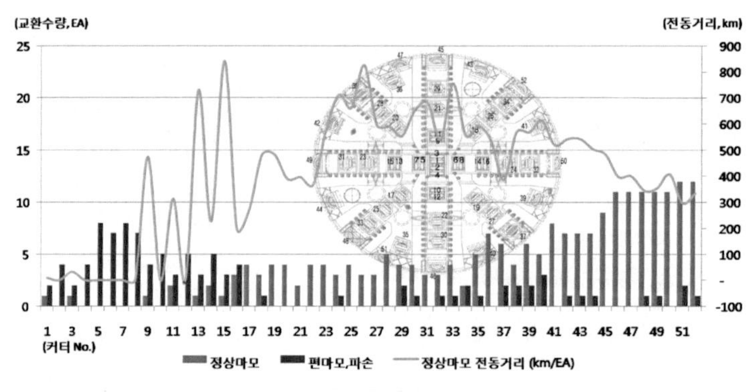

[그림 11-128] 커터 전동거리

감수 및 집필위원 >>>

감수위원

홍성완	전 한국터널공학회 회장, 한국건설기술연구원 연구위원
이인모	전 한국터널공학회 회장, 고려대학교 교수
김승렬	에스코컨설턴트 대표이사
김재권	두산건설 본부장
이상덕	아주대학교 교수

집필위원

제1장	**배규진**	한국건설기술연구원 연구위원, 공학박사	gjbae@kict.re.kr
제2장	**추석연**	단우기술단 부사장, 공학박사	danwchoo@hanmail.net
	김동현	삼보기술단 상무, 공학박사	k7419@chollian.net
제3장	**지왕률**	한국건설기술연구원 책임연구원, 공학박사	wjee@kict.re.kr
제4장	**유충식**	성균관대학교 교수, 공학박사	csyoo@skku.edu
	고성일	단우기술단 부장, 공학석사, 기술사	sungyil@empal.com
제5장	**윤운상**	넥스지오 대표이사, 이학박사, 기술사	gaia@nexgeo.com
	하희상	지오맥스 대표이사, 공학박사, 기술사	hsha@geomax.co.kr
제6장	**전석원**	서울대학교 교수, 공학박사	sjeon@snu.ac.kr
	장수호	한국건설기술연구원 책임연구원, 공학박사	sooho@kict.re.kr
제7장	**최해준**	청석엔지니어링 상무, 공학석사, 기술사	hjchoi@cse.co.kr
	이호성	다산컨설턴트 이사, 공학석사	leehs@dasan93.co.kr
제8장	**황제돈**	에스코아이에스티 대표이사, 공학석사, 기술사	hwangjd@escoist.com
	김진하	에스코컨설턴트 이사, 공학석사, 기술사	jinha@escoeng.com
제9장	**장석부**	유신코퍼레이션 이사, 공학박사	sbchang@yooshin.co.kr
	정두회	부경대학교 교수, 공학박사	dhjung@pknu.ac.kr
제10장	**정경환**	동아지질 대표이사, 공학박사	ghjeong@dage.co.kr
제11장	**강문구**	두산건설 차장, 공학석사	moongu@doosan.com
	최기훈	두산건설 과장, 공학석사	khcgeo@doosan.com
	김영근	삼성물산(주)건설부문 부장, 공학박사, 기술사	babokyg.kim@samsung.com
	김용일	대우건설 부장, 공학박사	8915364@dwconst.co.kr
	서경원	대우건설 과장, 공학박사, 기술사	skw@dwconst.co.kr

저자와의
협의하에
인지생략

터널공학시리즈 3

터널 기계화시공 **설계편**

초 판 1 쇄 2008년 11월 12일
개 정 판 2024년 5월 30일

저 자 한국터널지하공간학회 www.tunnel.or.kr
펴 낸 이 김성배
펴 낸 곳 도서출판 씨아이알

디 자 인 나영선, 김미선
제작책임 김문갑

등록번호 제2-3285호
등 록 일 2001년 3월 19일
주 소 (04626) 서울특별시 중구 필동로8길 43(예장동 1-151)
전화번호 02-2275-8603(대표)
팩스번호 02-2265-9394
홈페이지 www.circom.co.kr

I S B N **979-11-6856-240-0 (93530)**
정 가 **38,000원**